SI단위 제4판

구조역학

한상철 · 신재중 · 김두환 · 김연태 · 조선규 공 저

도서출판
구미서관

머리말

이 책은 구조역학을 처음 배우는 공학 분야의 대학생들을 대상으로 기초적인 사항을 중점적으로 다룬 것으로 필자들이 오랫동안 학교에서 강의한 내용을 정리하여 편찬한 것이다.

구조역학은 토목공학, 건축공학 및 기계공학의 기초적인 학문으로서, 전공 분야에 관계없이 모든 공학기술자에게 필요 불가결한 교과목이므로 누구나 이를 이해하고 활용할 수 있어야 한다.

이 책은 보다 쉽게 이해될 수 있도록 될 수 있는 한 복잡한 이론의 전개를 피하고, 고등학교 정도의 수학 기초지식만 가지고 있으면, 이제까지 역학을 매우 어려운 학문이라고 생각하고 이를 멀리한 사람까지도 조금만 정성들여 읽으면 강의를 듣지 않고도 역학의 기초 이론을 이해할 수 있도록 상세히 설명하였으며, 많은 예제를 들어 공식의 올바른 적용방법을 이해하고 이를 응용해서 정확한 구조 계산을 할 수 있도록 하였다. 특히 국제화 흐름에 맞추어 모든 단위를 이미 SI단위로 전면 개정하였으며, 제4판에서는 단면력과 단면상수 및 응력 등의 기호를 우리나라 도로교설계기준에서 사용하고 있는 공식적인 통용기호와 일치시켜 수정하였다.

본 교재는 구조역학의 기초가 되는 정역학과 재료역학을 이수하지 않은 사람도 쉽게 이해할 수 있도록 하기 위하여 1~9장까지는 정역학과 재료역학의 기초적인 사항 및 각종 구조물 해석의 기본이 되는 개념을 다루었으며, 10~14장까지는 보를 제외한 각종 정정 구조물과 부정정 구조물을 다루었다.

이 책의 미비한 점은 앞으로 계속해서 수정・보완해 나갈 예정이며 독자 여러분의 많은 지도편달 바란다.

끝으로 이 책의 출판을 위해 애써주신 구미서관 대표님과 편집부 관계자 여러분께 감사드린다.

2020년 1월

저자 일동

CHAPTER 01

정역학의 기초

목 차

CHAPTER 05 정정보의 단면력(I)

CHAPTER 06 정정보의 단면력(II)

CHAPTER 07 보의 응력

CHAPTER 10 정정라멘, 합성 구조물

CHAPTER 11 정정 아치 및 케이블

CHAPTER 12 정정 트러스

CHAPTER 14 부정정 구조물의 해석

CHAPTER 01

정역학의 기초

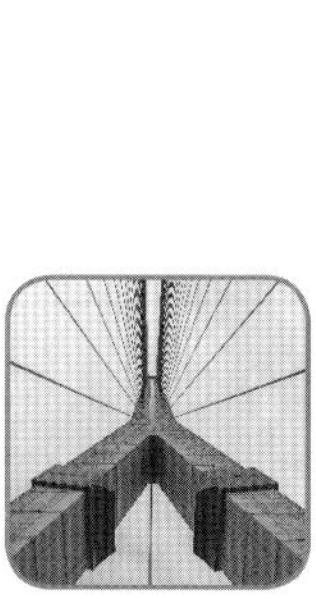

CHAPTER 01

정역학의 기초

1.1 힘

뉴턴(Newton)의 운동 제1법칙(first law of motion)에 따르면 모든 물체는 외부로부터 아무런 작용도 받지 않는 한 현재의 운동 상태를 지속하려는 성질을 가지고 있다. 이러한 성질을 물체의 관성(慣性, inertia)이라고 하며, 따라서 제1법칙을 **관성의 법칙**(law of inertia)이라고도 한다. 물체의 관성에 저항하여 물체의 운동 상태를 변화시키는 원인이 되는 것을 힘(force)이라고 한다. 힘은 물체의 운동 상태를 변화시킬 뿐만 아니라 물체의 형상도 변화시킨다. 힘이 작용하여 물체의 운동 상태를 변화시키는 것을 힘의 외적 효과(外的效果, external effect of a force), 물체의 형상을 변화시키는 것을 힘의 내적 효과(內的效果, internal effect of a force)라고 한다.

토목 구조물에는 자중(自重, own weight), 차량하중(車輛荷重, vehicle load), 수압(水壓, water pressure), 토압(土壓, earth pressure), 풍압(風壓, wind pressure) 등과 같은 여러 가지 힘이 작용하며, 이들의 힘을 구조역학에서는 하중(荷重, load)이라고 한다.

뉴턴의 운동 제2법칙(second law of motion)에 따르면 힘 F는 식 (1.1)과 같이 물체의 질량(質量, mass) m과 가속도(加速度, acceleration) α의 곱으로 표시한다.

$$F = m \cdot \alpha \tag{1.1}$$

힘의 단위에는 **절대단위계**(絶對單位系, absolute system of units)와 **중력단위계**(重力單位系, gravitational system of units)가 있다. 미터(meter)법에서의 힘의 절대단위는 길이, 질량, 시간의 단위에 각각 센티미터(centimeter), 그램(gram), 초(second)를 기본 단위로 하는 CGS단위와 길이, 질량, 시간의 단위에 각각 미터, 킬로그램(kilogram), 초를 기본 단위로 하는 MKS단위가 있다.

CGS단위에서는 질량 1g의 물체에 작용하여 1cm/sec^2 의 가속도를 생기게 하는 힘을 1다인(dyne)이라 하며, MKS단위에서는 질량 1kg의 물체에 작용하여 1m/sec^2 의 가속도를 생기게 하는 힘을 1뉴턴(Newton, 기호 N)이라 한다. 일반적으로 **SI 단위계**라고 부르는 국제단위계(international system of units)에서는 N을 힘의 단위로 정하고 있다.

힘의 CGS단위와 MKS단위 사이에는 다음의 관계가 있다.

$$1\text{N} = 1\text{kg} \times 1\text{m/sec}^2 = 10^3\text{g} \times 10^2\text{cm/sec}^2 = 10^5\text{dyne} \tag{1.2}$$

힘의 중력단위는 단위질량의 물체에 작용하여 중력가속도(重力加速度, acceleration of gravity)를 생기게 하는 힘, 즉 단위질량의 물체의 무게를 힘의 단위로 한다. 미터법에서의 힘의 중력단위는 질량 1g의 물체의 무게를 1g중의 힘(기호 gf)이라 하며, 1,000g중의 힘을 1kg중의 힘(기호 kgf), 1,000kg중의 힘을 1ton중의 힘(기호 tf)이라 한다. 공학에서는 중력단위를 간략하게 g, kg, t로 표시한다. 힘의 중력단위와 SI단위 사이에는 다음의 관계가 있다.

$$1\text{kgf} = 1\text{kg} \times 9.80665\text{m/sec}^2 = 9.80665\text{N} \fallingdotseq 9.81\text{N} \tag{1.3}$$

1.2 힘의 3요소와 표시방법

물체에 작용하는 힘의 효과는 힘의 크기에 따라 다르며, 또 같은 크기의 힘이라도 힘이 작용하는 위치 및 힘의 작용방향에 따라 다르다. 따라서 힘을 표시할 때에는 힘의 크기뿐만 아니라 방향과 작용점을 분명히 해야 한다.

이들 힘의 크기(magnitude), 방향(方向, direction) 및 작용점(作用點, point of application)을 **힘의 3요소**(three elements of force)라고 한다. 이들 3요소 가운데 하나만이라도 모르는 힘은 미지(unknown)의 힘이다.

힘을 그림으로 표시하려면 그림 1.1과 같이 힘의 작용점을 표시한 다음 힘의 크기는 적절히 축척한 선분(線分, segment)의 길이로 방향은 선분의 기울기와 힘이 향하는 쪽을 가리키는 화살표로 표시한다. 작용점을 지나서 힘의 작용방향으로 그은 직선을 힘의 작용선(作用線, line of application)이라 하고 힘의 크기를 재는 자를 힘의 축척(scale of force)이라고 한다. 힘의 작용방향은 기준선(datum line)으로부터 작용선까지의 각도로 표시한다.

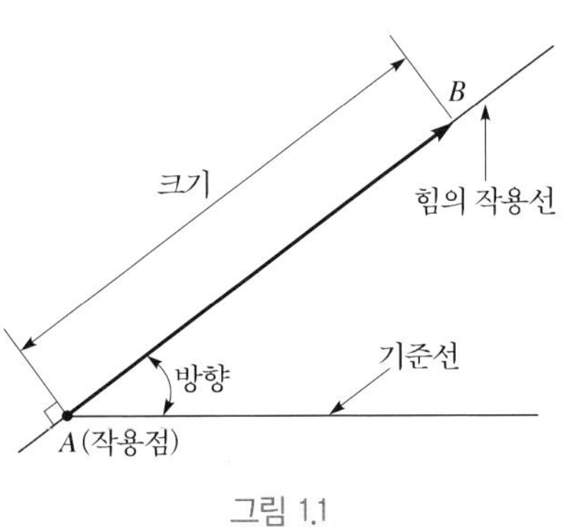

그림 1.1

힘과 같이 크기와 방향을 갖고 있는 양(量, quantity)을 벡터량(vector quantity) 또는 벡터(vector)라고 하며, 또 벡터를 표시하는 선분도 벡터라고 한다. 그림 1.1에서 점 A를 벡터의 시점(始點), B를 종점(終點)이라고 한다. 작용선 상의 어느 점을 힘의 작용점으로 해도 좋다. A를 시점, B를 종점으로 하는 힘을 AB 또는 $\overline{AB}$로 표시하기로 한다.

1.3 강체에 작용하는 힘에 관한 법칙

물체 내의 모든 질점(質點, particle)의 상대적 위치가 고정된 물체, 즉 아무리 큰 힘이 작용하여도 형상이 변하지 않는 이상적인 물체를 강체(剛體, rigid body)라고 한다. 실제로 우리가 사용하는 구조용 재료는 완전한 강체는 아니고, 힘의 작용을 받으면 약간 변형한다. 그러나 힘의 내적 효과는 생각하지 않고, 다만 힘의 외적 효과만을 생각할 때에는 완전한 강체로 생각한다. 강체에 작용하는 힘을 다루는 경우에는 경험을 통해 알게 된 다음과 같은 3개의 법칙을 사용한다.

1.3.1 힘의 전달성의 법칙

"강체에 작용하는 힘은 힘의 작용선 위의 어느 점에 작용점을 옮겨도 힘의 외적 효과에는 변함이 없다." 이것을 **힘**의 **전달성**(傳達性)**의 법칙**(law of transmissibility of a force) 또는 힘의 이동성(移動性)의 법칙이라고 한다. 이 법칙은 힘의 외적 효과에 대해서만 성립하는 것이고, 작용점을 옮기면 힘의 내적 효과는 변한다.

1.3.2 힘의 평행사변형의 법칙

"강체 내의 임의 점에 작용하는 두 힘의 외적 효과는 그 두 힘을 인접하는 두 변으로 하는 평행사변형의 대각선과 같은 크기와 방향을 가진 한 힘의 효과와 같다." 이것을 힘의 평행사변형의 법칙(law of the parallelogram of forces)이라고 한다.

1.3.3 작용과 반작용의 법칙

힘은 항상 두 물체 A, B 사이에 일어나는 것으로 한 물체 A에 힘이 작용하려면 반드시 힘을 주는 다른 물체 B가 있어야 한다. 이때, 물체 B는 반대로 물체 A로부터 힘의 작용을 받는다. 즉, 힘은 항상 두 물체 사이에 상호작용으로 일어나는 것으로, 반드시 한 쌍을 지어서 나타난다. 이때, 이들 두 힘 가운데 한 힘을 작용(作用, action)이라 하고, 다른 한 힘을 반작용(反作用, reaction)이라 한다. 작용과 반작용은 크기와 작용선은 같고 향하는 쪽은 반대이다. 이 법칙을 뉴턴(Newton)의 운동 제3법칙(third law of motion) 또는 **작용과 반작용의 법칙**(law of action and reaction)이라고 한다. 이 법칙은 물체가 접촉하지 않아도 성립하는 것이지만, 구조물에 대해서는 접촉하는 경우에 대하여 생각하면 되므로 다음과 같이 말할 수 있다. 즉, **"A, B 두 물체의 접촉면에서 A가 B에 미치는 힘과 B가 A에 미치는 힘과는 크기가 같고 방향이 반대이다."**

1.4 역계

한 물체에 여러 힘이 동시에 작용할 때, 이들 여러 힘의 집합(集合, set)을 **역계**(力系, system of force, force system)라고 한다.

한 역계를 이루고 있는 여러 힘의 작용선이 동일 평면 내에 있을 때, 이 역계를 **평면 역계**(平面力系) 또는 동일 평면 역계(同一平面力系, coplanar force system)라 하며, 동일 평면 내에 있지 않을 때, 이 역계를 **공간 역계**(空間力系, space force system) 또는 비동일 평면 역계(非同一平面力系, non-coplanar force system)라고 한다.

또, 평면 역계나 공간 역계에서 역계를 이루는 여러 힘의 작용선이 1점에서 만나는 역계를 **동점 역계**(同點力系, concurrent force system)라 하고, 1점에서 만나지 않는 역계를 일반 역계 또는 비동점 역계(非同點力系, general force system, non-concurrent force system)라고 한다. 일반 역계에서 역계를 이루는 여러 힘의 작용선이 모두 평행한 역계를 **평행 역계**(parallel force system), 평행하지 않은 역계를 비평행 역계(non-parallel force system)라고 한다. 또 크기가 같고 방향이 반대이며, 작용선이 같지 않은 평행한 두 힘으로 된 평행 역계를 특히 우력(偶力, couple)이라 한다.

1.5 동점 평면 역계의 합성, 분해

한 물체에 각기 작용해서 똑같은 외적 효과를 주는 두 역계는 서로 동등(同等, equivalent)하다고 한다. 한 물체에 작용하는 역계와 동등하고도 가장 간단한 역계를 구하는 것, 바꾸어 말하면 한 물체에 여러 개의 힘이 작용할 때, 이들 여러 개의 힘과 똑같은 외적 효과를 그 물체에 주는 하나의 힘 또는 우력을 구하는 것을 힘의 **합성**(合成, composition of forces)이라고 한다. 합성된 하나의 힘을 **합력**(合力, resultant force)이라고 한다. 동점 평면 역계를 합성하면 하나의 힘으로 되며, 일반 역계를 합성하면 하나의 힘 또는 우력으로 된다.

물체에 작용하는 1개의 힘을 이와 동등한 역계로 바꾸는 것, 바꾸어 말하면 물체에 1개의 힘이 작용할 때, 이와 똑같은 외적 효과를 그 물체에 주는 2개 이상의 힘으로 나누는 것을 힘의 **분해**(分解, decomposition, resolution of a force)라 하며, 나누어진 각 힘을 **분력**(分力, component of force)이라 한다. 한 힘은 임의의 2방향으로 분해할 수 있으나 3방향으로의 분해는 분력의 작용방향이 평행하지 않고 작용점이 동일하지 않은 경우에 한하여 가능하다. 일반적으로 한 힘을 몇 개의 분력으로 분해하는 경우, 2개의 분력을 제외한 나머지 모든 분력의 크기와 방향이 미리 결정되어 있지 않으면 그 해(解)는 부정(不定, indeterminate)이다. 그러나 실제로는 2방향의 힘, 특히 서로 직교하는 2방향의 힘으로 분해하는 일이 많다. 직교하는 2방향의 분력을 **직각 분력**(rectangular component)이라고 하며, 수평·수직 방향의 직각 분력을 각각 **수평 분력**(水平分力, horizontal component of a force), **수직 분력**(垂直分力, vertical component of a force)이라고 한다.

물체에 작용하는 힘에 관한 문제를 푸는 방법에는 그림을 그려 푸는 **도해법**(圖解法, graphical solution)과 계산을 하여 푸는 **해석법**(解析法, analytical solution)의 두 가지가 있다. 해석법은 정확한 결과를 얻을 수 있고, 도해법은 근사값을 쉽게 얻을 수 있다. 이들 방법은 목적에 따라 하나 또는 두 가지를 함께 사용한다.

1.5.1 1점에 작용하는 두 힘의 합성

1점에 작용하는 두 힘의 합성은 힘의 합성의 기본이며, 힘의 평행사변형의 법칙을 사용하여 풀 수 있다.

(1) 도해법

그림 1.2(a)와 같이 점 O에 작용하는 두 힘 P_1, P_2의 합력 R은 힘의 평행사변형의 법칙에 따라 두 힘 $P_1 = OA$, $P_2 = OB$를 두 변으로 하는 평행사변형 OACB를 그리면 대각선 OC로 표시된다. 이 평행사변형을 **힘의 평행사변형**(parallelogram of force)이라 한다.

또는 힘의 평행사변형을 그리는 대신 그림(b)와 같이 힘 P_1의 종점 A와 힘 P_2의 시점 O

를 일치시켜 P_2를 평행이동하면, P_2는 AC로 표시되며, 점 O와 점 C를 이으면 OC가 합력 R이다. 또 그림 (c)와 같이 합성하는 힘의 순서를 바꾸어 P_2의 종점 B에 P_1의 시점 O를 일치시켜 P_1을 평행이동하여 삼각형 OBC를 그려도 결과는 똑같다. 삼각형 OAC 또는 OBC를 힘의 삼각형(triangle of force)이라 한다.

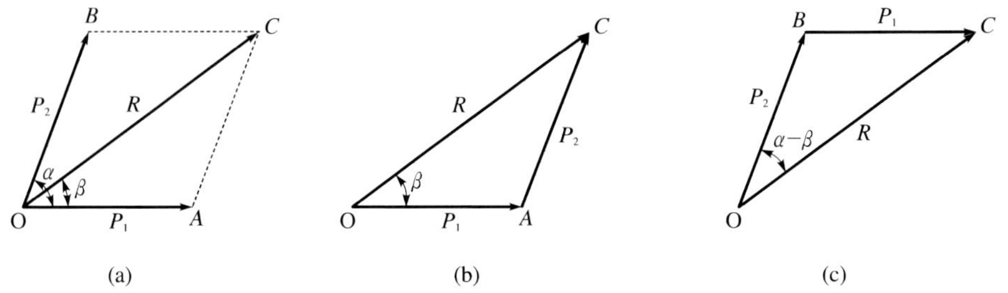

그림 1.2

그림(a)는 실제 힘의 작용상태를 표시한 것으로 이를 힘의 **위치도**(位置圖, space diagram)라 하며, 그림(b), (c)는 힘의 크기 및 방향만을 빼내어 표시한 것으로, 이를 시력도(示力圖, force diagram)라 한다.

(2) 해석법

1점에 작용하는 두 힘 P_1, P_2의 합력 R은 힘의 평행사변형을 그려 피타고라스(Pythagoras)의 정리 또는 삼각함수의 코사인(cosine) 법칙을 적용하면 구할 수 있다.

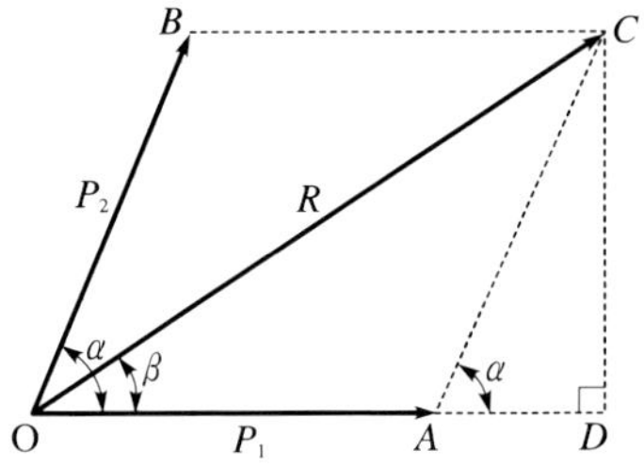

그림 1.3

그림 1.3과 같이 힘의 평행사변형을 그린 다음, 합력 R은 OC의 종점 C에서 P_1의 작용선에 내린 수선의 발을 D라 하면, 삼각형 OCD는 직각삼각형이므로, 피타고라스의 정리에 의하여 다음의 관계가 성립한다.

$$
\begin{aligned}
R^2 &= (P_1 + P_2\cos\alpha)^2 + (P_2\sin\alpha)^2 \\
&= P_1^2 + 2P_1P_2\cos\alpha + P_2^2\cos^2\alpha + P_2^2\sin^2\alpha \\
&= P_1^2 + P_2^2(\sin^2\alpha + \cos^2\alpha) + 2P_1P_2\cos\alpha \\
&= P_1^2 + P_2^2 + 2P_1P_2\cos\alpha
\end{aligned}
$$

또는 그림 1.3의 삼각형 OAC에 대하여 코사인 법칙을 적용하면, 다음의 관계가 성립한다.

$$R^2 = {P_1}^2 + {P_2}^2 - 2P_1P_2\cos(180° - \alpha) = {P_1}^2 + {P_2}^2 + 2P_1P_2\cos\alpha$$

$$\therefore R = \sqrt{{P_1}^2 + {P_2}^2 + 2P_1P_2\cos\alpha} \tag{1.4}$$

이고, 합력 R의 작용방향 β는 그림 1.3의 삼각형 OCD에서

$$\tan\beta = \frac{P_2\sin\alpha}{P_1 + P_2\cos\alpha} \quad 또는 \quad \sin\beta = \frac{P_2\sin\alpha}{R} \tag{1.5}$$

와 같이 된다. 여기서, β는 P_1에서 합력 R까지 반시계 방향으로 잰 각이다. 그리고 합력 R의 작용점은 두 힘 P_1, P_2의 작용점과 같아야 하므로 점 O이다. 또, 그림 1.4와 같이 힘 P_1, P_2가 이루는 각이 90°이면, $\sin\alpha = \sin 90° = 1$, $\cos\alpha = \cos 90° = 0$이므로, 합력의 크기 R과 작용방향 β는 다음과 같이 된다.

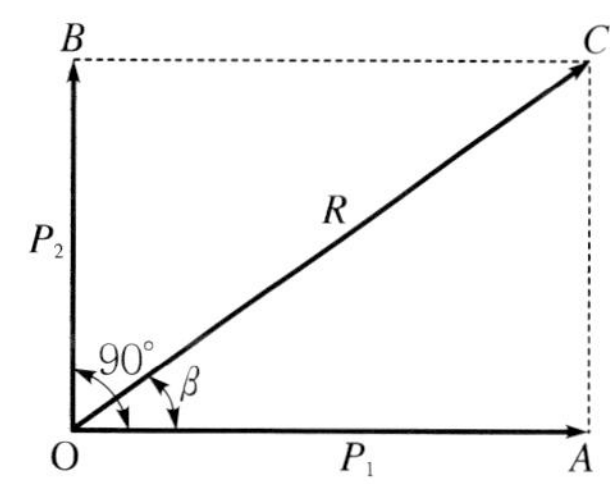

그림 1.4

$$\therefore R = \sqrt{{P_1}^2 + {P_2}^2} \tag{1.6}$$

$$\beta = \tan^{-1}\frac{P_2}{P_1} \tag{1.7}$$

예제 1.1

에제 그림 1.5와 같은 보의 반력을 결정하리.

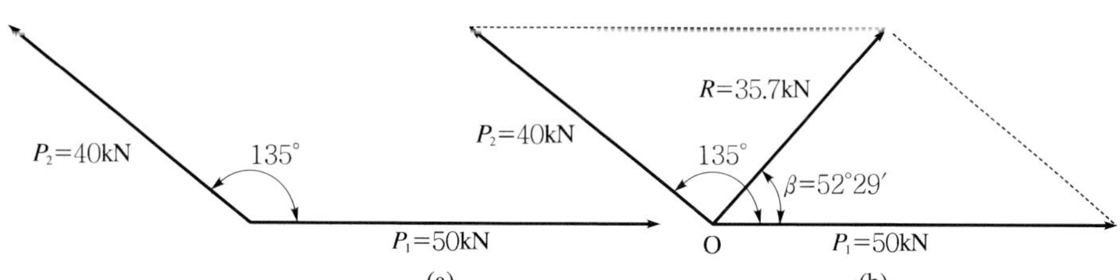

그림 1.5

풀이

도해법은 그림 1.5(b)와 같다.

해석법은 식 (1.4) 및 (1.5)에 의하며,

$$\therefore R = \sqrt{{P_1}^2 + {P_2}^2 + 2P_1P_2\cos\alpha} = \sqrt{50^2 + 40^2 + 2\times 50\times 40\cos 135°}$$

여기서, $\cos 135° = \cos(180° - 45°) = -\cos 45° = -0.7071$이므로

$$R = \sqrt{2500 + 1600 + 4000\times(-0.7071)} = \sqrt{1271.6} = 35.66\ \text{kN}$$

$$\tan\beta = \frac{P_2\sin\alpha}{P_1 + P_2\cos\alpha} = \frac{40\sin 135°}{50 + 40\cos 135°}$$

여기서, $\sin 135° = \sin(180° - 45°) = \sin 45° = 0.7071$이므로,

$$\tan\beta = \frac{40\times 0.7071}{50 + 40\times(-0.7071)} = 1.3024$$

$$\therefore\ \beta = 52°29'$$

1.5.2 한 힘을 작용점이 동일한 두 힘으로 분해

한 힘을 작용점이 동일한 두 힘으로 분해하는 문제는 분력의 크기를 구하는 문제와 분력의 작용방향을 구하는 문제가 있으며, 이러한 문제는 힘의 평행사변형의 법칙을 사용하여 풀 수 있다.

(1) 두 분력의 방향을 알고 있을 때에 그들의 크기를 구하는 경우

① 도해법

주어진 힘 R을 x, y의 2방향으로 분해하려면 그림 1.6(a)와 같이 힘 R을 대각선으로 하고 x, y방향을 두 변의 방향으로 하는 평행사변형을 그리면 $\text{OA} = P_x$, $\text{OB} = P_y$이다. 또는 그림(b)와 같이 힘 R의 시점 O와 종점 C에서 각각 x, y방향에 평행한 선을 그어 그 교점을 A라 하면, 힘의 삼각형 OAC에서 $\text{OA} = P_x$, $\text{AC} = P_y$이다.

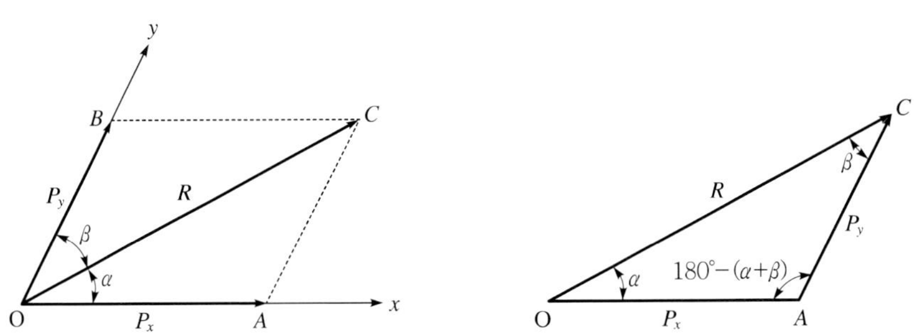

(a) (b)

그림 1.6

② 해석법

그림(b)의 힘의 삼각형 OAC에 대하여 삼각함수의 사인(sine)법칙을 적용하면 분력 P_x, P_y의 크기를 구할 수 있다. 즉,

$$\frac{P_x}{\sin\beta}=\frac{P_y}{\sin\alpha}=\frac{R}{\sin\{180°-(\alpha+\beta)\}}$$

의 관계가 있고, 여기서 $\sin\{180°-(\alpha+\beta)\}=\sin(\alpha+\beta)$이므로,

$$\left.\begin{aligned} P_x &= \frac{R\cdot\sin\beta}{\sin(\alpha+\beta)} \\ P_y &= \frac{R\cdot\sin\alpha}{\sin(\alpha+\beta)} \end{aligned}\right\} \quad (1.8)$$

이다. 또, $\alpha+\beta=90°$, 즉 한 힘을 직교하는 2방향의 힘으로 분해하는 경우에는 그림 1.7과 같이 x방향을 수평으로, y 방향을 수직으로 잡아 힘 R의 x방향의 분력을 수평분력 H, y방향의 분력을 수직 분력 V라 하면 다음과 같이 된다.

$$\left.\begin{aligned} H &= R\cdot\cos\alpha \\ V &= R\cdot\sin\alpha \end{aligned}\right\} \quad (1.9)$$

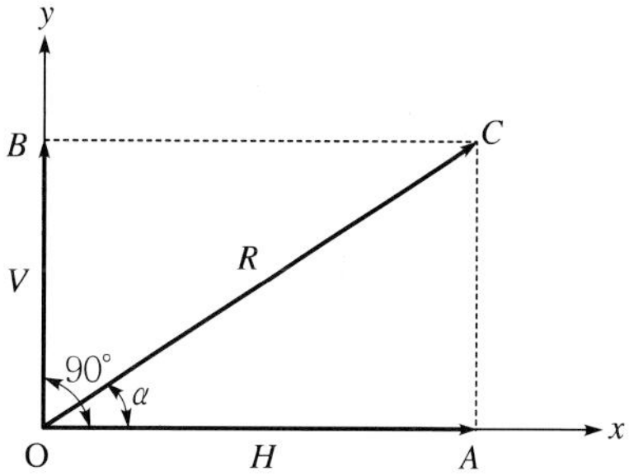

그림 1.7

(2) 두 분력의 크기를 알고 있을 때에 그들의 방향을 구하는 경우

① 도해법

주어진 힘 R을 크기 P_1, P_2의 두 힘으로 분해하려면, 그림 1.8과 같이 힘 R의 시점 O와 종점 C를 중심으로 하여 각각 $P_1=\text{OA}$, $P_2=\text{CA}$를 반지름으로 하는 원호를 그려 그 교점 A를 구하면 $\angle\text{AOC}=\alpha$, $\angle\text{OCA}=\beta$이다.

② 해석법

그림 1.8의 힘의 평행사변형에서 삼각형 OAC 또는 OBC에 대하여 삼각함수의 코사인 법칙을 적용하면 분력 P_1, P_2의 방향을 구할 수 있다.

즉,

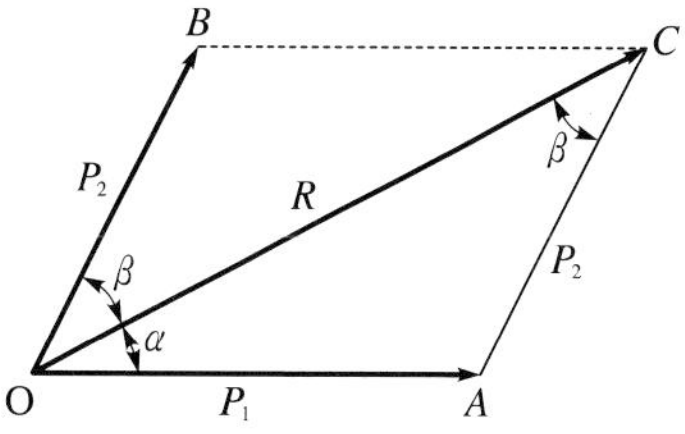

그림 1.8

$$P_2^2 = P_1^2 + R^2 - 2 \cdot P_1 \cdot R \cdot \cos\alpha$$

$$P_1^2 = P_2^2 + R^2 - 2 \cdot P_2 \cdot R \cdot \cos\beta$$

의 관계가 있으므로,

$$\left.\begin{aligned} \cos\alpha &= \frac{{P_1}^2 + R^2 - {P_2}^2}{2 \cdot P_1 \cdot R} \\ \cos\beta &= \frac{{P_2}^2 + R^2 - {P_1}^2}{2 \cdot P_2 \cdot R} \end{aligned}\right\} \qquad (1.10)$$

예제 1.2

그림 1.9(a)의 힘 R의 x, y방향의 분력 P_x, P_y를 도해법과 해석법으로 구하여라.

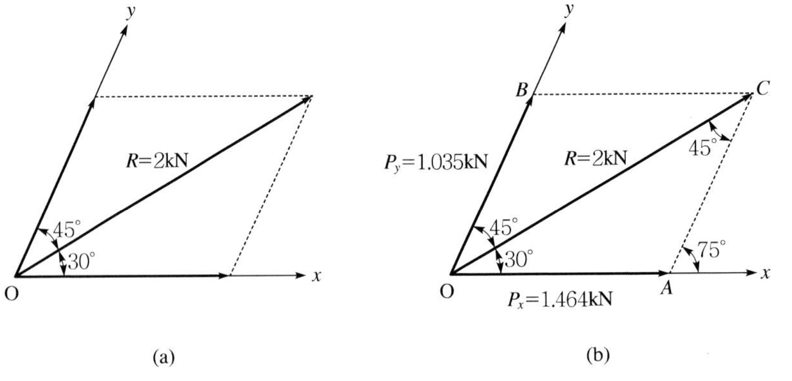

그림 1.9

풀이

도해법은 그림(b)와 같다.

해석법은 식 (1.8)을 직접 사용해도 좋으나, 그림(b)의 삼각형 OAC에 대하여 삼각함수의 사인 법칙을 적용하여 구하기로 한다.

$$\frac{P_x}{\sin 45°} = \frac{P_y}{\sin 30°} = \frac{2}{\sin 75°}$$

$$\therefore P_x = \frac{2 \times \sin 45°}{\sin 75°} = \frac{2 \times 0.7071}{0.9659} = 1.464 \text{ kN}$$

$$P_y = \frac{2 \times \sin 30°}{\sin 75°} = \frac{2 \times 0.5000}{0.9659} = 1.035 \text{ kN}$$

예제 1.3

그림 1.10(a)의 힘 $R=150\text{kN}$을 두 분력의 크기 $P_1=210\text{kN}$, $P_2=130\text{kN}$으로 분해하라.

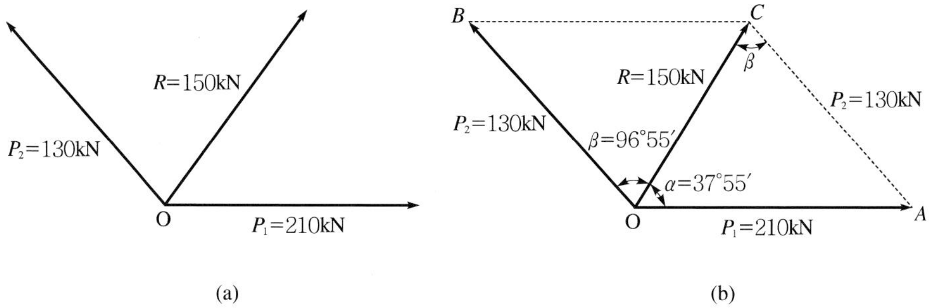

그림 1.10

풀이

도해법은 그림(b)와 같다.

해석법은 식 (1.10)을 직접 사용해도 좋으나, 그림 1.10(b)의 삼각형 OAC에 대하여 삼각함수의 코사인 법칙을 적용하여 구하기로 한다.

$$130^2=210^2+150^2-2\times210\times150\times\cos\alpha$$

$$\therefore \cos\alpha=\frac{210^2+150^2-130^2}{2\times210\times150}=0.7889$$

$$\therefore \alpha=37°55'$$

$$210^2=130^2+150^2-2\times130\times150\times\cos\beta$$

$$\therefore \cos\beta=\frac{130^2+150^2-210^2}{2\times130\times150}=-0.1205$$

$$\therefore \beta=96°55'$$

1.5.3 1점에 작용하는 여러 힘의 합성

(1) 도해법

1점에 작용하는 여러 힘을 도해법으로 합성하려면 1점에 작용하는 두 힘의 합성방법인 힘의 삼각형법을 되풀이하면 된다. 즉, 그림 1.11(a)와 같이 점 O에 힘 P_1, P_2, P_3, P_4가 작용할 때의 합력 R을 구하는 방법은 그림(b)와 같이 먼저 P_1과 P_2의 합력 R_{1-2}를 구하고, 다음에 R_{1-2}와 P_3의 합력 R_{1-3}을 구한 다음, 마지막으로 R_{1-3}과 P_4의 합력 R을 구하면 R이 P_1, P_2, P_3, P_4의 합력이다.

그러나 R_{1-2}, R_{1-3}은 구할 필요가 없으므로, 그림 (c)와 같이 O→A→B→C→D의 순

서로 P_1, P_2, P_3, P_4를 그리면 시력도의 시점 O로부터 종점 D로 향하는 OD가 합력 R이다. 이 합력 R을 그림(a)의 힘의 위치도의 점 O에 평행이동하면 된다. 즉, 1점에 작용하는 여러 힘을 합성할 때에는 시력도를 그리면 합력의 크기 및 방향을 구할 수 있으며, 작용점은 여러 힘의 작용점과 같다. 여기서, 시력도인 다각형 OABCD를 **힘의 다각형**(force polygon)이라 하며, 힘의 다각형을 그릴 때에 힘의 합성 순서는 바꾸어도 결과는 변하지 않는다.

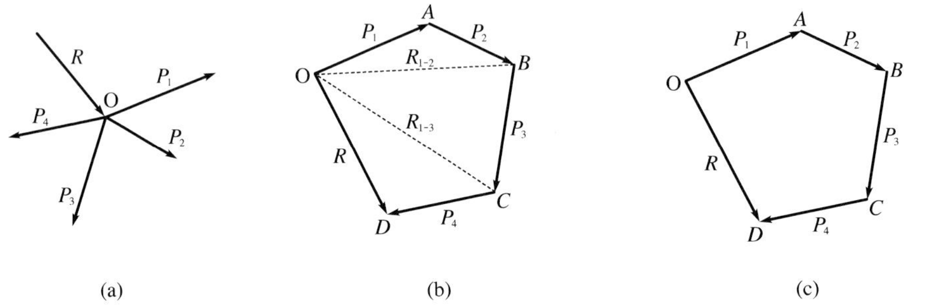

그림 1.11

(2) 해석법

그림 1.12(a)와 같이 힘의 작용점 O를 원점으로 하는 직각좌표축을 정하여 힘 P_1, P_2, …, P_n의 x축과 이루는 각(x축의 양의 방향으로부터 반시계방향으로 잰 각)을 각각 α_1, α_2, …, α_n이라 하고, 이들 힘의 수평 및 수직 분력 H_1, H_2, …, H_n 및 V_1, V_2, …, V_n을 계산한다. 이때, 힘의 부호는 수평 분력은 오른쪽으로 향하는 힘을 (+), 왼쪽으로 향하는 힘을 (−)로 하고 수직 분력은 위로 향하는 힘을 (+), 아래로 향하는 힘을 (−)로 한다.

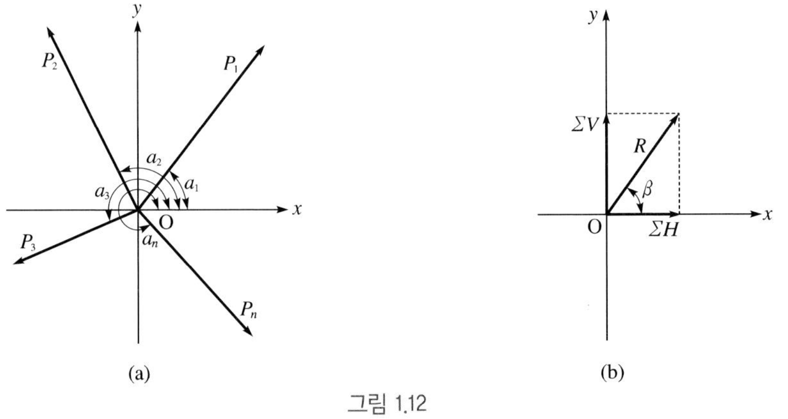

그림 1.12

다음에, 수평 분력의 합력 ΣH와 수직 분력의 합력 ΣV를 계산한다.

$$\begin{aligned}\Sigma H &= H_1 + H_2 + \cdots + H_n \\ &= P_1\cos\alpha_1 + P_2\cos\alpha_2 + \cdots + P_n\cos\alpha_n \\ &= \Sigma P\cos\alpha\end{aligned}$$

$$\begin{aligned}\Sigma V &= V_1 + V_2 + \cdots + V_n \\ &= P_1\sin\alpha_1 + P_2\sin\alpha_2 + \cdots + P_n\sin\alpha_n \\ &= \Sigma P\sin\alpha\end{aligned}$$

다음에, 합력은 힘 P_1, P_2, ⋯, P_n을 합성하는 대신 그림(b)와 같이 이들 힘의 수평 분력의 합력 ΣH와 수직 분력의 합력 ΣV를 합성하여 구한다. ΣH와 ΣV는 직교하는 힘이므로, 합력의 크기 R과 작용방향 β는 직교하는 두 힘을 합성할 때와 마찬가지로 다음 식에 의하여 구하면 된다.

$$\left.\begin{aligned}\therefore R &= \sqrt{(\Sigma H)^2 + (\Sigma V)^2} \\ \beta &= \tan^{-1}\frac{\Sigma V}{\Sigma H}\end{aligned}\right\} \tag{1.11}$$

여기서, 합력의 작용방향 β의 위치는 ΣH, ΣV의 부호에 따라 다음과 같다.

ΣH	+	−	−	+
ΣV	+	+	−	−
β의 위치	제1상한	제2상한	제3상한	제4상한

또, 이 방법은 임의의 축 위에 주어진 여러 힘을 사영(射影, projection)한 값의 대수합(algebraic sum)은 이들 여러 힘의 합력을 그 축 위에 사영한 값과 같다는 사영의 정리(theorem of projection)를 사용한 것으로 사영법(method of projection)이라고도 한다.

예제 1.4

그림 1.13과 같은 1점에 작용하는 두 힘 P_1, P_2의 합력 R의 크기와 작용방향을 사영법으로 구하여라.

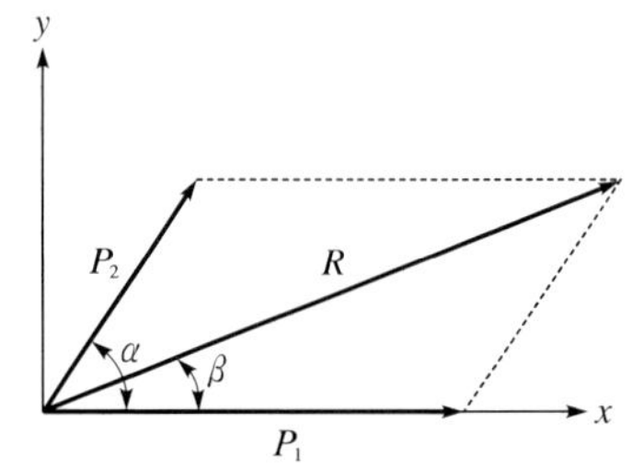

그림 1.13

풀이

$\Sigma H = H_1 + H_2 = P_1 + P_2 \cdot \cos\alpha$

$\Sigma V = V_1 + V_2 = 0 + P_2 \cdot \sin\alpha$ 이므로,

식 (1.11)에 의하여 합력의 크기 R은,

$$\therefore R = \sqrt{(\Sigma H)^2 + (\Sigma V)^2} = \sqrt{(P_1 + P_2 \cdot \cos\alpha)^2 + (P_2 \cdot \sin\alpha)^2}$$

$$= \sqrt{{P_1}^2 + {P_2}^2 + 2 \cdot P_1 \cdot P_2 \cdot \cos\alpha}$$

이고, 합력 R의 작용방향 β는

$$\beta = \tan^{-1}\frac{\Sigma V}{\Sigma H} = \tan^{-1}\frac{P_2 \cdot \sin\alpha}{P_1 + P_2 \cdot \cos\alpha}$$

이다. 이 결과는 식 (1.4) 및 (1.5)와 같다.

예제 1.5

그림 1.14(a)와 같이 1점에 작용하는 4개의 힘을 합성하여라.

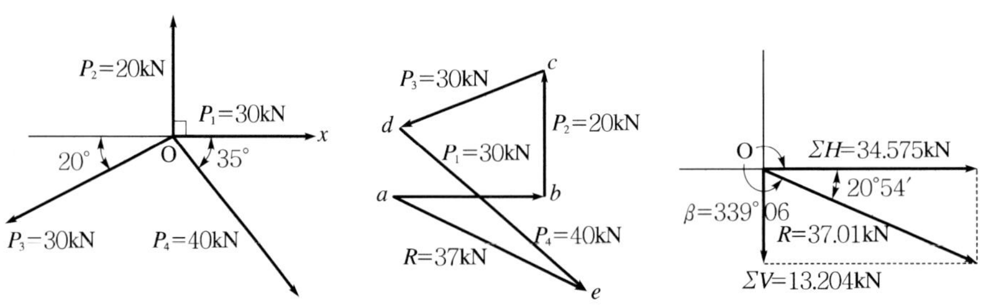

(a) (b) (c)

그림 1.14

풀이

도해법은 그림(b)와 같이 시력도 abcde를 그려, ae를 그림(a)의 점 O에 평행이동하면 된다.

해석법은 P_1의 작용선을 x축(수평축)으로 잡고, 식 (1.11)에 의하여 다음과 같이 구한다.

$\Sigma H = 30 - 30 \times \cos 20° + 40 \times \cos 35° = 34.575\text{kN}$

$\Sigma V = 20 - 30 \times \sin 20° - 40 \times \sin 35° = -13.204\text{kN}$

합력의 크기는

$$\therefore R = \sqrt{(\Sigma H)^2 + (\Sigma V)^2} = \sqrt{(34.575)^2 + (-13.204)^2}$$

$$= \sqrt{1369.78} = 37.01\ \text{kN}$$

합력의 작용방향은 그림 (c)에서,

$$\beta = \tan^{-1}\frac{\Sigma V}{\Sigma H} = \tan^{-1}\frac{-13.204}{34.575}$$

$$= \tan^{-1}(-0.38189) = -20°54' = 339°06'$$

1.6 힘의 모멘트, 우력

1.6.1 힘의 모멘트

힘은 물체를 그 작용선 방향으로 이동시키려고 하는 작용 이외에 물체를 어떤 점이나 축을 중심으로 하여 회전하게 하려는 작용도 한다. 이러한 힘의 회전 효과(rotational effect)를 **힘의 모멘트**(moment of force) 또는 간단히 **모멘트**라 한다. 한 힘의 임의의 점 또는 축에 대한 힘의 모멘트의 크기(M)는 힘의 크기(P)와 그 점 또는 축에서 힘의 작용선까지의 수직거리(l)와의 곱으로 표시한다.

$$M = Pl \tag{1.12}$$

기하학적으로는 힘의 모멘트의 크기는 힘의 크기를 밑변으로 하고 모멘트의 중심을 꼭짓점으로 하는 삼각형 면적의 2배와 같다. 즉, 그림 1.15에서 $M = Pl = 2\Delta AOB$이다.

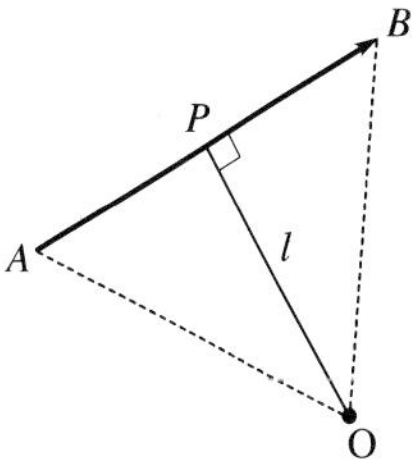

그림 1.15

여기서, 점 O를 모멘트의 중심(center of moment), 거리 l을 모멘트의 팔(arm of moment)이라 한다. 또 점 O를 지나고, 힘의 작용면에 수직한 직선을 모멘트의 축(axis of moment)이라고 한다.

힘의 모멘트는 힘의 크기에 거리를 곱한 것이므로, 단위는 힘의 단위와 거리의 단위의 곱으로 표시하며, 보통 중력단위계로는 t·m, kg·cm, kg·m 등을 사용하며, 절대단위계에서는 N·mm, kN·m 등을 사용한다.

힘의 모멘트의 부호는 시계 방향(clockwise)으로 회전하도록 작용하는 것을 양(+)으로, 반시계 방향(counter clockwise)으로 회전하도록 작용하는 것을 음(−)으로 규약한다.

1.6.2 힘의 모멘트의 합성과 응용

(1) 힘의 모멘트의 합성

"두 힘의 임의점에 대한 모멘트의 대수합은 그들의 합력의 그 점에 대한 모멘트와 같다."

위의 사실을 바리논의 정리(Varignon's theorem)라고 한다. 이 정리는 다음과 같이 증명된다.

그림 1.16에서, $P_1 = \mathrm{AB}, P_2 = \mathrm{AC}$의 합력을 $R = \mathrm{AD}$라 하고, 임의의 모멘트의 중심 O와 A를 직선으로 잇는다. 점 O를 지나 AO에 수직인 선 Oy를 긋고, 점 B, C, D에서 Oy에 내린 수선의 발을 각각 E, F, G라 한다.

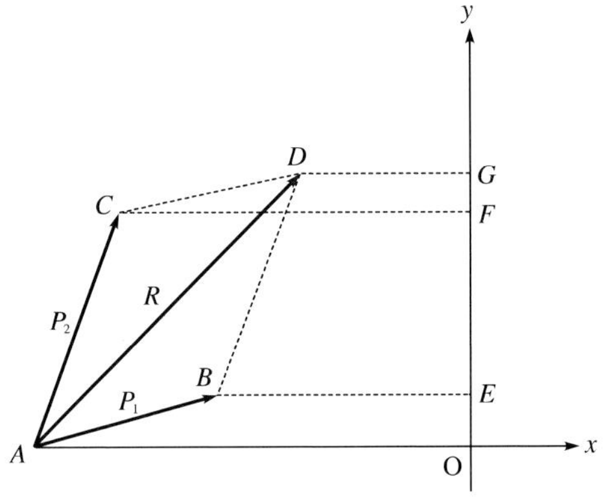

그림 1.16

$P_1 = \mathrm{AB}$, $P_2 = \mathrm{AC}$, 및 $R = \mathrm{AD}$의 점 O에 대한 모멘트를 각각 M_1, M_2 및 M이라 하면,

$$M_1 = 2\triangle \mathrm{AOB} = \mathrm{AO} \times \mathrm{OE}$$

$$M_2 = 2\triangle \mathrm{AOC} = \mathrm{AO} \times \mathrm{OF}$$

$$M = 2\triangle \mathrm{AOD} = \mathrm{AO} \times \mathrm{OG}$$

그런데, 그림에서 사변형 ABDC는 평행사변형이므로 $\mathrm{OF} = \mathrm{EG}$이다. 따라서, 다음의 관계가 성립한다.

$$\begin{aligned} M_1 + M_2 &= \mathrm{AO} \times \mathrm{OE} + \mathrm{AO} \times \mathrm{OF} \\ &= \mathrm{AO} \times (\mathrm{OE} + \mathrm{OF}) \\ &= \mathrm{AO} \times (\mathrm{OE} + \mathrm{EG}) = \mathrm{AO} \times \mathrm{OG} = \mathrm{M} \end{aligned}$$

즉, 두 힘 P_1, P_2의 점 O에 대한 모멘트의 대수합은 P_1, P_2의 합력 R의 점 O에 대한 모멘트와 같다.

여러 힘으로 이루어진 평면 역계의 합력은 먼저 P_1과 P_2 다음에 P_1, P_2의 합력과P_3, … 등과 같이 두 힘씩을 차례로 합성하여 구할 수 있으므로, 위와 같은 힘의 합성의 각 단계에서 바리논의 정리를 적용하면 일반 평면 역계에 대해서도 위와 같은 관계가 성립한다. 따라서, 바리논의 정리는 다음과 같이 확장할 수 있다.

즉, **"동일 평면 내에 작용하는 여러 힘의 어느 한 점에 대한 모멘트의 대수합은 그들 여러 힘의 합력의 그 점에 대한 모멘트와 같다."**

이와 같이, 바리논의 정리를 확장한 것을 모멘트의 정리(theorem of moment)라고 한다.

(2) 평행 평면 역계의 합성과 분해

평행한 여러 힘의 합력의 크기 및 방향은 주어진 평행한 여러 힘의 대수합에 의하여 구한다. 그림 1.17에서 합력의 크기 및 방향은

$$R = P_1 + P_2 + \cdots\cdots + P_n = \Sigma P \tag{1.13}$$

와 같다. 이때, 합력의 작용 방향은 어느 한 방향의 힘을 (+)로 가정하여 계산한 결과, 그 부호가 (+)이면 가정한 방향과 같은 방향이고, (−)이면 반대 방향이다.

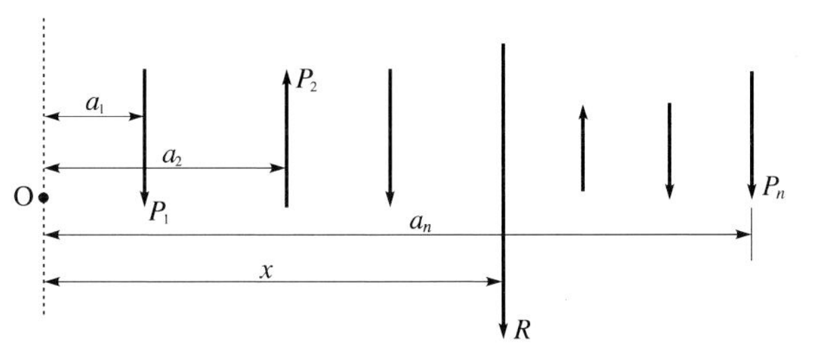

그림 1.17

합력 R의 작용선의 위치는 모멘트의 정리를 사용하여 구한다. 즉, 그림과 같이 임의의 점 O를 모멘트의 중심으로 하여, 모멘트의 정리를 적용하면 다음과 같이 된다.

$$R \cdot x = P_1 a_1 + P_2 a_2 + \cdots\cdots + P_n a_n = \Sigma Pa$$

$$\therefore x = \frac{P_1 a_1 + P_2 a_2 + \cdots\cdots\cdots + P_n a_n}{R} = \frac{\Sigma Pa}{\Sigma P} \tag{1.14}$$

특히 2개의 평행력의 합력의 작용선의 위치는 그림 1.18(a), (b)와 같이 합력의 작용선 위의 한 점을 모멘트의 중심으로 하여 모멘트의 정리를 적용하면,

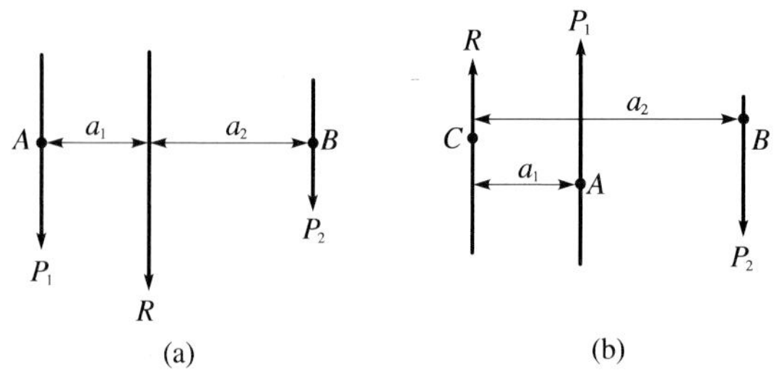

그림 1.18

$$R \times 0 = -P_1 \cdot a_1 + P_2 \cdot a_2 = 0$$

$$\therefore \frac{P_2}{P_1} = \frac{a_1}{a_2} \tag{1.15}$$

이다. 즉, 그림(a)와 같이 두 힘의 작용 방향이 같은 경우의 합력의 작용선은 두 힘 사이에 있고, 그림(b)와 같이 두 힘의 작용 방향이 반대인 경우의 합력의 작용선은 두 힘 가운데 큰 힘의 바깥쪽에 있으며, 두 힘으로부터 작용선까지의 거리는 어느 경우나 각 힘의 크기에 반비례한다.

다음에, 그림 1.18에서, 한 힘 R을 주어진 두 점 A, B를 지나는 두 평행력으로 분해하려면 주어진 두 점 A, B를 모멘트의 중심으로 하여 모멘트의 정리를 적용하면 된다. 즉, 그림 (a), (b)에서 점 B를 모멘트의 중심으로 하여 P_1을, 점 A를 모멘트의 중심으로 하여 P_2를 구하면 다음과 같이 된다.

$$\left.\begin{array}{l} \text{그림 (a)의 경우} \\ P_1 = \dfrac{Ra_2}{a_1 + a_2}, \quad P_2 = \dfrac{Ra_1}{a_1 + a_2} \\ \text{그림 (b)의 경우} \\ P_1 = \dfrac{Ra_2}{a_2 + a_1}, \quad P_2 = \dfrac{Ra_1}{a_2 + a_1} \end{array}\right\} \tag{1.16}$$

많은 수의 평행력을 이와 평행한 두 힘으로 분해하려면, 먼저 주어진 힘의 합력을 구한 다음 이 합력을 두 평행력으로 분해하면 된다.

예제 1.6

그림 1.19와 같은 평행 역계에서 합력의 크기와 작용선의 위치를 구하여라.

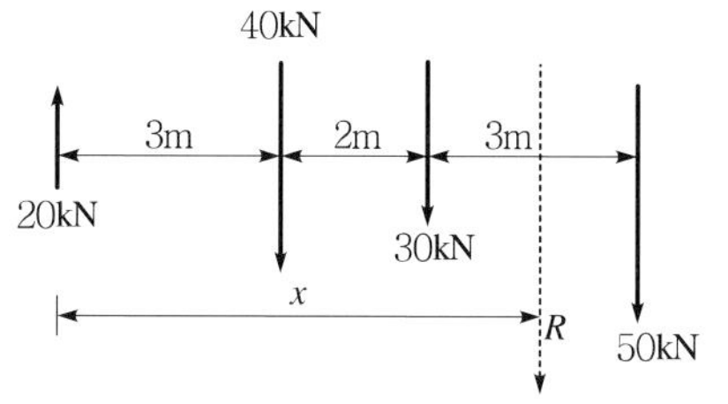

그림 1.19

풀이

하향의 힘을 (+)로 하면, 합력의 크기 및 방향은

$R = -20 + 40 + 30 + 50 = 100\ \text{kN}(\downarrow)$

합력의 작용선의 위치를 그림과 같이 가정하고,

왼쪽 끝의 힘 20kN의 작용선 위의 한 점을 모멘트의 중심으로 하여 모멘트의 정리를 적용하면,

$100x = 40 \times 3 + 30 \times 5 + 50 \times 8 = 670\text{kN} \cdot \text{m}$

$x = \dfrac{670}{100} = 6.7\text{m}$

예제 1.7

그림 1.20과 같은 4개의 평행력을 2점 A, B를 지나는 2개의 평행력 P_1, P_2 로 분해하여라.

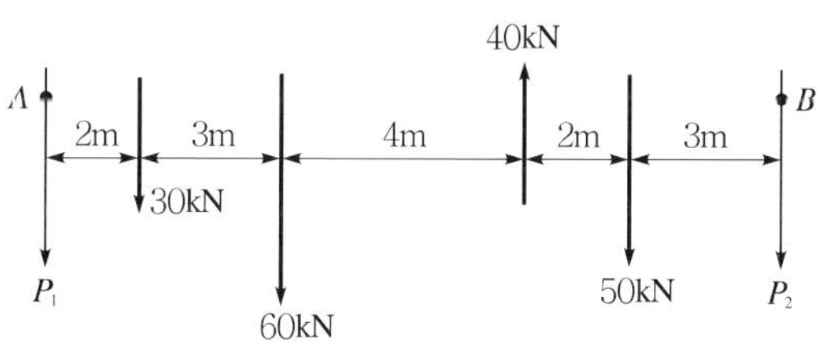

그림 1.20

풀이

예제 1.6과 같이 합력의 크기와 위치를 계산한 다음 식 (1.16)을 사용하여 P_1, P_2를 구하여도 되지만, 다음과 같이 구하는 것이 가장 간단하다. 즉, 여러 평행력의 임의 점에 대한 모멘트의 대수합은 이들 여러 힘의 합력의 그 점에 대한 모멘트와 같고, 또 이 합력의 모멘트는 이 합력의 분력인 두 평행력의

그 점에 대한 모멘트의 대수합과 같으므로, 점 A, B를 모멘트의 중심으로 하여 각각 모멘트의 정리를 적용하면,

$M_B = -P_1 \times 14 = -30 \times 12 - 60 \times 9 + 40 \times 5 - 50 \times 3 = -850$

$\therefore P_1 = \dfrac{850}{14} = 60.71 \text{ kN}$

$M_A = P_2 \times 14 = 30 \times 2 + 60 \times 5 - 40 \times 9 + 50 \times 11 = 550$

$\therefore \ P_2 = \dfrac{550}{14} = 39.29 \text{ kN}$

또는, $P_2 = \Sigma P - P_1 = 30 + 60 - 40 + 50 - 60.71 = 39.29\text{kN}$

1.6.3 우력 모멘트

우력(偶力, couple)은 이미 앞에서 정의한 바와 같이 크기가 같고 방향이 반대이며, 작용선이 같지 않은 두 힘으로 된 평행 역계를 말하는 것으로, 우력을 이루는 두 힘의 합력은 0이며, 임의점에 대한 모멘트의 합은 0이 아니다. 따라서 우력은 물체를 이동시키지는 못하고 회전시키려는 작용만을 한다.

그림 1.21과 같은 우력의 임의점 O에 대한 모멘트의 합을 생각하면,

$$M = P(l + x) - Px = Pl \tag{1.17}$$

로 되어, 우력에 의한 모멘트의 값은 모멘트의 중심의 위치에 관계없이 일정함을 알 수 있다. 따라서, 우력의 크기(회전 작용의 정도)는 식 (1.17)과 같이 우력을 이루는 한 힘의 크기 P와 두 힘 사이의 거리 l 의 곱으로 표시한다. 식 (1.17)에서 M을 우력 모멘트(couple moment), l 을 우력의 팔(arm of couple)이라 한다. 우력 모멘트의 단위와 부호의 규약은 힘의 모멘트와 같다.

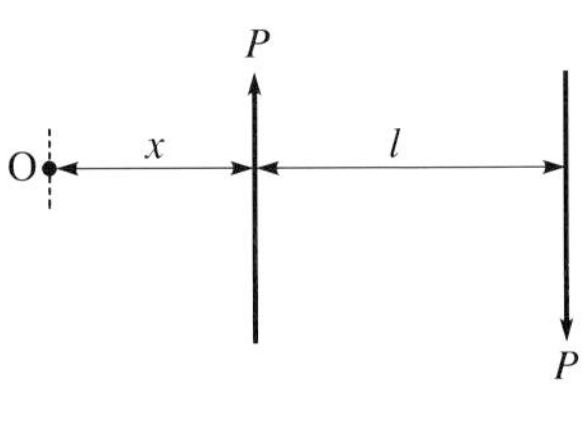

그림 1.21

예제 1.8

그림 1.22(a)와 같이 4개의 평행력으로 이루어진 평행 역계에 또 하나의 평행력 P_5가 작용하여, 이들의 평행력에 의한 우력 모멘트가 $-2620\text{kN}\cdot\text{m}$로 되었다. P_5의 크기, 방향 및 작용선의 위치를 구하여라.

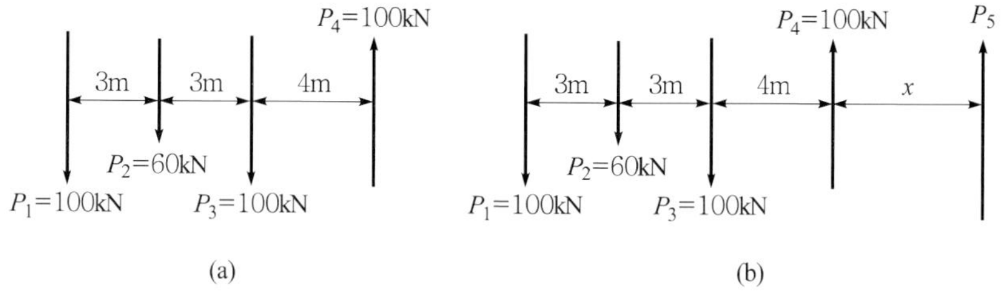

그림 1.22

풀이

주어진 4개의 평행력의 합력 R_{1-4}는

$R_{1-4}=100+60+100-100=160\text{kN}(\downarrow)$

P_5와 R_{1-4}가 우력을 이루려면 이 두 힘은 크기가 같고 방향이 반대이어야 하므로, P_5의 크기 및 방향은,

$P_5=160\text{kN}\ (\uparrow)$

P_5의 작용선의 위치는 P_4의 작용선에서 오른쪽으로 x (m)라 한다. 우력 모멘트는 모멘트의 중심의 위치에 관계없이 일정하므로, P_4의 작용선 위의 1점 O를 모멘트의 중심으로 하면,

$\text{M}=-100\times10-60\times7-100\times4-160x=-2620\text{kN}\cdot\text{m}$

$160x=800$

$\therefore x=5\text{m}$

1.6.4 힘과 우력 모멘트의 합성

우력을 다른 역계와 함께 동일한 평면 위에 표시할 때는 떨어져 있는 힘으로 표시하지 않고, 시계 방향이나 반시계 방향을 가리키는 화살표로 표시하기도 한다. 한 우력은 하나의 힘과 함께 가장 간단한 역계이므로 그 보다 더 간단한 역계로 합성할 수는 없다. 그러나 동일 평면 내에 작용하는 한 우력과 한 힘은 합성할 수 있다. 같은 우력 모멘트를 가지는 우력은 모두 동등한 것이므로 그림 1.23(a)와 같이 1점 A에 힘 P와 우력 M이 작용하는 경우, 주어진 M을 그림(b)에 표시한 것과 같은 우력 $M=P\cdot d$로 바꿀 수 있다.

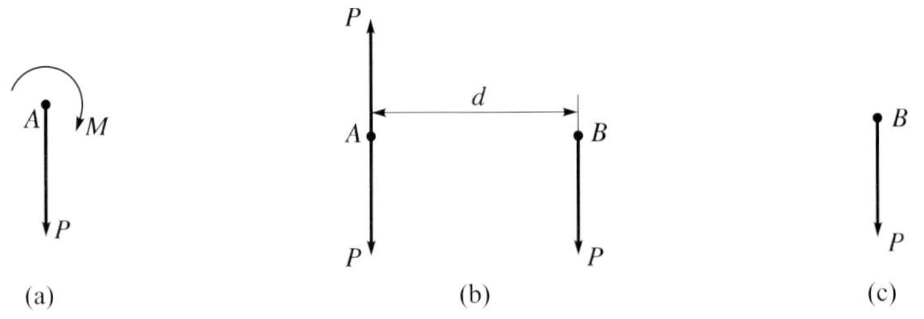

그림 1.23

이 때, 점 A에 작용하는 두 힘은 크기와 작용선이 같고, 방향이 반대이므로 상쇄되어, 결국 점 A로부터 우력의 팔의 길이 $d = M/P$만큼 떨어진 점 B에 작용하는 힘 P만 남는다(그림(c)). 이 힘 P가 우력 M과 힘 P의 합력이다. 즉, 동일 평면 내의 1점에 작용하는 힘과 우력을 합성하면, 우력을 이루는 두 평면력의 크기가 주어진 힘과 같을 때의 우력의 팔의 길이만큼 떨어진 다른 1점에 작용하는 주어진 힘과 평행하고, 크기와 방향이 같은 하나의 힘으로 된다.

또 역으로 생각하면, 하나의 힘은 주어진 점을 지나고 그 힘에 평행한 크기와 방향이 같은 하나의 힘과 하나의 우력 모멘트로 분해할 수 있다.

예제 1.9

그림 1.24(a)의 두 힘 P_1, P_2를 점 C에 작용하는 힘 P와 우력 모멘트 M으로 분해하여라.

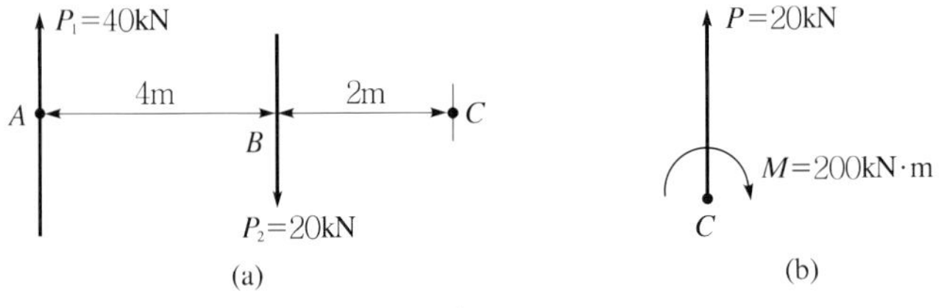

그림 1.24

풀이

구하는 힘 P는 P_1, P_2의 합력과 같아야 하므로,

$P = 40 - 20 = 20\text{kN}(\uparrow)$

구하는 우력 모멘트 M은 P_1, P_2의 점 C에 대한 모멘트와 같아야 하므로,

$M = 40 \times 6 - 20 \times 2 = 200\text{kN} \cdot \text{m}$ (↷)

따라서, 그림(b)와 같이 분해된다.

1.7 일반 평면 역계의 합성

1.7.1 도해법

일반 평면 역계의 합력의 크기, 방향은 시력도에 의하여 구하고 작용점은 **교차법**(交叉法, method of intersection) 또는 **연력도법**(連力圖法, method of funicular polygon)에 의하여 구한다.

(1) 교차법

그림 1.25(a)의 P_1, P_2, P_3, P_4와 같이, 1점에 작용하지 않는 여러 힘을 도해법으로 합성하려면, 먼저 그림(b)와 같이 주어진 힘의 시력도를 그려서 합력 R의 크기 및 방향을 구한다. 합력R의 작용점을 구하기 위하여 먼저 두 힘 P_1. P_2의 합력 R_{1-2}의 작용점을 구한다.

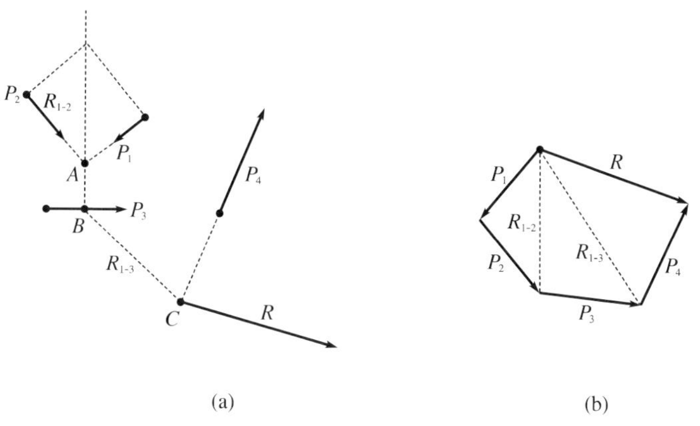

그림 1.25

힘의 전달성의 법칙에 따라 그림(a)와 같이 두 힘 P_1, P_2의 작용선을 연장하여 교점 A를 구하면, 점 A는 두 힘 P_1, P_2의 합력 R_{1-2}의 작용점이므로, 그림(b)의 P_1, P_2의 합력 R_{1-2}를 그림(a)의 점 A에 평행 이동한다. 다음은, 그림(a)에서 R_{1-2}의 작용선과 P_3의 작용선과 교점 B를 구하면, 점 B는 R_{1-2}와 P_3의 합력 R_{1-3}의 작용점이므로, 그림(b)의 R_{1-2}와 P_3의 합력 R_{1-3}을 점 B에 평행 이동한다. 또, R_{1-3}의 작용선과 P_4의 자용선과의 교점 C를 구하면, 점 C가 R_{1-3}과 P_4의 합력, 즉, 주어진 힘 P_1, P_2, P_3, P_4의 합력 R의 작용점이다. 따라서, 그림(b)의 합력 R를 점 C에 평행 이동하면 된다. 이와 같이, 힘의 위치도에서 힘의 작용선을 차례로 교차시켜 합력의 작용점을 구하는 방법을 교차법이라 한다.

그러나, 주어진 힘이 평행하거나 거의 평행하면 힘의 작용선의 교점을 주어진 도면 위에서 구할 수 없으므로, 교차법으로는 합력의 작용점을 구할 수 없다. 이런 경우에는 다음의 연력도법을 사용하면 된다.

(2) 연력도법

① 연력도의 원리

그림 1.26(a)에 주어진 힘 P_1, P_2, P_3의 시력도를 그림(b)와 같이 그린 다음, 이 시력도 가까이에 임의점 O를 정하고, 점 O와 시력도의 각 힘의 시점과 종점인 a, b, c, d를 잇는 직선 Oa, Ob, Oc, Od를 긋는다.

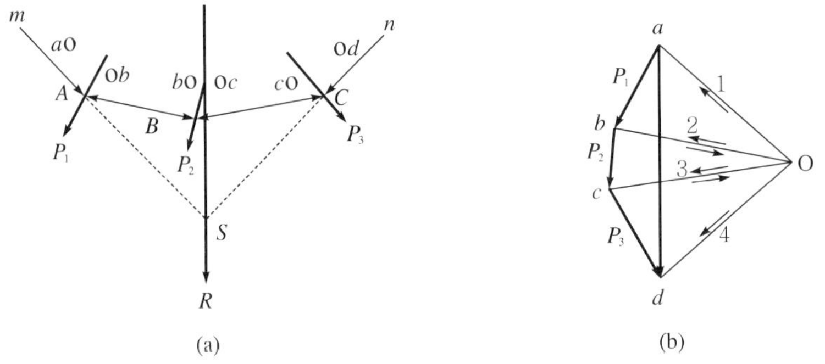

그림 1.26

다음에 그림(a)에서 주어진 힘 P_1, P_2, P_3이외에, 직선 mA 상에 힘 aO, 직선 AB 상에 크기가 같고 방향이 반대인 힘 Ob와 bO, 직선 BC 상에 크기가 같고 방향이 반대인 힘 Oc와 cO, 직선 Cn 상에 힘 Od가 작용한다고 생각하면, 그림(b)에서 P_1은 힘 aO와 Ob합력 P_2는 힘 bO와 Oc의 합력, P_3는 힘 cO와 Od의 합력이다. 따라서, 역으로 그림(a)에서 주어진 힘 P_1, P_2, P_3를 분해하면, 각각 힘 aO와 Ob, bO와 Oc, cO와 Od로 된다. 그러므로, 주어진 힘 P_1, P_2, P_3의 합력은 이들 힘의 분력인 aO, Ob, ……, Od의 합력과 같다. 그런데, 이들 힘 가운데 Ob와 bO, Oc와 cO는 크기가 같고 방향이 반대이므로 서로 상쇄되어, 결국 주어진 힘P_1, P_2, P_3의 합력 R는 힘 aO와 Od의 합력과 같다. 따라서, 그림(a)에서 합력 R의 작용선은 힘 aO의 작용선인 직선 mA와 힘 Od의 작용선인 직선 nC의 연장선의 교점 S를 지난다.

여기서, 그림(b)의 점 O를 극(極, Pole), 직선 Oa, Ob, Oc, Od를 극사선(極射線, polar ray), 그림(a)의 도형 mABCn을 연력도, 선분 mA, AB, BC, Cn을 연력도의 변(side, string)이라 한다.

② 작도법

위에서 설명한 연력도의 원리를 이용하여 1점에 작용하지 않는 여러 힘을 합성하려면, 다음과 같은 순서로 작도한다.

가) 그림 1.27(a)에 주어진 힘 P_1, P_2, P_3의 시력도 abcd를 그림(b)와 같이 그리면, ad가 합력 R의 크기 및 방향이다.

나) 그림(b)의 시력도 가까이 임의의 극 O를 정하고, 극 O와 시력도의 각 힘의 시점과 종점 a, b, c, d를 잇는 극사선 Oa, Ob, Oc, Od를 그어 이들 극사선을 각각 1, 2, 3, 4라 한다.

다) 그림(a)와 같이, 힘 P_1의 왼쪽의 임의의 점 m으로부터 극사선 1에 평행한 직선 1′를 그어 힘 P_1의 작용선과의 교점을 A라 한다. 점 A로부터 극사선 2에 평행한 직선 2′를 그어 힘 P_2의 작용선과의 교점을 B라 한다. 점 B로부터 극사선 3에 평행한 직선 3′를 그어 힘 P_3의 작용선과의 교점을 C라 한다. 점 C로부터, 극사선 4에 평행한 직선 4′를 임의의 점 n까지 긋는다.

라) 위와 같이 하여 그려진 연력도의 최초의 변 1′와 최후의 변 4′를 연장하여 그 교점 S를 구하면, 이 점 S가 합력R의 작용선이 지나는 점이다.

마) 그림(b)의 합력 R을 그림(a)의 점 S에 평행 이동하면 이것이 구하는 합력이다.

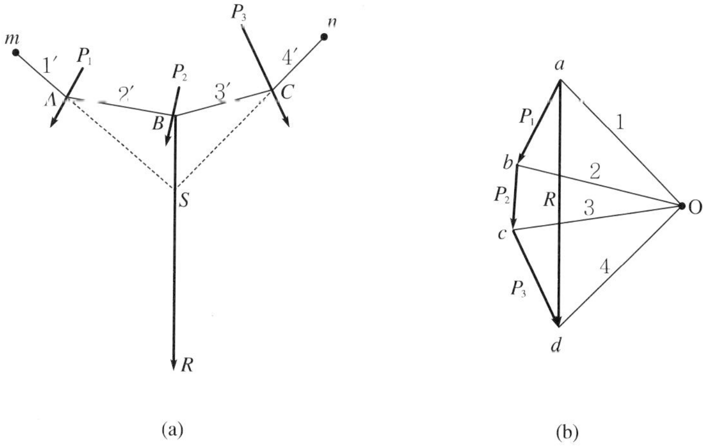

(a) (b)

그림 1.27

극 O의 위치를 변화시키면 연력도의 형상도 변화하며, 이에 따라 연력도의 최초의 변과 최후의 변의 연장선의 교점도 변한다. 그러나, 이 교점은 항상 합력의 작용선상에 있다. 따라서, 극은 연력도를 그리는 데 편리한 위치에 정하는 것이 좋다.
또, 시력도와 연력도를 그릴 때 힘의 순서를 바꾸어도 그 결과는 변함이 없으나 시력도의 변과 극사선의 순서에 주의하여 연력도를 그리지 않으면 안된다. 이 방법은 평행 평면 역계를 합성할 때 편리하다. 이때의 시력도는 일직선으로 된다.

1.7.2 해석법

일반 평면 역계의 합력의 크기 및 방향은 동점 평면 역계를 합성할 때의 방법과 마찬가지로 하여 구하고, 작용점은 모멘트의 정리를 적용하여 구하면 된다. 동점 평면 역계를 합성하면 그 결과는 하나의 힘으로 되나, 일반 평면 역계를 합성하면 그 결과는 하나의 힘이 되거나 하나의 우력으로 된다.

그림 1.28과 같이 여러 힘 $P_1, P_2, \cdots\cdots, P_n$이 한 물체에 작용할 때 이 여러 힘의 합력을 구하려면, 먼저 임의의 점 O를 원점으로 하는 직교 좌표축 x, y를 설정하고, 동점 평면 역계를 합성할 때와 마찬가지로 주어진 힘 $P_1, P_2\cdots\cdots, P_n$의 수평 분력의 합력 ΣH와 수직 분력의 합력 ΣV를 계산한 다음, 합력의 크기 R과 합력의 작용 방향 β는 식 (1.11)에 의하여 계산한다. 즉,

$$R = \sqrt{(\sum H)^2 + (\sum V)^2}\,, \quad \beta = \tan^{-1}\frac{\sum V}{\sum H}$$

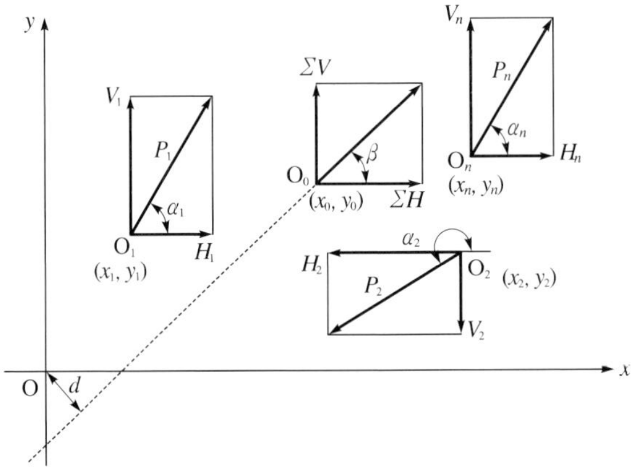

그림 1.28

여기서, 만일 주어진 힘 P_1, P_2 ……, P_n 이외에 합력 R과 크기가 같고 방향이 반대인 다른 한 힘이 합력 R과 평행하게 작용한다고 하면, $\sum H = 0$, $\sum V = 0$이며, 따라서 합력은 0으로 되고, 두 힘은 우력을 이룬다.

합력의 작용점은 다음과 같이 구한다. 주어진 힘 P_1, P_2,……, P_n의 작용점 O_1, O_2,……, O_n의 좌표를 (x_1, y_1), (x_2, y_2),……, (x_n, y_n)이라 하고, 합력 R의 작용점 O_0의 좌표를 (x_0, y_0)이라 하고, 좌표 원점 O를 모멘트의 중심으로 하여 모멘트의 정리를 적용하면 다음 식이 성립한다.

$$(\sum V)x_0 = V_1 x_1 + V_2 x_2 + \cdot\cdot\cdot\cdot\cdot\cdot + V_n x_n = \sum V \cdot x$$

$$(\sum H)y_0 = H_1 y_1 + H_2 y_2 + \cdot\cdot\cdot\cdot\cdot\cdot + H_n y_n = \sum H \cdot y$$

위의 식으로부터 합력의 작용점의 좌표는,

$$\left.\begin{aligned} x_0 &= \frac{\sum V \cdot x}{\sum V} = \frac{V_1 x_1 + V_2 x_2 + \cdots\cdots + V_n x_n}{V_1 + V_2 + \cdots\cdots + V_n} \\ y_0 &= \frac{\sum H \cdot y}{\sum H} = \frac{H_1 y_1 + H_2 y_2 + \cdots\cdots + H_n y_n}{H_1 + H_2 + \cdots\cdots + H_n} \end{aligned}\right\} \qquad (1.18)$$

와 같이 된다.

여기서, 주의할 것은 합력의 작용점의 x 좌표 x_0을 계산할 때, 수직 분력 V는 상향(↑)을 (+), 하향(↓)을 (−)로 하고, 거리 x는 우향(→)을 (+)로, 좌향(←)을 (−)로 하여 수직 분력 V의 원점 O에 대한 모멘트 $V \cdot x$를 계산하면 모멘트의 부호가 반대로 되나, 만일, 모멘트이 부호가 반대로 되지 않게 하기 위해서는 수직 분력의 부호를 반대로 하면 된다.

또, 강체에 작용하는 힘은 힘의 전달성의 법칙에 따라 작용점은 작용선상의 어느 점에 이동해도 힘의 외적 효과에는 변함이 없으므로 힘의 외적 효과만을 생각할 때는 합력의 작용선의 위치만 알면 된다. 따라서, 합력의 작용점 O_0의 좌표(x_0, y_0)을 구하는 대신 원점 O로부터 합력 R까지의 거리 d를 구해도 된다. 이때, 합력 R의 원점 O에 대한 모멘트 $R \cdot d$는 모멘트의 정리에 의하여 주어진 힘 P_1, P_2,……, P_n의 분력인 H_1, H_2 ……, H_n 및 V_1, V_2 ……, V_n의 점 O에 대한 모멘트의 합계 $\sum M_0$와 같으므로, $R \cdot d = \sum M_0$이다. 따라서,

$$d = \frac{\sum M_0}{R} \qquad (a)$$

이다. 그런데, $\sum M_0 = (\sum H)y_0 - (\sum V)x_0$ 이며, $(\sum H) \cdot y_0 = \sum H \cdot y$ 이고, $(\sum V) \cdot x_0 = \sum V \cdot x$ 이므로

$$\begin{aligned}\sum M_0 &= \sum Hy - \sum Vx \\ &= (H_1 y_1 + H_2 y_2 + \cdots\cdots + H_n y_n) - (V_1 x_1 + V_2 x_2 + \cdots\cdots + V_n x_n) \\ &= (H_1 y_1 - V_1 x_1) + (H_2 y_2 - V_2 x_2) + \cdots\cdots (H_n y_n - V_n x_n) \\ &= \sum (Hy - Vx) \qquad \text{(b)}\end{aligned}$$

$$\therefore \quad \sum M_0 = \sum (Hy - Vx)$$

이며, 따라서 식 (a) 및 (b)에 의하여,

$$d = \frac{\sum M_0}{R} = \frac{\sum (Hy - Vx)}{R} \qquad (1.19)$$

가 얻어진다. 또, 합력 R이 x축을 지나는 점의 원점 O로 부터의 거리 x를 구하면 그림 1.29에서 다음 식이 성립한다.

$$x = x_0 - y_0 \cot\beta = x_0 - y_0 \frac{\sum H}{\sum V}$$

$$x(\sum V) = x_0 \sum V - y_0 \sum H = -\sum M_0$$

$$\therefore x = -\frac{\sum M_0}{\sum V} = -\frac{\sum (H \cdot y - V \cdot x)}{\sum V} \qquad (1.20)$$

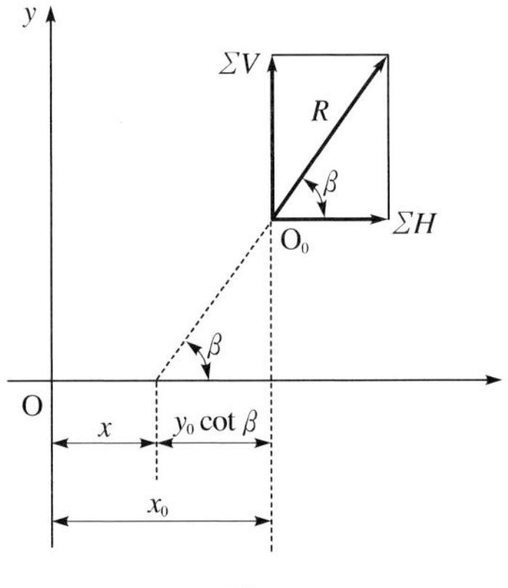

그림 1.29

예제 1.10

그림 1.30(a)와 같은 4개의 평면력을 합성하여라.

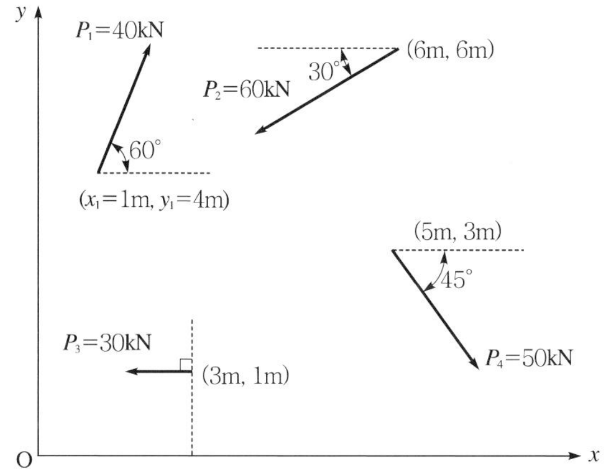

그림 1.30(a)

풀이

힘 P_1, P_2, P_3, P_4의 수평 분력인 H_1, H_2, H_3, H_4 및 수직 분력 V_1, V_2, V_3, V_4를 구하면,

$H_1 = P_1 \cos 60° = 20\text{kN}$

$H_2 = -P_2 \cos 30° = -60\cos 30° = -51.96\text{kN}$

$H_3 = -P_3 = -30\text{kN}$

$H_4 = P_4 \cos 45° = 50\cos 45° = 35.36\text{kN}$

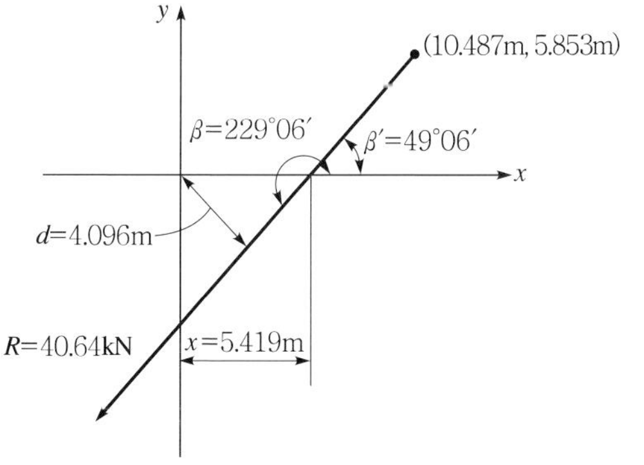

그림 1.30(b)

$V_1 = P_1 \sin 60° = 40 \sin 60° = 34.64\text{kN}$

$V_2 = -P_2 \sin 30° = -60 \sin 30° = -30\text{kN}$

$V_3 = 0$

$V_4 = -P_4 \sin 45° = -50 \sin 45° = -35.36\text{kN}$

수평 분력의 합계 $\sum H$는,

$\sum H = H_1 + H_2 + H_3 + H_4 = 20 - 51.96 - 30 + 35.36 = -26.60\text{kN}$

수직 분력의 합계 $\sum V$는,

$\sum V = V_1 + V_2 + V_3 + V_4 = 34.64 - 30 + 0 - 35.36 = -30.72\text{kN}$

식 (1.11)에 의하여 합력의 크기는

$$R = \sqrt{(\sum H)^2 + (\sum V)^2} = \sqrt{(-26.60)^2 + (-30.72)^2} = 40.64\text{ kN}$$

합력의 작용 방향은,

$$\beta' = \tan^{-1}\left|\frac{\sum V}{\sum H}\right| = \tan^{-1}\frac{30.72}{26.60} = 49°07'$$

$\sum H < 0$, $\sum V < 0$ 이므로, $180° < \beta < 270°$

$\therefore\ \beta = 49°06' + 180° = 229°06'$

합력의 작용점은 식 (1.18)에 의하여,

$$x_0 = \frac{\sum V \cdot x}{\sum V} = \frac{34.64 \times 1 - 30 \times 6 - 35.36 \times 5}{-30.72} = 10.487\text{m}$$

$$y_0 = \frac{\sum H \cdot y}{\sum H} = \frac{20 \times 4 - 51.96 \times 6 - 30 \times 1 + 35.36 \times 3}{-26.60} = 5.853\text{m}$$

원점 O로부터 합력의 작용선까지의 거리 d를 구하면 식 (1.19)에 의하여

$$d = \frac{\sum M_0}{R} = \frac{20 \times 4 - 34.64 \times 1 - 51.96 \times 6 + 30 \times 6 - 30 \times 1 + 35.36 \times 3 + 35.36 \times 5}{40.64}$$

$$= \frac{166.48}{40.64} = 4.096\text{m}$$

또, 합력 R이 x축을 지나는 점의 원점 O로부터의 거리 x를 구하면, 식 (1.20)에 의하여,

$-x \cdot \sum V = \sum M_0$

$$\therefore\ x = -\frac{\sum M_0}{\sum V} = -\frac{-166.48}{30.72} = 5.419\text{m}$$

1.8 힘의 평형

물체에 한 역계가 작용하여도 그 물체의 운동 또는 정지 상태에 아무런 변화가 없을 때, 다시 말하면, 운동하고 있는 물체에 여러 힘이 동시에 작용해도 그 물체가 여전히 똑같은 운동을 계속할 때, 또는 정지하고 있는 물체에 여러 힘이 동시에 작용해도 그 물체가 이동도 회전도 하지 않고 그대로 정지 상태에 있을 때, 이 물체는 **평형 상태**(平衡狀態, equilibrium state)에 있다고 하며, 이들 여러 힘은 **힘의 평형**(equilibrium of forces)을 이루고 있다고 한다. 특히 정지 상태에 있는 물체에 한 역계가 작용하여도 그대로 정지 상태로 있는 물체를 정역학적 평형상태(靜力學的 平衡狀態, static equilibrium)에 있다고 하며, 정역학적 평형 상태를 다루는 학문을 **정역학**(靜力學, statics)이라고 한다. 평면 역계의 정역학적 평형 조건은 다음과 같다.

1.8.1 동점 평면 역계의 평형

동점 평면 역계를 합성하면 하나의 힘으로 될 뿐이고 하나의 우력으로는 되지 않으므로 동점 평면력을 받는 물체는 합력의 작용 방향으로 이동 즉, 직선운동을 한다. 따라서, 동점 평면 역계가 평형을 이루려면 그 합력이 0으로 되어야 한다.

(1) 도해법

동점 평면 역계를 도해법으로 합성할 때, 합력의 크기는 시력도의 시점과 종점을 잇는 선분의 길이로 나타나므로, 합력이 0으로 되려면 시력도의 시점과 종점이 일치해야 한다. 이와 같이 시력도의 시점과 종점이 일치하는 것을 시력도가 **폐합**(閉合, closure)되었다고 한다. 즉, 동점 역계가 평형을 이루기 위해서는 시력도가 폐합되어야 한다.

그림 1.31(a)와 같이 O점에 P_1, P_2, ·····, P_5가 작용하는 경우, 이들 힘이 평형을 이룬다면 그림(b)와 같이 시력도가 폐합된다. 이 때, 5개의 힘 가운데 어느 한 힘이 다른 4개의 힘의 합력과 크기가 같고 방향이 반대라고도 생각할 수 있다.

또, 두 힘이 평형을 이루려면 그 두 힘은 동일한 직선상에 작용하고, 크기가 같고 방향이 반대이어야 한다.

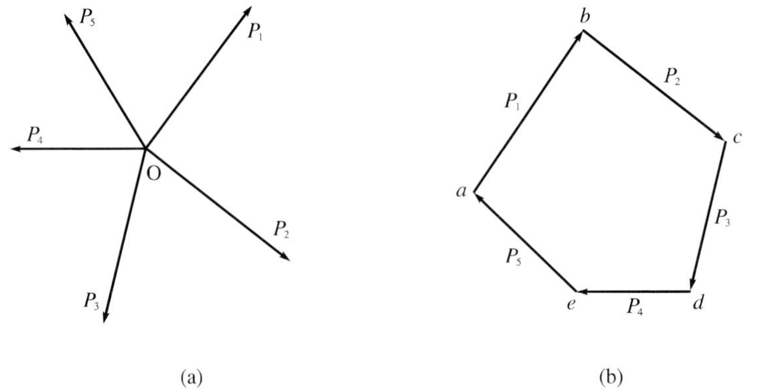

그림 1.31

(2) 해석법

평면 역계를 이루는 각 힘의 수평 분력 $H_1, H_2,$ ·····, H_n의 합력을 $\sum H$, 수직 분력 $V_1, V_2,$ ·····, V_n의 합력을 $\sum V$라 하면 합력 R은

$$R = \sqrt{(\sum H)^2 + (\sum V)^2}$$

이므로 합력 R이 0으로 되기 위해서는 다음 관계가 성립해야 한다.

$$\sum H = 0,\ \sum V = 0 \tag{1.21}$$

즉, 동점 평면 역계가 평형을 이루기 위한 해석 조건은 모든 힘의 수평 분력의 합계와 수직 분력의 합계가 동시에 0으로 되어야 한다. 또, 동점 평면 역계의 평형 조건은 다음과 같이 생각할 수도 있다. 1점에 작용하는 여러 힘의 모멘트의 합계가 0으로 되려면 모멘트의 중심이 합력의 작용선상에 있거나 합력이 0이어야 한다.

그림 1.32와 같이 점 O에 여러 힘이 작용할 때, 이들의 힘의 점 A에 대한 모멘트의 합계가 0이라면, 합력이 0이거나 합력의 작용선이 직선 OA에 일치한다. 만일, 직선 OA 상에 있지 않은 다른 1점 B에 대한 모멘트의 합계가 0이라면, 합력은 0이어야 한다. 왜냐 하면, 합력의 작용선이 직선 OA 및 OB의 2개로 될 수는 없기 때문이다. 따라서 동점 평면 역계가 평형을 이루려면, 힘의 작용점과 일직선상에 있지 않은 임의의 2점 A, B에 대하여 다음 관계가 성립해야 한다.

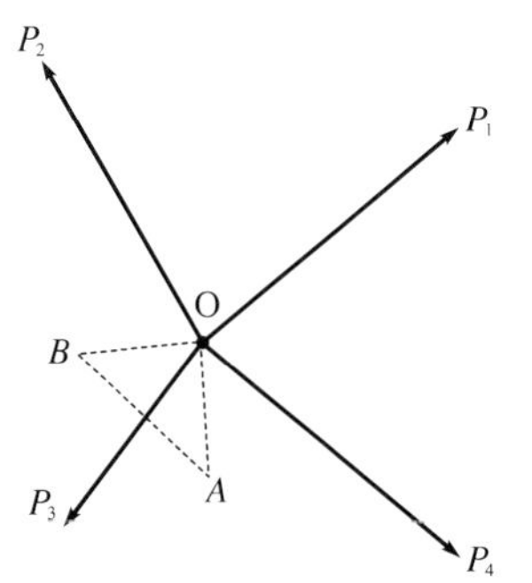

그림 1.32

$$\Sigma M_A = 0,\ \Sigma M_B = 0 \tag{1.22}$$

위의 식 (1.21) 및 (1.22)로 나타낸 2개의 독립적인 조건은 동점 평면 역계의 평형을 보증하는 데 필요하고도 충분한 것이다. 따라서 동점 평면 역계의 평형에 관한 문제를 풀 때, 위의 두 식의 조건 가운데 어느 것이나 문제를 푸는 데에 편리한 2개를 선택하여 사용할 수 있다. 이 때, 미지수가 2개 이하이어야 풀린다.

(3) 라미의 정리

그림 1.33(a)와 같이 동일 평면 내에 작용하는 평행하지 않은 3개의 힘 P_1, P_2, P_3이 평형을 이루기 위해서는 P_1, P_2의 합력과 P_3은 동일한 작용선상에 작용하고 크기가 같으며 방향이 반대여서 합력이 0으로 되어야 한다. 이와 같이 되기 위해서는 P_1, P_2의 합력의 작용점은 P_3의 작용선상에 있어야 하므로, 이들 3개의 힘은 그림(b)와 같이 1점 O에서 만나야 하며, 이 3개의 힘의 시력도는 그림(c)와 같이 폐합하여 삼각형으로 되어야 한다. 이 때, 시력도인 삼각형 abc에 대하여 삼각함수의 사인 법칙을 적용하면 다음 관계가 성립한다.

$$\frac{P_1}{\sin(180° - \alpha_1)} = \frac{P_2}{\sin(180° - \alpha_2)} = \frac{P_3}{\sin(180° - \alpha_3)}$$

여기서, $\sin(180° - \alpha) = \sin\alpha$이므로

$$\frac{P_1}{\sin\alpha_1} = \frac{P_2}{\sin\alpha_2} = \frac{P_3}{\sin\alpha_3} \tag{1.23}$$

이다. 이를 3힘의 평형에 관한 라미(Lami)의 정리라 한다.

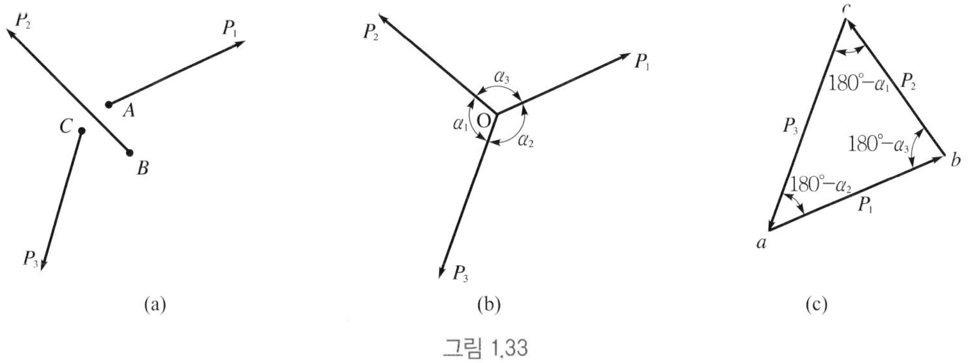

(a) (b) (c)

그림 1.33

1.8.2 일반 평면 역계의 평형

일반 평면 역계를 합성하면 하나의 힘이 되거나 하나의 우력이 되므로, 일반 평면력을 받는 물체는 합력의 작용 방향으로 직선 운동하거나 우력 모멘트의 회전 방향으로 회전 운동(rotation)한다. 따라서, 일반 평면 역계가 평형을 이루려면, 그 합력이 하나의 힘이 되거나 하나의 우력으로 되어서는 안 된다.

(1) 도해 조건

일반 평면 역계가 평형을 이루려면 그 합력이 0이어야 하므로 시력도가 폐합하여야 한다. 시력도가 폐합하면, 그림 1.34(c)와 같이 최초의 극사선과 최후의 극사선이 일치한다. 따라서, 연력도의 최초의 변과 최후의 변은 평행하거나 겹친다.

그림(a)의 경우에는 P_1, P_2, P_3의 합력 R_{1-3}과 P_4는 크기가 같고 방향이 반대이나, 작용선은 일치하지 않고 거리 e만큼 떨어져 있다. 이 때, 합력은 0이나, R_{1-3}과 P_4가 우력을 이루어 힘 P_1, P_2, P_3, P_4는 평형을 이루지 못하며, 연력도의 최초의 변 1′와 최후의 변 5′는 평행하다.

그림 (b)와 같이 P_1, P_2, P_3의 합력 R_{1-3}과 P_4는 크기가 같고 방향이 반대이며, 작용선이 일치하면 합력이 0이 되는 동시에 우력도 이루지 않으므로 힘 P_1, P_2, P_3, P_4는 평형을 이루며, 연력도의 최초의 변 1′와 최후의 변 5′는 겹친다. 이와 같이, 연력도의 최초의 변과 최후의 변이 일치하는 것을 연력도가 폐합한다고 한다. 즉 일반 평면 역계가 우력을 이루지 않기 위해서는 연력도가 폐합하여야 한다.

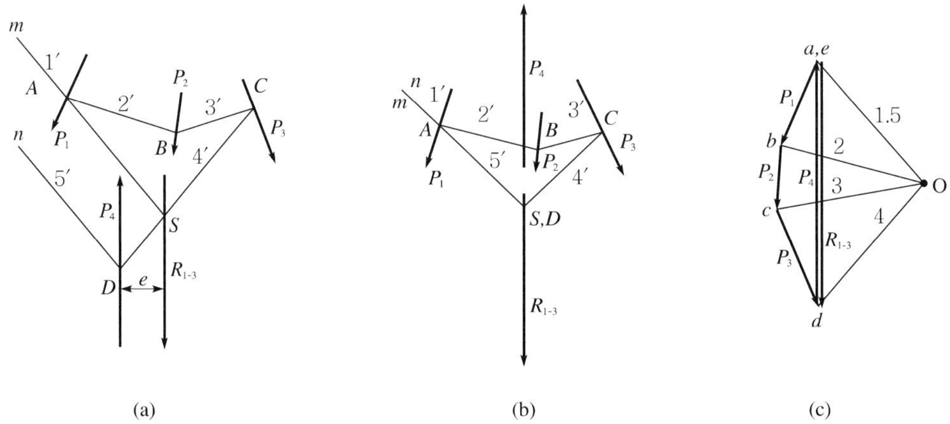

그림 1.34

위의 설명으로 알 수 있는 바와 같이 일반 평면 역계가 평형을 이루기 위해서는 시력도와 연력도가 동시에 폐합하여야 한다.

(2) 해석 조건

일반 평면 역계의 합력이 하나의 힘으로 되지 않으려면 역계를 이루는 모든 힘의 수평 분력의 합계와 수직 분력의 합계가 동시에 0이 되어야 한다. 또 이 역계의 합력이 하나의 우력으로 되지 않으려면 모든 힘의 임의점에 대한 모멘트의 합계가 0이어야 한다. 따라서, 일반 평면 역계가 평형을 이루려면, 다음의 조건식을 동시에 만족해야 한다.

$$\Sigma H = 0, \Sigma V = 0, \Sigma M = 0 \tag{1.24}$$

또, 일반 평면 역계의 평형 조건은 다음과 같이 생각할 수도 있다. 1점에 작용하지 않는 여러 힘의 임의의 1점 A에 대한 모멘트의 합계가 0이면, 이들의 힘은 우력을 이루지 않는다. 그러나, 합력이 모멘트의 중심 A를 지날 수도 있으므로 합력이 0이 아닐 수도 있다. 다음에 그림 1.35와 같이 임의의 2점 A, B에 대한 모멘트의 합계가 0이면 합력의 작용선이 2점 A, B를 잇는 직선 AB와 일치할 수도 있으므로, 합력이 0이 아닐 수도 있다. 2점 A, B 뿐만 아니라, 직선 AB 상에 있지 않은 제 3의 점 C에 대한 모멘트의 합계도 0이면 합력이 0임을 알 수 있다.

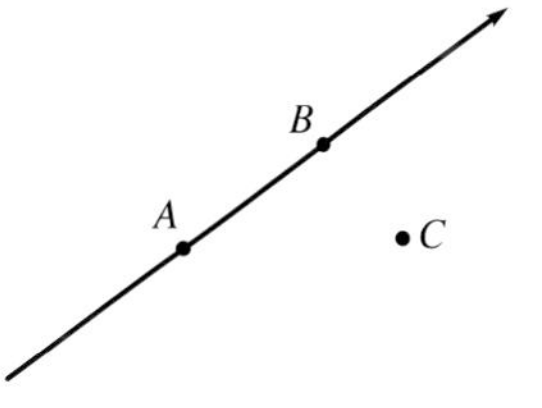

그림 1.35

따라서, 일반 평면 역계가 평형을 이루려면, 일직선상에 있지 않은 임의의 3점 A, B, C에 대한 모든 힘의 모멘트의 합계가 각각 0이 되어야 한다, 즉, 다음의 평형 조건식이 성립해야 한다.

$$\Sigma M_A = 0,\ \Sigma M_B = 0,\ \Sigma M_C = 0 \tag{1.25}$$

위의 식 (1.24)와 식 (1.25)로 나타낸 3개의 독립적인 조건은 일반 평면 역계의 평형을 보증하는데 필요하고도 충분한 것으로, 이를 평면 역계의 정역학적 평형 방정식(또는 조건식)이라 한다. 일반 평면 역계의 평형에 관한 문제를 푸는 경우, 식 (1.24), (1.25)로 나타낸 조건 가운데 어느 것이나 3개만을 선택하여 사용할 수 있으며, 따라서 미지수가 3개 이하이어야 풀린다.

1.8.3 구조물의 평형

(1) 외력과 내력

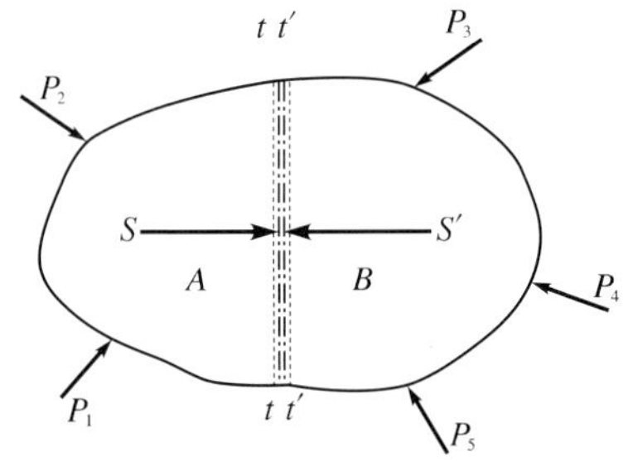

그림 1.36

구조물에 외부로부터 작용하는 힘을 외력(外力, external force)이라 한다. 구조물에 외력이 작용하여 평형을 이루면 구조물 내부에는 외력에 저항하는 힘이 일어나며 이를 내력(內力, internal force) 또는 응력(應力, stress)이라 한다.

그림 1.36과 같이 외력 P_1, P_2, P_3, P_4, P_5가 작용하여 평형 상태에 있는 구조물을 임의의 한 단면을 절단하여 A, B 두 부분으로 나누어 절단면의 양측 $t-t$ 및 $t'-t'$면에 절단하기 전에 그 단면에 작용한 내력 S 및 S'를 각각 작용시키면 A부분에 작용하는 외력 P_1, P_2는 내력 S'와 평형을 이루고, B부분에 작용하는 외력 P_3, P_4, P_5는 내력 S와 평형을 이룬다. 또 내력 S는 S'와 평형을 이룬다.

그러므로 외력을 받아 평형 상태에 있는 구조물은 다음의 3종류의 평형을 생각할 수 있다.

① 한 구조물에 작용하는 모든 외력은 평형을 이룬다.

② 구조물 내부의 임의의 단면에서의 내력과 그 단면의 한 쪽에 작용하는 외력과는 평형을 이룬다.

③ 임의의 단면의 양측에 작용하는 내력은 평형을 이룬다.

(2) 자유 물체도

구조물을 구성하고 있는 요소를 **부재**(部材, member)라 하며 구조물은 하나의 부재 또는 여러 개의 부재들의 결합으로 이루어진다. 이와 같은 구조물에 외력이 작용할 때 구조물의 평형 상태를 알아보기 위해서는 구조물 전체, 구조물을 여러 부분으로 분리하였을 때의 한 부분 또는 구조물을 구성하고 있는 한 부재를 접촉하고 있는 물체로부터 분리하여 이 물체에 작용하는 외력만을 표시하여 생각하는 것이 편리하다. 이러한 그림을 **자유물체도**(自由物體圖, free body diagram, F.B.D.)라고 한다. 구조물의 자유 물체도를 그리는 순서는 다음과 같다.

① 생각하고 있는 구조물 전체 또는 구조물의 한 부분 또는 구조물을 구성하고 있는 한 부재를 이들과 접촉하고 있는 물체로부터 분리하여 그 형태만을 그린다. 이것을 자유

물체(自由物體, free body)라고 한다.

② 자유 물체에 직접 작용하는 힘과 자유 물체와 접촉하고 있는 물체 또는 자유 물체를 지지하고 있는 점으로부터 자유 물체에 작용하는 힘을 표시한다. 이 때, 자유 물체로부터 이와 접촉하고 다른 물체에 작용하는 힘은 그려 넣어서는 안된다.

③ 이미 알고 있는 힘의 크기 및 방향은 정확하게 표시하고 아직 크기와 향하는 쪽을 모르고 있는 힘은 모두 그 작용선에 따라서 어느 한 쪽으로 향한다고 임의로 가정하여 기호로 표시한다.

예제 1.11

그림 1.37(a)의 두 힘 P_1, P_2 와 평형을 이루는 힘 P를 구하여라.

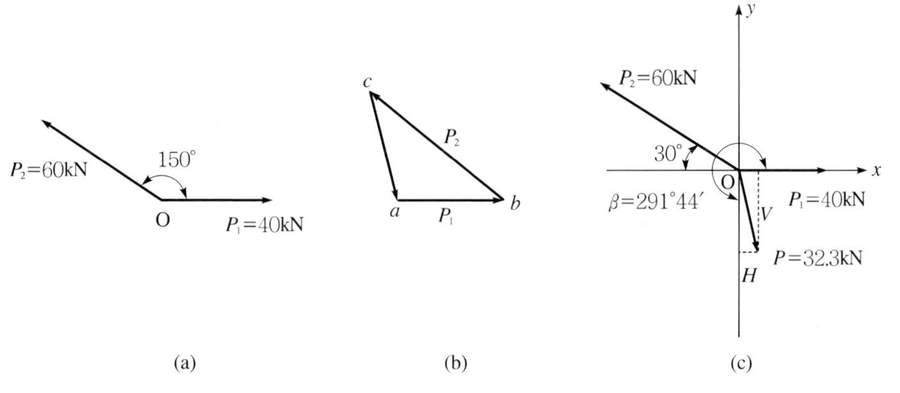

그림 1.37

풀이

두 힘 P_1, P_2가 1점 O에서 만나므로 이들과 평형을 이루는 힘 P도 1점 O에서 만난다.

노해법으로는 그림(b)와 같이 $P_1 = \text{ab}$, $P_2 = \text{bc}$라 하면 이들 두 힘의 합력은 $\bar{R} = \text{ac}$이므로 두 힘 P_1, P_2와 평형을 이루는 힘 P의 크기와 방향은 $P = \text{ca}$이다. 따라서, 이 P를 그림(a)의 점 O에 평행 이동하면 된다.

해석법으로는 주어진 두 힘 P_1, P_2의 합력 R와 크기가 같고 방향이 반대인 힘을 P라 하면 된다. 그림(c)와 같이 점 O를 원점, P_1의 작용선을 x 축으로 하는 직교 좌표축을 설정하여 P_1, P_2의 수평 분력의 합력 ΣH와 수직 분력의 합력 ΣV를 계산하면,

$$\Sigma H = P_1 - P_2 \cos 30° = 40 - 60 \times \frac{\sqrt{3}}{2} = -11.96\,\text{kN}$$

$$\Sigma V = P_2 \sin 30° = 60 \times \frac{1}{2} = 30\ \text{kN}$$

따라서, P의 수평 분력을 H, 수직 분력을 V라 하면,

$H = 11.96\text{kN}$, $V = -30\text{kN}$

힘 P의 크기는,

$P = \sqrt{H^2 + V^2} = \sqrt{11.96^2 + (-30)^2} = 32.3\,\text{kN}$

힘 P의 작용 방향은,

$\beta = \tan^{-1}\dfrac{V}{H} = \tan^{-1}\dfrac{-30}{11.96} = -68°16' = 291°44'$

예제 1.12

그림 1.38(a)의 5개의 힘이 평형 상태에 있다. 미지의 힘 P_1, P_2를 구하여라.

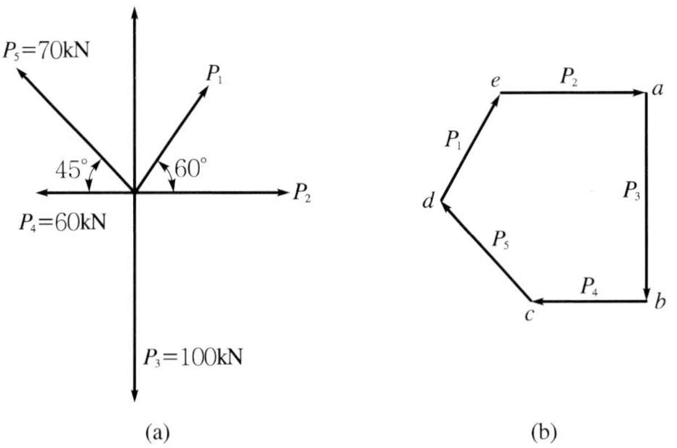

그림 1.38

풀이

동점 역계의 평형조건에 의하여 구한다.

도해법으로는 시력도가 폐합되어야 하므로, 그림(b)와 같이 P_3=ab, P_4= bc, P_5=cd를 그린 다음, 점 d 에서 P_1에 평행하게 직선 de를 점 a에서 P_2에 평행하게 직선 ae를 그어 그 교점을 e라 하면 구하고자 하는 두 힘은 P_1=de, P_2=ea이다.

해석법으로는 동점 역계의 평형 방정식 $\sum H = 0, \sum V = 0$에 의하여 구한다. 점 O를 원점, P_2의 작용선을 x 축으로 하여,

$\sum V = P_1 \sin 60 \ - 100 + 70 \sin 45 \ = 0$

$0.886 P_1 = 50.50 \qquad \therefore P_1 = 58.31\,\text{kN}$

$\sum H = P_1 \cos 60 \ + P_2 - 60 - 70 \cos 45 \ = 0$

$0.5 P_1 + P_2 = 109.50 \qquad \therefore P_2 = 109.50 - 0.5 \times 58.31 = 80.35\ \text{kN}$

예제 1.13

그림 1.39에서 4개의 힘이 평형을 이루고 있다. 미지의 힘 P_1, P_2, P_3 의 크기를 구하여라.

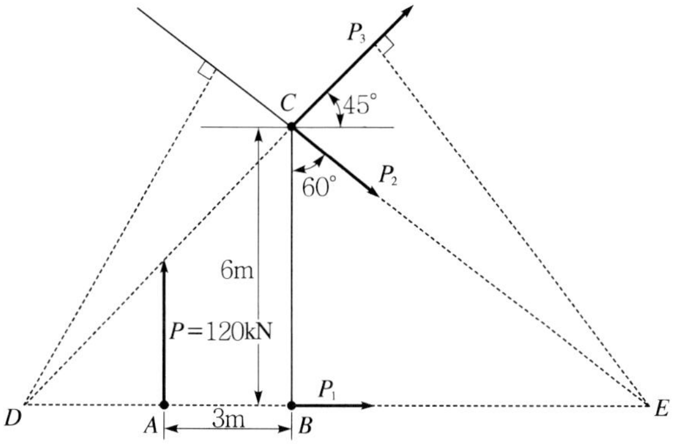

그림 1.39

풀이

일반 평면 역계의 평형 방정식 $\Sigma H=0$, $\Sigma V=0$, $\Sigma M=0$에 의하여 구한다.

$\Sigma M_C = -P_1 \times 6 + 120 \times 3 = 0$

$\therefore P_1 = 60\text{ kN}$

$\Sigma H = P_1 + P_2\cos 30° + P_3\cos 45° = 60 + \dfrac{\sqrt{3}}{2}P_2 + \dfrac{1}{\sqrt{2}}P_3 = 0$

$\therefore \sqrt{3}\,P_2 + \sqrt{2}\,P_3 + 120 = 0$ ①

$\Sigma V = -P_2\sin 30° + P_3\sin 45° + 120 = -\dfrac{1}{2}P_2 + \dfrac{1}{\sqrt{2}}P_3 + 120 = 0$

$\therefore -P_2 + \sqrt{2}\,P_3 + 240 - 0$ ②

식 ①, ②를 연립하여 풀면 $P_2 = 43.92\text{kN}$, $P_3 = -138.67\text{kN}$

또는 P_2와 P_3의 교점 C, P_1과 P_2의 교점 E를 모멘트의 중심으로 하여 $\Sigma M_C = 0$, $\Sigma M_D = 0$, $\Sigma M_E = 0$에 의하여 각각 P_1, P_2, P_3를 구할 수 있다. 여기서, P_1을 구하는 것은 앞에서의 계산과 마찬가지이므로 생략하고, P_2, P_3를 구하면 다음과 같다.

먼저 점 D와 E의 위치를 구하면,

$DB = 6\tan 45° = 6 \times 1 = 6\text{m}$

$BE = 6\tan 60° = 6 \times 1.732 = 10.392\text{m}$

따라서, $DE = DB + BE = 6 + 10.392 = 16.392\text{m}$

$DA = DB - 3 = 6 - 3 = 3\text{m}$

$AE = AB + BE = 3 + 10.392 = 13.392\text{m}$ 이므로,

$$\Sigma M_D = P_2 \times \text{DE}\sin 30° - 120 \times DA = P_2 \times 16.392 \times 0.5 - 120 \times 3 = 0$$

$$\therefore P_2 = 43.92\text{kN}$$

$$\Sigma M_E = + P_3 \times \text{DE}\sin 45° + 12 \times \text{AE} = + P_3 \times 16.392 \times 0.707 + 120 \times 13.392 = 0$$

$$\therefore P_3 = -138.67\text{kN}$$

예제 1.14

그림 1.40(a)의 부재 AC, BC가 받는 힘 P_{AC}와 P_{BC}를 구하여라.

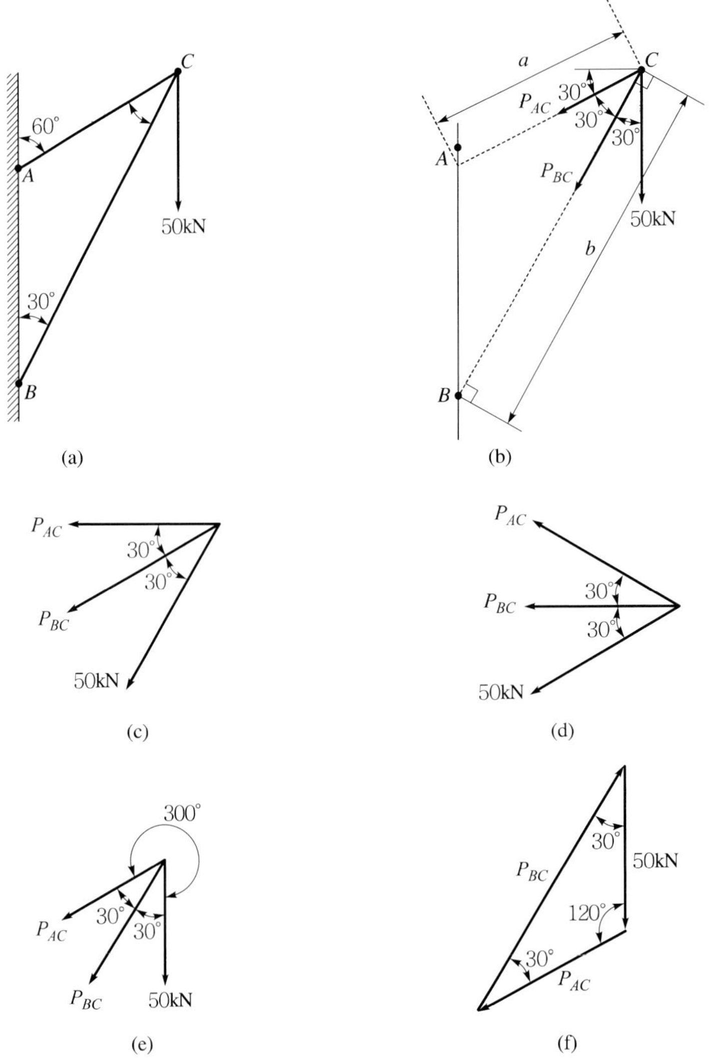

그림 1.40

풀이

그림과 같이 직선 부재를 핀으로 연결하여 만든 구조물의 연결점에 힘을 주면 부재에는 부재의 양끝을 잡아당기어 부재의 길이를 늘어나게 하는 인장력(引張力, tensile force)이 작용하거나 부재의 양끝을 눌러 부재의 길이를 줄어들게 하는 압축력(壓縮力, compressive force)이 작용한다. 이러한 문제는 그림(b)와 같이 부재를 절단하여 제거하고 부재 대신 부재가 받는 힘으로 바꾸어 놓은 자유 물체도에 대하여 힘의 평형조건을 적용하여 부재에 작용하는 힘을 구하면 된다. 이 때 부재가 받는 힘은 그림과 같이 인장력으로 가정하고 계산한 결과 그 부호가 (+)이면 가정한대로 인장력이고, (−)이면 압축력이다. 이 문제를 여러 가지 해법으로 풀어 보기로 한다.

풀이 −1

$\sum H=0$, $\sum V=0$ 에 의한 풀이

그림(b)에서,

$\Sigma H = P_{AC}\cos 30° + P_{BC}\cos 60° = 0$

$$\frac{\sqrt{3}}{2}P_{AC} + \frac{1}{2}P_{BC} = 0 \qquad ①$$

$\Sigma V = P_{AC}\sin 30° + P_{BC}\sin 60° + 50 = 0$

$$\frac{1}{2}P_{AC} + \frac{\sqrt{3}}{2}P_{BC} + 50 = 0 \qquad ②$$

식 ①, ②를 연립하여 풀면,

$P_{AC} = 50\text{kN}$(인장), $P_{BC} = -50\sqrt{3}\,\text{kN} = -86.6\text{kN}$(압축)

여기서, 각 힘의 수평 분력과 수직 분력의 부호는 모두 (−)이나 힘의 평형 방정식을 세울 때 같은 방향의 힘에 같은 부호를 붙이면 결과는 마찬가지이다.

또는 그림(c)와 같이 AC를 수평으로 생각하면,

$\Sigma V = P_{BC}\sin 30° + 50\sin 60° = 0$

$$\therefore P_{BC} = -\frac{50\sin 60°}{\sin 30°} = -\frac{50 \times \frac{\sqrt{3}}{2}}{\frac{1}{2}} = -50\sqrt{3}\,\text{kN}$$

$$= -86.60\text{kN}(\text{압축})$$

그림(d)와 같이 BC를 수평으로 생각하면,

$\Sigma V = P_{AC}\sin 30° - 50\sin 30° = 0$

$\therefore P_{AC} = 50\text{kN}$ (인장)

풀이 −2

$\Sigma M = 0$ 에 의한 풀이

그림(b)에서 부재 AC, BC의 길이를 각각 a, b라 하면,

$$\Sigma M_B = -P_{AC} \times b \times \sin 30° + 50 \times b \times \sin 30° = 0$$

$\therefore P_{AC} = 50\text{kN}$ (인장)

$$\Sigma M_A = P_{BC} \times a \times \sin 30° + 50 \times a \times \sin 60° = 0$$

$$\therefore P_{BC} = -\frac{50\sin 60°}{\sin 30°} = -\frac{50 \times \frac{\sqrt{3}}{2}}{\frac{1}{2}} = -50\sqrt{3}\,\text{kN}$$

$$= -86.60\,\text{kN}(\text{압축})$$

풀이 -3

라미의 정리에 의한 풀이

그림(e)에서,

$$\frac{P_{AC}}{\sin 30°} = \frac{P_{BC}}{\sin 300°} = \frac{50}{\sin 30°}$$

$P_{AC} = 50\ \text{kN}$(인장)

$$P_{BC} = \frac{50\sin 300°}{\sin 30°} = \frac{50(-\sin 60°)}{\sin 30°}$$

$$= \frac{-50 \times \left(\frac{\sqrt{3}}{2}\right)}{\frac{1}{2}} = -50\sqrt{3}\,\text{t} = 86.60\ \text{kN}(\text{압축})$$

풀이 -4

시력도에 의한 풀이

3개의 힘이 평형을 이루면 시력도는 폐합되어 그림(f)와 같은 삼각형이 되므로 이 삼각형에 대하여 sine법칙을 적용하면,

$$\frac{P_{AC}}{\sin 30°} = \frac{P_{BC}}{\sin 120°} = \frac{50}{\sin 30°}$$

$\therefore P_{AC} = 50\ \text{kN}$(인장)

$$P_{BC} = \frac{50 \cdot \sin 120°}{\sin 30°} = \frac{50\ \sin 60°}{\sin 30°}$$

$$= \frac{50 \times \left(\frac{\sqrt{3}}{2}\right)}{\frac{1}{2}} = 50\sqrt{3}\,\text{t} = 86.60\ \text{kN}$$(압축, C 점에 작용하는 3힘으로부터)

여기서, 부재 BC가 받는 힘은 인장력으로 가정한 그림(b)에서의 작용 방향과 그림(f)의 시력도에서의 작용 방향이 반대이므로 압축력임을 알 수 있다.

예제 1.15

그림 1.41(a)에서 강선 AC, BC가 받는 힘을 라미의 정리와 $\Sigma M=0$을 사용하여 구하여라.

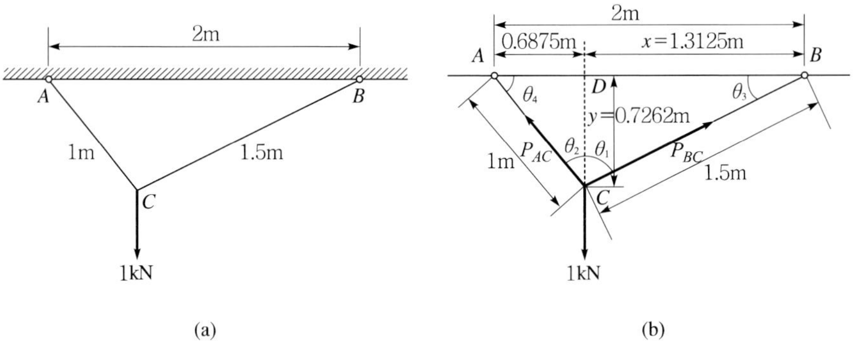

그림 1.41

풀이

그림(b)와 같이 점 C로부터 직선 AB에 내린 수선의 발을 점 D라 하고, 두 삼각형 ACD, BCD에 공통되는 변 CD의 길이를 y(m), 삼각형 BCD의 변 BD의 길이를 x(m)라 하면 피타고라스의 정리에 의하여,

$y^2=1.5^2-x^2=1^2-(2-x)^2$

$2.25-x^2=1-4+4x-x^2$

$4x=5.25 \qquad \therefore x=1.3125\text{m}$

$y=\sqrt{1.5^2-x^2}=\sqrt{1.5^2-1.3125^2}=0.7262\text{m}$

풀이 -1

라미의 정리에 의한 풀이

$$\sin\theta_1=\frac{x}{1.5}=\frac{1.3125}{1.5}=0.8750$$

$$\cos\theta_1=\frac{y}{1.5}=\frac{0.7262}{1.5}=0.4841$$

$$\sin\theta_2=\frac{2-x}{1}=\frac{2-1.3125}{1}=0.6875$$

$$\cos\theta_2=\frac{y}{1}=0.7262$$

$$\begin{aligned}\sin(\theta_1+\theta_2)&=\sin\theta_1\cdot\cos\theta_2+\cos\theta_1\cdot\sin\theta_2\\&=0.8750\times0.7262+0.4841\times0.6875=0.9682\end{aligned}$$

이며, 라미의 정리를 적용하면,

$$\frac{P_{AC}}{\sin(180° - \theta_1)} = \frac{P_{BC}}{\sin(180° - \theta_2)} = \frac{1}{\sin(\theta_1 + \theta_2)}$$

여기서, $\sin(180° - \theta) = \sin\theta$이므로,

$$\frac{P_{AC}}{0.8750} = \frac{P_{BC}}{0.6875} = \frac{1}{0.9682}$$

$$\therefore P_{AC} = \frac{1 \times 0.8750}{0.9682} = 0.904\ \text{kN}, \quad P_{BC} = \frac{1 \times 0.6875}{0.9682} = 0.710\ \text{kN}$$

풀이 -2

$\Sigma M = 0$ 에 의한 풀이

$$\sin\theta_3 = \frac{y}{1.5} = \frac{0.7262}{1.5} = 0.4841$$

$$\sin\theta_4 = \frac{y}{1} = 0.7262$$

$$\Sigma M_B = P_{AC} \times 2\sin\theta_4 - 1 \times 1.3125 = 0$$

$$\therefore P_{AC} = \frac{1 \times 1.3125}{2 \cdot \sin\theta_4} = \frac{1.3125}{2 \times 0.7262} = 0.904\ \text{kN(인장)}$$

$$\Sigma M_A = -P_{BC} \times 2\sin\theta 3 + 1 \times 0.6875 = 0$$

$$\therefore P_{BC} = \frac{1 \times 0.6875}{2\sin\theta_3} = \frac{0.6875}{2 \times 0.4841} = 0.710\ \text{kN(인장)}$$

연습문제

1.1 질량 5t의 물체에 작용하는 중력은 몇 N인가?

1.2 30kN의 힘은 몇 kgf인가?

1.3 그림 1.42(a), (b), (c)의 두 힘 P_1, P_2의 합력을 도해법과 해석법으로 구하여라.

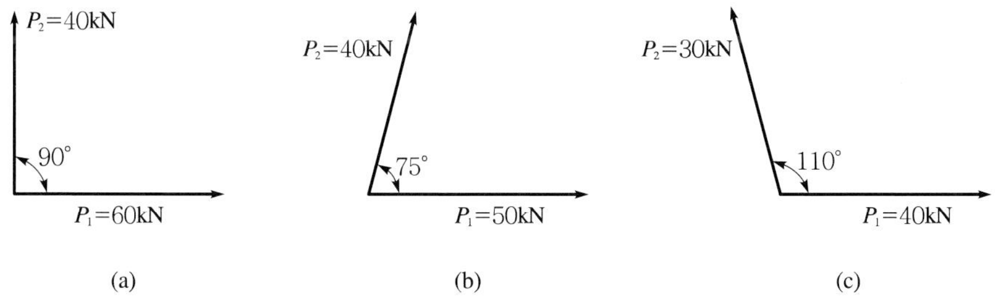

그림 1.42

1.4 그림 1.43(a), (b), (c)의 힘 R 의 x, y방향의 분력 P_x, P_y를 도해법과 해석법으로 구하여라.

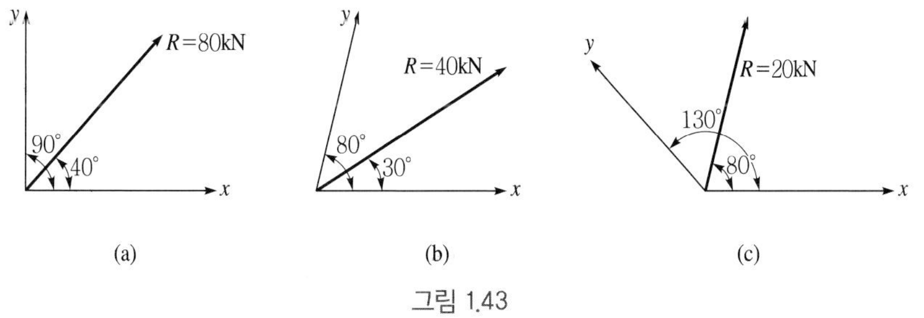

그림 1.43

1.5 그림 1.44의 힘 $R = 180\text{kN}$을 두 분력 $P_1 = 140\text{kN}$, $P_2 = 90\text{kN}$으로 분해하여라.

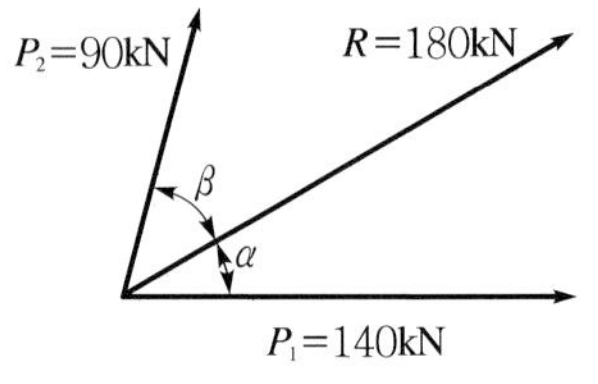

그림 1.44

1.6 그림 1.45와 같이 1점에 작용하는 4개의 힘의 합력을 구하여라.

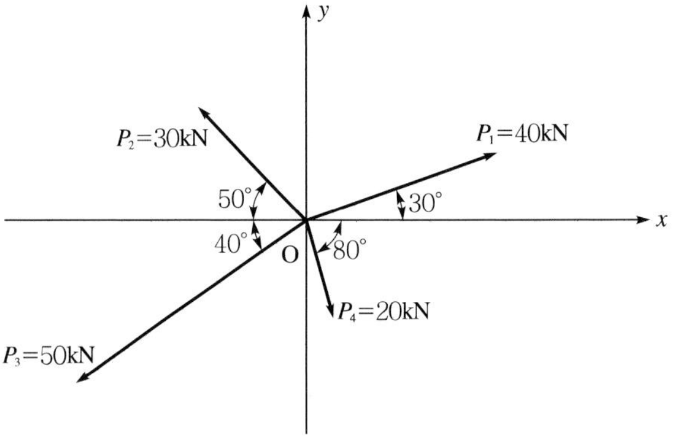

그림 1.45

1.7 그림 1.46과 같은 역계의 점 O에 대한 모멘트를 구하여라.

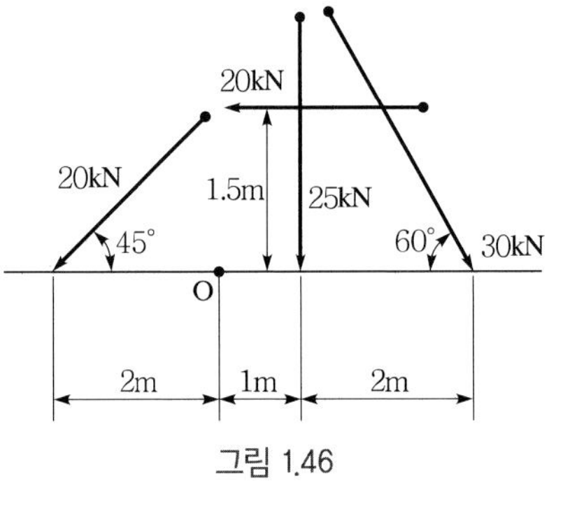

그림 1.46

1.8 그림 1.47(a), (b)와 같은 평행 역계의 합력을 구하여라.

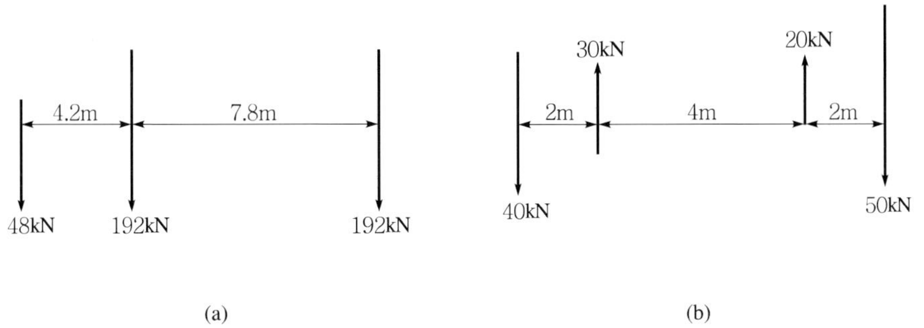

그림 1.47

1.9 그림 1.48과 같은 4개의 평행력을 2점 A, B를 지나는 2개의 평행력 P_1, P_2로 분해하여라.

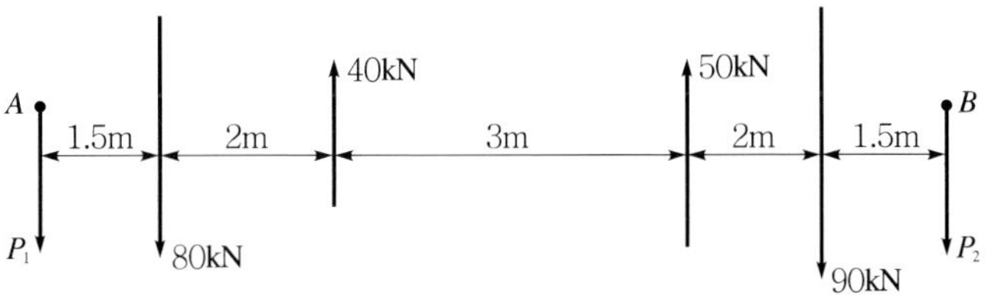

그림 1.48

1.10 그림 1.49와 같은 5개의 평행력으로 이루어진 평행 역계에 또 하나의 평행력 P_6이 작용하여 이들의 평행력에 의한 우력 모멘트가 1500kN · m일 때 P_6의 크기, 방향 및 작용선의 위치를 구하여라.

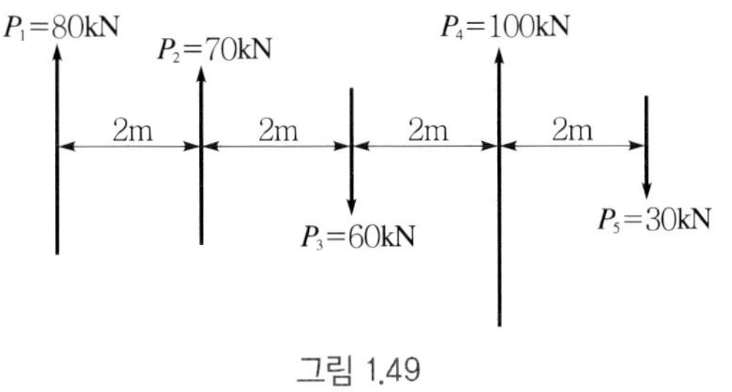

그림 1.49

1.11 그림 1.50과 같이 1점 A에 작용하는 힘 $P=50\text{kN}$과 우력 모멘트 $M=200\text{kN}\cdot\text{m}$를 합성하여라.

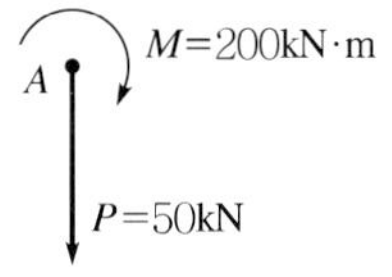

그림 1.50

1.12 그림 1.51의 두 힘 P_1, P_2를 점 C에 작용하는 힘 P와 우력 모멘트 M으로 분해하여라.

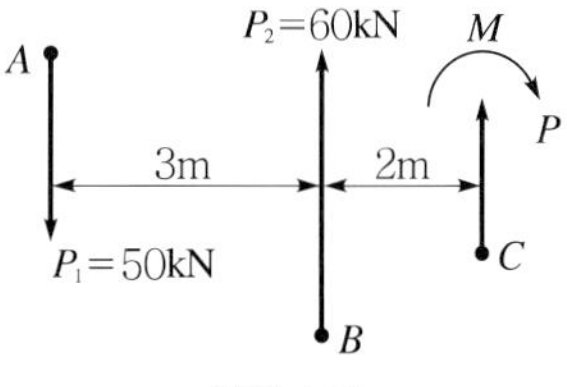

그림 1.51

1.13 그림 1.52와 같은 5개의 평면력을 합성하여라.

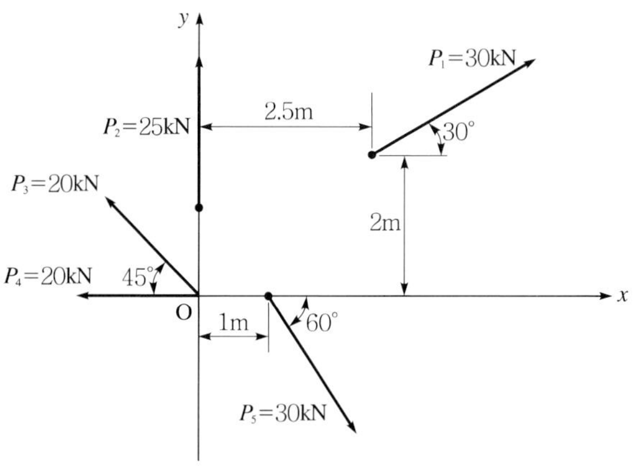

그림 1.52

1.14 그림 1.53과 같은 구조물에 작용하는 모든 외력의 합력의 작용선이 기초 저면(x축)을 지나는 점의 위치 x를 구하여라.

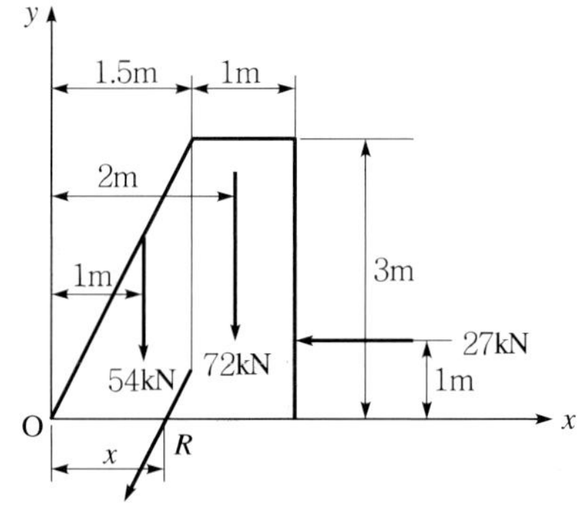

그림 1.53

1.15 그림 1.54의 두 힘 P_1, P_2 와 평형을 이루는 힘 P를 구하여라.

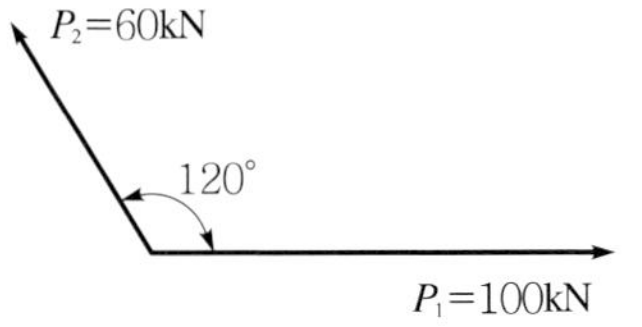

그림 1.54

1.16 그림 1.55의 3힘이 평형을 이룰 때 P_1, P_3을 구하여라.

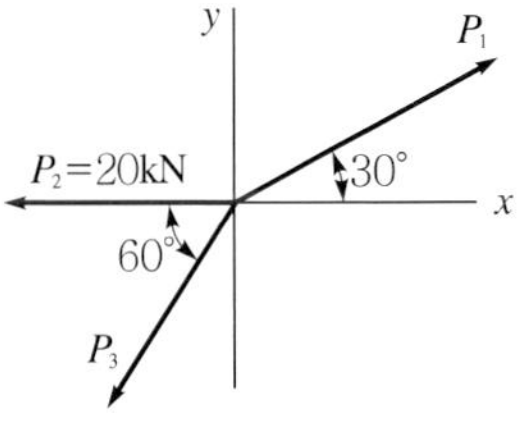

그림 1.55

1.17 그림 1.56의 3힘이 평형을 이룰 때 각 힘의 작용선이 이루는 각 α_1, α_2, α_3을 구하여라.

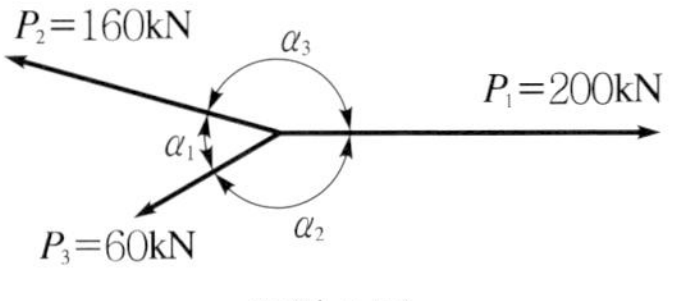

그림 1.56

1.18 그림 1.57에서 4개의 힘이 평형을 이루고 있다. 미지의 힘 P_1, P_2, P_3의 크기를 구하여라.

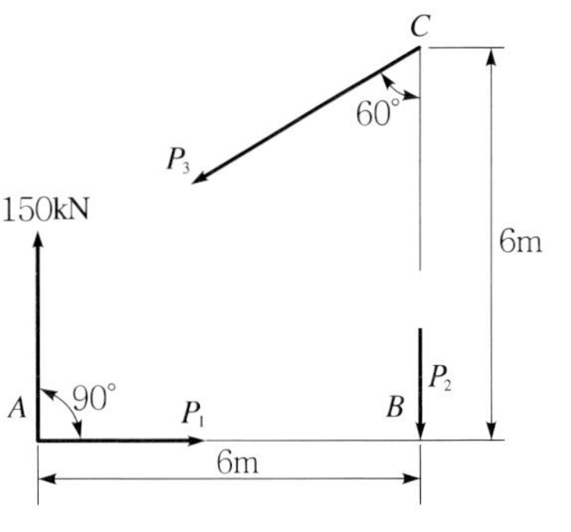

그림 1.57

1.19 그림 1.58(a), (b)의 힘이 평형을 이루고 있다. 힘 P_1, P_2를 구하여라.

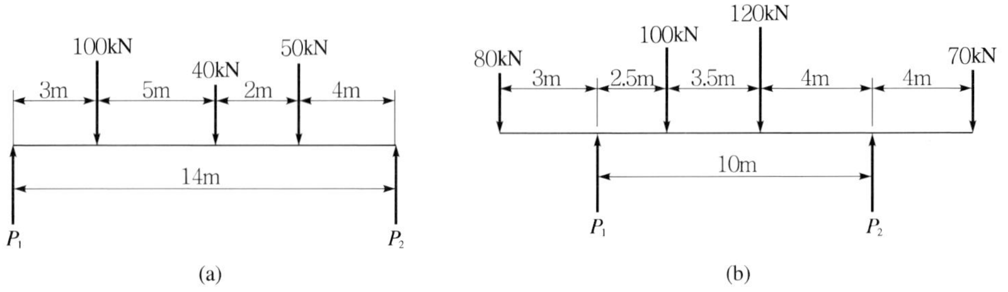

그림 1.58

1.20 그림 1.59(a), (b)에서 밧줄 AC, BC가 받는 힘을 구하여라.

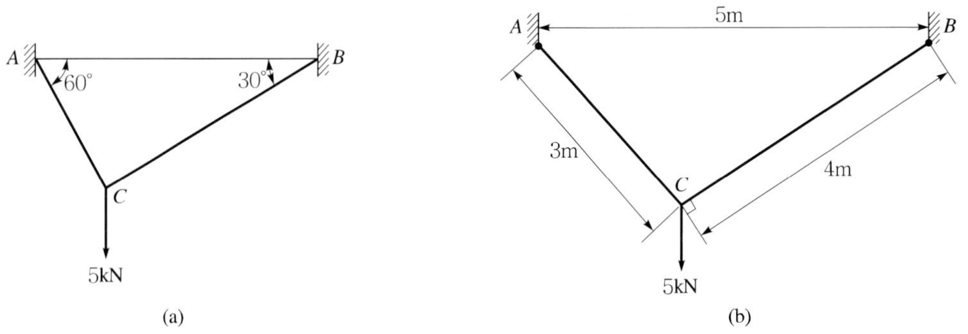

그림 1.59

1.21 그림 1.60의 데릭(derrick)의 부재 AB, AC에 작용하는 힘을 구하여라.

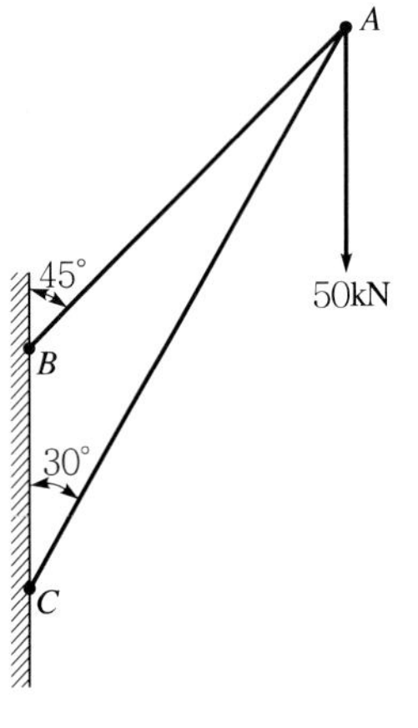

그림 1.60

CHAPTER 02

단면의 기하학적 성질

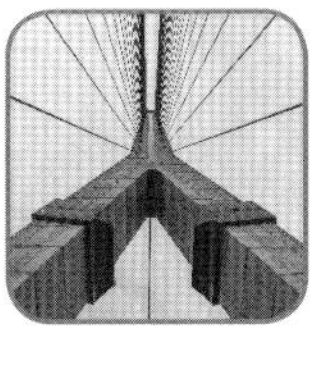

CHAPTER 02

단면의 기하학적 성질

부재의 단면이라고 하면 특별한 경우를 제외하고는 부재 축에 직각인 횡단면(橫斷面, cross section)을 말한다. 구조물을 구성하는 부재의 단면은 평면 도형(平面圖形)으로 나타나며, 그 형상은 직사각형, 원형 등과 같은 간단한 것을 비롯하여 몇 개의 도형이 모여서 이루어진 복합 도형(複合圖形)도 있다. 구조물의 부재 단면은 직사각형이 모여서 이루어진 것이 가장 많다.

구조물에 외력이 작용하여 평형을 이루면 구조물에는 미소한 변형이 일어나며, 동시에 구조물을 구성하고 있는 부재의 내부에 응력이 일어난다. 부재 단면의 형상 및 치수에 따라서 구조물의 변형과 부재 내부에 일어나는 응력이 달라진다.

우리가 구조물을 설계한다는 것은 가장 경제적이고도 안전한 부재 단면의 형상과 치수를 결정하는 것으로, 이를 위해서는 단면의 형상이 갖는 여러 가지 성질을 정확하게 알아야 한다.

2.1 단면1차모멘트와 도심

2.1.1 단면1차모멘트

그림 2.1과 같이 면적이 A인 단면 내의 미소 면적 dA의 임의의 직각 좌표가 $(x,\ y)$일 때 $y \cdot dA$, $x \cdot dA$를 각각 미소 면적 dA의 x, y축에 대한 단면 1차 모멘트라 하며, $y \cdot dA$와 $x \cdot dA$를 단면 전체에 걸쳐 적분한 것을 단면적 A의 x, y축에 대한 단면1차모멘트(geometrical moment, statical moment of area)라고 한다. 여기서, x, y축에 대한 단면1차모멘트를 각각 Q_x, Q_y로 표시하면,

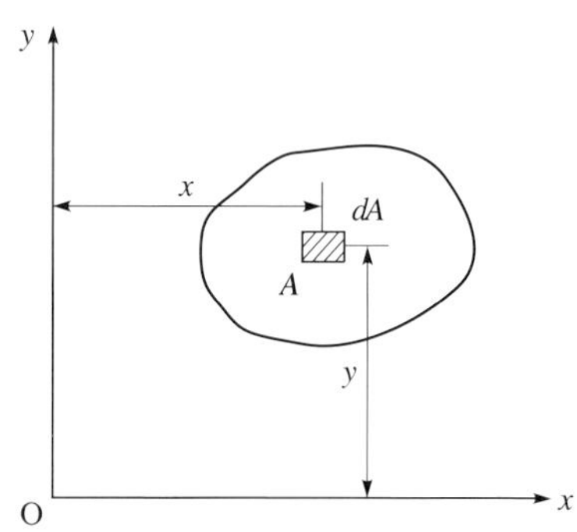

그림 2.1

$$Q_x = \int_A y \cdot dA \ , \ Q_y = \int_A x \cdot dA \tag{2.1}$$

이다.

단면1차모멘트는 면적에 길이를 곱한 것이므로 그 단위는 m^3, cm^3와 같이 길이 단위의 3제곱이다.

단면1차모멘트를 계산할 때, 항상 $dA > 0$으로 생각한다. 따라서 그 부호는 직각 좌표축 x, y를 어떻게 잡는가에 따라 정해진다.

2.1.2 좌표축의 평행 이동과 회전

(1) 좌표축의 평행 이동

임의의 직각 좌표축에 대한 단면1차모멘트의 값을 알고 있는 경우, 이 좌표축에 평행한 임의의 좌표축에 대한 단면1차모멘트의 값을 구하는 방법을 생각해 보기로 한다.

그림 2.2에서 임의의 직각 좌표축 x, y 에 대한 단면1차모멘트 Q_x, Q_y를 알고 있는 경우, x, y 축에 평행한 X, Y축에 대한 단면1차모멘트 Q_X, Q_Y 는

$Y = y - y_o$, V, $X = x - x_o$이므로,

$$Q_X = \int_A Y \cdot dA = \int_A (y - y_0) \cdot dA = \int_A y \cdot dA - y_0 \int_A dA = Q_x - y_0 \cdot A$$

$$Q_Y = \int_A X \cdot dA = \int_A (x - x_0) \cdot dA = \int_A x \cdot dA - x_0 \int_A dA = Q_y - x_0 \cdot A$$

$$\left.\begin{array}{ll} \text{즉,}\ Q_X = Q_x - y_0 A, & Q_Y = Q_y - x_0 A \\ \text{또는,}\ Q_x = Q_X + y_0 A, & Q_y = Q_Y + x_0 A \end{array}\right\} \tag{2.2}$$

(2) 좌표축의 회전

임의의 직각 좌표축 x, y에 대한 단면1차모멘트 Q_x, Q_y와 x, y축을 원점 둘레로 α만큼 회전시킨 새로운 직각 좌표축 X, Y에 대한 단면1차모멘트 Q_X, Q_Y 사이의 관계를 알아보기로 한다.

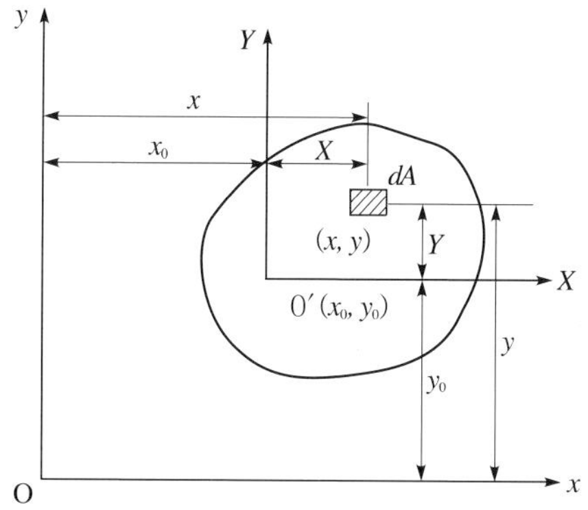

그림 2.2

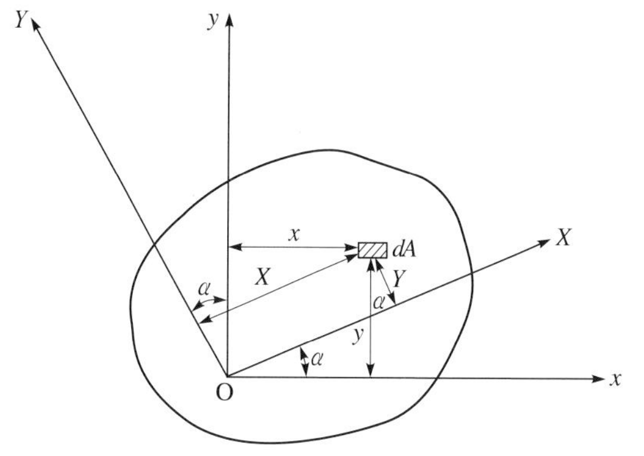

그림 2.3

그림 2.3에서

$$X = x \cdot \cos\alpha + y \cdot \sin\alpha$$

$$Y = -x \cdot \sin\alpha + y \cdot \cos\alpha$$

의 관계가 있으므로

$$Q_X = \int_A Y \cdot dA = \int_A (y \cdot \cos\alpha - x \cdot \sin\alpha) \cdot dA$$

$$= \cos\alpha \cdot \int_A y \cdot dA - \sin\alpha \cdot \int_A x \cdot dA = Q_x \cdot \cos\alpha - Q_y \cdot \sin\alpha$$

$$Q_Y = \int_A X \cdot dA = \int_A (x \cdot \cos\alpha + y \cdot \sin\alpha) \cdot dA$$

$$= \cos\alpha \cdot \int_A x \cdot dA + \sin\alpha \cdot \int_A y \cdot dA = Q_y \cdot \cos\alpha + Q_x \cdot \sin\alpha$$

즉,

$$\left.\begin{aligned} Q_X &= Q_x \cdot \cos\alpha - Q_y \cdot \sin\alpha \\ Q_Y &= Q_y \cdot \cos\alpha + Q_x \cdot \sin\alpha \end{aligned}\right\} \tag{2.3}$$

2.1.3 도 심

임의의 직교하는 두 축에 대한 단면1차모멘트가 0일 때, 이 직각 좌표축의 원점을 단면의 **도심**(圖心, centroid, center of figure) 또는 **중심**(重心, center of gravity)이라 한다. 그림 2.4에서 x, y축에 대한 단면1차모멘트를 각각 Q_x, Q_y 라 하고, x, y축에 평행한 직각 좌표축 X, Y의 원점이 단면의 도심 G와 일치한다고 하면 도심의 정의에 따라 $Q_X = Q_Y = 0$이므로 식 (2.2)에서 다음 식이 성립한다.

$$\left.\begin{aligned} Q_x &= y_0 \cdot A \\ Q_y &= x_0 \cdot A \end{aligned}\right\} \qquad (2.4)$$

$$\left.\begin{aligned} y_0 &= \frac{Q_x}{A} \\ x_0 &= \frac{Q_y}{A} \end{aligned}\right\} \qquad (2.5)$$

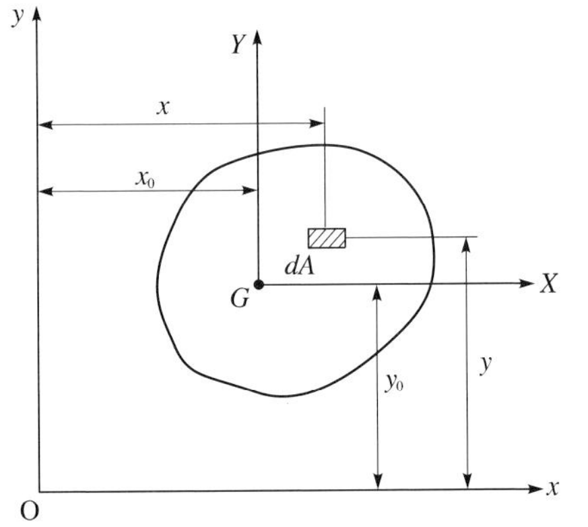

그림 2.4

식 (2.5)에 의하여 단면의 도심의 위치를 구할 수 있으며, 한 단면의 도심의 위치를 알면 식 (2.4)에 의하여 단면1차모멘트의 값을 쉽게 계산할 수 있다.

단면의 도심을 지나는 축을 **도심축**(圖心軸, centroidal axis)이라 하며, 만일 그림 2.2에서 x, y축이 도심축이라면 식 (2.4)에서 $y_0 = 0$, $x_0 = 0$이므로 $Q_x = 0$, $Q_y = 0$이다. 따라서, 식 (2.4)에 의하여 한 단면의 모든 도심축에 대한 단면1차모멘트는 0임을 알 수 있다. 여기서, 반드시 알아두어야 할 주요한 도형의 면적과 도심은 다음과 같다.

(가) 직사각형과 평행사변형(그림 2.5)

면적 : $A = b \cdot h$

도심 : 대각선의 교점

$$y_1 = y_2 = \frac{h}{2}$$

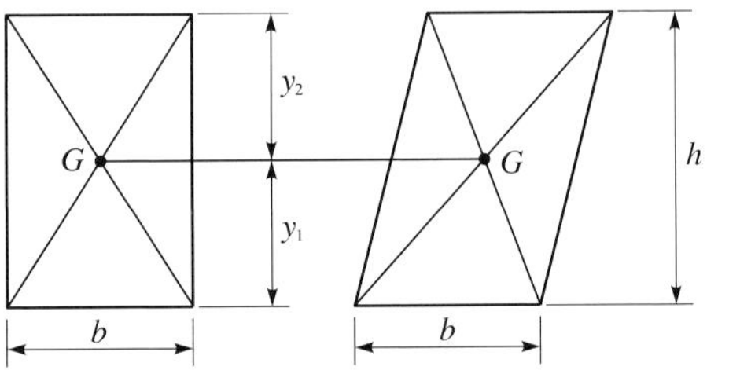

그림 2.5

(나) 삼각형(그림 2.6)

면적 : $b \cdot \frac{h}{2}$

도심 : 임의의 두 중선의 교점

$$y_1 = \frac{h}{3}, \quad y_2 = \frac{2h}{3}$$

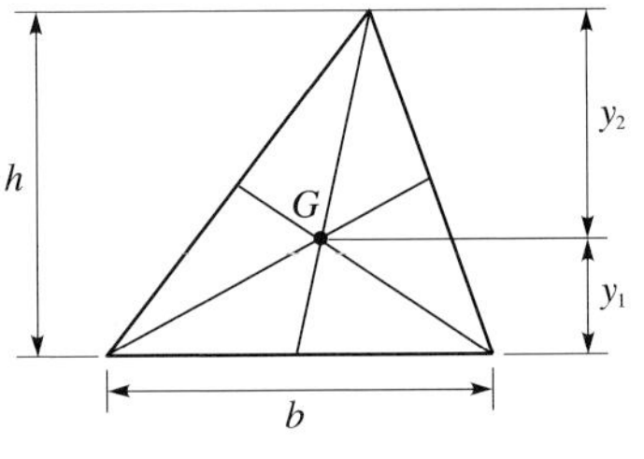

그림 2.6

(다) 원형(그림 2.7)

면적 : $A = \pi \cdot r^2 = \pi \cdot \dfrac{d^2}{4}$

도심 : 원의 중심 $y_1 = y_2 = r = \dfrac{d}{2}$

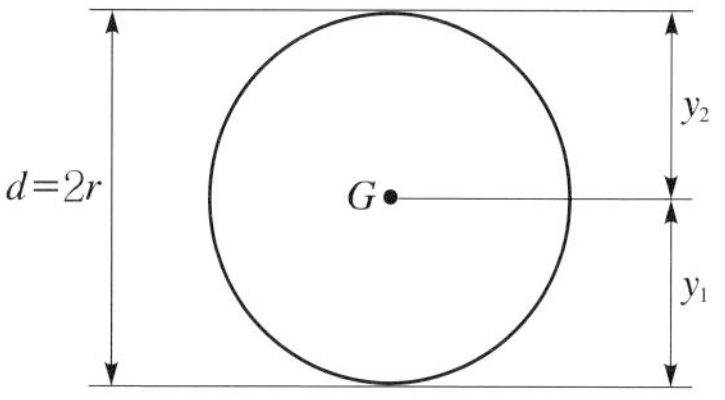

그림 2.7

(라) 사다리꼴(그림 2.8)

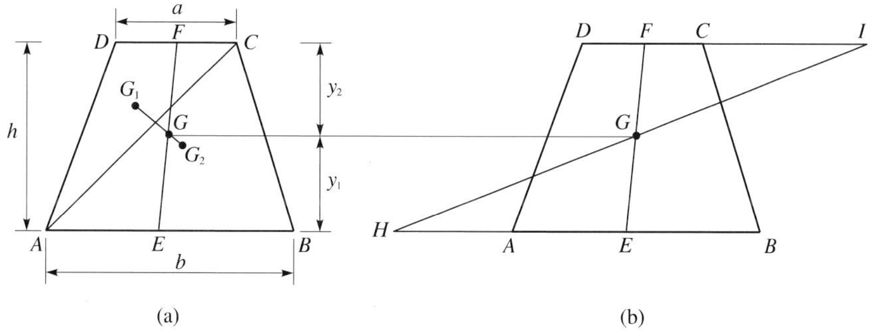

그림 2.8

면적 : $A = \dfrac{a+b}{2} \cdot h$

도심 : 그림 2.8(a)에서 평행한 두 변 AB, DC의 중점을 각각 E, F라 하고, 대각선 AC에 의하여 사다리꼴을 2개의 삼각형으로 나누어, 각 삼각형의 도심을 G_1, G_2라 하면 EF, G_1, G_2의 교점 G가 도심이다.

$$y_1 = \frac{2a+b}{3(a+b)} \cdot h$$

$$y_2 = \frac{2b+a}{3(a+b)} \cdot h$$

또는 그림(b)에 있어서, 평행한 두 변 AB, CD를 연장하여 $AH = CD$, $CI = AB$인 두 점 H, I를 정한다. AB, CD의 중점 E, F를 잇는 선과 두 점 H, I를 잇는 선과의 교점 G가 도심이다.

(마) 활꼴(그림 2.9)

활꼴의 반지름을 r, 중심각을 2α(rad) 현의 길이를 b라 하면 다음과 같다.

면적 : $A = \dfrac{r^2}{2} \cdot (2\alpha - \sin 2\alpha)$

도심 : $y = \dfrac{4 \cdot r \cdot \sin^3\alpha}{3(2\alpha - \sin 2\alpha)} = \dfrac{b^3}{12A}$

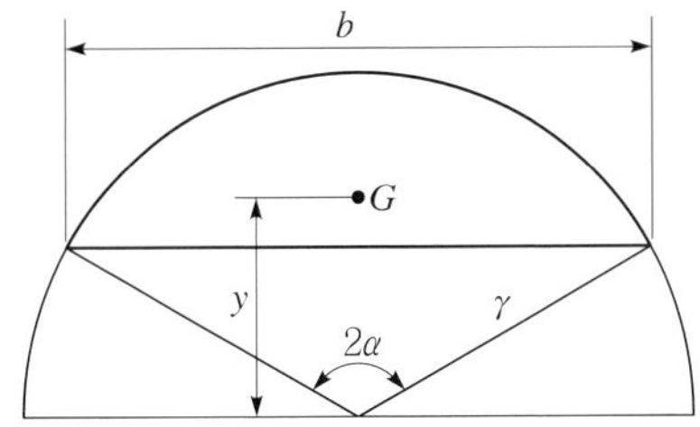

그림 2.9

(바) 포물선 도형(그림 2.10)

㉮ 그림 2.10의 OAC부분 면적 : $A_1 = \dfrac{bh}{3}$

도심 : $x_1 = \dfrac{3b}{4}$, $x_1{}' = \dfrac{b}{4}$

㉯ 그림 2.11의 OBC 부분 면적 : $A_2 = \dfrac{2bh}{3}$

도심 : $x_2 = \dfrac{3b}{8}$, $x_2{}' = \dfrac{5b}{8}$

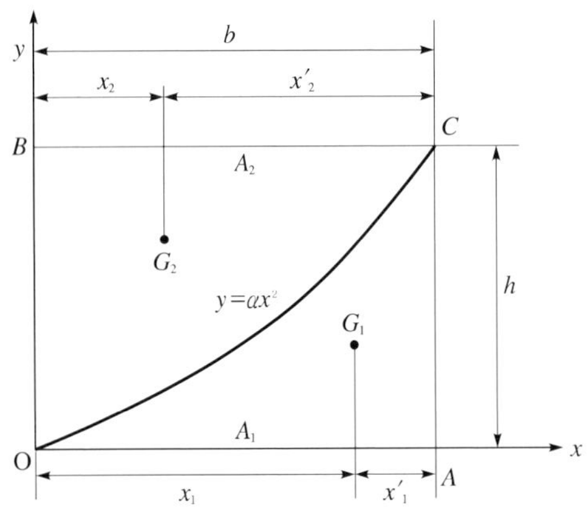

그림 2.10

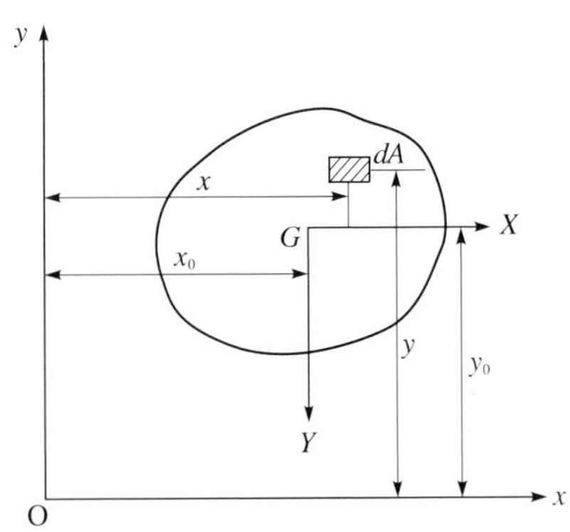

그림 2.11

2.1.4 복합 도형의 단면1차모멘트와 도심

먼저 힘의 모멘트와 단면1차모멘트와의 관계를 알아보기로 한다. 그림 2.11에서 x축에 대한 단면1차모멘트는 식 (2.1)과 같다. 이 식의 $Q_x = \int_A y \cdot dA$는 미소 면적 dA를 x축에 평행한 힘이라고 생각할 때, 이들 무수히 많은 힘의 x축에 대한 모멘트의 합계는 이들 힘들의 합력의 x축에 대한 모멘트와 같다. 또, 무수히 많은 힘 dA의 합력 $\int_A dA$는 단면적 A와 같다. 따라서 x 축으로부터 합력A의 작용선까지의 거리를 y_0이라 하면 합력A의 x축에 대한 모멘트는 $A \cdot y_0$이며, 이는 힘의 모멘트에 관한 바리뇽의 정리에 의하여 무수히 많은 분력 dA의 x축에 대한 모멘트의 합계인 $\int_A y \cdot dA$와 같아야 하므로 다음 식이 성립한다.

$$Q_x = \int_A y \cdot dA = A \cdot y_0 \quad \therefore y_0 = \frac{Q_x}{A}$$

마찬가지로, y축에 대해서도 dA를 y축 방향의 힘이라고 생각하여 y축으로부터 합력의 작용선까지의 거리를 x_0이라 하면 다음 식이 성립한다.

$$Q_y = \int_A x \cdot dA = A \cdot x_0 \quad \therefore x_0 = \frac{Q_y}{A}$$

만일 x, y축이 합력의 작용선과 일치한다고 하면 $y_0 = 0$, $x_0 = 0$이므로 $Q_x = 0$, $Q_y = 0$이다. 따라서 힘의 모멘트와 단면1차모멘트의 관계는 다음과 같음을 알 수 있다.

(가) 단면적을 임의의 축에 평행한 힘이라고 생각할 때, 그 축에 대한 힘의 모멘트가 단면1차모멘트이다.

(나) 단면적을 임의의 축에 평행한 힘이라고 생각할 때, 도심은 합력의 작용선상에 있다. 따라서 단면적을 x, y축에 평행한 힘이라고 생각할 때의 합력의 작용선의 교점 $G(x_o, y_o)$는 단면의 도심과 일치함을 알 수 있다.

임의의 복합 도형을 면적과 도심을 쉽게 구할 수 있는 몇 개의 기본 도형으로 나누어, 그림 2.12와 같이 각 기본 도형의 면적을 A_1, A_2, $\cdots A_i$, $\cdots$, A_n이라 하고, 임의의 직각 좌표축 (x, y)에 대한 각 기본 도형의 도심의 좌표를 각각 (x_1, y_1), (x_2, y_2), $\cdots$, (x_i, y_i), $\cdots$ (x_n, y_n)이라 하면 축에 대한 단면1차모멘트 Q_x, Q_y 는 다음과 같다.

$$\left.\begin{aligned} Q_x &= A_1 \cdot y_1 + A_2 \cdot y_2 + \cdots + A_i \cdot y_i + \cdots + A_n \cdot y_n = \Sigma A_i \cdot y_i \\ Q_y &= A_1 \cdot x_1 + A_2 \cdot x_2 + \cdots + A_i \cdot x_i + \cdots + A_n \cdot x_n = \Sigma A_i \cdot x_i \end{aligned}\right\} \quad (2.6)$$

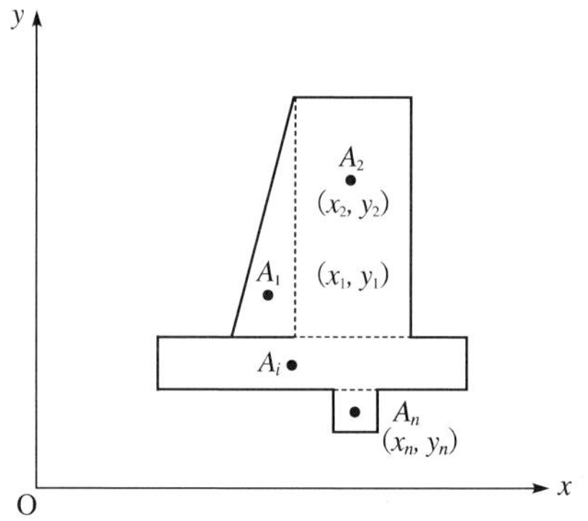

그림 2.12

복합 도형의 면적은 $A = A_1 + A_2 + \cdots + A_i + \cdots + A_n = \Sigma A_i$이므로 도심은 식 (2.5) 및 (2.6)에 의하여

$$\left.\begin{aligned} x_0 &= \frac{Q_y}{A} = \frac{A_1 \cdot x_1 + A_2 \cdot x_2 + \cdots + A_i \cdot x_i + \cdots + A_n \cdot x_n}{A_1 + A_2 + \cdots + A_i + \cdots + A_n} = \frac{\Sigma A_i \cdot x_i}{\Sigma A_i} \\ y_0 &= \frac{Q_x}{A} = \frac{A_1 \cdot y_1 + A_2 \cdot y_2 + \cdots + A_i \cdot y_i + \cdots + A_n \cdot y_n}{A_1 + A_2 + \cdots + A_i + \cdots + A_n} = \frac{\Sigma A_i \cdot y_i}{\Sigma A_i} \end{aligned}\right\} \quad (2.7)$$

만일 단면이 2개의 대칭축을 가지면 두 대칭축의 교점이 도심이며, 1개의 대칭축을 가지면 도심은 그 대칭축 상에 있다.

예제 2.1

그림 2.13과 같은 직사각형의 x 축에 대한 단면1차모멘트와 도심 y_0을 구하여라.

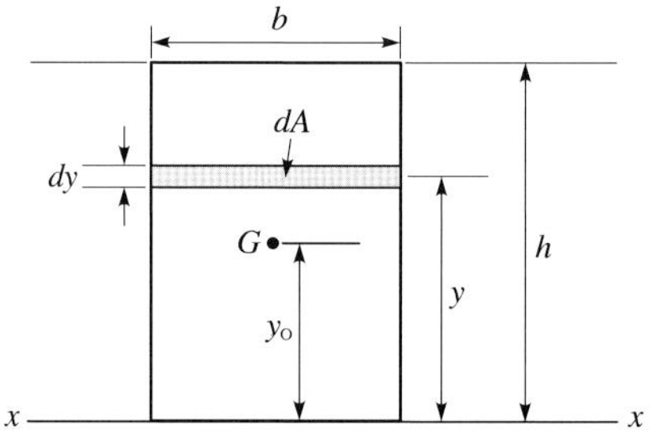

그림 2.13

풀이

$$Q_x = \int_A y \cdot dA = \int_0^h y(b \cdot dy) = b\int_0^h y \cdot dy = b \cdot \left[\frac{y^2}{2}\right]_0^h = \frac{bh^2}{2}$$

$$A = b \cdot h$$

$$\therefore\ y_0 = \frac{Q_x}{A} = \frac{bh^2/2}{bh} = \frac{h}{2}$$

예제 2.2

그림 2.14와 같은 삼각형의 x 축에 대한 단면1차모멘트와 도심 y_0을 구하여라.

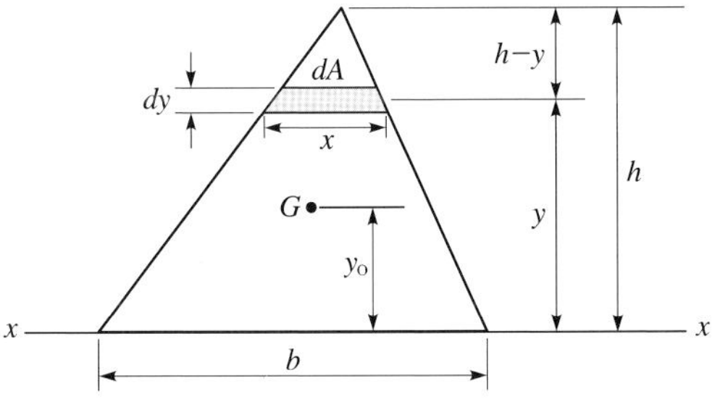

그림 2.14

풀이

그림에서 $b : h = x : (h-y)$ 이므로 $x = \frac{(h-y)}{h} \cdot b$

$$Q_x = \int_A y \cdot dA = \int_0^h y \cdot x \cdot dy = \int_0^h \frac{(h-y)}{h} b \cdot y \cdot dy$$

$$= \frac{b}{h}\left[\int_0^h h \cdot y \cdot dy - \int_0^h y^2 \cdot dy\right] = \frac{b}{h}\left\{h\left[\frac{y^2}{2}\right]_0^h - \left[\frac{y^3}{3}\right]_0^h\right\}$$

$$= \frac{b}{h} \times \frac{h^3}{6} = \frac{bh^2}{6}$$

$$A = \frac{bh}{2}$$

$$\therefore y_0 = \frac{Q_x}{A} = \frac{bh^2/6}{bh/2} = \frac{h}{3}$$

예제 2.3

그림 2.15(a)와 같은 사다리꼴의 x축에 대한 단면1차모멘트와 도심 y_0을 구하여라.

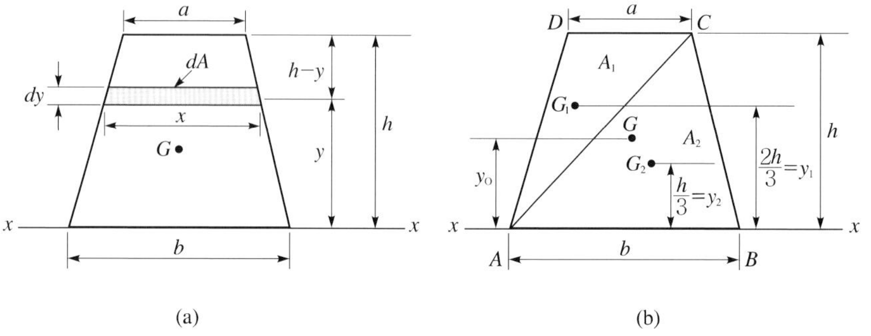

그림 2.15

풀이

그림(a)에서 $(b-a):(x-a)=h:(h-y)$이므로

$$x=\frac{1}{h}\cdot(bh-by+ay)$$

$$Q_x=\int_A y\cdot dA=\int_0^h y\cdot\frac{1}{h}\cdot(bh-by+ay)\cdot dy$$

$$=\frac{1}{h}\int_0^h(bhy-by^2+ay^2)\cdot dy$$

$$=\frac{1}{h}\left[\frac{bh}{2}\cdot y^2-\frac{b}{3}\cdot y^3+\frac{a}{3}\cdot y^3\right]_0^h=\frac{2a+b}{6}\cdot h^2$$

$$A=\frac{a+b}{2}\cdot h$$

$$\therefore y_0=\frac{Q_x}{A}=\frac{2a+b}{6}\cdot h^2\times\frac{2}{(a+b)h}=\frac{2a+b}{3(a+b)}\cdot h$$

또는 그림(b)와 같이 사다리꼴 ABCD를 대각선 AC에 의하여 두 부분으로 나누면,

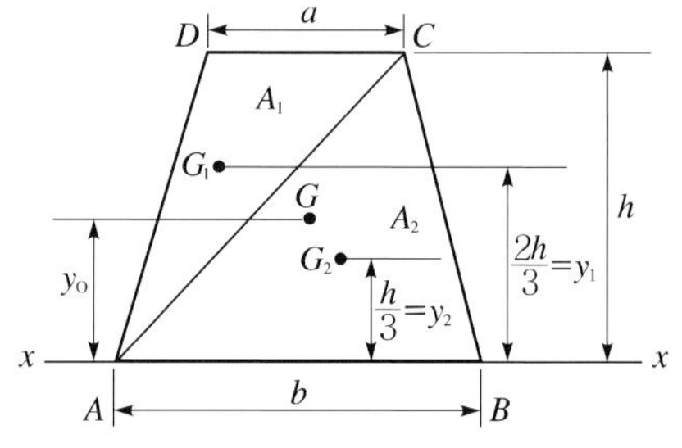

(b)

$$A_1=\triangle ACD=\frac{ah}{2},\quad y_1=\frac{2h}{3},$$

$$A_2=\triangle ABC=\frac{bh}{2},\quad y_2=\frac{h}{3}\text{이므로,}$$

$$y_0=\frac{A_1\cdot y_1+A_2\cdot y_2}{A_1+A_2}=\frac{\frac{ah}{2}\times\frac{2h}{3}+\frac{bh}{2}\times\frac{h}{3}}{\frac{ah}{2}+\frac{bh}{2}}=\frac{2a+b}{3(a+b)}\cdot h$$

예제 2.4

그림 2.16과 같은 반지름 r, 중심각 2α의 활꼴의 도심 y_0 을 구하여라.

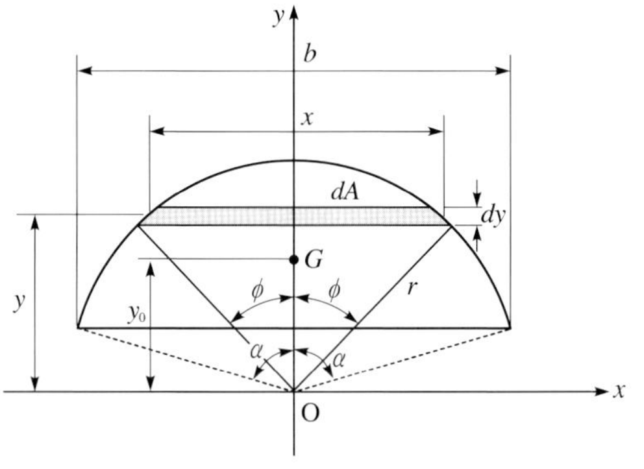

그림 2.16

풀이

$x = 2r \cdot \sin\phi,\ y = r \cdot \cos\phi$

$dy = -r \cdot \sin\phi \cdot d\phi,\ dA = x \cdot dy = -2r^2 \cdot \sin^2\phi \cdot d\phi$이므로

$$Q_x = \int_A y \cdot dA = \int_\alpha^0 r \cdot \cos\phi \cdot (-2r^2 \cdot \sin^2\phi \cdot d\phi)$$

$$= -2r^3 \int_\alpha^0 \sin^2\phi \cdot \cos\phi \cdot d\phi = -2r^3 \int_\alpha^0 \sin^2\phi \cdot d(\sin\phi) = -2r^3 \left[\frac{\sin^3\phi}{3} \right]_\alpha^0 = \frac{2}{3} r^3 \cdot \sin^3\alpha$$

여기서, $\frac{b}{2} = r \cdot \sin\alpha$ 이므로, $r^3 \cdot \sin^3\alpha = \left[\frac{b}{2} \right]^3$ 이다.

이를 위의 식에 대입하여 Q_x를 활꼴의 현의 길이 b로 표시하면,

$$Q_x = \frac{2}{3} \cdot r^3 \cdot \sin^3\alpha = \frac{2}{3} \cdot \left[\frac{b}{2} \right]^3 = \frac{b^3}{12}$$

$$A = \pi \cdot r^2 \times \frac{2\alpha}{2\pi} - \frac{1}{2} \times 2r \cdot \sin\alpha \times r \cdot \cos\alpha = \alpha r^2 - r^2 \cdot \sin\alpha \cdot \cos\alpha = \frac{r^2}{2}(2\alpha - \sin 2\alpha)$$

$$\therefore y_0 = \frac{Q_x}{A} = \frac{\frac{2}{3} \cdot r^3 \cdot \sin^3\alpha}{\frac{r^2}{2} \cdot (2\alpha - \sin 2\alpha)} = \frac{4r \cdot \sin^3\alpha}{3(2\alpha - \sin 2\alpha)} = \frac{b^3}{12A}$$

$\alpha = \frac{\pi}{2}$ 즉, 반원의 경우는 $y_0 = \frac{4r}{3\pi}$

예제 2.5

그림 2.17과 같은 포물선 도형의 OAC 부분과 OBC 부분의 도심의 좌표 x_1, x_1' 및 x_2, x_2'를 구하여라.

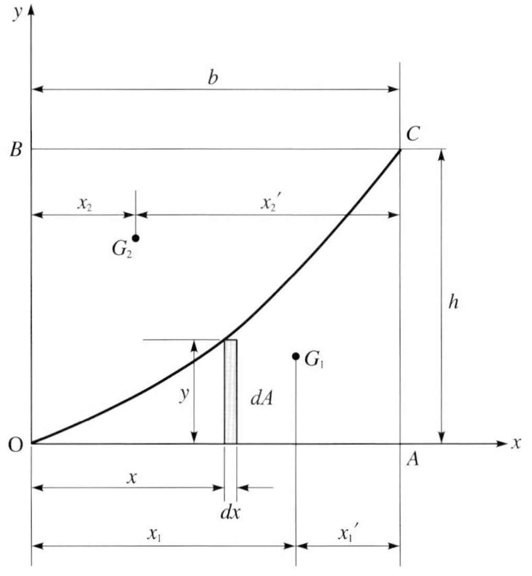

그림 2.17

풀이

포물선의 방정식 $y = ax^2$에서 $x = b$이면 $y = h$이므로 $h = ab^2$이다. 그러므로

$a = \dfrac{h}{b^2}$ =이며, $y = \dfrac{h}{b^2} \cdot x^2$이다.

도형 OAC 부분의 면적을 A_1, y축에 대한 단면1차모멘트를 Q_{y_1}이라 하면,

$$A_1 = \int_0^b y dx = \int_0^b \frac{h}{b^2} \cdot x^2 dx = \frac{h}{b^2}\left[\frac{x^3}{3}\right]_0^b = \frac{bh}{3}$$

$$Q_{y_1} = \int_A x dA = \int_0^b x \cdot y \cdot dx = \int_0^b x\left[\frac{h}{b^2} \cdot x^2\right]dx = \frac{h}{b^2}\int_0^b x^3 \cdot dx = \frac{h}{b^2}\left[\frac{x^4}{4}\right]_0^b = \frac{b^2 h}{4}$$

$$\therefore x_1 = \frac{Q_{y1}}{A} = \frac{\frac{b^2 h}{4}}{\frac{bh}{3}} = \frac{3}{4}b$$

$$\therefore x_1' = b - \frac{3}{4}b = \frac{b}{4}$$

직사각형 $b \times h$의 면적을 A, y축에 대한 단면1차모멘트를 Q_y라 하면,

$A = bh, \quad Q_y = A \cdot x_0 = bh \times \frac{b}{2} = \frac{b^2 h}{2}$

도형 OBC 부분의 면적을 A_2, y 축에 대한 단면1차모멘트를 Q_{y2}라 하면,

$A_2 = bh - \frac{bh}{3} = \frac{2bh}{3}$ 이고, $Q_{y2} = Q_y - Q_{y1} = \frac{b^2 h}{2} - \frac{b^2 h}{4} = \frac{b^2 h}{4}$ 이다.

따라서, $x_2 = \frac{Q_{y2}}{A_2} = \frac{\frac{b^2 h}{4}}{\frac{2bh}{3}} = \frac{3b}{8}$, $x_2{}' = b - \frac{3b}{8} = \frac{5b}{8}$

예제 2.6

그림 2.18과 같이 면적 A_1의 I형 단면에 면적 A_2의 단면을 증가시켰을 때의 도심의 이동 거리 δ를 구하여라.

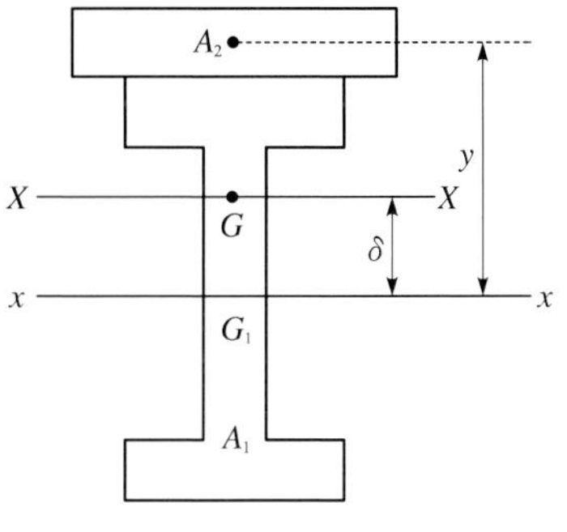

그림 2.18

풀이

그림에서 x축을 단면적이 A_1인 I형 단면의 도심축, X축을 단면적 A_2를 증가시킨 단면 전체의 도심축, δ를 두 축 x, X 사이의 거리, 즉, 도심의 이동 거리, y를 x 축으로부터 증가된 단면 A_2의 도심까지의 거리라고 하면 전체 단면의 x축에 대한 단면1차모멘트는 본래의 단면적 A_1과 증가된 단면적 A_2의 x축에 대한 단면1차모멘트의 합계와 같으므로 다음 식이 성립한다.

$(A_1 + A_2) \cdot \delta = A_1 \times 0 + A_2 \times y$

$\therefore \delta = \frac{A_2 \cdot y}{A_1 + A_2}$

이 δ 를 구하는 방법은 도심을 알고 있는 면적 A_1의 단면에 면적 A_2의 단면을 증가시킨 단면의 도심을 구할 때 이용하면 편리하다.

예제 2.7

그림 2.19와 같은 T형 단면의 도심을 구하여라.

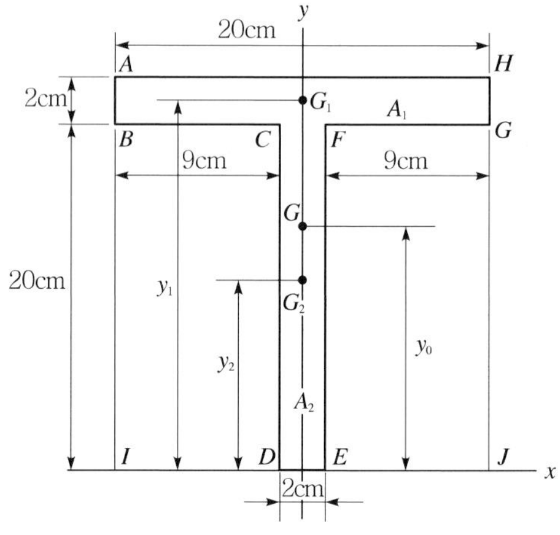

그림 2.19

풀이

좌표축을 그림과 같이 설정하면 y 축에 대하여 좌우대칭이므로, 도심의 x 좌표는 $x_o = 0$이다. 따라서, 도심의 y 좌표만 구하면 된다.

그림과 같이 단면을 2개의 직사각형으로 나누어 각각의 면적과 도심을 A_1, y_1 및 A_2, y_2라 하면

$$A_1 = \square ABGH = 20 \times 2 = 40\text{cm}^2, \ y_1 = 20 + \frac{2}{2} = 21\text{cm}$$

$$A_2 = \square CDEF = 2 \times 20 = 40\text{cm}^2, \ y_2 = \frac{20}{2} = 10\text{cm}$$

이므로, 식 (2.7)에 의하여

$$y_0 = \frac{Q_x}{A} = \frac{A_1 \cdot y_1 + A_2 \cdot y_2}{A_1 + A_2} = \frac{40 \times 21 + 40 \times 10}{40 + 40} = 15.5\text{cm}$$

또는, 단면의 면적을 $A = A_3 - A_4 = \square AIJH - 2\square BIDC$로 생각하여 다음과 같이 구할 수도 있다.

$$A_3 = 20 \times 22 = 440\text{cm}^2, \ y_3 = \frac{22}{2} = 11\text{cm}$$

$$A_4 = 2 \times 9 \times 20 = 360\text{cm}^2, \ y_4 = \frac{20}{2} = 10\text{cm}$$ 이므로,

$$y_0 = \frac{Q_x}{A} = \frac{A_3 \cdot y_3 - A_4 \cdot y_4}{A_3 - A_4} = \frac{440 \times 11 - 360 \times 10}{440 - 360} = 15.5\text{cm}$$

예제 2.8

그림 2.20과 같은 단면의 밑변에 평행한 도심축의 위치를 구하여라.

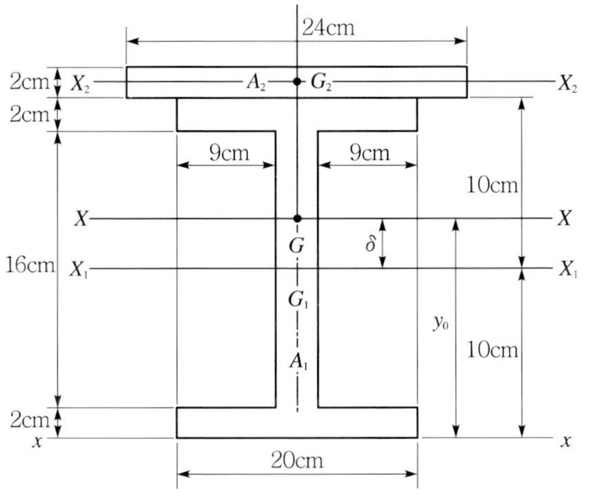

그림 2.20

풀이

밑변을 x축으로 하여 x축으로부터 도심 G까지의 거리를 식 (2.7)에 의하여 구할 수 있으나, 이 경우 I형 단면 A_1은 그림의 X_1축에 대하여 상하 대칭이므로 I형 단면의 도심은 X_1축 상에 있다. 따라서 위에 있는 직사각형 단면 A_2의 증가로 인한 도심의 이동 거리 δ를 구하면, 단면의 도심 G의 위치를 쉽게 알 수 있다.

I형 단면의 면적 $A_1 = 20 \times 20 - 2 \times 9 \times 16 = 112\text{cm}^2$

증가된 단면의 면적 $A_2 = 24 \times 2 = 48\text{cm}^2$

X_1축에서 단면 A_2의 도심까지의 거리 $y = 10 + \dfrac{2}{2} = 11\text{cm}$

$$\therefore \delta = \frac{A_2 \cdot y}{A_1 + A_2} = \frac{48 \times 11}{112 + 48} = 3.3\text{cm}$$

x축으로부터 도심 G까지의 거리 y_0을 구하면,

$y_0 = 10 + 3.3 = 13.3\text{cm}$

예제 2.9

그림 2.21과 같은 단면의 도심을 구하여라.

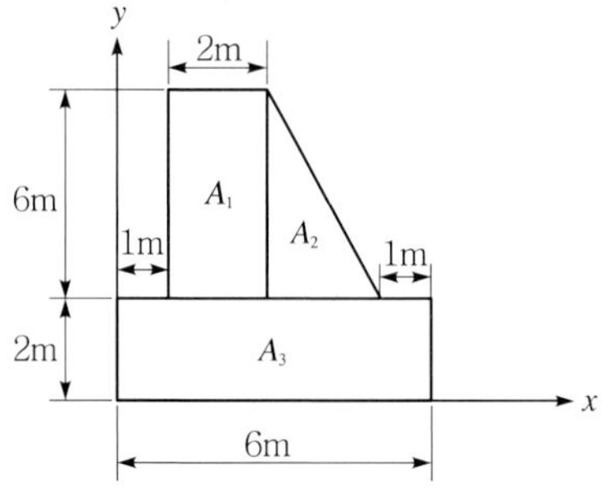

그림 2.21

풀이

단면을 그림과 같이 2개의 직사각형과 1개의 삼각형으로 분할하면, 분할된 각 도형의 면적과 도심은,

$A_1 = 2\times 6 = 12\mathrm{m}^2,\ x_1 = 1 + \dfrac{2}{2} = 2\mathrm{m}$

$y_1 = 2 + \dfrac{6}{2} = 5\mathrm{m}\ \ A_2 = \dfrac{2\times 6}{2} = 6\mathrm{m}^2,$

$x_2 = 1 + 2 + \dfrac{1}{3}\times 2 = \dfrac{11}{3}\mathrm{m},\ y_2 = 2 + \dfrac{1}{3}\times 6 = 4\ \mathrm{m}$

$A_3 = 6\times 2 = 12\mathrm{m}^2,$

$x_3 = \dfrac{6}{2} = 3\mathrm{m},\ y_3 = \dfrac{2}{2} = 1\ \mathrm{m}$ 이므로,

$$x_0 = \frac{Q_y}{A} = \frac{A_1\cdot x_1 + A_2\cdot x_2 + A_3\cdot x_3}{A_1 + A_2 + A_3} = \frac{12\times 2 + 6\times\dfrac{11}{3} + 12\times 3}{12+6+12} = 2.73\mathrm{m}$$

$$y_0 = \frac{Q_x}{A} = \frac{A_1\cdot y_1 + A_2\cdot y_2 + A_3\cdot y_3}{A_1 + A_2 + A_3} = \frac{12\times 5 + 6\times 4 + 12\times 1}{12+6+12} = 3.20\mathrm{m}$$

2.2 2차 단면 모멘트

단면의 모멘트는 단면1차모멘트뿐만 아니라 2차, 3차 더 나아가서는 n차의 단면 모멘트를 생각할 수 있으나, 보통의 경우에는 2차의 단면 모멘트까지가 사용되고 있다. 2차의 단면 모멘트로서는 단면2차모멘트, 단면 상승(相乘) 모멘트 및 단면 2차 극(極) 모멘트의 3가지가 있다. 이들 2차의 단면 모멘트는 단면의 성질에서 가장 중요한 부분이다.

2.2.1 단면2차모멘트

그림 2.1과 같이 면적이 A인 단면 내의 미소 면적 dA의 임의의 직각 좌표가 (x, y)일 때, $y^2 \cdot dA$, $x^2 \cdot dA$를 단면 전체에 걸쳐 적분한 것을 단면적 A의 x, y 축에 대한 **단면2차모멘트** 또는 **관성**(慣性) **모멘트**(moment of inertia)라 한다. 즉, x, y축에 대한 단면2차모멘트를 각각 I_x, I_y로 표시하면,

$$I_x = \int_A y^2 \cdot dA \ , \quad I_y = \int_A x^2 \cdot dA \tag{2.8}$$

이다. 단면2차모멘트는 면적에 길이의 제곱을 곱한 것이므로, 그 단위는 m^4, cm^4와 같이 길이의 단위의 4제곱이고, 부호는 좌표축의 선정 방법에 관계없이 항상 (+)이다. 간단한 도형의 임의의 축에 대한 단면2차모멘트는 식 (2.8)에 의하여 쉽게 구할 수 있으며, 단면의 도심축에 대한 단면2차모멘트가 가장 중요하다. 우리가 반드시 알아두어야 할 기본 도형의 도심축에 대한 단면2차모멘트는 그림 2.22와 같다.

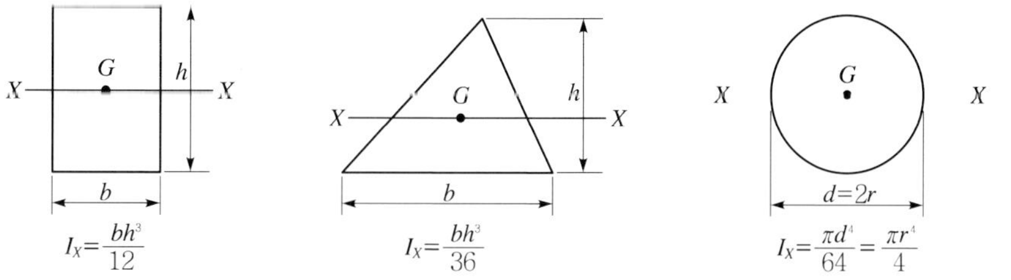

그림 2.22

2.2.2 단면상승모멘트

그림 2.23과 같이 면적이 A인 단면 내의 미소 면적 dA의 임의의 직각 좌표가 (x, y)일 때, $x \cdot y \cdot dA$를 미소 면적 dA의 x, y축에 대한 상승모멘트라 하며, $x \cdot y \cdot dA$를 단면

전체에 걸쳐 적분한 것을 단면적 A의 x, y축에 대한 **단면상승모멘트**(product of inertia)라 한다.

즉, x, y축에 대한 단면상승모멘트를 I_{xy}로 표시하면,

$$I_{xy} = \int_A x \cdot y \cdot dA \tag{2.9}$$

이다. 단면상승모멘트는 (면적)×(거리)×(거리)이므로 그 단위는 길이의 단위의 4제곱으로 m^4, cm^4 등이 사용된다.

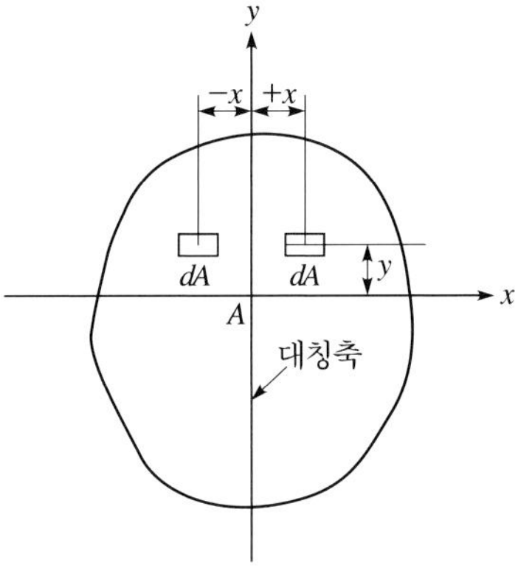

그림 2.23

이 단면이 y축에 대하여 대칭인 경우에는 y축 좌우의 단면이 1대 1의 대응 관계가 있으며, 동일한 y 좌표에 대하여 y 축 좌우의 x좌표는 항상 반대 부호이므로

$$I_{xy} = \int_A x \cdot y \cdot dA = \int_{A/2} x \cdot y \cdot dA + \int_{A/2} -x \cdot y \cdot dA = 0$$

이다. 단면이 x축에 대하여 대칭인 경우에도 마찬가지로 $I_{xy} = 0$이다. 즉, 단면이 대칭축을 가지면 그 대칭축과 직교하는 직각 좌표축에 대한 단면상승모멘트는 0이다. 그러나 어느 직각 좌표축에 대한 단면상승모멘트가 0일지라도 직교 좌표축 가운데 어느 것도 대칭축이 아닐 수도 있다.

2.2.3 단면2차극모멘트

그림 2.24에서 면적이 A인 단면과 같은 평면 내에 있는 임의의 점 O(극)를 지나고, 단면에 수직한 축을 z라 한다. 점0부터 단면내의 미소 면적 dA까지의 거리를 ρ라고 할 때, $\rho^2 \cdot dA$를 미소 면적 dA의 z축(또는 0점)에 대한 2차 극모멘트라 하며, $\rho^2 \cdot dA$를 단면 전체에 걸쳐 적분한 것을 단면 A의 z축에 대한 **단면2차극모멘트** 또는 **극관성**(極慣性)**모멘트**(polar moment of interia)라 한다.

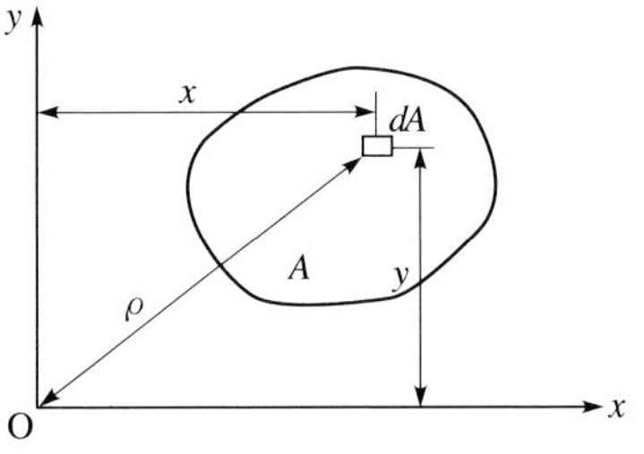

그림 2.24

즉, z축에 대한 단면2차극모멘트를 I_p로 표시하면,

$$I_p = \int_A \rho^2 \cdot dA \tag{2.10}$$

이다.

여기서, 점 O를 극(極, pole)이라 하며, I_p를 극 O에 대한 단면2차극모멘트라고도 한다.

또, 점 O를 원점으로 하는 직교 좌표축 x, y를 설정하면 $\rho^2 = x^2 + y^2$이므로,

$$I_p = \int_A \rho^2 \cdot dA = \int_A (y^2 + x^2) \cdot dA = \int_A y^2 \cdot dA + \int_A x^2 \cdot dA = I_x + I_y \tag{2.11}$$

이다. 즉, 극 O에 대한 단면2차극모멘트는 극 O를 원점으로 하는 임의의 직교 좌표축에 대한 단면2차모멘트의 합과 같다.

2.2.4 좌표축의 평행 이동과 회전

(1) 좌표축의 평행 이동과 회전

동일 평면 내의 임의의 평행한 두 직교 좌표축에 대한 2차의 단면 모멘트사이의 관계를 알아보기로 한다. 그림 2.2에서 임의의 직각 좌표축 X, Y에 대한 2차의 단면 모멘트를 알고 있는 경우, 이 좌표축에 평행한 임의의 직각 좌표축 x, y에 대한 2차의 단면 모멘트는 $y = Y + y_0,\ x = X + x_0$이므로

$$I_x = \int_A y^2 \cdot dA = \int_A (Y + y_0)^2 \cdot dA = \int_A Y^2 \cdot dA + 2 \cdot y_0 \cdot \int_A Y \cdot dA + {y_0}^2 \cdot \int_A dA$$

$$= I_X + 2 \cdot y_0 \cdot Q_X + {y_0}^2 \cdot A$$

$$I_y = \int_A x^2 \cdot dA = \int_A (X + x_0)^2 \cdot dA = \int_A X^2 \cdot dA + 2 \cdot x_0 \cdot \int_A X \cdot dA + {x_0}^2 \cdot \int_A dA$$

$$= I_Y + 2 \cdot x_0 \cdot Q_Y + {x_0}^2 \cdot A$$

$$I_{xy} = \int_A x \cdot y \cdot dA = \int_A (X + x_0)(Y + y_0) \cdot dA$$

$$= \int_A X \cdot Y \cdot dA + x_0 \cdot \int_A Y \cdot dA + y_0 \cdot \int_A X \cdot dA + x_0 \cdot y_0 \int_A dA$$

$$= I_{XY} + x_0 \cdot Q_X + y_0 \cdot Q_Y + x_0 \cdot y_0 \cdot A$$

$$\begin{aligned} I_p &= \int_A \rho^2 \cdot dA = \int_A (y^2+x^2)\cdot dA = \int_A \left\{(Y+y_0)^2+(X+x_0)^2\right\}\cdot dA \\ &= I_X + I_Y + 2\cdot y_0 \cdot Q_X + 2\cdot x_0\cdot Q_Y + ({y_0}^2+{x_0}^2)\cdot A \\ &= I_p' + 2\cdot y_0\cdot Q_X + 2\cdot x_0 \cdot Q_Y + ({y_0}^2+{x_0}^2)\cdot A \end{aligned} \tag{2.12}$$

이다. 이들을 종합하여 표시하면 다음과 같다.

$$\left.\begin{aligned} I_x &= I_X + 2\cdot y_0\cdot Q_X + {y_0}^2\cdot A \\ I_y &= I_Y + 2\cdot x_0\cdot Q_Y + {x_0}^2\cdot A \\ I_{xy} &= I_{XY} + x_0\cdot Q_X + y_0\cdot Q_Y + x_0\cdot y_0\cdot A \\ I_{xy} &= I_{XY} + x_0\cdot Q_X + y_0\cdot Q_Y + x_0\cdot y_0\cdot A \end{aligned}\right\}$$

위의 식 (2.12)가 임의의 평행한 두 직교 좌표축에 대한 2차의 단면 모멘트의 관계식이며, 특히 좌표축 X, Y의 원점 O'가 그림 2.25와 같이 단면의 도심 G와 일치하면 $Q_X = Q_Y = 0$ 이므로 식 (2.12)는 다음과 같이 된다.

$$\left.\begin{aligned} &\left.\begin{aligned} I_x &= I_X + {y_0}^2\cdot A \\ I_y &= I_Y + {x_0}^2\cdot A \end{aligned}\right\} && \text{(a)} \\ &I_{xy} = I_{XY} + x_0\cdot y_0\cdot A && \text{(b)} \\ &I_p = I_p' + ({y_0}^2+{x_0}^2)\cdot A = I_p' + {\rho_0}^2\cdot A && \text{(c)} \end{aligned}\right\} \tag{2.13}$$

여기서, 식 (2.13)의 관계를 **평행축 정리**(parallel axis theorem)라 하며, 식 (a), (b), (c)의 관계를 각각 단면2차 모멘트, 단면상승모멘트, 단면2차극모멘트에 대한 평행축 정리라 한다.

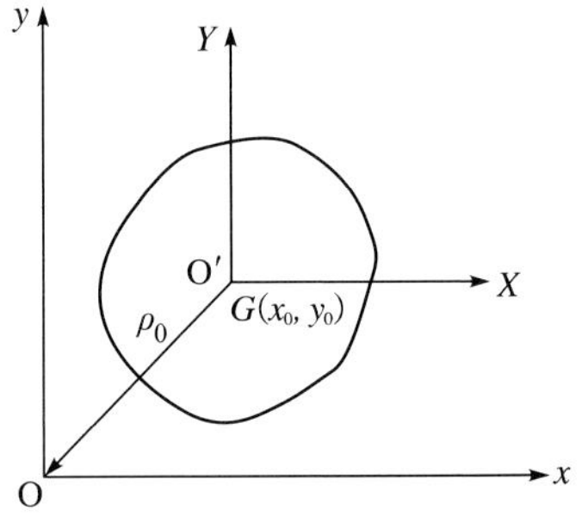

그림 2.25

평행축 정리를 사용하면 임의의 도심축에 대한 2차의 단면 모멘트를 알고 있을 때, 그 도심축에 평행한 임의의 축에 대한 2차의 단면 모멘트를 쉽게 구할 수 있다. 또한, 평면 도형의 도심을 지나는 X, Y축 가운데 하나 또는 모두가 그 도형의 대칭축이면, $I_{XY}=0$이므로 식 (2.13(b))는 다음과 같이 된다.

$$I_{xy} = x_o \cdot y_o \cdot A \tag{2.14}$$

이 식을 사용하면 대칭축을 갖고 있는 도형의 대칭축과 평행한 직각 좌표축에 대한 단면 상승모멘트를 쉽게 구할 수 있다.

(2) 좌표축의 회전

임의의 직각 좌표축 x, y 에 대한 2차의 단면 모멘트와 x, y 축을 원점 둘레로 α만큼 회전시킨 새로운 직각 좌표축 X, Y 에 대한 2차의 단면 모멘트의 관계를 알아보기로 한다. 그림 2.3에서,

$$X = x \cdot \cos\alpha + y \cdot \sin\alpha, \quad Y = -x \cdot \sin\alpha + y \cdot \cos\alpha$$

의 관계가 있으므로,

$$\begin{aligned} I_X &= \int_A Y^2 \cdot dA = \int_A (-x \cdot \sin\alpha + y \cdot \cos\alpha)^2 \cdot dA \\ &= \int_A (x^2 \cdot \sin^2\alpha - 2 \cdot x \cdot y \cdot \sin\alpha \cdot \cos\alpha + y^2 \cdot \cos^2\alpha) \cdot dA \\ &= I_y \cdot \sin^2\alpha - I_{xy} \cdot \sin 2\alpha + I_x \cdot \cos^2\alpha \end{aligned}$$

$$\begin{aligned} I_Y &= \int_A X^2 \cdot dA = \int_A (x \cdot \cos\alpha + y \cdot \sin\alpha)^2 \cdot dA \\ &= \int_A (x^2 \cdot \cos^2\alpha + 2 \cdot x \cdot y \cdot \sin\alpha \cdot \cos\alpha + y^2 \cdot \sin^2\alpha) \cdot dA \\ &= I_y \cdot \cos^2\alpha + I_{xy} \cdot \sin 2\alpha + I_x \cdot \sin^2\alpha \end{aligned}$$

$$\begin{aligned} I_{XY} &= \int_A X \cdot Y \cdot dA = \int_A (x \cdot \cos\alpha + y \cdot \sin\alpha) \cdot (-x \cdot \sin\alpha + y \cdot \cos\alpha) \cdot dA \\ &= \int_A (-x^2 \cdot \sin\alpha \cdot \cos\alpha - x \cdot y \cdot \sin^2\alpha + x \cdot y \cdot \cos^2\alpha \\ &\quad + y^2 \cdot \sin\alpha \cdot \cos\alpha) \cdot dA \\ &= \int_A \left[\left(\frac{y^2 - x^2}{2} \right) \cdot \sin 2\alpha + x \cdot y \cdot \cos 2\alpha \right] \cdot dA \\ &= \frac{\sin 2\alpha}{2} \cdot \int_A (y^2 - x^2) \cdot dA + \cos 2\alpha \cdot \int_A x \cdot y \cdot dA \\ &= \frac{1}{2} \cdot (I_x - I_y) \cdot \sin 2\alpha + I_{xy} \cdot \cos 2\alpha \end{aligned}$$

이상의 관계를 종합하여 표시하면 다음과 같다.

$$\left.\begin{aligned} I_X &= I_x \cdot \cos^2\alpha + I_y \cdot \sin^2\alpha - I_{xy} \cdot \sin 2\alpha \\ I_Y &= I_x \cdot \sin^2\alpha + I_y \cdot \cos^2\alpha + I_{xy} \cdot \sin 2\alpha \\ I_{XY} &= \frac{1}{2} \cdot (I_x - I_y) \cdot \sin 2\alpha + I_{xy} \cdot \cos 2\alpha \end{aligned}\right\} \tag{2.15}$$

또한, 식 (2.15)에 의하여

$$I_X + I_Y = I_x \cdot (\sin^2\alpha + \cos^2\alpha) + I_y \cdot (\sin^2\alpha + \cos^2\alpha) = I_x + I_y = I_p$$

의 관계가 성립하며,

$$\begin{aligned} I_X \cdot I_Y &= (I_x \cdot \cos^2\alpha + I_y \cdot \sin^2\alpha - I_{xy} \cdot \sin 2\alpha) \\ &\quad \times (I_x \cdot \sin^2\alpha + I_y \cdot \cos^2\alpha + I_{xy} \cdot \sin 2\alpha) \\ &= \frac{1}{4} \cdot (I_x^2 + I_y^2) \cdot \sin^2 2\alpha + I_x I_y \cdot (\sin^4\alpha + \cos^4\alpha) \\ &\quad + (I_x - I_y) I_{xy} \cdot \sin 2\alpha \cdot \cos 2\alpha - I_{xy}^2 \cdot \sin^2 2\alpha \end{aligned}$$

$$\begin{aligned} I_{XY}^2 &= \left\{\frac{1}{2} \cdot (I_x - I_y) \cdot \sin 2\alpha + I_{xy} \cdot \cos 2\alpha\right\} \\ &= \frac{1}{4} \cdot (I_x^2 + I_y^2 - 2 \cdot I_x I_y) \sin^2 2\alpha + I_{xy}^2 \cdot \cos^2 2\alpha \\ &\quad + (I_x - I_y) I_{xy} \cdot \sin 2\alpha \cdot \cos 2\alpha \end{aligned}$$

이므로,

$$\begin{aligned} I_X \cdot I_Y - I_{XY}^2 &= \frac{1}{2} \cdot I_x I_y \cdot \sin^2 2\alpha + I_x I_y \cdot (\sin^4\alpha + \cos^4\alpha) \\ &\quad - I_{xy}^2 (\sin^2 2\alpha + \cos^2 2\alpha) \\ &= 2 I_x I_y \cdot \sin^2\alpha \cos^2\alpha + I_x I_y (\sin^4\alpha + \cos^4\alpha) - I_{xy}^2 \\ &= I_x I_y (\sin^4\alpha + 2 \cdot \sin^2\alpha \cdot \cos^2\alpha + \cos^4\alpha) - I_{xy}^2 \\ &= I_x I_y (\sin^2\alpha + \cos^2\alpha)^2 - I_{xy}^2 = I_x I_y - I_{xy}^2 \end{aligned}$$

의 관계도 성립한다.

따라서, 좌표축의 회전에 관계없이 항상 다음 식이 성립한다.

$$\left.\begin{aligned} I_p = I_X + I_Y = I_x + I_y \\ I_X I_Y - I_{XY}^2 = I_x I_y - I_{xy}^2 \end{aligned}\right\} \tag{2.16}$$

2.2.5 복합 도형의 2차 단면 모멘트

복합 도형의 임의의 축에 대한 2차의 단면 모멘트는 복합 도형의 단면1차모멘트와 같이 복합 도형을 구성하는 각 도형의 그 축에 대한 2차 단면 모멘트의 합계와 같다. 이 관계가 성립하는 이유는 2차의 단면 모멘트의 정의에서 적분한다는 것을 합한다는 뜻이므로 미소 면적 dA 대신 복합 도형을 구성하는 각 도형 A_1, A_2, …로 바꾸어 생각하면 각각의 도형의 2차의 단면 모멘트를 합한 것이 전체 도형의 2차의 단면 모멘트임을 쉽게 알 수 있다.

$$I_x = I_{x(1)} + I_{x(2)} + I_{x(3)} + \cdot\cdot\cdot \tag{2.17}$$

$$I_y = I_{y(1)} + I_{y(2)} + I_{y(3)} + \cdot\cdot\cdot$$

$$I_x = I_{xy(1)} + I_{xy(2)} + I_{xy(3)} + \cdot\cdot\cdot$$

$$I_p = I_{p(1)} + I_{p(2)} + I_{p(3)} + \cdot\cdot\cdot$$

예제 2.10

그림 2.26과 같은 직사각형 단면의 도심축 X에 대한 단면2차모멘트를 구하고, 평행축 정리를 사용하여 x 축에 대한 단면2차모멘트를 구하여라.

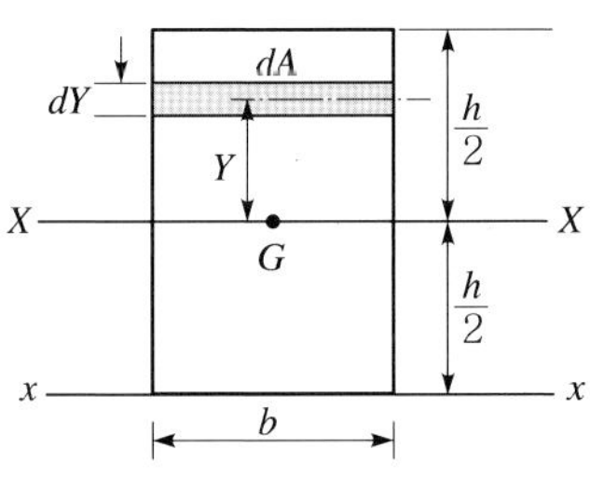

그림 2.26

풀이

그림에서 $dA = b \cdot dY$이므로

$$I_X = \int_A Y^2 \cdot dA = \int_{-h/2}^{h/2} b \cdot Y^2 \cdot dY$$

$$= 2b\int_0^{h/2} Y^2 \cdot dY = 2b \cdot \left[\frac{Y^3}{3}\right]_0^{h/2} = \frac{b \cdot h^3}{12}$$

$$I_x = I_X + y_0^2 \cdot A = \frac{b \cdot h^3}{12} + \left[\frac{h}{2}\right]^2 \times b \cdot h = \frac{b \cdot h^3}{3}$$

예제 2.11

그림 2.27과 같은 삼각형 단면의 밑면을 지나는 x 축에 대한 단면2차모멘트를 구하고, 평행축 정리를 사용하여 도심축 X에 대한 단면2차모멘트를 구하여라.

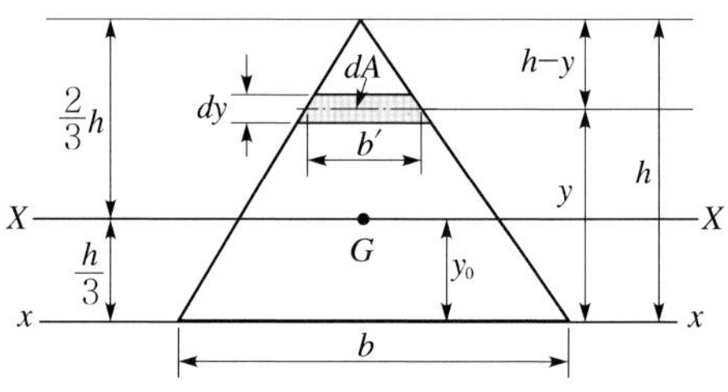

그림 2.27

풀이

그림에서 $b : h = b' : (h-y)$

$\therefore\ b' = \dfrac{b}{h}(h-y)$이며,

$dA = b'dy = \dfrac{b}{h}(h-y)dy$이므로,

$$I_x = \int_A y^2 dA = \int_0^h y^2 \frac{b}{h}(h-y)dy$$

$$= \frac{b}{h}\int_0^h (hy^2 - y^3)dy = \frac{b}{h}\left[\frac{hy^3}{3} - \frac{y^4}{4}\right]_0^h = \frac{bh^3}{12}$$

$$I_X = I_x - {y_0}^2 A = \frac{bh^3}{12} - \left[\frac{h}{3}\right]^2 \times \frac{bh}{2} = \frac{bh^3}{36}$$

예제 2.12

그림 2.28과 같은 원형 단면의 도심축 X에 대한 단면2차모멘트를 구하여라.

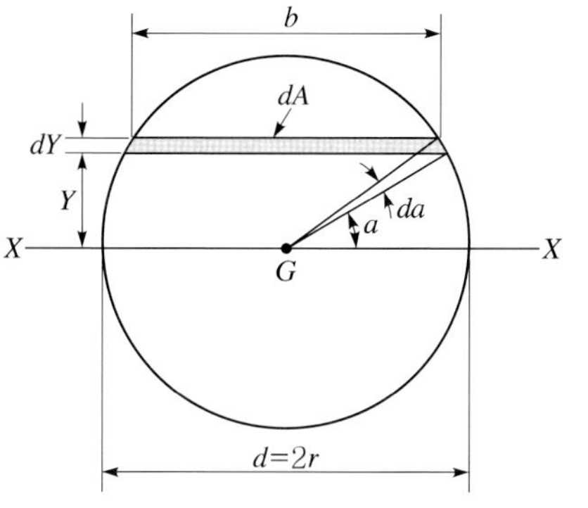

그림 2.28

풀이

그림에서 $Y = r \cdot \sin a,\ dY = r \cdot \cos a \cdot d\alpha,$

$b = 2r \cdot \cos a,\ dA = b \cdot dY = 2r^2 \cdot \cos^2 a \cdot d\alpha$ 이므로

$$I_X = \int_A Y^2 \cdot dA = 2\int_0^{\pi/2} (r^2 \cdot \sin^2\alpha) \cdot (2r^2 \cdot \cos^2\alpha) \cdot d\alpha$$

$$= r^4 \cdot \int_0^{\pi/2} (2\sin\alpha \cdot \cos\alpha)^2 \cdot d\alpha = r^4 \cdot \int_0^{\pi/2} (\sin 2\alpha)^2 \cdot d\alpha$$

$$= r^4 \cdot \int_0^{\pi/2} \frac{1}{2} \cdot (1 - \cos 4\alpha) \cdot d\alpha = \frac{r^4}{2} \cdot \left[\alpha - \frac{\sin 4\alpha}{4}\right]_0^{\pi/2} = \frac{\pi r^4}{4} = \frac{\pi d^4}{64}$$

예제 2.13

그림 2.29와 같은 단면의 도심축 X축에 대한 단면2차모멘트를 구하여라.

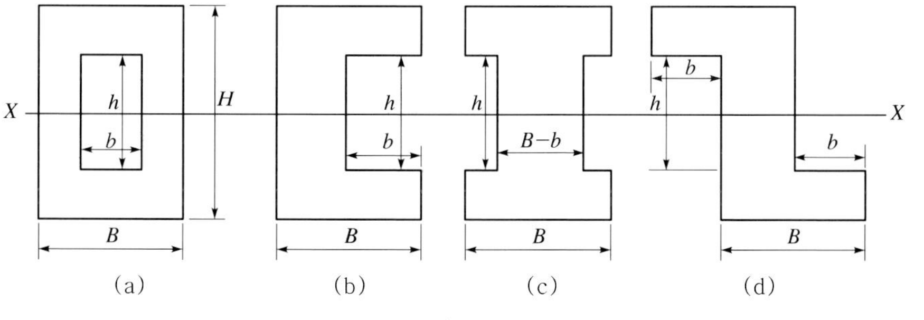

그림 2.29

풀이

도형 (a), (b), (c), (d)의 X축에 대한 단면2차모멘트를 $I_{x(a)}$, $I_{x(b)}$, $I_{x(c)}$, $I_{x(d)}$라 하면,

$$I_{X(a)} = I_{X(b)} = \frac{BH^3}{12} - \frac{bh^3}{12} = \frac{1}{12}(BH^3 - bh^3)$$

$$I_{X(c)} = \frac{BH^3}{12} - \frac{Bh^3}{12} + \frac{(B-b)h^3}{12} = \frac{1}{12}(BH^3 - bh^3)$$

$$I_{X(d)} = 2\left\{\frac{B(H/2)^3}{3} - \frac{b(h/2)^3}{3}\right\}$$

$$= \frac{BH^3}{12} - \frac{b \cdot h^3}{12} = \frac{1}{12}(BH^3 - bh^3)$$

위의 4개의 도형은 Y축 방향으로는 변화가 없고 X축 방향으로 평행 이동한 것이므로 X축에 대한 단면2차모멘트는 모두 같다. 일반적으로,

$$I_X = \int_A y^2 \cdot dA$$

를 고찰하면 I_X는 x와는 관계가 없으므로 X축으로부터 같은 거리y에 같은 면적 A가 있는 도형이므로 I_X는 모두 같다.

예제 2.14

반원의 도심을 지나고, 지름에 평행한 축에 대한 단면2차모멘트를 구하여라.

풀이

그림 2.30과 같은 반원의 x축에 대한 단면2차모멘트는 원의 도심축에 대한 단면2차모멘트의 1/2이므로

$$I_x = \frac{1}{2} \times \frac{\pi r^4}{4} = \frac{\pi r^4}{8}$$

이며, 반원의 도심은 $y_0 = \frac{4r}{3\pi}$ 이므로,

$$I_X = I_x - {y_0}^2 A = \frac{\pi r^4}{8} - \left[\frac{4r}{3\pi}\right]^2 \times \frac{\pi r^2}{2}$$

$$= \frac{\pi r^4}{8} - \frac{16r^4}{18\pi} = \frac{(9\pi^2 - 64)r^4}{72\pi} = \frac{(9\pi^2 - 64)d^4}{1152\pi}$$

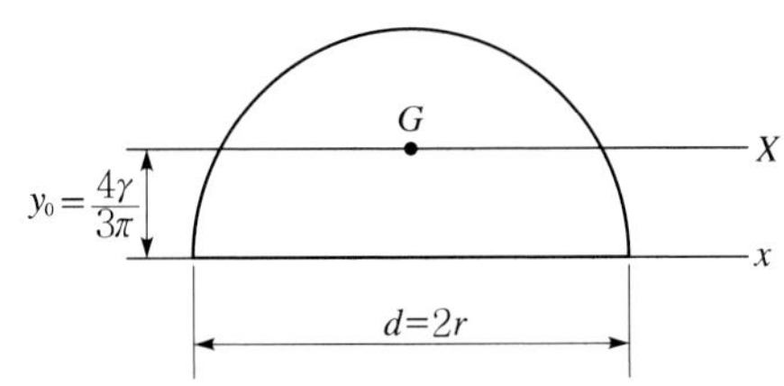

그림 2.30

예제 2.15

한변의 길이가 a인 정사각형의 대각선을 축으로 하는 단면2차모멘트를 구하여라.

풀이

그림 2.31에서 대각선의 길이는 $a\sqrt{2}$ 이고, 대각선에 의하여 2등분된 삼각형의 높이 $(a\sqrt{2})/2 = a/\sqrt{2}$ 이므로,

$$I_X = 2 \times \frac{a\sqrt{2} \times \left(\dfrac{a}{\sqrt{2}}\right)^3}{12} = \frac{a^4}{12}$$

좌표축을 회전하였을 때, 원래의 축과 회전축에 대한 단면2차모멘트의 관계식인 식 (2.15) 또는 (2.16)에 의하면 정사각형 단면의 모든 도심축에 대한 단면2차모멘트는 도심축의 위치에 관계없이 항상 일정함을 알 수 있다.

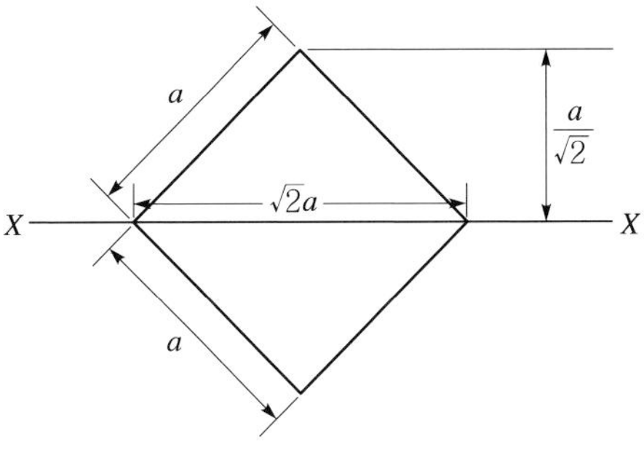

그림 2.31

예제 2.16

그림 2.32와 같은 사다리꼴의 도심축 X에 대한 단면2차모멘트를 구하여라.

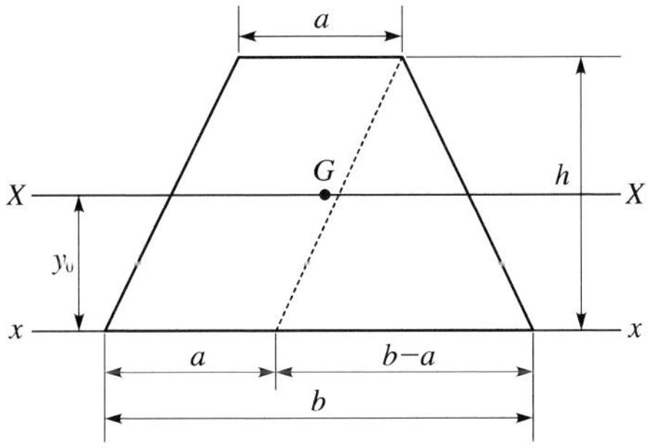

그림 2.32

풀이

사다리꼴을 그림과 같이 평행사변형과 삼각형으로 나누어 x축에 대한 단면2차모멘트를 구하면,

$$I_x = a \cdot \frac{h^3}{3} + \frac{(b-a)h^3}{12} = \frac{(3a+b)h^3}{12}$$

이며, $y_0 = \dfrac{2a+b}{3(a+b)} \cdot h$ 이므로,

$$I_X = I_x - y_0^2 \cdot A = \frac{(3a+b)h^3}{12} - \left\{\frac{2a+b}{3(a+b)} \cdot h\right\}^2 \times \frac{(a+b)h}{2}$$

$$= \frac{(3a+b)h^3}{12} - \frac{(2a+b)^2 h^3}{18(a+b)}$$

$$= \frac{3(a+b)(3a+b)h^3}{36(a+b)} - \frac{2(2a+b)^2 h^3}{36(a+b)}$$

$$= \frac{3(3a^2+4ab+b^2) - 2(4a^2+4ab+b^2)}{36(a+b)} h^3$$

$$= \frac{(a^2+4ab+b^2)h^3}{36(a+b)}$$

예제 2.17

그림 2.33(a), (b) 및 (c)의 단면의 수평 도심축 X와 이에 평행한 x 축에 대한 단면2차모멘트 I_x, I_y를 구하여라.

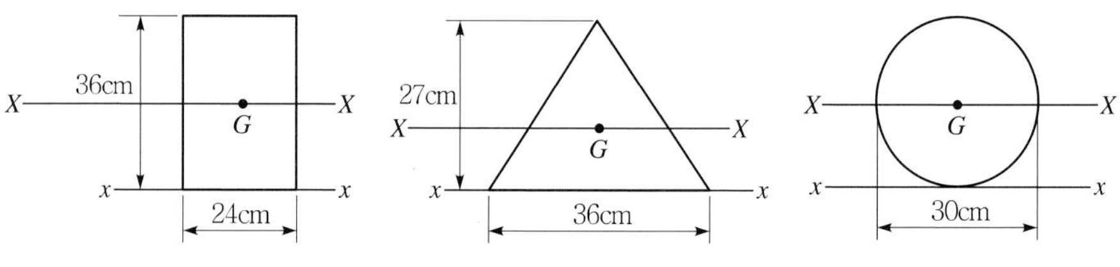

그림 2.33

풀이

(a) $I_X = \dfrac{b \cdot h^3}{12} = \dfrac{24 \times 36^3}{12} = 93{,}312\text{cm}^4$

$I_x = \dfrac{b \cdot h^3}{3} = \dfrac{24 \times 36^3}{3} = 373{,}248\text{cm}^4$

또는, $I_x = I_X + y_0^2 \cdot A = 93{,}312 + 18^2 \times 24 \times 36 = 373{,}248\text{cm}^4$

(b) $I_X = \dfrac{b \cdot h^3}{36} = \dfrac{36 \times 27^3}{36} = 19{,}683\text{cm}^4$

$I_x = \dfrac{b \cdot h^3}{12} = \dfrac{36 \times 27^3}{12} = 59{,}049\text{cm}^4$

또는, $I_x = I_X + y_0^2 \cdot A = 19{,}683 + 9^2 \times (36 \times 27/2) = 59{,}049\text{cm}^4$

(c) $I_X = \dfrac{\pi d^4}{64} = \dfrac{3.14 \times 30^4}{64} = 39{,}740.625\text{cm}^4$

$$I_x = I_X + y_0^{\,2} \cdot A = \frac{\pi d^4}{64} + \left(\frac{d}{2}\right)^2 \times \frac{\pi d^2}{4}$$

$$= \frac{5\pi d^4}{64} = \frac{5 \times 3.14 \times 30^4}{64} = 198{,}703.125\text{cm}^4$$

예제 2.18

그림 2.34와 같은 T 형 단면의 수평 도심축 X와 이에 평행한 x 축에 대한 단면2차모멘트를 구하여라.

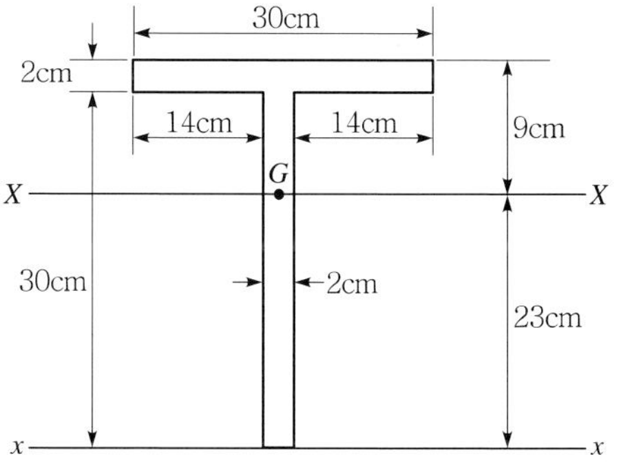

그림 2.34

풀이

직사각형 단면 $b \cdot h$의 밑변에 대한 단면2차모멘트 $bh^3/3$을 이용하여 x축에 대한 단면2차모멘트를 구하면,

$$I_x = \frac{30 \times 32^3}{3} - \frac{2 \times 14 \times 30^3}{3} = 75{,}680\text{cm}^4$$

이며, 이 단면의 면적은 $A = 2 \times 30 \times 2 = 120\text{cm}^2$이고, x축으로부터 도심축까지의 거리는 $y_0 = 23\text{cm}$이므로,

$$I_X = I_x - y_0^{\,2} \cdot A = 75{,}680 - 23^2 \times 120 = 12{,}200\text{cm}^4$$

또는,

$$I_x = \frac{30 \times 9^3}{3} - \frac{2 \times 14 \times 7^3}{3} + \frac{2 \times 23^3}{3} = \frac{36{,}600}{3} = 12{,}200\text{cm}^4$$

예제 2.19

그림 2.35와 같은 단면의 수평 도심축 X에 대한 단면2차모멘트를 구하여라.

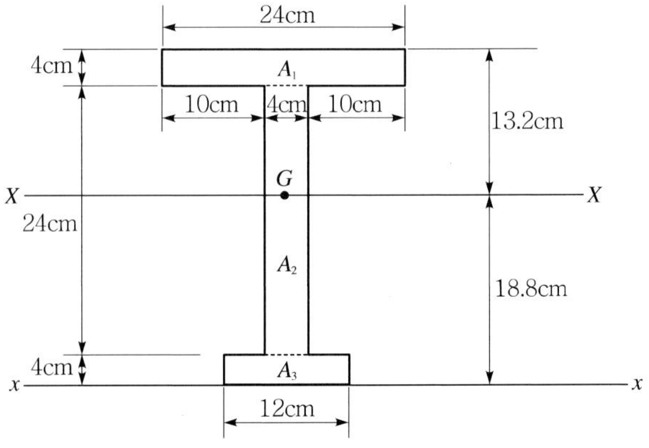

그림 2.35

풀이

① 도형을 그림과 같이 A_1, A_2, A_3으로 분할하여 분할된 각 도형의 x축에 대한 단면2차모멘트를 구하면,

$A_1 = 24 \times 4 = 96\text{cm}^2$, $y_1 = 30\text{cm}$

$A_2 = 4 \times 24 = 96\text{cm}^2$, $y_2 = 16\text{cm}$

$A_3 = 12 \times 4 = 48\text{cm}^2$, $y_3 = 2\text{cm}$

이므로,

$$I_{x(1)} = \frac{24 \times 4^3}{12} + 30^2 \times 96 = 86{,}528\text{cm}^4$$

$$I_{x(2)} = \frac{4 \times 24^3}{12} + 16^2 \times 96 = 29{,}184\text{cm}^4$$

$$I_{x(3)} = \frac{12 \times 4^3}{12} + 2^2 \times 48 = 256\text{cm}^4$$

따라서, 단면 전체의 x축에 대한 단면2차모멘트는

$I_x = I_{x(1)} + I_{x(2)} + I_{x(3)} = 86{,}528 + 29{,}184 + 256 = 115{,}968\text{cm}^4$

이며, 이 단면의 면적은, $A = A_1 + A_2 + A_3 = 96 + 96 + 48 = 240\text{cm}^2$ 이고, x축으로부터 도심축까지의 거리는 $y_0 = 18.8\text{cm}$이므로,

$I_X = I_x - y_0^2 A = 115{,}968 - 18.8^2 \times 240 = 31{,}142\text{cm}^4$ 이다.

② $I_X = \dfrac{24 \times 13.2^3}{3} - \dfrac{2 \times 10 \times 9.2^3}{3} + \dfrac{12 \times 18.8^3}{3} - \dfrac{2 \times 4 \times 14.8^3}{3} = \dfrac{93{,}427.2}{3} = 31{,}142\text{cm}^4$

예제 2.20

그림 2.36과 같은 직사각형 단면의 x, y 축에 대한 단면상승모멘트를 구하여라.

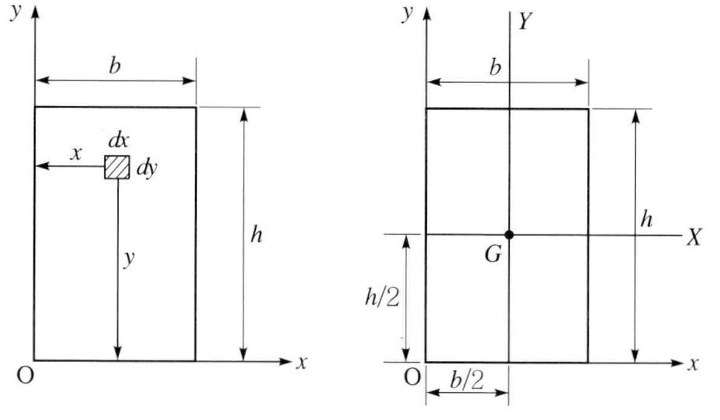

(a) (b)

그림 2.36

풀이

그림(a)에서 $dA = dx\,dy$로 하면

$$I_{xy} = \int_A xydA = \int_0^h y \left[\int_0^b xdx\right]dy = \int_0^h y\left[\frac{x^2}{2}\right]_0^b dy = \int_0^h y\left(\frac{b^2}{2}\right)dy$$

$$= \frac{b^2}{2}\int_0^h ydy = \frac{b^2}{2}\times\frac{h^2}{2} = \frac{b^2h^2}{4}$$

또는, 그림(b)와 같이 직사각형 단면의 도심 G를 원점으로 하여 x, y축에 평행하게 x, y축을 설정하면 x, y축은 대칭축이므로 $I_{XY} = 0$이며, 도심의 좌표는 $x_0 = \frac{b}{2}$, $y_0 = \frac{h}{2}$이므로 구하는 단면상승모멘트 I_{xy}는,

$$I_{xy} = x_0y_0A = \left[\frac{b}{2}\right]\left[\frac{h}{2}\right](bh) = \frac{b^2h^2}{4}$$

예제 2.21

그림 2.37 과 같은 단면의 x, y 축에 대한 단면상승모멘트를 구하여라.

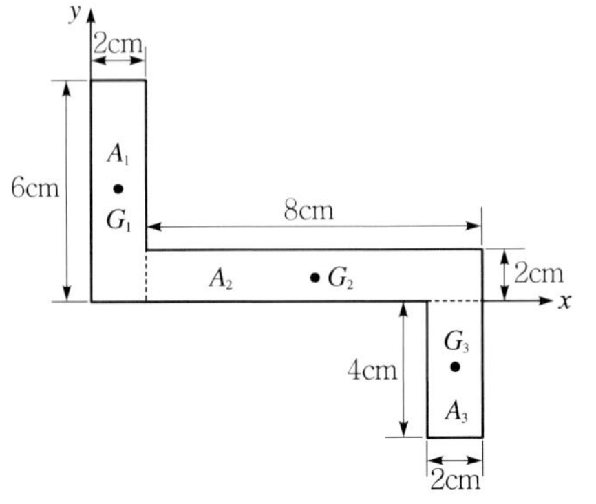

그림 2.37

풀이

도형을 그림과 같이 A_1, A_2, A_3으로 분할하면 분할된 각 도형의 x, y 축에 대한 단면상승모멘트는 각 도형의 대칭축이 있으므로 $I_{xy}=x_0y_0A$에 의하여,

$I_{xy(1)}=1\times3\times(2\times6)=36\text{cm}^4$

$I_{xy(2)}=6\times1\times(8\times2)=96\text{cm}^4$

$I_{xy(3)}=9\times(-2)\times(2\times4)=-144\text{cm}^4$

따라서, 단면 전체의 x, y축에 대한 단면상승모멘트는

$I_{xy}=I_{xy(1)}+I_{xy(2)}+I_{xy(3)}=36+96-144=-12\text{cm}^4$

예제 2.22

그림 2.38과 같은 원형 단면의 중심 O를 극으로 하는 단면2차극모멘트를 구하여라.

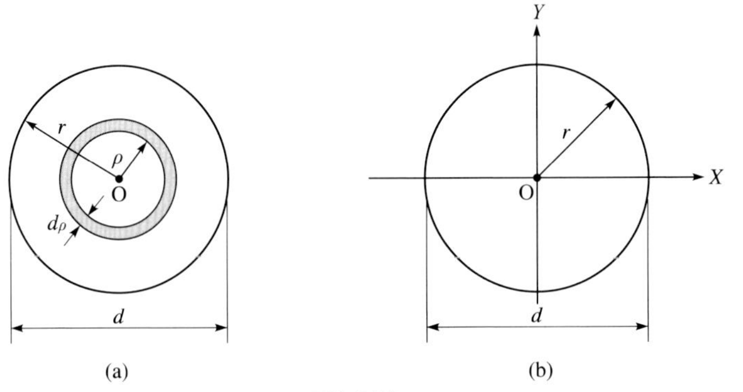

그림 2.38

풀이

그림(a)와 같이 원의 중심 O로부터의 거리 ρ에 원환 모양의 미소 면적 dA를 생각하면 $dA=2\pi\rho d\rho$이므로 중심 O를 극으로 하는 단면2차극모멘트는 다음과 같다.

$$I_p=\int_A \rho^2 dA=\int_0^r \rho^2 2\pi\rho d\rho=2\pi\int_0^r \rho^3 d\rho$$

$$=2\pi\left[\frac{\rho^4}{4}\right]_0^r=\frac{\pi r^4}{2}=\frac{\pi d^4}{32}$$

또는, 그림(b)와 같이 원의 중심 O를 지나는 임의의 직각 좌표축 X, Y를 설정하면,

$I_X=I_Y=\dfrac{\pi r^4}{4}$ 이므로,

$$I_p=I_X+I_Y=\frac{\pi r^4}{2}=\frac{\pi d^4}{32}$$

이다. 여기서, 원형 단면의 중심을 극으로 하는 단면2차극모멘트를 이용하면 원형 단면의 도심축에 대한 단면2차모멘트를 쉽게 구할 수 있음을 알 수 있다.

2.2.6 주축과 주단면2차모멘트

식 (2.15)에 의하면 I_X, I_Y 및 I_{XY}는 α의 함수이므로 α의 변화에 따라 2차의 단면 모멘트가 변화한다는 것을 알 수 있다. 그런데 식 (2.16)에 의하면 I_X+I_Y의 값은 일정하다. 따라서, 임의점을 지나는 직각 좌표축 가운데 한 축에 대한 단면2차모멘트가 최대일 때, 이 축과 직교하는 다른 한 축에 대한 단면2차모멘트는 최소임을 알 수 있다. 이 때, X, Y 축을 단면의 **주축**(主軸, principal axis of section)이라 하고, 주축에 대한 단면2차모멘트를 **주단면2차모멘트**(principal moment of inertia)라 한다. 또, 단면의 도심을 좌표의 원점으로 할 때의 주축을 **도심주축**(centroidal principal axis)이라 한다.

그림 2.3에서 임의의 직각 좌표축 x, y에 대한 I_x, I_y 및 I_{xy}를 알고 있는 경우, 주축의 경사각 및 주단면2차모멘트를 구하기로 한다. 그림에서 축 X, Y를 주축이라 할 때 주축 X 또는 Y 가운데 어느 한 주축의 경사각을 구하면 이와 직교하는 다른 한 주축의 경사각은 쉽게 구할 수 있다. 먼저 X축에 대하여 생각하면, 경사각은 다음 식으로 구해진다.

$$\frac{dI_X}{d\alpha}=0$$

여기서, $I_X=I_x\cos^2\alpha+I_y\sin^2\alpha-I_{xy}\sin 2\alpha$ 이므로,

$$\frac{dI_X}{d\alpha} = -2I_x\cos\alpha\sin\alpha + 2I_y\sin\alpha\cos\alpha - 2I_{xy}\cos 2\alpha$$
$$= -I_x\sin 2\alpha + I_y\sin 2\alpha - 2I_{xy}\cos 2\alpha$$
$$= (I_y - I_x)\sin 2\alpha - 2I_{xy}\cos 2\alpha = 0$$

따라서, $(I_y - I_x)\tan 2\alpha = 2I_{xy}$

$$\therefore \tan 2\alpha = \frac{2\ I_{xy}}{I_y - I_x} \tag{2.18}$$

식 (2.18)에 의하여 α의 값은 다음과 같다.

$$2\alpha = n\pi + \tan^{-1}\frac{2I_{xy}}{I_y - I_x}, (n = 0, 1,\ 2,\ \cdots)$$

위의 식에서 실질적으로는 $n = 0, 1$의 두 경우를 생각하면 된다. 여기서, $n = 0, 1$에 대한 2α를 $2\alpha_{\text{I}}$, $2\alpha_{\text{II}}$라 하면,

$$n = 0\text{일 때,}\ 2\alpha_{\text{I}} = \tan^{-1}\frac{2I_{xy}}{I_y - I_x}$$

$$n = 1\text{일 때,}\ 2\alpha_{\text{II}} = \pi + \tan^{-1}\frac{2I_{xy}}{I_y - I_x}$$

따라서, α_{I}, α_{II}는 각각 다음 식과 같다.

$$\alpha_{\text{I}} = \frac{1}{2}\tan^{-1}\frac{2I_{xy}}{I_y - I_x},\ \ \alpha_{\text{II}} = \frac{\pi}{2} + \alpha_{\text{I}} \tag{2.19}$$

식 (2.19)에 의하여 주축은 직교함을 알 수 있다.

다음에 주축과 단면상승모멘트의 관계를 알아보기로 한다. 식 (2.15)의 $I_{XY} = 0$일 때의 α의 값을 구하면,

$$I_{XY} = \frac{1}{2}(I_x - I_y)\sin 2\alpha + I_{xy}\cos 2\alpha = 0$$

$$\frac{1}{2}(I_x - I_y)\tan 2\alpha + I_{xy} = 0$$

$$\therefore \tan 2\alpha = \frac{2I_{xy}}{I_y - I_x}$$

이 식은 주축의 경사각을 구하는 식 (2.18)과 일치하므로 단면상승모멘트가 0인 축과 주

축과는 일치하며, 따라서 주축에 대한 단면상승모멘트는 0임을 알 수 있다. 또, 대칭축과 직교하는 직각 좌표축에 대한 단면상승모멘트는 0이므로 대칭축은 주축의 하나임을 알 수 있다. 일반적으로 단면상승모멘트 $I_{XY}=0$일 때의 X, Y 축을 공액축(共軛軸, conjugate axis)이라 한다.

다음에 주단면2차모멘트를 구하기로 한다. 주축에 대한 단면상승모멘트는 0이므로 식 (2.16)에 $I_{XY}=0$을 대입하여 바꾸어 쓰면,

$$I_X+I_Y=I_x+I_y$$

$$\therefore\ I_Y=I_x+I_y-I_X \ \text{또는}\ I_X=I_x+I_y-I_Y \tag{a}$$

$$I_XI_Y=I_xI_y-I_{xy}^2$$

$$\therefore\ I_Y=\frac{I_xI_y-I_{xy}^2}{I_X} \ \text{또는}\ I_X=\frac{I_xI_y-I_{xy}^2}{I_Y} \tag{b}$$

(a)=(b)로 놓으면,

$$I_x+I_y-I_X=\frac{I_xI_y-I_{xy}^2}{I_X}$$

$$I_X^2-(I_x+I_y)I_X+(I_xI_y-I_{xy}^2)=0$$

$$\therefore I_X=\frac{I_x+I_y\pm\sqrt{(I_x+I_y)^2-4(I_xI_y-I_{xy}^2)}}{2}$$

$$=\frac{I_x+I_y}{2}\pm\frac{1}{2}\sqrt{(I_x-I_y)^2+4{I_{xy}}^2}$$

또는, 마찬가지로 하여,

$$\therefore\ I_Y=\frac{I_x+I_y}{2}\pm\frac{1}{2}\sqrt{(I_x-I_y)^2+4I_{xy}^2}$$

여기서, 최대 주단면2차모멘트를 I_1, 최소 주단면2차모멘트를 I_2로 표시하면,
위의 결과로부터

$I_X=I_{\max}=I_1$ 이면, $I_Y=I_{\min}=I_2$ 이고,

$I_Y=I_{\max}=I_1$ 이면, $I_X=I_{\min}=I_2$ 이고,

이상으로 최대 주단면2차모멘트 I_1과 최소 주단면2차모멘트 I_2를 구하는 식은 다음과 같다.

$$\left.\begin{matrix} I_1 \\ I_2 \end{matrix}\right\} = \frac{I_x + I_y}{2} \pm \frac{1}{2}\sqrt{(I_x - I_y)^2 + 4I_{xy}^2} \tag{2.20}$$

예제 2.23

그림 2.39(a)와 같은 단면의 도심에서의 주축 및 주단면2차모멘트를 구하여라.

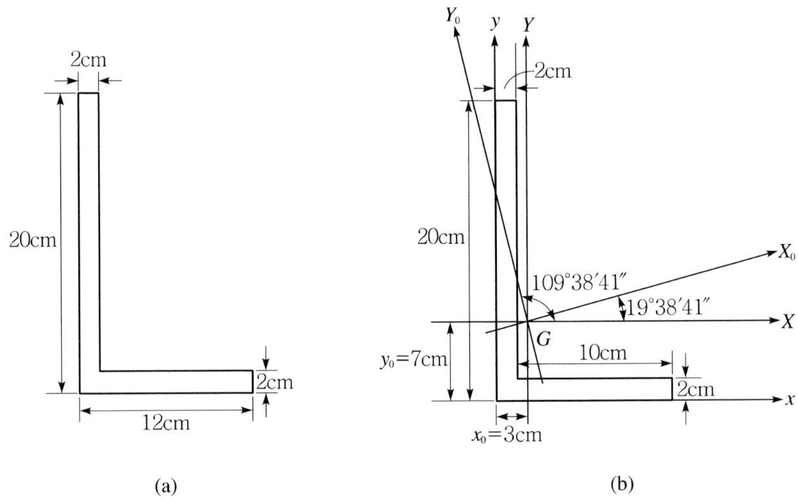

그림 2.39

풀이

그림(b)와 같이 직각 좌표축 x, y 를 설정하여, 도심의 좌표 (x_0, y_0), 단면2차모멘트 I_x, I_y 및 단면상승모멘트 I_{xy} 를 구한다.

주어진 도형을 그림과 같이 파선에 의하여 2개의 직사각형으로 나누어 생각한다. 도형의 면적 A는

$A = 2 \times 20 + 10 \times 2 = 60\text{cm}^2$

단면1차모멘트 Q_x, Q_y는

$Q_x = 2 \times 20 \times 10 + 10 \times 2 \times 1 = 420\text{cm}^3$

$Q_y = 20 \times 2 \times 1 + 2 \times 10 \times 7 = 180\text{cm}^3$

$\therefore x_0 = \dfrac{Q_y}{A} = \dfrac{180}{60} = 3\text{cm}$

$y_0 = \dfrac{Q_x}{A} = \dfrac{420}{60} = 7\text{cm}$

$$I_x = \frac{2\times 20^3}{3} + \frac{10\times 2^3}{3} = 5{,}360\text{cm}^4$$

$$I_y = \frac{18\times 2^3}{3} + \frac{2\times 12^3}{3} = 1{,}200\text{cm}^4$$

$$I_{xy} = 1\times 10\times 2\times 20 + 7\times 1\times 10\times 2 = 540\text{cm}^4$$

여기서, 도심 G에 좌표축을 평행 이동하여 X, Y축을 설정하면,

$$I_X = I_x - {y_0}^2 A = 5{,}360 - 7^2\times 60 = 2{,}420\text{cm}^4$$

$$I_Y = I_y - {x_0}^2 A = 1{,}200 - 3^2\times 60 = 660\text{cm}^4$$

$$I_{XY} = I_{xy} - x_0 y_0 A = 540 - 3\times 7\times 60 = -720\text{cm}^4$$

또는,

$$I_X = \frac{2\times 13^3}{3} + \frac{12\times 7^3}{3} - \frac{10\times 5^3}{3} = 2{,}420\text{cm}^4$$

$$I_Y = \frac{20\times 3^3}{3} - \frac{18\times 1^3}{3} + \frac{2\times 9^3}{3} = 660\text{cm}^4$$

$$I_{XY} = (-2)\times 3\times 2\times 20 + 4\times(-6)\times 10\times 2 = -720\text{cm}^4$$

주축을 X_0, Y_0이라 하고, 이의 경사각을 α라 하면,

$$\tan 2\alpha = \frac{2I_{XY}}{I_Y - I_X} = \frac{2\times(-720)}{660 - 2{,}420} = 0.8181818$$

$$2\alpha = 39.289407° = 39°17'22''$$

$$\therefore \alpha = 19°38'41''$$

주축을 판정하면,

$$\frac{d^2 I_{X_0}}{d\alpha^2} = 2(I_Y - I_X)\cos 2\alpha = 2(660 - 2{,}420)\cos 39.29° < 0$$

이므로 위의 α는 최대 주축의 경사각 α_1 이다.

$\alpha_1 = 19°38'41''$, $\alpha_2 = \alpha_1 + 90° = 109°38'41''$

주단면2차모멘트 I_1, I_2는

$$I_1 = \frac{I_X + I_Y}{2} + \frac{1}{2}\sqrt{(I_X - I_Y)^2 + 4I_{XY}^2}$$

$$= \frac{2{,}420 + 660}{2} + \frac{1}{2}\sqrt{(2{,}420 - 660)^2 + 4(-720)^2}$$

$$= 1{,}540 + 1{,}137 = 2{,}677\text{cm}^4$$

$$I_2 = 1{,}540 - 1{,}137 = 403\text{cm}^4$$

예제 2.24

그림 2.40(a)와 같은 반원환 도형의 도심주축에 대한 단면2차모멘트를 구하여라.

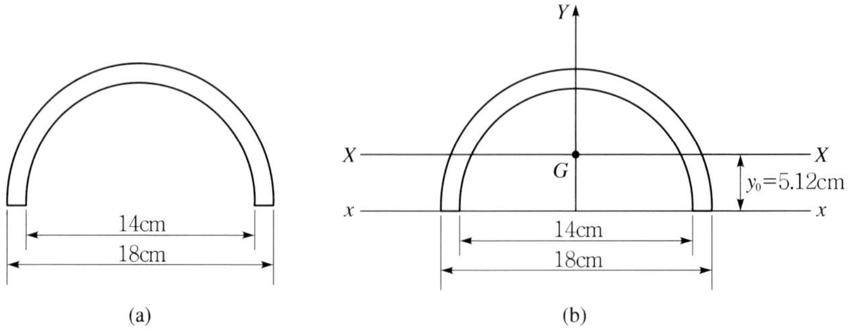

그림 2.40

풀이

그림(b)와 같이 x축을 설정하여 x축으로부터 도심 G까지의 거리 y_0을 구한다.

도형의 면적

$$A = \frac{3.14}{8}(18^2 - 14^2) = 50.24\text{cm}^2$$

단면1차모멘트

$$Q_x = \frac{3.14 \times 18^2}{8} \times \frac{2 \times 18}{3 \times 3.14} - \frac{3.14 \times 14^2}{8} \times \frac{2 \times 14}{3 \times 3.14} = 257.3\text{cm}^3$$

$$\therefore y_0 = \frac{Q_x}{A} = \frac{257.3}{50.24} = 5.12\text{cm}$$

여기서, 도심 G에 x축을 평행 이동하여 직각 좌표축 X, Y를 설정하면, Y축은 도형의 대칭축이므로 Y축은 주축이며, 이와 직교하는 X축 역시 주축이다. 따라서 주축에 대한 단면2차모멘트는 다음과 같다.

$$I_Y = I_x = \frac{3.14}{128}(18^4 - 14^4) = 1{,}632.8\text{cm}^4 = I_1$$

$$I_X = I_x - {y_0}^2 A = 1{,}632.8 - 5.12^2 \times 50.24 = 315.8\text{cm}^4 = I_2$$

2.2.7 단면계수와 회전반경

(1) 단면계수

단면의 도심축에 대한 단면2차모멘트를 그 도심축으로부터 가장 먼 가장자리까지의 수직거리 즉 연단거리(緣端距離)로 나눈 값을 **단면계수**(斷面係數, section modulus)라 한다. 그림 2.41에서 단면의 도심축 X에 대한 단면2차모멘트를 I_X, X축으로부터 단면의 최상단까지의 거리를 y_1, 하단까지의 거리를 y_2라 하고, 단면계수를 Z로 표시하면 X축에 대한 단면계수는 다음과 같다.

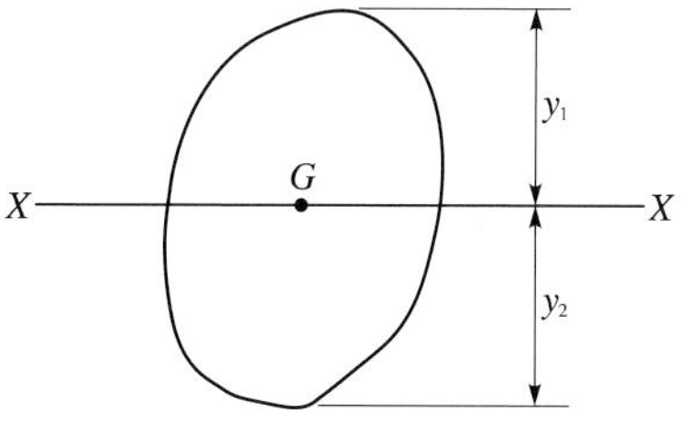

그림 2.41

$$\left.\begin{aligned} Z_1 &= \frac{I_X}{y_1} \\ Z_2 &= \frac{I_X}{y_2} \end{aligned}\right\} \tag{2.21}$$

여기서, Z_1은 상단에 대한 단면계수이고, Z_2는 하단에 대한 단면계수이다. 이와 같이, 단면이 도심축 X에 대하여 비대칭이면 단면계수의 값은 2개 있으나 보통 작은 값의 단면계수를 사용한다.

단면계수는 단면2차모멘트를 거리로 나눈 것이므로 그 단위는 m^3, cm^3 와 같이 길이의 단위의 3제곱이다.

단면계수는 모든 도심축에 대하여 정의되지만 단면의 도심주축에 대한 것이 특히 중요하다. 단면계수는 휨 모멘트를 받는 부재의 최대 응력을 구하는 데 쓰이며, 일반적으로 단면계수가 큰 부재일수록 휨에 대하여 강하다.

직사각형 단면 $(b \times h)$의 폭 b에 평행한 도심축 X에 대한 단면2차모멘트는 $I_X = \dfrac{bh^3}{12}$이고, 도심축에서 단면의 상·하단까지의 거리는 $y = y_1 = y_2 = \dfrac{h}{2}$이다. 따라서, 직사각형 단면의 상·하단에 대한 단면계수는 다음과 같다.

$$Z = Z_1 = Z_2 = \frac{I_X}{y} = \frac{\dfrac{bh^3}{12}}{\dfrac{h}{2}} = \frac{bh^2}{6}$$

또, 지름 d인 원형 단면의 도심축 X에 대한 단면2차모멘트는 $I_X = \dfrac{\pi d^4}{64}$이고, 도심축에서 단면의 상·하단까지의 거리는 $y = y_1 = y_2 = \dfrac{d}{2}$이다. 따라서, 원형 단면의 상·하단에 대한 단면계수는 같다.

$$Z = Z_1 = Z_2 = \frac{I_X}{y} = \frac{\dfrac{\pi d^4}{64}}{\dfrac{d}{2}} = \frac{\pi d^3}{32}$$

(2) 회전반경

단면의 임의축에 대한 단면2차모멘트를 그 단면의 면적으로 나눈 값의 제곱근을 그 축에 대한 **회전반경**(回轉半徑, radius of gyration) 또는 단면 2차 반경이라 한다. 즉, 단면의 x축에 대한 단면2차모멘트를 I_x, 단면적을 A라 하고, 회전반경을 r로 표시하면 x축에 대한 회전반경 r_x는

$$r_x = \sqrt{\frac{I_x}{A}} \tag{2.22}$$

이며, 이 식을 변형하면,

$$I_x = {r_x}^2 A$$

이다. 이 식에 의하면 x축으로부터 회전반경 r_x의 거리에 있는 한 점에 단면적 A가 집중하여 있다고 생각할 때의 면적 A의 x축에 대한 2차 모멘트가 x축에 대한 단면2차모멘트가 되는 거리임을 알 수 있다.

단면의 회전반경은 단면2차모멘트를 면적으로 나눈 값의 제곱근이므로 그 단위는 m, cm와 같이 길이의 단위와 같다.

단면의 회전반경은 임의축에 대하여 정의되지만 보통 회전반경이라 함은 도심축에 대한 것을 말하며, 특히 도심주축에 대한 것이 중요하다. 단면의 도심에서의 최대 주축, 최소 주축에 대한 회전반경을 각각 단면의 최대 회전반경, 최소 회전반경이라 하며, 최소 회전반경은 9장에서 다룰 장주의 좌굴강도를 지배하는 중요한 요소이다.

직사각형 단면 $bh\,(b<h)$의 폭 b에 평행한 도심축 X와 이에 직교하는 Y축에 대한 회전반경은

$$I_X = I_{\max} = \frac{bh^3}{12}, \qquad I_Y = I_{\min} = \frac{hb^3}{12}$$

이므로,

$$r_X = \sqrt{\frac{I_X}{A}} = \sqrt{\frac{\frac{bh^3}{12}}{bh}} = \frac{h}{2\sqrt{3}} = r_{\max}$$

$$r_Y = \sqrt{\frac{I_Y}{A}} = \sqrt{\frac{\frac{hb^3}{12}}{hb}} = \frac{b}{2\sqrt{3}} = r_{\min}$$

이다. 또, 지름 d인 원형 단면의 모든 도심축에 대한 회전반경은 다음과 같다.

$$r = \sqrt{\frac{I}{A}} = \sqrt{\frac{\frac{\pi d^4}{64}}{\frac{\pi d^2}{4}}} = \frac{d}{4}$$

예제 2.25

그림 2.42와 같은 지름 d 인 원형단면으로부터 절취할 수 있는 최대의 단면계수를 갖는 직사각형 단면의 폭 b와 높이 h의 비 및 최대 단면계수를 구하여라.

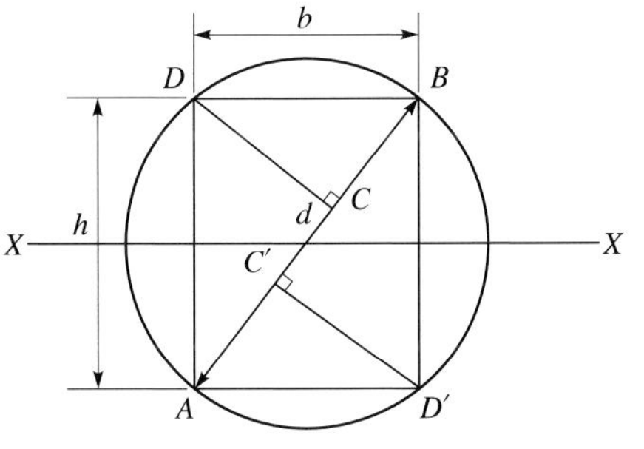

그림 2.42

풀이

그림에서 $h^2 = d^2 - b^2$의 관계가 있으므로 직사각형 단면 bh의 단면계수는

$$Z = \frac{bh^2}{6} = \frac{b(d^2 - b^2)}{6}$$

$$= \frac{1}{6}(d^2 b - b^3)$$

이며, Z가 최대로 되는 조건은,

$$\frac{dZ}{db} = \frac{1}{6}(d^2 - 3b^2) = 0$$

이므로, $b = \frac{d}{\sqrt{3}}$

$$h = \sqrt{d^2 - b^2} = \sqrt{d^2 - \frac{d^2}{3}} = \sqrt{\frac{2}{3}}\, d$$

이다. 따라서, 폭 b와 높이 h의 비는

$$b : h = \frac{d}{\sqrt{3}} : \sqrt{\frac{2}{3}}\, d = 1 : \sqrt{2}$$

이다. 또, 최대 단면계수를 구하면 다음과 같다.

$$Z_{\max} = \frac{bh^2}{6} = \frac{\frac{d}{\sqrt{3}}\left[\sqrt{\frac{2}{3}}\,d\right]^2}{6} = \frac{d^3}{9\sqrt{3}}$$

절취 방법은 원의 지름 AB를 3등분하여 3등분점 C, C′로부터 AB에 수선을 세워 원주와의 교점 D, D′를 A, B와 직선으로 맺어 직사각형을 만들면 $b : h = 1 : \sqrt{2}$ 이다.

이를 증명하면, △ABD∽△ACD∽△BCD

∴ DB : AD = CD : AC

따라서, $b : h = CD : \frac{2}{3}d$

또, AC : CD = CD : CB

따라서, $CD^2 = AC \cdot CB = \frac{2}{3}d \times \frac{1}{3}d = \frac{2}{9}d^2$, $CD = \frac{\sqrt{2}}{3}d$

따라서, $b : h = \frac{\sqrt{2}}{3}d : \frac{2}{3}d = 1 : \sqrt{2}$

예제 2.26

그림 2.43의 단면의 면적은 다같이 240cm^2이다. 이 두 단면의 수평 도심축에 대한 단면계수를 비교하여라.

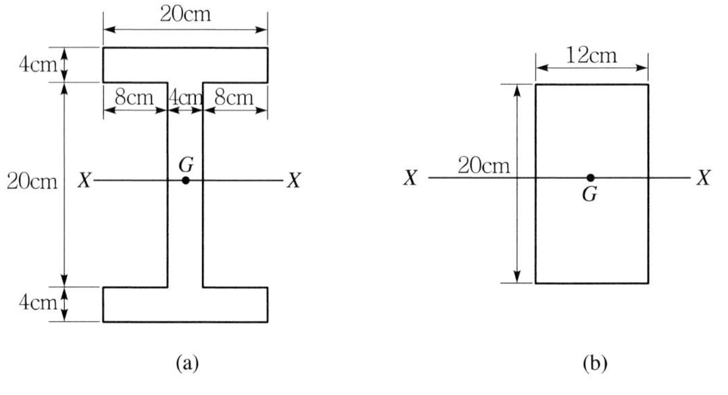

그림 2.43

풀이

그림(a)에서 수평 도심축 X에 대한 단면2차모멘트는,

$$I_{X(a)} = \frac{1}{12}(20 \times 28^3 - 2 \times 8 \times 20^3) = 25{,}920\text{cm}^4$$

이고, $y_1 = y_2 = y = 14\text{cm}$ 이므로 단면계수는

$$Z_{X(a)} = \frac{I_{X(a)}}{y} = \frac{25{,}920}{14} = 1{,}851.4\text{cm}^3$$

그림(b)의 수평 도심축 X에 대한 단면계수는

$$Z_{X(b)} = \frac{bh^2}{6} = \frac{12 \times 20^2}{6} = 800\text{cm}^3$$

이다. 여기서, 그림(a), (b)의 수평 도심축에 대한 단면계수를 비교하면,

$$\frac{Z_{X(a)}}{Z_{X(b)}} = \frac{1{,}851.4}{800} \fallingdotseq 2.3$$

이므로 그림(a)가 그림(b)의 약 2.3배이다.

예제 2.27

그림 2.44(a)와 같은 판형(鈑桁, plate girder)의 단면계수 및 수평 도심축 X에 대한 회전반경을 구하여라. 여기서, L 형강의 단면적, 도심, 도심축에 대한 단면2차모멘트는 그림(b)와 같다. 또 L 형강은 긴 변을 수평으로 놓는다.

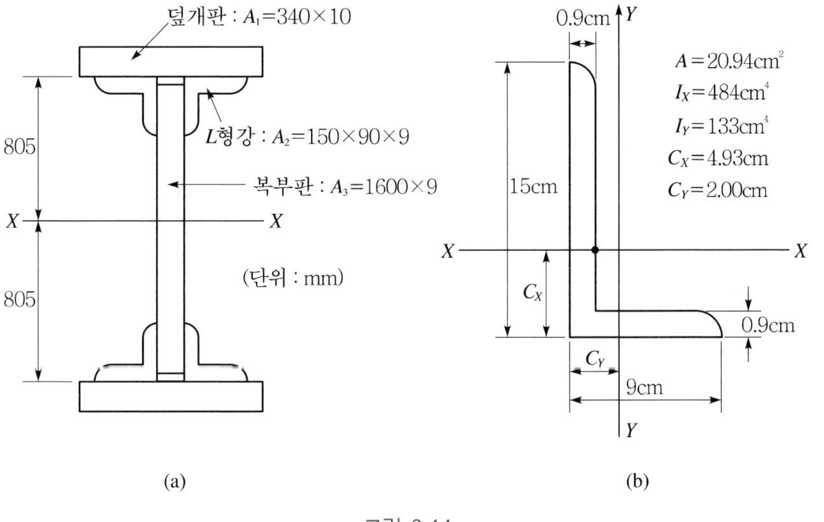

그림 2.44

풀이

덮개판(cover plate)의 도심축 X에 대한 단면2차모멘트는 덮개판이 X축으로부터 같은 거리에 2개 있으므로, 1개의 값을 구하여 2배하면 된다. 덮개판의 단면적은 $A = 34 \times 1 = 34\text{cm}^2$이고, X축으로부터 덮개판의 도심까지의 거리는 $y_0 = 80.5 + 0.5 = 81\text{cm}$ 이므로,

$$I_{X(1)} = 2\left[\frac{34 \times 1^3}{12} + 81^2 \times 34\right] = 2(2.8 + 223{,}074) = 446{,}154\text{cm}^4$$

이 때, 덮개판의 자기 도심축에 대한 단면2차모멘트 $2\times2.8=5.6\text{cm}^4$는 다른 값에 비하여 극히 작으므로, 이를 생략하는 일이 많다.

L형강의 도심축 X에 대한 단면2차모멘트 $I_{X(2)}$는 L형강이 X축으로부터 같은 거리에 4개 있으므로, 1개의 값을 구하여 4배하면 된다. L형강의 단면적은 20.94cm^2이고, X축과 평행한 도심축에 대한 단면2차모멘트는 133cm^4이며, X축에서 L형강의 도심까지의 거리는 $y_0=80.5-2.0=78.5\text{cm}$이므로,

$$I_{X(2)}=4(133+78.5^2\times20.94)=516{,}682\text{cm}^4$$

복부판의 도심축 X에 대한 단면2차모멘트 $I_{X(3)}$은

$$I_{X(3)}=\frac{0.9\times160^3}{12}=307{,}200\text{cm}^4$$

따라서, 전체 단면의 도심축 X에 대한 단면2차모멘트는

$$I_X=I_{X(1)}+I_{X(2)}+I_{X(3)}=446{,}154+516{,}682+307{,}200=1{,}270{,}036\text{cm}^4$$

단면계수는 $y=y_1+y_2=80.5+1=81.5\text{cm}$이므로

$$Z=\frac{I_X}{y}=\frac{1{,}270{,}036}{81.5}=15{,}583\text{cm}^3$$

또, 단면적은 $A=2\times34\times1+4\times20.94+160\times0.9=295.76\text{cm}^2$이므로

X축에 대한 회전반경은

$$r_x=\sqrt{\frac{I_X}{A}}=\sqrt{\frac{1{,}270{,}036}{295.76}}=65.5\text{cm}$$

예제 2.28

예제 2.18의 그림 2.34와 같은 단면의 단면계수 및 수평 도심축 X에 대한 회전반경을 구하여라.

풀이

수평 도심축 X축에 대한 단면2차모멘트는 $I_X=12{,}200\text{cm}^4$이고, 도심축으로부터 단면의 상·하단까지의 거리 y_1, y_2는 $y_1=9\text{cm}$, $y_2=23\text{cm}$이므로,

상단에 대한 단면계수 $Z_1=\dfrac{I_X}{y_1}=\dfrac{12{,}200}{9}=1{,}355.6\text{cm}^3$

하단에 대한 단면계수 $Z_2=\dfrac{I_X}{y_2}=\dfrac{12{,}200}{23}=530.4\text{cm}^3$

또, 단면적은 $A=120\text{cm}^2$이므로 X축에 대한 회전반경은

$$r_x=\sqrt{\frac{I_X}{A}}=\sqrt{\frac{12{,}200}{120}}=10.1\text{cm}$$

예제 2.29

예제 2.23의 그림 2.39와 같은 단면의 최대 및 최소 회전반경을 구하여라.

풀이

최대 주단면2차모멘트 $I_{\max} = I_{X_O} = 2{,}677.01\text{cm}^4$

최소 주단면2차모멘트 $I_{\min} = I_{Y_O} = 402.99\text{cm}^4$

단면적 $A = 60\text{cm}^2$ 이므로,

최대 회전반경 $r_{\max} = r_{X_0} = \sqrt{\dfrac{I_{X_0}}{A}} = \sqrt{\dfrac{2{,}677}{60}} = 6.68\text{cm}$

최소 회전반경 $r_{\min} = r_{Y_0} = \sqrt{\dfrac{I_{Y_0}}{A}} = \sqrt{\dfrac{403}{60}} = 2.59\text{cm}$

연습문제

2.1 그림 2.45(a), (b)와 같은 반경 r의 반원 및 4분원의 도심을 구하여라.

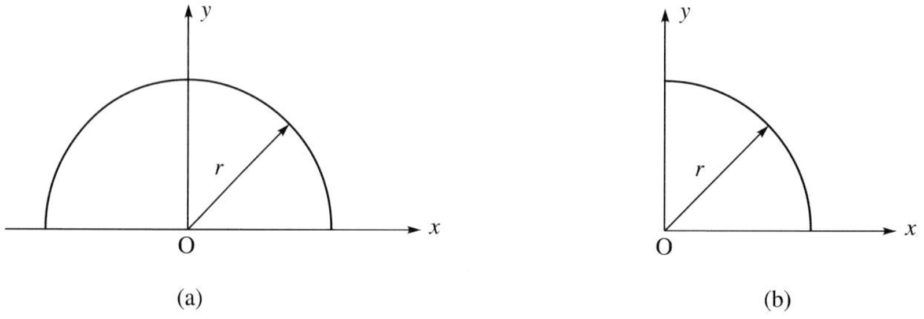

그림 2.45

2.2 그림 2.46과 같은 반경 r, 중심각 2α인 부채꼴의 도심을 구하여라.

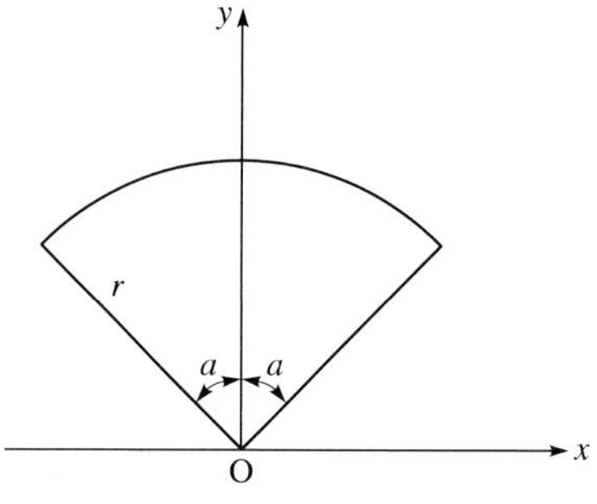

그림 2.46

2.3 그림 2.47(a), (b)와 같은 단면의 x, y축에 대한 단면1차모멘트와 도심을 구하여라.

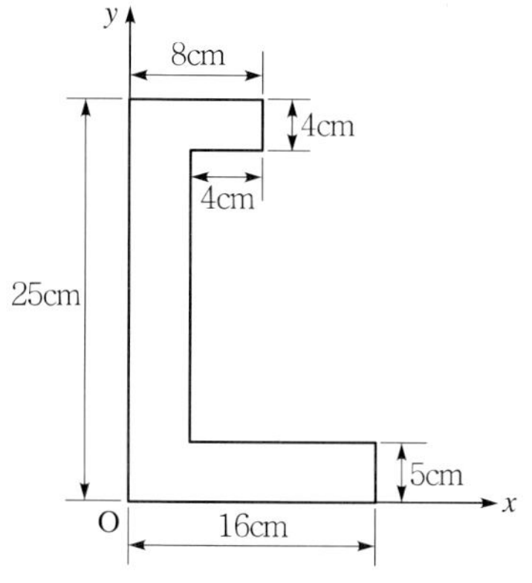

(a)

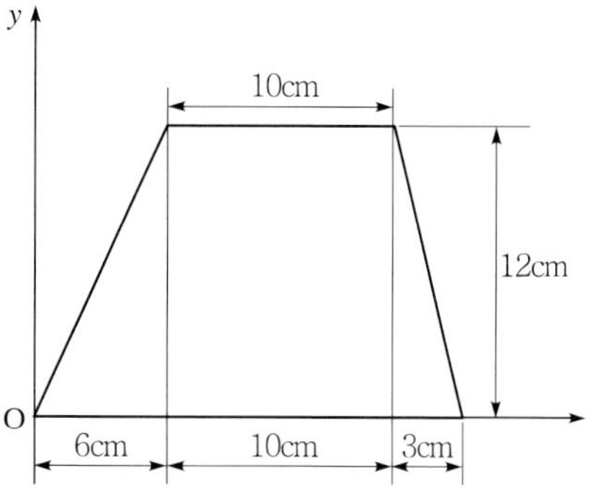

(b)

그림 2.47

2.4 그림 2.48과 같이 반경 30cm의 원으로부터 반경 10cm의 원을 절취한 나머지 도형의 도심을 구하여라.

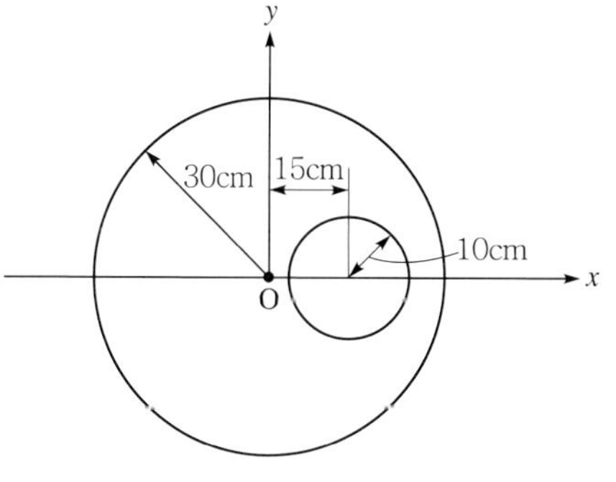

그림 2.48

2.5 폭 b, 높이 h 인 직사각형 단면에서 변 b를 x축이라 할 때, x축에 대한 단면2차모멘트를 구하고, 평행축 정리를 사용하여 변 b에 평행한 도심축 X에 대한 단면2차모멘트를 구하여라.

2.6 밑변 b, 높이 h의 삼각형 단면의 밑변을 x축이라 할 때, 밑변에 평행한 도심축 X에 대한 단면2차모멘트를 구하고, 평행축 정리를 사용하여 x축에 대한 단면2차모멘트를 구하여라.

2.7 윗면 a, 밑면 b, 높이 h의 사다리꼴 단면의 밑변 (x축)에 대한 단면2차모멘트를 적분에 의하여 구하고, 밑변에 평행한 도심축 X 에 대한 단면 2차모멘트를 구하라.

2.8 그림 2.45(b)와 같은 4분원의 x, y 축에 평행한 도심축 X, Y에 대한 단면2차모멘트를 구하여라.

2.9 그림 2.42와 같은 지름 d인 원형 단면으로부터 절취할 수 있는 최대의 단면2차모멘트를 갖는 직사각형 단면의 폭 b 와 높이 h 의 비 및 최대 단면2차모멘트를 구하여라.

2.10 예제 2.26 그림 2.43(a), (b)의 단면의 수평 도심축에 대한 단면2차모멘트를 비교하여라.

2.11 그림 2.49(a), (b)와 같은 도형의 x, y 축에 대한 단면2차모멘트 및 단면상승모멘트를 구하여라.

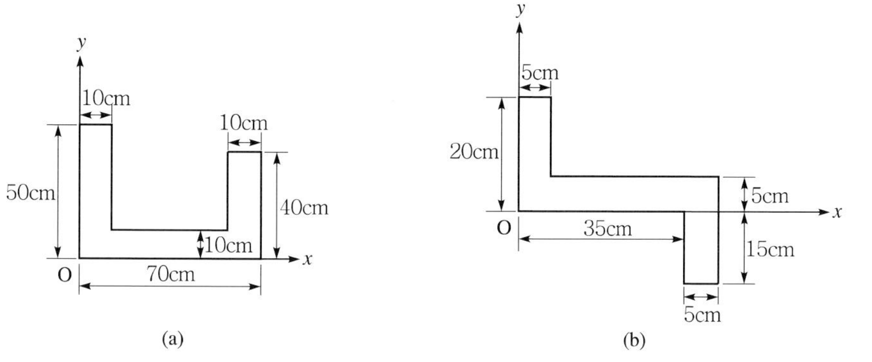

그림 2.49

2.12 폭 b, 높이 h 의 직사각형 단면의 도심 G를 극으로 하는 단면 2차 극 모멘트를 구하여라.

2.13 그림 2.50(a), (b), (c)와 같은 단면의 수평 도심축 X에 대한 단면계수 및 회전반경을 구하여라.

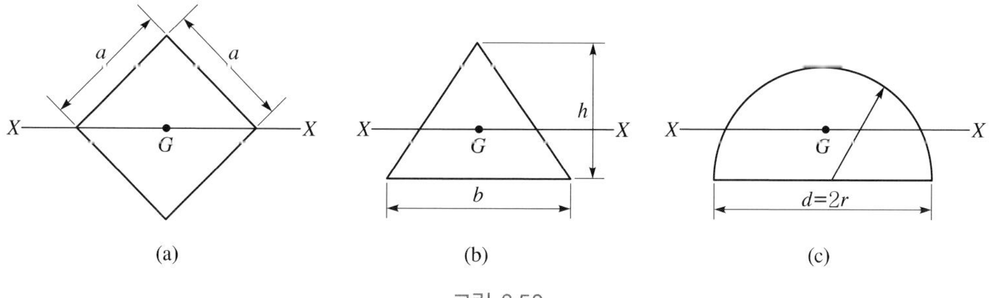

그림 2.50

2.14 그림 2.51과 같은 외경 D_1, 내경 D_2 인 중공(中空) 원형단면(hollow circular section)의 수평 도심축 X에 대한 단면계수 및 회전반경을 구하여라.

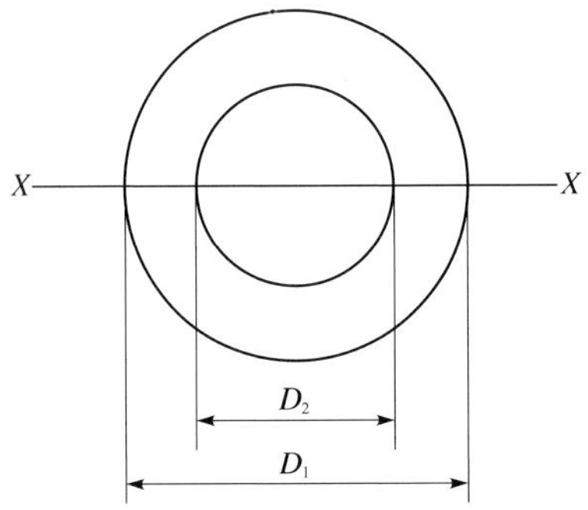

그림 2.51

2.15 한 단면의 임의점을 원점으로 하는 직각 좌표축 x, y와 이를 α만큼 반시계 방향으로 회전시킨 새로운 직각 좌표축 X, Y에 대한 단면 2차 반경 r_x, r_y 및 r_X, r_Y 사이의 관계식을 구하여라.

2.16 한 단면의 도심축 X와 이에 평행 한 축 x에 대한 회전반경 r_X, r_x 사이의 관계식을 구하여라. 단, 두 축사이의 거리는 y_0이다.

2.17 그림 2.52와 같은 단면의 도심을 지나는 직각 좌표축 X, Y 에 대한 단면계수 및 회전반경을 구하여라.

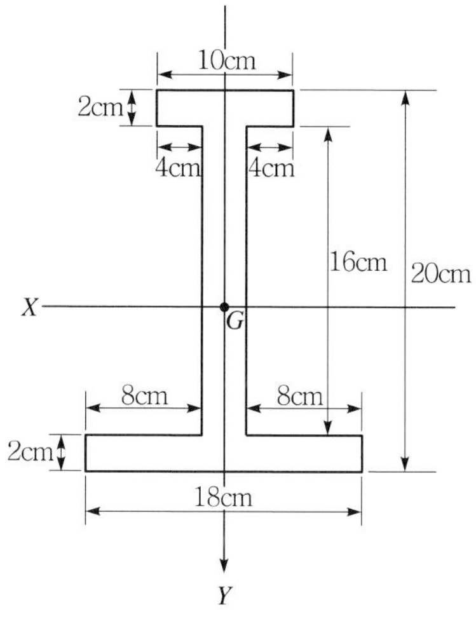

그림 2.52

2.18 그림 2.53과 같은 삼각형 단면$(b > h)$으로부터 절취할 수 있는 최대의 단면계수를 갖는 직사각형 단면을 구하여라.

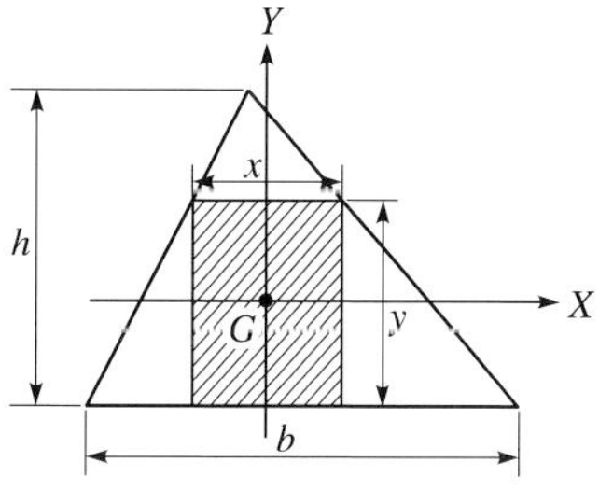

그림 2.53

2.19 그림 2.54의 (b)의 단면계수를 (a)의 단면계수의 2배로 하기 위해서는 B를 얼마로 하여야 하는가.

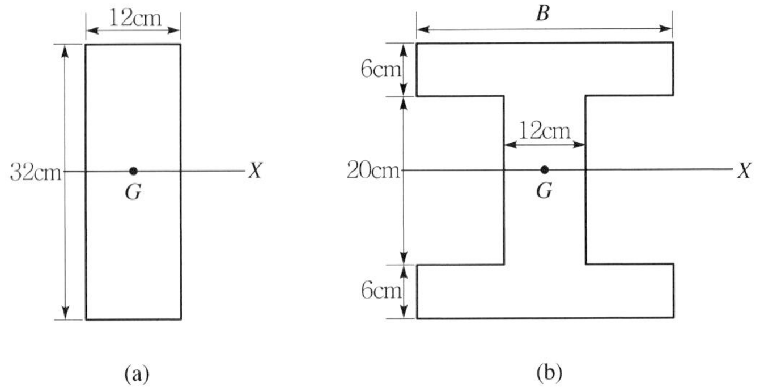

그림 2.54

2.20 그림 2.55와 같은 단면의 도심에서의 주축 및 주단면2차모멘트를 구하여라. 또 이 단면의 최대 및 최소회전반경을 구하여라.

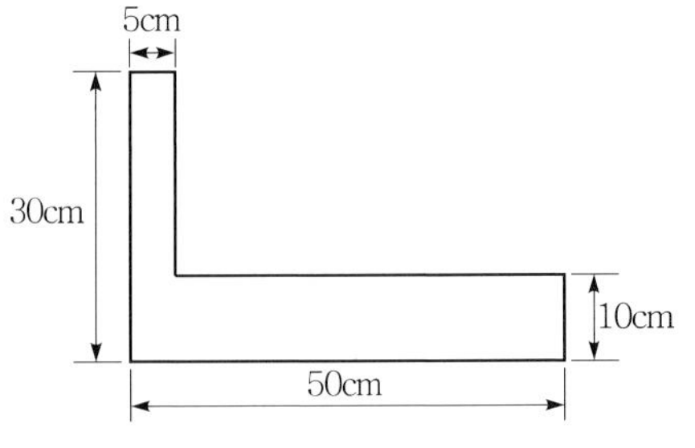

그림 2.55

CHAPTER 03

재료의 역학적 성질

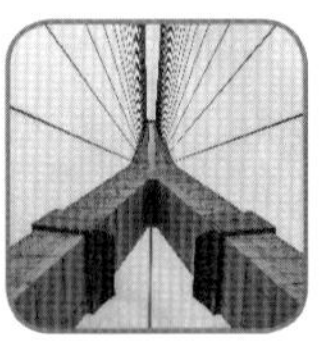

CHAPTER 03

재료의 역학적 성질

재료는 입자의 배열에 따라 이방체(異方體, anisotropic body)와 등방체(等方體, isotropic body)로 분류된다. 이방체는 물질을 구성하는 원자, 분자의 배열이 방향에 따라 다른 것으로 방향에 따라 각기 다른 성질을 가지며, 등방체는 원자, 분자가 불규칙하게 배열된 것으로 방향에 따른 성질의 차이는 없다. 또, 재료 내부의 작은 부분의 성질이 재료 전체의 성질과 같다고 볼 수 있는 재료를 등질체(等質體, homogeneous body)라 한다. 구조용 재료는 특별한 경우를 제외하고는 등방·등질체라고 가정한다. 구조용 재료로 많이 사용되는 강재는 등방·등질이고, 콘크리트는 조직의 구조가 복잡하지만 각종 실험적 연구결과로 실용상 등방·등질로 다루어지고 있다. 목재는 섬유 방향에 따라 역학적 성질이 매우 다르므로 이방성을 고려할 필요가 있다.

여기서는, 등방·등질체인 구조용 재료의 응력, 변형률 및 이들의 관계로부터 재료의 일반적인 역학적 성질을 알아보기로 한다.

3.1 응 력

고무줄의 양끝을 손에 쥐고 힘을 주어 잡아 늘일 때, 손이 고무줄을 잡아당기는 힘과 똑같은 크기의 힘으로 고무줄이 반대 방향으로 손을 잡아당기는 것을 알 수 있다. 이 때, 손의 힘을 점차 증가하여 고무줄을 잡아당기면, 고무줄도 이에 따라 점차 큰 힘으로 손을 잡아 당겨 손의 힘과 평형을 이룬다. 그러나, 고무줄을 잡아당기는 힘이 어느 한도에 도달하면 고무줄은 끊어지고 만다.

여기서, 손이 고무줄을 잡아당기는 힘과 같이 물체에 외부로부터 작용하는 힘을 외력(外力, external force)이라 하며, 물체에 외력이 작용하면 고무줄이 늘어나는 것과 같이 물체는 변형(變形, deformation)되는 동시에, 고무줄이 팽팽해지는 것과 같이 외력에 저항하여 물체 내부에 힘이 발휘되는데, 이 힘을 **내력**(內力, internal force)이라 한다.

내력은 항상 외력과 크기가 같으며 방향이 반대로서, 외력이 작용함과 동시에 일어나고 외력을 제거함과 동시에 없어진다. 또, 내력은 외력의 증가에 따라 증가하나, 이에는 한도가 있어서 내력이 그 물체 고유의 한도에 도달하면 외력에 저항할 수 없게 되어 물체는 파괴된다.

응력을 단면 전체에 대하여 생각할 때에는 이를 합응력(合應力, stress resultant)이라 하고, 단위 면적에 대하여 생각할 때에는 **응력**(應力, stress) 또는 단위 응력(單位應力, unit stress)이라 하며, 또는 간략하게 응력이라고도 한다.

합응력의 단위는 외력의 단위와 같으며, 응력의 단위는 중력단위계에서 kg/cm^2, t/m^2, kg/mm^2 등으로 나타내나, 절대단위계에서는 MPa를 사용하는 경우가 많다.

물체에 작용하는 외력의 작용 방법에 따라 응력을 분류하면 다음과 같다.

3.1.1 축방향응력

구조물을 구성하는 부재의 각 단면의 도심을 지나는 선을 부재의 축(軸, axis)이라 하고, 부재의 축에 직교하는 면을 횡단면(橫斷面, cross section)이라 한다. 일반적으로, 부재가 곡선이거나 단면이 일정하지 않아도 도심을 지나는 선을 축이라 한다. 여기서는, 간단하게 단면이 일정한 직선 부재에 대하여 생각하기로 한다.

그림 3.1과 같이 직선 부재의 축에 따라 작용하는 힘을 **축방향력**(軸方向力, axial force)이라 하며, 이에는 부재를 잡아당겨 늘어뜨리는 **인장력**(引張力, tensile force)과 부재를 눌러서 오그라뜨리는 압축력(壓縮力, compressive force)이 있다.

부재에 축방향력이 작용하면 축에 직교하는 단면에는 단면에 수직인 방향으로 응력이 일어나며, 이를 축방향응력(axial stress)이라 한다. 축방향응력에는 축방향 인장력에 의한 축방향 인장 응력(tensile stress)과 축방향 압축력에 의한 축방향 압축 응력(compressive stress)이 있는데, 축방향응력은 단면에 균일하게 분포되어 일어난다고 가정한다.

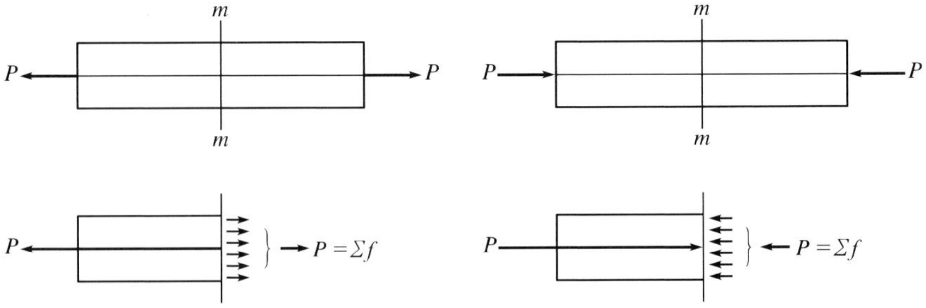

그림 3.1

축방향응력과 같이 단면에 수직인 방향으로 일어나는 응력을 수직응력(垂直應力 normal stress)이라 하며 f로 나타낸다. 이 때, 인장 응력은 f_t 압축 응력은 f_c로 나타낸다.

그림 3.1과 같이 단면적이 일정한 직선 부재에 축방향력 P가 작용할 때, 부재의 단면에 일어나는 축방향응력 f는, 단면적을 A라 하면 다음과 같이 나타낼 수 있다.

$$f = \frac{P}{A} \tag{3.1}$$

수직응력의 부호는 그림 3.2와 같이 인장에 (+), 압축에 (−)의 부호를 붙이기로 약속한다. 인장 응력과 압축 응력을 구별할 필요가 있을 때에는 위의 약속대로 부호를 붙여야 한다. 그러나, 인장과 압축을 알고 있을 때에는 부호를 생략하기도 한다.

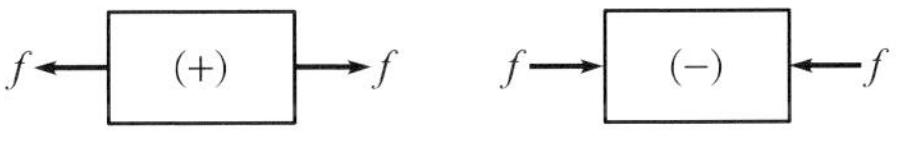

그림 3.2

인장을 받는 부재나 굵고 짧은 부재가 압축력을 받는 경우에는 식 (3.1)에 의하여 계산된 응력이 부재의 파괴를 결정하는 기준이 되는 것이 보통이나, 가늘고 긴 부재에 압축력이 작용하는 경우에는 좌굴에 의하여 파괴된다. 이에 대해서는 제 9장에서 다루기로 한다.

예제 3.1

지름 22mm의 원형 단면의 강재에 40kN의 인장력이 작용할 때, 단면에 일어나는 인장 응력을 구하여라.

풀이

부재의 단면적 A는

$$A = \frac{\pi d^2}{4} = \frac{3.14 \times 22^2}{4} = 380\ \mathrm{mm}^2$$

인장 응력은 식 (3.1)에 의하여

$$f = \frac{P}{A} = \frac{40}{380} = 0.10526\ \mathrm{kN/mm^2} = 105.26\ \mathrm{N/mm^2} = 105.26\ \mathrm{MPa}$$

3.1.2 전단응력

그림 3.3은 가위로 두꺼운 종이를 자를 때와 같은 경우, 힘의 작용을 나타낸 것이다. 이 그림과 같이 부재의 축에 직각 방향으로 인접한 평행한 두 단면에 따라 크기가 같고 방향이 반대인 두 힘 V가 작용하면, 이 부재는 힘이 작용하는 단면에서 잘리려 한다. 이와 같은 힘을 **전단력**(剪斷力, shearing force)이라 한다.

전단력이 작용하는 단면에는 전단력에 저항하여 단면에 평행한 방향으로 응력이 일어나는데, 이를 **전단응력**(剪斷應力, shearing stress)이라 한다. 특히, 전단력이 그림 3.3과 같이 작용할 때, 전단력이 작용하는 단면에 평행한 방향으로 일어나는 전단응력을 **직접 전단응력**(direct shearing stress)이라 한다. 직접 전단응력의 분포는 매우 복잡하며 단면의 형상에 따라 다르므로, 전단력 V와 단면적 A만으로 간단히 나타낼 수 없다.

그러나, 실용 계산을 간단하게 하기 위하여 전단응력이 단면에 균일하게 분포하여 작용한다고 가정하면, 단위 면적에 일어나는 평균적인 전단응력 v는 다음과 같다.

$$v = \frac{V}{A} \tag{3.2}$$

이 방법에 의하여 생기는 오차는 설계계산에 사용되는 허용 전단응력을 적절히 정하여 설계의 안전을 도모한다.

실제의 구조물에서 직접 전단을 받는다고 생각되는 경우는 리벳(rivet) 또는 볼트(bolt)의 이음부이다.

전단응력의 부호는 그림 3.4와 같이 전단응력이 시계 방향의 짝힘(couple)을 이룰 때를 (+)로, 반시계 방향일 때를(−)로 정하나, 일반적으로 부호를 생략하는 것이 보통이다.

일반적으로 물체 내부의 미소 직육면체 요소에 어느 한 방향으로 전단응력이 작용하면 반드시 이것과 직교하여 크기가 같고 부호가 반대인 전단응력이 작용한다. 이를 증명하면 다음과 같다.

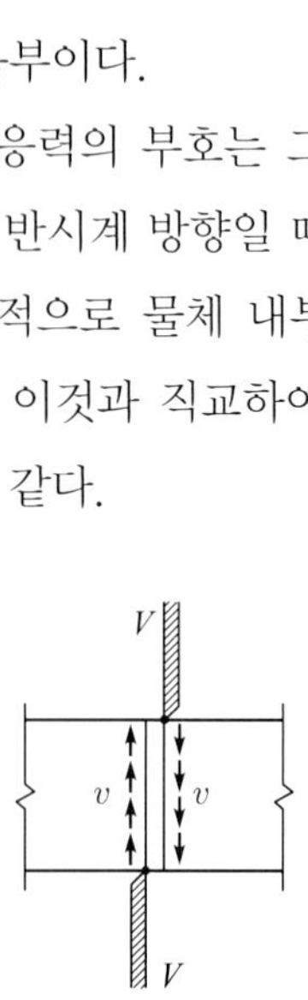

그림 3.3

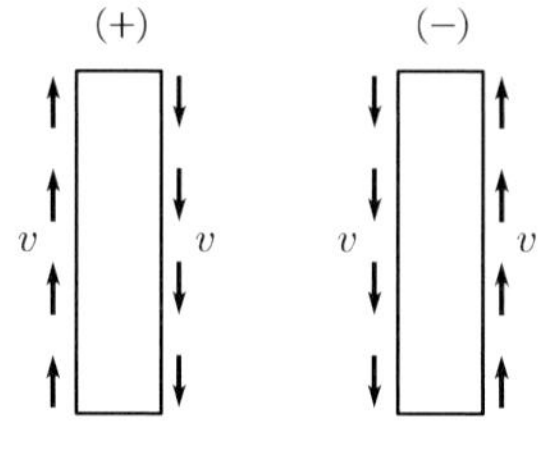

그림 3.4

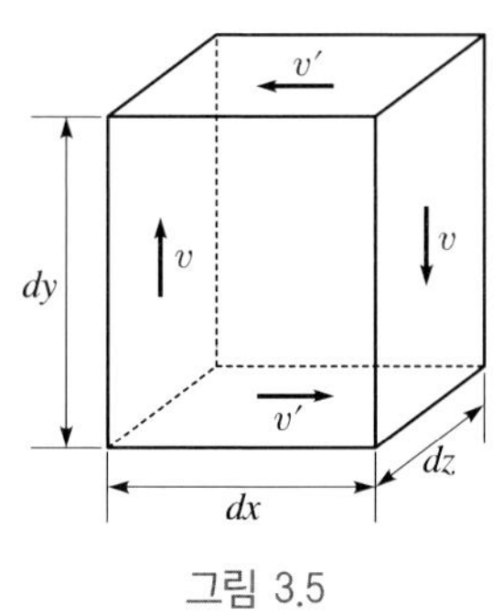

그림 3.5

그림 3.5와 같이 물체 내에 미소 직육면체를 생각하여, 좌우의 면에 전단응력 v가 작용한다고 한다. 이 2개의 v는 우력을 형성하므로, 이 직육면체가 힘의 평형을 이루려면 다른 어떤 힘이 발생하여 이 힘에 의한 우력이 v에 의한 우력과 크기가 같고 방향이 반대이어야 한다. 즉, 상하의 면에 v'가 그림과 같은 방향으로 작용하여 v에 의한 우력과 v'에 의한 우력이 크기가 같고 방향이 반대이어야 한다.

$$\sum M = v(dy \cdot dz)dx - v'(dx \cdot dz)dy = 0$$

$$\therefore v = v' \tag{3.3}$$

위와 같이 물체 내의 요소에 발생하는 전단응력은 언제나 크기가 같고, 방향이 반대인 짝으로 발생하며, 전단응력은 서로 직교하는 평면 위에 존재한다는 것을 알 수 있다. 이 관계를 A. Cauchy의 **공액 전단응력**(共軛剪斷應力, complementary shear stress) 의 법칙이라고 한다.

또한, 물체 내의 미소요소에 어느 한 방향으로 전단응력이 작용하면 이것과 45° 경사진 방향에는 전단응력과 크기가 같은 인장 응력과 압축 응력이 발생한다. 이를 증명하면 다음과 같다. 그림 3.6(a)와 같이 전단응력 v가 발생하는 단위 두께의 미소 정육면체에서 대각선 AC로 나누어진 ABC 부분의 힘의 평형을 생각하면

그림(b)에서 v의 대각선 AC에 수직한 방향의 분력의 합은

$$2 \times v \cdot a \cdot \sin 45° = \sqrt{2} \cdot v \cdot a$$

이며, 이것과 크기가 같고 방향이 반대인 힘이 AC면에 작용하지 않으면 안된다. 그러므로 AC면에 v로 인하여 생기는 수직응력을 f라고 하면, AC면의 면적이 $a\sqrt{2}$이므로,

$$f \cdot a\sqrt{2} = \sqrt{2} \cdot v \cdot a$$

$$f = v \tag{3.4}$$

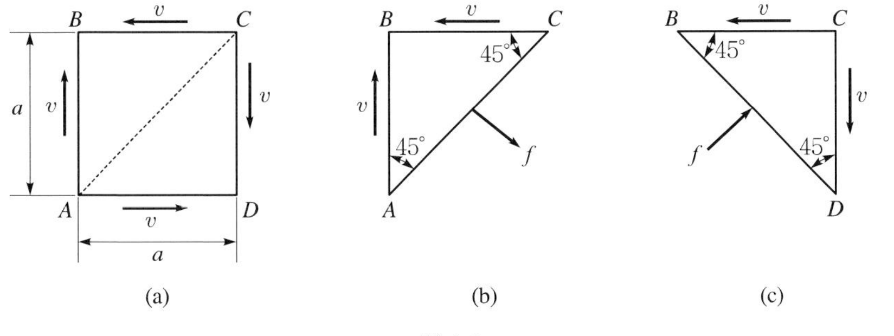

그림 3.6

AC면의 f는 인장 응력이다. 마찬가지로 하여 BD면에 그림(c)와 같이 v와 크기가 같은 압축 응력이 작용한다.

그림 3.7은 강판을 리벳으로 이은 구조이다. 이 강판을 인장하면, 리벳에는 그림(a)에서는 단면 1.1에, 그림(b)에서는 단면 1-1과 2-2에 전단력이 작용하게 된다. 이런 의미에서 그림(a)를 **단전단**(單剪斷, single shear) 또는 **1면 전단**이라 하고, 그림(b)를 **복전단**(複剪斷, double shear) 또는 **2면 전단**이라 한다.

리벳에 일어나는 전단응력 v는, 리벳의 한 면에 작용하는 전단력을 V, 리벳의 지름을 d라 할 때, 단면적은 $A = \pi d^2/4$이므로,

$$v = \frac{4V}{\pi d^2} \tag{3.5}$$

이다.

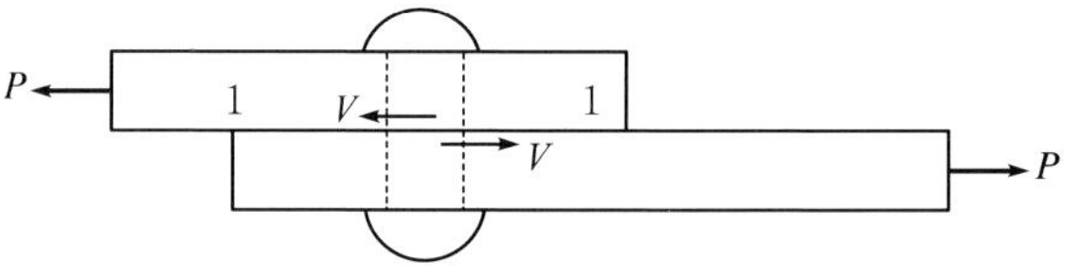

(a)

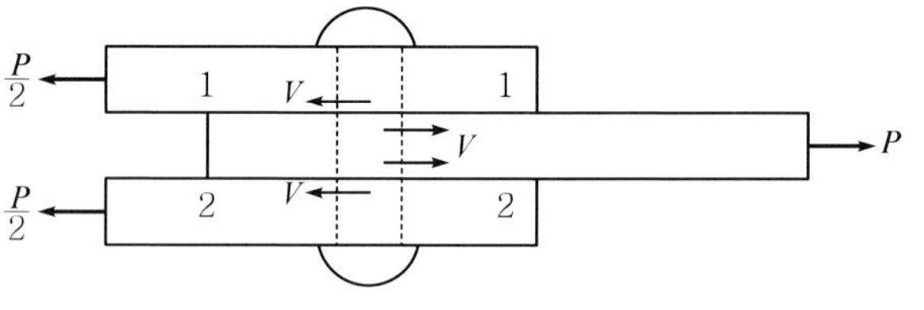

(b)

그림 3.7

예제 3.2

그림 3.7(a) 및 (b)에서 $P = 50\text{kN}$의 인장력이 작용할 때, 지름 $d = 25\text{mm}$의 리벳에 일어나는 전단응력 v를 구하여라.

풀이

(a) 리벳의 한 단면에 작용하는 전단력은 $V = P = 50\text{kN}$이므로, 식 (3.5)에 의하여,

$$v = \frac{4V}{\pi d^2} = \frac{4 \times 50 \times 10^3}{3.14 \times 25^2} = 101.91\ \text{MPa}$$

(b) 리벳의 한 단면에 작용하는 전단력은

$$V = \frac{P}{2} = \frac{50}{2} = 25\,\mathrm{kN}$$

이므로, 식 (3.5)에 의하여

$$v = \frac{4V}{\pi d^2} = \frac{4 \times 25 \times 10^3}{3.14 \times 25^2} = 50.96\ \mathrm{MPa}$$

위의 계산에서 알 수 있는 바와 같이, 그림(b)의 복전단일 때의 응력이 그림(a)의 단전단일 때의 응력의 1/2이다. 이와 같이, 동일한 크기의 인장력에 대하여 복전단의 응력이 단전단의 응력보다 작을 뿐만 아니라 힘이 대칭으로 작용하므로, 힘의 편심 작용도 피할 수 있어, 중요한 부재나 큰 세기를 필요로 하는 부재의 이음에는 복전단이 많이 이용된다.

3.1.3 축방향력을 받는 부재의 경사 단면의 응력

그림 3.8과 같이 축방향력을 받는 부재의 횡단면과 임의의 경사각 θ를 이루는 단면에 일어나는 수직응력 f_θ와 전단응력 v_θ를 구하면 다음과 같다.

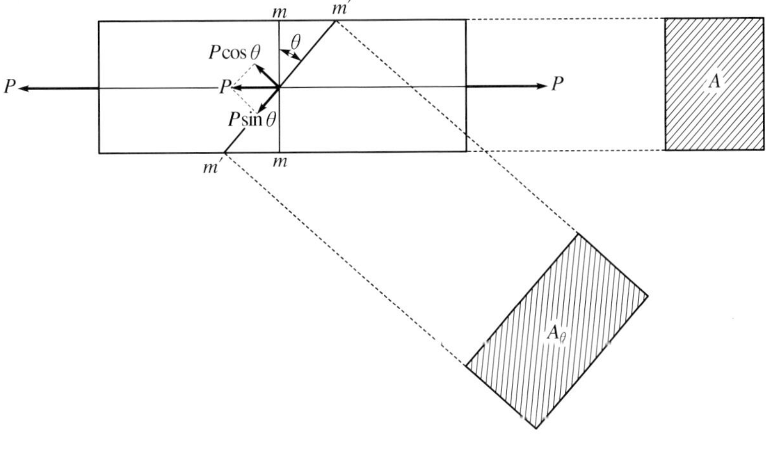

그림 3.8

횡단면 $m-m$의 단면적을 A, 횡단면과 임의의 경사각 θ를 이루는 경사 단면 $m'-m'$의 단면적을 A_θ라고 하면 $A_\theta = \dfrac{A}{\cos\theta}$이므로,

$$f_\theta = \frac{P\cos\theta}{A_\theta} = \frac{P}{A}cos^2\theta = f\cos^2\theta$$

$\theta = 0°$이면, $f_{\theta\max} = f$

$$v_\theta = \frac{P\sin\theta}{A_\theta} = \frac{P}{A}\sin\theta\cos\theta = \frac{f}{2}\sin 2\theta \qquad (3.6)$$

$\theta = 45°$이면, $v_{\theta\max} = \frac{f}{2}$

예제 3.3

20cm×15cm의 직사각형 단면의 부재에 축방향 인장력 2100kN이 작용한다. 부재축과 30°인 경사 단면에 작용하는 수직응력과 전단응력을 구하여라.

풀이

횡단면에 작용하는 인장 응력은

$$f = \frac{P}{A} = \frac{2{,}100\times10^3}{20\times15\times10^2} = 70\,\text{MPa}$$

이며, 부재축과 30°인 경사 단면의 횡단면과 이루는 각은

$\theta = 90° - 30° = 60°$

이므로, 식 (3.6)에 의하여

$$f_{\theta=60°} = f\cos^2\theta = 70\cos^2 60° = 70\left(\frac{1}{2}\right)^2 = 17.5\ \text{MPa}$$

$$v_{\theta=60°} = \frac{f}{2}\sin 2\theta = \frac{70}{2}\sin 120° = \frac{70}{2}\times\frac{\sqrt{3}}{2} = 17.5\sqrt{3} = 30.31\ \text{MPa}$$

3.1.4 휨응력

직선 부재가 그림 3.9(a)와 같이 부재의 축에 직각 방향의 힘을 받으면 파선과 같이 휜다. 이 때, 부재축의 윗부분은 압축되고, 아랫부분은 인장된다. 따라서, 단면 $m-m$에 대하여 생각하면 단면의 윗부분에는 단면에 수직인 방향으로 압축 응력이 아랫부분에는 인장 응력이 일어난다.

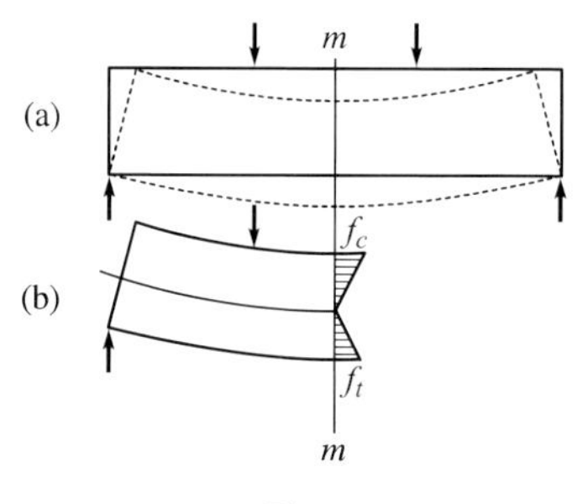

그림 3.9

이와 같이, 부재가 휠 때 부재의 단면에 일어나는 수직응력을 **휨응력**(bending stress)이라 한다. 여기서, 주의할 것은, 부재가 휠 때에 일어나는 응력은 단면에 수직 방향의 휨응력뿐만 아니라, 단면에 평행한 방향으로 전단응력도 함께 일어난다. 이들에 대해서는 제7장에서 다루기로 한다.

3.1.5 비틀림응력

그림 3.10과 같이 봉의 양끝에 반대 방향의 모멘트를 작용시키면, 이 봉은 비틀어진다. 이 비틀림에 저항하여 일어나는 응력을 **비틀림응력**(torsional stress)이라 하며, 이는 항상 면에 나란한 방향으로 작용하는 것으로 전단응력의 일종이며, 이에 대해서는 제4장에서 다루기로 한다.

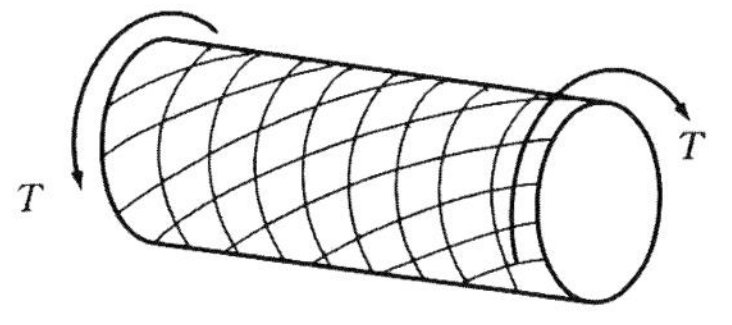

그림 3.10

3.2 변형률

이미 앞에서 언급한 바와 같이, 물체에 외력이 작용하면 물체는 변형되는 동시에 응력이 일어난다. 이 때, 변형의 정도를 **변형률**(變形率, strain)라 한다. 변형률은 물체가 외력을 받아 늘어났거나 줄어든 양, 즉 변형량의 변형되기 전의 양에 대한 비로 나타내며, 단위는 없으나 경우에 따라 퍼센트(%)로 나타내기도 한다. 여기서는, 직선 부재의 변형률에 대하여 알아보기로 한다.

3.2.1 세로 변형률

그림 3.11(a)와 같이, 길이 l 인 직선 부재에 축방향 인장력이 작용하면 부재는 축방향(세로 방향)으로 Δl 만큼 늘어나고, 그림(b)와 같이 축방향 압축력이 작용하면 그 길이가 Δl 만큼 줄어든다. 이 때, Δl 의 l 에 대한 비를 **세로 변형률**(longitudinal strain)이라 한다.

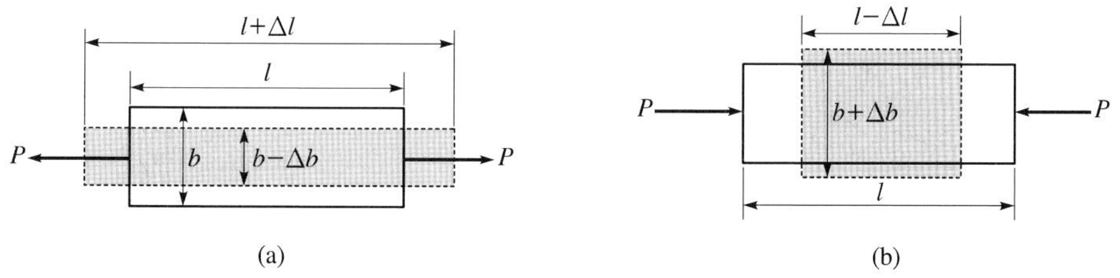

그림 3.11

세로 변형률을 ε으로 나타내면,

$$\varepsilon = \frac{\Delta l}{l} \tag{3.7}$$

의 관계가 성립한다.

여기서, 그림(a)와 같이 인장력이 작용하여 길이가 늘어날 때의 변형률을 인장 변형률(tensile strain)이라 하고, 그림(b)와 같이 압축력이 작용하여 그 길이가 줄어들 때의 변형률을 압축 변형률(compressive strain)이라 한다. 부호는 인장 변형률을 (+), 압축 변형률을 (−)로 한다.

예제 3.4

지름 19mm, 길이 2m의 강봉(steel bar)에 20kN의 축방향 인장력이 작용하여 0.7mm 늘어났다. 세로 변형률 ε을 구하여라.

풀이

식 (3.7)에 의하여,

$$\varepsilon = \frac{\Delta l}{l} = \frac{0.7}{2{,}000} = 0.00035 \quad \text{또는} \quad 0.035\%$$

3.2.2 가로 변형률

그림 3.11(a)와 같이 폭 b의 직선 부재에 축방향 인장력이 작용하면 축에 직각 방향(가로 방향)으로 Δb 만큼 줄어들며, 그림(b)와 같이 축 방향 압축력이 작용하면 Δb만큼 늘어난다. 이 때, Δb의 b에 대한 비를 **가로변형률**(lateral strain)이라 한다.

가로 변형률을 β로 나타내면,

$$\beta = \frac{\Delta b}{b} \tag{3.8}$$

이다. 가로변형률 β의 부호는 세로 변형률 ε이 (+)이면 (−), ε이 (−)이면 (+)이다.

3.2.3 세로 변형률과 가로 변형률과의 관계

물체가 인장 또는 압축력을 받으면, 세로 방향으로 변형하는 동시에 가로 방향으로도 변형한다. 이 때, 가로 변형률 β와 세로 변형률 ε과의 비는 탄성한도 이내에서는 재료에 따라 일정한 값을 가지는 데, 이를 **포아송의 비**(Poisson's ratio)라 하고, 포아송의 비의 역수를 **포아송의 수**(Poisson's number)라 한다.

포아송의 비를 ν, 포아송의 수를 m으로 나타내면,

$$\nu = \frac{1}{m} = -\frac{\beta}{\varepsilon} \tag{3.9}$$

위의 식의 (−)의 부호는, 한 부재에서 가로 변형률 β와 세로 변형률 ε은 항상 반대 부호이므로, ν, m을 (+)로 나타내기 위하여 붙인 것이다.

일반적으로, $\nu < 1/2(m > 2)$이며, 금속 재료에서는 $\nu = 1/3 \sim 1/4(m = 3 \sim 4)$, 콘크리트는 $\nu = 1/6 \sim 1/12(m = 6 \sim 12)$이다.

예제 3.5

세로 변형률 ε=0.076%, 가로 변형률 β=−0.022%일 때, 포아송의 비와 포아송의 수를 구하여라.

풀이

식 (3.9)에 의하여,

$$\nu = -\frac{\beta}{\varepsilon} = -\frac{-0.022}{0.076} = 0.289$$

$$m = \frac{1}{\nu} = \frac{1}{0.289} = 3.46$$

예제 3.6

예제 3.4에서 포아송의 수 $m = 3.5$ 일 때, 가로 변형률 β 및 지름의 변형량 Δd 를 구하여라.

풀이

식 (3.9)에 의하여,

$$\beta = -\frac{\varepsilon}{m} = -\frac{0.00035}{3.5} = -0.0001$$

변형량 Δd 는 식 (3.8)에 의하여,

$$\Delta d = \beta d = 1.9 \times (-0.0001) = -0.00019\text{cm}$$

3.2.4 전단 변형률

그림 3.12와 같이 직육면체의 두 면 AB(고정), CD(자유) 에 따라 전단력 V가 작용하여 CD가 C′D′의 위치로 변했다고 가정하고, 두 면 AC, BD 간의 거리를 l 이라 하면, $CC' = DD' = y$ 와 l 과의 비를 전단 변형률(shearing strain)이라 하는데 단위 길이당의 변형된 양을 말한다. 일반적으로, 전단력에 의한 변형은 미소하므로 y는 극히 작다.

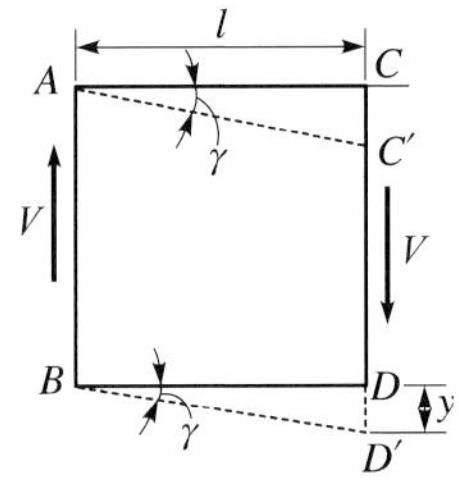

그림 3.12

따라서, 전단 변형률을 γ라하고, γ를 라디안(radian)으로 나타내면 $\tan\gamma \fallingdotseq \gamma$이므로

$$\gamma = \frac{y}{l} \tag{3.10}$$

의 관계가 성립한다.

3.3 탄 성

물체는 외력을 받으면 변형되지만, 변형의 원인이 되는 외력을 제거하면 변형은 부분적으로 또는 완전히 없어진다. 이와 같이, 물체가 외력을 받아 변형했다가 외력을 제거하면 원래의 모양으로 되돌아가는 재료의 성질을 **탄성**(彈性, elasticity)이라 하고, 외력을 제거해도 원래의 모양으로 되돌아가지 않고 변형된 채로 남아 있는 재료의 성질을 소성(塑性, plasticity)이라 한다. 여기서는, 구조용 재료가 가지는 탄성에 대하여 알아보기로 한다.

3.3.1 탄 성

일반적으로, 물체는 탄성과 소성을 함께 지니고 있으나, 편의상 탄성이 지배적인 물체를 **탄성체**(elastic body), 소성이 지배적인 물체를 **소성체**(plastic body)라 한다.

우리가 사용하는 구조용 재료에는 완전한 탄성체는 없으나, 비교적 변형이 작은 동안은 외력을 제거하면 변형은 거의 완전히 원래의 모양으로 되돌아간다. 그러나, 변형이 커지면 외력을 제거해도 완전히 원래의 모양으로 되돌아가지 않고 남는 변형을 **잔류 변형**(殘留變形, residual deformation)이라 한다. 잔류 변형은 시간이 지나면 감소되어 그 일부는 없어지나, 나머지의 변형은 없어지지 않고 끝까지 남는다. 이와 같이, 시간이 지나면 잔류 변형이 감소되는 현상을 **탄성 여효**(彈性餘效, elastic after effect)라 하고, 시간이 지나도 없어지지 않고 남는 변형을 **영구변형**(永久變形, permanent deformation) 또는 **소성 변형**(塑性變形, plastic deformation)이라 한다. 영구 변형을 남기지 않는 최대한의 응력을 **탄성한도**(彈性限度, elastic limit)라 한다. 우리가 설계하는 구조물의 부재에 실제로 일어나는 응력은 허용응력 설계법에서는 항상 탄성한도 이내이어야 한다.

그림 3.13는 직선 부재에 축 방향력이 작용할 때의 응력과 변형과의 관계를 나타낸 것이다. 비교적 변형이 작은 $O-E$ 간에서는 힘을 제거하면 거의 EO의 실선에 따라 회복되어 응력과 변형이 다 같이 0으로 된다. 그러나, 변형이 큰 $E-B$간에서는, 예를 들어 응력과 변형이 점 A에 이른 후 힘을 제거하면 AC의 파선을 따라 회복되어 응력은 0으로 되나, OC의 변형이 남는다. 이것이 잔류 변형이다.

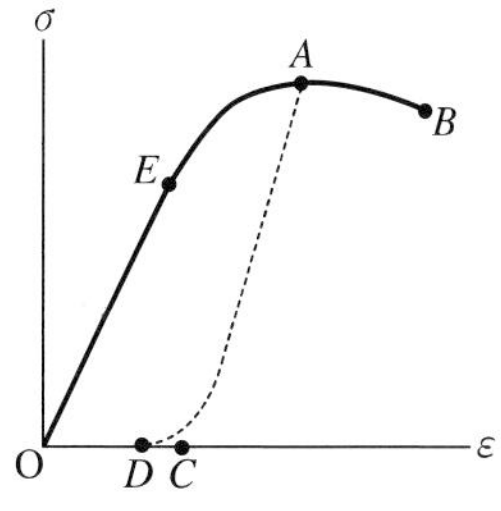

그림 3.13

시간이 지나면 탄성여효에 의하여 잔류 변형 중에서 CD 만큼은 회복되고, OD만의 변형은 끝까지 남는다. 이것이 영구변형이다.

일반적으로, 구조물은 안전을 위하여 변형이 크지 않은 범위에서 설계하므로, 구조용 재료는 거의 완전한 탄성체로 생각할 수 있다.

3.3.2 훅의 법칙과 탄성 계수

응력과 변형과의 관계는 수학적으로는 구할 수 없으며, 다만 실험에 의하여 알 수 있을 뿐이다. 이에 관하여 훅(Hooke)은 스프링에 대한 실험으로 어느 범위 내에서는 응력과 변형률이 정비례한다는 것을 밝혔다. 즉, 응력이 일정한 값을 초과하지 않는 한 응력은 이에 따라 생기는 변형률에 비례한다. 이것을 **훅의 법칙**(Hooke's law)이라 한다. 다시 말하면 응력과 변형률은 어느 한도 내에서는 선형 관계(線形關係)에 있고 어느 한도 이상에서는 비선형 관계에 있다. 응력과 변형이 선형 관계에 있는 재료의 성질을 선형 탄성(linear elasticity)이라 한다. 훅의 법칙이 성립하는 한도의 응력을 **비례 한도**(比例限度, proportional limit)라 한다. 다른 금속 재료도 마찬가지이지만, 특히 강재의 비례 한도는 탄성한도와 거의 일치한다. 그러나, 고무와 같은 재료의 비례 한도는 탄성한도보다 훨씬 낮다.

응력의 변형률에 대한 비를 **탄성 계수**(彈性係數, modulus of elasticity)라 하며, 탄성계수는 재료의 종류에 따라 일정한 값을 가지는데, 그 단위는 변형률의 단위가 없으므로 응력의 단위와 같다.

그림 3.14는 축방력을 받는 직선 부재의 수직응력 f와 세로 변형률 ε과의 관계를 나타낸 것이며, f_P는 비례 한도이다. 이 때의 비례 상수, 즉 탄성 계수를 E로 나타내면 수직응력 f가 비례 한도 f_P이내 ($f \leqq f_P$)일 때 훅의 법칙에 의하여 $f = E\varepsilon$이므로, 다음 관계가 성립한다.

$$E = \frac{f}{\varepsilon} \tag{3.11}$$

여기서, 식 (3.11)로 나타낸 탄성계수 E를 영 계수(Young's modulus) 또는 세로 탄성 계수 (modulus of longitudinal elasticity)라고도 한다. 단순히 탄성계수라 하면 영 계수를 뜻한다.

콘크리트와 같은 재료에서는 이를 압축하면 그림 3.15와 같이 되어 직선적으로 변화하는 부분은 없으므로 비례 한도는 없으며, 따라서 엄밀하게는 훅의 법칙이 성립하지 않는다.

그러나, 이런 경우도 콘크리트가 일반적으로 작용하는 외력에 대하여 충분히 안전하다고 생각되는 점 E'(보통은 f_c 가 압축 강도의 30~50% 정도의 점)를 정하고, OE'를 직선으로 생각하여 이 범위 내에서 탄성 계수의 값을 정한다.

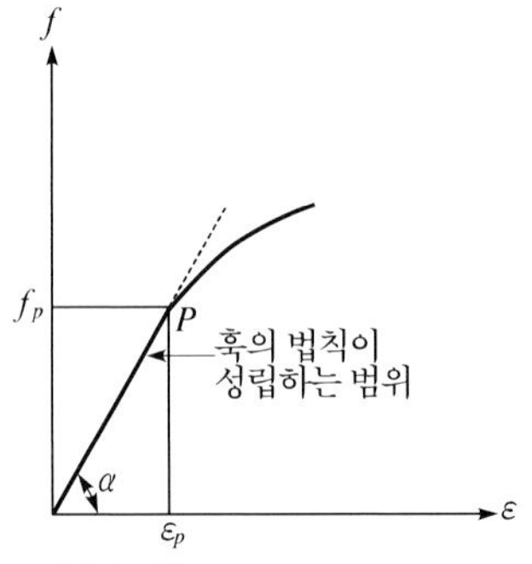

그림 3.14

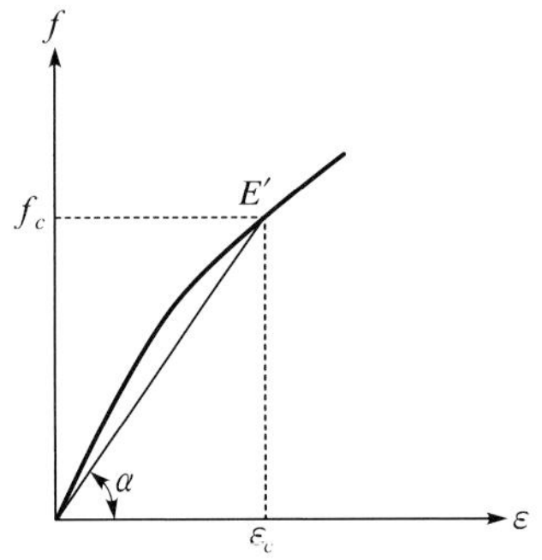

그림 3.15

구조물에 사용하는 일반 구조용 강재는 $E = 2.1 \times 10^5$MPa 정도이고, 비례 한도는 약 180~230MPa이다. 알루미늄은 $E = 7.3 \times 10^4$MPa이며, 콘크리트는 품질과 재령에 따라 차이가 많은 것으로 $E = 1.4 \times 10^4 \sim 4.5 \times 10^4$MPa 정도이고, 목재는 $E = 7.0 \times 10^3 \sim 10.0 \times 10^3$MPa 정도이다. 재료의 탄성 계수 E, 단면적 A, 길이 l의 직선 부재에 축방향 인장력 P가 작용하여 축방향으로 Δl 만큼 변형할 때, 식 (3.11)에서

$$\varepsilon = \frac{\Delta l}{l}, \quad f = \frac{P}{A}$$

이므로,

$$E = \frac{Pl}{A\,\Delta l} \text{ 또는 } \quad \Delta l = \frac{Pl}{EA} \tag{3.12}$$

이 된다. 여기서, Δl은 인장 변형량으로서 (+)이다. 압축력인 경우에는 P를 (−)로 하여 압축 변형량을 구한다.

다음에, 전단응력을 v, 전단 변형률을 γ라 하면, 탄성 계수의 정의에 따라 다음 관계가 성립한다.

$$G = \frac{v}{\gamma} \tag{3.13}$$

여기서, G를 **전단 탄성 계수**(shear modulus of elasticity)라 한다. 일반 구조용 강재의 전단 탄성계수는 8.1×10^4MPa 정도이다. 일반적으로, 전단 탄성 계수 G는 탄성계수 E의 $\frac{1}{3} \sim \frac{1}{2}$ 정도이다. 탄성계수 E, 전단 탄성 계수 G, 포아송의 비 ν 사이에는 다음과 같은 관계가 성립한다.

$$E = 2G(1+\nu) \tag{3.14}$$

예제 3.7

길이 50cm, 단면적 4cm^2의 강재 직선 부재에 80kN의 축방향 인장력을 작용시킨 결과 0.48mm 늘어났다. 이 강재의 탄성 계수 E를 구하여라.

풀이

인장응력

$$f = \frac{P}{A} = \frac{80 \times 10^3}{400} = 200 \text{ MPa}$$

세로 변형률 : $\Delta l = 0.48\text{mm} = 0.048\text{cm}$ 이므로

$$\varepsilon = \frac{\Delta l}{l} = \frac{0.048}{50} = 0.00096$$

탄성 계수 : 식 (3.11)에 의하여

$$E = \frac{f}{\varepsilon} = \frac{200}{0.00096} = 2.08 \times 10^5 \text{ MPa}$$

또는, 식 (3.12)에 의하여

$$E = \frac{Pl}{A\Delta\ell} = \frac{80 \times 10^3 \times 500}{400 \times 0.48} = 2.08 \times 10^5 \text{ MPa}$$

예제 3.8

탄성 계수 2.1×10^5MPa, 지름 4cm, 길이 2m의 강봉을 150kN의 힘으로 인장할 때, 강봉의 변형량 Δl 을 구하여라.

풀이

식 (3.12)에 의하여,

$$A=\frac{\pi d^2}{4}=\frac{3.14\times4^2}{4}=12.56\text{cm}^2=1{,}256\text{ mm}^2$$

$P=150\text{kN}=150{,}000\text{N}$, $l=2\text{m}=2{,}000\text{mm}$ 이므로,

$$\Delta l=\frac{Pl}{EA}=\frac{150{,}000\times2{,}000}{2.1\times10^5\times1{,}256}=1.1\text{ mm}=0.11\text{ cm}$$

3.4 응력-변형률 선도

구조 재료의 인장 또는 압축 시험을 하여 응력과 변형률과의 관계를 그래프로 그린 것을 **응력-변형률 선도**(stress-strain diagram)라 하는데, 재료의 종류에 따라 다른 것으로 재료의 역학적 성질을 잘 나타낸다. 응력-변형률 선도는 하중의 크기를 0으로 부터 점차 증가시키면서 하중의 크기와 세로 변형량을 측정하여 응력과 변형률을 구하고, 변형률을 가로축에, 응력을 세로축에 잡아 그래프를 그린다.

재료를 인장 또는 압축하면 재료의 단면적은 변화한다. 이 때, 변화된 단면적에 대한 응력를 **실응력**(實應力, actual stress)이라 하며, 원래의 단면적에 대한 응력을 공칭 응력(公稱應力, nominal stress)이라 한다. 응력-변형률 선도에서는 보통 공칭 응력을 사용한다.

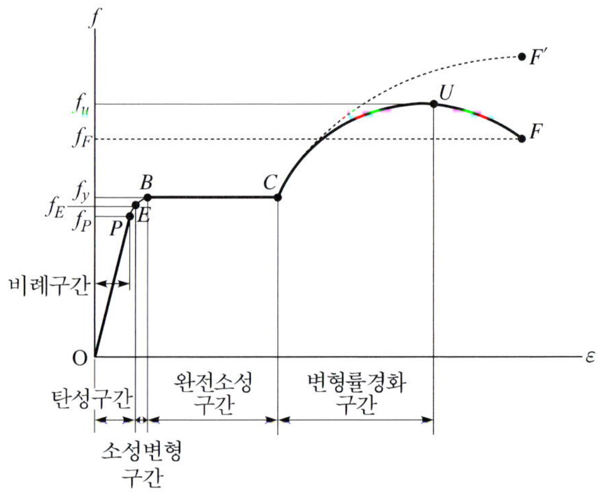

그림 3.16

그림 3.16은 구조용 연강(軟鋼, mild steel)의 인장 시험에 의한 응력-변형률 선도이다. 그림에서 $O-P$

간은 직선으로서 훅의 법칙이 성립하는 부분이며, 응력은 변형률에 비례한다. 그림에서 점 P에 해당하는 응력 f_P가 **비례 한도**이다. 다음에, $O-E$ 간은 외력을 제거하면 변형이 완전히 원래의 모양으로 되돌아가는 부분으로서, 점 E에 해당하는 응력 f_E가 **탄성한도**이다.

앞에서 이미 설명한 바와 같이, 비례 한도는 일반적으로 탄성한도 보다 작은 값이나, 많은 재료에서 이 두 값은 거의 일치한다고 생각해도 좋다. 응력이 증가하여 비례 한도를 넘어서면 탄성체로서의 성질은 점차 없어지고 응력-변형률 선도는 곡선을 그리는데, 비례한도를 넘어 응력을 점차로 증가해 가면 응력에 비해 변형률이 훨씬 급속도로 증가해가며 응력-변형률 곡선은 경사가 점차로 완만해지다가 수평이 되는 점 B에 도달하게 된다.

이 점으로부터 응력이 증가하지 않더라도 $B-C$ 간에는 상당한 신장(伸張, elongation)이 일어난다. 이러한 현상을 재료의 항복(降伏, yielding)이라 하며, 점 B에 대한 응력을 **항복 응력**(降伏應力, yield stress) 또는 **항복점**(降伏點, yield point)이라고 한다. 점 B에서 점 C까지의 영역은 완전 소성(perfectly plastic)상태로 되었다고 하며, 이 사이에서 일어나는 변형률은 강재에 따라서 비례 한도까지의 변형률의 10～15배나 된다. C점 이후 재료는 다시 변형에 저항하기 시작하여 응력의 증가 없이는 변형이 진행하지 않는다. 이런 현상을 **변형률 경화**(變形率硬化, strain hardening)라고 하며, 변형률 경화가 시작되면, 재료는 원자 및 결정(結晶)구조의 변화를 일으키며 더 이상의 변형에 대한 저항력을 증가시킨다. 따라서 다시 응력이 점차로 증가하면서 곡선은 위로 올라가며, 변형률도 증가되어 파괴된다. 여기서, 응력이 최대인 점 U의 응력 f_u를 **극한 강도**(極限强度, ultimate strength)라 한다. 극한 강도는 그 재료가 받을 수 있는 최대 응력으로서, 일반적으로 재료의 강도라 하면 이를 말한다. 또, 파괴될 때의 점 F에 대한 응력 f_F를 **파괴 강도**(破壞强度, failure strength)라 한다. 파괴 강도가 극한 강도보다 작은 것은 공칭 응력으로 나타내었기 때문이고, 파괴될 때의 실응력은 극한 강도보다 크다. 그림의 파선은 C점 이후의 실응력을 나타낸 것이다. 극한 강도와 파괴 강도는 강재와 같이 파괴되지 않고 잘 늘어나는 성질을 가진 재료에서는 일치하지 않으나, 주철, 콘크리트, 목재 등과 같이 작은 변형으로도 파괴되는 재료에서는 일치한다.

그림 3.17은 콘크리트를 압축 시험할 때의 응력-변형률 선도이다. 연강의 경우와 비교하면 비례 한도, 항복점 등이 없이 처음부터 곡선을 이루어, 정확하게는 훅의 법칙이 성립되지 않는다는 것은 이미 언급한 바와 같으며, 극한 강도와 파괴 강도가 일치한다.

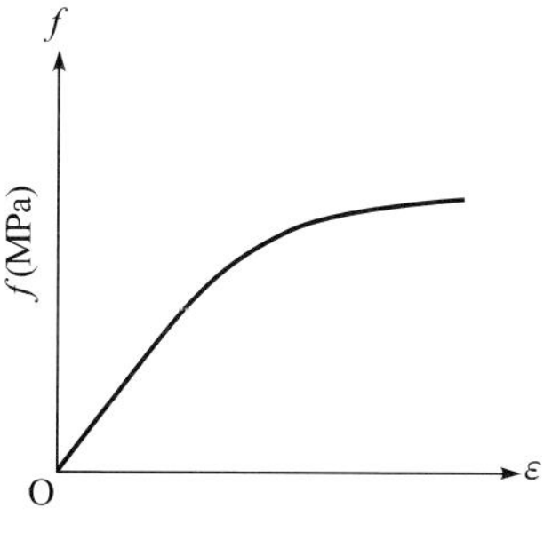

그림 3.17

3.5 반복 응력과 크리이프

3.5.1 반복 응력

우리가 손으로 철사를 끊을 때, 반복하여 휘면 쉽게 끊어진다는 것을 잘 알고 있다. 이와 같은 힘의 작용은 일반 구조물에서도 많이 볼 수 있다. 특히, 교량의 경우는 매일 수많은 차량이 통과한다. 이와 같이 반복하여 작용하는 하중을 **반복 하중**(反復荷重, repeated load)이라 하며, 이 때 생기는 응력을 **반복 응력**(repeated stress)이라 한다. 특히, 응력이 (+), (−)로 변화하면서 번갈아 반복 작용할 때, 이 응력을 **교번 응력**(交番應力, alternating stress)이라 한다.

반복 하중이 작용할 때 반복 응력이 어느 한도 이상이 되면 극한 강도보다 작은 응력에서 파괴된다. 이와 같이, 재료의 강도가 저하되는 현상을 재료의 피로(疲勞, fatigue)라 하며, 무한 횟수 반복해도 파괴되지 않는 한도의 응력을 피로 한도(fatigue limit)라 한다.

3.5.2 크리이프

콘크리트에 파괴 하중보다 작은 일정한 하중이 장기간 작용하면 변형이 증대한다. 이와 같이, 일정한 응력이 작용했을 때 응력이 어느 한도 이상이면 시간의 경과와 함께 변형이 증가하는 현상을 **크리이프**(creep)라 한다. 강재가 항복점을 넘어서 계속 응력을 받을 때에도 이 현상을 볼 수 있는데, 일반적으로 콘크리트에 대하여 고려하는 경우가 많다.

크리이프 현상으로 인하여 부재에 생기는 변형률을 크리이프 변형률(creep strain), 이로 인하여 파괴되는 현상을 크리이프 파괴(creep rupture)라 하며, 장시간 경과해도 크리이프 현상이 일어나지 않는 한도의 응력을 **크리이프 한도**(creep limit)라 한다.

3.6 온도 응력

물체는 온도가 오르거나 내리면 이에 따라 팽창하거나 수축하게 된다. 부재가 온도의 변화에 따라 자유롭게 팽창, 수축할 수 있을 때에는 온도 변화에 따른 응력이 생기지 않으나, 부재가 구속되어 자유롭게 팽창, 수축할 수 없을 때에는 내부에 응력이 생긴다. 이 응력을 **온도 응력**(溫度應力, temperature stress)이라 한다. 그림 3.18(a)와 같이 길이 l인 부재의 한 끝을 고정하지 않고 자유롭게 신축(伸縮)하도록 하면, 온도가 t℃만큼 오를 때 그 길이가 그림(b)와 같이 자유롭게 Δl 만큼 늘어난다. 이 때, 부재의 선팽창 계수를 α라 하면 Δl 은 다음과 같이 된다.

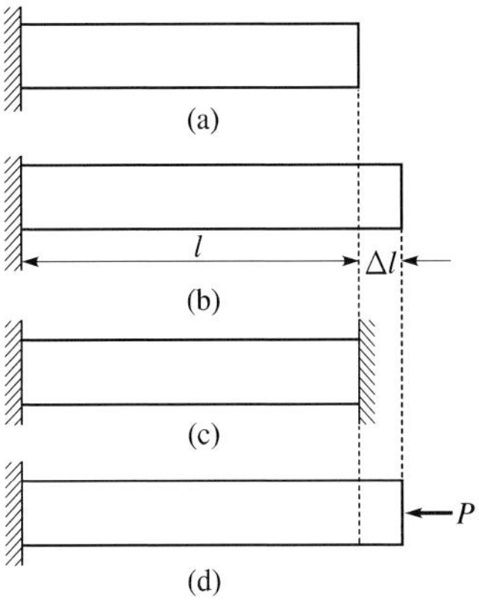

그림 3.18

$$\Delta l = \alpha t l \tag{3.15}$$

그러나, 그림(c)와 같이 부재의 양끝을 고정하여 길이가 늘어나지 못하도록 하면, 그림(d)와 같이 부재의 길이가 Δl 만큼 늘어날 것을 압축력 P로 억제하여 늘어나지 못하도록 한 것으로 생각할 수 있다. 바꾸어 말하면, 원래의 길이가 $l + \Delta l$ 의 부재에 축방향 압축력 P를 작용시켜, 그 길이를 Δl 만큼 줄어들게 한 것으로 생각할 수 있다. 따라서, 이 부재 길이의 변형량 Δl 은 미소하므로,

$$\varepsilon = \frac{\Delta l}{l + \Delta l} \fallingdotseq \frac{\Delta l}{l} = \frac{\alpha t l}{l} = \alpha t \tag{3.16}$$

이고, 여기서, 온도 응력을 f, 탄성 계수를 E라 하면, 식 (3.11)에 의하여 다음 관계가 성립한다.

$$f = E\varepsilon = E\alpha t \tag{3.17}$$

또, 부재의 단면적을 A라 하면, 축방향력 P는 식 (3.1)에 의하여 다음과 같이 된다.

$$P = fA = EA\alpha t \tag{3.18}$$

위의 식에서 f, P는 온도가 오른 경우에는 압축이고, 온도가 내린 경우에는 인장이다. 구조용 강재의 선팽창 계수는 1.2×10^{-5}(1/℃)이며, 콘크리트도 이와 거의 같다. 탄성 계수가 2.1×10^{5}MPa인 구조용 강재의 온도 응력은 1℃에 대하여 2.52MPa이다.

예제 3.9

길이 5m, 단면적 50cm^2 양단 고정 강봉의 온도가 20℃만큼 상승했을 때 온도 응력 f 및 압축력 P를 구하여라. 단, $E = 2.1 \times 10^5 \text{MPa}$, $\alpha = 1.2 \times 10^{-5}(1/℃)$이다.

풀이

식 (3.15)에 의하여,

$\Delta l = \alpha t l = 1.2 \times 10^{-5} \times 20 \times 500 = 0.12\text{cm}$

식 (3.17)에 의하여,

$f = E\alpha t = 2.1 \times 10^5 \times 1.2 \times 10^{-5} \times 20 = 50.4\text{MPa}$ (압축)

식 (3.18)에 의하여,

$P = fA = 50.4 \times 5000(\text{mm}^2) = 252{,}000\text{N} = 252\text{kN}$ (압축)

또는, $P = EA\alpha t = 2.1 \times 10^5 \times 5000 \times 1.2 \times 10^{-5} \times 20 = 252{,}000N = 252\text{kN}$ (압축)

3.7 허용응력과 안전율

구조물의 각 부분이 하중을 받아도 파괴되거나 지나치게 변형을 일으키지 않고 구조물로서의 기능을 다하기 위해서는, 부재 내부에 생기는 응력은 재료와 응력의 종류에 따라 어느 한도 이하로 제한되어야 한다. 이 한도의 응력을 **허용 응력**(許容應力 allowable stress)이라 한다. 허용응력을 정하려면 먼저 그 재료의 기준 강도를 정해야 한다.

재료에는 구조용 강재와 같이 파괴되기 전에 크게 변형하는 재료와, 콘크리트와 같이 극히 작은 변형으로도 파괴되는 재료가 있다. 따라서, 재료를 실제로 사용할 때 기준으로 하는 강도는 재료에 따라, 또 사용 목적에 따라 다르다. 예를 들면, 구조물의 재료로 사용하는 강재는 파괴되지 않아도 지나친 변형은 구조물로서의 기능을 제대로 할 수 없을 것이므로 허용할 수 없다. 따라서, 강재의 경우 항복점 응력을 기준 강도로 해야 하며, 콘크리트는 변형이 작아도 파괴되므로 극한 강도를 기준 강도로 한다. 이 밖에, 반복 하중을 받는 부재는 피로 한도를, 정하중을 장시간 받는 부재는 크리이프 한도를 고려하여 허용응력을 정해야 한다. 재료의 기준 강도와 허용응력과의 비를 **안전율**(安全率, factor of safety)이라 한다. 재료의 기준 강도를 F, 허용응력을 f_a, 안전율을 S라 하면 다음 식이 성립한다.

$$\left. \begin{aligned} S &= \frac{F}{f_a} \\ f_a &= \frac{F}{S} \end{aligned} \right\} \tag{3.19}$$

여기서, 안전율은 재료의 종류와 품질, 재료의 강도의 신뢰도, 응력의 종류, 설계 계산의 정확도, 시공의 수준, 구조물의 중요성, 구조물의 장기간 사용 중의 마모, 부식에 의한 단면적의 감소 등 여러 가지 사항을 고려하여 결정해야 한다. 예를 들면, 도로교 설계기준에서 구조용 강재인 SS400의 경우, 항복점 $f_y = 240\mathrm{MPa}$를 기준 강도로 하고, 안전율을 $S \fallingdotseq 1.7$로 하여 허용 인장 응력을 $f_{t_a} = 140\mathrm{MPa}$로 정하고 있다.

우리가 구조물을 설계할 때, 실제로 사용하는 허용응력은 각종 설계기준에 규정되어 있는 것을 사용하면 된다.

예제 3.10

지름 $10\mathrm{mm}$의 강봉에 최대 $10\mathrm{kN}$의 축방향 인장력(허용하중)을 작용시킬 때 극한강도에 대한 안전율을 구하여라. 단, 극한 강도 $f_u = 420\mathrm{MPa}$를 기준 강도로 한다.

풀이

이 문제에서 최대 하중 10kN을 허용 하중으로 볼 수 있으며 허용 하중이 작용할 때의 응력이 허용응력이므로,

$$f_a = \frac{P}{A} = \frac{10000}{\dfrac{3.14 \times 10^2}{4}} = 127\,\mathrm{MPa}$$

$$S = \frac{f_u}{f_a} = \frac{420}{127} = 3.3$$

예제 3.11

350kN의 축방향 인장력을 받는 강봉의 지름을 얼마로 해야 안전한가? 단, 허용 인장 응력은 140MPa이다.

풀이

일반적으로, 단면적 A인 부재가 축방향력 P를 받을 때, 안전하려면 축방향응력이 허용응력 이내이어야 하므로 다음과 같아야 한다.

$$f = \frac{P}{A} \leq f_a$$

따라서,

$$A \geq \frac{P}{f_a} = \frac{350000}{140} = 2500\,\mathrm{mm}^2 = 25\ \mathrm{cm}^2$$

강봉의 지름을 d 라 하면 $A = \frac{\pi d^2}{4}$ 이므로,

$$d = \sqrt{\frac{4A}{\pi}} = \sqrt{\frac{4 \times 25}{3.14}} = 5.6\mathrm{cm}$$

3.8 합성 부재의 축방향응력

탄성 계수가 다른 2개 이상의 재료로 이루어진 부재가 단일 재료로 된 부재와 같이 외력에 저항할 때, 이 부재를 **합성 부재**(合成部材, composite member)라 하며, 합성 부재의 단면을 **합성 단면**(合成斷面, composite section)이라 한다. 철근 콘크리트부재는 콘크리트가 인장력에 약한 결점을 철근이 보완한 합성 부재의 대표적인 예이다.

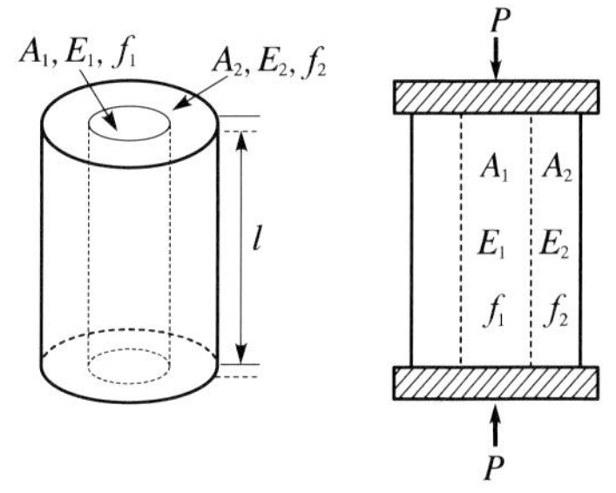

그림 3.19

그림 3.19과 같이 탄성 계수가 E_1, E_2 단면적이 A_1, A_2인 2개의 재료로 이루어진 합성 부재가 축방향력 P를 받을 때 두 재료의 세로 변형률 ε은 같아야 하므로(ε이 다르다면 두 재료의 접촉결합부 활동 파괴), 각 재류의 응력을 f_1, f_2라 하면,

$$\left.\begin{aligned} f_1 &= \varepsilon E_1 \\ f_2 &= \varepsilon E_2 \end{aligned}\right\} \qquad \text{(a)}$$

이고, 각 재료가 분담하는 힘을 P_1, P_2라 하면

$$P_1 = f_1 A_1 = \epsilon E_1 A_1$$

$$P_2 = f_2 A_2 = \epsilon E_2 A_2$$

이다. 여기서, $P = P_1 + P_2$이므로, 다음과 같이 된다.

$$P = P_1 + P_2 = \varepsilon E_1 A_1 + \varepsilon E_2 A_2 = \varepsilon(E_1 A_1 + E_2 A_2)$$

$$\therefore \varepsilon = \frac{P}{E_1 A_1 + E_2 A_2} \tag{b}$$

따라서, 각 재료의 응력은 식 (b)를 식 (a)에 대입하면

$$\left.\begin{aligned} f_1 &= \frac{PE_1}{E_1 A_1 + E_2 A_2} \\ f_2 &= \frac{PE_2}{E_1 A_1 + E_2 A_2} \end{aligned}\right\} \tag{3.20}$$

가 구해지며, 식 (3.20)으로부터 다음 식이 구해진다.

$$\frac{f_1}{E_1} = \frac{f_2}{E_2} \tag{3.21}$$

$$\frac{f_1}{f_2} = \frac{E_1}{E_2} = n$$

위의 식으로부터 합성 부재의 각 재료에 생기는 응력은 각 재료의 탄성 계수에 비례함을 알 수 있다. 여기서, n을 **탄성 계수비**(ratio of modulus of elasticity)라 한다.

예제 3.12

그림 3.20과 같은 철근 콘크리트 정사각형 단면의 기둥에 축방향력 500kN이 작용할 때, 콘크리트와 철근의 압축 응력 f_c, f_s를 구하여라. 단, 콘크리트와 철근의 탄성 계수는 각각 다음과 같다.

$E_c = 14{,}000\text{MPa}$, $E_s = 210{,}000\text{MPa}$

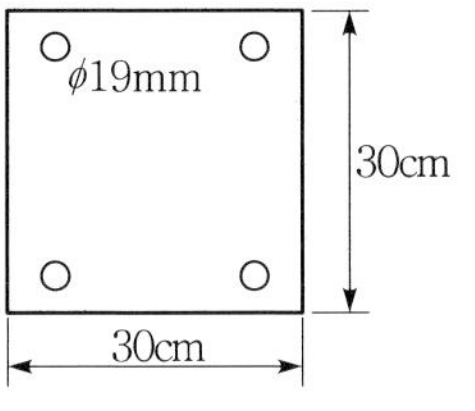

그림 3.20

풀이

콘크리트와 철근의 단면적을 Ac, As, 철근의 콘크리트에 대한 탄성계수비를 n이라 하면, $n = E_S / E_C$ 이므로, 식 (3.20)으로부터 다음과 같은 식을 얻을 수 있다.

$$f_c = \frac{PE_c}{E_cA_c + E_sA_s} = \frac{P}{A_c + nA_s}$$

$$f_s = \frac{PE_s}{E_cA_c + E_sA_s} = \frac{P}{A_s + A_c/n}$$

여기서,

$P = 500\text{kN} = 500{,}000\text{N}$

$$A_s = 4 \times \frac{3.14 \times 1.9^2}{4} = 11.34\text{cm}^2$$

$$A_c = 30^2 - A_s = 900 - \text{A}_\text{s} = 888.66\text{cm}^2$$

$n = \dfrac{E_s}{E_c} = \dfrac{210{,}000}{14{,}000} = 15$이므로,

$$f_c = \frac{500{,}000}{88866 + 15 \times 1134} = 4.72\ \text{MPa}$$

$$f_s = \frac{500{,}000}{1134 + \frac{88866}{15}} = 70.84\ \text{MPa}$$

또는, 식 (3.21)에 의하여,

$f_s = nf_c = 15 \times 4.7225 = 70.84\ \text{MPa}$

3.9 축방향력에 의한 변형 에너지

균일한 단면의 봉에 인장 또는 압축 하중이 작용하면 이 하중에 의하여 봉이 신장 또는 수축되어 변형이 일어나므로 일을 하게 된다. 이 일은 **변형 에너지**로 바뀌어서 그 봉 내부에 저장되고 다음에 힘 P를 서서히 제거하면 그 봉은 원래의 길이로 되돌아가고 봉 내부에 저장되었던 변형 에너지는 일의 형태로 변환한다. 그러므로 그 봉은 하중을 가하거나 제거할 때 에너지를 저장 또는 방출할 수 있는 탄성 스프링과 같은 역할을 한다. 그러나 탄성한도를 넘으면 일의 일부는 소성 변형을 일으키는 에너지로 바뀌어 없어지고 나머지는 위치에너지로 봉 내부에 저장된다.

그림 3.21(a)와 같은 균일 단면의 봉에 비례 한도 내에서 하중을 0으로부터 P에 이르기까지 매우 서서히 작용시키면 하중의 크기가 P에 이르렀을 때 봉은 δ만큼 늘어나서 하중-신장량 선도는 직선이 된다. P_1은 하중이 0으로부터 P에 이르는 사이의 어느 순간의 하중이고 δ_1은 이에 대응하는 신장량이라 하자. 이때 하중을 dP_1만큼 증가시키면 이에 대응

하는 신장량은 $d\delta_1$ 만큼 증가할 것이고 신장량이 증가하는 동안 P_1이 한 일은 그림에서 빗금을 친 부분의 면적 요소로 나타낸 $P_1 \cdot d\delta_1$이 된다. 하중이 0에서부터 P까지 증가하는 동안 한 일의 총량은 이와 같은 면적요소를 합한 것이므로 그림 3.21(b)에 보인 하중-신장량 선도의 아래 부분의 면적과 같다. 따라서 변형 에너지를 나타내면 다음과 같다.

$$U = \frac{P\delta}{2} \tag{3.22}$$

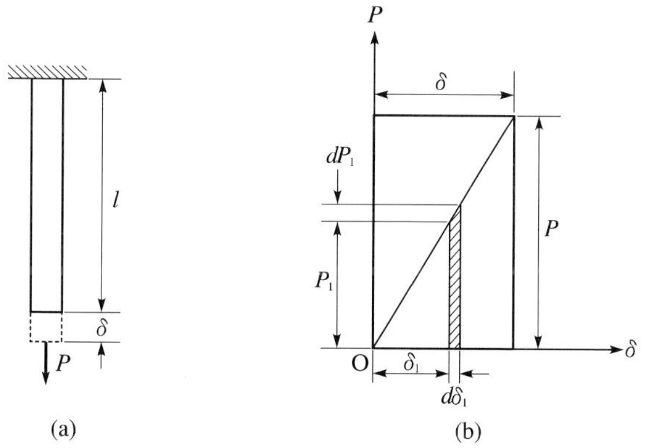

그림 3.21

이 식에 P와 δ사이의 관계는 식 (3.12)에 의하여 $\delta = Pl/EA$이므로, 이 관계를 식 (3.22)에 대입하면 균일 단면의 봉의 변형 에너지에 대한 다음 식들을 얻게 된다.

$$U = \frac{P^2 l}{2EA} \quad \text{또는,} \quad U = \frac{EA\delta^2}{2l} \tag{3.23}$$

봉의 단위 체적 내에 저장되는 변형 에너지 u는

$$u = \frac{U}{V} = \frac{\dfrac{P^2 l}{2EA}}{Al} = \frac{P^2}{2EA^2} = \frac{f^2}{2E} = \frac{E\varepsilon^2}{2} = \frac{f\varepsilon}{2} \tag{3.24}$$

여기서, V는 봉의 체적이다.

재료가 비례 한도 내에서 단위 체적 내에 저장할 수 있는 변형 에너지의 최대량을 **레질리언스 계수**(modulus of resilience)라 하며, 그 값은 식 (3.24)의 f 대신에 그 재료의 비례 한도를 대입하면 구해진다. 레질리언스란 재료가 탄성 범위 내에서 에너지를 흡수할 수 있는 능력을 말한다.

이상은 인장에 대해서 설명하였으나 압축에 대해서도 같은 관계가 성립한다.

예제 3.13

그림 3.22와 같이 3개의 동일 재료의 강봉에 같은 크기의 인장 하중이 작용할 때 변형 에너지의 비를 구하라.

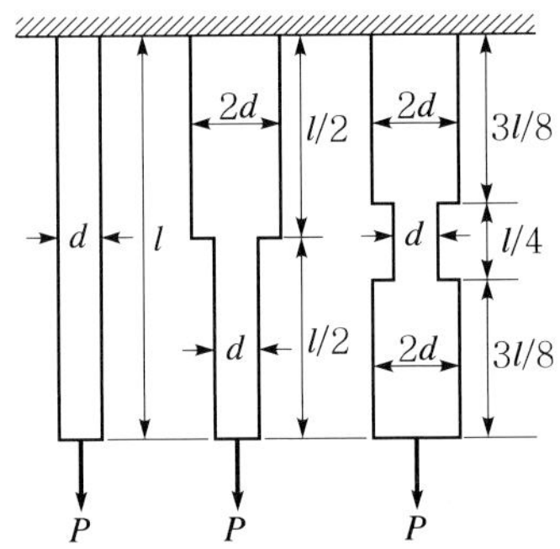

그림 3.22

풀이

$U=\dfrac{P^2 l}{2EA}$에서, E, P는 같고 d, l 만 구간에 따라 각각 다르므로 $l\,/\,A$의 비와 같다.

$$U_a : U_b : U_c = \frac{l}{d^2} : \left(\frac{\frac{l}{2}}{d^2}+\frac{\frac{l}{2}}{(2d)^2}\right) : \left(\frac{\frac{l}{4}}{d^2}+\frac{\frac{3}{4}l}{(2d)^2}\right)$$

$$=\frac{l}{d^2} : \frac{5}{8}\left(\frac{l}{d^2}\right) : \frac{7}{16}\left(\frac{l}{d^2}\right) = 16 : 10 : 7$$

3.10 인장과 압축의 경우의 부정정 문제

3.10.1 탄성 해석

예제 1.14, 1.15와 같은 구조물에서는 봉에 작용하는 힘을 정역학적 평형 방정식만으로 구할 수 있었다. 이런 구조물을 **정정**(靜定, statically determinate)이라고 한다. 그러나 구조물의 미지의 힘을 정역학적 평형 방정식만으로는 구할 수 없고 구조물의 변형을 고려해야 구할 수 있는 구조물을 **부정정**(不靜定, statically indeterminate)이라고 한다. 부정정 구조물의 간단한 예로 그림 3.23(a)와 같이 3개의 봉을 점 A에서 핀으로 연결한 대칭 트러스를 고찰해 보기로 한다. 점 A에 연직 하중 P가 작용하면 각 봉에는 인장력이 일어날 것이며, 점 A의 자유 물체도는 그림(b)와 같다. 여기서, Y는 좌우의 경사봉이 받는 인장력으로서 대칭 조건으로 서로 같으며, X는 연직봉이 받는 인장력이다.

그림(b)의 자유 물체도에 대하여 $\sum V = 0$을 적용하면 다음 조건식이 성립한다.

$$X + 2Y\cos\alpha = P \tag{a}$$

이 조건식만으로는 2개의 미지수 X, Y의 값을 구할 수 없다. 이 구조물을 고찰해보면 3개의 봉 가운데 임의의 2개만 있어도 점 A의 위치를 연직 평면 내에서 구속하기에 충분하므로 제3의 봉은 과잉(過剩, redundancy)부재이다. 일반적으로 과잉 부재가 포함되어 있는 구조물을 부정정 구조물이라고 단정할 수 있다.

그림 3.23(a)의 구조물의 봉들이 정력학에서의 가정대로 절대 강체로서, 변형하지 않는다면 3개의 봉이 하중 P를 얼마만큼씩 분담하여 저항하는지를 알 수 없다. 그러나 그 봉들은 실제로는 탄소성체이며 인장력을 받으면 늘어나고 그 신장량은 그 구조물의 기하학적 조건이 요구하는 어떤 관계를 만족해야 할 것이 분명하다. 이제 그림 3.23(d)에서 연직봉의 신장량을 δ, 경사봉의 신장량을 δ_1로 표시하고, 이들 신장량이 구조물의 치수에 비하여 극히 미소한 것임을 감안하면 다음 관계식을 얻게 된다.

$$\delta_1 = \delta\cos a \tag{b}$$

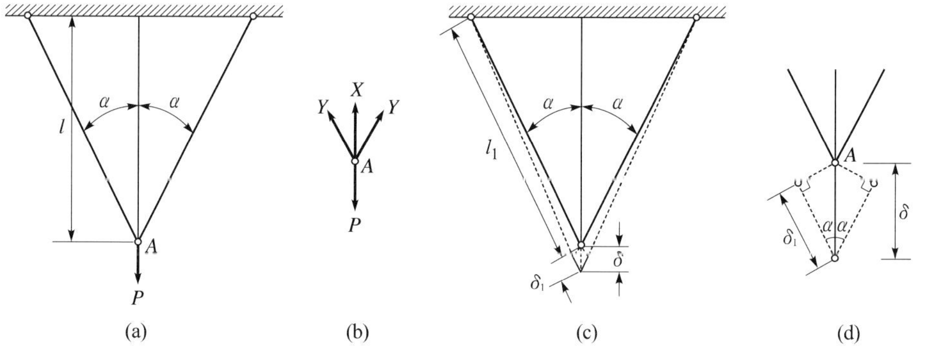

그림 3.23

이 식을 **기하학적 조건식**(equation of geometry) 또는 변형 **적합조건식**(變形適合條件式, equation of consistent deformation)이라 한다. 여기서, 봉들이 받는 인장력이 그 재료의 탄성한도를 넘지 않는다면 Hooke의 법칙에 의하여 다음 식이 성립한다.

$$\delta = \frac{Xl}{EA}, \quad \delta_1 = \frac{Yl_1}{EA} = \frac{Yl}{EA\cos\alpha}$$

여기서, l은 연직봉의 길이이고, l_1은 경사봉의 길이이다.

이 값들을 식 (b)에 대입하면

$$\frac{Yl}{EA\cos\alpha} = \frac{Xl}{EA}\cos\alpha$$

$$\therefore\ Y = X\cos^2\alpha \qquad \text{(c)}$$

식 (a), (c)에 의하여 부재력 X, Y를 구하면,

$$X = \frac{P}{1+2\cos^3\alpha}, \quad Y = \frac{P\cos^2\alpha}{1+2\cos^3\alpha}$$

또한 핀 A의 연직 변위 δ는 다음과 같다.

$$\delta = \frac{Xl}{EA} = \frac{Pl}{EA}\left(\frac{1}{1+2\cos^3\alpha}\right)$$

과잉 요소를 포함하는 부정정 구조물에 있어서는 어떤 경우에도 정력학적 평형 방정식만으로는 모든 미지력을 결정할 수는 없기 때문에 그 구조물의 변형의 기하학적 조건으로부터 변형 적합 조건식을 세워서 풀어야 한다. 또한 위와 같은 풀이 과정에서 응력이 탄성한도를 넘지 않는다는 가정하에서 해석하였으므로 이와 같은 해석법을 탄성 해석(彈性解析, elastic analysis)이라 한다.

3.10.2 소성 해석

구조용 강과 같은 재료들의 응력-변형률 선도는 그림 3.24와 같이 완전 탄성과 완전 소성을 의미하는 2개의 직선으로 이상화시킬 수 있다. 즉, 재료는 항복점까지는 Hooke 의 법칙을 따르고 항복 응력에 도달하면 항복을 계속하여 파단(破斷, fracture, rupture)된다고 가정한 것이다. 실제로는 변형률경화 현상 때문에 항복 응력보다는 좀 더 큰 응력을 받을 수 있으나 이 현상이 일어날 때까지는 변형이 너무 커져서 구조물은 사용하지 못하게 될 것이므로 이상화된 응력-변형률 선도를 기본으로 하여 강구조물을 해석하는 것이 관례로 되어 있다. 이와 같은 재료를 **탄소성 재료**(彈塑性材料, elastic-plastic material)라 부르며 위와 같은 가정하에서의 구조물의 해석을 **소성해석**(塑性解析, plastic analysis)또는 **극한**

해석(極限解析, limit analysis)이라고 부른다.

그림 3.23의 3개의 봉으로 된 부정정 트러스를 해석하는데 있어서 만일 봉 속의 응력이 항복 응력 f_y보다 낮은 값인 경우에는 내력들은 탄성 해석에 의해 구해진다.

하중 P가 점점 증가할 때, 각 봉의 단면적이 같다면 연직봉이 먼저 항복 응력 f_y에 도달할 것이고 하중 P가 그 이상 증가하면 경사봉의 내력들은 증가하지만 연직봉은 소성 상태에 들어갔기 때문에 내력 f_yA는 일정한 값을 유지한다. 하중 P가 더욱 증가하여 경사봉들이 소성 상태가 되면 그 이상의 하중을 받을 수 없고 모든 봉은 이 하중하에서 신장을 계속하여 파단될 것이다. 이 하중을 **극한 하중**(極限荷重, ultimate load) P_u라 부른다. 그림 3.23(a)의 트러스에 대한 하중-변위 선도를 그리면 그림 3.25과 같다. 원점 O에서 점 A까지는 3개의 봉은 탄성 영역에 있으며 이들 봉의 내력은

$$X = \frac{P}{1+2\cos^3\alpha}$$

$$Y = \frac{P\cos^2\alpha}{1+2\cos^3\alpha}$$

이다. X가 Y보다 크기 때문에 연직봉의 응력이 먼저 f_y에 이르게 될 것이다. 그림 3.25에서 연직봉의 항복이 점 A에서 시작되는데 이에 대응하는 하중 P_y를 **항복하중**(降伏荷重, yield load)이라고 하며, 윗 식에 $X = f_y A$를 대입하면 구해진다.

$$P_y = f_y A(1+2\cos^3\alpha)$$

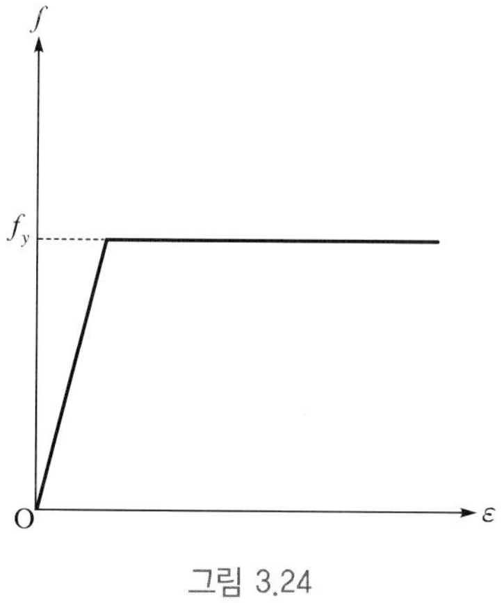

그림 3.24

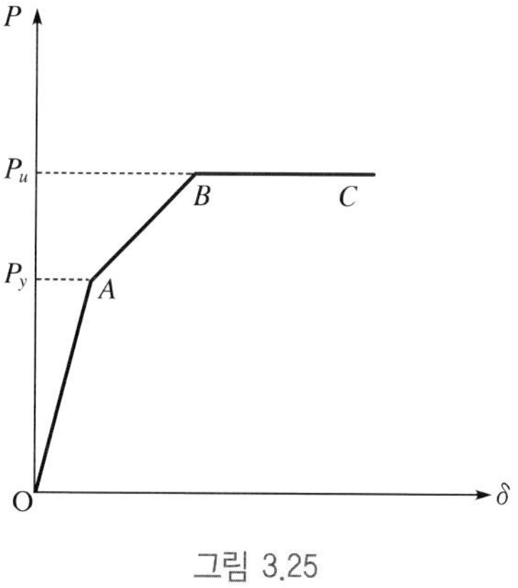

그림 3.25

$$P_y = f_y A(1 + 2\cos^3\alpha)$$

A점에서 B점까지는 연직봉의 내력은 $X = f_y A$이고 경사봉의 내력은 그림 3.23의 절점 A의 자유 물체도에 평형 방정식 $\Sigma V = 0$을 적용하면 구해진다.

$$Y = \frac{P - f_y A}{2\cos\alpha}$$

B점에 이르면 경사봉들도 항복하여 $Y = f_y A$가 되므로 그림 3.23(b)의 절점 A의 평형 방정식으로부터 극한 하중 P_u를 구하면 다음과 같다.

$$P_u = f_y A(1 + 2\cos\alpha)$$

B점에서 C점까지에 구조물은 일정한 하중 P_u하에서 변형을 지속하다가 파단된다.

연습문제

3.1 그림 3.26과 같이 지름이 $20\mathrm{mm}$의 리벳 2개를 사용하여 2장의 강판을 이을 때, 리벳에 일어나는 전단응력을 구하여라. 단, $P=28.26\mathrm{kN}$이다.

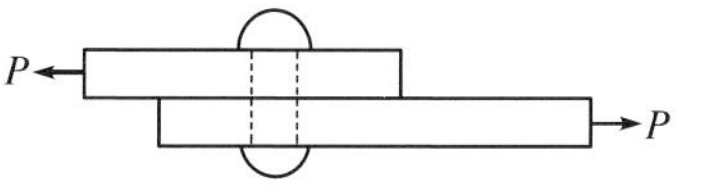

그림 3.26

3.2 그림 3.27에서 인장력 $P=40\mathrm{kN}$이 작용할 때, 지름 $22\mathrm{mm}$의 리벳에 일어나는 전단응력을 구하여라.

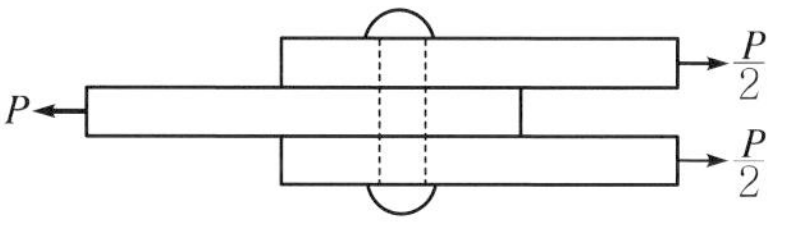

그림 3.27

3.3 단면 $2.5\mathrm{cm}\times2.5\mathrm{cm}$, 길이 $3\mathrm{m}$의 강재에 인장력이 작용하여 그 종방향의 길이는 $300.15\mathrm{cm}$, 횡방향의 길이는 $2.49965\mathrm{cm}$로 되었다. 이 강재의 세로 변형률 ε, 가로 변형률 β, 포아송의 비 ν 및 포아송의 수 m을 구하여라.

3.4 어느 강재의 전단 탄성계수 G가 $8.1\times10^4\mathrm{MPa}$이고, 전단응력 v가 $48.6\mathrm{MPa}$이다. 이 강재의 전단 변형률을 구하여라.

3.5 지름 $22\mathrm{mm}$, 길이 $5\mathrm{m}$의 강봉을 $47.9\mathrm{kN}$의 힘으로 인장한 결과, 그 길이가 $3\mathrm{mm}$ 늘어났다. 이 강봉의 탄성 계수 E를 구하여라.

3.6 그림 3.28과 같은 부재 AB의 세로 변형량 Δl를 구하여라. 단, $E=2.0\times10^5\mathrm{MPa}$, $A=5\mathrm{cm}^2$이다.

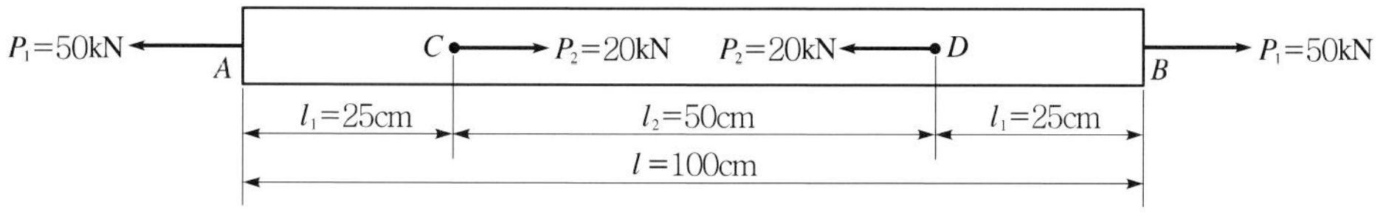

그림 3.28

3.7 그림 3.29에서 20kN의 하중을 고정단으로부터 얼마만큼 떨어진 단면에 옮겨 작용시키면 이 봉의 길이의 순 변화량이 0이 되겠느냐?

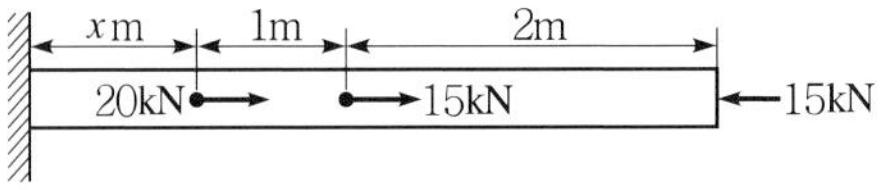

그림 3.29

3.8 문제 7번의 그림에서 단면적 $E=2.0\times10^5$MPa의 균일 강봉이 그림에 보인 것과 같은 축하중을 받고 있다. 이 강재의 탄성 계수 $E=2.0\times10^5$MPa이고 하중의 작용점 근처에서의 응력 분포의 불규칙성을 무시하고 이 봉의 길이의 순 변화량 Δl을 계산하라.

3.9 그림 3.30과 같이 자중하에서 연직하게 매달려 있는 균일 단면의 봉의 길이가 l이고 단면적이 A일 때, 자중에 의한 봉의 임의의 단면의 응력 및 전 신장량 Δl을 구하여라. 단, 재료의 탄성 계수는 E, 단위 체적당의 중량은 γ로 나타내어 구하여라.

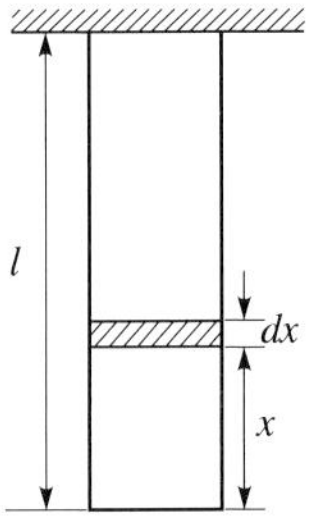

그림 3.30

3.10 지름 $d=3$cm, 길이 $l=1$m의 강봉에 축방향 인장력 $P=74$kN을 작용시킨 결과, 길이가 $\Delta l=0.05$cm 늘어나고, 지름이 $\Delta d=0.00045$cm 줄어들었다고 한다. 전단 탄성 계수 G를 구하여라. 단, 탄성계수는 $E=2.0\times10^5$MPa이다.

3.11 길이 10m, 단면적 64cm^{2}의 강재의 온도가 상온보다 25℃만큼 내려갈 때의 길이의 변형량 Δl 및 이 부재의 양끝을 고정했을 때의 온도 응력 f와 이 부재가 받는 축방향력 P를 구하여라. 단, $E=2.1\times10^5$MPa, $\alpha=1.2\times10^{-5}(1/℃)$이다.

3.12 극한 강도 $f_u = 480\text{MPa}$인 강봉의 지름 $d = 5\text{cm}$일 때 받을 수 있는 힘의 크기를 구하여라. 단, 안전율 $n = 3$이다.

3.13 바깥 지름 20cm, 안지름 18cm의 강관은 얼마의 축방향 인장력을 안전하게 받을 수 있는가? 단, 허용 인장 응력은 140MPa이다.

3.14 2장의 강판을 지름 19mm인 리벳 4개로 이어 이것을 150kN의 힘으로 인장 할 때, 이 리벳은 안전한가? 단, 리벳의 허용 전단응력은 100MPa이다. 또한, 2장의 강판을 200kN의 힘으로 인장하려면, 지름 19mm 리벳이 몇 개 필요한가?

3.15 강관 기둥에 축방향 압축력 400kN을 작용시키려고 한다. 강관의 바깥지름을 20cm로 하려면, 안지름은 얼마로 해야 하겠는가? 단, 허용 압축 응력은 120MPa이다.

3.16 지름 22mm의 철근 4개를 사용한 한 변의 길이 30cm의 정사각형 단면의 철근 콘크리트 기둥에 하중 1000kN을 작용시킬 때, 콘크리트와 철근의 압축 응력 f_c, f_s 및 콘크리트와 철근이 부담하는 힘 P_c, P_s를 구하여라. 단, 철근과 콘크리트의 탄성 계수 비는 10이다.

3.17 길이가 l이고, 지름이 d인 원형 단면의 봉이 인장 하중 P를 받고 있다. 응력이 단면에 균일하게 분포된다고 가정할 때, 이 봉에 저장되는 변형 에너지를 구하여라. 단, 탄성 계수는 E이다.

3.18 그림 3.31과 같이 상하단을 고정시킨 길이 $l = a + b$인 기둥의 상단으로부터 거리 a의 단면에 축방향 압축력 P가 작용할 때, 이 기둥의 상하 양단에 일어나는 반력을 구하여라.

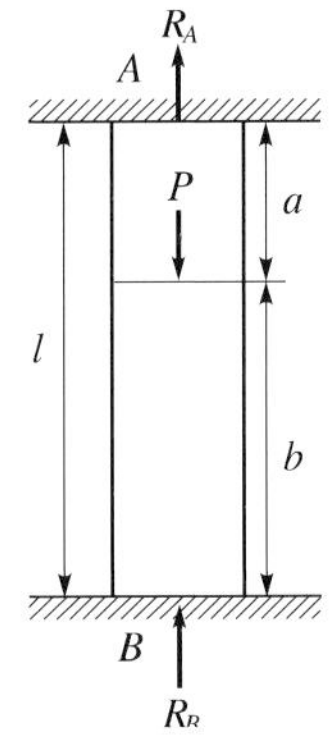

그림 3.31

3.19 그림 3.32와 같은 길이 50cm의 강봉이 있다. 이 봉의 전체 길이 중의 20cm 부분에서의 단면적은 10cm^2이고 나머지 30cm 부분에서의 단면적은 15cm^2이다. 온도 10℃에서 이 봉의 양단을 구속하고 그 온도를 38℃까지 올렸을 때 이 봉에 발생하는 최대 압축 응력을 계산하여라. 단, 이 봉의 탄성 계수 $E = 2.0 \times 10^{-5}\text{MPa}$이고 선팽창 계수 $\alpha = 1.2 \times 10^{-5}(1/℃)$이다.

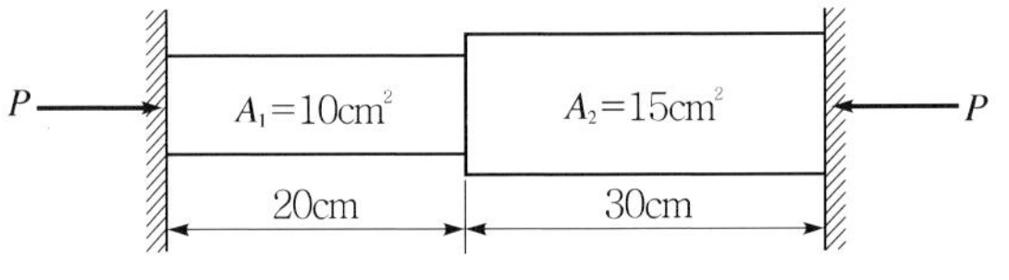

그림 3.32

3.20 그림 3.33과 같은 대칭 트러스에 작용하는 하중 P를 0에서 부터 증가시킬 때 트러스가 붕괴되기까지의 절점 O의 연직 변위 δ와 하중 P와의 관계를 그래프로 나타내라. 재료는 완전 탄소성체로 가정한다.

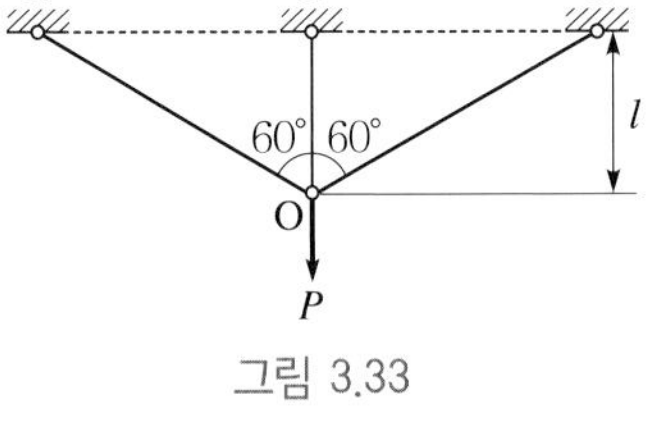

그림 3.33

CHAPTER 04

비틀림

CHAPTER 04

비틀림

비틀림(torsion)이란 구조용 부재가 부재축을 중심으로 회전하는 우력에 의하여 비틀리게 되는 상태를 말한다. 그림 4.1은 한 끝이 고정되어 있는 부재에 부재축을 중심으로 회전하는 2개의 우력 $T_1 = P_1 d_1$, $T_2 = P_2 d_2$가 작용하여 부재를 비틀고 있는 경우이다. 그림의 T_1, T_2와 같이 부재에 비틀림을 일으키는 힘을 **비틀림 모멘트**(torsional moment), 토크(torque), 또는 **비틀림 우력**(twisting couple)이라 한다.

본 장에서는 비틀림 이론의 기초적인 부분만을 다루기로 한다.

4.1 원형봉의 비틀림 모멘트

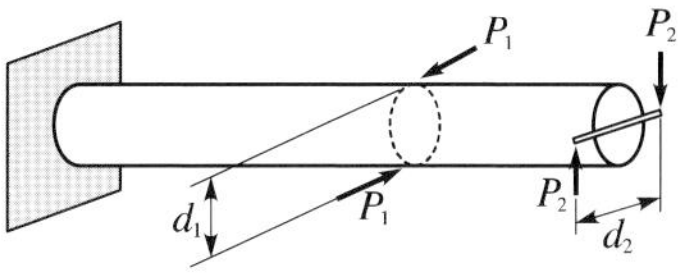

그림 4.1

그림 4.2와 같은 원형봉(圓形棒)의 양단에 비틀림 모멘트 T가 작용하는 경우를 생각해 보자. 이와 같이 비틀림 모멘트만을 받고 있는 상태를 순수 비틀림(pure torsion) 상태에 있다고 하며, 순수 비틀림 상태에서, 원형봉의 반지름은 직선을 유지하고, 단면의 형상 또한 원형을 유지하면서 축 둘레를 회전한다고 가정한다. 또한, 봉의 비틀림각이 작다고 가정하면, 봉의 길이 및 단면의 반지름은 변형 후에도 변하지 않을 것이다.

만일 좌단이 고정되어 있으면 우단이 좌단에 대하여 각 ϕ만큼 회전하게 되며, 동시에 원형봉 표면 위의 세로 방향의 직선 nn은 미소각만큼 회전하여 nn'의 위치에 오게 된다. 이와 같은 회전의 결과로 미소 거리 dx에 대응하는 직사각형 요소 abcd는 상대적으로 ab′cd′의 위치로 이동하게 된다. 이 때, 직사각형 요소는 순수 전단 상태가 되며, 전단 변형률 γ는 다음과 같다.

$$\gamma = \frac{bb'}{ab} \tag{4.1}$$

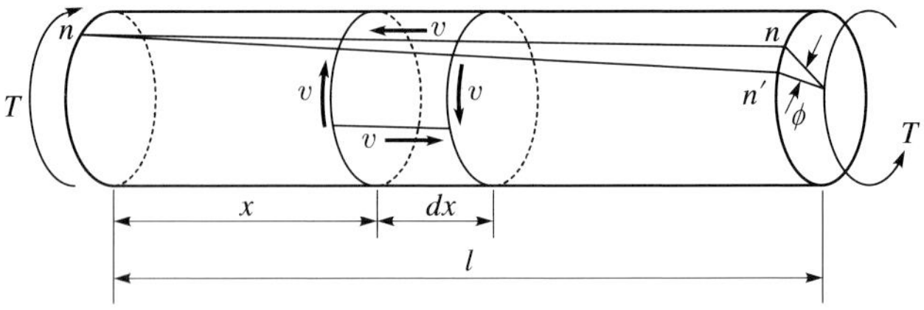

(a)

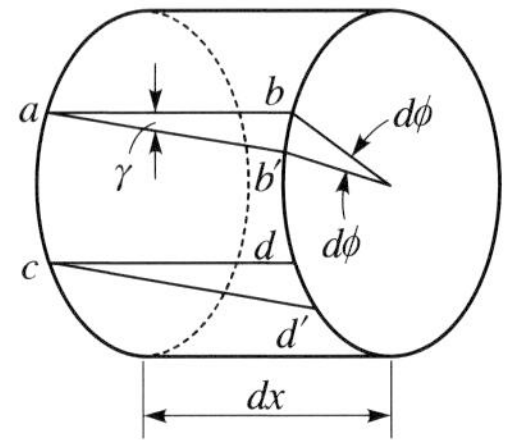

(b)

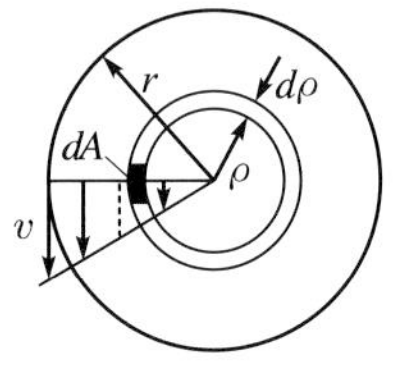

(c)

그림 4.2

여기서, bb'는 반지름 r 인 원형 단면의 중심각 $d\phi$에 대응하는 원호의 길이와 같고 ab는 미소 길이 dx와 같으므로 식 (4.1) 에 대입하면 다음과 같은 전단 변형률을 얻을 수 있다.

$$\gamma = \frac{rd\phi}{dx} = r\theta = \frac{r\phi}{l} \tag{4.2}$$

여기서, θ는 단위 길이당의 비틀림각을 나타내며, 순수 비틀림 하에서는 봉의 전체 길이에 대하여 일정하다.

전단응력 v는 그림 4.2(c)에 도시된 방향으로 일어나며, 봉의 표면에서의 전단응력의 크기 $v_{\max}$은 Hooke의 법칙에 의하여 다음과 같다.

$$v_{\max} = G\gamma = Gr\frac{\phi}{l} = Gr\theta \tag{4.3}$$

여기서, 비틀림각 ϕ는 봉의 길이 l 에 비례하므로 식 (4.3)에서 ϕ/l 은 일정한 값 θ가 되기 때문에 비틀림에 의한 봉의 전단응력은 표면에서 최대가 된다.

또한, 단면의 반지름은 비틀림 모멘트를 받는 동안 직선을 유지하고 변하지 않는다고 가정하였기 때문에 앞에서 말한 해석 방법은 단면의 중심으로부터 반지름이 ρ인 원통 내부에 대해서도 동일하게 적용할 수 있다. 즉, 봉 내부도 봉의 표면과 같이 순수 전단 상태가 되므로 봉의 내부에 발생하는 전단 변형률과 전단응력도 역시 앞에서 말한 방법과 동일한 방법으로 얻을 수 있다.

$$\gamma = \rho\theta, \quad v = G\rho\theta \tag{4.4}$$

식 (4.4)로부터 봉 내부에 발생하는 전단 변형률과 전단응력은 단면의 중심으로부터 반지름에 따라 직선적으로 변하는 삼각형 분포임을 알 수 있다.

다음에는 비틀림 모멘트 T와 비틀림각 ϕ의 관계식을 유도해 보자. 그림 4.2(c)에 도시한 바와 같이 단면의 중심으로부터 ρ만큼 떨어진 미소 면적 dA에 작용하는 전단응력에 의하여 단면의 중심축에 발생하는 모멘트는

$$\rho v\, dA = G\rho^2 \theta\, dA$$

이며, 이를 단면 전체에 대하여 적분한 값을 저항 비틀림 모멘트라 하며, 이것이 외부로부터 작용하는 비틀림 모멘트 T와 평형을 이루어야 하므로 다음 식이 성립한다.

$$T = \int_A G\rho^2 \theta\, dA = G\theta \int_A \rho^2 dA = G\theta\, I_p \tag{4.5}$$

여기서, $I_p = \int_A \rho^2\, dA$는 단면의 중심에 대한 극 관성 모멘트이다.

식 (4.5)로부터 단위 길이당 비틀림각 θ를 구하면

$$\theta = \frac{T}{GI_p} \tag{4.6}$$

이며, 식 (4.6)의 GI_p를 **비틀림 강성**(torsional rigidity)이라 한다. 이 때, 전 비틀림각 ϕ는 θl과 같으므로 식 (4.6)에 대입하면 다음과 같은 비틀림 모멘트와 비틀림각 사이의 관계식을 얻을 수 있다.

$$\phi = \frac{Tl}{GI_p} \tag{4.7}$$

식 (4.7)로부터 봉에 비틀림 모멘트 T를 작용시켰을 때, 일어나는 비틀림각 ϕ를 측정하면, 봉의 전단 탄성 계수 G를 구할 수 있다.

식 (4.6)의 단위 길이당 비틀림각 θ를 식 (4.3)에 대입하면 최대 전단응력을 다음과 같이 계산할 수 있다.

$$v_{max} = \frac{Tr}{I_p} = \frac{Td}{2I_p} \tag{4.8}$$

여기서, 원형봉의 $I_p = \pi d^4/32$, $r = d/2$이므로,

$$v_{max} = \frac{16T}{\pi d^3} = \frac{2T}{\pi r^3} \tag{4.9}$$

또한 단면의 중심으로부터 반지름이 ρ인 거리에서 발생하는 전단응력은 다음과 같다.

$$v = \frac{T\rho}{I_p} \tag{4.10}$$

예제 4.1

지름 60mm의 부재가 허용 전단응력 $v_{\alpha} = 89.2\text{MPa}$ 인 재료와 단위 길이당 허용 비틀림각 $\theta = 1°$로 설계되었다. $G = 7.84 \times 10^4\text{MPa}$ 로 가정할 때 축이 받을 수 있는 최대 허용 비틀림 모멘트 T를 구하라.

풀이

허용 전단응력에 의한 허용 비틀림 모멘트 T_1은 식 (4.9)로부터 얻을 수 있으므로

$$T_1 = \pi d^3 v_a / 16 = \frac{\pi}{16}(0.060)^3(89.2 \times 10^{-3} \times 10^6) = 3.7831\text{kN} \cdot \text{m} \tag{a}$$

이다. 단위 길이당 허용 비틀림각과 식 (4.5)로부터 허용 비틀림 모멘트 T_2를 구하면 다음과 같다.

$$T_2 = GI_p\theta = (7.84 \times 10^4 \times 10^{-3} \times 10^6)\left(\frac{\pi}{32}\right)(0.060)^4\left(1 \times \frac{\pi}{180}\right) = 1.741\text{kN} \cdot \text{m} \tag{b}$$

식 (a)와 (b) 중에서 작은 값이 최대 허용 비틀림 모멘트이므로
$T = T_2 = 1.741\text{kN} \cdot \text{m}$ 이 된다.

예제 4.2

그림 4.3과 같은 계단식 축이 비틀림 모멘트를 받고 있다. 각 부분의 길이는 0.5m이고 지름은 80mm, 60mm, 40mm이다. 재료의 전단 탄성 계수가 $G = 7.84 \times 10^4\text{MPa}$ 일 때, 자유단에서의 비틀림 각을 구하라.

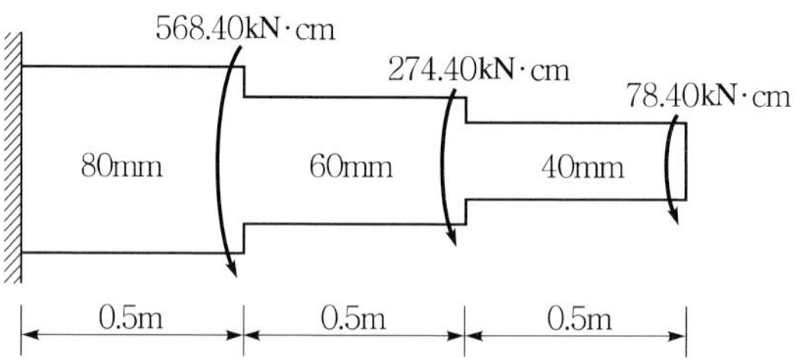

그림 4.3

풀이

고정단으로부터 지름이 다른 부재를 각각 1, 2, 3이라 하자. 부재 1, 2, 3에 작용하는 비틀림 모멘트 T_1, T_2, T_3에 의한 각 부재의 비틀림 각 ϕ_1, ϕ_2, ϕ_3은 식 (4.7)에 의하여 다음과 같다.

$$\phi_1 = \frac{(T_1 + T_2 + T_3)l}{GI_{p_1}} = \frac{9.212 \times 0.5}{7.84 \times 10^7 \times \left(\frac{\pi}{32} \times 0.08^4\right)} = 0.0146\,\text{rad} \qquad \text{(a)}$$

$$\phi_2 = \frac{(T_2 + T_3)l}{GI_{p_2}} = \frac{3.528 \times 0.5}{7.84 \times 10^7 \times \left(\frac{\pi}{32} \times 0.06^4\right)} = 0.0177\,\text{rad} \qquad \text{(b)}$$

$$\phi_3 = \frac{T_3 l}{GI_{p_2}} = \frac{0.784 \times 0.5}{7.84 \times 10^7 \times \left(\frac{\pi}{32} \times 0.04^4\right)} = 0.0199\,\text{rad} \qquad \text{(c)}$$

따라서, 자유단에서의 비틀림각은 식 (a), (b)와 (c)의 값을 더함으로써 얻을 수 있다.

$$\phi = \phi_1 + \phi_2 + \phi_3 = 0.0522\,\text{rad} = 2.99^\circ \qquad \text{(d)}$$

4.2 중공 원형봉의 비틀림 모멘트

비틀림 모멘트에 의하여 원형봉의 내부에 일어나는 전단응력은 봉의 표면에서 최대이고 중심에서 0인 삼각형 분포이므로 봉 내부에 발생하는 대부분의 전단응력은 허용응력보다도 훨씬 작은 응력들이다. 따라서, 봉의 경제적인 단면과 중량 절감을 위하여 중공 원형봉이 원형봉보다 유리하다.

중공 원형봉도 원형봉의 경우와 똑같은 가정하에 해석한다. 따라서 전단응력 및 전단 변형률에 대한 식 (4.4)를 그대로 사용할 수 있으나 반지름 방향의 거리 ρ는 원형관의 안 반지름 r_1과 바깥 반지름 r_2사이의 범위로 제한된다.

또 비틀림 모멘트 T와 단위 길이에 대한 비틀림각 θ사이의 관계는 식 (4.5)와 같다. 이 때 적분 한계는 $\rho = r_1$ 및 $\rho = r_2$이며, 극 관성 모멘트는 $I_p = \frac{\pi}{2}(r_2^4 - r_1^4) = \frac{\pi}{32}(d_2^4 - d_1^4)$이다.

예제 4.3

바깥 반지름이 r 인 중실축(中實軸)과 바깥 반지름이 r, 안 반지름이 $0.6r$ 인 중공 축이 동일한 비틀림 모멘트 T 를 받을 때, 두 축의 중량 비와 최대 전단응력의 비를 각각 구하라.

풀이

중량 비 ; $\pi r^2 : \{\pi r^2 - \pi (0.6r)^2\} = 1 : 0.64$

최대 전단응력은 극 관성 모멘트 J에 반비례하므로 중실축과 중공축의 극 관성 모멘트의 비를 구하면,

$$I_{p1} : I_{p2} = \frac{\pi r^4}{2} : \left\{\frac{\pi r^4}{2} - \frac{\pi (0.6r)^4}{2}\right\} = 1 : 0.8704$$

이고, 최대 전단응력의 비는 다음과 같다.

$$v_{\max 1} : v_{\max 2} = \frac{1}{I_{p1}} : \frac{1}{I_{p2}} = 1 : 1.15$$

따라서, $r_1 : r_2 = 1 : 0.6$ 인 중공축은 중실축에 비하여 15% 정도 큰 전단응력을 받고 있지만, 중공축의 중량은 중실축의 중량에 비하여 36% 감소하므로 상대적으로 유리함을 알 수 있다.

4.3 전단과 비틀림에 의한 변형에너지

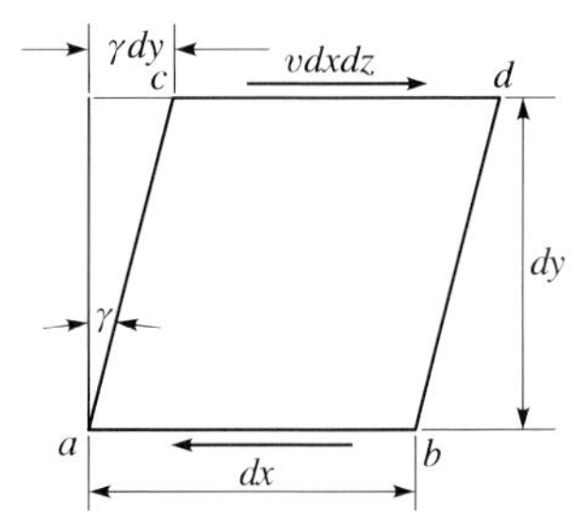

그림 4.4

전단응력에 의한 변형 에너지도 수직응력에 의한 변형 에너지와 같은 방법으로 구할 수 있다. 즉, 그림 4.4에 보인 바와 같은 순수 전단 상태에 있는 탄성 재료의 한 요소를 생각해 보자. 이런 요소에서는, 전단응력이 0으로 부터 최종값 v 까지 증가해 가면, 변형이 진행됨에 따라 상면 cd가 하면 ab에 대하여 수평 방향으로 거리 γdy 만큼 상대적으로 이동한다. 이 때, 상면에 작용하는 전단력 $vdx\,dz$에 의하여 이루어지는 일은(1/2) $vdx\,dz(\gamma dy)$와 같다. 그런데, 측면 ac와 bd에 작용하는 전단력은 일을 하지 않으므로, 이것이 그 요소에 저장되는 변형 에너지의 전부이다. 이 변형 에너지를 그 요소의 체적 $dxdydz$ 로 나누면, 단위 체적당의 변형 에너지 u를 표시하는 다음 식을 얻게 된다.

$$u = \frac{v\gamma}{2} \tag{4.11}$$

여기서, 식 (4.11)의 전단응력이 탄성한도 내에 있으면, Hooke의 법칙이 성립하므로 다음과 같은 식으로 바꾸어 쓸 수 있다.

$$u = \frac{v^2}{2G} \text{ 또는 } u = \frac{G\gamma^2}{2} \tag{4.12}$$

식 (4.12)의 첫번째 식은 변형 에너지를 전단응력 v의 함수로 나타낸 식이고, 둘째 식은 전단 변형률 γ의 함수로 나타낸 식이다. 단위 체적당 탄성 변형 에너지의 최대값을 얻으려면, 식 (4.12)의 첫번째 식에 재료의 전단 탄성한도를 대입하면 된다.

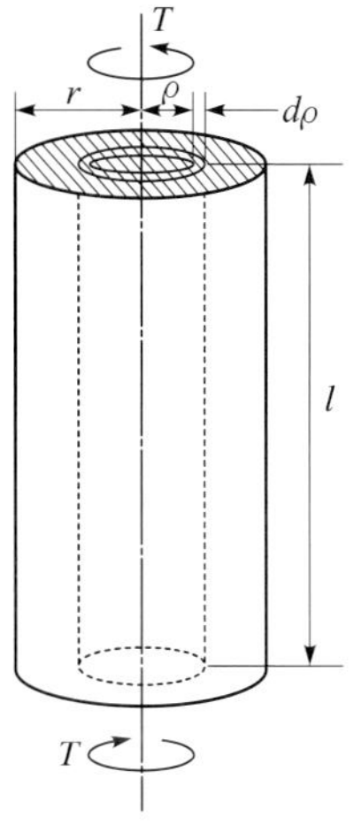

그림 4.5

단위 체적당 전단 변형 에너지를 표시하는 식 (4.11), (4.12)를 이용하면, 양단에서 비틀림 모멘트 T를 받는, 그림 4.5에 보인 것과 같은 길이 l, 반경 r 의 중실 원형봉 내에 저장되는 전 변형 에너지를 쉽게 계산할 수 있다. 이 봉의 표면에서의 최대전단응력을 v_{max} 이라고 하면, 그 내부에 있는 반경 ρ의 원주 위의 임의점에 작용하는 전단응력은 $\frac{\rho}{r} v_{max}$와 같다.

그러므로 식 (4.12)의 첫 식에 의하면, 반경 ρ에서의 단위 체적당 변형에너지 u는 다음과 같이 된다.

$$u = \frac{\rho^2 v_{max}^2}{2Gr^2} \tag{4.13}$$

이 때, 길이 l, 반경 ρ, 두께 $d\rho$인 관상 요소(管狀要素)내에 저장되는 에너지는

$$dU = u\,dV = \frac{\rho^2 v_{max}^2}{2Gr^2} l \cdot 2\pi\,\rho \cdot d\rho \tag{4.14}$$

와 같고, 이 식을 $\rho = 0$으로부터 $\rho = r$까지 적분하면, 그 중실 원형봉 내에 저장된 전 변형 에너지를 다음과 같이 얻을 수 있다.

$$U = \int_0^r \frac{\rho^2 v_{max}^2}{2Gr^2} l\,(2\pi\rho)\,d\rho = \frac{1}{2}(\pi r^2 l)\frac{v_{max}^2}{2G} \tag{4.15}$$

식 (4.15)에 의하면, 전 변형 에너지는 축의 모든 부분이 최대 전단응력 v_{max}과 같은 크기의 응력을 받을 경우에 저장할 수 있는 변형 에너지의 1/2 임을 알 수 있다. 식 (4.8)을 이용하여 식 (4.15)를 다시 쓰고, $I_p = \frac{\pi r^4}{2}$을 대입하면 다음과 같다.

$$U = \frac{T^2 l}{2GI_p} \tag{4.16}$$

이와 같은 비틀림 작용을 받는 봉 내에 저장되는 변형 에너지 U는, 그 봉의 비틀림 각에 대한 식 (4.7)을 이용하여, 다음과 같이 계산할 수도 있다. 이 식에 의하면, 그 재료의 탄성한도 내에서는 비틀림 모멘트 T와 비틀림각 ϕ사이에 비례 관계가 성립함을 알 수 있다. 그 관계는 그림 4.6에 도시한 바와 같이 비틀림 모멘트–비틀림각 선도의 경사 직선 OA로 표시된다. 이 선도의 빗금친 부분의 면적은 비틀림각 ϕ가 미소 비틀림각 $d\phi$만큼 증가하는 동안에 비틀림 모멘트 T가 하는 일을 표시한다. 따라서, 비틀림 모멘트를 영으로부터 어떤 값 T까지 천천히 증가시켰을 때, 이루어진 외적 일은 그림의 삼각형 OAB의 면적으로 표시될 것이고, 봉 내에 저장된 변형 에너지와 같다.

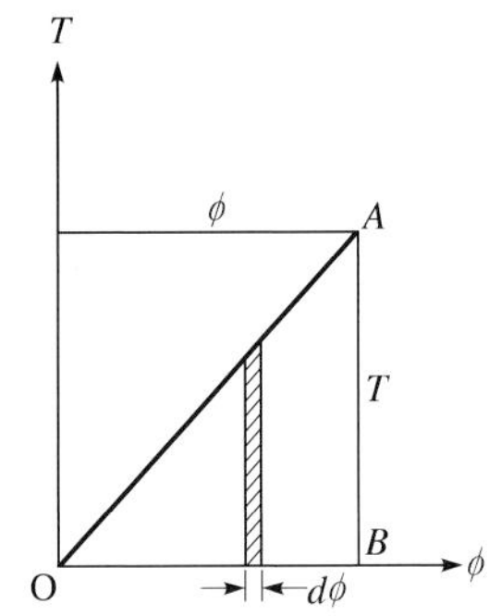

그림 4.6

$$U = \frac{T\phi}{2} \tag{4.17}$$

그런데 T와 ϕ사이에는 식 (4.7)로부터 $\phi = Tl / GI_p$의 관계가 있으므로 식 (4.17)를 다음 두 형식으로 고쳐 쓸 수가 있다.

$$U = \frac{T^2 l}{2GI_p} \quad \text{또는} \quad \frac{GI_p \phi^2}{2l} \tag{4.18}$$

식 (4.18)의 첫번째 식은 변형 에너지를 비틀림 모멘트 T의 함수로 표시한 식이고, 두번째 식은 비틀림각 ϕ의 함수로 표시한 식이다. 중실 원형 단면봉에 대해서는 $I_p = \pi d^4 /32$, 중공 원형 단면봉에 대해서는 $I_p = \pi\,(d_2^4 - d_1^4)/32$을 대입하면 식 (4.18)은 모든 원형 단면봉에 적용된다.

4.4 두께가 얇은 관의 비틀림

앞 절에서 설명한 바와 같이 순수 비틀림 이론은 중실이나 중공에 관계없이 비틀림 모멘트를 받는 원형봉의 해석에 적용될 수 있으나, 임의 형상의 관의 비틀림 해석에는 적용할 수 없다.

여기서, 두께가 얇은 임의 형상의 관의 비틀림각과 전단응력을 구하기 위하여 그림 4.7(a)와 같이 비틀림 모멘트 T를 받는 관을 생각하여 보자.

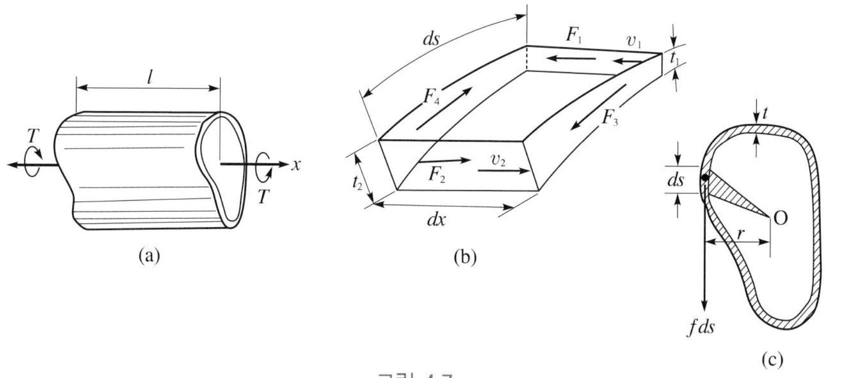

그림 4.7

그림 4.7(b)에는 두 개의 단면 사이에서 거리 dx만큼 떨어져 잘려진 관의 미소 요소와 미소 요소의 단면에 작용하고 있는 힘 F_1, F_2, F_3, F_4를 도시하였다. 도시된 힘들은 평형 상태를 이루고 있고, 크기는 각 단면에 작용하는 전단응력과 단면적의 곱으로 표시할 수 있다. 이와 같은 미소 단면에 x 방향의 평형 조건을 세우면,

$$F_1 = F_2 \tag{4.19}$$

이고, 여기서

$$F_1 = v_1 t_1 dx \tag{4.20a}$$

$$F_2 = v_2 t_2 dx \tag{4.20b}$$

이다. 여기서, v_1과 v_2는 각각 면적 $t_1 dx$와 $t_2 dx$에 작용하는 전단응력이다. 식 (4.20)을 식 (4.19)에 대입하면 다음과 같은 식이 성립된다.

$$v_1 t_1 = v_2 t_2 \tag{4.21}$$

그림 4.7(b)에서 미소 요소의 위치는 임의로 선택된 것이므로 식 (4.21)로 부터 전단응력과 관의 두께와의 곱은 단면의 모든 부분에서 일정하다는 것을 알 수 있다. 이 곱을 전단 흐름(shear flow)이라 하며, 기호 f로 표시한다.

$$f = vt = \text{상수} \tag{4.22}$$

따라서, 가장 큰 전단응력은 관의 두께가 가장 얇은 곳에서 일어나며 이 역도 성립한다. 물론 두께가 일정한 부분에서는 전단응력 또한 일정함을 뜻한다.

다음은 전단 흐름 f와 관에 작용하는 비틀림 모멘트 T와의 관계를 구하는 것이다. 그

림 4.7(c)에 도시된 바와 같이 단면 내의 길이가 ds인 미소면적 요소를 생각해보자. 길이 S를 단면두께의 중심선(median line)을 따라 측정하면, 미소 면적 요소 위에 작용하는 전단력은 $f\,ds$이고 임의점 O에 대한 모멘트는

$$dT = r f ds \tag{4.23}$$

이다. 여기서, r은 점 O로부터 힘의 작용선까지의 수직거리이다. 힘의 작용선은 요소 ds에서 그 단면두께의 중심선에 접선 방향이다. 전단응력에 의해 일어나는 전 비틀림 모멘트 T는 그 단면 두께의 중심선의 전장 l_m을 따라 적분하면 구할 수 있다.

$$T = f\int_0^{l_m} r\,ds \tag{4.24}$$

식 (4.24)는 다음과 같이 기하학적으로 설명할 수 있다. rds는 그림에 표시한 밑변 ds와 높이 r을 갖는 삼각형의 면적의 2배이므로 길이 전체에 대하여 적분한 값은 관벽(管壁)의 두께의 중심선에 의하여 둘러싸인 면적 A_m의 2배가 된다. 따라서,

$$T = 2f A_m \tag{4.25}$$

이 되고, 식 (4.22)와 식 (4.25)를 이용하면 두께가 얇은 관에 대한 전단흐름 f와 전단응력 v를 계산할 수 있다.

$$f = vt = \frac{T}{2A_m}, \qquad v = \frac{T}{2tA_m} \tag{4.26}$$

관의 비틀림각 ϕ는 그 관의 변형 에너지를 생각하면 구할 수 있는데, 관의 요소들이 순수 전단력을 받고 있으므로 단위 체적당의 변형 에너지는 식 (4.12)로 주어지는 $v^2/2G$이다. 그러므로 단면적 $t \cdot ds$, 길이 dx를 가지고 있는 관의 작은 요소에 대한 변형 에너지는 다음과 같다.

$$dU = (v^2/2G)\,t\,ds\,dx = \frac{v^2t^2}{2G}\frac{ds}{t}dx = \frac{f^{\,2}}{2G}\frac{ds}{t}dx \tag{4.27}$$

따라서, 관의 변형 에너지는

$$U = \int dU = \frac{f^{\,2}}{2G}\int_0^{l_m}\left[\int_0^{l} dx\right]\frac{ds}{t} \tag{4.28}$$

이다. 여기서, 전단흐름 f는 상수이므로 적분 기호 밖에 적은 것이다. 또한 관벽의 두께 t는 일정하지 않은 것으로 생각하여 ds와 함께 적분 기호 안에 적었다. 괄호안의 적분은 관

의 길이 l과 같은 것이므로 U에 대한 식은

$$U = \frac{f^{2} l}{2G} \int_{0}^{l_m} \frac{ds}{t} \tag{4.29}$$

이 된다. 식 (4.29)에 식 (4.26)의 전단 흐름식을 대입하면

$$U = \frac{T^2 l}{8GA_m^2} \int_{0}^{l_m} \frac{ds}{t} \tag{4.30}$$

이 되며, 관의 변형 에너지를 비틀림 모멘트 T의 항으로 표시할 수 있다.

변형 에너지에 관한 식은 일반적으로 비틀림 상수(torsion constant) J라고 하는 새로운 단면의 성질을 도입하면 간단한 형식으로 고쳐 쓸 수 있다. 얇은 관에 대한 비틀림 상수는

$$J = \frac{4A_m^2}{\displaystyle\int_{0}^{l_m} \frac{ds}{t}} \tag{4.31}$$

이다. 이와 같은 새로운 단면의 성질을 사용하면 변형 에너지는 다음과 같이 된다.

$$U = \frac{T^2 l}{2GJ} \tag{4.32}$$

식 (4.32)는 비틀림 상수 J가 극관성 모멘트 I_p를 대신하고 있다는 것 외에는 봉에서의 변형 에너지에 대한 식 (4.18)과 같다. 일정한 두께 t를 가진 단면의 경우, 비틀림 상수 J에 대한 식 (4.31)은 아래와 같이 간략하게 표현될 수 있다.

$$J = \frac{4tA_m^2}{l_m} \tag{4.33}$$

여기시, J는 길이에 대한 4제곱의 단위를 가진 것에 주의하어야 한다.

여러 가지 단면의 형상에 대하여 앞의 식 (4.31), (4.33)을 이용하여 J를 구할 수 있다. 예를 들어 그림 4.8과 같은 두께 t, 평균 중심선까지의 반지름 r을 가진 얇은 원관을 생각해보자. 평균 중심선의 길이와 그것에 의해 싸여진 면적은

$$l_m = 2\pi r, \qquad A_m = \pi r^2 \tag{4.34}$$

따라서, 비틀림 상수 J는 식 (4.33)으로 부터 다음과 같이 된다.

$$J = 2\pi r^3 t \tag{4.35}$$

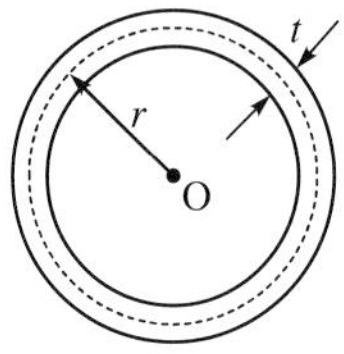

그림 4.8

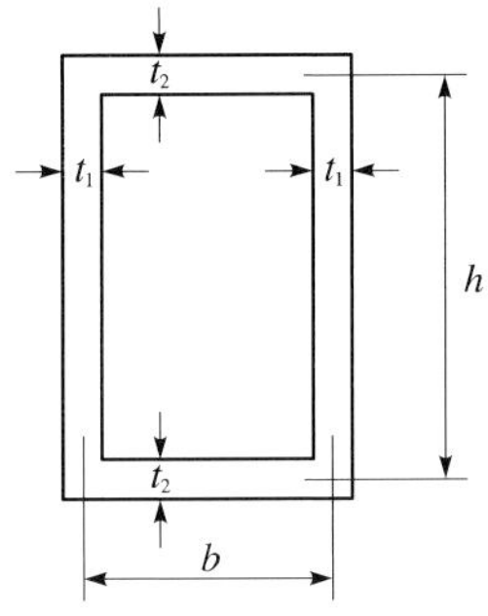

그림 4.9

그림 4.9에 얇은 직사각형 관을 표시하였다. 이 관의 측면의 두께는 t_1이며, 상하면의 두께는 t_2이다. 높이와 폭(단면의 평균 중심선 사이의 거리)은 각각 h와 b이다. 이 단면에 대해서

$$l_m = 2(b+h), \quad A_m = bh \tag{4.36}$$

이고,

$$\int_0^{l_m} \frac{ds}{t} = 2\int_0^h \frac{ds}{t_1} + 2\int_0^b \frac{ds}{t_2} = 2\left(\frac{h}{t_1} + \frac{b}{t_2}\right) \tag{4.37}$$

이므로 비틀림 상수는 식 (4.31)로 부터

$$J = \frac{2b^2h^2t_1t_2}{bt_1 + ht_2} \tag{4.38}$$

이다.

얇은 관에 대한 비틀림각 ϕ는 비틀림 우력 T가 한 일과 봉의 변형 에너지를 같게 놓아 결정할 수 있다. 즉,

$$\frac{T\phi}{2} = \frac{T^2 l}{2GJ}$$

$$\therefore \phi = \frac{Tl}{GJ} \tag{4.39}$$

이 된다. 여기서, 식 (4.39)는 원형봉에 대한 식 (4.7)과 같은 형식이라는 것을 알 수 있다. 단위 길이에 대한 비틀림각 θ가 필요하다면 길이 l로 ϕ를 나눔으로써 구할 수 있으므로

$$\theta = \frac{T}{GJ} \tag{4.40}$$

이다.

예제 4.4

그림 4.10과 같은 두께가 얇은 원형강관과 정사각형 강박스 단면의 부재가 있다. 이 두 부재의 재료, 길이, 두께 및 단면적은 같으며, 똑 같은 비틀림 모멘트를 받고 있다. 이 두 부재에서의 전단응력의 비 및 비틀림각의 비는 각각 얼마인가?

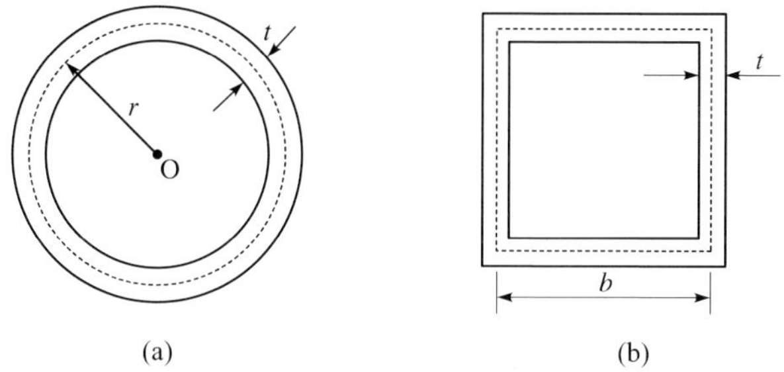

그림 4.10

풀이

원형강관 단면의 단면적 $A_1 = 2\pi rt$, 두께 중심선에 의하여 둘러쌓인 면적 $A_{m1} = \pi r^2$, 두께 중심선의 전 길이 $l_{m1} = 2\pi r$ 이므로, 비틀림 상수 $J_1 = 2\pi r^3 t$ 이다. 정사각형 강박스단면의 단면적 $A_2 = 4bt$, 두께 중심선에 의하여 둘러쌓인 면적 $A_{m2} = b^2$, 두께 중심선의 전 길이 $l_{m2} = 4b$ 이므로 비틀림 상수 $J_2 = b^3 t$ 이다.

여기서, $A_1 = A_2$이므로 $2\pi rt = 4bt$

$$\therefore\ b = \frac{\pi r}{2}$$

따라서, 원형 강관 단면의 전단응력에 대한 정사각형 강박스 단면의 전단응력의 비는 식 (4.26)에 의하여

$$\frac{v_1}{v_2} = \frac{A_{m2}}{A_{m1}} = \frac{b^2}{\pi r^2} = \frac{\left(\frac{\pi r}{2}\right)^2}{\pi r^2} = \frac{\pi}{4} = 0.785$$

이고, 비틀림각의 비는 식 (4.39)에 의하여

$$\frac{\phi_1}{\phi_2} = \frac{J_2}{J_1} = \frac{b^3 t}{2\pi r^3 t} = \left(\frac{\pi r}{2}\right)^3 t \times \frac{1}{2\pi r^3 t} = \frac{\pi^2}{16} = 0.617$$

이 결과들은 원형 강관 단면의 관이 정사각형 강박스 단면의 관보다 전단응력이 작으며 또한 회전에 대한 강성도 크다는 것을 알 수 있다.

연습문제

4.1 외경 d_o, 내경 d_i, 길이 30cm의 강재 중공축을 비틀림계로 사용하고자 한다. 이 축은 비틀림 모멘트 $3\text{kN}\cdot\text{cm}$에서 비틀림 각이 $1°$가 되고, 허용 전단응력 $v_\alpha = 40\text{MPa}$ 일 때, 이 조건에 적합한 d_o 및 전단 탄성계수 G를 구하라. 단 $d_i = 0.6d_o$ 이다.

4.2 완만한 테이퍼를 가진 길이 l의 원형 단면의 축이 있다. 이 축의 한쪽 끝에서의 직경은 d_o 이고, 다른 쪽 끝에서의 직경은 $d_o/2$이며 균일한 비틀림 모멘트 T를 받고 있을 때 전 비틀림각 ϕ를 구하라.

4.3 그림 4.11과 같이 양단이 고정된 균일 단면의 봉이 $T_1 = 120\text{kN}\cdot\text{cm}$, $T_2 = 240\text{kN}\cdot\text{cm}$의 외적 비틀림 모멘트를 받고 있다. 이 축의 3부분은 $a = 60\text{cm}$, $b = 100\text{cm}$, $c = 80\text{cm}$일 때 반작용 비틀림 모멘트 T_A, T_B를 구하라.

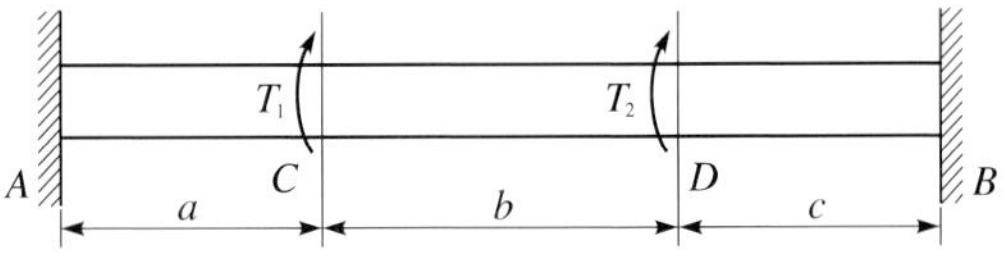

그림 4.11

4.4 왼쪽 끝이 고정된 안지름 4cm, 바깥지름 6cm, 길이 1.5m의 중공 원형 단면의 축의 자유단에 비틀림 모멘트가 T가 작용할 때,

(a) 전단응력이 120MPa을 초과하지 않도록 축에 작용시킬 수 있는 최대 비틀림 모멘트를 구하라.

(b) $v_{\max} = 120\text{MPa}$ 중공축에서 일어나는 최소 전단응력을 구하라.

(c) 자유단에 $2°$의 비틀림각을 일으키는 비틀림 모멘트의 크기를 구하여라. 단, 강의 전단 탄성계수는 $80{,}000\text{MPa}$이다.

(d) 안지름면에 70MPa의 전단응력이 일어날 때의 비틀림각을 구하라.

4.5 그림 4.12와 같이 양단이 고정된 축 AB의 중점 C에 비틀림 모멘트 $T = 12\text{kN} \cdot \text{cm}$가 작용한다. AC간의 지름 2cm인 중실 원형 단면, BC 간은 안지름 1.6cm, 바깥지름 2cm의 중공 원형 단면으로 되어 있다. 고정단 A, B에서의 반작용 비틀림 모멘트 T_A, T_B를 구하여라.

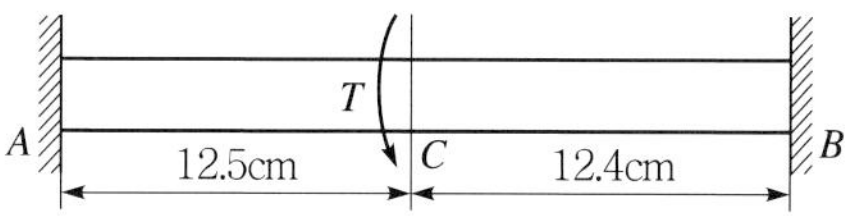

그림 4.12

4.6 그림 4.13의 축 AD는 D에서 고정되어 있고, AB간과 BC 간은 각각 지름 30mm, 60mm의 중실 원형 단면이고 CD 간은 안지름 44mm, 바깥지름 60mm의 중공 원형 단면이다. 이 축의 자유단 A에 일어나는 비틀림각을 구하여라. 단, 전단 탄성계수 $80{,}000\text{MPa}$이다.

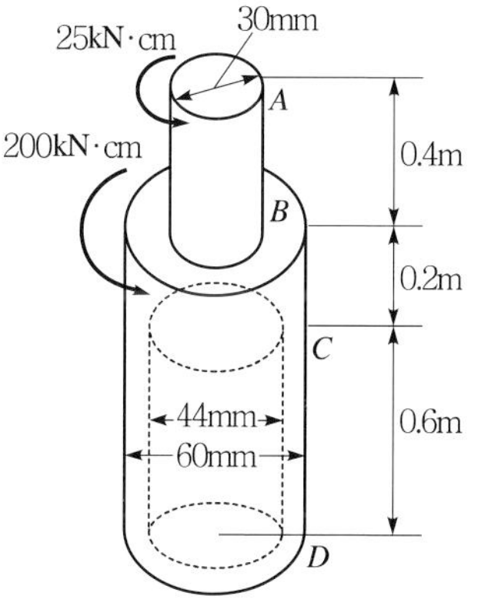

그림 4.13

4.7 길이가 0.6m인 원형 단면의 축에 비틀림 모멘트 $8\text{kN} \cdot \text{cm}$가 작용한다. 이와 같은 비틀림 모멘트에 저항하기 위한 축의 지름과 비틀림각을 구하라. 단, 축의 재료에 대한 허용전단응력은 60MPa, 전단 탄성계수는 $83{,}000\text{MPa}$이다.

4.8 동일한 단면적을 가진 중실 축과 중공 축(중공 축의 안지름 d_i는 바깥지름 d_o의 0.8배)을 동일한 재료로 만들었을 때, 각 축이 받을 수 있는 비틀림 모멘트의 비를 구하라.

4.9 중공단면의 축의 바깥지름이 7cm, 안지름이 5cm, 허용 전단응력이 35MPa일 때, 비틀림 무멘트를 구하라.

4.10 중실 축과 중공 축에 동일한 크기의 비틀림 모멘트를 작용시켜 최대 전단응력이 같을 때, 두 축의 중량 비를 결정하라. 단, 중공 축의 안지름 d_1과 바깥지름 d_2의 비는 $d_2 = 2d_1$ 이다.

4.11 지름이 5.08cm의 강축(鋼軸)에서 비틀림각이 $6°$일 때, 최대 전단응력 95MPa이 발생한다. 이 강축의 길이를 결정하라. 단, 전단 탄성계수는 $84{,}360\text{MPa}$이다.

4.12 길이 l 인 원형봉 AB는 A단에서 고정되어 있고 B단은 자유단이다. 다음과 같은 하중 조건하에서 봉에 저장되는 변형 에너지를 구하여라.

(a) B단에 작용하는 비틀림 모멘트 T의 경우

(b) A단으로부터 $l/2$ 떨어진 중앙 C에 작용하는 비틀림 모멘트 T의 경우

(c) B단에 비틀림 모멘트 T와 중앙점 C에 비틀림 모멘트 T가 동시에 작용하는 경우

4.13 그림 4.14와 같은 직사각형 단면을 가진 중공관(中空管)이 있다. 비틀림모멘트 $T = 0.12\text{kN} \cdot \text{m}$일 때 이 관에서의 전단응력 v를 구하여라.

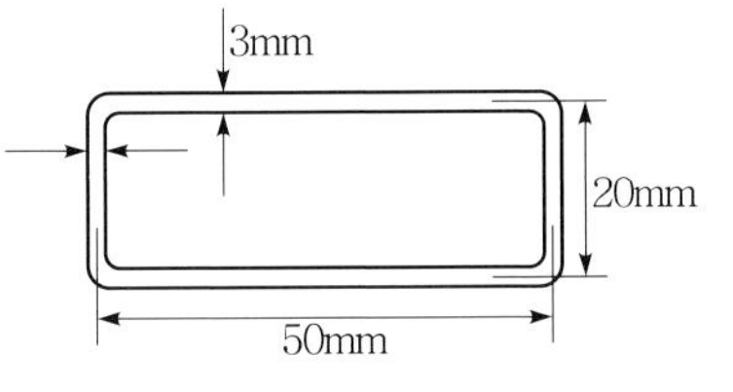

그림 4.14

4.14 그림 4.15와 같이 균일한 벽 두께 t를 가진 얇은 직사각형 관의 두께 중심선을 따른 치수는 a×b 이다. 비틀림 모멘트 T가 일정하다고 할 때 전단응력 v는 비 $\beta = \text{a}/\text{b}$에 따라 어떻게 변화하는가? 위의 결과를 사용하여 이 관이 정사각형($\beta = 1$)일 때 전단응력이 최소임을 밝혀라.

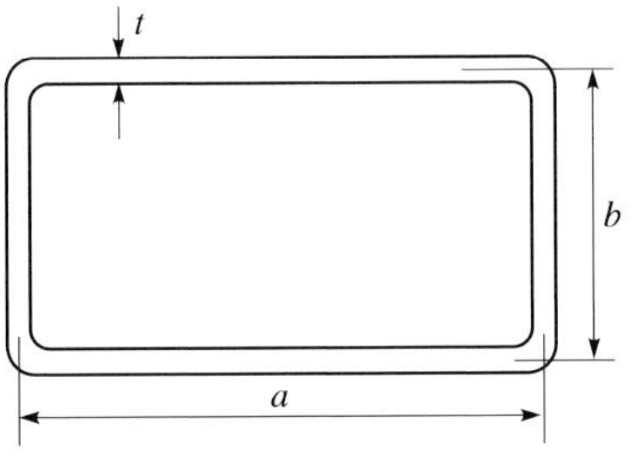

그림 4.15

CHAPTER 05

정정보의 단면력(Ⅰ)

CHAPTER 05

정정보의 단면력(Ⅰ)

적절한 방법에 의하여 가로 방향으로 지지된 부재가 부재축에 직각 방향의 하중을 받으면 휘어진다. 이러한 부재를 보(beam)라고 하며, 보는 주로 작용하는 외력에 의한 휨에 저항하는 구조이다. 보와 같이 주로 휨에 저항하는 부재를 **휨 부재**(flexural member)라고도 한다. 일반적으로 보라고 하면 부재축이 직선인 직선보(straight beam)를 말하는 것으로 주로 철근 콘크리트 또는 강재로 만들어지며, 구조물을 구성하는 부재로 가장 많이 사용된다.

여기서는 구조물에 작용할 수 있는 여러 형태의 하중의 종류, 구조물의 지지 방법, 보의 종류 및 정역학적 평형 조건만으로 해석할 수 있는 보에 정지 상태의 외력이 작용하는 경우, 외력에 저항하여 단면에 일어나는 힘의 해석 방법을 설명하기로 한다.

5.1 하 중

일반적으로 구조물에 주동적으로 작용하는 힘을 하중이라고 한다. 즉, 하중은 구조물의 자중, 구조물 위를 지나는 차량하중, 수압, 토압, 풍하중, 및 지진하중 등 여러 가지가 있다. 구조물에 작용하는 하중을 분류하면 다음과 같다.

5.1.1 구조물을 설계할 때 고려해야 할 하중

(1) 고정하중

구조물의 자중과 같이 항상 일정한 위치에 작용하는 하중을 **고정하중**(固定荷重, fixed load)이라고 말하며, **정하중**(靜荷重, static load) 또는 **사하중**(死荷重, dead load)이라고도 한다. 구조물의 구성 재료의 단위 중량은 **설계기준**(設計基準, specifications)에 규정되어 있으므로 구조물의 크기와 형태가 정해지면 비교적 정확하게 알 수 있다.

(2) 활하중

구조물 위를 지나는 사람이나 차량과 같이 구조물 위를 이동하면서 작용하는 하중을 **활하중**(活荷重, live load) 이라고 말하며, 각종 구조물을 설계할 때 고려하여야 하는 활하중에 대하여는 각종 시방서에 규정되어 있다. 활하중은 수직 활하중과 수평 활하중으로 크게 나눌 수 있다. 수직 활하중은 열차나 자동차와 같이 스스로 움직이는 이동하중(移動荷重, moving load)과 구조물 위에 실려 있는 사람이나 가구의 무게와 같이 어느 시간 내에서는 고정하중으로 볼 수 있으나 언제든지 그 위치를 옮길 수 있는 가동하중(可動荷重, movable load)으로 나눌 수 있다. 수평 활하중에는 **풍하중**(風荷重, wind load), **지진하중**(地震荷重, seismic load), 토압 및 수압 등이 있다.

활하중은 정적으로 작용하는 것이 아니고 상당히 급격하게 작용하여 구조물에 동적인 영향을 주기 때문에 활하중을 고정하중으로 생각했을 때 보다 더 큰 영향을 주게 된다. 이러한 충격으로 인한 하중의 추가량을 **충격 하중**(衝擊荷重, impact load)이라고 하며, 활하중 중에서도 주로 열차나 자동차와 같은 이동 하중이 작용할 때 일어난다. 충격 하중은 활하중에 어떤 계수를 곱하여 구한다. 이 계수를 **충격 계수**(impact factor)라 하며, 이의 정확한 값을 합리적으로 결정하기는 매우 어려우므로 경험적인 값을 사용하며, 이 값은 시방서에 규정되어 있다.

위의 활하중 이외에도 교량 위에서 차량이 갑자기 정지할 때 작용하는 **제동 하중**(制動荷重, braking load), 교량 위에 정지하고 있는 차량이 갑자기 출발할 때 작용하는 **시동 하중**(始動荷重, tractive load), 차량이 곡선교 위를 주행할 때의 **원심 하중**(遠心荷重, centrifugal load), 차량이 구조물과 충돌할 때 작용하는 **충돌 하중**(衝突荷重, collusion load) 등이 구조물을 설계할 때 고려하여야 하는 활하중이다. 또한 온도 변화, 구조물의 침하, 구조물을 구성하는 부재의 제작이나 조립 오차 등으로 인한 영향도 고려하여야 한다.

5.1.2 하중의 작용 형태에 의한 분류

이상은 구조물에 작용하는 하중을 작용 위치의 변화 유무에 따라 고정하중과 활하중으로 분류한 것이고, 하중의 작용 형태에 따라 분류하면 다음과 같다.

(1) 집중하중

자동차나 기관차의 무게가 차륜을 통하여 구조물에 작용하는 하중과 같이, 한 점에 집중하여 작용한다고 볼 수 있는 하중을 **집중하중**(集中荷重, concentrated load)이라고 말하며, 기호는 P, 단위는 힘의 단위인 N, kN 등으로 나타낸다(그림 5.1(a)).

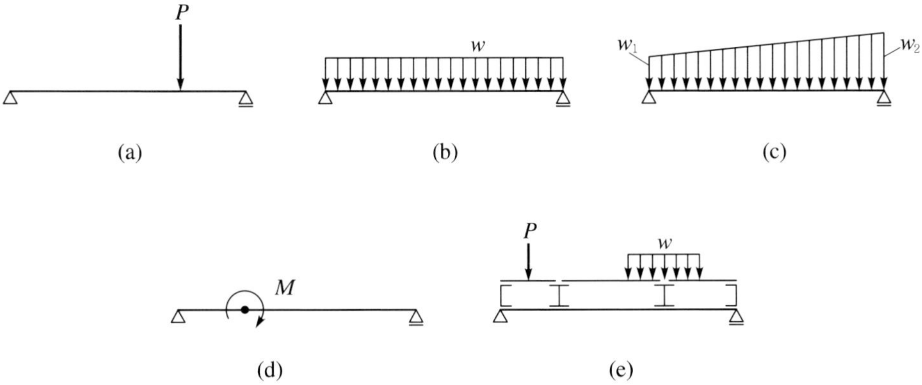

그림 5.1

(2) 분포하중

구조물의 자중, 구조물에 작용하는 수압, 토압 등과 같이 어느 범위내에 분포하여 작용하는 하중을 분포하중(分布荷重, distributed load)이라 말하며, 이 가운데 하중의 크기가 일정한 것을 **등분포하중**(等分布荷重, uniform load), 하중의 크기가 직선적으로 변화하는 것을 **등변분포하중**(等變分布荷重, uniformly varying load)이라 한다. 기호는 w 또는 q, 단위는 단위 길이에 작용하는 하중의 크기로 표시하는 것으로 kN/m (t/m) 등으로 나타낸다[그림 5.1(b),(c)].

(3) 모멘트 하중

하중은 집중하중 또는 분포하중으로서 구조물에 작용하는 것이 일반적이나 때에 따라서는 물체를 회전시키려는 힘, 모멘트가 작용하는 경우도 있으므로 이를 모멘트 하중이라 한다. 모멘트 하중의 기호는 M, 단위는 kN · m(t · m) 등이 쓰인다(그림 5.1(d)).

(4) 직접 하중 및 간접 하중

구조눌의 한 부재에 직접 작용하는 하중을 **직접하중**(直接荷重, direct load)(그림 5.1(a)~(d)), 구조물의 한 부재에 직접 작용하지 않고 다른 부재를 경위하여 간접적으로 작용하는 하중을 **간접하중**(間接荷重, indirect load) (그림 5.1(e))이라 한다.

5.2 지 점

5.2.1 지점과 반력

구조물은 지반 또는 다른 구조물에 의하여 지지되어 있으며, 구조물을 지지하기 위한 부분을 **받침**(bearing)이라고 한다. 구조역학에서는 구조물을 지지하고 있는 받침을 지점(支點, support, supporting point)이라고 하며, 구조물을 지지하고 있는 면을 지지면(支持面, supporting surface)이라고 한다.

구조물에 작용하는 하중은 지점을 통하여 하부 구조에 전달된다. 이 때, 구조물이 평형상태에 있으려면 구조물에 작용하는 하중과 평형을 이루기 위한 힘이 강체에 작용하는 힘에 관한 작용과 반작용의 법칙에 따라 지점에 작용하여야 한다. 이와 같이, 지점에 작용하는 힘을 **반력**(反力, reaction, reaction force) 또는 **지점 반력**(support reaction)이라고 한다. 하중과 반력은 다 같이 구조물에 외부로부터 작용하는 힘이므로 외력이다.

5.2.2 지점의 종류

지점 반력은 지점의 구조에 따라 작용 상태가 다르므로, 먼저 지점의 구조를 알아 둘 필요가 있다. 실제의 구조물의 지점의 구조에는 여러 가지가 있으나, 구성 부재와 이에 작용하는 외력이 모두 동일 평면 내에 있는 평면 구조물(平面構造物, plane structure)에 사용되는 대표적인 지점으로는 다음의 3종류가 있다.

(1) 롤러 지점

롤러 지점(roller support)은 그림 5.2(a)와 같이 구조물이 롤러에 의하여 지지면에 평행한 방향으로의 이동이나 회전은 자유로우나, 지지면에 수직인 방향으로는 이동할 수 없는 구조이다. 따라서 구조물에 외력이 작용할 때 평형상태를 이루려면 지지면에 수직한 1개의 반력이 작용하여야 한다. 롤러 지점은 **이동 지점**(移動支點, movable support)이라고도 말하며, 위에서 말한 회전이나 이동이 자유롭다는 것은 마찰이 전혀 없다고 가정한다는 뜻이다.

그림 5.2(b)와 같이 지지면이 경사진 롤러 지점을 생각하면 이 지점에 작용하는 반력 R은 지지면 $S-S$에 대하여 수직이다. 여기서, 지지면 $S-S$가 수평면과 이루는 각을 α라 하고, 반력 R의 수평 및 연직 분력을 각각 H 및 V라고 하면,

$$H = R\sin\alpha, \quad V = R\cos\alpha \quad \therefore \frac{H}{V} = \tan\alpha = \text{일정}$$

하므로, R의 값을 알면 H 및 V의 값을 구할 수 있으며, H 또는 V 가운데 하나를 알면 다른 하나의 값과 R의 값을 구할 수 있다. 따라서 롤러 지점에서는 독립된 미지의 반력은 지지면에 수직한 반력 1개뿐이다. 롤러 지점은 지지면을 향하여 작용하거나 이와 반대쪽으로 작용하는 반력을 전달할 수 있도록 설계되는 것이 보통이다.

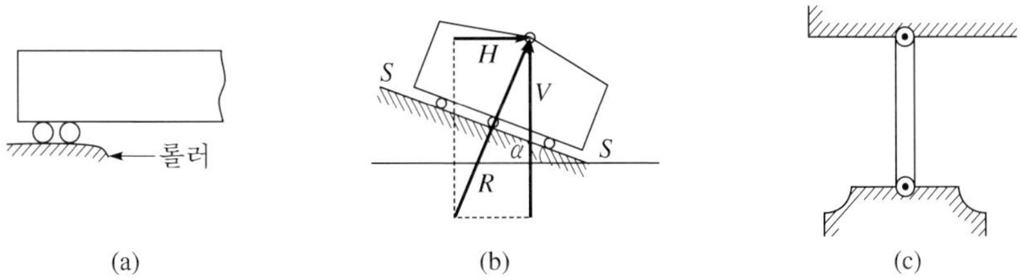

그림 5.2

롤러 지점에서는 어느 한 방향으로의 이동, 즉, 직선 운동이 구속된다. 따라서, 롤러 지점은 구조물에 1개의 구속도(拘束度, degree of restraint)를 준다는 것을 알 수 있다. 구조물의 반력은 구조물의 운동을 구속하기 때문에 일어나는 것이므로 한 구조물의 반력 요소(反力要素, reactive element)의 수와 구속도의 수는 일치한다.

그림 5.2(c)와 같이 봉(棒, bar)의 1단을 구조물에, 타단을 기초에 각각 힌지로 연결하여 구조물을 지지할 수 있다. 이 때 반력의 작용선은 봉의 양단의 힌지의 중심을 연결하는 직선과 일치한다. 이러한 봉을 **지지봉**(支持棒, link, supporting bar)이라고 하며, 이러한 지점을 **링크 지점**(link support)이라고도 한다. 링크 지점은 미소한 이동에 대해서는 롤러 지점과 똑같은 작용을 한다고 볼 수 있기 때문에 여기서는, 롤러 지점에 포함시켰다.

이동 지점의 도면 기호는 그림 5.3과 같다.

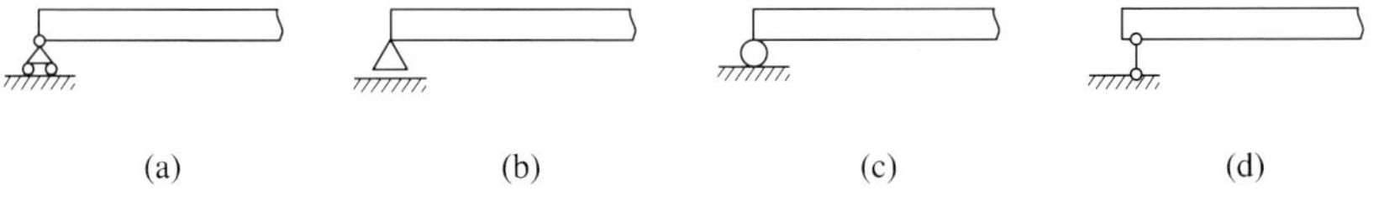

그림 5.3

(2) 힌지 지점

힌지 지점(hinged support)은 그림 5.4(a)와 같이 구조물이 힌지를 중심으로 하여 자유롭게 회전할 수 있으나, 어느 방향으로도 이동할 수 없는 구조이다. 따라서 구조물에 외력이 작용할 때 평형 상태를 이루려면 힌지 지점에는 힌지의 중심을 지나는 수평 반력과 연직 반력이 독자적으로 작용하여야 한다. 힌지 지점은 **회전지점**(回轉支點, rounded support)이라고도 한다.

그림 5.4(b)와 같이 힌지 지점의 반력은 힌지의 중심을 통과하여야 하나, 구조물에 작용하는 하중 상태에 따라 지지면 $S-S$에 대하여 임의의 방향으로 작용하므로 $\frac{H}{V}=\tan\theta$에서 θ가 변화하기 때문에 H와 V는 단독으로 여러 가지의 값을 갖는다. 따라서, 힌지 지점에서는 독립된 미지의 반력은 수평 반력과 연직 반력의 2개이다. 여기서, 수평 반력 H와 연직 반력 V를 독자적으로 계산하여 알면, 이들을 합성한 반력 R의 크기와 작용 방향을 알 수 있다.

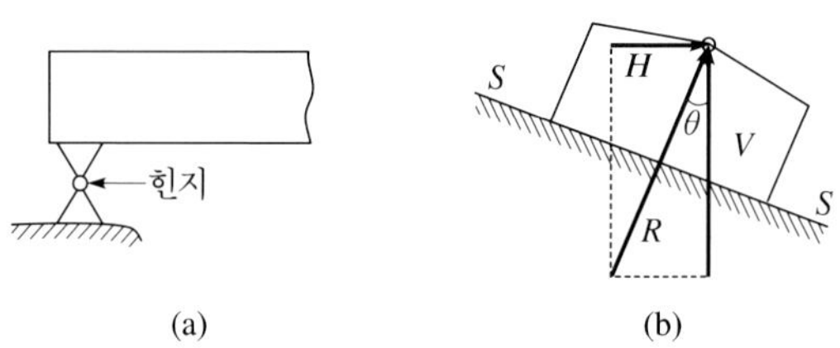

그림 5.4

이상으로 힌지 지점은 수평 반력과 연직반력의 2개의 독립된 반력 요소가 있으며, 따라서 구조물에 2개의 구속도를 준다는 것을 알 수 있다.

힌지 지점의 도면 기호는 그림 5.5와 같다.

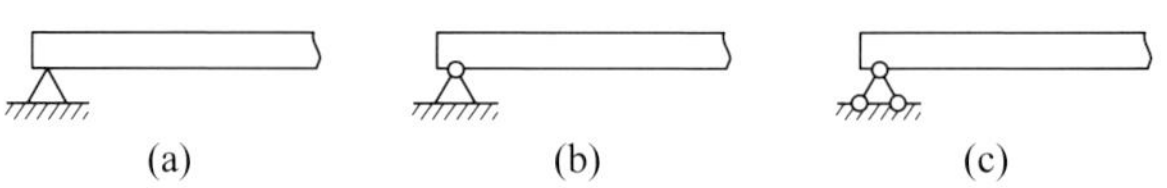

그림 5.5

(3) 고정 지점

고정 지점(固定支點, fixed support)은 그림 5.6(a)와 같이 보가 철근 콘크리트 속에 깊숙하게 묻힌 것과 같은 구조로서, 어느 방향으로도 이동할 수 없고 회전할 수도 없는 구조이다. 따라서, 구조물에 외력이 작용할 때 평형 상태를 이루려면 고정 지점에는 이동에 저항하는 수평 반력과 연직 반력이, 회전에 저항하여 회전 반력이 독자적으로 작용하여야 하다. 여기서, 회전 반력을 흔히 **반력 모멘트**(reactive moment)라고 말하며, 또는 **고정단 모멘트**(fixed end moment)라고도 한다.

고정 지점은 구조물이 그 점에서 이동도 회전도 할 수 없도록 만들어진 구조이기 때문에 반력의 작용 위치와 방향이 모두 구조물에 작용하는 하중 상태에 따라 다르다. 즉, 어떤 하중 P에 대하여 반력 R이 작용하는 경우, 반력 R은 그림 (b)와 같이 생각하여 그림(c)와 같이 지점의 중심 G에 작용하는 힘 R과 우력 모멘트 $M = R \cdot e$로 바꾸어 놓을수 있다. 또한 힘 R은 수평 분력 H와 연직분력 V로 분해할 수 있다. 이와 같이 생각하면 고정 지점에는 수평 반력 H, 연직 반력 V, 반력 모멘트 M이 독자적으로 작용한다는 것을 알 수 있다.

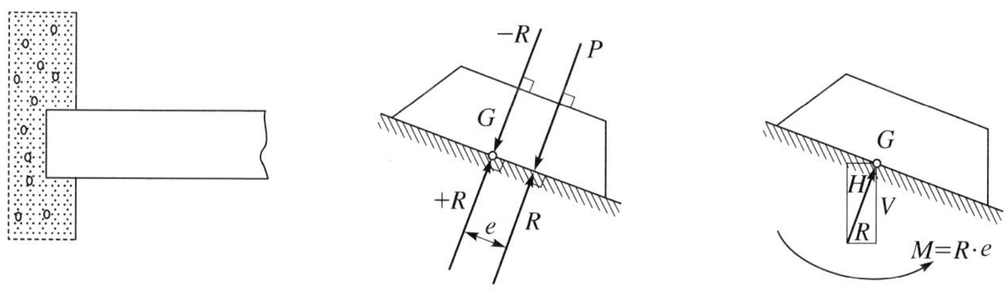

(a) (b) (c)

그림 5.6

이상으로 고정 지점에는 수평 반력, 연직 반력 및 반력 모멘트의 3개의 독립된 반력 요소가 있으며, 따라서 구조물에 3개의 구속도를 준다는 것을 알 수 있다.

고정 지점의 도면 기호는 그림 5.7과 같다.

이동 지점, 회전지점, 고정지점에 의하여 지지된 부재 끝을 각각 **이동단**(移動端, movable end, roller end), **회전단**(回轉端, rounded end, hinged end), **고정단**(固定端, fixed end)이라고 말하며, 지점이 없는 부재 끝을 **자유단**(自由端, free end)이라고 한다. 위의 이동단과 회전단을 통틀어 **단순단**(單純端, simple end)이라고도 한다.

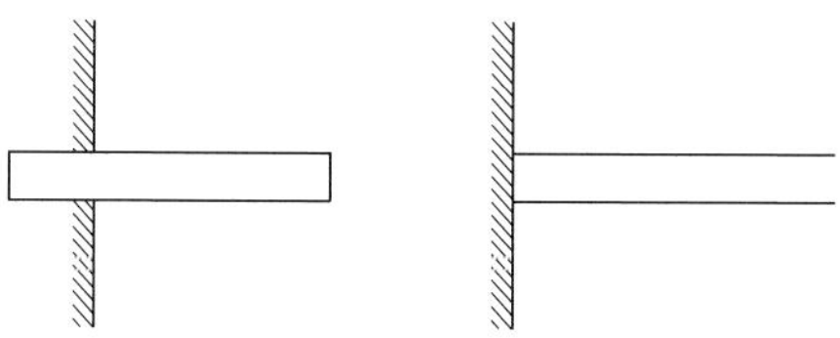

(a) (b)

그림 5.7

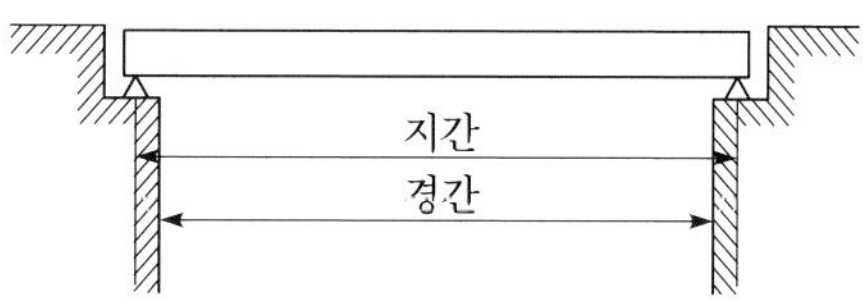

그림 5.8

5.2.3 지간과 경간

보의 길이 방향으로 잰 두 지점의 중심 사이의 거리를 지간(支間, effective span, span)이라고 한다. 보의 지점을 지지하는 **하부 구조**(下部構造, substructure)사이의 **공간**(空間, clearance)의 최소 수평 거리를 **경간**(徑間, clear span)이라고 하며, 때로는 하부 구조 사이의 공간 자체를 경간(span)이라고도 한다.

5.3 보의 종류

그림 5.9(a)와 같이 2개의 롤러 지점으로 지지된 보에 하중 P가 경사지게 작용하면 롤러는 수평 방향의 힘에 저항하지 못하기 때문에 수평 반력이 생기지 못하므로 보에 작용하는 외력이 $\sum H = 0$을 만족하지 못한다. 따라서 보는 수평 방향으로 이동하기 때문에 보로서의 기능을 감당할 수 없다. 이와 같이 보에 임의의 외력이 작용할 때, 정역학적 평형 상태를 유지하지 못하는 보를 불안정(不安定)한 보(unstable beam)라고 한다.

또, 그림(b)와 같이 보를 1개의 힌지 지점과 1개의 롤러 지점으로 지지하면, 하중P가 경사지게 작용해도 힌지 지점이 수평 방향의 힘에 저항하므로 이 지점에 수평 반력이 생기며, 보에 작용하는 임의의 외력에 대하여 $\sum H = 0$을 만족한다. 따라서, 보는 이동하지 않고 그 위치를 유지하며 보로서의 기능을 다 할 수 있다. 이와 같이 보에 임의의 외력이 작용할 때 항상 정역학적 평형 상태를 유지하는 보를 안정한 보(stable beam)라고 한다.

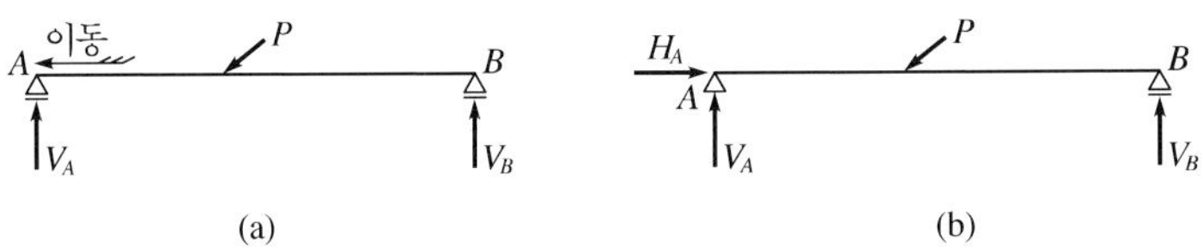

그림 5.9

보의 안정, 불안정은 위의 설명에서 알 수 있듯이 보의 지지 조건에 따라 결정되는 것으로, 보가 안정하려면 적어도 3개 이상의 반력이 필요하다.

다음에 안정한 보 가운데 정역학적 평형 방정식만으로 모든 지점 반력을 구할 수 있는 것을 **정정**(靜定)**보**(statically determinate beam), 구할 수 없는 것을 **부정정**(不靜定) **보**(statically indeterminate beam)라고 한다.

보의 지점 반력을 구하기 위하여 사용할 수 있는 조건 방정식(equation of condition)은 보 전체에 대하여 적용할 수 있는 정역학적 평형 방정식 3개와 보의 중간에 들어 있는 힌지나 롤러와 같은 특별한 구성 조건에 따라 세워지는 조건 방정식 h개가 있다. 여기서, 힌지는 회전이 자유로우므로 힌지 결합점의 좌우 어느 한 쪽에 대하여 1개의 조건 방정식 $\sum M = 0$을 세울 수 있고, 롤러는 지지면에 평행한 방향으로의 이동과 회전이 자유로우므로 롤러 결합점의 좌우의 어느 한 쪽에 대하여 2개의 조건 방정식 $\sum H = 0$, $\sum M = 0$을 세울 수 있다.

따라서, 보의 반력의 총수 R에서 이를 구하기 위하여 사용할 수 있는 조건 방정식의 수 $(3+h)$를 뺀 값을 N이라고 하면 다음의 식이 성립한다.

$$N = R - 3 - h \tag{5.1}$$

식 (5.1)은 보의 정정, 부정정을 판별하는 식으로서 이를 보의 판별식이라고 한다. 여기서, N의 값에 따라

$N < 0$이면 불안정(충분 조건일 뿐 필요 조건은 아니다)

$N = 0$이면 정정, $N > 0$이면 부정정 } 안정(필요 조건일 뿐 충분조건은 아니다)

이며, $N > 0$일 때 N의 값을 보의 부정정 차수(不靜定次數, degree of indeterminacy)라고 한다.

그러나, $N \geq 0$이라도 불안정일 수도 있으므로 주의해야 한다. 예를 들면 그림 5.10과 같은 보는

$$N = R - 3 - h = 4 - 3 - 0 = 1 > 0$$

이지만, 수평 방향의 하중이 작용하면 수평방향으로 이동하므로 불안정한 보이다.

그림 5.10

보를 포함한 일반 구조물의 안정, 불안정 및 정정, 부정정에 대한 설명은 10.1에서 자세하게 하기로 한다.

또한, 보는 이를 지지하는 지점의 종류 및 수에 따라 그림 5.11과 같은 형식으로 분류된

다. 그림(a)와 같이 구조물을 1단 힌지, 타단 롤러 지점으로 지지하는 지지 방법을 단순지지(單純支持, simple support)라고 말하며, 단순 지지된 보를 **단순보**(simple beam)라고 한다. 그림(b)와 같이 보의 1단만을 고정 지점으로 하고 타단은 자유단으로 한 보를 **캔틸레버보**(cantilever beam), 그림(c)와 같이 단순 지지된 보의 길이가 경간보다 길어서 보의 한쪽 또는 양쪽 끝이 자유단으로 되어 있는 보를 **내민보**(overhanging beam), 그림(d)와 같이 단순보와 내민보를 내부 힌지로 연결한 보를 **게르버보**(Gerber's beam)라고 하며, 그림(e)와 같이 캔틸레버보와 단순보 또는 내민보를 내부 힌지로 연결한 보도 게르버보의 일종이라고 할 수 있다. 이들 그림(a)~(e)의 보는 모두 정정보이다.

또, 그림(f)와 같이 1단 고정 지점, 타단 롤러 지점으로 지지된 보를 1단 고정, 타단 이동지지보(propped cantilever beam, fixed simple beam), 그림(g)와 같이 양단이 고정 지점으로 지지된 보를 양단 고정보(fixed end beam), 그림(h)와 같이 단일 부재가 3개 이상의 지점(이 가운데 1개는 힌지 또는 고정 지점)으로 지지된 보를 **연속(連續)보** (continuous beam)라고 하며, 연속보는 경간의 수가 n개이면 n경간 연속보라 말하는 것으로 그림(h)는 3경간 연속보이다. 이들 그림(f)~(h)의 보는 모두 부정정 보로서 식(5.1)에 의하여 이들 보를 판별하면 그림(f)는 1차 부정정, 그림(g)는 3차 부정정, 그림(h)는 2차 부정정이다.

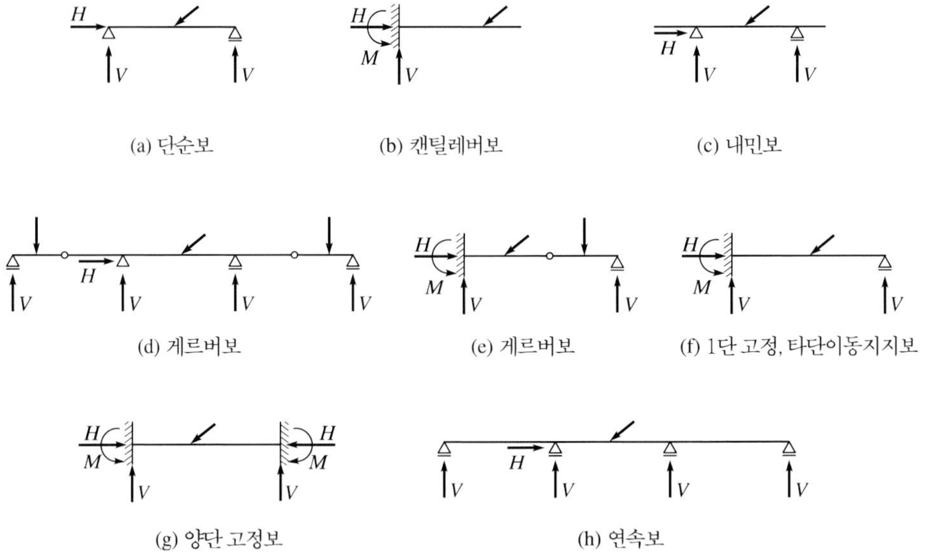

그림 5.11

5.4 정정보의 반력

보에 하중이 작용하면 지점에는 지점 반력이 일어나며, 보는 평형 상태를 이룬다. 외력의 작용을 받아 평형 상태에 있는 보에 작용하는 반력은 힘의 평형 조건식을 사용하여 구한다. 일반적으로, 보의 각 지점에 일어나는 반력의 작용 방향을 가정하여 구하고자 하는 반력을 미지수로 하는 힘의 평형 조건식을 세운 다음 이를 풀면 반력이 구해진다. 이와 같이 하여 반력을 구했을 때, 그 부호가 (+)이면 반력은 앞에서 가정한 방향으로, (−)이면 반대 방향으로 작용한다.

여기서, 일반적으로 구조물의 반력은 다음과 같은 가정 하에 계산한다.

(1) 구조물의 지점은 앞에서 설명한 바와 같은 이상적인 것으로 가정한다. 실제의 지점이 이상적인 3가지 지점 가운데 어느 것에 해당하는가를 판단하는 것은 매우 중요한 일이다.

(2) 구조물은 외력을 받으면 변형하지만 그 변형은 극히 미소하므로 이를 무시한다. 엄밀히 말하면 구조물이 변형된 상태에서 힘의 평형조건을 적용하는 것이 옳으나 그 오차는 극히 작으므로 이를 무시한다.

다음에, 단순보와 캔틸레버보의 반력 계산 방법을 설명하기로 한다.

5.4.1 단순보의 반력

그림 5.12와 같이 단순보에 경사진 하중 P가 작용하면 힌지 지점 A에는 수평 반력H_A, 연직반력 V_A가, 롤러 지점 B에는 연직 반력 V_B가 일어난다. 이들 반력의 작용방향을 그림과 같이 가정하고, 그 값을 구하면 다음과 같다.

지점 B에 대하여 $\Sigma M=0$을 적용하면

$$\Sigma M_B = V_A \cdot l - P(\sin\alpha)b = 0 \quad \therefore V_A = \frac{Pb\sin\alpha}{l}(\uparrow)$$

지점 A에 대하여 $\Sigma M=0$을 적용하면,

$$\Sigma M_A = -V_B \cdot l + P(\sin\alpha)a = 0 \quad \therefore V_B = \frac{Pa\sin\alpha}{l}(\uparrow) \tag{5.2}$$

$\Sigma H=0$을 적용하면,

$$\Sigma H = H_A - P\cos\alpha = 0 \quad \therefore H_A = P\cos\alpha(\rightarrow)$$

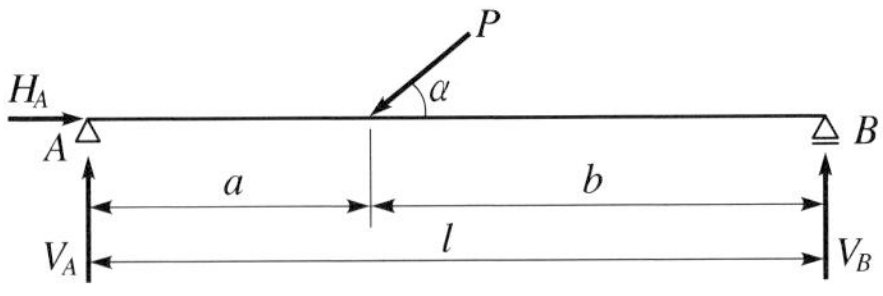

그림 5.12

위에서와 같이, 보에 수평 반력과 연직 반력이 일어날 때에는 수평 반력을 H, 연직 반력을 V로 나타내어야 하지만, 연직 반력만이 일어날 때에는 지점 A, B의 연직 반력을 $R_{A,}$ R_B로 나타내기도 한다.

그림 5.13과 같이 단순보에 연직 하중만이 작용하면 연직 반력 만이 일어나므로, 지점 A, B의 연직 반력을 각각 $R_{A,}$ R_B로 나타내고, 작용 방향을 그림과 같이 가정하고, 그 값을 구하면 다음과 같다.

지점 B에 대하여 $\Sigma M=0$을 적용하면

$$\Sigma M_B = R_A \cdot l - P_1 b_1 - P_2 b_2 - P_3 b_3 = 0$$

$$\therefore R_A = \frac{1}{l}(P_1 b_1 + P_2 b_2 + P_3 b_3) = \frac{1}{l}\Sigma Pb(\uparrow) \qquad \text{(a)}$$

지점 A에 대하여 $\Sigma M=0$을 적용하면,

$$\Sigma M_A = -R_B \cdot l + P_1 a_1 + P_2 a_2 + P_3 a_3 = 0 \qquad (5.3)$$

$$\therefore R_B = \frac{1}{l}(P_1 a_1 + P_2 a_2 + P_3 a_3) = \frac{1}{l}\Sigma Pa(\uparrow) \qquad \text{(b)}$$

또는, R_A를 구한 다음 R_B는 $\Sigma V=0$에 의하여

$$\Sigma V = R_A + R_B - P_1 - P_2 - P_3 = 0$$

$$\therefore R_B = P_1 + P_2 + P_3 - R_A = \Sigma P - R_A \qquad \text{(c)}$$

단순보의 한 지점의 반력을 구한 다음 다른 한 지점의 반력은 식 (c)에 의하여 구하여도 되나, 식 (a)와 (b)에 의하여 R_A, R_B를 각각 구한 다음, 그 결과를 식 (c)에 의하여 검산하여야 계산의 정확을 기할 수 있다.

또, 위의 식 (a), (b), (c)는 집중하중에 대한 것이지만, 분포하중이 작용하는 경우에는 분포하중을 합력인 집중하중으로 환산하여 적용할 수 있다. 이 때, 분포하중의 하중강도를 나타내는 도형의 면적이 집중하중의 크기이며, 도형의 도심이 집중하중의 작용점이다.

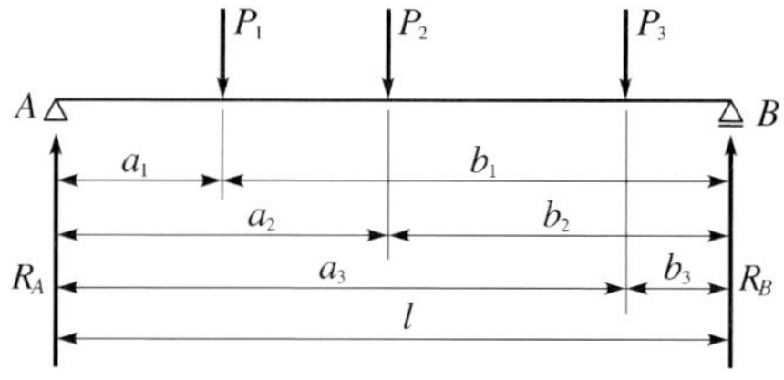

그림 5.13

또한, 단순 지지된 일반 구조물의 반력도 단순보의 반력 계산과 마찬가지로 한다. 그림 5.13에서, P_1만이 단독으로 작용하면,

$$R_A = \frac{P_1 b_1}{l}, \quad R_B = \frac{P_1 a_1}{l}$$

이다. 또, P_2만이 단독으로 작용하면,

$$R_A = \frac{P_2 b_2}{l}, \quad R_B = \frac{P_2 a_2}{l}$$

이다. 또, P_3만이 단독으로 작용하면,

$$R_A = \frac{P_3 b_3}{l}, \quad R_B = \frac{P_3 a_3}{l}$$

이다. 여기서, P_1, P_2, P_3이 각각 단독으로 작용할 때의 R_A, R_B를 합하면,

$$R_A = \frac{P_1 b_1}{l} + \frac{P_2 b_2}{l} + \frac{P_3 b_3}{l} = \frac{1}{l}(P_1 b_1 + P_2 b_2 + P_3 b_3) = \frac{1}{l}\Sigma Pb$$

$$R_B = \frac{P_1 a_1}{l} + \frac{P_2 a_2}{l} + \frac{P_3 a_3}{l} = \frac{1}{l}(P_1 a_1 + P_2 a_2 + P_3 a_3) = \frac{1}{l}\Sigma Pa$$

이다. 이는 P_1, P_2, P_3이 동시에 작용할 때의 R_A, R_B를 구하는 식인 식 (5.3)의 (a), (b)와 같다. 이와 같이 여러 개의 힘이 동시에 작용할 때의 힘의 작용 효과는 이들 여러 개의 힘이 임의의 순서로 각각 단독으로 작용하였을 때의 각 힘의 작용 효과의 합과 같다. 이 관계를 **겹침의 원리**(principle of superposition)또는 **겹침의 법칙**이라고 한다.

예제 5.1

그림 5.14와 같은 단순보의 반력을 구하여라.

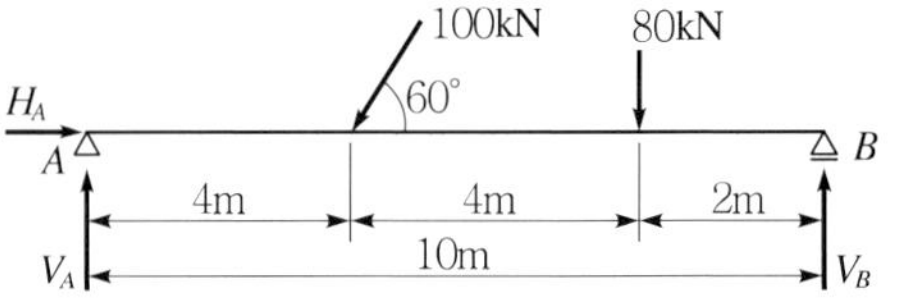

그림 5.14

풀이

경사진 하중이 작용하므로, 힌지 지점 A에는 수평 반력 H_A, 연직반력 V_A가 일어나며, 롤러 지점 B에는 연직 반력 V_B가 일어난다. 이들 반력의 작용방향을 그림과 같이 가정하고, 그 값을 구하면 다음과 같다.

지점 A의 수평 반력 H_A는 $\sum H=0$을 적용하면,

$\sum H = H_A - 100\cos 60° = 0 \quad \therefore H_A = 100\cos 60° = 50\text{ kN}(\rightarrow)$

지점 A의 연직 반력 V_A는 지점 B에 대하여 $\sum M=0$을 적용하면,

$\Sigma M_B = V_A \times 10 - 100\sin 60 \times 6 - 80 \times 2 = 0$

$\therefore V_A = \dfrac{1}{10}(100\sin 60° \times 6 + 80 \times 2) = 67.96\text{kN}\ (\uparrow)$

지점 B의 연직 반력 V_B는 지점 A에 대하여 ΣM=0을 적용하면,

$\Sigma M_A = - V_B \times 10 + 100\sin 60° \times 4 + 80 \times 8 = 0$

$\therefore V_B = \dfrac{1}{10}(100\sin 60° \times 4 + 80 \times 8) = 98.64\text{kN}\ (\uparrow)$

$\sum V=0$에 의하여 검산하면,

$\Sigma V = V_A + V_B - 100\sin 60° - 80 = 0 \therefore V_B = 100\sin 60° + 80 = 0$

$\therefore V_B = 100\sin 60° + 80 - 67.96 = 98.64\text{ kN}(\uparrow) \quad \therefore$ O.K

예제 5.2

그림 5.15(a)와 같은 등분포하중을 받는 단순보의 반력을 구하여라.

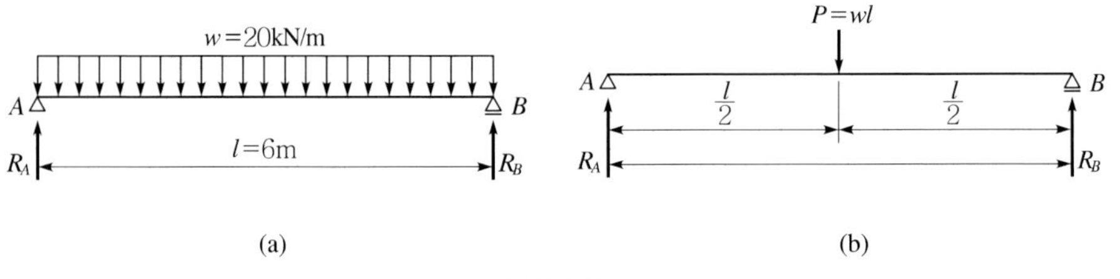

그림 5.15

풀이

그림(a)의 등분포하중을 합력인 집중하중으로 환산하면 크기는 $P = wl$ 이고, 작용점은 보의 중점 C이다. 따라서, 그림(b)와 같이 생각하여 반력을 구하면 된다.

하중이 대칭으로 작용하므로 지점 A, B의 연직 반력 R_A, R_B는 똑같으며, 다음과 같다.

$$R_A = R_B = \frac{P}{2} = \frac{wl}{2} = \frac{20 \times 6}{2} = 60\,\text{kN}(\uparrow)$$

예제 5.3

그림 5.16(a)와 같은 등변분포하중을 받는 단순보의 반력을 구하여라.

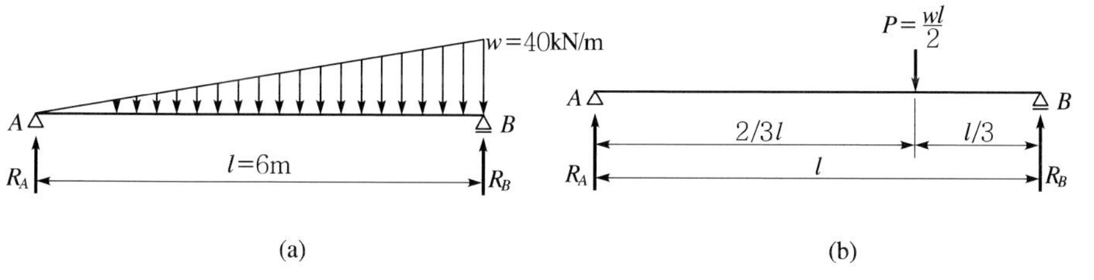

그림 5.16

풀이

그림(a)의 등변분포하중을 합력인 집중하중으로 환산하면 크기는 $P = \frac{wl}{2}$ 이고, 작용점은 지점 A로부터 $\frac{2l}{3}$ 이고 지점 B로부터는 $\frac{l}{3}$ 인 점 C이다. 따라서, 그림(b)와 같이 생각하여 반력을 구하면 된다.

지점 B에 대하여 $\Sigma M = 0$을 적용하면,

$$\Sigma M_B = R_A \cdot l - \frac{wl}{2} \times \frac{l}{3} = 0 \quad \therefore R_A = \frac{wl}{6} = \frac{40 \times 6}{6} = 40\text{ kN}(\uparrow)$$

지점 A에 대하여 $\Sigma M - 0$을 적용하면,

$$\Sigma M_A = -R_B \cdot l + \frac{wl}{2} \times \frac{2l}{3} = 0 \quad \therefore R_B = \frac{wl}{3} = \frac{40 \times 6}{3} = 80\text{ kN}(\uparrow)$$

$\Sigma V = 0$에 의하여 검산하면,

$$R_B = \frac{wl}{2} - R_A = \frac{40 \times 6}{2} - 40 = 80\text{ kN}(\uparrow)$$

예제 5.4

그림 5.17(a)와 같은 사다리꼴 분포하중을 받는 단순보의 반력을 구하여라.

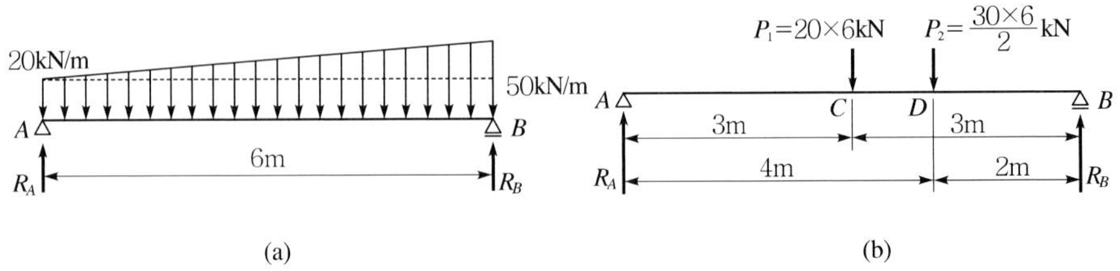

그림 5.17

풀이

하중을 그림(a)의 파선으로 분할하면 아래의 등분포하중의 합력의 크기는 $P_1 = 20 \times 6\text{kN}$이고 작용점은 점 C이다.

위의 삼각형 분포하중의 합력의 크기는 $P_2 = \dfrac{30 \times 6}{2}\text{kN}$이고 작용점은 점 D이다.

따라서, 그림(b)와 같은 단순보의 반력을 구하면 된다.

$$R_A = \frac{1}{6}\left(20 \times 6 \times 3 + \frac{30 \times 6}{2} \times 2\right) = 90\ \text{kN}(\uparrow)$$

$$R_B = \frac{1}{6}\left(20 \times 6 \times 3 + \frac{30 \times 6}{2} \times 4\right) = 120\ \text{kN}(\uparrow)$$

또는 $R_B = 20 \times 6 + \dfrac{30 \times 6}{2} - 90 = 120\ \text{kN}(\uparrow)$

예제 5.5

그림 5.18과 같은 모멘트 하중을 받는 단순보의 반력을 구하여라.

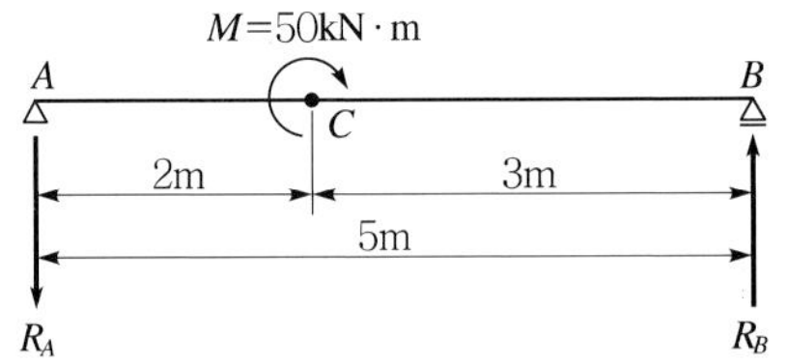

그림 5.18

풀이

모멘트 하중 M이 점 C에 작용할 때 지점 반력 R_A, R_B는 힘의 평형 조건식 가운데 $\sum V=0$을 만족하기 위해서는 그 크기는 같고 방향은 반대이어야 하며, $\sum M=0$을 만족하기 위해서는 R_A와 R_B는 모멘트 하중 M의 회전 방향과 반대 방향의 우력을 형성해야 하므로 R_A는 하향, R_B는 상향으로 작용해야 한다.

지점 B에 대하여 $\sum M=0$을 적용하면,

$$\Sigma M_B = -R_A \cdot l + M = 0$$

$$\therefore R_A = \frac{M}{l} = \frac{50}{5} = 10\,\text{kN}(\downarrow), \quad R_B = R_A = 10\,\text{kN}(\uparrow)$$

5.4.2 캔틸레버보의 반력

그림 5.19와 같이 캔틸레버보에 경사진 하중 P가 작용하면 고정 지점 A에는 수평 반력 H_A, 연직 반력 V_A 및 반력 모멘트 R_{AM}가 일어난다. 이들 반력의 작용방향을 그림과 같이 가정하고 힘의 평형 조건식을 적용하면

$$\left.\begin{aligned} &\Sigma H = H_A - P\cos\alpha = 0 \quad \therefore H_A = P\cos\alpha(\rightarrow) \\ &\Sigma V = V_A - P\sin\alpha = 0 \quad \therefore V_A = P\sin\alpha(\uparrow) \\ &\Sigma M_A = R_{AM} + P(\sin\alpha)a = 0 \quad \therefore R_{AM} = -Pa\sin\alpha(\curvearrowleft) \end{aligned}\right\} \quad (5.4)$$

이다. 여기서, M_A의 부호가 (-)이므로, 반력 모멘트 M_A는 반시계 방향으로 작용한다. 고정단 A의 수평반력 H_A, 연직 반력 V_A, 반력 모멘트 M_A를 각각 R_{AH}, R_{AV}, R_{AM}와 같이 나타내기도 한다.

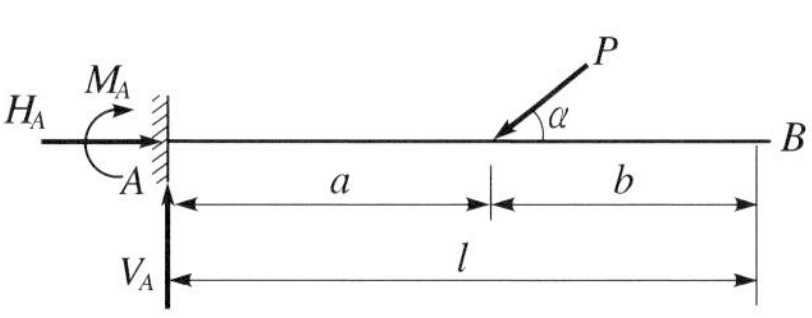

그림 5.19

예제 5.6

그림 5.20과 같은 캔틸레버보의 반력을 구하여라.

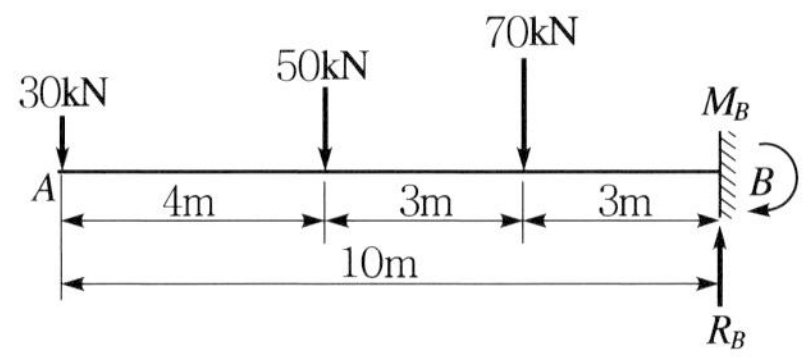

그림 5.20

풀이

연직 하중만이 작용하므로, 고정 지점 B에 연직 반력 R_B와 반력 모멘트 M_B가 일어난다. 이들 반력의 작용 방향을 그림과 같이 가정한다.

$\sum V=0$에 의하여 $\sum V=R_B-70-50-30=0$

$\therefore\ R_B=70+50+30=150\text{kN}\,(\uparrow)$

$\sum M_B=0$에 의하여 $\sum M_B=R_{BM}-70\times3-50\times6-30\times10=0$

$\therefore\ R_{BM}=70\times3+50\times6+30\times10=810\text{kN}\cdot\text{m}\,(\curvearrowright)$

5.5 보의 단면력

보를 설계하기 위해서는 외력의 작용을 받아 평형 상태에 있는 보의 임의단면에 어떠한 응력이 어떻게 분포되어 작용하는가를 알 필요가 있으며, 이를 위해서는 먼저 보의 단면에 작용하는 힘을 알아보아야 한다. 여기서는, 보의 모든 횡단면은 보의 축에 수직인 대칭면에 대하여 좌우 대칭이며, 외력은 모두 이 대칭면 내에 작용하는 것으로 가정하여, 보의 단면에 작용하는 힘을 구하기로 한다. 다음에, 단면력의 정의, 해법, 부호의 규약 등에 대하여 설명하기로 한다.

5.5.1 전단력

전단력은 앞에서 설명한 바와 같이, 부재를 전단하려는 힘으로서, 한 단면의 양 측면에서 부재축에 대하여 수직 방향으로 작용하는 크기가 같고 방향이 반대인 한 쌍의 힘을 말한다.

보의 임의단면의 전단력은 그 단면의 왼쪽 또는 오른쪽에 작용하는 모든 외력의 부재축에 수직한 방향의 분력의 대수합과 같다.

전단력의 부호는 그림 5.21(c)와 같이 보의 임의단면의 좌, 우측에 작용하는 전단력의 작용 방향이 좌측 상향, 우측 하향이면 (+)로, 좌측 하향 우측 상향이면 (−)로 약속한다.

따라서, 전단력을 계산할 때, 부호는 보의 임의단면의 왼쪽에 작용하는 외력에 대해서는 상향의 힘은 (+), 하향의 힘은 (−)로 하고, 오른쪽에 작용하는 외력에 대해서는 상향의 힘은 (−), 하향의 힘은 (+)로 하면 된다. 또한, 그림(c)에서 알 수 있듯이, (+)의 전단력은 시계 방향, (−)의 전단력은 반시계 방향의 우력을 이룬다고 볼 수 있으므로, 전단력을 계산할 때, 보의 임의단면의 좌, 우 어느 쪽에 작용하는 외력을 사용하는가에 관계없이, 외력의 작용 방향은 생각하지 않고, 시계 방향의 모멘트를 일으키는 전단력은 (+), 반시계 방향의 모멘트를 일으키는 전단력은 (−)로 하여 계산하면 된다.

또, 그림 5.21(a)와 같은 단순보에 외력이 작용하여 보가 그림(b)와 같이 변형되었다고 생각할 때, 보의 단면의 위치에 따라 전단력의 부호가 바뀌는 것을 알 수 있다.

전단력의 단위는 힘의 단위와 같으며 kN(kg, t) 등으로 나타낸다.

그림 5.22(a)와 같은 단순보의 임의점 m의 전단력을 점 m의 왼쪽에 작용하는 외력을사용하여 계산하면,

$$V_m = R_A - P_1 - P_2$$

이고, 오른쪽에 작용하는 외력을 사용하여 계산하면 다음과 같다.

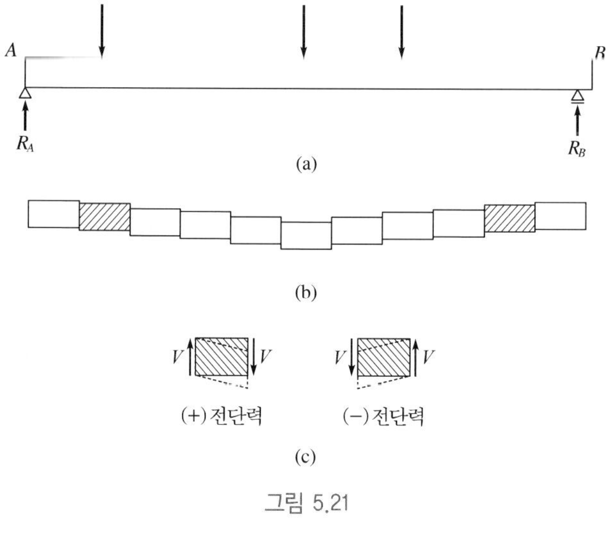

그림 5.21

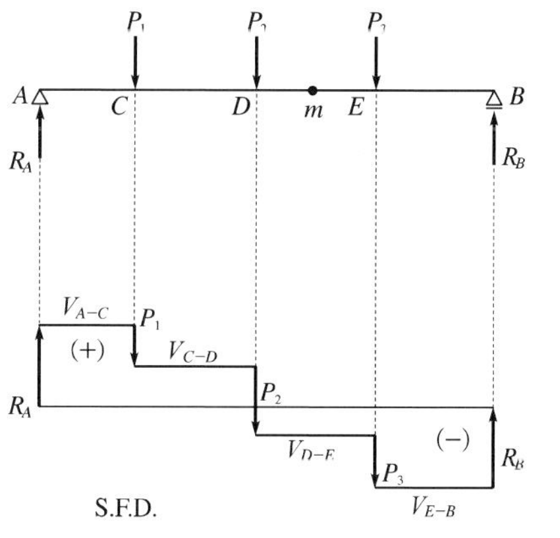

그림 5.22

$$V_m = -R_B + P_3$$

이다.

단면 m이 $A-C$ 간에 있을 때,

$$V_m = V_{A-C} = R_A$$

단면 m이 $C-D$간에 있을 때,

$$V_m = V_{C-D} = R_A - P_1 = V_{A-C} - P_1$$

단면 m이 $D-E$간에 있을 때,

$$V_m = V_{D-E} = R_A - P_1 - P_2 = V_{C-D} - P_2$$

단면 m이 $E-B$간에 있을 때,

$$V_m = V_{E-B} = R_A - P_1 - P_2 - P_3 = V_{D-E} - P_3 = -R_B$$

$$(\because\ R_A + R_B = P_1 + P_2 + P_3\ )$$

위에서와 같이, 보의 임의단면의 전단력은 그 앞 단면의 전단력에다 두 단면 사이에 작용하는 외력에 의한 전단력을 합하면 되며, 이와 같은 방법으로 왼쪽에서 오른쪽을 향하여 계산하면 오른쪽 지점 B의 바로 왼쪽에서의 전단력은 $-R_B$이어야 하므로 전단력 계산의 검산을 겸할 수 있다.

또, 위의 식에서 V_{A-C}의 C는 점 C의 바로 왼쪽을 뜻하고, V_{C-D}의 C는 점 C의 바로 오른쪽을 뜻하는 것으로서, 집중하중의 작용점의 좌, 우측에서의 전단력의 크기는 집중하중의 크기만큼 차이가 있음을 알 수 있다.

또, 각 단면의 전단력을 오른쪽에 작용하는 외력을 사용하여 계산하면,

$$V_{B-E} = -R_B$$

$$V_{E-D} = -R_B + P_3 = V_{B-E} + P_3$$

$$V_{D-C} = -R_B + P_3 + P_2 = V_{E-D} + P_2$$

$$V_{C-A} = -R_B + P_3 + P_2 + P_1 = V_{D-C} + P_1 = R_A$$

이다.

보의 각 단면의 전단력의 크기를 나타낸 그림을 **전단력도**(剪斷力圖, shearing force diagram, S.F.D.)라 하며, 전단력도를 그리는 방법은 보의 축에 평행한 기선을 긋고, 보의

각 단면에 대응하는 기선 위의 점으로부터 기선에 수직한 방향으로 각 단면의 전단력을 적당히 축척한 길이에 점을 찍어, 이들 점을 이으면 된다. 이 때, 기선 위에 (+), 아래에 (−)의 전단력을 나타내기로 한다. 그림(b)는 위와 같은 방법으로 그린 전단력도로서, 집중하중의 작용점에서 전단력이 집중하중의 크기만큼 급격히 변하여 계단 모양이 되었다.

5.5.2 휨 모멘트

휨 모멘트는 앞에서 설명한 바와 같이, 부재를 휘게 하려는 힘으로서, 한 단면의 양 측면에 작용하는 크기가 같고 방향이 반대인 한 쌍의 모멘트를 말한다.

보의 임의의 단면의 휨 모멘트는 그 단면의 왼쪽 또는 오른쪽에 작용하는 모든 외력의 그 단면에 대한 모멘트의 대수합과 같다.

휨 모멘트의 부호는 그림 5.23(c)와 같이 보의 임의단면의 좌, 우측에 작용하는 외력에 의한 휨 모멘트의 작용 방향이 좌측 시계 방향, 우측 반시계 방향이면 (+)로, 좌측 반시계 방향, 우측 시계 방향이면 (−)로 약속한다.

따라서, 휨 모멘트를 계산할 때, 부호는 보의 임의단면의 왼쪽에 작용하는 외력에 의한 모멘트가 시계 방향이면 (+), 반시계 방향이면 (−)로 하고, 오른 쪽에 작용하는 외력에 의한 모멘트가 시계 방향이면 (−), 반시계 방향이면 (+)로 하면 된다. 또한 그림 (c)에서 알 수 있듯이, 휨 모멘트를 계산할 때, 보의 임의단면의 좌, 우 어느 쪽에 작용하는 외력을 사용하는가에 관계없이, 모멘트의 회전 방향은 생각하지 말고, 상향의 힘에 의한 모멘트는 (+), 하향의 힘에 의한 모멘트는 (−)로 하여 계산하면 된다.

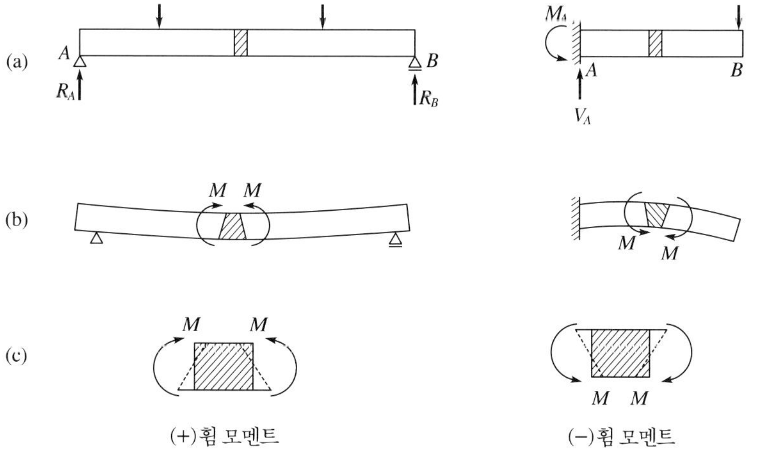

그림 5.23

휨 모멘트의 단위는 힘의 모멘트의 단위와 같으며, kN·m(kg·m, t·m) 등으로 나타낸다.

그림 5.24(a)와 같은 단순보의 임의점 m의 휨 모멘트를 왼쪽에 작용하는 외력을 사용하여 계산하면,

$$M_m = R_A x - P_1(x - a_1) - P_2(x - a_2)$$

이고, 오른쪽에 작용하는 외력을 사용하여 계산하면,

$$M_m = R_B x' - P_3(x' - b_3)$$

이다. 위의 식에서와 같이, 집중하중이 작용하는 경우, 하중과 하중 사이의 임의점의 휨 모멘트를 나타내는 식이 1차식이므로, 휨 모멘트는 직선 변화한다.

각 단면의 휨 모멘트를 구하면 다음과 같다.

$$M_A = M_B = 0$$

$$M_C = R_A\ a_1 \text{ 또는, } M_C = R_B b_1 - P_2(b_1 - b_2) - P_3(b_1 - b_3)$$

$$M_D = R_A\ a_2 - P_1(a_2 - a_1) \text{ 또는, } M_D = R_B b_2 - P_3(b_2 - b_3)$$

$$M_E = R_A\ a_3 - P_1(a_3 - a_1) - P_2(a_3 - a_2) \text{ 또는, } M_E = R_B b_3$$

보의 각 단면의 휨 모멘트의 크기를 나타낸 그림을 **휨 모멘트도**(bending moment diagram, B.M.D.)라 한다. 그리는 방법은 전단력도를 그리는 방법과 같으나, 휨 모멘트도는 기선 아래에 (+) 위에 (−)의 휨 모멘트를 나타내기로 한다. 이와 같이 그려진 휨 모멘트도는 보가 휨 모멘트에 의하여 인장되는 쪽에 그려지므로, 보가 변형되는 모양과 비슷해진다.

그림 5.24(a)와 같이 집중하중이 작용할 때의 휨 모멘트도는 그림 (b)와 같이 하중과 하중 사이에서 직선 변화하고, 하중의 작용점에서는 굴절된다.

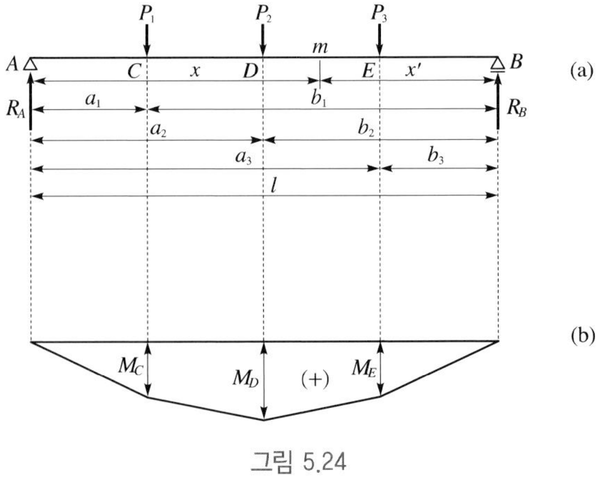

그림 5.24

5.5.3 축 방향력

축방향력은 앞에서 설명한 바와 같이, 부재를 축방향으로 인장 또는 압축시키는 힘으로서, 한 단면의 양 측면에서 부재의 축방향으로 작용하는 크기가 같고 방향이 반대인 한 쌍의 힘을 말한다.

보의 임의의 단면의 축방향력은 그 단면의 왼쪽 또는 오른쪽에 작용하는 모든 외력의 부재축 방향의 분력의 대수합과 같다.

축방향력의 부호는 그림 5.25와 같이 보의 단면을 인장할 때 (+), 압축할 때 (−)로 한다.

보에 부재축 방향의 하중이 작용할 때, 또는 보가 경사지거나 롤러 지점의 지지면이 경사진 경우에 축방향력이 작용한다. 그러나 보는 대부분 수평으로 지지되고, 연직 방향의 하중이 작용하는 일이 많으며, 이런 경우에는 축방향력은 작용하지 않는다.

그림 5.26(a)와 같은 단순보의 축방향력을 왼쪽에 작용하는 외력을 사용하에 계산하면,

$$N_{A\sim C} = -H_A$$

$$N_{C\sim D} = -H_A + H_1$$

$$N_{D\sim B} = -H_A + H_1 - H_2 = 0$$

이고, 오른쪽에 작용하는 외력을 사용하여 계산하면,

$$N_{B\sim D} = 0$$

$$N_{D\sim C} = H_2$$

$$N_{C\sim A} = H_2 - H_1 = -H_A$$

이다.

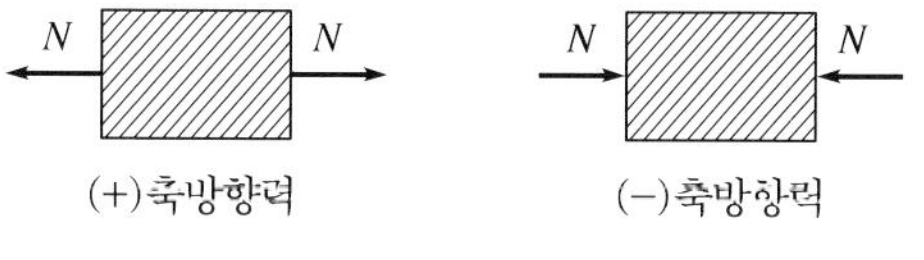

그림 5.25

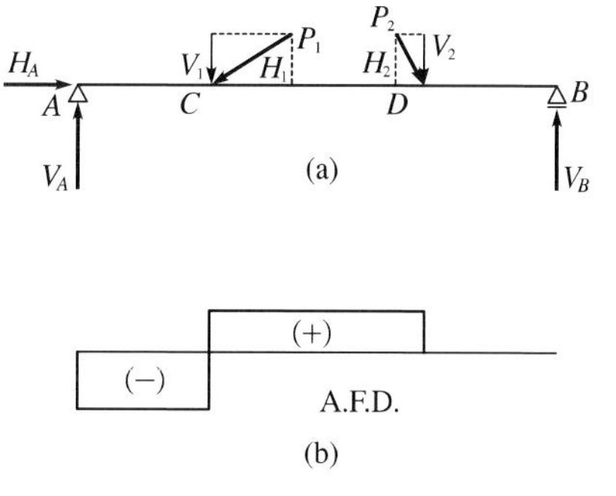

그림 5.26

보의 각 단면의 축 방향력의 크기를 나타낸 그림을 **축방향력도**(軸方向力圖, axial force diagram, A.F.D.)라 한다. 축방향력도를 그리는 방법 역시 전단력도를 그리는 방법과 같으며, 기선 위에 (+), 아래에 (-)의 축방향력을 나타내기로 한다.

그림 5.26(a)와 같은 단순보의 축방향도는 그림(b)와 같다. 이 축방향력도에서 보는 바와 같이, 축방향력은 부재축 방향의 분력이 있는 외력의 작용점에서 크기가 변하며, 외력의 작용점 사이에서는 일정하다.

지금까지 설명한 전단력도, 휨 모멘트도, 축방향력도를 **단면력도**(斷面力圖, section force diagram)라고 하며, 단면력도를 그리면 보에 작용하는 단면력의 분포 상태를 쉽게 알 수 있다.

보의 각 단면의 단면력을 구하고, 단면력도를 그리는 것을 보를 해석한다고 한다.

5.6 하중, 전단력 및 휨 모멘트 사이의 관계

보에 작용하는 하중, 전단력 및 휨 모멘트 사이의 관계를 알아보기 위하여 그림 5.27(a)와 같이 보의 임의단면 x에서 두 단면 사이의 거리가 dx인 한 요소를 생각하기로 한다. 일반적으로 보에 작용하는 전단력과 휨 모멘트는 단면의 위치 x의 변화에 따라 변화하므로 요소의 왼쪽면에 전단력 V와 휨 모멘트 M이 작용할 때, 오른쪽에는 단면의 위치 x의 변화량 dx에 따른 전단력 및 휨 모멘트의 변화량 dV 및 dM을 합하여 전단력 $V+dV$ 및 휨 모멘트 $M+dM$이 작용할 것이며, 이 요소의 좌우의 단면에 작용하는 전단력 및 휨 모멘트를 정(+)이라고 가정하면 그림(a)와 같이 표시된다. 이때 요소 dx부분에 작용하는 하중은 분포하중, 집중하중 또는, 우력일 수도 있다.

먼저 dx부분에 분포하중이 작용하는 경우에 대하여 생각해 보기로 한다. 어떠한 분포하중도 dx구간에서는 하중강도 w인 등분포하중이라고 생각할 수 있으므로, 그림(a)에서 연직방향의 힘의 합 $\Sigma V=0$에 의하여,

$$\Sigma V = V-(V+dV)-w\cdot dx = -dV-w\cdot dx = 0$$

$$\therefore \frac{dV}{dx} = -w \tag{5.6}$$

이다. 그러므로 보에 분포하중이 작용하는 경우, 전단력은 단면의 위치 x에 따라 변화하며, 그 변화율은 단면의 위치 x에서의 하중강도의 부호를 바꾼 $-w$와 같다.

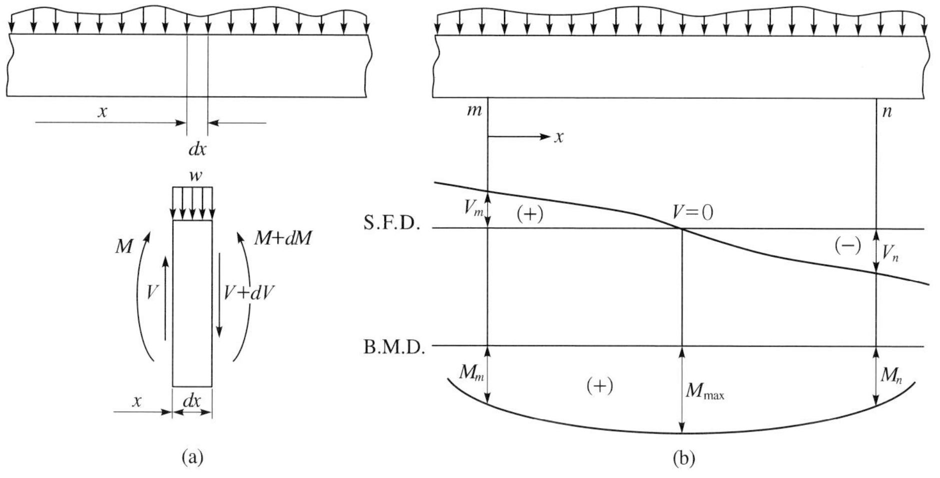

그림 5.27

여기서, 주의할 것은 분포하중의 작용 방향이 상향이면 식(5.6)은 $dV/dx = w$로 되어, 보의 임의단면 x에서의 전단력의 변화율은 바로 그 단면의 위치 x에서의 하중강도와 같다.

또, 요소의 오른쪽 면을 지나는 축에 대한 모멘트의 합 $\Sigma M = 0$에 의하여,

$$\Sigma M = M - (M + dM) + V \cdot dx - w \cdot dx \cdot \frac{dx}{2} = -dM + V \cdot dx - \frac{w \cdot dx^2}{2} = 0$$

이 식의 제 3항은 2차의 미소량이므로 이를 무시하면,

$$\frac{dM}{dx} = V \tag{5.7}$$

이다. 따라서, 보에 분포하중이 작용하는 경우, 보의 임의단면 x에서의 휨모멘트의 변화율은 단면의 위치 x에서의 전단력 V와 같다. 따라서, $V = 0$ 즉, 전단력이 0이 되는 단면에서의 휨 모멘트가 최대이다. 이를 **최대 휨 모멘드**(maximum bending moment)라 하며, M_{max}로 나타낸다.

여기서, 식(5.6), (5.7)에 의하여 $w = 0$ 즉, 하중이 작용하지 않는 구간에서는 전단력은 0이거나 일정한 값을 가지며, 휨 모멘트는 0 또는 일정하거나 x의 1차식으로 표시되며, 하중강도가 일정한 등분포하중이 작용하는 구간에서는 전단력은 x의 1차식, 휨 모멘트는 x의 2차식으로 표시되며, 하중강도가 x의 1차식으로 표시되는 등변 분포하중이 작용하는 구간에서는 전단력은 x의 2차식, 휨 모멘트는 x의 3차식으로 표시됨을 알 수 있다.

위의 식 (5.6), (5.7)에 의하여

$$\frac{d^2M}{dx^2} = -w \tag{5.8}$$

이다. 식 (5.8)로부터 임의단면의 휨 모멘트를 x에 관하여 2차 미분하면 임의단면의 하중강도의 부호를 바꾼 $-w$와 같음을 알 수 있다.

또한, 식 (5.6)으로부터

$$dV = -wdx \quad \therefore V = \int dV = -\int wdx + C_1 \qquad \text{(a)}$$

식 (5.7)로부터

$$dM = V \cdot dx \quad \therefore M = \int dM = \int Vdx + C_2 \qquad \text{(b)} \tag{5.9}$$

또는, 식 (5.8)로부터

$$M = -\int\int wdx^2 + C_3x + C_4 \qquad \text{(c)}$$

위의 식으로부터 임의점의 하중강도의 부호를 바꾼 식을 적분하면 임의점의 전단력의 식이 되며, 임의점의 전단력의 식을 적분하면 임의점의 휨 모멘트의 식이 된다. 또한 임의점의 하중강도의 부호를 바꾼 식을 2중 적분하면 임의점의 휨 모멘트의 식이 된다.

여기서, 그림 5.27(b)와 같이 보의 임의의 단면 m을 x의 원점으로 하면 단면 m의 오른쪽에 있는 임의의 단면 n의 전단력과 휨 모멘트는 식 (5.9)에서 $C_1 = V_m$, $C_2 = M_m$이므로,

$$V_n = V_m - \int_m^n w \cdot dx \qquad \text{(a)}$$

$$M_n = M_m + \int_m^n V \cdot dx \qquad \text{(b)} \tag{5.10}$$

이다. 위의 식으로부터 단면 n의 전단력은 단면 m의 전단력에서 $m-n$사이에 작용하는 하중을 감한 것과 같으며, 단면 n의 휨 모멘트는 단면 m의 휨 모멘트에 $m-n$사이의 S.F.D.의 면적을 합한 것과 같음을 알 수 있다.

다음에, 그림 5.28과 같이 보의 임의단면 x에 집중하중이 작용하는 경우, 요소에 작용하는 집중하중, 전단력 및 휨 모멘트에 대하여 힘의 평형을 생각하기로 한다.

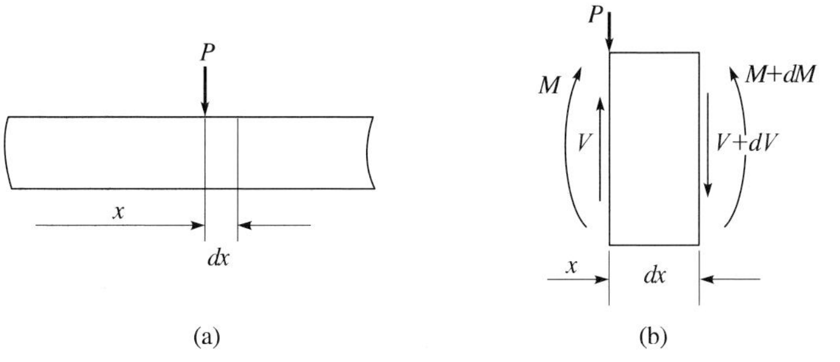

그림 5.28

$$\Sigma V = V - (V + dV) - P = 0$$

$$\therefore dV = -P$$

이 식으로부터 집중하중의 작용점에서는 그 좌우측의 전단력의 값이 집중하중의 크기 만큼 갑자기 변하여 S.F.D.는 계단 모양으로 변하여 불연속이 된다. 또, 이 때 요소의 좌측면에서의 휨 모멘트의 변화율은 $\dfrac{dM}{dx} = V$이고, 우측면에서의 변화율은 $\dfrac{dM}{dx} = V + dV = V - P$ 이다. 그러므로, 집중하중의 작용점에서는 그 좌우측의 휨 모멘트의 변화율이 집중하중의 크기만큼 갑자기 변하며, B.M.D.는 굴절하여 불연속이 된다는 것을 알 수 있다.

마지막으로, 그림 5.29와 같이 보의 임의의 단면 x에 우력 M_0가 작용하는 경우, 요소에 작용하는 우력, 전단력 및 휨 모멘트에 대하여 힘의 평형을 생각하기로 한다.

$$\Sigma V = V - (V + dV) = 0$$

$$\therefore dV = 0$$

이 식으로부터 우력의 작용점 좌우측에서 우력으로 인한 전단력의 변화는 없음을 알 수 있으며, 따라서, B.M.D.의 경사가 우력의 작용점 좌우측에서 같음(평행함)을 알 수 있다.

또, 요소의 오른쪽 면을 지나는 축에 대하여 $\sum M = 0$을 적용하면,

$$\Sigma M = M - (M + dM) + V \cdot dx + M_0 = -dM + V \cdot dx + M_0 = 0$$

여기서, 제2항은 dx가 무한소이므로 이를 무시하면,

$$dM = M_0$$

이다. 이 식으로부터 우력의 작용점에서는 그 좌우측의 휨 모멘트의 값이 우력의 크기만큼 갑자기 변화하여 B.M.D.는 불연속임을 알 수 있다.

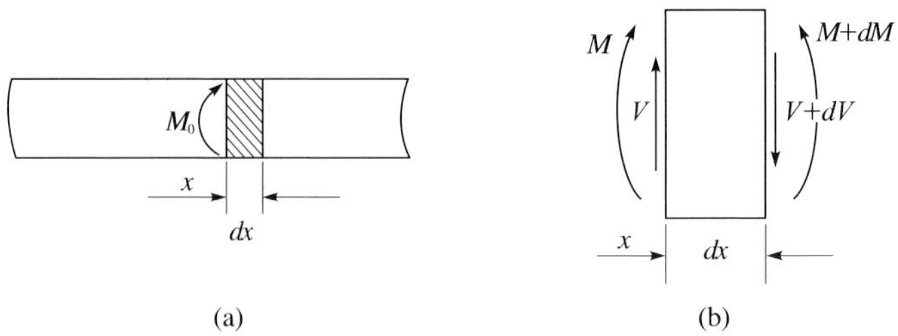

그림 5.29

5.7 단순보

5.7.1 집중하중을 받는 단순보

여러 개의 집중하중이 작용하는 단순보의 지점 반력 및 단면력 계산 방법에 대해서는 이미 앞에서 설명하였으므로 여기서는, 그림 5.30(a)와 같이 1개의 집중하중이 작용하는 단순보를 풀어 보기로 한다.

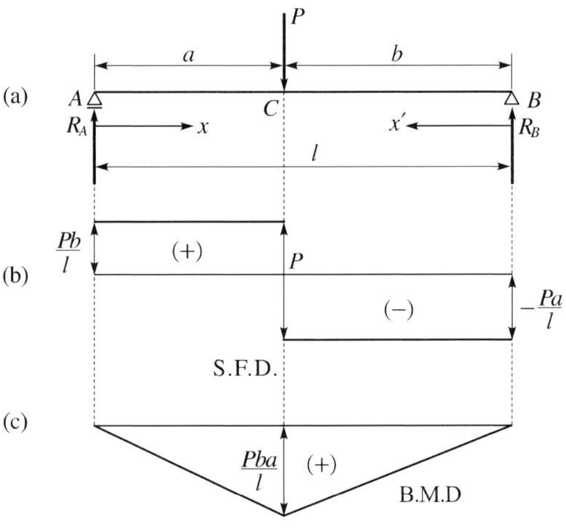

그림 5.30

(1) 지점 반력

지점 A, B에는 연직 상향의 반력 R_A, R_B가 일어나며, 그 값을 구하면 다음과 같다.

$$\Sigma M_B = R_A \cdot l - Pb = 0$$

$$\left.\begin{aligned} \therefore R_A &= \frac{Pb}{l}(\uparrow) \\ \Sigma M_A &= -R_B l + Pa = 0 \\ \therefore R_B &= \frac{Pa}{l}(\uparrow) \end{aligned}\right\} \tag{5.11}$$

(2) 전단력

전단력은 하중이 없는 구간에서는 일정하므로,

$$\left.\begin{aligned} V_{A-C} &= R_A = \frac{Pb}{l} \\ V_{C-B} &= R_A - P = -R_B = -\frac{Pa}{l} \end{aligned}\right\} \tag{5.12}$$

이며, S.F.D.는 그림(b)와 같다.

(3) 휨 모멘트

지점 A, B의 휨 모멘트는 $M_A = M_B = 0$이며, 지점 A로부터 임의단면까지의 거리를 x라 하면 A-C, C-B사이의 임의단면의 휨 모멘트 M_x는

$$\left.\begin{aligned} A-C\ ;\ M_x &= R_A \cdot x = \frac{Pb}{l}x \quad (0 \leqq x \leqq a) \\ C-B\ ;\ M_x &= R_A \cdot x - P(x-a) = \frac{Pb}{l}x - P(x-a) \\ &= \frac{Pa}{l}(l-x) \quad (a \leqq x \leqq l) \end{aligned}\right\} \tag{5.13}$$

이다. 여기서, C-B 사이의 휨 모멘트는 지점 B로부터 임의단면까지의 거리를 x'라 하고, 다음과 같이 계산하는 것이 간단하다.

$$B-C\ ;\ M_x' = R_B \cdot x' = \frac{Pa}{l}x'$$
$$(0 \leqq x' \leqq b) \tag{5.14}$$

위의 식으로부터 하중의 작용점 C의 휨 모멘트가 최대이며, 그 값은

$$M_C = M_{\max} = \frac{Pab}{l} \tag{5.15}$$

이다. 따라서, B.M.D.는 그림(c)와 같다. 여기서, 단순보에 집중하중이 작용하는 경우, 최대 휨 모멘트는 전단력의 부호가 바뀌는 하중 작용점에서 일어난다는 것을 알 수 있다.

특별한 경우로서, 그림 5.31(a)와 같이 집중하중 P가 보의 중점에 작용할 때, 반력, 전단력 및 휨 모멘트는 각각 다음과 같다.

(1) 반력

하중이 보의 중점에 작용하므로 보를 2등분하는 축에 대하여 대칭이다. 따라서, 지점 A, B의 반력은 같으며, 그 크기는 하중의 1/2이어야 하므로,

$$R_A = R_B = \frac{P}{2} \tag{5.16}$$

이다. 일반적으로 단순보에 대칭 하중이 작용하면 양 지점의 반력은 보에 작용하는 하중의 합력의 1/2이다.

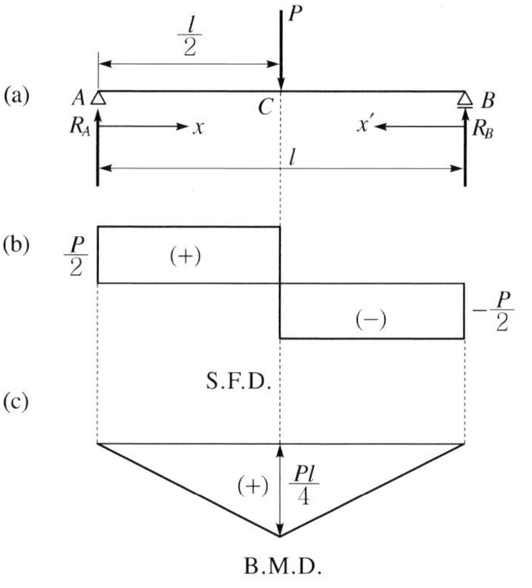

그림 5.31

(2) 전단력

$$\left.\begin{aligned} V_{A-C} &= R_A = \frac{P}{2} \\ V_{C-B} &= R_A - P = -R_B = -\frac{P}{2} \end{aligned}\right\} \tag{5.17}$$

일반적으로, 위에서와 같이 단순보에 대칭 하중이 작용하면 대칭되는 단면의 전단력의 값은 같고 부호는 반대이다.

(3) 휨 모멘트

지점 A, B의 휨 모멘트는 $M_A = M_B = 0$이고,

$$\left.\begin{aligned} &A-C\text{사이에서는} \\ &M_x = R_A \cdot x = \frac{P}{2}x \left(0 \le x \le \frac{l}{2}\right) \\ &B-C\ \text{사이에서는} \\ &M_x = R_B x' = \frac{P}{2}x' \left(0 \le x' \le \frac{l}{2}\right) \end{aligned}\right\} \tag{5.18}$$

이다. 최대 휨 모멘트는 하중의 작용점인 보의 중점 C에서 일어나며, 그 값은

$$M_C = M_{\max} = \frac{P}{2} \times \frac{l}{2} = \frac{Pl}{4} \tag{5.19}$$

이며, S.F.D. 와 B.M.D. 는 각각 그림 5.31의 (b), (c)와 같다.

예제 5.8

그림 5.32(a)와 같은 단순보를 해석하여라.

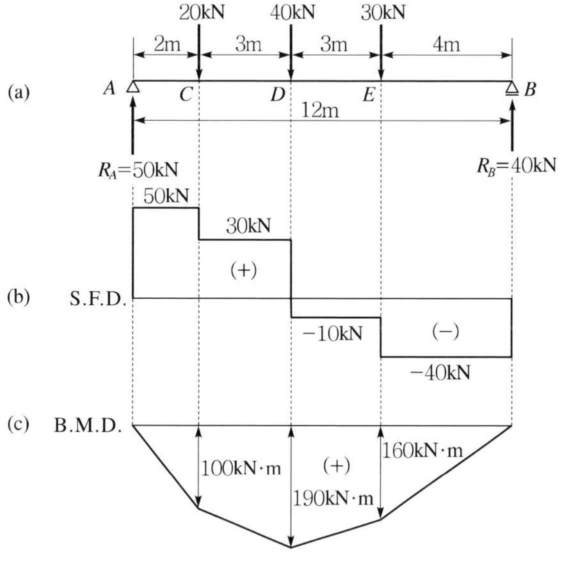

그림 5.32

풀이

(1) 반력

$$\Sigma M_B = R_A \times 12 - 20 \times 10 - 40 \times 7 - 30 \times 4 = 0$$

$$\therefore R_A = \frac{1}{12}(20 \times 10 + 40 \times 7 + 30 \times 4) = 50 \text{ kN } (\uparrow)$$

$$\Sigma M_A = -R_B \times 12 + 20 \times 2 + 40 \times 5 + 30 \times 8 = 0$$

$$\therefore R_B = \frac{1}{12}(20 \times 2 + 40 \times 5 + 30 \times 8) = 40 \text{ kN } (\uparrow)$$

(2) 전단력

$$V_{A-C} = R_A = 50 \text{ kN}$$

$$V_{C-D} = 50 - 20 = 30 \text{ kN}$$

$$V_{D-E} = 30 - 40 = -10 \text{ kN}$$

$V_{E-B} = -10-30 = -40\ \text{kN}(=-\text{R}_\text{B})$

(3) 휨 모멘트

$M_A = M_B = 0$

$M_C = 50\times 2 = 100\ \text{kN}\cdot\text{m}$

$M_D = 50\times 5 - 20\times 3 = 190\ \text{kN}\cdot\text{m} = \text{M}_{\text{max}}$

$M_E = 50\times 8 - 20\times 6 - 40\times 3 = 160\ \text{kN}\cdot\text{m}$

또는 $M_E = 40\times 4 = 160\ \text{kN}\cdot\text{m}$

여기서, 각 하중 작용점 사이의 임의단면의 휨 모멘트를 지점 A를 원점으로 하는 x의 함수로 나타내고, 이를 이용하여 각 하중 작용점의 휨 모멘트를 구해 보면 다음과 같다.

A–C ; $M_x = 50x\ (0\leqq x\leqq 2)$

$M_C = 50\times 2 = 100\ \text{kN}\cdot\text{m}$

C–D ; $M_x = 50x - 20(x-2) = 30x + 40\ (2\leqq x\leqq 5)$

$M_D = 30\times 5 + 40 = 190\ \text{kN}\cdot\text{m}$

D–E ; $M_x = 50x - 20(x-2) - 40(x-5) = 240 - 10x\ (5\leqq x\leqq 8)$

$M_E = 240 - 80 = 160\ \text{kN}\cdot\text{m}$

E–B ; $M_x = 50x - 20(x-2) - 40(x-5) - 30(x-8) = 480 - 40x\ (8\leqq x\leqq 12)$

예제 5.9

앞의 예제 5.8의 각 단면의 휨 모멘트를 두 단면의 휨 모멘트와 두 단면 사이의 S.F.D.의 면적과의 관계를 이용하여 구하여라.

풀이

식 (5.10) (b)에 의하면 임의의 한 단면의 휨 모멘트는 다른 한 단면의 휨 모멘트에 두 단면 사이의 S.F.D의 면적을 합한 것과 같으므로 다음과 같이 계산한다.

$M_A = 0,\ M_C = 50\times 2 = 100\ \text{kN}\cdot\text{m}\quad M_D = 100 + 30\times 3 = 190\ \text{kN}\cdot\text{m}$

$M_E = 190 - 10\times 3 = 160\ \text{kN}\cdot\text{m},\ M_B = 160 - 40\times 4 = 0$

위의 계산은 왼쪽 지점 A로부터 시작하여 계산한 것이고, 반대로 오른쪽 지점 B로부터 시작하여 계산하면 다음과 같다.

$M_B = 0,\ M_E = (-40)\times(-4) = 160\ \text{kN}\cdot\text{m},\ M_D = 160 + (-10)\times(-3) = 190\ \text{kN}\cdot\text{m}$

$M_C = 190 + 30\times(-3) = 100\ \text{kN}\cdot\text{m}\quad M_A = 100 + 50\times(-2) = 0$

위의 계산에서 알 수 있듯이, 두 단면 사이의 S.F.D의 면적을 계산할 때 (+), (−)의 부호에 주의해야 한다. 또한, 이로부터 집중하중이 작용하는 경우에도 휨모멘트와 S.F.D의 면적과의 관계가 성립함을 알 수 있다.

예제 5.10

그림 5.33(a)와 같은 단순보를 해석하여라.

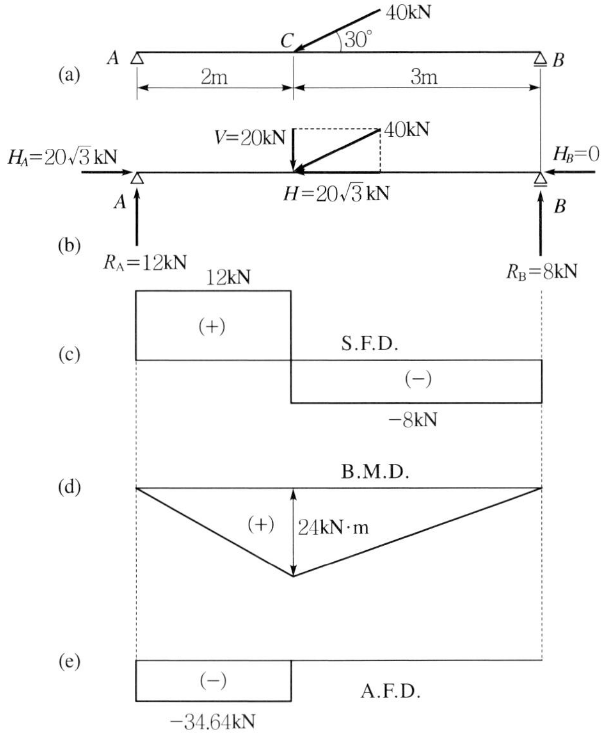

그림 5.33

풀이

하중의 수평, 연직 분력을 각각 H, V라 하면,

$H = 40\cos 30° = 20\sqrt{3}$ kN

$V = 40\sin 30° = 20$ kN

(1) 반력

$H_A = H = 20\sqrt{3}\text{ kN} = 34.64\text{ kN}(\rightarrow)$

$H_B = 0$

$$R_A = \frac{20 \times 3}{5} = 12\text{ kN}(\uparrow)$$

$$R_B = \frac{20 \times 2}{5} = 8\text{ kN}(\uparrow)$$

(2) 전단력

$V_{A-C} = R_A = 12$ kN

$V_{C-B} = 12 - 20 = -8 \text{ kN} (= -R_B)$

(3) 휨 모멘트

$M_A = M_B = 0$

$M_C = 12 \times 2 = 24 \text{kN} \cdot \text{m}$

(4) 축방향력

$N_{A-C} = -H_A = -20\sqrt{3} \text{ kN} = -34.64 \text{ kN}$

$N_{C-B} = -H_A + H = 20\sqrt{3} - 20\sqrt{3} = 0 \ (= H_B)$

5.7.2 등분포하중을 받는 단순보

(1) 반력

그림 5.34(a)에서 지점 A, B에는 연직반력 R_A, R_B만이 일어나고, 그 값은 하중이 대칭이므로 다음과 같다.

$$R_A = R_B = \frac{wl}{2} (\uparrow) \tag{5.20}$$

(2) 전단력

임의단면의 전단력 V_x는

$$V_x = R_A - wx = \frac{wl}{2} - wx = \frac{w}{2}(l - 2x) \tag{5.21}$$

이며, $x = 0$이면,

$$V_A = R_A = \frac{wl}{2}$$

$x = l$ 이면,

$V_B = -\dfrac{wl}{2} (= -R_B)$이다.

또, 전단력이 0이 되는 단면의 위치를 지점 A로부터 거리 x_0라 하면, 식 (5.21)에 의하여 다음과 같다.

$$V_{x_0} = \frac{w}{2}(l - 2x_0) = 0 \quad \therefore x_0 = \frac{l}{2} \tag{5.22}$$

여기서, 단순보의 전 경간에 등분포하중이 작용하면, 보의 중점에서의 전단력은 0임을 알 수 있다. 일반적으로 단순보에 대칭 하중이 작용하면, 보의 중점에서의 전단력은 0이다.

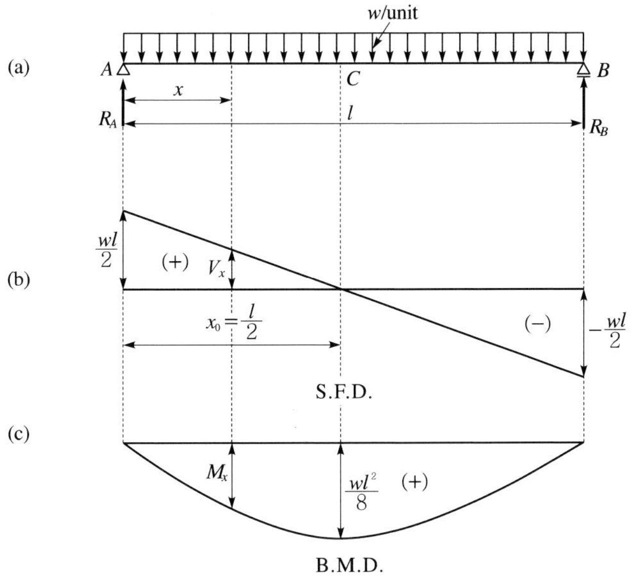

그림 5.34

(3) 휨 모멘트

임의단면의 휨 모멘트 M_x는 단면의 왼쪽에 작용하는 하중의 합력의 크기가 wx이고, 작용점은 $\frac{x}{2}$이므로,

$$M_x = R_A x - (wx)\frac{x}{2} = \frac{wl}{2}x - \frac{wx^2}{2} = \frac{w}{2}(lx - x^2) \tag{5.23}$$

이며, $x=0$이면, $M_A = 0$

$x = l$이면, $M_B = 0$

이다. 최대 휨 모멘트는 전단력이 0이 되는 $x = \frac{l}{2}$인 C단면에서 일어나므로, 식 (5.23)에 $x = \frac{l}{2}$을 대입하여 구하거나 다음과 같이 구한다.

$$M_C = M_{\max} = \frac{wl}{2} \times \frac{l}{2} - w \times \frac{l}{2} \times \frac{l}{4} = \frac{wl^2}{8} \tag{5.24}$$

일반적으로 보에 등분포하중이 작용하는 구간에서의 임의단면의 전단력은 x의 1차식, 휨 모멘트는 x의 2차식이므로, S.F.D.는 직선변화, B.M.D.는 포물선 변화하여 그림(b), (c)와 같다.

예제 5.11

그림 5.35(a)와 같은 단순보를 해석하여라.

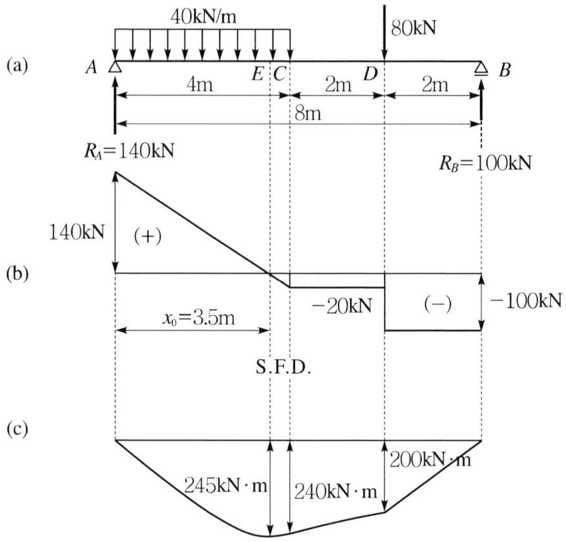

그림 5.35

풀이

(1) 반력

$$\Sigma M_B = R_A \times 8 - 40 \times 4 \times 6 - 80 \times 2 = 0 \qquad \therefore\ R_A = \frac{1}{8}(40 \times 4 \times 6 + 80 \times 2) = 140\text{ kN } (\uparrow)$$

$$\Sigma M_A = -R_B \times 8 + 40 \times 4 \times 2 + 80 \times 6 = 0 \qquad \therefore\ R_B = \frac{1}{8}(40 \times 4 \times 2 + 80 \times 6) = 100\text{kN}(\uparrow)$$

(2) 전단력

$V_A = R_A = 140\text{kN}$

$V_{C-D} = 140 - 40 \times 4 = -20\text{kN}$

$V_{D-B} = -20 - 80 = -100\ \text{kN}\ (= -R_B)$

위에서 전단력이 0이 되는 단면의 위치는 A−C사이에 있음을 알 수 있으며, 그 위치를 지점 A로부터 x_0거리에 있다고 하면,

$V_{x_0} = 140 - 40x_0 = 0 \qquad \therefore\ x_0 = 3.5\text{m}$

(3) 휨 모멘트

각 단면의 휨 모멘트는

$M_A = M_B = 0$

$M_C = 140 \times 4 - 40 \times 4 \times 2 = 240\ \text{kN} \cdot \text{m}$

$M_D = 100 \times 2 = 200\ \text{kN} \cdot \text{m}$

최대 휨 모멘트는 전단력이 0이 되는 점 E에서 일어나며, 그 값은

$M_{\max} = M_E = 140 \times 3.5 - 40 \times 3.5 \times \dfrac{3.5}{2} = 245\ \text{kN} \cdot \text{m}$

예제 5.12

그림 5.36(a)와 같은 단순보를 해석하여라.

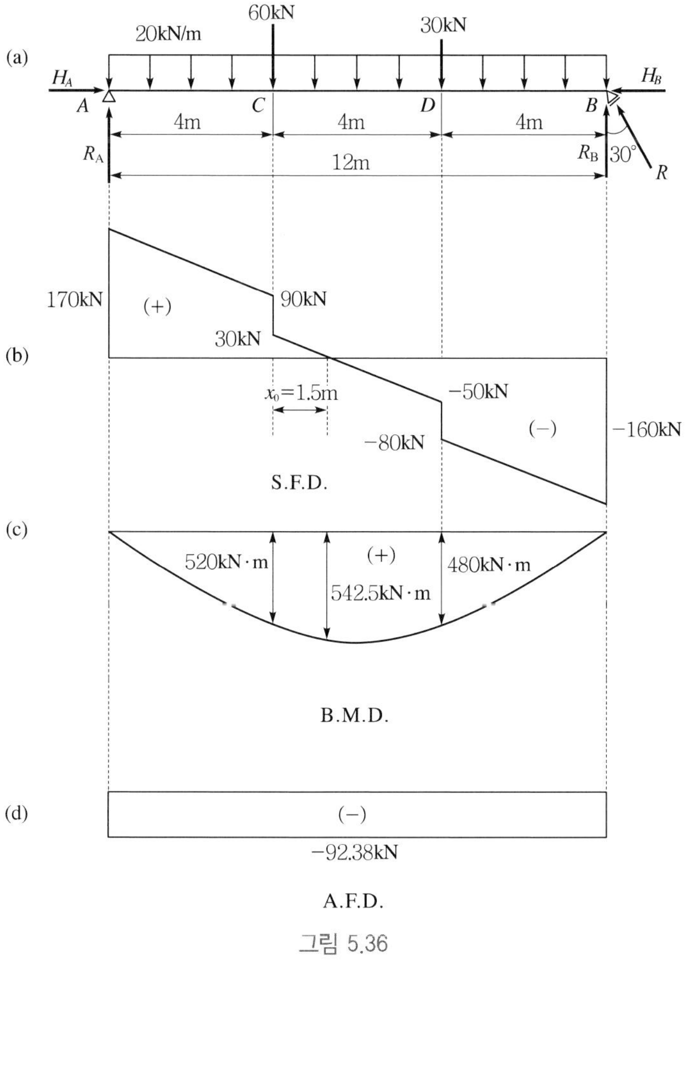

그림 5.36

풀이

(1) 반력

롤러 지점 B의 지지면이 그림과 같이 경사져 있으므로, 이 지지면에 수직한 반력 R의 수평 분력 H_B와 평형을 이루기 위하여 지점A에는 수평 반력 H_A가 일어나므로, 지점 A, B의 반력을 그림과 같이 가정하고 계산하기로 한다. 이 때, 연직 반력은 롤러 지점의 지지면의 경사와는 관계없으므로 연직 반력을 먼저 구하고, 롤러 지점의 연직반력과 지지면의 경사각을 이용하여 수평 반력을 구하기로 한다. 롤러 지점의 지지면에 수직한 반력 R은 단면력 계산과는 관계없으므로 구하지 않아도 된다.

$\sum M_B = 0$에 의하여

$$R_A = \frac{1}{12}(60\times 8 + 30\times 4 + 20\times 12\times 6) = 170\ \text{kN}\ (\uparrow)$$

$\sum M_A = 0$에 의하여

$$R_B = \frac{1}{12}(60\times 4 + 30\times 8 + 20\times 12\times 6) = 160\ \text{kN}\ (\uparrow)$$

R_B를 이용하여 H_B, R을 구하면,

$$H_B = R_B \tan 30° = 160\tan 30° = \frac{160}{\sqrt{3}}\text{kN} = 92.38\ \text{kN}(\leftarrow)$$

$$R = \frac{R_B}{\cos 30°} = 160\times\frac{2}{\sqrt{3}} = \frac{320}{\sqrt{3}}\text{kN} = 184.75\ \text{kN}(\nwarrow)$$

$\sum H = 0$에 의하여, $H_A = -H_B = 92.38\text{kN}(\rightarrow)$

(2) 전단력

$V_A = R_A = 170\text{kN}$

$V_{C(L)} = 170 - 20\times 4 = 90\ \text{kN}$

$V_{C(R)} = 90 - 60 = 30\text{kN}$

$V_{D(L)} = 30 - 20\times 4 = -50\text{kN}$

$V_{D(R)} = -50 - 30 = -80\text{kN}$

$V_B = -80 - 20\times 4 = -160\text{kN}\ (= -R_B)$

위에서, 전단력이 0이 되는 단면은 C－D사이에 있음을 알 수 있다. 점 C로부터 전단력이 0이 되는 단면까지의 거리를 x_0이라고 하면,

$V_{x_0} = 30 - 20x_0 = 0 \quad \therefore x_0 = 1.5\text{m}$

(3) 휨 모멘트

$M_A = M_B = 0$

$M_C = 170\times 4 - 20\times 4\times 2 = 520\ \text{kN}\cdot\text{m}$

$M_D = 160\times 4 - 20\times 4\times 2 = 480\ \text{kN}\cdot\text{m}$

최대 휨 모멘트를 구하면,

$$M_{max} = 170 \times 5.5 - 60 \times 1.5 - 20 \times 5.5 \times \frac{5.5}{2} = 542.5\,\text{kN} \cdot \text{m}$$

(4) 축방향력

$$N_{A-B} = -H_A = -92.38\,\text{kN}$$

5.7.3 등변 분포하중을 받는 단순보

(1) 반력

그림 5.37(a)에서 지점 A, B의 반력 R_A, R_B는 다음과 같다.

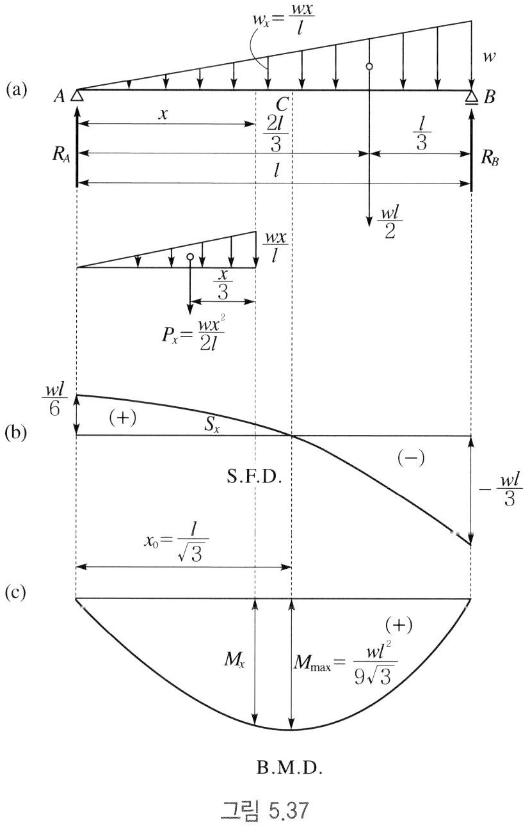

그림 5.37

$\sum M_B = 0$에 의하여

$$\left.\begin{aligned} R_A &= \frac{1}{l}\left(\frac{wl}{2}\times\frac{l}{3}\right)=\frac{wl}{6}(\uparrow) \\ R_B &= \frac{1}{l}\left(\frac{wl}{2}\times\frac{2l}{3}\right)=\frac{wl}{3}(\uparrow) \end{aligned}\right\} \tag{5.25}$$

(2) 전단력

임의단면 x에서의 하중강도 w_x는 $l : w = x : w_x$의 관계로부터 $w_x = \dfrac{wx}{l}$이므로, 임의단면의 왼쪽에 작용하는 하중의 합력 P_x는

$$P_x = \frac{wx}{l}\times x\times\frac{1}{2}=\frac{wx^2}{2l}$$

이다. 따라서, 임의단면의 전단력 V_x는

$$V_x = R_A - P_x = \frac{wl}{6}-\frac{wx^2}{2l}=\frac{w}{6l}(l^2-3x^2) \tag{5.26}$$

이며, $x=0$이면, $V_A = R_A = \dfrac{wl}{6}$

$x = l$이면, $V_B = -\dfrac{wl}{3}(=-R_B)$이다.

전단력이 0이 되는 단면의 위치를 지점 A로부터 거리 x_0이라 하면, 식 (5.26)에 의하여

$$V_{x_0} = \frac{w}{6l}(l^2-3x_0^2)=0$$

$$\therefore x_0 = \frac{l}{\sqrt{3}} \fallingdotseq 0.5774\,l \tag{5.27}$$

이다.

(3) 휨 모멘트

임의단면의 휨 모멘트는 단면의 왼쪽에 작용하는 하중의 합력의 크기가 $\dfrac{wx^2}{2l}$이고, 작용점은 $\dfrac{x}{3}$이므로,

$$M_x = R_A x - \frac{wx^2}{2l}\times\frac{x}{3}=\frac{wl}{6}x-\frac{wx^3}{6l}=\frac{w}{6l}(l^2x-x^3) \tag{5.28}$$

이며, $x=0$이면, $M_A = 0$

$x = l$이면, $M_B = 0$

이다. 최대 휨 모멘트는 전단력이 0이 되는 $x = \dfrac{l}{\sqrt{3}}$인 단면 C에서 일어나므로, 식 (5.28)에 $x = \dfrac{l}{\sqrt{3}}$을 대입하여 구하거나 다음과 같이 구한다.

$$M_{\max} = M_C = \frac{wl}{6} \times \frac{l}{\sqrt{3}} - \frac{w}{l} \times \frac{l}{\sqrt{3}} \times \frac{l}{\sqrt{3}} \times \frac{1}{2} \times \frac{1}{3} \times \frac{l}{\sqrt{3}} = \frac{wl^2}{9\sqrt{3}} \tag{5.29}$$

일반적으로, 보에 등변 분포하중이 작용하는 구간에서의 임의단면의 전단력은 x의 2차식, 휨 모멘트는 x의 3차식이므로, S.F.D.는 포물선 변화, B.M.D.는 3차 곡선 변화하여 그림(b), (c)와 같다.

예제 5.13

그림 5.38(a)와 같은 사다리꼴 하중을 받는 단순보의 중점 C의 단면력을 구하고 단면력도를 그려라.

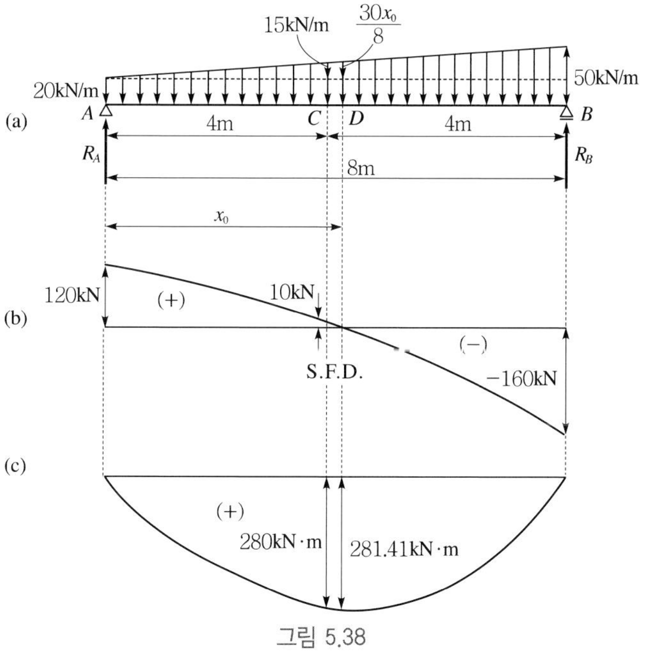

그림 5.38

풀이

사다리꼴 하중을 그림과 같이 등분포하중과 3각형 하중으로 나누어 계산하여 합산하면 된다.

(1) 반력

$$R_A = \frac{20\times 8}{2} + \frac{30\times 8}{6} = 120\ \text{kN}(\uparrow)$$

$$R_B = \frac{20\times 8}{2} + \frac{30\times 8}{3} = 160\ \text{kN}(\uparrow)$$

또는,

$\sum M_B = 0$에 의하여,

$$R_A = \frac{1}{8}\left(20\times 8\times 4 + 30\times 8\times \frac{1}{2}\times \frac{8}{3}\right) = 120\ \text{kN}\ (\uparrow)$$

$\sum M_A = 0$에 의하여,

$$R_B = \frac{1}{8}\left(20\times 8\times 4 + 30\times 8\times \frac{1}{2}\times \frac{2\times 8}{3}\right) = 160\ \text{kN}\ (\uparrow)$$

(2) 전단력

$V_A = R_A = 120\ \text{kN}$

$V_B = -R_B = -160\ \text{kN}$

보의 중점 C에서의 3각형 하중의 강도는 15kN/m 이므로,

$$V_C = 120 - 20\times 4 - 15\times 4\times \frac{1}{2} = 10\ \text{kN}$$

전단력이 0이 되는 단면 D의 지점 A로부터의 거리를 x_0라 하면, 이 단면의 3각형 부분의 하중강도는 $\frac{30x_0}{8}$ 이므로,

$$V_{x_0} = 120 - 20x_0 - \frac{30x_0}{8}\times x_0 \times \frac{1}{2} = 0$$

$$30{x_0}^2 + 320x_0 - 1920 = 0$$

$$\therefore x_0 = \frac{-320 \pm \sqrt{320^2 + 4\times 30\times 1920}}{2\times 30} = 4.281\text{m}$$

(3) 휨 모멘트

$M_A = M_B = 0$

지점 A로부터의 거리가 x인 임의단면에서의 3각형 하중의 강도는 $\frac{30x}{8}$ 이므로, 임의단면의 휨 모멘트 M_x는

$$M_x = 120x - 20\times x\times \frac{x}{2} - \frac{30x}{8}\times x\times \frac{1}{2}\times \frac{x}{3} = 120x - 10x^2 - \frac{5x^3}{8}\ \text{이다.}$$

위의 M_x의 식에 $x = 4\text{m}$를 대입하면,

$$M_c = 120\times 4 - (10\times 4^2) - \frac{(5\times 4^3)}{8} = 280\ \text{kN}\cdot\text{m}$$

또는, $M_c = 120\times 4 - 20\times 4\times \frac{4}{2} - \frac{15\times 4}{2}\times \frac{4}{3} = 280\ \text{kN}\cdot\text{m}$

보의 최대 휨 모멘트는 전단력이 0이 되는 $x_0 = 4.281\text{m}$ 인 단면에서 일어나므로,

$$M_{\max} = M_D = 120 \times 4.281 - (10 \times 4.281^2) - \frac{(5 \times 4.281^3)}{8} = 281.41\,\text{kN}\cdot\text{m}$$

또는,

$$M_{\max} = M_D = 120 \times 4.281 - 20 \times 4.281$$

$$\times \frac{4.281}{2} - \frac{30 \times 4.281}{8} \times 4.281 \times \frac{1}{2} \times \frac{4.281}{3} = 281.41\,\text{kN}\cdot\text{m}$$

S.F.D.와 B.M.D.는 그림(b), (c)와 같다.

예제 5.14

그림 5.39(a)와 같은 단순보를 해석하여라.

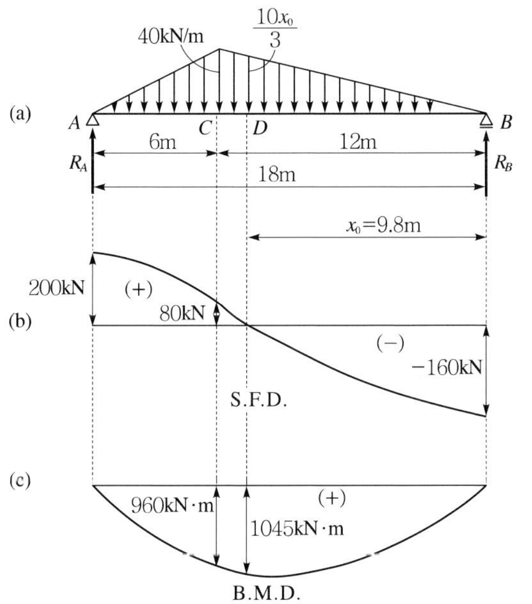

그림 5.39

풀이

(1) 반력

$$R_A - \frac{1}{18}\left(40 \times 6 \times \frac{1}{2} \times 14 + 40 \times 12 \times \frac{1}{2} \times 8\right) - 200\,\text{kN}(\uparrow)$$

$$R_B = \frac{1}{18}\left(40 \times 6 \times \frac{1}{2} \times 4 + 40 \times 12 \times \frac{1}{2} \times 10\right) = 160\,\text{kN}(\uparrow)$$

(2) 전단력

$$V_A = R_A = 200\text{ kN}$$

$$V_C = 200 - \frac{40 \times 6}{2} = 80\text{ kN}$$

$$V_B = -R_B = -160\text{ kN}$$

위에서 전단력이 0이 되는 단면 D는 B–C 사이에 있음을 알 수 있으며, 이 단면 D의 위치를 지점 B로부터 왼쪽으로 거리를 x_0이라 하면, 이 점에서의 하중강도는 $\frac{40x_0}{12} = \frac{10x_0}{3}$이므로,

$$V_{x_0} = -160 + \frac{10x_0}{3} \times x_0 \times \frac{1}{2} = -160 + \frac{5{x_0}^2}{3} = 0$$

$${x_0}^2 = 96$$

$$\therefore x_0 = \sqrt{96} = 4\sqrt{6}\text{ m} = 9.798\text{ m}$$

$$M_{\max} = M_D = 160 \times 4\sqrt{6} - \frac{40\sqrt{6}}{3} \times 4\sqrt{6} \times \frac{1}{2} \times \frac{4\sqrt{6}}{3}$$

$$= \frac{1280\sqrt{6}}{3}\text{ kN}\cdot\text{m} = 1045\text{ kN}\cdot\text{m}$$

(3) 휨 모멘트

$$M_A = M_B = 0$$

$$M_C = 200 \times 6 - \frac{40 \times 6}{2} \times \frac{60}{3} = 960\text{ kN}\cdot\text{m}$$

최대 휨 모멘트는 전단력이 0이 되는 단면 D에서 일어나므로,

$M_{\max} = M_D$이다.

5.7.4 모멘트 하중을 받는 단순보

그림 5.40(a)와 같이 양 지점 A, B에 각각 모멘트 하중 M_{AB}, M_{BA}가 시계 방향으로 작용하는 단순보를 해석해 보기로 한다. 여기서, M_{AB}, M_{BA}는 각각 부재 AB의 양단 A, B에 작용하는 모멘트를 뜻한다.

(1) 반력

양 지점의 반력 R_A, R_B를 모두 상향으로 가정하고 계산하면

$$\Sigma M_B = R_A l + M_{AB} + M_{BA} = 0 \tag{5.30}$$

$$\therefore R_A = -\frac{M_{AB} + M_{BA}}{l}(\downarrow)$$

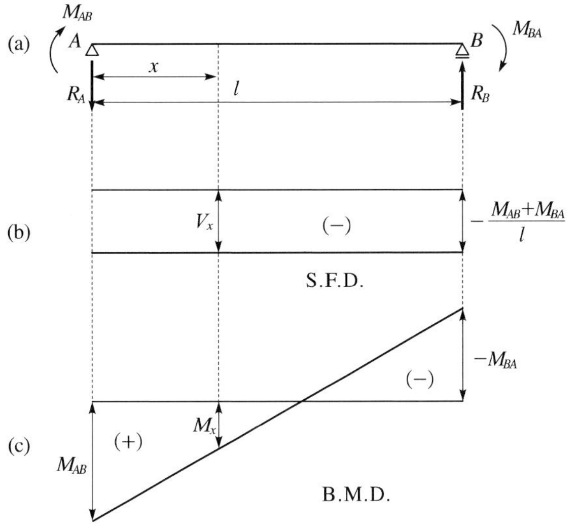

그림 5.40

$$\Sigma M_A = -R_B\, l + M_{AB} + M_{BA} = 0$$

$$\therefore R_B = \frac{M_{AB} + M_{BA}}{l}(\uparrow)$$

(2) 전단력

보에 연직 방향의 하중이 작용하지 않으므로, 전단력은 일정하다.

$$V_x = V_{A-B} = R_A = -\frac{M_{AB} + M_{BA}}{l} \tag{5.31}$$

(3) 휨 모멘드

$$M_A = M_{AB}, \quad M_B = -M_{BA}$$

임의단면의 휨 모멘트 M_x를 구하면,

$$M_x = M_{AB} - \frac{M_{AB} + M_{BA}}{l}x \tag{5.32}$$

S.F.D.와 B.M.D.는 그림(b), (c)와 같다.

예제 5.15

그림 5.41(a)와 같은 단순보를 해석하여라.

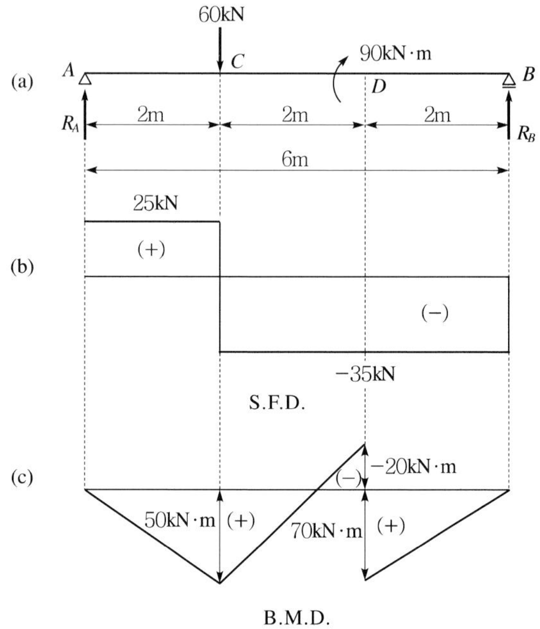

그림 5.41

풀이

(1) 반력

$\Sigma M_B = 0$에 의하여 $\quad R_A = \dfrac{1}{6}(60 \times 4 - 90) = 25\text{ kN}(\uparrow)$

$\Sigma M_A = 0$에 의하여 $\quad R_B = \dfrac{1}{6}(60 \times 2 + 90) = 35\text{ kN}(\uparrow)$

(2) 전단력

$V_{C-B} = 25 - 60 = -35\text{ kN}(= -R_B)$

(3) 휨 모멘트

$M_A = M_B = 0$

$M_C = 25 \times 2 = 50\text{ kN} \cdot \text{m}$

$M_{D(L)} = 25 \times 4 - 60 \times 2 = -20\text{ kN} \cdot \text{m}$

$M_{D(R)} = 35 \times 2 = 70\text{ kN} \cdot \text{m}$

위에서와 같이, 모멘트 하중의 작용점에서는 그 좌우측의 휨 모멘트의 값이 모멘트 하중의 크기만큼의 차이가 있어 B.M.D.는 불연속임을 알 수 있다.

예제 5.16

그림 5.42(a)와 같은 단순보를 해석하여라.

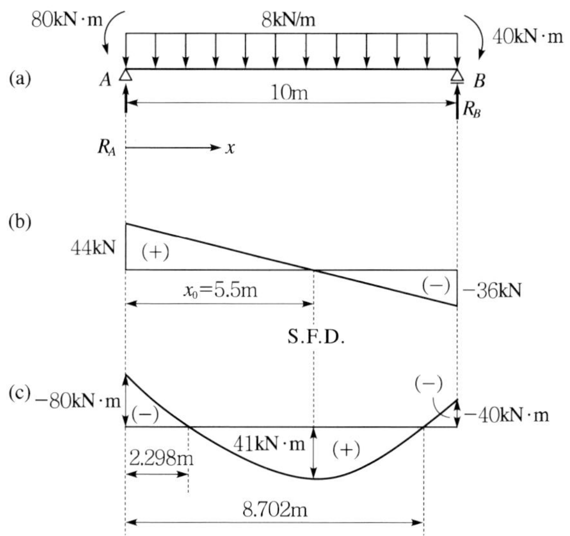

B.M.D.

그림 5.42

풀이

(1) 반력

$$R_A = \frac{wl}{2} - \frac{M_{AB}+M_{BA}}{l} = \frac{8\times 10}{2} - \frac{-80+40}{10} = 44\,\mathrm{kN}(\uparrow)$$

$$R_B = \frac{wl}{2} + \frac{M_{AD}+M_{DA}}{l} = \frac{8\times 10}{2} + \frac{-80+40}{10} = 36\,\mathrm{kN}(\uparrow)$$

(2) 전단력

$V_A = R_A = 44\,\mathrm{kN}$ $\qquad V_B = -R_B = -36\,\mathrm{kN}$

전단력이 0이 되는 단면의 위치를 구하면,

$V_{x_0} = 44 - 8x_0 = 0$ $\qquad \therefore x_0 = 5.5\mathrm{m}$

(3) 휨 모멘트

$M_A = -80\,\mathrm{kN\cdot m}$ $\qquad M_B = -40\,\mathrm{kN\cdot m}$

징(+)의 최대 휨 모멘드를 구하면,

$$M_{\max} = -80 + 44\times 5.5 - \frac{8\times 5.5^2}{2} = 41\,\mathrm{kN\cdot m}$$

위에서, 이 보의 2개의 단면에서의 휨 모멘트가 0임을 알 수 있다. 휨모멘트가 0이 되는 점을 반곡점(反曲點, inflection point)이라고 한다.

반곡점의 위치를 $M_x = 0$으로 놓아 구하면 다음과 같다.

$$M_x = -80 + 44x - \frac{8x^2}{2} = 0$$

$$4x^2 - 44x + 80 = 0$$

$$\therefore x = \frac{44 \pm \sqrt{44^2 - 4 \times 4 \times 80}}{2 \times 4} = 2.298\text{m}, \ 8.702 \ \text{m}$$

5.7.5 간접 하중을 받는 단순보

그림 5.43(a)는 교량의 **바닥틀**(floor system)의 구조인데, 이는 교량의 상판(slab)을 지지하고, 바닥판에 작용하는 하중을 **주거더**(主桁, main girder)에 전달하는 구조로서, 바닥틀은 보통 **세로보**(stringer)와 **가로보**(cross beam)로 되어 있다. 여기서, 주거더란 교량의 상부 구조 전체의 하중을 지지하여 하부 구조에 전달하는 큰 보를 말한다.

하중 P는 상판을 통하여 세로보에 작용하고, 양쪽에 있는 가로보에 전달되며, 가로보를 경유하여 주거더에 작용한다. 이와 같이, 하중을 직접 받지 않고 간접 하중을 받는 형식의 보를 간접 하중을 받는 보라고 한다.

그림(b)는 바닥틀 구조의 측면도이며, 이를 그림(c)와 같이 나타내기로 한다. 이 때, 가로보가 놓인 점을 **격점**(格點, panel point), 격점과 격점 사이를 **격간**(格間, panel)이라 한다.

그림 5.44(a)와 같이 간접 하중을 받는 보는 그림(b)와 같이 세로보는 가로보를 지점으로 하는 단순보로 생각하여 반력을 구하고 이 반력과 크기가 같고 방향이 반대인 하중을 그림(c)와 같이 주거더에 작용시켜 이 보를 해석하면 된다.

이 때, 세로보에 작용하는 하중이 집중하중 인가, 분포하중 인가에 관계없이 주거더에는 각 격점에 집중하중만이 작용한다.

위에서 아는 바와 같이, 간접 하중을 받는 보의 각 격점에는 격점 양쪽에 있는 두 세로보에 작용하는 하중의 그 격점을 지나는 연직 방향의 두 분력의 합계가 하중으로 작용하므로, 간접 하중을 받는 보의 지점 반력은 그림(d)와 같이 세로보에 작용하는 하중이 직접 주거더에 작용할 때와 같음을 알 수 있다.

또, 간접 하중을 받는 보는 각 격점에 집중하중만이 작용하므로 격점과 격점 사이에서 전단력은 일정하며, 휨 모멘트는 직선 변화함을 알 수 있다.

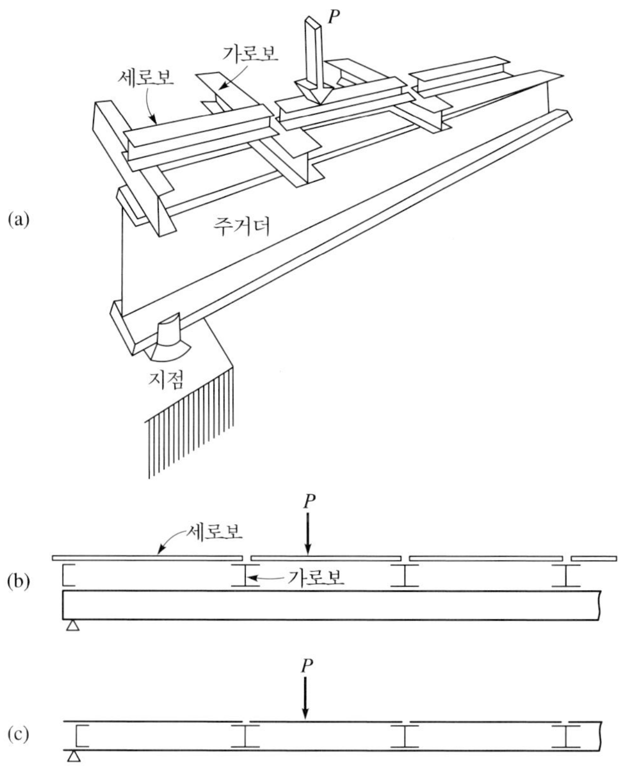
(a)
P
가로보
세로보
주거더
지점
(b)
P
세로보
가로보
(c)
P

그림 5.43

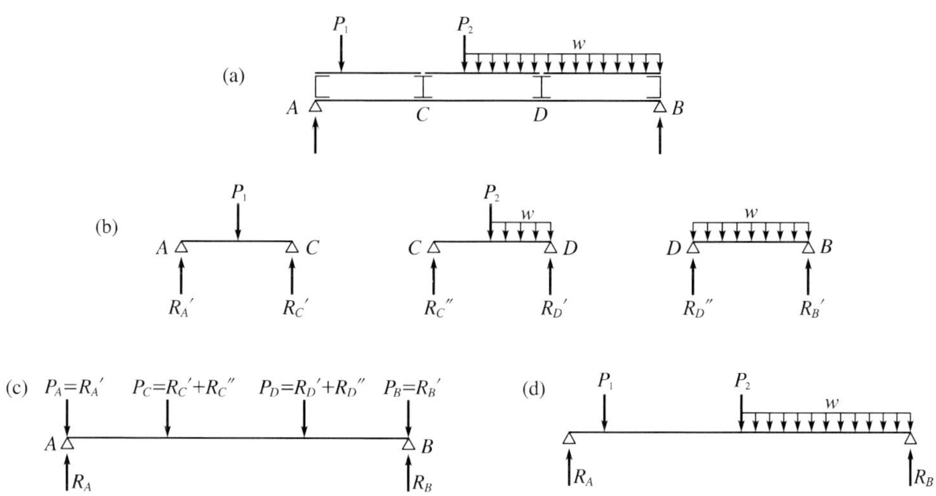
(a)
P_1
P_2
w
A
C
D
B
(b)
P_1
A
C
R_A'
R_C'
P_2
w
C
D
R_C''
R_D'
w
D
B
R_D''
R_B'
(c)
$P_A=R_A'$
$P_C=R_C'+R_C''$
$P_D=R_D'+R_D''$
$P_B=R_B'$
A
B
R_A
R_B
(d)
P_1
P_2
w
R_A
R_B

그림 5.44

예제 5.17

그림 5.45(a)와 같은 간접 하중을 받는 단순보를 풀고, 하중이 직접 주거더에 작용할 때와 비교하여라.

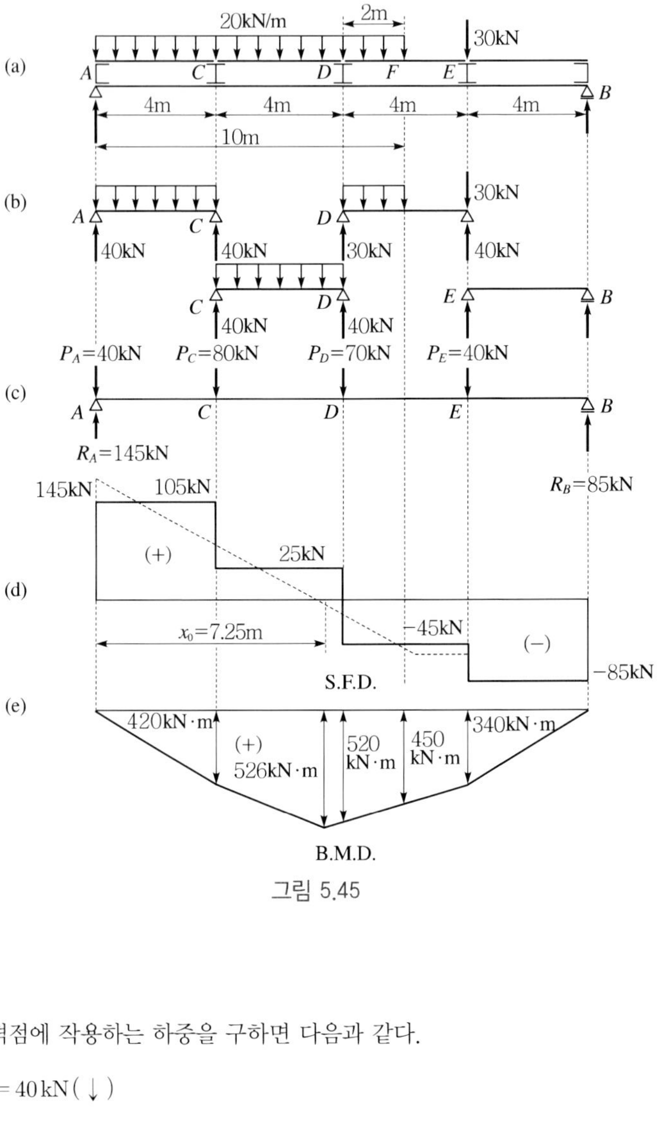

그림 5.45

풀이

(1) 반력

주거더의 각 격점에 작용하는 하중을 구하면 다음과 같다.

$$P_A = \frac{20 \times 4}{2} = 40\,\text{kN}(\downarrow)$$

$$P_C = 2 \times \frac{20 \times 4}{2} = 80\,\text{kN}(\downarrow)$$

$$P_D = \frac{20 \times 4}{2} + \frac{1}{4}(20 \times 2 \times 3) = 70\,\text{kN}(\downarrow)$$

$P_E = 30 + \frac{1}{4}(20 \times 2 \times 1) = 40\,\text{kN}(\downarrow)$

따라서, 반력 R_A, R_B는

$R_A = \frac{1}{16}(40 \times 16 + 80 \times 12 + 70 \times 8 + 40 \times 4) = 145\,\text{kN}(\uparrow)$

$R_B = \frac{1}{16}(80 \times 4 + 70 \times 8 + 40 \times 12) = 85\,\text{kN}(\uparrow)$

하중이 주거더에 직접 작용하는 경우에는,

$R_A = \frac{1}{16}(20 \times 10 \times 11 + 30 \times 4) = 145\,\text{kN}(\uparrow)$

$R_B = \frac{1}{16}(20 \times 10 \times 5 + 30 \times 12) = 85\,\text{kN}(\uparrow)$

위에서, 간접 하중을 받는 보의 반력은 하중이 주거더에 직접 작용할 때의 반력과 같음을 알 수 있다.

(2) 전단력

$V_{A-C} = R_A - P_A = 145 - 40 = 105\,\text{kN}$

$V_{C-D} = 105 - 80 = 25\,\text{kN}$

$V_{D-E} = 25 - 70 = -45\,\text{kN}$

$V_{E-B} = -45 - 40 = -85\,\text{kN}(= -R_B)$

하중이 주거더에 직접 작용하는 경우에는,

$V_A = R_A = 145\,\text{kN}$

$V_{F-E} = 145 - 20 \times 10 = -55\,\text{kN}$

$V_{E-B} = -55 - 30 = -85\,\text{kN}(= -R_B)$

A-F 사이에서 전단력이 0이 되는 단면의 위치를 구하면,

$V_{x_0} = 145 - 20x_0 = 0 \quad \therefore x_0 = 7.25\text{m}$

그림(d)의 실선이 간접 하중에 대한 S.F.D.이고, 점선은 직선하중에 대한 S.F.D.이다.

간접 하중을 받는 보의 지점에서의 전단력은 지점 위에 가로보가 있는 경우, 세로보로부터 지점에 전달되는 하중의 크기만큼 감소하며 또, 하중이 작용하는 세로보의 양단의 격점 사이에서 직접하중에 대한 전단력과 차이가 있고, 하중이 작용하지 않는 세로보의 양단의 격점 사이에서는 직접 하중에 대한 전단력과 똑같다.

(3) 휨 모멘트

$M_A = M_B = 0$

$M_C = (145 - 40) \times 4 = 420\,\text{kN} \cdot \text{m}$

$M_D = 85 \times 8 - 40 \times 4 = 520\,\text{kN} \cdot \text{m}$

$M_E = 85 \times 4 = 340\,\text{kN} \cdot \text{m}$

하중이 주거더에 직접 작용하는 경우에는,

$M_A = M_B = 0$

$M_C = 145 \times 4 - 20 \times 4 \times 2 = 420\,\mathrm{kN \cdot m}$

$M_D = 145 \times 8 - 20 \times 8 \times 4 = 520\,\mathrm{kN \cdot m}$

$M_F = 85 \times 6 - 30 \times 2 = 450\,\mathrm{kN \cdot m}$

$M_E = 85 \times 4 = 340\,\mathrm{kN \cdot m}$

최대 휨 모멘트는 전단력이 0인 $x_0 = 7.25\mathrm{m}$ 의 단면에서 일어나므로,

$$M_{\max} = 145 \times 7.25 - 20 \times 7.25 \times \frac{7.25}{2} = 526\,\mathrm{kN \cdot m}$$

그림(e)의 실선이 간접 하중에 대한 B.M.D.이다.

직접 하중에 대한 휨 모멘트는 등분포하중이 작용하는 구간에서 포물선 변화하나, 간접 하중에 대한 휨 모멘트는 격점과 격점 사이에서 직선 변화한다.

또, 양 지점 위에 가로보가 있는 경우, 간접 하중에 대한 B.M.D.는 그림(e)와 같이 직접 하중에 대한 B.M.D.에 내접한다. 따라서 이 경우, 간접 하중에 대한 최대 휨 모멘트는 직접 하중에 대한 최대 휨 모멘트보다 클 수는 없고 같거나 작다. 양 지점 위에 가로보가 없는 경우에는 이와 반대이다.

5.8 캔틸레버보

캔틸레버보는 한 끝이 고정 지점이고, 다른 끝은 자유단으로 된 보로서, 단순보와 함께 기본적인 보이다. 캔틸레버보에는 왼쪽에 고정 지점이 있는 것과 오른쪽에 고정 지점이 있는 것이 있다. 캔틸레버보의 단면력을 계산할 때, 자유단으로 부터 작용하는 외력을 사용하면 반력의 계산은 필요하지 않다.

연직 하향의 하중을 받는 캔틸레버보의 최대 전단력과 최대 휨 모멘트는 다 같이 고정 지점에서 일어나며, 전단력의 부호는 고정 지점이 왼쪽에 있으면 (+), 오른쪽에 있으면 (−)이고, 휨 모멘트의 부호는 고정 지점의 위치에 관계없이 항상 (−)이다.

다음에, 여러 가지 하중을 받는 캔틸레버보를 예제를 들어 해석해 보기로 한다.

예제 5.18

그림 5.46(a)와 같은 캔틸레버보를 해석하여라.

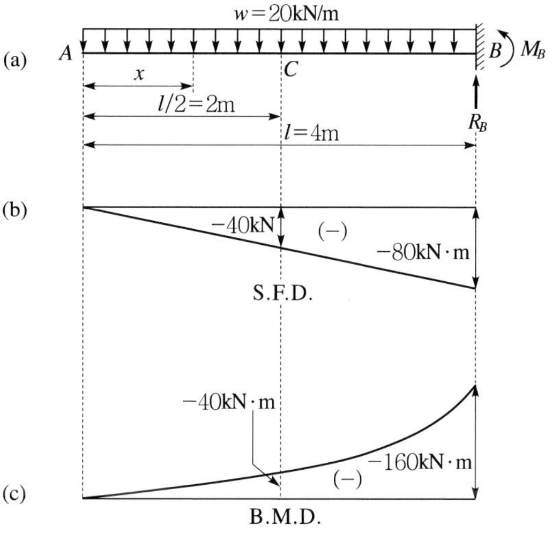

그림 5.46

풀이

(1) 반력

연직 반력 R_B와 반력 모멘트 M_B를 그림과 같이 가정하고 R_B, M_B를 구하면 다음과 같다.

$\Sigma V = R_B - wl = 0$

$\therefore R_B = wl = 20 \times 4 = 80\,\text{kN}(\uparrow)$

$\Sigma M_B = -M_B - wl \times \dfrac{l}{2} = 0$

$\therefore M_B = -\dfrac{wl^2}{2}$

$= -\dfrac{20 \times 4^2}{2} = -160\,\text{kN} \cdot \text{m}(\curvearrowright)$

(2) 전단력

임의단면의 전단력은,

$V_x = -wx = -20x$

$x = 0$ 이면, $V_A = 0$

$x = \dfrac{l}{2} = 2\text{m}$ 이면,

$V_C = -\dfrac{wl}{2} = -\dfrac{20 \times 4}{2} = -40\,\text{kN}$

$x = l = 4\text{m}$ 이면,

$V_B = -wl = -20 \times 4 = -80\,\text{kN}(= -R_B)$

(3) 휨 모멘트

임의단면의 휨 모멘트는,

$M_x = -wx \times \dfrac{x}{2} = -\dfrac{wx^2}{2} = -\dfrac{20x^2}{2} = -10x^2$

$x = 0$ 이면, $M_A = 0$

$x = l = 4\text{m}$ 이면, $M_B = -\dfrac{wl^2}{2} = -\dfrac{20 \times 4^2}{2} = -160\,\text{kN} \cdot \text{m}$

$x = \dfrac{l}{2} = 2\text{m}$ 이면, $M_C = -\dfrac{wl^2}{8} = -\dfrac{20 \times 4^2}{8} = -40\,\text{kN} \cdot \text{m}$ 이다.

등분포하중이 작용하므로, S.F.D.는 그림(b)와 같이 직선 변화하며, B.M.D.는 그림(c)와 같이 2차 곡선으로 변화한다.

예제 5.19

그림 5.47(a)와 같은 캔틸레버보를 해석하여라.

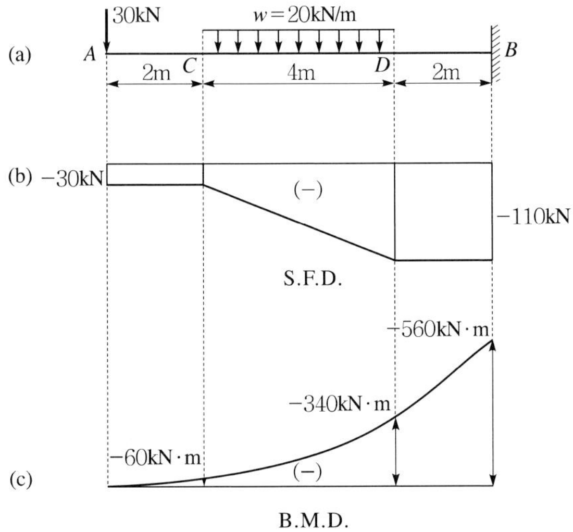

그림 5.47

풀이

반력 계산을 생략하고, 단면력은 자유단으로 부터 작용하는 외력을 사용하여 계산하기로 한다.

(1) 전단력

$V_{A-C}=-30\,\text{kN}$

$V_{C-D}=-30-20x$

(x의 원점 C, $0 \leqq x \leqq 4$)

$V_{D-B}=-30-20\times 4=-110\,\text{kN}$

(2) 휨 모멘트

$M_A=0$

$M_C=-30\times 2=-60\,\text{kN}\cdot\text{m}$

$M_{C-D}=-30(2+x)-\dfrac{20x^2}{2}=-60-30x-10x^2$ (x의 원점 C, $0 \leqq x \leqq 4$)

$M_D=-30\times 6-20\times 4\times 2=-340\,\text{kN}\cdot\text{m}$

$M_B=-30\times 8-20\times 4\times 4=-560\,\text{kN}\cdot\text{m}$

S.F.D.는 그림(b)와 같이 중간 하중이 없는 A-C구간과 B-C구간에서는 일정하고, 등분포하중이 작용하는 C-D구간에서는 직선 변화한다.

B.M.D.는 그림(c)와 같이 A-C구간과 B-D구간에서는 직선 변화하고, C-D구간에서는 2차 곡선 변화한다.

예제 5.20

그림 5.48(a)와 같은 캔틸레버보를 해석하여라.

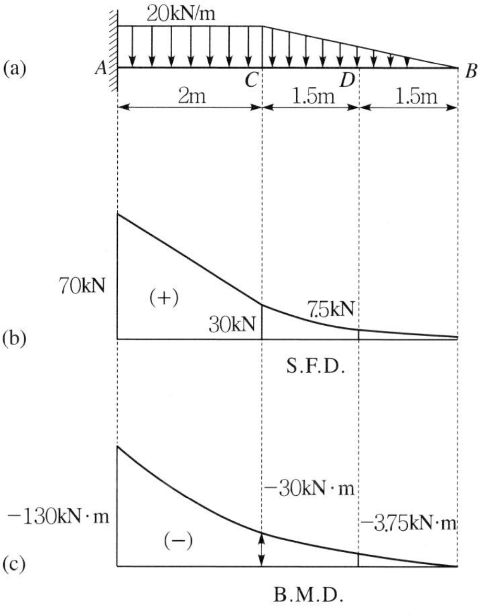

그림 5.48

풀이

반력 계산은 생략하고, 단면력은 자유단으로 부터 작용하는 외력을 사용하여 계산하기로 한다.

(1) 전단력

임의단면의 전단력을 구하면, B−C사이에서는 임의단면의 하중강도가 $w_x = \dfrac{20x}{3}$ 이므로,

$$V_x = \frac{20x}{3} \times x \times \frac{1}{2} = \frac{10x^2}{3}$$

(x의 원점 B, $0 \leqq x \leqq 3$)

C−A 사이에서는

$$V_x = \frac{20 \times 3}{2} + 20x = 30 + 20x$$

(x의 원점 C, $0 \leqq x \leqq 2$)이다.

각 단면의 전단력을 구하면,

$V_B = 0$

단면 D의 하중강도는 $w_D = 20 \times \dfrac{1.5}{3} = 10\,\text{kN/m}$ 이므로,

$$V_D = \frac{10 \times 1.5}{2} = 7.5\,\text{kN}$$

$$V_C = \frac{20 \times 3}{2} = 30\,\text{kN}$$

$$V_A = 30 + 20 \times 2 = 70\,\text{kN}$$

(2) 휨 모멘트

임의단면의 휨 모멘트를 구하면,

B−C 사이에서는

$$M_x = -\frac{20x}{3} \times x \times \frac{1}{2} \times \frac{x}{3} = -\frac{10x^3}{9} \quad (x\text{의 원점 B}, 0 \leqq x \leqq 3)$$

C−A 사이에서는

$$M_x = -\frac{20 \times 3}{2}\left(\frac{3}{3} + x\right) - \frac{20x^2}{2} = -30 - 30x - 10x^2 \quad (x\text{의 원점 C}, 0 \leqq x \leqq 2)\text{이다.}$$

각 단면의 휨 모멘트를 구하면,

$M_B = 0$

$$M_D = -\frac{10\times1.5}{2}\times\frac{1.5}{3} = -3.75\,\text{kN}\cdot\text{m}$$

$$M_C = -\frac{20\times3}{2}\times\frac{3}{3} = -30\,\text{kN}\cdot\text{m}$$

$$M_A = -\frac{20\times3}{2}\left(2+\frac{3}{3}\right) - 20\times2\times1 = -130\,\text{kN}\cdot\text{m}$$

S.F.D.와 B.M.D.는 그림(b), (c)와 같다.

예제 5.21

그림 5.49(a)와 같은 캔틸레버보를 해석하여라.

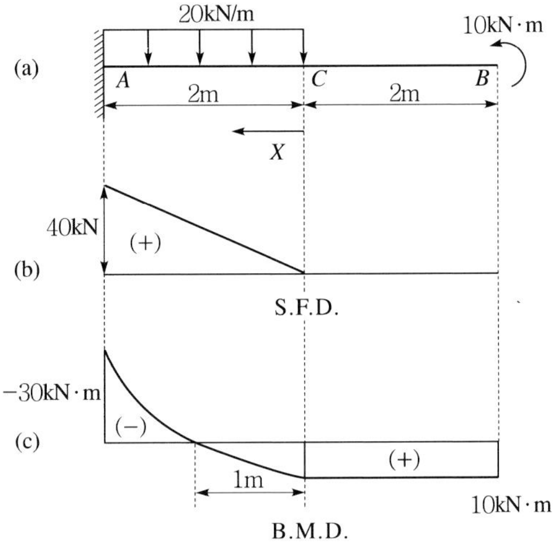

그림 5.49

풀이

반력 계산은 생략하기로 한다.

(1) 전단력

$V_{B-C} = 0$

$V_A = 20\times2 = 40\,\text{kN}$

(2) 휨 모멘트

$M_{B-C} = 10\,\text{kN}\cdot\text{m}$

$M_A = 10 - 20\times2\times1 = -30\,\text{kN}\cdot\text{m}$

휨 모멘트가 0이 되는 단면의 점 C로부터의 거리 x를 구하면,

$$M_x = 10 - 20\times x\times\frac{x}{2} = 10 - 10x^2 = 0 \qquad \therefore\ x = 1\text{m}$$

S.F.D.와 B.M.D.는 그림(b), (c)와 같다.

5.9 내민보

단순보의 한끝 또는 양끝이 지점 밖으로 내밀어 자유단을 가진 보를 **내민보**라 한다. 내민보는 단순보와 캔틸레버보가 결합된 것으로 생각할 수 있다.

내민보의 해석은 기본적으로 단순보의 해석 방법과 같으며, 내민 부분의 단면력 계산은 캔틸레버보와 같다. 두 지점 사이에만 하중이 작용하는 경우에는 단순보와 똑같이 생각하면 되며, 내민 부분에는 단면력이 일어나지 않는다. 그러나, 내민 부분에 하중이 작용할 경우에는 두 지점 사이의 단면에도 단면력이 일어난다.

그림 5.50(a)와 같은 내민보를 해석해 보기로 한다.

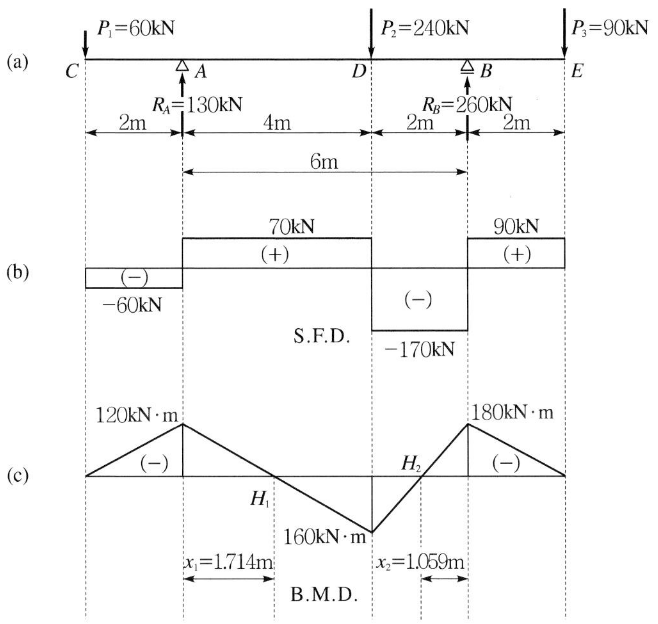

그림 5.50

(1) 반력

$$\Sigma M_B = R_A \times 6 - 60 \times 8 - 240 \times 2 + 90 \times 2 = 0$$

$$\therefore\ R_A = \frac{1}{6}(60 \times 8 + 240 \times 2 - 90 \times 2) = 130\,\text{kN}\,(\uparrow)$$

$$\Sigma M_A = -R_B \times 6 - 60 \times 2 + 240 \times 4 + 90 \times 8 = 0$$

$$\therefore\ R_B = \frac{1}{6}(-60 \times 2 + 240 \times 4 + 90 \times 8) = 260\,\text{kN}\,(\uparrow)$$

위의 계산에서 아는 바와 같이, 지점 B의 오른쪽 내민 부분에 작용하는 하중 $P_3 = 90\,\text{kN}$은 지점 A에 (−)의 반력은 일으키고, 지점 A의 왼쪽 내민 부분에 작용하는 하중은 지점 B에 (−)의 반력을 일으킨다.

이와 같이 내민보에 연직 하향의 하중만이 작용해도 한 지점의 바깥쪽으로 내민 부분에 작용하는 하중은 반대쪽의 지점에 하향의 반력을 일으키므로 하중의 작용 위치와 크기에 따라서는 한 지점에 하향의 반력이 일어날 수 있다.

(2) 전단력

각 단면의 전단력을 구하면,

$$V_{C-A} = -60\,\text{kN}$$

$$V_{A-D} = -60 + 130 = 70\,\text{kN}$$

$$V_{D-B} = 70 - 240 = -170\,\text{kN}$$

$$V_{B-E} = -170 + 260 = 90\,\text{kN}$$

이며, S.F.D.는 그림(b)와 같다. 전단력의 부호가 바뀌는 점은 A, D, B의 세 곳이다. 이와 같이, 내민보는 단순보와는 달리 전단력의 부호가 바뀌는 점이 한 곳뿐만이 아니다.

(3) 휨 모멘트

각 단면의 휨 모멘트를 구하면,

$$M_C = M_E = 0$$

$$M_A = -60 \times 2 = -120\text{ kN}\cdot\text{m}$$

$$M_D = -60 \times 6 + 130 \times 4 = 160\,\text{kN}\cdot\text{m} = (+)M_{\max}$$

$$M_B = -90 \times 2 = -180\,\text{kN}\cdot\text{m} = (-)M_{\max}$$

이며, B.M.D.는 그림(c)와 같고, 휨 모멘트의 절대 값이 최대인 것은 점 B의 180kN·m이다. 위의 계산에서와 같이, 전단력의 부호가 바뀌는 점에서 (+) 또는 (−)의 최대 휨 모멘트가 일어나며, 이들 중에서 절대값이 큰 것이 보의 최대 휨 모멘트이다. 보의 왼쪽에서 오른쪽을 향하여 생각할 때, 전단력의 부호가 (−)에서 (+)로 바뀌는 점에서 (−)의 최대 휨 모멘트가 일어나며, (+)에서 (−)로 바뀌는 점에서 (+)의 최대 휨 모멘트가 일어난다.

다음에 휨 모멘트의 부호가 바뀌는 반곡점의 위치를 구해 보기로 한다.

반곡점 H_1의 위치를 지점 A로부터 오른쪽으로 x_1이라 하면,

$$M_{x_1} = 130x_1 - 60(2 + x_1) = 70x_1 - 120 = 0$$

$$\therefore x_1 = 1.714\text{m}$$

이고, 반곡점 H_2의 위치를 지점 B로부터 왼쪽으로 x_2라 하면,

$$M_{x_2} = 260x_2 - 90(2 + x_2) = 170x_2 - 180 = 0$$

$$\therefore\ x_2 = 1.059\text{m}$$

이다.

또, 내민보의 양끝에서의 휨 모멘트는 0이므로, 단순보와 마찬가지로 S.F.D.의 (+)부분의 면적과 (−)부분의 면적은 같으며, 한 끝에서 임의단면까지의 S.F.D.의 면적은 그 단면의 휨 모멘트와 같다.

S.F.D.의 면적을 이용하여 반곡점을 구하면 다음과 같다.

$$M_{x_1} = M_A + (A - H_1\ \text{사이의 S.F.D.의 면적}) = -120 + 70x_1 = 0$$

$$\therefore x_1 = 1.714\,\text{m}$$

$$M_{x_2} = M_B + (B - H_2\ \text{사이의 S.F.D.의 면적}) = -180 + 170x_2 = 0$$

$$\therefore\ x_2 = 1.059\text{m}$$

예제 5.22

그림 5.51(a)와 같은 내민보를 해석하여라.

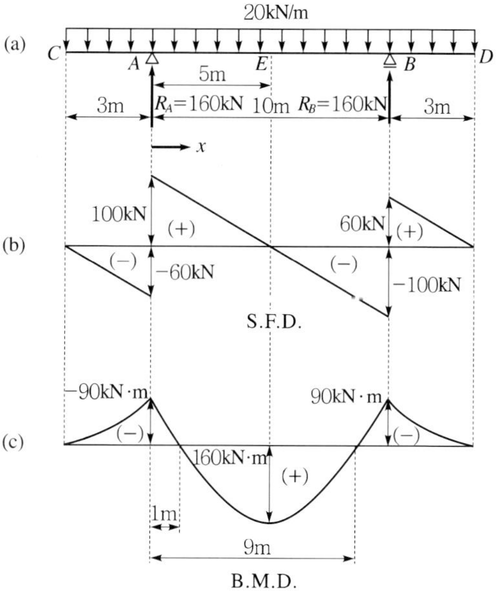

그림 5.51

풀이

(1) 반력

대칭인 보에 대칭 하중이 작용하므로,

$$R_A = R_B = \frac{20\times 16}{2} = 160\,\text{kN}(\uparrow)$$

(2) 전단력

$$V_C = 0$$

$$V_{A(L)} = -20\times 3 = -60\,\text{kN}$$

$$V_{A(R)} = -60 + 160 = 100\,\text{kN}$$

$$V_{B(L)} = 100 - 20\times 10 = -100\,\text{kN}$$

$$V_{B(R)} = -100 + 160 = 60\,\text{kN}$$

$$V_D = 60 - 20\times 3 = 0$$

좌우 대칭인 보에 대칭 하중이 작용하므로, 대칭되는 점의 전단력은 값은 같고 부호는 반대이며, 대칭축이 지나는 보의 중점에서 전단력은 0이다.

(3) 휨 모멘트

좌우 대칭인 보에 대칭 하중이 작용하므로, 대칭되는 점의 휨 모멘트는 값도 부호도 같다. 따라서,

$M_C = M_D = 0$

$M_A = M_B = -20\times 3\times 1.5 = -90\,\text{kN}\cdot\text{m}$

(+)의 최대 휨 모멘트는 전단력이 0이 되는 보의 중점 E에서 일어나므로,

$(+)\ M_{\max} = M_E = 160\times 5 - 20\times 8\times \dfrac{8}{2} = 160\,\text{kN}\cdot\text{m}$

반곡점은 A-B사이에 있으며 그 위치를 구하면,

$M_x = 160x - 20(3+x)\times \dfrac{3+x}{2} = -10x^2 + 100x - 90 = 0$

또는, S.F.D.의 면적을 이용하면,

$M_x = M_A + (A-x\ \text{사이의 S.F.D.의 면적}) = -90 + \int (100-20\text{x})\text{dx} = -90 + 100\text{x} - 10\text{x}^2 = 0$

$\therefore x = \dfrac{100\pm\sqrt{100^2 - 4\times 10\times 90}}{20} = 1\text{m},\,9\text{m}$

S.F.D.와 B.M.D.는 그림(b) (c)와 같다.

예제 5.23

그림 5.52(a)와 같은 내민보를 해석하여라.

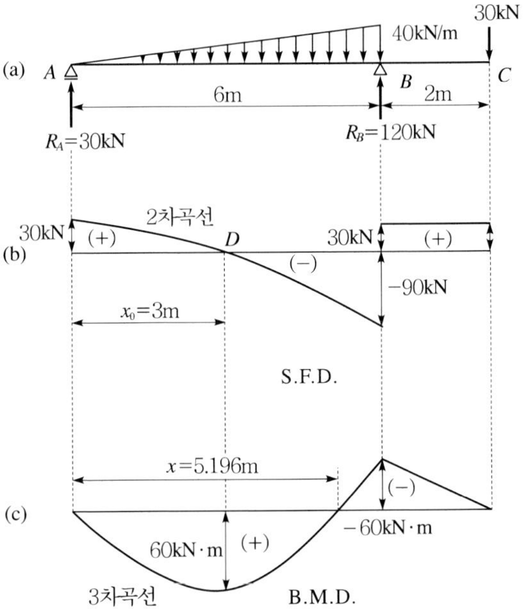

그림 5.52

풀이

(1) 반력

$\Sigma M_B = 0$에 의하여

$R_A = \dfrac{1}{6}\left(\dfrac{40\times 6}{2}\times\dfrac{6}{3} - 30\times 2\right)$

$= 30\,\text{kN}(\uparrow)$

$\Sigma M_A = 0$에 의하여

$R_B = \dfrac{1}{6}\left(\dfrac{40\times 6}{2}\times\dfrac{2\times 6}{3} + 30\times 8\right)$

$= 120\,\text{kN}(\uparrow)$

(2) 전단력

$V_A = R_A = 30\,\text{kN}$

$V_{B(L)} = 30 - \dfrac{40\times 6}{2} = -90\,\text{kN}$

$V_{B-C} = -90 + 120 = 30\,\text{kN}$

S.F.D.는 그림(b)와 같으며 전단력이 0이 되는 점을 구하면, A-B사이의 임의단면의 하중강도는,

$$w_x = \frac{40x}{6} = \frac{20x}{3}$$ 이므로,

$$V_{x_0} = 30 - \frac{20x_0}{3} \times x_0 \times \frac{1}{2} = 0$$

$$10{x_0}^2 = 90$$

$$\therefore x_0 = 3\text{m}$$

(3) 휨 모멘트

$$M_A = M_C = 0$$

$$M_B = -30 \times 2 = -60\,\text{kN} \cdot \text{m}$$

(+)의 최대 휨 모멘트는 전단력이 0이 되는 단면 D에서 일어나며, 단면 D에서의 하중강도는,

$$w_D = \frac{20 \times 3}{3} = 20\,\text{kN/m}$$ 이므로

$$M_{\max} = 30 \times 3 - \frac{20 \times 3}{2} \times \frac{3}{3} = 60\,\text{kN} \cdot \text{m}$$

B.M.D.는 그림(c)와 같으며, 반곡점을 구하면,

$$M_x = 30x - \frac{20x}{3} \times x \times \frac{1}{2} \times \frac{x}{3} = 30x - \frac{10x^3}{9} = 0$$

$$x^2 = 27 \quad \therefore x = \sqrt{27}\,\text{m} = 5.196\text{m}$$

5.10 게르버보

일반적으로 1개의 지점은 회전 지점, 다른 지점은 모두 이동 지점으로 한, 3개 이상의 지점으로 지지된 보를 연속보라 한다. 따라서, n개의 지점으로 지지된 연속보는 지점 반력의 수가 $2+(n-1)=(n+1)$이다. 그러나, 힘의 평형 조건식은 3개뿐이므로, $(n+1)-3=(n-2)$개의 다른 조건식이 없으면 반력을 계산할 수 없는 $(n-2)$차의 부정정보이다.

그러나, 그림 5.53과 같이 n개의 지점으로 지지된 연속보에 부정정 차수와 같은 수인 $(n-2)$개의 회전이 자유로운 힌지를 적당한 위치에 넣으면, 힌지에는 휨모멘트가 일어나지 않으므로 힌지를 모멘트의 중심으로 하여 그 힌지의 좌측 또는 우측의 어느 한쪽에 대하여 $\Sigma M=0$이라는 조건 방정식이 성립한다. 따라서, 보 전체에 대한 3개의 평형 조건식 외에 $(n-2)$개의 $\Sigma M=0$의 조건식이 성립한다. 따라서, 이 보는 힘의 평형 조건식만으로 해석할 수 있는 정정보로 된다.

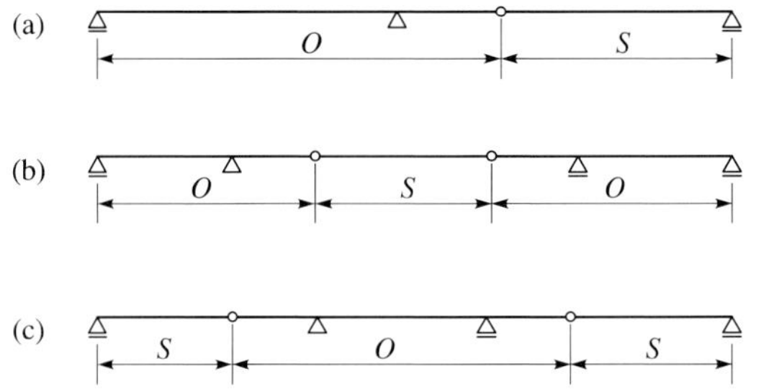

그림 5.53

이와 같이, n개의 지점으로 지지된 연속보에 $(n-2)$개의 힌지를 적당한 위치에 넣어 힘의 평형 조건식만으로 풀 수 있도록 한 보를 창안자의 이름을 따서 **게르버보**라 한다. 게르버보는 그림 5.53과 같이 단순보(S)와 내민보(O)를 회전이 자유로운 힌지로 연결한 구조이다.

또, 게르버보는 연속보에 비하여 지점의 침하로 인한 영향이 적으므로 연약한 지반에 가설되는 교량에 유리하며, 또한, 게르버보에 일어나는 (+) 및 (−)의 최대 휨 모멘트의 절대값을 가능한 한 같게 하면 보에 일어나는 최대 휨 모멘트를 같은 경간의 단순보에 비하여 현저하게 작게 할 수 있으므로 경제적으로 유리하다.

그림 5.54는 3경간 연속보의 중앙 경간에 힌지 2개를 넣은 게르버보를 단순보와 내민보로 분해한 그림이다.

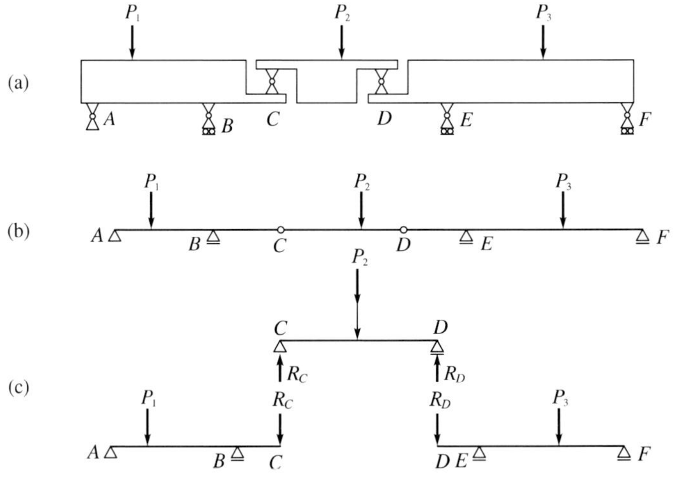

그림 5.54

이 그림에서 알 수 있듯이, 게르버보는 그 구조상 단순보 부분에 작용하는 하중은 힌지를 통하여 내민보 부분에 전달되므로 내민보 부분의 단면력에 영향을 주지만, 내민보 부분에 작용하는 하중은 단순보 부분의 단면력에 아무런 영향도 주지 않는다. 따라서, 게르버보는 그림(c)와 같이 먼저 단순보 부분을 계산하고, 내민보의 끝에 단순보의 반력과 크기가 같고 방향이 반대인 하중이 작용하는 것으로 생각하여 내민보 부분을 계산하면 된다.

다음에 그림 5.55(a)와 같은 게르버보를 해석해 보기로 한다.

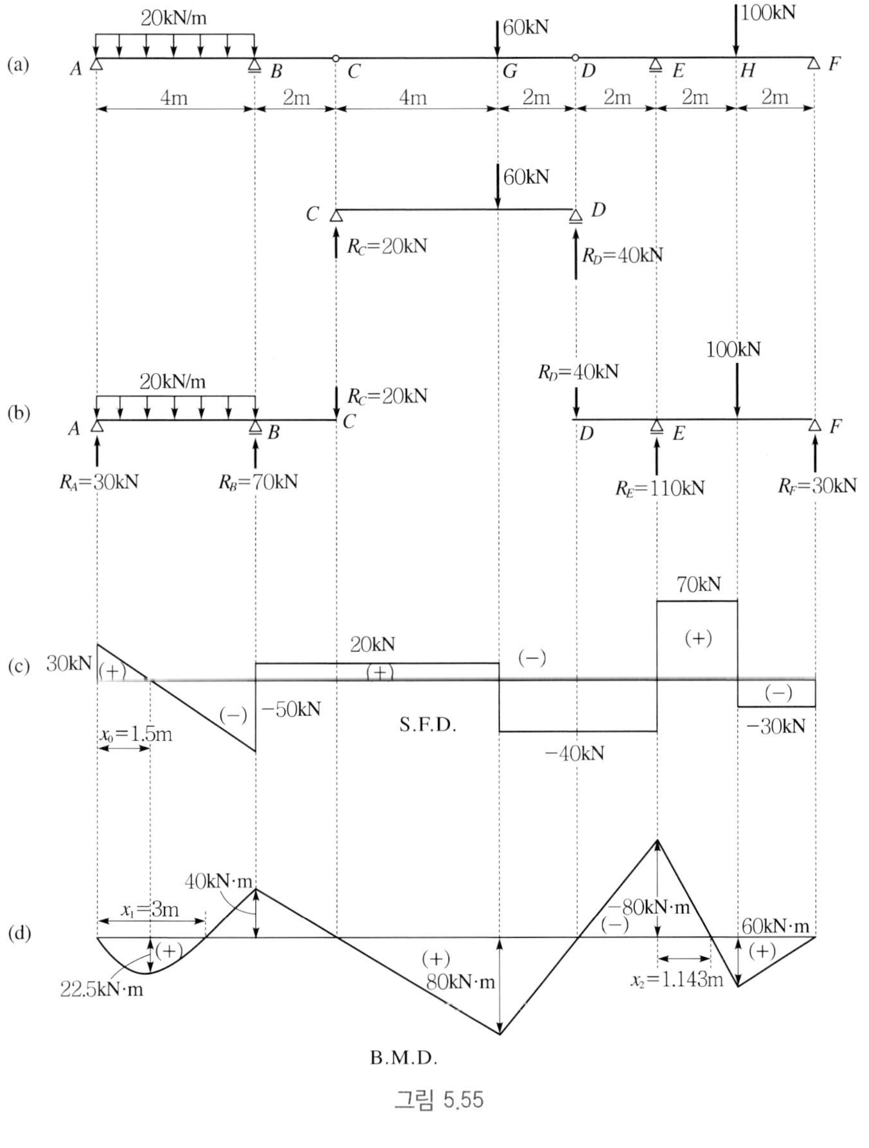

그림 5.55

(1) 반력

그림(b)는 게르버보를 단순보와 내민보로 분해한 그림이다. 단순보 CD의 반력 R_C, R_D는 다음과 같다.

$$R_C = \frac{60 \times 2}{6} = 20\,\text{kN}(\uparrow)$$

$$R_D = \frac{60 \times 4}{6} = 40\,\text{kN}(\uparrow)$$

내민보 ABC의 점 C에 $R_C = 20\,\text{kN}$을 하향으로, 내민보 DEF의 점 D에 $R_D = 40\,\text{kN}$을 하향으로 작용시켜, 이들 내민보의 반력을 구하면 다음과 같다.

$$R_A = \frac{1}{4}(20 \times 4 \times 2 - 20 \times 2) = 30\,\text{kN}(\uparrow)$$

$$R_B = \frac{1}{4}(20 \times 4 \times 2 + 20 \times 6) = 70\,\text{kN}(\uparrow)$$

$$R_E = \frac{1}{4}(40 \times 6 + 100 \times 2) = 110\,\text{kN}(\uparrow)$$

$$R_F = \frac{1}{4}(-40 \times 2 + 100 \times 2) = 30\,\text{kN}(\uparrow)$$

(2) 전단력

$$V_A = R_A = 30\,\text{kN}$$

$$V_{B(L)} = 30 - 20 \times 4 = -50\,\text{kN}$$

$$V_{B-G} = -50 + 70 = 20\,\text{kN}$$

$$V_{G-E} = 20 - 60 = -40\,\text{kN}$$

$$V_{E-H} = -40 + 110 = 70\,\text{kN}$$

$$V_{H-F} = 70 - 100 = -30\,\text{kN}\,(= -R_F)$$

A-B사이에서 전단력이 0이 되는 단면의 위치를 구하면,

$$V_{x_0} = 30 - 20x_0 = 0 \quad \therefore x_0 = 1.5\text{m}$$

이다. 여기서, 힌지 C, D에는 실제로는 하중이 작용하지 않으므로, 점 C, D에서 전단력의

변화는 없다. 따라서, 중간 하중이 없는 B-G사이, G-E사이의 전단력은 일정하므로 위와 같이 계산하면 된다. 그러나 힌지의 바로 위에 집중하중이 작용하는 경우에는 전단력이 집중하중의 크기만큼 급격히 변하므로 주의해야 한다.

(3) 휨 모멘트

$$M_A = M_C = M_D = M_F = 0$$

$$M_B = -20 \times 2 = -40\,\text{kN} \cdot \text{m}$$

$$M_G = 20 \times 4 = 80\,\text{kN} \cdot \text{m}$$

$$M_E = -40 \times 2 = -80\,\text{kN} \cdot \text{m}$$

$$M_H = 30 \times 2 = 60\,\text{kN} \cdot \text{m}$$

A-B 사이의 (+)의 최대 휨 모멘트를 구하면,

$$(+)\,M_{\max} = 30 \times 1.5 - 20 \times 1.5 \times \frac{1.5}{2} = 22.5\,\text{kN} \cdot \text{m}$$

이다. 게르버보는 양끝의 지점과 중간 힌지 점에서의 휨 모멘트가 0이며, 중간 지점의 휨 모멘트는 (-)이다.

S.F.D.와 B.M.D.는 그림(c), (d)와 같으며, S.F.D.의 면적과 휨 모멘트 사이의 관계도 단순보와 마찬가지로 성립한다.

A-B사이에 있는 반곡점을 구하면,

$$M_{x_1} = 30x_1 - \frac{20{x_1}^2}{2} = 0 \quad \therefore x_1 = 3\text{m}$$

이며, 또는 S.F.D.의 면적을 이용하면 다음과 같다.

$$x_1 = 2x_0 = 2 \times 1.5 = 3\text{m}$$

E-H 사이의 반곡점을 구하면,

$$M_{x2} = 110x_2 - 40(2 + x_2) = 70x_2 - 80 = 0$$

또는, S.F.D.의 면적을 이용하면,

$$M_{x2} = -80 + 70x_2 = 0$$

$$\therefore\ x_2 = 1.143\text{m}$$

예제 5.24

그림 5.56(a)와 같은 게르버보를 해석하여라.

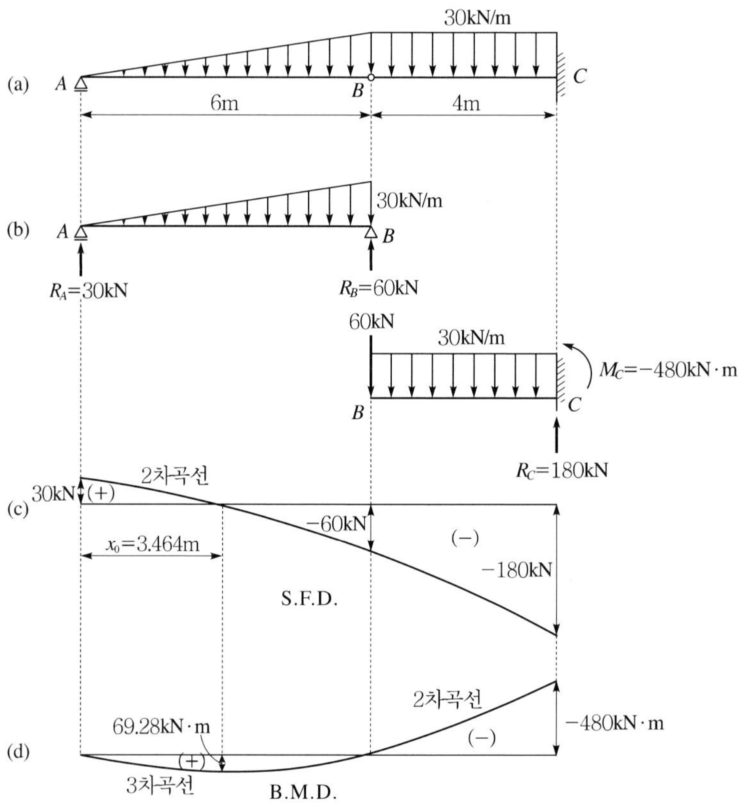

그림 5.56

풀이

이 보는 단순보와 캔틸레버보를 힌지로 결합한 게르버보로서, 그림(b)와 같이 분해하여 생각한다.

(1) 반력

단순보 AB의 반력 $R_{A,}\, R_B$는

$$R_A = \frac{1}{6}\left(\frac{30\times 6}{2}\times\frac{6}{3}\right) = 30\,\text{kN}(\uparrow)$$

$$R_B = \frac{1}{6}\left(\frac{30\times 6}{2}\times\frac{2\times 6}{3}\right) = 60\,\text{kN}(\uparrow)$$

캔틸레버보 BC의 점 B에 $R_B = 60\,\text{kN}$을 하향으로 작용시키면,

$$R_C = 60 + 30\times 4 = 180\,\text{kN}(\uparrow)$$

반력 모멘트 M_C는

$M_C = -(60 \times 4 + 30 \times 4 \times 2) = -480\,\text{kN} \cdot \text{m}$

(2) 전단력

$V_A = R_A = 30\,\text{kN}$

$V_B = 30 - \dfrac{30 \times 6}{2} = -60\,\text{kN}$

$V_C = -60 - 30 \times 4 = -180\,\text{kN}(= -R_C)$

A–B 사이에서 전단력이 0이 되는 점을 구하면,

$Vx_0 = 30 - \dfrac{30x_0}{6} \times x_0 \times \dfrac{1}{2} = 30 - \dfrac{5{x_0}^2}{2} = 0$

${x_0}^2 = 12 \quad \therefore x_0 = \sqrt{12} = 2\sqrt{3}\,\text{m} = 3.464\text{m}$

(3) 휨 모멘트

$M_A = M_B = 0$

$M_C = -60 \times 4 - 30 \times 4 \times 2 = -480\,\text{kN} \cdot \text{m}$

A–B 사이의 (+)의 최대 휨 모멘트를 구하면,

$$(+)\ M_{\max} = 30 \times 2\sqrt{3} - \frac{30 \times 2\sqrt{3}}{6} \times 2\sqrt{3} \times \frac{1}{2} \times \frac{2\sqrt{3}}{3}$$

$$= 40\sqrt{3}\,\text{kN} \cdot \text{m} = 69.28\,\text{kN} \cdot \text{m}$$

S.F.D.와 B.M.D.는 그림(c), (d)와 같다.

연습문제

5.1 그림 5.57과 같은 단순보를 해석하여라.

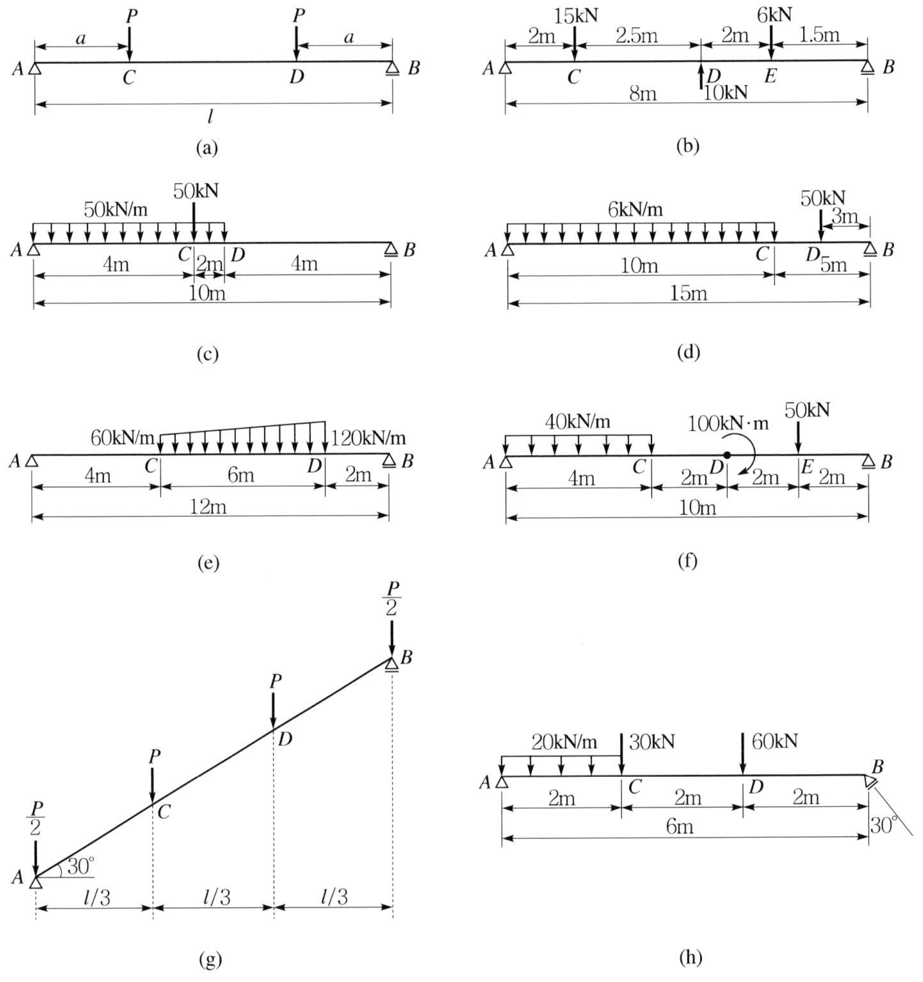

그림 5.57

5.2 그림 5.58과 같은 단순보의 임의단면의 단면력을 구하고, 단면력도를 그려라.

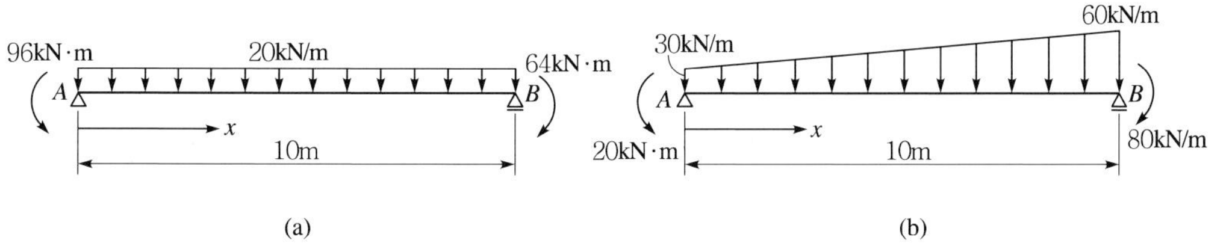

그림 5.58

5.3 그림 5.59는 지점 B에 우력과 등변분포하중이 작용하는 단순보 AB의 S.F.D.이다. B점의 휨 모멘트와 이 보의 반곡점을 구하여라.

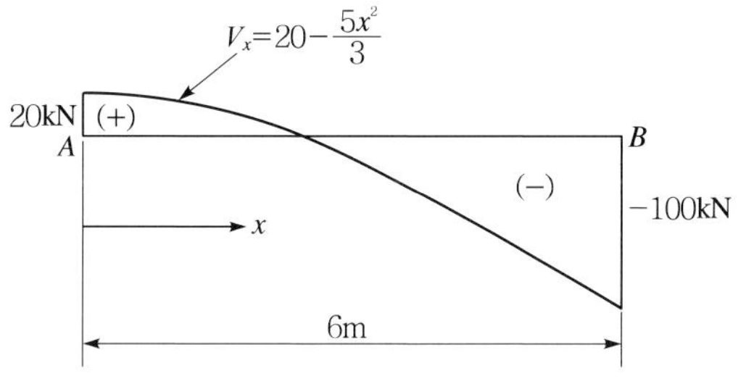

그림 5.59

5.4 그림 5.60과 같은 포물선형 분포하중을 받는 단순보의 임의단면의 단면력을 구하고, 단면력도를 그려라. 또, $l = 10\text{m}$, $w = 40\text{kN/m}$ 일 때의 임의단면의 단면력을 구하여라.

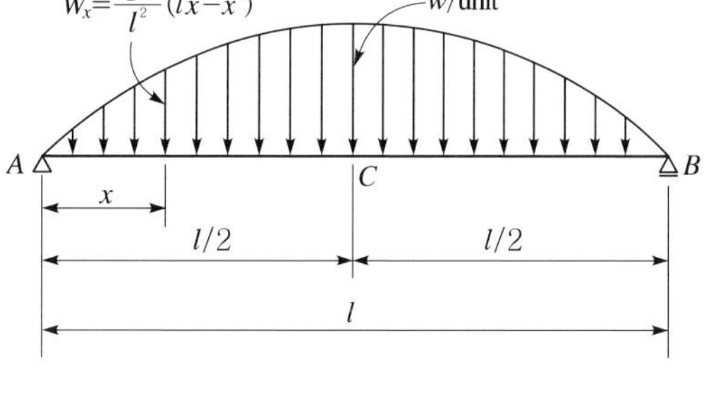

그림 5.60

5.5 그림 5.61과 같은 간접 하중을 받는 단순보를 해석하여라.

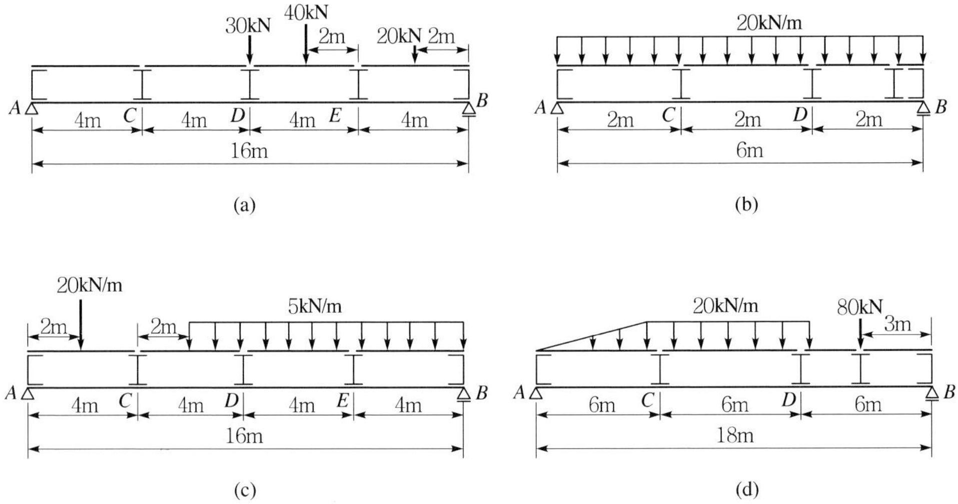

그림 5.61

5.6 그림 5.62와 같은 캔틸레버보를 해석하여라.

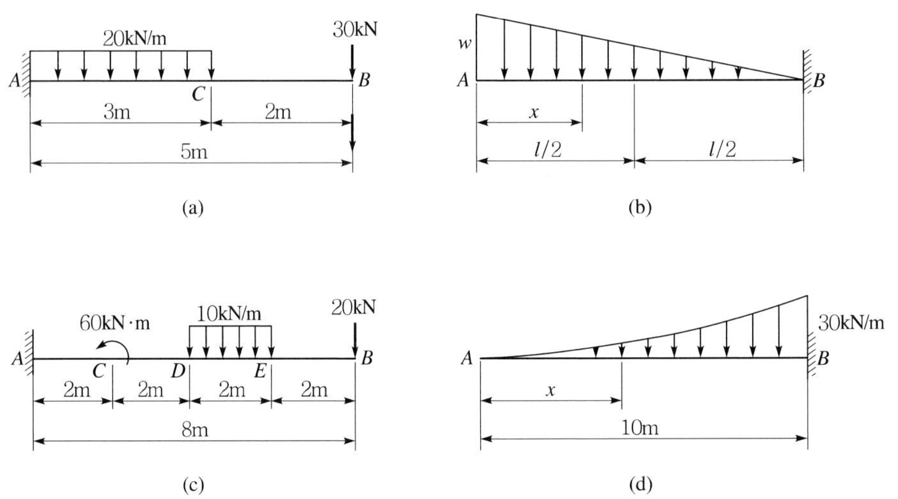

그림 5.62

5.7 그림 5.63과 같은 내민보를 해석하여라.

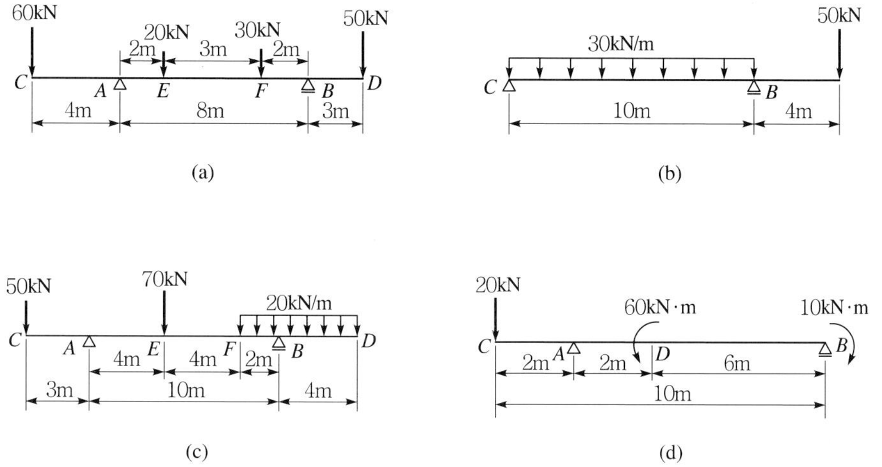

그림 5.63

5.8 그림 5.64와 같은 내민보의 임의단면의 단면력을 구하고, 단면력도를 그려라.

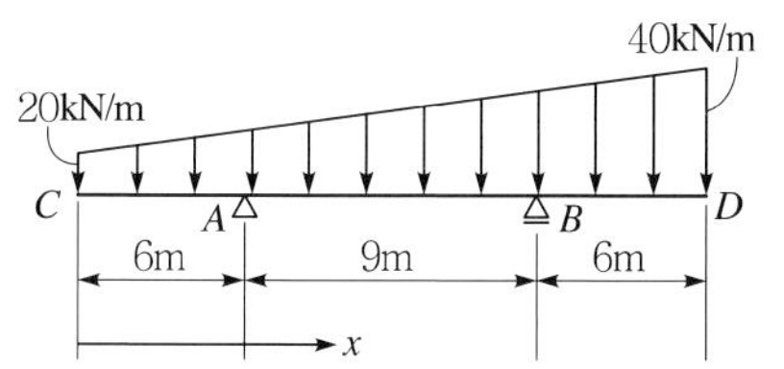

그림 5.64

5.9 그림 5.65와 같은 내민보의 최대 휨 모멘트의 절대값을 최소로 하기 위해서는 $l : l_1$의 길이를 얼마로 해야 하느냐, 또, 이때의 최대 휨 모멘트를 구하여라.

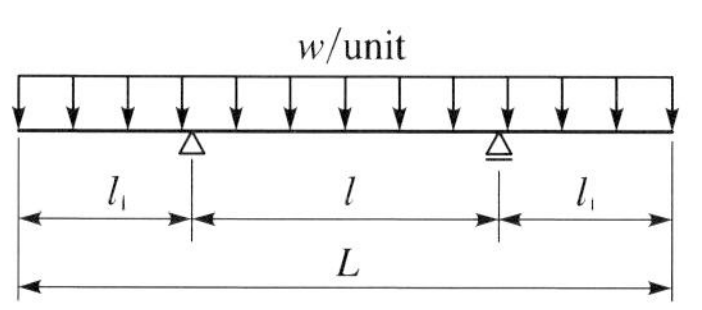

그림 5.65

5.10 그림 5.66과 같은 게르버보를 해석하여라.

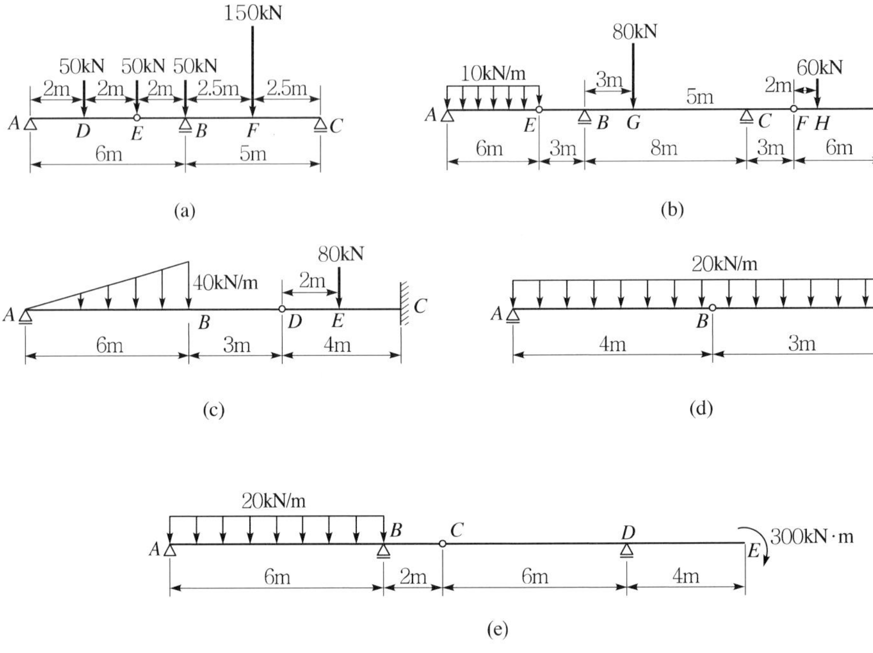

그림 5.66

5.11 그림 5.67과 같은 게르버보의 지점 B, C의 휨 모멘트와 E–F사이의 최대 휨 모멘트의 절대값을 같게 하려면 l 과 l_1 의 비를 얼마로 해야 하는가?

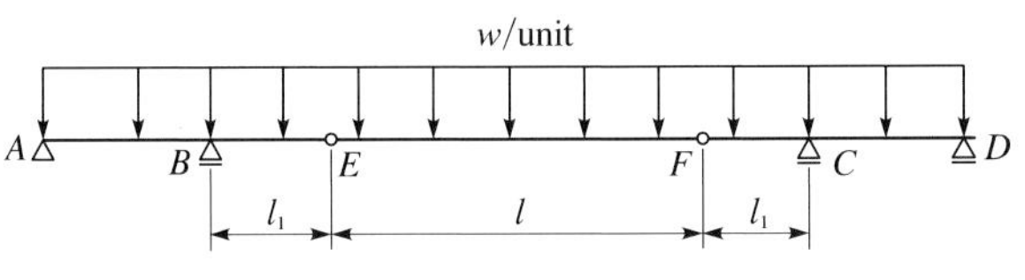

그림 5.67

CHAPTER 06

정정보의 단면력(II)

CHAPTER 06

정정보의 단면력(II)

앞에서는 임의의 정하중이 작용하는 보를 해석하였으나, 여기서는, 열차나 자동차 등의 이동 하중이 보에 작용하는 경우, 보의 최대 단면력 계산에 필요한 영향선(影響線, influence line, I.L.)과 이를 이용한 보의 최대 단면력 계산 방법을 알아보기로 한다.

6.1 보의 영향성

이동 하중을 받는 보는 하중의 크기가 같아도 하중의 작용 위치의 변화에 따라, 지점 반력과 임의 단면의 단면력의 값도 함께 변화한다. 이와 같이 이동 하중의 작용 위치에 따라 변화하는 보의 어느 한 지점의 반력이나 임의의 단면의 전단력 및 휨모멘트의 값을 알기 위해서는 영향선을 이용하는 것이 편리하다.

일반적으로, 구조물의 영향선이란 구조물의 어느 한 지점의 지점 반력이나 임의의 한 단면의 단면력이 이동하는 단위 집중하중 $P=1$에 따라 어떻게 변화하는가를 나타낸 선도(線圖)이다.

보의 영향선을 그리는 방법은 그림 6.1과 같이 보의 축에 평행한 기선을 긋고, 임의의 점에 작용하는 단위 하중 $P=1$에 의한 지점 반력이나 임의의 단면의 전단력, 휨 모멘트의 크기를 단위 하중의 작용점에 대응하는 기선 위의 점으로부터 기선에 수직한 방향의 길이로 나타낸다. 이 때, 기선위에 (−), 아래에 (+)를 나타내기로 한다. 이와 같이 하여 그려진 영향선의 형상은 일반적으로 곡선 변화하나, 정정보의 영향선은 직선 변화한다.

영향선은 이동 하중을 받는 구조물을 설계할 때, 지점 반력이나 어느 한 단면의 단면력이 최대로 되는 이동 하중의 작용 위치를 결정하는 데 주로 쓰이며, 위에서 결정한 하중 위치에 대하여 반력이나 단면력의 값을 계산할 때에 쓰이기도 한다.

다음에, 영향선을 이용한 단면력의 계산 방법을 설명하기로 한다. 그림 6.2는 단면 m에 대한 단면력의 영향선으로서, y_x를 영향선의 종거(influence ordinate)라 한다. 종거 y_x는 임의점 x에 단위 하중 $P=1$이 작용할 때, 단면 m의 단면력의 크기이다. 여기서, 점 x에 작용하는 하중의 크기가 P이면, 단면 m의 단면력의 크기는 $P \cdot y_x$이다.

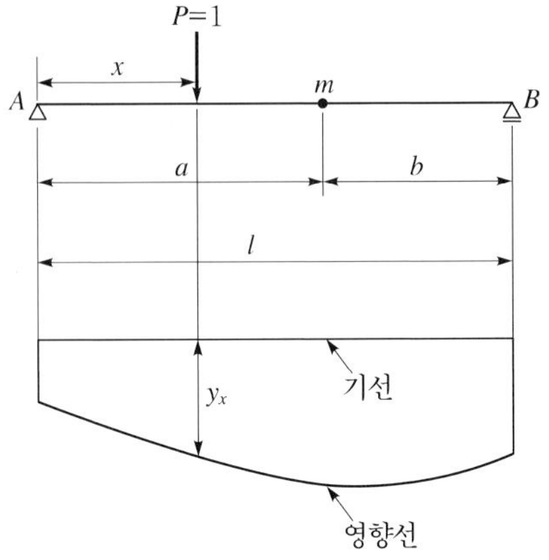

그림 6.1

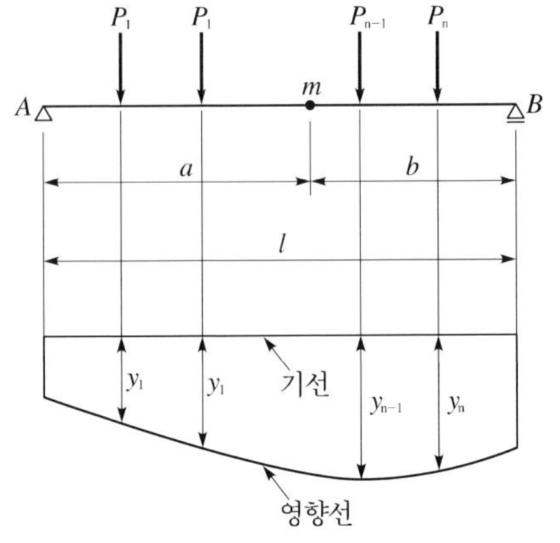

그림 6.2

마찬가지로, 그림 6.2와 같이 n개의 집중하중 P_1, P_2, ……, P_n이 작용하는 경우는, 각 하중에 대응하는 영향선의 종거를 y_1, y_2,……, y_n이라 하면, 단면 m의 단면력의 크기 Y는

$$Y = P_1 y_1 + P_2 y_2 + \cdots\cdots + P_n y_n = \Sigma P y \tag{6.1}$$

이며, 마찬가지로, 그림 6.3과 같이 등분포하중 w가 $x_1 \sim x_2$사이에 작용하는 경우는,

$$Y = \int_{x_1}^{x_2} y_x\, w\, dx = w \int_{x_1}^{x_2} y_x dx = wA \tag{6.2}$$

이다. 여기서, A는 기선과 영향선 및 x_1, x_2를 지나는 종거로 둘러싸인 면적으로서, 이를 **영향면적**(influence area)이라 한다.

만일 임의의 분포하중이 작용하는 경우는 임의점의 하중강도를 w_x라 하면 다음 식으로 단면력을 구할 수 있다.

$$Y = \int_{x_1}^{x_2} y_x w_x\, dx \tag{6.3}$$

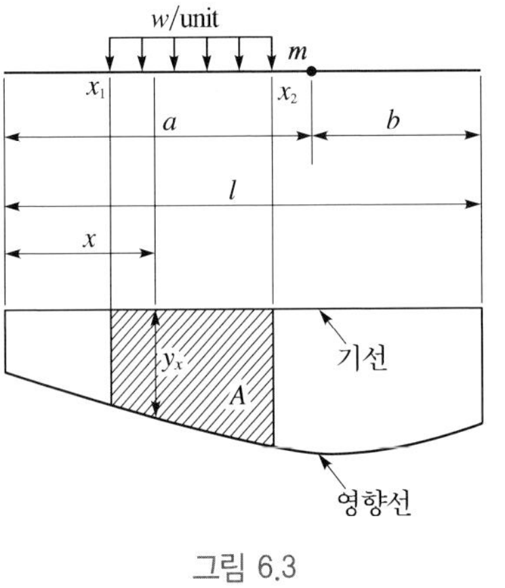

그림 6.3

또, 집중하중과 등분포하중이 동시에 작용하는 경우에는 식 (6.1)과 (6.2)를 합한 다음 식으로 계산하면 된다.

$$Y = \Sigma Py + wA \tag{6.4}$$

또한, 영향선이 직선 변화하는 구간에 등분포하중이 작용하는 경우에는 등분포하중의 합력에다 합력의 작용점에서의 영향선의 종거를 곱하여 구해도 된다.

6.1.1 단순보의 영향선

단순보는 모든 보의 기본으로서, 단순보의 해석 방법을 알면 다른 정정보의 해석을 쉽게 할 수 있다는 것은 이미 잘 알고 있을 것이다. 마찬가지로, 단순보의 영향선을 잘 이해하고 그릴 수 있으면, 다른 정정보의 영향선도 쉽게 그릴 수 있다.

(1) 반력의 영향선

그림 6.4(a)와 같이, 경간 l 의 단순보에 단위 하중 $P=1$이 지점 A로부터 x의 거리에 작용할 때,

$$R_A = \frac{l-x}{l}$$

이다. 위의 식에서, x가 0으로부터 l 까지 변화할 때 R_A의 변화를 나타낸 그림이 R_A의 영향선이다. 즉, 이 식에서

$$x = 0 \text{ 이면, } R_A = 1$$

$$x = l \text{ 이면, } R_A = 0$$

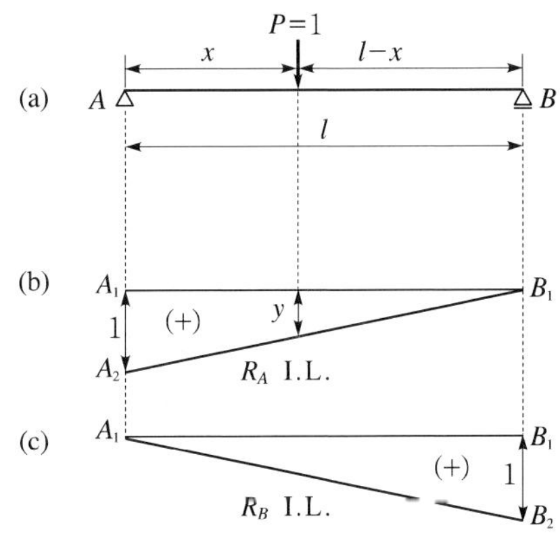

그림 6.4

으로 되며, R_A는 x의 1차식이므로 R_A의 영향선은 지점 A에서 1, 지점 B에서 0으로 되는 직선이다. 따라서, R_A의 영향선의 작도 방법은 그림(b)와 같이 보의 축 AB에 평행하게 기선 A_1B_1을 긋고, A_1에서 기선에 수직으로 $A_1 A_2 = 1$이 되는 점 A_2와 B_1을 직선으로 이으면 된다.

또, 그림(a)에서 지점 B의 반력 R_B는

$$R_B = \frac{x}{l}$$

이며, $x=0$ 이면, $R_B=0$

$x=l$ 이면, $R_B=1$

이므로, R_B의 영향선은 그림(c)의 $A_1\ B_2$이다.

여기서, 반력 영향선의 종거 y의 단위는 없다.

(2) 전단력의 영향선

그림 6.5(a)의 단순보 AB의 임의단면 m의 전단력 V_m은 단위 하중이 이동하여, $P=1$이 $A-m$사이에 있을 경우

$$V_m=-R_B=-\frac{x}{l}(0\leqq x\leqq a)$$

$x=0$ 이면, $V_m=0$

$x=a$ 이면, $V_m=-\frac{a}{l}$

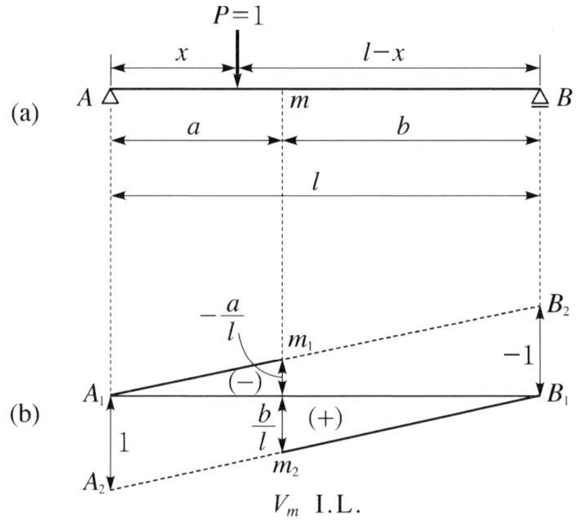

그림 6.5

이므로, 이 때의 전단력의 영향선은 그림(b)의 A_1m_1과 같으며, 이것은 $-R_B$의 영향선과 같다.

$P=1$이 $m-B$사이에 있을 경우

$$V_m=R_A=\frac{l-x}{l}(a\leqq x\leqq l)$$

$x=a$ 이면, $V_m=\frac{l-a}{l}=\frac{b}{l}$

$x=l$ 이면, $V_m=0$

이므로, 이때의 전단력의 영향선은 그림(b)의 m_2B_1과 같으며, 이것은 R_A의 영향선과 같다. 따라서, 전단력의 영향선은 반력 R_A, R_B의 영향선을 이용하여 그릴 수 있다. 즉, 기선 A_1, B_1을 긋고, 기선 위에 $(-)R_B$의 영향선을, 기선 아래에 $(+)R_A$의 영향선을 단면 m에서 내린 수선까지 실선으로 그어, 그 교점을 각각 m_1, m_2라고 하면, A_1m_1, m_2B_1이 단면 m의 전단력의 영향선이다. 이로부터 단순보의 전단력의 영향선은 불연속임을 알 수 있으며, $P=1$이 단면 m의 바로 왼쪽에 작용하면,

$$V_m=-R_B=-\frac{a}{l}$$

이고, $P=1$이 단면, m의 바로 오른쪽에 작용하면,

$$V_m = R_A = \frac{b}{l}$$

이다.

전단력 영향선의 종거의 단위는 반력의 경우와 마찬가지로 무차원이다.

(3) 휨 모멘트의 영향선

그림 6.6(a)의 단순보 AB의 임의단면 m의 휨 모멘트 M_m은 단위 하중이 이동하여,

$P=1$이 $A-m$ 사이에 있을 경우,

$$M_m = R_B \cdot b = \frac{x}{l}b \; (0 \leqq x \leqq a)$$

$$x=0 \text{ 이면, } M_m = 0$$

$$x=a \text{ 이면, } M_m = \frac{ab}{l}$$

이므로, 이때의 휨 모멘트의 영향선은 그림(b)의 A_1m_1과 같으며, 이것은 R_B의 영향선의 b배와 같다.

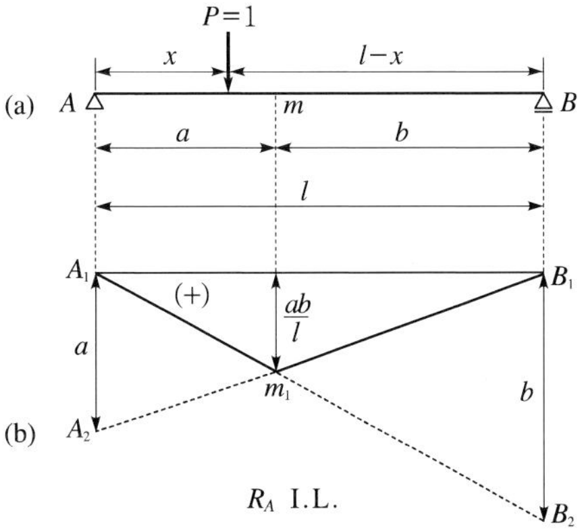

그림 6.6

$P=1$이 $m \sim B$사이에 있을 경우

$$M_m = R_A \cdot a = \frac{a(l-x)}{l} \; (a \leqq x \leqq l)$$

$$x=a \text{ 이면, } M_m = \frac{a(l-a)}{l} = \frac{ab}{l}$$

$$x=l \text{ 이면, } M_m = 0$$

이므로, 이 때의 휨 모멘트의 영향선은 그림(b)의 m_1B_1과 같으며, 이것은 R_A의 영향선의 a배와 같다. 따라서, 휨 모멘트의 영향선은 반력 R_A, R_B의 영향선을 각각 a배, b배 한 것을 이용하여 그릴 수 있다. 즉, 기선 A_1B_1을 긋고, 기선 아래에 $A_1A_2=a$, $B_1B_2=b$가 되도록 A_2, B_2를 정하고, R_B의 영향선을 b배한 휨 모멘트의 영향선과 R_A의 영향선을 a 배한 휨 모멘트의 영향선을 각각 단면 m에서 내린 수선까지 실선으로 그려, 그 교점을 m_1이라고 하면 $A_1m_1B_1$이 휨 모멘트의 영향선이다.

휨 모멘트의 영향선의 종거의 단위는 길이의 단위와 같으며, 영향 면적의 단위는 길이의 단위의 제곱과 같다.

예제 6.1

그림 6.7(a)와 같은 단순보의 지점 A의 반력과 단면 m의 전단력 및 휨 모멘트를 영향선을 이용하여 구하여라.

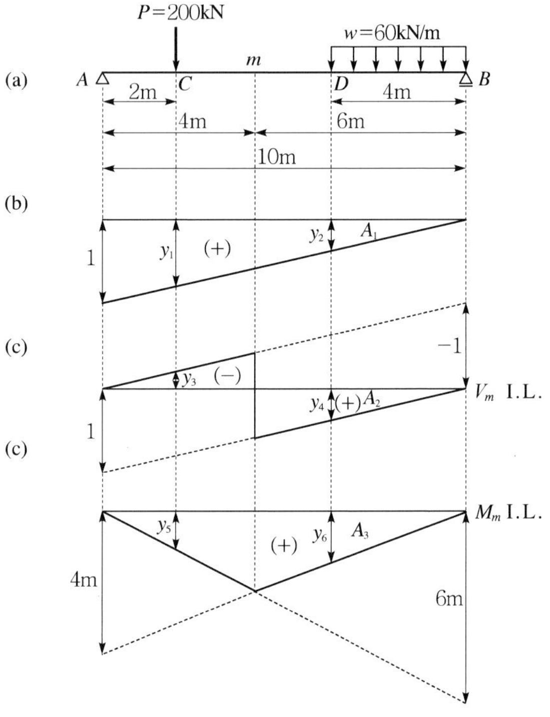

그림 6.7

풀이

R_A, V_m, M_m의 영향선을 그리면, 그림 (b), (c), (d)와 같다.

(1) R_A의 영향선에서 단면 C, D에서의 종거 y_1, y_2를 구하면,

10 : 1 = 8 : y_1 $\therefore y_1 = 0.8$

10 : 1 = 4 : y_2 $\therefore y_2 = 0.4$

$$\therefore R_A = Py_1 + wA_1$$
$$= 200 \times 0.8 + 60 \times \frac{0.4 \times 4}{2}$$
$$= 208\,\text{kN}$$

(2) V_m의 영향선에서 단면 C, D에서의 종거 y_3, y_4를 구하면,

10 : (−1) = 2 : y_3 $\therefore y_3 = -0.2$

10 : 1 = 4 : y_4 $\therefore y_4 = 0.4$

$$\therefore V_m = Py_3 + wA_2$$
$$= 200 \times (-0.2) + 60 \times \frac{0.4 \times 4}{2} = 8\,\text{kN}$$

(3) M_m의 영향선에서 단면 C, D에서의 종거 y_5, y_6를 구하면,

10 : 6 = 2 : y_5 $\therefore y_5 = 1.2\text{m}$

10 : 4 = 4 : y_6 $\therefore y_6 = 1.6\text{m}$

$$\therefore M_m = Py_5 + wA_3 = 200 \times 1.2 + 60 \times \frac{1.6 \times 4}{2} = 432\,\text{kN}\cdot\text{m}$$

6.1.2 간접 하중을 받는 단순보의 영향선

(1) 반력의 영향선

보에 간접 하중이 작용하는 경우에도 지점 반력은 직접 하중이 작용하는 경우와 같으므로, 지점 반력의 영향선은 직접 하중이 작용하는 경우와 같다.

(2) 전단력의 영향선

그림 6.8 (a)의 간접 하중을 받는 단순보의 격점 $C-D$ 사이에 있는 임의단면 m의 전단력 V_m은 단위 하중이 격간 $C-D$ 바깥쪽에 작용할 때에는 직접 하중이 작용할 때와 같으므로, 영향선도 직접 하중을 받을 때와 같다.

다음에, 단위 하중이 $C-D$ 사이에 작용할 때, $P=1$은 격점 C, D에 각각

$$P_C = \frac{\lambda - x}{\lambda}, \quad P_D = \frac{x}{\lambda}$$

의 크기의 분력으로 분해되어 작용하므로, 단면 m의 전단력 V_m은

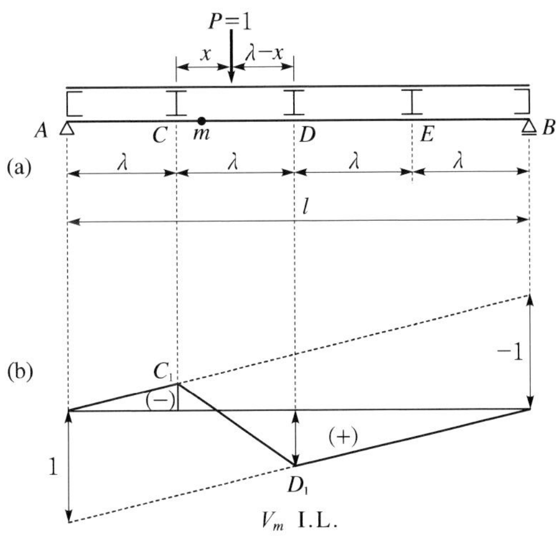

그림 6.8

$$V_m = R_A - P_C = R_A - \frac{\lambda - x}{\lambda}\,(0 \leq x \leq \lambda)$$

이다. 이 식은 x의 1차식이므로, V_m의 영향선은 $C-D$ 사이에서 직선 변화한다.

위의 식에서

$$x = 0 \text{ 이면, } V_m = R_A - 1 = -R_B$$

$$x = \lambda \text{이면, } V_m = R_A$$

이다. 이로부터 단면 m의 양쪽에 있는 격점 C, D에서는 직접 하중을 받는 단순보의 영향선과 일치함을 알 수 있다.

따라서, 간접 하중을 받는 단순보의 격점 C와 D 사이에 있는 단면 m의 전단력 영향선은 그림 (b)와 같이 직접 하중에 대한 전단력 영향선을 격점 C, D에서 내린 수선까지 실선

으로 그려 교점 C_1, D_1을 구한 다음, C_1과 D_1사이를 직선으로 이으면 된다. 여기서, $C-D$ 구간 이외에서의 전단력의 영향선은 단순보의 영향선과 동일하므로 그림(b)와 같다.

(3) 휨 모멘트의 영향선

그림 6.9(a)의 간접 하중을 받는 단순보의 격점 C와 D 사이에 있는 임의단면 m의 휨 모멘트 M_m은 단위 하중이 격간 $C-D$ 바깥쪽에 작용할 때에는 직접 하중이 작용할 때와 같으므로, 영향선도 직접 하중을 받을 때와 같다.

다음에, 단위 하중이 $C-D$ 사이에 작용할 때에는 P=1이 격점 C, D에 각각의 크기의 분력으로 분해되어 작용하므로, 단면 m의 휨 모멘트를 오른쪽에 작용하는 외력에 대하여 계산하면,

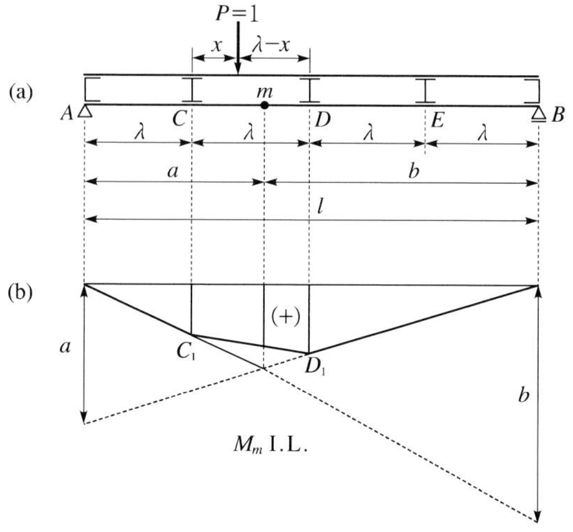

그림 6.9

$$P_C = \frac{\lambda - x}{\lambda}, \quad P_D = \frac{x}{\lambda}$$

$$M_m = R_B \cdot b - P_D(b-2\lambda) = R_B \cdot b - \frac{x}{\lambda}(b-2\lambda)\,(0 \leq x \leq \lambda) \tag{a}$$

이고, 왼쪽에 작용하는 외력에 대하여 계산하면,

$$M_m = R_A \cdot a - P_C(a-\lambda) = R_A \cdot a - \frac{\lambda - x}{\lambda}(a-\lambda)\,(0 \leq x \leq \lambda) \tag{b}$$

이다. 위의 식 (a) 및 (b)는 x의 1차식이므로, 단면 m의 휨 모멘트 영향선은 $C-D$ 사이에서 직선 변화하며,

식 (a)에서 $x=0$이면, $M_m = R_B \cdot b$

이고, 식 (b)에서 $x=\lambda$이면, $M_m = R_A \cdot a$

이므로, 단면 m의 양쪽에 있는 격점 C, D에서는 직접 하중을 받는 단순보의 영향선과 일치함을 알 수 있다.

따라서, 간접 하중을 받는 단순보의 격점 C와 D 사이에 있는 단면 m의 휨 모멘트 영향

선은 그림(b)와 같이 직접 하중에 대한 휨 모멘트 영향선을 격점 C, D에서 내린 수선까지 실선으로 그려 교점 C_1, D_1을 구한 다음, C_1과 D_1사이를 직선으로 이으면 된다.

여기서, 간접 하중을 받는 모든 보의 임의단면 m의 단면력 영향선은 단면 m의 좌우의 격점 사이에서 직선 변화한다는 것을 알아두어야 한다.

위의 사실을 고찰해 보기로 한다. 그림 6.10과 같이 간접 하중이 작용하는 경우, 격점 I 에서 x의 거리에 단위 하중 $P=1$이 작용하면, 이 하중은 격점 I, II에 각각

$$P_{\text{I}} = \frac{\lambda - x}{\lambda}, \quad P_{\text{II}} = \frac{x}{\lambda}$$

의 크기로 분해된다. 격점 I, II 및 단위 하중 $P=1$의 작용점의 바로 아래에서의 영향선의 종거를 각각 y_{I}, y_{II} 및 y_x라 하면 다음의 식이 성립한다.

$$Py_x = P_{\text{I}}\, y_{\text{I}} + P_{\text{II}}\, y_{\text{II}}$$

여기서, $P=1$, $P_1 = \dfrac{\lambda - x}{\lambda}$, $P_{\text{II}} = \dfrac{x}{\lambda}$ 이므로

$$y_x = \frac{\lambda - x}{\lambda} y_{\text{I}} + \frac{x}{\lambda} y_{\text{II}}$$

이어야 한다. 이 식은 x의 1차식이므로, y_x는 직선 변화하며,

$$x = 0 \text{ 이면, } y_x = y_{\text{I}}$$

$$x = \lambda \text{ 이면, } y_x = y_{\text{II}}$$

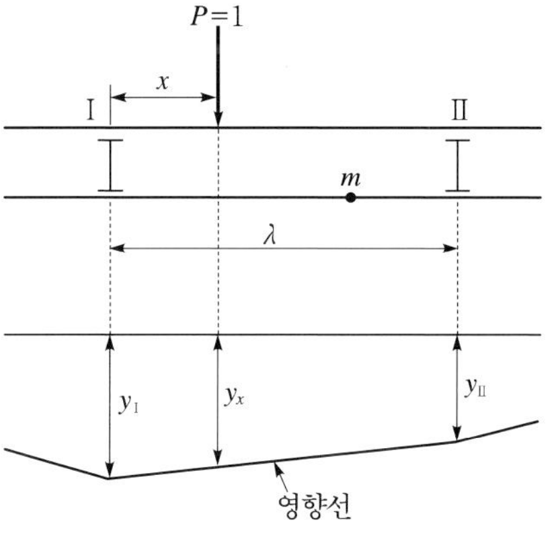

그림 6.10

이다. 이로서, 간접 하중을 받는 보의 임의단면의 단면력 영향선은 단면 m의 좌우의 두 격점 사이에서 직선 변화함을 알 수 있다.

예제 6.2

그림 6.11(a)와 같은 간접 하중을 받는 단순보의 지점 A의 반력과 단면 m의 단면력을 영향선을 이용하여 구하여라.

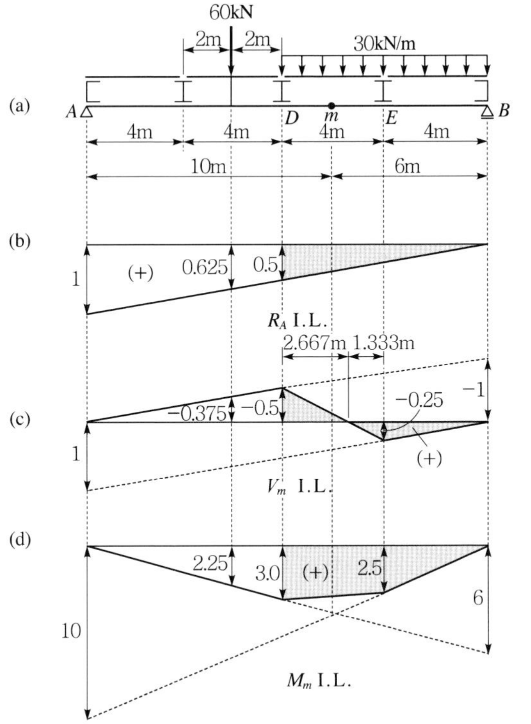

그림 6.11

풀이

R_A, V_m, M_m의 영향선과 계산에 필요한 종거는 그림(b), (c), (d)와 같다.

$$R_A = 60 \times 0.625 + 30 \times \frac{0.5 \times 8}{2}$$

$$= 97.5\,\text{kN}$$

$$V_m = -60 \times 0.375 + 30 \times \left(-\frac{0.5 \times 2.667}{2} + \frac{0.25 \times 1.333}{2} + \frac{0.25 \times 4}{2}\right)$$

$$= -22.5\,\text{kN}$$

$$M_m = 60 \times 2.25 + 30 \times \left(\frac{(3.0+2.5) \times 4}{2} + \frac{2.5 \times 4}{2}\right)$$

$$= 615\,\text{kN} \cdot \text{m}$$

6.1.3 캔틸레버보의 영향선

그림 6.12(a)와 같이, 고정 지점이 왼쪽에 있는 캔틸레버보의 영향선을 구하면 다음과 같다.

(1) 반력의 영향선

고정단에서의 반력 모멘트의 영향선은 고정단의 휨 모멘트 영향선과 일치하는 것으로, 이를 생략하고 연직 반력의 영향선 만을 구하기로 한다.

그림(a)와 같이 단위하중 $P = 1$이 캔틸레버보에 작용할 때, 고정 지점 A의 연직 반력R_A는 하중의 작용위치 x에 관계없이 항상 $R_A = 1$이므로, 연직반력의 영향선은 그림(b)와 같다.

(2) 전단력의 영향선

그림(a)와 같은 캔틸레버보 AB의 임의단면 m의 전단력 V_m은 단위 하중이 이동하여 $P=1$이 B~m사이에 있을 때에는

$$V_m = 1$$

$P=1$이 m~A사이에 있을 때에는 하중의 작용 위치 x에 관계없이

$$V_m = 0$$

이므로, 전단력의 영향선 그림(c)와 같다.

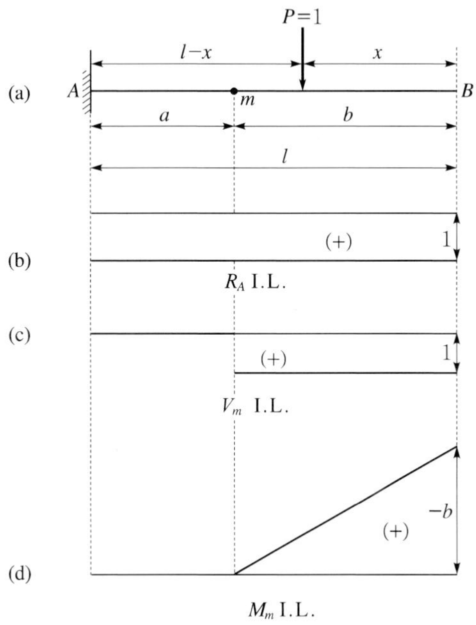

그림 6.12

(3) 휨 모멘트의 영향선

그림(a)와 같은 캔틸레버보 AB의 임의단면 m의 휨 모멘트 M_m은 단위 하중이 이동하여 $P=1$이 B~m 사이에 있을 때에는

$$M_m = -1(b-x) \ (0 \leqq x \leqq b)$$

이며, 여기서

$$x=0 \text{이면, } M_m = -b$$

$$x=b \text{이면, } M_m = 0$$

이다. 그리고, $P=1$이 m~A 사이에 있을 때에는 하중의 작용 위치 x에 관계없이 $M_m=0$ 이므로, 휨 모멘트의 영향선은 그림(d)와 같다.

고정단이 오른쪽에 있는 캔틸레버보의 영향선도 위에서와 마찬가지로 하여 구하면 된다. 여기서, 주의할 것은 전단력의 영향선의 부호는 고정 지점이 오른쪽에 있으면 (−), 왼쪽에 있으면, (+)이다.

6.1.4 내민보의 영향선

(1) 반력의 영향선

그림 6.13(a)에서 $P=1$이 내민보의 두 지점 A, B 사이에 있을 때에는 경간 l의 단순보의 반력 영향선과 같다.

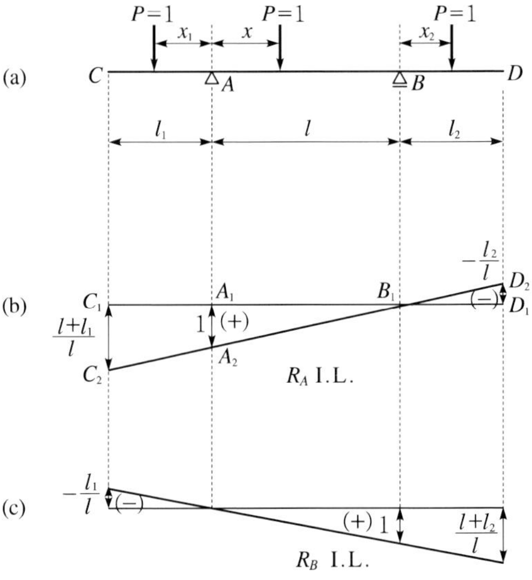

그림 6.13

$P=1$이 이동하여 내민 부분 $A-C$ 사이에 있을 때에는

$$R_A = \frac{l+x_1}{l} \ (0 \leq x_1 \leq l_1)$$

$$x_1 = 0\text{이면,} \quad R_A = 1$$

$$x_1 = l_1\text{이면,} \quad R_A = \frac{l+l_1}{l}$$

이다. 여기서, 점 C에서의 R_A의 영향선의 종거를 y_c라 하면,

$$y_c = \frac{l+l_1}{l}$$

이므로,

$$l : 1 = (l+l_1) : y_c$$

의 관계가 성립한다. 그러므로 단순보 AB의 R_A의 영향선인 $B_1 A_2$의 연장선 $A_2 C_2$가 $P=1$이 $A-C$ 사이에 있을 때의 R_A의 영향선이다.

$P=1$이 이동하여 내민 부분 $B-D$ 사이에 있을 때의 R_A는

$$R_A = -\frac{x_2}{l} \ (0 \leq x_2 \leq l_2)$$

$$x_2 = 0\text{이면,} \ R_A = 0$$

$$x_2 = l_2\text{이면,} \ R_A = -\frac{l_2}{l}$$

이다. 여기서, 점 D에서의 R_A의 영향선으로 종거를 y_D라 하면,

$$y_D = -\frac{l_2}{l}$$

이므로,

$$l : 1 = l_2 : y_D$$

의 관계가 성립한다. 그러므로, 단순보 AB의 R_A의 영향선인 $A_2 B_1$의 연장선 $B_1 D_2$가 $P=1$이 $B-D$사이에 있을 때의 R_A의 영향선이다. 따라서, 내민보의 R_A의 영향선은 단순보의 R_A의 영향선을 그린 다음, 이것을 양쪽 내민 부분의 자유단에서 내린 수선까지 연장

하면 된다.

같은 방법으로 하여 R_B의 영향선을 그리면 그림(c)와 같다.

(2) 전단력의 영향선

그림 6.14(a)와 같은 내민보의 양 지점 사이의 임의단면 m의 전단력 영향선은 $P=1$이 A−B사이에 있을 때에는 단순보의 전단력 영향선과 같다.

$P=1$이 내민 부분 $A-C$ 사이에 있을 때의 V_m은

$$V_m = -R_B = -\left(-\frac{x_1}{l}\right)$$
$$= \frac{x_1}{l} \quad (0 \leq x_1 \leq l_1)$$

$x_1 = 0$이면, $V_m = 0$

$x_1 = l_1$이면, $V_m = \dfrac{l_1}{l}$

이다. 여기서, 점 C에서의 V_m의 영향선의 종거를 y_c라 하면,

$$y_c = \frac{l_1}{l}$$

이므로,

$$l : 1 = l_1 ; y_c$$

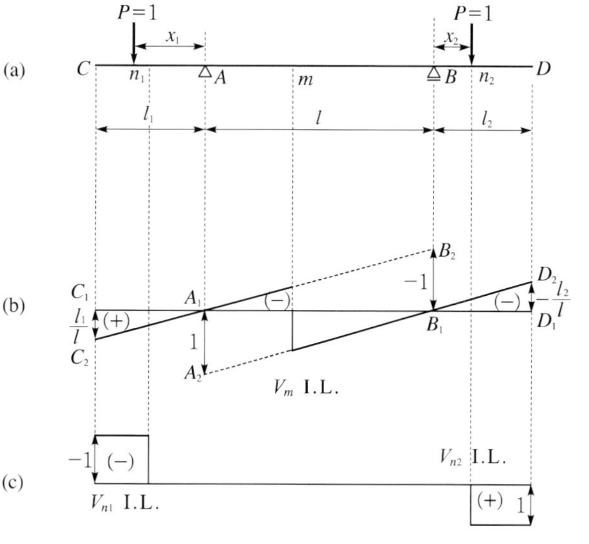

그림 6.14

의 관계가 성립한다. 그러므로, B_2A_1의 연장선 A_1C_2가 P_1이 $A-C$ 사이에 있을 때의 V_m의 영향선이다. 마찬가지로 하여, $P=1$이 내민 부분 $B-D$ 사이에 있을 때의 V_m의 영향선을 구하면, A_2B_1의 연장선인 B_1D_2로 된다.

따라서, 내민보의 양 지점 사이에 있는 임의단면 m의 전단력 영향선은 그림(b)와 같이 단순보의 V_m의 영향선을 그린 다음, 이것을 양쪽 내민 부분의 자유단에서 내린 수선까지 연장하면 된다.

다음에 내민 부분 CA, BD의 임의단면 n_1, n_2의 전단력 영향선은 캔틸레버보의 영향선과 같으며, 그림(c)와 같다.

(3) 휨 모멘트의 영향선

그림 6.15(a)와 같은 내민보의 양 지점 사이의 임의단면 m의 휨 모멘트 영향선은 A-B 사이에 $P=1$이 있을 때에는 단순보의 휨 모멘트 영향선과 같다.

$P=1$이 내민 부분 $A-C$ 사이에 있을 때의 M_m은

$$M_m = R_B \cdot b = -\frac{bx_1}{l} \ (0 \leqq x_1 \leqq l_1)$$

$x_1 = 0$이면, $M_m = 0$

$x_1 = l_1$이면, $M_m = -\dfrac{bl_1}{l}$

이다. 여기서, 점 C에서의 M_m의 영향선의 종거를 y_c라 하면,

$$y_c = -\frac{bl_1}{l}$$

이므로,

$$l : b = l_1 : y_c$$

의 관계가 성립한다. 그러므로, B_2A_1의 연장선 A_1C_2가 $P=1$이 $A-C$ 사이에 있을 때의 M_m의 영향선이다.

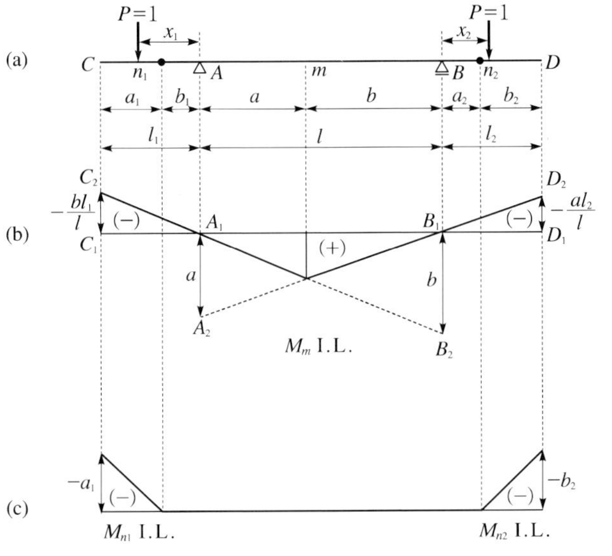

그림 6.15

마찬가지로 하여, $P=1$이 내민 부분 $B-D$사이에 있을 때의 M_m의 영향선은 A_2B_1의 연장선인 B_1D_2로 된다.

따라서, 내민보의 양 지점 사이에 있는 임의단면 m의 휨 모멘트 영향선은 그림(b)와 같이 단순보의 M_m의 영향선을 그린 다음, 이것을 양쪽 내민부분의 자유단에서 내린 수선까지 연장하면 된다. 다음에 내민 부분 CA, BD의 임의단면 n_1, n_2의 휨 모멘트 영향선은 캔틸레버보의 영향선과 같으며, 그림(c)와 같다.

6.1.5 게르버보의 영향선

게르버보는 단순보와 내민보를 힌지로 연결한 보이므로, 게르버보의 해석 방법과 단순보

와 내민보의 영향선을 그리는 방법을 알면, 게르버보의 영향선을 그릴 수 있다.

게르버보에서, 내민보 부분에 작용하는 하중은 단순보 부분에 아무런 영향도 주지 않으며, 단순보 부분에 작용하는 하중은 내민보 부분에 영향을 주므로, 게르버보의 영향선은 다음과 같이 생각하여 그리면 된다. 게르버보의 단순보 부분의 영향선은 단순보의 영향선과 같으며, 내민보 부분의 영향선은 $P=1$이 내민보 부분에 있을 때의 내민보의 영향선에다 $P=1$이 단순보 부분에 있을 때의 영향선을 추가하면 된다.

그림 6.16(a)와 같이 중앙 경간에 힌지가 들어있는 게르버보의 내민보 ABE 부분의 영향선을 그려보기로 한다. 여기서, 단위 하중 $P=1$이 단순보 부분인 $E-F$사이에 있을 때, 단면 E에 작용하는 하중은

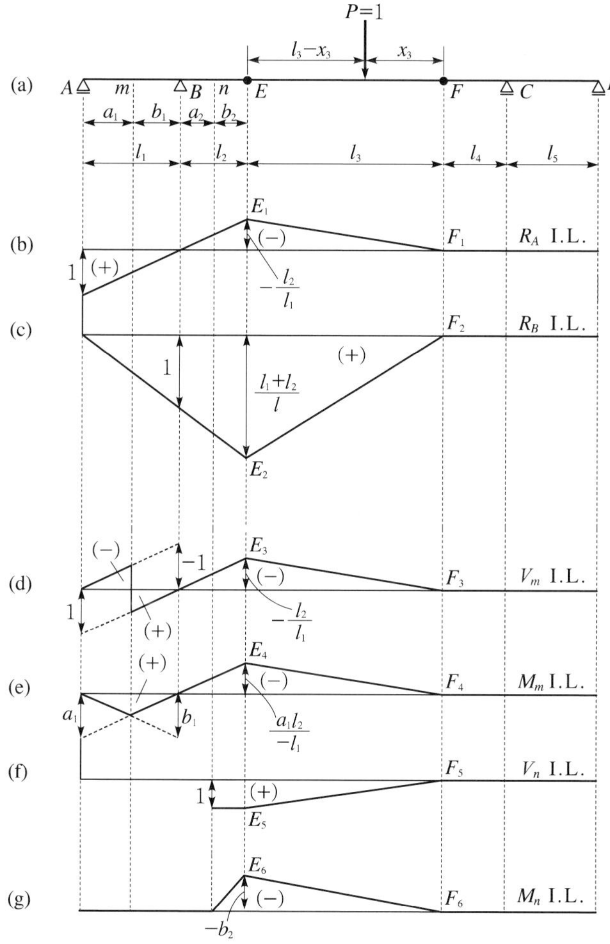

그림 6.16

$$P_E = \frac{x_3}{l_3}(\downarrow)$$

이다. 또, 단위 하중 $P=1$이 $F-D$ 사이에 있을 때에는 게르버보의 구조상 내민보 ABE 부분에는 아무런 영향도 주지 않는다.

(1) R_A의 영향선

$P=1$이 $E-F$ 사이에 있을 때,

$$R_A = -\frac{l_2 x_3}{l_1 l_3} \quad (0 \leqq x_3 \leqq l_3)$$

이므로,

$$x_3 = 0 \text{이면, } R_A = 0$$

$$x_3 = l_3 \text{이면, } R_A = -\frac{l_2}{l_1}$$

로 되어, 내민보 ABE의 점 E에서의 R_A의 영향선의 종거와 일치한다. 따라서, E_1과 F_1을 직선으로 이으면 되며, R_A의 영향선은 그림(b)와 같다.

(2) R_B의 영향선

$P=1$이 $E-F$ 사이에 있을 때,

$$R_B = \frac{(l_1 + l_2)x_3}{l_1 l_3} \quad (0 \leqq x_3 \leqq l_3)$$

이므로,

$$x_3 = 0 \text{이면, } R_B = 0$$

$$x_3 = l_3 \text{이면, } R_B = \frac{l_1 + l_2}{l_1}$$

로 되어, 내민보 ABE의 점 E에서의 R_B의 영향선의 종거와 일치한다. 따라서, E_2과 F_2을 직선으로 이으면 되며, R_B의 영향선은 그림 (c)와 같다.

(3) V_m의 영향선

$P=1$이 $E-F$ 사이에 있을 때,

$$V_m = R_A$$

이므로, R_A의 영향선의 $E-F$ 사이와 마찬가지로, E_3과 F_3을 이으면 되며, V_m의 영향선은 그림(d)와 같다.

(4) M_m의 영향선

$P=1$이 $E-F$ 사이에 있을 때,

$$M_m = R_A \cdot a_1 = -\frac{l_2 x_3}{l_1 l_3} a_1 \ (0 \leq x_3 \leq l_3)$$

이므로,

$$x_3 = 0 \text{이면, } M_m = 0$$

$$x_3 = l_3 \text{이면, } M_m = -\frac{a_1 l_2}{l_1}$$

로 되어, 내민보 ABE의 M_m의 영향선의 점 E에서의 종거와 일치한다. 따라서, E_4과 F_4을 직선으로 이으면 되며, M_m의 영향선은 그림(e)와 같다.

(5) V_n의 영향선

$P=1$이 E-F 사이에 있을 때,

$$V_n = P_E = \frac{x_3}{l_3} \ (0 \leq x_3 \leq l_3)$$

이므로,

$$x_3 = 0 \text{이면, } V_n = 0$$

$$x_3 = l_3 \text{이면, } V_n = 1$$

로 되어, 내민보 ABE의 점 E에서의 V_n의 영향선의 종거와 일치한다. 따라서, E_5과 F_5을 직선으로 이으면 되며, V_n의 영향선은 그림 (f)와 같다.

(6) M_n의 영향선

$P=1$이 $E-F$ 사이에 있을 때,

$$M_n = -P_E \cdot b_2 = -\frac{x_3}{l_3}b_2 \ (0 \leq x_3 \leq l_3)$$

이므로,

$x_3 = 0$이면, $M_n = 0$

$x_3 = l_3$이면, $M_n = -b_2$

로 되어, 내민보 ABE의 점 E에서의 M_n의 영향선의 종거와 일치한다. 따라서, E_6과 F_6을 직선으로 이으면 되며, M_n의 영향선은 그림(g)와 같다.

마찬가지로 하여, 양쪽 경간에 힌지가 들어 있는 게르버보의 영향선을 그리면 그림 6.17과 같다.

6.2 보의 최대 단면력

보에 단일 집중하중이나 등분포하중이 이동하는 경우에는, 특정 단면에 최대 단면력을 일으키는 하중의 작용 위치를 영향선에 의하여 바로 알 수 있다. 그러나 자동차나 열차와 같은 연행 하중이 이동할 때에는 영향선에 의하여 바로 알 수 없으며, 최대 단면력을 일으키는 조건을 만족하도록 하중을 배치하여야 한다. 이 조건을 알아보기 위해서는 먼저 다음과 같은 영향선의 성질을 알아두어야 한다.

① 단일 집중하중이 이동하는 경우에는 영향선의 종거가 최대인 점에 하중을 작용시키면 최대 단면력이 구해진다. 이 때, (+)의 최대 단면력을 구하려면 하중을 (+)의 종거가 최대인 점에, (−)의 최대 단면력을 구하려면 하중을 (−)의 종거가 최대인 점에 작용시켜야 한다.

② 단일 집중하중에 의한 특정 단면의 단면력의 값은 그 하중의 작용점에서의 영향선의 종거에 그 집중하중의 크기를 곱한 값과 같다.

③ 다수의 집중 이동 하중이 작용하는 경우에는 영향선의 종거가 최대인 점에 하중 하나하나가 올 때마다의 단면력 가운데서 가장 큰 것이 최대 단면력이다.

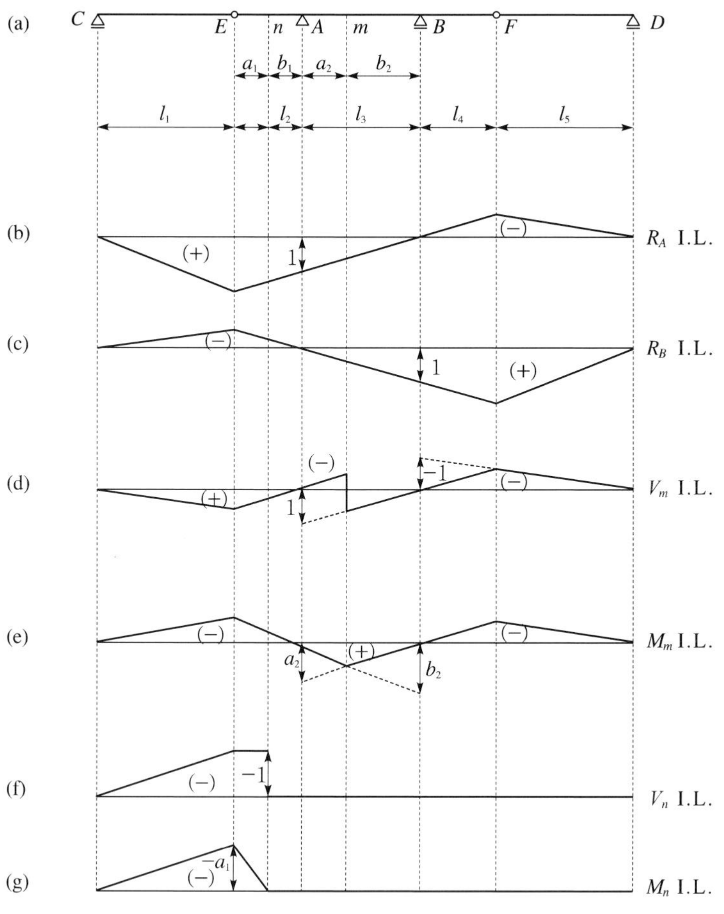

그림 6.17

④ 다수의 집중하중에 의한 특정 단면의 단면력의 값은 식 (6.1)과 같이, 보에 실린 하중 하나하나의 크기에 각 하중의 작용점에서의 영향선의 종거를 곱한 것을 합한 값과 같다.

⑤ 등분포 이동 하중이 작용하는 경우에는 영향 면적이 최대로 되는 부분에 하중을 배치하면 최대 단면력이 구해진다. 이 때 (+)의 최대 단면력을 구하려면 (+)의 영향 면적이 최대로 되는 부분에, (−)의 최대 단면력을 구하려면, (−)의 영향 면적이 최대로 되는 부분에 하중을 배치하여야 한다.

⑥ 등분포하중에 의한 단면력의 값은 식 (6.2)와 같이 하중강도에다 하중의 작용 구간에 대응하는 영향 면적을 곱한 값과 같다.

⑦ 열차하중인 경우에는 하중은 연속되어야 한다.

또한, 단순보의 경우에는 연행 하중에 의한 최대 단면력을 구할 때, 연행 하중의 작용 위치에 대한 조건식이 있다. 이 조건식을 쓰면, 영향선을 직접 이용하지 않아도 특정 단면의 단면력이 최대로 되는 연행 하중의 작용 위치를 구하여 최대 단면력을 계산할 수 있다.

6.2.1 최대 반력

이동 하중을 받는 보의 한 지점에 일어날 수 있는 가장 큰 반력을 그 지점의 최대 반력(maximum reaction)이라 한다. 단순보에 등분포 이동 하중이 작용할 때의 지점 A의 반력 R_A는 그림 6.18(a)와 같이 하중의 한 끝이 지점 A에 올 때 최대이다.

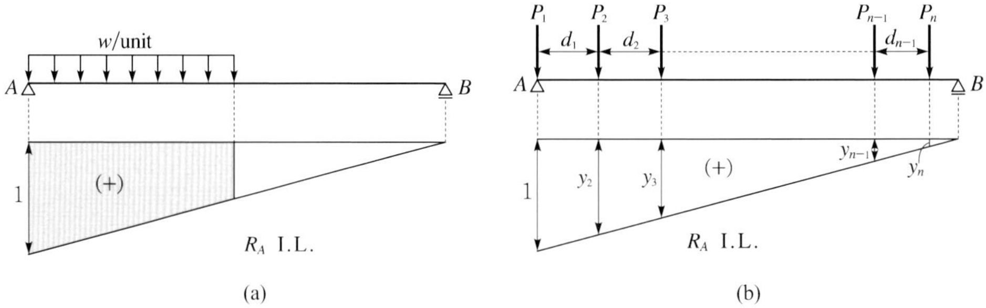

그림 6.18

단순보에 다수의 집중 이동 하중이 작용할 때의 지점 A의 반력 R_A는 그림 6.18(b)와 같이 하중 하나하나가 지점 A에 올 때마다 극대 값이 되며, 이들 가운데 가장 큰 값이 최대 반력이다. 이 경우에 어느 하중이 지점 A에 올 때 지점 A의 반력이 최대인가를 판별하는 조건식이 있으나, 이는 뒤의 단면 C에 최대 전단력을 일으키는 하중 배치에 관한 조건식을 그대로 사용할 수 있으므로 여기서는, 생략하기로 한다.
지점 B의 최대 반력도 이와 같은 방법으로 구한다.

6.2.2 최대 전단력

(1) 임의의 한 단면의 최대 전단력

이동 하중을 받는 보의 임의의 한 단면에 일어날 수 있는 가장 큰 전단력을 그 단면의 **최대 전단력**(maximum shearing force)이라 한다. 단순보의 임의의 한 단면 C의 전단력 영향선에 의하면, 하중이 다음과 같은 위치에 작용할 때, 단면 C에 최대 전단력이 일어남을 알 수 있다.

① 그림 6.19(a)와 같이 단순보에 등분포 하중이 오른쪽에서 왼쪽을 향하여 이동하는 경우, 하중의 맨 앞이 단면 C에 올 때 (+)의 최대 전단력이, 하중의 맨 뒤가 단면 C에 올 때 (−)의 최대 전단력이 단면 C에 일어난다.

② 그림(b)와 같이 단순보에 단일 집중하중 P가 이동하는 경우에는, 하중 P가 단면 C의 바로 오른쪽에 올 때 (+)의 최대 전단력이, 하중 P가 단면 C의 바로 왼쪽에 올 때 (−)의 최대 전단력이 단면 C에 일어난다.

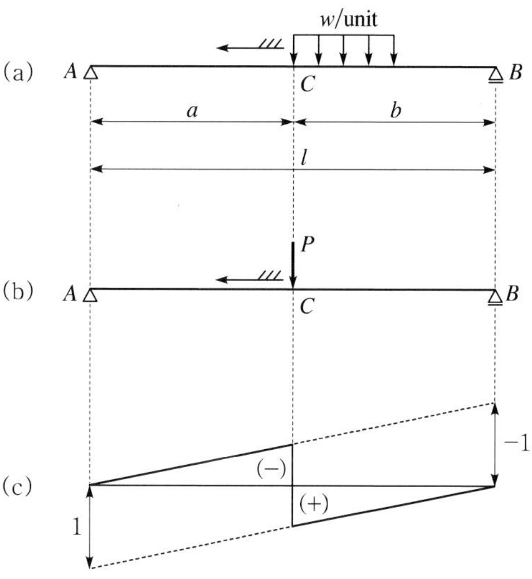

그림 6.19

③ 그림 6.20과 같이 단순보에 오른쪽에서 왼쪽으로 이동하는 다수의 집중하중에 의한 임의의 한 단면 C의 (+)의 전단력은 하중 하나하나가 단면 C의 바로 오른쪽에 올 때마다 극대값이 되며, 이들 가운데 가장 큰 값이 단면 C의 (+)의 최대 전단력이다. (−)의 최대 전단력은 하중을 왼쪽에서 오른쪽으로 이동시켜 구하면 된다. 그러나, 보를 설계할 때에는 부호에 관계없이 절대값이 큰 것을 사용해야 하므로, a<b이면 (+)의 최대 전단력이, a>b이면, (−)의 최대 전단력이 단면 C의 최대 전단력이다. 다음에, 다수의 집중하중이 이동하는 단순보의 임의의 한 단면 C에 최대 전단력이 일어나기 위한 하중의 작용 위치를 결정하는 조건식에 대하여 알아보기로 한다.

그림 6.20에서 단면 C에 하중 $P_1, P_2, P_3 \cdots\cdots$이 올 때 보에 실리는 하중의 합력을 $\Sigma_1 P$, $\Sigma_2 P$, $\Sigma_3 P, \cdots\cdots$라 하고, 하중 P_1과 P_2, P_2와 $P_3, \cdots\cdots$사이의 거리를 각각 d_1, d_2라 한다.

여기서, 그림(a), (b)와 같이 P_1, P_2가 차례로 단면 C의 바로 오른쪽에 올 때의 단면 C의 전단력을 각각 $V_{C(a)}$, $V_{C(b)}$라 하고, 이들의 값을 그림(c)의 영향선에 의하여 구하여 비교해 보기로 한다.

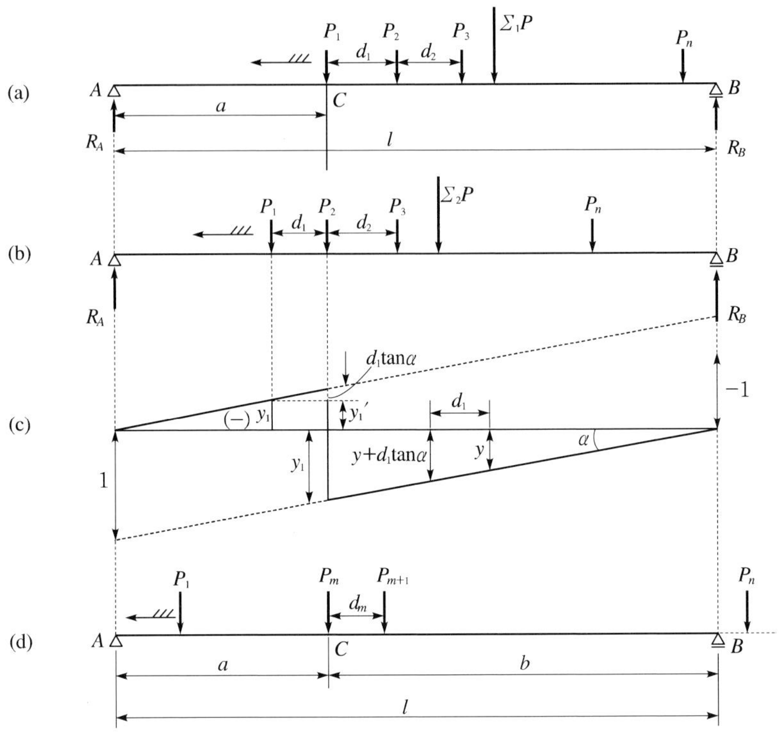

그림 6.20

그림(a)와 같이 P_1이 단면 C의 바로 오른쪽에 올 때의 각 하중 P_1, P_2, ……, P_n의 작용점에서의 영향선의 종거를 y_1, y_2, ……, y_n이라 하면 $V_{C(a)}$는

$$V_{C(a)} = P_1 y_1 + P_2 y_2 + \cdots\cdots + P_n y_n$$

이고, 그림(b)와 같이 P_2가 단면 C의 바로 오른쪽에 올 때의 각 하중 P_1, P_2, ……, P_n의 작용점에서의 영향선의 종거를 각각 y_1' y_2', ……, y_n'라 하면, 그림에서 $y_1' = y_1 + d_1 \tan\alpha - 1$이고, y_2', ……, y_n' 등은 각각 y_2……, y_n에 $d_1 \tan\alpha$를 더한 것과 같으므로

$$\begin{aligned} V_{C(b)} &= P_1 y_1' = P_2 y_2' + \cdots\cdots + P_n y_n' \\ &= P_1 (y_1 + d_1 \tan\alpha - 1) + P_2 (y_2 + d_1 \tan\alpha) + \cdots\cdots + P_n (y_n + d_1 \tan\alpha) \end{aligned}$$

여기서, $V_{C(a)}$와 $V_{C(b)}$의 대소를 비교하기 위하여 $V_{C(a)}$로부터 $V_{C(b)}$를 빼면,

$$\begin{aligned} V_{C(a)} - V_{C(b)} &= P_1 - (P_1 + P_2 + \cdots\cdots + P_n) d_1 \tan\alpha \\ &= P_1 - d_1 \tan\alpha \Sigma_1 P = P_1 - \frac{d_1}{l} \Sigma_1 P \end{aligned}$$

$$\therefore\ P_1 > \frac{d_1}{l}\Sigma_1 P \text{이면,}\ \ V_{C(a)} > V_{C(b)}$$

$$P_1 < \frac{d_1}{l}\Sigma_1 P \text{이면,}\ \ V_{C(a)} < V_{C(b)}$$

이다.

위의 식으로부터, 그림 (a)와 같이 P_1이 단면 C의 바로 오른쪽에 올 때, 단면 C의 전단력이 최대로 되려면,

$$P_1 > \frac{d_1}{l}\Sigma_1 P$$

의 조건식을 만족해야 하며, 만일

$$P_1 < \frac{d_1}{l}\Sigma_1 P \text{이고,}\ \ P_2 > \frac{d_2}{l}\Sigma_2 P$$

이면, 그림(b)와 같이 P_2가 단면 C의 바로 오른쪽에 올 때 단면 C의 전단력은 최대이다.

일반적으로, 그림(d)와 같이 P_m이 단면 C에 올 때 보에 실리는 하중의 합력을 $\Sigma_m P$, 하중 P_m과 P_{m+1}사이의 거리를 d_m이라 하면, P_m이 단면 C의 바로 오른쪽에 올 때 단면 C의 전단력이 최대로 되려면 다음의 조건식을 만족해야 한다.

$$P_m > \frac{d_m}{l}\Sigma_m P \tag{6.5}$$

여기서, 주의할 것은, 다수의 집중하중으로 이루어진 연행 하중은 하중이 이동함에 따라 앞에 있는 하중은 보 밖으로 나가고, 뒤에 있는 하중은 보 안으로 들어오게 되므로 이를 확인하고 계산해야 한다.

또, 연행 하중을 이루고 있는 하중 하나하나가 단면 C에 올 때, 식 (6.5)를 만족하는 경우는 여러 번 있을 수 있으므로 그 때마다 전단력을 계산해야 하며, 이들 가운데서 가장 큰 값이 단면 C의 최대 전단력이다.

또한, 단면 C의 (−)의 최대 전단력을 구하려면 하중을 왼쪽에서 오른쪽으로 이동시켜 하중 하나 하나가 단면 C의 바로 왼쪽에 올 때마다 식 (6.5)를 적용하여 단면 C에서 (−)의 전단력이 최대로 되는 하중의 작용 위치를 구하면 된다.

(2) 보의 절대 최대 전단력

보에 이동 하중이 작용하는 경우에 그 보에 일어날 수 있는 가장 큰 전단력을 그 보의 **절대 최대 전단력**(absolute maximum shearing force)이라 한다.

정하중을 받는 단순보에서 지점 A 또는 B에서의 전단력이 모든 단면의 전단력 가운데서 최대인 것과 마찬가지로, 이동 하중이 작용하는 경우에도 보의 모든 단면의 최대 전단력 가운데서 지점 A또는 B에서의 최대 전단력이 가장 크다. 즉, 단순보의 절대 최대 전단력은 하중의 종류와 상태에 관계없이 지점에서 일어나며, 그 값은 최대 반력과 같다. 이를 식으로 표시하면,

$$V_{abs}\max = R\max$$

이며, 단순보의 절대 최대 전단력 즉, 최대 반력은 임의단면 C가 지점 A 또는 B에 일치하는 것으로 생각하여 식 (6.5)를 적용하여 구할 수 있다.

예제 6.3

그림 6.21과 같은 연행 하중이 작용하는 단순보의 단면 C의 최대 전단력과 보의 절대 최대 전단력을 구하여라.

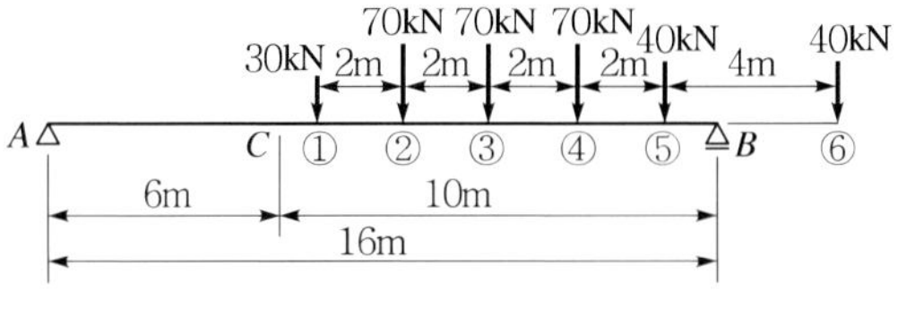

그림 6.21

풀이

(1) 단면 C의 최대 전단력

하중 ①이 하중 ②에 비하여 작고, 하중 ②, ③, ④의 크기가 같으므로, 단면 C에 하중 ① 또는 ②가 올 때 단면 C에 최대 전단력이 일어날 것으로 예상되므로, 하중 ①, ②가 단면 C에 오는 경우에 대하여 식 (6.5)를 적용하기로 한다.

그림 6.22(a)와 같이 하중 ①이 단면 C에 올 때,

$$30 < \frac{2}{16} \times 280 \quad \therefore N.G$$

그림(b)와 같이 하중 ②가 단면 C에 올 때,

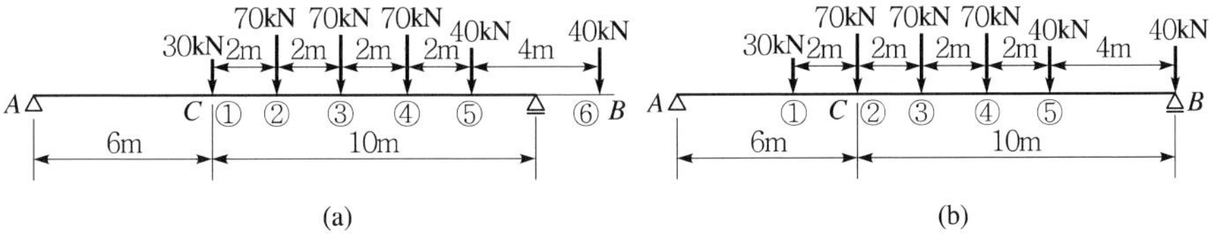

그림 6.22

$$70 > \frac{2}{16} \times 250 \quad \therefore O.K$$

$$\therefore V_C\text{max} = R_A - P_{①} = \frac{1}{16}(30 \times 12 + 70 \times 10 + 70 \times 8 + 70 \times 6 + 40 \times 4) - 30 = 107.5\,\text{kN}$$

이 때 주의할 것은, 하중 ②가 단면 C에 오면 하중 ⑥이 지점 B에 오게 된다. 그러나, 단면 C의 전단력 영향선의 지점 B에서의 종거가 0이므로, 지점 B에 작용하는 하중 ⑥과 단면 C의 전단력과는 관계가 없으므로, 식 (6.5)의 $\sum_m P$ 에서 하중 ⑥을 제외시킨 것이다.

(2) 보의 절대 최대 전단력

단면 C의 최대 전단력을 구할 때와 마찬가지 이유로 지점 A에 하중 ① 또는 ②가 올 때 일어날 것으로 예상되므로, 하중 ①, ②가 지점 A에 오는 경우에 대하여 식 (6.5)를 적용하기로 한다.

그림 6.23(a)와 같이 하중 ①이 단면 A에 올 때,

$$30 < \frac{2}{16} \times 320 \quad \therefore N.G$$

그림(b)와 같이 하중 ②가 단면 A에 올 때,

$$70 > \frac{2}{16} \times 250 \quad \therefore O.K$$

$$\therefore \quad V_{abs}\text{max} = R_A\text{max} = \frac{1}{16}(70 \times 16 + 70 \times 14 + 70 \times 12 + 40 \times 10 + 40 \times 6) = 223.75\,\text{kN}$$

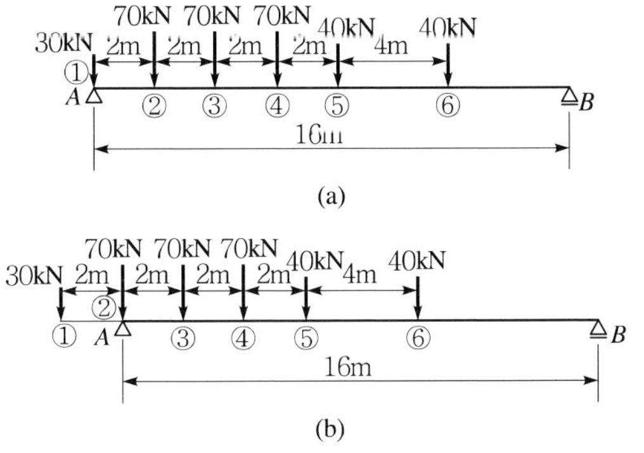

그림 6.23

예제 6.4

그림 6.24(a)와 같이 단순보 AB에 1개의 집중하중과 계속되는 등분포 활하중이 작용할 때, 단면 C의 최대 전단력과 이 보의 절대 최대 전단력을 구하여라.

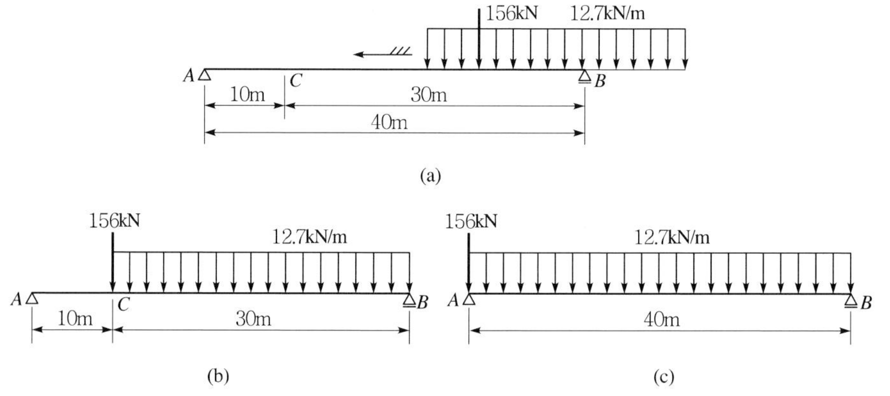

그림 6.24

풀이

그림에서 등분포 활하중($w = 12.7\text{kN/m}$)은 도로교 설계에 사용하는 차량활하중(KL-510)의 일부로서, 도로교설계기준에서 표준트럭하중과 함께 사용하도록 규정하고 있는 60m 이하 지간에 적용되는 표준차로 하중이다.

(1) 단면 C의 최대 전단력

단면 C의 전단력 영향선을 생각하면, 단면 C에 집중하중이 작용하고, B-C사이에 등분포하중이 작용할 때 단면 C에 최대 전단력이 일어난다.

$$V_C \max = R_A = \frac{1}{40}(156 \times 30 + 12.7 \times 30 \times 15) = 259.875\,\text{kN}$$

(2) 보의 절대 최대 전단력

R_A의 영향선을 생각하면, 지점 A에 집중하중이 작용하고, 전 경간에 등분포하중이 작용할 때 지점 A에서 절대 최대 전단력이 일어난다.

$$V_{abs} \max = R_A \max = 156 + \frac{12.7 \times 40}{2} = 410\,\text{kN}$$

6.2.3 최대 휨 모멘트

(1) 임의의 한 단면의 최대 휨 모멘트

이동 하중을 받는 보의 한 단면에 일어날 수 있는 가장 큰 휨 모멘트를 그 단면의 **최대 휨 모멘트**(maximum bending moment)라 한다. 단순보의 임의의 한 단면 C의 휨 모멘트 영향선에 의하면, 하중이 다음과 같은 위치에 작용할 때, 단면 C에 최대 휨 모멘트가 일어남을 알 수 있다.

① 그림 6.25(a)와 같이 단순보에 단일 집중하중이 이동하는 경우에는, 하중 P가 단면 C에 올 때 단면 C의 휨 모멘트가 최대이다.

② 그림(b)와 같이 단순보에 다수의 집중하중으로 이루어진 연행 하중이 작용하는 경우에, 단면 C에 최대 휨 모멘트가 일어나려면, 단면 C에 1개의 하중이 작용해야 하고, 단면 C의 좌우에 될 수 있는 대로 크고 많은 하중이 작용해야 한다.

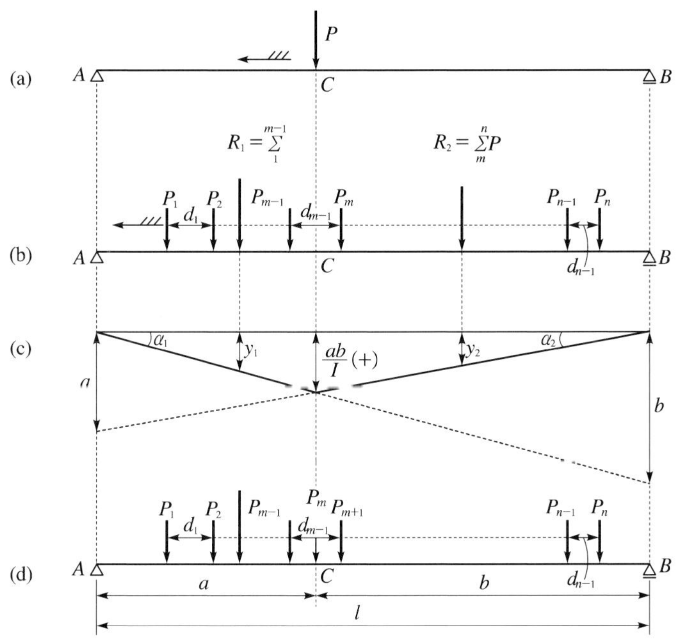

그림 6.25

다음에 다수의 집중하중으로 이루어진 연행 하중이 작용하는 단순보의 임의의 한 단면 C에 최대 휨 모멘트가 일어나기 위한 하중의 작용 위치를 결정하는 조건식에 대하여 고찰하기로 한다.

그림(b)에서 보에 실린 n개의 하중 가운데 A－C사이에 실린 하중의 합력을 R_1, B－C사이에 실린 하중의 합력을 R_2라하고, 그림(c)의 단면 C의 휨 모멘트 영향선에서R_1, R_2의 작용점에 대응하는 종거를 y_1, y_2라 한다.

그림(b)에서 단면 C의 최대 휨 모멘트는 P_{m-1} 또는 P_m이 단면 C에 올 때 일어날 것이다. 여기서, P_m이 단면 C에 올 때 일어난다고 가정하면,

$$M_c = R_1 y_1 + R_2 y_2$$

하중이 dx만큼 왼쪽으로 이동하였을 때, 단면 C의 휨 모멘트가 dM_c만큼 증가하였다고 하면,

$$M_c + dM_c = R_1(y_1 - dx\ \tan\alpha_1) + R_2(y_2 + dx\ \tan\alpha_2)$$

위의 두 식으로부터 dM_c를 구하면,

$$dM_c = dx(-R_1 \tan\alpha_1 + R_2 \tan\alpha_2)$$

이며, 그림에서

$$\tan\alpha_1 = \frac{b}{l}, \quad \tan\alpha_2 = \frac{a}{l}$$

이므로,

$$dM_c = dx\left(-R_1\frac{b}{l} + R_2\frac{a}{l}\right)$$

이다. 이 식을 변형하면,

$$\frac{dM_c}{dx} = \frac{ab}{l}\left(\frac{R_2}{b} - \frac{R_1}{a}\right)$$

여기서, $\frac{dM_c}{dx}$는 단면 C에서의 휨 모멘트의 변화율로서, 단면 C의 휨 모멘트가 최대로 되려면, $\frac{dM_c}{dx}$=0이어야 하므로 다음 식이 성립한다.

$$\frac{R_2}{b} - \frac{R_1}{a} = 0 \qquad \text{(a)}$$

식 (a)는 단면 C의 최대 휨 모멘트를 구하는 조건식이다. 하중이 dx만큼 왼쪽으로 이동하면 이 식의 좌변은 (+)에서 (−)로 변하며, 이 사이에 0을 통과하는 것이 필요하다. 이를

위해서는 a, b는 상수이므로 R_2가 감소하거나 R_1이 증가하지 않으면 안된다. 다시 말하면 M_C가 최대로 되려면 하중 P_m이 단면 C에 작용하고, P_m을 R_2에 포함시키면 식 (a)의 좌변은 (+), R_1에 포함시키면 (−)로 되어야 한다.

또, 식 (a)에 $b = l - a$를 대입하고, 변형하면,

$$\frac{R_2}{l-a} = \frac{R_1}{a}$$

$$l \cdot R_1 = a(R_1 + R_2) = aR$$

$$\therefore \frac{R_1}{a} = \frac{R}{l} \tag{b}$$

여기서, P_m을 R_1에 포함시키면,

$$R_1 = P_1 + P_2 + \cdots\cdots + P_m = \sum_1^m P$$

P_m을 R_2에 포함시키면,

$$R_1 = P_1 + P_2 + \cdots\cdots + P_{m-1} = \sum_1^{m-1} P$$

이고,

$$R = P_1 + P_2 + \cdots\cdots + P_n = \sum_1^n P$$

이므로, 식 (b)에 의하여 임의의 하중 P_m이 단면 C에 올 때, 단면 C의 휨 모멘트가 최대로 되려면,

$$\frac{\sum_1^m P}{a} > \frac{\sum_1^n P}{l}, \quad \frac{\sum_1^{m-1} P}{a} < \frac{\sum_1^n P}{l}$$

이어야 하므로 다음의 조건식을 만족해야 한다.

$$\frac{\sum_1^m P}{a} > \frac{\sum_1^n P}{l} > \frac{\sum_1^{m-1} P}{a} \tag{6.6}$$

위의 식 (6.6)을 만족하는 하중의 위치는 하나의 연행 하중에 대하여 둘 이상 있는 경우도 있다. 이런 경우에는 각 하중 위치에 대하여 휨 모멘트를 계산해야 하며, 이들 가운데

최대인 것이 단면 C의 최대 휨 모멘트이다.

(2) 보의 절대 최대 휨 모멘트

보에 이동 하중이 작용하는 경우에, 그 보에 일어날 수 있는 가장 큰 휨 모멘트를 그 보의 **절대 최대 휨 모멘트**(absolute maximum bending moment)라 한다.

① 그림 6.26(a)와 같이, 단순보에 단일 집중 이동 하중이 작용하는 경우에는, 하중이 보의 중점에 올 때 중점에서 절대 최대 휨 모멘트가 일어난다.

② 그림(b)와 같이, 단순보에 등분포하중이 이동하는 경우에는, 하중이 보의 중점에 대하여 대칭의 위치에 올 때 중점에서 절대 최대 휨 모멘트가 일어난다.

③ 그림 6.27과 같이, 단순보에 연행 하중이 작용하는 경우, 임의의 한 단면에 최대휨 모멘트가 일어나기 위해서는 어느 한 하중이 그 단면에 작용해야 하므로, 절대 최대 휨 모멘트도 어느 한 하중의 작용점에서 일어난다.

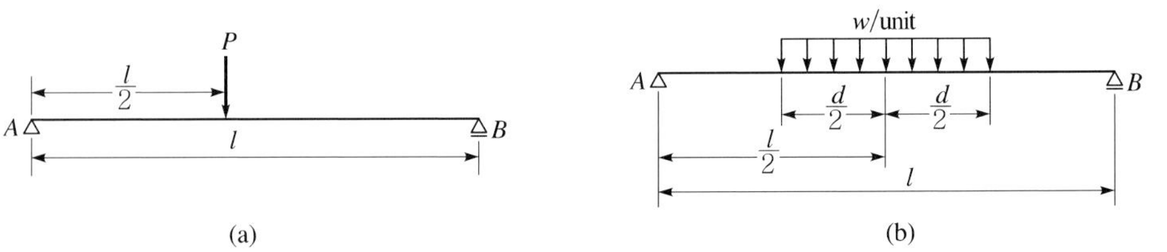

그림 6.26

그림에서 임의의 하중 P_m의 작용점에서 절대 최대 휨 모멘트가 일어난다고 가정하고, 이 때 성립해야 하는 조건식을 구해 보기로 한다.

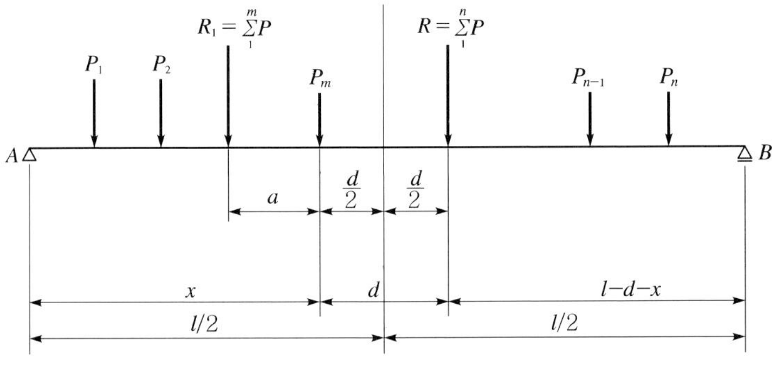

그림 6.27

생각하고 있는 하중과 보에 실린 모든 하중의 합력 $R = \sum_{1}^{n} P$와의 거리를 d, P_m과 P_m 좌측에 실린 모든 하중의 합력 $R_1 = \sum_{1}^{m} P$와의 거리를 a라고 하면, P_m의 작용점의 휨 모멘트는

$$M_x = \frac{R}{l}(l-d-x)x - R_1 a$$

최대 휨 모멘트가 일어나기 위한 조건식을 구하기 위하여 M_x의 식을 x에 관하여 미분한 식을 0으로 놓아 x의 값을 구하면 다음과 같다.

$$\frac{dM_x}{dx} = \frac{R}{l}(l-d-2x) = 0$$

$$\therefore x = \frac{l-d}{2} \tag{6.7}$$

위의 식에서 $x = \frac{l-d}{2}$는 왼쪽 지점 A로부터 P_m까지의 거리이다. 오른쪽 지점 B로 부터 보에 작용하는 모든 하중의 합력 R의 작용점까지의 거리도 마찬가지이다.

일반적으로 단순보에 연행 하중이 작용할 때 어느 한 하중의 작용점에서 최대 휨 모멘트가 일어나기 위해서는, 보에 실린 모든 하중의 합력의 작용점과 그 하중의 작용점이 보의 중점에 대하여 대칭의 위치에 있어야 한다.

연행 하중이 통과하는 동안에 위의 조건을 만족할 때마다 각 하중의 작용점에서 최대 휨 모멘트가 일어난다. 이들 최대 휨 모멘트 가운데서 가장 큰 것을 결정하기 위해서는 계산을 여러 번 반복할 필요가 있다. 그러나, 단순보의 절대 최대 휨 모멘트는 보의 중점 부근에서 일어나며, 대개의 경우 부에 실린 무든 하중의 합력의 작용점 양쪽에 있는 두 하중 가운데 어느 한 하중 밑에서 일어난다. 특히, 2개의 집중하중이 이동하는 경우에는 합력의 작용선에 가까운 하중, 즉 큰 하중 밑에서 일어난다.

연행 하중이 작용하는 단순보의 절대 최대 휨 모멘트를 구하는 순서를 들면 다음과 같다.

① 보에 실리는 모든 하중의 합력의 크기와 작용선의 위치를 구한다.
② 합력과 이웃하고 있는 하중과의 거리의 중점이 보의 중점과 일치하도록 하중을 배치한다.
③ 위의 하중 상태에서 합력의 작용선 양쪽에 있는 두 하중의 작용점에서 최대 휨 모멘트가 일어나기 위한 조건식인 식 (6.6)을 만족하는 가를 검토한다.
④ 위의 조건식을 만족하는 하중의 작용점의 휨 모멘트를 구하면, 이것이 보의 절대 최대 휨 모멘트이다.

⑤ 합력의 작용선 양쪽에 있는 하중에 대하여 다같이 식 (6.6)을 만족하는 경우에는, 각 하중 작용점에서의 휨 모멘트 가운데 큰 것이 보의 절대 최대 휨 모멘트이다.

위에서, ③항의 검토는 꼭 필요한 것은 아니므로, 이를 생략하고 바로 합력의 작용선 양쪽에 있는 두 하중의 작용점에서의 휨 모멘트를 구하여 큰 것을 선택하면 된다.

예제 6.5

그림 6.28(a)와 같이 단순보 AB에 1개의 집중하중과 계속되는 등분포 활하중이 작용할 때, 단면 C의 최대 휨 모멘트와 보의 절대 최대 휨 모멘트를 구하여라.

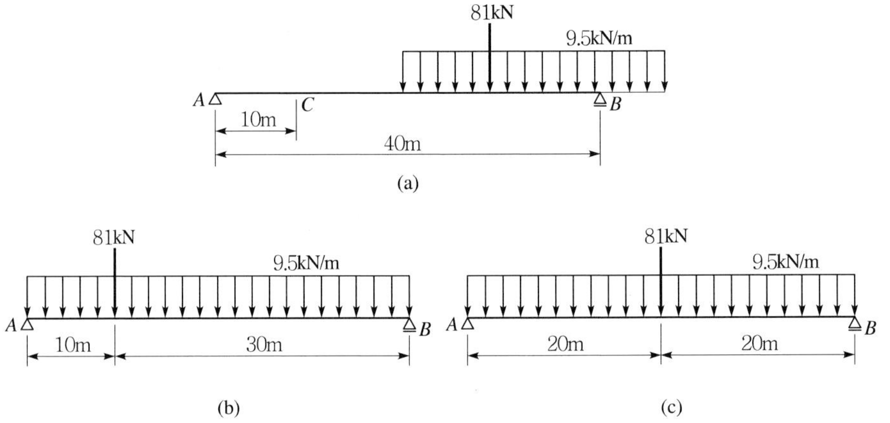

그림 6.28

풀이

그림과 같은 활하중은 도로교 설계에 사용하는 차선 하중으로 DL-18하중이다. 여기서, 집중하중의 크기는 휨 모멘트 계산에 사용되는 것이다.

(1) 단면 C의 최대 휨 모멘트

그림(b)와 같이 집중하중은 단면 C에, 등분포하중은 전 경간에 작용할 때 일어나므로

$$M_C\text{max} = \frac{1}{40}(81 \times 30 + 9.5 \times 40 \times 20) \times 10 - 9.5 \times 10 \times 5 = 2032.5\,\text{kN} \cdot \text{m}$$

(2) 절대 최대 휨 모멘트

집중하중은 보의 중점에, 등분포하중은 보의 전 경간에 작용할 때 보의 중점에서 일어나므로,

$$M_{abs}\text{max} = \frac{Pl}{4} + \frac{wl^2}{8} = \frac{81 \times 40}{4} + \frac{9.5 \times 40^2}{8} = 2710\,\text{kN} \cdot \text{m}$$

6.2.4 캔틸레버보, 내민보, 게르버보의 최대 단면력

캔틸레버보의 최대 단면력은 영향선의 성질로 보아, 다음과 같다는 것을 쉽게 알 수 있다.

(1) 최대 연직 반력은 될 수 있는 대로 크고, 많은 하중이 보에 실리면 하중의 작용 위치에 관계없이 일정하다.

(2) 임의의 한 단면 C의 최대 전단력은 될 수 있는 대로 크고, 많은 하중을 단면 C와 자유단 사이에 실리면 그의 위치에 관계없이 일정하며, 보의 절대 최대 전단력은 고정단에서 일어나며 그 값은 고정단의 최대 연직반력과 같다.

(3) 임의의 한 단면 C의 최대 휨 모멘트는 어느 한 하중이 자유단에 올 때마다 극대값을 가지며, 이 가운데 가장 큰 것이 단면 C의 최대 휨 모멘트이고, 보의 절대 최대 휨 모멘트는 고정단에서 일어나며 그 값은 고정단에서의 최대 휨 모멘트와 같다.

내민보, 게르버보 등의 최대 단면력은 보의 영향선에 의하여 구하면 되는데, 다음 예제를 참조하기 바란다.

예제 6.6

그림 6.29(a)와 같은 내민보에 $w = 20\text{kN/m}$의 등분포 활하중이 작용할 때, 단면 m의 최대 전단력과 최대 휨 모멘트를 구하여라.

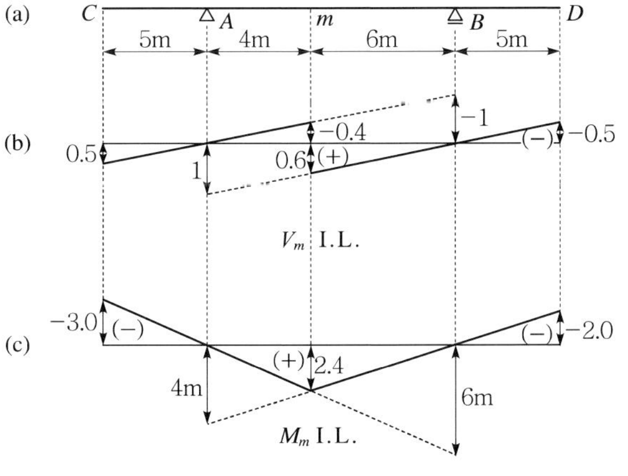

그림 6.29

풀이

단면 m에 대한 전단력과 휨 모멘트의 영향선을 그리면 그림(b),(c)와 같다. (+)의 최대 단면력을 구하려면, 영향선도의 (+)의 부분에만, (−)의 최대 단면력을 구하려면, 영향선도의 (−)의 부분에만 하중을 배치하면 된다.

$$(+)\ V_m \max = 20 \times \left(\frac{0.6 \times 6}{2} + \frac{0.5 \times 5}{2} \right) = 61\text{kN}$$

$$(-)\ V_m \max = -20 \times \left(\frac{0.4 \times 4}{2} + \frac{0.5 \times 5}{2} \right) = -41\text{kN}$$

그러므로, 단면 m의 최대 전단력은 (+) $V_m \max = 61\text{kN}$이다.

$$(+)\ M_m \max = 20 \times \frac{10 \times 2.4}{2} = 240\text{kN} \cdot \text{m}$$

$$(-)\ M_m \max = -20 \times \left(\frac{3 \times 5}{2} + \frac{2 \times 5}{2} \right) = -250\text{kN} \cdot \text{m}$$

그러므로, 단면 m의 최대 휨 모멘트는 (−) $M_m \max = -250\text{kN} \cdot \text{m}$ 이다.

연습문제

6.1 그림 6.30과 같은 단순보의 지점 반력 및 단면 m의 단면력을 영향선을 이용하여 구하여라. 또, 등분포하중을 집중하중으로 환산하여 계산해 보기도 하여라.

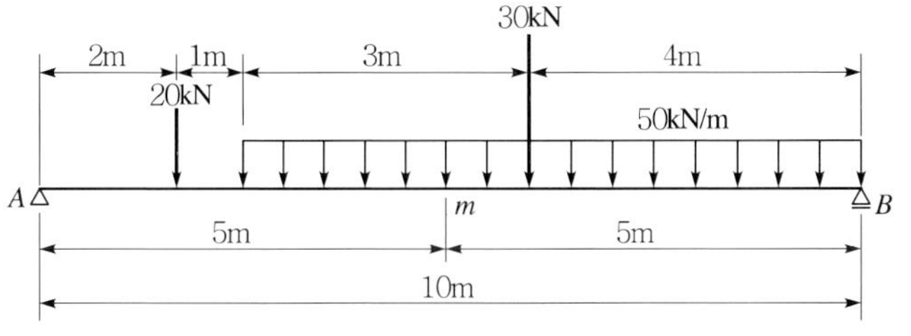

그림 6.30

6.2 그림 6.31과 같은 내민보의 반력 및 단면 m의 단면력을 영향선을 이용하여 구하여라.

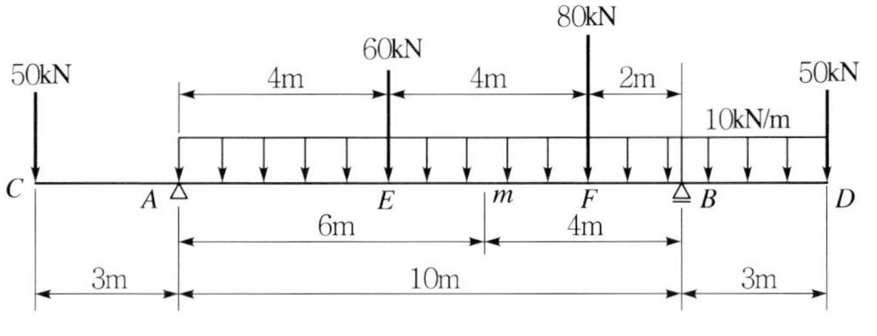

그림 6.31

6.3 그림 6.32와 같은 게르버보의 지점 B의 반력 및 단면 m, n의 단면력을 영향선을 이용하여 구하여라.

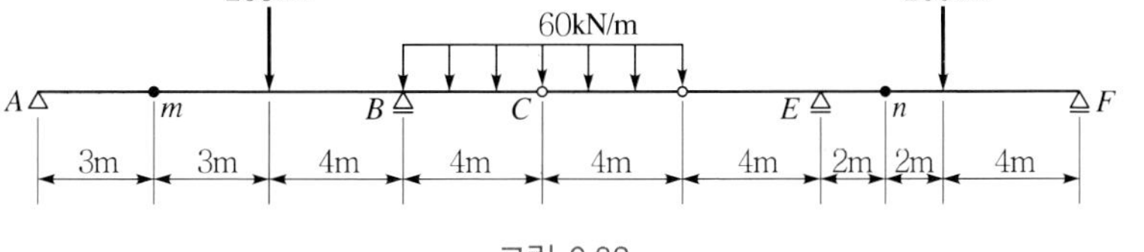

그림 6.32

6.4 경간 $10\mathrm{m}$의 단순보 AB에 그림 6.33과 같은 연행 하중이 왕복 작용할 때, 다음의 값을 구하여라.

(1) 왼쪽 지점 A로부터 $2.5\mathrm{m}$ 되는 단면 C의 최대 전단력

(2) 위의 단면 C의 최대 휨 모멘트

(3) 보의 절대 최대 전단력

(4) 보의 절대 최대 휨 모멘트

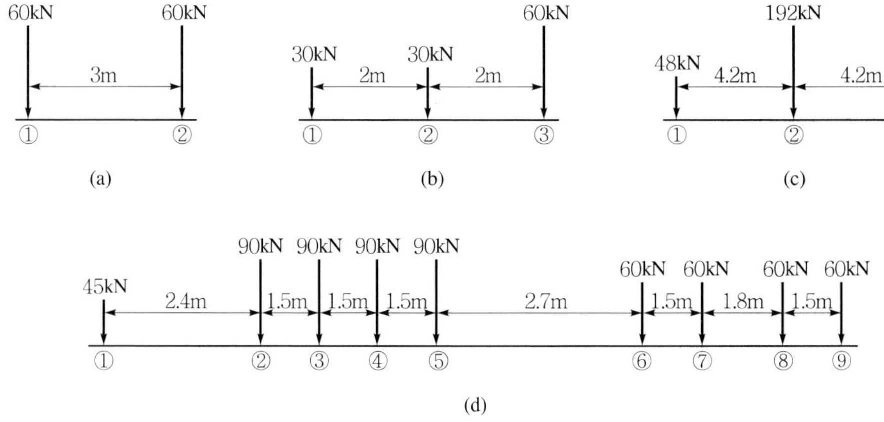

그림 6.33

6.5 그림 6.34와 같이 등분포하중을 받는 단순보에 연행 하중이 작용할 때, 보의 절대 최대 전단력과 절대 최대 휨 모멘트를 구하여라.

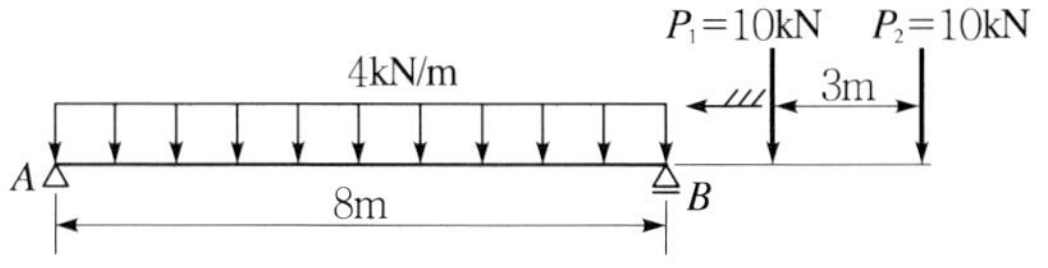

그림 6.34

6.6 그림 6.35와 같은 연행 하중을 받는 게르버보의 단면 $m_1,\ m_2,\ m_3$의 최대 전단력과 최대 휨 모멘트를 영향선을 이용하여 구하여라.

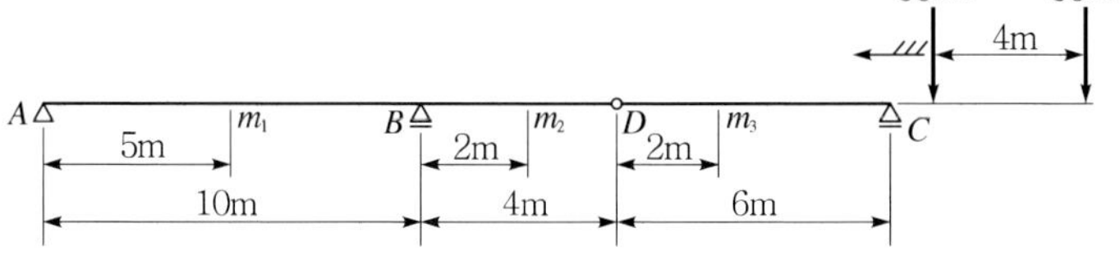

그림 6.35

CHAPTER 07

보의 응력

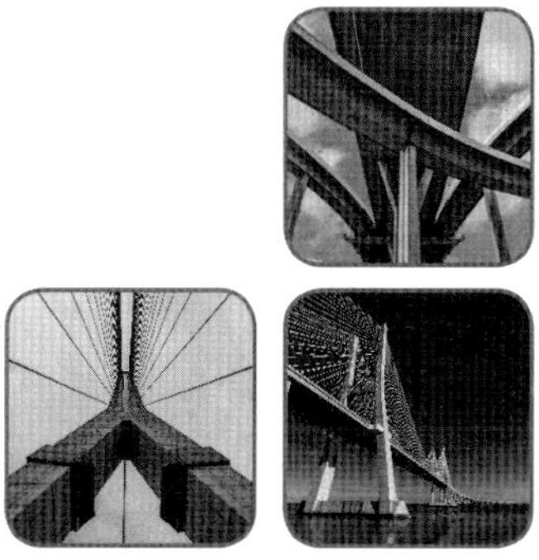

CHAPTER 07 보의 응력

보에 하중이 작용하면 보의 단면에는 휨 모멘트, 전단력 및 축방향력이 작용하며, 이에 따라 단면에는 단위 응력인 휨응력, 전단응력 및 축방향응력이 일어난다. 이 가운데 축방향응력은 이미 제3장에서 다루었으므로 여기서는, 휨응력과 전단응력의 계산방법과 외력에 대하여 안전한 보를 설계하는 방법을 생각하기로 한다. 이것은 각종 구조물 설계의 기본이 되는 중요한 것이다.

7.1 보의 휨응력

7.1.1 휨응력의 분포

그림 7.1(a)와 같은 단순보의 C-D 사이에는 전단력은 작용하지 않고 일정한 크기의 휨 모멘트 pa만이 작용한다. 이와 같이 전단력은 작용하지 않고 일정한 크기의 휨 모멘트만 작용하는 상태를 **순수 휨**(pure bending) 또는 단순 휨(simple bending)이라 한다.

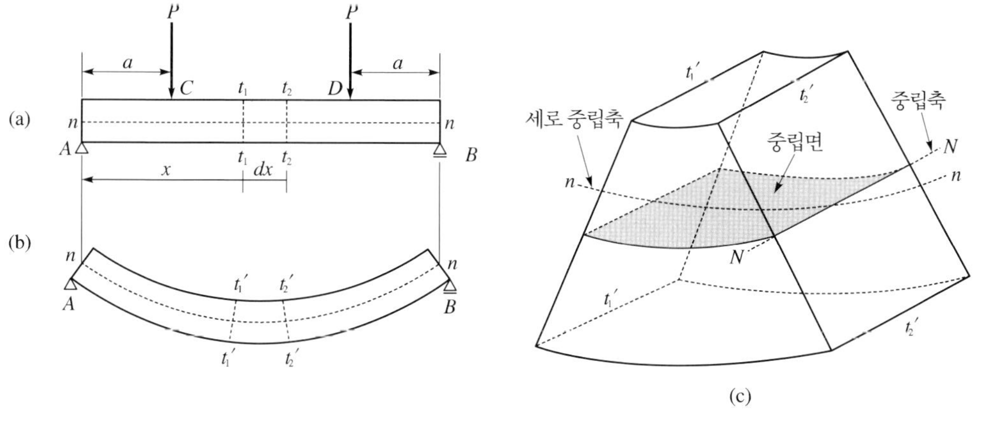

그림 7.1

순수 휨에 의하여 일어나는 휨응력의 분포 상태를 알아보기 위해서는 먼저 보의 변형상태를 생각해야 한다. 위의 그림(a)와 같이 (+)의 휨 모멘트를 받는 보는 그림(b)와 같이 아래로 불룩하게 휘어져 그림(a)의 두 단면 t_1-t_1, t_2-t_2는 그림 (b)의 두 단면 $t_1'-t_1'$, $t_2'-t_2'$로, 되며 변형 후의 두 단면 $t_1'-t_1'$, $t_2'-t_2'$를 확대한 형상이 그림(c)이다.

위의 그림에서 알 수 있듯이 보가 (+)의 휨 모멘트를 받으면 아래로 불룩하게 휘어지며, 이에 따라 보의 윗부분은 압축되고 아랫부분은 인장된다. 중간의 인장도 압축도 되지 않는 면을 **중립면**(中立面, neutral surface)이라 하며, 중립면과 보의 횡단면과 만나는 선(그림의 $N-N$선)을 **중립축**(中立軸, neutral axis)이라 하고, 중립면의 세로 방향의 중선(그림의 $n-n$선)을 세로 중립축(longitudinal neutral axis)이라 한다. 또한 중립축은 보통 단면의 도심을 지난다.

따라서, (+)의 휨 모멘트를 받는 보의 단면에는 중립축으로부터 윗부분에는 압축 응력이, 아랫부분에는 인장 응력이 단면에 수직한 방향으로 일어난다. 이와 반대로 (-)의 휨 모멘트를 받는 경우에는 중립축 윗부분에는 인장 응력이 아랫부분에는 압축 응력이 일어난다. 이와 같은 응력은 휨 모멘트에 의하여 일어나는 수직응력으로, 축방향력에 의한 수직응력과 구별하여 **휨응력**(bending stress)이라 한다.

보의 단면력을 구할 때, 보의 단면은 보의 축을 포함한 연직 대칭면에 대하여 좌우 대칭이고 외력의 작용선이 모두 대칭면 내에 있는 것으로 가정하였다. 보의 응력을 구하는 데는 위의 가정 외에 다음과 같은 가정을 둔다.

① **"보의 중립면에 직교하는 횡단면은 변형 후에도 평면을 유지하여 중립면에 직교한다."** 이것은 Bernoulli의 가정으로 Navier가 휨 이론에 도입하였으며, 많은 실험에 의하여 확인된 것으로 평면 유지 법칙이라고 한다.

② 보의 재질은 균일하며 탄성한도 내에서는 Hooke의 법칙이 성립하여 응력과 변형은 비례하며, 인장에 대한 영 계수와 압축에 대한 영 계수는 같다.

위의 가정 ①에 따르면 부재축 방향의 변형량과 이에 따른 세로 변형률은 중립면에서 0이고, 중립면으로부터의 거리에 비례하여 증가하여 보의 상하 양단에서 최대이다. 따라서, 가정 ②에 따르면 변형 후의 중립면에 직교하는 횡단면에 일어나는 보의 휨응력은 중립축에서 0이고, 상하 양단에서 최대이며, 중간에서는 직선 변화함을 알 수 있다.

7.1.2 보의 휨응력 공식

대칭 단면을 가진 보가 순수 휨을 받는 경우, 보의 휨응력을 구하는 공식을 유도하기로 한다. 그림 7.1(a)와 같이 (+)의 휨 모멘트를 받는 보의 임의의 점에서 미소 거리 dx 만큼 떨어진 두 단면을 생각한다. 변형 전에 평면이었던 두 단면은 평면 보존의 가정에 따라 변형 후에도 역시 평면이다.

그림 7.2(a)는 변형 후의 두 단면 사이의 부분만을 빼내어 그린 것으로 순수 휨에 의한 변형은 균일하여 그 형상은 원호를 이루며, 변형 전에 평행이었던 두 단면은 변형 후에는 평행이 아니기 때문에 그림과 같이 점 O에서 교차하며, 이 교차점을 **곡률 중심**(曲率中心, center of curvature)이라 한다. 그림과 같이 변형 후의 두 단면이 이루는 각을 $d\theta$, **곡률 반경**(曲率半徑, radius of curvature)을 ρ, 변형 전의 두 단면 사이의 거리를 dx라고 하면 다음의 관계가 성립한다.

$$dx = \rho \cdot d\theta \qquad \therefore \frac{1}{\rho} = \frac{d\theta}{dx} \tag{a}$$

여기서, $1/\rho$을 **곡률**(曲率, curvature)이라고 한다.

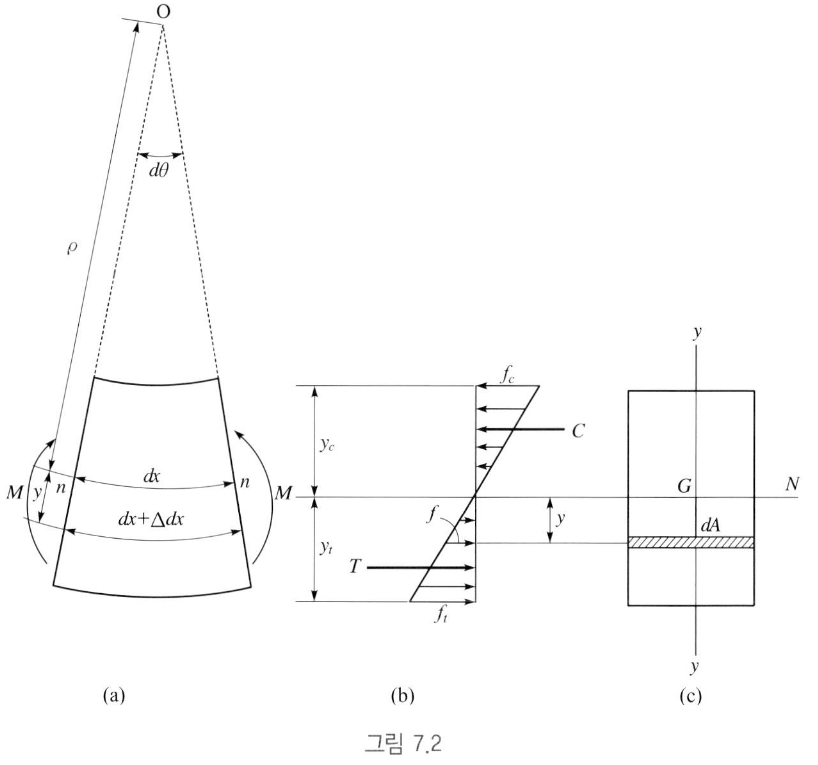

그림 7.2

또, 중립면에서 y만큼 떨어진 곳에서의 세로 방향의 변형량을 Δdx라고 하면 $\rho : y = dx : \Delta dx$의 관계가 성립하므로

$$\Delta dx = \frac{y}{\rho} dx$$

이다. 따라서, 세로 변형률 ε은

$$\varepsilon = \frac{\Delta dx}{dx} = \frac{1}{dx} \cdot \frac{y}{\rho} dx = \frac{y}{\rho} \tag{b}$$

이다. 여기서, 중립면으로 부터의 거리 y는 중립면 아랫쪽을 (+), 윗쪽을 (−)로 한다.

식 (b)와 Hooke의 법칙에 따라 중립면으로부터 y만큼 떨어진 곳에 그림(b)와 같이 작용하는 수직응력은

$$f = E\varepsilon = \frac{E}{\rho} y \tag{7.1}$$

이다. 여기서, f를 휨응력이라고 한다. 위의 식으로부터 순수 휨에 의한 휨응력 f는 중립면으로부터의 거리 y에 비례함을 알 수 있다.

(1) 중립축의 위치

중립축 $N-N$의 위치는 수평 방향의 힘의 평형 조건 $\Sigma H = 0$을 사용하여 구할 수 있다. 그림(c)와 같이 중립면으로부터 y의 거리에 있는 미소 단면적을 dA라고 하면, 이 미소 면적에 작용하는 미소한 힘은 식 (7.1)의 f에 미소 면적 dA를 곱하여

$$f\, dA = \frac{E}{\rho} y\ dA \tag{c}$$

이다. 그런데, 단면에는 축방향력이 작용하지 않으므로 $f\,dA$를 단면 전체에 대하여 합한 것이 0이어야 하므로

$$\Sigma H = \int_A f dA = \frac{E}{\rho} \int_A y\ dA = 0$$

이다. 여기서, $\int_A y\ dA$는 단면의 중립축에 대한 단면1차모멘트 Q_N이며, $Q_N = 0$이므로 중립축은 단면의 도심축이 된다.

(2) 임의점의 휨응력

식 (c)의 미소한 힘 $f\,dA$의 중립축에 대한 미소 모멘트를 dM이라고 하면 $dM = y \cdot f\,dA$이다. 이 미소 모멘트를 단면 전체에 대하여 합계한 것은 $\sum M = 0$에 의하여 이 단면에 작용하는 휨 모멘트 M과 같아야 하므로

$$M = \int_A dM = \int_A y \cdot f\,dA = \frac{E}{\rho}\int_A y^2 dA$$

이어야 한다. 그런데, $\int_A y^2 dA$는 중립축 $N-N$에 대한 단면2차모멘트 I이므로

$$M = \frac{E}{\rho}I \quad \text{따라서,} \quad \frac{1}{\rho} = \frac{M}{EI} \tag{7.2}$$

의 관계가 성립한다. 여기서, EI를 보의 휨 강성(剛性) 또는 **휨 강도**(强度)(flexural rigidity)라고 한다.

식 (7.1)로부터 $\dfrac{1}{\rho} = \dfrac{f}{Ey}$ (d)

이므로, 식 (7.2)에 의하여

$$\frac{1}{\rho} = \frac{M}{EI} = \frac{f}{Ey} \qquad \therefore f = \frac{M}{I}y \tag{7.3}$$

이다. 식 (7.3)을 휨응력 공식이라 하며, 이 식에 의하여 계산한 휨응력은 전단력으로 인해서 크게 변화하지 않는다. 따라서, 임의의 하중을 받는 보의 휨응력을 계산할 때, 순수 휨의 이론을 이용할 수 있다.

(3) 보의 연응력

식 (7.3)에 의하면 보의 단면에 일어나는 휨응력은 휨 모멘트의 크기에 비례하며, 중립축에 대한 단면2차모멘트에 반비례함을 알 수 있다. 따라서, 중립축으로부터 인장, 압축 쪽의 연단(緣端)까지의 거리를 각각 y_t, y_c라 하면, 보의 어느 한 단면에서의 최대 인장 응력 f_t와 최대 압축 응력 f_c는 다음과 같다.

$$\left.\begin{aligned} f_t &= \frac{M}{I}y_t = \frac{M}{Z_t} \\ f_c &= -\frac{M}{I}y_c = -\frac{M}{Z_c} \end{aligned}\right\} \tag{7.4}$$

여기서, Z_t, Z_c는 단면의 인장 측과 압축 측의 연단에 대한 단면계수이다. 식 (7.4)의 f_t, f_c를 **연응력**(緣應力, extreme fiber stress)이라 한다.

중립축에 대하여 상하 대칭인 단면의 경우에는 $Z = Z_t = Z_c$이므로,

$$\left.\begin{matrix} f_t \\ f_c \end{matrix}\right\} = \pm \frac{M}{Z} \tag{7.5}$$

폭 b, 높이 h인 직사각형 단면의 연응력은 $Z = bh^2/6$이므로,

$$\left.\begin{matrix} f_t \\ f_c \end{matrix}\right\} = \pm \frac{6M}{bh^2} \tag{7.6}$$

지름 d 인 원형 단면의 연응력은 $Z = \pi d^3/32$이므로,

$$\left.\begin{matrix} f_t \\ f_c \end{matrix}\right\} = \pm \frac{32M}{\pi d^3} \tag{7.7}$$

(4) 축방향응력과 휨응력의 합성

만일, 보가 어느 단면에서 축방향력 N을 받는다면, 이 단면의 면적을 A라 할 때 축방향응력 $f = N/A$이 단면에 고르게 분포되어 일어나므로, 휨 모멘트 M과 축방향력 N이 동시에 작용하는 단면의 중립축으로부터 임의의 거리 y 만큼 떨어진 위치에서, 이 단면에 수직인 방향으로 일어나는 수직응력 f는 다음과 같다.

$$f = \frac{N}{A} + \frac{M}{I}y \tag{7.8}$$

이 때, 중립축은 도심축보다 올라가든지 내려갈 것이다. (+)의 휨 모멘트와 축방향 인장력이 동시에 작용하는 경우를 생각하면, 휨응력의 분포도는 그림 7.3(a)와 같고 축방향응력의 분포도는 그림(b)와 같으며, 이들의 합성 응력의 분포도는 그림(c)와 같이 되며, 중립축은 도심축으로부터 위로 올라간다. 이 때, 중립축이 도심축으로부터 떨어진 거리 y_0는 식 (7.8)에서 $f = 0$으로 놓아 구하면 다음과 같다.

$$y_0 = -\frac{NI}{AM} \tag{7.9}$$

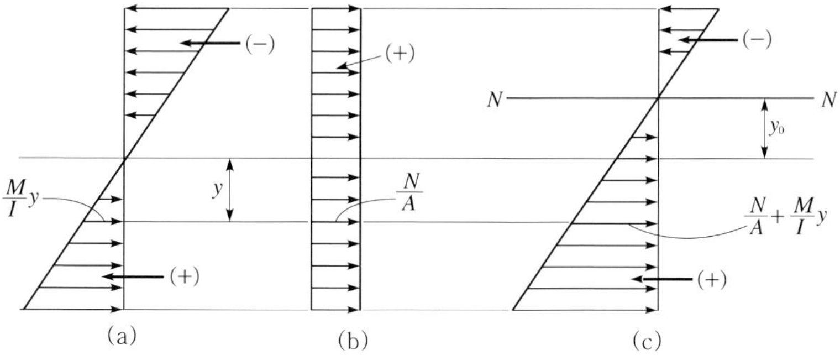

그림 7.3

예제 7.1

20cm×30cm인 직사각형 단면의 보에 최대 휨 모멘트 18kN·m가 작용할 때, 보의 높이 방향의 6등분점의 휨응력을 구하여라.

풀이

그림 7.4와 같이 각 등분점을 0, 1, 2,⋯, 6으로 나타내고, 이들 각 등분점의 휨응력을 f_0, f_1, $f_2 \cdots f_6$으로 한다.

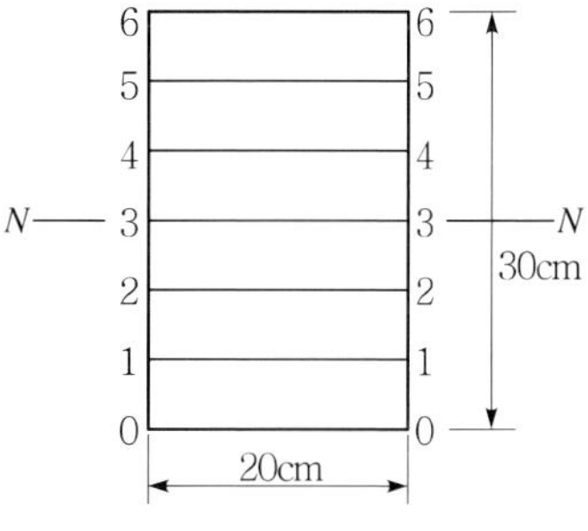

그림 7.4

$$I=\frac{bh^3}{12}=\frac{20\times 30^3}{12}=45000\text{cm}^4$$

$$Z=Z_t=Z_c=\frac{bh^2}{6}=\frac{20\times 30^2}{6}=3{,}000\text{cm}^3$$

등분점 0과 6은 y=15cm이며 단면의 연단이므로, 식 (7.3)에 의하여

$$\left.\begin{matrix} f_0 \\ f_6 \end{matrix}\right\}=\pm\frac{M}{I}y=\pm\frac{18\times 10^6}{4.5\times 10^8}\times 150=6\text{MPa}$$

또는, 식 (7.5)에 의하여

$$\left.\begin{matrix} f_0 \\ f_6 \end{matrix}\right\}=\pm\frac{M}{Z}=\pm\frac{18\times 10^6}{3\times 10^6}=\pm 6\text{MPa}$$

또는, 식 (7.6)에 의하여

$$\left.\begin{matrix} f_0 \\ f_6 \end{matrix}\right\}=\pm\frac{6M}{bh^2}=\pm\frac{6\times 18\times 10^6}{20\times 30^2\times 10^3}=\pm\frac{6\times 18\times 10^6}{18\times 10^6}=\pm 6\text{MPa}$$

등분점 1과 5의 휨응력은 $y=10$cm이므로

$$\left.\begin{matrix} f_1 \\ f_5 \end{matrix}\right\}=\pm\frac{M}{I}y=\pm\frac{18\times 10^6}{4.5\times 10^4\times 10^4}\times 100=\pm\frac{18\times 10^8}{4.5\times 10^8}=\pm 4\text{MPa}$$

등분점 2와 4의 휨응력은 $y=5$cm이므로,

$$\left.\begin{matrix} f_2 \\ f_4 \end{matrix}\right\} = \pm \frac{M}{I} y = \pm \frac{18 \times 10^6}{4.5 \times 10^8} \times 50 = \pm 2\text{MPa}$$

등분점 3은 단면의 중립축 위의 점이므로 $y = 0$이며, $f_3 = 0$이다.

또, 단면의 임의의 점의 휨응력은 중립축으로부터의 거리에 비례하므로, 연응력을 알고 있을 때 임의의 점의 휨응력은 연응력을 이용하여 다음과 같이 구하면 편리하다.

$$\left.\begin{matrix} f_1 \\ f_5 \end{matrix}\right\} = \pm 6 \times \frac{100}{150} = \pm 4\text{MPa}$$

$$\left.\begin{matrix} f_2 \\ f_4 \end{matrix}\right\} = \pm 6 \times \frac{50}{150} = \pm 2\text{MPa}$$

예제 7.2

지름 20cm의 원형 단면의 보에 축방향 인장력 50kN과 최대 휨 모멘트 500kN·cm가 작용할 때의 연응력을 구하여라.

풀이

축방향 인장 응력과 휨 모멘트에 의한 연응력을 합성하면 된다. 원형 단면의 면적 $A = \pi d^2 / 4$이고, 단면계수 $Z = \pi d^3 / 32$이므로,

$$\left.\begin{matrix} f_1 \\ f_2 \end{matrix}\right\} = \frac{N}{A} \pm \frac{M}{Z} = \frac{4N}{\pi d^2} \pm \frac{32M}{\pi d^3}$$

$$= \frac{4 \times 50 \times 10^3}{\pi \times 20^2 \times 10^2} \pm \frac{32 \times 500 \times 10^4}{\pi \times 20^3 \times 10^3} = 1.59 \pm 6.37 = \begin{cases} +7.96\text{MPa} \\ -4.78\text{MPa} \end{cases}$$

7.2 보의 전단응력

7.2.1 보의 전단응력의 분포

보에는 일반적으로 휨 모멘트와 함께 전단력이 작용하므로, 보의 횡단면에는 휨 모멘트에 의한 휨응력이 일어나는 동시에 전단력에 의한 전단응력이 일어난다. 그림 7.5(a)의 임의의 단면 $m-m$에 (+)의 전단력 V가 작용할 경우, 그림(b)와 같이 단면 $m-m$을 경계로 하여 보를 부재축에 수직한 방향으로 전달하려면, 이로 인하여 횡단면에 전단응력이 일어난다. 이와 같이, 수직 방향으로 작용하는 전단응력을 **수직 전단응력**(vertical shearing stress)이라 한다.

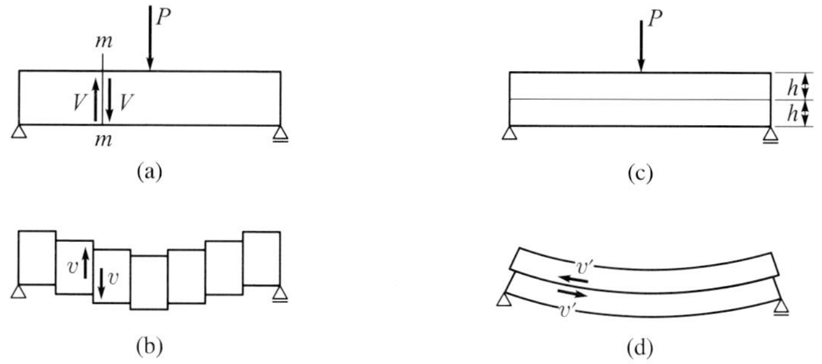

그림 7.5

다음에, 그림(c)와 같이 높이가 h인 2개의 동일한 직사각형 단면의 보를 겹쳐 놓고 하중을 작용시킬 때, 만일 보와 보 사이에 마찰이 없으면, 이 두 보는 그림(d)와 같이 서로 아무런 관계없이 독립적으로 휜다. 따라서, 각 보의 윗부분에는 압축 응력이, 아랫부분에는 인장 응력이 일어나며, 상, 하의 보는 두 보의 접촉면을 경계로 하여 서로 미끄러진다. 그러나, 높이가 $2h$인 1개의 보를 생각하면, 이 보는 전체가 함께 휘며, 상하의 두 보는 미끄러지지 않는다. 그 이유는 미끄러짐에 저항하여 수평 단면에 따라 전단응력이 작용하기 때문이다. 이와 같이 수평 방향으로 작용하는 전단응력을 **수평 전단응력**(horizontal shearing stress)이라 한다.

3장에서의 설명을 참조하면, 보의 내부의 한 요소에는 수직 전단응력과 수평 전단응력이 동시에 일어나며, 이들 사이의 관계는 공액 전단응력의 법칙에 따라 크기는 같고 부호는 반대이다. 또 보의 한 단면에 일어나는 전단응력을 생각하면, 단면의 상하의 면에는 응력이 발생하지 않으므로 수평 전단응력은 0이어야 하며, 따라서 수직 전단응력도 보의 상하 양단에서 0이어야 한다. 그러나, 보의 횡단면에는 수직 전단응력이 작용하며, 이들의 합력이 단면에 작용하는 전단력과 같아야 한다. 따라서 보의 횡단면에 작용하는 수직 전단응력은 단면의 상하 양단에서 0이며, 단면의 상하단 사이에서 변화하면서 분포된다는 것을 알 수 있으며 최대 전단응력이 일어나는 위치는 단면의 형상에 따라 다르다.

7.2.2 보의 전단응력 공식

(1) 직사각형 단면의 전단응력

직사각형 단면의 전단응력을 구하기 위하여 다음과 같은 가정을 둔다.

① 단면 내의 모든 점의 전단응력 v는 그 단면에 작용하는 전단력 V와 평행하며, 보의 측면에 평행하다.

② 보의 단면의 폭에 따라 균일하게 분포된다. 다시 말하면 중립축으로부터 같은 거리에 있는 점의 전단응력은 같다.

또한, 일반적으로 탄성체 내부의 한 요소의 수평면에 작용하는 수평 전단응력과 수직면에 작용하는 수직 전단응력의 크기는 같으므로, 보의 횡단면에 따라 일어나는 수직응력을 구하는 대신 보의 횡단면에 수직한 방향으로 일어나는 수평 전단응력의 크기를 구하기로 한다.

그림 7.6(a)와 같이 폭 b, 높이 h인 직사각형 단면의 보의 임의의 단면 x에서 미소 거리 dx 만큼 떨어져 있는 두 인접한 단면 AB와 CD 사이를 보로부터 떼어낸 요소 $EBDF$에 작용하는 힘의 평형 조건으로부터 수평 전단응력을 구할 수 있다.

요소 $EBDF$의 아랫면에는 전단응력이 작용하지 않으며, 중립축에서 거리 y_1만큼 떨어져 있는 수평면 EF에는 수평 전단응력 v가 일어난다. 또, 일반적으로 이 요소의 좌우의 면에는 휨 모멘트에 의한 수직응력이 작용한다. 두 단면 AB, CD의 중립축으로부터 거리가 y만큼 떨어져 있는 점의 휨응력을 각각 f, $f+df$ 라고 하면 요소에 작용하는 힘은 그림 (a)와 같다.

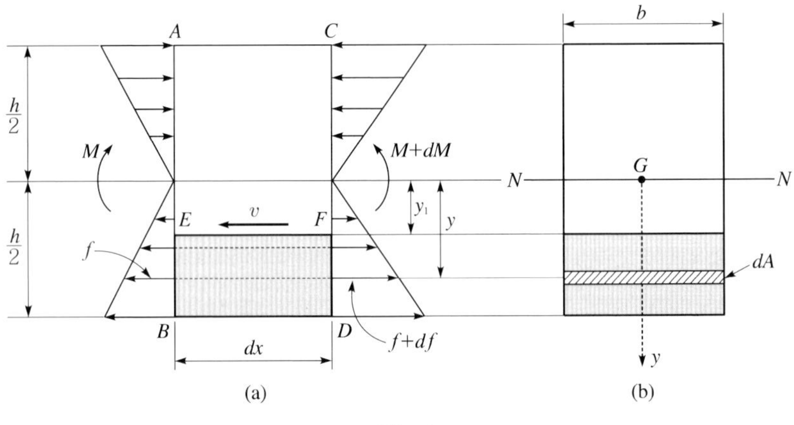

그림 7.6

EF면에 작용하는 수평 전단응력의 합계는 단면의 폭이 b 이므로 $v \cdot b \cdot dx$이다.

여기서, 요소 $EBDF$에 작용하는 힘에 대하여 $\sum H = 0$을 적용하면 다음과 같이 된다.

$$\sum H = -v \cdot b \cdot dx + \int_{y_1}^{\frac{h}{2}} (f+df)dA - \int_{y_1}^{\frac{h}{2}} f\,dA$$

$$= -v \cdot b \cdot dx + \int_{y_1}^{\frac{h}{2}} df \cdot dA = 0 \qquad \text{(a)}$$

여기서, 그림(a)와 같이 단면 AB, CD에 작용하는 휨 모멘트를 각각 M, $M+dM$라하고, 단면의 중립축에 대한 단면2차모멘트를 I라고 하면 중립축으로부터의 거리 y인 임의의 점의 휨응력은 각각

$$f=\frac{M}{I}y\ ,\ f+df=\frac{M+dM}{I}y$$

이므로

$$df=\frac{dM}{I}y \tag{b}$$

이다. 식 (b)를 식 (a)에 대입하면

$$v\cdot b\cdot dx=\int_{y_1}^{\frac{h}{2}}\frac{dM}{I}y\cdot dA \quad \therefore v=\frac{dM}{dx}\cdot\frac{1}{Ib}\int_{y_1}^{\frac{h}{2}}y\cdot dA$$

이다. 여기서, $dM/dx=V$ 즉 임의의 단면 x의 전단력이고, $\int_{y_1}^{\frac{h}{2}}y\cdot dA=Q$, 즉 전단응력 v의 작용면으로부터 단면의 연단까지의 부분(그림의 음영 부분)의 중립축에 대한 단면1차 모멘트이므로

$$v=\frac{VQ}{Ib} \tag{7.10}$$

다음에, 그림 7.7과 같은 직사각형 단면의 보의 중립축으로부터 거리 y인 위치에서의 전단응력을 구하면 다음과 같다.

중립축으로부터 거리 y인 위치에서 연단까지의 부분의 면적을 A, 이 부분의 도심으로부터 중립축까지의 거리를 y_0이라 하면

$$A=b\left(\frac{h}{2}-y\right)$$

$$y_0=\frac{1}{2}\left(\frac{h}{2}-y\right)+y=\frac{1}{2}\left(\frac{h}{2}+y\right)$$

$$Q=A\cdot y_0$$

$$=b\left(\frac{h}{2}-y\right)\times\frac{1}{2}\left(\frac{h}{2}+y\right)=\frac{b}{8}(h^2-4y^2)$$

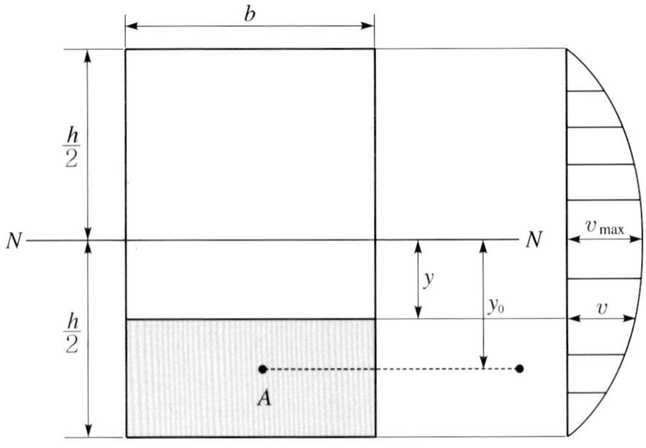

그림 7.7

이다. 또 직사각형 단면의 중립축에 대한 단면2차모멘트 $I = bh^3/12$이므로, 임의의 점의 전단응력 v 는 식 (7.10)에 의하여

$$v = \frac{VQ}{Ib} = \frac{V \cdot \dfrac{b}{8}(h^2 - 4y^2)}{\dfrac{bh^3}{12} \cdot b} = \frac{3V}{2bh^3}(h^2 - 4y^2) \tag{7.11}$$

이다. 이 식은 y의 2차식으므로 전단응력 v의 분포도는 그림과 같이 포물선 변화한다. 또, 이 식에서 $y = \pm h/2$(단면의 연단)이면 $v = 0$이고, $y = 0$(중립축)이면 v는 최대로서 그 값은 다음과 같다.

$$v_{\max} = \frac{3V}{2bh} = \frac{3V}{2A} \tag{7.12}$$

여기서, A는 직사각형 단면의 면적으로서 V/A는 평균 전단응력이다. 따라서, 직사각형 단면의 최대 전단응력은 중립축에서 일어나며 그 값은 평균 전단응력의 1.5배이다.

(2) I형 단면의 전단응력

그림 7.8과 같은 I형 단면의 복부(web)에서의 전단응력을 구하는 경우에도 직사각형 단면의 경우와 같은 가정을 한다. 즉, 전단응력 v는 y 축에 평행하며 복부의 두께 t 위에 균일하게 분포되어 작용한다고 가정한다. 이와 같이 가정하면 식 (7.10)을 사용하여 전단응력 v를 구할 수 있다.

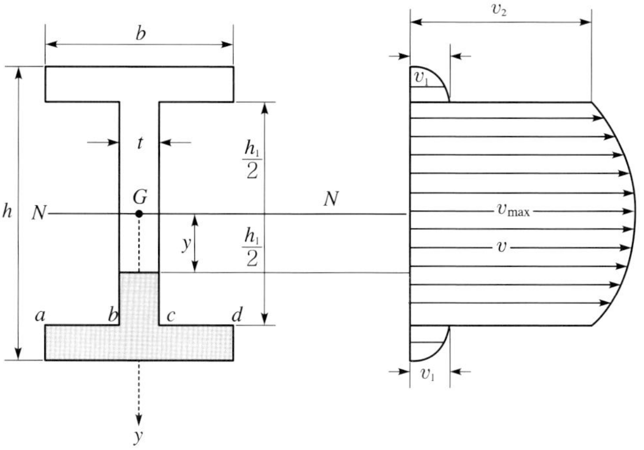

그림 7.8

중립축에서 y 만큼 떨어진 위치로부터 단면의 연단까지의 부분(그림의 음영 부분)의 중립축에 대한 단면1차모멘트를 구하면,

$$Q = b\left(\frac{h}{2} - \frac{h_1}{2}\right)\left[\frac{h_1}{2} + \frac{1}{2}\left(\frac{h}{2} - \frac{h_1}{2}\right)\right] + t\left(\frac{h_1}{2} - y\right)\left[y + \frac{1}{2}\left(\frac{h_1}{2} - y\right)\right]$$
$$= \frac{b}{2}\left(\frac{h^2}{4} - \frac{h_1^2}{4}\right) + \frac{t}{2}\left(\frac{h_1^2}{4} - y^2\right)$$

이다. 따라서, 보의 복부에서의 전단응력 v는 식 (7.10)에 의하여,

$$v = \frac{VQ}{Ib} = \frac{V}{It}\left[\frac{b}{2}\left(\frac{h^2}{4} - \frac{h_1^2}{4}\right) + \frac{t}{2}\left(\frac{h_1^2}{4} - y^2\right)\right]\Bigg\} \tag{7.13}$$

여기서, $I = \frac{1}{12}[bh^3 - (b-t)h_1^3]$

이다. 이 식은 y의 2차식이므로 전단응력 v는 복부의 높이에 따라 포물선 변화한다는 것을 알 수 있다. 복부에서 최대 전단응력은 $y = 0$인 중립축에서 일어나며, 최소 전단응력은 $y = \pm h_1/2$인 복부의 상하 양단에서 일어나며, 그 값은 다음과 같다.

$$v_{max} = \frac{V}{It}\left(\frac{bh^2}{8} - \frac{bh_1^2}{8} + \frac{th_1^2}{8}\right) \tag{7.14}$$

$$v_{min} = \frac{V}{It}\left(\frac{bh^2}{8} - \frac{bh_1^2}{8}\right) \tag{7.15}$$

다음에 플랜지(flange)의 전단응력을 생각해 보기로 한다. 플랜지와 복부의 접합면bc 에서의 전단응력의 값은 위의 식 (7.13)에 의하여 계산되지만, 자유면 ab 와 cd 에서의 전단응력은 0이어야 한다. 따라서 복부와 플랜지의 접합 부분에서의 전단응력의 변화는 초보적인 해석 방법으로는 알아낼 수 없으므로 여기서는 생략하기로 한다. 또한, 점 b, c 에 일어나는 응력의 집중을 완화하기 위하여 필릿(fillet)을 붙이는 것이 보통이다.

플랜지 부분의 내부의 전단응력은 플랜지 부분을 폭 b, 높이 h인 직사각형 단면으로 생각하면, 전단응력의 작용면으로부터 연단까지의 부분의 중립축에 대한 단면1차모멘트가 직사각형 단면의 경우와 마찬가지로

$$Q = \frac{b}{8}(h^2 - 4y^2)$$

이므로

$$v = \frac{VQ}{Ib} = \frac{V}{Ib} \cdot \frac{b}{8}(h^2 - 4y^2) = \frac{V}{8I}(h^2 - 4y^2) \tag{7.16}$$

이다. 여기서, $y = h_1/2$이면 $v = V(h^2 - h_1^2)/8I$이며, 이를 v_1이라 하고, 복부에서의 최소 전단응력 $v_{\max}$을 v_2라 하면, I형 단면 전체에 대한 전단응력의 분포도는 그림과 같이 된다.

위에서 알 수 있듯이 I형 단면에서의 전단응력의 분포는 상하 양단에서 0이고, 중간에서는 포물선 변화하며 중립축에서 최대이다. 그러나 플랜지와 복부의 경계에서 단면의 폭이 급격히 변화하므로, 이에 따라 전단응력도 급격히 변화한다.

특히 I형강의 경우에는 플랜지의 두께가 작으므로 전단력의 대부분을 복부가 저항하며, 또, 복부의 두께가 플랜지의 폭에 비하여 매우 작으므로 최대 전단응력은 복부의 평균 전단응력보다 약간 클 뿐이다. 따라서, 강교 설계에서는 I형강의 최대 전단응력은 단면에 작용하는 전단력 V를 복부의 단면적 A_w로 나눈 복부의 평균 전단응력과 거의 같다고 보아 다음 식으로 계산한다.

$$v_{\max} = \frac{V}{A_w} = \frac{V}{th_1} \tag{7.17}$$

예제 7.3

그림 7.9(a)와 같은 I형 단면에 $V=60\text{kN}$ 의 전단력이 작용할 때, 최대 전단응력과 플랜지와 복부의 접합부에서의 전단응력 v_1, v_2를 구하고, 전단응력의 분포도를 그려라.

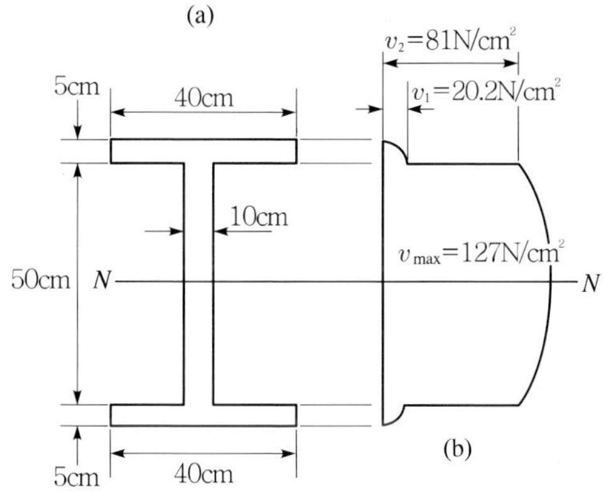

그림 7.9

풀이

중립축에 대한 단면2차모멘트는

$$I=\frac{1}{12}(40\times 60^3-30\times 50^3)=407{,}500\text{cm}^4$$

I형 단면의 최대 전단응력은 중립축에서 일어나므로, $v_{\max}$를 구하면,

$$Q=40\times 5\times 27.5+10\times 25\times 12.5=8{,}625\text{cm}^3$$

$b=10\text{cm}$ 이므로,

$$v_{\max}=\frac{VQ}{Ib}=\frac{60\times 8{,}625}{407{,}500\times 10}=0.127\text{kN/cm}^2=127\text{N/cm}^2$$

상부 플랜지 하단의 전단응력 v_1은

$Q=40\times 5\times 27.5=5{,}500\text{cm}^3$, $b_1=40\text{cm}$ 이므로

$$v_1=\frac{VQ}{Ib_1}=\frac{60\times 5{,}500}{407{,}500\times 40}=0.02\text{kN/cm}^2=20.2\text{N/cm}^2$$

복부 상단에서의 전단응력 v_2는 $Q=5{,}500\text{cm}^3$, $b_2=10\text{cm}$ 이므로

$$v_2=\frac{VQ}{Ib_2}=\frac{60\times 5{,}500}{407{,}500\times 10}=0.0808\text{kN/cm}^2=81\text{N/cm}^2$$

또는,

$$v_2=v_1\times\frac{b_1}{b_2}=0.0202\times\frac{40}{10}=0.0808\text{kN/cm}^2=81\text{N/cm}^2$$

전단응력의 분포도는 그림(b)와 같다.

7.3 보의 주응력

7.3.1 평면 응력

그림 7.10과 같이 탄성체 내의 미소 직육면체 모양의 한 요소에 x축 및 y축에 수직한 각 단면에 수직응력 f_x 및 f_y , 전단응력 v_{xy} 및 v_{yx}가 작용하는 경우와 같은 응력 상태를 **평면응력**(平面應力, plane stress) 또는 일반적인 **2축 응력**(2軸應力, biaxial stress) 상태라고 한다.

여기서, 요소의 x축에 수직한 면을 x면, y축에 수직한 면을 y면이라 하며, x면에 작용하는 수직응력을 f_x, 전단응력을 v_{xy}로 y면에 작용하는 수직응력을 f_y, 전단응력을 v_{yx}로 표시하였다. 여기서, 전단응력을 표시하는 v_{xy}, v_{yx}의 첫째 첨자는 전단응력이 작용하는 평면을 표시하고, 둘째 첨자는 전단응력의 작용 방향을 표시한다. 또, 그림과 같이 x면에 (+)의 전단응력이 작용하면 공액 전단응력의 법칙에 따라 y 면에는 (−)의 전단응력이 작용한다.

또한, 평면 응력의 특별한 경우로서 x, y 면에 전단응력이 작용하지 않는 응력 상태를 2축 응력, x 또는 y축 방향의 수직응력만이 작용하는 응력 상태를 1축 응력(一軸應力, uniaxial stress)이라고 한다.

7.3.2 임의의 경사 단면에 작용하는 응력

그림 7.10과 같은 평면 응력 상태의 미소 직육면체에서 y축과 임의의 경사각 θ를 이루는 경사 단면 $t-t$에 작용하는 응력을 알아보기로 한다. 단면 $t-t$에 의하여 미소 직육면체를 2개의 부분 (Ⅰ)과 (Ⅱ)로 분할하여, 이 가운데 한 부분 (Ⅰ)을 빼내어 그림 7.11과 같은 미소 삼각 기둥 모양의 요소의 경사면에 작용하는 수직응력, 전단응력을 각각 f_θ, v_θ 라하고, 이 요소에 작용하는 힘의 평형 조건으로부터 f_θ, v_θ의 값을 구한다.

여기서, 요소의 경사면의 면적을 A_θ, x, y 면의 면적을 A_x, A_y라 하면, 이 요소에 작용하는 힘의 평형 조건식은 다음과 같이 된다.

$$\sum H = f_\theta A_\theta \cos\theta + v_\theta A_\theta \sin\theta - f_x A_x + v_{yx} A_y = 0$$

여기서, $A_x = A_\theta \cos\theta, A_y = A_\theta \sin\theta$, $v_{yx} = v_{xy}$이므로

$$f_\theta A_\theta \cos\theta + v_\theta A_\theta \sin\theta - f_x A_\theta \cos\theta + v_{xy} A_\theta \sin\theta = 0$$

$$\therefore f_\theta \cos\theta + v_\theta \sin\theta - f_x \cos\theta + v_{xy} \sin\theta = 0 \qquad \text{(a)}$$

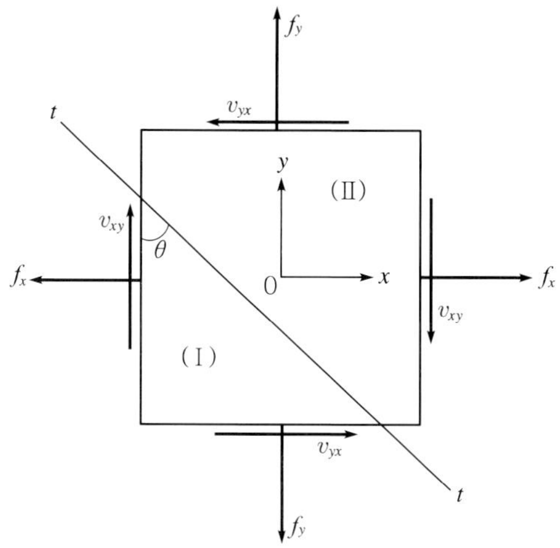

그림 7.10

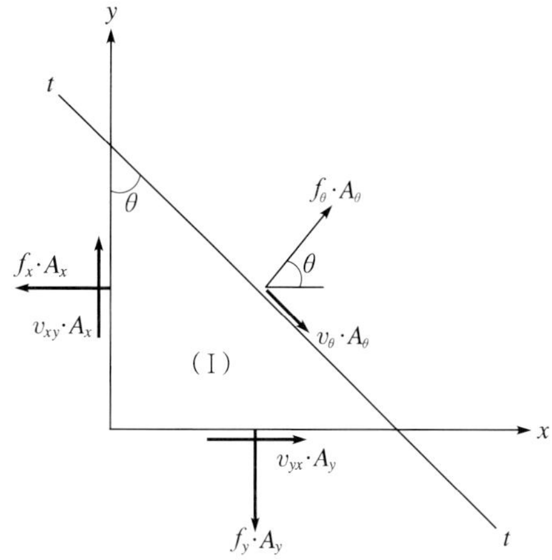

그림 7.11

$$\sum V = f_\theta A_\theta \sin\theta - v_\theta A_\theta \cos\theta - f_y A_y + v_{xy} A_x = 0$$
$$= f_\theta A_\theta \sin\theta - v_\theta A_\theta \cos\theta - f_y A_\theta \sin\theta + v_{xy} A_\theta \cos\theta = 0$$

$$\therefore f_\theta \sin\theta - v_\theta \cos\theta - f_y \sin\theta + v_{xy} \cos\theta = 0 \tag{b}$$

식 (a), (b)를 연립하여 풀면,

$$f_\theta = f_x \cos^2\theta + f_y \sin^2\theta - 2v_{xy} \sin\theta \cos\theta \tag{7.18}$$

$$v_\theta = (f_x - f_y) \sin\theta \cos\theta + v_{xy} (\cos^2\theta - \sin^2\theta) \tag{7.19}$$

이다. 이 식을 변형하면

$$\cos^2\theta = \frac{1+\cos 2\theta}{2}, \quad \sin^2\theta = \frac{1-\cos 2\theta}{2}$$

$$\sin 2\theta = 2\sin\theta\cos\theta, \quad \cos 2\theta = \cos^2\theta - \sin^2\theta$$

이므로 다음과 같다.

$$f_\theta = \frac{f_x + f_y}{2} + \frac{f_x - f_y}{2} \cos 2\theta - v_{xy} \sin 2\theta \tag{7.20}$$

$$v_\theta = \frac{f_x - f_y}{2} \sin 2\theta + v_{xy} \cos 2\theta \tag{7.21}$$

2축 응력상태에 대해서는 $v_{xy} = 0$이므로

$$f_\theta = f_x \cos^2\theta + f_y \sin^2\theta = \frac{f_x + f_y}{2} + \frac{f_x - f_y}{2}\cos 2\theta \tag{7.22}$$

$$v_\theta = (f_x - f_y)\sin\theta\cos\theta = \frac{f_x - f_y}{2}\sin 2\theta \tag{7.23}$$

이며, 일축 응력 상태에 대해서는 x축 방향으로 수직응력 f_x 만이 작용하는 경우, f_x를 f로 표시하고, $f_y = v_{xy} = 0$으로 놓으면

$$f_\theta = f\cos^2\theta = \frac{f}{2}(1 + \cos 2\theta) \tag{7.24}$$

$$v_\theta = f\sin\theta\cos\theta = \frac{f}{2}\sin 2\theta \tag{7.25}$$

이다. 이는 식 (3.6)과 일치함을 알 수 있다.

7.3.3 주응력과 주응력면

식 (7.20)에서 알 수 있듯이 경사 단면에 작용하는 수직응력 f_θ는 경사각 θ의 함수이므로 θ가 변하면 f_θ의 값도 변한다. 이 때 최대 또는 최소의 수직응력을 주응력(主應力, principal stress), 주응력의 작용방향을 주응력축(主應力軸, principal axis of stress), 주응력이 작용하는 면을 주응력면(主應力面, principal plane of stress)이라 하며, 주응력면에는 전단응력이 작용하지 않는다.

(1) 주응력면의 경사각

경사 단면에 작용하는 수직응력 f_θ의 최대 또는 최소값을 구하기 위하여 식 (7.20)를 θ에 관하여 미분하여 이를 0으로 놓으면

$$\begin{aligned}\frac{df_\theta}{d\theta} &= \frac{f_x - f_y}{2}(-2\sin 2\theta) - 2v_{xy}\cos 2\theta \\ &= (f_y - f_x)\sin 2\theta - 2v_{xy}\cos 2\theta = 0\end{aligned} \tag{a}$$

여기서, f_θ의 값이 최대 또는 최소로 되는 면의 경사각(y축과 이루는 각), 다시 말하면 주응력면의 경사각을 θ_n이라 하면 식 (a)에 의하여

$$\left.\begin{aligned} &\tan 2\theta = \tan 2\theta_n = \frac{2v_{xy}}{f_y - f_x} \\ &\text{또는,}\quad \theta_n = \frac{1}{2}\tan^{-1}\frac{2v_{xy}}{f_y - f_x} \end{aligned}\right\} \tag{7.26}$$

식 (7.26)에 의하여

$$\sin 2\theta_n = \frac{2v_{xy}}{f_y - f_x}\cos 2\theta_n$$

이며, 이를 식 (7.21)에 대입하면,

$$v_\theta = \frac{f_x - f_y}{2}\cdot\frac{2v_{xy}}{f_y - f_x}\cos 2\theta_n + v_{xy}\cos 2\theta_n = 0$$

이다. 이로부터 주응력면에는 전단응력이 작용하지 않음을 알 수 있다.

식 (7.26)의 주응력면의 경사각 θ_n은 주응력면이 y축(x면)과 이루는 각인 동시에 그림 7.11에서 알 수 있듯이 주응력의 작용방향(주응력축)이 x축(y 면)과 이루는 각이다. 또한, 식 (7.26)을 만족하는 θ의 값은 $0° < \theta < 180°$의 범위 내에서 2개이고 그 차이는 $90°$이다. 다시 말하면 주응력면은 2개 있으며, 이 2개의 주응력면은 직교한다. 이 2개의 주응력면 가운데 하나는 최대 주응력면이고, 다른 하나는 최소 주응력면이다. 여기서, 최대 주응력면의 경사각을 θ_{n1}, 최소 주응력면의 경사각을 θ_{n2}라고 하면 $\theta_{n2} = \theta_{n1} \pm 90$의 관계가 있다.

(2) 주응력의 크기

주응력의 크기는 식 (7.26)을 식 (7.20)에 대입하여 구한다.

식 (7.26)으로부터

$$\sin 2\theta = \pm\frac{2v_{xy}}{\sqrt{(f_y - f_x)^2 + 4v_{xy}^2}},\quad \cos 2\theta = \pm\frac{f_y - f_x}{\sqrt{(f_y - f_x)^2 + 4v_{xy}^2}}$$

이므로, 이를 식 (7.20)에 대입하면

$$\begin{aligned} f_\theta &= \frac{f_x + f_y}{2} + \frac{f_x - f_y}{2}\cos 2\theta - v_{xy}\sin 2\theta \\ &= \frac{f_x + f_y}{2} + \left(\frac{f_x - f_y}{2}\right)\left(\pm\frac{f_y - f_x}{\sqrt{(f_y - f_x)^2 + 4v_{xy}^2}}\right) \\ &\quad - (v_{xy})\left(\pm 2\frac{v_{xy}}{\sqrt{(f_y - f_x)^2 + 4v_{xy}^2}}\right) \end{aligned}$$

$$= \frac{f_x + f_y}{2} \pm \frac{1}{2}\sqrt{(f_x - f_y)^2 + 4v_{xy}^2}$$

$$= \frac{f_x + f_y}{2} \pm \sqrt{\left(\frac{f_x - f_y}{2}\right)^2 + {v_{xy}}^2} \tag{7.27}$$

이다. 즉,

$$\left.\begin{array}{l} f_{\theta,\ \max} = f_1 \\ \\ f_{\theta,\ \min} = f_2 \end{array}\right\} = \frac{f_x + f_y}{2} \pm \sqrt{\left(\frac{f_x - f_y}{2}\right)^2 + v_{xy}^2} \tag{7.28}$$

2축 응력 상태에서는 식 (7.27)에서 $v_{xy} = 0$이므로 f_θ는 f_x와 f_y의 2개이며, 이 가운데 큰 것이 최대 주응력, 작은 것이 최소 주응력이다.

일축 응력 상태에서는 x축 방향으로 수직응력 f_x만이 작용하는 경우, f_x를 f로 표시하고 $f_y = v_{xy} = 0$으로 놓으면 f_θ는 f 또는 0이므로 $f_1 = f$, $f_2 = 0$이다.

또한, 식 (7.28)로부터 다음의 관계가 성립한다.

$$f_1 + f_2 = f_x + f_y \tag{7.29}$$

$$f_1 \cdot f_2 = f_x \cdot f_y - v_{xy}^2 \tag{7.30}$$

이상의 주응력면의 경사각과 주응력의 크기에 관한 식 (7.26)~(7.30)는 제2장의 주축과 주단면2차모멘트에 관한 식과 동일한 형식으로서 f_x는 I_x, f_y는 I_y, v_{xy}는 I_{xy}, v_1은 I_1, v_2는 I_2에 대응함을 알 수 있다.

7.3.4 주전단응력과 주전단응력면

식 (7.21)에서 알 수 있듯이 경사 단면에 작용하는 전단응력은 경사각 식 (7.21)과 같은 θ의 함수로 표시되며, 이 가운데 최대 또는 최소의 전단응력을 주전단응력(主剪斷應力, principal shearing stress), 주전단응력이 작용하는 면을 주전단응력면(主剪斷應力面, principal plane of stress)이라 하며, 주응력면에는 전단응력이 작용하지 않으나 주전단응력면에 작용하는 수직응력은 0이 아닌 것이 보통이다.

(1) 주전단응력면의 경사각

경사 단면에 작용하는 전단응력 v_θ의 최대 또는 최소값을 구하기 위하여 식 (7.21)를 θ에 관하여 미분하여 이를 0으로 놓으면

$$\frac{dv_\theta}{d\theta} = (f_x - f_y)\cos 2\theta - 2v_{xy}\sin 2\theta = 0 \tag{a}$$

여기서, v_θ의 값이 최대 또는 최소로 되는 면의 경사각(y축과 이루는 각), 다시 말하면 주전단응력면의 경사각을 θ_t라 하면 식 (a)에 의하여

$$\left.\begin{aligned} &\tan 2\theta = \tan 2\theta_t = \frac{f_x - f_y}{2v_{xy}} \\ &\text{또는}\quad \theta_t = \frac{1}{2}\tan^{-1}\frac{f_x - f_y}{2v_{xy}} \end{aligned}\right\} \tag{7.31}$$

식 (a)를 다시 미분하면

$$\frac{d^2 v_\theta}{d\theta^2} = -2(f_x - f_y)\sin 2\theta - 4v_{xy}\cos 2\theta = 2(f_y - f_x)\sin 2\theta\left(1 - 2\frac{v_{xy}}{f_y - f_x}\cot 2\theta\right)$$

그런데, 주전단응력면의 경사각은

$\tan 2\theta = \dfrac{f_x - f_y}{2v_{xy}}$이므로 $\cot 2\theta = 2\dfrac{v_{xy}}{f_x - f_y}$이다. 따라서,

$$\begin{aligned} \frac{d^2 v_\theta}{d\theta^2} &= 2(f_y - f_x)\sin 2\theta\,(1 + \cot^2 2\theta) \\ &= 2(f_y - f_x)\sin 2\theta\frac{1}{\sin^2 2\theta} = \frac{2(f_y - f_x)}{\sin 2\theta} \end{aligned} \tag{b}$$

이다. 여기서, 식 (b)에 식 (7.31)의 θ_t의 값을 대입하였을 때

$$\left.\begin{aligned} &\frac{d^2 v_\theta}{d\theta^2} = \frac{2(f_y - f_x)}{\sin 2\theta} < 0\text{이면}, \theta_t = \theta_{t_1}\text{이고}, \ v_\theta\text{는 최대} \\ &\frac{d^2 v_\theta}{d\theta^2} = \frac{2(f_y - f_x)}{\sin 2\theta} > 0\text{이면}, \theta_t = \theta_{t_2}\text{이고}, \ v_\theta\text{는 최소} \end{aligned}\right\} \tag{7.32}$$

이다.

또한, 주응력면과 주전단응력면과는 식 (7.26)과 식 (7.31)에 의하여

$$\tan 2\theta_n \cdot \tan 2\theta_t = -1$$

$$\therefore \theta_t = \theta_n \pm 45° \tag{7.33}$$

의 관계가 있다. 따라서, 주전단응력면은 주응력면과 45°의 각을 이룬다.

(2) 주전단응력의 크기

주전단응력의 크기는 식 (7.31)을 (7.21)에 대입하여 구한다.

식 (7.31)으로부터

$$\sin 2\theta = \pm \frac{f_x - f_y}{\sqrt{(f_x - f_y)^2 + 4v_{xy}^2}}, \quad \cos 2\theta = \pm \frac{2v_{xy}}{\sqrt{(f_x - f_y)^2 + 4v_{xy}^2}}$$

이므로, 이를 식 (7.21)에 대입하면

$$\begin{aligned} v_\theta &= \pm \frac{f_x - f_y}{2} \sin 2\theta + v_{xy} \cos 2\theta \\ &= \frac{f_x - f_y}{2}\left(\pm \frac{f_x - f_y}{\sqrt{(f_x - f_y)^2 + 4v_{xy}^2}}\right) + v_{xy}\left(\pm \frac{2v_{xy}}{\sqrt{(f_x - f_y)^2 + 4v_{xy}^2}}\right) \\ &= \pm \sqrt{\left(\frac{f_x - f_y}{2}\right)^2 + v_{xy}^2} \end{aligned} \tag{7.34}$$

식 (7.28)과 (7.34)로부터 주전단응력의 크기는 다음 식으로 구할 수 있음을 알 수 있다.

$$\left.\begin{aligned} v_{max} &= v_1 \\ v_{min} &= v_2 \end{aligned}\right\} = \pm \sqrt{\left(\frac{f_x - f_y}{2}\right)^2 + v_{xy}^2} = \pm \frac{1}{2}(f_1 - f_2) \tag{7.35}$$

식 (7.35)로부터 다음의 관계가 성립한다.

$$v_1 + v_2 = 0 \qquad \therefore v_2 = -v_1 \tag{7.36}$$

7.3.5 Mohr의 응력원

평면 응력 상태에서의 f_θ 및 v_θ의 값은 도해법으로도 구할 수 있으며, 도해법의 도형은 독일의 Otto Mohr에 의하여 1882년에 처음으로 제시된 것으로 Mohr의 응력원(Mohr's stress circle)이라 한다. 평면 응력 상태에서의 f_θ를 구하는 식 (7.20)를 다음과 같이 변형하여 식 (a)라 하고 v_θ를 구하는 식 (7.21)을 식 (b)라 한다.

$$f_\theta - \frac{f_x + f_y}{2} = \frac{f_x - f_y}{2}\cos 2\theta - v_{xy}\sin 2\theta \tag{a}$$

$$v_\theta = \frac{f_x - f_y}{2}\sin 2\theta + v_{xy}\cos 2\theta \tag{b}$$

위의 식 (a), (b)에서, $(a)^2 + (b)^2$에 의하여 θ를 소거하면 수직응력 f와 전단응력 v사이에는 다음의 관계가 있다.

$$\left(f_\theta - \frac{f_x + f_y}{2}\right)^2 + v_\theta^2 = \frac{(f_x - f_y)^2 + 4v_{xy}^2}{4} \tag{7.37}$$

이 식은 그림 7.12와 같이 f, v 좌표에서 중심이 $f = \frac{f_x + f_y}{2}$, $v = 0$이고 반경이 $\frac{1}{2}\sqrt{(f_x - f_y)^2 + 4v_{xy}^2}$ 인 원을 표시한다.

여기서, 반경은 식 (7.35)으로 표시되는 주전단응력의 크기임을 알 수 있다.

식 (7.37)를 그림으로 표시한 그림 7.12와 같은 원이 Mohr의 응력원이며, 경사각를 변화시켰을 때, 이 경사 단면에 작용하는 f_θ, v_θ의 값은 원주 상의 점의 좌표값으로 표시되는 것으로서, 주응력 및 주전단응력의 크기 및 작용 방향을 구할 수 있다. Mohr의 응력원의 작도 순서는 다음과 같다.

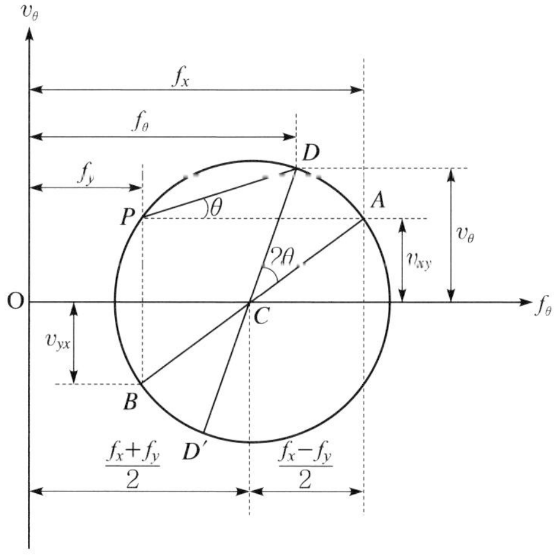

그림 7.12

① 임의의 점 0를 원점으로 하는 직교 좌표축 f_θ, v_θ를 설정한다.

② (f_x, v_{xy})에 의하여 점 A를, $(f_y, -v_{xy})$에 의하여 점 B를 정한다. 그림은 $f_x > f_y > 0$, $v_{xy} > 0$ 경우이다.

③ 점 A와 점 B를 맺는 선분이 f_θ축과 만나는 점을 C 라 한다. 점 C를 중심으로 하여 반경 CA의 원을 그린다. 이와 같이 그려진 원의 중심 C의 좌표는 $f_\theta = \dfrac{f_x + f_y}{2}$, $v_\theta = 0$ 이고, 반경은 $\sqrt{\left(\dfrac{f_x - f_y}{2}\right)^2 + v_{xy}^2}$ 이므로 식 (7.37)를 만족한다.

④ 점 A로부터 f_θ축에, 점 B로부터 v_θ축에 평행한 선을 그어 그 교점 P를 구하면 점 P는 원주 상에 있으며, 이와 같이 정해진 점 P를 극(極, Pole)이라 한다.

⑤ 선분 PA로부터 반시계 방향으로 경사면의 경사각 θ 되는 선분을 그어 원주와의 교점 D를 정하면 점 D의 좌표가 f_θ, v_θ의 값이며, 점 D를 지나는 직경의 반대쪽의 점 D'의 좌표는 점 D로 표시되는 평면과 90°의 각을 이루는 평면에 작용하는 응력을 나타낸다.

여기서, 원의 중심각은 같은 원호에 대한 원주각의 2배이므로 ∠ACD=2∠APD이며, 선분 CA로부터 반시계 방향으로 2θ되는 선분 CD를 그어 원주와의 교점 D를 구해도 된다는 것을 알 수 있다. 위에서와 같이 정해진 점 D의 좌표가 f_θ, v_θ의 값이 된다는 것을 증명하면 다음과 같다.

그림 7.13과 같이 ∠ACE=α, ∠ECD=β라고 하면 ∠ACD=2θ이므로 $\beta=2\theta+\alpha$이며, $OC = a$, 원의 반경 CA=CB=CD=b라고 하면

$$a = \frac{f_x + f_y}{2},\ b\cos\alpha = \frac{f_x - f_y}{2},\ b\sin\alpha = v_{xy}$$

이므로

$$f_\theta = OD_1 = OC + CD_1 = a + b\cos\beta = a + b\cos(2\theta + \alpha) \tag{a}$$

$$= a + b(\cos 2\theta \cos\alpha - \sin 2\theta \sin\alpha)$$

$$= a + b\cos\alpha\cos 2\theta - b\sin\alpha\sin 2\theta$$

$$= \frac{f_x + f_y}{2} + \frac{f_x - f_y}{2}cos 2\theta - v_{xy}\sin 2\theta$$

$$v_\theta = D_1D = CD\sin\beta = b\sin(2\theta + \alpha) \tag{b}$$

$$= b(\sin 2\theta\cos\alpha + \cos 2\theta\ \sin\alpha)$$

$$= b\cos\alpha\sin 2\theta + b\ \sin\alpha\cos 2\theta$$

$$= \frac{f_x - f_y}{2}\sin 2\theta + v_{xy}\cos 2\theta$$

위의 식 (a), (b)는 각각 식 (7.20), (7.21)과 일치한다.

Mohr의 응력원에 의하여 다음의 관계가 성립한다는 것을 쉽게 알 수 있다.

$$\left.\begin{aligned} & f_\theta + f_{\theta+90^\circ} = f_x + f_y = \text{const.} \\ & v_{\theta+90^\circ} = -v_\theta \\ & v_{\theta\max} = v_{\theta\min} = \frac{1}{2}(f_{\theta\max} - f_{\theta\min}) \end{aligned}\right\} \tag{7.38}$$

주응력 f_1 및 f_2의 값은 그림 7.14의 점 E 및 점 F의 f_θ의 값과 같다. 또, f_1의 방향은 그림의 선분 PE의 방향과 같다. 이를 증명하면 다음과 같다.

∠PEF=ϕ라 하면

∠PCF=2∠PEF=2ϕ 이므로,

tan2ϕ =tan∠PCF

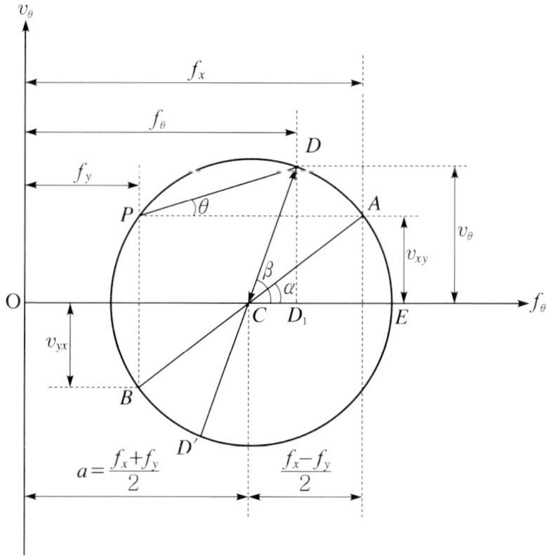

그림 7.13

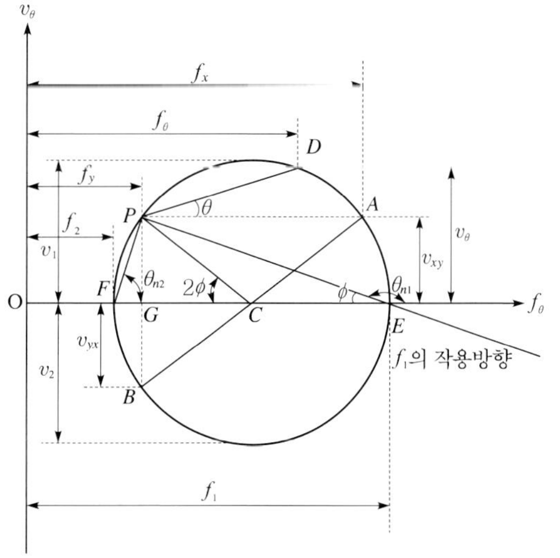

그림 7.14

그런데

$$\tan\angle PCF = \frac{GP}{CG} = \frac{v_{xy}}{\dfrac{f_x - f_y}{2}} = \frac{2v_{xy}}{f_x - f_y}$$

이며, 또 $\theta_{n1} = 180° - \phi$이므로

$$\tan 2\theta_{n_1} = \tan(360° - 2\phi) = -\tan 2\phi = -2\frac{v_{xy}}{f_x - f_y} = \frac{2v_{xy}}{f_y - f_x}$$

이 식은 식 (7.26)과 일치한다.

f_2의 작용 방향 θ_{n2}는 그림의 선분 FP의 방향과 같으며, $\theta_{n2} = \theta_{n1} - 90°$의 관계가 있다.

2축 응력 상태에서의 Mohr의 응력원의 방정식은 식 (7.37)에서 $v_{xy} = 0$으로 놓으면

$$\left(f_\theta - \frac{f_x + f_y}{2}\right)^2 + v_\theta^2 = \left(\frac{f_x - f_y}{2}\right)^2 \tag{7.39}$$

이며, 일축응력 상태에서의 Mohr의 응력원의 방정식은 식 (7.37)에서 $v_{xy} = f_y = 0$, $f_x = f$로 놓으면

$$\left(f_\theta - \frac{f}{2}\right)^2 + v_\theta^2 = \left(\frac{f}{2}\right)^2 \tag{7.40}$$

이다.

위의 두 경우에 대한 Mohr의 응력원은 일반적인 평면 응력 상태에 대한 경우와 똑 같은 방법으로 그리면 된다. 또한 2축 응력 상태나 일축 응력 상태에 대해서도 식 (7.38)이 성립한다.

7.3.6 보의 주응력

부재축에 직각 방향으로는 수직응력이 작용하지 않는 보의 경우에는 평면 응력 상태에 대한 각종 공식에서 $f_y = 0$, $f_x = f$, $v_{xy} = v$로 놓으면, 임의의 경사 단면에 작용하는 응력은

$$\left.\begin{aligned} f_\theta &= \frac{f}{2} + \frac{f}{2}\cos 2\theta - v\sin 2\theta \\ v_\theta &= \frac{f}{2}\sin 2\theta + v\cos 2\theta \end{aligned}\right\} \tag{7.41}$$

주응력면의 경사각은

$$\left.\begin{aligned} &\tan 2\theta = \tan 2\theta_n = \frac{2v}{-f} \\ &\text{또는} \quad \theta_n = \frac{1}{2}\tan^{-1}\frac{2v}{-f} \end{aligned}\right\} \tag{7.42}$$

주응력면의 판별식은

$$\left.\begin{aligned} &\frac{d^2 f_\theta}{d\theta^2} = -\frac{2f}{\cos 2\theta} < 0 \text{이면}, \theta_n = \theta_{n_1} \text{이고}, \ f_\theta \text{는 최대} \\ &\frac{d^2 f_\theta}{d\theta^2} = -\frac{2f}{\cos 2\theta} > 0 \text{이면}, \theta_n = \theta_{n_2} \text{이고}, \ f_\theta \text{는 최소} \end{aligned}\right\} \tag{7.43}$$

주응력의 크기는

$$\left.\begin{aligned} f_{max} &= f_1 \\ f_{min} &= f_2 \end{aligned}\right\} = \frac{f}{2} \pm \sqrt{\frac{f^2}{4} + v^2} \tag{7.44}$$

주전단응력면의 경사각은

$$\left.\begin{aligned} &\tan 2\theta = \tan 2\theta_t = \frac{f}{2v} \\ &\text{또는} \quad \theta_t = \frac{1}{2}\tan^{-1}\frac{f}{2v} \end{aligned}\right\} \tag{7.45}$$

주전단응력면의 판별식은

$$\left.\begin{aligned} &\frac{d^2 v_\theta}{d\theta^2} = \frac{-2f}{\sin 2\theta} < 0 \text{ 이면}, \theta_t = \theta_{t_1} \text{이고}, \ v_\theta \text{는 최대} \\ &\frac{d^2 v_\theta}{d\theta^2} = \frac{2f}{\sin 2\theta} > 0 \text{이면}, \theta_t = \theta_{t_2} \text{이고}, \ v_\theta \text{는 최소} \end{aligned}\right\} \tag{7.46}$$

주응력면과 주전단응력면의 관계는 식 (7.42)과 (7.45)에 의하여

$$\theta_t = \theta_n \pm 45°$$

이며, 이는 평면 응력 상태에 대한 식 (7.33)과 동일하다.

주전단응력의 크기는

$$\left.\begin{aligned} v_{max} &= v_1 \\ v_{min} &= v_2 \end{aligned}\right\} = \pm\sqrt{\frac{f^2}{4} + v^2} = \pm\frac{1}{2}(f_1 - f_2) \tag{7.47}$$

Mohr의 응력원의 방정식은

$$\left(f_\theta - \frac{f}{2}\right)^2 + v_\theta^2 = \left(\sqrt{\frac{f^2}{4} + v^2}\right)^2 \tag{7.48}$$

이다.

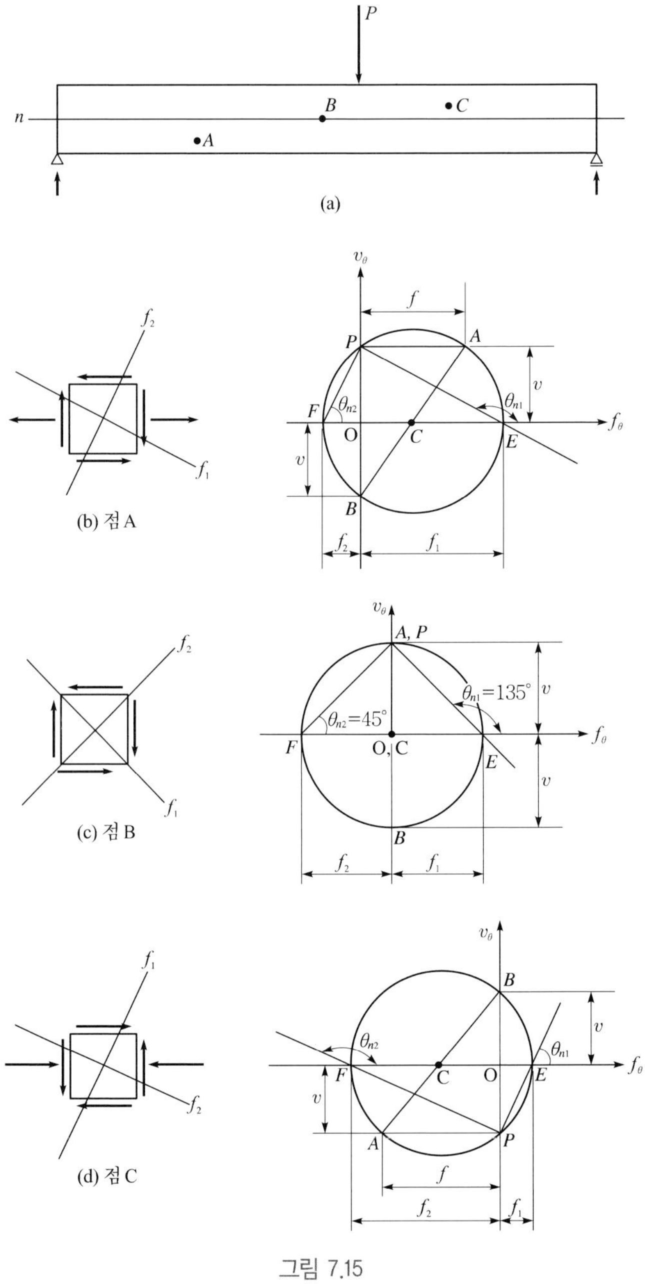

그림 7.15

그림 7.15(a)와 같은 단순보의 점 A, B, C 에서의 응력 상태와 Mohr의 응력원을 그면 각각 그림(b), (c), (d)와 같으며, 오른쪽의 응력 상태를 표시한 그림에서 직선 PE, PF는 각각 주응력 f_1, f_2의 작용방향을 표시한 것이다.

보의 각 점에서의 주응력의 방향에 접하는 곡선을 주응력선(主應力線, principal stress line)이라고 한다. 최대 주응력과 최소 주응력의 작용방향은 직교하므로 최대 주응력선과 최소 주응력선은 직교한다. 또 중립축에서는 $f=0$이므로 $v>0$이면 식 (7.42), (7.43)에 의하여 $\theta_{n1}=135°$, $\theta_{n2}=45°$이고, $v<0°$이면 $\theta_{m1}=45°$, $\theta_{n2}=135°$이다. 따라서, 보의 모든 주응력선은 세로 중립축과 45°의 각을 이룬다. 보의 인장측의 연단에서는 $f>0$, $v=0$이므로 식 (7.42), (7.43)에 의하여 $\theta_{n1}=0$, $\theta_{n2}=90$ 이다. 따라서 최대 주응력선은 연단에 평행하며, 최소 주응력선은 연단과 직교한다. 압축측의 연단에서는 이와 반대이다($f<0$, $v=0$ 이므로 $\theta_{n1}=90°$, $\theta_{n2}=0°$). 그림 7.16은 등분포하중을 받는 단순보의 주응력선으로서, 실선은 최대 주응력선이고 파선은 최소 주응력선이다.

마찬가지로 하여 주전단응력선을 그릴 수 있다. 이 곡선은 중립면에서는 세로 중립축과 일치하고 상, 하 양단에서는 연단과 45°의 각을 이룬다(그림은 생략한다).

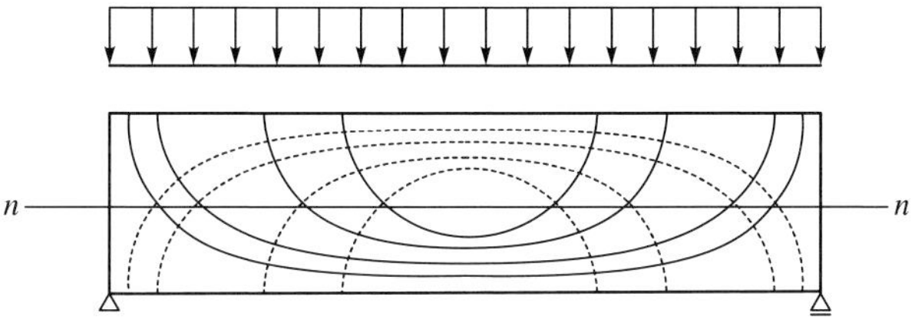

그림 7.16

예제 7.4

$f_x=50\text{MPa}$, $f_y=-30\text{MPa}$, $v_{xy}=30\text{MPa}$일 때,

(1) y축과 20°의 각을 이루는 경사 단면의 응력

(2) 주응력의 크기 및 방향

(3) 주전단응력의 크기 및 방향

(4) 위에 경우에 대한 Mohr의 응력원을 구하라.

풀이

(1) 식 (7.20), (7.21)에 의하여

$$f_\theta = \frac{f_x + f_y}{2} + \frac{f_x - f_y}{2}cos2\theta - v_{xy}\sin 2\theta = \frac{50-30}{2} + \frac{50+30}{2}\cos 40° - 30\sin 40°$$

$$= 10 + 40 \times 0.7660 - 30 \times 0.6428 = 21.36\text{MPa}$$

$$v_\theta = \frac{f_x - f_y}{2}\sin 2\theta + v_{xy}\cos 2\theta = \frac{50+30}{2}\sin 40° + 30\cos 40°$$

$$= 40 \times 0.6428 + 30 \times 0.7660 = 48.69\text{MPa}$$

(2) 식 (7.28)에 의하여 주응력의 크기는

$$\left.\begin{matrix} f_1 \\ f_2 \end{matrix}\right\} = \frac{f_x + f_y}{2} \pm \sqrt{\left(\frac{f_x - f_y}{2}\right)^2 + v_{xy}^2} = \frac{50-30}{2} \pm \sqrt{\left(\frac{50+30}{2}\right)^2 + 30^2} = \left\{\begin{matrix} 60\text{MPa} \\ -40\text{MPa} \end{matrix}\right.$$

식 (7.26)에 의하여 주응력의 작용 방향은

$$\theta_n = \frac{1}{2}\tan^{-1}\frac{2v_{xy}}{f_y - f_x} = \frac{1}{2}\tan^{-1}\frac{2 \times 30}{-30-50} = \frac{1}{2}\tan^{-1}\frac{3}{-4} = 161°34'(=180° - 18°26')$$

$$\frac{d^2 f_\theta}{d\theta^2} = \frac{2(f_y - f_x)}{\cos 2} = \frac{2(-30-50)}{\cos 2(161°34')} < 0$$

$$\therefore\ \theta_{n_1} = 161°34'$$

$$\theta_{n_2} = \theta_{n_1} - 90° = 161°34' - 90° = 71°34'$$

(3) 식 (7.35)에 의하여 주전단응력의 크기는

$$\left.\begin{matrix} v_1 \\ v_2 \end{matrix}\right\} = \pm\sqrt{\left(\frac{f_x - f_y}{2}\right)^2 + v_{xy}^2} = \pm\sqrt{\left(\frac{50+30}{2}\right)^2 + 30^2} = \pm 50\text{MPa}$$

또는 $\left.\begin{matrix} v_1 \\ v_2 \end{matrix}\right\} = \pm\frac{1}{2}(f_1 - f_2) = \pm\frac{1}{2}(60+40) = \pm 50\text{MPa}$

식 (7.31), (7.32)에 의하여 주전단응력의 작용방향은

$$\theta_t = \frac{1}{2}\tan^{-1}\frac{f_x - f_y}{2 \times v_{xy}} = \frac{1}{2}\tan^{-1}\frac{50+30}{2+30} = \frac{1}{2}\tan^{-1}\frac{4}{3} = 26°34'$$

$$\frac{d^2 v_\theta}{d\theta^2} = \frac{2(f_y - f_x)}{\sin 2\theta} = \frac{2(-30-50)}{\sin 2(26°34')} < 0$$

$$\therefore\ \theta_{t1} = 26°34'$$

$$\theta_{t2} = \theta_{t1} + 90° = 26°34' + 90° = 116°34'$$

또는 식 (7.33)에 의하여

$$\theta_{t1} = \theta_{n1} + 45° = 161°34' + 45° = 206°34' = 26°34''(=206°34' - 180°)$$

$$\theta_{t2} = \theta_{n2} + 45° = 71°34 + 45° = 116°34'$$

(4) Mohr의 응력원은 그림 7.17과 같다.

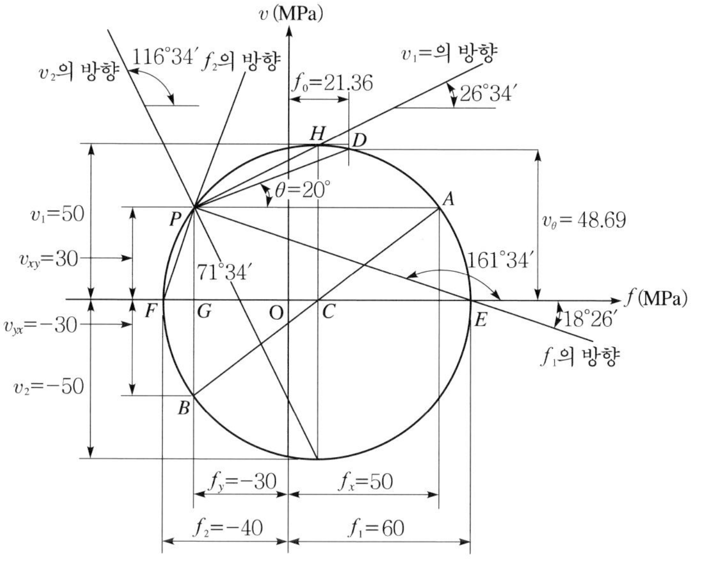

그림 7.17

7.1 합성보의 휨응력

철근 콘크리트보 또는 강판으로 보강된 콘크리트보와 같이 탄성 계수가 다른 2개 이상의 재료로 이루어진 보가 단일 재료로 된 보와 같이 외력에 저항하는 보를 합성보(composite beam)라 한다. 이러한 보의 해석에도 7.1에서 설명한 휨 이론을 그대로 적용할 수 있다. 한 예로서, 그림 7.18(a)와 같이 윗 부분은 탄성 계수 E_1의 재료로, 이랫 부분은 탄성계수 E_2의 재료로 만들어진 직사각형 단면의 합성보를 생각하기로 한다.

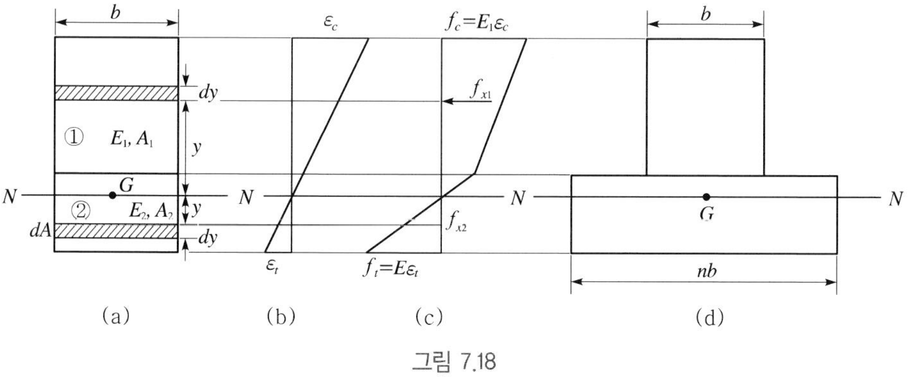

그림 7.18

합성보는 2개 이상의 재료가 동시에 외력을 받아 서로 미끄러지지 않고 똑같은 변형이 일어나도록 만들어진 보이므로 합성보의 단면은 단일 재료로 만들어진 보와 마찬가지로 평면 보존의 법칙이 성립하여 변형 후에도 평면을 유지한다. 따라서 변형률의 변화는 그림(b)와 같이 보의 상단에서 하단까지 직선 변화하며 중립축에서 0이다.

그림(a)와 같은 합성보의 단면에서 $E_2 > E_1$일 때, (+)의 휨 모멘트를 받는 경우, 휨응력의 분포도는 그림(c)와 같이 된다. 여기서, 재료 ①, ②의 단면내의 임의 점에 작용하는 휨응력 f_{x_1}, f_{x_2}는 중립축으로부터 재료 ①, ②의 단면내의 임의 점까지의 거리를 각각 y라 하면 식 (7.1)에 의하여 다음과 같다.

$$f_{x\,1} = \frac{E_1}{\rho} y \ , \quad f_{x\,2} = \frac{E_2}{\rho} y \tag{a}$$

중립축으로부터 y의 거리에 있는 미소 단면적을 dA라고 하면, 이 미소 면적에 작용하는 미소한 힘은 재료 ①, ②에 대하여 각각

$$f_{x\,1}\,dA = \frac{E_1}{\rho} y\,dA, \quad f_{x\,2}\,dA = \frac{E_2}{\rho} y\,dA$$

이다. 그런데, 단면에는 축방향력이 작용하지 않으므로, 재료 ①, ②의 단면적을 각각 A_1, A_2라고 하면

$$\Sigma H = \int_{A_1} f_{x\,1}\,dA + \int_{A_2} f_{x\,2}\,dA = \int_{A_1} \frac{E_1}{\rho} y\,dA + \int_{A_2} \frac{E_2}{\rho} y\,dA$$

$$= \frac{E_1}{\rho}\int_{A_1} y\,dA + \frac{E_2}{\rho}\int_{A_2} y dA = 0$$

$$\therefore\ E_1 \int_{A_1} y\,dA + E_2 \int_{A_2} y dA = 0$$

이다. 여기서, $\int_{A_1} y\,dA$, $\int_{A_2} ydA$는 각각 재료 ①, ②의 단면의 중립축에 대한 단면1차모멘트 Q_1, Q_2이므로

$$E_1 \int_{A_1} y\,dA + E_2 \int_{A_2} y dA = E_1 Q_1 + E_2 Q_2 = 0 \tag{7.49}$$

이다. 식 (7.49)에 의하여 합성 단면의 중립축의 위치를 구할 수 있다.

다음에 단면내의 임의 점의 휨응력을 구하기 위하여 보의 임의단면의 휨 모멘트 M와

휨응력 사이의 관계를 알아보기로 한다. 재료 ①, ②의 단면 내의 미소 면적에 작용하는 미소한 힘 $f_{x1}dA$, $f_{x2}dA$의 중립축에 대한 미소 모멘트는 각각 $dM_1 = y \cdot f_{x1} \cdot dA$, $dM_2 = y \cdot f_{x2} \cdot dA$이다. 이들 미소 모멘트를 단면 전체에 대하여 합계하면, 이 단면에 작용하는 휨 모멘트 M와 같아야 하므로,

$$M = \int_A y \cdot f_x \, dA = \int_{A_1} y \cdot f_{x_1} \, dA + \int_{A_2} y \cdot f_{x_2} \, dA$$

$$= \int_{A_1} y \cdot \frac{E_1}{\rho} y \, dA + \int_{A_2} y \cdot \frac{E_2}{\rho} y \, dA$$

$$= \frac{E_1}{\rho} I_1 + \frac{E_2}{\rho} I_2 = \frac{1}{\rho}(E_1 I_1 + E_2 I_2)$$

$$\therefore \frac{1}{\rho} = \frac{M}{E_1 I_1 + E_2 I_2} \tag{7.50}$$

여기서, I_1, I_2는 각각 재료 ①, ②의 단면적 A_1, A_2의 중립축에 대한 단면2차모멘트이다.

식 (7.50)을 식 (a)에 대입하면

$$f_{x1} = \frac{E_1 My}{E_1 I_1 + E_2 I_2}, \quad f_{x2} = \frac{E_2 My}{E_1 I_1 + E_2 I_2} \tag{7.51}$$

여기서, f_{x1}, f_{x2}는 각각 재료 ①, ②의 임의 점의 휨응력이다. 만일 $E_1 = E_2 = E$라고 하면 단면 전체의 단면2차모멘트는 $I = I_1 + I_2$이므로 식 (7.51)은 단일 재료로 된 보의 휨응력공식 $f = My/I$로 된다. 또 3개 이상의 재료로 이루어진 합성보의 응력해석도 위와 같은 방법으로 하면 된다. 한 예로 3개의 재료로 이루어진 경우, 휨응력을 구하는 식은 다음과 같다.

$$f_{x1} = \frac{E_1 My}{E_1 I_1 + E_2 I_2 + E_3 I_3} \tag{7.52}$$

$$f_{x2} = \frac{E_2 My}{E_1 I_1 + E_2 I_2 + E_3 I_3}$$

$$f_{x3} = \frac{E_3 My}{E_1 I_1 + E_2 I_2 + E_3 I_3}$$

합성보를 해석하는 다른 한 방법으로 **환산 단면법**(換算斷面法, transformed section method)이 있다. 이 방법은 2개 이상의 재료로 이루어진 단면을 이와 동등한 단일 재료의

단면으로 환산하여 응력을 해석하는 방법이다. 그림 7.18(a)에서 재료 ②의 단면을 재료 ①의 단면으로의 환산 단면을 구하기 위해서는 합성 단면의 중립축을 구하는 식 (7.49)를 E_1로 나누고 $n = E_2 / E_1$라고 하면

$$\int_{A_1} y\,dA + \int_{A_2} y \cdot n dA = Q_1 + n Q_2 = 0 \tag{7.53}$$

식 (7.53)에 의하여 중립축으로부터 미소 면적 dA까지의 거리 y가 변하지 않는 경우, 재료 ②에서의 미소면적 dA를 n배하면 중립축은 변하지 않는다는 것을 알 수 있다. 여기서, 재료 ②에서의 미소 면적 dA가 n배되게 하려면 단면의 폭을 n배하면 되므로 그림(a)와 같은 합성 단면에 대한 환산 단면은 그림(d)와 같으며, 이 환산 단면의 중립축의 위치를 구하면 원래의 합성 단면의 중립축과 일치한다.

다음에, 재료 ①, ②의 단면 내의 임의 점의 휨응력은 각각 식 (a)로부터

$$f_{x1} = \frac{E_1}{\rho} y,\ f_{x2} = \frac{E_2}{\rho} y = \frac{E_1}{\rho}\left(\frac{E_2}{E_1}\right) y = \frac{E_1}{\rho} n y \tag{b}$$

이므로, 환산 단면에서 재료 ①, ②에 대응하는 단면 내의 미소 면적에 작용하는 미소한 힘은 각각

$$f_{x1}\,dA = \frac{E_1}{\rho} y\,dA,\ f_{x2}\,dA = \frac{E_1}{\rho} n\,y\,dA$$

이다. 따라서, 휨 모멘트 M과 휨응력 사이의 관계는

$$\begin{aligned} M &= \int_A y \cdot f_x\,dA = \int_{A_1} y \cdot \frac{E_1}{\rho} y\,dA + \int_{A_2} y \cdot \frac{E_1}{\rho} n\,y\,dA \\ &= \frac{E_1}{\rho}\int_{A_1} y^2\,dA + \frac{E_1 n}{\rho}\int_{A_2} y^2\,dA = \frac{E_1}{\rho}(I_1 + nI_2) \\ &= \frac{E_1}{\rho}(I_1 + \frac{E_2}{E_1} I_2) = \frac{1}{\rho}(E_1 I_1 + E_2 I_2) \end{aligned} \tag{c}$$

위의 식 (c)는 식 (7.50)과 일치한다. 이로부터 원래의 합성 단면과 이에 대한 환산 단면에서의 휨 모멘트 M과 휨응력 사이의 관계가 일치함을 알 수 있다.

위의 식 (c)로부터

$$M = \frac{E_1}{\rho}(I_1 + nI_2) = \frac{E_1 I_t}{\rho}$$

$$\therefore \frac{1}{\rho} = \frac{M}{E_1 I_t} \tag{7.54}$$

여기서, I_t는 환산 단면의 중립축에 대한 단면2차모멘트이다.

다음에, 재료 ①, ②의 단면 내의 임의 점의 휨응력은 식 (7.54)를 식 (b)에 대입하면

$$f_{x1} = \frac{M}{I_t}y \ , \quad f_{x2} = \frac{nM}{I_t}y \tag{7.55}$$

이다. 이식은 식 (7.51)의 E_2에 nE_1을 대입한 것과 같은 것으로 두 식은 일치함을 알 수 있다.

3개 이상의 재료로 이루어진 합성보의 응력 해석을 환산 단면법으로 하려면, 임의의 재료의 탄성계수 E를 기준으로 하여 위에서와 마찬가지로 하면 된다. 한 예로 3개의 재료로 이루어진 경우, 재료 ①, ②, ③의 탄성 계수 및 중립축에 대한 단면2차모멘트를 각각 E_1, E_2, E_3 및 I_1, I_2, I_3이라 하고 $E_1/E = n_1$, $E_2/E = n_2$, $E_3/E = n_3$라 하면 환산 단면의 중립축에 대한 단면2차모멘트는 $I_t = n_1 I_1 + n_2 I_2 + n_3 I_3$이며 각 재료의 단면에 일어나는 휨응력은 다음과 같다.

$$f_{x1} = \frac{n_1 M}{I_t}y \ , \quad f_{x2} = \frac{n_2 M}{I_t}y \ , \quad f_{x3} = \frac{n_3 M}{I_t}y \tag{7.56}$$

예제 7.5

그림 7.19와 같은 단면의 보가 300kN·cm의 휨 모멘트를 받을 때 이 단면의 최대 인장 응력 f_t 및 최대 압축응력 f_c를 구하여라. 단, $E_1 = 7 \times 10^3$MPa, $E_2 = 1.4 \times 10^5$MPa.

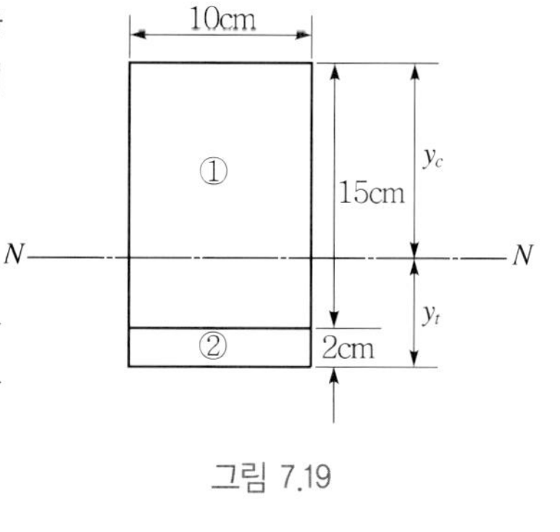

그림 7.19

풀이

중립축이 그림과 같이 재료 ①에 위치한다고 가정하고, 이 중립축으로부터 단면의 상, 하단까지의 거리를 각각 y_c, y_t라 하면, 식 (7.49)에서

$$E_1Q_1 = 7.0\times10^5\text{N/cm}^2\left[10\times y_c\times\frac{y_c}{2} - 10\times(15-y_c)\times\frac{15-y_c}{2}\right]$$

$$= 7.0\times10^5(150y_c - 1125) = 7.0\times10^7(1.5y_c - 11.25)$$

$$E_2Q_2 = [1.4\times10^7\text{N/cm}^2]\,[-10\times2\times(15-y_c+1)]$$

$$= 1.4\times10^7(20y_c - 320) = 7.0\times10^7(4y_c - 64)$$

$E_1Q_1 + E_2Q_2 = 0$이므로

$$7.0\times10^7(1.5y_c - 11.25) + 7.0\times10^7(4y_c - 64) = 0$$

$$5.5y_c = 75.25$$

$\therefore\ y_c = 13.68\text{cm},\quad y_t = 15+2-13.68 = 3.32\text{cm}$

재료 ①, ②의 단면의 중립축에 대한 단면2차모멘트 I_1, I_2는

$$I_1 = \frac{10}{3}[13.68^3 + (15-13.68)^3] = 8{,}541.36\text{cm}^4$$

$$I_2 = \frac{10}{3}[3.32^3 - (15-13.68)^3] = 114.31\text{cm}^4$$

최대 인장 응력 f_t 및 최대 압축 응력 f_c는 식 (7.51)에 의하여

$$f_t = \frac{E_2My_t}{E_1I_1 + E_2I_2} = \frac{1.4\times10^5\times300\times10^4\times33.2}{7.0\times10^3\times8541.36\times10^4 + 1.4\times10^5\times114.31\times10^4} = 18.4\text{MPa}$$

$$f_c = \frac{E_1My_c}{E_1I_1 + E_2I_2} = \frac{7.0\times10^3\times300\times10^4\times136.8}{7.0\times10^3\times8541.36\times10^4 + 1.4\times10^5\times114.31\times10^4} = 3.79\text{MPa}$$

이 문제를 환산 단면법으로 풀면 다음과 같다.

$$n = \frac{E_2}{E_1} = \frac{1.4\times10^5}{7.0\times10^3} = 20$$

이므로 재료 ②의 단면의 폭은

$$b_t = nb = 20\times10 = 200\text{cm}$$

이므로 환산 단면은 그림 7.20과 같으며, 중립축의 위치는

$$y_t = \frac{Q_x}{A} = \frac{200\times2\times1 + 10\times15\times9.5}{200\times2 + 10\times15} = 3.32\text{cm}$$

$$y_c = 15+2-3.32 = 13.68\text{cm}$$

환산 단면의 중립축에 대한 단면2차모멘트 I_t는

$$I_t = \frac{1}{3}[10\times13.68^3 + 200\times3.32^3 - (200-10)\times(3.32-2)^3] = 10{,}827.65\text{cm}^4$$

최대 인장응력 f_t 및 최대 압축응력 f_c는 식 (7.60)에 의하여

$$f_t = \frac{nM}{I_t}y_t = \frac{20\times300\times10^4}{10827.65\times10^4}\times33.2 = 18.4\text{MPa}$$

$$f_c = \frac{M}{I_t} y_c = \frac{300 \times 10^4}{10827.65 \times 10^4} \times 136.8 = 3.79\text{MPa}$$

위의 계산에서 알 수 있듯이 합성보의 응력은 환산 단면법으로 구하는 것이 편리하다.

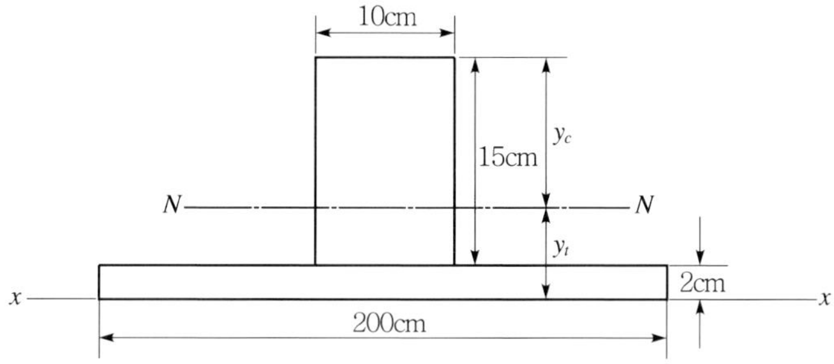

그림 7.20

7.5 휨응력과 비틀림응력의 합성

앞에서 보를 해석할 때, 보의 단면은 보의 축을 포함한 수직 대칭면을 가지며, 보에 작용하는 외력의 작용선은 모두 대칭면 내에 있는 것으로 가정하였으며, 이와 같은 가정하에서는 보에 비틀림 모멘트가 생기지 않는다. 그러나 대칭보에 작용하는 하중의 작용선이 대칭면 내에 있지 않거나 비대칭보에 하중이 작용하면 휨 모멘트와 함께 비틀림 모멘트가 작용한다.

여기서, 휨 모멘트와 함께 비틀림 모멘트를 받는 부재의 임의점에 작용하는 응력을 알아보기로 한다. 휨 모멘트 및 비틀림 모멘트에 의하여 임의점에 일어나는 응력을 각각 구한 다음 7.3절에서 유도된 관계식을 사용하거나 Mohr의 응력원을 그려서 그 점에서의 응력 상태를 규명할 수 있다.

한 예로서 그림 7.21(a)와 같이 x축에 관한 비틀림 모멘트 T와 y축 방향의 집중하중 P를 받는 길이 l, 직경 d의 원형 단면의 캔틸레버보의 응력을 생각해 보기로 한다. 고정단으로부터 거리 x인 임의단면에는 전단력 $V = P$, 휨 모멘트 $M = -P(l-x)$ 비틀림 모멘트 T가 작용한다. 이 때 보의 상면의 한 요소 A에는 그림(b)와 같이 전단력 V에 의한 전단응력은 작용하지 않으며, 휨 모멘트 M에 의한 수직응력 f와 비틀림 모멘트 T에 의하여 전단응력 v가 작용한다. 이들 f_x 및 v는 각각 식 (7.7) 및 (4.9)에 의하여

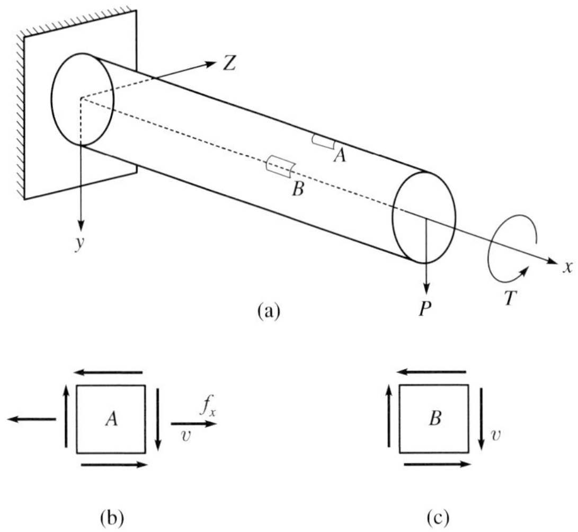

그림 7.21

$$f = f_t = \frac{32M}{\pi d^3} \tag{a}$$

$$v = \frac{16T}{\pi d^3} \tag{b}$$

이다. 요소 A는 평면 응력 상태에 있으므로 이 요소에서의 주응력 및 주전단응력은 각각 식 (7.44) 및 (7.47)에 의하여

$$\left.\begin{matrix} f_1 \\ f_2 \end{matrix}\right\} = \frac{f}{2} \pm \sqrt{\frac{f^2}{4} + v^2} \tag{c}$$

$$\left.\begin{matrix} v_1 \\ v_2 \end{matrix}\right\} = \pm \frac{1}{2}(f_1 - f_2) = \pm \sqrt{\frac{f^2}{4} + v^2} \tag{d}$$

이다. 위의 식 (c), (d)에 식 (a), (b)를 대입하여 주응력 및 주전단응력을 휨 모멘트 M과 비틀림 모멘트 T의 항으로 표시하면 다음과 같다.

$$\left.\begin{matrix} f_1 \\ f_2 \end{matrix}\right\} = \frac{16}{\pi d^3}\left(M \pm \sqrt{M^2 + T^2}\right) \tag{7.57}$$

$$\left.\begin{matrix} v_1 \\ v_2 \end{matrix}\right\} = \pm \frac{16}{\pi d^3}\sqrt{M^2 + T^2} \tag{7.58}$$

보의 하면에서의 응력도 위와 같은 방법으로 구하면 된다. 최대 수직응력은 대개 휨 모멘트가 최대인 단면의 상단 또는 하단에서 일어난다. 그러나 이와 다른 경우가 있을 수 있는 가능성을 생각할 필요가 있다. 한 예로 그림(a)의 캔틸레버보의 중립면과 만나는 한 측면의 한 요소 B에서의 응력 상태를 생각해 보기로 한다. 이 요소 B에는 그림(c)와 같이 수직응력은 작용하지 않으며, 전단력 V에 의한 전단응력

$$v' = \frac{VQ}{Ib} = \frac{4V}{3A} = \frac{16V}{3\pi d^2}$$

와 비틀림 모멘트 T에 의한 전단응력

$$v'' = \frac{16T}{\pi d^3}$$

만이 작용한다. 따라서, 이 요소에서의 최대 전단응력은

$$v_{max} = v' + v'' = \frac{16V}{3\pi d^2} + \frac{16T}{\pi d^3} = \frac{16}{3\pi d^3}(Vd + 3T) \tag{7.59}$$

이다. 이러한 순수 전단응력 상태의 요소에서의 주응력 즉, 이 요소에 작용하는 최대 인장응력 및 최대 압축 응력은 이미 앞에서 설명한 바와 같이 각각 보의 축과 45°의 방향으로 서로 직각을 이루며 작용하므로 그 값이 보의 상, 하단에서의 수직응력보다 클 수도 있으므로 이 두 응력을 비교하여 최대 수직응력을 구하여야 하며, 보의 최대 전단응력은 요소 A와 B에서의 최대 전단응력을 비교하여 구한다.

일반적인 모든 보의 최대 응력도 위에서와 마찬가지로 최대 수직응력과 최대 전단응력이 발생할만한 모든 점에서의 주응력과 주전단응력을 비교하여 구한다.

예제 7.6

길이 2m, 직경 20cm의 원형 단면의 캔틸레버보의 자유단에 집중하중 $P = 50\text{kN}$와 비틀림 모멘트 $T = 50\text{kN}\cdot\text{m}$가 작용할 때 이 보의 최대 주응력과 최대 전단응력을 구하여라. 또, 이 보의 중립면에서의 최대 전단응력을 구하여라.

풀이

고정단에서 최대 휨 모멘트가 일어나므로 고정단의 상면에서의 주인장응력과 최대 전단응력을 구하면, $M = 50 \times 2 = 100\text{kN}\cdot\text{m}$이므로 식 (7.57), (7.58)에 의하여

$$f_{max} = f_1 = \frac{16}{\pi d^3}(M + \sqrt{M^2 + T^2}) = \frac{16}{\pi \times 200^3}(100 \times 10^6 + \sqrt{(10^8)^2 + (5 \times 10^7)^2} = 134.84\text{MPa}$$

$$v_{\max} = v_1 = \frac{16}{\pi d^3}\sqrt{M^2 + T^2} = \frac{16}{\pi \times 200^3}\sqrt{(10^8)^2 + (5\times 10^7)^2} = 71.18\text{MPa}$$

중립면에서의 최대 전단응력은 $V = P = 50\text{kN}$ 이므로 식 (7.59)에 의하여

$$v_{\max} = \frac{16}{3\pi d^3}(Vd + 3T) = \frac{16}{3\pi \times 200^3}(50\times 10^3 \times 200 + 3\times 5\times 10^7) = 32.04\text{MPa}$$

7.6 보의 설계

보의 설계란 외력에 대하여 안전하고도 경제적인 보의 단면의 크기를 결정하는 것을 말한다. 보가 외력에 대하여 안전하려면 보의 단면에 일어나는 최대 응력이 보의 재료의 허용응력 이하이어야 한다.

$$\left.\begin{aligned} f_{\max} &\le f_a (\text{허용 수직 응력}) \\ v_{\max} &\le v_a (\text{허용 전단 응력}) \end{aligned}\right\} \qquad (7.60)$$

보는 주로 휨 모멘트에 저항하는 구조로서, 휨 모멘트에 대하여 안전한 단면을 설계하면 전단력에 대해서도 충분히 안전한 것이 보통이다. 그러나, 경간이 매우 짧은 보에 자동차나 기관차 하중과 같이 큰 집중하중이 작용하는 경우에는, 휨 모멘트에 대하여 안전하더라도 전단력에 대해서는 불안전한 경우가 있으므로 주의해야 한다. 또, 플랜지와 복부의 경계에서 전단응력의 크기가 급격히 변화하는 I형 단면의 보와 같은 경우에는 이 경계점에서의 주응력이 연응력보다 큰 경우가 있으므로 주의해야 하며, 이때에는 주응력이 허용응력 이하가 되도록 단면을 설계해야 한다.

다음에, 경제적인 단면을 설계하려면 각 단면의 최대 응력이 될 수 있는 한 허용응력에 가까운 것이 바람직하므로, 경간이 긴 (20m 이상) 보는 각 단면의 최대 휨 모멘트의 크기에 따라 단면의 크기를 변화시키면 재료를 절약할 수 있다. 또, 보와 같이 주로 휨 모멘트에 저항하는 부재는 연응력이 작은 단면일수록 큰 휨 모멘트에 저항할 수 있으므로, 연응력 $f = M/Z$ 에 의하여 휨 모멘트에 대한 저항력이 결정된다. 여기서, 휨 모멘트 M은 외력에 의하여 결정되는 것이므로 연응력 f를 작게 하기 위해서는 단면계수 Z를 크게 하지 않으면 안된다.

일반적으로, 단면이 커지면 단면계수도 커지지만, 같은 면적의 단면도 그 형상에 따라 단면계수가 다르다. 예를 들면 직사각형 단면의 경우 $Z = bh^2/6 = Ah/6$ 이므로, 면적 A가

일정할 때 높이 h가 클수록 단면계수가 커져 경제적임을 알 수 있다. 그러나 단면의 폭이 너무 작으면 가로 방향으로 휠 염려가 있어 불안정하게 되므로, 높이를 증가시키는 때에도 제한이 있다. 따라서 경제적인 설계를 하기 위해서는 역학적으로 허용될 수 있는 한, 보의 단면적의 대부분이 중립축으로부터 멀리 있는 형상의 단면으로 해야 한다. 경제적인 단면의 형상의 예를 들면 그림 7.22와 같다.

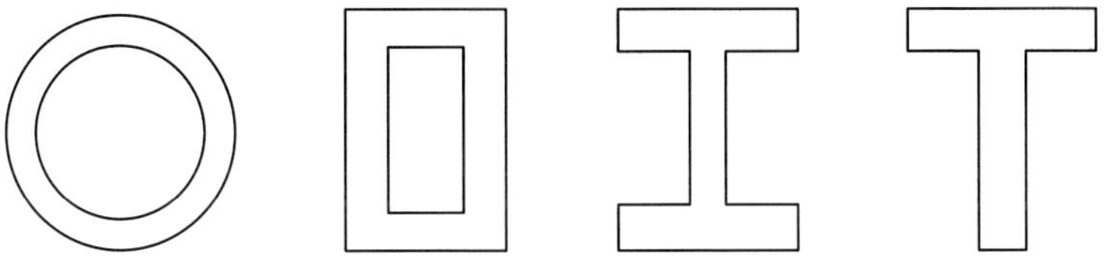

그림 7.22

보의 설계 순서와 계산 방법은 다음과 같다.

① 자중을 고려하지 않은 하중에 의한 보의 최대 휨 모멘트를 계산하고, 이에 대하여 안전한 단면을 구한 다음, 자중에 의한 단면의 증가를 고려하여, 이보다 약간 큰 단면의 크기를 가정한다. 또는 적당히 가정한 자중을 고려한 하중에 의한 보의 최대 휨 모멘트를 계산하고, 이에 대하여 안전한 단면을 가정한다.

휨 모멘트에 의한 단면의 계산은 다음과 같이 한다. 식 (7.4) 및 (7.60)에 의하여 필요한 단면계수 Z를 구한다.

$$f_{\max} = \frac{M_{\max}}{Z} \le f_a \qquad \therefore Z \ge \frac{M_{\max}}{f_a} \tag{7.61}$$

위에서 구한 필요한 단면계수에 될 수 있는 대로 가까우면서도 큰 단면의 크기를 가정한다. 이 때 응력이 인장, 압축에 대하여 동일하면 중립축에 대하여 상하 대칭인 단면이 경제적이고 인장, 압축에 대한 f_a가 다른 경우에는 중립축으로부터 최대 인장 응력과 최대 압축 응력이 일어나는 연단까지의 거리의 비가 각각 응력의 비와 같은 비대칭 단면이 경제적이다. 공장에서 만든 I형, ㄷ형 등의 형강을 사용할 때에는 한국공업규격(KS)에 규정된 강재표에서 적당한 크기의 단면을 신택하면 된다.

직사각형 단면은 $Z = \dfrac{bh^2}{6}$이므로, b 또는 h를 가정하면

$$bh^2 \geq \frac{6M_{\max}}{f_a} \quad \therefore h \geq \sqrt{\frac{6M_{\max}}{bf_a}}, \quad b \geq \frac{6M_{\max}}{h^2 f_a} \tag{7.62}$$

이다. 여기서, 일반적으로 b를 가정하여 h를 구하는 일이 많으며, 또는 b와 h와의 비를 정하여 Z를 b 또는 h 만이 함수로 표시하여 b와 h를 구하기도 한다.

원형 단면은 $Z = \frac{\pi d^3}{32}$ 또는 $\frac{\pi r^3}{4}$ 이므로

$$\left.\begin{aligned} d^3 &\geq \frac{32M_{\max}}{\pi f_a} \quad \therefore d \geq \sqrt[3]{\frac{32M_{\max}}{\pi f_a}} \\ \text{또는 } r^3 &\geq \frac{4M_{\max}}{\pi f_a} \quad \therefore r \geq \sqrt[3]{\frac{4M_{\max}}{\pi f_a}} \end{aligned}\right\} \tag{7.63}$$

이다.

② 앞의 ①에서 가정한 단면에 의하여 계산된 자중을 고려한 하중에 의한 최대 휨 모멘트를 계산하고, 이에 대하여 안전한 단면의 크기를 다시 계산한다.

③ 앞의 ②에서 구한 단면이 ①에서 구한 단면보다 작으면 ①의 단면을 사용하면 되며, 만일 ②의 단면이 크면 ②의 단면을 다시 위와 같은 방법으로 수정한다.

④ 이와 같이 하여 최대 휨 모멘트에 대하여 안전한 단면이 결정되면, 자중을 고려한 전 하중에 의한 보의 최대 전단력에 대하여 안전한가를 검토한다. 전단력에 대한 검토는 다음과 같이 한다. 식 (7.10) 및 (7.60)에 의하여

$$v_{\max} = \frac{V_{\max} Q}{I\ b} \leq v_a \tag{7.64}$$

이고, 직사각형 단면은

$$v_{\max} = \frac{3V_{\max}}{2bh} \leq v_a \tag{7.65}$$

이며, 원형 단면은

$$v_{\max} = \frac{16V_{\max}}{3\pi d^2} \text{ 또는 } \frac{4V_{\max}}{3\pi r^2} \leq v_a \tag{7.66}$$

이다. 위와 같이 하여 결정된 보의 단면이 견딜 수 있는 최대 휨 모멘트를 그 단면의 **저항**(抵抗) **모멘트**(resisting moment)라 한다. 저항 모멘트 M_r는 결정된 단면의 단면계수 Z에 허용 휨응력 f_a를 곱하여 구한다.

$$M_r = f_a Z \tag{7.67}$$

다음에, 보를 설계할 때 먼저 단면의 크기를 적당히 가정하여 식 (7.61)을 만족하는가를 검산하는 방법도 있다. 이 때, 휨 모멘트에 대한 검산 방법은 식 (7.61)에 의한 방법과 실제로 일어나는 최대 휨 모멘트는 저항 모멘트 이하이어야 하므로, 다음 식에 의하여 검산하는 방법이 있다.

$$M_{\max} \le M_r = f_a Z \tag{7.68}$$

예제 7.7

지간 10m의 직사각형 단면인 목재로 된 단순보에 집중 이동 하중 $P = 50\text{kN}$이 작용할 때, 이 보의 단면을 설계하여라. 단, 허용 휨응력은 8MPa, 허용 전단응력은 800kPa이고, 목재의 단위 중량은 8kN/m^3이다.

풀이

균일 단면의 보는 보의 절대 최대 휨 모멘트에 의하여 단면을 설계한다.

단일 이동 하중 P에 의한 보의 절대 최대 휨 모멘트 $M_{l,\max}$는 P가 보의 중점에 올 때 일어나므로,

$$M_{l,\max} = \frac{Pl}{4} = \frac{50 \times 10}{4} = 125\text{kN} \cdot \text{m} = 1.25 \times 10^4 \text{kN} \cdot \text{cm}$$

(a) $b = 30\text{cm}$로 가정하면

$Z = \dfrac{bh^2}{6} \ge \dfrac{M_{\max}}{f_a}$ 에 의하여

$$\therefore h \ge \sqrt{\frac{6M_{\max}}{bf_a}} = \sqrt{\frac{6 \times 1.25 \times 10^4}{30 \times 8 \times 10^{-1}}} = 55.9\text{ cm}$$

자중에 의한 단면의 증가를 고려하여 $h = 60\text{cm}$로 가정한다.

자중에 의한 등분포하중은

$$w_d = 8 \times 0.3 \times 0.6 = 1.44\text{ kN/m}$$

자중에 의한 보의 최대 휨 모멘트 $M_{d,\max}$는 보의 중점에서 일어나므로,

$$M_{d,\max} = \frac{w_d l^2}{8} = \frac{1.44 \times 10^2}{8} = 18\text{kN} \cdot \text{m} = 1{,}800\text{ kN} \cdot \text{cm}$$

따라서, 이 보의 자중을 고려한 전 하중에 의한 최대 휨 모멘트는,

$$M_{\max} = M_{l,\max} + M_{d,\max} = 1.25 \times 10^4 + 1800 = 14{,}300\text{ kN} \cdot \text{cm}$$

이에 의하여 단면의 크기를 다시 계산하면,

$$h \geq \sqrt{\frac{6M_{\max}}{bf_a}} = \sqrt{\frac{6 \times 14{,}300}{30 \times 8 \times 10^{-1}}} = 59.79\,\text{cm}$$

이 값은 위에서 가정한 단면보다 작으므로 안전하다.

다음에, 전단력에 대한 검토를 하면,

$$V_{\max} = P + \frac{w_d\, l}{2} = 50 + \frac{1.44 \times 10}{2} = 57.2\,\text{kN}$$

$$v_{\max} = \frac{3\,V_{\max}}{2bh} = \frac{3 \times 57.2}{2 \times 0.3 \times 0.6} = 476.7\text{kPa} < v_a = 800\text{kPa}$$

이므로, 전단력에 대해서도 안전하다. 따라서, 단면은 가정한 대로 $b \cdot h = 30\text{cm} \times 60\text{cm}$로 결정한다.

(b) $b : h = 1 : \sqrt{2}$ 로 하면

$$Z = \frac{bh^2}{6} = \frac{b\,(\sqrt{2}\,b)^2}{6} = \frac{b^3}{3} \geq \frac{M_{\max}}{f_a} = \frac{1.25 \times 10^4}{0.8}$$

$$\therefore\ \ b \geq \sqrt[3]{\frac{3 \times 1.25 \times 10^4}{0.8}} = 36.056\,\text{cm}$$

$$h = \sqrt{2}\,b = \sqrt{\frac{3 \times 1.25 \times 10^4}{0.8}} = 50.99\text{cm}$$

자중에 의한 단면의 증가를 고려하여 $b = 38$cm, $h = 54$cm로 가정하면, 자중에 의한 등분포하중은

$$w_d = 8 \times 0.38 \times 0.54 = 1.64\,\text{kN/m}$$

자중에 의한 최대 휨 모멘트는

$$M_{d,\max} = \frac{w_d\, l^2}{8} = \frac{1.64 \times 10^2}{8} = 20.5\,\text{kN·m} = 2{,}050\ \text{kN·cm}$$

따라서, 자중을 고려한 이 보의 최대 휨 모멘트는

$$M_{\max} = M_{l,\max} + M_{d,\max} = 1.25 \times 10^4 + 2050 = 14{,}550\ \text{kN·cm}$$

이에 의하여 단면의 크기를 다시 계산하면,

$$b \geq \sqrt[3]{\frac{3 \times 14{,}550}{0.8}} = 37.93\text{cm}$$

$$h = \sqrt{2}\ b = \sqrt{2} \times 37.93 = 53.64\text{cm}$$

이것은 위에서 가정한 단면보다 작으므로 안전하다.

전단력에 대한 검토를 하면,

$$V_{\max} = P + \frac{w_d\, l}{2} = 50 + \frac{1.64 \times 10}{2} = 58.2\,\text{kN}$$

$$v_{\max} = \frac{3\,V_{\max}}{2bh} = \frac{3 \times 58.2}{2 \times 0.38 \times 0.54} = 425.4\,\text{kPa} < v_a = 800\,\text{kPa}$$

이므로, 전단력에 대해서도 안전하다.

따라서, 단면은 $b \cdot h = 38\text{cm} \times 54\text{cm}$ 로 결정한다.

예제 7.8

단면2차모멘트 $I = 2{,}360{,}000\text{cm}^4$, 단면계수 $Z_c = 17{,}800\text{cm}^3$, $Z_t = 32{,}300\text{cm}^3$, 복부의 두께 1cm, 중립축에서 연단까지의 부분의 중립축에 대한 단면1차모멘트 $Q = 13{,}810\text{cm}^3$, 허용 휨응력 $f_\alpha = 200\text{MPa}$ 허용 전단응력 v_α = 100MPa인 I형 단면이 견딜 수 있는 최대 휨 모멘트와 최대 전단력을 구하여라.

풀이

압축 및 인장에 대한 저항 모멘트를 각각 M_{rc} 및 M_{rt}라 하면

$$M_{rc} = f_a Z_c = 20 \times 17800 = 356{,}000\ \text{kN} \cdot \text{cm} = 3{,}560\ \text{kN} \cdot \text{m}$$

$$M_{rt} = f_a Z_t = 20 \times 32200 = 644{,}000\ \text{kN} \cdot \text{cm} = 6{,}440\ \text{kN} \cdot \text{m}$$

이와 같이 인장과 압축에 대한 저항 모멘트가 다른 경우에는 작은 값이 그 단면의 저항 모멘트가 된다. 따라서, 이 단면이 견딜 수 있는 최대 휨 모멘트는 $M_{\max} = M_{rc} = 3{,}560\ \text{kN} \cdot \text{m}$ 이다.

견딜수 있는 최대 전단력은

$$V_{\max} = \frac{v_a I b}{Q} = \frac{10 \times 2360000 \times 1}{13810} = 1{,}708.9\text{kN}$$

예제 7.9

그림 7.23와 같은 I형 단면을 가진 길이 4m의 캔틸레버보에 등분포하중 $w = 108\text{kN/m}$가 작용하면 안전한가를 검토하여라. 단, 단면2차모멘트 $I = 322{,}000\text{cm}^4$, 단면계수 $Z = 6{,}190\text{cm}^3$, 허용 휨응력 $f_\alpha = 140\text{MPa}$, 허용 전단응력 $v_\alpha = 80\text{MPa}$이다.

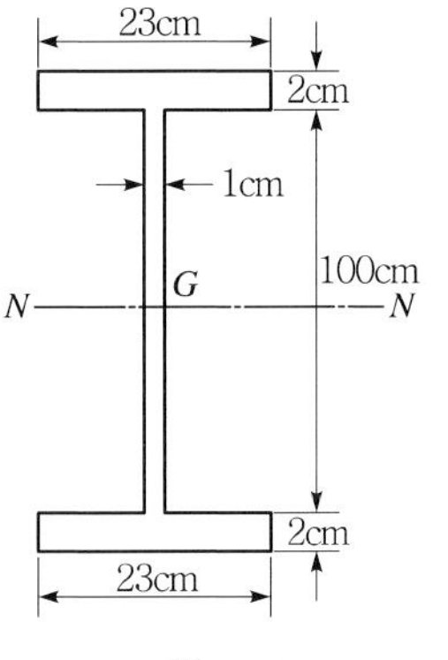

그림 7.23

풀이

최대 휨응력에 대하여

$$M_{\max} = -\frac{wl^2}{2} = -\frac{108 \times 4^2}{2}$$

$$= -\frac{108 \times 16}{2} = -864\text{kN} \cdot \text{m} = -8.64 \times 10^4\text{kN} \cdot \text{cm}$$

$$\therefore f_{\max} = \frac{M_{\max}}{Z} = \frac{8.64 \times 10^4}{6{,}190} = 13.96\ \text{kN/cm}^2 = 139.6\ \text{N/mm}^2 < \ f_a = 140\ \text{N/mm}^2$$

최대 전단응력에 내하여

$$V_{\max} = wl = 108 \times 4 = 432\text{kN}$$

따라서, 최대 휨응력과 최대 전단응력에 대하여 안전하다.

다음에, 플랜지와 복부의 접합부에서의 최대 주응력에 대하여 안전한가를 검토하기로 한다.

접합부에서의 휨응력은

$$f = f_{\max} \times \frac{50}{52} = 139.6 \times \frac{50}{52} = 134.2\mathrm{MPa}$$

접합부(복부의 상단)에서의 전단응력은

$$v = \frac{V_{\max} Q}{Ib} = \frac{432 \times 10^3 (230 \times 20 \times 510)}{322000 \times 10^4 \times 10} = 31.5\mathrm{MPa}$$ 이므로, 최대 주응력은,

$$f_1 = \frac{f}{2} + \sqrt{\frac{f^2}{4} + \tau^2} = \frac{134.2}{2} + \sqrt{\frac{134.2^2}{4} + 31.5^2} = 67.1 + 74.1$$

$$= 141.2\mathrm{MPa} > \mathrm{f_a} = 140\mathrm{MPa}$$

그러므로, 주응력에 대하여 불안전하다.

연습문제

7.1 $30\text{cm} \times 40\text{cm}$의 직사각형 단면의 단순보에 휨 모멘트 $M = 64\text{kN} \cdot \text{m}$가 작용할 때, 중립축에서 10cm 떨어진 위치에서의 휨응력 및 이 단면의 연응력을 구하여라.

7.2 직경 40cm의 원형 단면에 휨 모멘트 $M = 53.4\text{kN} \cdot \text{m}$가 작용할 때, 중립축에서 10cm 떨어진 위치에서의 휨응력 및 이 단면의 연응력을 구하여라.

7.3 단면적 100cm^2, 단면계수 400cm^3인 단면에 휨 모멘트 $40\text{kN} \cdot \text{m}$와 축방향 압축력 50kN이 작용할 때의 연응력을 구하여라.

7.4 $b = 24\text{cm}$, $h = 40\text{cm}$의 직사각형 단면의 단순보에 전단력 $V = 54.4\text{kN}$이 작용할 때, 중립축에서 10cm 떨어진 위치에서의 전단응력 및 최대 전단응력을 구하여라.

7.5 직경 20cm의 원형 단면의 단순보에 전단력 $V = 16\text{kN}$이 작용할 때, 중립축에서 5cm 떨어진 위치에서의 전단응력과 최대 전단응력을 구하여라.

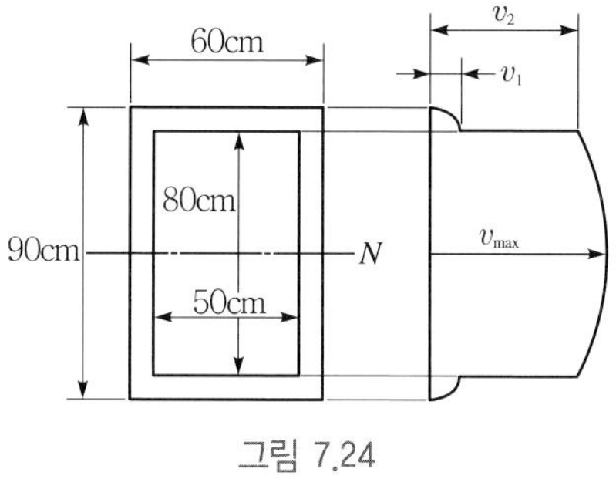

그림 7.24

7.6 그림 7.24와 같은 단면에 전단력 $V=900\text{kN}$이 작용할 때, v_1, v_2 및 $v_{\max}$을 구하여라.

7.7 그림 7.25와 같은 단면을 가진 8m의 단순보에 등분포하중 $w=22.5\text{kN/m}$가 작용할 때, 연응력 f_t, f_c 및 전단응력 v_1, v_2 및 $v_{\max}$을 구하여라.

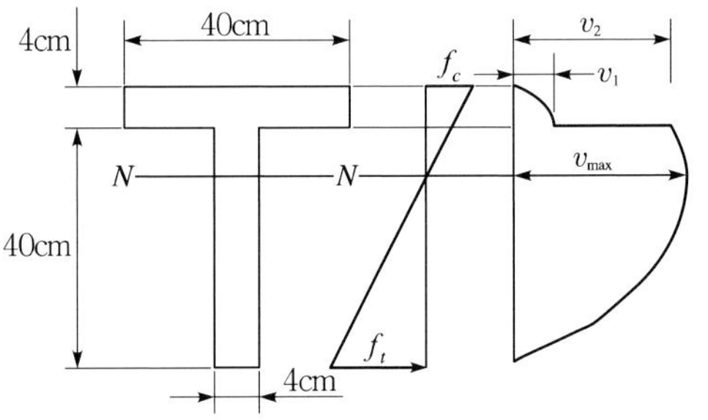

그림 7.25

7.8 $f_x=15\text{MPa}$, $f_y=25\text{MPa}$, $v_{xy}=-5\text{MPa}$일 때 x 축과 $120°$의 각을 이루는 경사 단면에 작용하는 수직응력 f와 전단응력 v를 해석법과 도해법으로 구하여라.

7.9 $f_x=-35\text{MPa}$, $f_y=65\text{MPa}$, $v_{xy}=-25\text{MPa}$일 때

(1) y 축과 $45°$의 각을 이루는 경사 단면의 응력

(2) 주응력의 크기 및 방향

(3) 주전단응력의 크기 및 방향을 해석법과 도해법으로 구하여라.

7.10 $f_x=8\text{MPa}$, $f_y=0$, $v_{xy}=6\text{MPa}$ 일 때

(1) x축과 30의 각을 이루는 경사 단면의 응력

(2) 주응력과 크기 및 방향을 해석법과 도해법으로 구하여라.

7.11 그림 7.26과 같은 I형 단면에 휨 모멘트 $M=50\text{kN}\cdot\text{m}$, 전단력 $V=50\text{kN}$이 작용할 때, 연응력 및 플랜지와 복부의 경계면에서의 주응력을 구하여라.

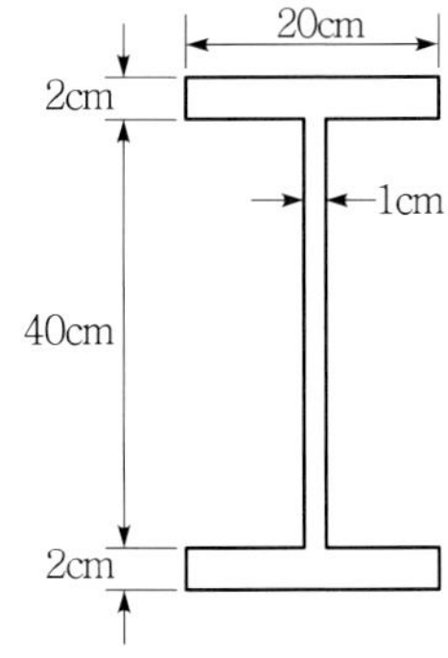

그림 7.26

7.12 $20\text{cm}\times30\text{cm}$의 직사각형 단면을 가진 나무보를 보강하기 위하여 그 상면에 폭 20cm, 두께 24mm의 주철판을 붙이고, 하면에 폭 20cm, 두께 6mm의 강철판을 붙였다. 강철, 주철 및 나무의 탄성계수를 각각 $E_S=2.1\times10^5\text{MPa}$, $E_C=1.05\times10^5\text{MPa}$ 및 $E_w=10{,}500\text{MPa}$ 이다. 이 보에 작용하는 하중으로 인하여 강철판에 일어나는 최대 인장 응력이 110MPa일 때, 주철판에 일어나는 최대 압축 응력을 구하여라.

7.13 그림 7.27과 같이 하단이 고정된 원형 단면의 기둥의 상단에 $P=1\text{kN}$이 작용할 때, 이 기둥에 작용하는 주인장응력과 최대 전단응력을 구하여라. 단, 이 기둥의 단면계수는 $Z=164\text{cm}^3$이다.

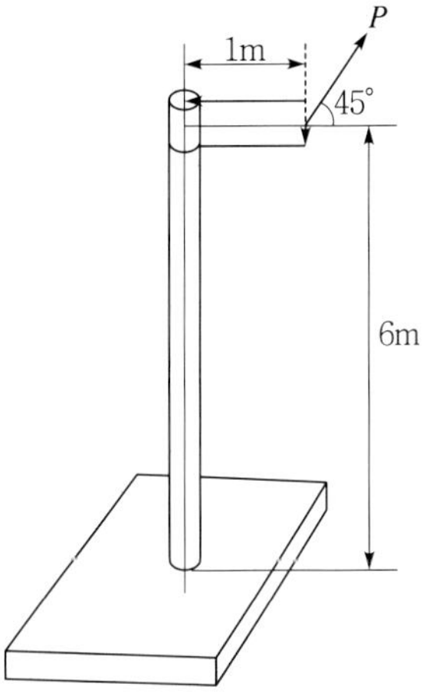

그림 7.27

7.14 그림 7.28과 같은 보의 필요한 단면계수를 구하여라. 단, $f_\alpha=8\text{MPa}$이다.

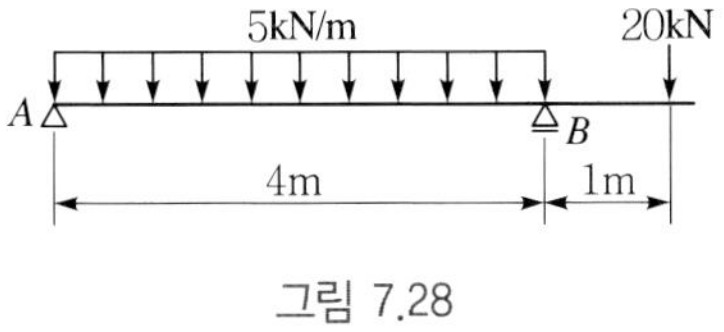

그림 7.28

7.15 예제 7.7의 문제에서 $b : h = 2 : 3$일 때의 단면을 설계하여라.

7.16 자유단에 집중하중 $P = 2.5\text{kN}$을 받는 지간 $l = 3\text{m}$의 캔틸레버보의 원형 단면을 설계하여라. 단, 허용 휨응력은 8MPa, 허용 전단응력은 800kPa이며, 자중은 고려하지 않는다.

7.17 그림 7.29와 같이 자중을 포함하는 등분포하중과 연행 하중이 작용하는 목재로된 단순보를 설계하여라. 단면은 $b : h = 2 : 3$의 직사각형으로 하고, $f_\alpha = 8\text{MPa}$, $v_\alpha = 800\text{kPa}$이다.

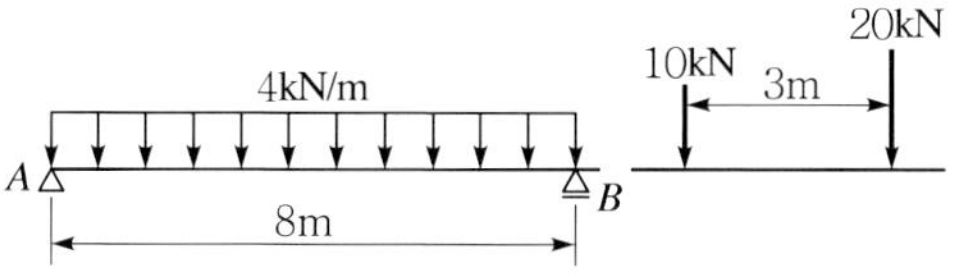

그림 7.29

7.18 그림 7.30과 같은 단면의 저항 모멘트를 구하여라. 단, 허용 휨응력은 $f_\alpha = 140\text{MPa}$이다.

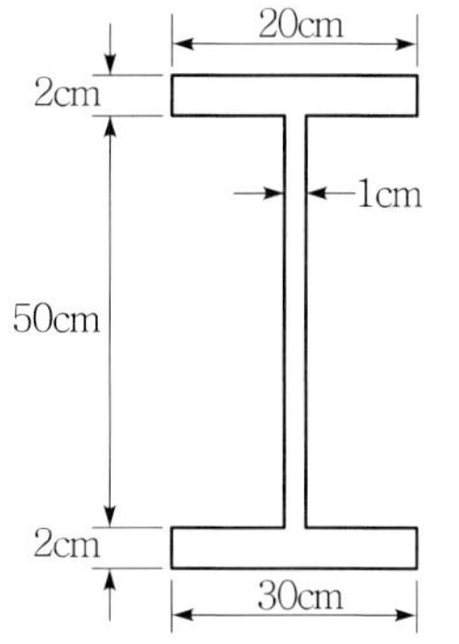

그림 7.30

7.19 지간 6m, 단면 $20\text{cm} \times 25\text{cm}$의 단순보에 자중에 포함하여 3kN/m의 등분포하중이 작용할 때, 이 보는 안전한가 검토하여라. 단, 허용 휨응력 9MPa, 허용 전단응력 800kPa이다.

7.20 높이 60cm, 단면2차모멘트 $130{,}000\text{cm}^4$인 I형강을 단순보로 사용할 때, $P=120\text{kN}$의 집중 이동 하중을 작용시킬 수 있는 최대 지간을 구하여라. 단, 자중은 1.76kN/m이고, 허용 휨응력은 120MPa이다.

7.21 지간 16m, 단면 $400\times150\times10\text{mm}$, 단위 중량 0.72kN/m, 단면계수 $1{,}200\text{cm}^3$인 I형강의 보에 작용시킬 수 있는 최대 등분포하중의 크기를 구하여라. 단, 허용 휨응력은 160MPa, 허용 전단응력은 80MPa이다.

7.22 중점에 집중하중 P를 받는 지간 1m의 단순보의 단면이 그림 7.31과 같다. 이 보에 작용시킬 수 있는 P의 크기를 구하여라. 단, 허용 수직응력 120MPa, 허용전단응력은 100MPa이다.

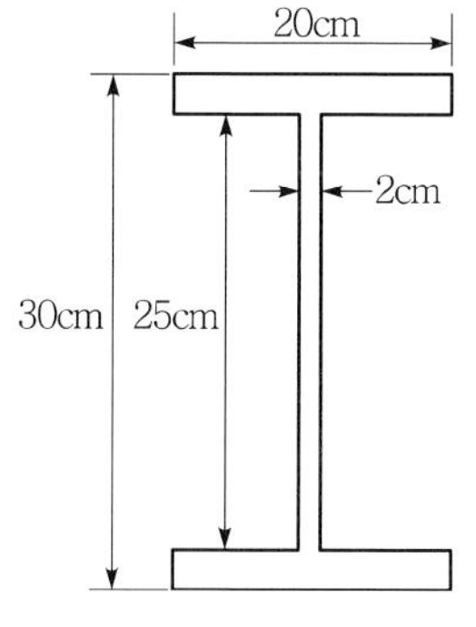

그림 7.31

7.23 전 지간에 등분포하중을 받는 단순보에서 최소단면적의 직사각형 단면을 설계하여라.

CHAPTER 08

구조물의 변위(Ⅰ)

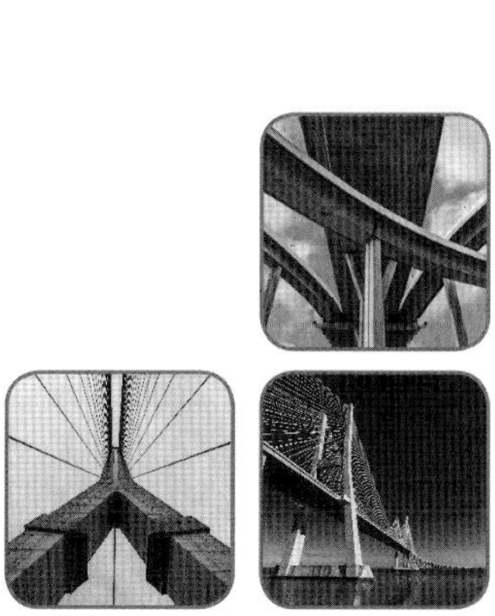

CHAPTER 08

구조물의 변위(Ⅰ)

구조물을 구성하는 부재 중 보는 탄성 재료(elastic material)이기 때문에 구조물에 외력이 작용하면 휘어져 변위가 발생된다. 구조물이 외력에 대하여 충분히 안전해도 변위가 크면 구조물의 미관을 해치고 구조물에 균열이 생길 수 있으며, 특히 활하중이 작용하는 경우, 충격과 진동의 영향이 커질 뿐만 아니라 차량의 운행이 불안하고 승객에게도 불안감을 주게 되므로 교량을 설계할 때 최대 변위량을 제한하고 있다.

이와 같은 이유로 구조물의 변위를 계산할 필요가 있을 뿐만 아니라, 힘의 평형 조건식만으로는 해석할 수 없는 부정정 구조물은 정정 구조물의 변위를 이용해야 해석할 수 있는 것으로서, 구조물의 변위 계산은 매우 중요한 것이다.

여기서는 보의 변위 해석 방법을 논의하기로 하고, 일반 구조물의 변위 해석은 제13장 구조물의 변위(Ⅱ)에서 논의하기로 한다.

8.1 보의 변위

8.1.1 보의 처짐과 처짐각

앞에서 설명한 바와 같이, 구조물에 하중이 작용하면 구조물은 변형된다. 이 때, 구조물을 구성하는 각 부재의 내부에 작용하는 응력이 탄성한도 이내에 있을 때의 변형을 탄성 변형(彈性變形, elastic deformation)이라 한다.

그림 8.1과 같이 구조물의 어느 한 점의 변형 전의 위치로부터 변형 후의 위치까지의 이동거리인 선변위(線變位, linear displacement)(그림의 $\overrightarrow{CC'}$)를 변위 또는 전변위(全變位)라고 한다. 이 변위의 수평 성분을 수평 변위(그림의 $\overrightarrow{C'C^{\circ}}$), 연직 성분을 연직 변위(그림의 $\overrightarrow{CC^{\circ}}$)라 하며, 어느 한 방향의 성분을 그 방향의 **처짐**(deflection)이라고 한다. 일반적으로 처짐이라고 하면 연직 변위를 뜻한다. 변위는 δ로 표기하기로 하며, 특히 연직 변위의

경우에는 δ 또는 y로, 연직 변위와 수평변위를 구별할 필요가 있을 경우는 각각 δ_V, δ_H로 표기하기로 한다. 부호는 아래로 처지는 것을 (+)로, 위로 솟아오르는 것을 (−)로 약속하며, 단위는 길이의 단위와 같다.

보에 하중이 작용하면 그림 8.1과 같이 변형되어, 변형되기 전에 직선 ACB이었던 부재축이 변형 후에는 곡선 AC'B로 된다. 이와 같이, 부재가 하중을 받아 변형했을 때 변형 후의 부재축이 이루는 곡선을 **탄성 곡선**(彈性曲線, elastic curve)이라 한다. 그리고 부재의 모든 점의 처짐(그림의 점 C″)을 이어서 이루어지는 곡선을 **처짐 곡선**(deflection curve)이라 한다. 보의 경우는 수평 변위가 극히 미소하여 전변위와 처짐이 거의 일치(그림의 점 C′ 와 C″가 일치)하므로 처짐 곡선은 탄성 곡선과 일치하는 것으로 생각한다.

탄성 곡선 상의 임의의 한 점에서의 접선이 변형 전의 부재축과 이루는 각변위(角變位, angular displacement)를 그 점에서의 탄성 곡선의 기울기(slope) 또는 **처짐각**(deflection angle)이라고 한다. 처짐각은 θ로 표기하기로 하며, 부호는 본래의 부재축으로부터 시계방향이면 (+), 반시계 방향이면 (−)로 약속하며, 단위는 라디안(radian)으로 나타낸다.

보는 휨 모멘트와 전단력에 의하여 변형되지만, 전단력에 의한 변형은 대부분의 경우 휨 모멘트에 의한 변형에 비하여 매우 작으므로 이를 무시하고, 휨 모멘트에 의한 변형만을 고려하여 처짐과 처짐각을 구하는 것이 보통이다.

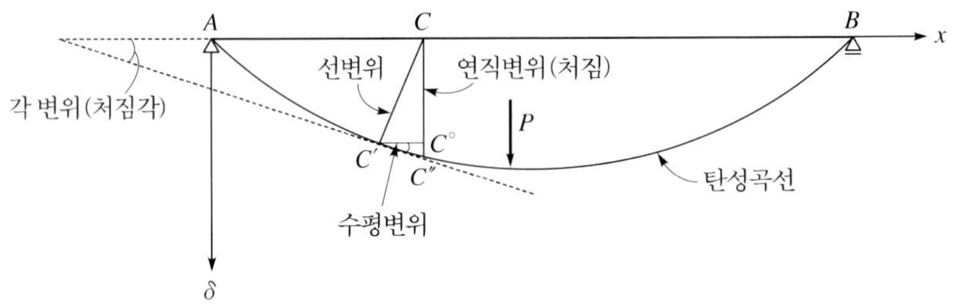

그림 8.1

8.1.2 변위의 해법

변위의 해법은 여러 가지 있으며, 이들 해법은 각기 특징이 있으므로 문제에 따라 적당한 방법을 선택하여 사용하면 된다. 가장 기본적인 해법을 들면 다음과 같다.

(1) 탄성 곡선의 미분 방정식에 의한 해법(2중 적분법이라고도 하며, 보와 기둥에 적용됨)

(2) 모멘트 면적법, 탄성 하중법 및 공액보의 방법(보와 라멘에 적용되나 주로 보에 적용됨)

(3) 가상일의 방법(가상일의 원리에 의한 해법으로 단위 하중법이라고도 말하며, 모든 구조물에 적용됨)
(4) Castigliano의 정리에 의한 해법(모든 구조물에 적용됨)

위의 해법 가운데 (1), (2)는 기하학적인 방법이고, (3), (4)는 에너지 방법이다. 또, 트러스의 변위 해법으로는 탄성 하중법을 보 대신 트러스에 작용할 수 있도록 한 **부재열법**(部材列法, barchain method)과 Williot-Mohr의 변위도(變位圖, displacement diagram)에 의한 도해법 등이 있으며, 이들은 둘 다 기하학적인 방법이다.

여기서, 구조물의 변위 해석에 가장 실용적인 방법은 공액보의 방법과 가상일의 방법이다. 이 장에서는 위의 (1), (2)의 기하학적 방법에 의한 보의 변위 해석 방법을 논의하기로 한다.

8.2 탄성 곡선의 미분 방정식

제7장의 그림 7.2(a)와 같이 보가 휨 모멘트 M을 받아 곡률 반경 ρ의 탄성 곡선을 이루었다고 하면, 곡률, 휨 모멘트 및 보의 휨 강성 사이에는 식 (7.2)와 같이 다음과 같은 관계가 성립한다.

$$\frac{1}{\rho}=\frac{M}{EI} \qquad \text{(a)}$$

다음에, 보의 임의 점의 처짐과 곡률과의 관계를 고찰해 보기로 한다. 그림 8.2는 변형 전의 부재축을 x 축으로 하고, 임의 점 x의 처짐을 표시하는 y는 처짐의 부호와 일치시키기 위하여 하향을 (+)로 하여 탄성 곡선의 일부분을 표시한 그림이다. 탄성 곡선상의 임의 점 x와 x로부터 미소 길이 dx만큼 떨어진 점에서의 접선이 이루는 각을 $d\theta$라고 하면, dx부분의 탄성 곡선은 곡률 반경 ρ, 길이 ds의 원호로 볼 수 있으므로

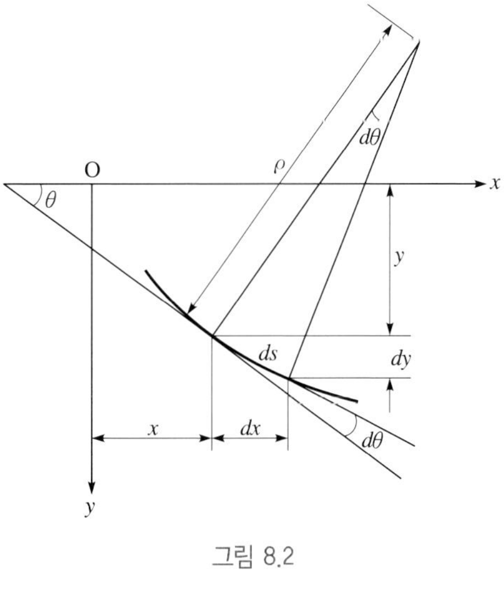

그림 8.2

$$\rho \cdot d\theta = ds \fallingdotseq \pm\sqrt{(dx)^2+(dy)^2}$$

$$=\pm\, dx\sqrt{1+\left(\frac{dy}{dx}\right)^2}$$

$$\therefore\ \rho=\pm\sqrt{1+\left(\frac{dy}{dx}\right)^2}\ \cdot \frac{dx}{d\theta}$$

따라서, 곡률은

$$\frac{1}{\rho}=\pm\frac{1}{\sqrt{1+\left(\frac{dy}{dx}\right)^2}}\cdot\frac{d\theta}{dx} \tag{b}$$

이다. 여기서, 탄성 곡선을 $y=f(x)$라고 하면 그림에서

$$\frac{dy}{dx}=\tan\theta$$

이며, 이 식의 양변을 x에 관하여 미분하면

$$\frac{d^2y}{dx^2}=(1+\tan^2\theta)\cdot\frac{d\theta}{dx}$$

$$\therefore\ \frac{d\theta}{dx}=\frac{\frac{d^2y}{dx^2}}{1+\tan^2\theta}=\frac{\frac{d^2y}{dx^2}}{1+\left(\frac{dy}{dx}\right)^2} \tag{c}$$

식 (b), (c)로부터 곡률은

$$\frac{1}{\rho}=\pm\frac{1}{\sqrt{1+\left(\frac{dy}{dx}\right)^2}}\cdot\frac{\frac{d^2y}{dx^2}}{\left\{1+\left(\frac{dy}{dx}\right)^2\right\}}=\pm\frac{\frac{d^2y}{dx^2}}{\left\{1+\left(\frac{dy}{dx}\right)^2\right\}^{3/2}} \tag{d}$$

그런데, 우리가 다루는 부재의 변위는 부재의 길이에 비하여 극히 작으므로 $\frac{dy}{dx}=\tan\theta$의 값이 극히 작으며, 따라서 $\left(\frac{dy}{dx}\right)^2=(\tan\theta)^2\fallingdotseq 0$로서 이를 무시할 수 있으므로 실용상의 곡률은 다음 식으로 표시할 수 있다.

$$\frac{1}{\rho}=\pm\frac{d^2y}{dx^2} \tag{e}$$

식 (a)와 (e)에 의하여

$$\frac{d^2y}{dx^2} = \pm \frac{M}{EI} \tag{f}$$

이다. 여기서, 우변의 부호는 (−)를 취해야 한다. 왜냐하면 보의 휨 모멘트 M의 부호는 처짐의 방향이 하향일 때를 (+)로 약속하였으므로 그림 8.3과 같이 처짐 y의 부호를 연직 하향으로 (+)를 취하면 (+)의 휨 모멘트의 경우 $\frac{d^2y}{dx^2}$의 부호는(−)이다.

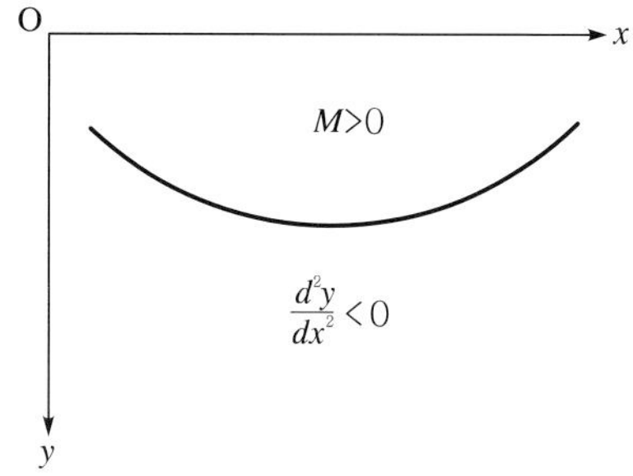

그림 8.3

따라서, 두 식을 일치시키기 위해서는 (−)의 부호를 취해야 한다. 즉

$$\frac{d^2y}{dx^2} = -\frac{M}{EI} \tag{8.1}$$

위의 식 (8.1)이 **탄성 곡선의 미분 방정식**(differential equation of elastic curve)이며, 이 식을 1차 적분하면 처짐각, 2차 적분하면 처짐이 구해진다. 따라서 이 방법을 **2중 적분법**(double integral method)이라고도 한다.

임의점의 처짐각 θ는

$$\theta \fallingdotseq \tan\theta = \frac{dy}{dx} = -\int \frac{M}{EI} dx + C_1 \tag{8.2}$$

임의점의 처짐 y는

$$y = -\iint \frac{M}{EI} dx^2 + C_1 x + C_2 - \int \theta\, dx + C_2 \tag{8.3}$$

위이 식에서 C_1, C_2는 적분 상수로서 경계 조건(boundary condition)과 연속 조건(continuity condition)에 의하여 결정한다.

보의 각 지점에서 다음의 경계 조건이 성립한다.

자유단 $y \neq 0$, $\theta = \frac{dy}{dx} \neq 0$

고정단 $y = 0$, $\theta = \frac{dy}{dx} = 0$

단순 지지단 $y = 0$

보의 탄성 곡선의 연속 조건으로서는 집중하중의 작용점의 좌우측의 처짐각과 처짐이 같아야 한다.

캔틸레버보는 고정단을 원점으로 하면 고정단에서의 처짐각과 처짐이 모두 0이므로 적분 상수를 생각할 필요가 없다.

이 방법은 다른 방법에 비하여 계산하기가 불편하므로 잘 쓰이지 않는다.

예제 8.1

그림 8.4와 같은 단순보의 탄성 곡선식을 구하여라.

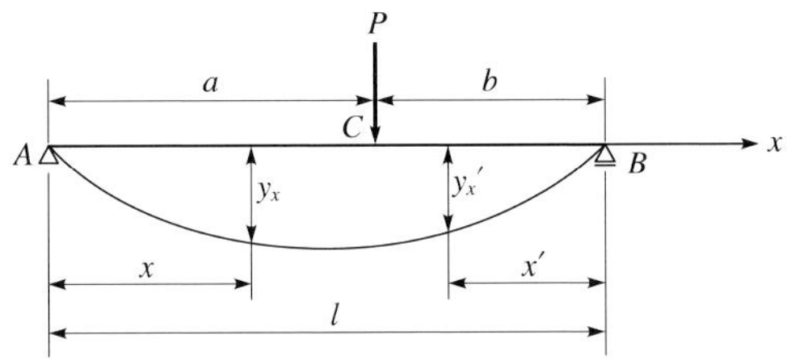

그림 8.4

풀이

휨 모멘트 M_x 의 식이 집중하중의 작용점 C를 경계로 하여 다르므로 탄성 곡선식도 달라진다. 따라서, 점 C를 경계로 한 두 구간의 탄성 곡선식을 구한다.

$A \sim C$구간$(0 \leq x \leq a)$에 대하여,

$$\frac{d^2y}{dx^2} = -\frac{M}{EI} = -\frac{Pb}{EIl}x$$

$$\theta = \frac{dy}{dx} = -\frac{Pb}{2EIl}x^2 + C_1 \qquad \text{(a)}$$

$$x = a : \theta_c = -\frac{Pa^2b}{2EIl} + C_1 \qquad \text{(b)}$$

$$y = -\frac{Pb}{6EIl}x^3 + C_1x + C_2$$

$$x = 0 : y_A = 0 \quad \therefore \quad C_2 = 0$$

$$\therefore \quad y = -\frac{Pb}{6EIl}x^3 + C_1x \qquad \text{(c)}$$

$$x = a : y_C = -\frac{Pa^3b}{6EIl} + C_1a \qquad \text{(d)}$$

$C \sim B$구간 $(a \leq x \leq l)$에 대하여,

$$\frac{d^2y}{dx^2} = -\frac{M}{EI} = -\frac{Pa}{EIl}(l-x)$$

$$\theta = \frac{dy}{dx} = \frac{Pa}{2EIl}(l-x)^2 + C_3 \qquad \text{(e)}$$

$$x = a \ : \theta_C = \frac{Pab^2}{2EIl} + C_3 \qquad \text{(f)}$$

$$y = -\frac{Pa}{6EIl}(l-x)^3 + C_3x + C_4$$

$$x = l \ : \ y_B = 0 \ \ \therefore C_4 = -C_3l$$

$$\therefore y = -\frac{Pa}{6EIl}(l-x)^3 - C_3(l-x) \qquad \text{(g)}$$

$$x = a \ : \ y_C = -\frac{Pab^3}{6EIl} - C_3b \qquad \text{(h)}$$

연속 조건에 의하여 (b)=(f), (d)=(h)이므로

$$-\frac{Pa^2b}{2EIl} + C_1 = \frac{Pab^2}{2EIl} + C_3 \qquad \text{(i)}$$

$$-\frac{Pa^3b}{6EIl} + C_1a = -\frac{Pab^3}{6EIl} - C_3b$$

식 (i)의 연립 방정식을 풀면

$$C_1 = \frac{Pb}{6EIl}(l^2 - b^2) \qquad \text{(j)}$$

$$C_3 = -\frac{Pa}{6EIl}(l^2 - a^2)$$

식 (j)의 C_1, C_2의 값을 식 (a), (c), (e), (g)에 대입하면,

$A \sim C$구간 $(0 \leq x \leq a)$에 대하여,

$$\theta = \frac{Pb}{6EIl}(l^2 - b^2 - 3x^2)$$

$$y = \frac{Pb}{6EIl}x(l^2 - b^2 - x^2)$$

$C \sim B$구간 $(a \leq x \leq l)$에 대하여,

$$\theta = -\frac{Pa}{6EIl}\{l^2 - a^2 - 3(l-x)^2\}$$

$$y = \frac{Pa}{6EIl}(l-x)\{l^2 - a^2 - (l-x)^2\}$$

여기서, $C \sim B$ 구간은 지점 B를 원점으로 하여 임의점까지의 거리를 x'라 하면 $x' = l - x$이므로 $(0 \leq x' \leq b)$에 대하여 다음 식과 같으며 $A \sim C$ 구간의 θ, y의 식에 들어 있는 b가 a로 바뀌고, θ'의 부호가 (−)이다.

$$\theta' = -\frac{Pa}{6EIl}(l^2 - a^2 - 3x'^2)$$

$$y' = \frac{Pa}{6EIl}x'(l^2 - a^2 - x'^2)$$

8.3 모멘트 면적법, 탄성 하중법 및 공액보의 방법

8.3.1 모멘트 면적법

그림 8.5는 본래 수평한 x축의 위치에 있던 보의 임의 구간의 탄성 곡선과 휨 모멘트도를 나타낸 것이다.

이 탄성 곡선상의 일부분 $m\,n$에서 임의의 점 x에서의 미소 구간을 dx라고 하면 dx부분의 탄성 곡선은 반경 ρ, 길이 ds의 원호로 볼 수 있으므로 dx 부분의 곡률을 $1/\rho$, 원호 ds에 대한 중심각을 $d\theta$ 라 하고, 임의의 x의 휨 모멘트를 M이라고 하면,

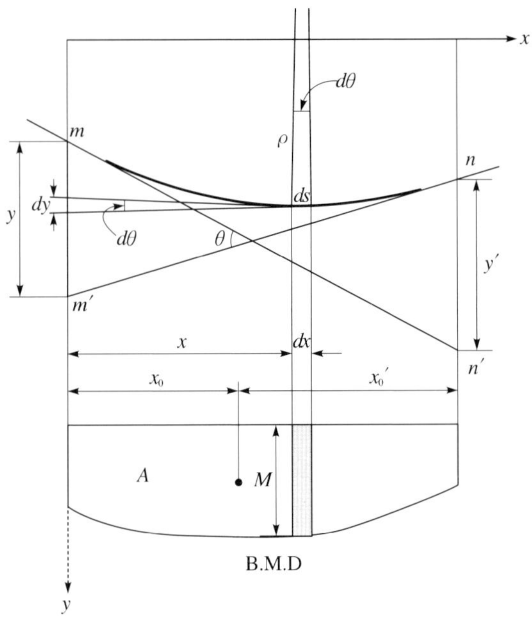

그림 8.5

$$ds = \rho \cdot d\theta$$

$$\therefore \frac{1}{\rho} = \frac{d\theta}{ds} = \frac{M}{EI} \quad \text{(a)}$$

의 관계가 있다. 또한 미소 구간 dx의 양단에서의 접선이 이루는 각 역시 $d\theta$이므로 $ds \fallingdotseq dx$라고 놓으면,

$$d\theta = \frac{M}{EI}dx \quad \text{(b)}$$

이다. 따라서, 점 m 및 n에서의 접선이 이루는 각 θ는

$$\theta = \int_m^n d\theta = \int_m^n \frac{M}{EI}dx = \frac{A}{EI} \quad (8.4)$$

이다. 즉, **"탄성 곡선 상의 임의의 두 점을 지나는 접선이 이루는 각은 두 점 사이의 휨 모멘트도의 면적을 휨 강성 EI로 나눈 값과 같다."** 이를 **모멘트 면적 제1 정리**(the first moment-area theorem)라 한다.

또, 미소 구간 dx의 양단에서의 접선이 점 m을 지나는 연직 선을 자르는 점 사이의 거리를 dy라고 하면,

$$dy = x \cdot d\theta$$

이다. 따라서, 점 n에서의 접선과 점 m와의 연직 거리 y는

$$y = \int_m^n dy = \int_m^n x \cdot d\theta = \int_m^n x \cdot \frac{M}{EI} dx = \frac{Ax_0}{EI} \tag{8.5}$$

이며, 마찬가지로 하여 점 m에서의 접선과 점 n와의 연직 거리 y'는

$$y' = \frac{Ax_0{}'}{EI} \tag{8.5}$$

이다. 즉, **"탄성 곡선 상의 임의의 두 점에서, 그 중 한 점(n점)을 지나는 접선과 다른 한 점(m점)과의 연직 거리는 이 두 점 사이의 휨 모멘트도의 면적에 다른 한 점(m점)을 지나는 연직축에 대한 1차 모멘트를 휨 강도 EI로 나눈 값과 같다."** 이를 **모멘트 면적 제2 정리**(the second moment-area theorem)라 한다.

위의 모멘트 면적 제1 정리 및 제2 정리를 이용하여 구조물의 변위를 계산하는 방법을 모멘트 면적법(moment-area method)이라고 한다. 모멘트 면적법은 1873년에 미국의 Michigan대학 교수 C.E.Green이 발표한 것으로 Green의 정리라고도 한다.

모멘트 면적법은 캔틸레버보의 변위를 계산하는데만 직접적으로 적용된다. 왜냐하면 고정단에서의 접선은 보의 부재축과 일치하기 때문이다. 캔틸레버보가 아닌 다른 모든 보의 변위를 계산하려면 이 방법을 간접적으로 이용해야 하기 때문에 불편하다.

8.3.2 탄성하중법

탄성 곡선의 미분 방정식은 식 (8.1)의

$$\frac{d^2y}{dx^2} = -\frac{M}{EI} \tag{a}$$

이고, 휨 모멘트와 하중강도 사이의 관계식은 식 (5.8)의

$$\frac{d^2M}{dx^2} = -w \tag{b}$$

이다. 위의 식 (a), (b)를 변형하면

$$\frac{d^2y}{dx^2} = \frac{d}{dx}\left(\frac{dy}{dx}\right) = \frac{d\theta}{dx} = -\frac{M}{EI} \tag{c}$$

$$\frac{d^2M}{dx^2} = \frac{d}{dx}\left(\frac{dM}{dx}\right) = \frac{dV}{dx} = -w \tag{d}$$

와 같이 된다.

위의 식 (a)와 (b) 및 (c)와 (d)는 각각 동일한 형식의 미분 방정식으로서 사용된 기호만 다를 뿐이고 수학적 내용은 똑 같다. 그러므로, M/EI와 w, θ와 V 및 y와 M는 각각 대응(對應) 관계가 있다는 것을 알 수 있으며, 또 이 관계는 식 (5.9)의 (a)와 식 (8.2) 및 식 (5.9)의 (c)와 식 (8.3)에 의해서도 알 수 있다.

따라서, 그림 8.6과 같이 "**M/EI을 하중강도라고 가상할 때 가상 하중 M/EI에 의한 가상적인 보의 단면 x의 전단력 V'및 휨 모멘트 M'는 각각 가상적인 보의 단면 x에 대응하는 실제의 보의 단면 x의 처짐각 θ 및 처짐 y와 같다.**"

위의 가상 하중 M/EI을 **탄성하중**(elastic load)이라고 하며, 이 방법에 의한 변위의 해법을 **탄성 하중법**(elastic load method)이라고 한다.

또한, 위에서 탄성 하중의 강도, 처짐각 및 처짐 사이에는 하중강도, 전단력 및 휨 모멘트 사이의 관계가 그대로 성립한다는 것을 알 수 있다.

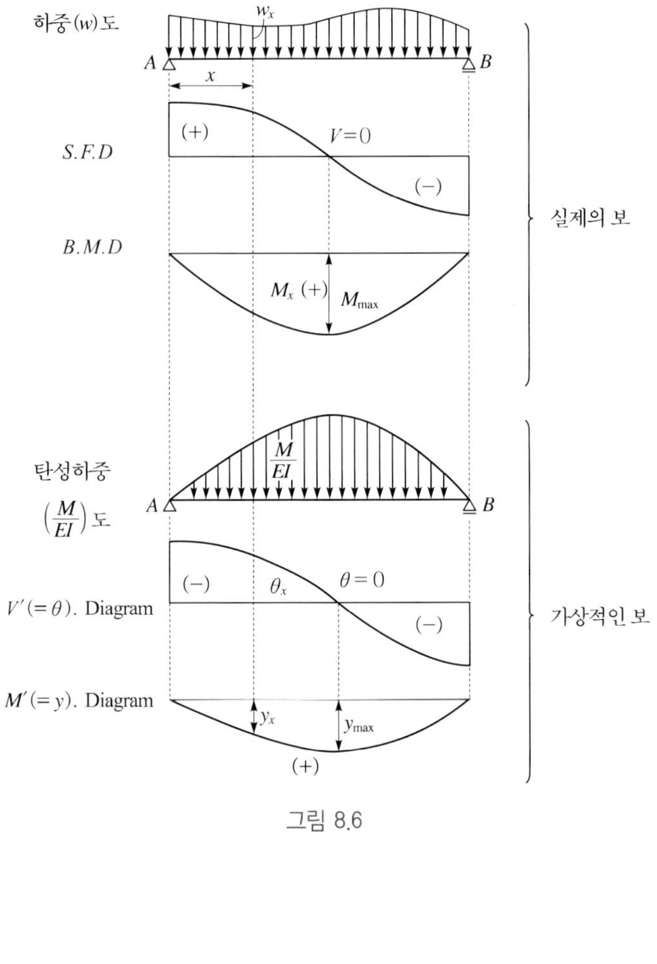

그림 8.6

탄성 하중법은 모멘트 면적법을 응용하여 단순보의 변위를 직접적으로 계산할 수 있도록 한 편리한 방법이다.

또한 이 방법은 Green교수와는 별도로 1868년에 독일의 Otto Mohr교수가 발표한 것으로 **Mohr의 정리**하고도 한다.

탄성 하중법을 적용할 때, 탄성 하중의 작용 방향은 실제의 보의 휨 모멘트의 부호가 (+)이면 하향으로, (−)이면 상향으로 작용시켜야 한다. 이와 같이 하면 탄성 하중에 의한 (+)의 전단력은 시계 방향의 처짐각을, (+)의 휨 모멘트는 하향의 처짐을 나타낸다.

8.3.3 공액보의 방법

탄성하중법은 단순보에만 직접 적용할 수 있을 뿐, 캔틸레버보, 내민보, 게르버보, 고정보, 연속보 등과 같이 고정단, 자유단, 중간 지점, 중간 힌지 접합점 등을 가진 보에 대해서는 직접 적용할 수 없다. 왜냐하면, 한 예로 캔틸레버보에 탄성하중법을 직접 적용하면 고정단에는 변위가 일어나고 자유단에는 일어나지 않는다는 모순이 생기기 때문이다. 실제로는 이와 반대이다. 따라서, 캔틸레버보의 고정단을 자유단으로, 자유단을 고정단으로 바꾼 가상적인 보에 탄성하중을 작용시켜야 한다. 이와 같이, 보의 변위에 대한 경계 조건과 연속 조건을 감안하여 탄성하중법을 적용할 수 있도록 실제의 보의 지점이나 게르버보에 들어 있는 힌지나 롤러와 같은 중간 접합점을 바꾼 보를 **공액**(共軛)**보**(conjugate beam)라 하며, 이 방법에 의한 변위의 해법을 **공액보의 방법**(conjugate beam method)이라고 한다.

보의 지점과 중간 접합점의 단면력과 변위의 상태는 다음 표와 같다.

아래 표에서 단순단(회전단과 이동단)에서는 실제의 보의 단면력은 $V \neq 0$, $M = 0$이고, 공액보의 단면력인 처짐각, 처짐 역시 $\theta \neq 0$, $y = 0$으로서 이들은 일치한다. 그러나 고정단과 자유단 사이와 중간 지점과 중간 힌지 사이에는 각각 실제의 보의 단면력의 상태와 공액보의 단면력인 변위의 상태가 서로 바뀌어진 관계이다.

지점, 접합점	단면력 V, M의 상태		변위 θ, y 의 상태	
단순단(회전단, 이동단)	$V \neq 0$	$M=0$	$\theta \neq 0$	$y=0$
고 정 단	$V \neq 0$	$M \neq 0$	$\theta=0$	$y=0$
자 유 단	$V=0$	$M=0$	$\theta \neq 0$	$y \neq 0$
중 간 지 점	V=불연속	$M \neq 0$	θ=연속	$y=0$
중간접합점(힌지, 롤러)	V=연속	$M=0$	θ=불연속	$y \neq 0$

이상으로, 실제의 보에 대한 공액보는 그 길이는 같게 하고, 지점과 중간 힌지는 다음과 같이 바꾸면 된다는 것을 알 수 있다.

단순단 ⟷ 단순단
고정단 ⟷ 자유단
중간 지점 ⟷ 중간 힌지

실제의 보와 공액보의 관계를 예로 들면 그림 8.7과 같다.

이상으로 다음과 같은 정리가 성립한다.

"보의 임의 점의 처짐각 및 처짐은 공액보에 작용하는 탄성 하중에 의한 전단력 및 휨 모멘트와 각각 같다."

공액보의 방법은 탄성 하중법을 모든 보에 적용할 수 있도록 한 방법으로서, 정정보 뿐만 아니라 부정정보의 변위도 구할 수 있는 것이며, 보의 변위의 해법으로서는 가장 편리한 방법이다.

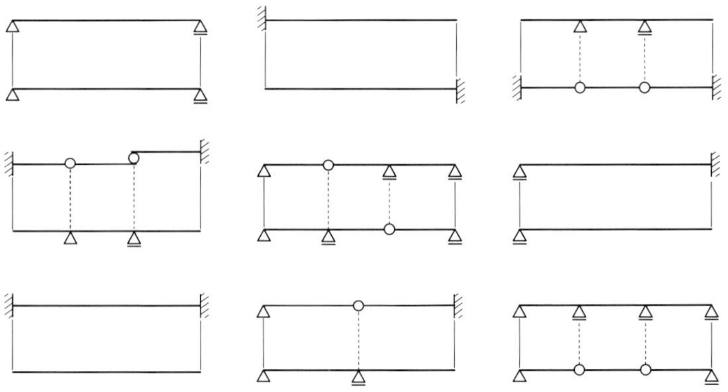

그림 8.7

예제 8.2

그림 8.8(a)와 같이 자유단에 집중하중 P가 작용하는 캔틸레버보의 임의점 x의 처짐각과 처짐을 구하라. 또, 점 C의 처짐각과 처짐 및 이 보의 최대 처짐각과 최대 처짐을 구하여라. 단, EI는 일정하다

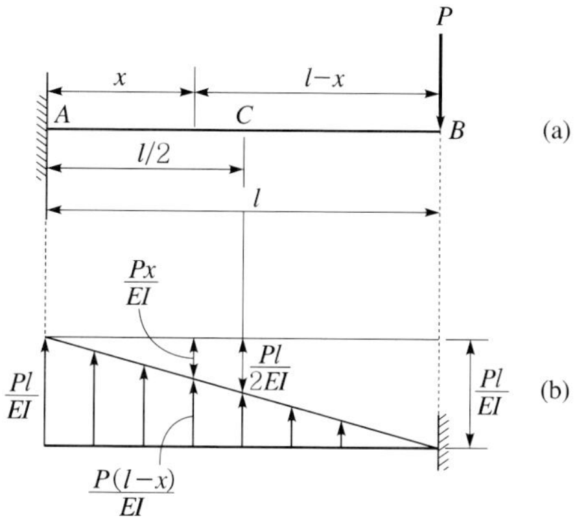

그림 8.8

풀이

$M_x = -P(l-x),\ M_A = -Pl,\ M_B = 0$이므로

공액보에 작용하는 탄성하중도(elastic load dia- gram)는 그림(b)와 같다.

임의점의 처짐각 θ를 구하면,

$$\theta = V'_x = \frac{Pl}{EI}\times x - \frac{Px}{EI}\times x \times \frac{1}{2} = \frac{P}{2EI}(2lx - x^2)$$

또는,

$$\theta = V'_x = \int_o^x \frac{P(l-x)}{EI}dx = \frac{Plx}{EI} - \frac{Px^2}{2EI} = \frac{P}{2EI}(2lx - x^2),\quad x = \frac{l}{2}:\ \theta_C = \frac{3Pl^2}{8EI}(\curvearrowright)$$

$$x - l:\ \theta_B - \theta_{\max} - \frac{Pl^2}{2EI}(\curvearrowright) \qquad (8.6)$$

임의 점의 처짐 즉, 탄성 곡선의 식을 구하면,

$$y = M_x' = \frac{Pl}{EI}\times x \times \frac{x}{2} - \frac{Px}{EI}\times x \times \frac{1}{2}\times\frac{x}{3} = \frac{P}{6EI}(3lx^2 - x^3)$$

또는,

$$y = \int_o^x \theta_x\,dx = \frac{P}{2EI}\left(lx^2 - \frac{x^3}{3}\right) = \frac{P}{6EI}(3lx^2 - x^3)$$

$$x = \frac{l}{2}:\ y_C = \frac{5Pl^3}{48EI}(\downarrow)$$

$$x=l:\ y_B=y_{\max}=\frac{Pl^3}{3EI}(\downarrow) \tag{8.7}$$

위의 풀이에서와 같이 캔틸레버보의 탄성 곡선식을 적분을 사용하여 구할 때, 임의 점 x의 원점을 고정단으로 하면 고정단에서의 처짐각, 처짐이 모두 0이므로 적분 상수가 0이 된다. 따라서, 고정단을 x의 원점으로 하면 적분 상수를 생각할 필요가 없다. 그리고, 일반적으로 임의 점의 처짐은 임의 점의 처짐각을 적분하여 구하는 것이 편리하다.

또한, 점 B, C의 변위만을 구하기 위해서는 위의 θ, y의 식을 사용하지 않고 그림(b)에 의하여 다음과 같이 구하면 된다.

$$\theta_B=V'_B=\frac{Pl}{EI}\times l\times\frac{1}{2}=\frac{Pl^2}{2EI}(\curvearrowright)$$

$$y_B=M'_B=\frac{Pl}{EI}\times l\times\frac{1}{2}\times\frac{2l}{3}=\frac{Pl^3}{3EI}(\downarrow)$$

$$\theta_c=V'_c=\frac{Pl}{EI}\times\frac{l}{2}-\frac{Pl}{2EI}\times\frac{l}{2}\times\frac{1}{2}=\frac{3Pl^2}{8EI}(\curvearrowright)$$

$$y_C=M_C'=\frac{Pl}{EI}\times\frac{l}{2}\times\frac{1}{2}\times\frac{l}{2}-\frac{Pl}{2EI}\times\frac{l}{2}\times\frac{1}{2}\times\frac{1}{3}\times\frac{l}{2}=\frac{5Pl^3}{48EI}(\downarrow)$$

예제 8.3

그림 8.9(a)와 같은 캔틸레버보의 점 C, B의 처짐각 θ_C, θ_B 및 처짐 y_C, y_B를 구하여라. 단, EI는 일정하다.

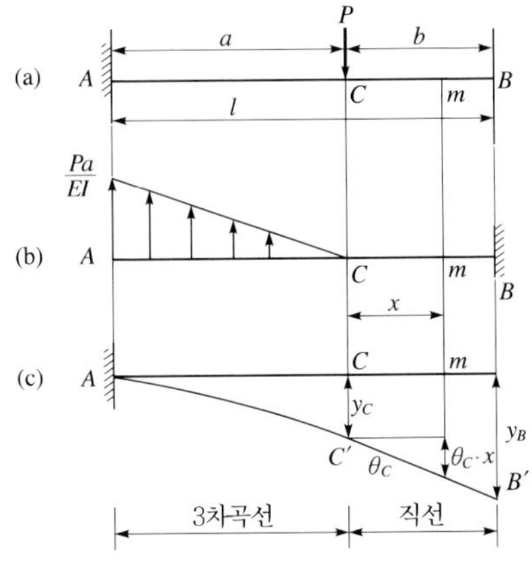

그림 8.9

풀이

$M_{B-C}=0,\ M_A=-Pa$이므로 공액보에 작용하는 탄성하중도는 그림(b)와 같다.

$$\theta_C = V'_C = \frac{Pa}{EI}\times a\times\frac{1}{2}=\frac{Pa^2}{2EI}(\curvearrowright)$$

공액보에서 $C-B$사이의 임의 점 m의 전단력 $V_m{}'$는 일정하므로 처짐각도 일정하게 θ_C와 같다. 따라서,

$$\theta_B=\theta_C=\frac{Pa^2}{2EI}(\curvearrowright)$$

$$y_C=M'_C=\frac{Pa}{EI}\times a\times\frac{1}{2}\times\frac{2a}{3}=\frac{Pa^3}{3EI}(\downarrow)$$

위의 $\theta_C,\ y_B$는 식 (8.6), (8.7)의 l에 a를 대입한 것과 같다.

$$y_B=M'_B=\frac{Pa}{EI}\times a\times\frac{1}{2}\times\left(\frac{2a}{3}+b\right)=\frac{Pa^3}{3EI}+\frac{Pa^2b}{2EI}$$

y_B는 식 (8.6)과 (8.7)을 이용하여 다음과 같이 구할 수 있다.

$C-B$사이의 임의 점 m의 처짐 y_m는

$$y_m=M'_m=\frac{Pa^2}{2EI}\left(\frac{2}{3}a+x\right)=\frac{Pa^3}{3EI}+\frac{Pa^2}{2EI}x$$

여기서, $\dfrac{Pa^3}{3EI}=y_C$, $\dfrac{Pa^2}{2EI}=\theta_C$이므로

$$y_m=y_C+\theta_C\cdot x$$

이다. 따라서,

$$y_B=y_C+\theta_C\cdot b=\frac{Pa^3}{3EI}+\frac{a^2b}{2EI}$$

예제 8.4

그림 8.10(a)와 같은 등분포하중을 받는 캔틸레버보의 탄성 곡선식을 구하여라. 또 이 보의 최대 처짐각과 최대 처짐을 구하여라. 단, EI는 일정하다.

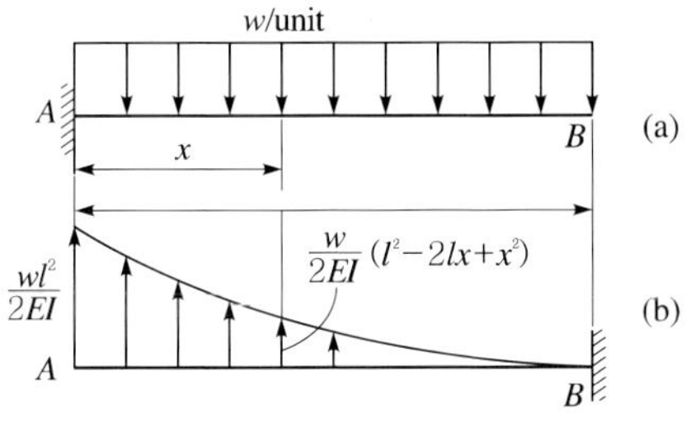

그림 8.10

풀이

$$M=-\frac{w}{2}(l^2-2lx+x^2),\ M_A=-\frac{wl^2}{2},\ M_B=0$$

이므로 공액보에 작용하는 탄성 하중도는 그림(b)와 같다.

$$\theta=V'_x=\int\frac{w}{2EI}(l^2-2lx+x^2)dx=\frac{w}{2EI}\left(l^2x-lx^2+\frac{x^3}{3}\right)=\frac{w}{6EI}(3l^2x-3lx^2+x^3)$$

$$x=l:\ \theta_B=\theta_{\max}=\frac{wl^3}{6EI}(\curvearrowright) \tag{8.8}$$

$$y_x=M'_x=\int V'_x dx=\int\theta_x dx=\frac{w}{6EI}\left(\frac{3l^2x^2}{2}-lx^3+\frac{x^4}{4}\right)=\frac{w}{24EI}(6l^2x^2-4lx^3+x^4)$$

$$x=l:\ y_B=y_{\max}=\frac{wl^4}{8EI}(\downarrow) \tag{8.9}$$

또한, 자유단 B의 변위는 다음과 같이 구해도 된다.

$$\theta_B=S'_B=\frac{1}{3}\times\frac{wl^2}{2EI}\times l=\frac{wl^3}{6EI}(\curvearrowright),\quad y_B=M'_B=\frac{1}{3}\times\frac{wl^2}{2EI}\times l\times\frac{3l}{4}=\frac{wl^4}{8EI}(\downarrow)$$

예제 8.5

그림 8.11(a)와 같은 단순보의 탄성 곡선의 식을 유도하고, 점 A, B, C의 처짐각과 점 C의 처짐 및 이 보의 최대 처짐을 구하여라. 단, EI는 일정하다.

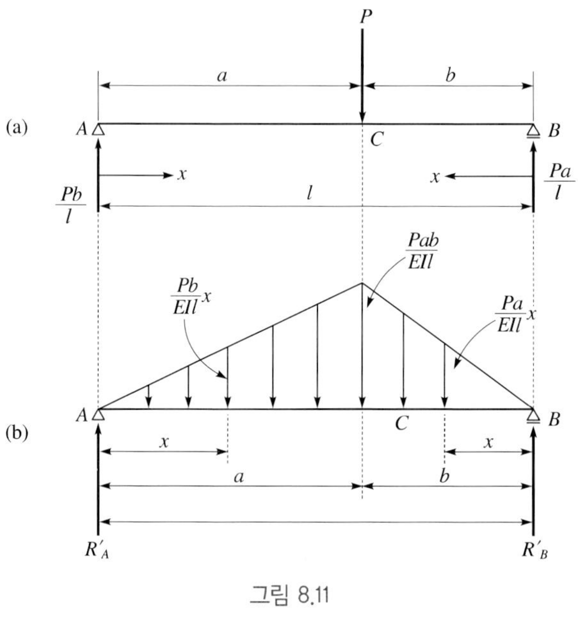

그림 8.11

풀이

$A-C$ 구간은 지점 A를, $B-C$ 구간은 지점 B를 x의 원점으로 하면,

$A-C$ 구간은 $M=\frac{Pb}{l}x$,

$B-C$ 구간은 $M=\frac{Pa}{l}x$이고, $M_C=\frac{Pab}{l}$ $M_A=M_B=0$이므로

공액보에 작용하는 탄성 하중도는 그림(b)와 같다.

$$R'_A=\frac{1}{l}\left[\frac{Pab}{EIl}\times a\times\frac{1}{2}\times\left(\frac{a}{3}+b\right)+\frac{Pab}{EIl}\times b\times\frac{1}{2}\times\frac{2b}{3}\right]$$

$$=\frac{Pab}{6EIl}(a+2b)=\frac{Pab}{6EIl}(l+b)=\frac{Pb}{6EIl}(l^2-b^2)\quad(\uparrow)$$

마찬가지로 하여,

$$R'_B=\frac{Pab}{6EIl}(b+2a)=\frac{Pab}{6EIl}(l+a)=\frac{Pa}{6EIl}(l^2-a^2)\quad(\uparrow)$$

이며, $A-C$구간의 임의점의 처짐각과 처짐은

$$\theta_x=V'_x=\frac{Pb}{6EIl}(l^2-b^2)-\frac{Pb}{EIl}x\times x\times\frac{1}{2}$$

$$=\frac{Pb}{6EIl}(l^2-b^2-3x^2)\qquad(0\leq x\leq a)$$

$$y_x=M'_x=\int\theta_x\,dx=\frac{Pb}{6EIl}(l^2x-b^2x-x^3)$$

$$=\frac{Pbx}{6EIl}(l^2-b^2-x^2)\qquad(0\leq x\leq a)$$

이다.

마찬가지로 하여, $B-C$사이의 임의 점의 처짐각과 처짐은 지점 B를 x의 원점으로 하면,

$$\theta_x=\frac{Pa}{6EIl}(l^2-a^2-3x^2)\qquad(0\leq x\leq b)$$

$$y_x=\frac{Pax}{6EIl}(l^2-a^2-x^2)\qquad(0\leq x\leq b)$$

이다. 점 A, B의 처짐각은

$$\left.\begin{aligned}\theta_A&=V'_A=R'_A=\frac{Pb}{6EIl}(l^2-b^2)\qquad(\curvearrowright)\\ \theta_B&=V'_B=-R'_B=-\frac{Pa}{6EIl}(l^2-a^2)\qquad(\curvearrowleft)\end{aligned}\right\}\qquad(8.10)$$

이며, 단순보의 처짐각은 지점에서 최대이다.

점 C의 처짐각과 처짐은

$$\theta_C = V'_C = \frac{Pb}{6EIl}(l^2 - b^2) - \frac{Pab}{EIl} \times a \times \frac{1}{2} = \frac{Pab}{6EIl}[(a+2b) - 3a] \tag{8.11}$$

$$= \frac{Pab}{3EIl}(b-a) \quad (b > a \text{ 이면} \curvearrowright, \quad a > b \text{ 이면} \curvearrowleft)$$

$$y_C = M'_C = \frac{Pb}{6EIl}(l^2 - b^2) \times a - \frac{Pab}{EIl} \times a \times \frac{1}{2} \times \frac{a}{3} = \frac{Pa^2b^2}{3EIl} \quad (\downarrow) \tag{8.12}$$

이다.

최대 처짐은 식 (8.10)에서 알 수 있듯이 $a > b$이면 $A-C$ 구간에서, $a < b$이면 $B-C$ 구간에서 처짐각이 0이 되는 점에서 일어난다.

$a>b$일 때 처짐각이 0이 되는 점의 위치를 지점 A로부터 x_0이라 하면,

$$\theta_{x0} = \frac{Pb}{6EIl}(l^2 - b^2 - 3x_0^2) = 0$$

$$\therefore \ x_0 = \sqrt{\frac{l^2 - b^2}{3}} \tag{8.13}$$

따라서, 이때의 최대 처짐은

$$y_{\max} = M'_{\max} = \frac{Pb}{6EIl}(l^2 - b^2) \times \sqrt{\frac{l^2 - b^2}{3}}$$

$$- \frac{Pb}{EIl} \times \sqrt{\frac{l^2 - b^2}{3}} \times \sqrt{\frac{l^2 - b^2}{3}} \times \frac{1}{2} \times \frac{1}{3} \times \sqrt{\frac{l^2 - b^2}{3}}$$

$$= \frac{Pb(l^2 - b^2)^{3/2}}{9\sqrt{3}EIl} \quad (\downarrow) \tag{8.14}$$

이며, 마찬가지로 하여 $a<b$이면, 최대 처짐이 일어나는 위치는 지점 B로부터 오른쪽으로

$$x_0 = \sqrt{\frac{l^2 - a^2}{3}} \tag{8.13'}$$

이며, 이때의 최대 처짐은 다음과 같다.

$$y_{\max} = \frac{Pa(l^2 - a^2)^{3/2}}{9\sqrt{3}EIl} \quad (\downarrow) \tag{8.14'}$$

예제 8.6

그림 8.12(a)와 같은 단순보의 탄성 곡선의 식을 유도하고 양 지점 A, B에서의 처짐각과 중점 C의 처짐을 구하여라. 단, EI은 일정하다.

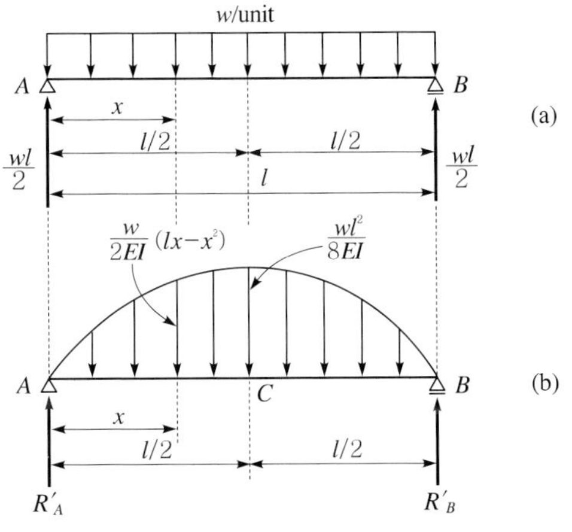

그림 8.12

풀이

$M=\dfrac{w}{2}(lx-x^2)$ 이고, $M_A=M_B=0$, $M_C=\dfrac{wl^2}{8}$ 이므로 공액보에 작용하는 탄성 하중도는 그림(b)와 같다.

$$R'_A=R'_B=\frac{1}{2}\int_0^l \frac{w}{2EI}(lx-x^2)dx=\frac{wl^3}{24EI}(\uparrow)$$

또는 $R'_A=R'_B=\dfrac{2}{3}\times\dfrac{wl^2}{8EI}\times\dfrac{l}{2}=\dfrac{wl^3}{24EI}(\uparrow)$

$$\theta_x=V'_x=\frac{wl^3}{24EI}-\int\frac{w}{2EI}(lx-x^2)dx=\frac{w}{24EI}(l^3-6lx^2+4x^3)$$

$$y_x=M'_x=\int\theta\,dx=\frac{w}{24EI}(l^3x-2lx^3+x^4)$$

$$\left.\begin{aligned}\theta_A&=V'_A=R'_A=\frac{wl^3}{24EI}\quad(\curvearrowright)\\ \theta_B&=V'_B=R'_B=-\frac{wl^3}{24EI}\quad(\curvearrowleft)\end{aligned}\right\}\tag{8.15}$$

$$y_C=M'_C=\frac{wl^3}{24EI}\times\frac{l}{2}-\frac{wl^3}{24EI}\times\frac{3}{8}\times\frac{l}{2}=\frac{5wl^4}{384EI}(\downarrow)\tag{8.16}$$

예제 8.7

그림 8.13(a)와 같은 단순보의 양 지점 A, B에서의 처짐각을 구하여라. 단, EI는 일정하다.

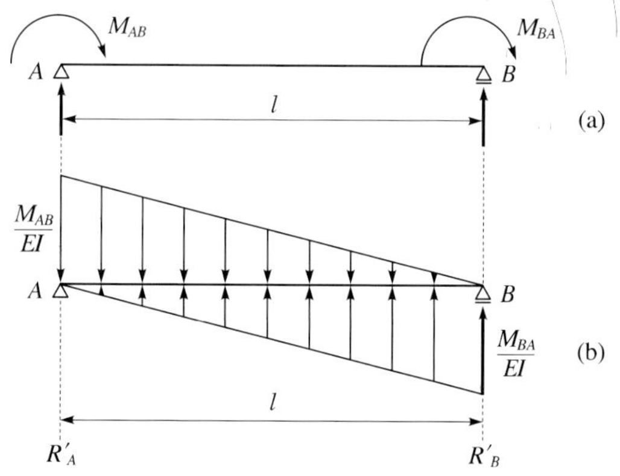

그림 8.13

풀이

우력 M_{AB}에 의한 휨 모멘트는 $M_A = M_{AB},\ M_B = 0$이고 $A-B$ 구간에서 직선 변화하며, 우력 M_{BA}에 의한 휨 모멘트는 $M_A = 0,\ M_B = -M_{BA}$이고 $A-B$ 구간에서 직선 변화하므로 공액보에 작용하는 탄성 하중도는 그림(b)와 같다.

$$\theta_A = V'_A = R'_A = \frac{1}{l}\left(\frac{M_{AB}}{EI}\times l\times\frac{1}{2}\times\frac{2l}{3} - \frac{M_{BA}}{EI}\times l\times\frac{1}{2}\times\frac{l}{3}\right)$$

$$= \frac{M_{AB}\,l}{3EI} - \frac{M_{BA}\,l}{6EI} \tag{8.17}$$

$$\theta_B = V'_B = R'_B = -\frac{1}{l}\left(\frac{M_{AB}}{EI}\times l\times\frac{1}{2}\times\frac{l}{3} - \frac{M_{BA}}{EI}\times l\times\frac{1}{2}\times 2\frac{l}{3}\right)$$

$$= \frac{M_{BA}\,l}{3EI} - \frac{M_{AB}\,l}{6EI} \tag{8.18}$$

예제 8.8

그림 8.14(a)와 같은 단순보의 탄성 곡선의 식을 유도하고, 지점 A, B에서의 처짐각과 이 보의 최대 처짐을 구하여라.

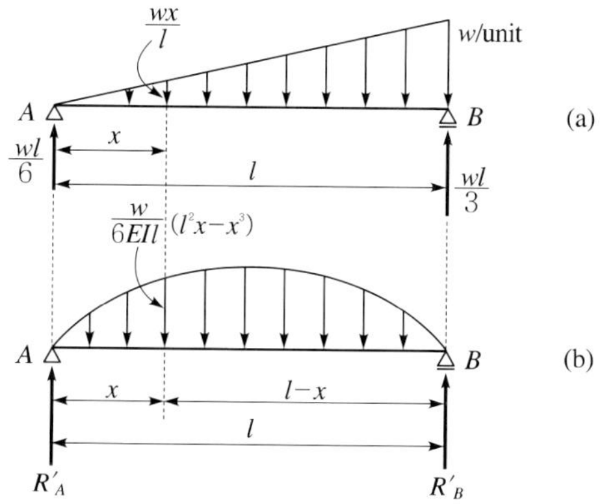

그림 8.14

풀이

$M_x = \dfrac{w}{6l}(l^2x - x^3)$이고 $M_A = M_B = 0$이므로 공액보에 작용하는 탄성 하중도는 그림(b)와 같다.

$$R'_A = \frac{1}{l}\int_0^l \frac{w}{6EIl}(l^2x - x^3)(l-x)\,dx = \frac{w}{6EIl^2}\int_0^l (l^3x - lx^3 - l^2x^2 + x^4)dx$$

$$= \frac{w}{6EIl^2}\left[\frac{l^3x^2}{2} - \frac{lx^4}{4} - \frac{l^2x^3}{3} + \frac{x^5}{5}\right]_0^l = \frac{7wl^3}{360EI}(\uparrow)$$

$$R'_B = \frac{1}{l}\int_0^l \frac{w}{6EIl}(l^2x - x^3)\,x\,dx = \frac{w}{6EIl^2}\left[\frac{l^2x^3}{3} - \frac{x^5}{5}\right]_0^l = \frac{8wl^3}{360EI}(\uparrow)$$

$$\theta_x = V'_x = \frac{7wl^3}{360EI} - \int \frac{w}{6EIl}(l^2x - x^3)dx = \frac{7wl^3}{360EI} - \frac{w}{6EIl}\left(\frac{l^2x^2}{2} - \frac{x^4}{4}\right)$$

$$= \frac{w}{360EIl}(7l^4 - 30l^2x^2 + 15x^4)$$

$$y_x = M'_x = \int \theta\,dx = \frac{w}{360EIl}(7l^4x - 10l^2x^3 + 3x^5)$$

지점 A, B에서의 처짐각은

$$\left.\begin{aligned} \theta_A &= V'_A = R'_A = \frac{7wl^3}{360EI} \quad (\curvearrowright) \\ \theta_B &= V'_B = R'_B = -\frac{8wl^3}{360EI} \quad (\curvearrowleft) \end{aligned}\right\} \tag{8.19}$$

최대 처짐이 일어나는 점의 지점 A로부터의 거리를 x_0이라 하면

$$\theta_{x_0} = \frac{w}{360EIl}(7l^4 - 30l^2 x_0{}^2 + 15x_0{}^4) = 0$$

$$15x_0{}^4 - 30l^2 x_0{}^2 + 7l^4 = 0$$

$$x_0{}^2 = \frac{30l^2 \pm \sqrt{900l^4 - 420l^4}}{2 \times 15} = 1.73l^2 \quad \text{또는} \quad 0.27l^2$$

$\therefore x_0 = 1.31l$ 또는 $x_0 = 0.52l$

여기서, $x_0 = 1.31l$은 적합하지 않으므로 $x_0 = 0.52l$에서 최대 처짐이 일어난다.

따라서, 최대 처짐은

$$y_{\max} = \frac{w}{360EIl}\{7l^4 \times 0.52l - 10l^2 \times (0.52l)^3 + 3 \times (0.52l)^5\} = \frac{0.00652wl^4}{EI}(\downarrow)$$

예제 8.9

그림 8.15(a)와 같은 단순보의 점 A, B, C의 처짐각과 점 C의 처짐 및 이 보의 최대 처짐을 구하여라. 단, $E = 2.0 \times 10^4$MPa, $I = 5.0 \times 10^4$cm^4

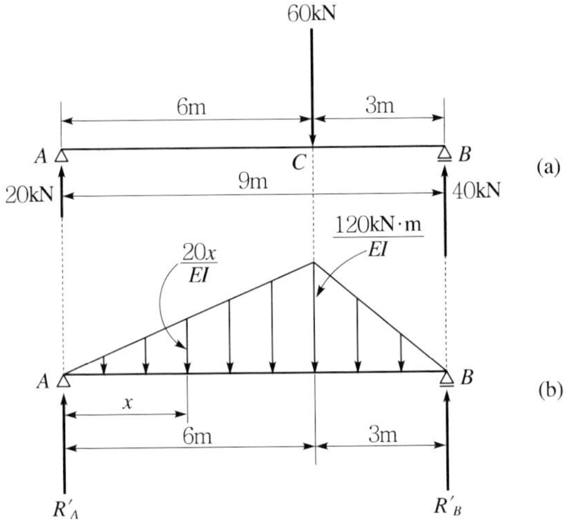

그림 8.15

풀이

A, C 구간의 $M_x = 20x$이고, $M_A = M_B = 0$, $M_C = \dfrac{60 \times 6 \times 3}{9} = 120\,\text{kN}\cdot\text{m}$이므로 공액보에 작용하는 탄성하중도는 그림(b)와 같다.

$$R'_A = \frac{1}{9}\left(\frac{120}{EI} \times 6 \times \frac{1}{2} \times 5 + \frac{120}{EI} \times 3 \times \frac{1}{2} \times 2\right) = \frac{240\text{kN}\cdot\text{m}^2}{EI} \quad (\uparrow)$$

$$R'_B = \frac{120}{EI} \times 9 \times \frac{1}{2} - \frac{240}{EI} = \frac{300\text{kN}\cdot\text{m}^2}{EI} \quad (\uparrow)$$

$$\theta_A = V'_A = R'_A = \frac{240\,\mathrm{kN\cdot m^2}}{EI} = \frac{240\times 10^4\,\mathrm{kN\cdot cm^2}}{2.0\times 10^3\times 5.0\times 10^4\mathrm{cm^4}} = 0.024\mathrm{rad}\ (\curvearrowright)$$

$$\theta_B = V'_B = R'_B = -\frac{300\,\mathrm{kN\cdot m^2}}{EI} = -\frac{300\times 10^4\,\mathrm{kN\cdot cm^2}}{2.0\times 10^3\times 5.0\times 10^4\mathrm{cm^4}} = -0.03\mathrm{rad}\ (\curvearrowleft)$$

$$\theta_C = V'_C = \frac{240}{EI} - \frac{120}{EI}\times 6\times\frac{1}{2} = -\frac{120\mathrm{kN\cdot m^2}}{EI} = -\frac{120\times 10^4\,\mathrm{kN\cdot cm^2}}{2.0\times 10^3\times 5.0\times 10^4\,\mathrm{cm^4}} = -0.012\mathrm{rad}(\downarrow)$$

$$y_C = M'_C = \frac{240}{EI}\times 6 - \frac{120}{EI}\times 6\times\frac{1}{2}\times 2 = \frac{720\,\mathrm{kN\cdot m^3}}{EI} = \frac{720\times 10^6\mathrm{kN\cdot cm^3}}{2.0\times 10^3\times 5.0\times 10^4\mathrm{cm^4}} = 7.2\ \mathrm{cm}\quad(\downarrow)$$

최대 처짐이 일어나는 점의 위치를 지점 A로부터 x_0이라 하면,

$$\theta_{x_0} = \frac{240}{EI} - \frac{20x_0}{EI}\times x_0\times\frac{1}{2} = 0$$

$$x_0^{\,2} = 24 \qquad \therefore\ x_0 = \sqrt{24}\ \mathrm{m}$$

$$\therefore y_{\max} = \frac{240}{EI}\times\sqrt{24} - \frac{20\sqrt{24}}{EI}\times\sqrt{24}\times\frac{1}{2}\times\frac{\sqrt{24}}{3} = \frac{160\sqrt{24}}{EI}$$

$$= \frac{784\,\mathrm{kN\cdot m^3}}{EI} = \frac{784\times 10^6}{2.0\times 10^3\times 5.0\times 10^4} = 7.84\mathrm{cm}\ (\downarrow)$$

예제 8.10

그림 8.16(a)와 같은 단순보의 점 C의 처짐각과 처짐을 구하여라.
단, $E = 1.0\times 10^4\mathrm{MPa}$, $I = 4.5\times 10^4\mathrm{cm}^4$

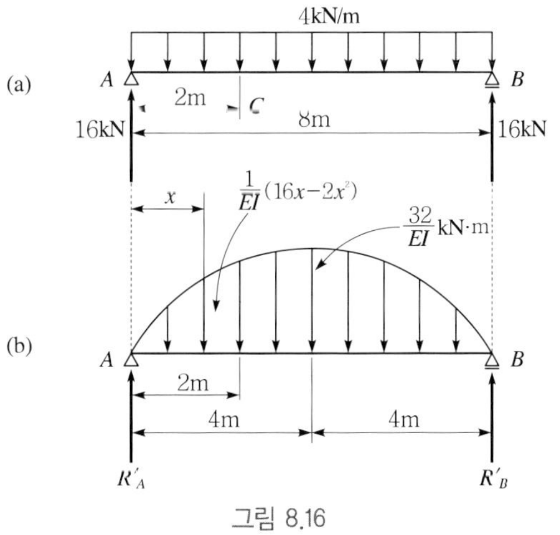

그림 8.16

풀이

$M_x = 16x - 2x^2$이고, $M_A = M_B = 0$, 중점의 휨 모멘트 $\dfrac{4\times 8^2}{8} = 32\,\text{kN·m}$

이므로 공액보에 작용하는 탄성 하중도는 그림(b)와 같다.

$$R'_A = R'_B = \frac{2}{3}\times\frac{32}{EI}\times 4 = \frac{256\text{kN}\cdot\text{m}^2}{3EI}\ (\uparrow)$$

$$\theta_x = \frac{256}{3EI} - \frac{1}{EI}\int(16x - 2x^2)dx = \frac{256}{3EI} - \frac{1}{EI}\left(8x^2 - \frac{2x^3}{3}\right) = \frac{1}{3EI}(256 - 24x^2 + 2x^3)$$

$$\therefore \theta_C = \theta_{x=2} = \frac{1}{3EI}(256 - 24\times 2^2 + 2\times 2^3) = \frac{176\text{kN}\cdot\text{m}^2}{3EI}$$

$$= \frac{176\times 10^4}{3\times 1.0\times 10^4\text{MPa}\times 4.5\times 10^4} = 0.013\text{rad}\quad (\curvearrowright)$$

$$y = \int\theta\,dx = \frac{1}{3EI}(256x - 8x^3 + 0.5x^4)$$

$$\therefore y_C = y_{x=2} = \frac{1}{3EI}(256\times 2 - 8\times 2^3 + 0.5\times 2^4) = \frac{152\,\text{kN·m}^3}{EI}$$

$$= \frac{152\times 10^6}{1.0\times 10^3\times 4.5\times 10^4} = 3.378\text{cm}\quad (\downarrow)$$

예제 8.11

그림 8.17(a)와 같은 내민보의 점 A, B, C의 처짐각과 점 A의 처짐 및 이 보의 최대 처짐을 구하여라. 단, $E = 2.1\times 10^5\text{MPa}$, $I = 1.15\times 10^4\text{cm}^4$

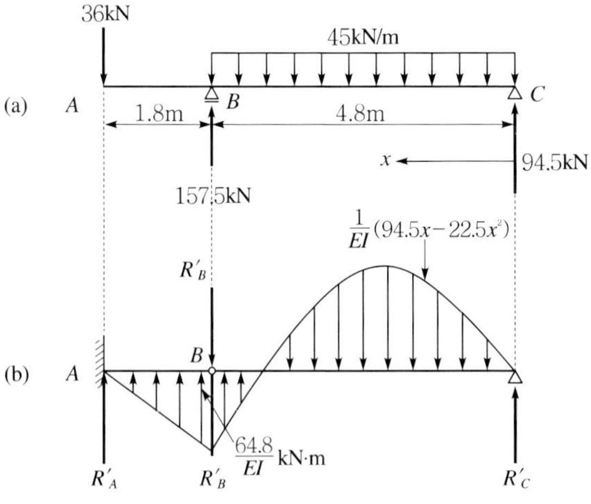

그림 8.17

풀이

그림(a)에서

$$R_B = \frac{1}{4.8}(36\times 6.6+45\times 4.8\times 2.4)=157.5\ \text{kN}\quad(\uparrow)$$

$$R_C = \frac{1}{4.8}(-36\times 1.8+45\times 4.8\times 2.4)=94.5\ \text{kN}\quad(\uparrow)$$

$M=94.5x-22.5x^2$ (x 의 원점 C, $0\leqq x\leqq 4.8$)

$M_A=M_C=0,\quad M_B=-36\times 1.8=-64.8\ \text{kN}\cdot\text{m}$

따라서, 공액보에 작용하는 탄성 하중도는 그림(b)와 같다.

그림(b)에서

$$R'_C=\frac{1}{4.8EI}\int_0^{4.8}(94.5x-22.5x^2)(4.8-x)\,dx=\frac{155.52}{EI}\text{kN}\cdot\text{m}^2\quad(\uparrow)$$

$$R'_B=\frac{1}{4.8EI}\int_0^{4.8}(94.5x-22.5x^2)(x)\,dx=\frac{103.68}{EI}\text{kN}\cdot\text{m}^2\quad(\uparrow)$$

$$R'_A=\frac{103.68}{EI}-\frac{64.8}{EI}\times 1.8\times\frac{1}{2}=\frac{45.36}{EI}\text{kN}\cdot\text{m}^2\quad(\uparrow)$$

$$\theta_A=V'_A=R'_A=\frac{45.36}{EI}=\frac{45.36\times 10^4}{2.1\times 10^4\times 1.15\times 10^4}=1.88\times 10^{-3}\text{rad}\ (\curvearrowright)$$

$$\theta_B=V'_B=R'_B=\frac{103.68}{EI}=\frac{103.68\times 10^4}{2.1\times 10^4\times 1.15\times 10^4}=4.29\times 10^{-3}\text{rad}(\curvearrowright)$$

$$\theta_C=V'_C=R'_C=-\frac{155.52\text{t}\cdot\text{m}^2}{EI}=-\frac{155.52\times 10^4}{2.1\times 10^4\times 1.15\times 10^4}=-6.44\times 10^{-3}\text{rad}(\curvearrowleft)$$

$$y_A=M'_A=-\frac{103.68}{EI}\times 1.8+\frac{64.8}{EI}\times 1.8\times\frac{1}{2}\times\frac{2}{3}\times 1.8$$

$$=-\frac{116.64\text{kN}\cdot\text{m}^3}{EI}=-\frac{116.64\times 10^6}{2.1\times 10^4\times 1.15\times 10^4}=-0.483\text{cm}\quad(\uparrow)$$

위의 θ_B, θ_C로부터 처짐각이 0이 되는 점은 $B-C$ 사이에 있음을 알 수 있다. 지점 C를 x의 원점으로 하여 최대 처짐이 일어나는 위치를 구하면,

$$\theta_x=-\frac{155.52}{EI}+\frac{1}{EI}\int(94.5x-22.5x^2)\,dx$$

$$=-\frac{155.52}{EI}+\frac{94.5x^2}{2EI}-\frac{22.5x^3}{3EI}=\frac{1}{6EI}(-933.12+283.5x^2-45x^3)$$

$$=\frac{45}{6EI}(-20.736+6.3x^2-x^3)=0$$

$f(x)=x^3-6.3x^2+20.736=0$

$f'(x)=3x^2-12.6x$

$x_1 = 2\text{m}$ 로 놓으면

$K_1 = 8 - 25.2 + 20.736 = 3.536$

$K_2 = 12 - 25.2 = -13.2$

$x_2 = x_1 - \dfrac{K_1}{K_2} = 2 - \dfrac{3.536}{-13.2} = 2.268$

$K_3 = 11.666 - 32.406 + 20.736 = -0.004$

$K_4 = 15.431 - 28.577 = -13.146$

$x_3 = x_2 - \dfrac{K_3}{K_4} = 2.268 - \dfrac{-0.004}{-13.146} = 2.2677$

x_2와 x_3의 값이 거의 같으므로 $x = 2.268\text{m}$ 로 한다.

$$\therefore y_{\max} = \frac{155.52}{EI} \times 2.268 - \frac{1}{EI}\int_0^{2.268}(94.5x - 22.5x^2)(2.268 - x)dx$$

$$= \frac{352.72}{EI} - \frac{1}{EI}\int_0^{2.268}(22.5x^3 - 145.53x^2 + 214.326x)dx$$

$$= \frac{352.72}{EI} - \frac{1}{EI}\left[\frac{22.5x^4}{4} - \frac{145.53x^3}{3} + \frac{214.326x^2}{2}\right]_0^{2.268}$$

$$= \frac{218.61\text{kN}\cdot\text{m}^3}{EI} = \frac{218.61 \times 10^6}{2.1 \times 10^4 \times 1.15 \times 10^4} = 0.905\text{cm} \ (\downarrow)$$

예제 8.12

그림 8.18과 같은 캔틸레버보의 점 C, B의 처짐각과 처짐을 구하여라.

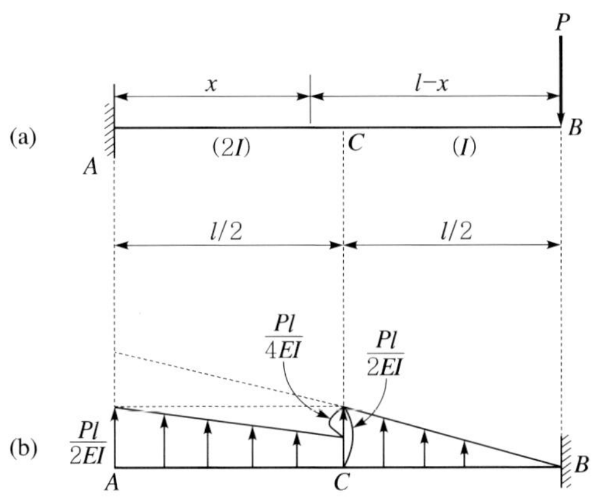

그림 8.18

풀이

그림(a)에서 $M=-P(1-x)$, $M_B=0$, $M_C=-Pl/2, M_A=-Pl$ 이고, $A-C$ 구간의 단면2차모멘트가 $C-B$ 구간의 단면2차모멘트의 2배이므로 공액보에 작용하는 탄성하중도는 그림(b)와 같다.

$$\theta_C=\frac{Pl}{2EI}\times\frac{l}{2}-\frac{Pl}{4EI}\times\frac{l}{2}\times\frac{1}{2}=\frac{3Pl^2}{16EI}\quad(\curvearrowright)$$

$$\theta_B=\frac{3Pl^2}{16EI}+\frac{Pl}{2EI}\times\frac{l}{2}\times\frac{1}{2}=\frac{5Pl^2}{16EI}\quad(\curvearrowright)$$

$$y_C=\frac{Pl}{2EI}\times\frac{l}{2}\times\frac{1}{2}\times\frac{l}{2}-\frac{Pl}{4EI}\times\frac{l}{2}\times\frac{1}{2}\times\frac{1}{3}\times\frac{l}{2}=\frac{5Pl^3}{96EI}\quad(\downarrow)$$

$$y_B=\frac{Pl}{2EI}\times\frac{l}{2}\times(\frac{l}{2}+\frac{1}{2}\times\frac{l}{2})-\frac{Pl}{4EI}\times\frac{l}{2}\times\frac{1}{2}$$

$$\times(\frac{l}{2}+\frac{1}{3}\times\frac{l}{2})+\frac{Pl}{2EI}\times\frac{l}{2}\times\frac{1}{2}\times\frac{2}{3}\times\frac{l}{2}=\frac{3Pl^3}{16EI}\quad(\downarrow)$$

또는 다음과 같이 적분을 사용하여 구할 수 있다.

$$\theta_C=\frac{1}{2EI}\int_0^{\frac{l}{2}}P(l-x)dx=\frac{P}{2EI}\left[lx-\frac{x^2}{2}\right]_0^{\frac{l}{2}}=\frac{3Pl^2}{16EI}\quad(\curvearrowright)$$

$$\theta_B=\frac{3Pl^2}{16EI}+\frac{1}{EI}\int_{\frac{l}{2}}^{l}P(l-x)dx=\frac{3Pl^2}{16EI}+\frac{P}{EI}\left[lx-\frac{x^2}{2}\right]_{\frac{l}{2}}^{l}=\frac{5Pl^2}{16EI}\quad(\curvearrowright)$$

$$\theta_B=\frac{3Pl^2}{16EI}+\frac{1}{EI}\int_{\frac{l}{2}}^{l}P(l-x)dx=\frac{3Pl^2}{16EI}+\frac{P}{EI}\left[lx-\frac{x^2}{2}\right]_{\frac{l}{2}}^{l}=\frac{5Pl^2}{16EI}\quad(\curvearrowright)$$

$$y_B=\frac{1}{2EI}\int_0^{\frac{l}{2}}P(l-x)(l-x)dx+\frac{1}{EI}\int_{\frac{l}{2}}^{l}P(l-x)(l-x)dx$$

$$=\frac{P}{2EI}\int_0^{\frac{l}{2}}(l^2-2lx+x^2)dx+\frac{P}{EI}\int_{\frac{l}{2}}^{l}(l^2-2lx+x^2)dx$$

$$=\frac{P}{2EI}\left[l^2x-lx^2+\frac{x^3}{3}\right]_0^{\frac{l}{2}}+\frac{P}{EI}\left[l^2x-lx^2+\frac{x^3}{3}\right]_{\frac{l}{2}}^{l}=\frac{7Pl^3}{48EI}+\frac{Pl^3}{24EI}=\frac{3Pl^3}{16EI}\quad(\downarrow)$$

$$y_c=\frac{1}{2EI}\int_0^{\frac{1}{2}}P(l-x)(\frac{l}{2}-x)dx=\frac{P}{2EI}\int_0^{\frac{1}{2}}\left(\frac{l^2}{2}-\frac{3lx}{2}+x^2\right)dx$$

$$=\frac{1}{2EI}\left[\frac{l^2x}{2}-\frac{3lx^2}{4}+\frac{x^3}{3}\right]_0^{\frac{l}{2}}=\frac{5Pl^3}{96EI}\quad(\downarrow)$$

연습문제

8.1 1보의 임의단면의 휨 모멘트, 전단력 및 하중강도를 탄성 곡선의 미분 방정식으로 표시하라.

8.2 그림 8.19와 같은 보의 탄성 곡선의 식을 탄성 곡선의 미분 방정식을 사용하여 구하여라. 다음 문제를 공액보의 방법으로 풀어라.

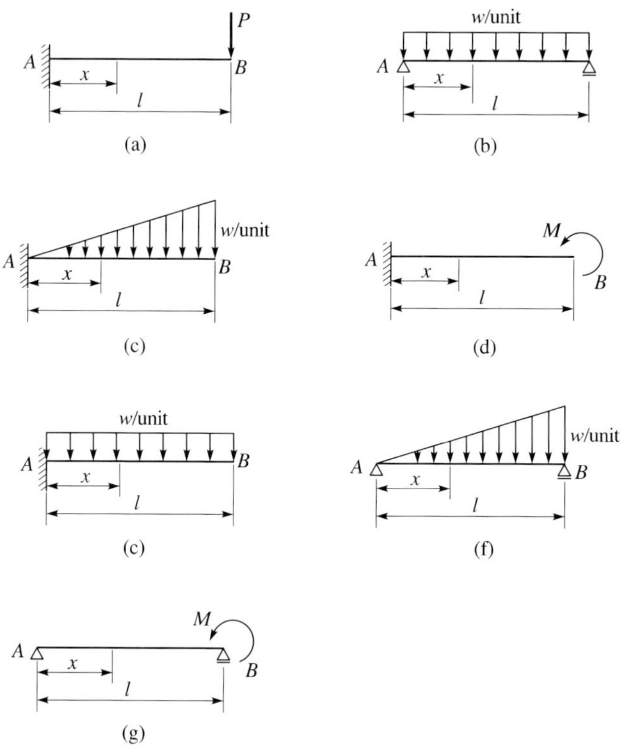

그림 8.19

8.3 그림 8.20과 같은 캔틸레버보의 점 B, C의 처짐각과 처짐을 공액보의 방법으로 구하여라. 단, EI는 일정하다.

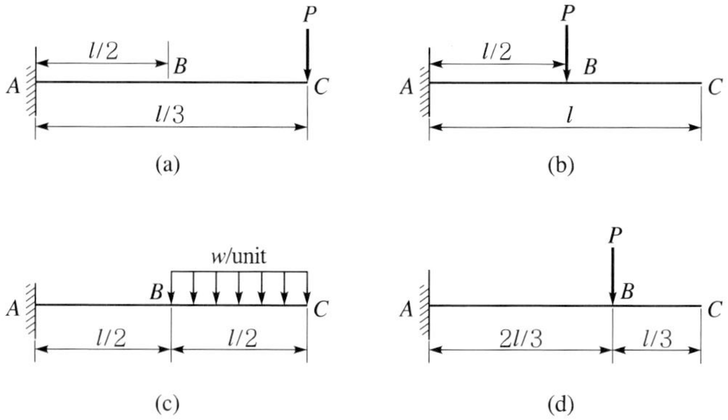

그림 8.20

8.4 그림 8.21과 같은 캔틸레버보의 임의 점의 처짐각과 처짐을 구하여라. 또, 이 보의 최대 처짐각과 최대 처짐을 구하여라. 단, EI는 일정하다.

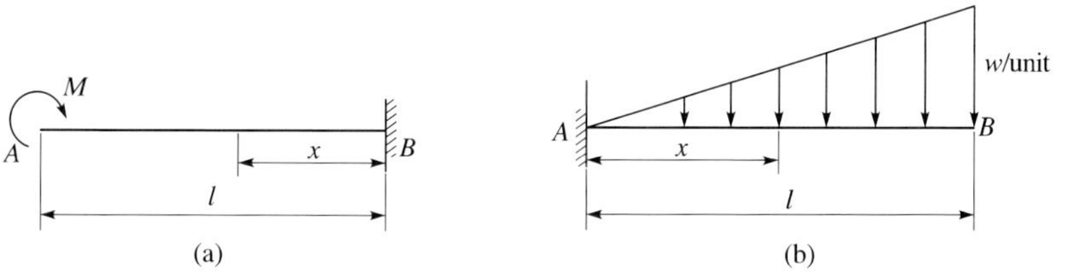

그림 8.21

8.5 그림 8.22와 같이 캔틸레버보 ABC를 이와 등질 등단면의 캔틸레버보 AB로 지지하고 있을 때, 점 B에 작용하는 이들 두 보 사이의 압력 N 을 구하여라.

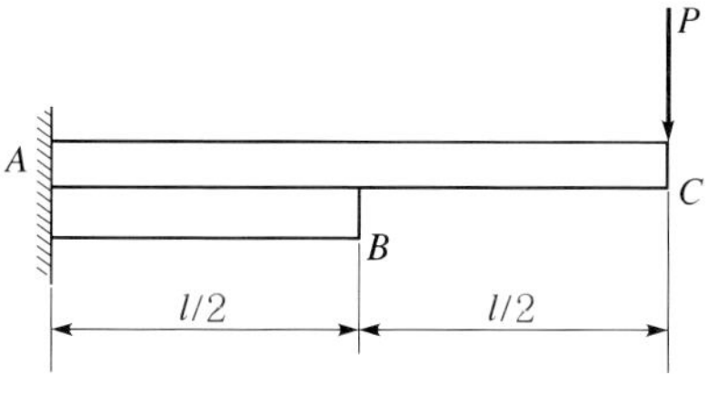

그림 8.22

8.6 그림 8.23과 같은 캔틸레버보의 자유단의 처짐각과 처짐을 구하여라.

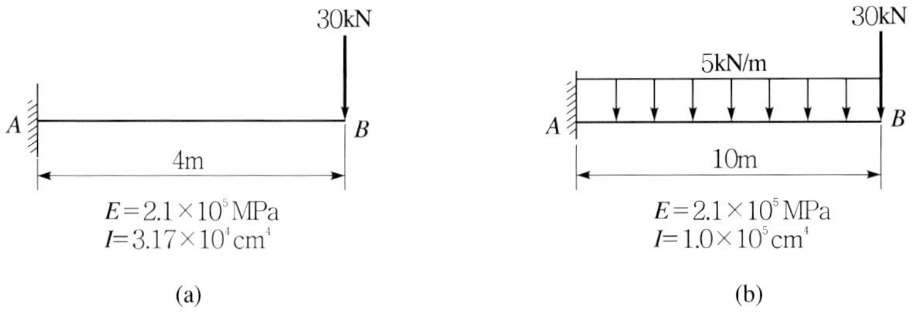

그림 8.23

8.7 그림 8.24와 같은 캔틸레버보의 점 B, C의 처짐각과 처짐을 구하여라.

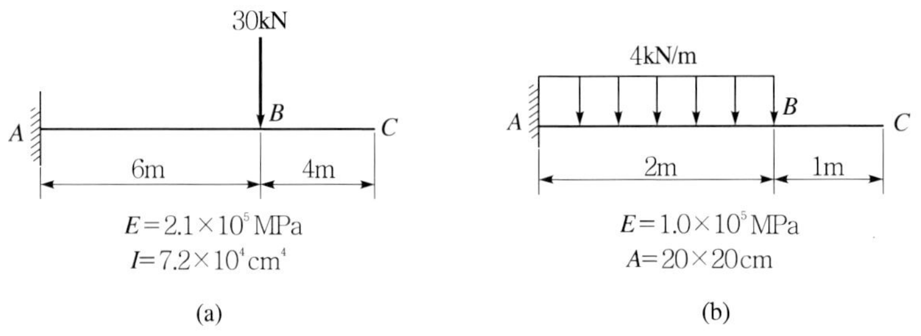

그림 8.24

8.8 그림 8.25와 같은 캔틸레버보의 점 B, C의 처짐각과 처짐을 구하여라. 단 E는 일정하다.

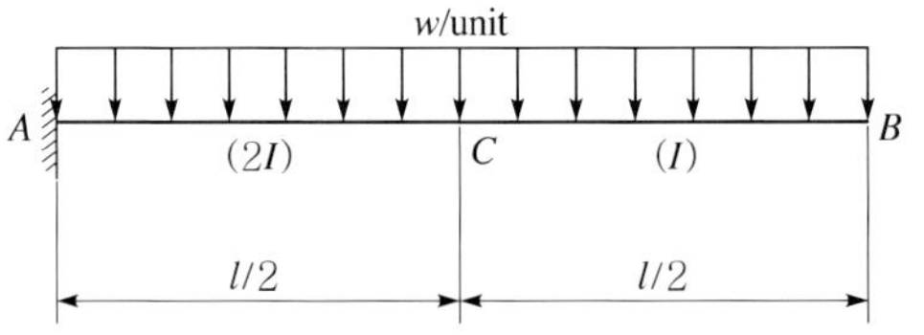

그림 8.25

8.9 경간 10m의 단순보의 중점에 20kN의 집중하중이 작용할 때 최대 처짐을 구하여라. 단, 보는 $E = 2.1 \times 10^5 \mathrm{MPa}$, $I = 2.4 \times 10^4 \mathrm{cm}^4$, 단위 중량 $720\mathrm{N/m}$ 의 I형강이다.

8.10 단면 $10\mathrm{cm} \times 20\mathrm{cm}$, $E = 1.0 \times 10^4 \mathrm{MPa}$, 경간 $8\mathrm{m}$ 의 단순보의 최대 처짐을 $4\mathrm{cm}$ 미만으로 하려고 한다. 중점에 작용시킬 수 있는 집중하중의 크기를 구하여라. 단, 자중은 무시한다.

8.11 위의 문제 8.10에서 보에 작용시킬 수 있는 등분포하중의 크기를 구하여라.

8.12 그림 8.26과 같은 단순보의 중점 C의 처짐 및 이 보의 최대 처짐을 구하여라.
단, $E = 2.0 \times 10^5 \mathrm{MPa}$, $I = 3.0 \times 10^4 \mathrm{cm}^4$이다.

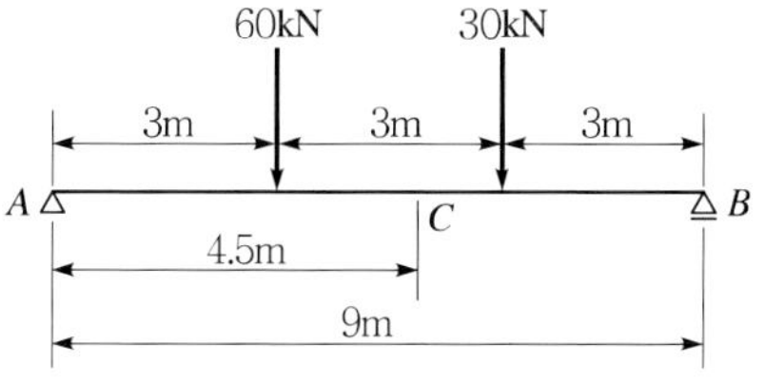

그림 8.26

8.13 그림 8.27과 같은 모멘트 하중을 받는 단순보의 양 지점의 처짐각 및 최대 처짐을 구하여라. 단, EI는 일정하다.

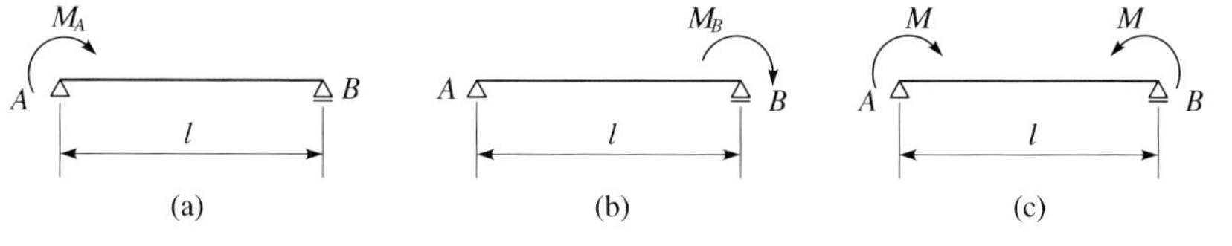

그림 8.27

8.14 그림 8.28과 같이 등분포하중을 받는 경간 l_1, 휨 강도 $E_1 I_1$의 단순보 AB가 중점에서 경간 l_2, 휨 강도 $E_2 I_2$의 단순보 CD에 의하여 지지될 때, 이 두 보 사이의 압력 P를 구하여라. 또, $E_1 I_1 = E_2 I_2 = EI$이고, $l_1 = l$, $l_2 = l/2$일 때의 압력도 구하여라.

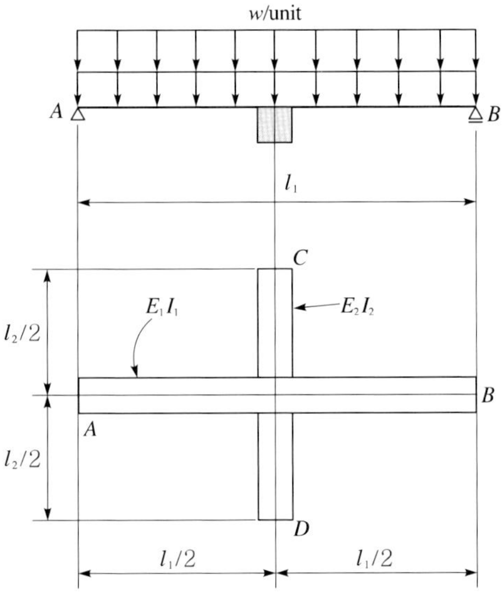

그림 8.28

8.15 그림 8.29와 같은 단순보의 양 지점의 처짐각 및 중점 C의 처짐을 구하여라.

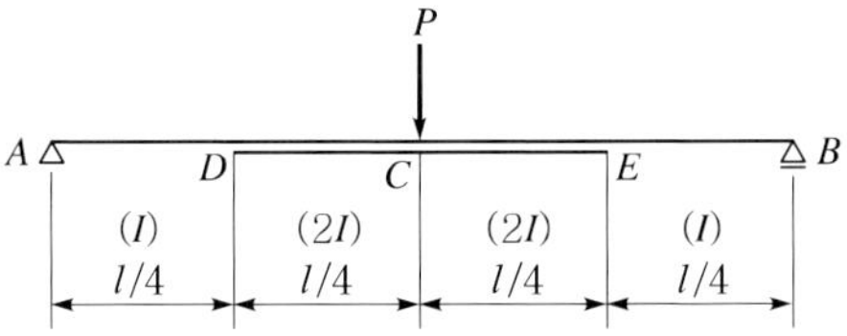

그림 8.29

8.16 그림 8.30과 같은 단순보의 양 지점의 처짐각, 점 E의 처짐각과 처짐 및 이 보의 최대 처짐을 구하여라 단, $E = 2.1 \times 10^5 \text{MPa}$, $I = 4.0 \times 10^4 \text{cm}^4$이다.

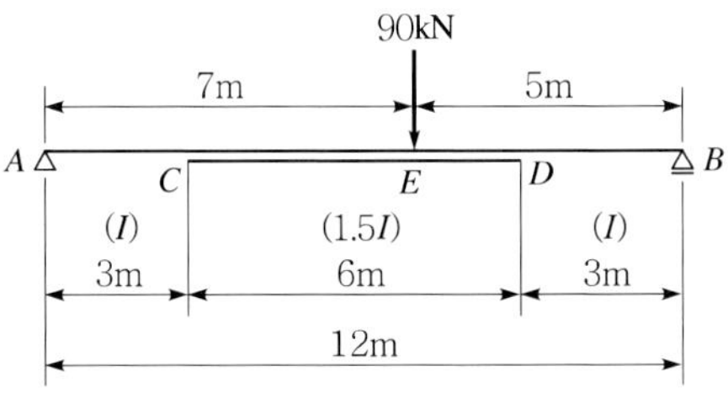

그림 8.30

8.17 그림 8.31과 같은 단순보의 양 지점의 처짐각과 중점 C의 처짐을 구하여라.
$E = 2.1 \times 10^5 \mathrm{MPa}$, $I = 6.0 \times 10^4 \mathrm{cm}^4$이다.

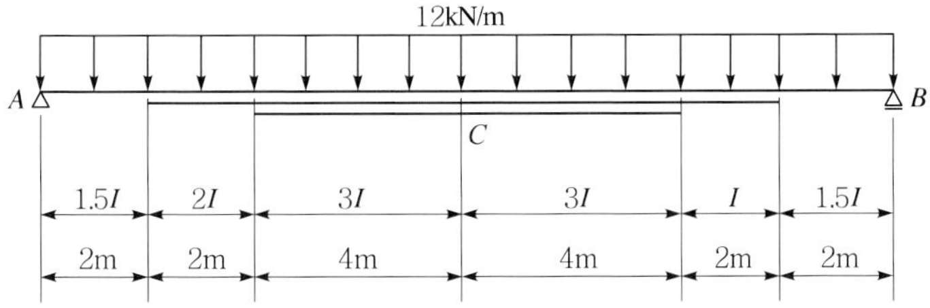

그림 8.31

8.18 그림 8.32와 같은 내민보의 점 A, B, C의 처짐각 및 점 C의 처짐을 구하여라.

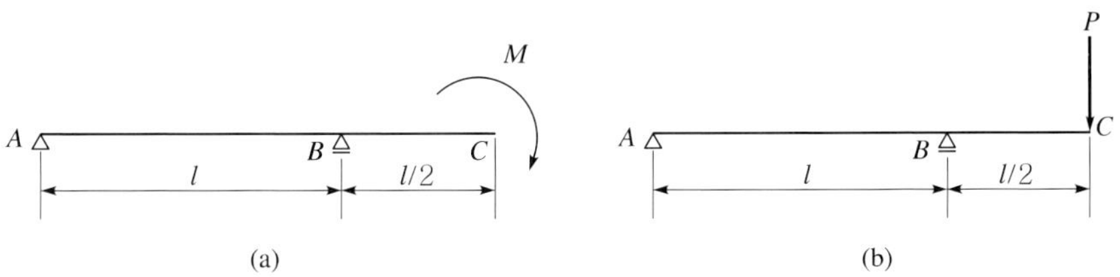

그림 8.32

8.19 그림 8.33과 같은 내민보의 양 지점의 처짐각과 중점 E의 처짐을 구하여라.

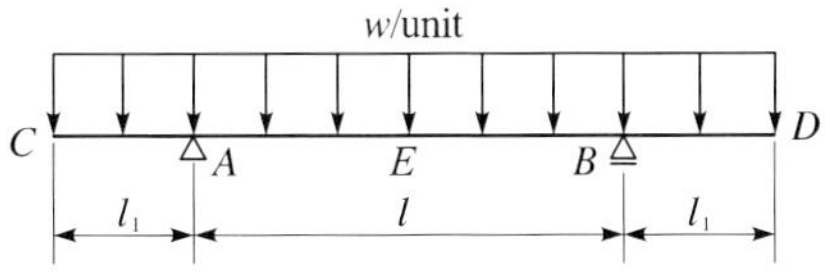

그림 8.33

8.20 그림 8.34와 같은 내민보의 점 A, B, C의 처짐각과 점 C의 처짐을 구하여라. 단, $E = 2.1 \times 10^5 \text{MPa}$, $I = 2916.43 \text{cm}^4$이다.

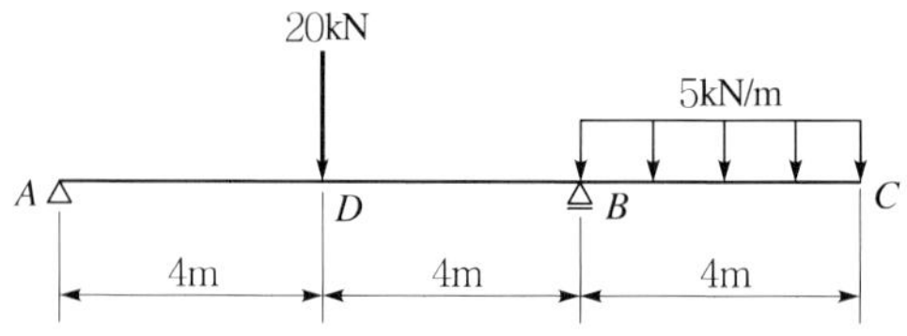

그림 8.34

8.21 그림 8.35와 같은 게르버보의 점 B, C의 처짐각 및 점 B, D의 처짐을 구하여라.

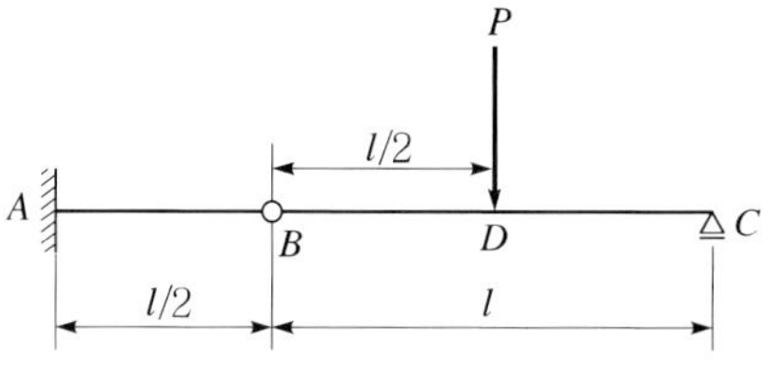

그림 8.35

8.22 그림 8.36과 같은 게르버보의 점 B, C의 처짐각 및 점 B, E의 처짐을 구하여라.

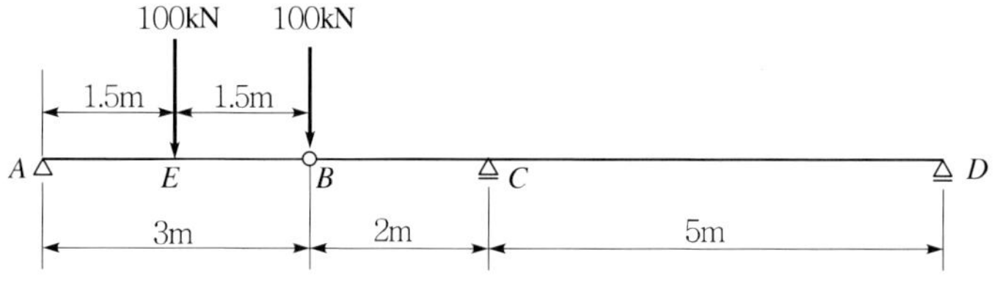

그림 8.36

CHAPTER 09

기 둥

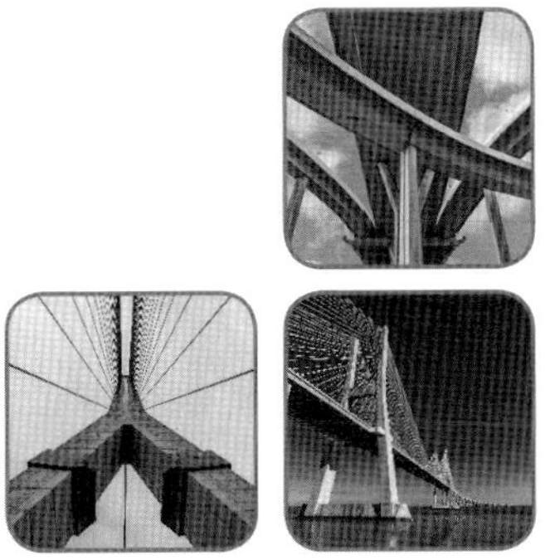

CHAPTER 09

기 둥

건물의 기둥과 같이 연직으로 세워져 있는 부재가 그 위에 있는 하중을 지지할 때 이를 보통 기둥(column)이라고 말한다. 역학에서는 축방향 압축력을 받는 직선 부재를 모두 기둥이라고 한다.

기둥에는 트러스의 압축부재와 같이 부재축에 일치하는 압축력만을 받아 부재의 단면에 축방향 압축력만이 일어나는 **중심축하중**(中心軸荷重, concentric axial load)을 받는 기둥과 부재축에 평행한 방향의 압축력을 받거나 라멘의 기둥과 같이 축방향 압축력 외에 부재 끝에 모멘트가 작용하는 경우 또는 축방향 압축력과 함께 가로 방향의 하중을 받아 단면에 축방향 압축력과 함께 휨 모멘트가 작용하는 **편심축 하중**(偏心軸荷重, eccentric axial load)을 받는 기둥으로 분류된다.

또한, 기둥과 같은 압축부재(compression member, strut)의 역학적 성상(性狀)은 부재의 길이와 단면의 형상, 치수 및 부재 양단의 지지 조건에 따라 크게 다르다. 기둥에 작용하는 축방향 압축력의 크기가 점차 증가하여 기둥의 단면에 일어나는 압축응력이 그 재료의 극한 강도에 이르면 휘는 일 없이 압축 파괴되는 비교적 굵고 짧은 기둥을 단주(短柱, short column)라 하며 교대(橋臺), 교각(橋脚), 옹벽(擁壁), 댐(dam) 등이 그 예이다. 또, 가늘고 긴 기둥에 작용선이 부재축과 일치하는 축방향 압축력이 작용할 때, 그 크기가 어느 한도에 이르면 기둥의 단면에 일어나는 압축응력이 그 재료의 극한 강도 이하일지라도 기둥이 갑자기 부재축에 직각 방향으로 변위가 생겨 휘어지면서 파괴된다. 이와 같은 현상을 **좌굴**(挫屈, buckling)이라 하며, 좌굴이 일어나는 한계의 하중을 **좌굴하중**(buckling load)이라 하며, 좌굴 파괴되는 비교적 가늘고 긴 기둥을 **장주**(長柱, long column)라 한다.

압축 부재의 좌굴 현상은 부재의 재질이 완전하게 균일하지 않거나 부재의 축과 압축력의 작용선이 완전하게 일치하지 않는 등 여러 가지 원인으로 일어난다고 볼 수 있다. 장주에 축방향 압축력이 작용하여 좌굴되면 기둥의 축과 하중의 작용선이 일치하지 않으므로 기둥의 단면에는 압축력 이외에 휨 모멘트가 작용한다. 따라서, 장주가 지지할 수 있는 하중은 단주가 지지할 수 있는 하중보다 훨씬 작으며, 길이가 길수록 더욱 작아진다.

부재가 굵다, 가늘다 하는 것은 부재의 길이와 단면적에 관계되는 것으로 부재가 길면 길수록 가늘고, 단면적이 크면 클수록 굵은 것이다. 그런데, 장주의 좌굴은 단면2차모멘트가 최소인 축에 직각 방향으로 일어나므로 단면적 대신 단면의 최소 회전반경과 부재의 길이의 비로 그 부재의 가늘고 긴 정도를 나타낸다. 여기서, 부재의 길이를 l, 단면의 최소회전반경을 $r_{\min}$이라고 할 때, $l/r_{\min}$을 **세장비**(細長比, slenderness ratio)라 한다. 단주와 장주는 세장비의 값에 따라 구별하며, 그 값은 재료에 따라 다르다.

9.1 단주의 응력

앞에서 설명한 바와 같이 단주는 단면에 일어나는 압축응력이 그 재료의 극한 강도에 도달할 때까지 좌굴되지 않고 파괴되므로 단면적 A인 단주에 중심축 하중 P가 작용할 때, 압축응력 f_c는 제3장에서의 축방향응력과 마찬가지로 응력이 단면에 균일하게 분포되어 일어난다고 가정하여 다음 식으로 구한다.

$$f_c = \frac{P}{A} \tag{9.1}$$

식 (9.1)의 f_c가 재료의 허용압축응력 f_{ca}이하이면 이 단주는 안전하다. 여기서, 기둥은 축방향 압축력을 받는 부재이므로 기둥의 응력은 압축을 정(+), 인장을 부(−)로 약속한다.

다음에 직사각형 단면과 같이 단면의 주축에 대하여 대칭인 간단한 형상의 단면의 단주에 편심축 하중이 작용할 때의 단면에 일어나는 응력을 알아보기로 한다.

9.1.1 하중의 작용점이 단면의 한 주축 위에 있는 경우

그림 9.1(a)는 단면이 균일한 단주에 하중 P가 단면의 한 주축인 x축 위에 도심으로부터 우측으로 거리 e만큼 떨어진 점 E에 작용하는 경우이다. 여기서, 단면의 도심G로부터 하중의 작용점 E까지의 거리 e를 **편심거리**(偏心距離, eccentric distance)라 한다.

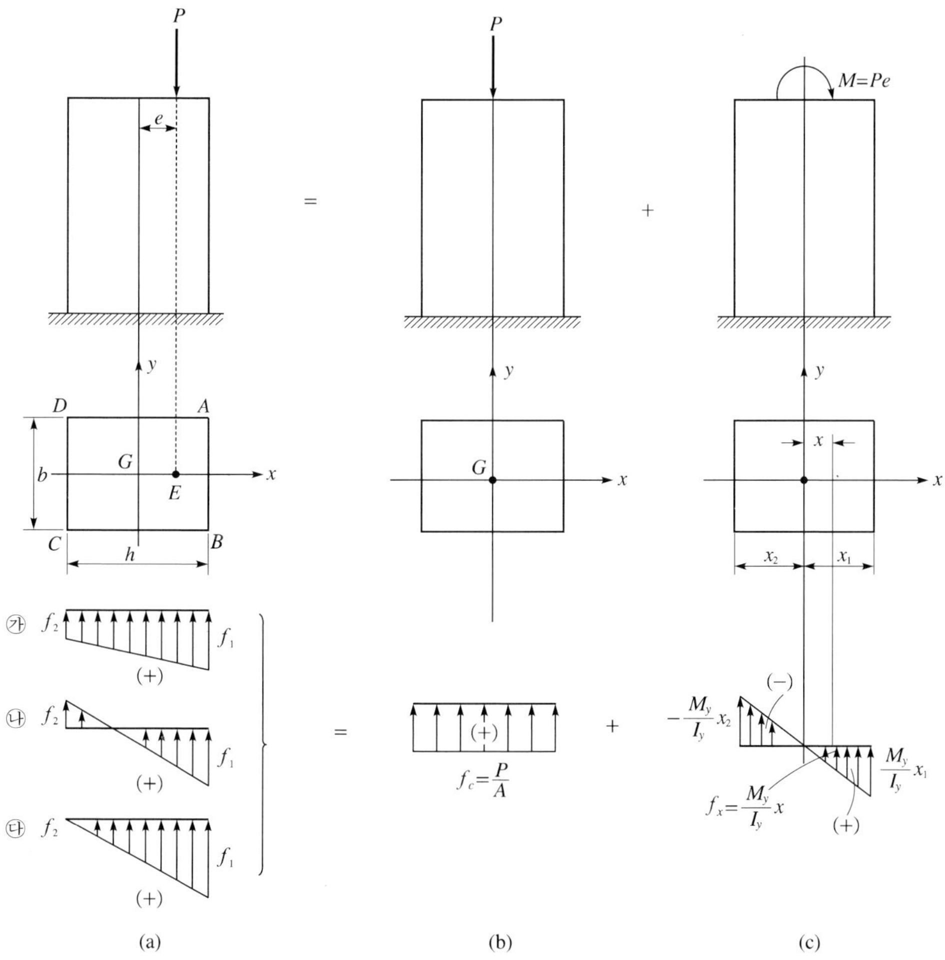

그림 9.1

점 E에 작용하는 하중 P는 단면의 도심 G에 작용하는 중심축 하중 P와 우력 모멘트 $M_y = P \cdot e$로 분해할 수 있으므로, 그림(a)와 같은 편심축 하중을 받는 단주의 단면에는 그림(b)와 같은 축방향 압축응력과 그림(c)와 같은 휨응력이 동시에 일어난다. 그림(b)에서 축방향 압축응력 $f_c = P/A$이며, 그림(c)에서 y축과의 거리가 x인 직선 위의 임의점에 일어나는 휨응력은 $f = \dfrac{M_y}{I_y} \cdot x$이므로, 임의점에 일어나는 응력은 다음과 같이 된다.

$$f = \frac{P}{A} + \frac{M_y}{I_y}x \tag{9.2}$$

여기서, y축 왼쪽의 임의점의 응력을 구할 때는 거리 x의 부호를 (−)로 해야 한다.

다음에, 편심축 하중을 받을 때의 휨 모멘트에 의한 압축측 연단의 응력 f_{AB}를 f_1, 인장측 양단의 응력 f_{CD}를 f_2라고 하면

$$\left.\begin{aligned} f_1 &= \frac{P}{A}+\frac{M_y}{I_y}x_1 = \frac{P}{A}+\frac{M_y}{Z_{y1}} = \frac{P}{A}+\frac{Pe}{Z_{y1}} \\ f_2 &= \frac{P}{A}-\frac{M_y}{I_y}x_2 = \frac{P}{A}-\frac{M_y}{Z_{y2}} = \frac{P}{A}-\frac{Pe}{Z_{y2}} \end{aligned}\right\} \tag{9.3}$$

이다. 위의 식에서 연단 거리 x_1및 x_2는 절대값을 사용한다. 또, $Z_{y1} = I_y / x_1$, $Z_{y2} = I_y / x_2$는 y축에 관한 단면계수이다. 또한 이때의 응력 분포도는 편심거리 e의 크기에 따라 그림(a)의 3개 가운데 하나가 된다.

여기서, 단면이 y축에 대하여 대칭이면 식 (9.3)에서 $Z_{y1} = Z_{y2} = Z_y$이므로

$$\left.\begin{matrix} f_1 \\ f_2 \end{matrix}\right\} = \frac{P}{A} \pm \frac{M_y}{Z_y} = \frac{P}{A} \pm \frac{Pe}{Z_y} \tag{9.4}$$

이다. 그림 9.1(a)와 같은 직사각형 단면의 연응력 $Z_y = \dfrac{bh^2}{6}$이므로

$$\left.\begin{matrix} f_1 \\ f_2 \end{matrix}\right\} = \frac{P}{A}(1 \pm \frac{6e}{h}) \tag{9.5}$$

이며, 또 지름 d인 원형 단면의 연응력 $Z_y = \dfrac{\pi d^3}{32}$이므로

$$\left.\begin{matrix} f_1 \\ f_2 \end{matrix}\right\} = \frac{P}{A}(1 \pm \frac{8e}{d}) \tag{9.6}$$

이다.

여기서, 축방향력과 휨 모멘트를 동시에 받는 부재의 안전에 대하여 검토해보기로 한다. 축방향 인장력과 휨 모멘트를 동시에 받는 부재는 축방향 인장력에 의한 인장응력과 휨 모멘트에 의한 최대 인장응력의 합계가 허용 인장응력보다 작으면 안전하며, 또한 만일 휨 모멘트에 의한 최대 압축응력이 축방향 인장응력보다 크면 이들의 합계는 압축응력이 되며, 이의 절대값 역시 허용 휨 압축응력 이하이어야 안전하다.

다음에, 편심축 하중을 받는 단주와 같이 축방향 압축력과 휨 모멘트를 동시에 받는 부재는 식 (9.3)~(9.6)에 의하여 계산된 최대 응력 f_1이 제료의 허용 압축응력 f_{ca} 이하이면 이 부재는 안전하다. 또한 만일 휨 모멘트에 의한 최대 인장응력이 축방향 압축응력보다 크면 최소 응력 f_2는 부(-)로 되어 인장응력이 된다. 이때는 f_2의 절대값 역시 허용 인장응

력 f_{ta} 이하이어야 안전하다. 그러나 허용 축방향 압축응력 f_{ca}가 허용 휨 압축응력 f_{ba}보다 작은 경우에는, 다음과 같이 생각하여야 한다.

축방향 압축력에 의한 압축응력 f_c와 휨 모멘트에 의한 최대 휨 압축응력 f_{bc}를 축방향력에 의한 압축응력으로 환산한 $f_{bc} \cdot f_{ca} / f_{ba}$ 의 합계가 f_{ca} 이하이어야 안전하므로 다음의 식을 만족하여야 한다.

$$f_c + f_{bc} \cdot \frac{f_{ca}}{f_{ba}} \leqq f_{ca} \qquad \therefore \frac{f_c}{f_{ca}} + \frac{f_{bc}}{f_{ba}} \leqq 1 \tag{9.7}$$

이 식은 f_{ba}가 f_{ca} 보다 작은 경우에도 성립되며, 따라서 축방향 압축력과 휨 모멘트를 동시에 받는 부재의 f_{ca} 와 f_{ba}가 다른 경우, 부재의 안전은 식 (9.7)에 의하여 검산하여야 한다.

예제 9.1

그림 9.2와 같은 직사각형 단면의 단주의 점 E에 축방향 압축력 $P = 600\text{kN}$이 작용할 때, 연단 AB, CD에 일어나는 응력 f_1, f_2를 구하여라.

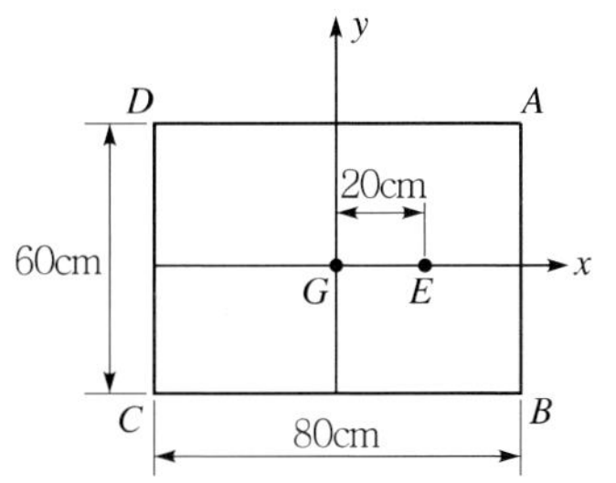

그림 9.2

풀이

단면적 $A = 80\text{cm} \times 60\text{cm} = 4{,}800\text{cm}^2$

단면계수 $Z_y = \dfrac{60\text{cm} \times 80^2\text{cm}^2}{6} = 64{,}000\ \text{cm}^3$

휨 모멘트 $M_y = P \cdot e = 600\text{kN} \times 20\text{cm} = 12{,}000\text{kN} \cdot \text{cm}$

따라서 식 (9.4)에 의하여

$$\left.\begin{matrix} f_1 \\ f_2 \end{matrix}\right\} = \frac{P}{A} \pm \frac{M_y}{Z_y} = \frac{600 \times 10^3}{4{,}800 \times 10^2} \pm \frac{12{,}000 \times 10^4}{64{,}000 \times 10^3} = 1.25 \pm 1.875 = \begin{cases} 3.125\text{MPa (압축)} \\ -0.625\text{MPa (인장)} \end{cases}$$

9.1.2 하중의 작용점이 단면의 어느 주축 위에도 있지 않은 경우

그림 9.3과 같이 직사각형 단면의 도심을 지나는 주축 x, y방향으로의 편심거리가 각각 e_x, e_y인 점 E에 압축력 P가 작용할 때 임의점과 네 귀퉁이에 일어나는 응력을 구하여 보기로 한다.

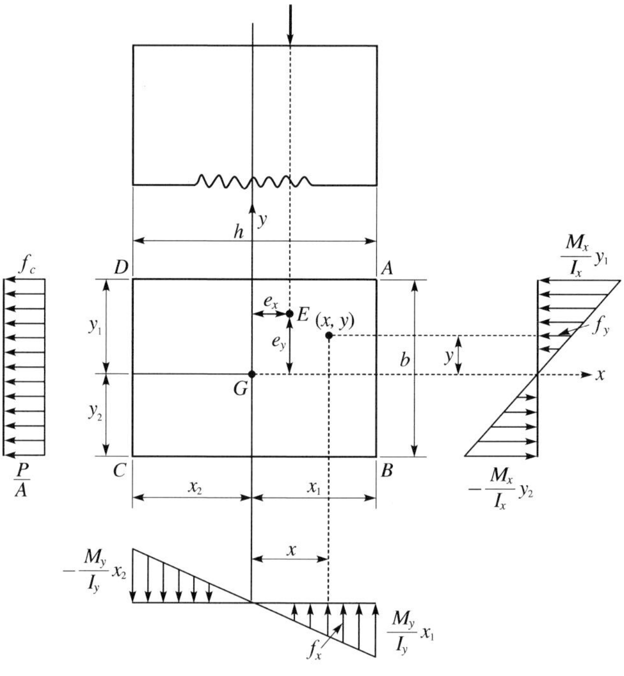

그림 9.3

점 E에 작용하는 편심축 하중 P는 도심 G에 작용하는 중심축 하중 P와 우력 모멘트 $M_y = P \cdot e_x$, $M_x = P \cdot e_y$로 분해할 수 있으므로 전 단면에는 균일하게 압축응력 $f_c = P/A$가 일어나며, y축으로부터의 거리가 x인 선상에는 휨 모멘트 M_y에 의한 휨응력 $f_x = M_y \cdot x/I_y$ 가 일어나고 또, x축으로부터의 거리가 y인 선상에는 휨 모멘트 M_x에 의한 휨응력 $f_y = M_x \cdot y/I_x$가 일어난다. 따라서, 임의점에 일어나는 응력은 다음과 같다.

$$f_{(x,y)} = f_c + f_x + f_y = \frac{P}{A} + \frac{M_y}{I_y}x + \frac{M_x}{I_x}y \tag{9.8}$$

또, 연단 AB, CD에는 휨모멘트 M_y에 의한 연응력 f_{AB}, f_{CD}가 일어나고, 연단 AD, BC에는 휨모멘트 M_x에 연응력 f_{AD}, f_{BC}가 일어난다. 따라서, 직사각형 단면의 네 귀퉁이 A, B, C, D에 일어나는 응력은 다음과 같다.

$$\left.\begin{aligned} f_A &= f_c + f_{AB} + f_{AD} = \frac{P}{A} + \frac{M_y}{Z_y} + \frac{M_x}{Z_x} \\ f_B &= f_c + f_{AB} + f_{BC} = \frac{P}{A} + \frac{M_y}{Z_y} - \frac{M_x}{Z_x} \\ f_C &= f_c + f_{CD} + f_{BC} = \frac{P}{A} - \frac{M_y}{Z_y} - \frac{M_x}{Z_x} \\ f_D &= f_c + f_{CD} + f_{AD} = \frac{P}{A} - \frac{M_y}{Z_y} + \frac{M_x}{Z_x} \end{aligned}\right\} \tag{9.9}$$

위의 식에 $M_y = P \cdot e_x$, $M_x = P \cdot e_y$, $Z_y = \dfrac{bh^2}{6}$, $Z_x = \dfrac{hb^2}{6}$을 대입하면

$$\left.\begin{aligned} f_A &= \frac{P}{A}\left(1 + \frac{6e_x}{h} + \frac{6e_y}{b}\right) \\ f_B &= \frac{P}{A}\left(1 + \frac{6e_x}{h} - \frac{6e_y}{b}\right) \\ f_C &= \frac{P}{A}\left(1 - \frac{6e_x}{h} - \frac{6e_y}{b}\right) \\ f_D &= \frac{P}{A}\left(1 - \frac{6e_x}{h} + \frac{6e_y}{b}\right) \end{aligned}\right\} \tag{9.10}$$

이다. 압축응력은 하중 P의 작용점에 가장 가까운 귀퉁이 A에서 최대이고, 가장 먼 귀퉁이 C에는 인장응력이 일어날 수 있다.

예제 9.2

그림 9.4와 같은 직사각형 단면의 단주의 점 E에 편심축 하중 $P=540\text{kN}$이 작용할 때, 귀퉁이 A, B, C, D에 일어나는 응력을 구하여라.

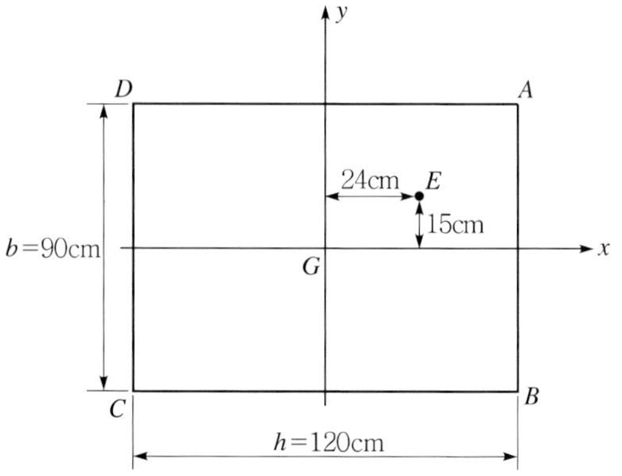

그림 9.4

풀이

$M_y = P \cdot e_x = 5.4\times10^5\times24 = 12.96\times10^6\text{N}\cdot\text{cm}$

$M_x = P \cdot e_y = 5.4\times10^5\times15 = 8.1\times10^6\ \text{N}\cdot\text{cm}$

$$Z_y = \frac{bh^2}{6} = \frac{90\times120^2}{6} = 216{,}000\,\text{cm}^3$$

$$Z_x = \frac{hb^2}{6} = \frac{120\times90^2}{6} = 162{,}000\,\text{cm}^3$$

$$f_c = \frac{P}{A} = \frac{5.4\times10^5}{900\times1200} = 0.5\text{MPa}$$

$$f_{AB} = -f_{CD} = \frac{M_y}{Z_y} = \frac{12.96\times10^6\times10}{216000\times10^3} = 0.6\,\text{MPa}$$

$$f_{AD} = -f_{BC} = \frac{M_x}{Z_x} = \frac{8.1\times10^6\times10}{162000\times10^3} = 0.5\text{MPa}$$

식 (9.9)에 의하여

$f_A = f_c + f_{AB} + f_{AD} = 0.5 + 0.6 + 0.5 = 1.6\text{MPa}$ (압축)

$f_B = f_c + f_{AB} + f_{BC} = 0.5 + 0.6 - 0.5 = 0.6\text{MPa}$ (압축)

$f_C = f_c + f_{CD} + f_{BC} = 0.5 - 0.6 - 0.5 = -0.6\text{MPa}$ (인장)

$f_D = f_c + f_{CD} + f_{AD} = 0.5 - 0.6 + 0.5 = 0.4\text{MPa}$ (압축)

또는, $\dfrac{P}{A} = \dfrac{5.4\times10^5}{900\times1200} = 0.5\text{MPa}$, $\dfrac{6e_x}{h} = \dfrac{6\times24}{120} = 1.2$, $\dfrac{6e_y}{b} = \dfrac{6\times15}{90} = 1$

이므로, 식 (9.10)에 의하여

$$f_A = \frac{P}{A}(1 + \frac{6e_x}{h} + \frac{6e_y}{b}) = 0.5\,(1 + 1.2 + 1) = 1.6\text{MPa}(\text{압축})$$

$$f_B = \frac{P}{A}(1 + \frac{6e_x}{h} - \frac{6e_y}{b}) = 0.5\,(1 + 1.2 - 1) = 0.6\text{MPa}\ (\text{압축})$$

$$f_C = \frac{P}{A}(1 - \frac{6e_x}{h} - \frac{6e_y}{b}) = 0.5\,(1 - 1.2 - 1) = -0.6\text{MPa}(\text{인장})$$

$$f_D = \frac{P}{A}(1 - \frac{6e_x}{h} + \frac{6e_y}{b}) = 0.5\,(1 - 1.2 + 1) = 0.4\text{MPa}\quad(\text{압축})$$

9.2 단면의 핵

그림 9.5와 같이 단면의 주축 x 에 대하여 대칭인 단면의 x축 위에 도심 G로부터 오른쪽 e 의 거리에 편심축 하중 P 가 작용하는 단주의 연응력은 식 (9.3)에 의하여

$$f_1 = \frac{P}{A} + \frac{M_y}{I_y}x_1 = \frac{P}{A} + \frac{Pe}{I_y}x_1$$

$$f_2 = \frac{P}{A} - \frac{M_y}{I_y}x_2 = \frac{P}{A} - \frac{Pe}{I_y}x_2 \tag{9.3a}$$

이다. 여기서, f_1은 항상 압축응력이지만 f_2는 편심거리 e의 값에 따라 인장응력이 될 수도 있다. 그러나, 기초지반이나 콘크리트는 인장력에 대하여 약하므로, 이들의 재료를 사용한 교각이나 댐 등은 단면의 어느 부분에도 인장응력이 일어나지 않도록 설계해야 한다. 단면의 어느 부분에 인장응력이 일어나지 않으려면 편심거리e 가 어느 한도 이내이어야 하며, 이 한도의 편심거리를 k 라 하면 $e \leq k$이어야 한다.

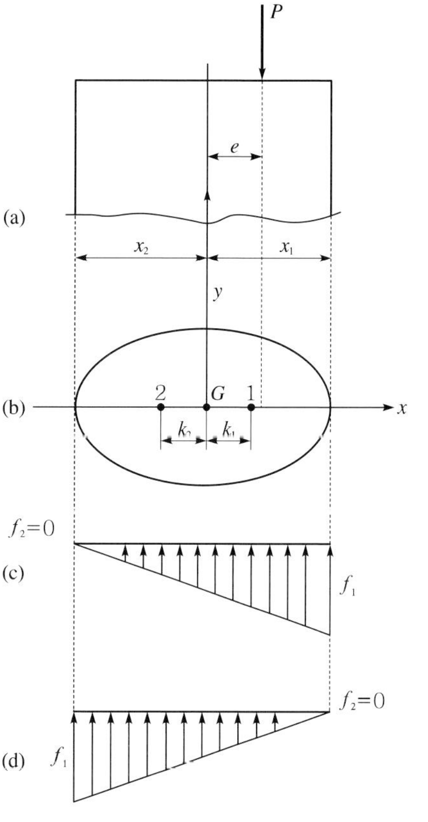

그림 9.5

식 (9.3a)에서 $f_2 = 0$으로 놓아 인장응력이 일어나지 않는 한도의 편심거리 k_1을 구하면 다음과 같다.

$$f_2 = \frac{P}{A} - \frac{Pk_1}{I_y}x_2 = 0$$

$$\therefore k_1 = \frac{I_y}{Ax_2} = \frac{r_y^2}{x_2} = \frac{Z_{y2}}{A} \tag{9.11}$$

여기서, $r_y = \sqrt{\frac{I_y}{A}} = y$축에 대한 회전반경, $Z_{y2} = \frac{I_y}{x_2} = x$축 위에 작용하는 편심하중의 작용점 반대측의 y축에 대한 단면계수 k_1의 값을 나타낸 그림(b)의 점 1에 하중 P가 작용하면

$$f_1 = \frac{P}{A} + \frac{Pk_1}{I_y}x_1 \text{이고,} \quad f_2 = 0$$

이며, 이때의 응력 분포도는 그림(c)와 같다. 특히 단면이 y축에 대하여 대칭이면 $x_1 = x_2$ 이므로, $k_1 = \frac{I_y}{Ax_1} = \frac{I_y}{Ax_2}$이며, $f_1 = \frac{2P}{A}$이다.

그림 9.1(a)의 응력 분포도의 ㉮는 $e < k_1$, ㉯는 $e > k_1$, ㉰는 $e = k_1$의 경우이다.

마찬가지로, 하중 P가 도심 G의 왼쪽에 작용하는 경우, 인장응력이 일어나지 않는 한도의 편심거리 k_2는

$$k_2 = \frac{I_y}{Ax_1} = \frac{r_y^2}{x_1} = \frac{Z_{y1}}{A} \tag{9.11'}$$

이다. k_2의 값을 나타내는 점 2에 하중 P가 작용하면, 응력 분포도는 그림(d)와 같다. 따라서, 점 1과 2사이에 하중이 작용하면 단면의 어느 부분에도 인장응력은 일어나지 않는다.

여기서, 단면이 y축에 대하여 대칭이면 위의 식 (9.11) 및 (9.11)'에서 y축으로부터 단면의 좌우의 연단까지의 거리는 같으며, 이를 x_0라고 하면 $x_1 = x_2 = x_0$이고, $Z_{y1} = Z_{y2} = Z_y$이다. 따라서, $k_1 = k_2$이다. 그러므로 x축 위에 하중이 작용할 때의 인장응력이 일어나지 않는 한도의 편심거리를 k_x라고 하면

$$k_x = k_1 = k_2 = \frac{I_y}{Ax_0} = \frac{r_y^2}{x_0} = \frac{Z_y}{A} \tag{9.12}$$

이다.

이상은 주축에 대하여 대칭인 단면의 주축 위에 하중이 작용하는 경우에 대한 것이고, 대칭축이 아닌 축 위에 편심하중이 작용하는 경우에 대한 것은 생략하기로 한다.

위에서 구한 인장응력이 일어나지 않는 한도의 편심거리(k_1, k_2)를 **핵 반경**(核半徑, core radius) 또는 **핵 거리**(核距離, core distance)라 하며, 핵 반경을 나타내는 점 즉, 인장응력이 일어나지 않는 한도의 편심하중의 작용점(1, 2)을 **핵점**(核點, core point)이라 한다. 또, 도심을 지나는 모든 축에 대한 핵점을 이어서 이루어진 폐곡선을 핵선(核線, core line)이라 하며, 핵선으로 포위된 도형을 **핵**(核, core)이라 한다. 즉, 단면의 핵은 축방향 압축력의 작용선이 그 내부에 있으면 그 단면의 어느 부분에도 인장응력이 일어나지 않는 범위를 나타내는 도형이다.

여기서, 두 주축에 대하여 대칭인 직사각형과 원형 단면의 핵을 구하면 다음과 같다.

(1) 직사각형 단면의 핵

그림 9.6과 같이 하중이 x축 위에 작용할 때의 핵 거리를 식 (9.12)에 의하여 구하면, $Z_y = bh^2/6$, $A = bh$이므로

$$k_x = k_1 = k_2 = \frac{Z_y}{A} = \frac{bh^2}{6} \times \frac{1}{bh} = \frac{h}{6}$$

이다. 또, 하중이 y축 위에 작용할 때에는 $Z_x = hb^2/6$이므로

$$k_y = k_3 = k_4 = \frac{Z_x}{A} = \frac{hb^2}{6} \times \frac{1}{bh} = \frac{b}{6}$$

이다.

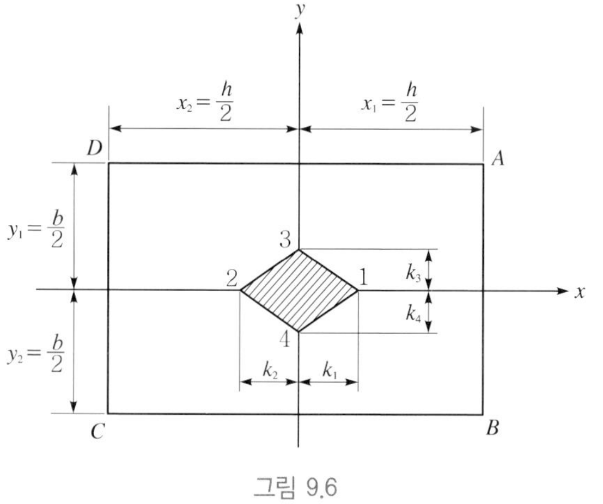

그림 9.6

또는, 직사각형 단면의 핵 거리는 식 (9.12)에 의하여 쉽게 구할 수 있으며, 식 (9.10)에 의하여 직사각형 단면의 핵선 방정식과 핵점을 구할 수도 있다.

직사각형 단면의 핵은 위에서 구한 핵점 1, 3, 2, 4를 이은 핵선으로 이루어진 마름모꼴의 도형(빗금 친 부분)이다. 여기서, 직사각형 단면의 핵점 1과 2사이의 거리는 $2 \times h/6 = h/3$ 로서, 핵점 3과 4사이의 거리는 $2 \times b/6 = b/3$로서 핵점 1과 2사이의 부분과 핵점 3과 4사이의 부분을 중앙 1/3 또는 **중앙 3분권**(中央三分圈, middle third)이라 하며, 직사각형 단면에서는 압축력의 작용선이 중앙 3분권 내부에 있으면 단면의 어느 부분에도 인장응력이 일어나지 않는다.

(2) 원형 단면의 핵

그림 9.7과 같이 하중이 x축 위에 작용할 때의 핵 거리를 식 (9.12)에 의하여 구하면,

$Z_y = \dfrac{\pi d^3}{32}$, $A = \dfrac{\pi d^2}{4}$ 이므로,

$$k_x = k_1 = k_2 = \frac{Z_y}{A} = \frac{\pi d^3}{32} \times \frac{4}{\pi d^2} = \frac{d}{8}$$

이다.

또는, 원형 단면의 핵 거리는 식 (9.6)에 의하여 쉽게 구할 수 있다.

원형 단면은 원의 중심을 지나는 모든 축에 대하여 대칭이므로 모든 축에 대한 핵 거리가 일정하다. 따라서 원형 단면의 핵은 핵 거리 $k = d/8$를 반경으로 하는 동심원(빗금 친 부분)이다.

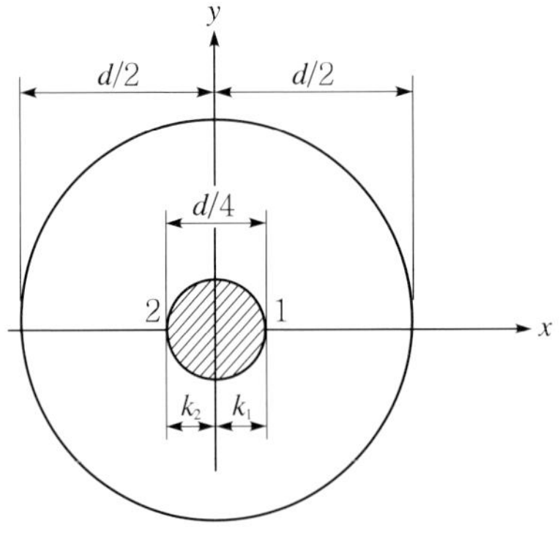

그림 9.7

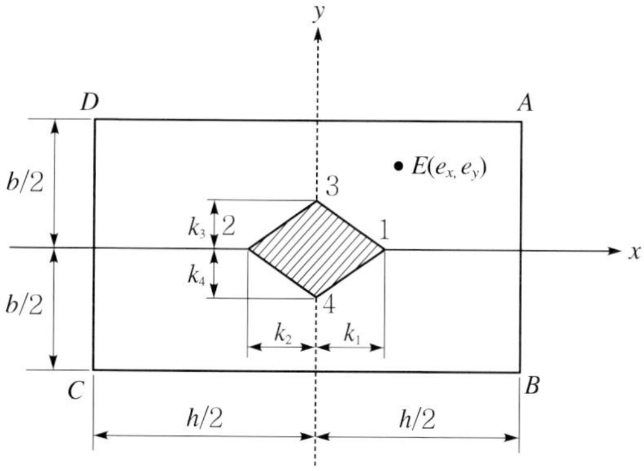

그림 9.8

예제 9.3

직사각형 단면의 핵선 방정식과 핵을 구하여라.

풀이

그림 9.8과 같이 하중이 제1 상한 내의 임의점 $E(e_x, e_y)$에 작용할 때의 핵선 방정식을 구하기로 한다. 식 (9.10)에 의하면 하중의 작용점 E로부터 가장 먼 위치에 있는 귀퉁이 C에서 인장응력이 일어날 가능성이 가장 높으므로 점 C의 응력 f_C를 0으로 놓으면 제1상한에서의 핵선 방정식이 구해진다. 식 (9.10)에 의하여

$$f_C = \frac{P}{A}\left(1 - \frac{6e_x}{h} - \frac{6e_y}{b}\right) = 0 \qquad \therefore \frac{6e_x}{h} + \frac{6e_y}{b} = 1$$

의 관계가 성립한다. 이 식은 하중 P가 제1상한 내의 임의점 E에 작용할 때의 핵선 방정식으로서, 직선의 방정식이다. 이 식에서

$e_y = 0$, 즉 하중이 x축 위에 작용할 때는 $e_x = \dfrac{h}{6} = k_1$

$e_x = 0$즉 하중이 y축 위에 작용할 때는 $e_y = \dfrac{b}{6} = k_3$

이다. 따라서, 제1상한에서의 핵선은 핵점 1과 3을 맺는 직선이다.

마찬가지로 하여, 제2, 제3, 제4 상한에서의 핵선은 각각 핵점 2와 3, 핵점 2와 4, 핵점 1과 4를 맺는 직선이다. 따라서 직사각형 단면의 핵은 위의 4개의 핵선으로 포위된 마름모꼴의 도형이다.

예제 9.4

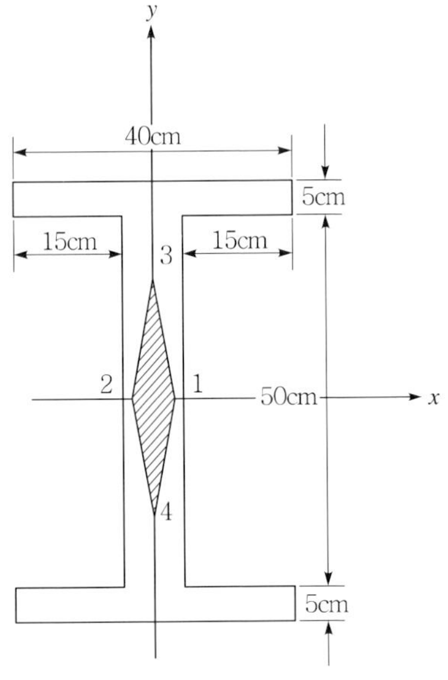

그림 9.9

그림 9.9와 같은 I형 단면의 핵을 구하여라.

단, 단면적 $A = 900\text{cm}^2$,

단면 2차모멘트 $I_x = 407{,}500\text{cm}^4$, $I_y = 57{,}500\text{cm}^4$

풀이

도심으로부터 좌우 연단까지의 거리는 $x_0 = 20\text{cm}$, 상하 연단까지의 거리는 $y_0 = 30\text{cm}$ 이므로

$$k_x = k_1 = k_2 = \frac{I_y}{Ax_0} = \frac{57{,}500}{900 \times 20} = 3.19\text{cm}$$

$$k_y = k_3 = k_4 = \frac{I_x}{Ay_0} = \frac{407{,}500}{900 \times 30} = 15.09\text{cm}$$

또는, x, y축에 대한 단면계수는

$$Z_x = \frac{407{,}500}{30} = 13{,}583\text{cm}^3$$

$$Z_y = \frac{57{,}500}{20} = 2{,}875\text{cm}^3$$

이므로

$$k_x = k_1 = k_2 = \frac{Z_y}{A} = \frac{2{,}875}{900} = 3.19\text{cm}$$

$$k_y = k_3 = k_4 = \frac{Z_x}{A} = \frac{13{,}583}{900} = 15.09\text{cm}$$

따라서, 핵점 1, 3, 2, 4를 이어서 이루어지는 마름모꼴이 이 단면의 핵이다.

9.3 핵점 모멘트

그림 9.10과 같이 주축 x 에 대하여 대칭인 단면의 x축 위의 임의점 E에 축방향 압축력이 작용하는 경우, 이 단면의 핵점을 1, 2라 하고, 이때의 핵 반경을 각각 k_1, k_2라고 하면 식 (9.11), (9.11)'에 의하여

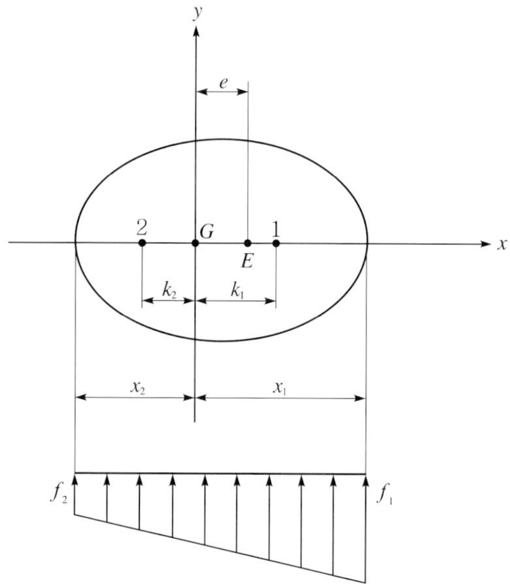

그림 9.10

$$k_1 = \frac{Z_{y2}}{A}$$

$$k_2 = \frac{Z_{y1}}{A}$$

$$\therefore \frac{1}{A} = \frac{k_1}{Z_{y2}} = \frac{k_2}{Z_{y1}}$$

의 관계가 성립한다. 이 관계를 하중이 그림과 같이 도심의 오른쪽에 작용할 때 연응력을 구하는 식 (9.3)에 대입하면

$$\left.\begin{aligned} f_1 &= \frac{P}{A} + \frac{Pe}{Z_{y1}} = \frac{Pk_2}{Z_{y1}} + \frac{Pe}{Z_{y1}} = \frac{P(k_2+e)}{Z_{y1}} \\ f_2 &= \frac{P}{A} - \frac{Pe}{Z_{y2}} = \frac{Pk_1}{Z_{y2}} - \frac{Pe}{Z_{y2}} = \frac{P(k_1-e)}{Z_{y2}} \end{aligned}\right\} \tag{9.13}$$

여기서, e는 편심거리이므로 k_2+e, k_1-e는 핵점 2, 1과 하중 P의 작용점과의 거리이다. 따라서 위의 식의 $P(k_2+e)$, $P(k_1-e)$는 각각 핵점 2, 1에 관한 모멘트로서 이를 각각 M_{k_2}, M_{k_1}이라고 하면

$$M_{k_2} = P(k_2+e), \qquad M_{k_1} = P(k_1-e) \tag{9.14}$$

이며, 이를 핵점 모멘트 또는 핵 모멘트(core moment)라고 한다. 식 (9.13)의 연응력 f_1, f_2를 핵점 모멘트로 표시하면 다음과 같다.

$$f_1 = \frac{M_{k_2}}{Z_{y1}}, \quad f_2 = \frac{M_{k_1}}{Z_{y2}} \tag{9.15}$$

여기서, 하중이 핵점 1과 2사이에 작용하면 f_1, f_2는 압축응력이나, 하중이 핵점 1의 오른쪽에 작용하면 f_2가, 핵점 2의 왼쪽에 작용하면 f_1이 인장응력이 된다. f_2 또는 f_1이 0으로 되기 위해서는 편심거리 e가 k_1 또는 $-k_2$이어야 한다는 것은 이미 알고 있는 사실이다.

위의 식 (9.15)는 보의 연응력을 구하는 식인 $f = M/Z$와 유사한 것으로 아치나 라멘과 같이 휨 모멘트와 축방향력이 작용하는 부재의 연응력을 구할 때, 사용할 수 있다.

9.4 중력식 구조물의 안정

교대, 교각, 옹벽, 댐, 확대 기초 등과 같이 자중에 의하여 안정(安定, stability)을 유지하는 구조물을 **중력식 구조물**(重力式 構造物, gravity type structure)이라고 한다. 이러한 구조물은 토압이나 수압과 같은 수평 또는 수평에 가까운 하중을 받는 경우가 많으며, 이러한 구조물이 안정을 유지하기 위해서는 구조물을 단주로 보고, 구조 재료의 응력을 검토한 후, 다시 구조물 자체의 정지조건인 침하(沈下, settlement), 전도(顚倒, overturning), 활동(滑動, sliding)에 대한 안정 조건을 만족하는가를 검토하여야 한다.

(1) 침하에 대한 안정

구조물은 침하하지 않아야 한다. 구조물이 침하하지 않기 위해서는 지반의 최대응력 $q_{\max}$이 기초 지반의 허용 지지력(許容支持力, allowable bearing capacity) q_a이하이어야 한다.

$$q_{\max} \leqq q_a \tag{9.16}$$

지반 반력의 계산은 단주의 응력 계산과 마찬가지로 한다. 구조물의 기초 저면의 형상은 직사각형의 경우가 많다. 그림 9.11과 같이 기초 저면이 $b \times h$인 직사각형일 때의 지반의 최대응력은 다음과 같이 구한다.

구조물에 작용하는 모든 하중의 합력 R의 작용선이 기초 저면을 지나는 점의 위치를 구하여, 편심거리 e를 구한다. 합력 R의 연직 분력 R_V가 편심거리 e에 작용하는 축방향 압축력이다. 따라서,

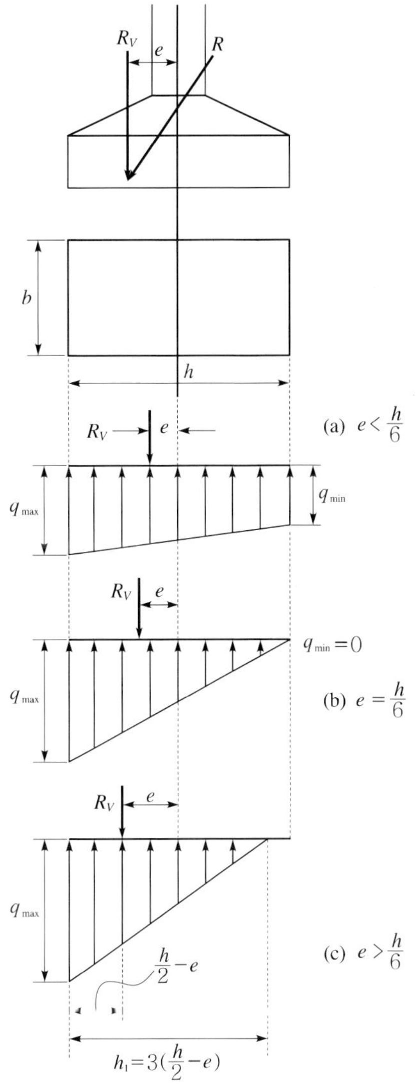

그림 9.11

① $e < h/6$이면, 지반 반력은 그림(a)와 같이 사다리꼴로 분포되며, 식 (9.5)에 의하여

$$\left.\begin{matrix} q_{max} \\ q_{min} \end{matrix}\right\} = \frac{R_V}{A}\left(1 \pm \frac{6e}{h}\right) \tag{9.17}$$

② $e = h/6$이면, 위의 식에서 $e = h/6$이므로

$$\left.\begin{matrix} q_{max} = \dfrac{2R_V}{A} \\ q_{min} = 0 \end{matrix}\right\} \tag{9.18}$$

이며, 지반의 응력은 그림(b)와 같이 3각형으로 분포된다.

③ $e > h/6$이면, 기초저면의 일부에 인장응력이 일어나는 경우이다. 그러나 구조물은 지반 위에 놓여 있을 뿐이고, 지반과 일체가 되어 외력에 저항하는 것이 아니므로 기초 저면과 접촉하고 있는 지반이 단주의 단면과 같이 인장력에 저항할 수는 없다. 즉, 지반에는 부(−)의 응력이 일어나지 않는다. 따라서, 이때의 지반 응력은 그림(c)와 같이 3각형 분포한다고 가정한다. 여기서, 지반 응력의 합력의 작용선은 3각형의 도심을 지나야 하고, 또 구조물에 작용하는 모든 외력의 합력의 연직 분력 R_V의 작용선과 일치하여야 하므로, 지반 응력의 분포 길이는 $h_1 = 3(h/2 - e)$이다. 다음에 지반 응력의 합력과 축방향 압축력 R_V와는 $\Sigma V = 0$에 의하여 크기는 같고, 방향은 반대이어야 하므로

$$R_V = \frac{q_{max} \cdot h_1 \cdot b}{2} \qquad \therefore q_{max} = \frac{2R_V}{h_1 b} = \frac{2R_V}{3\left(\dfrac{h}{2} - e\right)b} \tag{9.19}$$

이다.

(2) 전도에 대한 안정

구조물은 외력에 의하여 전도하지 않아야 한다. 그림 9.12에서 R_H, R_V는 구조물에 작용하는 지반 반력을 제외하고, 자중을 포함한 모든 외력의 수평, 수직 분력의 합계이고, x_0, y_0는 점 A에서 R_H, R_V의 작용선까지의 거리이다.

그림에서, 구조물이 전도할 때의 회전 중심이 되는 점A에 대한 전도 모멘트 M_0는 $R_H \cdot y_0$이고, 전도에 대한 저항 모멘트 M_r은 $R_V \cdot x_0$이다. 따라서 전도에 대한 안전율 n_0는

$$n_0 = \frac{M_r}{M_0} = \frac{R_V \cdot x_0}{R_H \cdot y_0} \tag{9.20}$$

이며, $n_0 > 1$이면 되나 n_0는 1.5~2.0 이상으로 하는 것이 일반적이다.

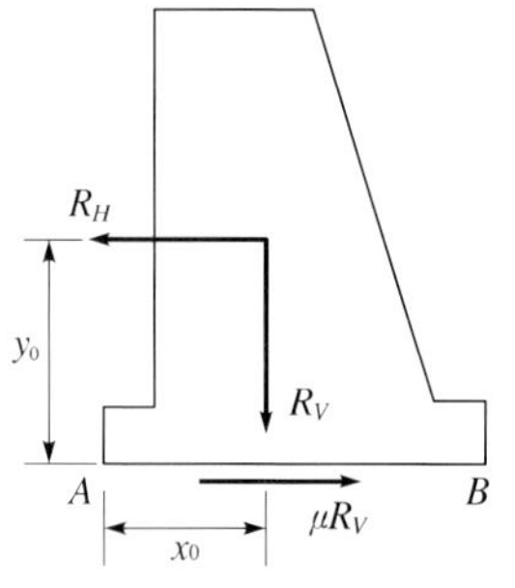

그림 9.12

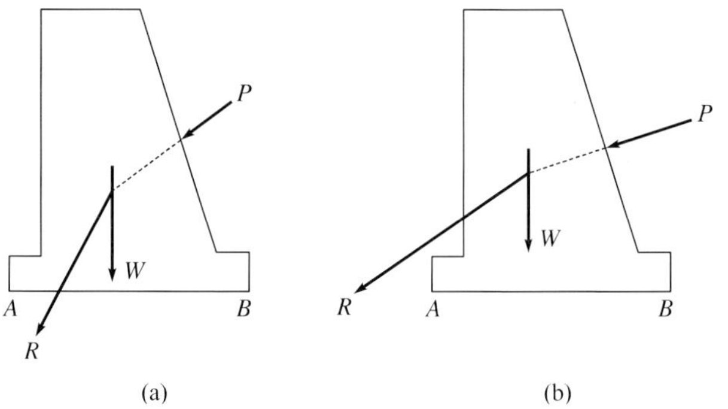

그림 9.13

또한, 전도에 대한 안정 조건을 다음과 같이 말할 수도 있다. 그림 9.13에서 W는 구조물의 자중이고, P는 자중을 제외한 모든 하중의 합력이고 R은 W와 P의 합력이다. 그림(a)에서와 같이 합력 R의 작용선이 기초 저면 AB사이를 지나면, 전도할 때의 회전의 중심이 되는 점 A에 대한 모멘트가 시계 방향으로 되어 전도되지 않는다. 그러나 그림(b)와 같이 합력 R의 작용선이 기초 저면 AB의 밖을 지나면 점 A에 대한 모멘트는 반시계 방향으로 되어 구조물은 전도하게 된다. 전도될 수 있는 위험의 한계는 합력 R의 작용선이 점 A를 지나는 경우이다. 그러므로 구조물이 전도에 대하여 충분히 안정한 상태에 있으려면 지중을 크게 하거나 기초 저면의 폭을 넓게 하여 합력 R의 작용선이 기초 저면의 중점 가까이 즉 핵 내부를 지나야 한다.

여기서, 위에서 설명한 전도에 대한 안전율 생각하면 합력 R의 작용선이 점 A를 지나면 안전율은 $n_0 = 1$이며, 기초 저면 AB사이를 지나면 $n_0 > 1$이고, 기초 저면 AB의 밖을 지

나면 $n_0 < 1$이다.

(3) 활동에 대한 안정

구조물은 수평력에 의하여 활동하지 않아야 한다. 구조물에 작용하는 수평력은 기초 저면과의 접촉면에서 구조물을 활동시키려고 하며, 이에 저항하는 힘은 기초 저면에 작용하는 마찰력(摩擦力, friction force)이다. 그림 9.12에서 구조물을 활동시키려고 하는 힘은 구조물에 작용하는 자중을 포함하는 모든 하중의 합력 R의 수평 분력 R_H이고, 이에 저항하는 힘은 합력 R의 수직 분력 R_V에 구조물과 지반과의 마찰 계수(摩擦係數, coefficient of friotion) μ를 곱한 마찰력 $F=\mu R_V$이다. 따라서 활동에 대한 안전율 n_s는

$$n_s = \frac{F}{R_H} = \frac{\mu R_V}{R_H} \tag{9.21}$$

이며 $n_s > 1$이면 되나 n_s는 1.5~2.0이상으로 하는 것이 일반적이다. 마찰 계수가 작아 마찰력이 충분하지 못하면 기초 저면에 활동 방지 돌기(突起, shear key)를 두어 활동에 대한 안전율을 높인다.

예제 9.5

그림 9.14와 같은 중력식 콘크리트 옹벽의 외적 안정을 검토하여라. 다만, 허용 지지력은 0.15MPa이고, 전도와 활동에 대한 안전율은 1.5, 지반과 콘크리트의 마찰 계수는 0.5이다.

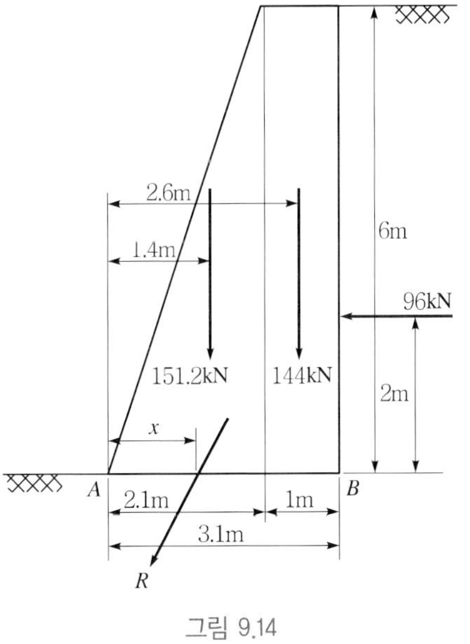

그림 9.14

풀이

(1) 침하에 대한 안정

점 A로부터 이 옹벽에 작용하는 모든 하중의 합력의 작용선이 옹벽의 저면을 지나는 점의 위치 x를 구하면, 식 (1.20)에 의하여

$$x = -\frac{\sum M_A}{\sum V}$$

$$= -\frac{151.2 \times 1.4 + 144 \times 2.6 - 96 \times 2}{-151.2 - 144}$$

$$= \frac{394.08}{295.2} = 1.33\text{m}$$

따라서, 편심거리 e는

$$e = \frac{h}{2} - x = \frac{3.1}{2} - 1.33 = 0.22\text{m} < \frac{\text{h}}{6} = \frac{3.1}{6} = 0.52\text{m}$$

이므로, 최대 지반 반력 $q_{\max}$은 식 (9.17)에 의하여

$$q_{\max} = \frac{R_V}{A}(1 + \frac{6e}{h}) = \frac{295.2 \times 10^3}{3100 \times 1000}(1 + \frac{6 \times 220}{3100}) = 0.1358\,\text{MPa} < q_a = 0.15\,\text{MPa}$$

이다. 고로 안전하다.

(2) 전도에 대한 안정

전도에 대한 안전율 n_0를 구하면

$$n_0 = \frac{M_r}{M_0} = \frac{151.2 \times 1.4 + 144 \times 2.6}{96 \times 2} = 3.05 > 1.5 \qquad \therefore \text{안전}$$

또한, 합력의 작용선이 기초 저면의 핵 내부를 지나므로 전도에 대하여 안전하다.

(3) 활동에 대한 안정

활동에 대한 안전율 n_s를 구하면

$$n_s = \frac{\mu R_V}{R_H} = \frac{0.5 \times 295.2}{96} = 1.54 > 1.5 \qquad \therefore \text{안전}$$

9.5 장주의 공식

장주는 중심축 하중이 작용하여도 그 크기가 어느 한도에 이르면 좌굴되어 파괴된다는 것은 이미 설명한 바와 같으며, 좌굴 하중의 크기는 기둥의 길이, 지지 방법, 단면의 크기와 형상, 탄성 계수 등에 따라 다르다. 오일러(Leonhard Euler, 1707~1783)는 중심축 하중을 받는 장주의 좌굴 하중을 탄성 이론에 의하여 이론적으로 구하였으며, 이를 **오일러의 공식**(Euler's formula)이라고 한다.

오일러의 장주에 대한 이론은 세장비가 매우 큰 경우에 대한 것으로 기둥의 축은 완전히 직선이고 또한 재질이 완전히 균일하며, 하중은 정확히 부재축에 따라 작용하는 것으로 가정한다. 또, 장주는 하중의 크기가 좌굴 하중에 이를 때까지는 전혀 휘어지지 않고 있다가 좌굴 하중에 이르자마자 즉시 좌굴하는 것으로 생각한다.

오일러의 장주 공식은 위와 같은 이상적인 조건을 갖춘 장주에 대한 좌굴 하중을 이론적으로 구한 것이다. 그러나, 대부분의 실제의 기둥은 위와 같은 이상적인 조건을 갖추기 어려우며, 따라서 모든 장주는 편심축 하중을 받는다고 볼 수 있다. 편심축 하중을 받는 장주에 대하여 이론적으로 유도된 **씨이컨트 공식**(secant formula)이 있으나 생략하기로 한다.

또, 장주 공식은 오일러의 이론 공식을 적용할 수 없는 비교적 짧은 장주에 대한 실험 공식이 있으며, 실제 설계에 쓰이는 실용 공식이 있다.

9.5.1 오일러의 좌굴 하중

앞에서 말한 바와 같은 이상적인 조건을 갖춘 기둥의 길이를 l, 탄성 계수를 E, 최소 주단면2차모멘트를 I라고 하고, 이 기둥의 양단의 여러 가지 지지 조건에서의 오일러의 좌굴 하중을 구하기로 한다.

(1) 양단 회전단의 장주

그림 9.15와 같이 양단이 회전 지지된 장주 AB에 중심축 압축력이 0으로부터 점차 증가하면서 작용하는 경우, 압축력의 크기가 P에 이르렀을 때 미소한 변형이 일어나 임의점 x에서 부재축에 직각 방향의 변위가 y라고 하면, 장주의 임의의 단면 x의 휨 모멘트는 $M_x = Py$이므로, 이를 탄성 곡선의 미분 방정식에 대입하면

$$\frac{d^2y}{dx^2} = -\frac{M}{EI} = -\frac{Py}{EI} \quad ①$$

이다. 여기서,

$$\frac{P}{EI} = k^2 \quad ②$$

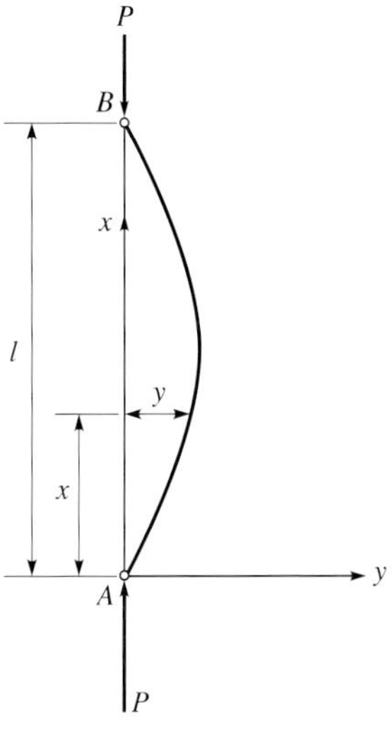

그림 9.15

이라고 놓고, 식 ①을 변형하면

$$\frac{d^2y}{dx^2} + k^2y = 0 \quad ③$$

이다. 이 미분 방정식의 일반해는

$$y = A\sin kx + B\cos kx \quad ④$$

이다. 여기서, A, B는 적분 상수이며, 경계 조건에 의하여 구한다.

먼저 $x = 0$이면 $y = 0$이므로 $B = 0$이다. 따라서,

$$y = A\sin kx \quad ⑤$$

이다. 다음에 $x = l$이면 $y = 0$이므로 $A = 0$ 또는 $\sin kl = 0$이다. 그러나 $A = 0$이면 A, B가 동시에 0이 되어 일반해는 $y = 0$으로 되고, 부재는 변형되지 않고 직선 그대로 있게 되므로 A, B는 동시에 0이 될 수 없다. 따라서,

$$B = 0 \text{이면 } A \neq 0 \text{이고} \quad \sin kl = 0 \tag{⑥}$$

이다. 식 ⑥으로부터

$$kl = m\pi \quad (m = 1,\ 2,\ 3, \cdots\cdots)$$

$$\therefore k = \frac{m\pi}{l} \tag{⑦}$$

식 ⑦을 식 ②에 대입하면

$$\frac{P}{EI} = \frac{m^2\pi^2}{l^2} \qquad \therefore P = \frac{m^2\pi^2 EI}{l^2} \tag{⑧}$$

이다. 식 ⑧에서 $m = 1$일 때 P의 값은 최소이다. 이때의 P의 값을 오일러의 좌굴 하중 또는 임계 하중이라고 하며 P_e 또는 P_{cr}로 표시한다. 따라서 양단이 회전 지지된 장주의 좌굴 하중은 다음과 같다.

$$P_e = \frac{\pi^2 EI}{l^2} \tag{1}$$

(2) 1단 고정, 타단 자유의 장주

$$P_e = \frac{\pi^2 EI}{4l^2} = \frac{\pi^2 EI}{(2l)^2} \tag{2}$$

(3) 양단 고정의 장주

$$P_e = \frac{4\pi^2 EI}{l^2} = \frac{\pi^2 EI}{(0.5l)^2} \tag{3}$$

(4) 1단 고정, 타단 회전의 장주

$$P_e \fallingdotseq \frac{2\pi^2 EI}{l^2} - \frac{\pi^2 EI}{(0.7l)^2} \tag{4}$$

양단의 지지 방법이 각기 다른 위의 4종류의 기둥이 좌굴할 때의 탄성 곡선의 형상을 그

리면 그림 9.16과 같다. 여기서, 그림(c), (d)의 점 C는 반곡점이다. 반곡점 x_0는 이들 기둥의 좌굴 하중을 구하는 공식을 유도할 때 나타나는 탄성 곡선의 방정식 y를 x에 대하여 2차 미분하여 0으로 놓으면 구할 수 있다.

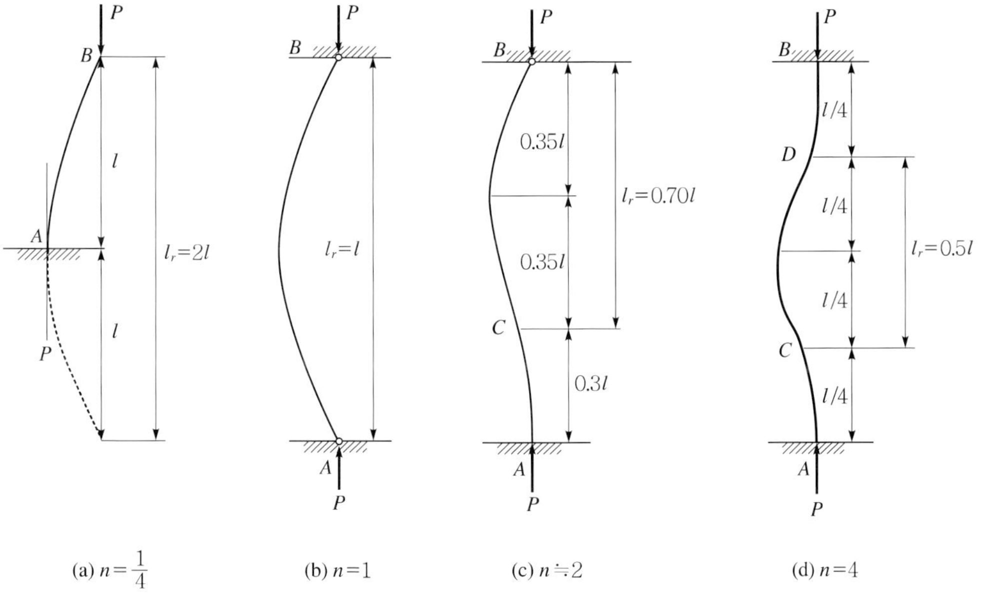

그림 9.16

여기서, 위에서 유도한 양단의 지지 방법이 각기 다른 기둥의 좌굴 하중을 구하는 오일러의 공식 (1)~(4)를 종합하여 일반식으로 표시하면 다음과 같다.

$$P_e = \frac{n\pi^2 EI}{l^2} = \frac{\pi^2 EI}{l_r^2} \tag{9.22}$$

또, 기둥의 단면적을 A, 단면의 최소 회전반경을 r 이라고 하면 $I = Ar^2$ 이므로 식 (9.22)는 다음과 같이 된다.

$$P_e = \frac{n\pi^2 EA}{\left(\frac{l}{r}\right)^2} = \frac{\pi^2 EA}{\left(\frac{l_r}{r}\right)^2} \tag{9.23}$$

여기서, 세장비 l_r/r은 λ로 나타내는 일이 많다.

위의 식에서 n은 기둥의 지지 방법에 따라 정해지는 계수로서 이를 구속 계수(拘束係數)라고 한다. l_r은 각종 지지 방법의 기둥의 길이를 양단 회전 지지된 기둥의 길이로 환산한 것으로, 이를 기둥의 유효 길이(effective length) 또는 환산 길이(reduced length)라고 한다. n 및 l_r의 값은 위의 식 (1)~(4)에서 알 수 있는 것으로 그림 9.16에 표시하였다. n 값의 비는 그림에서 (a) : (b) : (c) : (d) = 1 : 4 : 8 : 16으로서, 일단 고정, 타단 자유의 기둥에 비하여 양단 고정의 기둥은 16배의 하중을 지지할 수 있음을 알 수 있다.

9.5.2 오일러의 좌굴 응력과 세장비

좌굴 하중을 기둥의 단면적으로 나누면 좌굴할 때의 장주의 평균 압축응력이 구해지며, 이를 좌굴 응력(buckling stress) 또는 임계 응력(critical stress)이라 하며 f_b 또는 f_{cr}로 나타낸다. 좌굴 하중 P_e를 구하는 식 (9.22) 및 (9.23)을 단면적 A로 나누어 좌굴 응력을 구하면 다음과 같다.

$$f_{cr} = \frac{P_e}{A} = \frac{n\pi^2 EI}{Al^2} = \frac{\pi^2 EI}{Al_r^2} = \frac{n\pi^2 E}{(\frac{l}{r})^2} = \frac{\pi^2 E}{(\frac{l_r}{r})^2} \tag{9.24}$$

위의 오일러의 좌굴 응력을 구하는 식에 따르면 장주의 좌굴 응력은 세장비의 제곱에 반비례함을 알 수 있다. 이와 같이 세장비는 축방향 압축력을 받는 부재의 좌굴에 큰 영향을 주는 것으로, 세장비가 클수록 좌굴응력이 작아져 좌굴되기 쉽다.

따라서 장주가 어느 방향으로도 좌굴할 수 있는 구조이면 그 기둥은 단면의 최소 주축에 직각 방향으로 좌굴되므로 좌굴 하중이나 응력의 계산에는 부재의 길이와 최소 주축에 대한 회전반경 즉 최소 회전 변경과의 비인 최대 세장비를 사용하여야 한다.

오일러의 공식은 탄성 이론에 의하여 이론적으로 유도된 공식으로 훅의 법칙이 성립하는 한도 즉, 임계 응력 f_{cr}이 재료의 비례 한도 f_P이하이어야 성립하고, 실험 결과와도 잘 맞는다. f_{cr}이 f_P보다 크면 훅의 법칙이 성립하지 않으며 따라서 실험 결과와도 맞지 않는다. 오일러의 공식을 적용할 수 있는 한계의 세장비 λ_{cr}은 $f_{cr} = f_P$로 놓아 구할 수 있다.

$$f_{cr} = \frac{\pi^2 E}{\lambda_{cr}^2} = f_P \qquad \therefore \lambda_{cr} = \pi\sqrt{\frac{E}{f_P}} \tag{9.25}$$

구조용 강재의 경우 $E = 2.1 \times 10^5$MPa, $f_P = 210$MPa이면

$$\lambda_{cr} = \pi\sqrt{\frac{E}{f_P}} = \pi\sqrt{\frac{2.1 \times 10^5}{210}} \fallingdotseq 100$$

따라서, 구조용 강재는 세장비 $\lambda = l_r / r$이 100이상이어야 오일러의 공식을 적용할 수 있

다. 목재의 경우 $E = 1.0 \times 10^4 \text{MPa}$, $f_P = 21\text{MPa}$이면 $f_{cr} = 69$이다. 이와 같이 오일러의 공식을 적용할 수 있는 한계의 세장비는 재료에 따라 다르다.

9.5.3 실험 공식

실제의 구조물에 사용되는 압축부재는 세장비가 오일러의 공식을 적용할 수 있는 한계 세장비 보다 큰 경우는 별로 없다. 따라서 오일러의 공식은 실용적인 가치는 적다고 볼 수 있다. 따라서 세장비가 한계 세장비보다 작아서 오일러의 공식을 적용할 수 없는 기둥에 대하여 실험 결과에 적합시킨 여러 개의 실험 공식이 옛부터 여러 학자들에 의하여 제안되었다. 이들 실험 공식 중 좌굴응력 f_{cr}을 구하는 것으로, 대표적인 것을 들면 다음과 같다.

(1) 테트마이어의 공식

테트마이어(Tetmajer)는 세장비가 작은 장주에 대하여 다음과 같은 직선식으로 나타낸 실험식을 제안하였으며, 이를 테트마이어의 직선식(Tetmajer's straight line formula)이라고 한다.

$$f_{cr} = a - b\left(\frac{l}{r}\right) \tag{9.26}$$

(2) 랭킨의 공식

랭킨(Rankine)은 한계 세장비에 관계없이 적용할 수 있는 장주의 공식을 이론 및 실험적으로 유도하여 다음과 같은 분수식으로 나타낸 실험식을 제안하였으며, 이를 랭킨의 공식(Rankine's formula)이라고 한다.

$$f_{cr} = \frac{a}{1 + b\left(\frac{l}{r}\right)^2} 1 \tag{9.27}$$

(3) 존슨의 공식

존슨(Johnson)은 세장비가 작은 장주에 대하여 다음과 같은 포물선 식으로 나타낸 실험식을 제안하였으며, 이를 존슨의 포물선식(Johnson's parabolic formula)이라고 한다.

$$f_{cr} = a - b\left(\frac{l}{r}\right)^2 \tag{9.28}$$

위의 3개의 실험식에서 a 및 b는 재료의 역학적 성질과 기둥의 양단의 지지 상태에 따라 정해지는 실험 상수이다.

9.5.4 실용 설계 공식

우리나라에서는 장주에 대한 오일러의 공식, 각종 실험 공식 등을 참고하여 압축 부재를 설계할 때 사용하는 허용 압축응력을 규정하고 있다. 그 예를 들면 다음과 같다.

(1) 강재의 기둥

(가) 강도로교 시방서에서는 구조용 강재 SS400에 대하여

$$20 < \frac{l}{r} < 93 : \quad f_{ca} = 140 - 0.84\left(\frac{l}{r} - 20\right) \ (\mathrm{MPa})$$

$$\frac{l}{r} \geq 93 : \quad f_{ca} = \frac{1,200,000}{6,700 + \left(\frac{l}{r}\right)^2} \ (\mathrm{MPa}) \tag{9.29}$$

이다. 여기서, 위의 식은 테트마이어의 공식, 아래는 랭킨의 공식이다.

(나) 강철도교 시방서에서는 구조용 강재 SS400에 대하여

$$\left.\begin{aligned} &28 < \frac{l}{r} \leq 130 : \ f_{ca} = 125 - 0.8\left(\frac{l}{r} - 28\right) \ (\mathrm{MPa}) \\ &\frac{l}{r} > 130 : \ f_{ca} = \frac{740,000}{\left(\frac{l}{r}\right)^2} \ (\mathrm{MPa}) \end{aligned}\right\} \tag{9.30}$$

이다. 여기서, 위의 식은 테트마이어의 식, 아래는 오일러의 공식이다.

(2) 목재의 기둥

$$\frac{l}{r} < 100 : \quad \text{침엽수} \quad f_{ca} = 7 - 0.048\left(\frac{l}{r}\right)(\mathrm{MPa}) \tag{9.31}$$

$$\text{활엽수} \ f_{ca} = 8 - 0.058\left(\frac{l}{r}\right)(\mathrm{MPa})$$

$$\frac{l}{r} \geq 100 : \quad \text{목재 일반} \ f_{ca} = \frac{22,000}{(l/r)^2} \ (\mathrm{MPa})$$

이다. 여기서, 위쪽 2개의 식은 테트마이어의 공식, 아래는 오일러의 공식이다.
위의 각 실용 공식은 양단 헌지의 기둥에 대한 것이다. 그러므로, 양단 힌지 이외의 기둥에 대해서는 l 대신 l_r를 사용해야 한다.

예제 9.6

양단이 힌지로 지지된 길이 4m인 한국 표준 규격 I 형강(400×150@720N/m) 기둥의 좌굴 하중을 구하여라. 단, $I_x = 2{,}400\text{cm}^4$, $I_y = 887\text{cm}^4$, $A = 91.73\text{cm}^2$이고 $E = 2.1\times10^5\text{MPa}$이다.

풀이

최소 회전반경 $r_{\min} = \sqrt{\dfrac{I_{\min}}{A}} = \sqrt{\dfrac{887}{91.73}} = 3.11\text{cm}$

따라서, 최대 세장비는

$\lambda = \dfrac{l_r}{r_{\min}} = \dfrac{400}{3.11} = 128.6 > 100$이므로, 오일러의 공식을 적용한다.

식 (9.22)에서 $n=1$, $I = I_y = 887\text{cm}^4$이므로

$$P_e = \frac{n\pi^2 EI}{l^2} = \frac{1\times\pi^2\times2.1\times10^4\times887}{400^2} = 1{,}149\text{kN}$$

예제 9.7

길이 8m, 1단 고정 타단 힌지의 원형 단면의 강철 기둥이 2000kN의 하중을 지지하여야 할 때 지름을 얼마로 하여야 하는가? 단, 탄성 계수는 $2.1\times10^5\text{MPa}$이고, 안전율은 3으로 한다.

풀이

적용 공식은 세장비 l_r/r의 값에 따라 선택한다. 여기서는, 단면의 회전반경을 모르므로 일단 오일러의 공식을 적용하기로 한다.
안전율을 S 라고 하면 오일러의 허용 축방향 압축력은

$$P_a = \frac{P_e}{S} = \frac{\pi^2 EI}{S l_r^2}$$

이며, 여기서, $P_a = 2000\text{kN}$, $E = 2.1\times10^5\text{MPa}$, $S=3$, $l_r = 0.7l = 0.7\times8 = 5.6\text{m} = 560\text{cm}$ 이므로, 필요한 단면2차모멘트 I를 구하면,

$$2000 = \frac{\pi^2 \times 2.1 \times 10^4 I}{3 \times 560^2} \qquad \therefore I = \frac{2000 \times 3 \times 560^2}{\pi^2 \times 2.1 \times 10^4} = 9{,}078.4\text{cm}^4$$

이로부터 기둥의 지름 d를 구하면

$$I = \frac{\pi d^4}{64} = 9{,}078.4 \qquad \therefore d = \sqrt[4]{\frac{64 \times 9{,}078.4}{\pi}} = 20.7\text{cm}$$ 이며,

회전반경은 $r = \frac{d}{4} = \frac{20.7}{4} = 5.2\text{cm}$ 이고, 세장비는 $\lambda = \frac{l_r}{r} = \frac{560}{5.2} = 107.7 > 100$ 이다.

따라서 오일러의 공식을 적용한 것은 적합하다.
위에서 만일 $l_r / r < 100$ 이어서 오일러의 공식이 적합하지 않으면 다시 다른 공식에 의하여 단면을 결정하여야 한다. 또, 기둥으로서는 속이 빈 파이프형의 단면으로 하는 것이 경제적이다.

예제 9.8

외경 10cm, 내경 8cm, 높이 5m인 양단 힌지의 파이프 기둥의 허용 압축응력 및 허용 축방향 압축력을 구하여라. 단, 탄성 계수 $E = 2.1 \times 10^5\text{MPa}$, 안전율 $S = 3$이다.

풀이

단면적 $A = \frac{\pi}{4}(10^2 - 8^2) = 28.3\text{cm}^2$

단면2차모멘트 $I = \frac{\pi}{64}(10^4 - 8^4) = 289.8\text{cm}^4$

회전반경 $r = \sqrt{\frac{I}{A}} = \sqrt{\frac{289.8}{28.3}} = 3.2\text{cm}$

세장비 $\lambda = \frac{l_r}{r} = \frac{500}{3.2} = 156 > 100$

이므로, 오일러의 공식을 적용하면 허용 압축응력은

$$f_{ca} = \frac{f_{cr}}{S} = \frac{P_e}{SA} = \frac{\pi^2 E}{S(l_r/r)^2} = \frac{\pi^2 \times 2.1 \times 10^5}{3 \times 156^2} = 28.39\text{MPa}$$

이며, 허용 축방향 압축력은 $P_a = f_{ca} \cdot A = 2.839 \times 28.3 = 80.34\text{kN}$

예제 9.9

강 도로교에서 길이가 1.5m, 2.0m인 양단 힌지의 압축 부재로서 등변 L형강 $100 \times 100 \times 10$ ($I_{\min} = 71.9\text{cm}^4$, $r_{\min} = 1.95\text{cm}$, $A = 19.0\text{cm}^2$)을 사용할 때, 이 두 부재의 허용 축방향 압축응력을 구하여라. 단, 강재는 SS400이다.

풀이

식 (9.29)에 의하여 구한다.

길이 1.5m의 부재는

$$\frac{l}{r} = \frac{150}{1.95} = 76.9 < 93\text{이므로}$$

$$f_{ca} = 140 - 0.84\left(\frac{l}{r} - 20\right) = 140 - 0.84(76.9 - 20) = 92.2\text{MPa}$$

길이 2.0m의 부재이므로

$$\frac{l}{r} = \frac{200}{1.95} = 102.6 > 93$$

$$f_{ca} = \frac{1{,}200{,}000}{6{,}700 + \left(\frac{l}{r}\right)^2} = \frac{1{,}200{,}000}{6{,}700 + (102.6)^2} = 69.7\text{MPa}$$

연습문제

9.1 편심축 하중을 받는 압축 부재의 허용 압축응력 f_{ca} 와 허용 휨응력 f_{ba}가 다른 경우, 축방향 압축력 N은

$$N \leqq \frac{f_{ca}}{\frac{1}{A} + \frac{f_{ca}}{f_{ba}} \cdot \frac{e}{Z}}$$

이어야 한다. 이를 증명하라. 단, e는 편심거리, A는 단면적, Z는 단면계수이다.

9.2 그림 9.17(a)와 같은 단주의 하단에서의 연응력을 구하여라. 단, $P = 120\text{kN}$, $e = 10\text{cm}$ 이고, 기둥의 단면은 그림(b)와 같으며 하중은 x축에 작용한다.

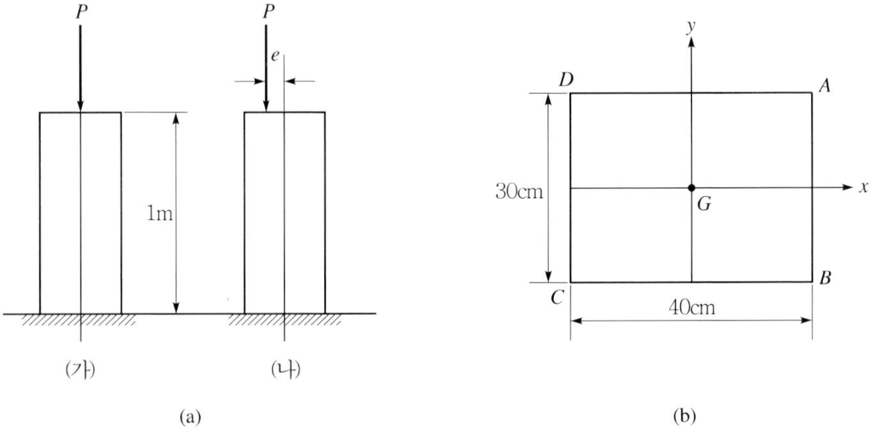

그림 9.17

9.3 그림 9.18과 같은 원형 단면의 단주의 점 E에 $P = 1000\text{kN}$ 이 작용할 때 연응력 f_A, f_B 를 구하여라.

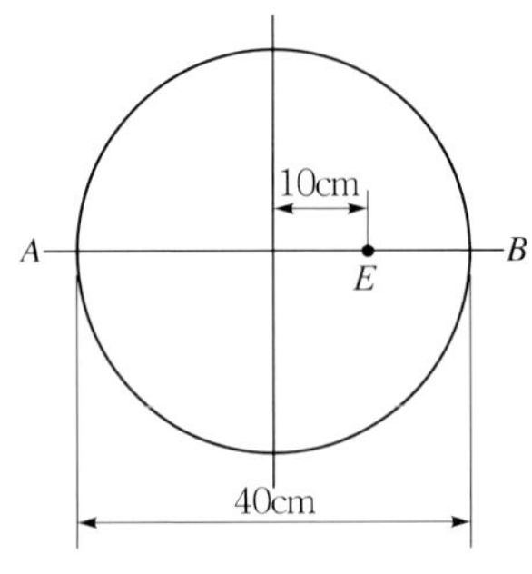

그림 9.18

9.4 그림 9.19와 같은 속이 빈 원형 단면의 단주의 점 E에 하중 $P=300\text{kN}$이 작용할 때 연응력 f_A, f_B를 구하여라.

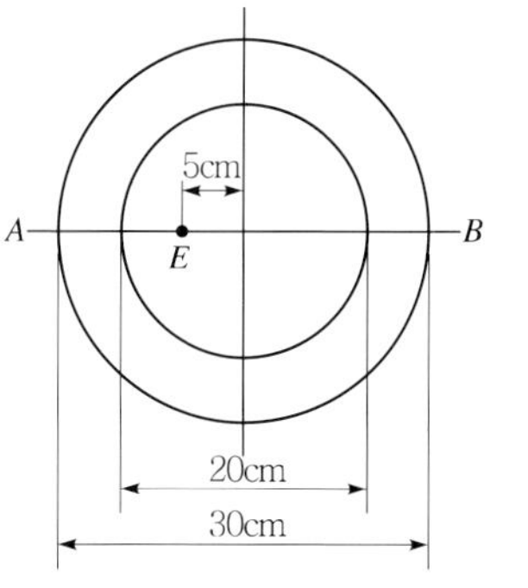

그림 9.19

9.5 그림 9.20과 같은 한국 표준 규격 $\text{L}-100\times100\times10$ 강재의 단주에 그 두 변의 중심선의 교점 G에 압축 하중 P를 작용시키고자 한다. 사용 재료의 허용 압축응력을 140MPa라 할 때 허용 압축 하중 P_a를 구하여라. 단, 그림의 축 U, V는 단면의 주축이며 주축에 대한 단면2차모멘트는 $I_U=278\text{cm}^4$, $I_V=71.9\text{cm}^4$이고, 단면적은 $A=19\text{cm}^2$이다.

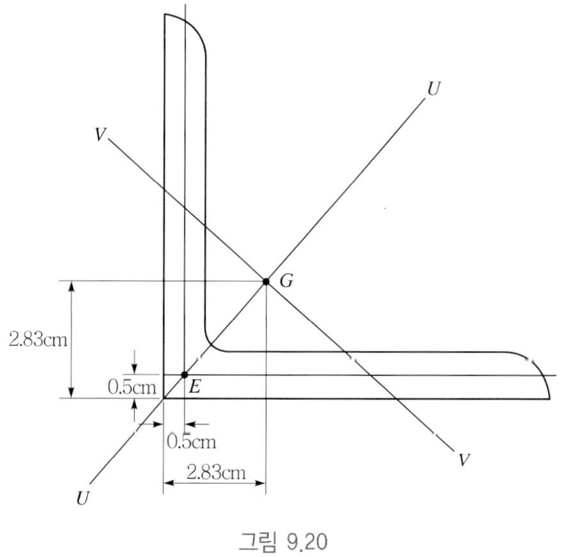

그림 9.20

9.6 그림 9.19와 같은 단면의 핵을 구하여라.

9.7 한국표준규격 I형강 $300 \times 150@483.4\mathrm{kN/m}$ ($A = 61.58\mathrm{cm}^2$, $I_x = 9500\mathrm{cm}^4$, $I_y = 600\mathrm{cm}^4$)의 핵을 구하여라.

9.8 예제 9.2의 단주의 핵점 모멘트를 구하고, 이를 이용하여 연응력 f_1, f_2 를 구하여라.

9.9 기초 저면의 폭이 $3\mathrm{m}$ 인 옹벽의 길이 $1\mathrm{m}$ 에 대하여 기초 저면의 중심에 압축력 $600\mathrm{kN}$ 과 모멘트 $420\mathrm{kN} \cdot \mathrm{m}$ 가 작용할 때, 최대 압력도(지반 반력도)를 구하여라. 또, 이때의 압력 분포도를 그려라.

9.10 그림 9.21과 같은 콘크리트 구조물의 높이 h를 얼마로 하여야 전도에 대하여 안전한가? 단, 콘크리트의 단위 중량은 $23\mathrm{kN/m^3}$이다.

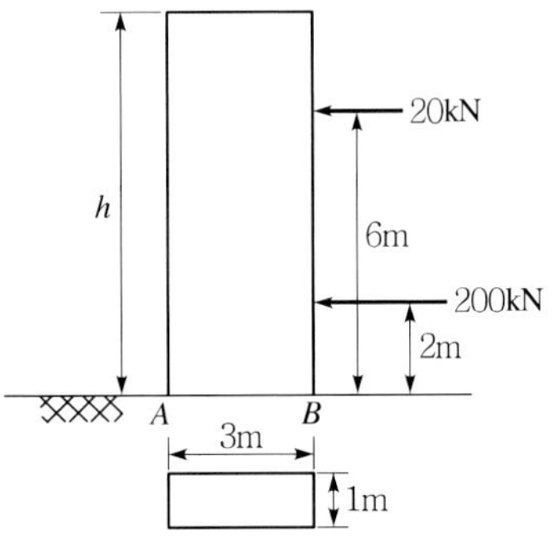

그림 9.21

9.11 그림 9.22와 같은 중력식 콘크리트 옹벽의 안정을 검토하여라. 여기서, 콘크리트의 단위 중량은 23kN/m^3, 지반의 허용 지지력은 0.2MPa이고, 전도와 활동에 대한 안전율은 1.5, 지반과 콘크리트의 마찰 계수는 0.5이다.

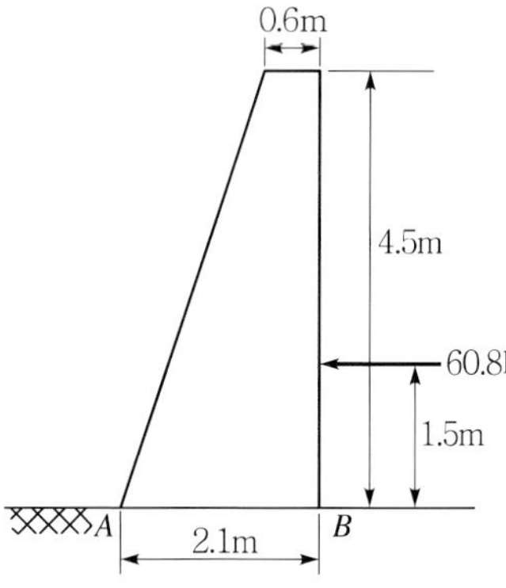

그림 9.22

9.12 그림 9.23과 같은 핀으로 결합된 단순 트러스 ABC의 격점 C에 경사 하중 P를 작용시키려고 한다. 부재 AC와 BC는 동일한 단면의 강봉이다. 하중 P의 임계치가 최대가 되도록 그 하중의 경사각 θ를 구하여라.

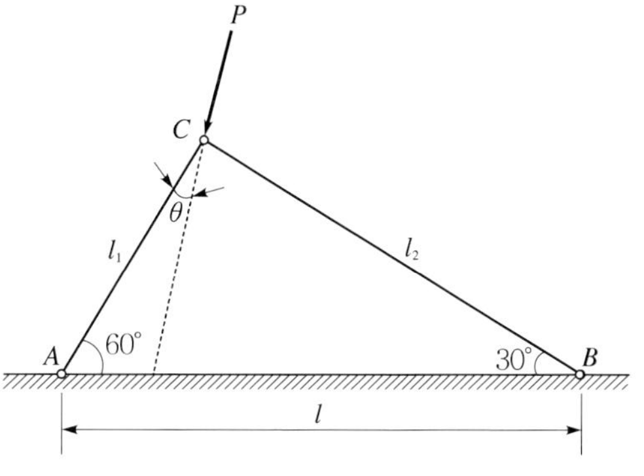

그림 9.23

9.13 재료, 길이가 같은 직경 d인 원형 단면의 장주와 외경 D, 내경 d인 중공 원형 단면의 장주의 오일러의 좌굴 하중을 같게 하려면 d와 D를 어떻게 정하면 되는가?

9.14 $2\text{cm} \times 4\text{cm}$ 의 직사각형 단면의 강철 기둥의 양단이 회전단일 때, 이 기둥의 길이 l이 얼마 이상이면 오일러의 공식을 적용할 수 있는가? 또 기둥의 길이가 1m 일 때의 임계 압축응력을 구하여라. 여기서, 강철의 탄성계수는 $2.1 \times 10^5\text{MPa}$, 비례 한도는 210MPa이다.

9.15 단면적이 같은 경우, 직사각형 단면보다 정사각형 단면의 좌굴 하중이 크다는 것을 증명하여라.

9.16 양단의 힌지로 지지된 길이 4m 의 목재로 된 정사각형 단면의 기둥이 있다. 이 기둥의 오일러의 좌굴 하중과 허용 압축 하중을 같게 하려면 단면의 한 변의 길이를 얼마로 하여야 하는가? 단, $f_{ca} = 6\text{MPa}$, $E = 7.0 \times 10^3\text{MPa}$

9.17 단면이 $30\text{cm} \times 30\text{cm}$ 이고 길이가 3m 인 목재 기둥에 축방향 압축력이 단면의 한 주축 위에 6cm 편심되어 작용할 때, 허용 축방향 압축력을 구하여라. 여기서, 허용 축방향 압축응력 $f_{ca} = 6\text{MPa}$, 허용 휨 압축응력 $f_{ba} = 9\text{MPa}$이다.

9.18 그림 9.24(b)와 같은 ⊏형 단면($75 \times 40@69.2\text{N/m}$)이 그림(a)와 같은 상태에서 중심축 압축력 130kN을 받을 때, 이 기둥이 좌굴을 일으키는 최소의 길이 l을 구하여라. 여기서, $I_x = 75.9\text{cm}^4$, $I_y = 12.4\text{cm}^4$, $A = 8.818\text{cm}^2$, $E = 210\text{MPa}$이다.

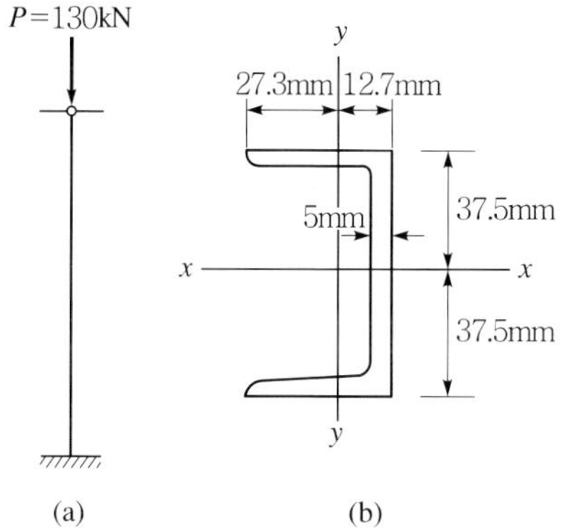

그림 9.24

9.19 그림 9.25와 같은 중심축 하중을 받는 등질, 등단면의 4개의 장주가 있다. 이들 장주 가운데 오일러의 좌굴 하중이 최대, 최소인 것은 어느 것인가?

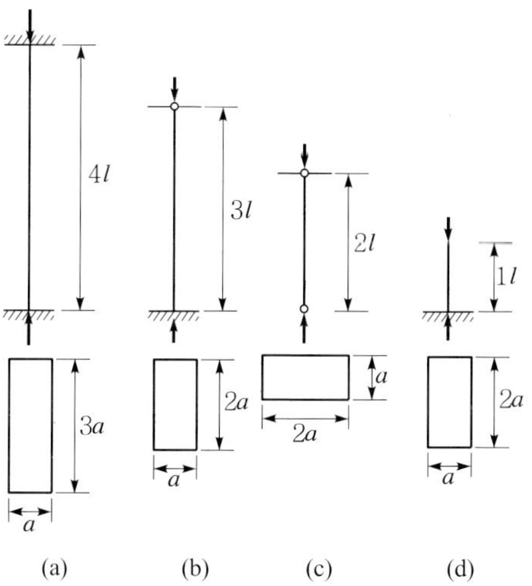

그림 9.25

9.20 강철도교에서 길이가 2.8m, 4.2m인 양단 힌지의 압축 부재로서 SS400 I 형강 $350 \times 190 \times 9$($A = 74.58\text{cm}^2$, $I_x = 152{,}000\text{cm}^4$, $I_y = 715\text{cm}^4$)를 사용할 때, 이 두 부재의 허용 축 방향 압축력을 구하여라.

9.21 양단이 힌지로 지지된 길이 4m인 원형 단면의 활엽수 기둥이 100kN의 중심축 하중을 받을 때, 안전한 직경을 구하여라.

9.22 단면이 $15\text{cm} \times 15\text{cm}$이고, 길이가 2.6m인 침엽수 기둥에 중심축 압축력 20kN이 작용하는 동시에 기둥의 중앙에 가로 방향으로 2kN의 힘이 작용할 때, 안전한가? 여기서, 허용 휨 압축응력은 $f_{ba} = 9\text{MPa}$이다.

CHAPTER 10

정정라멘, 합성 구조물

CHAPTER 10

정정라멘, 합성 구조물

10.1 구조물의 안정, 불안정 및 정정, 부정정

구조물을 해석하려면 5.3절에서의 보의 판별과 같이 먼저 그 구조물의 안정, 불안정 및 정정, 부정정을 판별하여야 한다. 구조물의 판별은 구조물을 지지하고 있는 지점 반력의 수에다 구조물을 구성하고 있는 부재의 독립된 단면력의 수를 합한 미지수와 이들 미지수를 구하기 위하여 사용할 수 있는 정역학적 평형방정식의 수를 비교하여 결정한다.

10.1.1 부재의 절점과 단면력

구조물을 판별하기 위해서는 구조물을 지지하고 있는 지점의 종류와 이에 작용하는 반력의 수를 알아야 하고 또 구조물은 단일 부재로 되어 있는 것도 있지만 대부분의 구조물은 여러 개의 부재가 결합되어 이루어지므로 구조물을 구성하고 있는 부재의 접합점의 종류와 이에 작용하는 단면력을 알아야 한다. 구조물의 지점에 대해서는 이미 5.2절에서 설명하였으므로 여기서는, 부재의 접합점에 대하여 설명하기로 한다. 부재의 접합점을 절점(節點, joint) 또는 격점(格點, panel point)이라고 하며, 절점에는 다음의 두 종류가 있다.

(1) 활절

부재를 힌지 또는 핀으로 결합한 절점을 활절(滑節, hinged joint)이라고 하며, 힌지 또는 핀절점(pin joint)이라고도 한다. 이 절점에서는 부재 끝의 회전이 자유롭기 때문에 절점에 직선 방향의 힘만이 전달되고, 모멘트는 전달되지 않는다. 따라서 활절에는 축방향력과 전단력만이 작용하고 휨모멘트는 작용하지 않는다. 또한 한 절점에 활절로 결합된 각 부재 끝의 위치의 이동은 같지만 회전각은 같지 않다. 모든 절점이 활절로 되어 있다고 볼 수 있는 구조물을 트러스(truss)라고 한다. 활절의 도면 기호는 그림 10.1(a)와 같다.

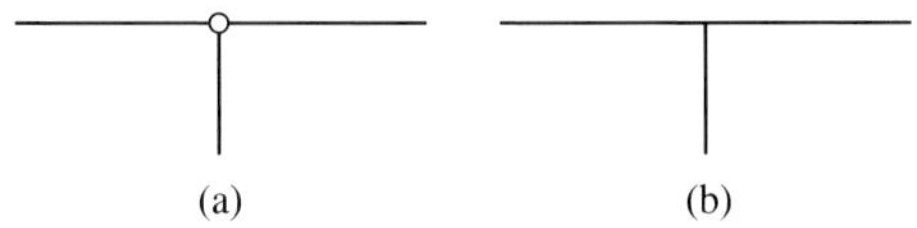

그림 10.1

(2) 강절

강구조(鋼構造, steel structure)의 용접 접합점이나 리베트 접합점 또는 철근 콘크리트 건물 뼈대의 절점과 같이 부재단의 회전이 불가능하게 결합된 절점을 **강절**(剛節, rigid joint)이라고 한다. 이 절점에는 직선 방향의 힘과 모멘트가 전달되며, 따라서 강절에는 축방향력, 전단력, 휨모멘트가 작용한다. 또한 강절로 접합된 각 부재단의 위치의 이동이 같을 뿐만아니라 회전각도 같다. 따라서 강절로 접합된 부재단에서의 부재 상호간의 각은 구조물이 아무리 변형되어도 변하지 않는다. 철근 콘크리트 건물의 뼈대와 같이 모든 절점이 강절로 되어 있는 뼈대 구조물을 강절 뼈대(rigid frame)라고 하며, 이를 흔히 **라멘**(rahmen)이라고 한다. 강절의 도면 기호는 그림 10.1(b)와 같다.

10.1.2 구조물의 안정, 불안정

이미 5.3에서 설명한 바와 같이 구조물이 임의의 외력을 받아도 항상 정역학적 평형 상태를 이루면 그 구조물은 안정이라 하고, 그렇지 않으면 불안정이라 한다. 구조물의 안정, 불안정은 이를 다시 외적과 내적으로 나누어 생각한다.

(1) 외적 안정, 불안정

구조물이 임의의 외력을 받아도 이동도 회전도 하지 않고 그 위치를 유지할 때 **외적 안정**(externally stable) 그렇지 않을 때 외적 불안정(externally unstable)이라 한다. 이는 구조물의 지지 조건에 따라 결정되는 것으로 구조물의 지점 반력의 수를 R 이라고 할 때

$R < 3$이면 외적 불안정(충분 조건일 뿐 필요 조건은 아님)

$R \geq 3$이면 외적 안정(필요 조건일 뿐 충분 조건은 아님)

이러한 예는 5.3절의 그림 5.10을 예로 들어 설명한 바와 같다.

(2) 내적 안정, 불안정

구조물이 임의의 외력을 받아도 그 형상이 변하지 않을 때 **내적 안정**(internally stable), 변할 때 **내적 불안정**(internally unstable)이라고 한다. 이는 부재의 배치 방법과 연결 방법 및 구조물과 지반 또는 다른 구조물과의 연결 방법에 따라 결정된다.

그림 10.2와 같은 구조물은 점선과 같이 변형되므로 내적으로 불안정이다. 그림(a)의 경우는 활절 C, D 가운데 하나만이라도 강절로 하거나 또는, 두 지점 가운데 하나만이라도 고정지점으로 하면 안정이다.

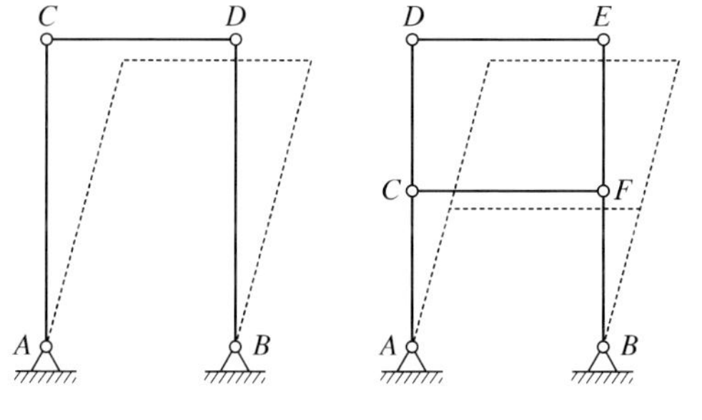

그림 10.2

10.1.3 구조물의 정정, 부정정

외적으로 안정한 구조물 가운데 정역학적 평형 방정식만으로 모든 지점 반력을 구할 수 있는 것을 **외적 정정**(externally statical determinate)이라 하고, 그렇지 않은 것을 **외적 부정정**(externally statical indeterminate)이라고 한다. 내적으로 안정한 구조물 가운데 그 구조물을 구성하고 있는 모든 부재의 단면력을 정역학적 평형 방정식만으로 구할 수 있는 것을 내적 정정(internally statical determinate) 그렇지 않은 것을 내적 부정정(internally statical indeterminate)이라고 한다. 일반적으로 안정한 구조물 가운데 정역학적 평형 방정식만으로 모든 지점 반력과 부재의 단면력을 구할 수 있는 것을 **정정 구조물**(statical determinate structure) 구할 수 없는 것을 **부정정 구조물**(statical indeterminate structure)이라고 한다. 따라서 외적으로 부정정이고 내적으로 정정이거나, 외적으로 정정이고 내적으로 부정정인 구조는 모두 부정정이다.

10.1.4 구조물의 판별식

구조물이 안정인가 불안정인가, 안정이면 정정인가 부정정인가, 부정정이면 몇차의 부정정인가는 구조물의 판별식에 의하여 판별할 수 있다. 다음에 흔히 사용되고 있는 2개의 판별식을 설명하기로 한다.

【판별식-1】 그림 10.3(a)의 부재 A는 양단이 활절로 이어진 부재로서 부재 B로부터 활절을 통하여 부재 A에는 부재축 방향의 힘만이 전달되므로 양단 활절의 부재에는 축방향력만이 작용한다. 그림(b)의 부재 A는 1단 활절, 타단 강절로 이어진 부재로서 부재 B로부터 활절을 통하여 임의의 방향의 힘이 전달되므로 1단 활절, 타단 강절로 이어진 부재에는 축방향력과 전단력이 작용한다. 그림(c)의 부재 A는 양단이 강절로 이어진 부재로서 부재 B로부터 강절을 통하여 임의의 방향의 힘과 모멘트가 전달되므로 양단이 강절로 이어진 부재에는 축방향력, 전단력 및 휨 모멘트가 작용한다.

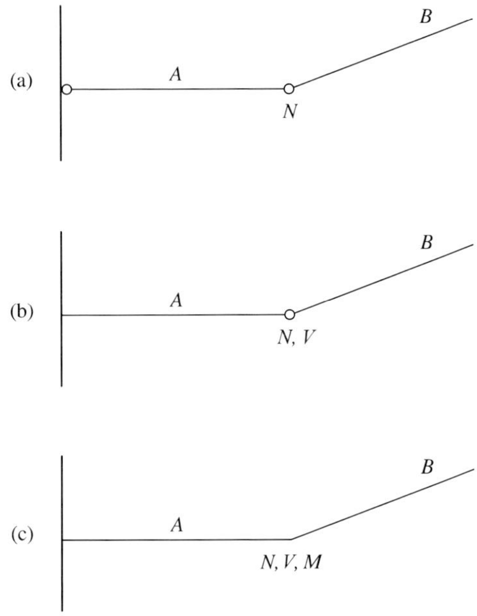

그림 10.3

여기서, 한 구조물의 지점 반력의 총수를 R, 양단이 활절로 이어진 부재의 수를 m_1, 1단 활절, 타단 강절로 이어진 부재의 수를 m_2, 양단이 강절로 이어진 부재의 수를 m_3이라고 하면 이 구조물에서 미지수의 총수는

$$R + m_1 + 2m_2 + 3m_3$$

이다. 한편 활절에서 2개($\Sigma H = 0$, $\Sigma V = 0$), 강절에서 3개($\Sigma H = 0$, $\Sigma V = 0$, $\Sigma M = 0$)의 평형 방정식이 성립하므로 활절의 수를 P_2, 강절의 수를 P_3라고 하면 미지수를 구하기 위한 절점의 정역학적 평형 방정식의 총수는

$$2P_2 + 3P_3$$

이다.

따라서 위의 미지수의 총수로부터 정역학적 평형 방정식의 총수를 뺀 값을 N 이라고 하면

$$N = R + m_1 + 2m_2 + 3m_3 - 2P_2 - 3P_3 \tag{a}$$

이다. 식 (a)에서 구조물을 구성하고 있는 부재의 수를 m(곡선 부재 포함), 자유단 및 지점을 포함한 절점의 수를 P 라고 하면

$$m = m_1 + m_2 + m_3, \quad P = P_2 + P_3$$

이므로 식 (a)는 다음과 같이 된다.

$$N = R + m + m_2 + 2m_3 - 2P - P_3$$

여기서, $S = m_2 + 2m_3 - P_3$ 이라고 하면

$$N = R + m + S - 2P \tag{10.1}$$

위의 $S = m_2 + 2m_3 - P_3$ 에서 $m_2 + 2m_3$은 강접합된 부재단의 총수이므로 이로부터 강절의 수 P_3을 뺀 S는 각 절점에서 하나의 부재에 강접합된 다른 부재의 수를 모든 절점에 대하여 합한 것과 같으며, 이는 각 절점에서 하나의 부재에 다른 부재를 강접합한 수, 즉 강접합점의 수와도 같다. 절점에서의 S의 수의 보기를 들면 그림 10.4와 같다. 구조물 내부에 그림 10.5(a)와 같이 롤러가 들어 있으면 그림(b)와 같이 생각하여 롤러를 부재 m에 롤러 상하의 부재단을 절점 P에 포함시켜야 한다.

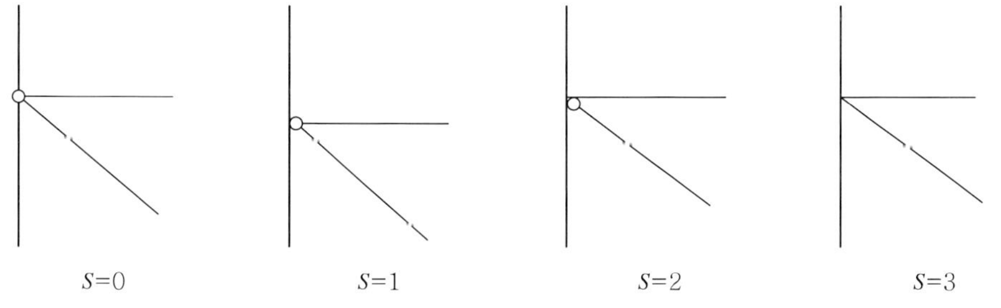

그림 10.4

그림 10.5

식 (10.1)은 보, 트러스, 라멘, 아치 등의 모든 구조물의 정정, 부정정을 판별할 수 있는 일반적 판별식이다. 보나 1층 라멘과 같이 내적으로 정정인 구조물은 외적 부정정 차수만 구하면 된다. 따라서 이러한 구조물의 판별은 식 (5.1)을 사용하는 것이 편리하다.

구조물의 판별은 식 (10.1)의 N의 값에 따라

$N<0$이면 불안정(충분 조건일 뿐 필요 조건은 아님)

$N=0$이면 정정 ┐
$N>0$이면 부정정 ┘ 안정(필요 조건일 뿐 충분 조건은 아님)

$N>0$일 때 N의 값을 부정정 차수라고 하며, 이는 구조물의 외적 부정정 차수와 내적 부정정 차수를 합한 값으로 전체 부정정 차수라고도 한다. $N<0$일 때 N의 값을 불안정 차수라고 한다.

$N \geqq 0$일지라도 그림 10.6(a), (b)와 같이 반력의 작용방향이 모두 평행하거나 작용선이 1점에 모이면 외적으로 불안정하다.

위의 판별식을 트러스에 적용하는 경우에는 트러스는 모든 절점이 활절이라고 가정하므로 $S=0$이다. 따라서 트러스의 전체 부정정 차수는

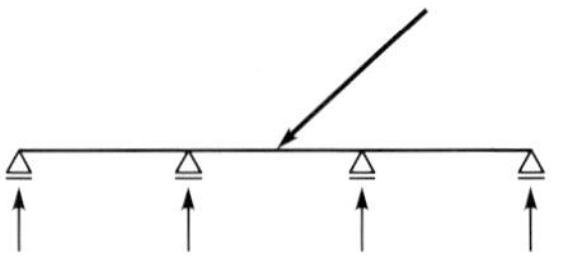

(a) $\Sigma H \neq 0$

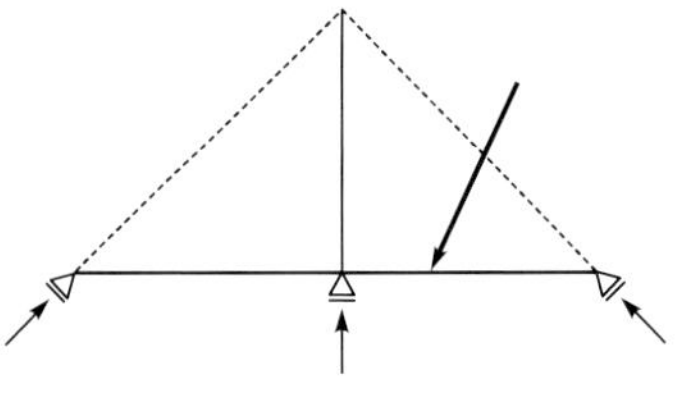

(b) $\Sigma M \neq 0$

그림 10.6

$$N = R + m - 2P \tag{10.2}$$

이다. 또한 일반 구조물의 외적 부정정 차수는 보의 판별식인 식 (5.1)로부터 구한다.

$$N_e = R - 3 - h$$

여기서, h는 보의 경우와 마찬가지로 한 구조물을 2개 이상의 부분으로 나누어 생각할 때 나누어진 부분과 부분이 힌지나 롤러로 결합되어 하나의 구조물을 구성하는 경우와 같은 특별한 구성 조건에 따라 세워지는 조건 방정식의 수로서 힌지는 $h=1$, 롤러는 $h=2$이다.

따라서, 내적 부정정 차수는

$$N_i = N - N_e = 3 + m + S + h - 2P \tag{10.3}$$

이며, 트러스의 경우는 $S = 0$이므로

$$N_i = 3 + m + h - 2P \tag{10.4}$$

이다. 특히 단순 지지된 트러스의 경우 $h = 0$이 아니면 불안정 구조가 되므로 위의 식에서 $h = 0$으로 놓으면

$$N_i = 3 + m - 2P \tag{10.5}$$

이다.

【판별식-2】 부재를 지반 또는 다른 부재에 결합시키기 위한 양단 힌지의 가상적인 짧은 지지봉(支持棒, supporting bar)을 링크(link)라고 말하며 지점 및 부재의 접합점에서의 링크의 수는 그림 10.7과 같다.

지점, 접합점	롤러 지점	힌지 지점	고정 지점	힌지 접합점	강접합점
링크의 도시	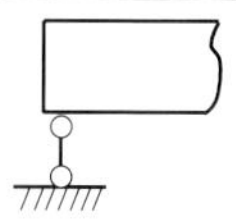	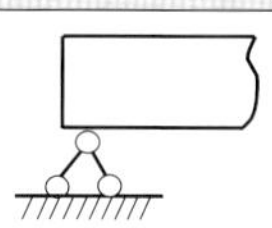	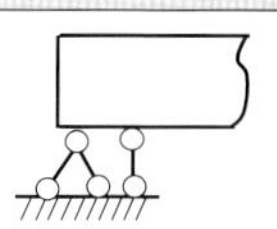	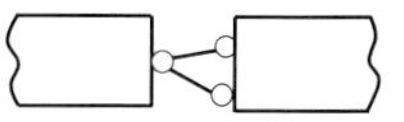	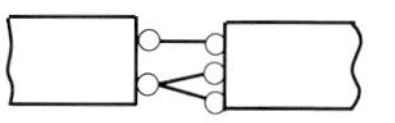
링크의 수	1	2	3	2	3

그림 10.7

롤러 지점은 회전 및 지지면에 평행한 방향으로의 이동은 자유로우나 지지면에 수직한 방향으로의 이동은 구속되므로 1개의 링크로, 힌지 지점 및 힌지 접합점은 회전만이 자유로울 뿐 수평, 수직 두 방향으로의 이동은 구속되므로 1점에 만나는 2개의 링크로 결합된 것으로 볼 수 있으며, 고정 지점 및 강접합점은 회전과 수평, 수직 방향의 이동이 모두 구속되므로 1점에 만나지 않으며 평행하지도 않은 3개의 링크로 결합된 것으로 볼 수 있다.

위에서 알 수 있듯이 링크는 구조물의 운동(이동과 회전)을 구속하는 것으로 **구속도**(拘束度, degree of restraint)라고도 한다. 절점에서의 링크의 수 j의 보기를 들면 그림 10.8과 같다.

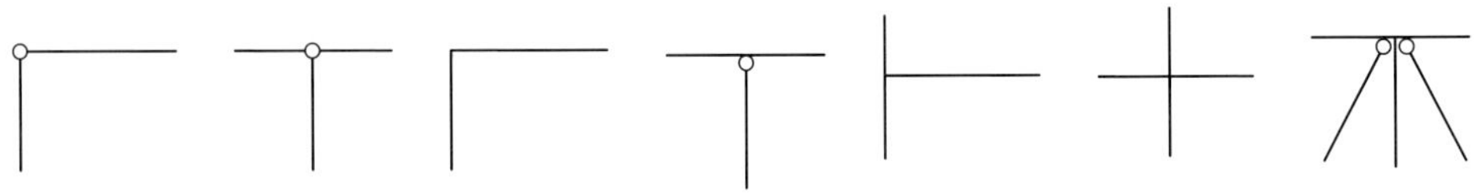

$j=2$ $j=4$ $j=3$ $j=5$ $j=6$ $j=9$ $j=10$

그림 10.8

부재의 수가 m 인 구조물이 내적으로 안정하려면 부재와 부재의 접합점의 수는 최소 $(m-1)$개이어야 하며 이들 접합점은 모두 강접합이어야 한다. 따라서 최소한의 소요 링크 수는 $3(m-1)$개이어야 한다.

또, 구조물이 외적으로 안정하려면 적어도 3개의 링크로 지반에 결합시켜야 하므로 안정한 구조물을 구성하기 위해서는 링크수가 적어도 $3(m-1)+3=3m$이어야 하며, 이 수는 구조물의 독립된 반력이나 단면력 등의 미지수를 구하기 위하여 사용할 수 있는 평형 방정식의 수와 같다.

왜냐하면 구조물 전체에 대한 평형 방정식이 3개이고, $(m-1)$개의 강접합점에서 각각 3개의 평형 방정식 $\sum H=0$, $\sum V=0$, $\sum M=0$이 성립하므로 평형 방정식의 합계는 $3+3(m-1)=3m$이기 때문이다. 따라서, 이보다 많은 수의 링크를 가진 구조물은 부정정이다. 지점의 링크수는 반력의 수와 같은 것으로 이를 R, 절점의 링크수를 j, 부재수를 m이라고 하면 부정정 차수 N의 판별식은 다음과 같이 된다.

$$N=R+j-3m \tag{10.6}$$

내적 부정정 차수는

$$N_i=N-h=R+j-3m-h \tag{10.7}$$

이다.

예제 10.1

그림 10.9와 같은 구조물을 판별하여라.

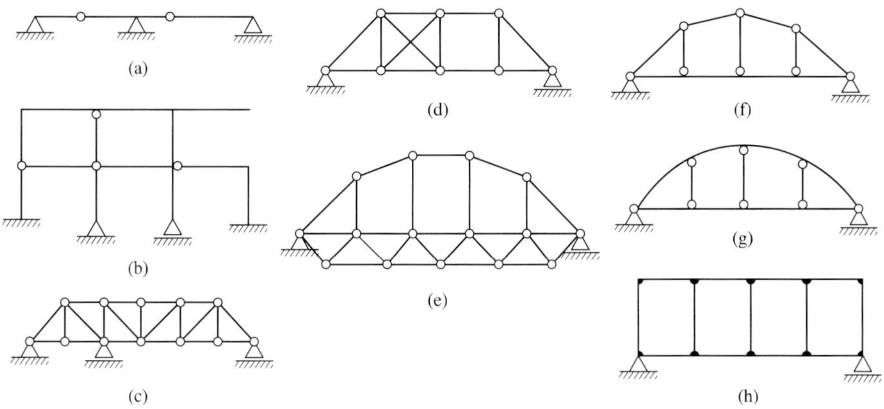

그림 10.9

풀이

(a) $N=R-3-h=5-3-2=0$

그러나 그림 10.10(a)의 파선과 같이 변형되므로 내적으로 기하학적 불안정이다.

(b) 각 판별식을 적용할 때의 S, j, R의 값은 그림 10.10(b)에 표시한 바와 같다.

전체 부정정 차수는 판별식 (10.1)을 적용하면

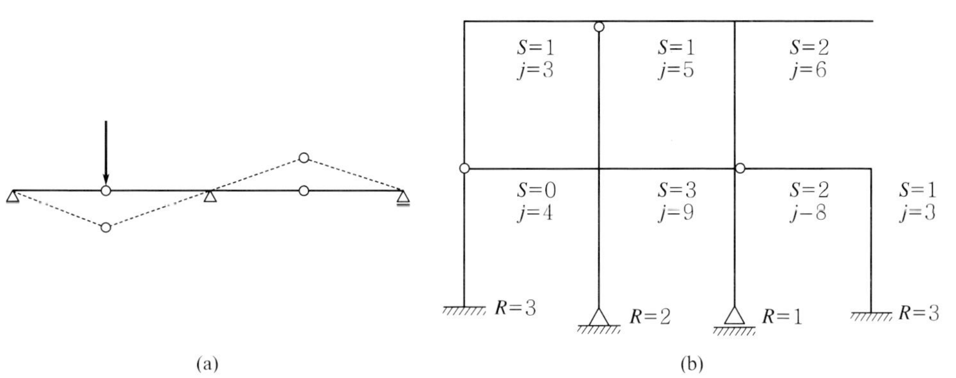

그림 10.10

$N=R+m+S-2P=9+13+10-2\times 12=8$　　∴ 8차 부정정

판별식 (10.6)을 적용하면

$N=R+j-3m=9+38-3\times 13=8$　　∴ 8차 부정정

내적 부정정 차수는

$Ni = R + j - 3m - h = 9 + 38 - 39 - 4 = 4$ ∴ 내적 4차 부정정

외적 부정정 차수는

$N_e = N - Ni = 8 - 4 = 4$ ∴ 외적 4차 부정정

(c) 트러스의 판별식 (10.2)을 적용하면

$N = R + m - 2P = 4 + 21 - 2 \times 12 = 1$ ∴ 1차 부정정

(d) 트러스의 판별식(10.2)에 의하여

$N = R + m - 2P = 3 + 13 - 2 \times 8 = 0$

그러나 그림 10.10과 같이 트러스를 단면 $m-m$으로 절단하여 어느 한쪽을 고립시키면 $\Sigma V = 0$이 성립하지 않으며, 따라서 그림의 파선과 같이 변형되므로 내적으로 기하학적 불안정이다. 이는 부재 배치의 잘못으로 필요한 부재가 없는 경우이다. 이 트러스를 안정한 구조로 만들기 위해서는 왼쪽의 두 대각선 모양으로 배치되어 있는 부재 가운데 하나를 오른쪽의 직사각형 부분에 대각선 방향으로 배치하여야 한다.

(e) 트러스의 판별식 (10.2)를 적용하면

$N = R + m - 2P = 3 + 28 - 2 \times 15 = 1$ ∴ 1차 부정정

이 문제의 구조는 단순 지지된 트러스를 축방향력만을 받는 직선 부재로 보강(補剛)한 구조로서 Langer truss라고 하며, 내적으로 1차의 부정정 구조이다.

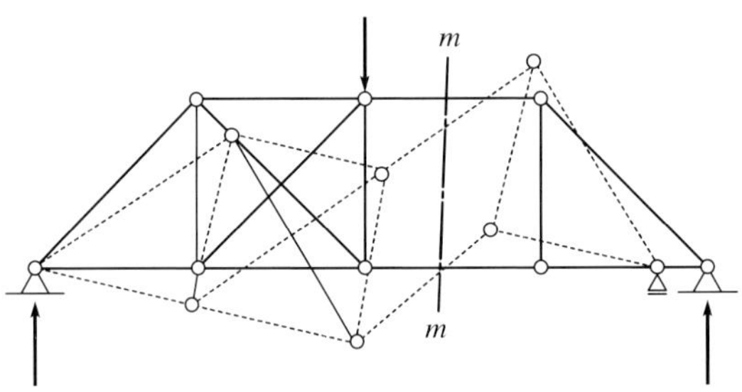

그림 10.11

(f) 판별식 (10.1)을 적용하면

$N = R + m + S - 2P = 3 + 11 + 3 - 2 \times 8 = 1$ ∴ 1차 부정정

이 문제의 구조는 단순보를 축방향력만을 받는 직선 부재로 보강한 구조로서 Langer girder라고 하며, 내적으로 1차 부정정 구조이다.

판별식 (10.6)을 적용하면

$N = R + j - 3m = 3 + 31 - 3 \times 11 = 1$ ∴ 1차 부정정

(g) 판별식 (10.1)을 적용하면

$N = R + m + S - 2P = 3 + 11 + 6 - 2 \times 8 = 4$ ∴ 4차 부정정

이 문제의 구조는 아치 모양의 구조물로서 Langer girder와 다른 점은 아치가 휨모멘트에 저항할 수 있다. 이와 같은 구조를 Rohse girder라고 하며 내적 부정정 차수는 그 격간의 수와 같다. 여기서, 주의할 점은 좌우 양단의 절점이 강절이면 내적 부정정 차수는 (격간의 수)+2차이다.

판별식 (10.6)을 적용하면

$N = R + j - 3m = 3 + 34 - 3 \times 11 = 4$ ∴ 4차 부정정

(h) 판별식 (10.1)을 적용하면

$N = R + m + S - 2P = 3 + 13 + 16 - 2 \times 10 = 12$ ∴ 12차 부정정

이 문제의 구조와 같은 라멘 구조를 Vierendeel girder라고 하며 내적 부정정 차수는 (격간의 수)×3차이다.

판별식 (10.6)을 적용하면

$N = R + j - 3m = 3 + 48 - 3 \times 13 = 12$ ∴ 12차 부정정

10.2 정정 라멘

라멘이란 본래 모든 절점이 강절로 되어 있는 뼈대 구조물을 말하나 넓은 의미에서 라멘은 적어도 1개 이상의 절점이 강절로 되어 있는 뼈대 구조물을 말한다. 철근 콘크리트나 철골로 된 건물 뼈대, 철근 콘크리트 라멘교, 암거 등은 라멘 구조의 대표적인 것이다. 라멘이란 독일어로 창틀, 사진틀과 같은 틀이란 의미로서 영어로는 frame 또는 rigid frame이라고 하지만 우리나라에서는 라멘이란 용어가 널리 사용되고 있다. 이것은 라멘의 이론이 독일에서 먼저 발달되었기 때문이라고 생각된다.

라멘 가운데 모든 부재축이 동일 평면내에 있는 것을 평면 라멘(plane rahmen), 그렇지 않은 것을 입체 라멘(space rahmen)이라고 한다. 실제의 건물 뼈대는 입체 라멘이지만 해석이 어렵기 때문에 직각 방향의 두 평면 라멘으로 분해하여 해석하는 것이 보통이다.

실제로 쓰이는 라멘 구조는 대부분 부정정 구조이지만 라멘 부재의 단면력을 알아보기 위하여 정정 라멘의 단면력을 구하여 보기로 한다. 라멘은 단면에 휨모멘트, 전단력, 축방향력이 작용하며, 주로 휨모멘트에 저항하는 구조이다. 정정 라멘의 해법은 보의 해법과 마찬가지이며, 단면력의 부호는 라멘의 안쪽에서 바깥쪽을 향하여 보고 보의 경우와 마찬가지로 결정하면 된다.

그림 10.12은 정정 라멘의 예를 든 것이다. 그림(a)는 캔틸레버보와 같이 1단만이 고정지점으로 지지된 라멘으로서 캔틸레버보형 라멘, 그림(b)는 단순보와 같이 1단 힌지 지점, 타단 롤러 지점으로 지지된 라멘으로서 단순보형 라멘, 그림(c)는 양단이 힌지 지점으로 지지되고 라멘의 좌측부분과 우측부분이 내부 힌지로 연결된 것으로 3힌지 라멘(three hinged rahmen)이라고 한다.

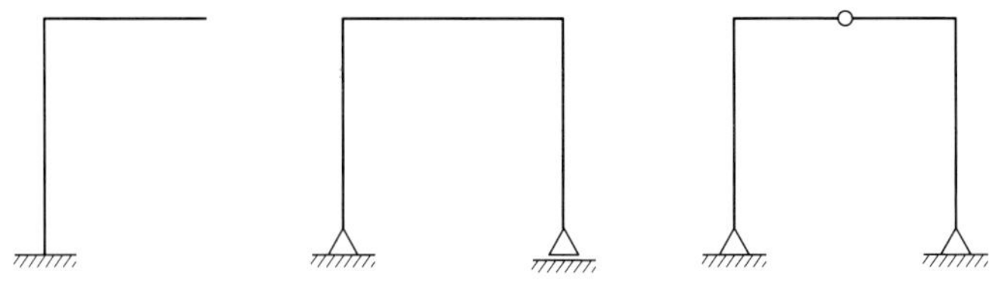

(a) (b) (c)

그림 10.12

예제 10.2

그림 10.13(a)와 같은 라멘의 단면력도를 그려라.

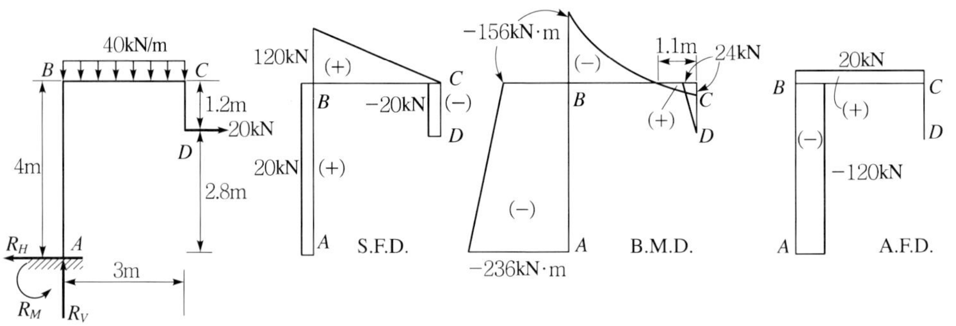

(a) (b) (c) (d)

그림 10.13

풀이

(1) 반력

캔틸레버보형 라멘은 캔틸레버보와 마찬가지로 지점 반력을 구하지 않고도 자유단으로부터 고정 지점을 향하여 계산을 진행하면 모든 단면력을 구할 수 있으나 여기서는, 반력을 구하기로 한다. 캔틸레버보형 라멘에서는 고정 지점에만 반력이 작용하므로 고정 지점에 작용하는 수평, 수직, 모멘트 반력을 이 R_H, R_V, R_M이라 하고 이들 반력을 그림(a)와 같은 방향으로 작용한다고 가정하여 구하기로 한다.

$\sum H = -R_H + 20 = 0 \quad \therefore R_H = 20\text{kN}\,(\leftarrow)$

$\sum V = R_V - 40 \times 3 = 0 \quad \therefore R_V = 120\text{kN}\,(\uparrow)$

$\sum M_A = -R_M + 20 \times 2.8 + 40 \times 3 \times 1.5 = 0 \quad \therefore R_M = 236\text{kN}\cdot\text{m}\,(\circlearrowright)$

(2) 전단력

$V_{D\sim C} = -20\text{kN}$

$V_{C\sim B} = 40x$ (x의 원점 C, $0 \leqq x \leqq 3$)

$x=0$: $V_c = 0$, $x=3$: $V_B = 40\times 3 = 120\text{kN}$

또는, $V_{B\sim C} = 120 - 40x$ (x의 원점 B, $0 \leqq x \leqq 3$)

$x=0$: $S_B = 120\text{kN}$, $x=3$: $V_C = 120 - 40\times 3 = 0$

$V_{A\sim B} = 20\text{kN}$

S.F.D.는 그림(b)와 같다.

(3) 휨 모멘트

$M_{D\sim C} = 20x$ (x 의 원점 D, $0 \leqq x \leqq 1.2$)

$x=0$: $M_D = 0$, $x = 1.2\text{m}$: $M_C = 20\times 1.2 = 24\text{kN}\cdot\text{m}$

$M_{C\sim B} = 20\times 1.2 - 40x^2/2$
$= 24 - 20x^2\,\text{kN}\cdot\text{m}$ (x의 원점 C, $0 \leqq x \leqq 3$)

$x=0$: $M_C = 24\text{ kN}\cdot\text{m}$ (또는 $\text{M}_\text{C} = 20\times 1.2 = 24\text{kN}\cdot\text{m}$)

$x = 3\text{m}$: $\text{M}_\text{B} = 24 - 20\times 3^2 = -156\text{ kN}\cdot\text{m}$

(또는 $M_B = 20\times 1.2 - 40\times 3\times 1.5 = -156\text{ kN}\cdot\text{m}$)

부재 BC 에서의 반곡점을 구하면

$M_x = 24 - 20x^2 = 0$, $x^2 = 1.2$ $\therefore x = \sqrt{1.2} = 1.1\text{m}$

$M_{B\sim A} = 20\times 1.2 - 40\times 3\times 1.5 - 20x$

$= -156 - 20x$ (x의 원점 B, $0 \leqq x \leqq 4$)

$x=0$: $M_B = -156\text{kN}\cdot\text{m}$, $x=4$: $M_A = -156 - 20\times 4 = -236\text{kN}\cdot\text{m}$

또는, $M_{A\sim B} = 20x - 236$ (x의 원점 A, $0 \leqq x \leqq 4$)

$x=0$: $M_A = -236\text{kN}\cdot\text{m}$, $x=4$: $M_B = 20\times 4 - 236 = -156\text{kN}\cdot\text{m}$

B.M.D.는 그림(c)와 같다.

(4) 축방향력

$N_{A\sim B} = -120\text{kN}$, $N_{B\sim C} = 20\text{kN}$, $N_{C\sim D} = 0$

A.F.D.는 그림(d)와 같다.

예제 10.3

그림 10.14(a)와 같은 3힌지 라멘의 단면력도를 그려라.

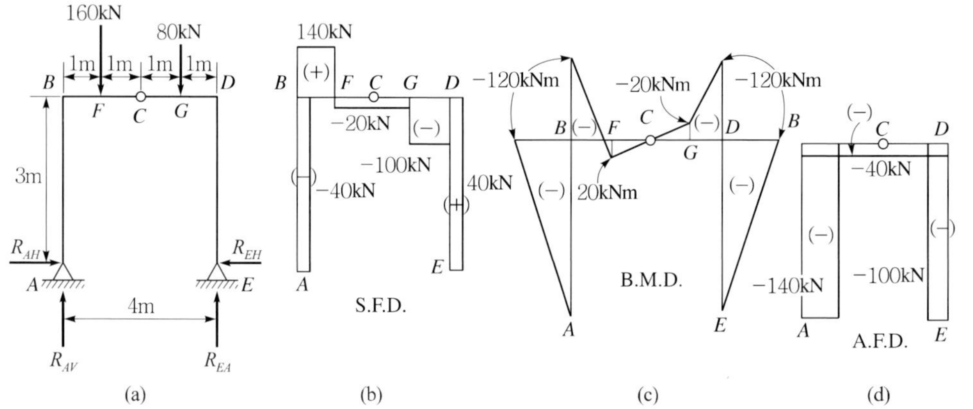

그림 10.14

풀이

(1) 반력

3힌지 라멘은 연직 하중에 의하여 양 지점에 수평 반력이 일어난다. 따라서 양 지점에는 수평, 연직의 두 반력이 일어나므로 이들의 작용 방향을 그림(a)와 같이 가정하고 계산하기로 한다.

$\Sigma M_E=0$에 의하여 $R_{AV}=\dfrac{1}{4}(160\times3+80\times1)=140\text{kN}\ (\uparrow)$

$\Sigma M_A=0$에 의하여 $R_{EV}=\dfrac{1}{4}(160\times1+80\times3)=100\text{kN}\ (\uparrow)$

이 문제의 라멘과 같이 양 지점의 높이가 같은 3힌지 라멘의 연직 반력은 단순보의 연직 반력과 같다. 수평 반력은 내부 힌지의 좌측 또는 우측의 자유 물체도를 생각하여 내부 힌지를 모멘트의 중심으로 하여 $\Sigma M=0$을 적용하여 구한다. 또는 힌지에는 휨모멘트가 작용하지 않으므로 내부 힌지의 좌측 또는 우측에 작용하는 외력에 의한 휨 모멘트의 값이 0이라는 식을 세워서 구한다. 여기서, 좌측 지점 A의 수평 반력 R_{AH}를 구하면

$\Sigma M_C=-R_{AH}\times3+140\times2-160\times1=0$

$\therefore R_{AH}=\dfrac{1}{3}(140\times2-160\times1)=40\text{kN}\ (\rightarrow)$

$\Sigma H=R_{AH}-R_{EH}=0\quad \therefore R_{EH}=R_{AH}=40\text{kN}\ (\leftarrow)$

(2) 선단력

$V_{A\sim B}=-40\text{kN}$, $V_{B\sim F}=140\text{kN}$, $V_{F\sim G}=140-160=-20\text{kN}$

$V_{G\sim D}=-20-80=-100\text{kN}$, $V_{D\sim E}=40\text{kN}$

S.F.D.는 그림(b)와 같다.

(3) 휨 모멘트

$M_{A\sim B}=-40x$ (x의 원점 A, $0 \leqq x \leqq 3$)

$x=0$: $M_A=0$, $x=3$: $M_B=-40\times 3=-120\text{kN·m}$

$M_{B\sim F}=140x-40\times 3=140x-120$ (x의 원점 B, $0 \leqq x \leqq 1$)

$x=0$: $M_B=-120\text{kN·m}$, $x=1$: $M_F=140\times 1-120=20\text{kN·m}$

$M_{F\sim C}=140(1+x)-160x-40\times 3=20-20x$ (x의 원점 F, $0 \leqq x \leqq 1$)

$x=0$: $M_F=20\text{kN·m}$, $x=1$: $M_C=20-20\times 1=0$

$M_{E\sim D}=-40x$ (x의 원점 E, $0 \leqq x \leqq 3$)

$x=0$: $M_E=0$, $x=3$: $M_D=-40\times 3=-120\text{kN·m}$

$M_{D\sim G}=100x-40\times 3=100x-120$ (x의 원점 D, $0 \leqq x \leqq 1$)

$x=0$: $M_D=-120\text{kN·m}$, $x=1$: $M_G=100\times 1-120=-20\text{kN·m}$

$M_{G\sim C}=100(1+x)-80x-40\times 3=20x-20$ (x의 원점 G, $0 \leqq x \leqq 1$)

$x=0$: $M_G=-20\text{kN · m}$, $x=1$: $M_C=20\times 1-2=0$

B.M.D는 그림(c)와 같다.

(4) 축방향력

$N_{A\sim B}=-140\text{kN}$, $N_{B\sim D}=-40\text{kN}$, $N_{D\sim E}=-100\text{kN}$

A.F.D.는 그림(d)와 같다.

예제 10.4

그림 10.15와 같은 라멘의 각 부재의 자유 물체도와 단면력도를 그려라.

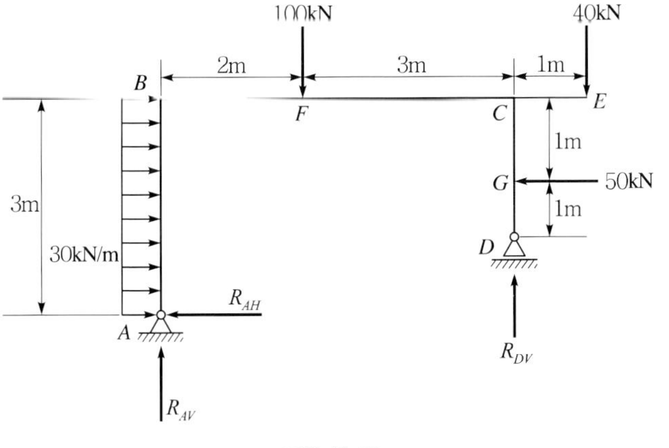

그림 10.15

풀이

(1) 반력

A, D 두 지점의 반력의 작용 방향을 그림과 같이 가정한다.

$\sum H = -R_{AH} + 30\times 3 - 50 = 0 \quad \therefore R_{AH} = 30\times 3 - 50 = 40\text{kN}\,(\leftarrow)$

$\sum M_D = R_{AV}\times 5 + 40\times 1 + 30\times 3\times 0.5 - 100\times 3 + 40\times 1 - 50\times 1 = 0$

$\therefore R_{AV} = \frac{1}{5}(-40\times 1 - 30\times 3\times 0.5 + 100\times 3 - 40\times 1 + 50\times 1) = 45\text{kN}\,(\uparrow)$

$\sum M_A = -R_{DV}\times 5 + 30\times 3\times 1.5 + 100\times 2 + 40\times 6 - 50\times 2 = 0$

$\therefore R_{DV} = \frac{1}{5}(30\times 3\times 1.5 + 100\times 2 + 40\times 6 - 50\times 2) = 95\text{kN}\,(\uparrow)$

(2) 자유 물체도 및 단면력도

[부재 AB]

자유 물체도는 그림 10.16(a)에서

$\sum H = 0$에 의하여 $\quad P_{BH} = 30\times 3 - 40 = 50\text{kN}\,(\leftarrow)$

$\sum V = 0$에 의하여 $\quad P_{BV} = R_{AV} = 45\text{kN}\,(\downarrow)$

$\sum M = 0$에 의하여 $\quad M_{BA} = -40\times 3 + 30\times 3\times 1.5 = 15\text{kN}\cdot\text{m}\,(\curvearrowright)$

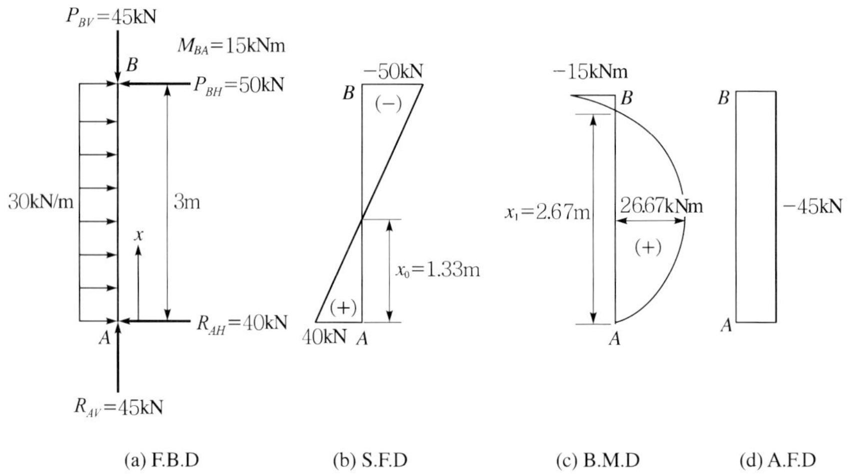

그림 10.16

단면력은 그림(a)의 자유 물체도에 의하여

$V_{A\sim B} = 40 - 30x\,(x \text{ 의 원점 } A,\quad 0 \le x \le 3)$

$V_A = 40\text{kN},\quad V_B = -50\text{kN}$

$M_{A\sim B} = 40x - 15x^2\,(x \text{ 의 원점 } A,\quad 0 \le x \le 3)$

$M_A = 0,\quad M_B = -15\text{kN}\cdot\text{m}$

최대 휨모멘트를 구하면

$V x_0 = 40 - 30x_0 = 0$

$\therefore x_0 = \dfrac{40}{30}\text{m} = 1.33\text{m}$

$\therefore M_{max} = 40 \times \dfrac{4}{3} - 30 \times \dfrac{4}{3} \times \dfrac{1}{2} \times \dfrac{4}{3} = \dfrac{80}{3}\text{kN} \cdot \text{m} = 26.67\text{kN} \cdot \text{m}$

반곡점을 구하면

$M_{x_1} = 40x_1 - 15{x_1}^2 = 0$

$\therefore x_1 = \dfrac{40}{15}\text{m} = 2.67\text{m}$

$N_{A\sim B} = -45\text{kN}$

단면도는 그림 (b), (c), (d)와 같다.

[부재 BC]

그림 10.17(a)의 자유 물체도는 그림 10.16의 부재 AB의 자유 물체도로부터

$P_{BH} = 50\text{kN}\ (\rightarrow)$,

$P_{BV} = 45\text{kN}\ (\uparrow)$,

$M_{BA} = 15\text{kN} \cdot \text{m}$ (↻)이므로

$\sum H = 0$에 의하여 $P_{CH} = 50\text{kN}\ (\leftarrow)$

$\sum V = 0$에 의하여

$P_{CV} = 100 - 45 = 55\text{kN}\ (\uparrow)$

$\sum M = 0$에 의하여

$M_C = -15 + 45 \times 5 - 100 \times 3 + M_{CB}$

$M_{CB} = 90\text{kN} \cdot \text{m}$ (↺)

단면력은 그림(a)의 자유 물체도에 의하여

$V_{B\sim F} = 45\text{kN}$

$V_{F\sim C} = -55\text{kN}$

$M_B = -15\text{kN}\cdot\text{m}$

$M_F = -15 + 45 \times 2 = 75\text{kN}\cdot\text{m}$

$M_C = -90\text{kN}\cdot\text{m}$, $N_{B\sim C} = -50\text{kN}$

단면력도는 그림(b), (c), (d)와 같다.

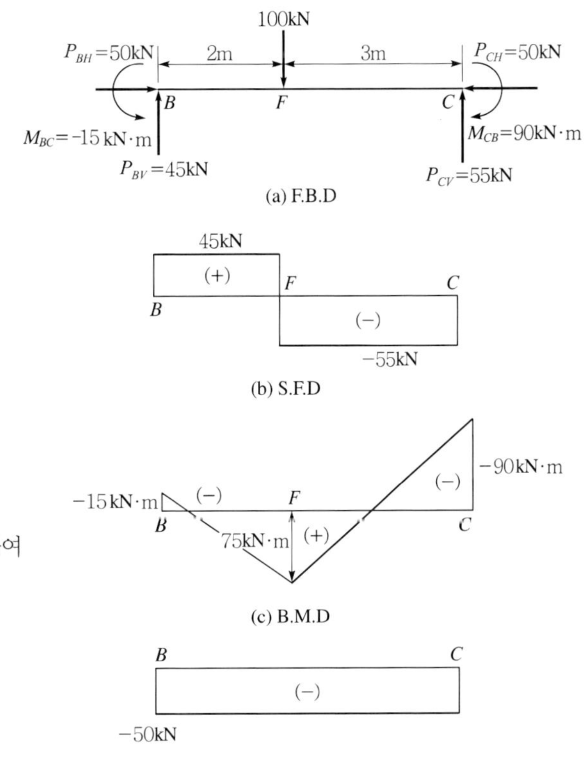

그림 10.17

[부재 CE]

자유 물체도는 그림 10.18(a)에서

$\sum H=0$에 의하여 $P_{CH}=0$

$\sum V=0$에 의하여 $P_{CV}=40\text{kN}(\uparrow)$

$\sum M=0$에 의하여

$M_{CE}=40\times 1=40\text{kN}\cdot\text{m}(\circlearrowleft)$

단면력은

$V_{C\sim E}=40\text{kN}$

$M_C=-40\text{kN}\cdot\text{m},\quad M_E=0$

$N_{C\sim E}=0$

단면력도는 그림(b), (c)와 같다.

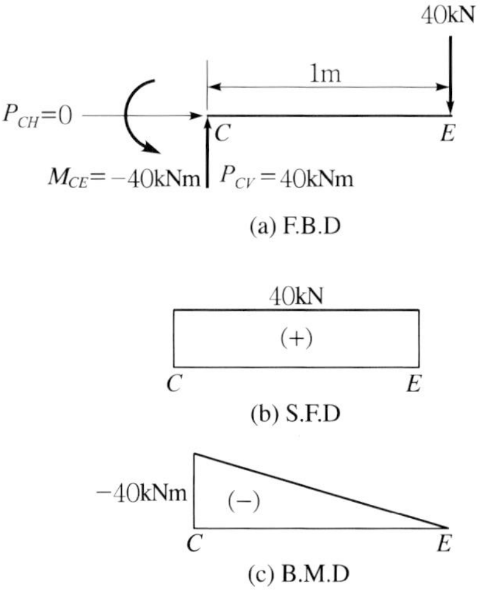

그림 10.18

[부재 CD]

자유 물체도는 그림 10.19(a)에서

$\sum H=0$에 의하여 $P_{CH}=50\text{kN}(\rightarrow)$

$\sum V=0$에 의하여 $P_{CV}=R_{DV}=95\text{kN}(\downarrow)$

$\sum M=0$에 의하여 $M_{CD}=-50\times 1=-50\text{kN}\cdot\text{m}(\circlearrowleft)$

단면력은

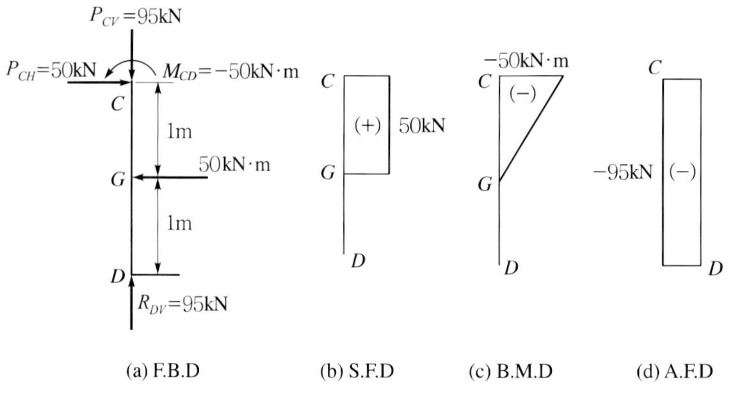

그림 10.19

$V_{C\sim G}=50\text{kN},\quad V_{G\sim D}=0$

$M_C=-50\text{kN}\cdot\text{m},\quad M_{G\sim D}=0$

$N_{C\sim D}=-95\text{kN}$

단면력도는 그림(b), (c), (d)와 같다. 여기서, 3개의 부재가 결합된 절점 C의 자유 물체도를 그리면 그림 10.17, 10.18, 10.19의 자유 물체도로부터 그림 10.20과 같다.

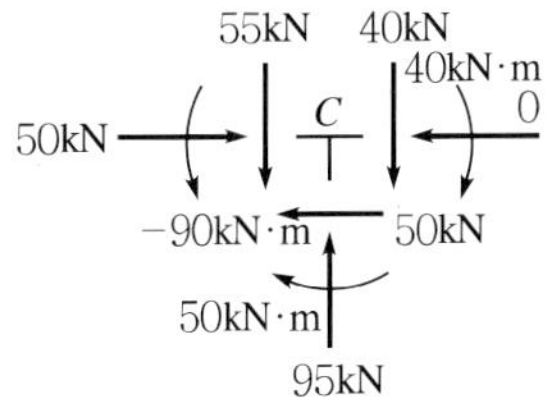

그림 10.20

예제 10.5

그림 10.21과 같은 라멘의 각 부재의 자유 물체도와 단면력을 구하여라.

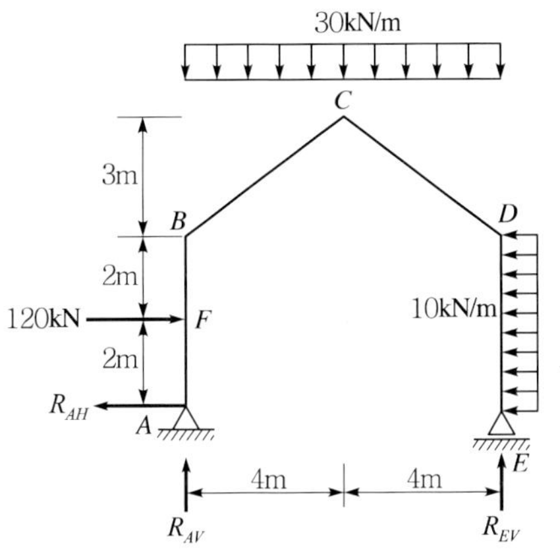

그림 10.21

풀이

(1) 반력

$\sum H-0$에 의하여

$R_{AH}=120-10\times 4=80\text{kN}\ (\leftarrow)$

$\sum M_E=0$에 의하여

$$R_{AV}=\frac{1}{8}(-120\times 2+30\times 8\times 4+10\times 4\times 2)=100\text{kN}\ (\uparrow)$$

$\sum M_A=0$에 의하여

$$R_{EV}=\frac{1}{8}(120\times 2+30\times 8\times 4-10\times 4\times 2)=140\text{kN}\ (\uparrow)$$

(2) 자유 물체도

[각 부재의 자유 물체도를 그리면 그림 10.22와 같다.

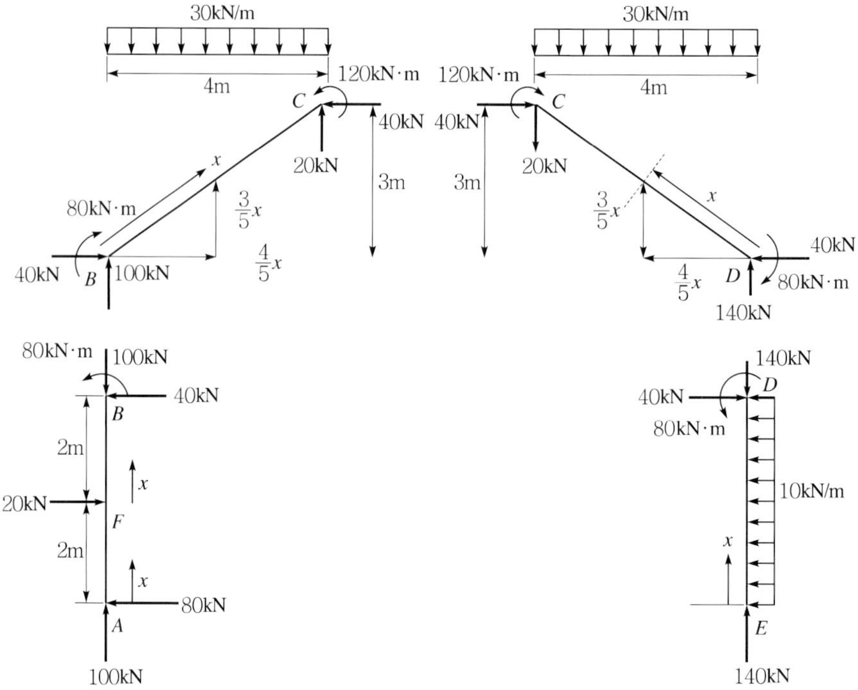

F.B.D

그림 10.22

(3) 단면력

그림 10.22의 자유 물체도에 의하여 각 부재의 단면력을 구하면 다음과 같다.

[부재 AB]

$V_{A\sim F}=80\text{kN},\quad V_{F\sim B}=-40\text{kN}$

$M_{A\sim F}=80x$ (x의 원점 A, $0\leq x\leq 2$)

$M_A=0,\ M_F=80\times 2=160\text{kN}\cdot\text{m}$

$M_{F\sim B}=80(2+x)-120x=160-40x$ (x 의 원점F, $0\leq x\leq 2$)

$M_F=160\text{kN}\cdot\text{m},\ M_B=80\text{kN}\cdot\text{m}$

$N_{A\sim B}=-100\text{kN}$

[부재 BC]

$V_x=\left(100-30\times\frac{4}{5}x\right)\times\frac{4}{5}-40\times\frac{3}{5}=56-19.2x$ (x의 원점 B, $0\leq x\leq 5$)

$V_B=56\text{kN},\quad V_C=56-19.2\times 5=-40\text{kN}$

$M_x=80-56x-9.6x^2$ (x의 원점 B, $0\leq x\leq 5$)

$M_B = 80\text{kN}\cdot\text{m}, \quad M_C = 120\text{kN}\cdot\text{m}$

최대 휨 모멘트를 구하면

$V_{x_0} = 56 - 19.2x_0 = 0$

$\therefore x_0 = \dfrac{56}{19.2} = 2.917\text{m}$

$\therefore M_{\max} = 80 + 56 \times 2.917 - 9.6 \times 2.917^2 = 161.67\text{kN}\cdot\text{m}$

$N_x = -\left(100 - 30 \times \dfrac{4}{5}x\right) \times \dfrac{3}{5} - 40 \times \dfrac{4}{5}$

$\quad = -92 + 14.4x$ (x의 원점 B, $0 \le x \le 5$)

$N_B = -92\text{kN}$,

$N_C = -92 + 14.4 \times 5 = -20\text{kN}$

여기서, 부재 BC의 자유 물체에 작용하는 힘을 그림 10.23과 같이 부재축 방향과 부재축에 직각 방향으로 표시한 자유 물체도를 그려 단면력을 구하여 보기로 한다.

그림(a)의 자유 물체도에서 B, C단에 작용하는 수평, 수직 방향의 힘을 부재축 방향의 힘과 부재축에 직각 방향의 힘으로 분해하여 그림(c)의 자유 물체도의 B, C단에 작용하는 부재축 방향의 힘 P_{BH}, P_{CH}와 부재축에 직각 방향의 힘 P_{BV}, P_{CV}를 구하면 다음과 같다.

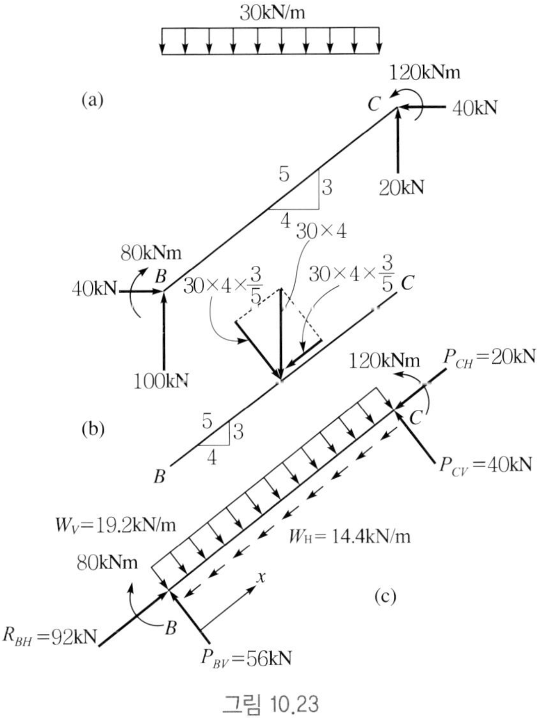

그림 10.23

$$P_{BH} = 40 \times \frac{4}{5} + 100 \times \frac{3}{5} = 92\text{kN}$$

$$P_{CH} = 40 \times \frac{4}{5} - 20 \times \frac{3}{5} = 20\text{kN}$$

$$P_{BV} = -40 \times \frac{3}{5} + 100 \times \frac{4}{5} = 56\text{kN}$$

$$P_{CV} = 40 \times \frac{3}{5} + 20 \times \frac{4}{5} = 40\text{kN}$$

그림(a)의 자유 물체도에서 부재 BC에 연직방향으로 작용하는 등분포하중의 합력 $30 \times 4(\text{t})$는 그림(b)와 같이 부재의 중점에 작용하며, 부재축 방향의 분력은 $30 \times 4 \times \frac{3}{5}(\text{kN})$이고, 부재축에 직각 방향의 분력은 $30 \times 4 \times \frac{4}{5}(\text{kN})$이므로, 이를 부재의 길이 5m에 걸쳐 균일하게 분포시키면 부재축 방향의 등분포하중의 강도 w_H와 부재축에 직각 방향의 등분포하중의 강도 w_V가 구해진다.

$$w_H = 30 \times 4 \times \frac{3}{5} \times \frac{1}{5} = 14.4\text{kN/m}, \quad \text{w}_\text{V} = 30 \times 4 \times \frac{4}{5} \times \frac{1}{5} = 19.2\text{kN/m}$$

단면력은 그림(c)의 자유 물체도에 의하여

$$V_x = 56 - 19.2x, \quad M_x = 80 + 56x - 9.6x^2, \quad N_x = -92 + 14.4x$$

[부재 CD]

$$V_x = -\left(140 - 30 \times \frac{4}{5}x\right) \times \frac{4}{5} + 40 \times \frac{3}{5} = -88 + 19.2x \ (x\text{의 원점 } D,\ 0 \leqq x \leqq 5)$$

$$V_D = -88\text{kN}, \quad V_C = -88 + 19.2 \times 5 = 8\text{kN}$$

$$M_x = -80 + 140 \times \frac{4}{5}x - 40 \times \frac{3}{5}x - 30 \times \frac{4}{5}x \times \frac{1}{2} \times \frac{4}{5}x$$

$$= -80 + 88x - 9.6x^2 \quad (x\text{ 의 원점 } D,\ 0 \leqq x \leqq 5)$$

$$M_D = -80\text{kN·m}, \quad M_C = 120\text{kN·m}$$

최대 휨 모멘트를 구하면

$$V_{x_0} = -88 + 19.2x_0 = 0 \quad \therefore x_0 = \frac{88}{19.2} = 4.583\text{m}$$

$$\therefore M_{\max} = -80 + 88 \times 4.583 - 9.6 \times 4.583^2 = 121.67\text{kN·m}$$

반곡점을 구하면

$$M_{x_1} = -80 + 88x_1 - 9.6{x_1}^2 = 0$$

$$1.2{x_1}^2 - 11x_1 + 10 = 0$$

$$\therefore x_1 = \frac{11 \pm \sqrt{11^2 - 4 \times 1.2 \times 10}}{2 \times 1.2} = 1.023\text{m}$$

$$N_x = -\left(140 - 30 \times \frac{4}{5}x\right) \times \frac{3}{5} - 40 \times \frac{4}{5}$$

$$= -116 + 14.4x \; (x \text{ 의 원점 } D, \quad 0 \leqq x \leqq 5)$$

$N_D = -116\text{kN}, \quad N_C = -116 + 14.4 \times 5 = -44\text{kN}$

[부재 DE]

$V_x = 10x$ (x의 원점 E, $0 \leqq x \leqq 4$)

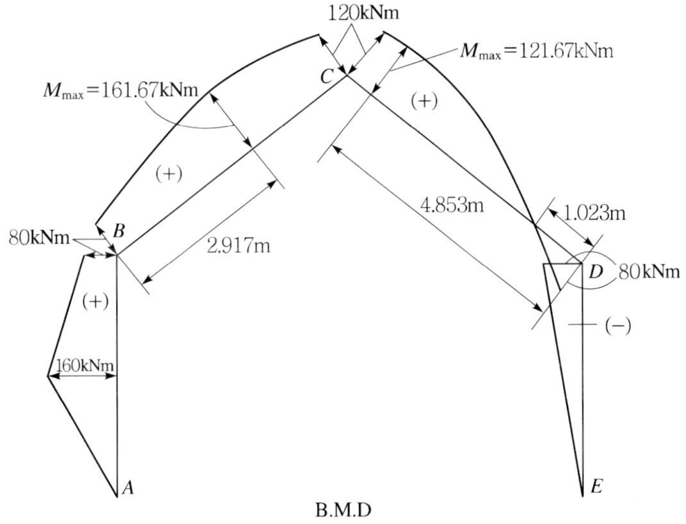

그림 10.24

$V_E = 0, \; V_D = 10 \times 4 = 40\text{kN} \quad N_x = -140\text{kN} = \text{const}$

$M_x = -10 \times x \times \frac{x}{2} = -5x^2$ (x의 원점 E $0 \leqq x \leqq 4$)

$M_E = 0, \quad M_D = -80\text{kN}\cdot\text{m}$

단면력도는 B.M.D.(그림 10.24)만을 그리기로 한다. S.F.D와 A.F.D는 생략한다.

10.3 합성 구조물

구조물을 구성하고 있는 부재에 휨 모멘트를 받는 부재와 축방향력만을 받는 부재를 포함하고 있는 구조물을 합성 구조물(合成構造物, composite structure)이라고 말하며, 넓은 의미에서는 3활절 라멘과 같이 강절과 활절의 두 가지 절점이 있는 구조물을 포함 한다. 위에서 축방향력만을 받는 부재란 부재의 양단이 활절이고, 부재 중간에 어떠한 하중도 작용하지 않는 부재를 말하는 것으로 자중도 고려하지 않는다(자중을 고려하면 부재가 연직이 아닌 이상 부재에 전단력과 휨모멘트가 작용한다). 이러한 부재를 두 힘 부재(two force member)라고 하며, 두 힘 부재의 조건을 만족하지 않는 부재를 세 힘 부재(three force member)라고 한다.

합성 구조물을 해석하기 위해서는 먼저 구조물을 구성하고 있는 각 부재가 두 힘 부재인가 세 힘 부재인가를 판별하여야 한다. 정정 합성 구조물의 해법은 정정보나 정정 라멘의 해법과 마찬가지이며, 각 부재의 자유 물체도를 그린 다음 자유 물체도에 의하여 단면력을 구하는 것이 편리하다.

예제 10.6

그림 10.25와 같은 합성 구조물을 해석하여라.

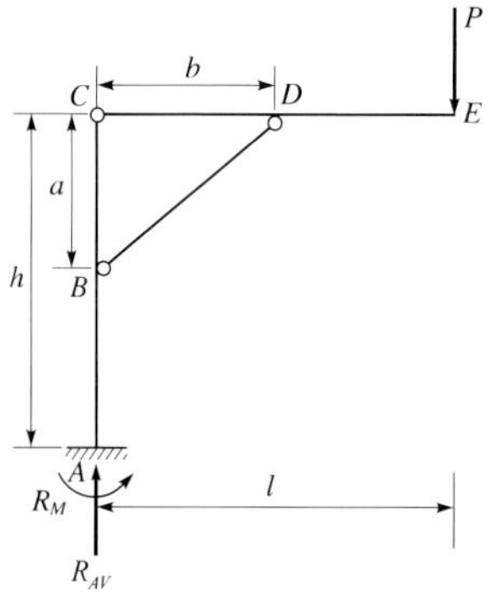

그림 10.25

풀이

(1) 반력

$\sum V = R_{AV} - P = 0 \quad \therefore R_{AV} = P(\uparrow)$

$\sum M_A = -R_M + Pl = 0 \quad \therefore R_M = Pl(\circlearrowright)$

(2) 자유 물체도

각 부재의 자유 물체도를 그리면 그림 10.26과 같다.

그림(a)의 부재 AC의 F.B.D.에서

$$\sum M_C = P_{BH} \times a - Pl = 0 \quad \therefore P_{BH} = \frac{Pl}{a}(\leftarrow)$$

그림(b)의 부재 BD의 F.B.D.에서 H_B는 그림(a)의 F.B.D.로부터

$$P_{BH} = \frac{Pl}{a}(\rightarrow)$$

$$P_{BV} = P_{BH} \times \frac{a}{b} = \frac{Pl}{a} \times \frac{a}{b} = \frac{Pl}{b}(\uparrow)$$

$\sum V = 0$에 의하여 $\quad P_{DV} = P_{BV} = \dfrac{Pl}{b}(\downarrow)$

$\sum H = 0$ 에 의하여 $\quad P_{DH} = P_{BH} = \dfrac{Pl}{a}(\leftarrow)$

그림(a)의 부재 AC의 F.B.D.에서 P_{BV}는 그림(b)의 부재 BD의 F.B.D.로부터

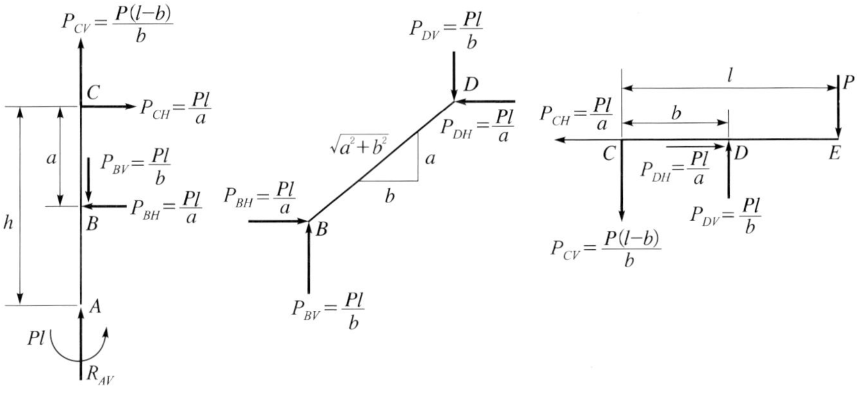

그림 10.26

$$P_{BV} = \frac{Pl}{b}(\downarrow)$$

$\sum V = 0$에 의하여 $\quad P_{CV} = P_{BV} - P = \dfrac{Pl}{b} - P = \dfrac{P(l-b)}{b}(\uparrow)$

그림(c)의 부재 CE의 F.B.D.는 그림(a)의 부재 AC의 F.B.D.와 그림(b)의 부재 BD의 F.B.D.로부터

$\sum H = 0$에 의하여 $\quad P_{CH} = \dfrac{Pl}{a}(\leftarrow), \quad P_{DH} = \dfrac{Pl}{a}(\rightarrow)$

$\sum V = 0$ 에 의하여 $\quad P_{CV} = \dfrac{P(l-b)}{b}(\downarrow), \quad P_{DV} = \dfrac{Pl}{b}(\uparrow)$

이 구조물은 1단만이 고정된 캔틸레버보형 합성 라멘으로서 부재 CE의 F.B.D.를 먼저 그린 다음, 이를 이용하여 부재 BD, AC의 F.B.D.를 그려도 된다. 각자 그려 보기 바란다.

(3) 단면력

[부재 AC] 그림(a)의 부재 AC의 F.B.D.에 의하여

① $V_{A\sim B}=0,\quad V_{B\sim C}=\dfrac{Pl}{a}$

② $M_{A\sim B}=-Pl$

$M_{C\sim B}=-\dfrac{Pl}{a}x$ (x의 원점 C, $0\leq x\leq a$)

$M_C=0,\quad M_B=-Pl$

③ $N_{A\sim B}=-P,\quad N_{B\sim C}=\dfrac{P(l-b)}{b}$

[부재 BD] 그림(b)의 부재 BD의 F.B.D.에 의하여

① $V_{B\sim D}=0$

② $M_{B\sim D}=0$

③ $N_{B\sim D}=-H_B\times\dfrac{\sqrt{a^2+b^2}}{b}=\dfrac{-Pl}{a}\times\dfrac{\sqrt{a^2+b^2}}{b}=\dfrac{-Pl}{ab}\sqrt{a^2+b^2}$

또는 $N_{B\sim D}=-\sqrt{\left(\dfrac{Pl}{a}\right)^2+\left(\dfrac{Pl}{b}\right)^2}=\dfrac{-Pl}{ab}\sqrt{a^2+b^2}$

[부재 CE] 그림(c)의 부재 CE의 F.B.D.에서

① $V_{C\sim D}=-\dfrac{P(l-b)}{b},\quad V_{D\sim E}=P$

② $M_{C\sim D}=-\dfrac{P(l-b)}{b}x$, ($x$ 의 원점 C, $0\leq x\leq b$)

$M_C=0,\quad M_D=-P(l-b)$

$M_{E\sim D}=-Px$, (x의 원점 E, $0\leq x\leq l-b$)

$M_E=0,\quad M_D=-P(l-b)$

③ $N_{C\sim D}=\dfrac{Pl}{a},\quad N_{D\sim E}=0$

단면력도는 각자 그려보아라. 또한, 이 문제는 각 부재의 F.B.D.를 그리지 않고 절점 C와 부재 BD를 지나는 단면에 의하여 절단한 좌측 또는 우측 부분의 F.B.D.에 대하여 $\sum M_C=0$을 적용하여 부재 BD의 축방향력을 구한 다음, 이를 이용하여 다른 부재의 단면력을 구하여도 된다.

$N_{B\sim D}=-\dfrac{pl}{ab}\sqrt{a^2+b^2}$ (압축력)

연습문제

10.1 그림 10.27과 같은 캔틸레버보형 라멘의 단면력도를 그려라.

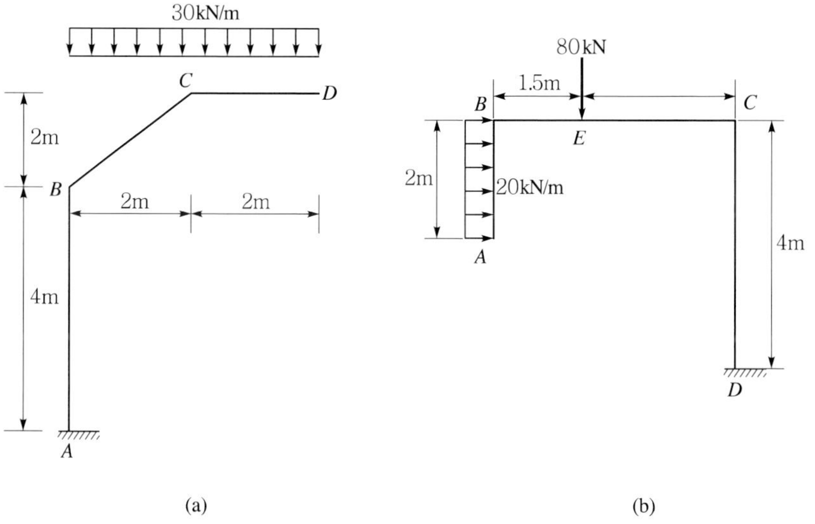

그림 10.27

10.2 그림 10.28과 같이 내민보 $A\ B\ C$의 D점에 강접합된 기둥 DE를 세운 구조물의 C점에 비끄러맨 밧줄이 도르래 E 및 A에 걸쳐 있다. 밧줄의 끝에 하중 $P=20\mathrm{kN}$을 매달았을 때의 단면력도를 그려라.

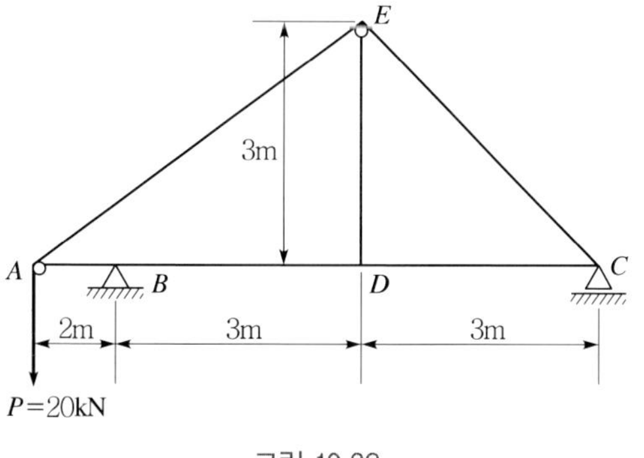

그림 10.28

10.3 그림 10.29와 같은 단순보형 라멘의 단면력도를 그려라.

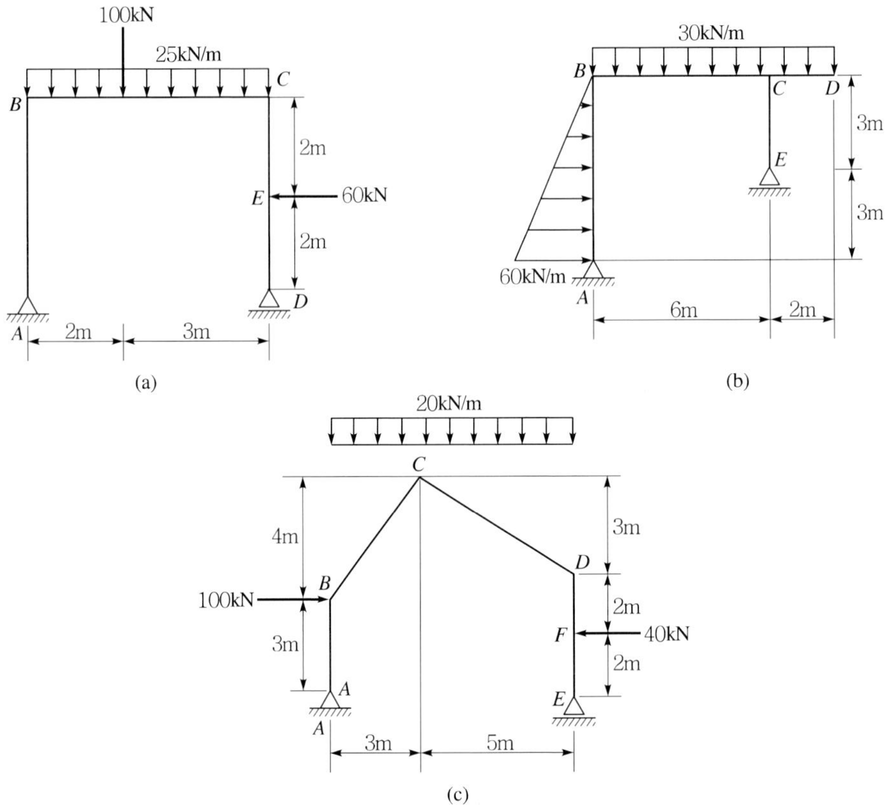

그림 10.29

10.4 그림 10.30과 같은 3활절 라멘의 단면력도를 그려라.

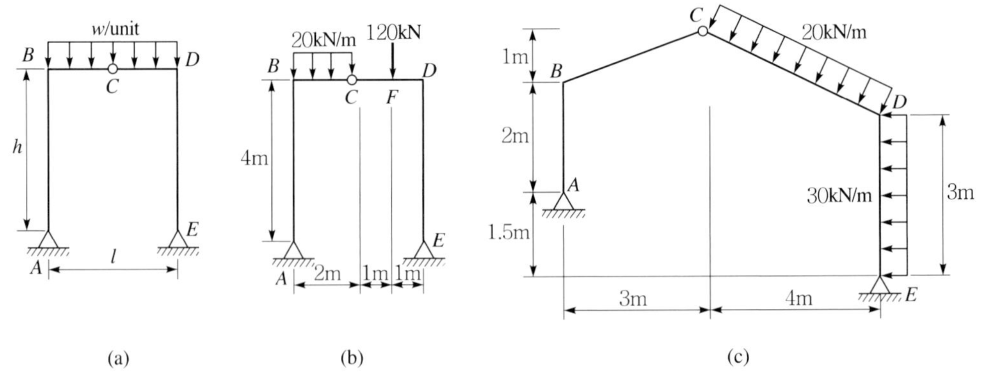

그림 10.30

10.5 그림 10.31과 같은 합성 구조물의 단면력도를 그려라.

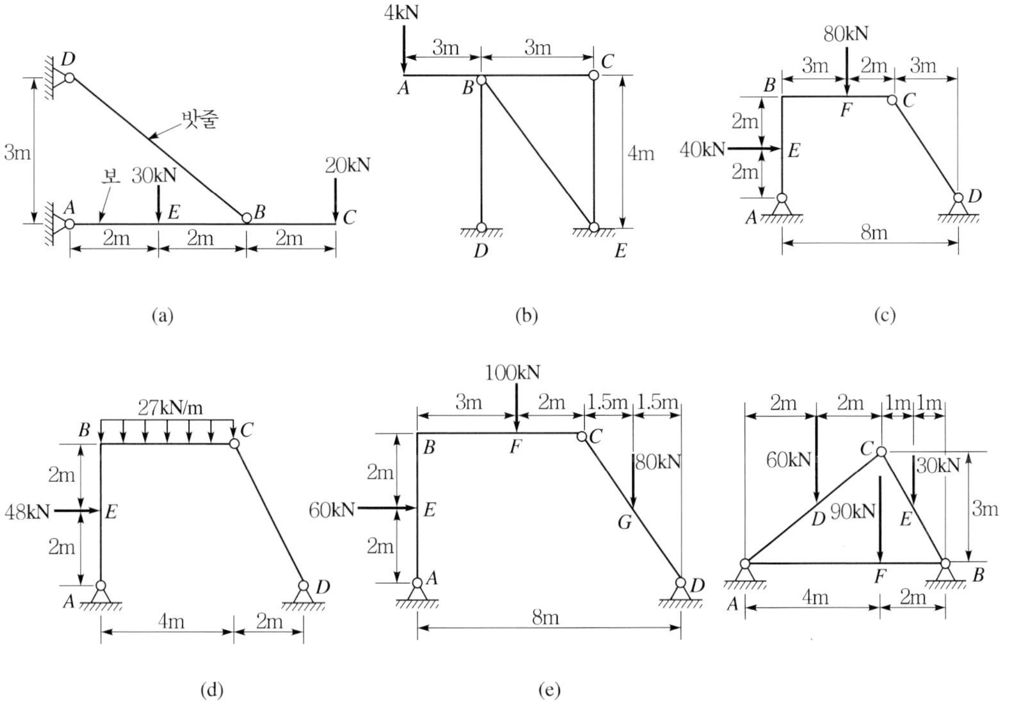

그림 10.31

CHAPTER 11

정정 아치 및 케이블

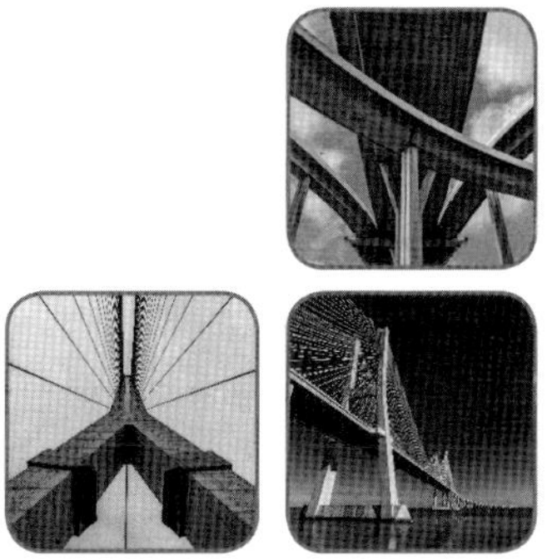

CHAPTER 11

정정 아치 및 케이블

11.1 정정 아치

부재축이 포물선, 원호, 현수선(懸垂線, catenary) 등과 같은 곡선이고 연직 방향으로 작용하는 하중이 양 지점으로부터 내부로 향하는 수평 반력을 일으키도록 하여 수평 반력에 의한 휨 모멘트가 연직 하중에 의한 휨 모멘트를 감소시킴으로서 구조물의 최대 휨 모멘트를 감소시키는 구조물을 **아치**(arch)라고 한다. 부재축이 곡선이라도 연직 하중에 의하여 수평 반력이 일어나지 않는 것은 아치의 특성이 없는 것으로 **곡선보**(curved beam)라고 한다.

또한 아치는 보, 라멘 등과 마찬가지로 단면에 전단력, 휨 모멘트 및 축방향력이 일어나는 구조이지만 수평 반력에 의하여 연직 하중에 의한 휨 모멘트를 현저하게 감소시키기 때문에 주로 축방향 압축력에 저항하는 구조이다.

11.1.1 아치의 종류와 단면력

옛날부터 많이 사용된 석재나 벽돌을 쌓아서 만든 아치는 축방향 압축력에만 저항할 수 있고 휨 모멘트나 전단력에는 저항할 수 없는 것으로 **강성**(剛性)**아치**라고 하며, 근래에 많이 사용되고 있는 철근 콘크리트나 강재로 만든 아치는 축방향 압축력뿐만 아니라, 전단력과 휨 모멘트에도 저항할 수 있는 것으로 **탄성**(彈性)**아치**라고 한다. 아치의 종류를 들면 그림 11.1과 같다.

그림(a)는 **3활절 아치**(three hinged arch), 그림(b)는 **2활절 아치**(two hinged arch), 그림(c)는 무활절 아치(hingeless arch) 또는 **고정 아치**(fixed arch)라고 한다. 또 그림(d), (e)의 아치와 같이 아치의 양단을 벌어지지 않게 붙들어 맨 양단 힌지의 직선 부재를 타이(tie)라고 하며, 타이를 가지는 아치를 **타이드 아치**(tied arch)라고 한다. 타이드 아치에서 타이는 축방향 인장력을 받으며, 이 인장력이 아치의 수평 반력과 똑같은 역할을 하여 아치의 단면에 일어나는 휨 모멘트를 현저하게 감소시킨다. 여기서, 그림(a), (d)는 정정 아치이고 그림(b), (e)는 1차 부정정, 그림(c)는 3차 부정정 아치이다.

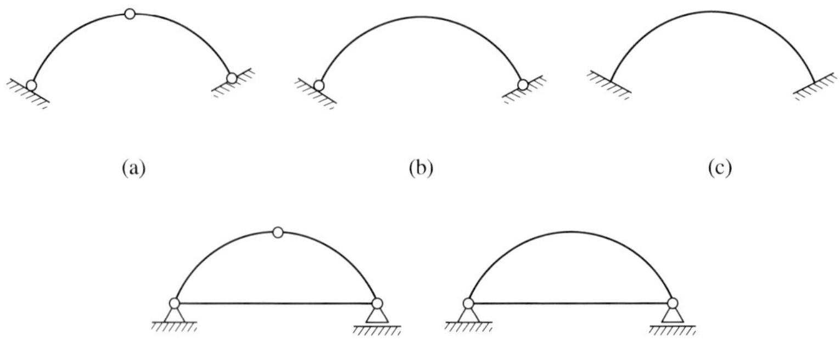

(a) (b) (c)

(d) (e)

그림 11.1

아치는 앞에서 설명한 바와 같이 주로 축방향 압축력에 저항하는 구조로서 작용하는 하중에 따라 축선(arch axis)의 형상을 적당히 선택하면 휨 모멘트와 전단력은 전혀 작용하지 않거나 작용하는 경우에도 그 값이 매우 작으므로 긴 경간의 교량이나 넓고 깊은 계곡을 가로지르는 교량 등에 쓰이며, 2활절 아치는 강구조로 고정 아치는 철근 콘크리트 구조로 하는 것이 보통이다.

그림 11.2의 점선과 같이 아치의 각 단면의 좌측 또는 우측에 작용하는 모든 외력의 합력의 작용 방향이 바뀌는 점을 이어서 이루어진 선을 **합력선**(resultant line)이라고 하며, 합력이 모두 압축력인 경우에는 **압력선**(thrust line, pressure line)이라고 한다.

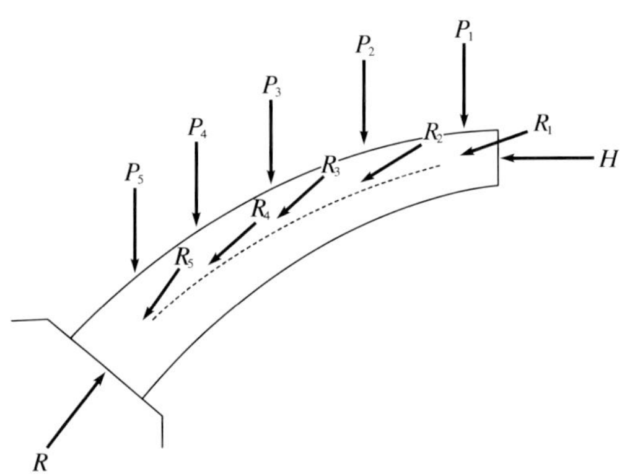

그림 11.2

위의 설명에서 알 수 있듯이 압력선은 압축력의 작용 방향을 표시하는 선으로서 분포하중을 받는 경우에는 곡선을 이루며, 이때 임의점에서의 압축력의 작용 방향은 그 점에서의 접선 방향과 같다. 따라서 아치의 축선을 압력선과 일치시키면 아치의 모든 단면에는 축방향 압축력만이 작용하게 되어 휨 모멘트와 전단력은 전혀 작용하지 않는다. 아치의 축선에 수직한 방향의 등분포하중을 받는 원형 아치(circular arch), 수평 경간에 따라 작용하는 등분포하중을 받는 포물선 아치(parabolic arch), 단면이 일정한 아치의 자중과 같이 아치의 축에 따라 분포된 등분포하중을 받는 현수선 아치(catenary arch) 등에서는 아치의 압력선과 축선이 일치하여 축방향 압축력만 작용한다. 그러나 임의의 하중을 받는 임의 형상의 아치에서는 압력선과 축선이 일치하지 않으며, 따라서 단면에 축방향 압축력과 함께 휨 모멘트와 전단력이 작용한다. 이 경우 휨 모멘트에 의한 인장 응력에 저항할 수 없는 강성 아치에서는 압력선이 아치의 모든 단면에서 핵 내부를 지나야 안전하다.

11.1.2 아치 축선의 방정식과 접선각

그림 11.3에서 아치의 정점(頂點) C를 아치의 크라운(crown)이라 하고, 양 지점을 맺는 선분 AB로부터 아치의 축선까지의 최대 연직거리 f를 아치의 라이즈(rise)라고 한다.

아치의 경간 l와 라이즈 f가 정해지면 축선의 방정식과 접선각을 구할 수 있다. 원형 아치와 포물선 아치의 축선 방정식과 접선각은 다음과 같다.

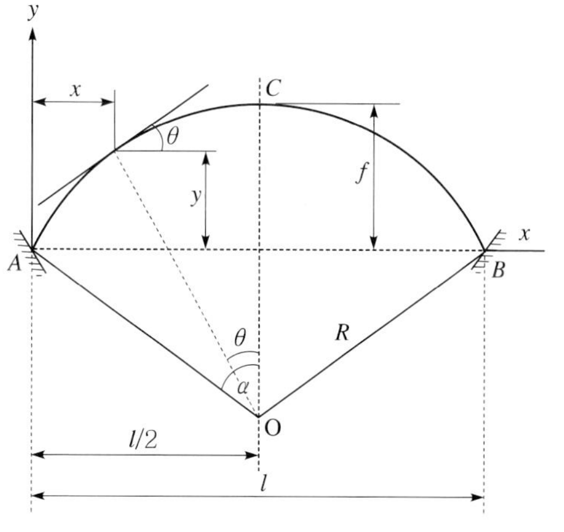

그림 11.3

(1) 원형 아치

그림 11.3의 원형 아치에서 경간 l과 라이즈 f가 정해지면 원호의 반경 R은

$$R^2 = (R-f)^2 + \left(\frac{l}{2}\right)^2 = R^2 - 2Rf + f^2 + \frac{l^2}{4}$$

$$2Rf = f^2 + \frac{l^2}{4}$$

$$\therefore R = \frac{1}{2f}\left(f^2 + \frac{l^2}{4}\right) \tag{11.1}$$

이고, 아치 축선의 임의점의 접선각 θ 및 원호 AC의 중심각 α는 그림으로부터 다음과 같다.

$$\left.\begin{aligned} \sin\theta &= \frac{1}{R}\left(\frac{l}{2}-x\right) = \frac{1}{2R}(l-2x),\ \cos\theta = \frac{1}{R}\sqrt{R^2-\left(\frac{l}{2}-x\right)^2} \\ \sin\alpha &= \frac{1}{R}\left(\frac{l}{2}\right) = \frac{l}{2R},\ \cos\alpha = \frac{1}{R}(R-f) \end{aligned}\right\} \tag{11.2}$$

위에서 원형 아치의 원호의 반경 R, 중심각 α와 아치 축선의 임의점에서의 접선각θ를 알면 아치 축선의 임의점의 높이 y는 다음의 축선 방정식으로 구할 수 있다.

$$y = R(\cos\theta - \cos\alpha) = \sqrt{R^2 - \left(\frac{l}{2} - x\right)^2} - R + f \tag{11.3}$$

(2) 포물선 아치

그림 11.4(a)의 포물선 아치에서 정점 C를 원점으로 하는 직각 좌표축을 그림과 같이 설정하면 포물선의 방정식은

$$y = ax^2 \tag{a}$$

이다. 여기서, $x = \frac{l}{2}$이면, $y = f$ 이므로

$$f = a\left(\frac{l}{2}\right)^2 = a\frac{l^2}{4} \quad \therefore a = \frac{4f}{l^2} \tag{b}$$

식 (b)를 식 (a)에 대입하면

$$\text{축선 방정식은} \quad y = \frac{4f}{l^2}x^2 \tag{11.4}$$

$$\text{접선각은} \quad \tan\theta = \frac{dy}{dx} = \frac{8f}{l^2}x \tag{11.5}$$

그림 11.4(b)의 포물선 아치에서 왼쪽 지점 A를 원점으로 하는 직각 좌표축을 그림과 같이 설정하면 그림의 $\left(\frac{l}{2} - x\right)$, $(f - y)$ 는 각각 식 (11.4)의 축선 방정식의 x, y에 해당하므로 다음의 식이 성립한다.

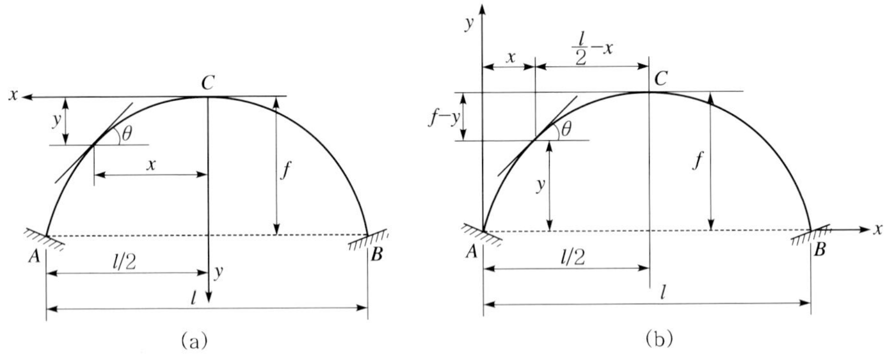

그림 11.4

$$f - y = \frac{4f}{l^2}\left(\frac{l}{2} - x\right)^2$$

$$y = f - \frac{4f}{l^2}\left(\frac{l^2}{4} - lx + x^2\right) = \frac{4f}{l^2}(lx - x^2)$$

따라서,

축선 방정식은 $y = \frac{4f}{l^2}(lx - x^2)$ (11.6)

접선각은 $\tan\theta = \frac{dy}{dx} = \frac{4f}{l^2}(l - 2x)$ (11.7)

11.1.3 정정 아치의 해법 예

정정 아치의 해법은 정정보, 라멘 등의 해법과 마찬가지이다. 곡선 부재에서 임의점의 부재축 방향이라 함은 그 점에서의 접선 방향을 말한다.

예제 11.1

그림 11.5와 같은 반원형 곡선보의 $A \sim C$ 사이의 임의단면 m의 단면력을 구하여라.

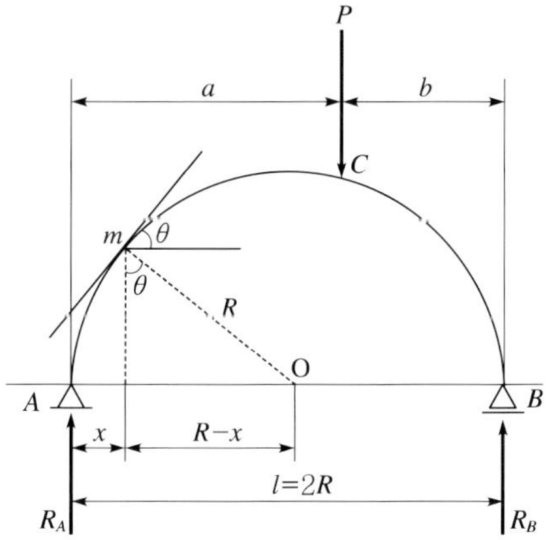

그림 11.5

풀이

반력을 구하면 다음과 같다.

$R_A = \frac{Pb}{l} = \frac{Pb}{2R}(\uparrow)$, $R_B = \frac{Pa}{l} = \frac{Pa}{2R}(\uparrow)$

원호의 임의점에서의 접선은 그 점을 지나는 반경에 수직하므로 점 m으로부터 직경 AB에 내린 수선과 점 m을 지나는 반경이 이루는 각은 점m 에서의 접선각과 같으므로 접선각 θ는 다음과 같다.

$$\sin\theta = \frac{R-x}{R}, \quad \cos\theta = \frac{\sqrt{R^2-(R-x)^2}}{R}$$

단면 m의 전단력 V_m, 휨 모멘트 M_m, 축방향력 N_m은 다음과 같다.

$$V_m = R_A\cos\theta = \frac{Pb}{2R}cos\theta = \frac{Pb}{2R^2}\sqrt{R^2-(R-x)^2}$$

$$M_m = R_A(R-R\sin\theta) = \frac{Pb}{2}(1-\sin\theta) = \frac{Pb}{2R}x$$

$$N_m = -R_A\sin\theta = -\frac{Pb}{2R}sin\theta = -\frac{Pb}{2R^2}(R-x)$$

예제 11.2

그림 11.6과 같은 3활절 반원형 아치의 단면 m의 단면력을 구하여라.

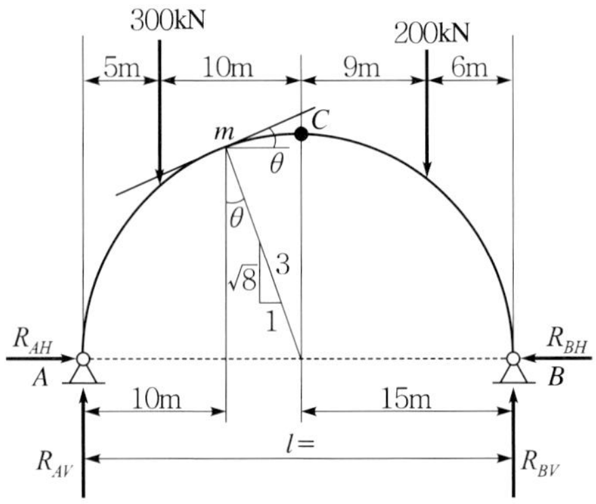

그림 11.6

풀이

반력을 구하면

$$R_{AV} = \frac{1}{30}(300\times25+200\times6) = 290\text{kN}\ (\uparrow)$$

$$R_{BV} = \frac{1}{30}(300\times5+200\times24) = 210\text{kN}(\uparrow)$$

$$\sum M_C = -R_{AH}\times15+R_{AV}\times15-300\times10 = 0$$

$$\therefore R_{AH} = \frac{1}{15}(290\times15-300\times10) = 90\text{kN}\ (\rightarrow)$$

$$R_{BH} = -R_{AH} = 90\text{kN}\ (\leftarrow)$$

단면 m의 접선각은

$$\sin\theta = \frac{15-10}{15} = \frac{5}{15} = \frac{1}{3}$$

$$\cos\theta = \frac{\sqrt{3^2-1^2}}{3} = \frac{\sqrt{8}}{3}$$

이므로 단면 m의 단면력은 다음과 같다.

$$V_m = (R_{AV}-300)\cos\theta - R_{AH}\sin\theta = (290-300)\times\frac{\sqrt{8}}{3} - 90\times\frac{1}{3} = 39.43\text{kN}$$

$$M_m = R_{AV}\times 10 - R_{AH}\times 15\cos\theta - 300\times 5$$
$$= 290\times 10 - 90\times 15\times\frac{\sqrt{8}}{3} - 300\times 5 = 127.21\text{kN}\cdot\text{m}$$

$$N_m = -(R_{AV}-300)\sin\theta - R_{AH}\cos\theta$$
$$= -(290-300)\times\frac{1}{3} - 90\times\frac{\sqrt{8}}{3} = -81.52\text{kN}$$

예제 11.3

그림 11.7과 같은 3활절 반원형 아치의 임의단면의 단면력을 구하고 $x=10\text{m}$ 지점에서의 단면력을 구하여라.

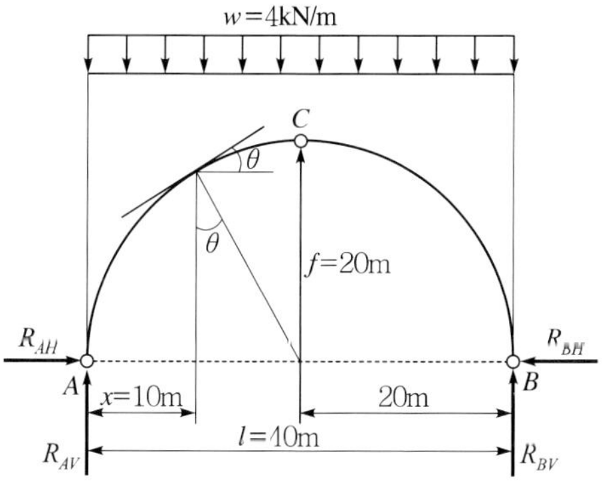

그림 11.7

풀이

$$R_{AV} = R_{BV} = \frac{wl}{2} = \frac{4\times 40}{2} = 80\text{kN} (\uparrow)$$

$$\sum M_C = -R_{AH}\times f + \frac{wl}{2}\times\frac{l}{2} - w\times\frac{l}{2}\times\frac{l}{4} = 0$$

$$\therefore R_{AH} = \frac{wl^2}{8f} = \frac{4\times 40^2}{8\times 20} = 40\text{kN} (\rightarrow)$$

$$R_{BH} = -R_{AH} = \frac{wl^2}{8f} = 40\text{kN}\ (\leftarrow)$$

대칭이므로 좌측 절반 A~C간에 대하여

$$V_x = (R_{AV} - wx)\cos\theta - R_{AH}\sin\theta = (80 - 4x)\cos\theta - 40\sin\theta$$

$$M_x = R_{AV}x - \frac{wx^2}{2} - R_{AH} \times 20\cos\theta = 80x - 2x^2 - 800\cos\theta$$

$$N_x = -(R_{AV} - wx)\sin\theta - R_{AH}\cos\theta = -(80 - 4x)\sin\theta - 40\cos\theta$$

$x = 10\text{m}$ 에서의

$$\sin\theta = \frac{20 - 10}{20} = \frac{1}{2},$$

$$\cos\theta = \frac{\sqrt{2^2 - 1^2}}{2} = \frac{\sqrt{3}}{2}$$ 이므로

$$V_{x=10} = (80 - 4 \times 10) \times \frac{\sqrt{3}}{2} - 40 \times \frac{1}{2} = 14.64\text{kN}$$

$$M_{x=10} = 80 \times 10 - 2 \times 10^2 - 800 \times \frac{\sqrt{3}}{2} = -92.82\text{kN}\cdot\text{m}$$

$$N_{x=10} = -(80 - 4 \times 10) \times \frac{1}{2} - 40 \times \frac{\sqrt{3}}{2} = -54.64\text{kN}$$

예제 11.4

그림 11.8과 같은 원호 아치의 반경 R을 구하고, 임의단면의 단면력 및 $x = 5\text{m}$ 에서의 단면력을 구하여라.

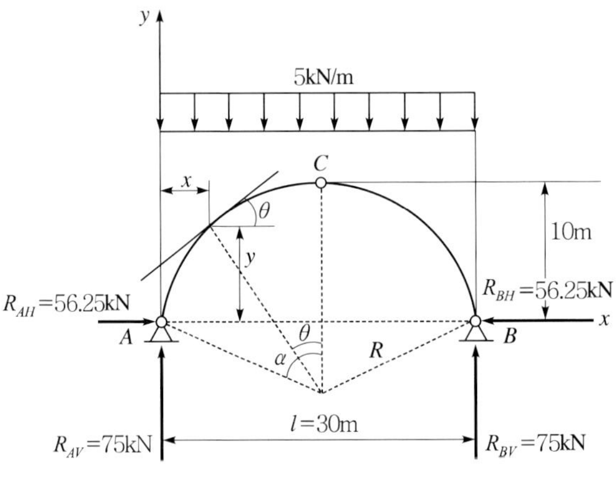

그림 11.8

풀이

아치의 반경 R을 구하면

$R^2 = 15^2 + (R-10)^2 = R^2 - 20R + 325$

$20R = 325 \quad \therefore R = 16.25\text{m}$

반력을 구하면

$$R_{AV} = R_{BV} = \frac{5 \times 30}{2} = 75\text{kN}(\uparrow)$$

$M_C = -R_{AH} \times 10 + 75 \times 15 - 5 \times 15 \times 7.5 = 0$

$$\therefore R_{AH} = \frac{1}{10}(75 \times 15 - 5 \times 15 \times 7.5) = 56.25\text{kN}(\rightarrow)$$

$R_{BH} = -R_{AH} = 56.25\text{kN}(\leftarrow)$

임의단면의 단면력은

$V_x = (75 - 5x)\cos\theta - 56.25\sin\theta$

$$M_x = 75x - 56.25y - \frac{5x^2}{2}$$

여기서,

$y = R\cos\theta - R\cos\alpha = R(\cos\theta - \cos\alpha)$

$N_x = -(75 - 5x)\sin\theta - 56.25\cos\theta$

$x = 5\text{m}$ 에서의 접선각을 구하면

$$\sin\theta = \frac{\frac{l}{2} - x}{R} = \frac{15 - 5}{16.25} = \frac{10}{16.25} = 0.6154$$

$$\cos\theta = \frac{\sqrt{16.25^2 - 10^2}}{16.25} = \frac{\sqrt{164.0625}}{16.25} = 0.7882$$

이므로

$V_{x=5} = (75 - 5 \times 5)\cos\theta - 56.25\sin\theta = 50 \times 0.7882 - 56.25 \times 0.6154 = 4.8\text{kN}$

$x = 5\text{m}$ 에서의 y의 값을 구하면 $R = 16.25\text{m}$, $\cos\theta = 0.7882$

$$\cos\alpha = \frac{R - f}{R} = \frac{16.25 - 10}{16.25} = 0.3846$$ 이므로

$y = Rcos\theta - Rcos\alpha = R(\cos\theta - \cos\alpha) = 16.25(0.7882 - 0.3846) = 6.56\text{m}$ 이므로

$$M_{x=5} = 75x - 56.25y - \frac{5x^2}{2} = 75 \times 5 - 56.25 \times 6.56 - \frac{5 \times 5^2}{2} = -56.50\text{kN}\cdot\text{m}$$

$N_{x=5} = -(75 - 5 \times 5)\sin\theta - 56.25\cos\theta = -50 \times 0.6154 - 56.25 \times 0.7882 = -75.11\text{kN}$

예제 11.5

그림 11.9와 같은 반원형 타이드 아치의 부재 AC의 임의단면의 단면력을 구하여라.

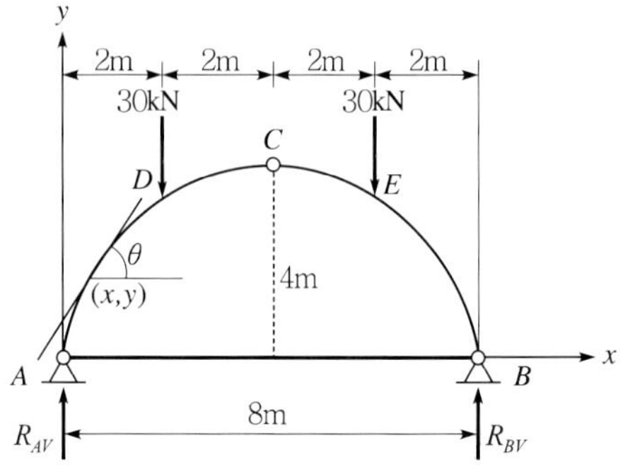

그림 11.9

풀이

$R_{AV} = R_{BV} = 30\,\text{kN}\,(\uparrow)$

먼저 부재 AB의 축방향력 N_{A-B}를 구하면

$\sum M_C = -N_{A\sim B} \times 4 + 30 \times 4 - 30 \times 2 = 0$

$\therefore N_{A\sim B} = 15\text{ kN}$

$A \sim D$간의 단면력

$V_x = 30\cos\theta - 15\sin\theta$

$M_x = 30x - 15y\,(0 \leq x \leq 2)$

여기서, y의 값을 구하면

$y^2 = 4^2 - (4-x)^2 = 8x - x^2$

$\therefore y = \sqrt{8x - x^2}$

$N_x = -30\sin\theta - 15\cos\theta$

$D \sim C$간의 단면력

$V_x = (30-30)\cos\theta - 15\sin\theta = -15\sin\theta$

$M_x = 30x - 30(x-2) - 15y = 60 - 15y$

$N_x = -(30-30)\sin\theta - 15\cos\theta = -15\cos\theta$

예제 11.6

그림 11.10과 같은 경사진 3활절 포물선 아치의 내부 힌지는 아치의 크라운에 배치되어 있다. 크라운의 위치를 구하고, 임의단면 m의 단면력 및 최대 축방향 압축력을 구하여라.

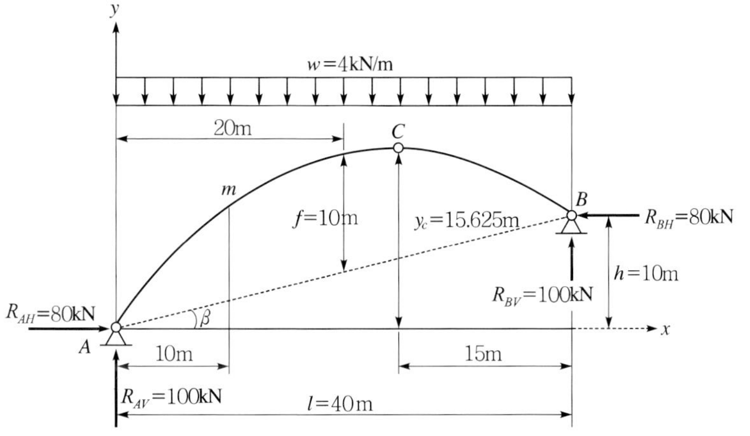

그림 11.10

풀이

(1) 크라운의 위치

그림과 같은 경사진 포물선 아치의 축선 방정식은

$$y = x\tan\beta + \frac{4f}{l^2}(lx - x^2)$$

이다. 따라서, 이 아치의 축선 방정식은 다음과 같다.

$$y = \frac{10}{40}x + \frac{4\times 10}{40^2}(40x - x^2) = 1.25x - \frac{x^2}{40} \qquad \text{(a)}$$

따라서, y가 최대인 크라운의 위치의 x값은

$$\frac{dy}{dx} = 1.25 - \frac{x}{20} - 0$$

$$\therefore x = a = 25\text{m}$$

크라운의 위치의 y값은

$$y_{\max} = y_c = 1.25\times 25 - \frac{25^2}{40} = 15.625\text{m}$$

또는,

$$y_c = y_{x=25} = x\tan\beta + \frac{4f}{l^2}(lx - x^2) = 25\times\frac{10}{40} + \frac{4\times 10}{40^2}(40\times 25 - 25^2) = 6.25 + 9.375 = 15.625\text{m}$$

(2) 임의단면의 단면력

먼저 지점 반력을 구하면

$\sum M_B = R_{AV} \times 40 - R_{AH} \times 10 - 4 \times 40 \times 20 = 0$

$4R_{AV} - R_{AH} - 320 = 0$ ①

$M_C = R_{AV} \times 25 - R_{AH} \times 15.625 - 4 \times 25 \times 12.5 = 0$

$25R_{AV} - 15.625R_{AH} - 1250 = 0$ ②

식 ①, ②를 연립으로 풀면

$R_{AV} = 100\text{kN}\ (\uparrow),\quad R_{AH} = 80\,\text{kN}\ (\rightarrow)$

$\sum V = 0$에 의하여 $R_{BV} = 4 \times 40 - 100 = 60\text{kN}\ (\uparrow)$

$\sum H = 0$에 의하여 $R_{BH} = -R_{AH} = 80\,\text{kN}(\leftarrow)$

임의단면의 단면력을 구하면

$V_x = (100 - 4x)\cos\theta - 80\sin\theta = \cos\theta(100 - 4x - 80\tan\theta)$에서

$$\tan\theta = \frac{dy}{dx} = \tan\beta + \frac{4f}{l^2}(l - 2x) = \frac{10}{40} + \frac{4 \times 10}{40^2}(40 - 2x) = \frac{125 - 5x}{100} \quad \text{(b)}$$

이므로

$$V_x = \cos\theta\left(100 - 4x - 80 \times \frac{125 - 5x}{100}\right) = 0$$

따라서, 전단력은 어느 단면에서나 0이다.

$M_x = 100x - 4 \times x \times \dfrac{x}{2} - 80y = 100x - 2x^2 - 80y$에서

식 (a)로부터 $y = 1.25x - \dfrac{x^2}{40}$이므로

$$M_x = 100x - 2x^2 - 80\left(1.25x - \frac{x^2}{40}\right) = 0$$

따라서, 휨 모멘트는 어느 단면에서나 0이다.

$N_x = -(100 - 4x)\sin\theta - 80\cos\theta$에서

식 (b)에 의하여

$$\sin\theta = \frac{125 - 5x}{\sqrt{100^2 + (125 - 5x)^2}},\quad \cos\theta = \frac{100}{\sqrt{100^2 + (125 - 5x)^2}}$$

이므로

$$N_x = -(100 - 4x) \times \frac{125 - 5x}{\sqrt{100^2 + (125 - 5x)^2}} - 80 \times \frac{100}{\sqrt{100^2 + (125 - 5x)^2}}$$

$$= \frac{-20{,}500 + 1000x - 20x^2}{\sqrt{100^2 + (125 - 5x)^2}} \quad \text{(c)}$$

일반적으로 3활절 포물선 아치에 등분포하중이 작용하면 아치가 수평이든 경사지든 관계없이 단면에 전단력과 휨 모멘트는 작용하지 않고 축방향 압축력만 작용한다.

(3) 단면 m의 단면력 및 최대 축방향 압축력

단면 m의 단면력으로는 축방향 압축력만 구하면 된다.

단면 m에서의 접선각은 식 (b)에 의하여

$$\tan\theta_{x=10} = \frac{125-5\times10}{100} = \frac{75}{100} = \frac{3}{4}$$

$\therefore \sin\theta = \frac{3}{5}, \quad \cos\theta = \frac{4}{5}$ 이므로

$$N_m = -(100-4\times10)\sin\theta - 80\cos\theta = -60\times\frac{3}{5} - 80\times\frac{4}{5} = -\frac{500}{5} = -100\,\mathrm{kN}$$

또는 식 (c)에 의하여

$$N_m = N_{x=10} = \frac{-20{,}500+1000\times10-20\times10^2}{\sqrt{100^2+(125-5\times10)^2}} = \frac{-12{,}500}{125} = -100\,\mathrm{kN}$$

최대 축방향 압축력은 낮은 지점 A에서 일어난다. 이는 식 (c)를 x에 관하여 미분하여 0으로 놓으면 $x=0$임을 알 수 있다.

지점 A에서의 접선각은 식 (b)에 의하여

$$\tan\theta = \frac{125}{100} = \frac{5}{4} \quad \therefore \sin\theta = \frac{5}{\sqrt{4^2+5^2}} = \frac{5}{\sqrt{41}}, \quad \cos\theta = \frac{4}{\sqrt{41}}$$

이므로

$$N_{\max} = -V_A\sin\theta - H_A\cos\theta = -100\times\frac{5}{\sqrt{41}} - 80\times\frac{4}{\sqrt{41}} = -\frac{820}{\sqrt{41}} = -128.06\mathrm{kN}$$

11.2 케이블

케이블(cable)이란 로프, 강선 등과 같이 휨 모멘트나 압축력에는 저항할 수 없고 오직 인장력에만 저항할 수 있는 유연(柔軟)한(flexible) 부재로서 현수교(懸垂橋, suspension bridge), 사장교(斜張橋, cable-stayed bridge)의 케이블, 케이블카(cable car)의 삭도(索道, cableway), 송전선 등이 대표적인 것이며 송신탑, 기중기 등의 빋침줄(guy)로도 널리 사용된다. 아치는 주로 축방향 압축력에 의하여 연직 하중을 지지하는 구조인데 대하여 케이블은 축방향 인장력에 의하여 연직 하중을 지지하는 구조이다.

케이블에 작용하는 하중은 집중하중, 현수교의 중량과 같이 수평 길이에 따라 균일하게 분포된 등분포하중, 단면이 일정한 케이블의 자중과 같이 케이블의 축에 따라 분포된 등분포하중 등이 있다. 자중과 같은 등분포하중을 받는 케이블의 모양은 현수선이며, 자중을 무시하고 수평 길이에 따라 분포된 등분포하중에 의한 케이블의 모양은 포물선의 형태로 된다. 여기서는, 포물선 형상의 케이블만을 다루기로 한다.

11.2.1 집중하중을 받는 케이블

그림 11.11과 같은 케이블에서 자중은 무시하고 집중하중만 작용하는 것으로 생각한다. 케이블은 인장력에만 저항하는 구조이므로 양 지점 A, B에는 케이블의 지점에서의 축선 방향으로 반력 R_A, R_B가 그림과 같이 발생될 것이고, 이들 반력을 그림과 같이 수평 및 연직 성분으로 분해하여 생각한다.

케이블은 유연하여 잘 휘어지기 때문에 하중의 작용 위치에 따라 그 형상이 변한다.

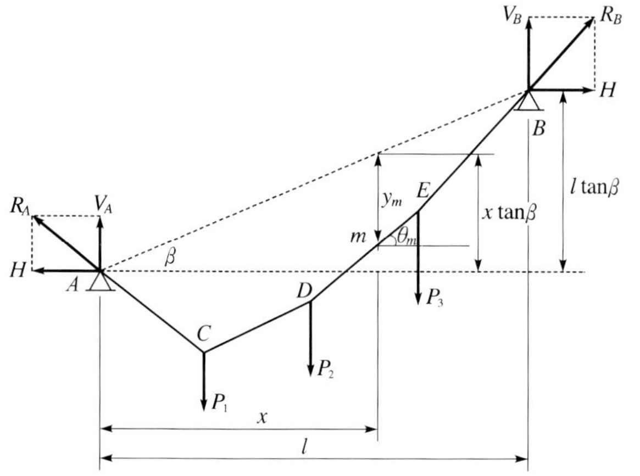

그림 11.11

케이블에는 연직 방향의 하중만 작용하므로 양 지점의 수평 반력은 크기가 같고 방향이 반대이어야 하며, 케이블의 임의단면에 일어나는 인장력의 수평 성분은 항상 수평반력 H와 같아야 한다. 다시 말하면 케이블의 어느 단면에서나 인장력의 수평 성분은 일정하다.

지점반력은 다음과 같이 구한다. 지점 A의 반력을 구하기 위해서는 먼저 $\Sigma M_B = 0$에 의하여

$$\Sigma M_B = V_A\, l + H(l\tan\beta) - \Sigma P_i(l - x_i) = 0 \tag{a}$$

이다. 여기서, x_i는 지점 A로부터 P_i까지의 수평 거리이고 $\Sigma P_i(l - x_i)$는 케이블에 작용하는 모든 하중의 점 B에 대한 모멘트의 합이다.

다음에 케이블은 휨 모멘트에 대한 저항 능력이 없으므로 임의의 점 m의 휨 모멘트는 0이므로

$$M_m = V_A\, x + H(x\tan\beta - y_m) - \Sigma P_i(x - x_i) = 0 \tag{b}$$

이다. 여기서, y_m은 점 m와 케이블의 현(弦)과의 연직 거리이다.

위의 식 (a), (b)를 연립으로 풀면 V_A와 H의 값을 구할 수 있다. 식 (a)로부터

$$V_A = \frac{1}{l}\Sigma P_i(l - x_i) - H\tan\beta \tag{c}$$

이 값을 식 (b)에 대입하면

$$\frac{x}{l}\Sigma P_i(l - x_i) - Hx\tan\beta + H(x\tan\beta - y_m) - \Sigma P_i(x - x_i) = 0$$

$$Hy_m = \frac{x}{l}\Sigma P_i(l - x_i) - \Sigma P_i(x - x_i) \tag{d}$$

이다. 식 (d)의 오른쪽 변은 이 케이블에 작용하는 하중이 이 케이블과 같은 경간의 단순보에 작용할 때 단면 m의 휨 모멘트와 같으므로 다음과 같은 사실을 알 수 있다. 즉, 연직 하중을 받는 케이블의 임의점에서의 케이블의 인장력의 수평 성분과 그 점에서 케이블의 현까지의 연직 거리를 곱한 값은 케이블에 작용하는 하중이 케이블과 같은 경간의 단순보에 작용할 때 그 점에 일어나는 휨 모멘트와 같다. 따라서 식 (d)는 다음과 같이 쓸 수 있다.

$$H \cdot y_m = \text{대등한 단순보에서의 } M_m \tag{11.8}$$

위와 같은 사실을 **케이블에 관한 일반 정리**라 하며, 임의의 연직 하중에 대하여 케이블의 현이 수평이든 경사지든 관계없이 성립한다.

다음에 점 m의 인장력 T_m을 구하면 다음과 같다.

$$\Sigma H = T_m\cos\theta_m - H = 0$$

$$\therefore\ T_m = \frac{H}{\cos\theta_m} \tag{11.9}$$

이 식에서 $\cos\theta_m$이 최소일 때, 즉 θ_m이 최대인 점에서 케이블의 장력 T_m은 최대임을 알 수 있다.

예제 11.7

그림 11.12와 같이 집중하중을 받는 케이블의 지점 반력을 구하여라. 그리고 점 D, E로부터 케이블의 현까지의 연직 거리 y_D, y_E와 케이블의 최대 인장력을 구하여라.

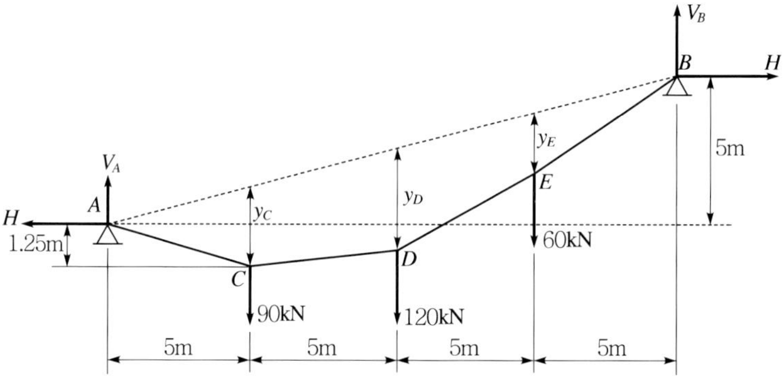

그림 11.12

풀이

(1) 지점 반력

지점 A의 반력을 구하기 위하여 케이블 전체에 대하여 $\sum M_B = 0$을 적용하면,

$\sum M_B = H \times 5 + V_A \times 20 - 90 \times 15 - 120 \times 10 - 60 \times 5 = 0$

$\therefore H + 4V_A - 570 = 0$ (a)

단면 C의 왼쪽에 대하여 $M_C = 0$을 적용하면

$\sum M_C = -H \times 1.25 + V_A \times 5 = 0$

$\therefore H - 4V_A = 0$ (b)

식 (a)와 (b)를 연립으로 풀면

$H = 285\ \mathrm{kN}(\leftarrow)$, $V_A = 71.25\ \mathrm{kN}(\uparrow)$

케이블의 양 지점의 수평 반력의 크기는 같고 방향은 반대이므로 지점 B의 수평 반력은

$H_B = 285\,\mathrm{kN}(\rightarrow)$

또는 케이블에 관한 일반 정리를 적용하여 다음과 같이 구할 수 있다.

점 C에서 $y_C = 1.25 + 5 \times \dfrac{5}{20} = 2.5\mathrm{m}$

케이블과 대등한 단순보에서 지점 A의 반력 R_A는

$$R_A = \frac{1}{20}(90 \times 15 + 120 \times 10 + 60 \times 5) = 142.5\,\mathrm{kN}\ (\uparrow)$$

케이블에 관한 일반 정리로부터 케이블에서

Hy_c =단순보의 M_C 이므로

$2.5H = 142.5 \times 5 \quad \therefore H = 285\mathrm{kN}(\leftarrow)$

단면 C의 왼쪽에 대하여 $M_C = 0$을 적용하면

$$M_C = V_A \times 5 - 285 \times 1.25 = 0$$

$$\therefore V_A = 71.25\,\text{kN}(\uparrow)$$

또는, 지점 A의 반력 $R_A = \sqrt{H^2 + V_A^2}$ 은 AC구간의 케이블의 인장력과 같으므로

$$V_A = H \times \frac{1.25}{5} = 285 \times \frac{1.25}{5} = 71.25\text{kN}(\uparrow)$$

지점 B의 수평 반력은 케이블의 양 지점의 수평 반력은 크기는 같고 방향은 반대이므로

$H = 285\,\text{kN}(\rightarrow)$이고, 연직 반력은

$\Sigma V = 0$에 의하여

$$V_B = \sum P - V_A = 90 + 120 + 60 - 71.25 = 198.75\,\text{kN}(\uparrow)$$

(2) y_D, y_E

케이블의 모든 단면의 휨 모멘트는 0이므로

단면 D의 왼쪽에 대하여

$$M_D = -H\left(y_D - 5 \times \frac{10}{20}\right) + V_A \times 10 - 90 \times 5 = -285(y_D - 2.5) + 71.25 \times 10 - 90 \times 5 = 0$$

$$\therefore y_D = \frac{1}{285}(285 \times 2.5 + 71.25 \times 10 - 90 \times 5) = 3.421\text{m}$$

단면 E의 오른쪽에 대하여

$$M_E = -H\left(y_E + 5 \times \frac{5}{20}\right) + V_B \times 5 = -285(y_E + 1.25) + 198.75 \times 5 = 0$$

$$\therefore y_E = \frac{1}{285}(-285 \times 1.25 + 198.75 \times 5) = 2.237\text{m}$$

또는 케이블에 관한 일반 정리로부터

단면 D의 왼쪽에 대하여

$$Hy_D = M_D = R_A \times 10 - 90 \times 5$$

$$285y_D = 142.5 \times 10 - 90 \times 5 = 975$$

$$\therefore y_D = \frac{975}{285} - 3.421\text{m}$$

단면 E의 오른쪽에 대하여

$Hy_E = M_E = R_B \times 5$(대등한 단순보에서의 $R_B = 127.5\,\text{kN}$)

$$285y_E = 127.5 \times 5 = 637.5$$

$$\therefore y_E = \frac{637.5}{285} = 2.237\text{m}$$

(3) 최대 인장력

케이블의 모든 단면에서 인장력의 수평 성분은 일정하므로 최대 인장력은 수직 성분이 최대인 부분에서 일어난다. 이 문제에서는 EB부분에서 최대 인장력이 일어나며 그 값은 지점 B의 반력과 같으므로 반력 성분 H와 V_B의 합력과 같다.

$$T_{\max} = T_{EB} = \sqrt{H^2 + V_B{}^2} = \sqrt{285^2 + 198.75^2} = 347.46 \text{ kN}$$

또는, 식 (11.9)에 의하여 다음과 같이 구한다.

축선 EB의 E에서 B까지의 수직거리가

$$y_E + 5 \times \frac{5}{20} = 2.237 + 5 \times \frac{1}{4} = 3.487\text{m} \text{ 이므로}$$

$$T_{\max} = T_{EB} = \frac{H}{\cos\theta} = 285 \times \frac{\sqrt{5^2 + 3.487^2}}{5} = 347.46\text{kN}$$

11.2.2 등분포하중을 받는 케이블

(1) 케이블의 축선 방정식

케이블의 형상을 나타내는 축선 방정식은 좌표의 원점을 어느 점에 잡느냐에 따라 다르다. 다음에 케이블의 왼쪽 지점, 케이블의 중점 및 케이블의 최하단을 원점으로 하는 경우의 축선 방정식을 구하기로 한다.

① 원점이 케이블의 왼쪽 지점인 경우 ; 그림 11.13(a)는 현이 각 β 만큼 경사진 케이블로서 수평 경간에 따라 등분포하중이 작용한다.

지점 A를 좌표축의 원점으로 하고 지점 A로부터 거리 x에 위치한 임의의 점 m에서 케이블에 관한 일반 정리를 적용하면

$$H \cdot y_m = \frac{w}{2}(lx - x^2) \tag{a}$$

여기서, 케이블의 경간의 중점에서의 y_m의 값 f를 케이블의 새그(sag)라고 하며, 어떤 경우든지 연직으로 잰다.

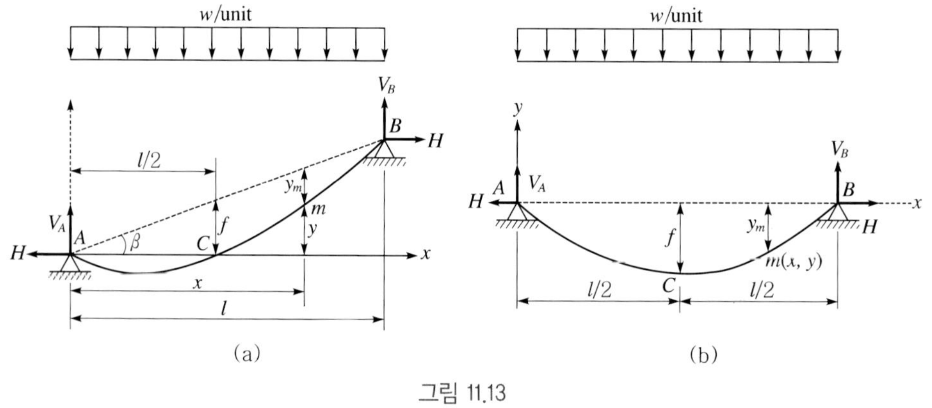

그림 11.13

식 (a)에서 $x=\frac{l}{2}$ 이면, $y_m=f$ 이므로

$$H \cdot f=\frac{wl^2}{8} \text{ 또는 } H=\frac{wl^2}{8f} \tag{11.10}$$

이 식은 케이블의 현이 수평이든 경사지든 관계없이 성립한다.

식 (11.10)을 식 (a)에 대입하면

$$y_m=\frac{w}{2H}(lx-x^2)=\frac{8f}{wl^2}\cdot\frac{w}{2}(lx-x^2)=\frac{4f}{l^2}(lx-x^2) \tag{b}$$

그림(a)에서 $y=x\ \tan\beta-y_m$ 이며, 이 식에 식 (b)의 y_m 을 대입하면

$$y=x\tan\beta-\frac{4f}{l^2}(lx-x^2) \tag{11.11}$$

이다. 이 식은 그림(a)의 케이블의 축선 방정식을 나타내는 포물선이다.

그림(b)와 같이 $\beta=0$ 인 케이블의 축선 방정식은 다음 식으로 표시된다.

$$y=\frac{4f}{l^2}(x^2-lx) \tag{11.12}$$

② 원점이 케이블의 중점인 경우 : 그림 11.14와 같이 케이블의 중점 C를 좌표축의 원점으로 하면 식 (11.12)의 x에 $x+\frac{l}{2}$, y에 $y-f$를 대입하면 다음과 같은 포물선을 나타내는 식이 된다.

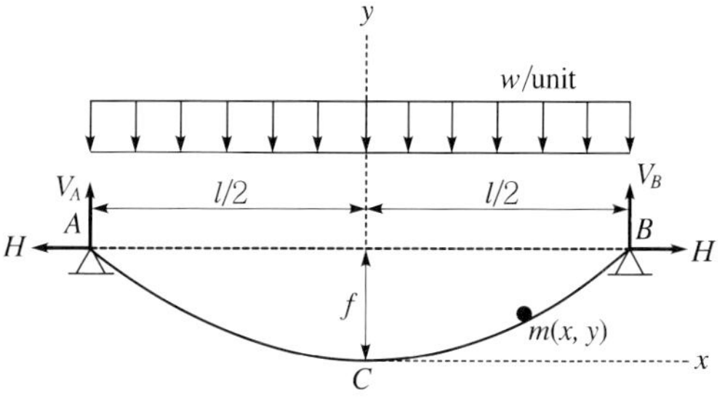

그림 11.14

$$y=\frac{4f}{l^2}x^2 \tag{11.13}$$

③ 원점이 케이블의 최하단인 경우 ;

그림 11.15(a)와 같이 케이블의 최하단 C를 좌표의 원점으로 하는 경우, 그림(b)와 같이 원점 C의 바로 오른쪽 부분에 대한 자유 물체도를 생각한다. 원점 C에서의 케이블의 부재축 방향은 수평이므로 이 점에서의 인장력 T_C는 수평 방향으로 작용한다. 케이블에서는 모든 단면에 작용하는 인장력의 수평 성분은 일정한 값 H 이므로 $T_C=H$ 임을 알 수 있으며, 또한 H는 케이블의 양 지점에서의 수평 반력과 같다.

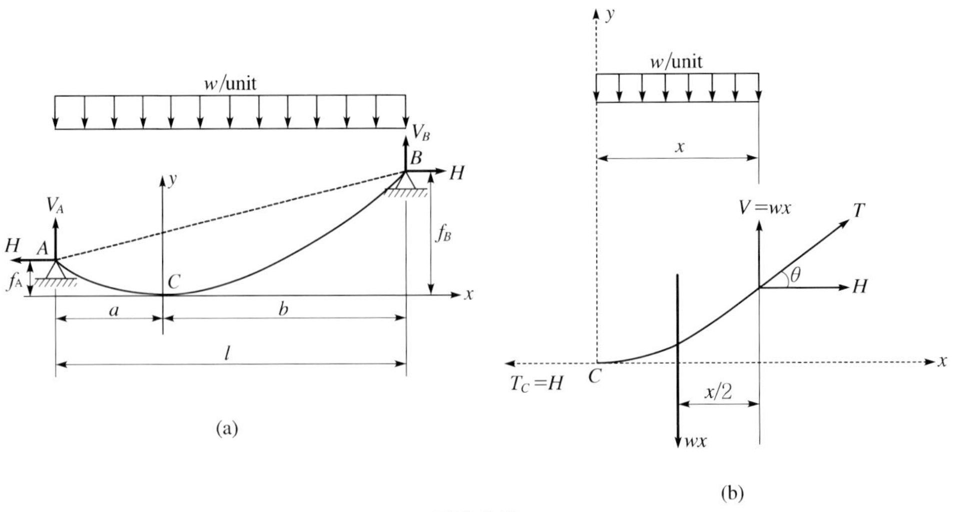

그림 11.15

원점 C로부터 임의의 수평 거리가 x인 단면에 작용하는 인장력을 T라 하면 힘의 평형 방정식 $\sum H=0$, $\sum V=0$에 의하여 인장력 T의 수평 성분은 H와 같고, 연직 성분은 wx와 같아야 하므로 다음 식이 성립한다.

$$T\cos\theta = H, \qquad T\sin\theta = wx \tag{a}$$

식 (a) 또는 그림(b)로부터 다음의 관계를 알 수 있다.

$$\tan\theta = \frac{wx}{H} \tag{b}$$

따라서, 이 곡선의 기울기는

$$\frac{dy}{dx} = \tan\theta = \frac{wx}{H} \tag{c}$$

케이블의 축선 방정식은 식 (c)를 적분하면

$$y = \frac{wx^2}{2H} + C \tag{d}$$

여기서, $x=0$일 때 $y=0$이므로 $C=0$이다. 따라서 그림(a)와 같이 케이블의 최하단을 원점으로 하는 케이블의 축선 방정식은 다음과 같은 포물선이 된다.

$$y = \frac{w}{2H}x^2 \tag{11.14}$$

(2) 포물선 케이블의 인장력

① 원점이 케이블의 왼쪽 지점인 경우 ; 그림 11.13과 같이 왼쪽 지점을 좌표의 원점으로 한 케이블의 인장력의 수평 성분은 식 (11.10)으로 계산된다. 원점에서 임의의 거리 x 만큼 떨어진 점으로부터 오른쪽으로 길이가 ds이고 이의 수평 성분이 dx, 연직 성분이 dy인 미소한 요소를 생각하면 케이블의 임의점 x에서의 인장력 T_x는 다음 식으로 표시된다.

$$T_x = \frac{ds}{dx}H \tag{a}$$

그림 11.13(a)와 같이 케이블의 현이 β 만큼 경사진 경우에는 식 (11.11)을 미분하면,

$$\frac{dy}{dx} = \frac{8f}{l^2}x - \frac{4f}{l} + \tan\beta = \frac{8n}{l}x - 4n + \tan\beta \tag{b}$$

여기서, $n = \dfrac{f}{l}$이며, 이것을 케이블의 **새그비**(sag ratio)라고 한다.

$$\text{한편, } ds = \sqrt{dx^2 + dy^2} = dx\sqrt{1 + \left(\frac{dy}{dx}\right)^2} \tag{c}$$

이므로 식 (c)를 식 (a)에 대입하면

$$T_x = H\frac{ds}{dx} = H\sqrt{1 + \left(\frac{dy}{dx}\right)^2} \tag{11.15}$$

식 (11.15)에 식 (b)를 대입하면

$$T_x = H\left(1 + \frac{64n^2}{l^2}x^2 + 16n^2 + \tan^2\beta - \frac{64n^2}{l}x + \frac{16n}{l}x\tan\beta - 8n\tan\beta\right)^{\frac{1}{2}} \tag{11.16}$$

케이블의 양단 A, B에서의 인장력은

$$\left.\begin{aligned} x = 0\text{에서,}\quad & T_A = H(1 + 16n^2 + \tan^2\beta - 8n\tan\beta)^{\frac{1}{2}} \\ x = l\text{에서,}\quad & T_B = H(1 + 16n^2 + \tan^2\beta + 8n\tan\beta)^{\frac{1}{2}} \end{aligned}\right\} \tag{11.17}$$

케이블의 최대 인장력은 두 지점 가운데 높은 지점에서 일어난다. 위의 경우는 지점 B가 지점 A보다 높으므로 T_B가 최대이다. 왜냐하면 이 경우 $\tan\beta > 0$이기 때문이다. 만일 지점 A가 지점 B보다 높으면 $\tan\beta < 0$으로 되어 T_A가 최대이다.

위에서 포물선 케이블의 인장력을 구하는 식 (11.16), (11.17)을 유도하였으나, 이들의 식을 쓰지 않고 케이블의 인장력의 수평 분력 H가 구해지면 H는 케이블의 모든 점에서 일정하므로 케이블의 임의점의 접선각 θ_x의 cos값을 구하여 다음 식으로 구하면 된다.

$$T_x = \frac{H}{\cos\theta_x}, \quad T_A = \frac{H}{\cos\theta_A}, \quad T_B = \frac{H}{\cos\theta_B}$$

그림 11.13(b)와 같이 케이블의 현이 수평일 때는 $\tan\beta = 0$이므로 케이블의 양단에서 최대 인장력이 일어나며 그 값은 다음과 같다.

$$T_{\max} = T_A = T_B = H\sqrt{1+16n^2} \tag{11.18}$$

위의 식 (11.18)은 다음과 같이 유도할 수 있다. 케이블의 현이 수평인 경우에는 최대 인장력은 케이블의 양단에서 일어나며 그 값은 양 지점의 반력과 같으므로 반력의 수평 성분 H와 연직 성분 V의 합력과 같다. 그런데, 반력의 연직 성분은 전 하중의 1/2이고, 수평 성분 $H = \dfrac{wl^2}{8f} = \dfrac{wl}{8n}$로부터 $w = \dfrac{8n}{l}H$이므로 $V = \dfrac{wl}{2} = 4nH$이다. 따라서, 최대 인장력은

$$T_{\max} = \sqrt{H^2 + V^2} = \sqrt{H^2 + (4nH)^2} = H\sqrt{1+16n^2}$$

② 원점이 케이블의 최하단인 경우 ; 그림 11.15(a)와 같이 케이블의 최하단을 좌표의 원점으로 한 케이블의 원점으로부터 임의의 거리 x에서의 인장력 T는 그림(b)와 같이 수평 성분 H와 연직 성분 $V = wx$의 합력과 같으므로

$$T = \sqrt{H^2 + V^2} = \sqrt{H^2 + w^2x^2} \tag{11.19}$$

여기서, 수평 성분은 식 (11.14)로부터 $H = \dfrac{w}{2y}x^2$이므로, 케이블의 양단, A, B에서의 인장력의 수평 성분은 $H_A = \dfrac{w}{2f_A}a^2$, $H_B = \dfrac{w}{2f_B}b^2$이고, 연직성분은 $V_A = wa$, $V_B = wb$이다. 따라서, 점 A, B에서의 인장력은 다음과 같다.

$$\left.\begin{aligned} T_A &= \sqrt{{H_A}^2 + {V_A}^2} = \sqrt{\left(\frac{w}{2f_A}a^2\right)^2 + w^2a^2} = wa\sqrt{1+\left(\frac{a}{2f_A}\right)^2} \\ T_B &= \sqrt{{H_B}^2 + {V_B}^2} = \sqrt{\left(\frac{w}{2f_B}b^2\right)^2 + w^2b^2} = wb\sqrt{1+\left(\frac{b}{2f_B}\right)^2} \end{aligned}\right\} \tag{11.20}$$

그림 11.14와 같이 케이블의 현이 수평이면 대칭이 되며, 따라서 $T_A = T_B = T_{\max}$,

$a = b = \dfrac{l}{2}$, $f_A = f_B = f$ 이므로

$$T_{\max} = T_A = T_B = \frac{wl}{2}\sqrt{1 + \left(\frac{l}{4f}\right)^2} \tag{11.21}$$

(3) 포물선 케이블의 길이

현이 기울어진 케이블의 길이는 그림 11.16과 같이 경간이 $l' = l/\cos\beta$, 새그가 $f' = f\cos\beta$ 인 수평한 케이블의 길이가 같다고 가정하여 구한다.

$$n' = \frac{f'}{l'} = \frac{f\cos\beta}{l/\cos\beta} = n\cos^2\beta$$

원점에 케이블의 중점인 경우 실용적인 식을 구하면 다음과 같다.

$$S = l'\left(1 + \frac{8}{3}n'^2\right) = \frac{l}{\cos\beta}\left(1 + \frac{8}{3}n^2\cos^4\beta\right)$$

$$= l\left(\frac{1}{\cos\beta} + \frac{8}{3}n^2\cos^3\beta\right) \tag{11.22}$$

(4) 포물선 케이블의 탄성신장

케이블에 훅의 법칙이 성립하는 한도내의 하중이 작용하면 탄성신장을 일으켜 그 길이가 늘어난다. 만일 탄성계수 E, 단면적 A, 길이 S의 케이블에 일정한 크기의 인장력 T가 작용하면 케이블의 탄성신장 ΔS를 구하는 식은 다음과 같다.

$$\Delta S = \frac{Hl}{EA}\left(1 + \frac{16}{3}n^2 + \tan^2\beta\right) \tag{11.23}$$

케이블의 현이 수평일 때는 $\beta = 0$이므로 다음과 같이 된다.

$$\Delta S = \frac{Hl}{EA}\left(1 + \frac{16}{3}n^2\right) \tag{11.24}$$

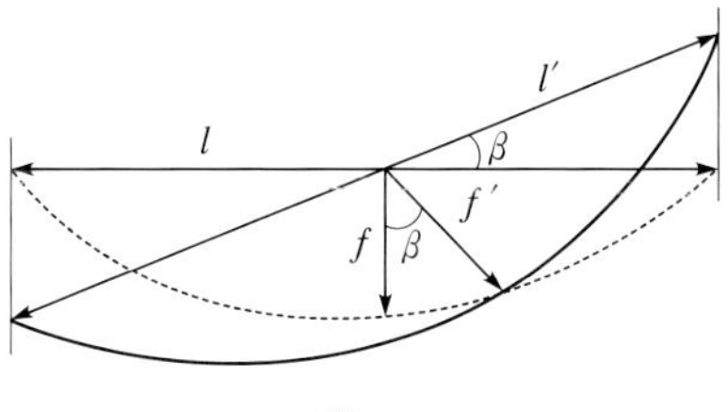

그림 11.16

연습문제

11.1 그림 11.17과 같은 반원형 캔틸레버 곡선보의 임의단면의 단면력을 구하여라.

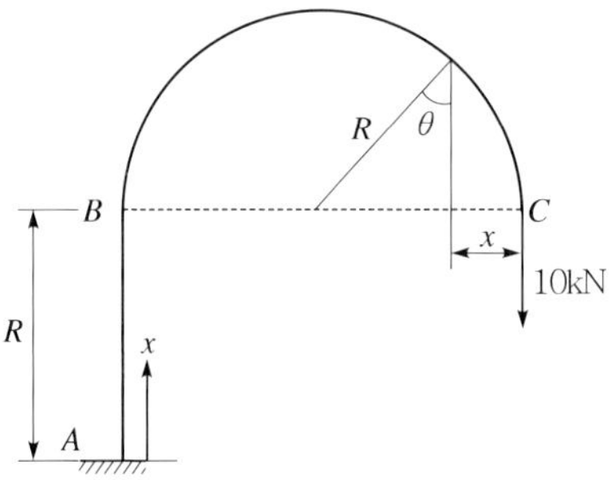

그림 11.17

11.2 등분포하중 $w/unit$, 반경 R 인 반원형 단순 곡선보의 임의단면의 단면력을 구하여라.

11.3 그림 11.18과 같은 원호 곡선보의 단면 A, B, C, D의 단면력을 구하여라.

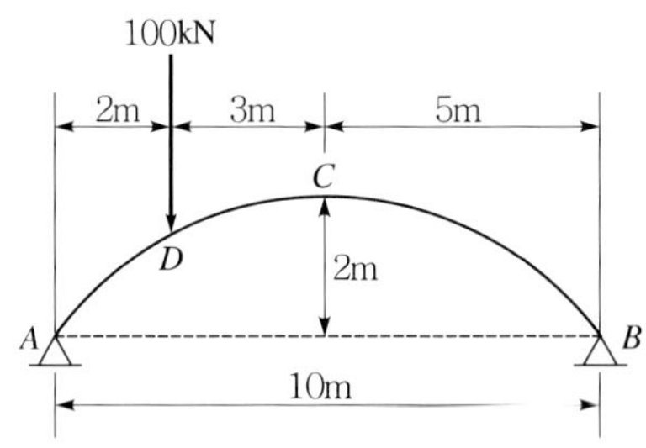

그림 11.18

11.4 그림 11.19와 같은 3활절 원호 아치의 단면 $A \sim D$, $B \sim C$의 단면력을 구하여라.

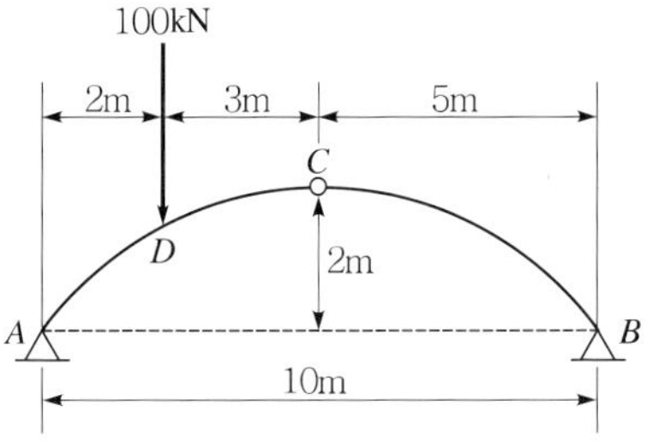

그림 11.19

11.5 그림 11.19에서 아치의 축선이 포물선일 때 단면 A, B, C, D의 단면력을 구하고 문제 11.3, 11.4와 비교하여 보아라.

11.6 경간 $40\mathrm{m}$, 라이즈 $16\mathrm{m}$, 아치의 중점에 위치한 크라운에 내부 힌지가 배치된 포물선형 타이드 아치가 단순 지지되어 있다. 이 아치에 등분포하중 $w = 20\mathrm{kN/m}$ 가 작용할 때 왼쪽 지점 A로부터 $x = 10\mathrm{m}$ 인 단면의 단면력을 구하여라.

11.7 그림 11.20의 아치는 내부 힌지가 크라운에 배치되어 있는 경사진 3활절 포물선 아치이다. 그림에 표시된 a, b, f의 값을 구하고, 점 A, B, C, D, E, F의 단면력을 구하여라.

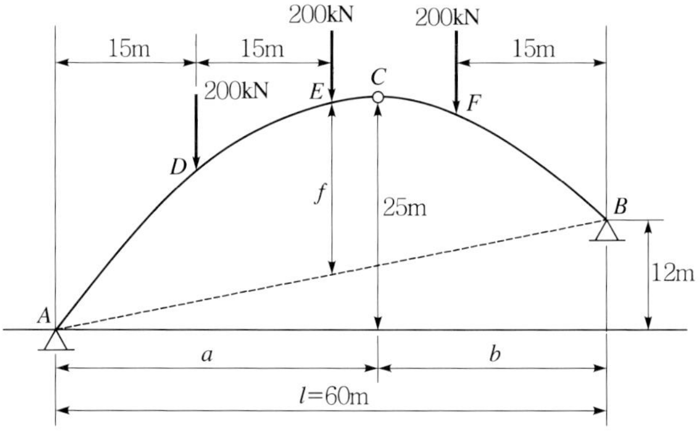

그림 11.20

11.8 그림 11.21과 같은 케이블의 지점 반력을 구하고, 점 C, E의 연직 거리 y_C, y_E와 케이블의 최대 인장력을 구하여라.

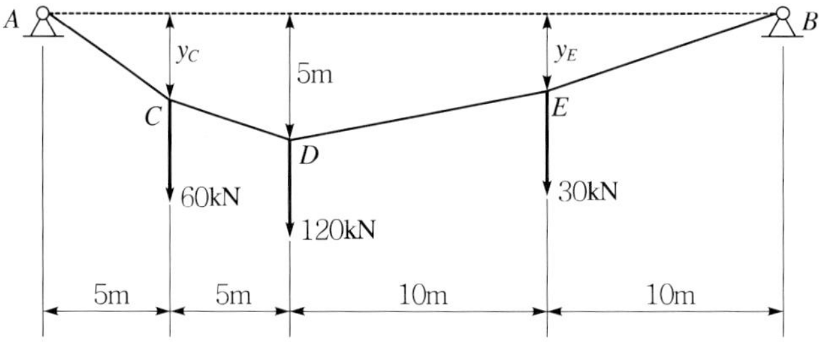

그림 11.21

11.9 그림 11.22와 같은 케이블의 지점 반력을 구하고, 점 C, D의 연직 거리 y_C, y_D와 케이블의 전 구간의 인장력을 구하여라.

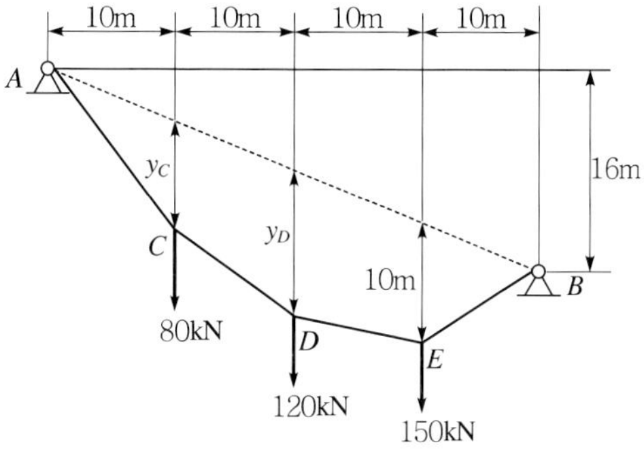

그림 11.22

11.10 수평 길이에 따라 18kN/m의 등분포하중을 받는 경간 100m의 현이 수평한 케이블의 중점에서 현까지의 연직 거리를 6m로 하려고 한다. 이 케이블의 최대 인장력, 길이, 탄성 신장을 구하여라. 단, $E = 2.1 \times 10^5\text{MPa}$, $A = 260\text{cm}^2$.

11.11 현이 수평한 경간 80m의 케이블의 허용 최대 인장력이 1800kN이고 케이블의 중점에서 현까지의 연직 거리는 8m이다. 이 케이블에 수평 길이에 따라 작용시킬 수 있는 등분포하중의 최대값과 케이블의 길이를 구하여라.

11.12 양쪽 지점의 높이가 같은 경간 $50\mathrm{m}$ 의 케이블의 길이가 $60\mathrm{m}$ 이다. 이 케이블에 수평 길이에 따라 $6\mathrm{kN/m}$ 의 등분포하중이 작용할 때 케이블의 새그를 구하고, 최대 및 최소 인장력을 구하여라.

11.13 경간이 $100\mathrm{m}$ 이고 오른쪽 지점 B가 왼쪽 지점 A보다 $10\mathrm{m}$ 높은 경사현 케이블에 수평 길이에 따라 $8\mathrm{kN/m}$ 의 등분포하중이 작용한다. 지점 A로부터 케이블의 최하단까지의 연직 거리를 $10\mathrm{m}$ 로 할 때, 이 케이블의 지점 반력, 최대 및 최소 인장력, 케이블의 길이를 구하여라.

11.14 현이 경사진 케이블의 수평 거리가 $l=160\mathrm{m}$ 이고 오른쪽 지점 B가 왼쪽 지점 A보다 $40\mathrm{m}$ 높다. 이 케이블에 수평 길이에 따라 $w=20\mathrm{kN/m}$ 의 등분포하중이 작용한다. 케이블의 최대 허용 인장력이 $3600\mathrm{kN}$ 일 때 필요한 케이블의 길이 및 탄성 신장을 구하여라. 단, $E=2.1\times10^5\mathrm{MPa}$, $A=300\mathrm{cm}^2$.

CHAPTER 12

정정 트러스

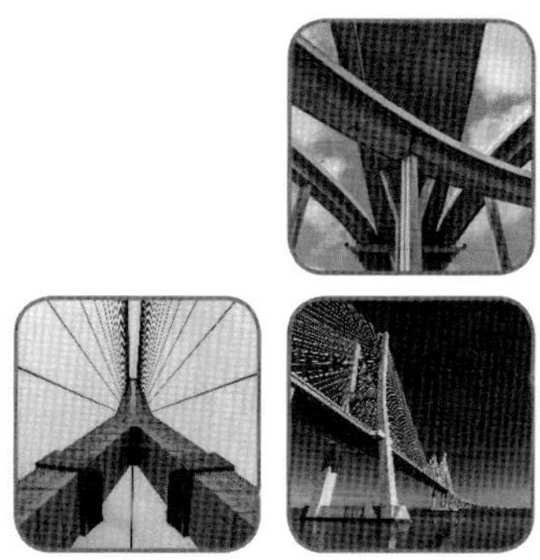

CHAPTER 12

정정 트러스

트러스란 2개 이상의 직선 부재의 양단을 마찰이 없는 힌지에 의하여 삼각형 형상으로 결합시켜 만든 뼈대 구조물을 말한다. 트러스는 모든 부재의 양단이 활절로 되어 있고, 또 그 부재의 중간에 자중을 제외한 어떠한 하중도 작용하지 않는 두 힘 부재로 구성되어 있기 때문에 축방향력에만 저항하는 구조이다. 트러스의 부재에 작용하는 축방향력을 흔히 **부재력**(部材力, member force)이라고 말한다.

경간이 긴 교량을 가설하는 경우, 보는 단면이 커져서 비경제적이다. 트러스 구조는 이런 경우에 가설되는 교량의 구조 형식 가운데 하나이다. 트러스는 교량 이외에도 지붕, 철탑, 기중기 등에 널리 사용된다.

12.1 크러스의 구성과 종류

트러스를 구성하는 모든 부재의 축과 이에 작용하는 모든 외력의 작용선이 함께 동일한 평면내에 있을 때, 그 트러스를 **평면 트러스**(plane truss)라 하고, 공간상에 있을 때 그 트러스를 **입체 트러스**(space truss)라고 한다. 실제의 트러스는 대부분 입체적인 구조이고 모든 방향의 외력이 작용하는 복잡한 것이지만, 이것을 평면 트러스로 분해하여 해석하는 일이 많다. 교량이나 지붕에 쓰이는 트러스는 평면 트러스로 보고 해석하지만 철탑이나 도움(dome)과 같은 트러스는 입체 트러스로 해석해야 한다.

12.1.1 트러스의 각 부분의 명칭

트러스의 외곽을 형성하는 부재를 **현재**(弦材, chord member)라 하고, 그 내부에 있는 부재를 **복부재**(腹部材, web member)라고 한다. 현재 가운데 위에 있는 것을 **상현재**(上弦材, upper chord member), 아래에 있는 것을 **하현재**(下弦材, lower chord member), 양단에 있는 것을 **단주**(端柱, end post)라고 한다. 단주는 가끔 상현재 또는 하현재에 포함시키기도 한다. 복부재 가운데 수직인 것을 **수직재**(vertical member), 경사진 것을 **사재**(斜材, diagonal member)라고 한다. 위의 각 부재 가운데 인장력을 받는 부재를 **인장재**(tension member), 압축력을 받는 부재를 **압축재**(com- pression member, strut)라고 한다.

이미 제10장에서 설명한 바와 같이 부재와 부재의 결합점을 절점 또는 격점이라고 하며, 절점은 그림 12.1과 같이 좌측으로부터 우측으로 향하여 상현의 절점은 U_1, U_2, U_3, ……, 하현의 절점은 L_0, L_1, L_2……, 상현과 하현사이에 있는 절점은 M_1, M_2, M_3……,과 같이 표시한다. 또는 위와 같은 방법으로 절점의 위치에 관계 없이 영문자로 A, B, C, ……, 또는 숫자로 1, 2, 3, ……, 과 같이 표시하기도 한다.

현재의 절점과 절점 사이를 격간(格間, panel)이라 하고, 그 수평 거리를 격간 거리(panel length)라고 한다.

트러스의 부재는 $U_1\,U_2$, $L_1\,L_2$와 같이 부재 양단의 절점 기호로 표시하거나 좌측으로부터 우측으로 향하여 상현재는 U_1, U_2……, 하현재는 L_1, L_2 ……, 수직재 V_1, V_2 ……, 사재는 D_1, D_2……, 와 같이 표시하는 것이 보통이며, 또는 부재의 종류에 관계 없이 위와 같은 방법으로 1, 2, 3,…… 과 같이 숫자를 붙여 표시하기도 한다.

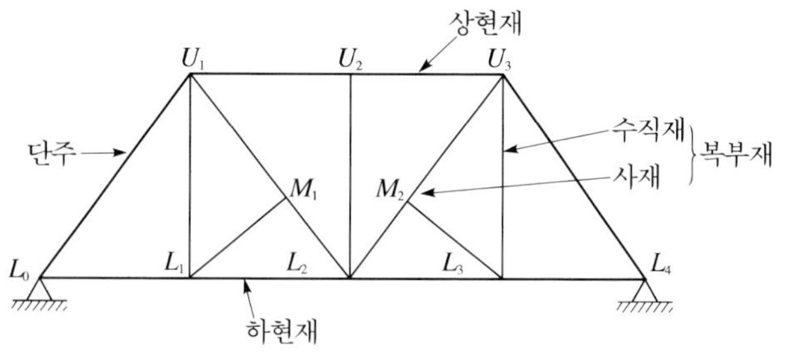

그림 12.1

12.1.2 트러스의 종류

트러스는 위에서 설명한 바와 같이 평면 트러스와 입체 트러스, 용도에 따라 교량 트러스(bridge truss), 지붕 트러스(roof truss) 등으로 분류되며, 트러스 전체의 정정, 부정정에 따라 **정정 트러스**(statically determinate truss)와 **부정정 트러스**(statically indeterminate truss), 지지 방법에 따라 단순보형 트러스, 캔틸레버형 트러스, 게르버보형 트러스 등으로 분류된다. 또 현재의 형상, 활하중의 재하위치, 복부재의 배치 형식, 트러스의 구성 방법 등에 따라 분류된다.

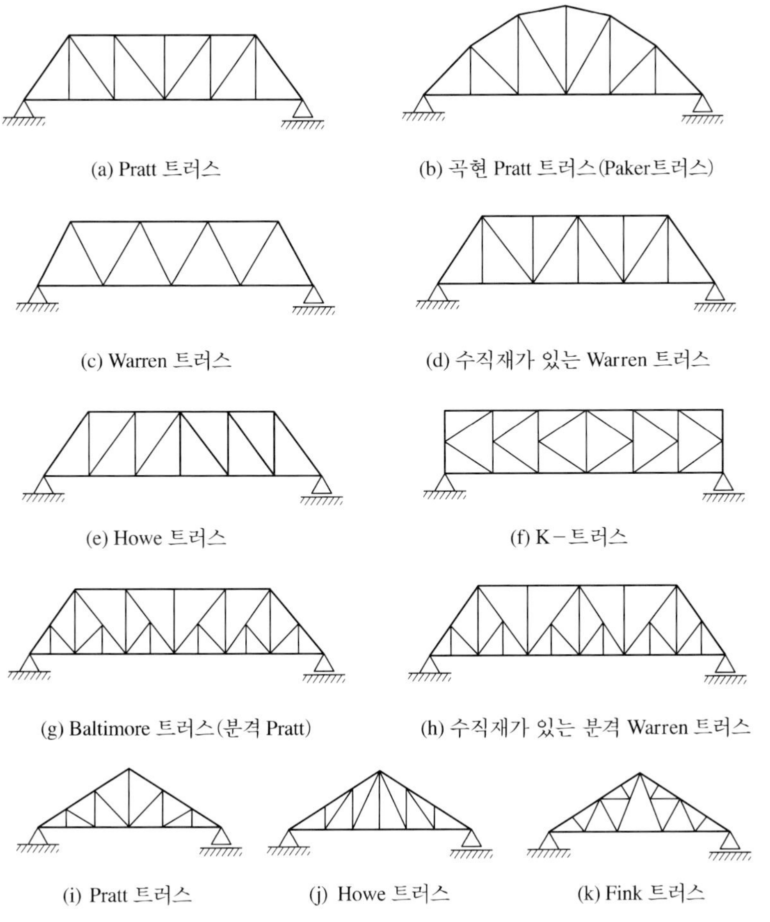

그림 12.2

트러스는 현재의 형상에 따라 상하의 현재가 평행한 트러스를 **직현** 또는 **평행현 트러스**(pallallel chord truss)라고 하고, 현재가 경사진 트러스를 **경사현**(傾斜弦)**트러스**(inclined truss) 또는 **곡현**(曲弦)**트러스**(curved chord truss)라고 한다.

트러스는 활하중의 작용 위치에 따라 상현재의 절점에 활하중이 작용하는 트러스를 **상로**(上路)**트러스**(deck truss), 하현재의 절점에 활하중이 작용하는 트러스를 **하로**(下路)**트러스**(through truss)라고 한다.

트러스는 복부재의 배치 형식에 따라 여러 이름으로 불리우며, 그 대표적인 주요 형식과 이름을 들면 그림 12.2와 같다. 여기서, 그림(a)~(h)는 교량 트러스이고, 그림(i)~(k)는 지붕 트러스이다.

트러스는 구성방법에 따라 **단순 트러스**(simple truss), **합성 트러스**(compound truss), **복합**(複合) **트러스**(complex truss)로 분류된다.

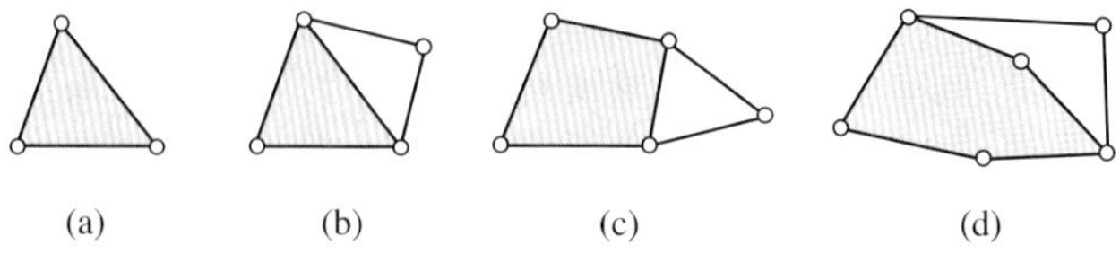

그림 12.3

그림 12.3(a)와 같이 3개의 부재를 3개의 활절로 연결하여 만들어진 3각형 형상의 트러스는 내적으로 안정한 가장 간단한 기본형의 트러스이다. 이 3각형 트러스에 그림(b), (c), (d)와 같이 차례로 새로운 절점 1개에 2개의 부재를 연결해 나가면 여러 가지 형상의 내적으로 안정한 트러스가 만들어지며, 이와 같은 방법으로 구성된 트러스를 단순 트러스라고 한다. 그림 12.2의(a)에서 (e)까지와 (i), (j)의 7개의 트러스는 모두 그 안의 임의의 3각형으로부터 시작하여 위와 같은 방법으로 구성된 단순 트러스이며, 그림(f)는 중앙에 있는 2개의 3각형 가운데 어느 하나의 3각형으로부터 시작하여 위와 같은 방법으로 구성된 단순 트러스이다.

그림 12.4와 같이 2개 이상의 단순 트러스를 1개의 절점과 1개의 링크로, 평행하지도 않고 1점에서 만나지도 않는 3개의 링크로, 2개 이상의 절점으로 또는 위와 동등한 다른 방법으로 연결하여 만들어진 트러스를 합성 트러스라고 한다. 그림 12.2에서 (g), (h), (k)는 합성 트러스이다.

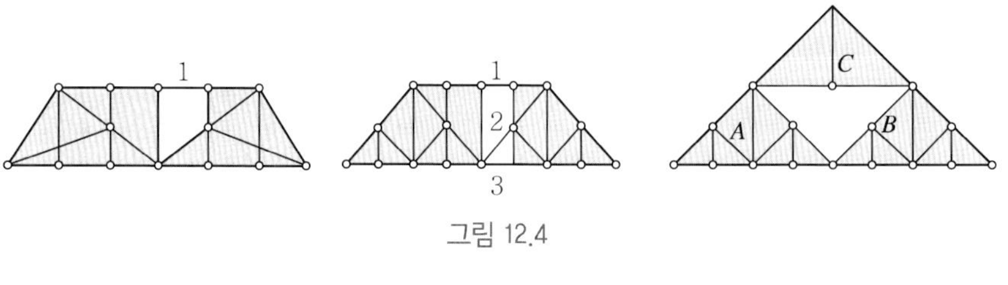

그림 12.4

단순 트러스도 합성 트러스도 아닌 내적으로 정정한 트러스를 **복합 트러스**라고 한다. 그림 12.5(a)는 복합 트러스의 예이다. 여기서, 그림(a)의 부재 AD를 제거하고, 그 대신 그림(b)와 같이 부재 AC를 삽입하면 단순 트러스가 된다. 일반적으로 복합 트러스는 그 안의 몇 개의 부재를 같은 수의 다른 부재로 바꾸어 놓으면 단순 트러스나 합성 트러스로 된다.

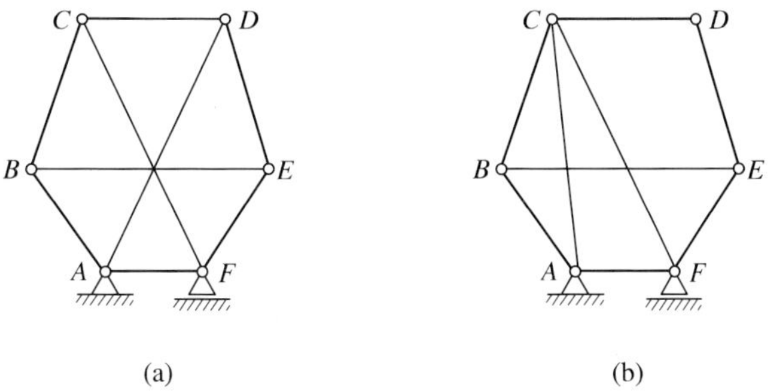

그림 12.5

12.1.3 교량 트러스의 구성

그림 12.6은 하로 교량 트러스의 구성을 나타낸 것이다. 교량 트러스에서 경간 방향의 양측에 있는 트러스를 **주트러스**(main truss)라고 한다. 주트러스는 연직 방향의 하중에 대한 저항력은 강하지만 수평 방향의 하중에 대한 저항력은 거의 없다. 따라서, 풍하중과 같은 수평 하중에 저항할 수 있게 하기 위하여 양측의 주트러스를 **수평 브레이싱**(lateral bracing)이라고 불리우는 수평한 평면 트러스로 연결한다. 이 가운데 상현에 있는 것을 상부 수평 브레이싱, 하현에 있는 것을 하부 수평 브레이싱이라고 한다.

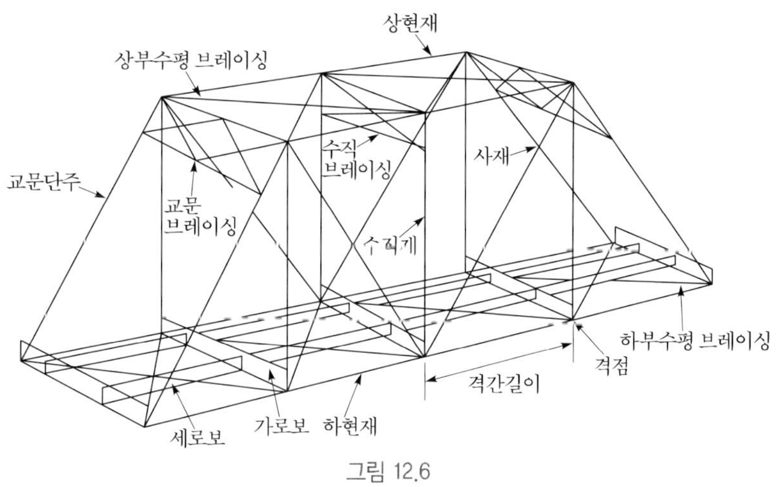

그림 12.6

그림 12.6에서 알 수 있듯이 상판(deck)에 작용하는 모든 하중은 **세로보**(stringer), **가로보**(floor beam)를 통하여 간접적으로 주트러스의 하현 절점에 전달된다.

트러스의 보다 확실한 안정을 위하여 그림에서와 같이 **수직 브레이싱**(sway bracing)을 설치한다. 이 가운데 양단에 있는 것을 **단부**(端部)**수직 브레이싱**(end sway bracing), 중간에 있는 것을 **중간 수직 브레이싱**(intermediate sway bracing)이라고 한다. 하로 트러스교에서는 단부 수직 브레이싱을 **교문**(橋門) **브레이싱**(portal bracing)이라고 한다.

그림 12.2(a)~(h)와 같은 교량 트러스에 대하여 설명하기로 한다. 그림(a)의 **Pratt트러스**는 사재가 트러스의 중앙을 향하여 위에서 아래로 경사져 있으며 사재는 주로 인장력, 수직재는 주로 압축력을 받는다. 이 트러스는 과거에 가장 많이 사용되었으며 현재에도 흔히 사용되고 있다. 그림(c)의 **Warren트러스**는 사재가 교대로 방향을 바꾸며 수직재가 전혀 없다. 이 트러스의 복부재 가운데 트러스의 중앙을 향하여 상향의 사재는 주로 압축력, 하향의 사재는 주로 인장력을 받는다. 이 트러스는 모든 트러스 가운데 가장 부재의 수가 적은 간단한 구조이다. 그러나 격간이 너무 길고, 하로 트러스의 경우 가로보를 결부시키기가 어려우므로 이런 단점을 보완한 그림(d)와 같은 수직재가 있는 Warren트러스가 가장 많이 사용되고 있다. 수직재는 현재의 길이를 단축하며, 가로보에 작용하는 하중을 절점에 전달하는 것뿐이므로 그 단면은 비교적 작다. 그림(e)와 같은 **Howe 트러스**는 사재가 Pratt 트러스와는 반대로 트러스의 중앙을 향하여 아래에서 위로 향하여 경사져 있는 것으로 사재는 주로 압축력, 수직재는 주로 인장력을 받는다. 이 트러스는 목교에 적합한 것으로 과거에는 많이 사용하였으나 현재는 거의 사용하지 않는다.

강교(鋼橋)의 경우 트러스는 경간이 40m이상이어야 보에 비하여 경제적으로 유리하며 때로는 40m이하에서도 사용되는 일이 있다. 경간이 60m정도까지는 보통 Pratt 트러스와 Warren 트러스가 사용된다. 경간이 55m~110m의 경우는 그림(b)의 곡현 Pratt 트러스를 사용하는 것이 유리하며, 수직재가 있는 Warren트러스도 곡현 트러스로 하면 90m정도까지의 경간에 사용할 수 있다.

단일 경간의 강 트러스교의 경제적 설계를 위해서는 경간에 대한 트러스의 높이의 비가 1/5~1/8 사이에 있고, 사재의 수평선에 대한 경사각은 45°일 때 가장 유리한 것으로 최대 60°를 넘지 않아야 하며, 격간의 길이가 7.5m를 넘지 않는 것이 중요하다. 그림(a)~(e)와 같은 트러스는 경간이 너무 길지 않을 때 이러한 조건을 만족시킬 수 있다. 그러나 경간이 보다 더 긴 경우에는 트러스의 높이가 증가되고 이와 함께 격간의 길이도 길어지므로 그림(g), (h)와 같이 격간을 분할한 **분격**(分格)**트러스**(subdivided truss)가 사용된다. 그림(f)의 K-트러스는 복부재가 K자형으로 되어 있는 것으로 복부재의 길이가 비교적 짧고 트러스의 높이가 큰 경우, 사재의 경사를 적당하게 할 수 있어 위와 같은 조건에 합당하므로 분격트러스 대신에 사용할 수 있으나 외관이 불량하므로 주트러스로서는 사용되는 일이 거의 없고 수평 브레이싱에 사용된다.

12.1.4 안정한 트러스의 구성 조건

트러스의 안정, 불안정 및 정정, 부정정에 대해서는 이미 10.1.2에서 설명하였으므로 여기서는, 내적으로 안정한 트러스의 구성 조건에 대한 설명하기로 한다. 트러스가 내적으로 안정하려면 각 절점의 자유 물체도마다 동점 평면 역계의 평형 조건식 $\Sigma H=0$, $\Sigma V=0$이 성립하지 않으면 안된다. 따라서 트러스의 절점의 수를 P라고 하면 평형 조건식의 총수는 $2P$개이다. 그러나 트러스가 외적으로 안정한 경우에는 트러스 전체에 대하여 일반 평면역계의 평형 조건식 $\Sigma H=0$, $\Sigma V=0$, $\Sigma M=0$을 만족해야 하므로 내적 안정에 필요한 독립적인 평형 조건의 수는 $(2P-3)$개이다. 따라서 트러스의 부재의 수를 m이라고 하면, 트러스의 부재에는 축방향력 1개만 작용하므로 $m<2P-3$이면 평형 조건식의 수보다 부재의 수가 부족하여 일반적으로 내적 불안정이다. 그러므로 트러스의 내적 안정에 대한 필요 조건은

$$m \geqq 2P-3 \tag{12.1}$$

이다.

또는, 트러스의 내적 안정 조건은 다음과 같이 말할 수 있다. 내적으로 안정한 트러스를 만들려면 그림 12.3과 같이 3개의 부재를 사용하여 3개의 절점을 3각형 형상으로 서로 연결시키고 다음부터는 2개의 부재를 사용하여 그 때까지 만들어진 트러스에 절점을 1개씩 덧붙여 나간다. 즉, P개의 절점으로 구성된 내적으로 안정한 트러스를 만들려면 맨 처음의 3각형을 만들기 위하여 3개의 절점에 대하여 3개의 부재가 필요하며, 나머지$(P-3)$개의 절점에 대하여 각기 2개씩의 부재가 필요하다. 따라서 필요한 부재의 총수 m은

$$m = 3 + 2(P-3) = 2P-3 \tag{12.2}$$

이다. 이 수가 내적으로 안정한 트러스를 만드는 데 필요한 부재의 최소 개수이다.

12.2 평면 트러스의 부재력 해석

12.2.1 트러스의 부재력 해석에서의 가정

트러스는 다음과 같은 가정하에 해석한다.

① 각 부재는 절점을 중심으로 자유롭게 회전할 수 있도록 그 양단에서 마찰이 없는 힌지로 결합되어 있다. 트러스의 정의에서와 같이 트러스의 모든 절점은 활절이라고 생각하나 현재 사용되고 있는 실제의 트러스의 절점은 부재의 양단을 용접 또는 리벳으로 연결하여 회전할 수 없는 강절 또는 강절에 가깝게 되어 있기 때문에 가정과 맞지 않는다. 그러나 절점의 실제의 구조와 가정과의 차이에 의한 부재력의 차이는 실용상 지장이 없을 정도로 작아서, 특히 고려할 필요가 있는 경우 이외에는 활절로 가정한다.

② 각 부재는 직선이고, 각 부재의 양단의 절점의 중심을 잇는 직선은 그 부재의 축과 일치한다. 트러스의 정의에서와 같이 트러스를 구성하는 모든 부재는 직선이고, 이들 부재는 축방향력만을 받는다. 만일 부재가 직선이 아니면 축방향력에 의하여 부재에 휨 모멘트가 일어날 것이다. 또 부재의 양단의 절점의 중심을 잇는 직선이 그 부재의 축과 일치하지 않으면 부재에는 편심축 하중이 작용하게 되어 부재에 휨 모멘트가 일어난다.

③ 트러스의 각 부재축은 동일 평면 내에 있으며, 외력은 이 평면 내에 작용한다. 이는 평면 트러스의 정의와 같다.

④ 외력은 절점에만 작용한다. 만일 외력이 부재 중간에 작용하면 부재에 휨 모멘트, 전단력이 작용하게 된다. 트러스의 부재 중간에 하중이 작용하지 않게 하기 위해서는 트러스를 간접 하중을 받는 보와 마찬가지로 하중이 모두 세로보, 가로보 등에 의하여 절점에 전달되는 구조로 해야 하며, 트러스를 구성하는 각 부재의 자중은 트러스에 작용하는 하중에 비하여 극히 작으므로 이것을 무시하거나 자중과 같이 부재 중간에 분포되어 작용하는 하중은 계산의 편의상 절점에 미치는 영향을 고려하여 구 부재의 양단에 작용하는 집중하중으로 바꾸어 생각해도 큰 오차는 일어나지 않는다.

위의 4가지 가정은 트러스를 해석할 때에만 적용되는 트러스 특유의 가정이고, 다음의 2개의 가정은 일반 구조물의 해석에도 적용되는 것이다.

⑤ 부재의 응력은 그 재료의 탄성한도 내에 있다.

⑥ 트러스의 변형은 미소하여 힘의 평형은 트러스의 변형 전의 형상 및 하중 위치에 대하여 생각한다.

위의 설명으로, 트러스의 부재력 해석에서의 가정을 모두 만족시키는 이상적인 트러스(ideal truss)의 각 부재에는 축방향력만이 작용함을 알 수 있으며, 이때의 축방향력에 대응하는 응력(단위 면적에 작용하는 힘)을 트러스의 1차 응력(primary stress)이라고 한다. 실제의 트러스는 위의 가정을 만족하지 못하기 때문에 부재에 휨 모멘트가 일어나게 되며, 이에 따라 휨응력이 일어난다. 이 휨응력을 트러스의 2차 응력(secondary stress)이라고 한다.

12.2.2 정정 트러스의 해석 방법

트러스의 부재력을 계산하려면 먼저 트러스를 지지하는 지점의 반력을 계산해야 하며, 정정 트러스의 반력 계산은 다른 종류의 정정 구조물의 반력 계산과 마찬가지로 힘의 평형 조건식을 적용하여 구하면 된다.

정정 트러스의 해석 방법은 여러 가지 있으나 그 중에서 가장 기본적인 방법은 **절점법**(節点法, method of joints)과 **단면법**(斷面法, method of sections)이다. 절점법은 **격점법**(格点法)이라고도 하며 절점법의 특수한 방법으로 **인장 계수법**(引張係數法, method of tension coefficient)과 **지표 내력법**(指標內力法, method of index stress)이 있다. 인장 계수법은 불규칙한 형상의 트러스나 입체 트러스에 유용한 방법으로서 원래 입체 트러스의 해석 방법으로 개발된 것이지만 평면 트러스의 해석에도 적용할 수 있다. 지표 내력법은 평행현 트러스에 연직 하중만이 작용할 때 적용하면 편리하다. 단면법에는 Culmann의 방법과 Ritter의 방법이 있으며 Culmann의 방법은 때로는 **전단력법**(method of shear), Ritter의 방법은 **모멘트법**(method of moment)이라고도 한다.

절점법과 단면법은 트러스의 일반적인 해법이고, 복합 트러스의 해법으로 **부재 치환법**(部材置換法, method of substitute member)이 있으며, 이 방법은 Henneberg의 방법이라고도 한다.

또한, 트러스의 부재력 해석에 제13장의 가상일의 원리를 사용할 수 있으며, 이 방법을 가상 변위법(假想變位法, method of virtual displacements)이라고 한다.

트러스의 부재력의 도해법에도 절점법과 단면법이 있다. 절점법의 도해법을 Cremona의

방법 또는 **Maxwell의 방법**이라고 하며, 이 방법은 동점 평면 역계가 평형을 이루려면 시력도가 폐합되어야 한다는 원리에 따른 것이다. 단면법의 도해법을 **Culmann의 방법**이라고 하며, 이 방법은 일반 평면 역계가 평형을 이루려면 시력도와 연력도가 동시에 폐합되어야 한다는 원리에 따른 것이다.

이 책에서는 도해법은 생략하고, 절점법의 일반적인 방법과 단면법 및 부재 치환법에 의한 트러스의 부재력 해석만을 다루기로 한다.

트러스의 부재력을 해석하려면 부재력을 나타내는 기호와 부호의 규약을 정해둘 필요가 있다. 부재력은 U_1U_2, L_1L_2와 같이 부재의 기호 그대로 표시하거나 $\overline{U_1U_2}$, $\overline{L_1L_2}$와 같이 부재의 기호 위에 가로줄(bar)을 그어 표시하기도 한다. 또는 축방향력을 표시하는 기호 N의 우측 하부에 부재의 기호를 붙여 N_{AB}등과 같이 표시하는 등 다양하게 표시한다.

트러스의 부재력을 해석할 때, 경우에 따라서는 부재력 자체보다도 그 부재력의 수평, 연직 방향의 분력을 사용하는 것이 편리할 때가 있다. 이 방법은 먼저 구하려고 하는 부재력 N의 수평, 연직 방향의 분력을 N_H, N_V로 나타내어 그 값을 구한다. 다음에 부재력 N은 그 부재의 길이 l의 수평, 연직 방향의 성분 l_H, l_V를 사용하여 다음의 식으로 구한다.

$$N = N_H \times \frac{l}{l_H} = N_V \times \frac{l}{l_V} \tag{12.3}$$

부재력의 인장, 압축을 나타내는 부호는 부재력이 인장력이면 (+)의 부호를, 압축력이면 (−)의 부호를 붙이는 것이 원칙이겠으나 이 책에서는 인장력일 때 (+)의 부호를 붙이는 것을 생략하기로 한다. 또, 인장력과 압축력을 구별하기 위하여 힘의 크기 뒤의 괄호 안에 인장력이면 인장 또는 T를, 압축력이면 압축 또는 C라고 적기도 한다.

다음의 절점법, 단면법 및 부재 치환법에 대한 설명을 하기로 한다.

(1) 절점법

절점법은 트러스의 절점을 고립시킨 자유 물체도에 대하여 동점 평면 역계의 평형 조건식을 적용하여 부재력을 구하는 방법이다. 이 방법은 트러스가 외력의 작용을 받아 평형을 이루고 있을 때, 임의의 한 절점에 결합되어 있는 모든 부재를 절단하면 절단된 부재의 부재력과 이 절점에 작용하는 외력과는 평형을 이루어야 하므로 동점 평면 역계의 2개의 독립된 평형 조건식 $\Sigma H = 0$, $\Sigma V = 0$이 성립한다는 이론에 따른 것이다. P개의 절점으로 구성된 정정 트러스에서는 부재의 수 m과 반력 요소의 수 R의 합이 $2P$와 같으므로 $2P$개의 조건식을 연립시켜 풀면 m개의 부재력과 R개의 반력 요소를 구할 수 있으나 미지수가 많아지면 다원 1차 연립 방정식을 풀어야 하기 때문에 실용적이지 못하다. 따라서, 절점법은 트러스의 임의의 한 절점에 결합되어 있는 모든 부재의 부재력 가운데 미지의 부재력이 2개 이하인 절점을 차례로 선택하여 그 절점에 작용하는 외력과 절단된 부재의 부재력에 대하여 동점 평면 역계의 평형 조건식 $\sum H=0$, $\sum V=0$을 적용하면 모든 부재의 부재력을 구할 수 있다.

앞의 설명에서 알 수 있듯이 절점법은 2개만의 부재가 결합된 절점이 적어도 하나가 있고, 이 절점으로부터 시작하여 차례로 다음의 절점으로 옮길 때마다 미지의 부재력이 2개 이하가 되는 트러스에 적용할 수 있다. 또, 절점법은 트러스의 모든 부재의 부재력을 구할 때 편리하나, 앞에서 계산한 다른 부재의 부재력을 사용하여 계산하기 때문에 앞에서 부재력의 계산이 틀리면 틀린 부재력을 사용하여 계산한 모든 부재력의 계산도 함께 틀려지며, 임의의 한 부재의 부재력을 직접 구할 수 없는 결함을 가지고 있다.

다음에 그림 12.7(a)와 같은 트러스의 부재력을 절점법으로 구해보기로 한다.

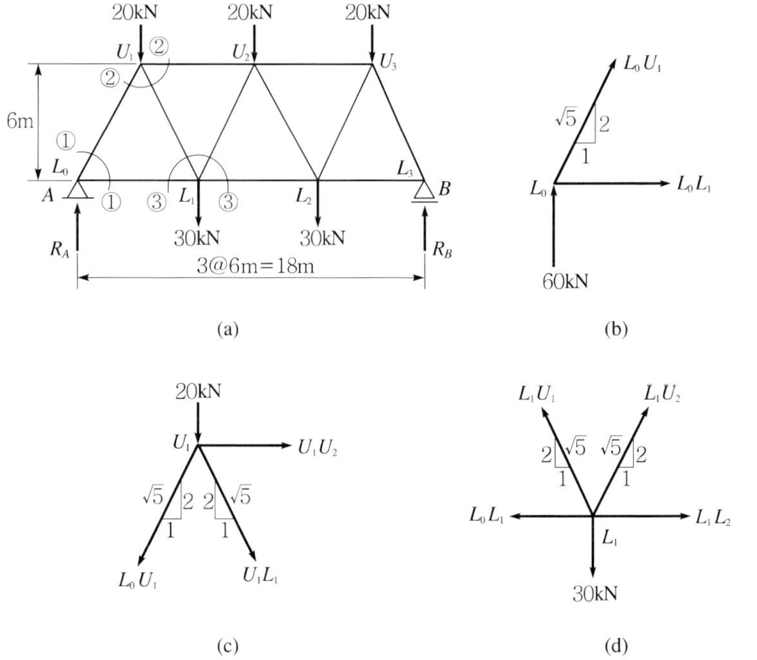

그림 12.7

먼저 지점 반력을 구한다. 구조, 하중이 대칭이므로

$$R_A = R_B = \frac{\sum P}{2} = \frac{1}{2}(20\text{kN} \times 3 + 30\text{kN} \times 2) = 60\text{kN} (\uparrow)$$

다음에 미지의 부재력이 2개인 절점 L_0으로부터 시작하여 미지의 부재력이 2개 이하가 되도록 절점 L_0, U_1, L_1·····의 차례로 단면 ①-①, ②-②, ③-③·····에 의하여 각 절점에 결합되어 있는 모든 부재를 절단하여 절단된 모든 부재의 부재력을 인장력으로 가정한 그림(b), (c), (d) ·····와 같은 자유 물체도를 생각하여 모든 부재력을 구하면 된다. 부재력의 작용 방향이 절점에서 나가는 방향으로 향하면 인장력이고, 절점에 향하면 압축력이다. 앞으로 트러스의 부재력을 계산할 때, 모든 부재의 부재력을 인장력으로 가정하여 계산한다. 계산 결과 그 부호가 (+)이면 인장력이고, (−)이면 압축력이다.

다음에 트러스의 모든 사재의 경사를 구한다. 이 트러스의 모든 사재의 경사는 사재의 길이의 수평 성분이 3m이고, 연직 성분이 6m이므로 그림에 표시한 바와 같다.

이제 절점 L_0, U_1, L_1의 자유 물체도에 대하여 힘의 평형 방정식을 적용하여 트러스의 모든 부재력을 구하면 다음과 같다.

절점 L_0에서[그림(b)]

$$\sum V = L_0U_1 \times \frac{2}{\sqrt{5}} + 60\text{kN} = 0$$

$$\therefore L_0U_1 = -\frac{\sqrt{5}}{2} \times 60 = -30\sqrt{5}\,\text{kN} = -67.08\,\text{kN (압축)}$$

$$\sum H = L_0L_1 + L_0U_1 \times \frac{1}{\sqrt{5}} = 0$$

$$\therefore L_0L_1 = -L_0U_1 \times \frac{1}{\sqrt{5}} = -(-30\sqrt{5}) \times \frac{1}{\sqrt{5}} = 30\,\text{kN (인장)}$$

절점 U_1에서 [그림(c)]

$$\sum V = -U_1L_1 \times \frac{2}{\sqrt{5}} - L_0U_1 \times \frac{2}{\sqrt{5}} - 20\text{kN} = 0$$

$$\therefore U_1L_1 = -\frac{\sqrt{5}}{2}\left(\text{L}_0\text{U}_1 \times \frac{2}{\sqrt{5}} + 20\text{kN}\right) = -\frac{\sqrt{5}}{2}\left(-30\sqrt{5} \times \frac{2}{\sqrt{5}} + 20\text{kN}\right)$$

$$= 20\sqrt{5}\,\text{kN} = 44.72\,\text{kN (인장)}$$

$$\sum H = U_1U_2 + U_1L_1 \times \frac{1}{\sqrt{5}} - L_0U_1 \times \frac{1}{\sqrt{5}} = 0$$

$$\therefore U_1U_2 = -U_1L_1 \times \frac{1}{\sqrt{5}} + L_0U_1 \times \frac{1}{\sqrt{5}}$$
$$= -20\sqrt{5} \times \frac{1}{\sqrt{5}} - 30\sqrt{5} \times \frac{1}{\sqrt{5}} = -50\,\text{kN (압축)}$$

절점 L_1에서[그림(d)]

$$\sum V = L_1U_2 \times \frac{2}{\sqrt{5}} + U_1L_1 \times \frac{2}{\sqrt{5}} - 30\text{kN} = 0$$

$$\therefore L_1U_2 = -\frac{\sqrt{5}}{2}\left(U_1L_1 \times \frac{2}{\sqrt{5}} - 30\,\text{kN}\right) = -\frac{\sqrt{5}}{2}\left(20\sqrt{5} \times \frac{2}{\sqrt{5}} - 30\,\text{kN}\right)$$

$$= -5\sqrt{5}\,t = -11.18\,\text{kN (압축)}$$

$$\sum H = L_1L_2 + L_1U_2 \times \frac{1}{\sqrt{5}} - U_1L_1 \times \frac{1}{\sqrt{5}} - L_0L_1 = 0$$

$$\therefore L_1L_2 = -L_1U_2 \times \frac{1}{\sqrt{5}} + U_1L_1 \times \frac{1}{\sqrt{5}} + L_0L_1$$
$$= -(-5\sqrt{5}) \times \frac{1}{\sqrt{5}} + 20\sqrt{5} \times \frac{1}{\sqrt{5}} + 30 = 55\text{kN (인장)}$$

트러스의 구조, 하중이 대칭이므로,

$L_0U_1 = L_3U_3 = -67.08\,\text{kN}$(압축), $L_0L_1 = L_2L_3 = 30\,\text{kN}$ (인장)

$U_1L_1 = L_2U_3 = 44.72\text{kN}$(인장), $U_1U_2 = U_2U_3 = -50\text{kN}$(압축)

$L_1U_2 = L_2U_2 = -11.18\text{kN}$(압축), $L_1L_2 = 55\text{kN}$(인장)

(2) 단면법

단면법은 트러스를 임의의 한 단면으로 절단하여 그 단면의 어느 한 쪽의 자유 물체도에 대하여 일반 평면 역계의 평형 방정식을 적용하여 부재력을 구하는 방법이다. 이 방법은 트러스가 외력의 작용을 받아 평형 상태에 있을 때, 임의의 한 단면을 절단했다고 가정하면 절단된 부재의 부재력과 절단면의 어느 한 쪽 부분에 작용하는 외력이 힘의 평형을 이루어야 하며, 이때 부재력과 외력은 일반 평면 역계를 이루므로 3개의 독립된 평형 조건식 $\sum H = 0$, $\sum V = 0$, $\sum M = 0$이 성립한다. 그러므로 이 부분에 작용하는 미지의 부재력이 3

개밖에 없고 또한 이 3개의 부재가 평행하지도 않고 한 점에 만나지도 않는다면, 이 3개의 미지의 부재력의 값을 정역학의 평형 조건식으로 구할 수 있다. 이와 같이 단면법은 1개의 절단면을 가상하여 미지의 부재력 3개까지 구할 수 있는 것으로 미지의 부재력이 2개 이하인 경우에도 물론 적용할 수 있다. 즉, 단면법은 미지의 부재력이 3개 이하가 되는 적당한 단면을 가상하여 트러스를 두 부분으로 나누고, 그 한 쪽 부분에 작용하는 외력과 절단된 부재의 부재력에 대하여 힘의 평형 조건식 $\sum H=0$, $\sum V=0$, $\sum M=0$을 적용하여 미지의 부재력을 구하는 방법이다.

단면법에서 3개의 평형 방정식을 세울 때 방정식에 모두 3개의 미지수를 포함시키면 이들을 연립시켜서 풀어야 하므로 불편하다. 따라서, 세 방정식을 세울 때 가능한 각 방정식에 1개의 미지수만이 포함되도록 하여야 문제를 빨리 풀 수 있다. 이렇게 하면 경우에 따라서는 한 절단면에 미지의 부재력이 4개 이상이라도 한 방정식에 포함된 1개의 미지 부재력은 구할 수 있다.

단면법 가운데 Culmann의 방법은 원래 도해법을 말하는 것이나 힘의 평형 조건식 $\sum H=0$, $\sum V=0$, $\sum M=0$을 적용하여 푸는 해석법도 Culmann의 방법이라고 말하기도 하며, Ritter의 방법은 일반 평면 역계의 평형 조건을 만족하는 조건인 일직선상에 있지 않은 3개의 점에 대하여 $\sum M=0$을 적용하여 푸는 방법 즉, $\sum M=0$만을 적용하여 푸는 방법을 말한다. 다시 말하면 $\sum H=0$, $\sum V=0$, $\sum M=0$을 적용하는 해법을 **Culmann의 방법**, $\sum M=0$만을 적용하는 해법을 **Ritter의 방법**이라고 한다.

또한, 단면법에서 주로 사용되는 조건식은 $\sum V=0$, $\sum M=0$이며, 이 가운데 $\sum V=0$을 적용하는 방법을 전단력법이라 하고, $\sum M=0$을 적용하는 방법을 모멘트법이라고 한다. 따라서 Culmann의 방법을 **전단력법**, Ritter의 방법을 **모멘트법**이라고도 한다.

다음에 앞에서 절점법으로 해석한 그림 12.8(a)와 같은 트러스의 부재 U_1U_2, L_1L_2, L_1U_2의 부재력을 단면법으로 구해 보기로 한다.

먼저 지점 반력 $R_A=R_B=60\text{kN}(\uparrow)$이다.

다음에 그림 12.8(a)와 같이 부재 U_1U_2, L_1U_2, L_1L_2를 지나는 단면으로 트러스를 절단하여 절단면의 왼쪽 부분과 오른쪽 부분의 자유 물체도를 그리면 그림(b)와 같다.

절단면 왼쪽의 자유 물체도에 의하여 부재력을 구하면 다음과 같다.

부재력 U_1U_2, L_1L_2는 모멘트법, L_1U_2는 전단력법으로 구한다. 먼저 부재력 U_1U_2를 구하기 위하여 부재력 L_1U_2와 L_1L_2의 교점 L_1을 모멘트의 중심으로 하여 $\sum M=0$을 적용하면,

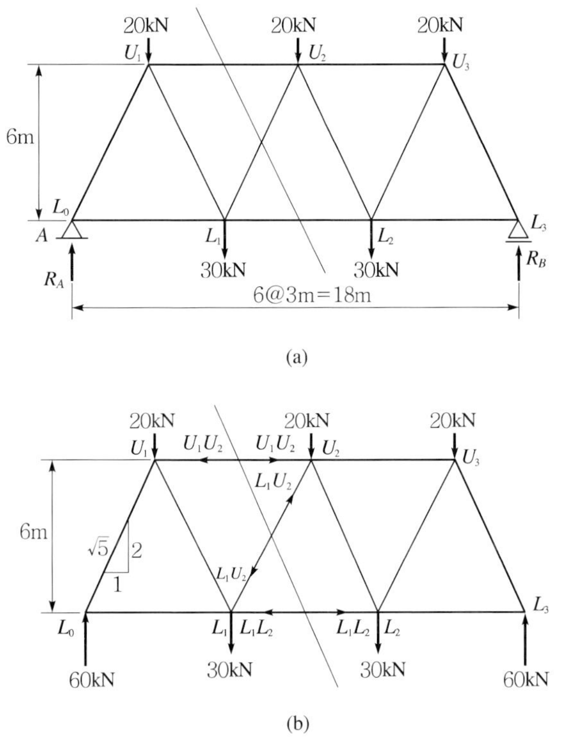

그림 12.8

$$\sum M_{L_1} = U_1U_2 \times 6 + 60 \times 6 - 20 \times 3 = 0$$

$$\therefore U_1U_2 = -\frac{1}{6}(60 \times 6 - 20 \times 3) = -50\text{kN} \ (\text{압축})$$

부재력 L_1L_2를 구하기 위하여 부재력 U_1U_2와 L_1U_2의 교점 U_2를 모멘트의 중심으로 하여 $\sum M=0$을 적용하면,

$$\sum M_{U_2} = -L_1L_2 \times 6 + 60 \times 9 - 20 \times 6 - 30 \times 3 = 0$$

$$\therefore L_1L_2 = \frac{1}{6}(60 \times 9 - 20 \times 6 - 30 \times 3) = 55\text{kN} \ (\text{인장})$$

부재력 L_1U_2를 전단력법으로 구하기 위하여 먼저 사재의 경사를 구하면 모든 사재 길이의 수평 성분이 3m, 연직 성분이 6m이므로 그림에 표시한 바와 같다. 다음에 $\sum V=0$을 적용하면

$$\sum V = L_1U_2 \times \frac{2}{\sqrt{5}} + 60 - 20 - 30 = 0$$

$$\therefore L_1U_2 = -\frac{\sqrt{5}}{2}(60-20-30) = -5\sqrt{5}\,\text{kN} = -11.18\text{kN}\ (\text{압축})$$

절단면 오른쪽의 자유 물체도에 의하여 부재력을 구하면 다음과 같다.

$$\sum M_{L_1} = -U_1U_2 \times 6 - 60\times 12 + 20\times 9 + 30\times 6 + 20\times 3 = 0$$

$$\therefore U_1U_2 = -\frac{1}{6}(60\times 12 - 20\times 9 - 30\times 6 - 20\times 3)$$

$$= -50\text{kN}\ (\text{압축})$$

$$\sum M_{U_2} = L_1L_2\times 6 - 60\times 9 + 20\times 6 + 30\times 3 = 0$$

$$\therefore L_1L_2 = \frac{1}{6}(60\times 9 - 20\times 6 - 30\times 3) = 55\text{kN}\ (\text{인장})$$

$$\sum V = -L_1U_2\times\frac{2}{\sqrt{5}} + 60 - 20 - 20 - 30 = 0$$

$$\therefore L_1U_2 = \frac{\sqrt{5}}{2}(-60+20+20+30) = -5\sqrt{5}\,\text{kN} = -11.18\,\text{kN}\ (\text{압축})$$

위의 계산에서 알 수 있듯이 상, 하현재 U_1U_2, L_1L_2의 부재력 계산식에서 ( )안은 단순 지지된 평행현 트러스를 간접 하중을 받는 단순보라고 생각할 때 격점 L_1과 U_2의 휨 모멘트 M_{L1}, M_{U2}와 같다. 따라서, 트러스의 높이를 h라고 하면

$$U_1U_2 = -\frac{M_{L_1}}{h},\quad L_1L_2 = \frac{M_{U_2}}{h}$$

이다. 이로부터 단순 지지된 트러스의 상현재는 압축력, 하현재는 인장력을 받는다는 것과 상하현재의 부재력의 크기는 중앙에 가까울수록 증가하고 트러스의 높이가 높을수록 감소한다는 것을 알 수 있다. 또한 사재 L_1U_2의 부재력 계산식에서 ( )안은 단순 지지된 평행현 트러스를 간접 하중을 받는 단순보라고 생각할 때 격점 L_1과 L_2사이의 전단력 $S_{L1\sim L2}$와 같다.

따라서, 사재 L_1U_2의 하현재 L_1L_2와 이루는 각을 θ라고 하면 $\frac{\sqrt{5}}{2} = \frac{1}{\sin\theta}$이므로 $L_1U_2 = -\frac{S_{L_1\sim L_2}}{\sin\theta}$이다. 이 식을 검토해 보면 단순보의 전단력의 부호는 단면의 위치에 따라 (+)일 수도 있고 (−)일 수도 있을 뿐만 아니라 위의 식에 포함된 (−)의 부호도 부재

U_1L_1과 같이 중앙을 향하여 하향의 부재의 경우는 (+)로 되므로 사재의 부재력은 압축력일 수도 있고 인장력일 수도 있으며, 크기는 중앙에 가까울수록 감소하고 사재의 경사가 클수록 감소한다는 것을 알 수 있다.

위에서 설명한 트러스의 부재력에 관한 성질은 단순 지지된 모든 교량용 트러스에 공통되는 것으로, 수직재는 사재와 마찬가지로 압축 또는 인장력을 받으며, 부재력의 크기는 중앙에 가까울수록 감소하나 이에는 예외가 있으며 사재의 경사와는 관계없다.

또한, 전단력법은 평행현 트러스와 곡현 트러스의 현재의 부재력을 알고 있는 경우에 복부재의 부재력을 계산할 때 편리하며, 모멘트법은 현재의 부재력을 계산할 때 편리하다.

예제 12.1

그림 12.9와 같은 Pratt트러스의 모든 부재력을 절점법과 단면법으로 구하여라.

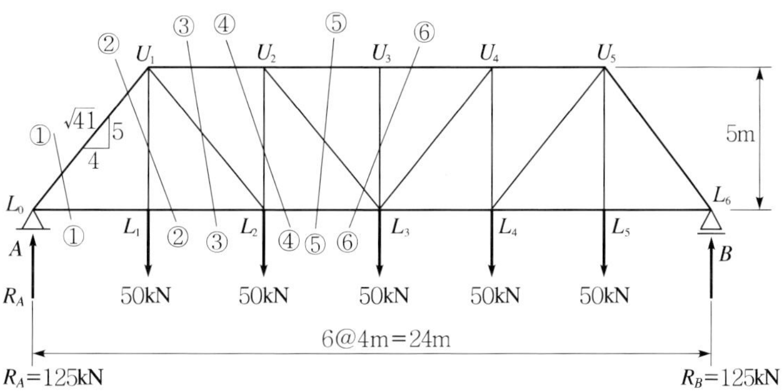

그림 12.9

풀이

반력을 구하면, 트러스의 구조와 재하된 하중이 대칭이므로

$$R_A = R_B = \frac{\sum P}{2} = \frac{50 \times 5}{2} = 125\,\text{kN}\,(\uparrow)$$

이며, 모든 사재의 경사는 그림에 표시한 바와 같다.

(1) 절점법

각 절점의 자유 물체도를 그리는 것을 생략하고, 각 절점에서 모든 부재력을 인장력으로 가정한 자유 물체도를 생각하여 계산하기로 한다.

절점 L_0에서

$$\sum V = L_0U_1 \times \frac{5}{\sqrt{41}} + 125 = 0$$

$$\therefore L_0U_1 = -\frac{125\sqrt{41}}{5} = -25\sqrt{41}\,\text{kN} = -160.08\text{kN}\ (\text{압축})$$

$$\sum H = L_0L_1 + L_0U_1 \times \frac{4}{\sqrt{41}} = 0$$

$$\therefore L_0L_1 = -L_0U_1 \times \frac{4}{\sqrt{41}} = -(-25\sqrt{41}) \times \frac{4}{\sqrt{41}} = 100\text{kN}\ (\text{인장})$$

절점 L_1에서

$\sum H = L_1L_2 - L_0L_1 = 0 \qquad \therefore\ L_1L_2 = L_0L_1 = 100\text{kN}$ (인장)

$\sum V = L_1U_1 - 50 = 0 \qquad \therefore\ L_1U_1 = 50\text{kN}$(인장)

절점 U_1에서

$$\sum V = -U_1L_2 \times \frac{5}{\sqrt{41}} - L_0U_1 \times \frac{5}{\sqrt{41}} - L_1U_1 = 0$$

$$\therefore U_1L_2 = \frac{\sqrt{41}}{5}\left(-L_0U_1 \times \frac{5}{\sqrt{41}} - L_1U_1\right) = \frac{\sqrt{41}}{5}\left[-(-25\sqrt{41}) \times \frac{5}{\sqrt{41}} - 50\right]$$

$$= \frac{\sqrt{41}}{5}(125-50) = 15\sqrt{41}\,\text{kN} = 96.05\text{kN}\ (\text{인장})$$

$$\sum H = U_1U_2 + U_1L_2 \times \frac{4}{\sqrt{41}} - L_0U_1 \times \frac{4}{\sqrt{41}} = 0$$

$$\therefore U_1U_2 = -\left(U_1L_2 \times \frac{4}{\sqrt{41}} - L_0U_1 \times \frac{4}{\sqrt{41}}\right)$$

$$= -\left[15\sqrt{41} \times \frac{4}{\sqrt{41}} - (-25\sqrt{41}) \times \frac{4}{\sqrt{41}}\right] = -160\text{kN}\ (\text{압축})$$

절점 L_2에서

$$\sum V = L_2U_2 + U_1L_2 \times \frac{5}{\sqrt{41}} - 50 = 0$$

$$\therefore L_2U_2 = -U_1L_2 \times \frac{5}{\sqrt{41}} + 50 = -15\sqrt{41}\,\text{kN} \times \frac{5}{\sqrt{41}} + 50\text{kN} = -25\text{kN}\ (\text{압축})$$

$$\sum H = L_2L_3 - L_1L_2 - U_1L_2 \times \frac{4}{\sqrt{41}} = 0$$

$$\therefore L_2L_3 = L_1L_2 + U_1L_2 \times \frac{4}{\sqrt{41}} = 100 + 15\sqrt{41} \times \frac{4}{\sqrt{41}} = 160\text{kN}\ (\text{인장})$$

절점 U_2에서

$$\sum V = -U_2L_3 \times \frac{5}{\sqrt{41}} - L_2U_2 = 0$$

$$\therefore U_2L_3 = -L_2U_2 \times \frac{\sqrt{41}}{5} = -(-25) \times \frac{\sqrt{41}}{5} = 5\sqrt{41} = 32.02\,\text{kN}\ (\text{인장})$$

$$\sum H = U_2U_3 + U_2L_3 \times \frac{4}{\sqrt{41}} - U_1U_2 = 0$$

$$\therefore U_2U_3 = -U_2L_3 \times \frac{4}{\sqrt{41}} + U_1U_2 = -5\sqrt{41} \times \frac{4}{\sqrt{41}} - 160 = -180\text{kN (압축)}$$

절점 U_3에서

$$\sum V = U_3L_3 + 0 = 0 \qquad \therefore U_3L_3 = 0$$

(2) 단면법

각 절단면마다 일일이 자유 물체도를 그리는 것은 생략하고 절단된 모든 부재의 부재력을 인장력으로 가정한 절단면 왼쪽의 자유 물체도를 생각하여 계산하기로 한다. 단면 ①-①에서 $\sum V=0$, $\sum H=0$을 적용하는 경우, 계산식이 절점법과 동일하다. 모멘트법을 적용하면

$$\sum M_{L_1} = L_0U_1 \times 4 \times \frac{5}{\sqrt{41}} + 125 \times 4 = 0$$

$$\therefore L_0U_1 = -125 \times \frac{\sqrt{41}}{5} = -25\sqrt{41} = -160.08\text{kN (압축)}$$

$$\sum M_{U_1} = -L_0L_1 \times 5 + 125 \times 4 = 0$$

$$\therefore L_0L_1 = \frac{125 \times 4}{5} = 100\text{kN (인장)}$$

$\sum V=0$, $\sum H=0$을 적용하면 먼저 L_0U_1을 구하고 이를 사용하여 L_0L_1을 구해야 하나 $\sum M=0$을 적용하면 각각 독립된 계산으로 부재력을 구할 수 있다.

단면 ②-②에서 $\sum V=0$에 의하여 부재력 L_1U_1을 구할 수 있으나 부재력 L_0U_1을 사용해야 하므로 불리하며 $\sum M_A=0$을 적용하면

$$\sum M_A = -L_1U_1 \times 4 + 50 \times 4 = 0 \qquad \therefore L_1U_1 = 50\text{kN (인장)}$$

그러나 절점법으로 구하면 계산할 필요 없이 절점 L_1에 작용하는 하중과 크기는 같고 방향이 반대인 인장력 50kN임을 즉시 알 수 있으며, 만일 절점 L_1에 하중이 작용하지 않으면 부재력은 0이다.

단면 ③-③에서

$$\sum M_{L_2} = U_1U_2 \times 5 + 125 \times 8 - 50 \times 4 = 0 \qquad \therefore U_1U_2 = -\frac{1}{5}(125 \times 8 - 50 \times 4) = -160\text{kN (압축)}$$

$$\sum M_{U_1} = -L_1L_2 \times 5 + 125 \times 4 = 0 \qquad \therefore L_1L_2 = \frac{125 \times 4}{5} = 100\text{kN (인장)}$$

$$\sum V = -U_1L_2 \times \frac{5}{\sqrt{41}} + 125 - 50 = 0 \qquad \therefore U_1L_2 = \frac{\sqrt{41}}{5}(125-50) = 15\sqrt{41} = 96.05\text{kN (인장)}$$

단면 ④-④에서

$$\sum V = L_2U_2 + 125 - 50 - 50 = 0 \qquad \therefore L_2U_2 = -125 + 50 + 50 = -25\text{kN (압축)}$$

단면 ⑤-⑤에서

$$\sum M_{L_3} = U_2U_3 \times 5 + 125 \times 12 - 50 \times 8 - 50 \times 4 = 0$$

$$\therefore U_2U_3 = -\frac{1}{5}(125 \times 12 - 50 \times 8 - 50 \times 4) = -180\text{kN (압축)}$$

$$\sum M_{U_2} = -L_2L_3 \times 5 + 125 \times 8 - 50 \times 4 = 0$$

$$\therefore L_2L_3 = \frac{1}{5}(125 \times 8 - 5 \times 4) = 160\,\text{kN}(\text{인장})$$

$$\sum V = -U_2L_3 \times \frac{5}{\sqrt{41}} + 125 - 50 - 50 = 0$$

$$\therefore U_2L_3 = \frac{\sqrt{41}}{5}(125 - 50 - 50) = 5\sqrt{41} = 32.02\text{kN}(\text{인장})$$

단면 ⑥-⑥에서

$$\sum V = -U_3L_3 - U_2L_3 \times \frac{5}{\sqrt{41}} + 125 - 50 - 50 = 0$$

$$\therefore U_3L_3 = -U_2L_3 \times \frac{5}{\sqrt{41}} + 125 - 50 - 50 = -5\sqrt{41} \times \frac{5}{\sqrt{41}} + 25 = 0$$

또는, $\sum M_{U_2} = U_3L_3 \times 4 - L_2L_3 \times 5 + 125 \times 8 - 5 \times 4 = 0$

$$\therefore U_3L_3 = \frac{1}{4}(L_2L_3 \times 5 - 125 \times 8 + 50 \times 4) = \frac{1}{4}(160 \times 5 - 125 \times 8 + 50 \times 4) = 0$$

부재력 U_3L_3을 구할 때 단면법으로 구한다면 위와 같이 할 수 있으나 이 방법보다는, 절점법으로 절점 U_3에서 $\sum V = 0$을 적용하면 이 절점에 하중이 작용하지 않으므로 즉시 $U_3L_3 = 0$임을 알 수 있다. 이상의 계산 결과를 종합하면, 대칭이므로 다음과 같다.

$L_0U_1 = L_6U_5 = -160.08$ kN (압축)

$L_0L_1 = L_1L_2 = L_5L_6 = L_4L_5 = 100$ kN (인장)

$U_1L_1 = U_5L_5 = 50$kN (인장)

$U_1U_2 = U_4U_5 = -160$ kN (압축)

$U_1L_2 = L_4U_5 = 96.05$ kN (인장)

$U_2L_2 = U_4L_4 = -25$ kN (압축)

$L_2L_3 = L_3L_4 = 160$ kN (인장)

$U_2U_3 = U_3U_4 = -180$ kN (압축)

$U_2L_3 = L_3U_4 = 32.02$ kN (인장)

$U_3L_3 = 0$

위의 계산에서 알 수 있듯이 트러스의 부재력을 계산할 때 트러스 해법 중의 어느 한 방법에만 의지하지 말고 목적에 따라 가장 빠르게 계산할 수 있는 방법을 선택하여 풀어야 능률적이며, 단면법으로 부재력을 구한 다음 절점법으로 검산하면 계산 결과를 검산할 수 있다.

예제 12.2

그림 12.10과 같은 K-트러스의 U_2U_3, L_2L_3, M_2U_3 및 M_2L_3의 부재력을 구하여라.

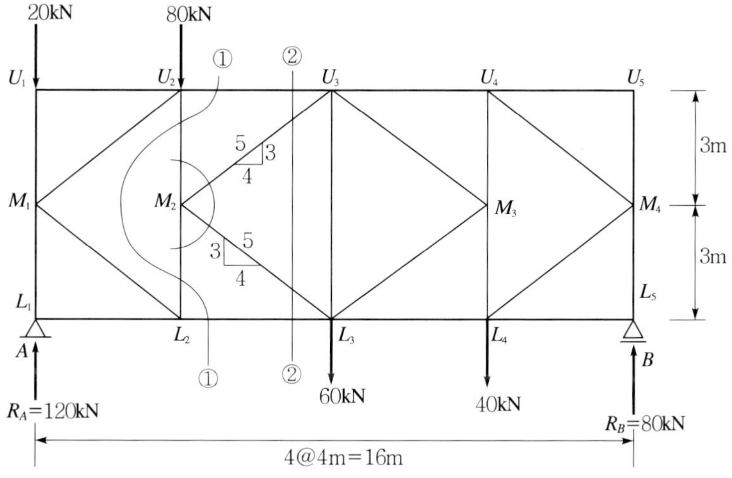

그림 12.10

풀이

반력을 구하면

$$R_B = \frac{1}{16}(80 \times 4 + 60 \times 8 + 40 \times 12) = 80\,\text{kN}\,(\uparrow)$$

$$R_A = \frac{1}{16}(20 \times 16 + 80 \times 12 + 60 \times 8 + 40 \times 4) = 120\,\text{kN}\,(\uparrow)$$

단면 ①-①에 의하여 트러스를 절단하여 왼쪽 부분의 자유 물체도를 생각하여 상현재 U_2U_3 및 하현재 L_2L_3의 부재력을 구한다. 이 때 4개의 부재가 절단되지만 질점 L_2 및 U_2를 모멘트의 중심으로 하여 모멘트법을 적용하면 각각 상현재의 부재력 U_2U_3, 하현재의 부재력 L_2L_3만이 평형 조건식($\Sigma M=0$)에 포함되므로 이들 상하 현재의 부재력을 다음과 같이 구할 수 있다.

$$\Sigma M_{L_2} = U_2U_3 \times 6 + (120-20) \times 4 = 0 \qquad \therefore\ U_2U_3 = -\frac{200}{3}\text{kN} = -66.67\,\text{kN (압축)}$$

$$\Sigma M_{U_2} = -L_2L_3 \times 6 + (120-20) \times 4 = 0 \qquad \therefore\ L_2L_3 = \frac{200}{3}\text{kN} = 66.67\,\text{kN (인장)}$$

또는, $\Sigma H = U_2U_3 + L_2L_3 = 0$

$$\therefore\ L_2L_3 = -U_2U_3 = -\left(-\frac{200}{3}\right) = \frac{200}{3} = 66.67\ \text{kN (인장)}$$

이 문제와 같이 연직 방향의 하중만이 작용하는 K-트러스의 서로 마주 보는 상하 현재의 부재력은 값은 같고 부호는 반대임을 알 수 있다.

사재 M_2U_3, M_2L_3의 부재력을 구하기 위해서는 절점 M_2에서 $\sum H=0$을 적용하고, 단면 ②-②의 왼쪽 부분에 대하여 전단력법($\sum V=0$)을 적용하여 2개의 평형 조건식을 연립으로 풀면 된다. 즉,

절점 M_2에서

$$\sum H = M_2U_3 \times \frac{4}{5} + M_2L_3 \times \frac{4}{5} = 0$$

$$\therefore M_2L_3 = -M_2U_3 \qquad \text{식①}$$

단면 ②-②에서

$$\sum V = M_2U_3 \times \frac{3}{5} - M_2L_3 \times \frac{3}{5} + 120 - 20 - 80 = 0$$

$$\therefore \frac{3}{5}M_2U_3 - \frac{3}{5}M_2L_3 + 20 = 0 \qquad \text{식②}$$

식 ①, ②를 연립으로 풀면

$$M_2U_3 = -\frac{50}{3} = -16.67\text{ kN (압축)}$$

$$M_2L_3 = \frac{50}{3} = 16.67\text{kN (인장)}$$

이 문제와 같이 한 절점에 결합된 두 사재의 경사가 같으면 두 사재의 부재력의 값은 같고 부호는 반대이다.

예제 12.3

그림 12.11과 같은 Baltimore 트러스의 부재 L_2L_3, M_1L_3, M_1L_1의 부재력을 구하여라.

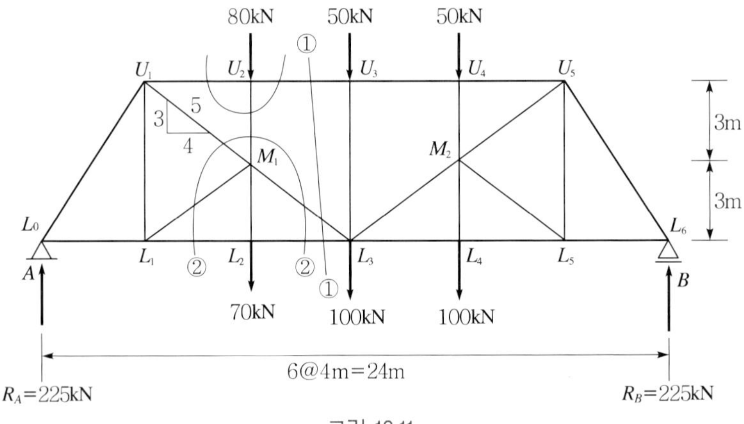

그림 12.11

풀이

반력을 구하면

$$R_A = R_B = \frac{\sum P}{2} = \frac{80+70+2(50+100)}{2} = 225\,\text{kN}(\uparrow)$$

부재력 L_2L_3, M_1L_3은 단면 ①-① 왼쪽 부분의 자유 물체도에 의하여

$$\sum M_{U_1} = -L_2L_3 \times 6 + 225 \times 4 + (80+70) \times 4 = 0$$

$$\therefore L_2L_3 = \frac{1}{6}(225 \times 4 + 150 \times 4) = 250\,\text{kN}(\text{인장})$$

$$\sum V = -M_1L_3 \times \frac{3}{5} + 225 - 80 - 70 = 0$$

$$\therefore M_1L_3 = \frac{5}{3}(225 - 80 - 70) = 125\,\text{kN}(\text{인장})$$

부재력 M_1L_1을 구하기 위하여 단면 ②-②에 의하여 절단된 부분의 자유 물체도를 생각한다. 이 때 6개의 부재가 절단되지만 절점 L_3을 모멘트의 중심으로하여 $\sum M=0$을 적용하면 부재력 M_1L_1을 제외한 5개의 부재력 가운데 부재력 M_1U_2를 제외한 나머지 4개의 부재력은 절점 L_3에서 만나므로 부재력 M_1U_2만을 절점법으로 먼저 구하고, 부재력 M_1L_1을 구하면 된다.

절점 U_2에서

$$\sum V = M_1U_2 + 80 = 0 \qquad \therefore M_1U_2 = -80\text{kN}(\text{압축})$$

단면 ②-②에서

$$\sum M_{L_3} = -M_1L_1 \times 8 \times \frac{3}{5} + M_1U_2 \times 4 - 70 \times 4 = -M_1L_1 \times \frac{24}{5} - 80 \times 4 - 70 \times 4 = 0$$

$$\therefore M_1L_1 = -\frac{5}{24}(80 \times 4 + 70 \times 4) = -125\,\text{kN}(\text{압축})$$

예제 12.4

그림 12.12(a)와 같은 합성 트러스의 부재 U_1U_2, U_1M_2, M_2U_2 의 부재력을 구하여라.

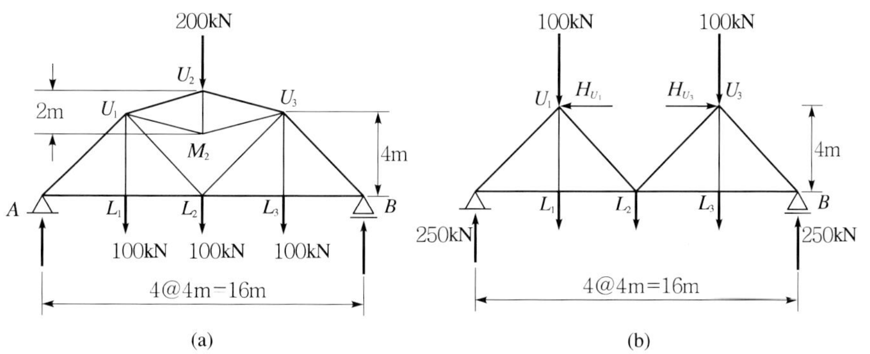

(a) (b)

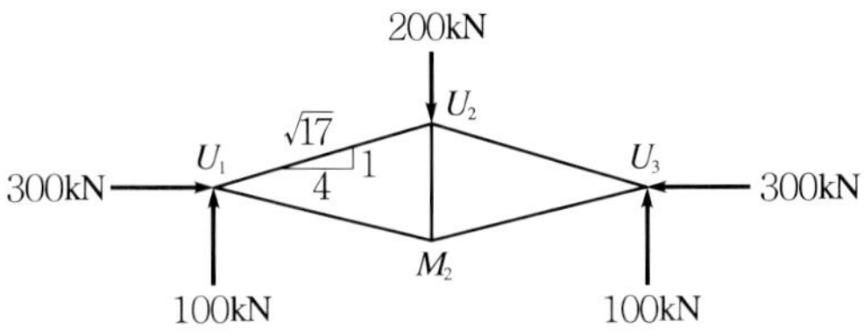

(c)

그림 12.12

풀이

단순 트러스 $U_1\,U_2\,U_3\,M_2$를 고립시킨 그림(c)와 같은 자유 물체도를 그리면 요구하는 부재력을 바로 구할 수 있다. 이 때 절점 $U_{1,}\ U_3$ 에 작용하는 연직 방향의 힘은 $\dfrac{200}{2} = 100\ \mathrm{kN}\,(\uparrow)$이고, 수평방향의 힘 H_{U_1}, H_{U_3}은 그림(b)와 같은 자유 물체도에 의하여 구한다.

$$\sum M_{L_2} = -H_{U_1} \times 4 + 250 \times 8 - (100 + 100) \times 4 = 0$$

$$\therefore\ H_{U_1} = \frac{1}{4}(250 \times 8 - 200 \times 4) = 300\ \mathrm{kN}\,(\leftarrow)$$

$\sum H = 0$ 의하여 $H_{U_3} = H_{U_1} = 300\ \mathrm{kN}\,(\rightarrow)$

그림(b)의 자유 물체도에서 절점 $U_{1,}\ U_3$에서 작용시킨 연직 방향의 100kN은 그림(a)에서 단순 트러스 $U_{1,}\ U_{2,}\ U_{3,}\ M_2$를 절점 $U_{1,}\ U_3$에서 지지하므로 절점 U_2에 작용하중 200kN을 절점 $U_{1,}\ U_3$을 지나는 두 평행력으로 분해한 것이다.

그림(c)의 자유 물체도에 의하여 요구하는 부재력을 구하면 다음과 같다.

$$\sum M_{M_2} = U_1U_2 \times 2 \times \frac{4}{\sqrt{17}} + 100 \times 4 + 300 \times 1 = 0$$

$$\therefore\ U_1U_2 = -\frac{\sqrt{17}}{8}(100 \times 4 + 300 \times 1) = -87.5\sqrt{17} = -360.8\mathrm{kN}\ (\text{압축})$$

$$\sum M_{U_2} = -U_1M_2 \times 2 \times \frac{4}{\sqrt{17}} + 100 \times 4 - 300 \times 1 = 0$$

$$\therefore\ U_1M_2 = \frac{\sqrt{17}}{8}(100 \times 4 - 300 \times 1) = 12.5\sqrt{17} = 51.54\mathrm{kN}\ (\text{인장})$$

절점 M_2에서

$U_1M_2 = U_3M_2 = 12.5\sqrt{17}\ \mathrm{kN}\ (\because\ \text{대칭})$

이므로

$$\sum V = M_2U_2 + 2U_1M_2 \times \frac{1}{\sqrt{17}} = 0$$

$$\therefore\quad M_2U_2 = -2U_1M_2 \times \frac{1}{\sqrt{17}} = -2 \times 12.5\sqrt{17} \times \frac{1}{\sqrt{17}} = -25\mathrm{kN}\ (\text{압축})$$

(3) 부재 치환법

여기서는, 복합 트러스의 하나의 실용적인 해법인 **Henneberg의 방법**이라고도 말하는 부재 치환법을 예를 들어 설명하기로 한다.

그림 12.13(a)의 트러스는 절점법이나 단면법을 직접 사용하여 부재력을 구할 수는 없으나 부재 EF를 제거하고 그 대신 가상적인 부재 AB를 삽입한 그림(b)와 같은 트러스를 생각한다. 이때 새로 삽입한 가상적인 부재 AB를 치환 부재(置換部材, displaced member)라고 한다.

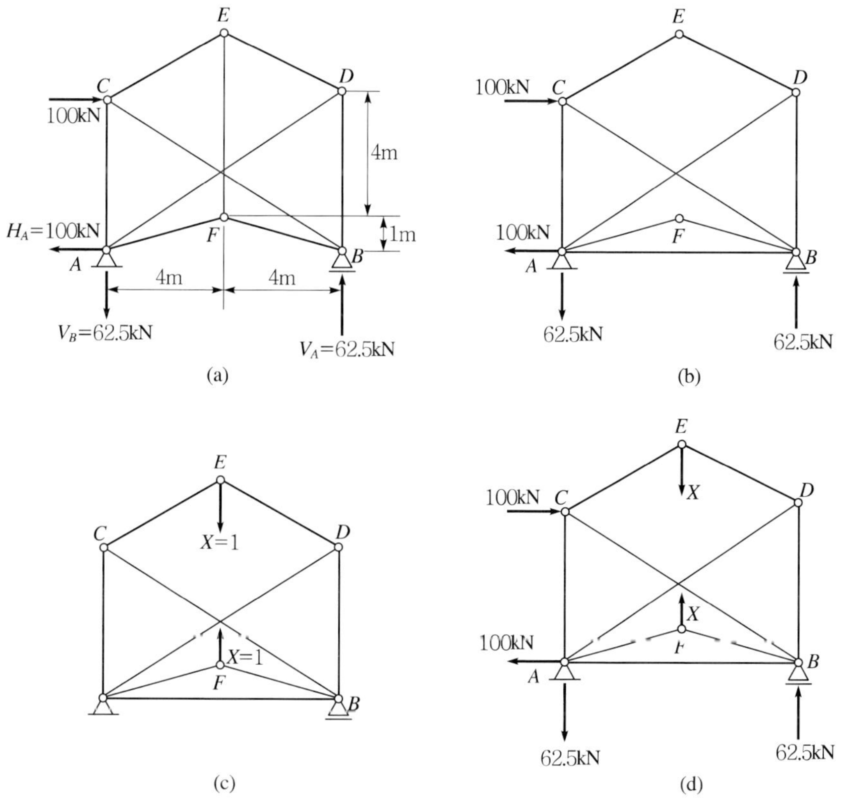

그림 12.13

그림(b)의 트러스는 단순 트러스로서 주어진 하중에 의한 임의의 부재력 N'와 그림(c)와 같이 절점 E, F에 부재 EF의 부재축 방향으로 작용시킨 단위 인장력 $X=1$에 의한 임의의 부재력 $\overline{N}$은 절점 E를 계산의 시작점으로 하여 절점법으로 완전히 해석 할 수 있으며, 만일 절점 E, F에 단위 인장력 대신 임의의 인장력 X를 작용시키면 임의의 부재력은 $\overline{N}\cdot X$

이다. 따라서, 그림(d)와 같이 그림(b)의 트러스에 주어진 하중과 함께 절점 E, F에 임의의 인장력 X를 작용시키면 임의의 부재력은

$$N = N' + \overline{N} \cdot X \tag{12.4}$$

이며, 특히 치환 부재 AB의 부재력은

$$N_{AB} = N'_{AB} + \overline{N_{AB}} \cdot X \tag{12.5}$$

이다. 여기서, 실제로는 치환 부재 AB는 없는 것이므로 식 (12.5)에서 N_{AB}가 0이 되도록 EF 부재력 X의 값을 정하면 치환 부재 AB는 불필요하다. 따라서, 그림 12.13 (d)에서 치환 부재 AB를 제거하면 그림(a)의 실제의 트러스에서 부재 EF 대신 부재가 이 트러스의 다른 부분에 미치는 작용을 힘 X로 바꾸어 놓은 것을 제외하고는 실제의 트러스와 같다. 그러므로 다음과 같이 식 (12.5)에서 $N_{AB}=0$으로 놓아 구한 X의 값은 부재 EF의 부재력임을 알 수 있다.

$$N_{AB} = N'_{AB} + \overline{N_{AB}} \cdot X = 0 \quad \therefore X = -\frac{N'_{AB}}{\overline{N_{AB}}} \tag{12.6}$$

식 (12.6)에 의하여 X의 값이 구해지면 식 (12.4)에 의하여 주어진 트러스의 모든 부재력을 구할 수 있다.

그림(a)의 복합 트러스를 부재 치환법으로 해석하면 표 12.1과 같다.

$$X = -\frac{N'_{AB}}{\overline{N_{AB}}} = -\frac{100}{-3} = \frac{100}{3}\text{kN}$$

표 12.1

부 재	N'[kN]	$\overline{N}$	$\overline{N} \cdot X$[kN]	$N = N' + \overline{N} \cdot X$[kN]
AC	62.50	−1.125	−37.50	25.00
BD		−1.125	−37.50	−37.50
CE		−1.118	−37.27	−37.27
DE		−1.118	−37.27	−37.27
AD		1.179	39.30	39.30
BC	−117.92	1.179	39.30	−78.62
AF		2.062	68.73	68.73
BF		2.062	68.73	68.73
EF	0	1.000	33.33	33.33
AB	100.00	−3.000	−100.00	0

12.3 단순보형 트러스의 영향선

교량 트러스와 같이 이동 하중을 받는 트러스의 반력 및 부재력을 계산할 때 영향선을 사용하면 편리하다. 특히, 복부재는 하중의 작용 위치에 따라 인장력을 받기도 하고 압축력을 받기도 하므로 최대 부재력을 구하는 데 효과적이다.

교량 트러스의 반력의 영향선은 보와 같으며, 부재력의 영향선은 단위 하중 $P=1$을 이동시켜 단위 하중이 임의의 점에 있을 때의 부재력을 단면법 또는 절점법에 의하여 계산하여 이를 단위 하중의 작용점의 아래에 종거(y 값)로 나타낸다.

다음에, 단순 지지된 트러스의 영향선을 구하는 방법을 설명하기로 한다.

12.3.1 평행현 트러스의 영향선

(1) Pratt 트러스

그림 12.14(a)와 같이 하현에 이동 하중이 작용하는 Pratt트러스의 반력 R_A와 현재 U_1U_2, L_1L_2 사재 U_1L_2 수직재 U_1L_1, U_2L_2의 부재력의 영향선을 구하면 다음과 같다.

① R_A의 영향선

단순 지지된 모든 트러스의 반력 영향선은 단순보의 반력 영향선과 같다. 따라서 R_A의 영향선은 그림(b)와 같다.

② 현재의 영향선

그림(a)의 단면 ①-①에서, 현재 U_1U_2, L_1L_2의 부재력을 모멘트법으로 구하면,

$$U_1U_2 = -\frac{M_{L_2}}{h}$$

$$L_1L_2 = \frac{M_{U_1}}{h}$$

이다.

여기서, M_{L_2}, M_{U_1}은 각각 트러스를 단순보로 생각할 때, 절점 L_2, U_1의 휨 모멘트의 영향선과 같으므로, 부재력 U_1U_2, L_1L_2의 영향선은 단순보의 M_{L_2}, M_{U_1}의 영향선의 종거를 각각 $-h$, h로 나눈 그림(c) 및 (d)와 같다.

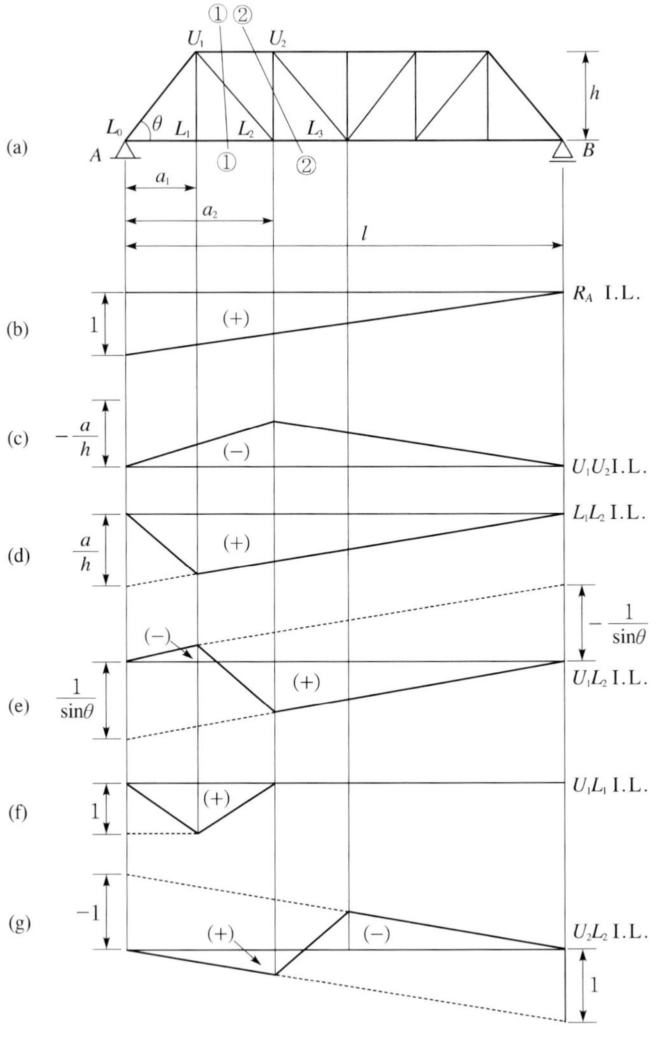

그림 12.14

③ 사재의 영향선

단면 ①-①에서, 사재 U_1L_2의 부재력을 전단력법으로 구하면,

$$U_1L_2 = \frac{S_{L_1 \sim L_2}}{\sin\theta}$$

이다.

여기서, $S_{L_1 \sim L_2}$는 트러스를 단순보로 생각할 때, 격점 L_1과 L_2사이의 전단력의 영향선과 같으므로, 부재력 U_1L_2의 영향선은 간접 하중을 받는 단순보 $S_{L_1 \sim L_2}$의 영향선

의 종거를 $\sin\theta$로 나눈 그림(e)와 같다.

④ 수직재의 영향선

(가) U_1L_1의 영향선 : 이동 하중이 하현에 작용하는 경우, 수직재 U_1L_1의 부재력은 절점법에 의하여 절점 L_1에 작용하는 하중과 같다. 그런데, 절점 L_1에 작용하는 하중은 부재 L_0L_1, L_1L_2를 각각 단순보로 생각할 때, 두 단순보의 절점 L_1의 반력의 영향선과 같으므로 U_1L_1의 영향선은 그림(f)와 같이 된다.

(나) U_2L_2의 영향선 : 단면 ②-②에서, 수직재 U_2L_2의 부재력을 전단력법으로 구하면, $U_2L_2 = -S_{L_2 \sim L_3}$이다.

여기서, $S_{L_2 \sim L_3}$은 트러스를 간접 하중을 받는 단순보로 생각할 때, 격점 L_2와 L_3사이의 전단력의 영향선과 같으므로, U_2L_2의 영향선은 간접 하중을 받는 단순보의 격점 L_2와 L_3사이의 전단력 $S_{L_2 \sim L_3}$의 영향선의 종거의 부호를 바꾼 그림(g)와 같다.

(2) Warren 트러스

그림 12.15(a)와 같은 하현에 이동 하중이 작용하는 Warren 트러스의 현재 U_1U_2, L_1L_2 사재 L_1U_2의 부재력의 영향선을 구하면 다음과 같다.

① 현재의 영향선

그림(a)의 단면 ①-①에서, U_1U_2, L_1L_2현재의 부재력을 모멘트법으로 구하면,

$$U_1U_2 = -\frac{M_{L_1}}{h}$$

$$L_1L_2 = \frac{M_{U_2}}{h}$$

이다.

여기서, M_{L_1}은 이동 하중이 하현에 작용하는 경우, 단순보의 격점 L_1의 휨 모멘트의 영향선과 같으므로, U_1U_2의 영향선은 간접하중을 받는 단순보의 격점 L_1의 휨 모멘트M_{L1}의 영향선의 종거를 h로 나누고 그의 부호를 바꾼 그림(b)와 같다.

또, M_{U_2}는 간접 하중을 받는 단순보의 격점 L_1과 L_2사이의 점 U_2의 휨 모멘트의 영향선과 같으므로 L_1L_2의 영향선은 간접 하중을 받는 단순보의 격점 L_1와 L_2사이에 있는 점 U_2의 휨 모멘트 M_{U_2}의 영향선의 종거를 h로 나눈 그림(c)와 같다.

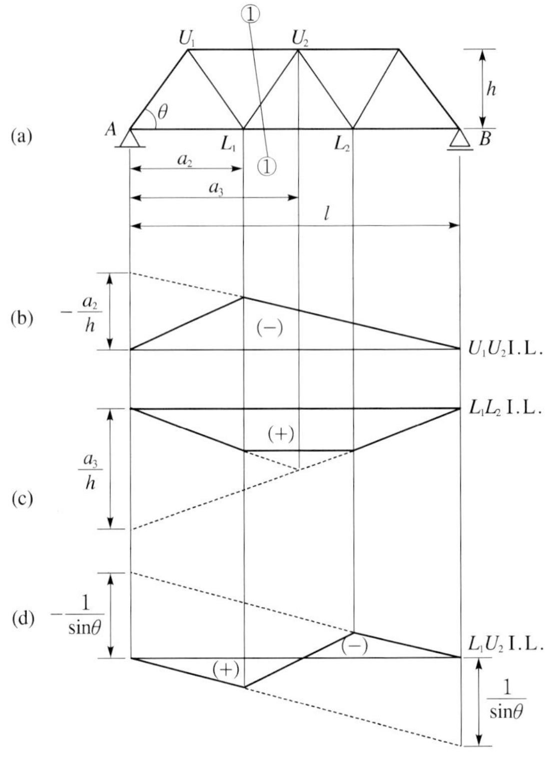

그림 12.15

② 사재의 영향선

그림(a)의 단면 ①-①에서 사재 L_1U_2의 부재력을 전단력법으로 구하면

$$L_1U_2 = -\frac{S_{L_1 \sim L_2}}{\sin\theta}$$

이다.

여기서, $S_{L_1 \sim L_2}$는 간접 하중을 받는 단순보의 격점 L_1과 L_2사이의 전단력의 영향선과 같으므로 L_1U_2의 영향선은 간접 하중을 받는 단순보의 격점 L_1과 L_2사이의 전단력 $S_{L_1 \sim L_2}$의 영향선의 종거를 $\sin\theta$로 나누고, 그의 부호를 바꾼 그림(d)와 같다.

예제 12.5

그림 12.16(a)와 같은 Pratt 트러스에 $P_1 = 30\text{kN}$, $P_2 = 60\text{kN}$의 연행 하중이 왕복 작용할 때, 부재 U_1U_2, L_1L_2, U_1L_2, L_2U_2의 최대 부재력을 구하여라.

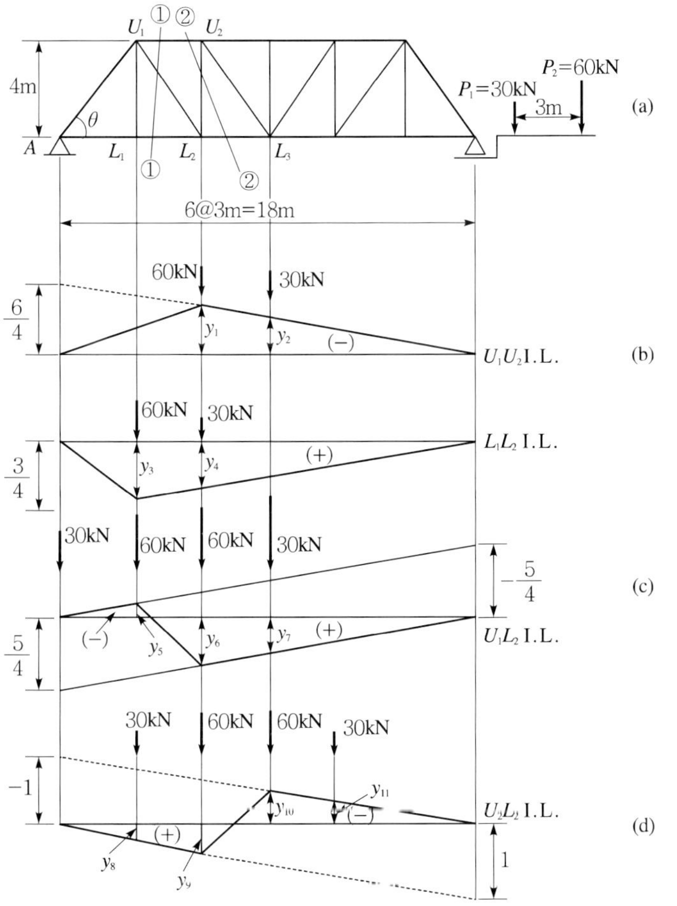

그림 12.16

풀이

단면 ①–①에서 부재력 U_1U_2, L_1L_2, U_1L_2를

단면 ②–②에서 부재력 U_2L_2를 각각 구하면 다음과 같다.

$\sum M_{L_2} = U_1U_2 \times 4 + M_{L_2} = 0$

$$\therefore U_1U_2 = -\frac{M_{L_2}}{4}$$

$$\sum M_{U_1} = -L_1L_2 \times 4 + M_{U_1} = 0$$

$$\therefore L_1L_2 = \frac{M_{U_1}}{4}$$

$$\sum V = -U_1L_2 \times \frac{4}{5} + S_{L_1 \sim L_2} = 0$$

$$\therefore U_1L_2 = \frac{5}{4} S_{L_1 \sim L_2}$$

$$\sum V = U_2L_2 + S_{L_2 \sim L_3} = 0$$

$$\therefore U_2L_2 = -S_{L_2 \sim L_3}$$

따라서, 이들 부재력의 영향선과 부재력이 최대로 되는 하중의 위치는 그림(b), (c), (d) 및 (e)와 같다.

부재 U_1U_2의 최대 부재력은

$$y_1 = -\frac{6}{4} \times \frac{4}{6} = -1, \quad y_2 = -\frac{6}{4} \times \frac{3}{6} = -\frac{3}{4}$$

이므로

최대 압축력 : $U_1U_2 = -\left(60 \times 1 + 30 \times \frac{3}{4}\right) = -82.5\text{kN}$

부재 L_1L_2의 최대 부재력은

$$y_3 = \frac{3}{4} \times \frac{5}{6} = \frac{5}{8}, \quad y_4 = \frac{3}{4} \times \frac{4}{6} = \frac{4}{8}$$

이므로

최대 인장력 : $L_1L_2 = 60 \times \frac{5}{8} + 30 \times \frac{4}{8} = 52.5\,\text{kN}$

부재 U_1L_2의 최대 부재력은

$$y_5 = -\frac{5}{4} \times \frac{1}{6} = -\frac{5}{24}, \quad y_6 = \frac{5}{4} \times \frac{4}{6} = \frac{5}{6}, \quad y_7 = \frac{5}{4} \times \frac{3}{6} = \frac{5}{8}$$

이므로

최대 인장력 : $U_1L_2 = 60 \times \frac{5}{6} + 30 \times \frac{5}{8} = 68.75\text{ kN}$

최대 압축력 : $U_1L_2 = -60 \times \frac{5}{24} = -12.5\,\text{kN}$

부재 U_2L_2의 최대 부재력은

$$y_8 = \frac{1}{6}, \quad y_9 = \frac{2}{6}, \quad y_{10} = -\frac{3}{6}, \quad y_{11} = -\frac{2}{6}$$

이므로

최대 인장력 : $U_2L_2 = 30 \times \frac{1}{6} + 60 \times \frac{2}{6} = 25\,\text{kN}$

최대 압축력 : $U_2L_2 = -\left(60 \times \frac{3}{6} + 30 \times \frac{2}{6}\right) = -40\text{ kN}$

12.4 입체 트러스

입체 트러스란 동일 평면 내에 있지 않은 6개 이상의 직선 부재의 양단을 마찰이 없는 힌지로 연결하여 만든 뼈대 구조물을 말한다. 이미 앞에서 설명한 바와 같이 실제의 트러스는 대부분 입체 구조물이지만 트러스의 형상, 외력의 작용 상태에 따라 평면 트러스로 분해하여 해석하는 일이 많으며, 그 대표적인 것이 교량 트러스이다. 그러나 탑, 돔, 데릭(derrick)기중기 등은 입체 트러스로 해석해야 한다.

입체 트러스를 해석하는 기본적인 방법은 평면 트러스의 경우와 같으며, 입체 트러스의 해석에도 평면 트러스와 같은 가정을 둔다. 다만, 평면 트러스의 활절은 한 축 둘레의 회전이 자유로운 데 반하여 입체 트러스의 활절은 3축 둘레의 회전이 자유롭다고 보아야 한다. 이런 의미에서 입체 트러스의 활절과 같은 절점을 유니버설 절점(universal joint)이라고 한다.

입체 트러스에도 평면 트러스와 마찬가지로 구성 방법에 따라 단순 입체 트러스, 합성 입체 트러스, 복합 입체 트러스 등이 있으며, 해법도 절점법, 단면법, 부재 치환법 등이 있다. 여기서는, 쉽게 해석할 수 있는 극히 간단한 구조의 정정 입체 트러스의 해석만을 다루기로 한다.

12.4.1 공간 역계의 평형 방정식

입체 트러스에 작용하는 힘은 공간 역계를 이루므로 공간 역계의 평형 방정식을 알아야 입체 트러스를 해석할 수 있다.

(1) 공간력의 분해, 합성 및 모멘트

그림 12.17과 같이 공간 안에 있는 한 힘 P의 작용점 0를 원점으로 하는 직교 좌표 축 x, y, z를 설정하고 힘 P와 좌표축 x, y, z의 정의 방향과 이루는 각을 θ_x, θ_y, θ_z라고 하면 힘 P의 x, y, z 축 방향의 분력은 다음과 같다.

$$\left.\begin{aligned} P_x &= P\cos\theta_x \\ P_y &= P\cos\theta_y \\ P_z &= P\cos\theta_z \end{aligned}\right\} \tag{12.7}$$

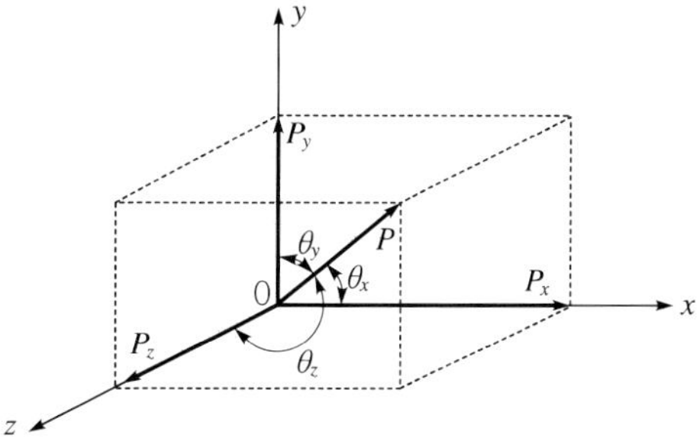

그림 12.17

또한, 서로 직교하는 세 힘 P_x, P_y, P_z의 합력 P의 크기와 방향은 다음과 같다.

$$P = \sqrt{P_x{}^2 + P_y{}^2 + P_z{}^2} \tag{12.8}$$

$$\left.\begin{aligned} \theta_x &= \cos^{-1}\frac{P_x}{P} \\ \theta_y &= \cos^{-1}\frac{P_y}{P} \\ \theta_z &= \cos^{-1}\frac{P_z}{P} \end{aligned}\right\} \tag{12.9}$$

여기서, 식 (12.7)과 (12.8)에 의하여

$$\cos^2\theta_x + \cos^2\theta_y + \cos^2\theta_z = 1 \tag{12.10}$$

의 관계가 있음을 알 수 있다.

공간력의 모멘트는 임의의 축에 대하여 정의되며, 평면 역계에서의 모멘트의 정리는 공간 역계에도 적용된다. 그림 12.18에서 y축 둘레를 자유롭게 회전할 수 있는 물체 내부의 한 점 A에 힘 P가 작용하는 경우, 이 힘 P를 점 A를 포함하고 y축에 수직한 평면 OAC 내에 작용하는 분력 $AC = P\cos\theta$와 평면에 수직한 방향으로 작용하는 분력 $AD = P\sin\theta$로 분해하면 전자만이 이 물체를 y축 둘레로 회전시킨다. 이때의 힘 P의 y축에 대한 모멘트 M_y는 점 O에서 힘 AC에 내린 수선의 길이를 l이라고 하면

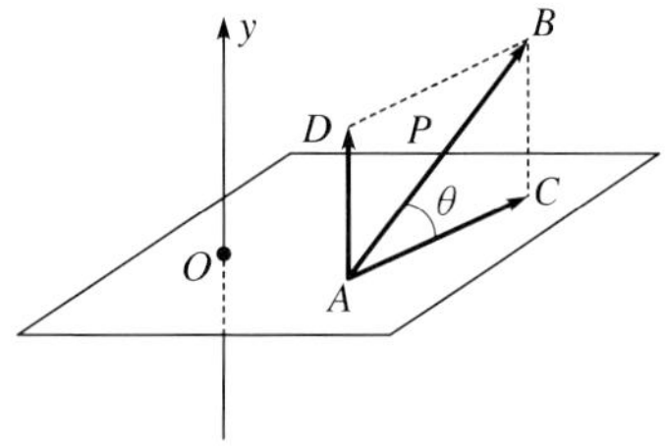

그림 12.18

$$M_y = P\cos\theta \cdot l \tag{12.11}$$

이다.

(2) 공간 역계의 평형 방정식

일반 공간 역계를 합성하면 하나의 합력과 하나의 우력으로 되므로 이 역계의 작용을 받는 물체는 합력의 작용 방향으로 이동하고 우력의 작용 방향으로 회전하게 된다. 따라서 일반 공간 역계의 작용을 받는 물체가 이동도 회전도 하지 않고 정지 상태에 있으려면 합력과 우력이 동시에 0이 되어야 한다. 합력이 0이 되기 위해서는 물체에 작용하는 모든 외력의 임의의 직교 좌표축 x, y, z 방향의 분력의 합계 ΣP_x, ΣP_y 및ΣP_z가 각각 0이 되어

야 하며, 합우력이 0이 되기 위해서는 임의의 직교 좌표축x, y, z 에 대한 모멘트의 합계 ΣM_x, ΣM_y, ΣM_z 가 각각 0이 되어야 한다. 따라서 일반 공간 역계의 정역학적 평형 방정식은 다음과 같다.

$$\left.\begin{array}{lll}\Sigma P_x = 0, & \Sigma P_y = 0, & \Sigma P_z = 0 \\ \Sigma M_x = 0, & \Sigma M_y = 0, & \Sigma M_z = 0\end{array}\right\} \quad (12.12)$$

만일 모든 힘이 평행일 때 Z축을 이들 힘과 평행하게 잡으면 $\Sigma P_{x,} = 0$, $\Sigma P_y = 0$ 및 $\Sigma M_z = 0$은 항상 만족하므로 평행 공간 역계의 평형 방정식은 다음과 같이 된다.

$$\Sigma P_z = 0, \quad \Sigma M_x = 0, \quad \Sigma M_y = 0 \quad (12.13)$$

만일 모든 힘이 한 점에서 만날 때 이 점을 좌표의 원점으로 하면 $\Sigma M_x = 0$, $\Sigma M_y = 0$, $\Sigma M_z = 0$은 항상 만족하므로 동점 공간 역계의 평형 방정식은 다음과 같이 된다.

$$\Sigma P_x = 0, \quad \Sigma P_y = 0, \quad \Sigma P_z = 0 \quad (12.14)$$

12.4.2 입체 트러스의 안정 및 정정

(1) 지점의 종류

입체 트러스의 지점은 독립된 3개 방향의 반력을 가질 수 있는 구조와 3개 방향의 반력 가운데 1개 또는 2개 방향의 반력이 일어나지 않는 구조로 된 지점이 있다. 이들 3종류의 지점은 다음과 같다.

① **보올 지점**(ball support) : 둥근 보올(spherical ball) 또는 평판 또는 평면 롤러 등으로 되어 있는 지점으로서 연직 방향의 이동만을 구속하는 지점으로 연직 방향(지지면에 수직 방향) 의 반력만이 일어난다(그림 12.19의 지점 C, E).

② **롤러 지점**(roller support, slotted roller support) : 연직 방향 및 직교하는 두 수평 방향 가운데 어느 한 방향의 이동을 구속하는 홈이 파진 롤러 지점으로서 연직 방향의 반력과 어느 한 방향의 수평 반력이 일어난다(그림 12.19의 지점 D).

③ **유니버설 지점**(universal support) : 유니버설 절점과 같은 형식의 지점으로 힌지 지점(hinged support), 보올 소켓 지점(ball and socket support)이라고도 한다. 이는 연직 및 수평 방향의 이동을 구속하는 지점으로서 연직 방향의 반력과 직교하는 두 방향의 수평 반력이 일어난다(그림 12.19의 지점 B).

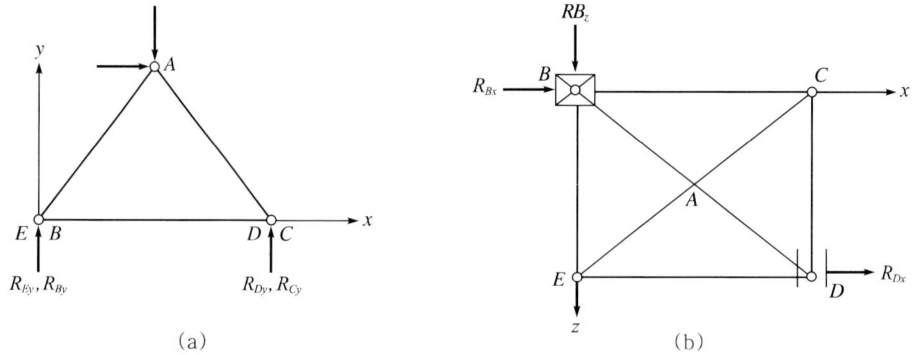

그림 12.19

(2) 정정 조건

일반적으로 안정한 입체 트러스에 하중이 작용하여 평형 상태에 있을 때 부재력과 지점 반력은 미지의 힘이다. 트러스의 부재에는 축방향력 1개만 작용하므로 부재의 총수를 m, 지점 반력의 총수를 R 이라고 하면 미지의 힘의 총수는 $m+R$이다. 이들 미지의 힘을 구하기 위한 조건식으로는 지점을 포함한 각 절점마다 식 (12.14)로 표시되는 동점 공간 역계의 평형 조건식 3개가 성립하므로 지점을 포함한 절점의 총수를 P 라고 하면 평형 조건식은 $3P$개이며, $m+R$개의 미지의 힘을 모두 $3P$개의 평형 조건식으로 구할 수 있으면 그 트러스는 정정이다. 그러므로 입체 트러스의 정정 조건식은 다음과 같다.

$$m+R=3P \tag{12.15}$$

따라서, 입체 트러스의 전체적인 부정정 차수는 일반적으로

$$N=m+R-3P \tag{12.16}$$

이다. 여기서, $N=0$이면 정정, $N>0$이면 부정정, $N<0$이면 불안정이다.

일반적으로 하나의 입체 구조물 전체가 정역학적 평형 상태에 있으려면 식 (12.12)로 표시되는 일반 공간 역계의 평형 조건식 6개가 성립해야 하므로 미지의 반력이 6개이면 구조물 전체에 대한 자유 물체도에 대하여 6개의 평형 조건식을 적용하여 모든 반력을 구할 수 있으며, 이 때 이 구조물은 외적으로 정정이다.

그러므로 입체 구조물의 외적 부정정 차수 N_e는 다음 식으로 구해지며, 물론 입체 트러스에도 적용된다.

$$N_e=R-6 \tag{12.17}$$

여기서, $N_e = 0$이면 외적으로 정정, $N_e > 0$이면 외적으로 부정정, $N_e < 0$이면 외적으로 불안정이다.

그런데, 입체 트러스는 지점의 종류 및 배치가 평면 트러스에 비하여 복잡하므로 외적 안정, 불안정의 판정을 할 때 세심한 주의가 필요하다.

12.4.3 입체 트러스의 해석

1개의 절점에 결합된 부재의 수가 3개이면 평면 트러스에서의 절점법과 마찬가지로 그 절점의 자유 물체도에 대하여 동점 공간 역계의 평형 조건식을 적용하여 부재력을 구할 수 있다. 한 절점에 4개 이상의 부재가 결합되어 있어도 그 가운데 3개의 부재를 제외한 나머지 부재의 부재력을 알고 있으면 미지의 3개의 부재력을 구할 수 있다. 그러므로 입체 트러스에서 3개의 부재가 결합된 절점이 1개 이상 있어서 그 절점에 결합된 부재의 부재력이 구해지면 다음 차례의 절점에서 미지의 부재력이 3개 이하이고, 이하 계속해서 다음 차례의 절점에서 미지의 부재력이 3개 이하면 그 트러스의 모든 부재력은 절점법만으로 구할 수 있다. 단순 입체 트러스가 그 좋은 예이다.

그러나 트러스가 정정 구조일지라도 절점법만으로는 모든 부재력을 구할 수 없는 구조로 된 합성 트러스 또는 복합 트러스의 경우에는 단면법 또는 부재 치환법을 함께 사용해야 모든 부재력을 구할 수 있다. 그러나, 간단한 복합 트러스의 경우에는 적절하게 선택한 1개의 부재력 또는 반력을 미지수로 가정하여 다른 부재력과 반력을 이 미지수의 항으로 나타낸 다음 적절한 평형 조건식을 사용하여 미지수의 값을 구하여 이 미지수의 항으로 나타낸 부재력과 반력이 구해지면 나머지의 반력과 부재력도 평형 조건식을 사용하여 구할 수 있다.

입체 트러스를 해석하기 위해서는 다음의 관계를 알아누는 것이 필요하다.

그림 12.20과 같이 입체 트러스의 임의의 한 절점 O를 원점으로 하는 직교 좌표축 x, y, z를 설정한다. 이 절점 O에 결합된 길이 l의 임의의 경사진 부재 OA와 좌표축 x, y, z의 정의 방향과 이루는 각을 각각 θ_x, θ_y, θ_z라고 한다.

부재 OA의 길이 l의 직교 좌표축 x, y, z축에의 사영 길이를 각각 $l_x,\ l_y\ l_x$라고 하면 다음의 관계가 성립한다.

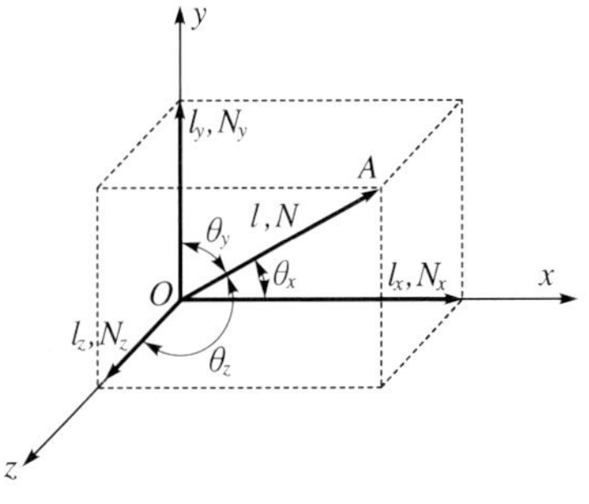

그림 12.20

$$l^2 = l_x{}^2 + l_y{}^2 + l_z{}^2 \tag{12.18}$$

한편 그림에 표시한 바와 같이 부재 OA의 부재력 N의 직교 좌표축 x, y, z 방향의 성분을 각각 N_x, N_y, N_z 라고 하면

$$N_x = N\cos\theta_x, \quad N_y = N\cos\theta_y, \quad N_z = N\cos\theta_z \text{ 이고,}$$

$$\cos\theta_x = \frac{l_x}{l}, \quad \cos\theta_y = \frac{l_y}{l}, \quad \cos\theta_z = \frac{l_z}{l} \text{ 이므로 다음의 관계가 성립한다.}$$

$$\left.\begin{aligned} N_x &= N\left(\frac{l_x}{l}\right) \\ N_y &= N\left(\frac{l_y}{l}\right) \\ N_z &= N\left(\frac{l_z}{l}\right) \end{aligned}\right\} \tag{12.19}$$

또한, 식 (12.19)로부터 다음의 관계가 성립한다.

$$\frac{N}{l} = \frac{N_x}{l_x} = \frac{N_y}{l_y} = \frac{N_z}{l_z} \tag{12.20}$$

식 (12.20)으로부터 한 부재의 3개의 부재력 성분 가운데 어느 한 부재력 성분을 다른 부재력성분의 항으로 나타낼 수 있다. 예를 들면, $N_x = N_y\left(\frac{l_x}{l_y}\right) = N_z\left(\frac{l_x}{l_z}\right)$이다.

예제 12.6

그림 12.21과 같은 입체 트러스의 부재력을 구하여라. 단, 지점 A와 C는 x방향으로, 지점 B는 z 방향으로 자유롭게 이동할 수 있는 롤러이다.

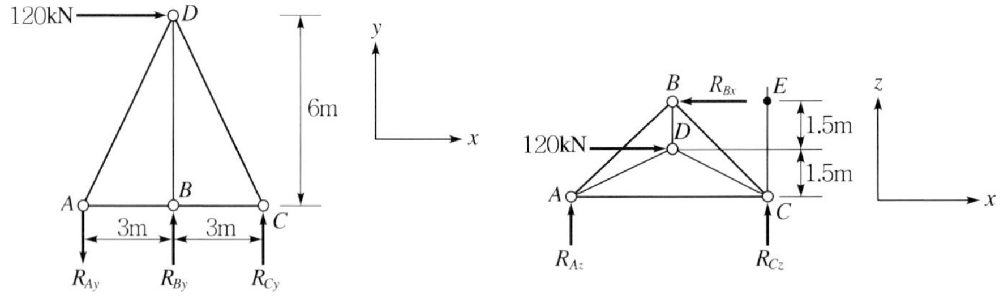

그림 12.21

풀이

3개의 지점이 모두 홈이 파진 롤러 지점이므로 반력 성분은 그림에 표시한 바와 같으며 그 수는 $R=6$이다. 따라서, 외적으로 정정이고 부재의 수 $m=6$, 절점의 수 $P=4$이므로 입체 트러스의 정정 조건식 $R+m-3P=0$을 만족하여 전체적으로도 정정이다.

(1) 지점 반력

지점 반력의 수가 6개뿐이므로 트러스 전체의 자유 물체도에 평형 조건식을 적용하여 모든 지점 반력을 직접 구할 수 있다. 지점 반력의 작용 방향을 그림과 같이 가정하고, 먼저 반력을 구하기로 한다. 두 지점 A, C를 지나는 수평축 x에 대한 모멘트를 가질 수 있는 힘, 즉 x축과 평행하거나 만나지 않는 힘은 R_{By}뿐이므로 $\sum M_z=0$에 의하여

$R_{By}=0$

R_{Cz}의 작용선에 대하여 $\sum M_z$를 적용하면,

$\sum M_z=-R_{Ay}\times 6+120\times 6=0$ $\quad\therefore R_{Ay}=120\,\text{kN}(\downarrow)$

구조물 전체에 대하여 $\sum P_y=0$을 적용하면

$\sum P_y=R_{Cy}+R_{By}-R_{Ay}=R_{Cy}+0-120=0$ $\quad\therefore R_{Cy}=120\,\text{kN}(\uparrow)$

다음에 수평 반력을 구하기 위하여 2개의 수평 반력 R_{Bx}와 R_{Cz}의 작용선의 교점 E를 지나는 연직축에 대하여 $\sum M_y$를 적용하여 R_{Az}를 구한다.

$\sum M_y=R_{Az}\times 6-120\times 1.5=0$ $\quad\therefore R_{Az}=\dfrac{120\times 1.5}{6}=30\,\text{kN}(\uparrow)$

구조물 전체에 대하여

$\sum P_z=R_{Az}-R_{Cz}=0$ $\quad\therefore R_{Cz}=R_{Az}=30\,\text{kN}(\downarrow)$

$\sum P_x=-R_{Bx}+120=0$ $\quad\therefore R_{Bx}=120\,\text{kN}(\leftarrow)$

(2) 부재력

먼저 식 (12.18)에 의하여 각 부재의 길이를 구하면 표 12.2와 같다.

표 12.2

부 재	l_x	l_y	l_z	l(m)	N(kN)
AD	3	6	1.5	6.874	137.48
BD	0	6	1.5	6.185	0
CD	3	6	1.5	6.874	−137.48
AB	3	0	3	4.243	−84.86
BC	3	0	3	4.243	84.86
AC	6	0	0	6	0

절점 D에 결합된 경사진 3개의 부재 AD, BD 및 CD의 부재력의 연직 성분은 연직 반력과 크기는 같고 방향은 반대이다. 그러므로 이들 경사진 부재의 부재력은 연직 반력과 식 (12.20)을 사용하여

구할 수 있다. 수평 부재 AB, BC 및 AC의 부재력은 절점 A, B, C 가운데 2개 절점에 절점법을 적용하면 구할 수 있다.

부재 AD의 부재력 N_{AD}의 연직 성분은 $N_y = R_{Ay} = 120\text{kN}$이므로

$$N_{AD} = N_y \times \frac{l}{l_y} = 120 \times \frac{6.874}{6} = 130\ \text{kN}$$

부재 BD의 부재력 N_{BD}의 연직 성분은 $N_y = R_{By} = 0$이므로 $N_{BD} = 0$

부재 CD의 부재력 N_{CD}의 연직 성분은 $N_y = -R_{Cy} = 120\ \text{kN}$이므로

$$N_{CD} = N_y \times \frac{l}{l_y} = -120 \times \frac{6.874}{6} = -137.48\ \text{kN}$$

절점 A에서

$$\sum P_z = N_{AB} \times \frac{l_z}{l} + N_{AD} \times \frac{l_z}{l} + R_{AZ} = N_{AB} \times \frac{3}{4.243} + 137.48 \times \frac{1.5}{6.874} + 30 = 0$$

$$\therefore N_{AB} = -\frac{4.243}{3}\left(137.48 \times \frac{1.5}{6.874} + 30\right) = -84.86\text{kN}$$

$$\sum P_x = N_{AC} + N_{AB} \times \frac{l_x}{l} + N_{AD} \times \frac{l_x}{l} = N_{AC} - 84.86 \times \frac{3}{4.243} + 137.48 \times \frac{3}{6.874} = 0$$

$$\therefore N_{AC} = 0$$

절점 C에서

$$\sum P_x = N_{BC} \times \frac{l_x}{l} + N_{CD} \times \frac{l_x}{l} + N_{AC} = N_{BC} \times \frac{3}{4.243} - 137.48 \times \frac{3}{6.874} + 0 = 0$$

$$\therefore N_{BC} = 137.48 \times \frac{4.243}{6.874} = 84.86\ \text{kN}$$

이상의 부재력 계산 결과를 종합하면 표 12.2와 같다.

연습문제

12.1 그림 12.22와 같은 트러스의 모든 부재력을 구하여라.

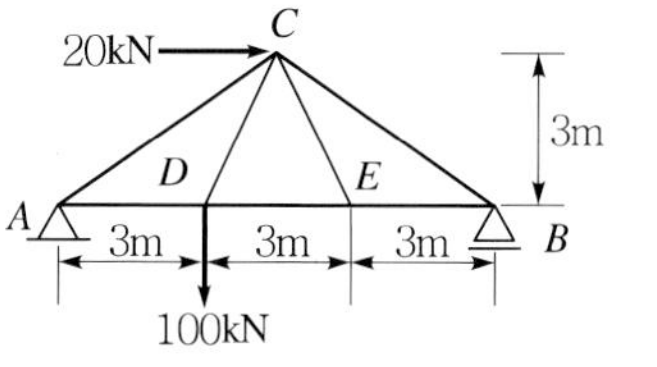

그림 12.22

12.2 그림 12.23과 같은 기중기(평면 트러스 구조)의 모든 부재력을 구하여라.

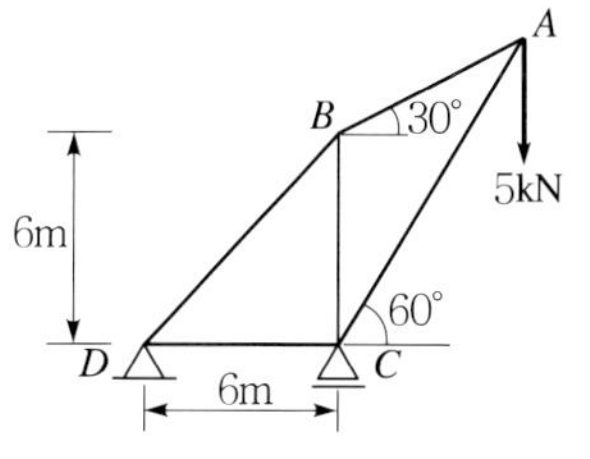

그림 12.23

12.3 그림 12.24와 같은 트러스의 부재 DE, DF, EF 및 EG의 부재력을 구하여라.

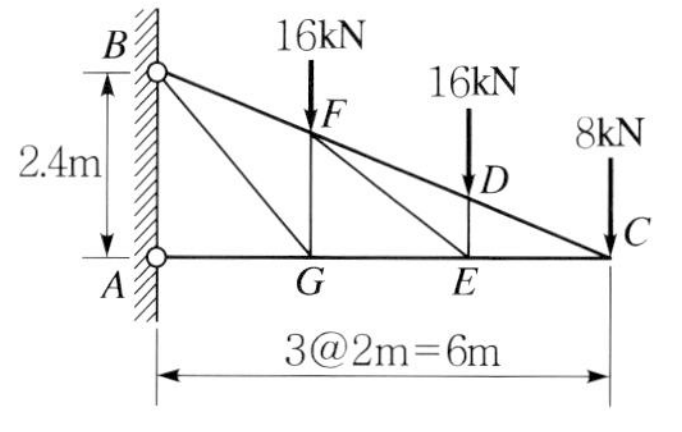

그림 12.24

12.4 그림 12.25와 같은 Howe트러스의 부재 U_2U_3, L_2L_3, L_2U_2 및 L_3U_3의 부재력을 구하여라.

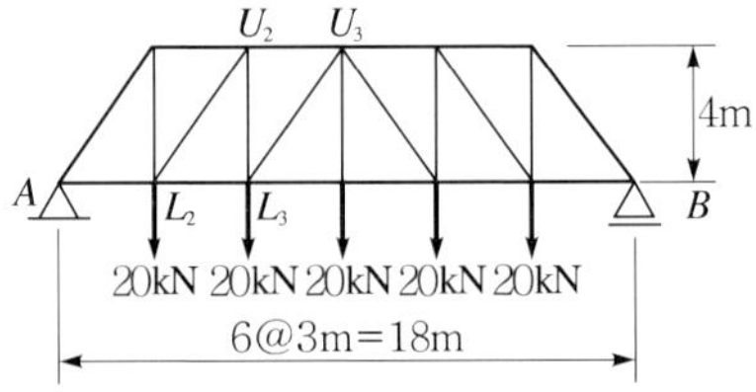

그림 12.25

12.5 그림 12.26과 같은 곡현 Warren트러스의 부재 U_2U_3, L_2L_3, L_2U_3 및 U_2L_2의 부재력을 구하여라.

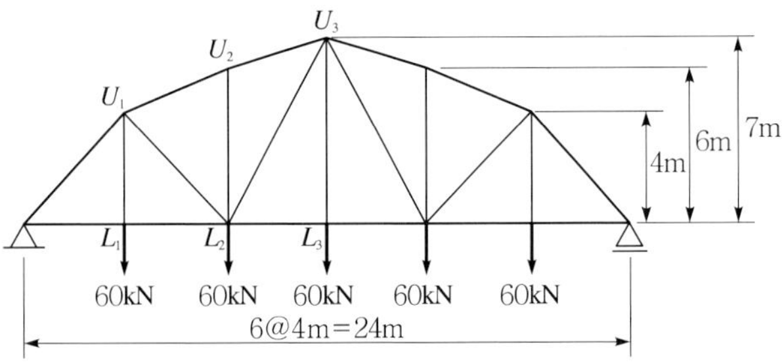

그림 12.26

12.6 그림 12.27과 같은 수직재가 있는 곡현 Warren 지붕 트러스의 모든 부재력을 구하여라.

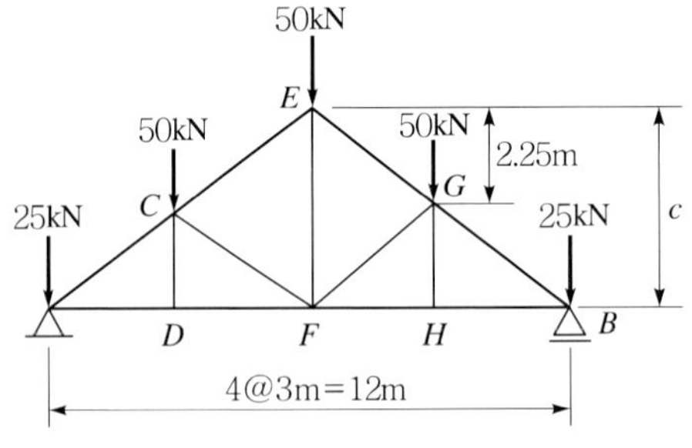

그림 12.27

12.7 그림 12.28과 같은 트러스 2개를 사용하여 폭 4m의 가교를 만들려고 한다. 설계 하중을 $3kN/m^2$로 할 때 모든 부재력을 구하여라.

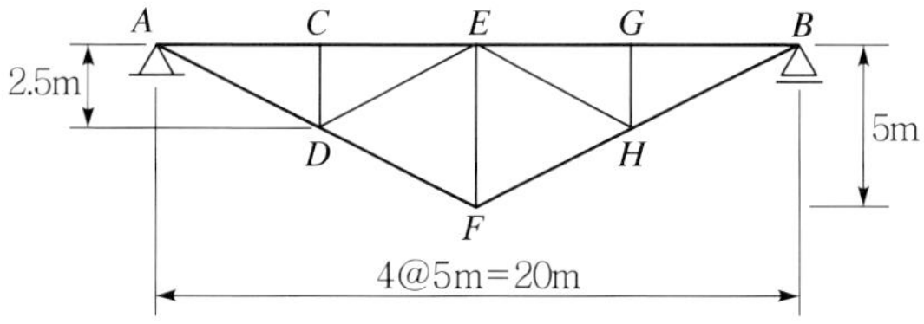

그림 12.28

12.8 그림 12.29와 같은 Fink 지붕 트러스의 모든 부재력을 구하여라.

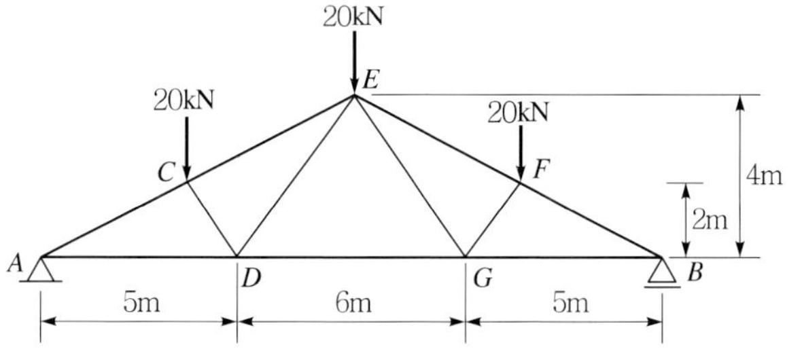

그림 12.29

12.9 그림 12.30과 같은 Fink 지붕 트러스의 모든 부재력을 구하여라.

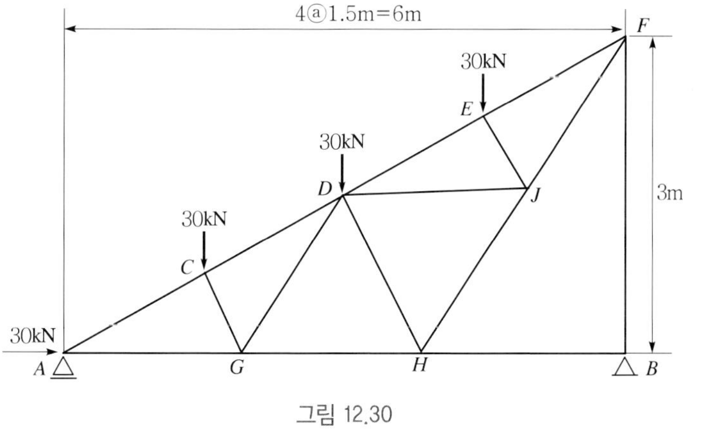

그림 12.30

12.10 그림 12.31과 같은 트러스의 모든 부재력을 구하여라.

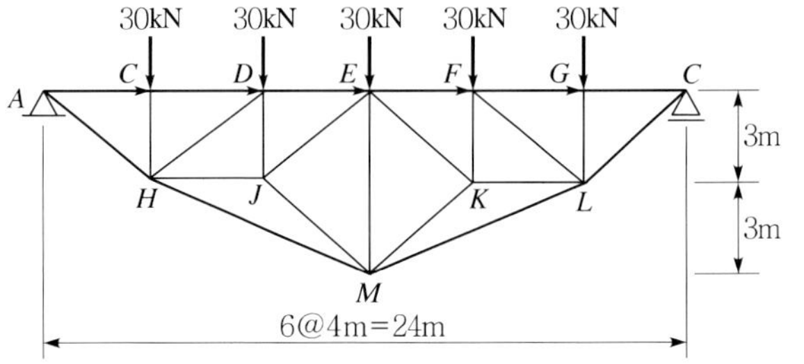

그림 12.31

12.11 그림 12.32와 같은 트러스의 모든 부재력을 구하여라.

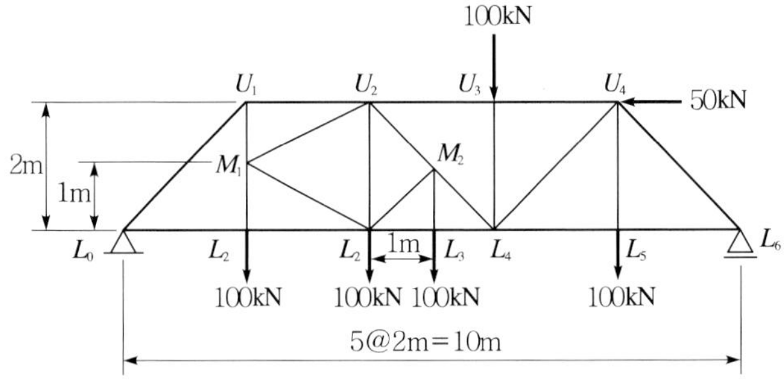

그림 12.32

12.12 그림 12.33과 같은 게르버보형 트러스의 모든 부재력을 구하여라.

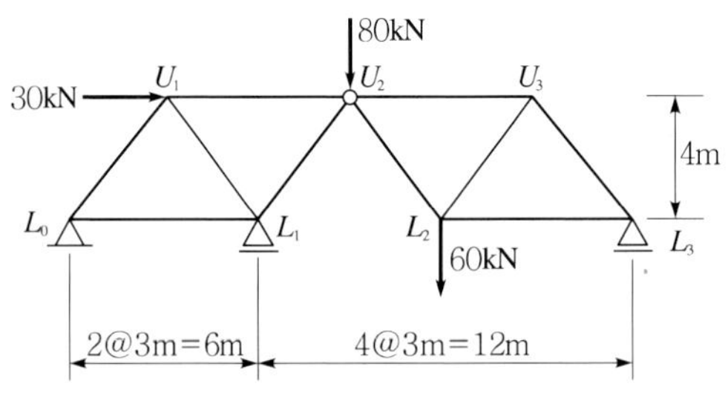

그림 12.33

12.13 그림 12.34와 같은 합성 트러스의 모든 부재력을 구하여라.

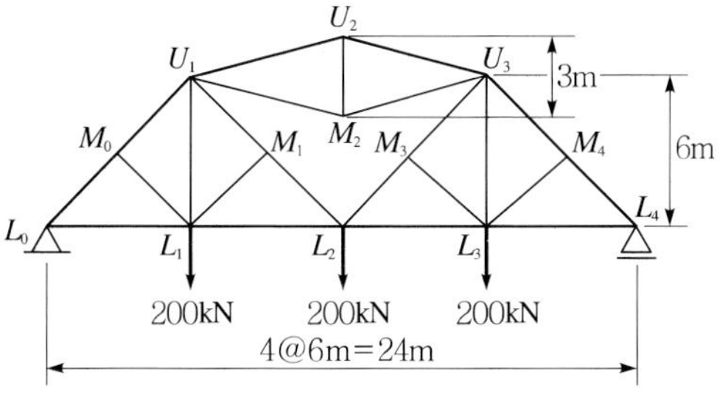

그림 12.34

12.14 그림 12.35와 같은 복합 트러스의 모든 부재력을 구하여라.

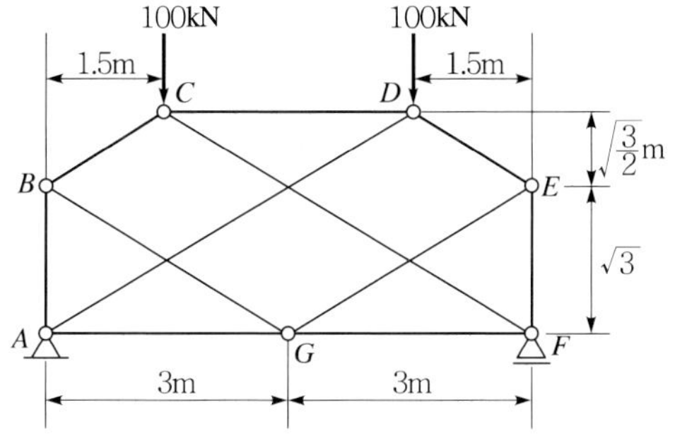

그림 12.35

12.15 그림 12.36과 같은 등분포 활하중을 받는 트러스의 사재 U_1L_2의 최대 인장력과 최대 압축력을 구하여라.

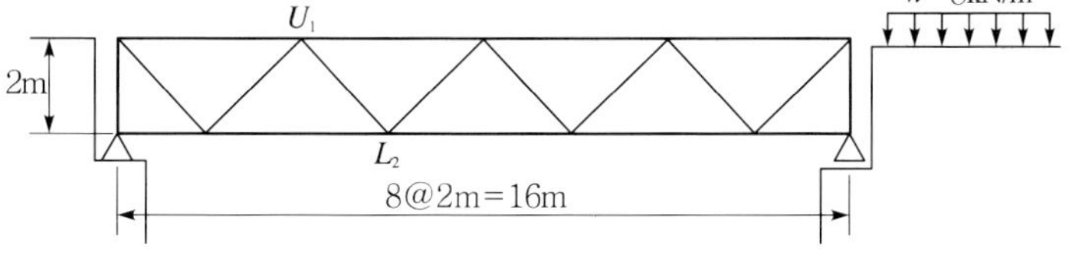

그림 12.36

12.16 문제 12.4 (그림 12.25)를 영향선을 사용하여 풀어라.

12.17 그림 12.37과 같은 수직재가 있는 곡현 Warren 트러스의 부재 U_2U_3, L_2L_3, L_2U_2 및 U_3L_3 을 영향선을 사용하여 구하여라.

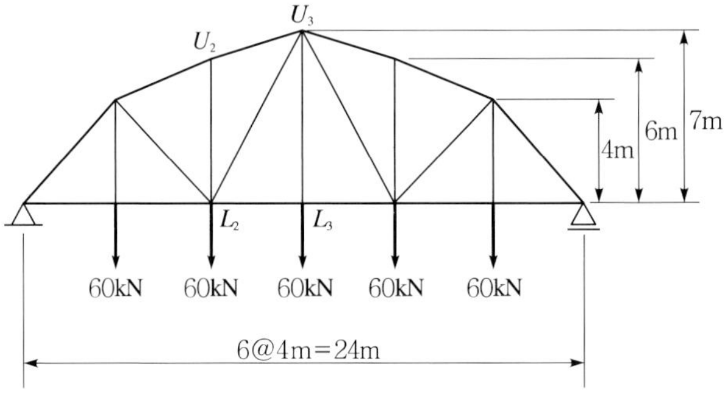

그림 12.37

12.18 그림 12.38과 같은 곡현 Warren 트러스의 부재력 U_2L_2의 영향선을 그려라.

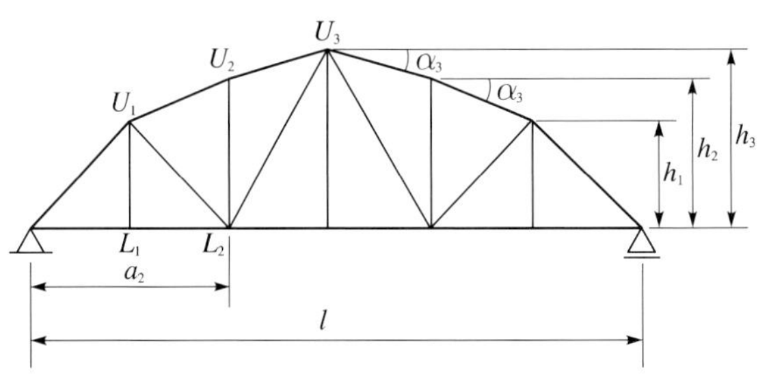

그림 12.38

12.19 문제 12.5(그림 12.26)를 영향선을 사용하여 풀어라.

12.20 그림 12.39와 같은 입체 트러스의 모든 부재력을 구하여라.

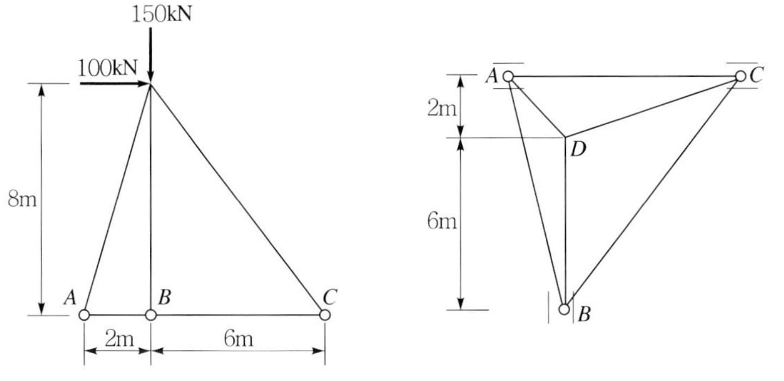

그림 12.39

12.21 그림 12.40과 같은 입체 트러스의 모든 부재력을 구하여라. 단, 지점 C, E는 x, y 두 방향으로, 지점 D는 z방향으로의 이동이 자유롭다.

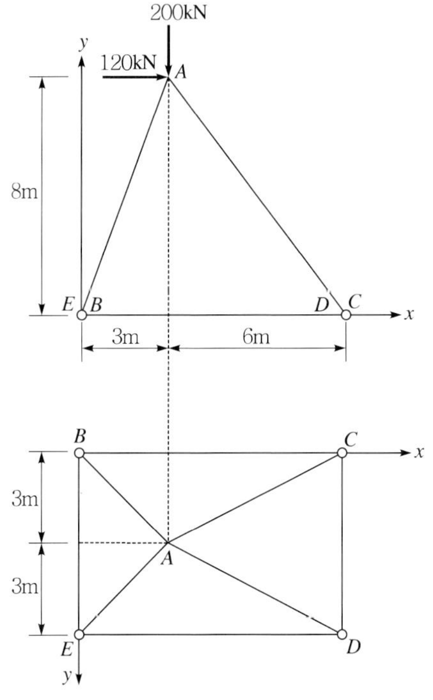

그림 12.40

CHAPTER 13

구조물의 변위(Ⅰ)

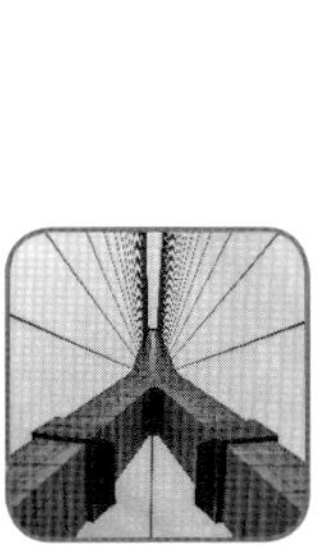

CHAPTER 13

구조물의 변위(Ⅰ)

구조물의 변위의 해법 가운데 기하학적인 방법은 이미 제8장에서 다루었고, 여기서는, 에너지 방법인 가상일의 방법과 Castigliano의 정리에 의한 해법을 다루기로 한다.

13.1 탄성 변형에 의한 일

구조물에 외력이 작용하여 평형을 이루고 있는 경우, 그 구조물에는 탄성 변형이 생기며 외력의 작용점은 이동한다. 따라서, 외력은 일을 하게 된다. 이 외력에 의한 일을 **외력 일**(external work)이라 한다. 또한 외력에 의하여 생기는 내력, 즉 응력이 구조물의 탄성한도 이내의 경우에는 외력이 한 일 전부가 구조물 내부에 저장된다. 이와 같이 탄성 변형을 하는 구조물의 내부에 저장된 에너지를 **변형 에너지**(strain energy, 탄성 에너지, 탄성 변형 에너지) 또는 **내력 일**(internal work)이라 한다. 탄성체 내에 저장된 변형 에너지는 외력이 감소하면 원상으로 되돌아가는 원동력이 된다.

탄성 변형을 계산할 때 다음과 같은 기본적인 가정을 둔다.

① 구조물을 구성하는 재료는 Hooke의 법칙이 적용된다.

② 구조물에 작용하는 하중은 정적(靜的)으로 작용한다. 즉, 하중 P는 그 크기가 0으로부터 점차로 증가하여 최종값 P에 이르며, 그 사이에 구조물에 충격이나 진동을 주지 않고 하중과 이에 의하여 생기는 내력과는 항상 정역학적 평형을 유지하면서 변형한다.

③ 외력의 크기와 이에 의하여 생기는 변형은 정비례한다.

④ 처음에 평면이었던 단면은 변형 후에도 평면이다(평면 보존의 가정).

⑤ 구조물의 변형은 미소하여 변형에 의하여 외력의 상대적 위치 관계는 변화하지 않는다.

⑥ 겹침의 원리가 성립한다.

13.1.1 외력이 하는 일

(1) 힘이 하는 일

일정한 크기의 힘이 하는 일은 힘과 그 힘의 작용 방향의 변위의 성분의 곱으로 정의되므로 그림 13.1과 같이 구조물 내의 한 점 A에 일정한 크기의 P가 작용하면서 작용점 A가 A'로 변위하였을 때 변위 AA'의 외력 P의 작용 방향의 성분을 δ라고 하면 외력 P가 한 일 W는 다음 식으로 표시된다.

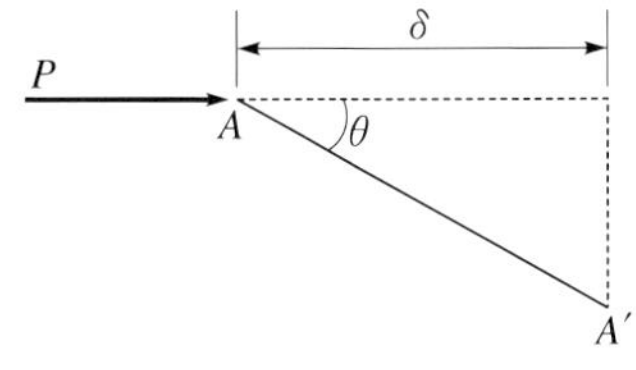

그림 13.1

$$W = P\delta = P \times AA' \cos\theta \quad (13.1)$$

그러나 그림 13.2와 같이 탄성체의 기둥에 축방향 압축력 P가 작용하여 그 작용점이 A에서 A'로 이동하는 경우에는 다음과 같이 생각하여 외력 일을 구하지 않으면 안된다. 즉, 외력이 일정한 크기 P가 아니고, 최초 기둥의 변위가 0일 때 힘 P도 0이고 변위가 증가함에 따라 P의 값도 점차 증가하여 기둥의 변위가 δ에 이르렀을 때 비로소 외력의 크기가 P에 이르렀다고 생각한다. 이때 힘의 크기와 이에 의하여 생기는 변위와는 정비례한다. 따라서 점 A가 임의의 거리 x만큼 변위하였을 때의 외력의 크기를 P_x라 하고, 힘의 크기가 dP_x만큼 증가할 때의 미소 변위를 dx라고 하면 P_x가 한 미소한 일 dW는 식 (13.1)에 의하여 다음과 같다.

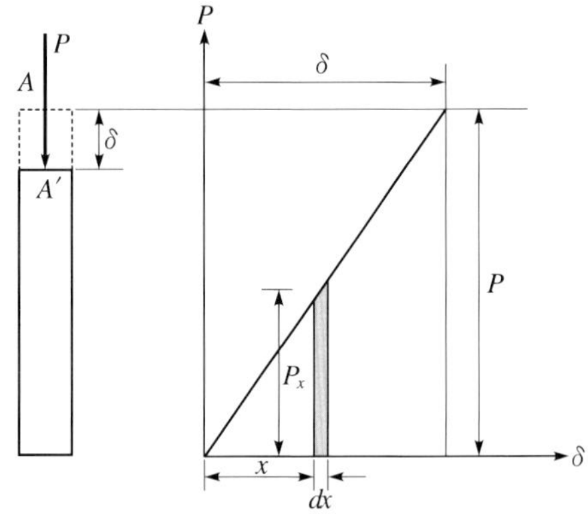

그림 13.2

$$dW = P_x \cdot dx$$

따라서, 힘의 크기가 0에서 P에 이를 때까지 한 일 W는

$$W = \int dW = \int_0^{\delta} P_x \, dx$$

이다. 그런데 탄성 변형 계산에서의 가정에 따르면 외력과 이에 의하여 생기는 변위와는 정비례하므로 그림 13.2에서

$$\delta : P = x : P_x \qquad \therefore P_x = \frac{Px}{\delta}$$

의 관계가 있으므로

$$W = \int_0^\delta P_x dx = \int_0^\delta \frac{Px}{\delta} dx = \frac{P}{\delta}\left[\frac{x^2}{2}\right]_0^\delta = \frac{P\delta}{2} \tag{13.2}$$

이다. 즉 탄성체에 외력 P가 작용하여 그 방향으로 변위 δ가 생긴 경우, 외력 P가 한 일은 그 외력 P와 변위 δ와의 곱의 1/2이다.

힘이 하는 일의 부호는 힘의 방향과 변위의 힘 방향의 성분이 일치하면 (+), 반대이면 (−)로 한다.

(2) 모멘트가 하는 일

모멘트가 한 일도 힘이 하는 일과 마찬가지로 정의된다. 그림 13.3(a)와 같이 탄성체에 일정한 크기의 모멘트 M이 작용하여 회전각(각변위) θ가 생긴 경우 모멘트 M이 한 일 W는

$$W = M\theta \tag{13.3}$$

이며, 그림(b)와 같이 탄성체에 작용하는 모멘트가 최초 0으로부터 점차 증가하여 M에 이르고 이에 따라 생기는 회전각 역시 0으로부터 점차 증가하여 θ에 이를 때 모멘트가 한 일 W는 식 (13.2)를 유도한 것과 마찬가지로 하여

$$W = \frac{M\theta}{2} \tag{13.4}$$

이다.

모멘트가 한 일의 부호는 모멘트와 같은 방향으로 회전할 때 (+), 반대일 때 (−)이다.

구조물에 여러 개의 하중 P 및 M이 작용하여 그 작용점이 각각 δ 및 θ 만큼 변위하였다고 하면 한 일은 식 (13.2), (13.4)에 의하여

$$W = \frac{1}{2}(\Sigma P\delta + \Sigma M\theta) \tag{13.5}$$

이다.

그림 13.3

예제 13.1

그림 13.4에서 처음에 하중 P_1 만을 작용시켰을 때 점 C의 변위가 δ_1이고, 다음에 P_2를 작용시켰더니 점 C의 변위가 δ_2만큼 증가하였다. 이 경우 외력 P_1이 한 일을 구하여라.

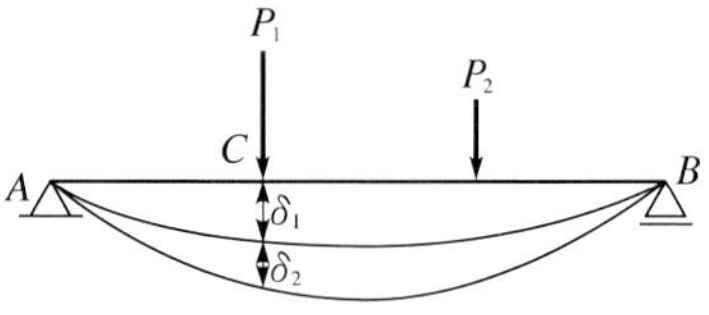

그림 13.4

풀이

P_1만이 작용한 경우에는 P_1과 δ_1이 모두 0으로부터 증가하여 최종값 P_1, δ_1에 이른 것으로 생각해야 하므로 P_1이 한 일은 $P_1\delta_1/2$이다. 그러나 P_2가 작용하여 점 C의 변위가 δ_2만큼 증가하는 과정에서는 외력 P_1은 처음부터 일정한 크기 P_1이므로 이 때에 P_1이 한 일은 $P_1\ \delta_2$이다. 따라서 P_1이 한 일의 합은 다음과 같다.

$$W = \frac{1}{2}P_1\delta_1 + P_1\delta_2$$

예제 13.2

그림 13.5와 같이 캔틸레버보의 자유단에 집중하중 P와 우력 M이 작용할 때

(a) P가 먼저 작용하는 경우

(b) M이 먼저 작용하는 경우

(c) P, M이 동시에 작용하는 경우 P와 M이 한 일의 합을 구하여라. 단, 전단력에 의한 변위는 고려하지 않는다.

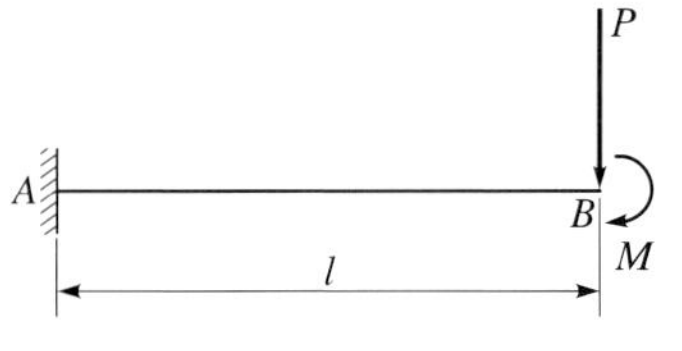

그림 13.5

풀이

휨 모멘트에 의한 자유단 B의 변위는

P만이 작용하는 경우는 $\delta_{B_1} = \dfrac{Pl^3}{3EI}(\downarrow)$, $\theta_{B_1} = \dfrac{Pl^2}{2EI}(\frown)$

M만이 작용하는 경우는 $\delta_{B_2} = \dfrac{Ml^2}{2EI}(\downarrow)$, $\theta_{B_2} = \dfrac{Ml}{EI}(\frown)$이므로

(a) P가 먼저 작용하는 경우

$$P\text{가 한 일은 } W_P = \frac{P\delta_{B_1}}{2} + P\delta_{B_2} = \frac{P}{2}\times\frac{Pl^3}{3EI} + P\times\frac{Ml^2}{2EI} = \frac{P^2l^3}{6EI} + \frac{PMl^2}{2EI}$$

$$M\text{이 한 일은 } W_M = \frac{M\theta_{B_2}}{2} = \frac{M}{2}\times\frac{Ml}{EI} = \frac{M^2l}{2EI}$$

이므로 P, M이 한 일의 합은 다음과 같다.

$$W = W_P + W_M = \frac{P^2l^3}{6EI} + \frac{PMl^2}{2EI} + \frac{M^2l}{2EI}$$

(b) M이 먼저 작용하는 경우

$$M\text{이 한 일은 } W_M = \frac{M\theta_{B_2}}{2} + M\theta_{B_1} = \frac{M}{2}\times\frac{Ml}{EI} + M\times\frac{Pl^2}{2EI} = \frac{M^2l}{2EI} + \frac{PMl^2}{2EI}$$

$$P\text{가 한 일은 } W_P = \frac{P\delta_{B_1}}{2} = \frac{P}{2}\times\frac{Pl^3}{3EI} = \frac{P^2l^3}{6EI}$$

이므로 P, M이 한 일의 합은 다음과 같다.

$$W = W_P + W_M = \frac{P^2l^3}{6EI} + \frac{M^2l}{2EI} + \frac{PMl^2}{2EI}$$

(c) P, M이 동시에 작용하는 경우

P, M이 동시에 작용하는 경우 자유단 B의 변위는

$$\delta_B = \frac{Pl^3}{3EI} + \frac{Ml^2}{2EI}, \qquad \theta_B = \frac{Pl^2}{2EI} + \frac{Ml}{EI}$$

이므로, P, M이 한 일의 합은 다음과 같다.

$$W = \frac{P\delta_B}{2} + \frac{M\theta_B}{2} = \frac{P}{2}\left(\frac{Pl^3}{3EI} + \frac{Ml^2}{2EI}\right) + \frac{M}{2}\left(\frac{Pl^2}{2EI} + \frac{Ml}{EI}\right)$$

$$= \frac{P^2l^3}{6EI} + \frac{PMl^2}{4EI} + \frac{PMl^2}{4EI} + \frac{M^2l}{2EI} = \frac{P^2l^3}{6EI} + \frac{PMl^2}{2EI} + \frac{M^2l}{2EI}$$

위의 결과로부터 P, M의 작용 순서에 관계없이 P, M이 한 일의 합은 같다는 것을 알 수 있다. 일반적으로 탄성체에 여러 개의 외력이 작용할 때 이들 외력이 한 일의 합은 외력의 작용 순서에 관계없이 같다는 것을 알 수 있다.

13.1.2 겹침의 원리

겹침의 원리는 이미 5.4.1에서 간단히 설명한 바 있으며 이제까지 아무런 생각 없이 사용해 온 원리이다. 여기서, 다시 한 번 설명하기로 한다.

임의의 구조물에 하중 $P_1, P_2, P_3 \cdots\cdots P_n$이 작용하는 경우, 어느 한 정역학적 양(靜力學的量) Y(반력 R, 단면력 N, M, S 변위 δ, θ 등)는 다음 식으로 표시된다.

$$Y = P_1 Y_1 + P_2 Y_2 + P_3 Y_3 + \ldots\ldots P_n Y_n \tag{13.6}$$

여기서, Y_1은 P_1만이 1이고 나머지 하중은 모두 0일 때 Y의 값을 표시한다. 마찬가지로 Y_2, Y_3, Y_n은 각각 P_2, P_3, P_n만이 1이고 나머지 하중은 모두 0일 때의 Y의 값을 표시한다.

즉, 구조물에 작용하는 하중과 정역학적 양과는 1차 함수의 관계가 있는 것으로, 구조물에 작용하는 다수의 하중에 의한 정역학적 양은 그 구조물에 작용하는 다수의 하중을 임의의 순서로 1개씩 작용시킬 때의 정역학적 양의 합으로 표시할 수 있다. 이 관계를 **겹침의 원리**라고 한다.

구조 역학에서는 특별한 경우를 제외하고는 성립하는 법칙이다. 보통의 구조물에서는 그 구조 재료가 Hooke의 법칙이 적용되는 한 구조물에 작용하는 하중과 구조물의 변형과는 1차 함수의 관계가 있으므로 겹침의 원리가 성립한다. 그러나 특수한 구조물에서는 그 구조 재료가 Hooke의 법칙에 따르나 구조물에 작용하는 하중과 구조물의 변형과는 1차 함수의 관계가 성립하지 않는 경우가 있다. 이와 같은 특수한 경우에는 겹침의 원리가 성립되지 않는다. 이런 특수한 경우의 한 예를 들면 그림 13.6에서 변위 δ는 P_L에 비례하나 P_A에는 비례하지 않는다.

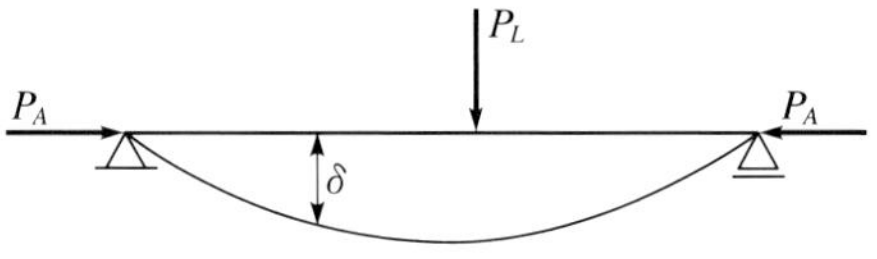

그림 13.6

13.1.3 변형 에너지

탄성체에 외력이 작용하여 변형이 생겼을 때 응력이 탄성한도 이내이면 에너지의 손실은 무시할 수 있으므로 에너지 보존의 법칙에 의하여 외력이 탄성체에 작용하여 한 외력 일 W는 이 때 탄성체에 저장된 **변형에너지** U와 같다. 즉,

$$W = U \tag{13.7}$$

따라서, 구조물의 변형 에너지는 내력이 한 일로부터 직접 구하는 방법과 외력이 한 일로부터 간접적으로 구하는 방법이 있다. 변형 에너지를 내력이 한 일로부터 직접 구하는 방법은 다음과 같다.

체적 V의 탄성체에 외력이 작용하여 평형 상태에 있을 때 이 탄성체 내부에 한 변의 길이가 단위 길이 1인 단위 체적의 정육면체의 요소를 생각한다. 이 요소에 작용하는 수직응력을 f, 전단응력을 v라 하고, 이에 대응하는 세로 변형률을 ε, 전단 변형률을 γ라 한다. 여기서, f, v는 요소에 작용하는 외력으로 ε, γ는 이 외력에 의한 변위로 볼 수 있으므로 f, v 및 ε, γ가 최초 0으로부터 점차 증가하여 f, v 및 ε, γ에 이르는 것으로 생각하면 단위 체적에 저장되는 변형 에너지 u는

$$u = \frac{1}{2}(f\varepsilon + v\gamma) \tag{13.8}$$

이다. 여기서, f는 축방향력 또는 휨 모멘트에 의하여 일어나는 수직응력이고, v는 전단력 또는 비틀림 모멘트에 의한 전단응력이다. 또한 단위 체적에 저장되는 변형 에너지는 Hooke의 법칙을 사용하면 다음과 같이 나타낼 수 있다.

수직응력에 의하여 단위 체적에 저장되는 변형 에너지는

$$u = \frac{f\varepsilon}{2} = E\frac{\varepsilon^2}{2} = \frac{f^2}{2E} \tag{13.9}$$

이 식은 식 (3.24)와 같다.

전단응력에 의하여 단위 체적에 저장되는 변형 에너지는

$$u = \frac{v\gamma}{2} - \frac{G\gamma^2}{2} - \frac{v^2}{2G} \tag{13.10}$$

이 식은 식 (4.11), (4.12)와 같다.

다음에 체적 dV의 요소에 저장되는 변형 에너지 dU는 식 (13.8)에 의하여 다음과 같다.

$$dU = \frac{1}{2}(f\varepsilon + v\gamma)dV \tag{13.11}$$

따라서, 체적 V의 탄성체에 저장되는 변형 에너지 U는

$$U = \frac{1}{2}\int_V (f\epsilon + v\gamma)\, dV \tag{13.12}$$

이다. 이 식이 변형 에너지의 기본식이다.

(1) 축방향력에 의한 변형 에너지

축방향력에 의한 변형 에너지는 이미 3.9에서 간접적으로 구하였으며, 여기서는, 식(13.12)를 사용하여 직접적으로 구하기로 한다.

그림 13.7과 같이 단면적 A, 길이 l, 탄성 계수 E인 부재에 축방향력 N이 작용하는 경우의 변형에너지 U_N은 기본식에

$$f=\frac{N}{A},\quad \varepsilon=\frac{N}{EA},\quad dV=dA\cdot dx$$

를 대입하면 구해진다.

$$U_N=\frac{1}{2}\int_V(f\varepsilon)dV=\frac{1}{2}\int_0^l\int_A\left(\frac{N}{A}\right)\left(\frac{N}{EA}\right)dA\cdot dx=\int_0^l\frac{N^2}{2EA}dx \tag{13.13}$$

$$=\frac{N^2l}{2EA}=\frac{f^2Al}{2E}$$

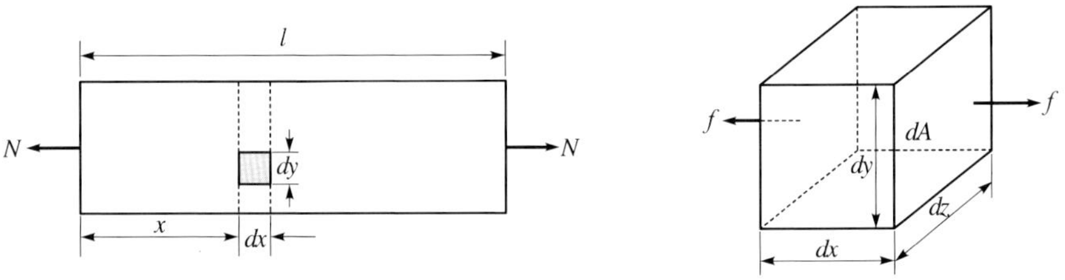

(a) (b)

그림 13.7

(2) 휨 모멘트에 의한 변형 에너지

그림 13.8(a)의 단순보에 대하여 좌측 지점 A에서의 단면의 도심을 원점으로 하는 직교 좌표축 x, y, z 를 설정한다. 지점 A로부터 x 거리에 있는 단면에서 x축으로부터 y의 거리에 요소 dx, dy, dz를 생각하면 이 요소에 작용하는 응력상태는 그림(b)와 같다. 수직응력 f에 의한 변형은 길이의 변형이고, 이에 대하여 전단응력 v에 의한 변형은 전단변형으로서 길이의 변형과는 관계없다. 따라서 요소에 저장되는 변형 에너지는 f에 의한 변형 에너지와 v에 의한 변형 에너지를 각각 구하여 합산하면 된다.

길이 l, 단면2차모멘트 I, 탄성 계수 E인 부재에 휨 모멘트 M이 작용하는 경우의 변형 에너지 U_M은 기본식에

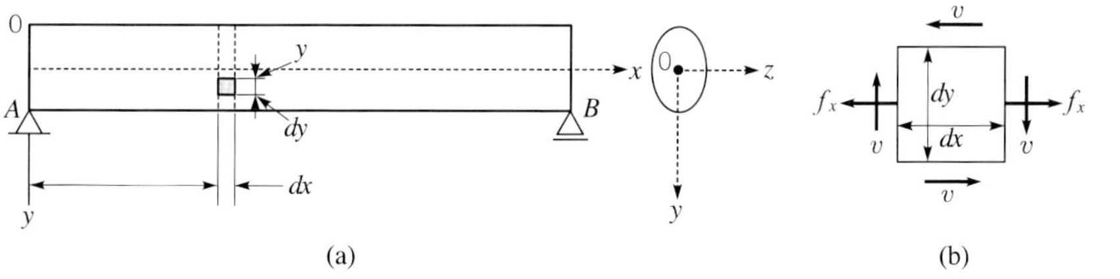

그림 13.8

$$f = \frac{M}{I}y, \quad \varepsilon = \frac{M}{EI}y, \quad dV = dA \cdot dx$$

를 대입하면 구해진다.

$$U_M = \frac{1}{2}\int_V (f\,\varepsilon)dV = \frac{1}{2}\int_0^l \int_A \left(\frac{M}{I}y\right)\left(\frac{M}{EI}y\right)dA \cdot dx \tag{13.14}$$

$$= \int_0^l \frac{M^2}{2EI}dx \int_A \frac{y^2}{I}dA = \int_0^l \frac{M^2}{2EI}dx$$

또는, 위의 식을 탄성 곡선의 미분 방정식으로 표시하면

$$M = -EI\frac{d^2y}{dx^2} = -EI\frac{d\,\theta}{dx}$$

이므로 다음과 같다.

$$U_M = \int_0^l \frac{EI}{2}\left(\frac{d^2y}{dx^2}\right)^2 dx = \int_0^l \frac{EI}{2}\left(\frac{d\theta}{dx}\right)^2 dx \tag{13.15}$$

그림 13.9와 같이 순수 휨을 받는 길이 l의 부재는 식 (13.14)에서 휨 모멘트 M이 일정하므로

$$U_M = \int_0^l \frac{M^2}{2EI}\,dx = \frac{M^2 l}{2EI} \tag{13.16}$$

(3) 전단력에 의한 변형 에너지

그림 13.8과 같은 보의 경우, 전단력의 값이 x축 방향으로 일정하지 않고, 요소에 작용하는 전단응력도 역시 단면의 형상, 한 단면 내에서의 요소의 위치에 따라 다르다.

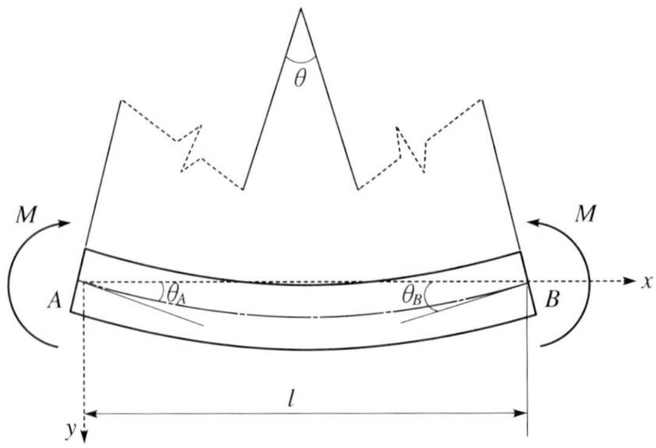

그림 13.9

전단력 V가 작용하는 단면의 중립축으로부터 거리 y에 있는 요소에 작용하는 전단응력을 v, 요소로부터 단면의 연단까지의 부분의 중립축에 대한 단면1차모멘트를 Q, 요소의 위치에서의 단면의 폭을 b, 전 단면의 중립축에 대한 단면2차모멘트를 I라고 하면 길이 l, 전단 탄성 계수 G, 단면적 A인 부재의 전단력에 의한 변형 에너지 U_V는 기본식에

$$v = \frac{VQ}{bI}, \quad \gamma = \frac{VQ}{bIG}, \quad dV = dA \cdot dx$$

를 대입하면 구해진다.

$$\begin{aligned} U_V &= \frac{1}{2}\int_V (v\gamma)dV = \frac{1}{2}\int_0^l \int_A \left(\frac{VQ}{bI}\right)\left(\frac{VQ}{bIG}\right) dA \cdot dx \\ &= \int_0^l \frac{V^2}{2GA} \cdot A\int_A \frac{Q^2}{b^2 I^2} dA\, dx \end{aligned}$$

여기서,

$$\mathrm{K} = A\int_A \frac{Q^2}{b^2 I^2} dA \tag{13.17}$$

라고 놓으면

$$U_V = \int_0^l \mathrm{K}\frac{V^2}{2GA} dx \tag{13.18}$$

K는 단면의 형상에 따라 결정되는 상수로서 **전단 형상 계수**(form factor for shear)라고 한다. 어떠한 단면이라도 $K > 1$이며, 직사각형 단면은 $K = 6/5$, 원형 단면은 $K = 10/9$이다.

그림 13.10과 같은 직사각형 단면의 K의 값을 구하면 다음과 같다.

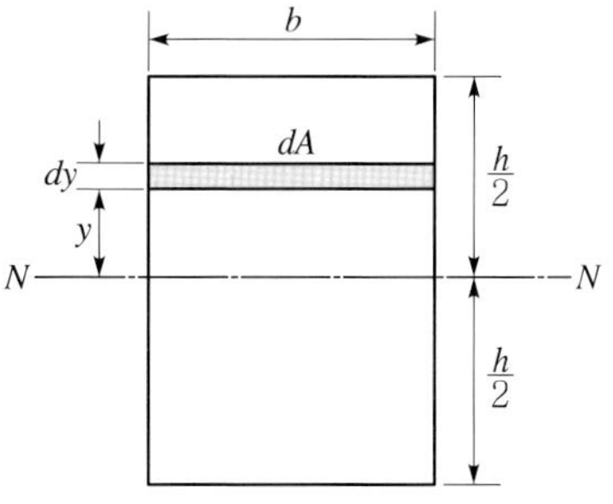

그림 13.10

$$K = A\int_A \frac{Q^2}{b^2 I^2} dA \text{ 에서}$$

$$A = bh,\quad I = \frac{bh^3}{12},\quad b = \text{일정}$$

$$Q = b\left(\frac{h}{2} - y\right) \times \frac{1}{2}\left(\frac{h}{2} + y\right) = \frac{b}{8}(h^2 - 4y^2)$$

$dA = bdy$ 이므로

$$K = 2bh\int_0^{\frac{h}{2}} \frac{\left\{\frac{b}{8}(h^2-4y^2)\right\}^2}{b^2\left\{\frac{bh^3}{12}\right\}^2} bdy = \frac{9}{2h^5}\int_0^{\frac{h}{2}} (h^4 - 8h^2y^2 + 16y^4)dy$$

$$= \frac{9}{2h^5}\left[\frac{h^5}{2} - \frac{8}{3}h^2y^3 + \frac{16y^5}{5}\right]_0^{\frac{h}{2}} = \frac{9}{2h^5}\left(\frac{h^5}{2} - \frac{h^5}{3} + \frac{h^5}{10}\right) = \frac{6}{5}$$

그림 13.11과 같이 정육면체의 윗면 cd에 수평력 V를 작용시킬 때 밑면 ab가 고정되었다고 생각하면 그림과 같이 변형될 것이고, 이와 같이 순수 전단력을 받는 경우는 전단력 V가 일정하며, 전단응력 v도 단면 내의 요소의 위치에 관계없이 일정하게 $v = V/A$이므로 변형 에너지는 식 (13.18)에서 V = 일정, $K = 1$로 놓으면 순수 전단에 의한 변형 에너지가 구해진다.

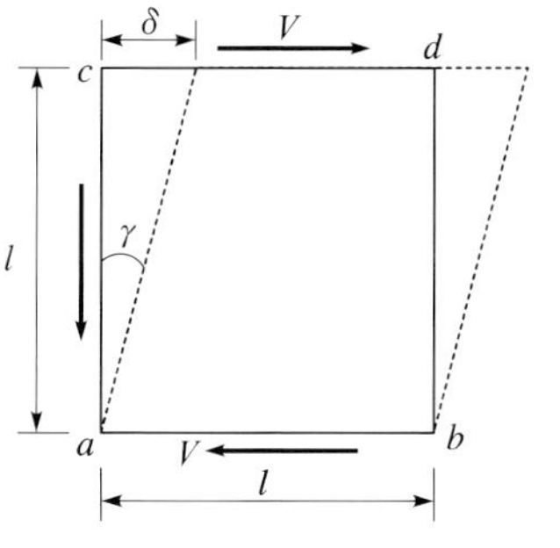

그림 13.11

$$U_V = \int_0^l \frac{V^2}{2GA}dx = \frac{V^2 l}{2GA} = \frac{GA\delta^2}{2l} = \frac{V\delta}{2} \tag{13.19}$$

$(\because V = G\gamma A,\ \delta = rl)$

다음에 전단력에 의한 변형 에너지를 외력이 한 일로부터 구해 보기로 한다.

그림 13.11과 같이 순수 전단력을 받는 경우에는 상면에 작용하는 힘 V만이 일을 하며, 이때의 변위는 V의 작용 방향으로 δ이므로 힘 V가 한 외력 일 W는

$$W = \frac{V\delta}{2}$$

이고, 외력이 한 일은 변형 에너지와 같으므로 변형 에너지는

$$U_V = \frac{V\delta}{2} = GA\frac{\delta^2}{2l} = \frac{V^2 l}{2GA}$$

이다. 이 식은 식 (13.19)과 같다.

또, 단면의 위치에 따라 전단력 V가 변하고, 한 단면 내에서도 요소의 위치에 따라 전단응력 v의 값이 변하는 보의 경우의 전단력에 의한 변형 에너지는 순수 전단을 받는 탄성체의 변형 에너지를 체적 $V = Al$로 나누어 단위 체적에 저장되는 변형 에너지를 구하면 식 (13.10)과 같으므로 이하의 계산은 식 (13.18)을 구한 것과 똑같이 하여 구하면 된다.

이상으로, 휨 모멘트, 축방향력 및 전단력이 작용하는 부재의 내부에 저장되는 변형 에너지 U는 식 (13.14), (13.13) 및 (13.18)에 의하여 다음과 같다.

$$U = \int_0^l \frac{M^2}{2EI}dx + \int_0^l \frac{N^2}{2EA}dx + \int_0^l \mathrm{K}\frac{V^2}{2GA}dx \tag{13.20}$$

여기서, 식 (13.7)에 식 (13.5), (13.20)을 대입하면 다음과 같다.

$$\frac{1}{2}\left(\sum P\delta + \sum M\theta\right) = \int_0^l \frac{M^2}{2EI}dx + \int_0^l \frac{N^2}{2EA}dx + \int_0^l \mathrm{K}\frac{V^2}{2GA}dx \tag{13.21}$$

위의 식 (13.21)은 탄성체에 실제로 작용하는 외력이 한 일과 이때의 변형 에너지와의 관계를 나타낸 실제일의 식으로서 이 식을 사용하여 구조물의 변위를 계산할 수 있으며, 이 방법에 의한 변위 계산 방법을 **실제일의 방법**(method of real work)이라고 한다. 그러나 이 방법은 집중하중 P 또는 모멘트 하중 M 가운데 1개만 작용하는 경우에 한하여 그 하중의 작용점에서의 변위만을 계산할 수 있으므로 실용적인 방법이 못된다.

예제 13.3

지름 3cm의 환봉이 인장력 200kN을 받는 경우 단위 체적에 저장되는 변형 에너지를 구하여라. 단, $E = 2.1 \times 10^5$MPa

풀이

$$u = \frac{f\varepsilon}{2} = \frac{f^2}{2E} = \frac{1}{2E}\left(\frac{P}{\frac{\pi d^2}{4}}\right)^2 = \frac{16P^2}{2E\pi^2 d^4}$$

$$= \frac{16 \times (200)^2 \times 10^6}{2 \times 2.1 \times 10^5 \times \pi^2 \times 30^4} = 0.19\text{MPa}$$

예제 13.4

그림 13.12와 같은 단순보의 휨 모멘트에 의한 변형 에너지를 구하여라. 단, $EI=$ 일정

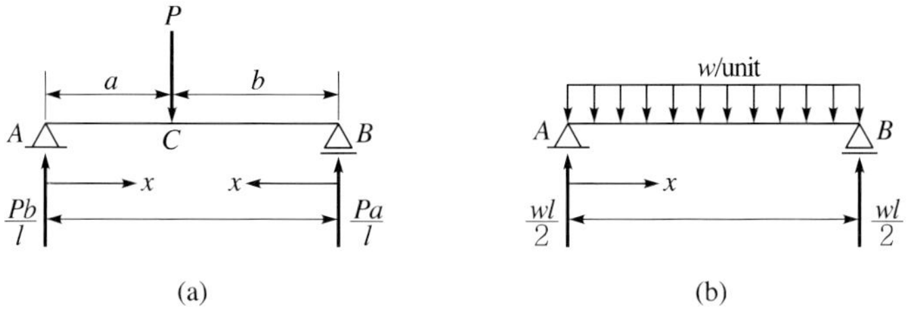

그림 13.12

풀이

(a) A~C 간의 $M_x = \dfrac{Pb}{l}x \quad (0 \leq x \leq a)$

B~C 간의 $M_x = \dfrac{Pa}{l}x \quad (0 \leq x \leq b)$

이므로

$$U = \int_0^l \frac{M^2}{2EI}dx = \frac{1}{2EI}\int_0^a \left(\frac{Pb}{l}x\right)^2 dx + \frac{1}{2EI}\int_0^b \left(\frac{Pa}{l}x\right)^2 dx$$

$$= \frac{P^2b^2}{2EIl^2}\left[\frac{x^3}{3}\right]_0^a + \frac{P^2a^2}{2EIl^2}\left[\frac{x^3}{3}\right]_0^b = \frac{P^2a^3b^2}{6EIl^2} + \frac{P^2a^2b^3}{6EIl^2} = \frac{P^2a^2b^2}{6EIl^2}(a+b) = \frac{P^2a^2b^2}{6EIl}$$

(b) A~B 간의 $M_x = \dfrac{w}{2}(lx - x^2)$ 이므로

$$U = \int_0^l \frac{M^2}{2EI}dx = \frac{1}{2EI}\int_0^l \left\{\frac{w}{2}(lx - x^2)\right\}^2 dx$$

$$= \frac{w^2}{8EI}\int_0^l (l^2x^2 - 2lx^3 + x^4)dx = \frac{w^2}{8EI}\left[\frac{l^2x^3}{3} - \frac{l\,x^4}{2} + \frac{x^5}{5}\right]_0^l = \frac{w^2l^5}{240EI}$$

예제 13.5

등질, 등단면의 단순보 AB의 중점 C에 집중하중 P가 작용할 때 휨 모멘트와 전단력에 의한 점 C의 처짐을 실제일의 방법으로 구하고, 휨 모멘트에 의한 처짐과 전단력에 의한 처짐을 비교하여라. 단, 보의 단면은 $b \times h$의 직사각형이고 poisson의 비 $\nu = 0.2$이다.

풀이

그림 13.13에서 보의 중점 C의 처짐을 δ_C이라고 하면 하중 P가 한 일 W는 다음과 같다.

$$W = \frac{P\delta_C}{2}$$

이 보는 중점 C에 대하여 대칭 변형하므로 한쪽 절반의 변형 에너지를 구하여 2배 하면 전체의 변형 에너지가 구해진다. 한쪽 절반 $A \sim C$간에서

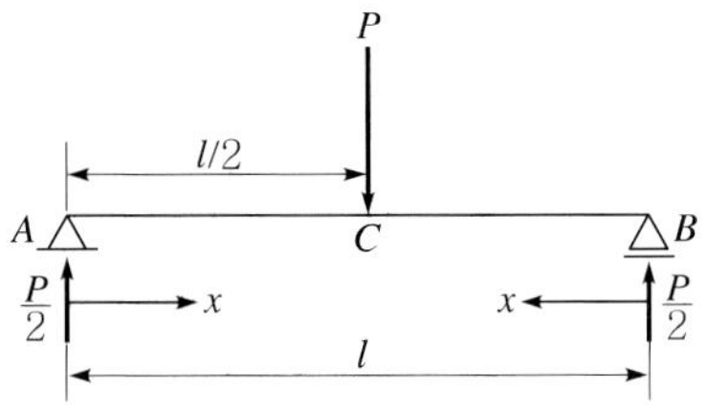

그림 13.13

$M_x = \frac{P}{2}x, \quad V_x = \frac{P}{2}$ 이므로,

변형 에너지는 다음과 같다.

$$U = \int_0^l \frac{M^2}{2EI}dx + \int_0^l \kappa \frac{V^2}{2GA}dx = \frac{2}{2EI}\int_0^{l/2}\left(\frac{P}{2}x\right)^2 dx + \kappa\frac{2}{2GA}\int_0^{l/2}\left(\frac{P}{2}\right)^2 dx$$

$$= \frac{P^2}{4EI}\left[\frac{x^3}{3}\right]_0^{l/2} + \kappa\frac{P^2}{4GA}[x]_0^{l/2} = \frac{P^2l^3}{96EI} + \kappa\frac{P^2l}{8GA}$$

$W = U$에 의하여 점 C의 처짐 δ_C를 구하면

$$\frac{P\delta_C}{2} = \frac{P^2l^3}{96EI} + \kappa\frac{P^2l}{8GA} \qquad \therefore \delta_C = \frac{Pl^3}{48EI} + \kappa\frac{Pl}{4GA}$$

이다. 이 식의 제1항은 휨 모멘트에 의한 처짐이고 제2항은 전단력에 의한 처짐이다. 직사각형 단면은 $I = \frac{bh^3}{12}$, $A = bh$, $\kappa = 1.2$이므로 휨 모멘트에 의한 점 C의 처짐 $\delta_{C,M}$은

$$\delta_{C,M} = \frac{Pl^3}{48EI} = \frac{Pl^3}{48E\frac{bh^3}{12}} = \frac{Pl^3}{4Ebh^3}$$

전단력에 의한 점 C의 처짐 $\delta_{C,S}$는

$E = 2G(1+\nu) = 2G(1+0.2) = 2.4G$로부터 $G = \frac{E}{2.4}$이므로

$$\delta_{C,S} = \kappa\frac{Pl}{4GA} = 1.2\frac{Pl}{4\times\frac{E}{2.4}bh} = \frac{0.72Pl}{Ebh}$$

따라서, 전단력에 의한 처짐의 휨 모멘트에 의한 처짐에 대한 비는 다음과 같다.

$$\frac{\delta_{C,S}}{\delta_{C,M}} = \frac{0.72Pl}{Ebh}\times\frac{4Ebh^3}{Pl^3} = 2.88\left(\frac{h}{l}\right)^2$$

여기서, $\frac{h}{l} = \frac{1}{10}$의 경우를 생각하면 $\frac{\delta_{C,S}}{\delta_{C,M}} = 2.88\left(\frac{1}{10}\right)^2 = 2.88\,\%$

$\frac{h}{l} = \frac{1}{2}$의 경우를 생각하면 $\frac{\delta_{C,S}}{\delta_{C,M}} = 2.88\left(\frac{1}{2}\right)^2 = 72\,\%$

위에서 알 수 있듯이 전단력에 의한 처짐은 h/l의 값이 클수록 증가하므로 시간 l에 비하여 보의 높이 h가 크면 전단력에 의한 처짐을 무시할 수 없다.

13.2 가상일의 방법

13.2.1 가상 변위와 가상일

다수의 외력의 작용을 받아 평형 상태에 있는 구조물에 이 구조물에 작용하는 외력과는 아무런 관계가 없는 다른 원인으로 구조물에 작용하는 외력의 상대적인 관계가 흐트러지지 않는 임의의 미소한 변위를 줄 때, 이 변위를 **가상변위**(假想變位, virtual displacement)라 하며, 이때 구조물에 작용하는 외력과 내력이 하는 일을 **가상일**(virtual work)이라 한다. 여기서, 외력이 하는 가상일을 **외적 가상일**(external virtual work), 내력이 하는 가상일을 **내적 가상일**(internal virtual work)이라고 한다.

예를 들면 그림 13.14와 같이 하중 P_1, P_2가 작용하여 평형 상태에 있는 단순보 AB에 이 보에 작용하는 하중과는 아무런 관계가 없는 다른 원인으로 점 C에 가상 변위 $\overline{\delta}$를 주면 보에 작용하는 하중 P_1, P_2의 작용점도 각각 $\overline{\delta_1}$, $\overline{\delta_2}$만큼 가상 변위를 한다. 따라서 하중 P_1, P_2는 외적 가상일을 한다. 여기서, 지점 A, B는 변위하지 않으므로 R_A, R_B는 일을 하지 않는다. 또한, 보 AB가 외력의 작용을 받아 평형 상태에 있을 때, 이 보에는 내력(응력)이 일어난다. 이때 보에 가상 변위를 주면 이로 인하여 보는 변형되어 내부에 가상 변위가 일어나므로 보에 작용하는 외력에 의하여 일어나는 실제의 내력은 이와는 아무런 관계가 없는 가상 변위에 의하여 일을 한다.

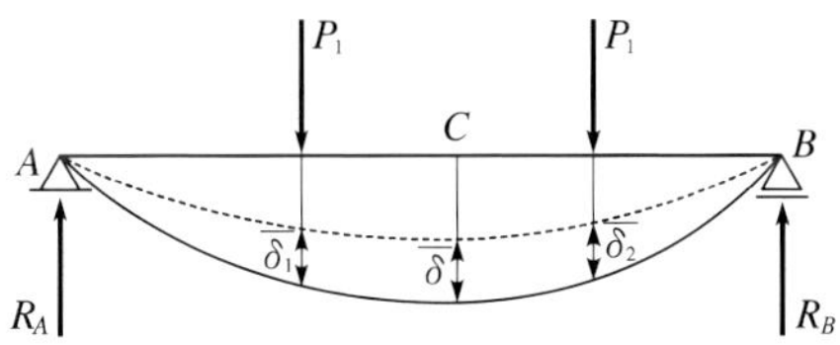

그림 13.14

위에서는 실제의 외력과 내력이 가상 변위에 의하여 하는 가상일을 생각하였으나 이와는 반대로 가상적인 외력과 내력이 실제의 변위에 의하여 하는 가상일도 생각할 수 있으며, 구조물의 변위를 구하는 데는 이 가상일이 사용된다. 이러한 가상일을 상보(相補) **가상일** (complementary virtual work)이라고 하여 실제의 외력과 내력이 하는 가상일과 구별하기도 하나 이 책에서는 구별하지 않기로 한다.

13.2.2 강체에 대한 가상일의 원리

강체는 전체적으로 일으키는 변위만이 가능하고 변형되지 않으므로 내력이 하는 일은 항상 0이다. 그리고 강체에 작용하는 다수의 힘이 하는 일의 합은 그 합력이 하는 일과 같다. 따라서 강체에 작용하는 외력이 평형을 이루면 그 합력은 0이므로, 이때 강체에 작용하는 외력이 하는 일의 합 또한 0이다. 즉, 평형 상태에 있는 강체에 임의의 미소한 가상 변위를 줄 때, 이 강체에 작용하는 모든 외력이 하는 가상일의 합은 0이다. 이 사실을 강체에 대한 **가상일의 원리**(principle of virtual work) 또는 **가상 변위의 원리**(principle of virtual displacement)라고 한다. 강체에 작용하는 힘 P의 작용 방향의 가상 변위의 성분을 $\overline{\delta}$라고 하여 가상일의 원리를 식으로 표시하면 다음과 같다.

$$\sum P\overline{\delta} = 0 \tag{13.22}$$

식 (13.22)를 사용하여 정정 구조물의 지점 반력과 단면력을 구할 수 있다. 이때 구조물을 구하려고 하는 반력 또는 단면력이 일어나지 않는 구조(이 경우 불안정한 구조로 된다)로 바꾸어 구하려고 하는 지점 반력 또는 단면력을 외력으로 작용시켜 하중 등 기타의 외력과 평형을 이루게 한 다음 가상 변위를 주어 가상일의 원리를 적용하여 그 값을 구한다.

13.2.3 구조물에 대한 가상일의 원리

일반적으로 구조물을 구성하고 있는 부재는 탄성체이므로 구조물에 외력이 작용하면 외력뿐만 아니라 내력도 일을 한다. 따라서 평형 상태에 있는 구조물에 가상 변위를 주면 에너지 보존의 법칙에 따라 외력이 하는 가상일과 내력이 하는 가상일의 합은 0이다. 그러므로, 구조물에 대한 가상일의 원리는 외력이 한 가상일을 $\overline{W}$, 내력이 한 가상일을 $\overline{U}$라고 하면 다음 식으로 표시된다.

$$\overline{W} + \overline{U} = 0 \tag{13.23}$$

그런데, 일반적으로 $\overline{W}$와 $\overline{U}$는 크기는 같고, $\overline{W}$의 부호는 (+), $\overline{U}$의 부호는 (−)이므로 부호를 생각하지 않고 절대 값만을 생각하면 위의 식은 다음과 같이 표시할 수 있다.

$$\overline{W} = \overline{U} \tag{13.24}$$

13.2.4 외력이 하는 가상일

그림 13.15(a)는 탄성체에 외력 P_1, P_2 ·····, P_m, ·····이 작용하여 평형 상태에 있고 그림(b)는 같은 탄성체에 그림(a)의 외력과는 아무런 관계가 없는 다른 외력 $\overline{P_1}$, $\overline{P_2}$, ······, $\overline{P_n}$, ······이 작용하여 평형 상태에 있다.

그림(a)의 외력의 작용으로 그림(b)의 외력 $\overline{P_n}$의 작용점 n이 n'로 변위하고, 그림(b)의 외력의 작용으로 그림(a)의 외력 P_m의 작용점 m이 m'로 변위하였고, 변위 nn'의 $\overline{P_n}$의 작용 방향의 성분을 δ_n, 변위 mm'의 P_m의 작용 방향의 성분을 $\overline{\delta_m}$라고 한다.

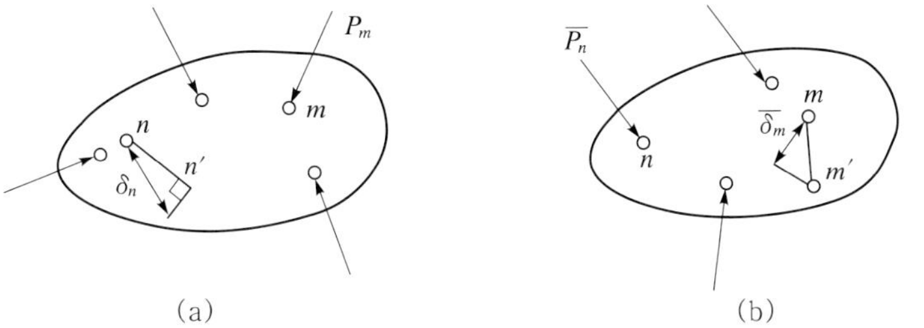

그림 13.15

그림(a)의 외력에 대하여 그림(b)의 변위는 가상 변위이며, 그림(b)의 외력에 대하여 그림(a)의 변위는 역시 가상 변위이므로 그림(a)의 외력과 그림(b)의 변위 및 그림(b)의 외력과 그림(a)의 변위에 의한 일은 외력이 하는 가상일로서 탄성체에 작용하는 모든 외력에 의한 외적 가상일의 식은 다음과 같다.

$$\left.\begin{aligned} \overline{W} &= \sum P_i \overline{\delta_i} = P_1 \overline{\delta_1} + P_2 \overline{\delta_2} + \,\dots\dots\dots P_m \overline{\delta_m} + \dots\dots \text{(a)} \\ \text{또는 } \overline{W} &= \sum \overline{P_i}\, \delta_i = \overline{P_1}\, \delta_1 + \overline{P_2}\, \delta_2 + \dots\dots\dots \overline{P_m}\, \delta_m + \dots\dots \text{(b)} \end{aligned}\right\} \tag{13.25}$$

또한

$$\overline{W} = \sum P_i \overline{\delta_i} = \sum \overline{P_i}\, \delta_i \tag{13.26}$$

의 관계도 성립한다. 이 관계는 뒤의 13.3에서 증명된다.

13.2.5 내력이 하는 가상일

체적 V의 탄성체에 외력 P가 작용하여 그 내부의 체적 dV인 직육면체 요소에 작용하는 수직응력을 f, 전단응력을 v라 하고, 이에 대응하는 세로 변형률을 ε, 전단 변형률을 γ라 한다. 또, 이 탄성체에 이미 작용하고 있는 P와는 아무런 관계도 없는 가상 외력 $\overline{P}$가 작용하여 위의 직육면체 요소에 작용하는 수직응력을 $\overline{f}$, 전단응력을 $\overline{v}$ 라하고, 이에 대응하는 세로 변형률을 $\overline{\varepsilon}$, 전단 변형률을 $\overline{\gamma}$라고 하면 이 탄성체의 가상 내력일의 기본 식은 다음과 같다.

$$\left.\begin{aligned} &\overline{U} = \int_V (f\bar{\varepsilon} + v\bar{\gamma})\,dV \qquad \text{(a)} \\ &\text{또는, 위와 역으로 생각하여} \\ &\overline{U} = \int_V (\bar{f}\,\varepsilon + \bar{v}\,\gamma)\,dV \qquad \text{(b)} \end{aligned}\right\} \tag{13.27}$$

(1) 축방향력에 의한 가상 내력일

단면적 A, 길이 l, 탄성 계수 E인 부재의 실제 외력에 의한 축방향력을 N, 가상 외력에 의한 축방향력을 $\overline{N}$ 라고 하면 기본식에서

$$f = \frac{N}{A}, \quad \bar{\varepsilon} = \frac{\overline{N}}{EA}, \quad dV = dA \cdot dx$$

이므로 축방향력에 의한 가상 내력일은 다음과 같다.

$$\overline{U_N} = \int_V f\,\bar{\epsilon}\,dV = \int_0^l \int_A \frac{N}{A} \cdot \frac{\overline{N}}{EA} dAdx = \int_0^l \frac{N\overline{N}}{EA^2} \int_A dA\,dx = \int_0^l \frac{N\overline{N}}{EA} dx \tag{13.28}$$

(2) 휨 모멘트에 의한 가상 내력일

단면적 A, 길이 l, 단면2차모멘트 I, 탄성 계수 E인 부재의 임의의 단면에서의 실제 외력에 의한 휨 모멘트를 M, 가상 외력에 의한 휨 모멘트를 $\overline{M}$, 중립축으로부터 요소의 위치까지의 거리를 y라고 하면 기본식에서

$$f = \frac{M}{I}y, \quad \bar{\epsilon} = \frac{\overline{M}}{EI}y, \quad dV = dA \cdot dx$$

이므로 휨 모멘트에 의한 가상 내력일은 다음과 같다.

$$\begin{aligned} \overline{U_M} &= \int_V f\bar{\varepsilon}\,dV = \int_0^l \int_A \frac{M}{I}y \cdot \frac{\overline{M}}{EI}y \cdot dAdx \\ &= \int_0^l \frac{M\overline{M}}{EI^2} \int_A y^2 dA\,dx = \int_0^l \frac{M\overline{M}}{EI} dx \end{aligned} \tag{13.29}$$

(3) 전단력에 의한 가상 내력일

단면적 A, 길이 l, 단면2차모멘트 I, 전단 탄성 계수 G인 부재의 임의의 단면에서의 실제 외력에 의한 전단력을 V, 가상 외력에 의한 전단력을 $\overline{V}$, 요소로부터 단면의 연단까지

의 단면의 중립축에 대한 단면1차모멘트를 Q, 요소의 위치에서의 단면의 폭을 b라고 하면 기본식에서

$$v = \frac{VQ}{bI}, \quad \bar{\gamma} = \frac{\overline{V}Q}{bIG}, \quad dV = dA \cdot dx$$

이므로 전단력에 의한 가상 내력일은 다음과 같다.

$$\overline{U_V} = \int_V v \ \bar{\gamma} dV = \int_V \frac{VQ}{bI} \cdot \frac{\overline{V}Q}{bIG} dV = \int_0^l \frac{V\overline{V}}{G} \int_A \frac{Q^2}{b^2 I^2} dA \, dx$$

여기서, 식 (13.17)로부터

$$\int_A \frac{Q^2}{b^2 I^2} dA = \frac{\mathrm{K}}{A}$$

이므로

$$\overline{U_V} = \int_0^l \mathrm{K} \frac{V\overline{V}}{GA} dx \tag{13.30}$$

이상으로 휨 모멘트, 축방향력 및 전단력이 작용하는 부재의 내력이 하는 가상일 $\overline{U}$ 는 식 (13.29), (13.28) 및 (13.30)에 의하여 다음과 같다.

$$\overline{U} = \int_0^l \frac{M\overline{M}}{EI} dx + \int_0^l \frac{N\overline{N}}{EA} dx + \int_0^l \mathrm{K} \frac{V\overline{V}}{GA} dx \tag{13.31}$$

또한, 위에서는 가상 내력일의 기본식으로 식 (13.27)의 식 (a)를 사용하였으나 식 (b)를 사용해도 똑같은 결과를 얻는다.

13.2.6 가상일의 방법

구조물에 대한 가상일의 원리의 식은 식 (13.24)에 식 (13.26), (13.31)을 대입하면 다음과 같다.

$$\sum P_i \overline{\delta_i} = \sum \overline{P_i} \delta_i = \int_0^l \frac{M\overline{M}}{EI} dx + \int_0^l \frac{N\overline{N}}{EA} dx + \int_0^l \mathrm{K} \frac{V\overline{V}}{GA} dx \tag{13.32}$$

이 식은 외력이 모멘트의 경우에도 물론 성립하며, 이때의 변위는 회전각 θ이다. 즉, 외력이 모멘트일 때 가상 외력일은

$$\sum M_i \overline{\theta_i} = \sum \overline{M_i} \theta_i$$

가상일의 원리의 식은 다음과 같이 쓸 수도 있다.

$$\sum \overline{P_i}\,\delta_i(\text{또는 } \sum \overline{M_i}\,\theta_i) = \int_0^l \frac{M\overline{M}}{EI}dx + \int_0^l \frac{N\overline{N}}{EA}dx + \int_0^l \mathrm{K}\frac{V\,\overline{V}}{GA}dx \tag{13.33}$$

가상일의 원리를 사용하여 구조물의 임의의 1점 i의 변위 δ_i(또는 θ_i)를 구하려면 식 (13.33)에서 가상 변위를 주는 가상 외력으로 점 i 에 구하려고 하는 변위의 방향으로 단위 가상 하중 $\overline{P_i} = 1$(또는 $\overline{M_i} = 1$)을 단독으로 작용시킨 다음 식을 사용한다.

$$\delta_i(\text{또는 } \theta_i) = \int_0^l \frac{M\overline{M}}{EI}dx + \int_0^l \frac{N\overline{N}}{EA}dx + \int_0^l \mathrm{K}\frac{V\,\overline{V}}{GA}dx \tag{13.34}$$

이 방법에 의한 변위 계산 방법을 **가상일의 방법**(method of virtual work), **단위 하중법**(單位荷重法, unit load method) 또는 **가상 하중법**(假想荷重法, dummy load method)이라고 하며, 또한 이 방법은 1864년에 S.C. Maxwell이, 1874년에 O.Mohr가 각각 독자적으로 창안하여 발표한 것으로 **맥스웰-모아의 방법**(Maxwell-Mohr's method)이라고도 한다.

보 및 라멘 구조에서는 축방향력과 전단력에 의한 변위는 휨 모멘트에 의한 변위에 비하여 매우 작으므로 이를 무시한 다음 식에 의하여 변위를 계산하는 것이 보통이다.

$$\delta_i(\text{또는 } \theta_i) = \int_0^l \frac{M\overline{M}}{EI}dx \tag{13.35}$$

트러스 구조에서는 각 부재마다 일정한 크기의 축방향력만 작용하므로 다음 식에 의하여 변위를 계산한다.

$$\delta_i(\text{또는 } \theta_i) = \int_0^l \frac{N\overline{N}}{EA}dx = \sum \frac{N\overline{N}}{EA}l = \sum N\overline{N}\rho \quad \text{단, } \rho = \frac{l}{EA} \tag{13.36}$$

아치 구조에서는 전단력에 의한 변위는 무시하는 것이 보통이다.

(1) 가상 단위 하중

가상일의 방법으로 구조물의 변위를 구하려면 구하려고 하는 변위에 따라 그림 13.16과 같이 적절한 가상 단위 하중을 작용시켜야 한다.

① 임의의 한 점 i의 어느 한 방향의 변위를 구할 때는 그 점에 구하려고 하는 변위의 방향과 같은 방향으로 가상 단위 집중하중 $\overline{P_i} = 1$을 작용시킨다(그림(a)).

② 임의의 한 점 i의 각 변위를 구할 때는 그 점에 단위 모멘트 하중 $\overline{M_i} = 1$을 작용시킨다(그림(b)).

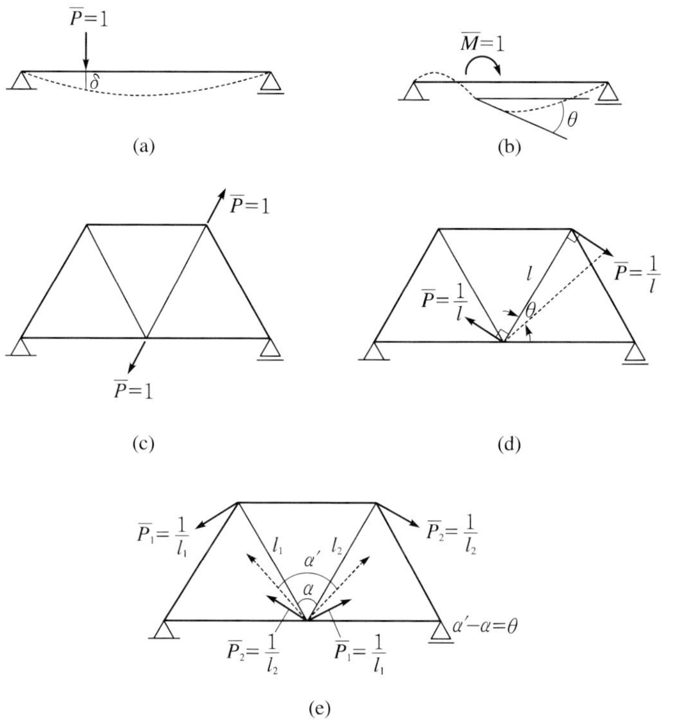

그림 13.16

③ 트러스의 두 절점 사이의 상대 변위를 구할 때는 두 절점을 지나는 직선을 작용선으로 하고, 방향이 반대인 한 쌍의 가상 단위 집중하중 $\overline{P}=1$을 작용시킨다(그림(c)).

④ 트러스의 임의의 한 부재의 각 변위를 구할 때는 그 부재의 길이를 l 이라고 할 때 가상 단위 우력을 형성하는 한 쌍의 가상 집중하중 $\overline{P}=\dfrac{1}{l}$을 부재의 양단에 작용시킨다(그림(d)).

⑤ 트러스의 임의의 한 절점에 결합되어 있는 두 부재의 상대 각 변위를 구할 때는 그 두 부재의 길이를 각각 l_1, l_2라고 할 때, 두 부재에 각각 가상 단위 우력을 형성하는 한 쌍의 가상 집중하중 $\overline{P_1}=\dfrac{1}{l_1}$, $\overline{P_2}=\dfrac{1}{l_2}$을 각각 두 부재의 양단에 작용시킨다. 이때 두 부재에 작용하는 가상 단위 우력은 반대 방향이어야 한다(그림(e)).

(2) 변위의 계산 순서

가상일의 방법에 의한 구조물의 변위 계산 순서는 다음과 같다.

① 구조물에 작용하는 실제 하중에 의한 모든 부재의 임의단면의 휨 모멘트 M, 축방향력 N 및 전단력 V를 구한다.

② 변위를 구하려고 하는 위치에 변위의 방향으로 구하려고 하는 변위에 따라 적절한 가상 단위 하중을 작용시켜 구조물의 모든 부재의 임의의 단면의 휨 모멘트 $\overline{M}$ 축방향력 $\overline{N}$ 및 전단력 $\overline{V}$를 구한다.

③ 위의 ①, ②에서 구한 동일 단면의 각 단면력을 구조물의 종류에 따라 식 (13-34) ~ (13.36)에 대입하여 변위 δ_i(또는 θ_i)를 구한다. 이때 계산 결과 변위의 부호가 (+)이면 변위의 방향이 가상 단위 하중의 작용 방향과 일치하며, (−)이면 반대 방향임을 뜻한다.

④ 위와 같이 하여 구한 선변위 δ_i는 점 i의 전변위의 가상 단위 집중 $\overline{P_i}=1$의 작용 방향의 성분이므로 전변위를 구하기 위해서는 가상 단위 집중하중 $\overline{P_i}$의 작용 방향을 바꾸어 임의의 두 방향의 변위를 각각 구하여 합성하면 된다. 예를 들어 수평, 연직 방향의 변위 δ_H, δ_V를 구하였다면 전변위는 $\delta=\sqrt{{\delta_H}^2+{\delta_V}^2}$ 이다.

예제 13.6

그림 13.17(a)와 같은 캔틸레버보의 자유단의 처짐각과 처짐을 구하여라.

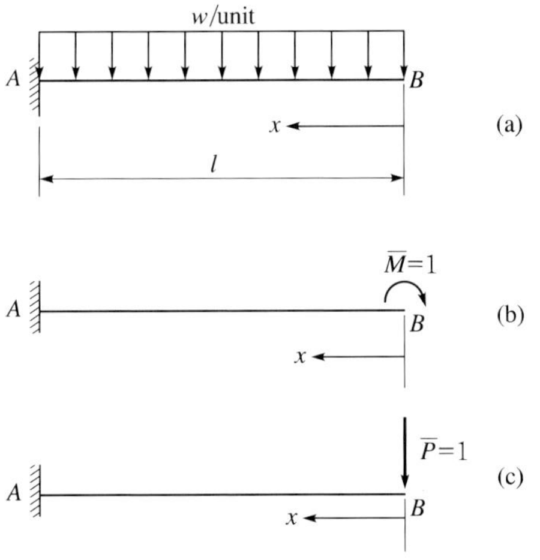

그림 13.17

풀이

그림(a)에서 $M=-\dfrac{wx^2}{2}$

그림(b)에서 $\overline{M}=-1$이므로

$$\theta_B=\int_0^l \frac{M\overline{M}}{EI}dx=\frac{1}{EI}\int_0^l -\frac{wx^2}{2}(-1)dx$$

$$=\frac{w}{2EI}\left[\frac{x^3}{3}\right]_0^l=\frac{wl^3}{6EI}(\curvearrowright)$$

그림(c)에서 $\overline{M}=-x$이므로

$$\delta_B=\int_0^l \frac{M\overline{M}}{EI}dx=\frac{1}{EI}\int_0^l -\frac{wx^2}{2}(-x)dx$$

$$=\frac{w}{2EI}\left[\frac{x^4}{4}\right]_0^l=\frac{wl^4}{8EI}(\downarrow)$$

예제 13.7

그림 13.18(a)와 같은 캔틸레버보의 임의의 점 m의 처짐각과 처짐을 구하여라.

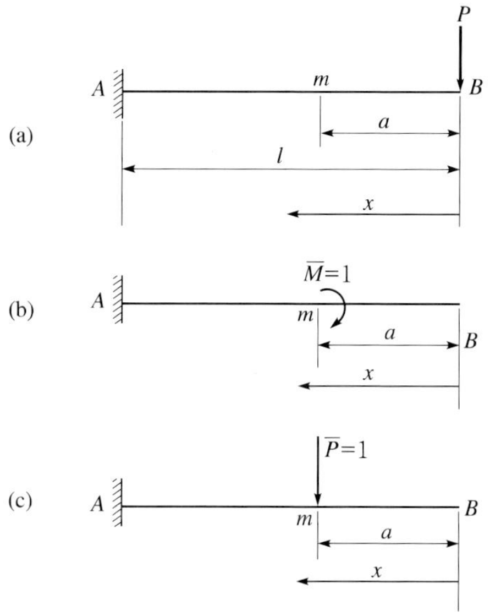

그림 13.18

풀이

그림(a)에서 $M=-Px$

그림(b)에서 $B \sim m$ 사이는 $\overline{M}=0$,

$m \sim A$사이는 $\overline{M}=-1$이므로

$$\theta_m=\int_0^l \frac{M\overline{M}}{EI}dx=\frac{1}{EI}\int_a^l -Px(-1)\,dx$$

$$=\frac{P}{EI}\left[\frac{x^2}{2}\right]_a^l=\frac{P}{2EI}(l^2-a^2)$$

그림(c)에서 $B \sim m$ 사이는 $\overline{M}=0$

$m-A$ 사이는 $\overline{M}=-(x-a)$이므로

$$\delta_m=\int_a^l \frac{M\overline{M}}{EI}dx=\frac{1}{EI}\int_a^l -Px\{-(x-a)\}dx$$

$$=\frac{P}{EI}\left[\frac{x^3}{3}-\frac{x^2a}{2}\right]_a^l=\frac{P}{6EI}(2l^3-3l^2a+a^3)$$

예제 13.8

그림 13.19(a)와 같은 단순보의 지점 A의 처짐각과 점 C의 처짐을 구하여라.

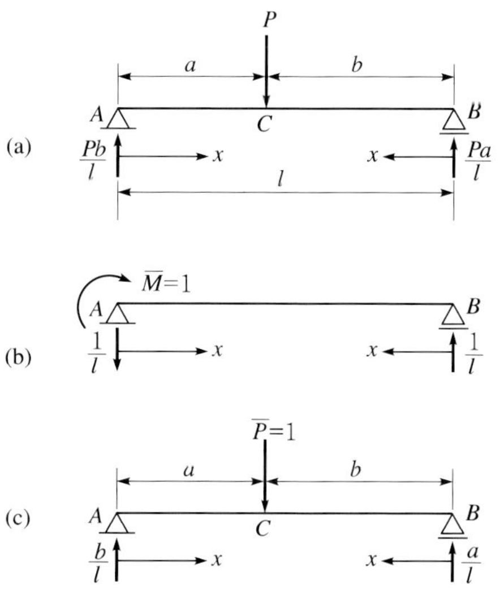

그림 13.19

풀이

$A \sim C$ 사이와 $B \sim C$ 사이의 임의점의 휨 모멘트 M의 값이 다르므로 두 구간 $A \sim C$와 $B \sim C$로 나누어 적분한다. 지점 A의 처짐각 θ_A는 그림(a)와 (b)에 의하여

$$\theta_A = \int_0^l \frac{M\overline{M}}{EI}dx = \frac{1}{EI}\int_0^a \frac{Pb}{l}x\left(1-\frac{x}{l}\right)dx + \frac{1}{EI}\int_0^b \frac{Pa}{l}x\left(\frac{x}{l}\right)dx$$

$$= \frac{Pb}{EIl^2}\left[\frac{lx^2}{2}-\frac{x^3}{3}\right]_0^a + \frac{Pa}{EIl^2}\left[\frac{x^3}{3}\right]_0^b = \frac{Pb}{6EIl}(l^2-b^2)\ (\curvearrowright)$$

점 C의 처짐 δ_c는 그림(a)와 (c)에 의하여

$$\delta_C = \int_0^l \frac{M\overline{M}}{EI}dx = \frac{1}{EI}\int_0^a \frac{Pb}{l}x\left(\frac{b}{l}x\right)dx + \frac{1}{EI}\int_0^b \frac{Pa}{l}x\left(\frac{a}{l}x\right)dx$$

$$= \frac{Pb^2}{EIl^2}\left[\frac{x^3}{3}\right]_0^a + \frac{Pa^2}{EIl^2}\left[\frac{x^3}{3}\right]_0^b = \frac{Pa^2b^2}{3EIl}\ (\downarrow)$$

예제 13.9

그림 13.20(a)와 같은 단순보의 지점 B의 처짐각과 중점 C의 처짐을 휨 모멘트와 전단력을 함께 고려하여 구하여라.

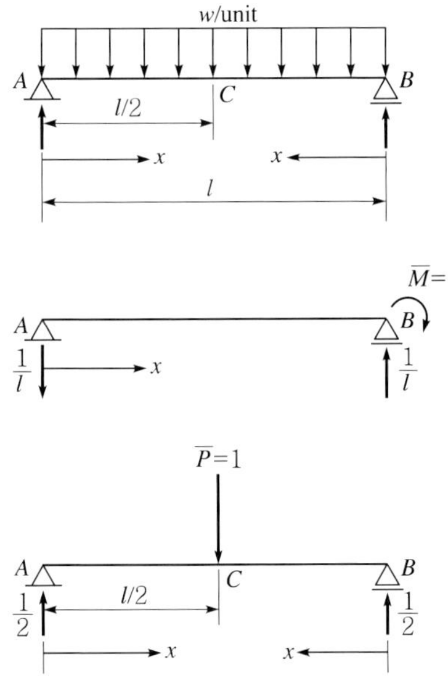

그림 13.20

풀이

지점 B의 처짐각 θ_B는 그림(a)와 (b)에 의하여

$$\theta_B = \int_0^l \frac{M\overline{M}}{EI}dx + \int_0^l \mathrm{K}\frac{V\overline{V}}{GA}dx$$

$$= \frac{1}{EI}\int_0^l \frac{w}{2}(lx-x^2)\left(-\frac{x}{l}\right)dx$$

$$+ \frac{\mathrm{K}}{GA}\int_0^l \frac{w}{2}(l-2x)\left(-\frac{1}{l}\right)dx$$

$$= -\frac{w}{2EIl}\left[\frac{lx^3}{3}-\frac{x^4}{4}\right]_0^l - \frac{\mathrm{K}w}{2GAl}\left[lx-x^2\right]_0^l\ (\smile)$$

위의 계산 결과로부터 전단력에 의한 처짐은 0임을 알 수 있다.

중점 C의 처짐 δ_C는 그림(a)와 (c)에 의하여 구한다.

그런데 이들은 중점 C에 대하여 대칭이므로 한쪽 절반만 적분하여 2배하면 된다.

$$\delta_C = \int_0^l \frac{M\overline{M}}{EI}dx + \int_0^l K\frac{V\overline{V}}{GA}dx$$

$$= 2\int_0^{l/2} \frac{M\overline{M}}{EI}dx + 2\int_0^{l/2} K\frac{V\overline{V}}{GA}dx$$

$$= \frac{2}{EI}\int_0^{l/2} \frac{w}{2}(lx - x^2)\left(\frac{x}{2}\right)dx + K\frac{2}{GA}\int_0^{l/2} \frac{w}{2}(l-2x)\left(\frac{1}{2}\right)dx$$

$$= \frac{w}{2EI}\left[\frac{lx^3}{3} - \frac{x^4}{4}\right]_0^{l/2} + K\frac{w}{2GA}\left[lx - x^2\right]_0^{l/2}$$

$$= \frac{5wl^4}{384EI} + K\frac{wl^2}{8GA}(\downarrow)$$

예제 13.10

그림 13.21(a)와 같은 게르버보의 점 B의 처짐각과 처짐을 구하여라.

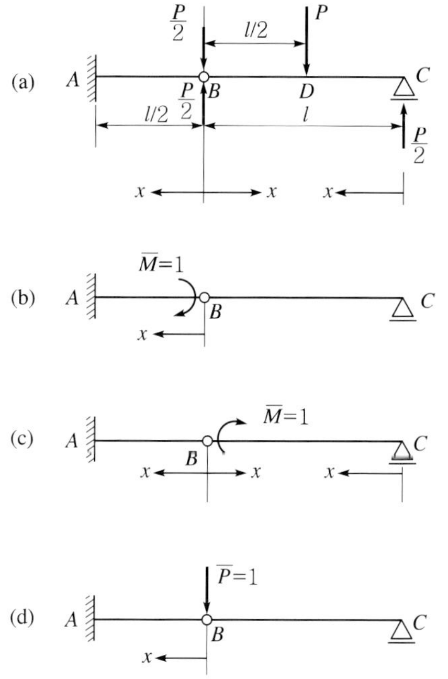

그림 13.21

풀이

점 B는 내부 힌지가 들어있는 점이므로 탄성 곡선은 불연속이며, 따라서 점 B의 좌측과 우측의 처짐각이 다르다. 점 B의 좌측의 처짐각을 구하기 위해서는 그림(b)와 같이 힌지 B의 좌측에, 우측의 처짐각을 구하기 위해서는 그림(c)와 같이 힌지 B의 우측에 단위 모멘트 하중 $\overline{M}=1$을 작용시켜야 한다.

점 B의 좌우측의 처짐각 $\theta_{Bl}\theta_{Br}$ 및 처짐 δ_B를 구하기 위하여 필요한 M, $\overline{M}$의 식은 그림(a), (b), (c) 및 (d)에 의하여 표 13.1과 같다. 점B의 좌측의 처짐각 θ_{Bl}은 그림(a)와 (b)에 의하여

$$\theta_{Bl} = \int_0^l \frac{M\overline{M}}{EI}dx = \frac{1}{EI}\int_0^{l/2} -\frac{P}{2}x(-1)dx$$

$$= \frac{P}{2EI}\left[\frac{x^2}{2}\right]_0^{l/2} = \frac{Pl^2}{16EI}(\curvearrowright)$$

점 B의 우측의 처짐각 θ_{Br}은 그림(a)와 (c)에 의하여

$$\theta_{Br} = \int_0^l \frac{M\overline{M}}{EI}dx = \frac{1}{EI}\int_0^{l/2} -\frac{P}{2}x\left(\frac{x}{l}\right)dx + \frac{1}{EI}\int_0^{l/2}\frac{P}{2}x\left(1-\frac{x}{l}\right)dx + \frac{1}{EI}\int_0^{l/2}\frac{P}{2}x\left(\frac{x}{l}\right)dx$$

$$= \frac{P}{2EIl}\left[\frac{lx^2}{2} - \frac{x^3}{3}\right]_0^{l/2} = \frac{Pl^2}{24EI}(\curvearrowright)$$

$$\delta_B = \int_0^l \frac{M\overline{M}}{EI}dx = \frac{1}{EI}\int_0^{l/2} -\frac{P}{2}x(-x)dx = \frac{P}{2EI}\left[\frac{x^3}{3}\right]_0^{l/2} = \frac{Pl^3}{48EI}(\downarrow)$$

표 13.1

구 간	원 점	한 계	M	$\overline{M}$		
				θ_{Bl}	θ_{Br}	δ_B
B~A	B	$0\sim\frac{l}{2}$	$-\frac{P}{2}x$	-1	$\frac{x}{l}$	$-x$
B~D	B	$0\sim\frac{l}{2}$	$\frac{P}{2}x$	0	$1-\frac{x}{l}$	0
C~D	C	$0\sim\frac{l}{2}$	$\frac{P}{2}x$	0	$\frac{x}{l}$	0

예제 13.11

그림 13.22(a)와 같은 캔틸레버보의 자유단 B와 중점 C의 처짐각과 처짐을 구하여라.

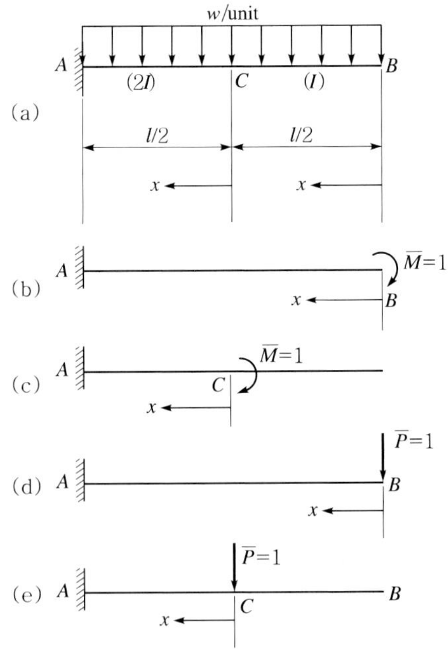

그림 13.22

풀이

$B\sim C$ 사이와 $C\sim A$ 사이의 단면2차모멘트가 다르므로 두 구간 $B\sim C$와 $C\sim A$로 나누어 적분한다. 자유단 B의 처짐각 θ_B는 그림(a)와 (b)에 의하여

$$\theta_B = \int_0^l \frac{M\overline{M}}{EI}dx = \frac{1}{EI}\int_0^{l/2} -\frac{wx^2}{2}(-1)dx + \frac{1}{2EI}\int_{l/2}^{l} -\frac{wx^2}{2}(-1)dx$$

$$= \frac{w}{2EI}\left[\frac{x^3}{3}\right]_0^{l/2} + \frac{w}{4EI}\left[\frac{x^3}{3}\right]_{l/2}^{l} = \frac{3wl^3}{32EI}(\curvearrowright)$$

중점 C의 처짐각 θ_C는 그림(a)와 (c)에 의하여

$$\theta_C = \int_0^l \frac{M\overline{M}}{EI}dx = \frac{1}{2EI}\int_0^{l/2} -\frac{w}{8}(l^2+4lx+4x^2)(-1)dx$$

$$= \frac{w}{16EI}\left[l^2x+2lx^2+\frac{4x^3}{3}\right]_0^{l/2} = \frac{7wl^3}{96EI}(\curvearrowright)$$

자유단 B의 처짐 δ_B는 그림(a)와 (d)에 의하여

$$\delta_B = \int_0^l \frac{M\overline{M}}{EI}dx = \frac{1}{EI}\int_0^{l/2} -\frac{wx^2}{2}(-x)dx + \frac{1}{2EI}\int_{l/2}^{l} -\frac{wx^2}{2}(-x)dx$$

$$= \frac{w}{2EI}\left[\frac{x^4}{4}\right]_0^{l/2} + \frac{w}{4EI}\left[\frac{x^4}{4}\right]_{l/2}^{l} = \frac{17wl^4}{256EI}(\downarrow)$$

중점 C의 처짐 δ_C는 그림(a)와 (e)에 의하여

$$\delta_C = \int_0^l \frac{M\overline{M}}{EI}dx = \frac{1}{2EI}\int_0^{l/2} -\frac{w}{8}(l^2+4lx+4x^2)(-x)dx$$

$$= \frac{w}{16EI}\left[\frac{l^2x^2}{2}+\frac{4lx^3}{3}+x^4\right]_0^{l/2} = \frac{17wl^4}{768EI}(\downarrow)$$

예제 13.12

그림 13.23(a)와 같은 단순보의 지점 A의 처짐각과 중점 C의 처짐을 구하여라.

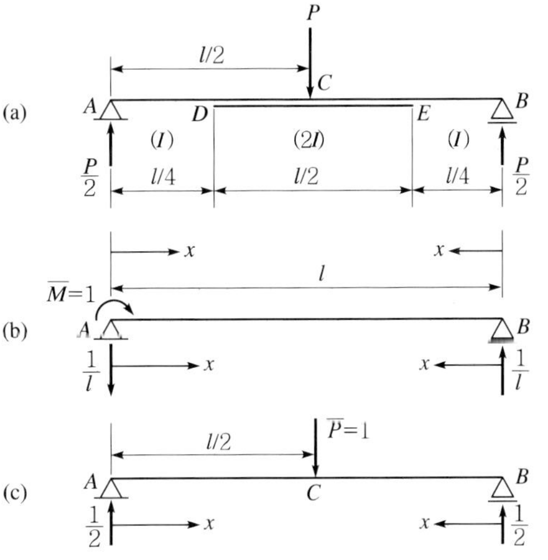

그림 13.23

풀이

지점 A점의 처짐각 θ_A는 그림(a)와 (b)에 의하여

$M = \frac{Px}{2}$ (원점 A, B)

$\overline{M} = 1-\frac{x}{l}$ (원점 A)

$\overline{M} = \frac{x}{l}$ (원점 B)

$\overline{M} = \frac{x}{2}$ (원점 A, B)

지점 A의 처짐각은 그림(a)와 (b)에 의하여

$$\theta_A = \int_0^l \frac{M\overline{M}}{EI}dx$$

$$= \frac{1}{EI}\int_0^{l/4}\frac{Px}{2}\left(1-\frac{x}{l}\right)dx + \frac{1}{2EI}\int_{l/4}^{l/2}\frac{Px}{2}\left(1-\frac{x}{l}\right)dx + \frac{1}{EI}\int_0^{l/4}\frac{Px}{2}\left(\frac{x}{l}\right)dx + \frac{1}{2EI}\int_{l/4}^{l/2}\frac{Px}{2}\left(\frac{x}{l}\right)dx$$

$$= \frac{1}{EI}\int_0^{l/4}\frac{Px}{2}dx + \frac{1}{2EI}\int_{l/4}^{l/2}\frac{Px}{2}dx = \frac{P}{2EI}\left[\frac{x^2}{2}\right]_0^{l/4} + \frac{P}{4EI}\left[\frac{x^2}{2}\right]_{l/4}^{l/2} = \frac{5Pl^2}{128EI}(\curvearrowright)$$

중점 C의 처짐은 그림(a)와 (c)에 의하여

$$\delta_C = \int_0^l \frac{M\overline{M}}{EI}dx = \frac{2}{EI}\int_0^{l/4}\frac{Px}{2}\left(\frac{x}{2}\right)dx + \frac{2}{2EI}\int_{l/4}^{l/2}\frac{Px}{2}\left(\frac{x}{2}\right)dx$$

$$= \frac{P}{2EI}\left[\frac{x^3}{3}\right]_0^{l/4} + \frac{P}{4EI}\left[\frac{x^3}{3}\right]_{l/4}^{l/2} = \frac{3Pl^3}{256EI}(\downarrow)$$

예제 13.13

그림 13.24(a)와 같은 라멘의 점 A의 수평 변위 δ_H를 구하여라.

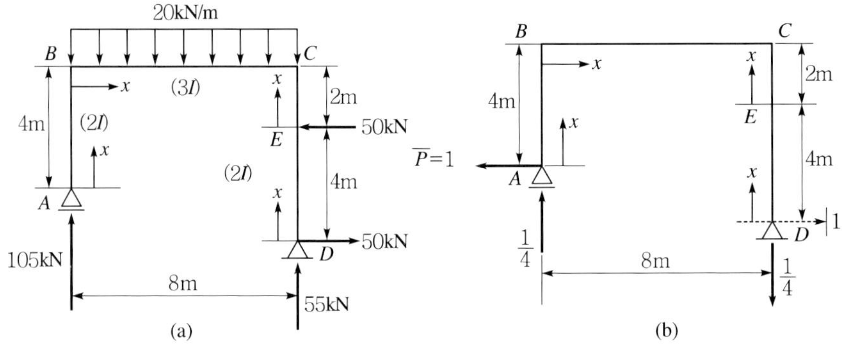

그림 13.24

풀이

그림(a), (b)에 의하여 M, $\overline{M}$은 표 13.2와 같다.

표 13.2

구 간	단면 2차 모멘트	원 점	한 계	M	$\overline{M}$
A~B	$2I$	A	0~4	0	x
B~C	$3I$	B	0~8	$105x-10x^2$	$4+\frac{x}{4}$
E~C	$2I$	E	0~2	200	$4+x$
D~E	$2I$	D	0~4	$50x$	x

$$\delta_H = \int_0^l \frac{M\overline{M}}{EI} dx$$

$$= \frac{1}{3EI}\int_0^8 (105x - 10x^2)\left(4 + \frac{x}{4}\right) dx + \frac{1}{2EI}\int_0^2 (200)(4+x)dx + \frac{1}{2EI}\int_0^4 50x(x)\, dx$$

$$= \frac{1}{12EI}\int_0^8 (1680x - 55x^2 - 10x^3)dx + \frac{5}{EI}\int_0^2 (80+20x)dx + \frac{25}{EI}\int_0^4 x^2 dx$$

$$= \frac{1}{12EI}\left[840x^2 - \frac{55x^3}{3} - \frac{5x^4}{2}\right]_0^8 + \frac{5}{EI}\left[80x + 10x^2\right]_0^2 + \frac{50}{EI}\left[\frac{x^3}{3}\right]_0^4 = \frac{53{,}800\text{kNm}^3}{9EI} (\leftarrow)$$

예제 13.14

그림 13.25(a)와 같은 라멘의 자유단 처짐각 θ_A, 수평 변위 δ_H 및 연직변위 δ_V 를 구하여라.

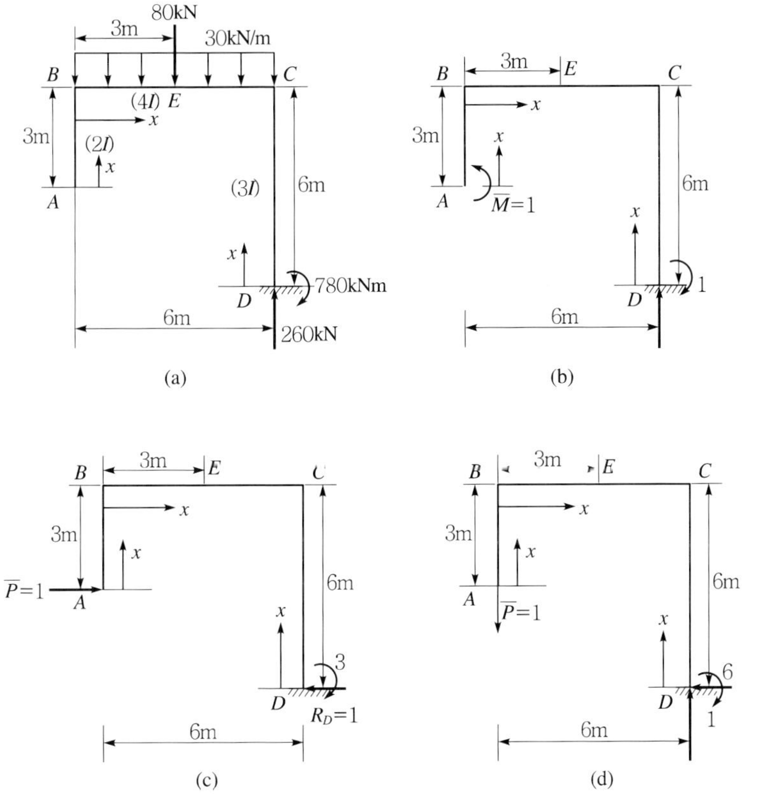

그림 13.25

풀이

θ_A, δ_H 및 δ_V를 구하기 위한 M 및 $\overline{M}$은 표 13.3과 같다.

$$\theta_A = \frac{1}{4EI}\int_0^3 -15x^2(-1)dx + \frac{1}{4EI}\int_3^6 -(15x^2+80x-240)(-1)dx + \frac{1}{3EI}\int_0^6 -780(-1)dx$$

$$= \frac{1}{4EI}\left[5x^3\right]_0^3 + \frac{1}{4EI}\left[5x^3+40x^2-240x\right]_3^6 + \frac{1}{3EI}\left[780x\right]_0^6 = \frac{1{,}920\text{kNm}^2}{EI}(\frown)$$

표 13.3

구 간	단면 2차 모멘트	원 점	한 계	M	$\overline{M}$		
					θ_A	δ_H	δ_V
A~B	2I	A	0~3	0	-1	$-x$	0
B~E	4I	B	0~3	$-15x^2$	-1	-3	$-x$
E~C	4I	B	3~6	$-(15x^2+80x-240)$	-1	-3	$-x$
D~C	3I	D	0~6	-780	-1	$3-x$	-6

$$\delta_H = \frac{1}{4EI}\int_0^3 -15x^2(-3)dx + \frac{1}{4EI}\int_3^6 -(15x^2+80x-240)(-3)dx + \frac{1}{3EI}\int_0^6 -780(3-x)dx$$

$$= \frac{45}{4EI}\left[\frac{x^3}{3}\right]_0^3 + \frac{3}{4EI}\left[5x^3+40x^2-240x\right]_3^6 - \frac{260}{EI}\left[3x-\frac{x^2}{2}\right]_0^6 = \frac{1{,}080\text{kNm}^3}{EI}(\rightarrow)$$

$$\delta_V = \frac{1}{4EI}\int_0^3 -15x^2(-x)dx + \frac{1}{4EI}\int_3^6 -(15x^2+80x-240)(-x)dx + \frac{1}{3EI}\int_0^6 -780(-6)dx$$

$$= \frac{15}{4EI}\left[\frac{x^4}{4}\right]_0^3 + \frac{1}{4EI}\left[\frac{15x^4}{4}+\frac{80x^3}{3}-120x^2\right]_3^6 + \frac{4{,}680}{3EI}\left[x\right]_0^6 = \frac{11{,}025\text{kNm}^3}{EI}(\downarrow)$$

예제 13.15

그림 13.26(a)와 같은 트러스의 절점 L_2의 연직 변위 δ_{L2} 절점 U_1과 L_3 사이의 상대 변위 $\delta_{U_1L_3}$ 및 부재 L_1, L_2의 회전각 $\theta_{L_1L_2}$를 구하여라. 단, 각 부재의 단면적은 그림의 괄호내의 값(단위 cm^2)과 같고, $E = 2.1 \times 10^5\mathrm{MPa}$이다.

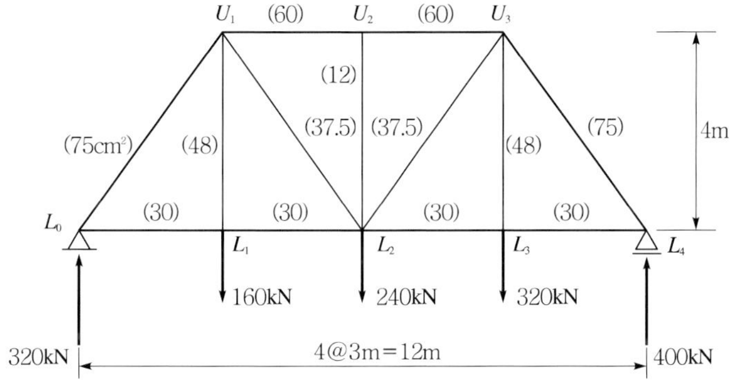

그림 13.26(a)

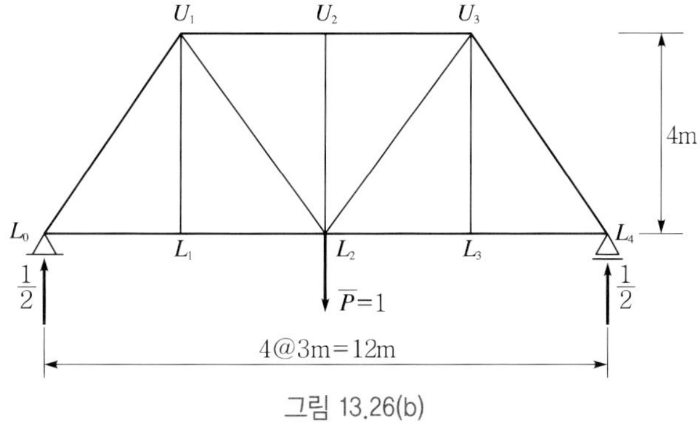

그림 13.26(b)

풀이

(1) 절점 L_2의 연직변위 δ_{L_2}는 그림 13.26(a) 및 (b)에서 N 및 $\overline{N}$을 계산하여 구하면 표 13.4와 같다.

$$\delta_{L_2} = \sum \frac{N\overline{N}l}{EA} = \frac{13{,}000\mathrm{kN/cm}}{E} = \frac{13{,}000}{2.1 \times 10^4} = 0.619\mathrm{cm}\ (\downarrow)$$

표 13.4

부 재	N [kN]	$\overline{N}$	l [cm]	$N\overline{N}l$ [kN·cm]	$A[\mathrm{cm}^2]$	$N\overline{N}l/A$[kN/cm]
L_0L_1	240	0.375	300	27,000	30	900
L_1L_2	240	0.375	300	27,000	30	900
L_2L_3	300	0.375	300	33,750	30	1,125
L_3L_4	300	0.375	300	33,750	30	1,125
U_1U_2	−360	−0.75	300	81,000	60	1,350
U_2U_3	−360	−0.75	300	81,000	60	1,350
L_0U_1	−400	−0.625	500	125,000	75	1,666.67
U_1L_2	200	0.625	500	62,500	37.5	1,666.67
L_2U_3	100	0.625	500	31,250	37.5	833.33
U_3L_4	−500	−0.625	500	156,250	75	2,083.33
L_1U_1	160	0	400	0	48	0
L_2U_2	0	0	400	0	12	0
L_3U_3	320	0	400	0	48	0
Σ						13,000

(2) 절점 U_1과 L_3사이의 상대 변위 $\delta_{U_1L_3}$은 그림 13.26(a) 및 (c)에서 N 및 $\overline{N}$을 계산하여 구하면 표 13.5와 같다.

$$\delta_{U_1L_3} = \Sigma \frac{N\overline{N}l}{EA} = \frac{3{,}399.4\mathrm{kN/cm}}{E} = \frac{3{,}399.4}{2.1\times 10^4} = 0.162\mathrm{cm} \quad (\longleftarrow\!\longrightarrow)$$

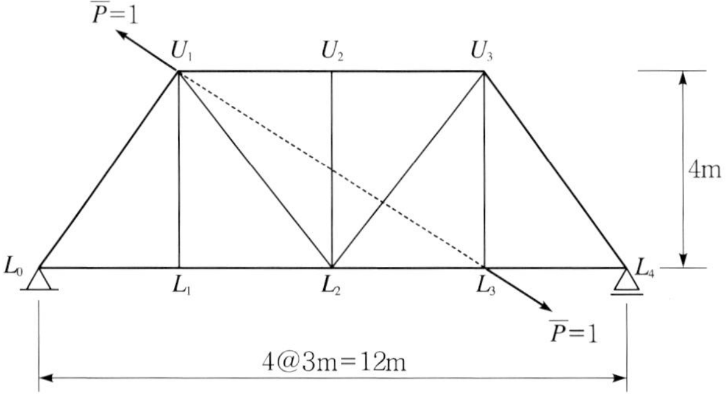

그림 13.26(c)

표 13.5

부 재	N [kN]	$\overline{N}$	l [cm]	$\overline{N}Nl$ [kN·cm]	A [cm^2]	$N\overline{N}l/A$[kN/cm]
L_0L_1	240	0	300		30	
L_1L_2	240	0	300		30	
L_2L_3	300	0.832	300	74,880	30	2,496
L_3L_4	300	0	300		30	
U_1U_2	−360	0.416	300	−44,928	60	−748.8
U_2U_3	−360	0.416	300	−44,928	60	−748.8
L_0U_1	−400	0	500		75	
U_1L_2	200	0.693	500	69,300	37.5	1,848
L_2U_3	100	−0.693	500	−34,650	37.5	−924
U_3L_4	−500	0	500		75	
L_1U_1	160	0	400		48	
L_2U_2	0	0	400		12	
L_3U_3	320	0.554	400	70,912	48	1,477
Σ						3,399.4

(3) 부재 L_1L_2의 회전각 $\theta_{L_1L_2}$는 그림 13.28(a) 및 (d)에서 N 및 $\overline{N}$을 계산하여 구하면 표 13.6과 같다.

$$\theta_{L_1L_2} = \sum \frac{N\overline{N}l}{EA} = \frac{1,122.21\text{kN/cm}}{E} = \frac{1,122.21}{2.1\times 10^4} = 0.0534\text{rad}(\frown)$$

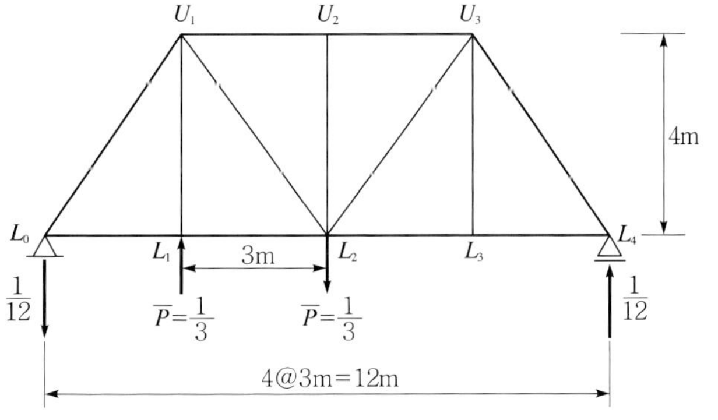

그림 13.26(d)

표 13.6

부 재	N [kN]	$\overline{N}$	l [cm]	$N\overline{N}l$ [cm]	A [cm^2]	$N\overline{N}l/A$ [kN/cm]
L_0L_1	240	−1/16	300	−4,500	30	−150
L_1L_2	240	−1/16	300	−4,500	30	−150
L_2L_3	300	1/16	300	5,625	30	187.5
L_3L_4	300	1/16	300	5,625	30	187.5
U_1U_2	−360	−1/8	300	13,500	60	225
U_2U_3	−360	−1/8	300	13,500	60	225
L_0U_1	−400	5/48	500	−20,833.3	75	−277.78
U_1L_2	200	5/16	500	3,125	37.5	833.33
L_2U_3	100	5/48	500	5,208.3	37.5	138.88
U_3L_4	−500	−5/48	500	26,041.7	75	347.22
L_1U_1	160	−1/3	400	−21,333.3	48	−444.44
L_2U_2	0	0	400		12	
L_3U_3	320	0	400		48	
Σ						1122.21

13.2.7 지점 침하 및 온도 변화를 고려한 가상일의 식

가상일의 방법은 구조물의 지점 침하 및 온도 변화에 의하여 응력이 생기는 경우에도 응용할 수 있다.

지점이 침하한 경우, 구조물에 작용시킨 가상 하중 $\overline{P_i}$에 의한 지점 j의 반력을 $\overline{R_j}$, 각 지점의 침하량은 δ_j ($j = 1,\ 2,\ \dots$)라고 하면 지점 침하로 인한 가상 외력일은 다음과 같다.

$$\overline{W_R} = \sum \overline{R_j}\,\delta_j \tag{a}$$

구조물의 부재의 온도가 균일하게 t[℃]만큼 변화한다면 그림 13.27(a)와 같이 부재축의 길이 dx에 대하여 $\Delta x = \alpha\, t\, dx$ 만큼 늘어나거나 줄어들으므로 이때의 가상 내력일은 다음과 같다.

$$\overline{U_N} = \int_0^l \overline{N}\alpha t\, dx \qquad \text{단, } \alpha = \text{재료의 선팽창계수} \tag{b}$$

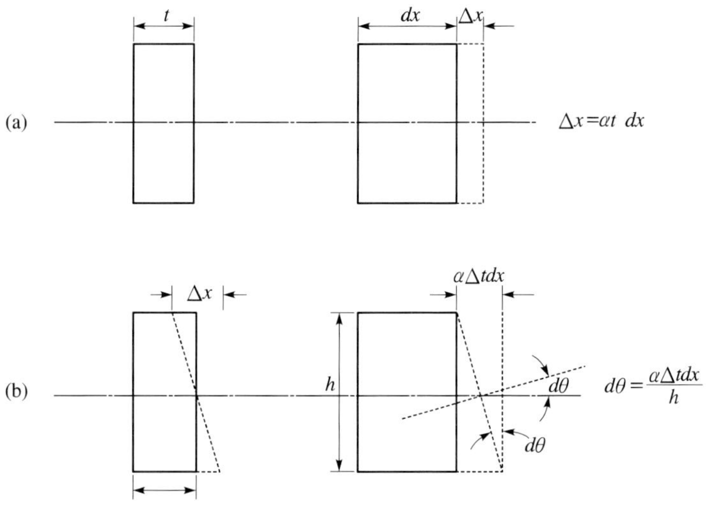

그림 13.27

또한, 부재의 온도 변화가 단면 내에서 균일하지 않고 부재축에서 t이고 단면의 상하 양단 사이에서 직선 변화하며, 상하 양단의 온도차가 Δt (상단이 하단보다 저온)이면 그림(a)와 같이 $\Delta x = \alpha\, t\, dx$ 만큼 늘어나거나 줄어드는(그림은 온도가 올라가 늘어난 경우임) 동시에 그림(b)와 같이 길이 dx에 대하여

$$d\theta = \frac{\alpha \Delta t}{h} dx$$

만큼 경사지므로 이때의 가상 내력일은 다음과 같다.

$$\overline{U_N} + \overline{U_M} = \int_0^l \overline{N} \alpha t dx + \int_0^l \overline{M} d\theta = \int_0^l \overline{N} \alpha t dx + \int_0^l \overline{M} \frac{\alpha \Delta t}{h} dx \qquad ⓒ$$

따라서, 지점 침하 및 온도 변화를 고려한 가상일의 원리의 일반식은 이들을 고려하지 않은 가상일의 원리의 식인 식 (13.33)에 지점 침하로 인한 가상 외력일의 식 (a)와 온도 변화로 인한 가상 내력일의 식 (c)을 추가하면 되므로 다음과 같이 된다.

$$\sum \overline{P_i}\, \delta_i \,(\text{또는 } \sum \overline{M_i} \theta_i) + \sum \overline{R_j}\, \delta_j = \int_0^l \frac{M\overline{M}}{EI} dx + \int_0^l \frac{N\overline{N}}{EA} dx \qquad (13.37)$$

$$+ \int_0^l \mathrm{K} \frac{V\overline{V}}{GA} dx + \int_0^l \overline{N} \alpha t dx + \int_0^l \overline{M} \frac{\alpha \Delta l}{h} dx$$

따라서, 하중, 부재의 온도 변화 및 지점 침하에 의한 구조물의 임의점 i의 변위를 구하는 가상일의 방법의 일반식은 다음과 같다.

$$\delta_i(\text{또는 } \theta_i) = \int_0^l \frac{M\overline{M}}{EI}dx + \int_0^l \frac{N\overline{N}}{EA}dx + \int_0^l \mathrm{K}\frac{V\,\overline{V}}{GA}dx \tag{13.38}$$

$$+ \int_0^l \overline{N}\alpha t dx + \int_0^l \overline{M}\ \frac{\alpha \Delta t}{h}dx - \sum \overline{R_j}\,\delta_j$$

트러스 구조는

$$\delta_i(\text{또는 } \theta_i) = \sum \frac{N\overline{N}\,l}{EA} + \sum \overline{N}\alpha t\, l - \sum \overline{R_j}\,\delta_j \tag{13.39}$$

또한 트러스 구조에서 제작 착오로 부재의 길이가 Δl 만큼의 오차가 있는 경우, 길게 제작되었으면 역학적으로 온도가 오른 것과 같고, 짧게 제작되었으면 온도가 내린것과 같으므로 위의 식의 αtl 대신 길이의 제작 오차 Δl을 대입하면 트러스의 부재 길이의 제작 오차로 인한 변위를 구할 수 있다.

예제 13.16

그림 13.28(a)와 같은 단순보의 상면의 온도가 40℃, 하면의 온도가 120℃일 때 지점 A의 처짐각과 중점 C의 처짐을 구하여라. 단, 보의 온도는 높이 방향으로 직선 변화하며, 선팽창 계수는 $\alpha = 1.2 \times 10^{-5}/℃$ 이다.

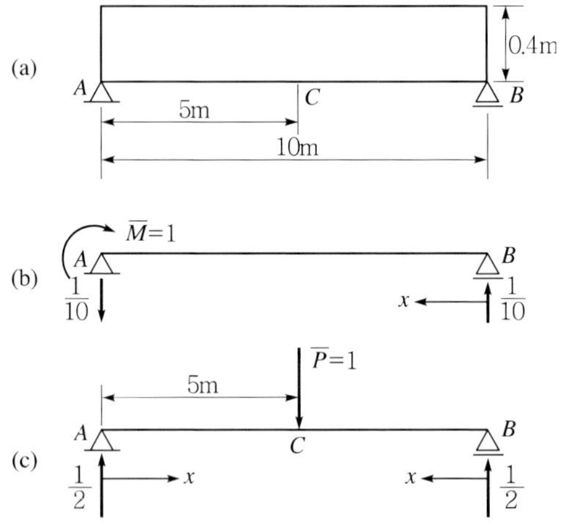

그림 13.28

풀이

보의 상하 양단의 온도차가 $\Delta t = 120 - 40 = 80$℃이고, 보의 높이는 $h = 40\text{cm} = 0.4\text{m}$ 이다.

(1) 지점 A의 처짐각은 그림(b)에 의하여 $\overline{M} = \dfrac{x}{10}$ (원점B)이므로 식 (13.38) 제5항에 의하여

$$\theta_A = \int_0^l \overline{M}\,\frac{\alpha\Delta t}{h}dx = \int_0^{10}\frac{x}{10}\left(\frac{1.2\times10^{-5}\times80}{0.4}\right)dx = 2.4\times10^{-4}\left[\frac{x^2}{2}\right]_0^{10} = 0.012\text{rad}(\curvearrowright)$$

(2) 중점 C의 처짐은 그림(c)에서 $\overline{M} = \dfrac{x}{2}$ (원점 A, B)이므로 식 (13.38) 제5항에 의하여

$$\delta_C = \int_0^l \overline{M}\,\frac{\alpha\Delta t}{h}dx = 2\int_0^5\left(\frac{x}{2}\right)\left(\frac{1.2\times10^{-5}\times80}{0.4}\right)dx = 2.4\times10^{-3}\left[\frac{x^2}{2}\right]_0^5 = 0.03\text{m} = 3\text{cm}\ (\downarrow)$$

예제 13.17

예제 13.15의 그림 13.26(a)에서

(1) 하현재의 온도가 20℃만큼 상승하였을 때, 절점 L_2의 연직 변위 δ_{L2}를 구하여라.

(2) 지점 L_O, L_4 가 각각 아래로 2cm, 3cm 침하하였을 때 절점 L_2 의 연직 변위 δ_{L2} 를 구하여라.
단 선팽창 계수 $\alpha = 1.2\times10^{-5}/℃$

풀이

(1) 온도 변화에 의한 δ_{L2}

온도변화가 있는 4개의 하현재의 가상 단위 하중에 의한 부재력은 다같이 $\overline{N} = 0.375$이며, 이들 하현재의 길이도 다같이 $l = 300\text{cm}$이므로 식 (13.39) 제2항에 의하여

$$\delta_{L_2} = \sum \overline{N}\alpha t\, l = 4\times0.375\times1.2\times10^{-5}\times20\times300 = 0.108\text{cm}\ (\downarrow)$$

(2) 지점 침하에 의한 δ_{L_2}

가상 단위 하중에 의한 지점 반력을 그림 13.26(b)에서

$$\overline{R_{L_0}} = \overline{R_{L_4}} = \frac{1}{2}\ (\uparrow)$$

이고 지점 침하량은 $\delta_{L_0} = 2\text{cm}\ (\downarrow)$, $\delta_{L_4} = 3\text{cm}\ (\downarrow)$ 이므로 식 (13.39) 제3항에 의하여

$$\delta_{L_2} = -\sum \overline{R_j}\delta_j = -\left(\overline{R_{L_0}}\times\delta_{L_0} + \overline{R_{L_4}}\times\delta_{L_4}\right) = -\left(-\frac{1}{2}\times2 - \frac{1}{2}\times3\right) = 2.5\text{cm}\ (\downarrow)$$

여기서, 괄호내의 부호 (−)는 가상 단위 하중에 의한 지점 반력의 방향과 지점 침하의 방향이 반대이기 때문이다.

13.3 상반 정리

서로 아무런 관계도 없는 i하중계와 k하중계가 제각기 따로 동일 구조물에 작용하여 탄성 변형이 생길 때의 일에 대하여 생각하기로 한다.

그림 13.29와 같이 구조물에 i하중계가 작용할 때 k하중계 중의 임의의 하중 P_k의 작용점 k의 P_k의 작용 방향의 변위를 δ_{ki}라 하고, 동일 구조물에 k하중계가 작용할 때 i하중계 중의 임의의 하중 P_i의 작용점 i의 P_i의 작용 방향의 변위를 δ_{ik}라 한다.

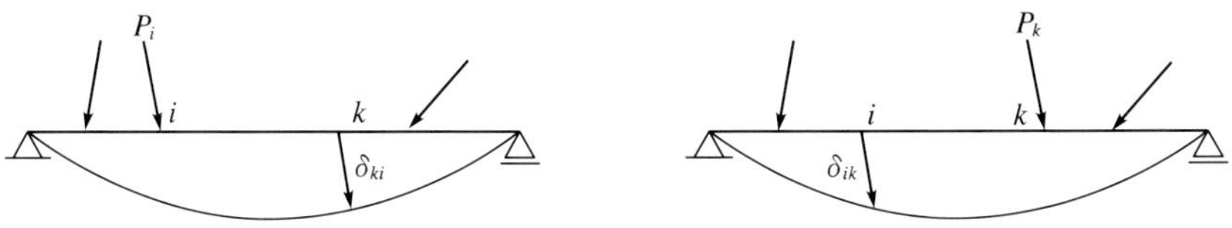

(a) i하중계 (b) k하중계

그림 13.29

여기서, 사용하는 변위를 표시하는 δ_{ki}, δ_{ik}와 같은 기호를 **맥스웰의 기호**(Maxwell's notation)라고 하며, 이 기호의 2중 하첨자 가운데 앞의 첨자는 변위의 위치와 방향을 표시하고, 뒤의 첨자는 변위의 원인이 되는 힘의 작용점을 표시한다.

위의 그림에서 i하중계를 실제 하중계로 k하중계를 가상 하중계로 생각하고, 또한 지점 침하나 온도 변화가 없는 경우에 대하여 가상일의 식을 세우면 다음과 같다.

$$\sum P_i \delta_{ik} = \int_0^l \frac{M_i M_k}{EI} dx + \int_0^l \frac{N_i N_k}{EA} dx + \int_0^l \kappa \frac{V_i V_k}{GA} dx \quad \text{(a)}$$

여기서, Mi, Ni, Vi는 i하중계에 의한 단면력이고, M_k, N_k, V_k는 k하중계에 의한 단면력이다. 또, k하중계를 실제 하중계, i하중계를 가상 하중계로 생각하고 가상일의 식을 세우면 다음과 같다.

$$\sum P_k \delta_{ki} = \int_0^l \frac{M_k M_i}{EI} dx + \int_0^l \frac{N_k N_i}{EA} dx + \int_0^l \kappa \frac{V_k V_i}{GA} dx \quad \text{(b)}$$

위의 식 (a), (b)에 의하여 다음의 관계가 성립한다.

$$\sum P_i \delta_{ik} = \sum P_k \delta_{ki} \quad (13.40)$$

즉, 지점 침하 및 온도 변화가 없는 경우, 동일 구조물에 작용하는 서로 관계없는 두 하중계인 i하중계와 k하중계가 작용할 때 i하중계가 k하중계에 의한 변위에 대하여 하는 가상일은 k하중계가 i하중계에 의한 변위에 대하여 하는 가상일과는 같다. 이 관계는 1872년에 E. Betti에 의하여 증명된 것으로 **베티의 정리**(Betti's theorem) 또는 상반(相反) 가상일의 정리(reciprocal virtual work theorem)라고 한다.

하중계 대신 각기 1개의 힘 P_i 및 P_k 만이 작용하는 경우를 생각하면 식 (13.40)은 다음과 같이 된다.

$$P_i\delta_{ik} = P_k\delta_{ki} \tag{13.41}$$

여기서, P_i, P_k의 값이 같거나 1이면 다음과 같이 된다.

$$\delta_{ik} = \delta_{ki} \tag{13.42}$$

즉, 지점 침하 및 온도 변화가 없는 구조물의 어느 한 점 k에 작용하는 단위 하중 $P_k = 1$에 의한 다른 한 점 i의 P_i의 작용 방향의 변위 δ_{ik}는 점 i에 작용하는 단위 하중 $P_i = 1$에 의한 점 k의 P_k의 작용 방향의 변위 δ_{ki}와 같다. 이 관계는 1864년에 J.C. Maxwell이 발표한 것으로 **맥스웰의 정리**(Maxwell's theorem) 또는 **상반 변위의 정리**(reciprocal displacement theorem)라고 한다.

위의 두 정리를 총칭하여 구조물의 탄성 변형에 관한 상반 정리(reciprocal theorem)라고 하며 두 역계가 모두 우력인 경우나 또는 한 역계는 힘, 다른 한 역계는 우력인 경우에도 성립한다. 역계가 우력인 경우에는 변위는 회전각 θ이다.

두 역계가 각각 1개의 우력 M_i, M_k이면,

$$\left.\begin{array}{ll} M_i\theta_{ik} = M_k\theta_{ki} & \text{(a)} \\ M_i,\ M_k\text{의 값이 같거나 1이면} & \\ \theta_{ik} = \theta_{ki} & \text{(b)} \end{array}\right\} \tag{13.43}$$

두 역계 가운데 한 역계는 1개의 힘 P_i이고, 다른 한 역계는 1개의 우력 M_k이면,

$$\left.\begin{array}{ll} P_i\delta_{ik} = M_k\theta_{ki} & \text{(a)} \\ P_i\text{와 } M_i\text{의 수치가 같거나 1이면} & \\ \delta_{ik} = \theta_{ki} & \text{(b)} \end{array}\right\} \tag{13.44}$$

식 (13.44) (b)는 점 k에 작용하는 단위 모멘트 하중에 의한 점 i의 처짐과 점 i에 단위 집중하중이 작용할 때의 점 k의 처짐각의 수치가 같다는 뜻이다.

예제 13.18

그림 13.30(a)와 같이 보에 다수의 집중하중 $P_1, P_2 ......, P_i, ...$ 가 작용하여 이들 하중의 작용점이 각각 $\delta_1, \delta_2, ... , \delta_i ......$ 만큼 변위하였다. 이때 외력이 한 일의 합은 외력의 작용 순서와는 관계없음을 증명하여라.

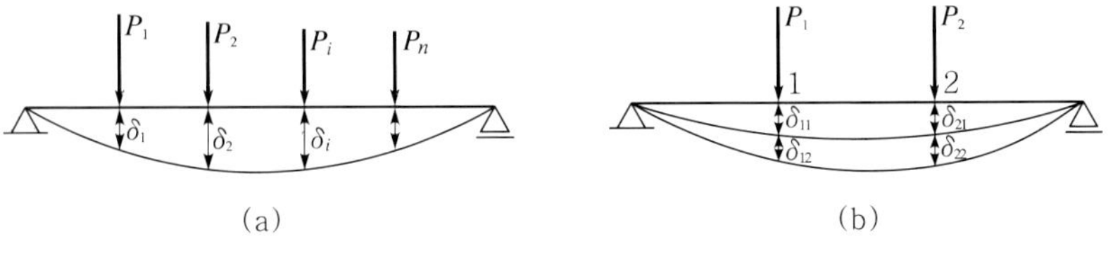

그림 13.30

풀이

그림 13.30(b)와 같이 보에 P_1, P_2가 작용하는 경우를 생각하기로 한다. P_1이 먼저 작용하여 점 1이 P_1의 작용 방향으로 δ_{11}, 점 2가 P_2의 작용 방향으로 δ_{21}의 변위가 생겼다고 하면 P_1이 한 일은 $P_1\delta_{11}/2$이다. 다음에 P_2가 작용하여 점 1이 P_1의 작용 방향으로 δ_{12}, 점 2가 P_2의 작용 방향으로 δ_{22}의 변위가 생겼다고 하면 이때 P_1이 한 일은 $P_1\delta_{12}$이고 P_2가 한 일은 $P_2\delta_{22}/2$이므로 P_1, P_2가 한 일의 합은 $P_1\delta_{12}+P_2\delta_{22}/2$이다. 그러므로 먼저 P_1이 다음에 P_2가 작용하는 경우 P_1, P_2가 한 일의 합은 다음과 같다.

$$W_1 = \frac{P_1\delta_{11}}{2} + P_1\delta_{12} + \frac{P_2\delta_{22}}{2} \qquad \text{(a)}$$

마찬가지로 생각하여 먼저 P_2 가 작용한 다음에 P_1이 작용하는 경우 P_1, P_2가 한 일의 합은 다음과 같다.

$$W_2 = \frac{P_2\delta_{22}}{2} + P_2\delta_{21} + \frac{P_1\delta_{11}}{2} \qquad \text{(b)}$$

그런데 Betti의 정리에 의하면 위의 식 (a), (b)에서 $P_1\delta_{12}= P_2\delta_{21}$이므로 다음의 관계가 성립한다.

$$W_1 = W_2$$

또한, $P_1\delta_{12} = P_2\delta_{21} = \frac{P_1\delta_{12}}{2} + \frac{P_2\delta_{21}}{2}$이므로 다음 식이 성립한다.

$$\begin{aligned} W_1 = W_2 &= \frac{P_1\delta_{11}}{2} + \frac{P_1\delta_{12}}{2} + \frac{P_2\delta_{21}}{2} + \frac{P_2\delta_{22}}{2} \\ &= \frac{P_1}{2}(\delta_{11}+\delta_{12}) + \frac{P_2}{2}(\delta_{21}+\delta_{22}) \end{aligned}$$

여기서, $\delta_{11}+\delta_{12}=\delta_1, \quad \delta_{21}+\delta_{22}=\delta_2$이므로

$$W_1 = W_2 = \frac{P_1\delta_1}{2} + \frac{P_2\delta_2}{2} = \frac{1}{2}(P_1\delta_1 + P_2\delta_2)$$

의 관계가 성립한다.

위의 관계는 외력이 3개 이상이라도 마찬가지로 하여 증명되며 일반적으로 다음 식이 성립한다.

$$W = \frac{1}{2}\sum P_i\delta_i$$

예제 13.19

그림 13.31(a), (b)의 캔틸레버보를 예로 하여 Betti의 정리를 확인하여라.

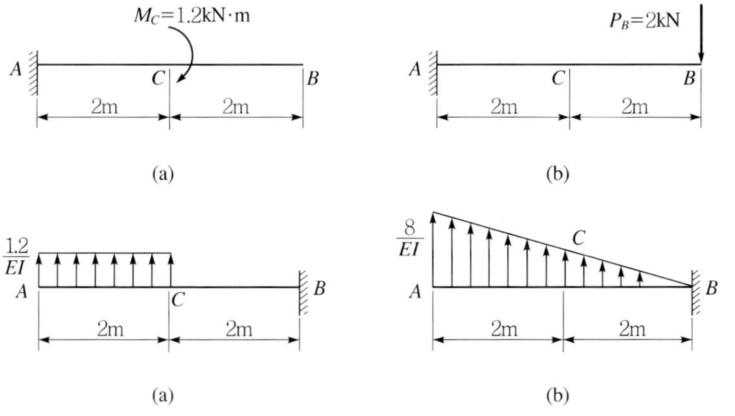

그림 13.31

풀이

점 C에 작용하는 우력 M_C에 의한 점 B의 처짐 δ_{BC}를 구하면 그림(c)에 의하여

$$\delta_{BC} = \frac{1.2}{EI} \times 2 \times 3 = \frac{7.2\text{kN m}^3}{EI}$$

점 B에 작용하는 집중하중 P_B에 의한 점 C의 처짐각 θ_{CB}를 구하면 그림(d)에 의하여

$$\theta_{CB} = \frac{8}{EI} \times 2 - \frac{4}{EI} \times 2 \times \frac{1}{2} = \frac{12\text{kN m}^2}{EI}$$

따라서,

$$P_B\,\delta_{BC} = 2 \times \frac{7.2}{EI} = \frac{14.4\text{kN}^2\text{m}^3}{EI}$$

$$M_C\theta_{CB} = 1.2 \times \frac{12}{EI} = \frac{14.4\text{kN}^2\text{m}^3}{EI}$$

$$\therefore \quad P_B\,\delta_{BC} = M_C\theta_{CB}$$

13.4 카스틸리아노의 정리 및 최소일의 정리

13.4.1 카스틸리아노의 정리

탄성 구조물에 독립된 하중(집중하중 P 또는 우력 M) X_1, X_2 ……, X_i, ……X_n이 작용하여 평형을 이룰 때, 임의의 단면의 휨 모멘트 M, 축방향력 N, 전단력 V는 겹침의 원리에 의하여 다음의 식으로 표시된다.

$$\left.\begin{aligned} M &= M_1 X_1 + M_2 X_2 + \ldots\ldots + M_i X_i + \ldots\ldots + M_n X_n \\ N &= N_1 X_1 + N_2 X_2 + \ldots\ldots + N_i X_i + \ldots\ldots + N_n X_n \\ V &= V_1 X_1 + V_2 X_2 + \ldots\ldots + V_i X_i + \ldots\ldots + V_n X_n \end{aligned}\right\} \quad \text{(a)}$$

여기서, M_1, M_2, ……, M_i, ……M_n ; N_1, N_2, ……, N_i, ……N_n ; V_1, V_2……, V_i, ……V_n는 각각 하중 상태 $X_1 = 1$, $X_2 = 1$, ……, $X_i = 1$, ……$X_n = 1$에 의한 구조물에 임의점의 휨 모멘트, 축방향력, 전단력을 표시한다.

식 (a)를 구조물에 작용하는 임의의 하중 X_i로 편미분하면

$$\frac{\partial M}{\partial X_i} = M_i, \quad \frac{\partial N}{\partial X_i} = N_i, \quad \frac{\partial V}{\partial X_i} = V_i \quad \text{(b)}$$

이며, 이 구조물에 작용하는 하중 가운데 임의의 하중 X_i의 작용점 i 의 X_i의 작용 방향의 변위 δ_i(또는 θ_i)를 구하는 가상일의 방법의 식은 식 (13.34)으로 다음과 같다.

$$\delta_i\,(\text{또는}\ \theta_i) = \int_0^l \frac{M\overline{M}}{EI}dx + \int_0^l \frac{N\overline{N}}{EA}dx + \int_0^l \mathrm{K}\frac{V\,\overline{V}}{GA}dx \quad \text{(c)}$$

그런데, 식 (c)에서 $\overline{M}$, $\overline{N}$, $\overline{V}$는 구조물의 임의점 i 의 변위 δ_i (또는 θ_i)를 구할 때 점 i에 구하려고 하는 변위의 방향으로 가상적인 단위 하중 $\overline{P_i} = 1$ (또는 $\overline{M_i} = 1$)을 단독으로 작용시킬 때의 임의점의 단면력으로서 이는 식 (b)의 M_i, N_i, V_i와 동일한 것이다. 따라서 식 (b)를 식 (c)에 대입하면 다음과 같다.

$$\delta_i\,(\text{또는}\ \theta_i) = \int_0^l \frac{M}{EI}\left(\frac{\partial M}{\partial X_i}\right)dx + \int_0^l \frac{N}{EA}\left(\frac{\partial N}{\partial X_i}\right)dx + \int_0^l \mathrm{K}\frac{V}{GA}\left(\frac{\partial V}{\partial X_i}\right)dx \quad \text{(d)}$$

한편, 이 구조물의 변형 에너지는

$$U = \int_0^l \frac{M^2}{2EI}dx + \int_0^l \frac{N^2}{2EA}dx + \int_0^l \mathrm{K}\frac{V^2}{2GA}dx$$

이며, 이를 X_i로 편미분하면

$$\frac{\partial U}{\partial X_i} = \int_0^l \frac{M}{EI}\left(\frac{\partial M}{\partial X_i}\right)dx + \int_0^l \frac{N}{EA}\left(\frac{\partial N}{\partial X_i}\right)dx + \int_0^l \mathrm{K}\frac{V}{GA}\left(\frac{\partial V}{\partial X_i}\right)dx \tag{e}$$

이므로, 식 (d), (e)에 의하여 다음 식이 성립한다.

$$\begin{aligned}\delta_i\,(\text{또는 }\theta_i) &= \frac{\partial U}{\partial X_i} \\ &= \int_0^l \frac{M}{EI}\left(\frac{\partial M}{\partial X_i}\right)dx + \int_0^l \frac{N}{EA}\left(\frac{\partial N}{\partial X_i}\right)dx + \int_0^l \mathrm{K}\frac{V}{GA}\left(\frac{\partial V}{\partial X_i}\right)dx\end{aligned} \tag{13.47}$$

즉, **탄성 구조물에 외력이 작용하여 평형을 이룰 때 변형 에너지를 그 구조물에 작용하는 임의의 외력으로 편미분한 값은 그 외력의 작용점의 외력의 작용 방향의 변위와 같다.** 이 사실은 1879년에 Italy의 기사 A. Castigliano에 의하여 증명된 것으로 카스틸리아노의 정리(theorem of Castigliano)라 하며, 지점 침하 및 온도 변화가 없는 모든 구조물에 적용할 수 있다.

만일, 기호로 나타낸 실제의 하중이 작용하지 않는 점의 변위를 구하려면 주어진 실제의 하중과 함께 기호로 나타낸 가상적인 하중을 그 점에 구하려고 하는 변위의 방향으로 동시에 작용시켜 임의점의 단면력을 구하여 이를 가상적인 하중으로 편미분한 다음에 가상적인 하중을 0으로 놓고 계산하면 된다.

보 및 라멘 구조의 변위는 축방향력과 전단력에 의한 변위는 무시하고 다음 식에 의하여 계산하는 것이 보통이다.

$$\delta_i\,(\text{또는 }\theta_i) = \int_0^l \frac{M}{EI}\left(\frac{\partial M}{\partial X_i}\right)dx \tag{13.48}$$

트러스 구조는 각 부재에 일정한 크기의 축방향력만 작용하므로 다음 식에 의하여 변위를 계산한다.

$$\delta_i\,(\text{또는 }\theta_i) = \sum \frac{N}{EA}\left(\frac{\partial N}{\partial X_i}\right) l \tag{13.49}$$

위와 같이 하여 계산된 변위의 부호가 (+)이면 변위의 방향이 X_i의 방향과 같으며, (−)이면 반대 방향이다.

카스틸리아노의 정리의 증명에서 알 수 있듯이 이 정리와 가상일의 방법에 의한 구조물의 변위 계산은 계산의 시작 부분만 다를 뿐 나머지의 계산식은 똑같은 것으로 카스틸리아노의 정리는 가상일의 원리에 포함시킬 수 있으며 단지 표현만을 달리한 것이라고 말할 수 있다.

13.4.2 최소일의 정리

카스틸리아노의 정리는 구조물의 모든 점에서 성립한다. 따라서 만일 외력 Xi의 작용점이 변위하지 않으면 다음 식이 성립한다.

$$\frac{\partial U}{\partial X_i} = 0 \tag{13.50}$$

또한, 식 (e)를 다시 편미분하면

$$\frac{\partial^2 U}{\partial X_i^{\,2}} = \int_0^l \frac{\partial M}{\partial X_i} \cdot \frac{M_i}{EI} dx + \int_0^l \frac{\partial N}{\partial X_i} \cdot \frac{N_i}{EA} dx + \int_0^l \mathrm{K} \frac{\partial V}{\partial X_i} \cdot \frac{V_i}{GA} dx$$

$$= \int_0^l \frac{M_i^{\,2}}{EI} dx + \int_0^l \frac{N_i^{\,2}}{EA} dx + \int_0^l \mathrm{K} \frac{V_i^{\,2}}{GA} dx > 0$$

이므로 부정정 구조물의 지점 반력과 같이 변위하지 않는 점에 작용하는 힘은 변형 에너지를 최소로 하는 크기임을 알 수 있다. 이런 이유로 식 (13.48)을 최소일의 정리(theorem of least work)라 하며 부정정 구조물의 해석에 이용된다.

예제 13.20

그림 13.32(a)와 같은 단순보의 지점 A의 처짐각 θ_A와 점 C의 처짐 δ_C를 Castigliano의 정리로 구하여라. 단, 휨 모멘트와 전단력을 함께 고려한다.

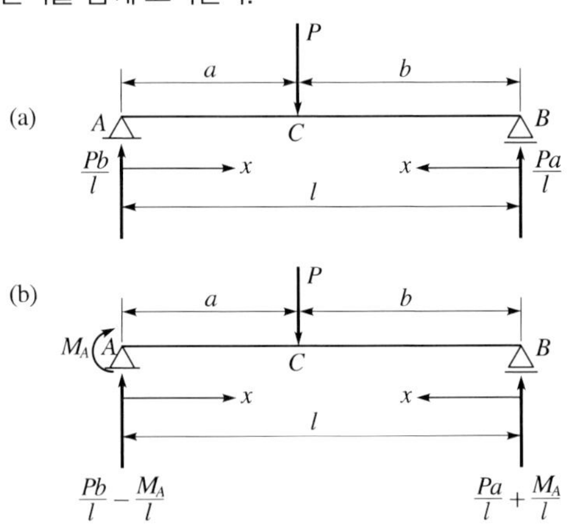

그림 13.32

풀이

지점 A에 우력이 작용하지 않으므로 θ_A를 구하기 위하여 그림(b)와 같이 가상적인 우력 M_A를 시계 방향으로 작용시킨다.

구간 $A \sim C$ $(0 \leqq x \leqq a)$에서

$$M = M_A + \left(\frac{Pb}{l} - \frac{M_A}{l}\right)x \quad \frac{\partial M}{\partial M_A} = 1 - \frac{x}{l}$$

$$V = \frac{Pb}{l} - \frac{M_A}{l}, \quad \frac{\partial V}{\partial M_A} = -\frac{1}{l}$$

구간 B~C $(0 \leqq x \leqq \mathrm{b})$에서

$$M = \left(\frac{Pa}{l} + \frac{M_A}{l}\right)x, \quad \frac{\partial M}{\partial M_A} = \frac{x}{l}$$

$$V = -\left(\frac{Pa}{l} + \frac{M_A}{l}\right), \quad \frac{\partial V}{\partial M_A} = -\frac{1}{l}$$ 이므로

$$\theta_A = \left(\frac{\partial U}{\partial M_A}\right)_{M_A = 0}$$

$$= \int_0^l \frac{M}{EI}\left(\frac{\partial M}{\partial M_A}\right)dx + \int_0^l \mathrm{K}\frac{V}{GA}\left(\frac{\partial V}{\partial M_A}\right)dx$$

$$= \frac{1}{EI}\int_0^a \frac{Pb}{l}x\left(1 - \frac{x}{l}\right)dx + \frac{1}{EI}\int_0^b \frac{Pa}{l}x\left(\frac{x}{l}\right)dx$$

$$+ \mathrm{K}\frac{1}{GA}\int_0^a \frac{Pb}{l}\left(-\frac{1}{l}\right)dx + \mathrm{K}\frac{1}{GA}\int_0^b -\frac{pa}{l}\left(-\frac{1}{l}\right)dx$$

$$= \frac{Pb}{EIl^2}\left[\frac{l\,x^2}{2} - \frac{x^3}{3}\right]_0^a + \frac{Pa}{EIl^2}\left[\frac{x^3}{3}\right]_0^b - \mathrm{K}\frac{Pb}{GAl^2}[x]_0^a + \mathrm{K}\frac{Pa}{GAl^2}[x]_0^b = \frac{Pb}{6EIl}(l^2 - b^2)$$

점 C의 처짐은 그림(a)의 구간 A~C $(0 \leqq x \leqq \mathrm{a})$에서

$$M = \frac{Pb}{l}x, \quad \frac{\partial M}{\partial P} = \frac{b}{l}x$$

$$V = \frac{Pb}{l}, \quad \frac{\partial V}{\partial P} = \frac{b}{l}$$

구간 B~C $(0 \leqq x \leqq \mathrm{b})$에서

$$M = \frac{Pa}{l}x, \quad \frac{\partial M}{\partial P} = \frac{a}{l}x$$

$$V = -\frac{Pa}{l}, \quad \frac{\partial V}{\partial P} = -\frac{a}{l}$$ 이므로

$$\delta_C = \int_0^l \frac{M}{EI}\left(\frac{\partial M}{\partial P}\right)dx + \int_0^l \text{K}\frac{V}{GA}\left(\frac{\partial V}{\partial P}\right)dx$$

$$= \frac{1}{EI}\int_0^a \frac{Pb}{l}x\left(\frac{b}{l}x\right)dx + \frac{1}{EI}\int_0^b \frac{Pa}{l}x\left(\frac{a}{l}x\right)dx$$

$$+\text{K}\frac{1}{GA}\int_0^a \frac{Pb}{l}\left(\frac{b}{l}\right)dx + \text{K}\frac{1}{GA}\int_0^b \frac{Pa}{l}\left(\frac{a}{l}\right)dx$$

$$= \frac{Pb^2}{EIl^2}\left[\frac{x^3}{3}\right]_0^a + \frac{Pa^2}{EIl^2}\left[\frac{x^3}{3}\right]_0^b + \text{K}\frac{Pb^2}{GAl^2}[x]_0^a + \text{K}\frac{Pa^2}{GAl^2}[x]_0^b$$

$$= \frac{Pa^2b^2}{3EIl} + \text{K}\frac{Pab}{GAl}(\downarrow)$$

예제 13.21

그림 13.33(a)와 같은 단순보의 중점 C의 처짐 δ_C를 Castigliano의 정리로 구하여라.

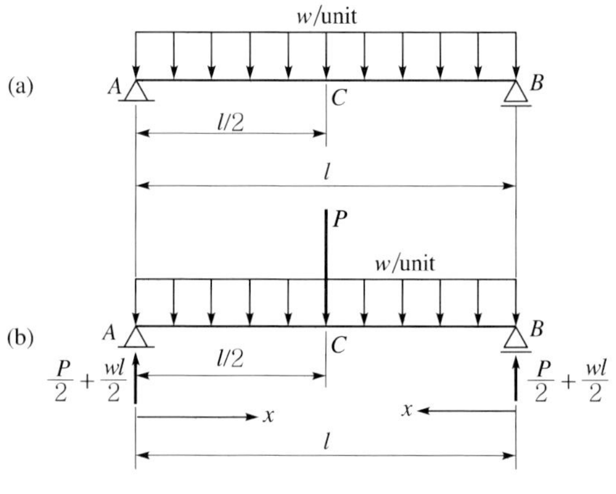

그림 13.33

풀이

점 C의 처점을 구하기 위하여 그림(b)와 같이 주어진 등분포하중과 함께 가상적인 집중하중 P를 점 C에 작용시키면, 구간 $A \sim C$, $B \sim C$에서 다같이 $0 \le x \le l/2$에 대하여

$$M = \left(\frac{P}{2} + \frac{wl}{2}\right)x - \frac{wx^2}{2}, \quad \frac{\partial M}{\partial P} = \frac{x}{2} \text{ 이므로}$$

$$\delta_C = \left(\frac{\partial U}{\partial P}\right)_{P=0} = \int_0^l \frac{M}{EI}\left(\frac{\partial M}{\partial P}\right)dx = \frac{2}{EI}\int_0^{l/2}\left(\frac{wl}{2}x - \frac{wx^2}{2}\right)\left(\frac{x}{2}\right)dx$$

$$= \frac{w}{2EI}\left[\frac{lx^3}{3} - \frac{x^4}{4}\right]_0^{l/2} = \frac{5wl^4}{384EI}(\downarrow)$$

예제 13.22

그림 13.34와 같은 단순보의 점 E의 처짐 δ_E를 Castigliano의 정리로 구하여라.

단, $E=2.1\times10^5\text{MPa}$, $I=4.0\times10^4\text{cm}^4$

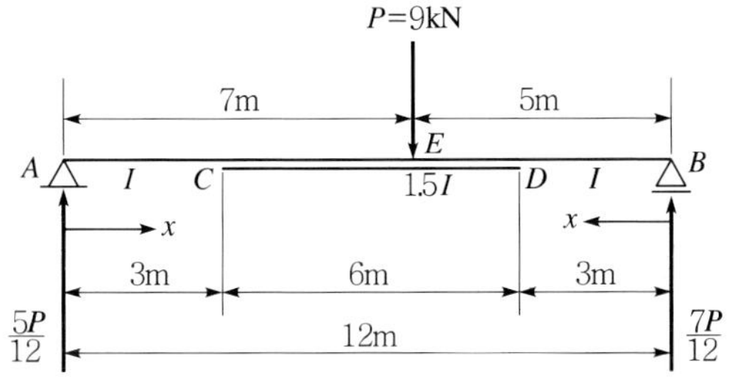

그림 13.34

풀이

점 E에 작용하는 하중 9kN을 기호 P로 나타내면

구간 A~E ($0\leq x\leq7$)에서

$$M=\frac{5P}{12}x=\frac{45}{12}x,\quad \frac{\partial M}{\partial P}=\frac{5}{12}x$$

구간 B~E ($0\leq x\leq5$)에서

$$M=\frac{7P}{12}x=\frac{63}{12}x,\quad \frac{\partial M}{\partial P}=\frac{7}{12}x$$

따라서, 점 E의 처짐 δ_E는

$$\delta_E=\left(\frac{\partial U}{\partial P}\right)_{P=90\text{kN}}=\int_0^l\frac{M}{EI}\left(\frac{\partial M}{\partial P}\right)dx$$

$$=\frac{1}{EI}\int_0^3\frac{45}{12}x\left(\frac{5}{12}x\right)dx+\frac{1}{1.5EI}\int_3^7\frac{45}{12}x\left(\frac{5}{12}x\right)dx$$

$$+\frac{1}{EI}\int_0^3\frac{63}{12}x\left(\frac{7}{12}x\right)dx+\frac{1}{1.5EI}\int_3^5\frac{63}{12}x\left(\frac{7}{12}x\right)dx$$

$$=\frac{225}{144EI}\left[\frac{x^3}{3}\right]_0^3+\frac{225}{216EI}\left[\frac{x^3}{3}\right]_3^7+\frac{441}{144EI}\left[\frac{x^3}{3}\right]_0^3+\frac{441}{216EI}\left[\frac{x^3}{3}\right]_3^5$$

$$=\frac{2{,}180.42\text{kNm}^3}{EI}=\frac{2180.42\times10^6}{2.1\times10^4\times4.0\times10^4}=2.596\text{cm}\ (\downarrow)$$

예제 13.23

그림 13.35(a)와 같은 라멘의 지점 A의 수평 반력 δ_H를 Castigliano의 정리로 구하고, 동일한 라멘인 예제 13.13의 풀이와 비교하여 보아라.

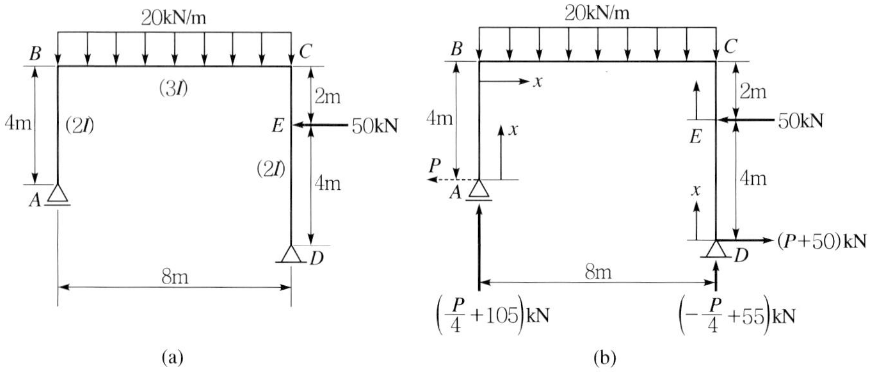

그림 13.35

풀이

지점 A의 수평 변위를 구하기 위하여 그림(b)와 같이 지점 A에 수평 방향으로 가상적인 집중하중 P를 작용시켜 M 및 $\partial M/\partial P$를 구하면 표 13.7과 같다.

표 13.7

구 간	단면 2차 모멘트	원 점	한 계	M	$\partial M/\partial P$
A~B	$2I$	A	0~4	Px	x
B~C	$3I$	B	0~8	$4P+\dfrac{Px}{4}+105x-10x^2$	$4+\dfrac{x}{4}$
E~C	$2I$	E	0~2	$4P+Px+200$	$4+x$
D~E	$2I$	D	0~4	$Px+50x$	x

$$\delta_H=\left(\frac{\partial U}{\partial P}\right)_{P=0}=\int_0^l \frac{M}{EI}\left(\frac{\partial M}{\partial P}\right)dx=\frac{1}{3EI}\int_0^8 (105x-10x^2)\left(4+\frac{x}{4}\right)dx$$

$$+\frac{1}{2EI}\int_0^2 200(4+x)dx+\frac{1}{2EI}\int_0^4 50x(x)dx$$

$$=\frac{54{,}760\text{kNm}^3}{9EI}(\leftarrow)$$

이상의 예제 풀이에서 가상일의 방법의 $\overline{M}$가 Castigliano의 정리에서는 $\partial M/\partial P$로 바뀐 것 이외에는 두 방법의 계산식은 동일하며, 따라서, Castigliano의 정리는 본질적으로 가상일의 방법과 동일하다는 것을 알 수 있다.

연습문제

13.1 그림 13.36과 같이 단순보 AB의 점 C에 $P_1 = 30\text{kN}$이 단독으로 작용할 때 점 C, D의 연직변위가 각각 0.4cm, 0.3cm이고, 점 D에 $P_2 = 20\text{kN}$이 단독으로 작용할 때 점 C, D의 연직변위가 각각 0.2cm, 0.25cm이다. P_1이 먼저 작용한 다음 P_2가 작용하는 경우와 P_2가 먼저 작용한 다음 P_1이 작용하는 경우, P_1, P_2가 각각 한 일과 P_1, P_2가 한 일의 합을 구하여라. 또, P_1, P_2가 동시에 작용하는 경우 P_1, P_2가 한 일의 합을 구하여라.

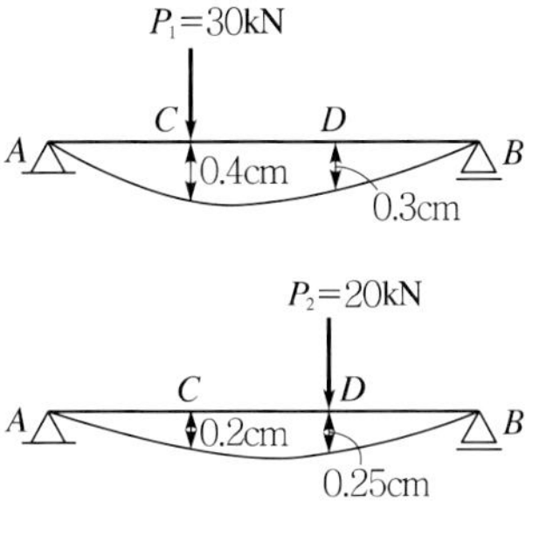

그림 13.36

13.2 지간 l의 단순보의 전 지간에 등분포하중 w가 작용할 때 외력이 한 일을 구하여라.

13.3 원형 단면의 전단 형상 계수 K의 값을 구하여라.

13.4 탄성 계수 $2.1\times10^5\text{MPa}$, 단면2차모멘트 $3.22\times10^5\text{cm}^4$인 I형 단면의 보에서 휨 모멘트 $1300\text{kN}\cdot\text{m}$가 작용하는 단면의 중립축에서 40cm인 위치의 단위체적 1cm^3에 저장되는 변형 에너지를 구하여라.

13.5 그림 13.37과 같은 캔틸레버보의 휨 모멘트에 의한 변형 에너지를 구하여라.

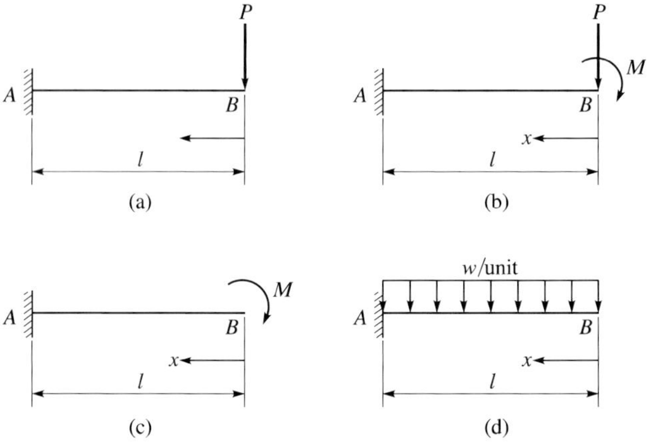

그림 13.37

13.6 경간 10m의 단순보의 중점에 집중하중 $P = 100\text{kN}$과 함께 전 지간에 등분포하중 $\omega = 20\text{kN/m}$가 작용할 때 변형 에너지를 구하여라.

13.7 경간 4m의 캔틸레버보의 자유단에 집중하중 30kN이 작용할 때 자유단의 처짐을 실제일의 방법으로 구하여라. 단, $E = 2.1 \times 10^5\text{MPa}$, $I = 3.17 \times 10^4\text{cm}^4$

13.8 그림 13.38과 같은 보의 지점 B의 반력 R_B를 가상일의 원리로 구하여라.

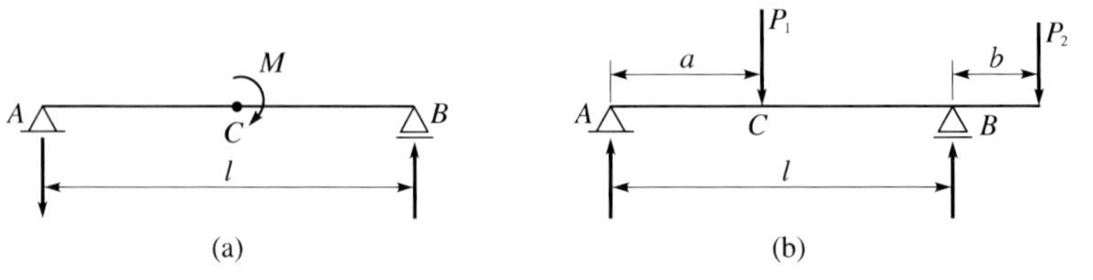

그림 13.38

◆ 다음의 문제 13.9~13.31을 단위 하중법으로 구하여라.

13.9 지간 l의 캔틸레버보의 자유단에 집중하중 P가 작용할 때 자유단의 처짐각과 처짐을 구하여라. 단, 전단력을 고려한다.

13.10 그림 13.39와 같은 캔틸레버보의 자유단 A와 중점 C의 처짐각과 처짐을 구하여라.

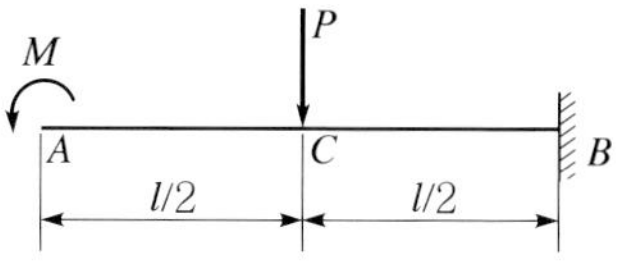

그림 13.39

13.11 지간 l의 단순보의 중점에 집중하중 P가 작용할 때 양 지점의 처짐각과 중점의 처짐을 구하여라. 단, 전단력을 고려한다.

13.12 지간 l의 단순보의 전 지간에 등분포하중 w가 작용할 때 임의점의 처짐각과 처짐을 구하여라.

13.13 지간 l의 단순보 AB의 지점 A에 우력 M이 시계방향으로 작용할 때 양 지점의 처짐각을 구하여라.

13.14 지간 l의 단순보의 양 지점에 (−)의 모멘트 M이 작용하는 경우 양 지점의 처짐각과 중점의 처짐을 구하여라.

13.15 그림 13.40과 같은 단순보의 지점 A의 처짐각과 점 C의 처짐을 구하여라. 단, $E=2.1\times10^5\text{MPa}$, $I=2.7\times10^4\text{cm}^4$

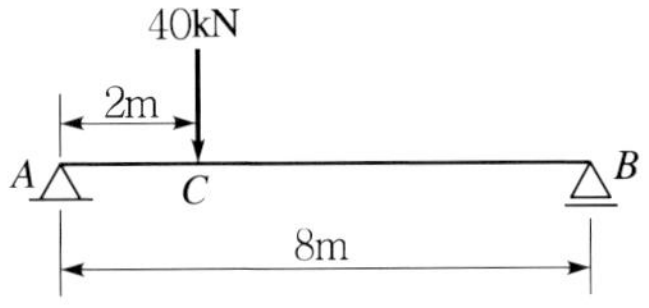

그림 13.40

13.16 그림 13.41과 같은 내민보의 자유단의 처짐각과 처짐을 구하여라.

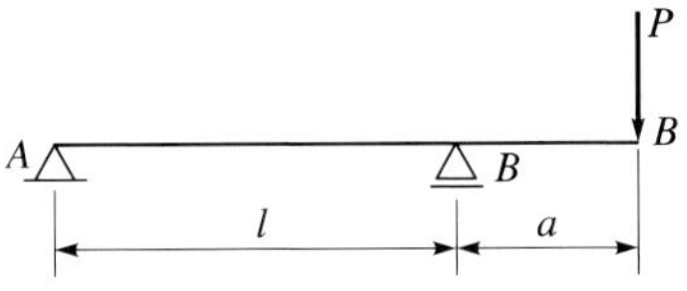

그림 13.41

13.17 그림 13.42와 같은 게르버보의 점 B의 처짐각 및 처짐을 구하여라.

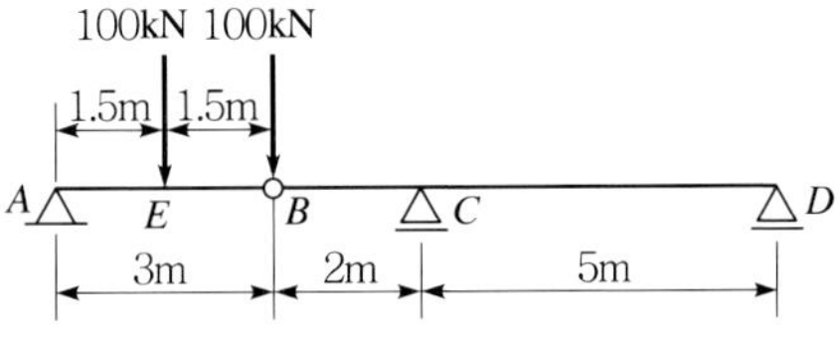

그림 13.42

13.18 그림 13.43와 같은 캔틸레버보의 점 B, C의 처짐각과 처짐을 구하여라.

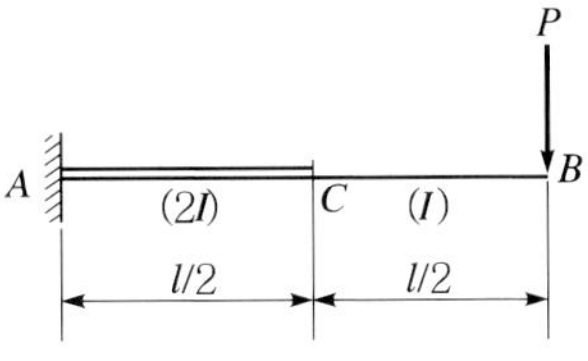

그림 13.43

13.19 그림 13.44와 같은 단순보의 양 지점 A, B의 처짐각과 중점 C의 처짐을 구하여라.

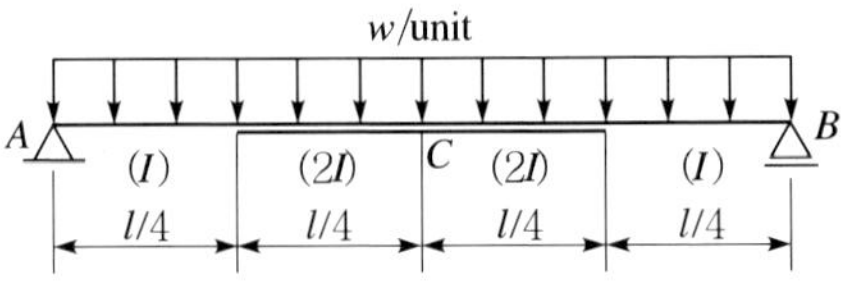

그림 13.44

13.20 예제 13.22의 그림 13.36과 같은 라멘의 점 E의 처짐각과 처짐을 구하여라.

13.21 그림 13.45와 같은 라멘의 지점 D의 수평 변위 δ_H를 구하여라.

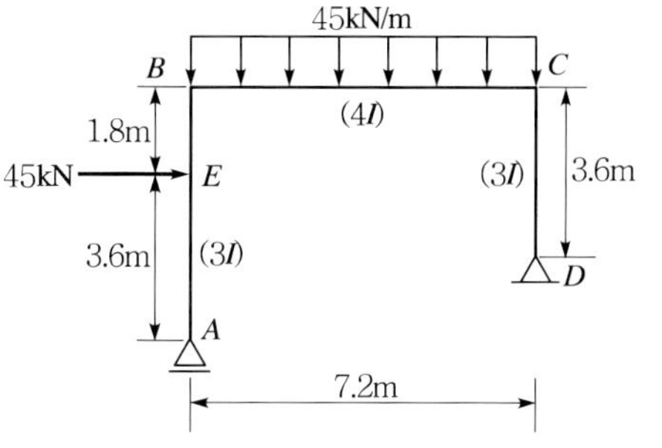

그림 13.45

13.22 그림 13.46과 같은 라멘의 자유단 D의 처짐각 θ_D, 수평 변위 δ_H 및 연직 변위 δ_v를 구하여라.

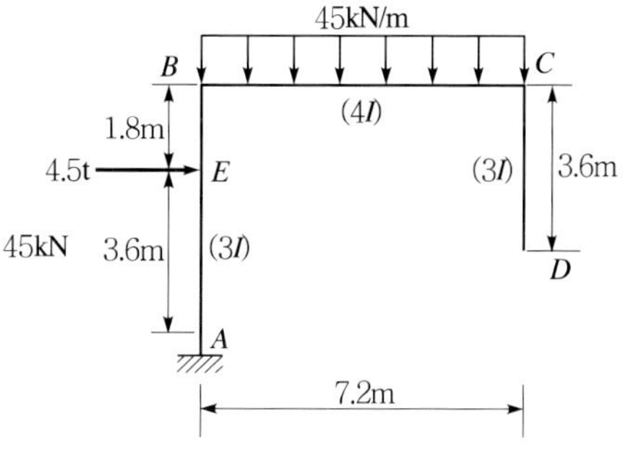

그림 13.46

13.23 그림 13.47과 같은 트러스의 절점 C의 연직 변위를 구하여라. 단, $E = 10{,}000\text{MPa}$ 이고 각 부재의 단면적 (cm^2)은 ( ) 내의 수치와 같다.

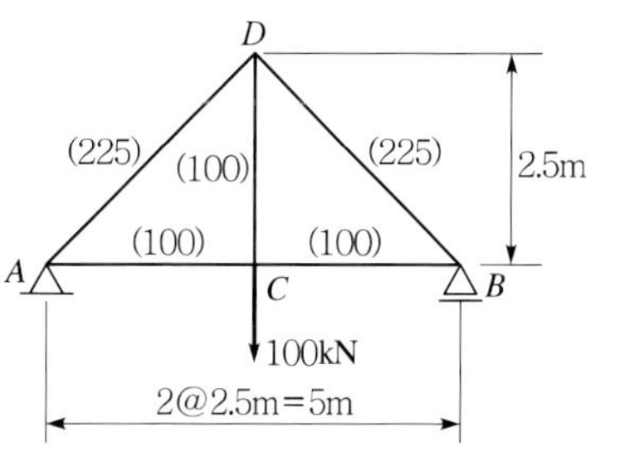

그림 13.47

13.24 그림 13.48과 같은 트러스의 절점 D의 수평 변위를 구하여라. 단, $EA = 4.0 \times 10^8 \mathrm{kN}$

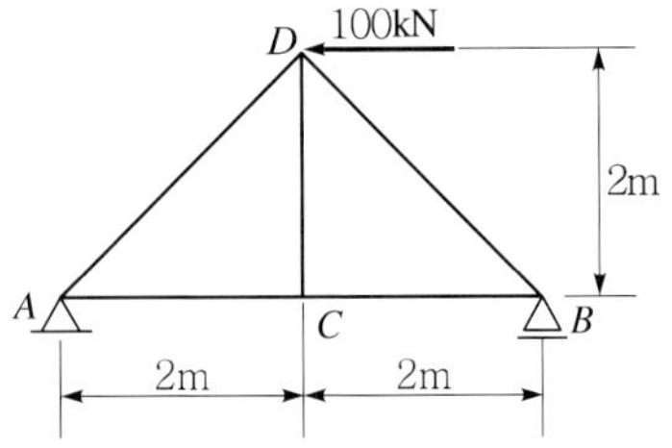

그림 13.48

13.25 그림 13.49와 같은 트러스의 절점 C의 수평 변위 δ_H 및 연직 변위 δ_V를 구하여라. 단, $E = 2.1 \times 10^5 \mathrm{MPa}$, $l_1 = 4\mathrm{m}$, $A_1 = 5\mathrm{cm}^2$, $l_2 = 3\mathrm{m}$, $A_2 = 8\mathrm{cm}^2$

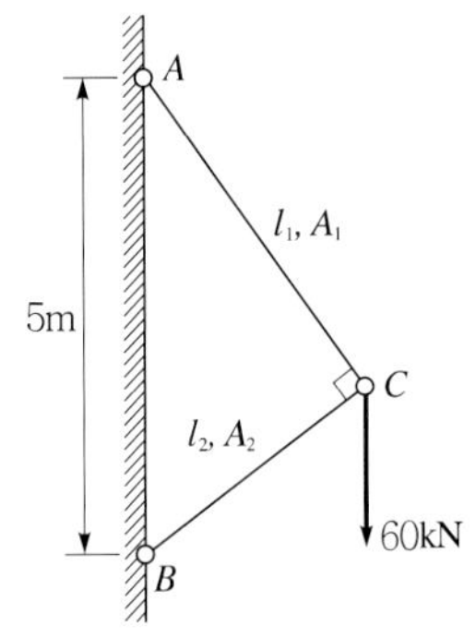

그림 13.49

13.26 그림 13.50과 같은 트러스의 절점 B의 수평 변위를 구하여라. 단, $E = 8{,}000\mathrm{MPa}$, 부재 CD, CF의 단면적은 $50\mathrm{cm}^2$이고 나머지 모든 부재의 단면적은 $100\mathrm{cm}^2$이다.

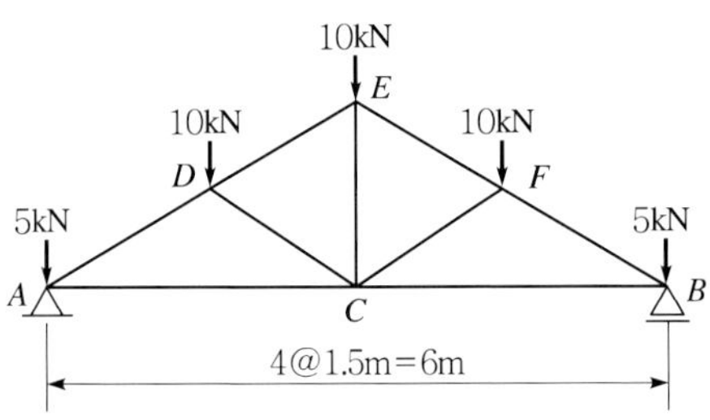

그림 13.50

13.27 그림 13.51과 같은 트러스의 절점 E의 연직 변위, 절점 A와 C 사이의 상대 변위 및 부재 EG의 회전각을 구하여라. 단, 부재 BC의 탄성 계수는 $1.6\times10^5\mathrm{MPa}$이고 나머지 모든 부재의 탄성 계수는 $2.1\times10^5\mathrm{MPa}$이고, 각 부재의 단면적($\mathrm{cm}^2$)은 ( )내의 수치와 같다.

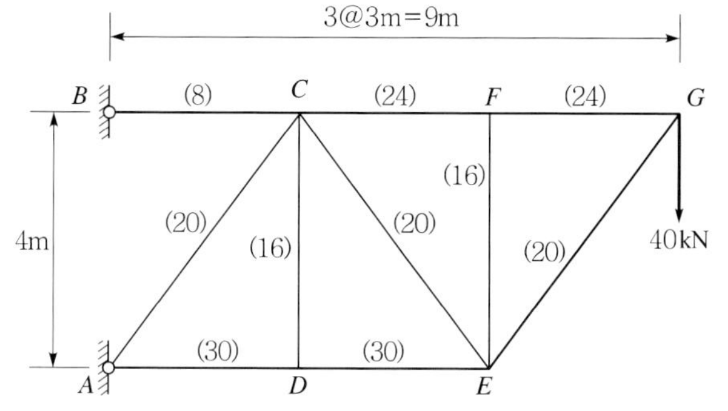

그림 13.51

13.28 지간 l의 단순보 AB의 상면의 온도가 t_0, 하면의 온도가 t_1일 때 보의 중점 C의 처짐 δ_C를 구하여라. 단, 보의 온도는 높이의 방향으로 직선 변화하며 하면의 온도가 상면의 온도보다 높다.

13.29 그림 13.52와 같은 트러스의 상현재 CD, DE만이 25℃만큼 온도가 상승할 때 절점 F의 연직 변위를 구하여라. 단, 부재의 선팽창 계수는 $\alpha=1.3\times10^{-5}/℃$이다.

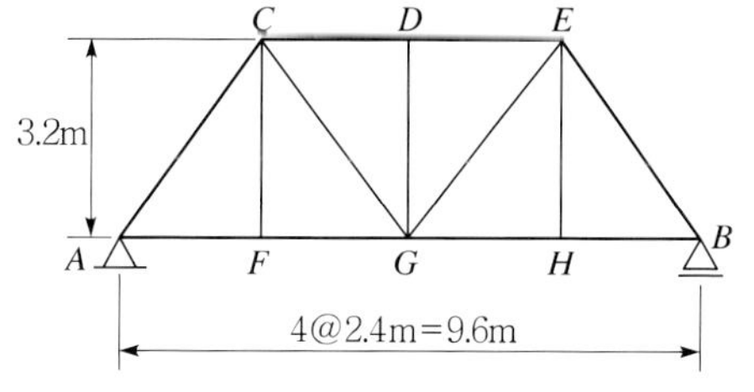

그림 13.52

13.30 그림 13.53과 같은 트러스를 제작할 때 그림의 ( )내에 표시한 만큼의 부재 길이의 오차가 있었다. 절점 D의 연직변위를 구하여라.

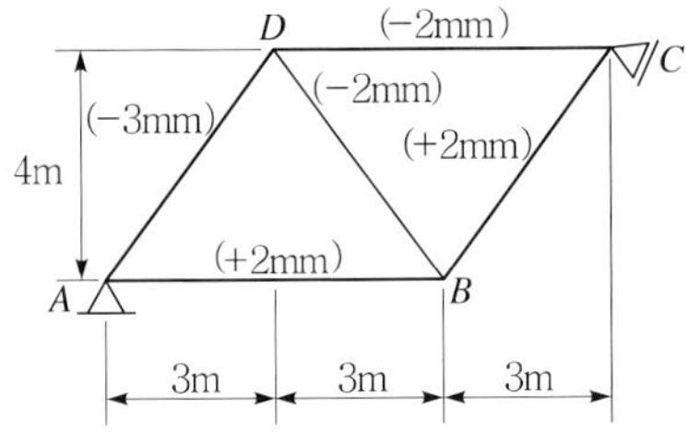

그림 13.53

13.31 문제 13.23의 그림 13.47과 같은 트러스에서 지점 A, B가 각각 아래로 1cm, 2cm 침하하였을 때 절점 D의 수평 변위를 구하여라.

13.32 캔틸레버보의 한 점 1에 60kN이 작용할 때 다른 한 점 2의 처짐이 $\dfrac{2{,}160\text{kNm}^3}{EI}$이다. 점 2에 80kN이 작용할 때 점 1의 처짐을 구하여라.

13.33 단순보 AB의 지점 B에 20kNm(↻)의 우력이 작용할 때 지점 A, B의 처짐각이 각각 0.1rad(↺), 0.2rad(↻)이다. 지점 A에 30kNm(↺)의 우력이 작용할 때 지점 B의 처짐각을 구하여라.

13.34 보의 한 점 A에 100kN이 작용할 때 다른 3개의 점 B, C, D의 처짐이 각각 2mm, 2.5mm, 4mm이다. 점 B, C, D에 각각 80kN, 120kN, 60kN이 작용할 때 점 A의 처짐을 구하여라.

CHAPTER 14

부정정 구조물의 해석

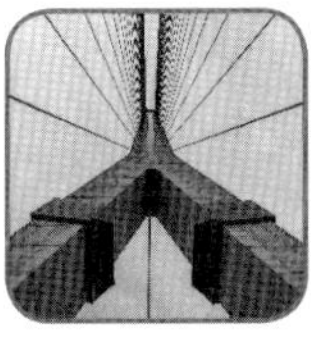

CHAPTER 14

부정정 구조물의 해석

부정정 구조물은 강성과 강도가 크므로 재료가 절약되며 긴 경간의 구조물을 만들 수 있어 경제적이고 미관이 좋다는 이점이 있어 광범위하게 사용되고 있다.

그러나 부정정 구조물은 하중에 의해서만 응력이 발생하는 것이 아니라 지점의 부등 침하, 부재의 온도 변화 또는 제작 오차 등에 의해서도 구조물 전체에 걸쳐서 응력이 발생하는 단점이 있다. 특히 외적 부정정 구조물은 지점 침하의 영향이 매우 크므로 연약한 지반에는 가설하지 않는 것이 좋으며, 부득이 가설해야 하는 경우에는 침하되지 않도록 기초를 설계해야 한다. 또한 부정정 구조물의 응력 해석은 부재의 길이에만 관계되는 것이 아니라 부재의 탄성 계수, 단면적, 단면 2차모멘트 등의 탄성적 성질 및 단면의 성질에도 관계되므로 부정정 구조물을 설계하려면 먼저 각 부재의 치수를 적당히 가정하고 이 가정된 치수를 사용하여 해석한 응력에 따라 앞에서 가정한 치수를 수정하여 부재를 다시 설계한다. 이와 같은 예비 설계과정을 최종 설계가 이루어질 때까지 되풀이해야 하는 어려움이 있다.

부정정 구조물의 해법을 크게 나누면 지점 반력이나 부재의 단면력을 미지수로 하는 **응력법**(應力法, force method)과 변위를 미지수로 하는 **변위법**(變位法, displacement method)이 있으며 이 두 방법에서 나타나는 수식을 매트릭스(matrix) 기호를 사용하여 간결하게 표시하여 매트릭스 대수를 적용하여 처리하는 구조 해석법을 **매트릭스 구조 해석법**(matrix method of structural analysis)이라고 한다.

부정정 구조물의 해법은 여러 가지 있으나 본 장에서는 기본적인 방법인 **3연모멘트 방법**, **변위 일치의 방법**, **최소일의 방법**, **처짐각법**, **모멘트 분배법**을 다루기로 한다. 여기서, 처음 셋은 응력법에 속하고, 나중 둘은 변위법에 속한다.

14.1 3연모멘트 방법

3연모멘트 방법(three-moment method)은 1857년에 프랑스 사람 Clapeyron이 제시한 연속보에서 연속된 3개 지점의 휨 모멘트를 미지수로 하는 **3연모멘트 방정식**(three moment equation)을 사용하여 연속보나 라멘을 푸는 방법이며 특히 연속보의 해석에 가장 적합한 방법이다.

14.1.1 3연모멘트 방정식의 유도

일반적으로 연속보는 1개 지점은 회전 지점, 다른 모든 지점은 이동 지점으로 한다. 따라서 n차 부정정 연속보의 지점은 $(n+2)$개이다. 보의 신축(伸縮)을 조절하기 위하여 회전 지점은 연속보의 중앙에 가까운 위치에 두는 것이 보통이다

여기서, 지점수가 $(n+2)$개인 n차 부정정 연속보의 각 경간의 길이 l, 단면2차모멘트 I, 탄성 계수 E가 각각 다르고, 또한 각 지점이 미소량 δ만큼 침하하는 경우, 임의의 연속된 3개 지점의 휨 모멘트 상호간의 관계식을 유도하기로 한다.

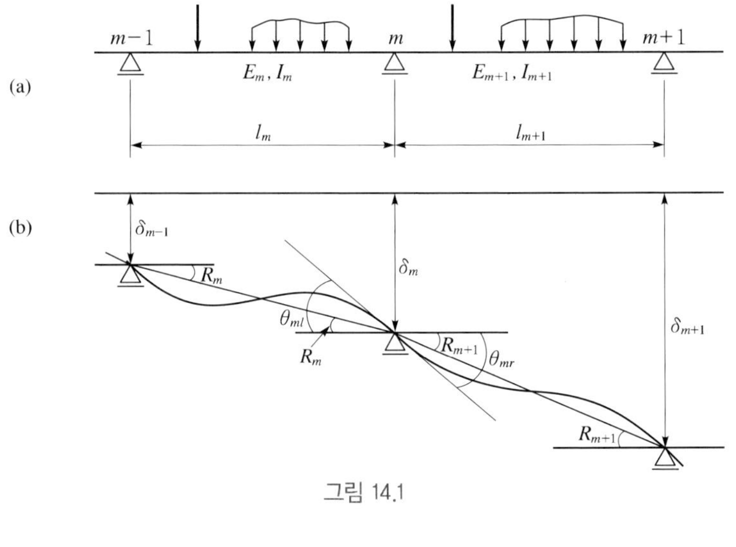

그림 14.1

위와 같은 연속보로부터 그림 14.1(a)와 같이 지점 $m-1$, m, $(m+1)$번째의 구간을 빼내어 생각하면 이 부분은 작용하중과 지점의 침하에 의하여 그림(b)와 같이 변형할 것이다.

그림(b)의 R_m, R_{m+1}과 같이 침하하기 전과 침하한 후의 인접한 2개의 지점을 잇는 직선이 이루는 각을 **부재 회전각**(部材 回轉角, angle of member rotation) 또는 **부재각**이라

하며, 침하 후의 양 지점을 잇는 직선이 침하 전의 양 지점을 잇는 직선에 대하여 시계방향에 있으면 (+), 반시계 방향에 있으면 (−)로 한다. 지점 m과 $(m+1)$ 사이 경간의 부재 회전각 R_m와 R_{m+1}은 다음과 같다.

$$R_m = \frac{\delta_m - \delta_{m-1}}{l_m}, \qquad R_{m+1} = \frac{\delta_{m+1} - \delta_m}{l_{m+1}}$$

지점 m에서 그 좌우의 탄성 곡선이 연속이기 위해서는 좌측의 처짐각 θ_{ml}와 우측의 처짐각 θ_{mr}은 같아야 한다. 즉

$$\theta_{ml} = \theta_{mr} \qquad \therefore \quad \theta_{ml} - \theta_{mr} = 0 \tag{a}$$

지점 $(m-1)$과 m 사이를 단순보로 생각할 때 이 단순보에 작용하는 중간 하중과 지점에 작용하는 모멘트 하중에 의한 지점 m의 처짐각을 각각 θ_{ml}', θ_{ml}''라 하고, 지점 m과 $(m+1)$ 사이를 단순보로 생각할 때 이 단순보에 작용하는 중간 하중과 지점에 작용하는 모멘트 하중에 의한 지점 m의 처짐각을 각각 θ_{mr}', θ_{mr}''라 하면

$$\theta_{ml} = \theta_{ml}' + \theta_{ml}'' + R_m$$

$$\theta_{mr} = \theta_{mr}' + \theta_{mr}'' + R_{m+1}$$

이다. 따라서, 식 (a)에 의하여

$$\theta_{ml}'' - \theta_{mr}'' + \theta_{ml}' - \theta_{mr}' + R_m - R_{m+1} = 0 \tag{b}$$

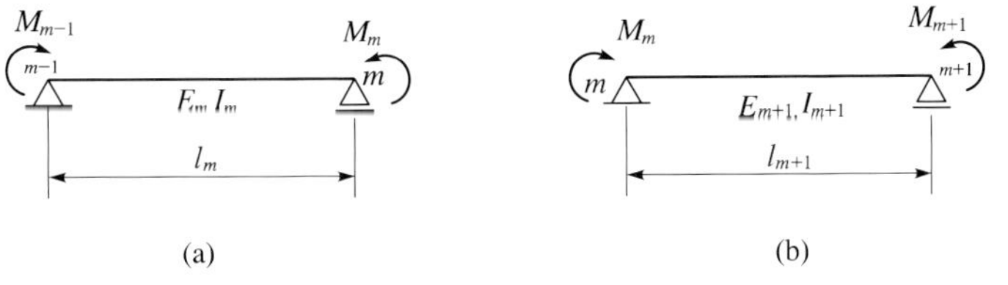

그림 14.2

여기서, 그림 14.1(a)의 각 지점에 일어나는 휨 모멘트를 (+)라고 가정하면 지점 $(m-1)$과 m사이와 지점 m와 $(m+1)$ 사이를 단순보로 생각할 때 양 지점에 작용하는 모멘트 하중은 그림 14.2(a), (b)와 같이 작용한다. 따라서,

그림(a)에서

$$\theta_{ml}'' = -\frac{M_m l_m}{3E_m I_m} - \frac{M_{m-1} l_m}{6E_m I_m} = -\frac{(2M_m + M_{m-1}) l_m}{6E_m I_m}$$

그림(b)에서

$$\theta_{mr}'' = \frac{M_m l_{m+1}}{3E_{m+1}I_{m+1}} + \frac{M_{m+1}l_{m+1}}{6E_{m+1}I_{m+1}} = \frac{(2M_m + M_{m+1})l_{m+1}}{6E_{m+1}I_{m+1}}$$

이므로 이를 식 (b)에 대입하면

$$-\frac{(M_{m-1} + 2M_m)l_m}{6E_m I_m} - \frac{(2M_m + M_{m+1})l_{m+1}}{6E_{m+1}I_{m+1}} + \theta_{ml}' - \theta_{mr}' + R_m - R_{m+1} = 0$$

으로 되며, 이 식의 양변에 −6을 곱하면 다음과 같이 된다.

$$M_{m-1}\left(\frac{l_m}{E_m I_m}\right) + 2M_m\left(\frac{l_m}{E_m I_m} + \frac{l_{m+1}}{E_{m+1}I_{m+1}}\right) + M_{m+1}\left(\frac{l_{m+1}}{E_{m+1}I_{m+1}}\right) \tag{14.1}$$

$$-6(\theta_{ml}' - \theta_{mr}') - 6(R_m - R_{m+1}) = 0$$

식 (14.1)은 연속보의 임의의 연속된 3개 지점의 휨 모멘트 상호간의 관계를 표시한 일반식으로 **3연모멘트 방정식**, 3연모멘트 정리(theorem of three moments), 또는 클라페이롱의 정리(Clapeyron's theorem)라고 부른다.

식 (14.1)에서 $E_m I_m = E_{m+1} I_{m+1} = EI =$ const. 이면

$$M_{m-1} l_m + 2M_m(l_m + l_{m+1}) + M_{m+1}l_{m+1} \tag{14.2}$$

$$-6EI(\theta_{ml}' - \theta_{mr}') - 6EI(R_m - R_{m+1}) = 0$$

또한, 그림 14.3과 같이 전 경간에 등분포하중과 다수의 집중하중이 작용하는 경우에는 예제 13.9와 예제 13.8에서 정리된 지점의 처짐각을 사용하여 θ_{ml}'와 θ_{mr}'를 구하면

$$\theta_{ml}' = -\frac{w_m l_m^3}{24EI} - \sum\frac{P_m a_m(l_m^2 - a_m^2)}{6EIl_m}$$

$$\theta_{mr}' = \frac{w_{m+1}l_{m+1}^3}{24EI} + \sum\frac{P_{m+1}b_{m+1}(l_{m+1}^2 - b_{m+1}^2)}{6EIl_{m+1}}$$

이므로

$$M_{m-1}l_m + 2M_m(l_m + l_{m+1}) + M_{m+1}l_{m+1} + \sum\frac{P_m a_m(l_m^2 - a_m^2)}{l_m}$$

$$+\sum\frac{P_{m+1}b_{m+1}(l_{m+1}^2 - b_{m+1}^2)}{l_{m+1}} + \frac{1}{4}(w_m l_m^3 + w_{m+1}l_{m+1}^3)$$

$$-6EI(R_m - R_{m+1}) = 0 \tag{14.3}$$

또한, 그림 14.3과 같은 하중을 받는 연속보에서 $I_m \neq I_{m+1}$이면 임의의 부재 또는 가상적인 부재의 단면 2차모멘트 I_0를 사용하여 $I_m = n_m I_0$, $I_{m+1} = n_{m+1} I_0$라고 표시하고, 식 (14.1)로부터 $E_m = E_{m+1} = E$라 놓으면 3연모멘트의 방정식은 다음과 같다.

$$
\begin{aligned}
& M_{m-1}\left(\frac{l_m}{n_m}\right) + 2M_m\left(\frac{l_m}{n_m} + \frac{l_{m+1}}{n_{m+1}}\right) + M_{m+1}\left(\frac{l_{m+1}}{n_{m+1}}\right) \\
& + \sum \frac{P_m a_m (l_m{}^2 - a_m{}^2)}{n_m l_m} + \sum \frac{P_{m+1} b_{m+1} (l_{m+1}{}^2 - b_{m+1}{}^2)}{n_{m+1} l_{m+1}} \\
& + \frac{1}{4}\left(\frac{w_m l_m{}^3}{n_m} + \frac{w_{m+1} l_{m+1}{}^3}{n_{m+1}}\right) - 6EI_0(R_m - R_{m+1}) = 0
\end{aligned}
\tag{14.4}
$$

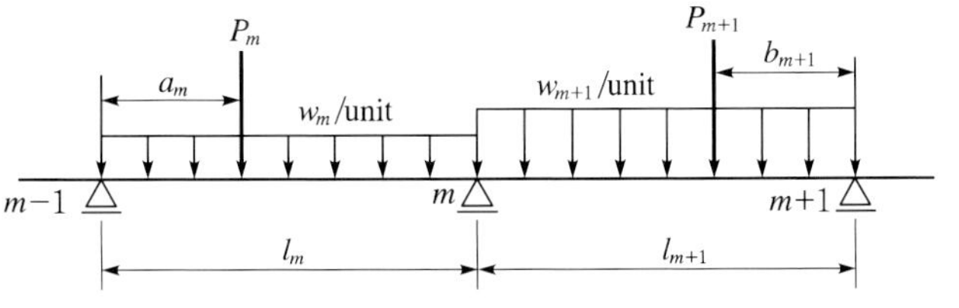

그림 14.3

14.1.2 3연모멘트 방정식의 적용

3연모멘트 방정식은 연속보에서 임의의 연속된 2경간의 3개 지점에 대하여 적용할 수 있으나 3개 지점 사이에서 보가 연속적이어야 하며 내부 힌지와 같은 불연속점이 있어서는 안된다. 또 연속보의 중간 지점에 우력이 작용하는 경우는 그 지점의 좌우 양측의 휨 모멘트의 값이 동일하지 않으므로 3연모멘트 방정식을 적용할 수 없다.

일반적으로 양단이 단순 지지된 n 경간 부정정 연속보의 지점의 수는 $(n+1)$개로서 부정정 차수와 중간 지점의 수와는 일치한다. 왼쪽 끝의 지점으로부터 시작하여 연속된 2경간의 3개 지점에 3연모멘트 방정식을 적용하면 n개의 방정식이 세워지며 이 n개의 방정식을 연립하여 풀면 n개의 중간 지점의 휨 모멘트의 값을 구할 수 있다. 중간 지점의 휨 모멘트가 구해지면 지점 반력 및 단면력은 정역학적으로 구할 수 있다.

그림 14.4(a)와 같이 고정단이 있는 부정정보는 그림(b)와 같이 고정단 바깥쪽에 경간 $l=0$인 가상적인 경간을 생각하거나, 또는 그림(c)와 같이 고정단 바깥쪽에 단면2차모멘트 $I=\infty$, 경간 l인 임의의 길이의 가상적인 경간을 생각하여 고정 지점은 중간 지점으로, 가

상 경간의 끝은 이동 지점으로 생각한 연속보를 가상하여 3연모멘트의 방정식을 적용하면 된다. 그림(c)와 같이 $I=\infty$, $l=$임의의 길이인 가상적인 경간에서는 $l/I=l/\infty=0$이므로 그림(b)와 같은 $l=0$인 가상적인 경간을 생각하는 것과 같다.

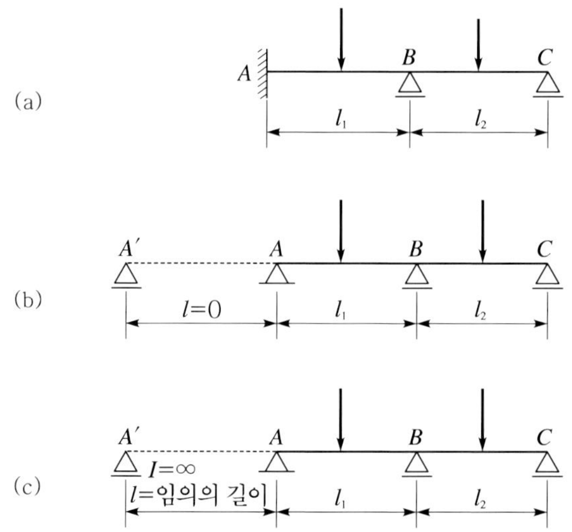

그림 14.4

예제 14.1

그림 14.5(a)와 같은 연속보의 S.F.D.와 B.M.D.를 그려라. 단, EI는 일정하다.

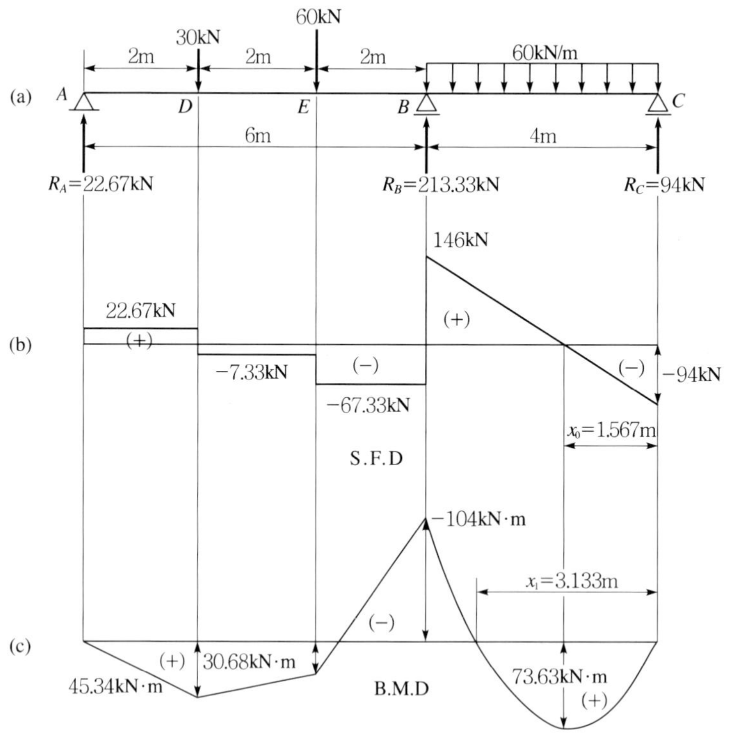

그림 14.5

풀이

$M_A = M_C = 0$이므로 미지의 지점 휨 모멘트는 M_B 뿐이며 EI=const.이므로 M_B를 구하기 위한 3연 모멘트 방정식은 식 (14.3)에 의하여 다음과 같다.

$$2M_B(6+4) + \frac{30\times 2(6^2-2^2)}{6} + \frac{60\times 4(6^2-4^2)}{6} + \frac{1}{4}\times 60\times 4^3 = 0$$

위의 식을 풀면 $M_B = -104\,\text{kN·m}$

지점 반력은 그림 14.6과 같이 생각하여 구한다.

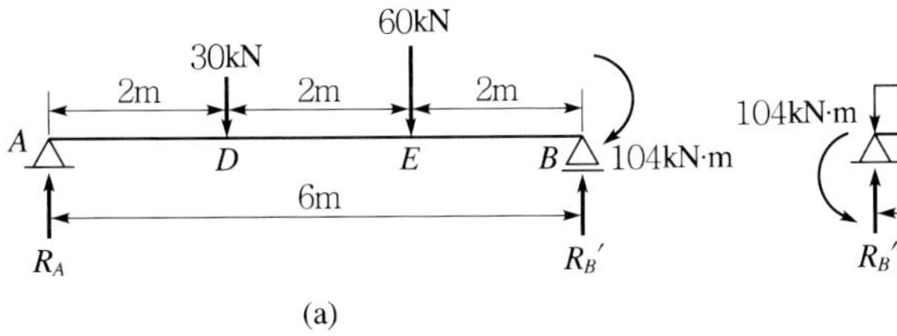

그림 14.6

그림(a)에 의하여

$$R_A = \frac{1}{6}(30\times 4 + 60\times 2 - 104) = 22.67\,\text{kN}(\uparrow)$$

그림(a), (b)에 의하여

$$R_B = R_B' + R_B'' = \frac{1}{6}(30\times 2 + 60\times 4 + 104) + \frac{1}{4}(60\times 4\times 2 + 104) = 213.33\text{kN}(\uparrow)$$

그림(b)에 의하여

$$R_C = \frac{60\times 4}{2} + \frac{-104}{4} = 94\,\text{kN}\ (\uparrow)$$

또는 그림 14.5에서

$$M_B = R_A\times 6 - 30\times 4 - 60\times 2 = -104 \qquad \therefore R_A = 22.67\,\text{kN}\ (\uparrow)$$

$$M_B = R_C\times 4 - 60\times 4\times 2 = -104 \qquad \therefore R_C = 94\,\text{kN}\ (\uparrow)$$

$$R_B = 30 + 60 + 60\times 4 - 22.67 - 94 = 213.33\,\text{kN}\ (\uparrow)$$

전단력을 구하면

$$V_{A\sim D} = R_A = 22.67\ \text{kN}$$

$$V_{D\sim E} = 22.67 - 30 = -7.33\ \text{kN}$$

$$V_{E\sim B} = -7.33 - 60 = -67.33\ \text{kN}$$

$$V_{B(R)} = -67.33 + 213.33 = 146\ \text{kN}$$

$$V_C = 146 - 60\times 4 = -94\text{kN}(= -R_C)$$

휨 모멘트를 구하면

$M_A = M_C = 0$

$M_B = -104\,\mathrm{kN\cdot m}$

$M_D = 22.67 \times 2 = 45.34\,\mathrm{kN\cdot m}$

$M_E = 22.67 \times 4 - 30 \times 2 = 30.68\,\mathrm{kN\cdot m}$

$B \sim C$ 사이에서의 (+)의 최대 휨 모멘트를 구하면

$V_{x_0} = -94 + 60x_0 = 0$

$\therefore x_0 = \dfrac{94}{60}\,\mathrm{m} = 1.567\,\mathrm{m}$

$\therefore M_{\max} = 94 \times \dfrac{94}{60} - 60 \times \dfrac{94}{60} \times \dfrac{1}{2} \times \dfrac{94}{60} = 73.63\,\mathrm{kN\cdot m}$

$B \sim C$사이에서의 반곡점을 구하면

$M_{x_1} = 94x_1 - \dfrac{60{x_1}^2}{2} = 0$

$\therefore x_1 = \dfrac{94}{30} = 3.133\,\mathrm{m}$

이상의 결과로 S.F.D.와 B.M.D.는 각각 그림 14.5(b), (c)와 같다.

예제 14.2

그림 14.7(a)와 같은 연속보의 S.F.D.와 B.M.D.를 구하여라.

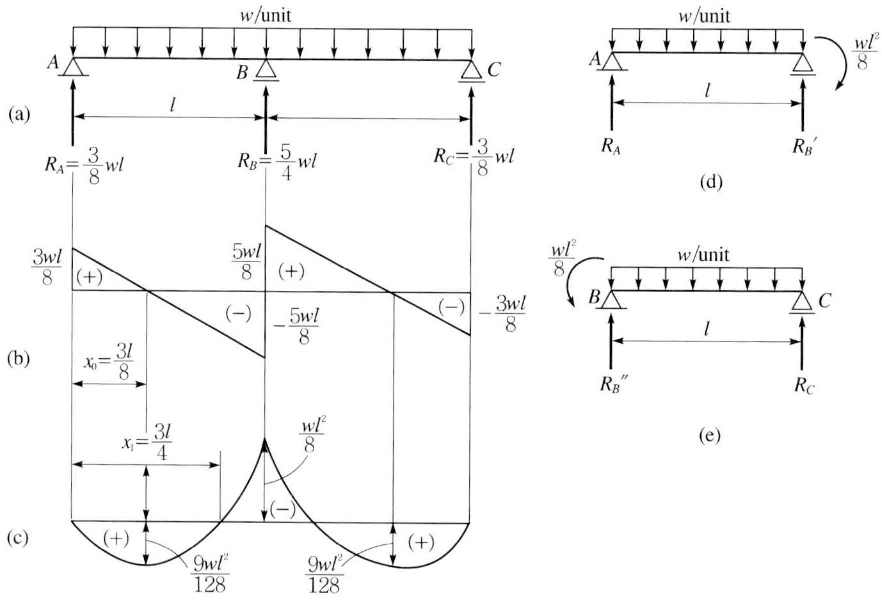

그림 14.7

풀이

미지의 지점 휨 모멘트 M_B 을 구하기 위한 3연모멘트 방정식은 식 (14.3)에 의하여 다음과 같다.

$$2M_B(l+l)+\frac{1}{4}(wl^3+wl^3)=0$$

위의 식을 풀면 $M_B=-\frac{wl^2}{8}$

지점 A의 반력 R_A는 그림(d), 지점 C의 반력 R_C 는 그림(e)에서 구한다. 대칭 관계로 R_A, R_C 는 같으며 다음과 같다.

$$R_A=R_C=\frac{wl}{2}-\frac{1}{l}\cdot\frac{wl^2}{8}=\frac{3wl}{8}\,(\uparrow)$$

지점 B의 반력 R_B는 그림(d)의 R_B'와 그림(e)의 R_B'' 의 합계와 같으며, 대칭 관계로 $R_B'=R_B''$ 이므로 다음과 같이 계산한다.

$$R_B=2R_B'=2R_B''=2\left(\frac{wl}{2}+\frac{1}{l}\cdot\frac{wl^2}{8}\right)=\frac{5wl}{4}\,(\uparrow)$$

임의점의 전단력은 $A\sim B$ 간에서

$$V_x=\frac{3}{8}wl-wx \quad (\text{원점}A,\ 0\leq x\leq l)$$

이며, 대칭의 관계로 $C\sim B$간의 전단력은 $A\sim B$간의 전단력과 값은 같고 부호는 반대이므로

$$V_x=-\frac{3}{8}wl+wx \quad (\text{원점}C,\ 0\leq x\leq l)$$

이다. 각 단면의 전단력을 구하면

$$V_A=\frac{3wl}{8},\quad V_{B(L)}=\frac{3wl}{8}-wl=-\frac{5wl}{8}$$

$$V_{B(R)}=-\frac{5wl}{8}+\frac{5wl}{4}=\frac{5wl}{8}$$

$$V_C=\frac{5wl}{8}-wl=-\frac{3wl}{8}(=-R_C)$$

전단력이 0이 되는 점의 위치를 구하면, $A\sim B$에서

$$V_{x_0}=\frac{3wl}{8}-wx_0=0 \qquad \therefore x_0=\frac{3l}{8}$$

이며, 마찬가지로 하여 $C\sim B$간에서 전단력이 0이 되는 점의 위치는 지점 C로부터 왼쪽으로 $3l/8$이다.

임의점의 휨 모멘트는 $A\sim B$, $C\sim B$ 다같이

$$M_x=\frac{3wl}{8}x-\frac{w}{2}x^2 \quad (\text{원점}A\text{ 또는 }C,\ 0\leq x\leq l)$$

시점 A로부터 오른쪽으로 $3l/8$ 되는 점과 지점 C로부터 왼쪽으로 $3l/8$ 되는 짐에서 (+)의 최대 휨 모멘트가 일어나며 그 값은

$$(+)M_{\max}=\frac{3wl}{8}\times\frac{3l}{8}-w\times\frac{3l}{8}\times\frac{1}{2}\times\frac{3l}{8}=\frac{9wl^2}{128}$$

$M_A = M_C = 0$, $M_B = -wl^2/8$이고 $A \sim B$, $C \sim D$사이에서 (+)의 최대 휨 모멘트가 일어나므로 $A \sim B$, $C \sim B$사이에 반곡점이 있으며 이 반곡점을 구하면 $A \sim B$, $C \sim B$ 다같이

$$M_{x_1} = \frac{3wl}{8}x_1 - \frac{w{x_1}^2}{2} = \frac{w}{8}(3lx_1 - 4{x_1}^2) = 0$$

$$3lx_1 - 4{x_1}^2 = 0 \qquad \therefore\ x_1 = \frac{3l}{4}$$

또는 $x_1 = 2x_0 = 2 \times \dfrac{3l}{8} = \dfrac{3l}{4}$

이상의 결과로 S.F.D.와 B.M.D.는 각각 그림(b), (c)와 같다.

예제 14.3

그림 14.8(a)와 같은 연속보의 S.F.D.와 B.M.D.를 그려라(단, EI는 일정).

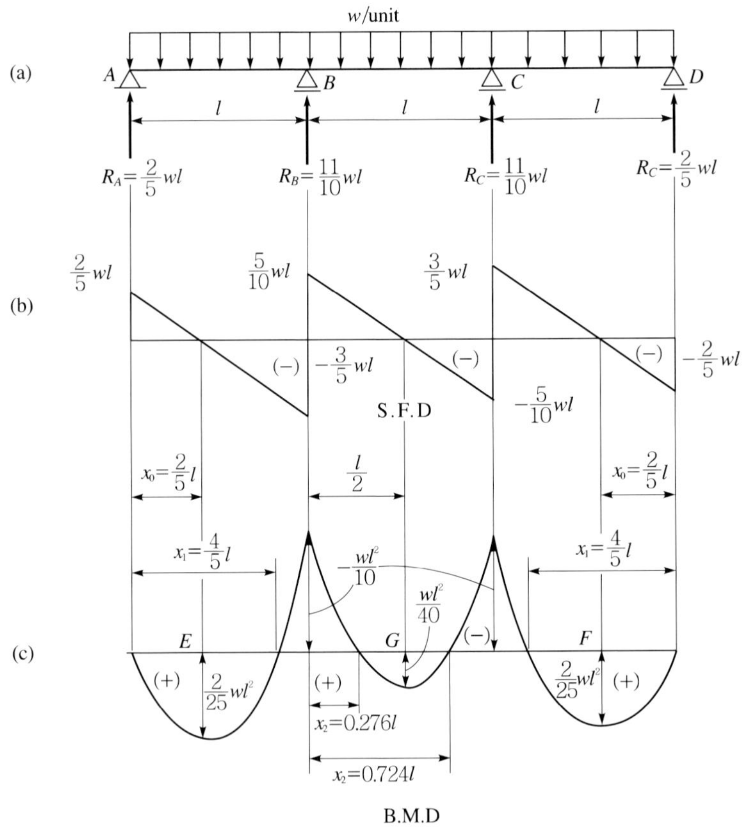

그림 14.8

풀이

$M_A = M_D = 0$이고, 대칭이므로 $M_B = M_C$이다. 따라서 미지의 지점 휨 모멘트는 1개뿐이므로 3개 지점 $A-B-C$ 사이에 대해서만 3연모멘트 방정식을 세우면 된다. 식 (14.3)에 의하여

$$2M_B(l+l)+M_C(l)+\frac{1}{4}(wl^3+wl^3)=0$$

여기서, $M_C = M_B$ 이므로

$$5M_Bl+\frac{wl^3}{2}=0 \qquad \therefore M_B=M_C=-\frac{wl^2}{10}$$

반력을 구하면

$$M_B= R_Al-\frac{wl^2}{2}=-\frac{wl^2}{10}$$

$$\therefore R_A=\frac{wl}{2}-\frac{wl}{10}=\frac{2wl}{5}(\uparrow)$$

$$R_D=R_A=\frac{2wl}{5}(\uparrow) \quad (\because \text{대칭})$$

지점 B, C의 반력 R_B, R_C는 대칭 관계로 같으므로 $\sum V=0$에 의하여

$$R_B=R_C=\frac{1}{2}\left(3wl-2\times\frac{2}{5}wl\right)=\frac{11}{10}wl\ (\uparrow)$$

단면력을 구하면

$$V_A=-V_D=\frac{2}{5}wl$$

$$V_{B(L)}=-V_{C(R)}=\frac{2}{5}wl-wl=-\frac{3}{5}wl$$

$$V_{B(R)}=-V_{C(L)}=-\frac{3}{5}wl+\frac{11}{10}wl=\frac{5}{10}wl$$

A~B 및 $D\sim C$에서의 M_{max}을 구하면

$$V_{x_0}=\frac{2}{5}wl-wx_0=0 \qquad \therefore x_0=\frac{2}{5}l$$

$$\therefore M_{max}=M_E=M_F=\frac{2}{5}wl\times\frac{2}{5}l-w\times\frac{2}{5}l\times\frac{1}{2}\times\frac{2}{5}l=\frac{2}{25}wl^2$$

$B\sim C$간의 M_{max}은 대칭 관계로 중점 G에서 일어날 것이므로

$$M_{max}=M_G=R_A\times\frac{3}{2}l+R_B\times\frac{l}{2}-w\times\frac{3}{2}l\times\frac{1}{2}\times\frac{3}{2}l$$

$$=\frac{2}{5}wl\times\frac{3}{2}l+\frac{11}{10}wl\times\frac{l}{2}-\frac{9}{8}wl^2=\frac{wl^2}{40}$$

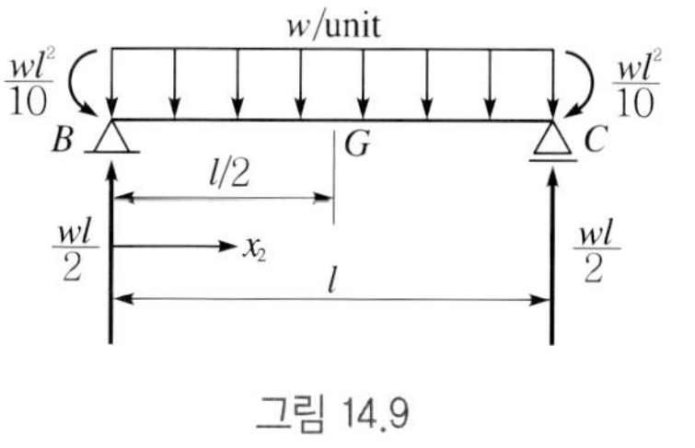

그림 14.9

또는 그림 14.9에서

$$M_G=\frac{wl^2}{8}-\frac{wl^2}{10}=\frac{wl^2}{40}$$

$A \sim B$ 및 $D \sim C$ 사이에서의 반곡점을 구하면

$$M_{x_1} = \frac{2wl}{5}x_1 - \frac{w{x_1}^2}{2} = 0, \quad \therefore x_1 = \frac{4}{5}l$$

또는 $x_1 = 2x_0 = 2 \times \frac{2}{5}l = \frac{4}{5}l$

$B \sim C$에서의 반곡점을 구하면 그림 14.9에서

$$M_{x_2} = -\frac{wl^2}{10} + \frac{wl}{2}x_2 - \frac{w{x_2}^2}{2} = 0$$

$$5{x_2}^2 - 5lx_2 + l^2 = 0$$

또는

$$M_{x_2} = M_B + \int_0^{x_2}\left(\frac{5}{10}wl - wx\right)dx = -\frac{wl^2}{10} + \left[\frac{5wl}{10}x - \frac{wx^2}{2}\right]_0^{x_2} = -\frac{wl^2}{10} + \frac{5wl}{10}x_2 - \frac{w}{2}{x_2}^2 = 0$$

$$5{x_2}^2 - 5lx_2 + l^2 = 0$$

위의 2차 방정식을 풀면

$$x_2 = \frac{5l \pm \sqrt{(5l)^2 - 4 \times 5l^2}}{2 \times 5} = \frac{5 \pm \sqrt{5}}{10}l = 0.276\,l\,,\ 0.724\,l$$

이상의 결과를 S.F.D.와 B.M.D.는 각각 그림 14.10(b), (c)와 같다.

예제 14.4

그림 14.10(a)와 같은 부정정보의 S.F.D.와 B.M.D.를 그려라.

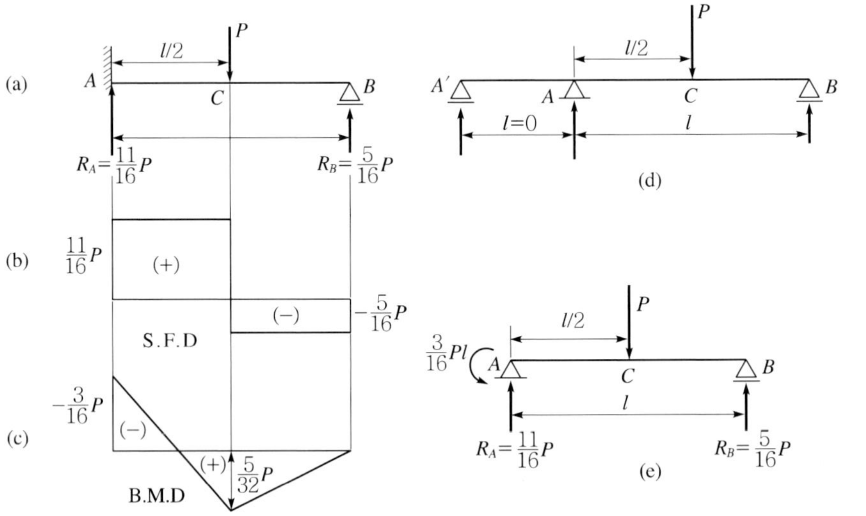

그림 14.10

풀이

고정단 A의 왼쪽에 그림(d)와 같은 가상적인 경간을 생각하여 연속된 2경간 $A'-A-B$ 에 대하여 3연 모멘트의 방정식을 적용하면 $M_A' = M_B = 0$ 이므로 식 (14.3)에 의하여

$$2M_A(l) + \frac{P\times\frac{l}{2}\left[l^2-\left(\frac{l}{2}\right)^2\right]}{l} = 0,\ 2M_A l + \frac{3}{8}P.l^2 = 0 \qquad \therefore M_A = -\frac{3}{16}Pl$$

그림(e)에 의하여 반력을 구하면

$$R_A = \frac{P}{2} - \frac{1}{l}\left(-\frac{3}{16}P\cdot l\right) = \frac{11}{16}P(\uparrow) \qquad R_B = \frac{P}{2} + \frac{1}{l}\left(-\frac{3}{16}P\cdot l\right) = \frac{5}{16}P(\uparrow)$$

또는 $M_A = R_B l - P\times\frac{l}{2} = -\frac{3}{16}P\cdot l \qquad \therefore R_B = \frac{P}{2} - \frac{3}{16}P = \frac{5}{16}P(\uparrow)$

$\sum V=0$에 의하여 $R_A = P - R_B = P - \frac{5}{16}P = \frac{11}{16}P\ (\uparrow)$

단면력을 구하면

$$V_{A\sim C} = R_A = \frac{11}{16}P, \quad V_{C\sim B} = -R_B = -\frac{5}{16}P$$

$$M_C = \frac{5}{16}P\times\frac{l}{2} = \frac{5}{32}P\cdot l$$

이상의 결과로 S.F.D.와 B.M.D.는 각각 그림(b), (c)와 같다.

예제 14.5

그림 14.11(a)와 같은 부정정보의 S.F.D.와 B.M.D.를 그려라.

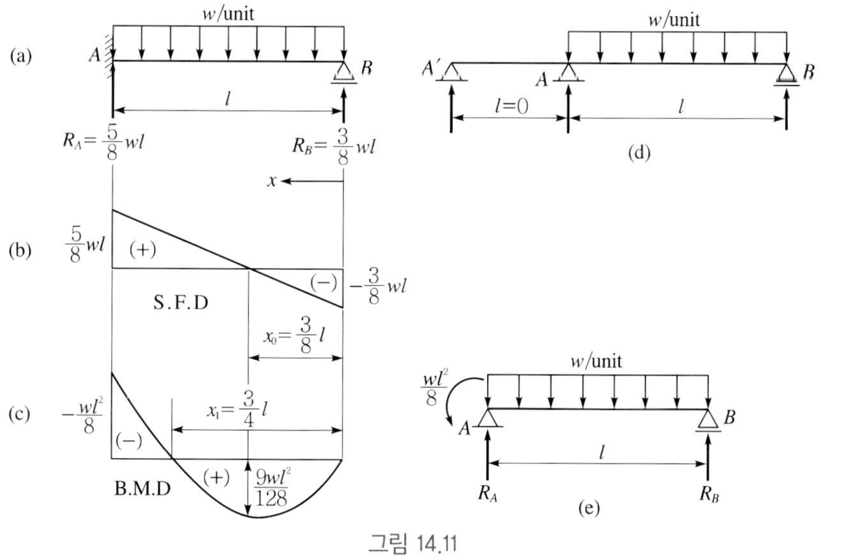

그림 14.11

풀이

그림(d)와 같이 생각하여 3연모멘트 방정식을 적용하면 $M_A' = M_B = 0$ 이므로 식 (14.3)에 의하여

$$2M_A(l) + \frac{wl^3}{4} = 0 \qquad \therefore M_A = -\frac{wl^2}{8}$$

그림(e)에 의하여 반력을 구하면

$$R_A = \frac{wl}{2} - \frac{1}{l}\left(-\frac{wl^2}{8}\right) = \frac{5}{8}wl(\uparrow)$$

$$R_B = \frac{wl}{2} + \frac{1}{l}\left(-\frac{wl^2}{8}\right) = \frac{3}{8}wl(\uparrow)$$

또는 $M_A = R_B l - \frac{wl^2}{2} = -\frac{wl^2}{8}$

$$\therefore R_B = \frac{3}{8}wl(\uparrow)$$

$$R_A = wl - R_B = wl - \frac{3}{8}wl = \frac{5}{8}wl(\uparrow)$$

단면력을 구하면

$$V_A = R_A = \frac{5}{8}wl \ , \qquad V_B = -R_B = -\frac{3}{8}wl$$

(+) M_{max}을 구하면

$$V_{x_0} = -\frac{3}{8}wl + wx_0 = 0 \qquad \therefore x_0 = \frac{3}{8}l$$

$$\therefore M_{max} = \frac{3}{8}wl \times \frac{3}{8}l - w \times \frac{3}{8}l \times \frac{1}{2} \times \frac{3}{8}l = \frac{9}{128}wl^2$$

반곡점을 구하면

$$M_{x_1} = \frac{3wl}{8}x_1 - \frac{wx_1^{\ 2}}{2} = 0 \qquad \therefore x_1 = \frac{3}{4}l$$

또는 $x_1 = 2x_0 = 2 \times \frac{3}{8}l = \frac{3}{4}l$

이상의 결과로 S.F.D.와 B.M.D.는 각각 그림(b), (c)와 같다. 이것과 예제 14.2의 경간이 같은 2경간 연속보에 등분포하중이 작용하는 경우의 S.F.D.와 B.M.D.의 오른쪽 부분과는 같다는 것을 알 수 있으며, 그 이유는 대칭보에 대칭 하중이 작용하면 대칭축이 지나는 점은 처짐각이 0이어서 역학적으로 고정단과 같기 때문이다. 또한 여기서, 고정단의 연직 반력은 2경간 연속보의 중앙 지점의 연직 반력의 1/2임을 알 수 있다.

예제 14.6

그림 14.12(a)와 같은 고정보의 S.F.D.와 B.M.D.를 그려라.

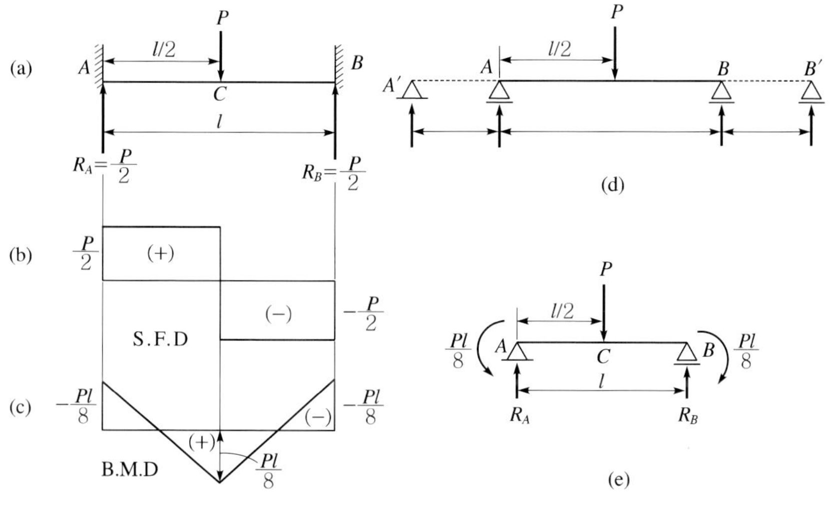

그림 14.12

풀이

그림(d)와 같은 연속보를 가상하여 2경간 $A'-A-B$에 대하여 3연모멘트 방정식을 적용하면 식 (14.3)에 의하여

$$2M_A(l)+M_B(l)+\frac{P\times\frac{l}{2}\left[l^2-\left(\frac{l}{2}\right)^2\right]}{l}=0$$

여기서, 대칭 관계를 $M_A=M_B$이므로

$$3M_Al=3M_Bl=-\frac{3Pl^2}{8} \qquad \therefore M_A=M_B=-\frac{Pl}{8}$$

$$R_A=R_B=\frac{P}{2}(\uparrow)$$

$$V_{A\sim C}=R_A=\frac{P}{2}, \qquad V_{C\sim B}=-R_B=-\frac{P}{2}$$

$$M_C=-\frac{Pl}{8}+\frac{Pl}{4}=\frac{Pl}{8}$$

S.F.D.와 B.M.D는 그림(b), (c)와 같다.

예제 14.7

그림 14.13(a)와 같은 고정보의 S.F.D.와 B.M.D.를 그려라.

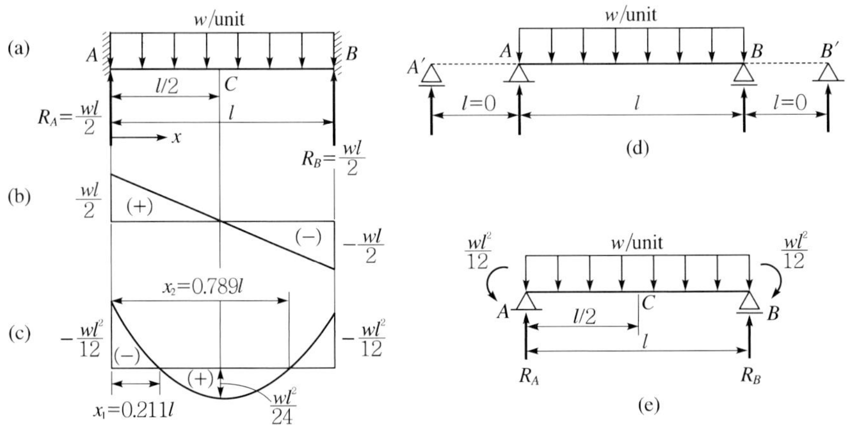

그림 14.13

풀이

그림(d)와 같은 연속보를 가상하여 2경간 $A'-A-B$에 대하여 3연모멘트 방정식을 적용하면 식(14.3)에 의하여

$$2M_A(l)+M_B(l)+\frac{wl^3}{4}=0$$

여기서, 대칭 관계를 $M_A=M_B$이므로

$$3M_Al=3M_Bl=-\frac{wl^3}{4}\qquad \therefore M_A=M_B=-\frac{wl^2}{12}$$

그림(e)로부터

$$V_A=R_A=\frac{wl}{2}\qquad V_B=-R_B=-\frac{wl}{2}$$

$$M_C=-\frac{wl^2}{12}+\frac{wl^2}{8}=\frac{wl^2}{24}=(+)M_{\max}$$

반곡점을 구하면

$$M_x=-\frac{wl^2}{12}+\frac{wl}{2}x-\frac{wx^2}{2}=0$$

$$6x^2-6lx+l^2=0$$

$$\therefore x=\frac{6l\pm\sqrt{(6l)^2-4\times6\times l^2}}{2\times6}=\frac{6\pm\sqrt{12}}{12}l=0.211l,\quad 0.789\,l$$

S.F.D.와 B.M.D.는 그림(b), (c)와 같다.

예제 14.8

그림 14.14(a)와 같은 고정보의 지점의 휨 모멘트와 반력 및 점 C의 휨 모멘트를 구하여라.

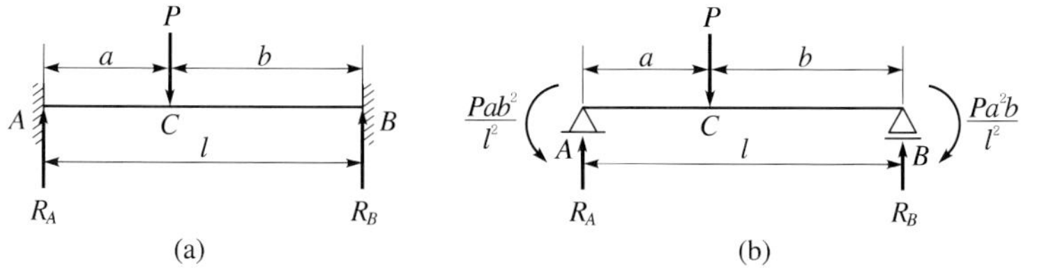

그림 14.14

풀이

앞의 예제 풀이와 마찬가지로 고정 지점 A, B를 회전, 이동 지점으로 가상하고, 지점 A의 왼쪽에 이동단 A', 지점 B의 오른쪽에 이동단 B'를 가상한 3경간 연속보의 3개 지점 $A'-A-B$ 사이와 $A-B-B'$ 사이에 대하여 식 (14.3)의 3연모멘트 방정식을 적용하면 다음과 같다.

$$A'-A-B : 2M_A(l)+M_B(l)+\frac{Pb(l^2-b^2)}{l}=0 \qquad ①$$

$$A-B-B' : M_A(l)+2M_B(l)+\frac{Pa(l^2-a^2)}{l}=0 \qquad ②$$

위의 식 ①, ②를 연립하여 풀면

$$M_A=-\frac{Pab^2}{l^2}, \quad M_B=-\frac{Pba^2}{l^2}$$

그림(b)에서 R_A, R_B, M_C 를 구하면

$$R_A=\frac{Pb}{l}-\frac{1}{l}\left(-\frac{Pab^2}{l^2}+\frac{Pa^2b}{l^2}\right)=\frac{Pb^2}{l^3}(3a+b)=\frac{Pb^2}{l^3}(l+2a)\ (\uparrow)$$

$$R_B=\frac{Pa}{l}+\frac{1}{l}\left(-\frac{Pab^2}{l^2}+\frac{Pa^2b}{l^2}\right)=\frac{Pa^2}{l^3}(3b+a)=\frac{Pa^2}{l^3}(l+2b)\ (\uparrow)$$

$$M_C=R_A\times a-\frac{Pab^2}{l^2}=\frac{Pb^2}{l^3}(l+2a)\times a-\frac{Pab^2}{l^2}=\frac{2Pa^2b^2}{l^3}$$

예제 14.9

그림 14.15(a)와 같은 고정보의 지점의 휨 모멘트와 반력을 구하여라.

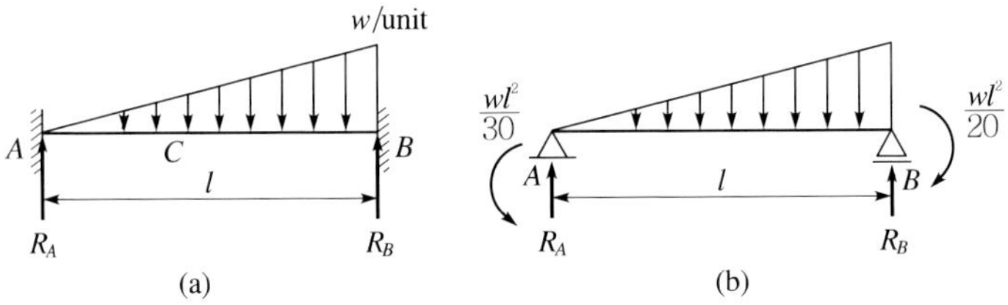

그림 14.15

풀이

앞의 예제 풀이와 마찬가지로 생각한 가상적인 연속보에 대하여 3연모멘트 방정식을 적용한다. 이 문제에서는 작용 하중이 집중하중이나 등분포하중이 아닌 등변분포하중이기 때문에 식 (14.3)은 사용할 수 없으므로 식 (14.2)를 사용한다.

$2M_A(l) + M_B(l) - 6EI(\theta_{Al}{}' - \theta_{Ar}{}') = 0$

여기서, $\theta_{Al}{}' = 0$, $\theta_{Ar}{}' = \dfrac{7wl^3}{360EI}$

이므로

$$2M_Al + M_Bl - 6EI\left(-\frac{7wl^3}{360EI}\right) = 0 \qquad ①$$

$M_A(l) + 2M_B(l) - 6EI(\theta_{Bl}{}' - \theta_{Br}{}') = 0$

여기서, $\theta_{Bl}{}' = -\dfrac{8wl^3}{360EI}\theta_{Br}{}' = 0$이므로

$$M_Al + 2M_Bl - 6EI\left(-\frac{8wl^3}{360EI}\right) = 0 \qquad ②$$

식 ①, ②를 연립하여 풀면

$$M_A = -\frac{wl^2}{30}, \qquad M_B = -\frac{wl^2}{20}$$

또는 예제 14.8 그림 14.14(a)와 같은 1개의 집중하중을 받는 고정보의 지점의 휨 모멘트

$$M_A = -\frac{Pab^2}{l^2}, \qquad M_B = -\frac{Pba^2}{l^2} \qquad \text{(a)}$$

을 이용하여 다음과 같이 구한다.

그림 14.16(a)의 임의점에서 미소 구간 dx에 작용하는 분포하중의 합력은

$$dp = \frac{wx}{l}dx$$

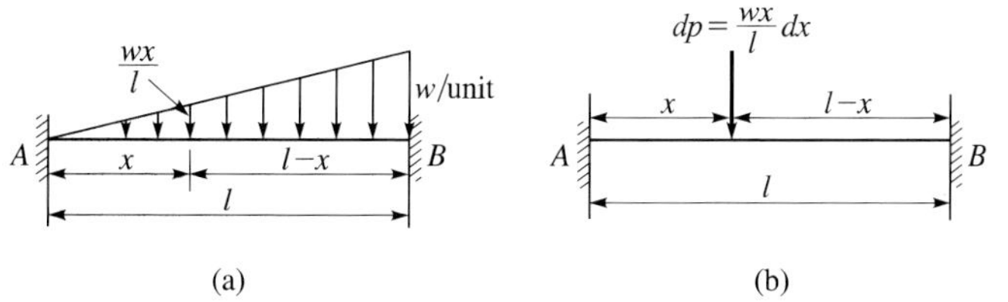

그림 14.16

이고, 이 집중하중 dp가 고정보의 임의점 x에 작용하면 고정단 A, B의 휨 모멘트 dM_A, dM_B는 식 (a)의 P에 $dp=\dfrac{wx}{l}dx$, a에 x, b 에 $l-x$를 대입하면

$$\left.\begin{aligned} dM_A &= -\frac{1}{l^2}\left(\frac{wx}{l}dx\right)(x)(l-x)^2 = -\frac{w}{l^3}(l^2x^2-2lx^3+x^4)dx \\ dM_B &= -\frac{1}{l^2}\left(\frac{wx}{l}dx\right)(l-x)(x^2) = -\frac{w}{l^3}(lx^3-x^4)dx \end{aligned}\right\} \qquad \text{(b)}$$

식 (b)를 적분하여 M_A, M_B의 값을 구한다.

$$M_A = -\frac{w}{l^3}\int_0^l (l^2x^2-2lx^3+x^4)dx = -\frac{wl^2}{30}$$

$$M_B = -\frac{w}{l^3}\int_0^l (lx^3-x^4)dx = -\frac{wl^2}{20}$$

그림 14.15(b)와 같이 생각하여 반력 R_A, R_B를 구하면

$$R_A = \frac{wl}{6} - \frac{1}{l}\left(-\frac{wl^2}{30}+\frac{wl^2}{20}\right) = \frac{3wl}{20}(\uparrow)$$

$$R_B = \frac{wl}{3} + \frac{1}{l}\left(-\frac{wl^2}{30}+\frac{wl^2}{20}\right) = \frac{7wl}{20}(\uparrow)$$

예제 14.10

그림 14.17과 같이 고정보 AB의 한쪽 지점이 δ만큼 침하할 때 지점의 휨 모멘트를 구하여라.

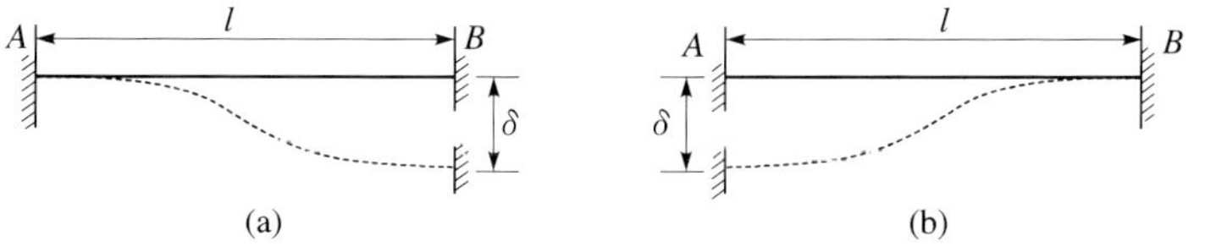

그림 14.17

풀이

이 보는 EI가 일정하며 하중이 작용하지 않고, 지점의 침하뿐이므로 지점 A의 왼쪽에 지점 A', 지점 B의 오른쪽에 지점 B'를 가상한 연속보에 대하여 식 (14.2) 또는 (14.3)을 적용한다.

그림(a)와 같이 오른쪽 지점 B가 침하하면

$A'-A-B$: $2M_A(l)+M_B(l)-6EI(R_{A'A}-R_{AB})=0$

여기서, $R_{A'A}=0$, $R_{AB}=\dfrac{\delta}{l}$ 이므로

$$2M_Al+M_Bl+\frac{6EI\delta}{l}=0 \qquad ①$$

$A-B-B'$: $M_A(l)+2M_B(l)-6EI(R_{AB}-R_{BB'})=0$

여기서, $R_{AB}=\dfrac{\delta}{l}$, $R_{BB'}=0$ 이므로

$$M_Al+2M_Bl-\frac{6EI\delta}{l}=0 \qquad ②$$

식 ①, ②를 연립하여 풀면

$$M_A=-\frac{6EI\delta}{l^2}, \qquad M_B=\frac{6EI\delta}{l^2}$$

마찬가지로 하여 그림(b)와 같이 왼쪽 지점 A가 침하할 때의 지점의 휨 모멘트를 구하면

$$M_A=\frac{6EI\delta}{l^2}, \qquad M_B=-\frac{6EI\delta}{l^2}$$

이다. 위의 결과로부터 고정보의 한쪽 지점이 δ만큼 침하하면 양 지점의 휨 모멘트의 절대값은 $6EI\delta/l^2$이고 부호는 침하한 지점은 (+), 침하하지 않은 지점은 (−)임을 알 수 있다.

예제 14.11

그림 14.18과 같은 연속보에서 지점 B가 1cm 침하할 때 침하로 인한 지점 B의 휨 모멘트를 구하여라.
단, $E=2.0\times10^5$MPa, $I=1.0\times10^{-2}$m^4

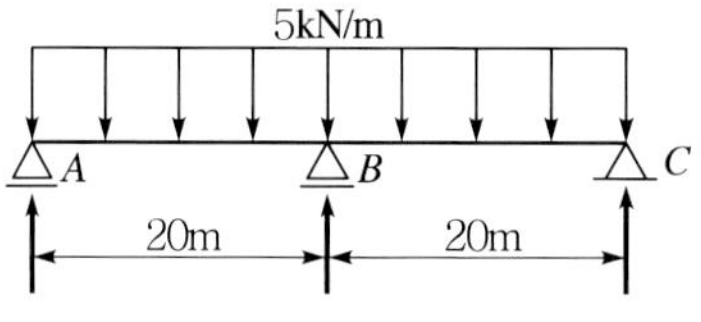

그림 14.18

풀이

식 (14.3)에 의하여

$$2M_B(20+20)-6EI\left[\frac{0.01}{20}-\left(-\frac{0.01}{20}\right)\right]=0$$

$$80M_B-0.006EI=0$$

$$\therefore M_B=\frac{0.006EI}{80}=\frac{0.006\times 2\times 10^5\times 10^3\times 1\times 10^{-2}}{80}=150\text{kN}\cdot\text{m}$$

참고로, 작용 하중으로 인한 지점 B의 휨 모멘트를 구하면

$$M_B=-\frac{wl^2}{8}=-\frac{5\times 20^2}{8}=-250\text{kN}\cdot\text{m}$$

예제 14.12

그림 14.19와 같은 연속보의 지점 휨 모멘트를 구하여라.

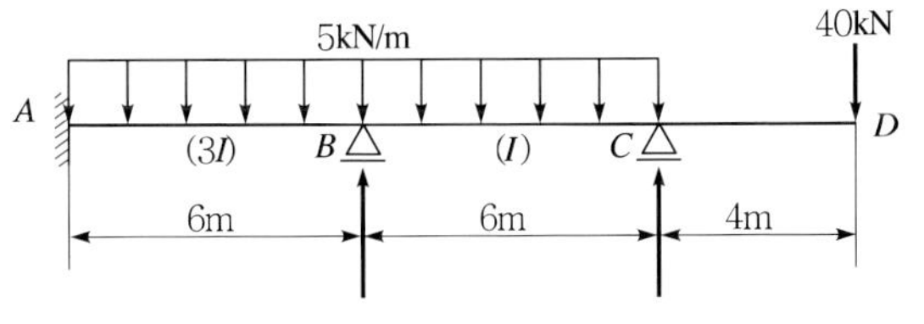

그림 14.19

풀이

지점 A의 왼쪽에 지점 A'를 가상한 3경간 연속보에 3연모멘트 방정식을 적용한다. $A'-A-B$ 사이는 식 (14.3)에 의하여

$$2M_A(6)+M_B(6)+\frac{5\times 6^3}{4}=0$$

$$4M_A+2M_B+90=0 \quad ①$$

$A-B-C$사이는 제1경간과 제2경간의 단면2차모멘트의 값이 다르므로 식 (14.4)를 적용한다.

$M_C=-40\times 4=-160\text{kN}\cdot\text{m}$ 이므로

$$M_A\left(\frac{6}{3}\right)+2M_B\left(\frac{6}{3}+6\right)-160(6)+\frac{5\times 6^3}{3\times 4}+\frac{5\times 6^3}{4}=0$$

$$M_A+8M_B-300=0 \quad ②$$

식 ①, ②를 연립하여 풀면

$M_A=-44\text{kN}\cdot\text{m}$, $\quad M_B=43\text{kN}\cdot\text{m}$

14.2 변위 일치의 방법 및 최소일의 방법

14.2.1 변위 일치의 방법

부정정 구조물로부터 적당한 수의 지점 반력을 제거하거나 부재를 절단하여 정정 구조물을 만든다. 이것을 주어진 구조물에 대한 기본 구조물(基本構造物, primary structure)이라 하며 제거된 지점 반력 또는 절단된 부재의 절단면의 단면력을 부정정력(不靜定力, statically indeterminate force, redundant force)이라 한다. 기본 구조물은 부정정력의 수가 부정정 차수와 일치하도록 지점 반력을 제거하거나 부재를 절단한 안정한 구조물이어야 한다. 어느 것을 부정정력으로 선정하는가에 따라 부정정력 계산의 난이도가 달라지므로 부정정력 계산을 비교적 쉽게 할 수 있는 것을 부정정력으로 선정하는 것이 좋으며, 이를 X로 표시하기로 한다.

기본 구조물에 주어진 하중만이 작용할 때와 부정정력만이 작용할 때의 외적 부정정력 작용 방향의 변위의 합은 0이어야 한다는 변위의 구속 조건(拘束條件 condition of restraint)과 부재의 절단면에서의 부정정력 작용 방향의 상대 변위가 0이어야 한다는 변위의 연속조건(連續條件, condition of continuity)을 한데 묶어 **변위의 적합조건**(適合條件, compatibility condition of displacements)이라 하고 이 조건을 나타내는 식을 **적합 방정식**(適合方程式, compatibility equations) 또는 **탄성 방정식**(elastic equations)이라 하며, 이 방정식을 사용하여 부정정 구조물을 해석하는 방법을 **변위 일치의 방법**(method of consistent displacements)이라 하며 모든 부정정 구조물의 해석에 적용된다.

다음에 부정정보의 예를 들어 탄성 방정식을 설명하기로 한다. 그림 14.20(a)는 1차의 부정정보이므로 지점 B의 반력 R_B를 부정정력 X_1로 선정하면 그림(a)의 상태는 그림(b)와 같이 기본 구조물인 캔틸레버보에 주어진 하중과 함께 부정정력 X_1을 동시에 하중으로 작용시킨 상태와 역학적으로 같다. 그리고 그림(b)와 같은 보의 변위는 그림(c)와 같이 주어진 하중만이 작용할 때의 변위와 그림(d)와 같이 단위 부정정력 $X_1 = 1$만이 작용할 때의 변위를 X_1배한 것을 합한 것과 같다. 그런데 그림(a)의 실제의 보의 지점 B는 반력 R_B의 작용 방향으로 변위하지 않으므로 다음과 같은 적합조건식이 성립한다.

$$\delta_{10} + \delta_{11} X_1 = 0 \tag{14.5}$$

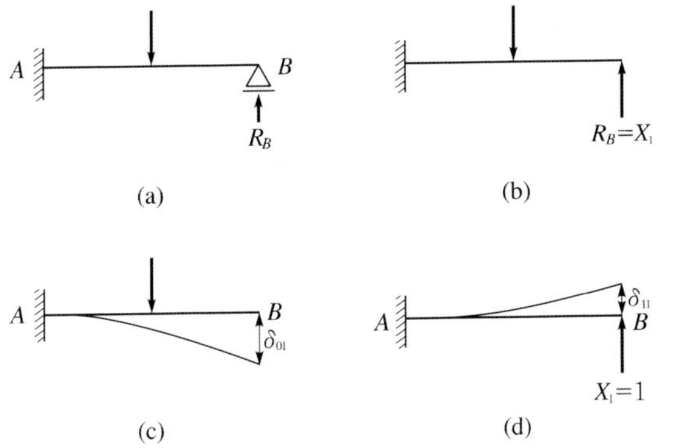

그림 14.20

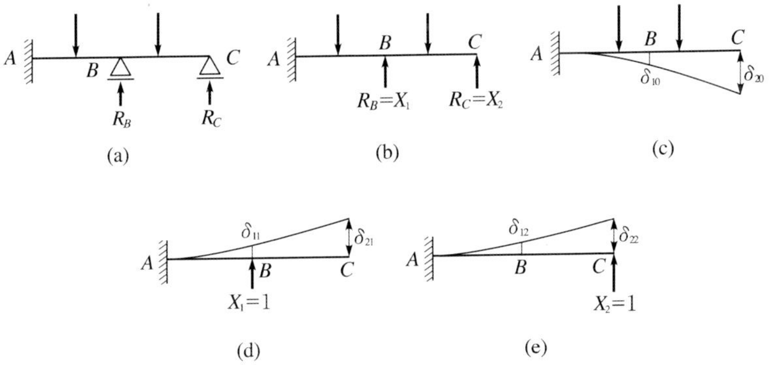

그림 14.21

그림 14.21(a)는 2차의 부정정보이므로 지점 B, C의 반력 R_B, R_C를 부정정력 X_1, X_2로 선정하면 그림(a)의 상태는 역학적으로 그림(b)의 상태와 같으며, 그림(b)와 같은 보의 변위는 기본 구조물인 캔틸레버보에 그림(c)와 같이 주어진 하중만이 작용할 때의 변위, 그림(d)와 같이 $X_1 = 1$만이 작용할 때의 변위의 X_1배 및 그림(e)와 같이 $X_2 = 1$만이 작용할 때의 변위의 X_2배를 합한 것과 같다. 그런데 그림(a)의 실제의 보의 지점 B, C는 반력 R_B, R_C의 작용 방향으로 변위하지 않으므로 다음과 같이 탄성 방정식이 성립한다.

$$\left.\begin{aligned} \delta_{10} + \delta_{11}X_1 + \delta_{12}X_2 &= 0 \\ \delta_{20} + \delta_{21}X_1 + \delta_{22}X_2 &= 0 \end{aligned}\right\} \tag{14.6}$$

위와 같은 방법으로 n차 부정정 구조물의 탄성 방정식을 세우면 다음과 같다

식 (14.7)과 같은 n차 부정정 구조의 탄성 방정식을 나타내는 일반식은 식 (14.8)과 같이 쓸 수 있다.

$$\left.\begin{aligned}
&\delta_{10}+\delta_{11}X_1+\delta_{12}X_2+\ldots\ldots+\delta_{1k}X_k+\ldots\ldots+\delta_{1n}X_n=0\\
&\delta_{20}+\delta_{21}X_1+\delta_{22}X_2+\ldots\ldots+\delta_{2k}X_k+\ldots\ldots+\delta_{2n}X_n=0\\
&\cdots\cdots\cdots\cdots\cdots\cdots\cdots\cdots\cdots\cdots\cdots\cdots\cdots\cdots\cdots\cdots\cdots\cdots\\
&\delta_{i0}+\delta_{i1}X_1+\delta_{i2}X_2+\ldots\ldots+\delta_{ik}X_k+\ldots\ldots+\delta_{in}X_n=0\\
&\cdots\cdots\cdots\cdots\cdots\cdots\cdots\cdots\cdots\cdots\cdots\cdots\cdots\cdots\cdots\cdots\cdots\cdots\\
&\delta_{n0}+\delta_{n1}X_1+\delta_{n2}X_2+\ldots\ldots+\delta_{nk}X_k+\ldots\ldots+\delta_{nn}X_n=0
\end{aligned}\right\} \tag{14.7}$$

$$\delta_{i0}+\sum\delta_{ik}X_k=0 \quad \text{단, } i,\ k=1,2,\ldots\ldots\ldots,n \tag{14.8}$$

위의 식에서 δ_{i0}는 기본 구조물에 주어진 하중만이 작용할 때의 부정정력 X_i의 작용점 i의 X_i 작용 방향의 변위이며 이는 하중이 주어지면 결정되는 상수로서 하중항(荷重項, load term)이라고 하며, δ_{ik}는 기본 구조물에 단위 부정정력 $X_k=1$만이 단독으로 작용할 때의 부정정력 X_i의 작용점 i의 X_i 작용 방향의 변위이며 이는 하중, 온도 변화, 지점 침하와는 관계없고 구조물의 형상과 역학적 성질에 따라 결정되는 상수로서 유연도 계수(柔軟度係數, flexibility coefficient)라고 한다. 이런 이유로 변위 일치의 방법을 유연도법(柔軟度法 flexibility method)이라고도 한다. 또한 상반변위의 정리에 의하여 $\delta_{ik}=\delta_{ki}$이며, 변위 δ_{i0}, δ_{ik}는 공액보의 방법, 가상일의 방법 등의 변위 계산식에 의하여 계산하며 지점 침하, 온도 변화 등이 있는 경우에는 일반 구조물은 식 (13.38), 트러스 구조는 식 (13.39)을 사용하여 계산하면 된다.

변위 일치의 방법은 변형 일치의 방법(method of consistent deformations), 탄성 방정식, 적합 조건식, 겹침 방정식(superposition equation), Maxwell-Mohr의 방정식이라고도 하며, 해법 순서는 다음과 같다.

① 부정정 차수만큼의 부정정력을 선정하고 기본 구조물을 만든다.
② 부정정 차수만큼의 적합조건식을 세운다.
③ ②의 n원 1차 연립 방정식을 풀어 부정정력 $X_1, X_2, \cdots\cdots X_n$의 값을 구한다.
④ 구조물의 지점 반력, 부재의 단면력을 정역학적으로 구한다.

n차 부정정 구조물의 지점 반력(R), 부재의 단면력(V, M, N)은 다음의 식과 같이 구할 수도 있다.

$$\left.\begin{aligned} R &= R_0 + \sum_{i=1}^{n} R_i X_i, \quad & V &= V_0 + \sum_{i=1}^{n} V_i X_i \\ M &= M_0 + \sum_{i=1}^{n} M_i X_i, \quad & N &= N_0 + \sum_{i=1}^{n} N_i X_i \end{aligned}\right\} \tag{14.9}$$

이 식에서 R_0, V_0, M_0, N_0는 기본 구조물에 주어진 하중만이 작용할 때, R_i, V_i, M_i, N_i는 기본 구조물에 단위 부정정력 $X_i = 1$만이 작용할 때의 지점 반력, 전단력, 휨 모멘트, 축방향력이다. 60

예제 14.13

그림 14.22(a)와 같은 1차 부정정보를 해석하여라.

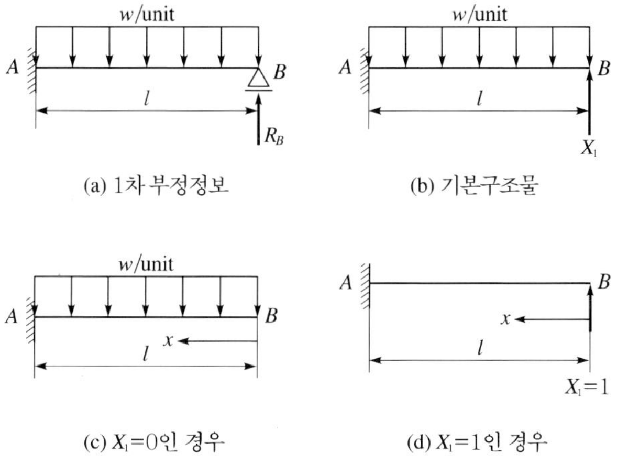

그림 14.22

풀이 -1

지점 B의 반력 R_B를 부정정력 X_1로 선정하면 기본 구조물은 그림(b)와 같은 캔틸레버보로 되며 탄성 방정식은 다음과 같다.

$$\delta_{10} + \delta_{11} X_1 = 0 \tag{a}$$

그림(c)에서 $M_0 = -\dfrac{wx^2}{2}$, 그림(d)에서 $M_1 = x$이므로

$$\delta_{10} = \int_0^l \frac{M_0 M_1}{EI} dx = \frac{1}{EI}\int_0^l -\frac{wx^2}{2}(x)dx = -\frac{wl^4}{8EI} \tag{b}$$

$$\delta_{11} = \int_0^l \frac{M_1^2}{EI} dx = \frac{1}{EI}\int_0^l x^2 dx = \frac{l^3}{3EI} \tag{c}$$

식 (b), (c)를 식 (a)에 대입하면

$$X_1 = -\frac{\delta_{10}}{\delta_{11}} = -\left(-\frac{wl^4}{8EI}\right)\times\frac{3EI}{l^3} = \frac{3wl}{8}\ (\uparrow)$$

풀이 -2

지점 A의 반력 모멘트 M_A를 부정정력 X_1로 선정하면 기본 구조물은 그림 14.23(a)와 같은 단순보로 된다.

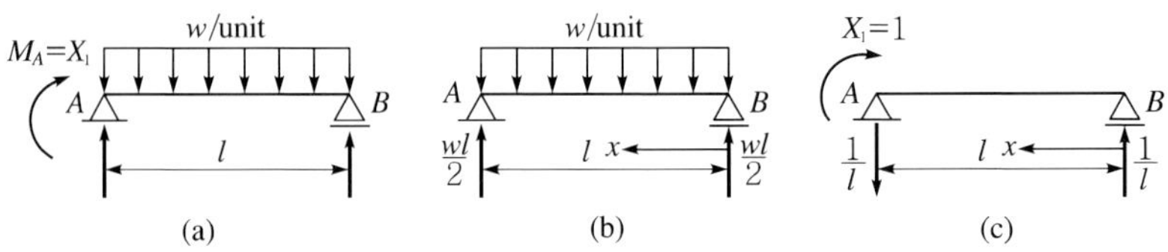

그림 14.23

그림(b)에서 $M_0 = \frac{w}{2}(lx - x^2)$, 그림(c)에서 $M_1 = \frac{x}{l}$ 이므로

$$\delta_{10} = \int_0^l \frac{M_0M_1}{EI}dx = \frac{1}{EI}\int_0^l \frac{w}{2}(lx - x^2)\left(\frac{x}{l}\right)dx = \frac{wl^3}{24EI} \qquad \text{(d)}$$

$$\theta_{11} = \int_0^l \frac{M_1^2}{EI}dx = \frac{1}{EI}\int_0^l\left(\frac{x}{l}\right)^2 dx = \frac{l}{3EI} \qquad \text{(e)}$$

식 (d), (e)를 식 (a)에 대입하면

$$X_1 = -\frac{\delta_{10}}{\theta_{11}} = -\frac{wl^3}{24EI}\times\frac{3EI}{l} = -\frac{wl^2}{8}$$

예제 14.14

그림 14.24(a)와 같은 고정보를 해석하여라.

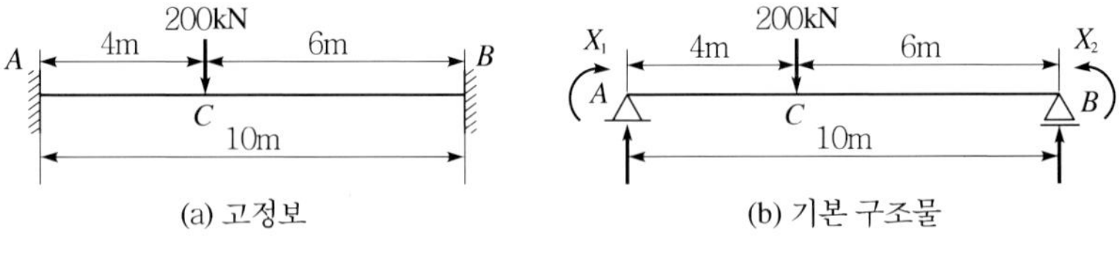

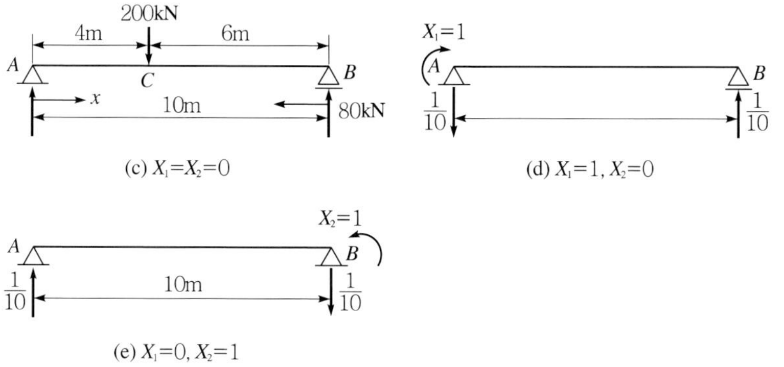

그림 14.24

풀이 -1

양단 고정보는 3차 부정정 구조이지만 이 문제에서는 연직 하중만 작용하므로 수평 반력이 일어나지 않으며, 따라서 2차 부정정 구조와 같이 생각할 수 있다. 여기서, 지점 A, B의 휨 모멘트 M_A, M_B를 부정정력 X_1, X_2로 선정하면 기본 구조물은 그림(b)와 같은 단순보로 된다.

그림(c)에서 $M_0 = 120x$ (원점 A, $0 \leqq x \leqq 4$), $M_0 = 80x$ (원점 B, $0 \leqq x \leqq 6$)

그림(d)에서 $M_1 = 1 - \dfrac{x}{10}$ (원점 A, $0 \leqq x \leqq 10$), $M_1 = \dfrac{x}{10}$ (원점 B, $0 \leqq x \leqq 10$)

그림(e)에서 $M_2 = \dfrac{x}{10}$ (원점 A, $0 \leqq x \leqq 10$), $M_2 = 1 - \dfrac{x}{10}$ (원점 B, $0 \leqq x \leqq 10$)

하중항 δ_{10}, δ_{20} 및 유연도 계수 δ_{11}, δ_{12}, δ_{21}, δ_{22}를 구하면,

$$\delta_{10} = \int_0^l \frac{M_0 M_1}{EI} dx = \frac{1}{EI}\int_0^4 120x\left(1 - \frac{x}{10}\right)dx + \frac{1}{EI}\int_0^6 80x\left(\frac{x}{10}\right)dx = \frac{1,280}{EI}$$

$$\delta_{11} = \int_0^l \frac{M_1^2}{EI} dx = \frac{1}{EI}\int_0^{10}\left(\frac{x}{10}\right)^2 dx = \frac{10}{3EI}$$

$$\delta_{12} = \delta_{21} = \int_0^l \frac{M_1 M_2}{EI} dx = \frac{1}{EI}\int_0^{10}\left(1 - \frac{x}{10}\right)\left(\frac{x}{10}\right)dx = \frac{5}{3EI}$$

$$\delta_{20} = \int \frac{M_0 M_2}{EI} dx = \frac{1}{EI}\int_0^4 120x\left(\frac{x}{10}\right)dx + \frac{1}{EI}\int_0^6 80x\left(1 - \frac{x}{10}\right)dx = \frac{1,120}{EI}$$

$$\delta_{22} = \int_0^l \frac{M_2^2}{EI} dx = \frac{1}{EI}\int_0^{10}\left(\frac{x}{10}\right)^2 dx = \frac{10}{3EI}$$

위의 값을 2차 부정정 구조물의 탄성 방정식

$\delta_{10} + \delta_{11}X_1 + \delta_{12}X_2 = 0$, $\delta_{20} + \delta_{21}X_1 + \delta_{22}X_2 = 0$

에 대입하면

$$\frac{1,280}{EI} + \frac{10}{3EI}X_1 + \frac{5}{3EI}X_2 = 0 \quad \therefore 10X_1 + 5X_2 + 3,840 = 0 \qquad ①$$

$$\frac{1,120}{EI} + \frac{5}{3EI}X_1 + \frac{10}{3EI}X_2 = 0 \quad \therefore 5X_1 + 10X_2 + 3,360 = 0 \qquad ②$$

식 ①, ②를 연립하여 풀면

$X_1 = M_A = -288\,\text{kNm} \quad X_2 = M_B = -192\,\text{kNm}$

풀이 -2

고정단 A의 연직 반력, 휨 모멘트 M_A를 부정정력 X_1, X_2라 하면 기본 구조물은 그림 14.25(a)와 같은 캔틸레버보로 된다.

그림(b)에서 $M_0 = -200x$ (원점 C, $0 \leq x \leq 6$)

그림(c)에서 $M_1 = x$ (원점 A, $0 \leq x \leq 10$), $M_1 = 4 + x$ (원점 C, $0 \leq x \leq 6$)

그림(d)에서 $M_2 = 1$($0 \leq x \leq 10$에서 일정)

하중항 $\delta_{10,}$ δ_{20} 및 유연도 계수 $\delta_{11,}$ $\delta_{12,}$ $\delta_{21,}$ $\delta_{22,}$를 구하면,

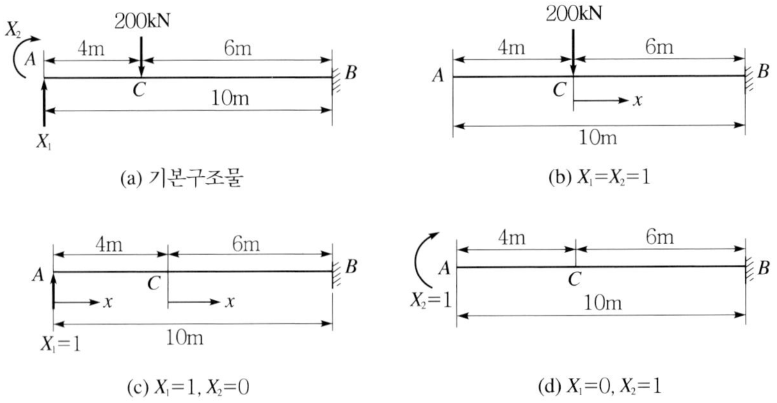

그림 14.25

$$\delta_{10} = \int_0^l \frac{M_0 M_1}{EI}dx = \frac{1}{EI}\int_0^6 (-200x)(4+x)dx = -\frac{28,800}{EI}$$

$$\delta_{11} = \int_0^l \frac{M_1^2}{EI}dx = \frac{1}{EI}\int_0^{10} x^2 dx = \frac{1,000}{3EI}$$

$$\delta_{12} = \delta_{21} = \int_0^l \frac{M_1 M_2}{EI}dx = \frac{1}{EI}\int_0^{10} x(1)dx = \frac{50}{EI}$$

$$\delta_{20} = \int_0^l \frac{M_0 M_2}{EI}dx = \frac{1}{EI}\int_0^6 (-200x)(1)dx = -\frac{3,600}{EI}$$

$$\delta_{22} = \int_0^l \frac{M_2^2}{EI}dx = \frac{1}{EI}\int_0^{10} 1^2 dx = \frac{10}{EI}$$

탄성 방정식을 세우면

$$-\frac{28,800}{EI}+\frac{1,000}{3EI}X_1+\frac{50}{EI}X_2=0 \quad \therefore\ 100X_1+15X_2-8,640=0 \qquad ①$$

$$-\frac{3,600}{EI}+\frac{50}{EI}X_1+\frac{10}{EI}X_2=0 \quad \therefore\ 50X_1+10X_2-3,600=0 \qquad ②$$

식 ①, ②를 연립하여 풀면

$X_1=V_A=129.6\,\text{kN}$ (↑)

$X_2=M_A=-288\,\text{kN}\cdot\text{m}$

예제 14.15

그림 14.26(a)와 같은 보의 고정단 A, B의 휨 모멘트 M_A, M_B를 구하여라.

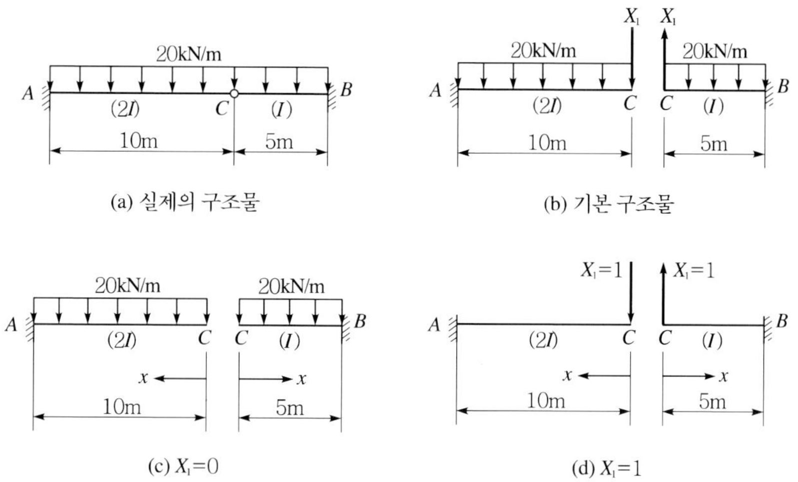

그림 14.26

풀이

이 보에는 수평 반력이 일어나지 않으므로 1차 부정정 보와 같이 생각할 수 있다. 힌지 C점의 전단력을 부정정력으로 선정하면 기본 구조물은 그림(b)와 같이 보를 C점에서 절단한 2개의 캔틸레버보로 된다.

그림(c)에서 $A\sim C$ 사이 : $M_0=-10x^2$ (원점 C, $0\leq x\leq 10$)

$C\sim B$ 사이 : $M_0=-10x^2$ (원점 C, $0\leq x\leq 5$)

그림(d)에서 $A\sim C$ 사이 : $M_1=-x$ (원점 C, $0\leq x\leq 10$)

$C\sim B$ 사이 : $M_1=x$ (원점 C, $0\leq x\leq 5$)

하중항 δ_{10}와 유연도 계수 θ_{11}를 구하면,

$$\delta_{10} = \int_0^l \frac{M_0 M_1}{EI} dx = \frac{1}{2EI}\int_0^{10} -10x^2(-x)dx + \frac{1}{EI}\int_0^5 -10x^2(x)dx = \frac{43,750}{4EI}$$

$$\delta_{11} = \int_0^l \frac{M_1^2}{EI} dx = \frac{1}{2EI}\int_0^{10} (-x)^2 dx + \frac{1}{EI}\int_0^5 x^2 dx = \frac{625}{3EI}$$

부정정력 X_1의 값을 구하면

$$X_1 = -\frac{\delta_{10}}{\delta_{11}} = -\frac{43,750}{4EI} \times \frac{3EI}{625} = -52.5\text{kN}$$

여기서, X_1의 부호가 $(-)$이므로 작용 방향이 그림(b), (d)에 표시한 방향과는 반대임을 알 수 있다.

따라서, 고정단 A, B의 휨 모멘트는 다음과 같다.

$M_A = 52.5 \times 10 - 20 \times 10 \times 5 = -475\text{kN} \cdot \text{m}$

$M_B = -52.5 \times 5 - 20 \times 5 \times 2.5 = -512.5\text{kN} \cdot \text{m}$

예제 14.16

그림 14.27(a)와 같은 1차 부정정 합성 구조물을 해석하여라. 단, 캔틸레버보 AB의 단면2차모멘트 $I = 12,000\text{cm}^4$, 단면적 $A = 60\text{cm}^2$, 타이 로드 BC의 단면적 $A_1 = 12\text{cm}^2$이다(단, AB, AC 부재의 E는 동일하다).

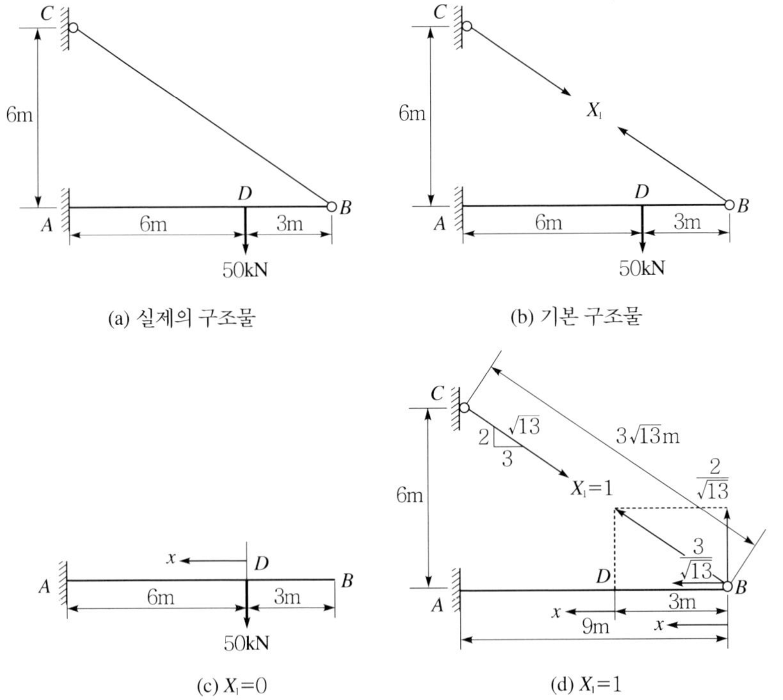

그림 14.27

풀이

부재 BC의 단면력은 축방향력뿐으로 이를 부정정력 X_1로 선정한다.

부재 AB : $I=12{,}000\text{cm}^4=1.2\times10^{-4}\text{m}^4$ $A=60\text{cm}^2=6.0\times10^{-3}\text{m}^2$

그림(c)에서

$M_0=-50x$ (원점 D, $0\leqq x\leqq6$)

그림(d)에서

δ_{10}을 위한 $M_1=\dfrac{2}{\sqrt{13}}(3+x)$ (원점 D, $0\leqq x\leqq6$)

${}_M\delta_{11}$을 위한 $M_1=\dfrac{2}{\sqrt{13}}x$ (원점 B, $0\leqq x\leqq9$)

${}_N\delta_{11}$을 위한 $N_1=-\dfrac{3}{\sqrt{13}}$ (일정, $0\leqq x\leqq9$)

부재 BC : $A_1=12\text{cm}^2=1.2\times10^{-3}\text{m}^2$

그림(d)에서

${}_M\delta_{11}$을 위한 $N_1=1$ (일정 , $0\leq x\leq3\sqrt{13}$)

하중항 δ_{10}와 유연도 계수 δ_{11}을 구하면 다음과 같다. 여기서, δ_{11}은 휨 모멘트에 의한 ${}_M\delta_{11}$과 축방향력에 의한 ${}_N\delta_{11}$을 따로 구하여 합산하기로 한다.

$$\delta_{10}=\int_0^l\frac{M_0M_1}{EI}dx=\frac{1}{EI}\int_0^6-50x\left\{\frac{2}{\sqrt{13}}(3+x)\right\}dx=-\frac{12{,}600}{\sqrt{13}\times1.2\times10^{-4}E}=\frac{29,121,760}{E}$$

$${}_M\delta_{11}=\int_0^l\frac{{M_1}^2}{EI}dx=\frac{1}{EI}\int_0^9\left(\frac{2}{\sqrt{13}}x\right)^2dx=\frac{972}{13EI}=\frac{972}{13\times1.2\times10^{-4}E}=\frac{623{,}077}{E}$$

$${}_N\delta_{11}=\sum\frac{{N_1}^2l}{EA}=\frac{1}{EA}\left(-\frac{3}{\sqrt{13}}\right)^2\times9+\frac{1}{EA_1}(1)^2\times3\sqrt{13}$$

$$=\frac{81}{13EA}+\frac{3\sqrt{13}}{EA_1}=\frac{81}{13\times6.0\times10^{-3}E}+\frac{3\sqrt{13}}{1.2\times10^{-3}E}=\frac{10{,}052}{E}$$

$$\delta_{11}={}_M\delta_{11}+{}_N\delta_{11}=\frac{623{,}077}{E}+\frac{10{,}052}{E}=\frac{633{,}129}{E}$$

부정정력 X_1의 값을 구하면

$$X_1=-\frac{\delta_{10}}{\delta_{11}}=-\left(-\frac{29{,}121{,}760}{E}\right)\times\frac{E}{633{,}129}=46\text{kN}$$

여기서, 축방향력의 영향을 무시하고 X_1의 값을 구하면

$$X_1=-\frac{\delta_{10}}{{}_M\delta_{11}}=-\left(-\frac{29{,}121{,}760}{E}\right)\times\frac{E}{623{,}077}=46.74\text{kN}$$

이므로 그 차이는 0.74kN으로서 X_1의 값에 미치는 축방향력의 영향은 0.74/46=0.0161=1.61% 정도밖에 되지 않음을 알 수 있다.

예제 14.17

그림 14.28(a)와 같은 합성 구조물을 해석하여라. 단, 부재 AB 의 단면은 $20\text{cm} \times 30\text{cm}$ 의 직사각형이고, 부재 AD, BD, CD 의 단면적은 25cm^2이며, 모든 부재의 탄성계수 E는 같다.

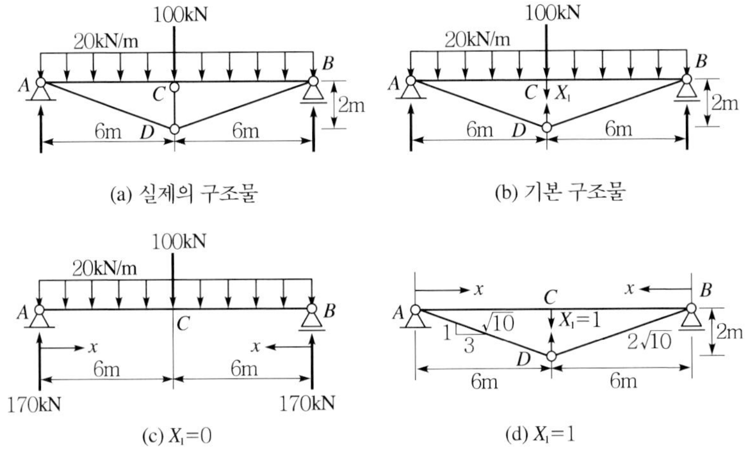

그림 14.28

풀이

부재 AB 의 단면적 $A_1 = 0.2 \times 0.3 = 6.0 \times 10^{-2}\text{m}^2$

부재 AB 의 단면 2차모멘트 $I = \dfrac{0.2 \times 0.3^3}{12} = 4.5 \times 10^{-4}\,\text{m}^4$

부재 AD, BD, CD의 단면적 $A_2 = 25\text{cm}^2 = 2.5 \times 10^{-3}\text{m}^2$

이 구조물은 1차 부정정 구조이므로 부정정력 1개만 선정하면 된다. 부재CD의 부재력을 부정정력 X_1로 선정하면 기본 구조물은 그림(b)와 같다.

그림(c)로부터 부재 AB의 휨 모멘트 M_0을 구하면 $A \sim C$, $B \sim C$ 다같이

$M_0 = 170x - 10x^2$ (원점 A, B ; $0 \leq x \leq 6$)

그림(d)로 부터 부재 AD, BD의 축방향력 $N_{1,AD}$, $N_{1,BD}$를 구하면 절점 D에서 두 부재의 부재력은 같으므로

$$\sum V = 2N_{1,AD} \times \frac{1}{\sqrt{10}} + 1 = 0 \qquad \therefore N_{1,AD} = N_{1,BD} = -\frac{\sqrt{10}}{2}$$

부재 AB의 휨 모멘트 M_1을 구하면 $A \sim C$, $B \sim C$ 다같이

$$M_1 = -(\text{부재}AD\text{또는 }BD\text{의 축방향력}) \times \frac{1}{\sqrt{10}} \times x$$

$$= -\left(-\frac{\sqrt{10}}{2}\right) \times \frac{1}{\sqrt{10}} \times x = \frac{x}{2} \ (\text{원점 } A, B : 0 \leqq x \leqq 6)$$

부재 AB의 축방향력 $N_{1,AB}$를 구하면 절점 A에서

$$\sum H = \text{부재}AB\text{의 축방향력} + \text{부재}AD\text{의 축방향력} \times \frac{3}{\sqrt{10}}$$

$$= N_{1,AB} + \left(-\frac{\sqrt{10}}{2}\right) \times \frac{3}{\sqrt{10}} = 0 \qquad \therefore N_{1,AB} = \frac{3}{2}$$

부재 CD의 축방향력은 $N_{1,CD} = 1$

하중항 δ_{10}와 유연도 계수 δ_{11}을 구하면 다음과 같다.

$$\delta_{10} = \int_0^l \frac{M_0 M_1}{EI} dx = \frac{2}{EI} \int_0^6 (170x - 10x^2)\left(\frac{x}{2}\right) dx = \frac{9{,}000}{EI} = \frac{9{,}000}{4.5 \times 10^{-4} E} = \frac{2.0 \times 10^7}{E}$$

$${}_M\delta_{11} = \int_0^l \frac{{M_1}^2}{EI} dx = \frac{2}{EI} \int_0^6 \left(\frac{x}{2}\right)^2 dx = \frac{36}{EI} = \frac{36}{4.5 \times 10^{-4} E} = \frac{8.0 \times 10^4}{E}$$

$${}_N\delta_{11} = \sum \frac{{N_1}^2 l}{EA} = \frac{1}{EA_1}\left(\frac{3}{2}\right)^2 \times 12 + \frac{2}{EA_2}\left(-\frac{\sqrt{10}}{2}\right)^2 \times 2\sqrt{10} + \frac{1}{EA_2}(1)^2 \times 2$$

$$= \frac{27}{EA_1} + \frac{33.623}{EA_2} = \frac{27}{6.0 \times 10^{-2} E} + \frac{33.623}{2.5 \times 10^{-3} E} = \frac{1.39 \times 10^4}{E}$$

$$\delta_{11} = {}_M\delta_{11} + {}_N\delta_{11} = \frac{8.0 \times 10^4}{E} + \frac{1.39 \times 10^4}{E} = \frac{9.39 \times 10^4}{E}$$

부정정력 X_1의 값을 구하면

$$X_1 = -\frac{\delta_{10}}{\delta_{11}} = -\frac{2.0 \times 10^7}{E} \times \frac{E}{9.39 \times 10^4} = -212.99\text{kN}$$

예제 14.18

그림 14.29(a)와 같은 라멘을 해석하여라.

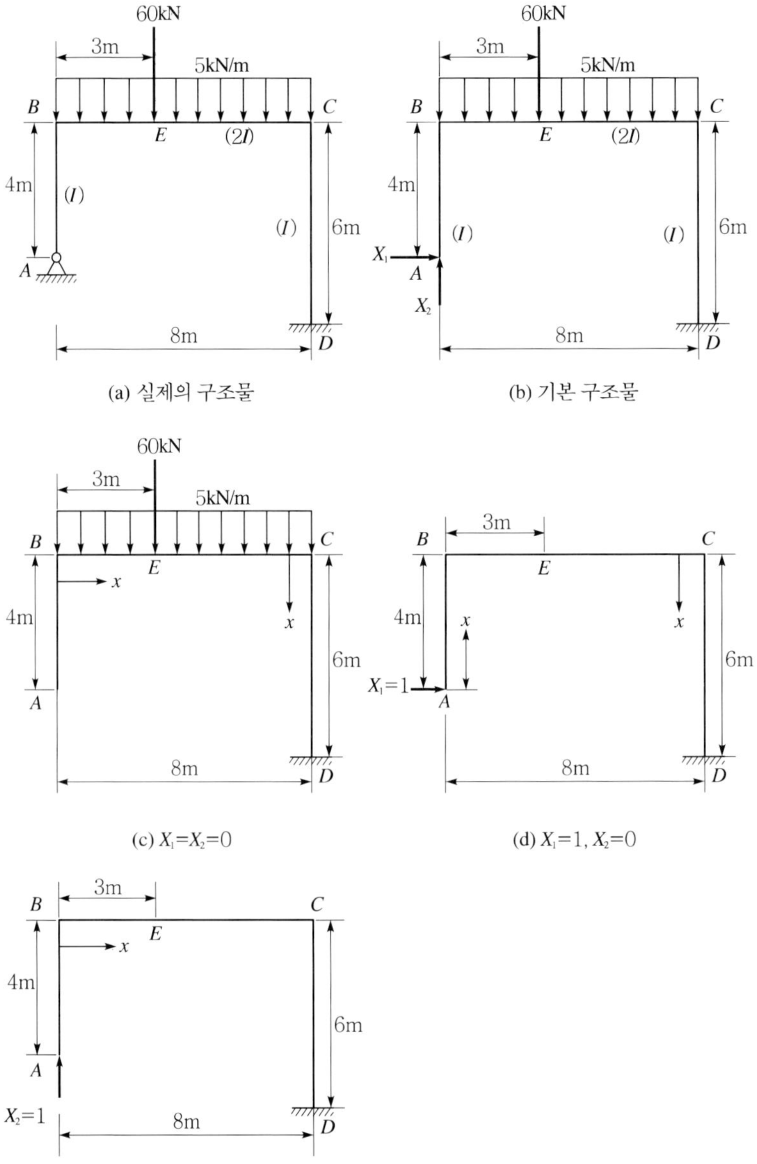

(a) 실제의 구조물 (b) 기본 구조물

(c) $X_1=X_2=0$ (d) $X_1=1, X_2=0$

(e) $X_1=0, X_2=1$

그림 14.29

풀이

2차 부정정이므로 지점 A의 수평, 연직 반력을 부정정력 X_1, X_2로 선정하면 기본 구조물은 그림(b)와 같으며, 그림(c), (d), (e)로부터 M_0, M_1, M_2를 구하면 표 14.1과 같다.

하중항 δ_{10}, δ_{20} 및 유연도 계수 δ_{11}, δ_{12}, δ_{21}, δ_{22}를 구하면

$$\delta_{10} = \int_0^l \frac{M_0 M_1}{EI} dx = \frac{1}{2EI}\int_0^3 -\frac{5}{2}x^2(-4)dx$$

$$+\frac{1}{2EI}\int_3^8 -\left(\frac{5}{2}x^2+60x-180\right)(-4)dx + \frac{1}{EI}\int_0^6 -460(x-4)dx = \frac{15,340}{3EI}$$

$$\delta_{11} = \int_0^l \frac{{M_1}^2}{EI}dx = \frac{1}{EI}\int_0^4 (-x)^2 dx + \frac{1}{2EI}\int_0^8 (-4)^2 dx + \frac{1}{EI}\int_0^6 (x-4)^2 dx = \frac{328}{3EI}$$

$$\delta_{12} = \delta_{21} = \int_0^l \frac{M_1 M_2}{EI}dx = \frac{1}{2EI}\int_0^8 (-4)(x)dx + \frac{1}{EI}\int_0^6 (x-4)(8)dx = -\frac{112}{EI}$$

표 14.1

구 간	원 점	한 계	단면 2차 모 멘 트	M_0	M_1	M_2
AB	A	0~4	I	0	$-x$	0
BE	B	0~3	$2I$	$-\frac{5}{2}x^2$	-4	x
EC	B	3~8	$2I$	$-\left(\frac{5}{2}x^2+60x-180\right)$	-4	x
CD	C	0~6	I	-460	$x-4$	8

$$\delta_{20} = \int_0^l \frac{M_0 M_2}{EI} dx = \frac{1}{2EI}\int_0^3 -\frac{5}{2}x^2(x)dx$$

$$+\frac{1}{2EI}\int_3^8 -\left(\frac{5}{2}x^2+60x-180\right)(x)dx + \frac{1}{EI}\int_0^6 -460(8)dx = -\frac{51,470}{2EI}$$

$$\delta_{22} = \int_0^l \frac{{M_2}^2}{EI}dx = \frac{1}{2EI}\int_0^8 x^2 dx + \frac{1}{EI}\int_0^6 8^2 dx = \frac{1,408}{3EI}$$

탄성 방정식을 세우면

$$\frac{15,340}{3EI} + \frac{328}{3EI}X_1 - \frac{112}{EI}X_2 = 0$$

$$328X_1 - 336X_2 + 15,340 = 0 \qquad ①$$

$$-\frac{51,470}{2EI} - \frac{112}{EI}X_1 + \frac{1,408}{3EI}X_2 = 0$$

$$-672X_1+2{,}816X_2-154{,}410=0 \qquad ②$$

식 ①, ②를 연립하여 풀면

$X_1=12.44\ \text{kN}\ (\rightarrow) \qquad X_2=57.80\ \text{kN}\ (\uparrow)$

예제 14.19

그림 14.30(a)와 같은 라멘의 지점 E의 반력을 구하여라. 단, EI는 일정하다.

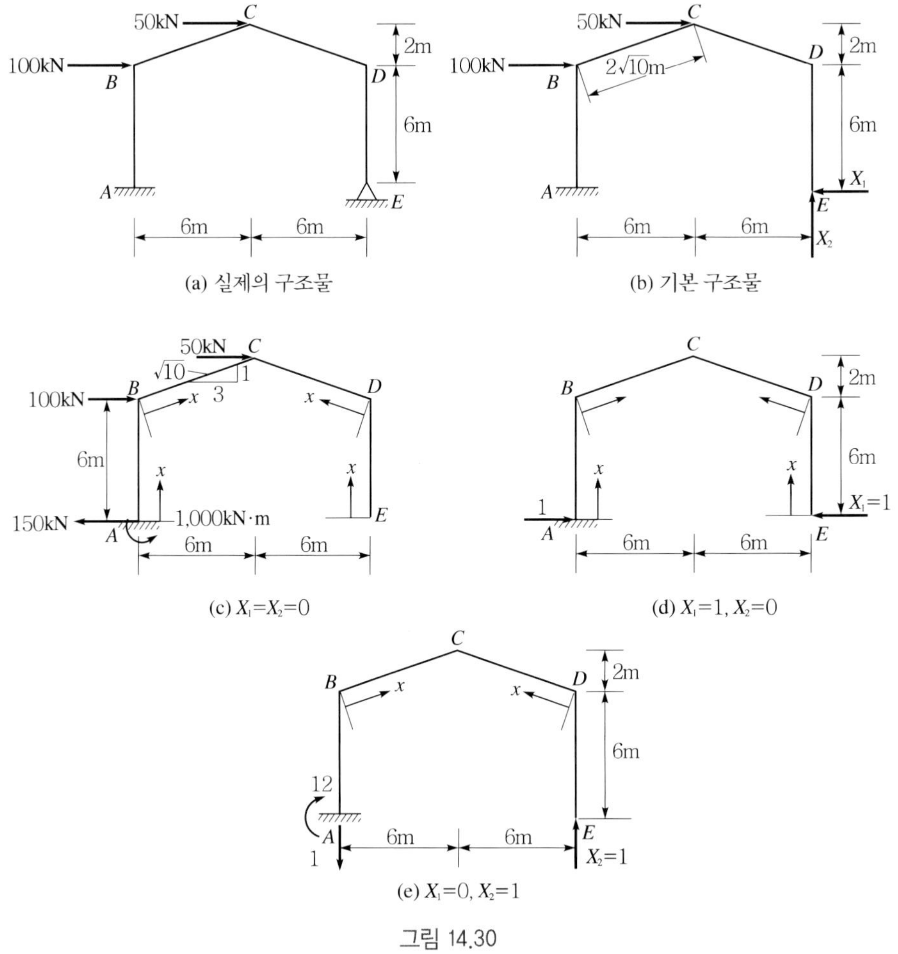

그림 14.30

풀이

지점 E의 수평, 연직반력을 부정정력 X_1, X_2로 선정하면 기본 구조물은 그림(b)와 같으며, 그림(c), (d), (e)로부터 M_0, M_1, M_2를 구하면 표 14.2와 같다.

하중항과 유연도 계수를 구하면

$$\delta_{10} = \int_0^l \frac{M_0 M_1}{EI} dx = \frac{1}{EI}\int_0^6 (150x - 1{,}000)(-x)dx$$

$$+ \frac{1}{EI}\int_0^{2\sqrt{10}} \left(\frac{50}{\sqrt{10}}x - 100\right)\left(-\frac{x}{\sqrt{10}} - 6\right)dx = \frac{9{,}308.19}{EI}$$

표 14.2

구 간	원 점	한 계	M_0	M_1	M_2
AB	A	0~6	$150x - 1{,}000$	$-x$	12
BC	B	$0 \sim 2\sqrt{10}$	$\frac{50}{\sqrt{10}}x - 100$	$-\frac{x}{\sqrt{10}} - 6$	$-\frac{3}{\sqrt{10}}x + 12$
CD	D	$0 \sim 2\sqrt{10}$	0	$-\frac{x}{\sqrt{10}} - 6$	$\frac{3}{\sqrt{10}}x$
DE	E	0~6	0	$-x$	0

$$\delta_{11} = \int_0^l \frac{{M_1}^2}{EI} dx = \frac{2}{EI}\int_0^6 (-x)^2 dx + \frac{2}{EI}\int_0^{2\sqrt{10}} \left(-\frac{x}{\sqrt{10}} - 6\right)^2 dx = \frac{768.023}{EI}$$

$$\delta_{12} = \delta_{21} = \int_0^1 \frac{M_1 M_2}{EI} dx = \frac{1}{EI}\int_0^6 (-x)(12)dx$$

$$+ \frac{1}{EI}\int_0^{2\sqrt{10}} \left(-\frac{x}{\sqrt{10}} - 6\right)\left(-\frac{3}{\sqrt{10}}x + 12\right)dx$$

$$+ \frac{1}{EI}\int_0^{2\sqrt{10}} \left(-\frac{x}{\sqrt{10}} - 6\right)\left(\frac{3}{\sqrt{10}}x\right)dx = -\frac{747.263}{EI}$$

$$\delta_{20} = \int_0^l \frac{M_0 M_2}{EI} dx - \frac{1}{EI}\int_0^6 (150x - 1{,}000)(12)dx$$

$$+ \frac{1}{EI}\int_0^{2\sqrt{10}} \left(\frac{50}{\sqrt{10}}x - 100\right)\left(-\frac{3}{\sqrt{10}}x + 12\right)dx = -\frac{42{,}762.28}{EI}$$

$$\delta_{22} = \int_0^l \frac{{M_2}^2}{EI} dx = \frac{1}{EI}\int_0^6 (12)^2 dx + \frac{1}{EI}\int_0^{2\sqrt{10}} \left(-\frac{3}{\sqrt{10}}x + 12\right)^2 dx$$

$$+ \frac{1}{EI}\int_0^{2\sqrt{10}} \left(\frac{3}{\sqrt{10}}x\right)^2 dx = \frac{1{,}471.157}{EI}$$

탄성 방정식을 세우면

$$\frac{9{,}308.19}{EI} + \frac{768.023}{EI}X_1 - \frac{747.263}{EI}X_2 = 0$$

$$768.023X_1 - 747.263X_2 + 9,308.19 = 0 \quad ①$$

$$-\frac{42,762.28}{EI} - \frac{747.263}{EI}X_1 + \frac{1,471.157}{EI}X_2 = 0$$

$$-747.263X_1 + 1,471.157X_2 - 42,762.28 = 0 \quad ②$$

식 ①, ②를 연립하여 풀면

$X_1 = 31.95\text{kN}\ (\rightarrow)$ $\quad$ $X_2 = 45.30\text{kN}\ (\uparrow)$

예제 14.20

그림 14.31(a)와 같은 라멘의 점 A, B, C, D의 휨 모멘트를 구하여라.

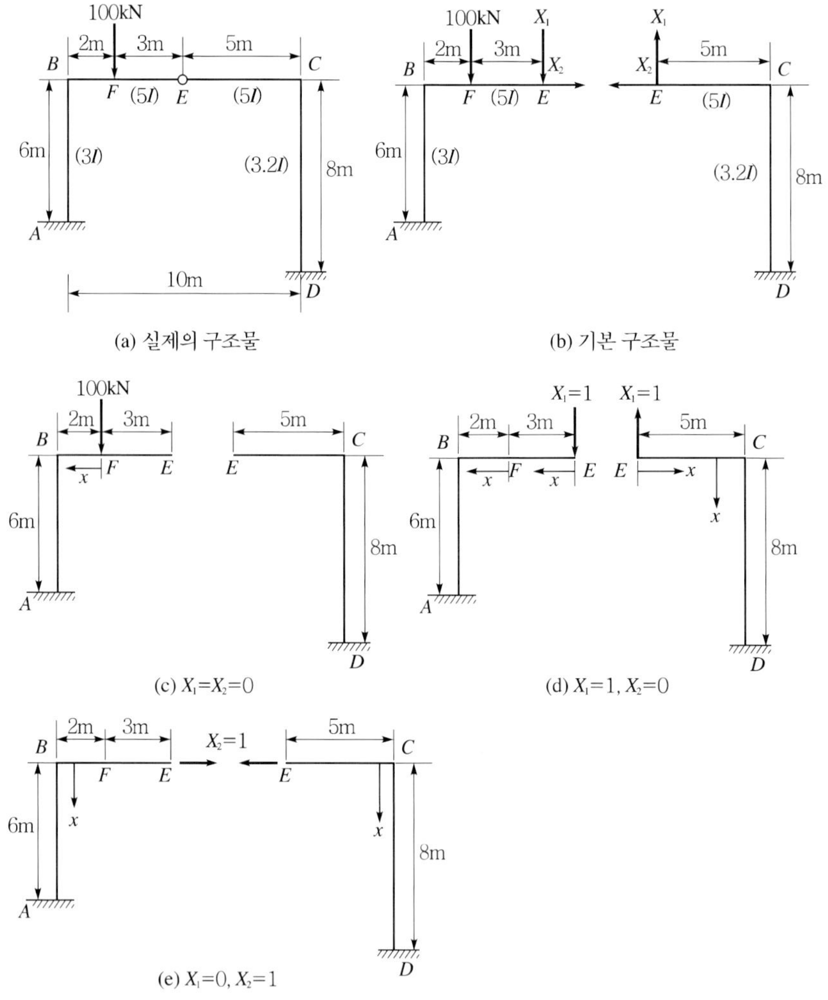

그림 14.31

풀이

2차 부정정 구조이므로 단면 E의 전단력, 축방향력을 부정정력 X_1, X_2로 선정하면 기본 구조물은 그림(b)와 같으며, 그림(c), (d), (e)로부터 M_0, M_1, M_2를 구하면 표 14.3과 같다.

표 14.3

구 간	원 점	한 계	단면 2차 모멘트	M_0	M_1	M_2
EF	E	0~3	$5I$	0	$-x$ (δ_{11}을 위한)	0
FB	F	0~2	$5I$	$-100x$	$-x-3$ (δ_{10}을 위한)	0
BA	B	0~6	$3I$	-200	-5	$-x$
EC	E	0~5	$5I$	0	x	0
CD	C	0~8	$3.2I$	0	5	$-x$

하중항과 유연도 계수를 구하면

$$\delta_{10} = \int_0^l \frac{M_0 M_1}{EI} dx = \frac{1}{5EI}\int_0^2 (-100x)(-x-3)dx$$

$$+\frac{1}{3EI}\int_0^6 (-200)(-5)dx = \frac{6{,}520}{3EI}$$

$$\delta_{11} = \int_0^l \frac{{M_1}^2}{EI} dx = \frac{1}{5EI}\int_0^5 (-x)^2 dx + \frac{1}{3EI}\int_0^6 (-5)^2 dx$$

$$+\frac{1}{5EI}\int_0^5 x^2 dx + \frac{1}{3.2EI}\int_0^8 5^2 dx = \frac{1{,}240}{9.6EI}$$

$$\delta_{12} = \delta_{21} = \int_0^l \frac{M_1 M_2}{EI} dx = \frac{1}{3EI}\int_0^6 (-5)(-x)dx + \frac{1}{3.2EI}\int_0^8 5(-x)dx = -\frac{20}{EI}$$

$$\delta_{20} = \int_0^l \frac{M_0 M_2}{EI} dx = \frac{1}{3EI}\int_0^6 -200(-x)dx = \frac{1{,}200}{EI}$$

$$\delta_{22} = \int_0^l \frac{{M_2}^2}{EI} dx = \frac{1}{3EI}\int_0^6 (-x)^2 dx + \frac{1}{3.2EI}\int_0^8 (-x)^2 dx = \frac{742.4}{9.6EI}$$

탄성 방정식을 세우면

$$\frac{6{,}520}{3EI} + \frac{1{,}240}{9.6EI}X_1 - \frac{20}{EI}X_2 = 0 \qquad ①$$

$$1{,}240X_1 - 192X_2 + 20{,}864 = 0$$

$$\frac{1{,}200}{EI} - \frac{20}{EI}X_1 + \frac{742.4}{9.6EI}X_2 = 0 \qquad ②$$

$$-192X_1 + 742.4X_2 + 11{,}520 = 0$$

식 ①, ②를 연립하여 풀면

$X_1 = 20.03\text{kN}\ (\rightarrow)$ $\qquad X_2 = 20.7\text{kN}\ (\uparrow)$

그림(b)에 의하여 각 점의 휨 모멘트를 구하면

$M_A = -(-20.03)\times 5 - (-20.70)\times 6 - 100\times 2 = 24.35\text{kN}\cdot\text{m}$

$M_B = -(-20.03)\times 5 - 100\times 2 = -99.85\text{kN}\cdot\text{m}$

$M_C = -20.03\times 5 = -100.15\text{kN}\cdot\text{m}$

$M_D = -20.03\times 5 - (-20.70)\times 8 = 65.45\text{kN}\cdot\text{m}$

예제 14.21

그림 14.32(a)와 같은 외적 1차 부정정 트러스의 부재력을 구하여라. 단, $EA=$ const.

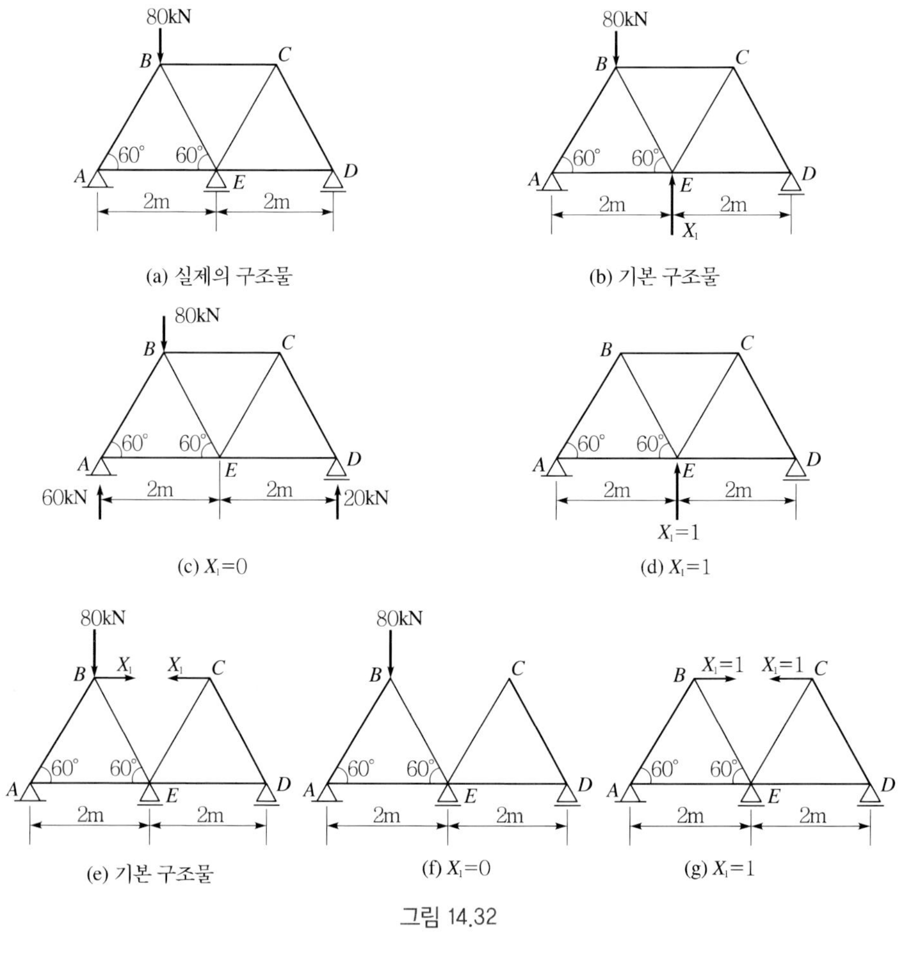

그림 14.32

풀이 -1

지점 E의 반력을 부정정력 X_1로 선정하면 기본 구조물은 그림(b)와 같으며, 그림(c), (d)에 의하여 N_0, N_1을 구하여 부재력을 계산하면 표 14.4와 같다.

하중항 δ_{10} 및 유연도 계수 δ_{11}은 표 14.4로부터

$$\delta_{10} = \Sigma \frac{N_0 N_1 l}{EA} = -\frac{160}{EA},\ \delta_{11} = \Sigma \frac{{N_1}^2 l}{EA} = \frac{11}{3EA}$$

부정정력 X_1을 구하면

$$X_1 = -\frac{\delta_{10}}{\delta_{11}} = -\left(-\frac{160}{EA}\right) \times \frac{3EA}{11} = \frac{480}{11} = 43.64\text{kN} \ (\uparrow)$$

부재력은 $N = N_0 + N_1 X_1$에 의하여 계산하며 결과는 위의 표의 오른쪽 란에 표시하였다.

표 14.4

부 재	N_0 [kN]	N_1 [1]	l[m]	$N_0 N_1 l$ [kN·m]	${N_1}^2 l$ [m]	$N = N_0 + N_1 X_1$ [kN]
AE	$20\sqrt{3}$	$-1/2\sqrt{3}$	2	-20	1/6	22.04
ED	$20/\sqrt{3}$	$-1/2\sqrt{3}$	2	$-20/3$	1/6	-1.05
BC	$-40/\sqrt{3}$	$1/\sqrt{3}$	2	$-80/3$	2/3	2.10
AB	$-40\sqrt{3}$	$1/\sqrt{3}$	2	-80	2/3	-44.09
BE	$-40/\sqrt{3}$	$-1/\sqrt{3}$	2	80/3	2/3	-48.29
CE	$40/\sqrt{3}$	$-1/\sqrt{3}$	2	$-80/3$	2/3	-2.10
CD	$-40/\sqrt{3}$	$1/\sqrt{3}$	2	$-80/3$	2/3	2.10
Σ				-160	11/3	

풀이 -2

부재 BC의 부재력을 부정정력 X_1로 선정하면 기본 구조물은 그림(e)와 같으며, 그림(f), (g)에 의하여 N_0, N_1을 구하여 부재력을 계산하면 표 14.5와 같다.

표 14.5로부터 $\delta_{10} = \Sigma \frac{N_0 N_1 l}{EA} = -\frac{40}{\sqrt{3}EA}$

표 14.5

부 재	N_0 [kN]	N_1 [1]	l [m]	$N_0 N_1 l$[kN·m]	${N_1}^2 l$ [m]	$N = N_0 + N_1 X_1$ [kN]
AE	$40/\sqrt{3}$	$-1/2$	2	$-40/\sqrt{3}$	1/2	22.04
ED	0	$-1/2$	2	0	1/2	-1.05
BC	0	1	2	0	2	2.10
AB	$-80/\sqrt{3}$	1	2	$-160/\sqrt{3}$	2	-44.09
BE	$-80/\sqrt{3}$	-1	2	$160/\sqrt{3}$	2	-48.29
CE	0	-1	2	0	2	-2.10
CD	0	1	2	0	2	2.10
Σ				$-40/\sqrt{3}$	11	

$$\delta_{11} = \Sigma \frac{N_1{}^2 l}{EA} = \frac{11}{EA}$$

부정정력 X_1을 구하면 $X_1 = -\dfrac{\delta_{10}}{\delta_{11}} = -\left(-\dfrac{40}{\sqrt{3}\,EA}\right) \times \dfrac{EA}{11} = \dfrac{40}{11\sqrt{3}}\text{kN} = 2.10\text{kN}$

부재력은 표 14.5의 오른 쪽의 란에 표시하였다.

예제 14.22

그림 14.33(a)와 같은 내적 2차 부정정 트러스의 부재력을 구하여라. 단, EA = const.

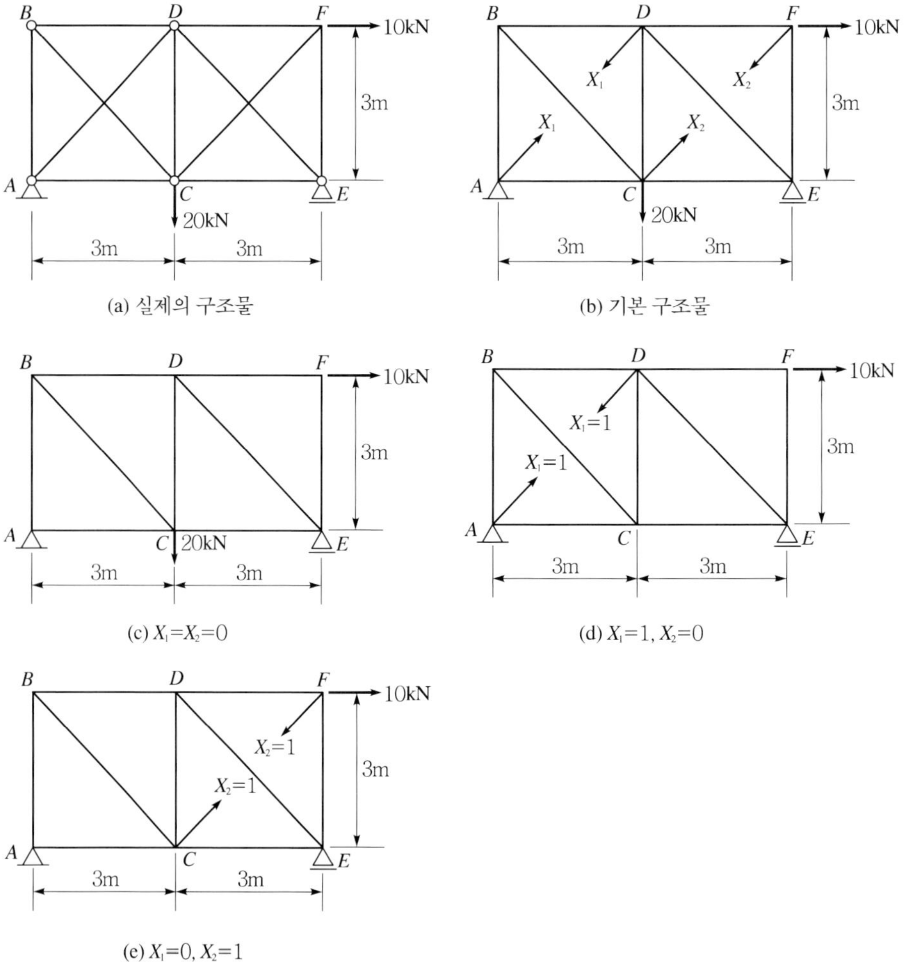

그림 14.33

풀이

부재 AD, CF의 부재력을 부정정력 X_1, X_2로 선정하면 기본 구조물은 그림(b)와 같으며, 부재력 계산은 표 14.6과 같다.

하중항 및 유연도 계수는 표 14.6으로부터

$$\delta_{10} = \Sigma \frac{N_0 N_1 l}{EA} = -\frac{1.82}{EA} \qquad \delta_{11} = \Sigma \frac{N_1{}^2 l}{EA} = \frac{14.485}{EA}$$

$$\delta_{12} = \delta_{21} = \Sigma \frac{N_1 N_2 l}{EA} = \frac{1.5}{EA} \qquad \delta_{20} = \Sigma \frac{N_0 N_2 l}{EA} = -\frac{174.85}{EA} \quad \delta_{22} = \Sigma \frac{N_2{}^2 l}{EA} = \frac{14.485}{EA}$$

탄성 방정식을 세우면

$$-\frac{1.82}{EI} + \frac{14.485}{EI} X_1 + \frac{1.5}{EI} X_2 = 0$$

$$14.485X_1 + 1.5X_2 - 1.82 = 0 \qquad ①$$

$$-\frac{174.85}{EA} + \frac{1.5}{EA} X_1 + \frac{14.485}{EA} X_2 = 0$$

$$1.5X_1 + 14.485X_2 - 174.85 = 0 \qquad ②$$

식 ①, ②를 연립하여 풀면

$X_1 = -1.137\text{kN}$ $\qquad$ $X_2 = 12.189\text{kN}$

모든 부재력을 구하면 표 14.6의 오른쪽 란과 같다.

표 14.6

부재	N_0 [kN]	N_1 [1]	N_2 [1]	l [m]	N_0N_1l [kN·m]	$N_1{}^2l$ [kN·m]	N_1N_2l [m]	N_0N_1l [kN·m]	$N_2{}^2l$ [m]	$N = N_0 + N_1X_1 + N_2X_2$ [kN]
AB	−5	$-1/\sqrt{2}$	0	3	$7.5\sqrt{2}$	1.5	0	0	0	−4.196
AC	10	$-1/\sqrt{2}$	0	3	$-15\sqrt{2}$	1.5	0	0	0	10.804
AD	0	1	0	$3\sqrt{2}$	0	3	0	0	0	−1.137
BC	$5\sqrt{2}$	1	0	$3\sqrt{2}$	30	$3\sqrt{2}$	0	0	0	5.934
BD	−5	$-1/\sqrt{2}$	0	3	$7.5\sqrt{2}$	1.5	0	0	0	−4.196
CD	15	$-1/\sqrt{2}$	$-1/\sqrt{2}$	3	$-22.5\sqrt{2}$	1.5	1.5	$-22.5\sqrt{2}$	1.5	7.185
CE	15	0	$-1/\sqrt{2}$	3	0	0	0	$-22.5\sqrt{2}$	1.5	6.381
CF	0	0	1	$3\sqrt{2}$	0	0	0	0	$3\sqrt{2}$	12.189
DE	$-15\sqrt{2}$	0	1	$3\sqrt{2}$	0	0	0	−90	$3\sqrt{2}$	−9.024
DF	10	0	$-1/\sqrt{2}$	3	0	0	0	$-15\sqrt{2}$	1.5	1.381
EF	0	0	$-1/\sqrt{2}$	3	0	0	0	0	1.5	−8.619
Σ					−1.82	14.485	1.5	−174.85	14.485	

예제 14.23

그림 14.34(a)와 같은 트러스에서 작용 하중은 없고, 다른 원인으로 지점 L_0, L_2, L_4가 각각 1cm, 3cm, 2cm 침하 하였다. 모든 부재력을 구하여라. 단, $E=2.1\times10^5$MPa, $A=64.5\text{cm}^2$.

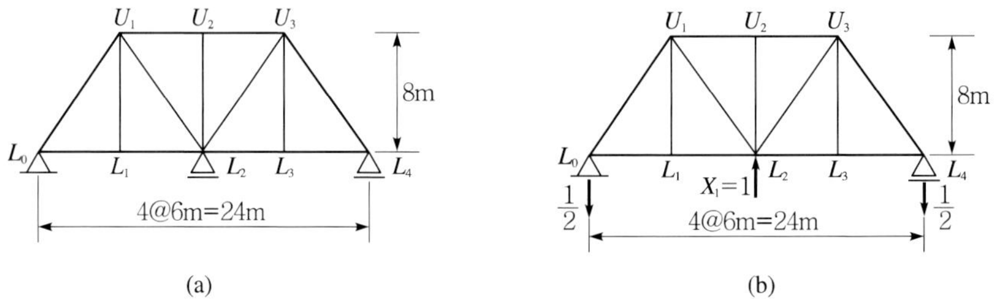

그림 14.34

풀이

지점 L_2의 반력 R_{L_2}를 부정정력 X_1로 한다. 작용 하중이 없으므로 모든 부재의 $N_0=0$이고, 그림(b)로부터 N_1의 값을 구하여 부재력을 구하면 표 14.7과 같다.

표 14.7

부 재	l[m]	N_1 [1]	$N_1{}^2 l$ [m]	$N=N_1X_1$ [kN]
L_0L_1	6	−3/8	54/64	295.90
L_1L_2	6	−3/8	54/64	295.90
L_2L_3	6	−3/8	54/64	295.90
L_3L_4	6	−3/8	54/64	295.90
U_1U_2	6	6/8	216/64	−591.79
U_2U_3	6	6/8	216/64	−591.79
L_0U_1	10	5/8	250/64	−493.16
L_1U_1	8	0	0	0
U_1L_2	10	−5/8	250/64	493.16
L_2U_2	8	0	0	0
L_2U_3	10	−5/8	250/64	493.16
L_3U_3	8	0	0	0
U_3L_4	10	5/8	250/64	−493.16
Σ			1,648/64	

탄성 방정식 $\delta_{10}+\delta_{11}X_1=0$에서

$$\delta_{10}=-\Sigma\overline{R_j}\,\delta_j=-\left(\frac{1}{2}\times0.01-1\times0.03+\frac{1}{2}\times0.02\right)=0.015[\text{m}]$$

$$\delta_{11} = \Sigma\frac{N_1^{\,2}l}{EA} = \frac{1,648}{64EA} = \frac{25.75}{EA} = \frac{25.75}{2.1\times10^8\times6.45\times10^{-3}} = 1.91\times10^{-5}[\text{m/kN}]$$

이므로

$$X_1 = -\frac{\delta_{10}}{\delta_{11}} = -\frac{0.015}{1.91\times10^{-5}} = -789.06\text{kN}\ (\downarrow)$$

예제 14.24

그림 14.35(a)와 같은 트러스에서 작용 하중은 없고 모든 하현재의 온도가 25℃ 하강하였다. 모든 부재력을 구하여라. 단, $\alpha = 1.2\times10^{-5}/℃$, $E = 2.1\times10^5\text{MPa}$, $A = 64.5\text{cm}^2$.

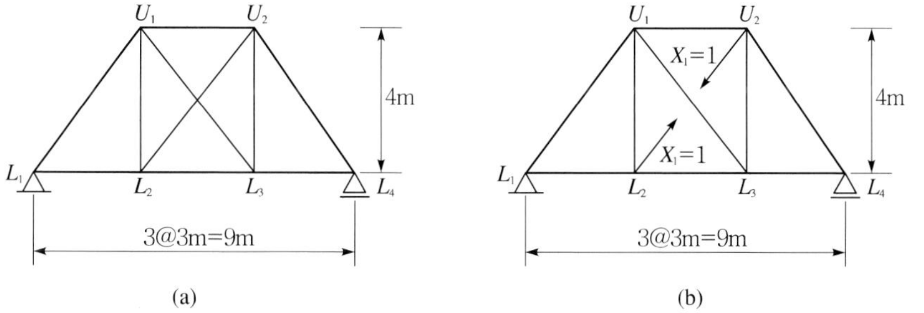

그림 14.35

풀이

부재 L_2U_2의 부재력을 부정정력 X_1로 한다. 모든 부재의 $N_0 = 0$이고, 그림(b)로부터 N_1의 값을 구하여 부재력을 구하면 표 14.8과 같다.

표 14.8에서

$$\delta_{10} = \Sigma N_1\alpha\, tl = -1.8\alpha t, \qquad \delta_{11} = \Sigma\frac{N_1^{\,2}l}{EA} = \frac{17.28}{EA}\ \text{이므로}$$

표 14.8

부 재	l [m]	N_1 [1]	$N_1.l$ [m]	$N_1^{\,2}l$ [m]	$N=N_1X_1$ [kN]
L_2L_3	3	−0.6	−1.8	1.08	25.40
U_1U_2	3	−0.6		1.08	25.40
U_1L_2	4	−0.8		2.56	33.86
U_2L_3	4	−0.8		2.56	33.86
L_2U_2	5	1.0		5.00	−42.33
U_1L_3	5	1.0		5.00	−42.33
Σ			−1.8	17.28	

$$X_1 = -\frac{\delta_{10}}{\delta_{11}} = -(-1.8\alpha t) \times \frac{EA}{17.28} = 0.10417EA\alpha t$$

$$= 0.10417 \times 2.1 \times 10^8 \times 64.5 \times 10^{-4} \times 1.2 \times 10^{-5} \times (-25) = -42.329\text{kN (압축)}$$

예제 14.25

그림 14.36(a)와 같은 트러스에서 작용 하중은 없고 제작 착오로 부재 U_1U_2가 1.5cm, 부재 U_3L_3가 0.8cm 길다. 이 부재들을 조립하였을 때 모든 부재력을 구하여라. (단, $E = 2.1 \times 10^5$MPa, $A = 64.5\text{cm}^2$)

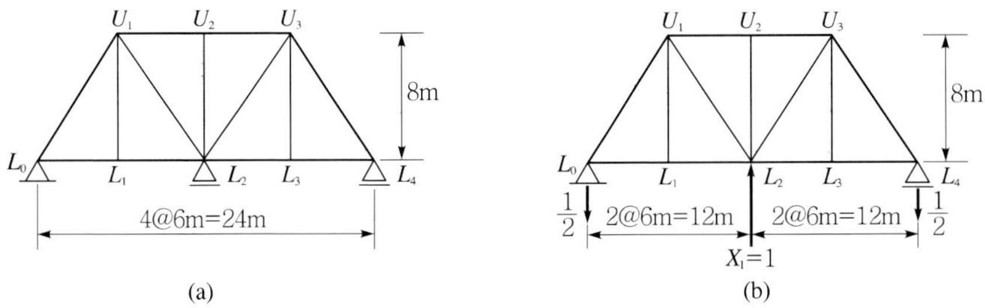

그림 14.36

풀이

지점 L_2의 반력 R_{L_2}를 부정정력 X_1로 선정하여 모든 부재의 부재력을 구하면 표 14.9와 같다.

표 14.9

부 재	l [m]	N_1 [1]	$N_1^2 l$ [m]	Δl [m]	$N_1 \Delta l$ [m]	$N = N_1 X_1$ [kN]
L_0L_1	6	−3/8	54/64			221.92
L_1L_2	6	−3/8	54/64			221.92
L_2L_3	6	−3/8	54/64			221.92
L_3L_4	6	−3/8	54/64			221.92
U_1U_2	6	6/8	216/64	0.015	0.01125	−443.84
U_2U_3	6	6/8	216/64			−443.84
L_0U_1	10	5/8	250/64			−369.87
L_1U_1	8	0	0			
U_1L_2	10	−5/8	250/64			369.87
L_2U_2	8	0	0			
L_2U_3	10	−5/8	250/64			369.87
L_3U_3	8	0	0	0.008	0	
U_3L_4	10	5/8	250/64			−369.87
Σ			25.75		0.01125	

표 14.9에서

$$\delta_{10} = \sum N_1 \Delta l = 0.01125$$

$$\delta_{11} = \sum \frac{N_1^{\ 2} l}{EA} = \frac{25.75}{EA} = \frac{25.75}{2.1 \times 10^8 \times 6.45 \times 10^{-3}} = 0.00001901$$

이므로 $X_1 = -\frac{\delta_{10}}{\delta_{11}} = -\frac{0.01125}{0.00001901} = -591.794\,\mathrm{kN}(\downarrow)$

14.2.2 최소일의 방법

13.4.2에서 설명한 최소일의 정리를 사용하여 부정정 구조물을 푸는 방법을 **최소일의 방법**(method of least work)이라고 하며 지점 침하, 온도 변화, 부재의 조립 착오 등이 없는 모든 부정정 구조물의 해석에 적용할 수 있으며, 특히 부정정 트러스나 합성 구조물의 해석에 효과적이다.

변위 일치의 방법에서 설명한 바와 같이 n차 부정정 구조물의 기본 구조물에 주어진 하중과 n개의 부정정력이 동시에 작용할 때, 외적 부정정력의 작용점은 부정정력 작용 방향으로 변위하지 않으며, 내적 부정정력 작용점의 상대 변위는 0이어야 한다. 따라서 임의의 하중의 작용을 받는 n차 부정정 구조물의 기본 구조물에 주어진 하중과 적절하게 선정된 n개의 부정정력 X_1, X_2, ⋯, X_n의 작용에 의한 변형 에너지 U를 임의의 부정정력 X_i로 편미분한 값은 0이어야 하므로 다음 식이 성립해야 한다.

$$\frac{\partial U}{\partial X_i} = 0 \quad (i = 1,\ 2,\ \ldots,\ n) \tag{14.10}$$

식 (14.10)은 n원 1차 연립 방정식을 나타내며, 이 방정식을 풀면 모든 부정정력이 결정된다.

최소일의 방법은 변위 일치의 방법과 비슷한 것으로, 변위 일치의 방법에서 식 (14.8), 최소일의 방법에서 식 (14.10)을 세운 다음의 계산 과정은 똑 같으며, 식 (14.10)을 세우는 것이 식 (14.8)을 세우는 것보다 쉽다고 생각할 수도 있겠으나 큰 차이는 없다.

실용 계산에서는 식 (14.10)을 세울 때 전단력에 의한 변형 에너지를 무시한 다음 식을 사용하는 것이 보통이다.

$$\frac{\partial U}{\partial X_i} = \int_0^l \frac{M}{EI}\left(\frac{\partial M}{\partial X_i}\right) dx + \sum \frac{N}{EA}\left(\frac{\partial N}{\partial X_i}\right) l = 0 \tag{14.11}$$

여기서, M과 N은 부정정력 X_1, X_2, ⋯, X_n의 함수이며 보와 라멘의 해석에는 제1항, 트러스의 해석에는 제2항, 합성 구조물의 해석에는 2개항 모두 사용하는 것이 보통이다.

예제 14.26

그림 14.37과 같은 부정정보의 부정정력 X_1을 구하여라(예제 14.13 참조).

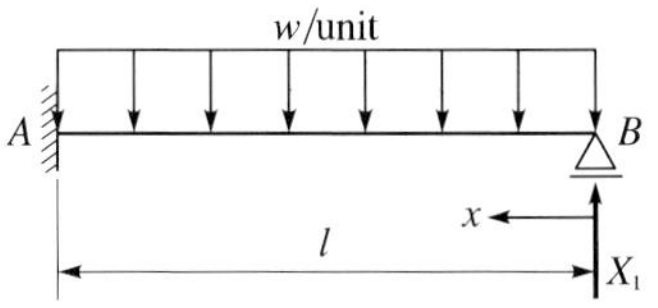

그림 14.37

풀이

$M = X_1 \cdot x - \dfrac{wx^2}{2}$, $\dfrac{\partial M}{\partial X_1} = x$ 이므로

$$\frac{\partial U}{\partial X_1} = \int_0^l \frac{M}{EI}\left(\frac{\partial M}{\partial X_1}\right)dx = \frac{1}{EI}\int_0^l\left(X_1 x - \frac{wx^2}{2}\right)(x)\,dx = \frac{1}{EI}\left[\frac{x^3}{3}X_1 - \frac{wx^4}{8}\right]_0^l = \frac{1}{EI}\left(\frac{l^3}{3}X_1 - \frac{wl^4}{8}\right) = 0$$

$\therefore\ X_1 = \dfrac{3}{8}wl\,(\uparrow)$

예제 14.27

그림 14.38(a)와 같은 1차 부정정보의 단면 C 의 전단력 V_C를 구하여라. (예제 14.15 참조)

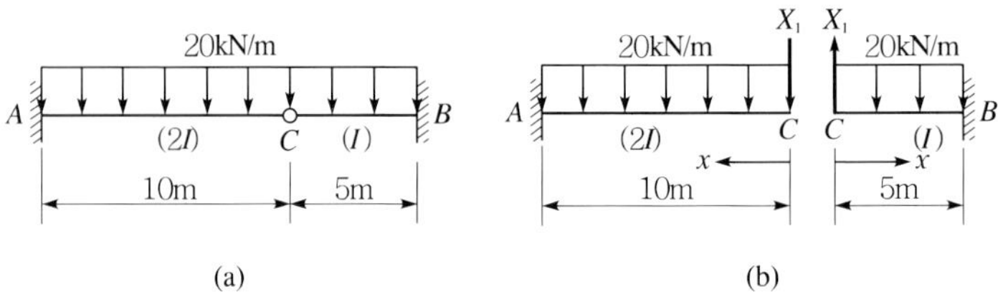

그림 14.38

풀이

단면 C의 전단력 V_C를 부정정력 X_1로 선정한다.

그림(b)에서

$C \sim A$사이 $(0 \leqq x \leqq 10)$ $M = -X_1 x - 10x^2$, $\dfrac{\partial M}{\partial X_1} = -x$

$C \sim B$사이 $(0 \leqq x \leqq 5)$ $M = X_1 x - 10x^2$, $\dfrac{\partial M}{\partial X_1} = x$

이므로

$$\frac{\partial U}{\partial X_1} = \int_0^l \frac{M}{EI}\left(\frac{\partial M}{\partial X_1}\right)dx = \frac{1}{2EI}\int_0^{10}(-X_1x - 10x^2)(-x)dx + \frac{1}{EI}\int_0^5 (X_1x - 10x^2)(x)dx$$

$$= \frac{1}{2EI}\left[\frac{x^3}{3}X_1 + \frac{10x^4}{4}\right]_0^{10} + \frac{1}{EI}\left[\frac{x^3}{3}X_1 - \frac{10x^4}{4}\right]_0^5 = \frac{1}{EI}\left(\frac{1,250}{6}X_1 + 10,937.5\right) = 0$$

$\therefore X_1 = -52.5\,\text{kN}$

예제 14.28

그림 14.39(a)와 같은 합성 구조물의 부재 BC의 부재력을 구하여라. 단, 부재 AB의 단면 2차모멘트 $I = 1.2\times10^{-4}\text{m}^4$, 단면적 $A = 6.0\times10^{-3}\text{m}^2$ 부재 BC의 단면적 $A_1 = 1.2\times10^{-3}\text{m}^2$이다. (예제 14.16참조)

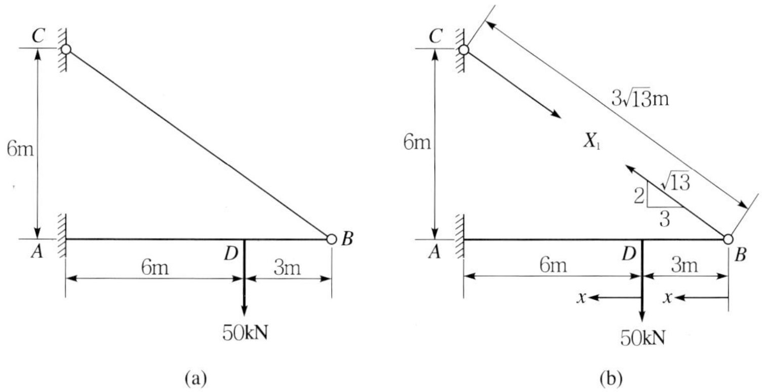

그림 14.39

풀이

부재 BC의 단면력은 축방향력뿐이므로 이를 부정정력 X_1로 선정한다.

그림(b)로부터 M, $\frac{\partial M}{\partial X_1}$, N 및 $\frac{\partial N}{\partial X_1}$의 값을 구하면 표 14.10과 같다.

표 14.10

구간	원점	한 계	단면적	M	$\frac{\partial M}{\partial X_1}$	N	$\frac{\partial N}{\partial X_1}$
BD	B	$0\sim3$	A	$\frac{2X_1}{\sqrt{13}}x$	$\frac{2}{\sqrt{13}}x$	$-\frac{3}{\sqrt{13}}X_1$	$\frac{-3}{\sqrt{13}}$
DA	D	$0\sim6$	A	$\frac{2X_1}{\sqrt{13}}(x+3)-50x$	$\frac{2}{\sqrt{13}}(x+3)$	$-\frac{3}{\sqrt{13}}X_1$	$\frac{-3}{\sqrt{13}}$
BC	B	$0\sim3\sqrt{13}$	A_1	0	0	X_1	1

표 14.10으로부터

$$\frac{\partial U}{\partial X_1} = \int_0^l \frac{M}{EI}\left(\frac{\partial M}{\partial X_1}\right)dx + \sum \frac{N}{EA}\left(\frac{\partial N}{\partial X_1}\right)l$$

$$= \frac{1}{EI}\int_0^3 \frac{2X_1}{\sqrt{13}}x\left(\frac{2}{\sqrt{13}}x\right)dx$$

$$+ \frac{1}{EI}\int_0^6 \left\{\frac{2X_1}{\sqrt{13}}(x+3) - 50x\right\}\left\{\frac{2}{\sqrt{13}}(x+3)\right\}dx$$

$$+ \frac{1}{EA}\left(-\frac{3}{\sqrt{13}}X_1\right)\left(-\frac{3}{\sqrt{13}}\right)\times 9 + \frac{X_1}{EA_1}(1)3\sqrt{13}$$

$$= \frac{4X_1}{13EI}\left[\frac{x^3}{3}\right]_0^3 + \frac{4X_1}{13EI}\left[\frac{x^3}{3} + 3x^2 + 9x\right]_0^6$$

$$- \frac{100}{\sqrt{13}EI}\left[\frac{x^3}{3} + \frac{3}{2}x^2\right]_0^6 + \frac{81}{13EA}X_1 + \frac{3\sqrt{13}}{EA_1}X_1$$

$$= \frac{X_1}{E}\left(\frac{972}{13I} + \frac{81}{13A} + \frac{3\sqrt{13}}{A_1}\right) - \frac{12{,}600}{\sqrt{13}EI} = 0$$

$$\left(\frac{972}{13\times 1.2\times 10^{-4}} + \frac{81}{13\times 6.0\times 10^{-3}} + \frac{3\sqrt{13}}{1.2\times 10^{-3}}\right)X_1 - \frac{12{,}600}{\sqrt{13}\times 1.2\times 10^{-4}} = 0$$

$$633{,}129.263X_1 - 29{,}121{,}760 = 0$$

$$X_1 = 46\text{kN}$$

예제 14.29

그림 14.40과 같은 라멘의 부정정력 X_1, X_2를 구하여라(예제 14.18 참조).

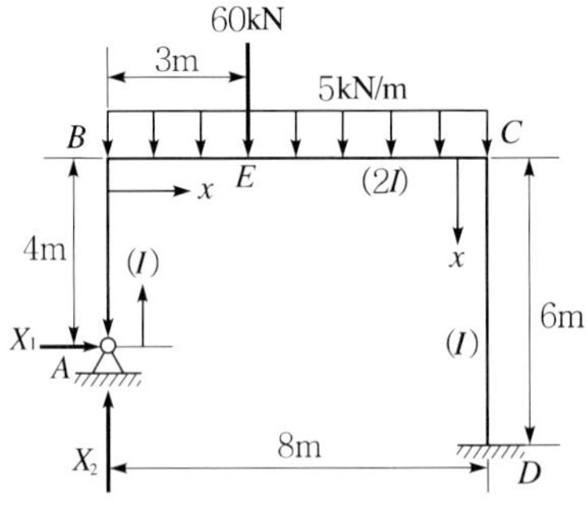

그림 14.40

풀이

표 14.11

구 간	원 점	한 계	단면2차 모멘트	M	$\frac{\partial M}{\partial X_1}$	$\frac{\partial M}{\partial X_2}$
$A\sim B$	A	0~4	I	$-X_1x$	$-x$	0
$B\sim E$	B	0~3	2I	$-4X_1+X_2x-\frac{5}{2}x^2$	-4	x
$E\sim C$	B	3~8	2I	$-4X_1+X_2x-\frac{5}{2}x^2-60x+180$	-4	x
$C\sim D$	C	0~6	I	$X_1x-4X_1+8X_2-460$	$x-4$	8

$$\frac{\partial U}{\partial X_1}=\sum\int_0^l\frac{M}{EI}\left(\frac{\partial M}{\partial X_1}\right)dx=\frac{1}{EI}\int_0^4-X_1x(-x)dx+\frac{1}{2EI}\int_0^3\left(-4X_1+X_2x-\frac{5}{2}x^2\right)(-4)dx$$

$$+\frac{1}{2EI}\int_3^8\left(-4X_1+X_2x-\frac{5}{2}x^2-60x+180\right)(-4)dx$$

$$+\frac{1}{EI}\int_0^6(X_1x-4X_1+8X_2-460)(x-4)dx$$

$$=\frac{X_1}{EI}\left[\frac{x^3}{3}\right]_0^4+\frac{1}{2EI}\left[16X_1x-2X_2x^2+\frac{10x^3}{3}\right]_0^3$$

$$+\frac{1}{2EI}\left[16X_1x-2X_2x^2+\frac{10}{3}x^3+120x^2-720x\right]_3^8$$

$$+\frac{1}{EI}\left[\frac{X_1}{3}x^3-4X_1x^2+16X_1x+4X_2x^2-32X_2x-230x^2+1,840x\right]_0^6$$

$$=\frac{328}{3EI}X_1-\frac{112}{EI}X_2+\frac{15,340}{3EI}=0$$

$$328X_1-336X_2+15,340=0 \quad ①$$

$$\frac{\partial U}{\partial X_2}=\sum\int_0^l\frac{M}{EI}\left(\frac{\partial M}{\partial X_2}\right)dx=\frac{1}{2EI}\int_0^3\left(-4X_1+X_2x-\frac{5}{2}x^2\right)(x)dx$$

$$+\frac{1}{2EI}\int_3^8\left(-4X_1+X_2x-\frac{5}{2}x^2-60x+180\right)(x)dx+\frac{1}{EI}\int_0^6(X_1x-4X_1+8X_2-460)(8)dx$$

$$=\frac{1}{2EI}\left[-2X_1x^2+\frac{X_2}{3}x^3-\frac{10x^4}{16}\right]_0^3+\frac{1}{2EI}\left[-2X_1x^2+\frac{X_2}{3}x^3-\frac{10x^4}{16}-20x^3+90x^2\right]_3^8$$

$$+\frac{1}{EI}\left[4X_1x^2-32X_1x+64X_2x-3,680x\right]_0^6$$

$$=-\frac{112}{EI}X_1+\frac{1,408}{3EI}X_2-\frac{51,470}{2EI}=0$$

$$-672X_1+2{,}816X_2-154{,}410=0 \qquad ②$$

식 ①, ②를 풀면

X_1 = 12.44 kN(→), X_2 = 57.80kN (↑)

예제 14.30

그림 14.41과 같은 부정정 트러스를 지점 E의 반력을 부정정력 X_1으로 선정하여 해석하여라. 단, EA= const. (예제 14.21 참조)

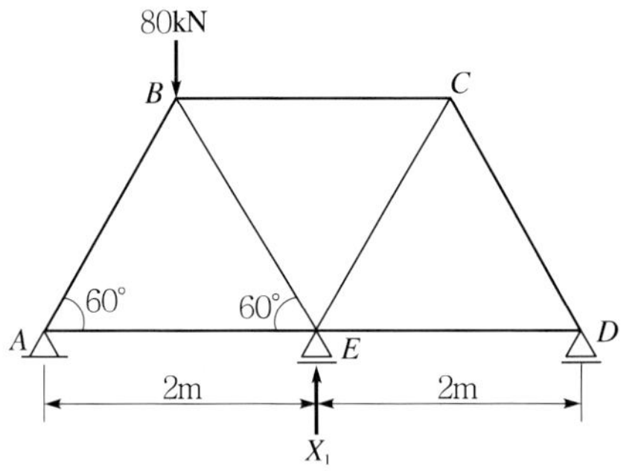

그림 14.41

풀이

표 14.12

부 재	l [m]	N	$\frac{\partial N}{\partial X_1}$	$N\left(\frac{\partial N}{\partial X_1}\right)l$	부재력 [kN]
AE	2	$20\sqrt{3}-\frac{1}{2\sqrt{3}}X_1$	$-\frac{1}{2\sqrt{3}}$	$-20+\frac{1}{6}X_1$	22.04
ED	2	$\frac{20}{\sqrt{3}}-\frac{1}{2\sqrt{3}}X_1$	$-\frac{1}{2\sqrt{3}}$	$-\frac{20}{3}+\frac{1}{6}X_1$	−1.05
BC	2	$-\frac{40}{\sqrt{3}}+\frac{1}{\sqrt{3}}X_1$	$\frac{1}{\sqrt{3}}$	$-\frac{8}{3}+\frac{2}{3}X_1$	2.10
AB	2	$-40\sqrt{3}+\frac{1}{\sqrt{3}}X_1$	$\frac{1}{\sqrt{3}}$	$-80+\frac{2}{3}X_1$	−4.09
BE	2	$-\frac{40}{\sqrt{3}}-\frac{1}{\sqrt{3}}X_1$	$-\frac{1}{\sqrt{3}}$	$\frac{80}{3}+\frac{2}{3}X_1$	−48.29
CE	2	$\frac{40}{\sqrt{3}}-\frac{1}{\sqrt{3}}X_1$	$-\frac{1}{\sqrt{3}}$	$-\frac{80}{3}+\frac{2}{3}X_1$	−2.10
CD	2	$-\frac{40}{\sqrt{3}}+\frac{1}{\sqrt{3}}X_1$	$\frac{1}{\sqrt{3}}$	$-\frac{80}{3}+\frac{2}{3}X_1$	2.10
Σ				$-160+\frac{11}{3}$	

표 14.12로부터

$$\frac{\partial U}{\partial X_1}=\sum\frac{N}{EA}\left(\frac{\partial U}{\partial X_1}\right)l=\frac{1}{EA}\left(-160+\frac{11}{3}X_1\right)=0$$

$$\therefore X_1=160\times\frac{3}{11}=43.64\text{kN}\ (\uparrow)$$

모든 부재의 부재력은 위에서 구한 X_1값을 셋째란의 X_1에 대입하면 구해지며 그 값을 맨 오른쪽 란에 기입하였다.

14.3 처짐각법

처짐각법(slope deflection method)은 19세기 후반 강접합된 트러스의 2차응력을 해석하기 위하여 연구하기 시작한 것으로 여러 사람이 연구 논문을 발표하였으며, 이들 가운데 독일의 Otto Mohr 교수는 트러스의 2차응력의 해법으로 중간 하중을 고려하지 않은 부재의 양단에 작용하는 모멘트와 절점 회전각 및 부재 회전각 사이의 관계식을 1893년에 발표하였다. 라멘 구조의 해석을 위한 중간 하중을 고려한 처짐각법의 공식으로는 1914년에 독일의 Axel Bendixsen에 의하여 최초로 발표되었으며, 현재 라멘 구조의 해석에 널리 사용되고 있는 처짐각법의 공식은 Mohr나 Bendixsen과는 관계없이 독자적으로 미국 Minesota대학의 G.A. Maney 교수에 의하여 1915년에 발표되었다.

처짐각법은 절점 회전각과 부재 회전각을 미지수로 하는 해법으로 변위법의 대표적인 것이다. 처짐각법은 **요각법**(撓角法)이라고도 하며, 부정정 라멘의 해석 뿐만 아니라 부정정보의 해석과 트러스의 2차응력 해석에도 사용되는 매우 유용한 해법이다.

라멘의 해법에는 다음과 같은 기본적인 가정을 둔다.

① 모든 절점은 완전한 강절로 되어 있다.

② 축방향력, 전단력에 의한 부재의 변위나 부재 길이의 변화는 고려하지 않으며, 휨 모멘트에 의한 부재의 변위는 고려하나 이에 의한 부재 길이의 변화는 고려하지 않는다. 또한 특별히 고려되지 않는 한 다음과 같은 가정을 두는 것이 일반적이다.

③ 부재는 모두 직선이다.

④ 한 부재의 단면2차모멘트는 일정하다.

⑤ 모든 부재의 탄성 계수 E는 일정하다.

14.3.1 처짐각 방정식의 유도

그림 14.42(a)는 구조물을 구성하고 있는 임의의 한 부재 $A_0\,B_0$가 외력의 작용을 받아 AB와 같이 변위된 상태를 표시한 것이고 그림(b)는 그림(a)의 부재 AB가 단순 지지된 것으로 생각하기 위하여 강절점 A, B에 일어나는 모멘트를 하중으로 생각하여 작용시킨 것이다.

그림에서 τ_A, τ_B는 접선 회전각(接線回轉角) 또는 **접선각**(接線角, rotation of end tangent)이라 하며, 변형 후의 부재의 양단 A, B에서의 탄성 곡선에 대한 접선과 부재의 양단을 이은 직선 AB가 이루는 각으로 접선이 부재의 양단을 이은 직선 AB에 대하여 시계 방향측에 있으면 (+), 반시계 방향측에 있으면 (−)이다.

θ_A, θ_B는 절점 회전각(節點回轉角) 또는 **절점각**(節點角, angle of joint rotation)이라 하며, 변형 후의 부재의 양단 A, B에서의 탄성 곡선에 대한 접선과 변형 전의 부재축이 이루는 각으로 접선이 변형 전의 부재축에 대하여 시계 방향측에 있으면 (+), 반시계 방향측에 있으면 (−)이다.

$R = \delta / l$는 부재 회전각(部材回轉角) 또는 **부재각**(部材角, angle of member rotation)이라 하며, 부재 양단의 상대 변위($\delta = \delta_2 - \delta_1$)를 부재의 길이($l$)로 나눈 값으로 변형 후의 부재축이 변형 전의 부재축에 대하여 시계 방향측에 있으면 (+), 반시계 방향측에 있으면 (−)이다.

M_{AB}, M_{BA}는 **재단**(材端)**모멘트** 또는 **단**(端) **모멘트**(end moment)라 하며, 각각 부재 AB의 A, B 단에 작용하는 모멘트로서 모멘트의 회전 방향이 시계 방향이면 (+), 반시계 방향이면 (−)이다. 그림 14.42에서 부재 AB의 양단에서의 절점 회전각 θ_A, θ_B는

$$\left.\begin{aligned} \theta_A &= \tau_A + R \\ \theta_B &= \tau_B + R \end{aligned}\right\} \tag{a}$$

이다.

여기서, 부재 AB의 양단에서의 접선 회전각 τ_A, τ_B는 부재 AB를 단순보로 생각했을 때의 부재의 양단에 작용하는 재단 모멘트에 의한 양지점의 처짐각과 부재 AB에 작용하는 중간 하중에 의한 양지점의 처짐각의 합계와 같으므로 θ_A', θ_B'를 부재 AB를 단순보로 생각할 때 중간 하중에 의한 양지점의 처짐각이라 하면 식 (a)는 다음과 같이 된다.

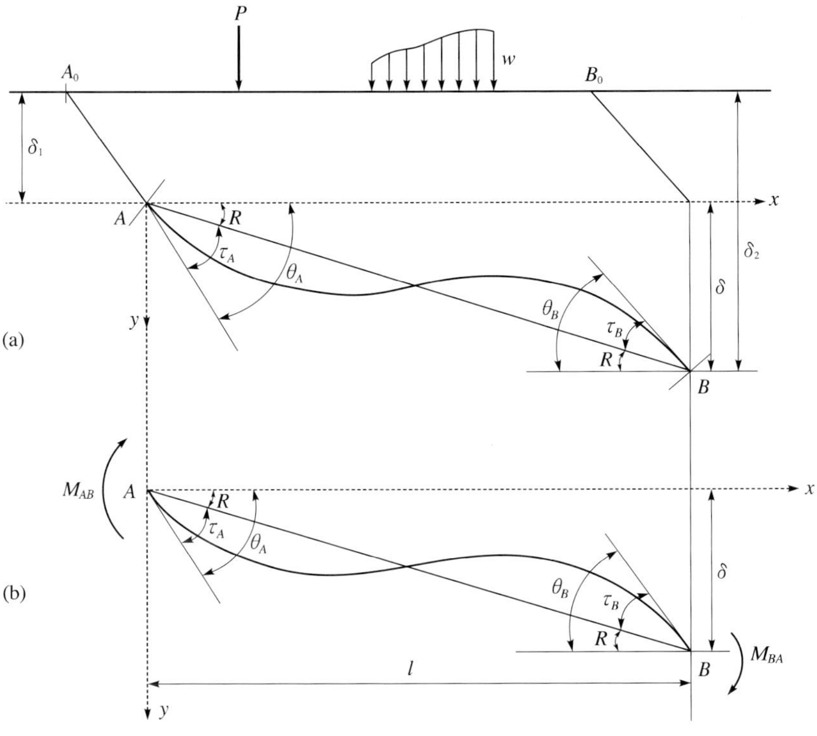

그림 14.42

$$\left.\begin{aligned}\theta_A &= \frac{M_{AB}l}{3EI} - \frac{M_{BA}l}{6EI} + \theta_A' + R \\ \theta_B &= \frac{M_{BA}l}{3EI} - \frac{M_{AB}l}{6EI} + \theta_B' + R\end{aligned}\right\} \tag{b}$$

식 (b)의 연립 방정식을 풀어 M_{AB}, M_{BA}를 구하면 다음과 같다.

$$\left.\begin{aligned}M_{AB} &= \frac{2EI}{l}(2\theta_A + \theta_B - 3R) - \frac{2EI}{l}(2\theta_A' + \theta_B') \\ M_{BA} &= \frac{2EI}{l}(2\theta_B + \theta_A - 3R) - \frac{2EI}{l}(2\theta_B' + \theta_A')\end{aligned}\right\} \tag{c}$$

여기서,

$$C_{AB} = -\frac{2EI}{l}(2\theta_A' + \theta_B'), \quad C_{BA} = -\frac{2EI}{l}(2\theta_B' + \theta_A') \tag{14.12}$$

$$K = \frac{I}{l} \tag{14.13}$$

라고 놓으면

$$\left.\begin{aligned} M_{AB} &= 2EK(2\theta_A + \theta_B - 3R) + C_{AB} \\ M_{BA} &= 2EK(2\theta_B + \theta_A - 3R) + C_{BA} \end{aligned}\right\} \tag{14.14}$$

로 된다.

식 (14.14)에서 $K = I/l$ 를 **강도계수**(剛度係數, stiffness factor)라 하며, $EK = EI/l$ 를 **휨 강도**(flexural stiffness) 또는 간단히 강성도(stiffness)라고 한다. 이런 이유로 변위법을 **강성도법**(剛度法, stiffness method)이라고도 한다.

또한, 이 식에서 $\theta_A = \theta_B = R = 0$ 으로 놓으면 $M_{AB} = C_{AB}$, $M_{BA} = C_{BA}$ 이므로 C_{AB}, C_{BA} 는 양단 고정보 AB 에 작용하는 중간 하중에 의하여 고정단 A, B 에 일어나는 재단 모멘트와 같은 것으로 **고정단 모멘트**(fixed end moment, F.E.M.)라 하며, 회전 방향이 시계 방향이면 (+), 반시계 방향이면 (−)이다. 이 고정단 모멘트는 하중이 주어지면 결정되는 상수로서 하중항이라고 한다.

위의 식 (14.14)는 처짐각법의 기본식으로, 이를 **처짐각 방정식**(slope-deflection equation)이라고 하며, 이 방정식을 사용하여 부정정 구조물을 해석하는 방법을 **처짐각법**이라고 한다.

식 (14.14)의 두 식은 첨자 A와 B를 서로 바꾼 것에 지나지 않으므로 이 두 방정식을 한 개의 일반적 방정식으로 통합할 수 있음을 알 수 있다. 즉, 생각하고 있는 부재의 한 쪽 재단을 근단(近端, near end) n으로, 다른 한 쪽 재단을 원단(遠端, far end) f 로 나타내면 기본 처짐각 방정식은 다음과 같이 쓸 수 있다.

$$M_{nf} = 2EK(2\theta_n + \theta_f - 3R) + C_{nf} \tag{14.15}$$

식 (14.14) 또는 (14.15)는 양단이 모두 강절인 부재에 대한 처짐각 방정식으로서, 이 식만을 사용해도 활절이 있는 부정정보나 라멘을 해석할 수 있으나 근단 강절, 원단 활절인 부재에 대한 처짐각 방정식을 유도하여 이를 사용하면 편리하다.

원단이 활절이면

$$M_{fn} = 2EK(2\theta_f + \theta_n - 3R) + C_{fn} = 0 \text{이므로}$$

$$\theta_f = -\frac{1}{2}(\theta_n - 3R) - \frac{C_{fn}}{4EK}$$

이며, 이것을 식 (14.15)에 대입하면

$$M_{nf} = 3EK(\theta_n - R) + H_{nf} \tag{14.16}$$

를 얻는다. 여기서,

$$H_{nf} = C_{nf} - \frac{1}{2}C_{fn} \tag{14.17}$$

로서, 근단 n은 고정단, 원단 f는 이동단인 보의 고정단 모멘트이다.

위의 식 (14.15), (14.16)의 처짐각 방정식을 그대로 사용하는 것보다 다음과 같이 수정한 처짐각 방정식을 사용하는 것이 편리하다.

임의의 실제의 부재 또는 가상적인 부재의 강도 계수를 표준 강도 계수로 정하고 각 부재의 강도 계수 K와 표준 강도 계수 K_s와의 비 k를 구하면

$$k = \frac{K}{K_s} \tag{14.18}$$

이며, 이 k를 **강비**(剛比, stiffness ratio) 또는 **상대 강도**(相對剛度, relative stiffness)라고 한다.

여기서, 식 (14.15), (14.16)의 K를 $K_s k$로 나타내고

$$2EK_s\theta_n = \phi_n,\ \ 2EK_s\theta_f = \phi_f,\ \ 2EK_s(-3R) = \psi \tag{14.19}$$

로 놓으면 다음과 같은 수정된 처짐각 방정식이 얻어진다.

$$M_{nf} = k(2\phi_n + \phi_f + \psi) + C_{nf} \tag{14.20}$$

원단 f가 활절이면

$$M_{nf} = k\left(\frac{3}{2}\phi_n + \frac{\psi}{2}\right) + H_{nf} \tag{14.21}$$

위의 식 (14.20), (14.21)이 실용 처짐각 방정식이다. 이 식 가운데 ϕ, ψ는 모멘트의 단위를 가지고 있으나 편의상 θ, R와 마찬가지로 절점각, 부재각이라고 부르기로 한다.

14.3.2 하중항

처짐각 방정식에서 하중항 C_{nf}, C_{fn}은 양단 고정보, H_{nf}, H_{fn}은 일단고정 타단 이동 지지보의 중간 하중에 의한 고정단의 모멘트로서 부호는 하중항의 부호의 약속에 따라 모멘트의 회전 방향이 시계 방향이면 (+), 반시계 방향이면 (−)로 하면 된다.

여기서는, 식 (14.12) 및 (14.17)에 의하여 그림 14.43(a)와 같은 임의의 하중에 의한 하중항 계산 방법을 설명하기로 한다.

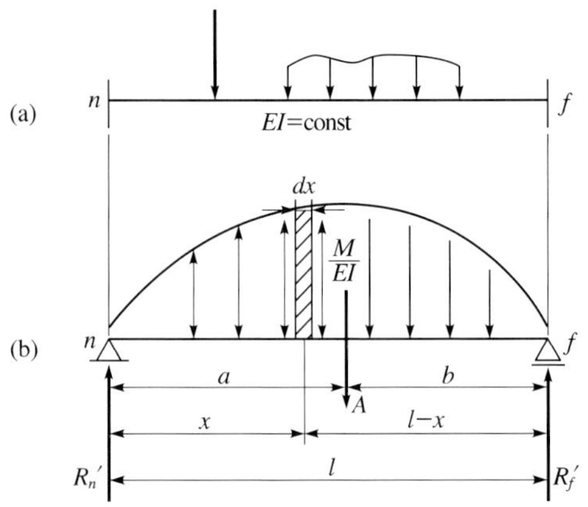

그림 14.43

식 (14.12)에 의하여

$$\left.\begin{aligned} C_{nf} &= -\frac{2EI}{l}(2\theta_n' + \theta_f') \\ C_{fn} &= -\frac{2EI}{l}(2\theta_f' + \theta_n') \end{aligned}\right\} \tag{a}$$

이며, 여기서, $\theta_n'\theta_f'$는 부재 nf를 단순보로 생각할 때 중간 하중에 의한 양 지점의 처짐각이다. 따라서 그림(b)와 같이 부재 nf를 단순보로 생각할 때의 임의점의 휨 모멘트를 M_0, B.M.D.의 면적을 A, 그 도심의 n, f로부터의 거리를 a, b라고 하면 공액보의 방법에 의하여

$$\left.\begin{aligned} \theta_n' &= R_n' = \frac{Ab}{EIl} = \frac{1}{EIl}\int_0^l M_0(l-x)dx \\ \theta_f' &= -R_f' = -\frac{Aa}{EIl} = -\frac{1}{EIl}\int_0^l M_0 x dx \end{aligned}\right\} \tag{b}$$

이며, 식 (b)를 식 (a)에 대입하면

$$\left.\begin{aligned} C_{nf} &= -\frac{2A}{l^2}(2b-a) = -\frac{2}{l^2}\int_0^l M_0(2l-3x)dx \\ C_{fn} &= \frac{2A}{l^2}(2a-b) = \frac{2}{l^2}\int_0^l M_0(3x-l)dx \end{aligned}\right\} \tag{14.22}$$

식 (14.22)를 식 (14.17)에 대입하면

$$\left.\begin{aligned} H_{nf} &= -\frac{3Ab}{l^2} = -\frac{3}{l^2}\int_0^l M_0(l-x)dx \\ H_{fn} &= \frac{3Aa}{l^2} = \frac{3}{l^2}\int_0^l M_0\, x\, dx \end{aligned}\right\} \tag{14.23}$$

처짐각 방정식에서 하중항은 중간 하중에 의한 고정단 모멘트로서 여러 가지 하중 상태에 대한 값이 관계 도서에 표로 나와 있으므로 이것을 사용하면 되지만 임의의 하중 상태에 상태에 대한 고정단 모멘트 계산 방법을 알아두는 것이 중요하며, 다음의 표 14.13에 나와 있는 고정단 모멘트의 값, 특히 C_{nf}, C_{fn}의 값은 식 (14.15)과 함께 항상 기억하고 있어야 한다.

14.3.3 처짐각법의 평형 방정식

처짐각법은 절점각, 부재각을 미지수로 한다. 이들 미지수를 결정하기 위해서는 미지수의 수효만큼의 조건식을 세울 필요가 있다. 이 조건식이 처짐각법의 평형 방정식으로서 절점 방정식(모멘트의 평형 조건식)과 층 방정식(전단력의 평형 조건식)이 있다.

표 14.13 하중항

하 중 상 태	C_{nf}	C_{fn}	H_{nf}	H_{fn}
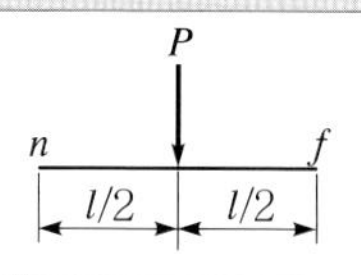	$-\frac{Pl}{8}$	$\frac{Pl}{8}$	$-\frac{3Pl}{16}$	$\frac{3Pl}{16}$
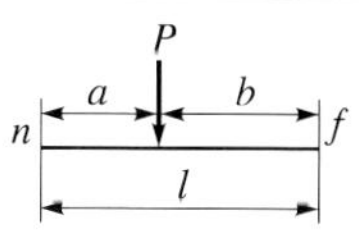	$-\frac{Pab^2}{l^2}$	$\frac{Pba^2}{l^2}$	$-\frac{Pb(l^2-b^2)}{2l^2}$	$\frac{Pa(l^2-a^2)}{2l^2}$
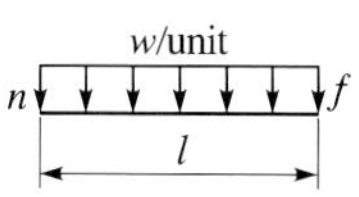	$-\frac{wl^2}{12}$	$\frac{wl^2}{12}$	$-\frac{wl^2}{8}$	$\frac{wl^2}{8}$
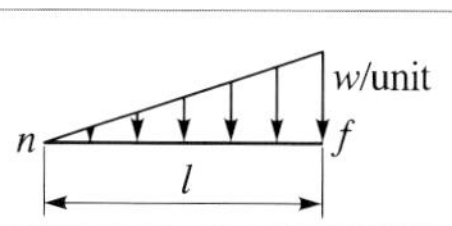	$-\frac{wl^2}{30}$	$\frac{wl^2}{20}$	$-\frac{7wl^2}{120}$	$\frac{8wl^2}{120}$

(1) 절점 방정식

그림 14.44(a)와 같이 임의의 절점 m에 강접합된 부재의 타단을 1, 2, 3, 4라 하고, 이들 부재의 재단 m에 작용하는 재단 모멘트를 그림(b)와 같이 M_{m1}, M_{m2}, M_{m3}, M_{m4}라고 하면 각 부재로부터 절점 m에 작용하는 모멘트는 그림(c)와 같이 $-M_{m1}$, $-M_{m2}$, $-M_{m3}$, $-M_{m4}$이어야 한다.

이 때 절점 m이 평형을 이루기 위해서는 절점 m에 대한 모멘트의 합이 0이어야 하므로

$$-M_{m1}-M_{m2}-M_{m3}-M_{m4}=0$$

이다. 이를 일반적으로 쓰면

$$\sum M_{mn}=0 \tag{14.24}$$

또한 그림(d)와 같이 외력으로서의 모멘트 M이 절점 m에 작용하는 경우에는

$$-\sum M_{mn}+M=0 \qquad \therefore \sum M_{mn}=M \tag{14.25}$$

위의 식 (14.24), (14.25)를 **절점 방정식**(joint equation) 또는 **모멘트 방정식**(moment equation)이라고 한다.

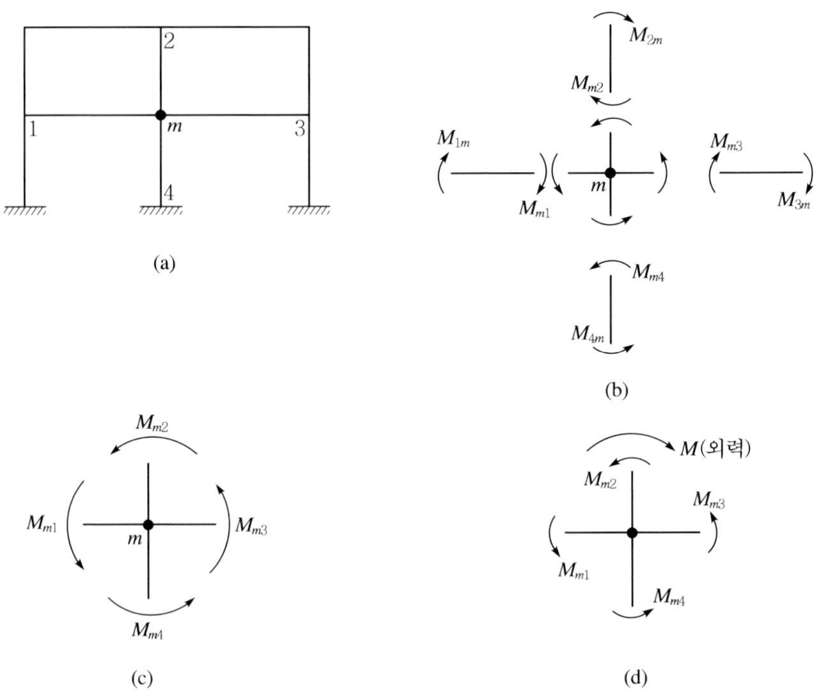

그림 14.44

절점 방정식은 절점마다 1개씩 모두 절점의 수효만큼의 방정식을 세울 수 있으므로 미지수와 절점 방정식의 수효가 같으면 절점 방정식만으로 미지수를 결정할 수 있다. 그러나 일반적으로는 다음의 방정식이 필요한 경우가 많다.

(2) 층방정식

그림 14.45(a)와 같은 라멘의 1층의 기둥 상단을 지나는 단면 $m-m$를 절단하였다고 생각하고 절단된 기둥과 절단면 위의 부분의 자유 물체도를 그리면 그림(b)와 같으며, 이는 그림(a)의 경우와 역학적으로 같다. 이 자유 물체도에는 전단력과 휨 모멘트만을 표시하였고 축방향력의 표시는 필요없기 때문에 생략하였다. 단면 $m-m$에 의하여 절단된 임의의 한 기둥 nn'의 상단의 전단력을 V_n라고 하면

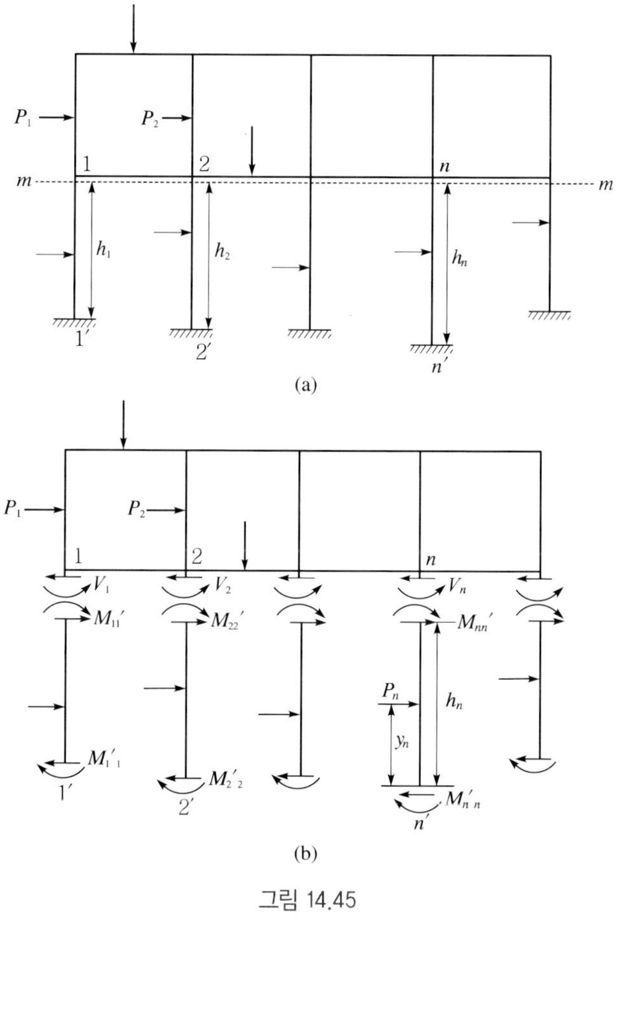

그림 14.45

$$V_n = V_{n0} - \frac{M_{nn'} + M_{n'n}}{h_n} \tag{a}$$

이며, 이 식의 우변의 제1항 V_{n0}은 기둥 nn'에 작용하는 중간 하중 P_n에 의한 단면 n의 전단력이고, 또 우변의 제2항은 재단 모멘트 M_{nn}', $M_n{}'_n$에 의한 단면 n의 전단력이다.

여기서, 단면 $m-m$ 위의 부분에 작용하는 하중의 수평 분력의 합을 ΣP_H 라하고, 그림 (b)의 단면 $m-m$ 위의 부분에 대한 수평 방향의 힘의 평형을 생각하면

$$\sum H = \sum P_H - (V_1 + V_2 + \cdots\cdots\cdots + V_n + \cdots\cdots\cdots) = 0 \text{이어야 하므로}$$

$$\sum P_H - \sum V_n = 0 \quad \therefore \sum P_H = \sum V_n \tag{b}$$

이며, 식 (a)를 식 (b)에 대입하면

$$\sum P_H = \sum V_{n0} - \sum \frac{M_{nn'} + M_{n'n}}{h_n} \tag{14.26}$$

이다. 이 식에서 임의의 기둥 nn'에 작용하는 중간 하중 P_n에 의한 단면 n의 전단력 V_{n0}는

$$V_{n0} = -\frac{P_n\, y_n}{h_n}$$

이므로 이를 식 (14.26)에 대입하면

$$\sum P_H = -\sum \frac{M_{nn'} + M_{n'n}}{h_n} - \sum \frac{P_n\, y_n}{h_n} \tag{14.27}$$

이다.

위의 식 (14.26), (14.27)을 **층방정식**(bent equation) 또는 전단력 방정식(shear equation)이라고 하며, 이 방정식은 각 층마다 1개씩 성립한다.

14.3.4 처짐각법에서의 미지수의 선정

1. 변형 조건식

강절 구조물의 변형은 다음의 2개의 조건을 만족해야 한다.

(1) 강절점의 변형 조건

한 절점에 강접합된 모든 부재의 재단의 처짐각은 그 절점의 절점각과 같아야 한다.

(2) 강절 구조물 전체로서의 변형 조건

강절 구조물의 각 부재의 부재 회전각을 R, 변형 전의 각 부재 길이의 수평 및 연직 투영길이를 x, y라 할 때, 각 부재의 부재 회전각 사이에 다음의 관계가 성립해야 한다.

$$\sum R\,y = 0\,, \quad \sum R\,x = 0 \tag{14.28}$$

위의 강절 구조물 전체로서의 변형 조건식을 **각방정식**(角方程式, equation of angle)이라 부르며 x, y는 각 부재의 변형 전의 길이의 수평, 연직면에의 투영 길이로 x는 오른쪽, y는 윗쪽을 (+)로 한다.

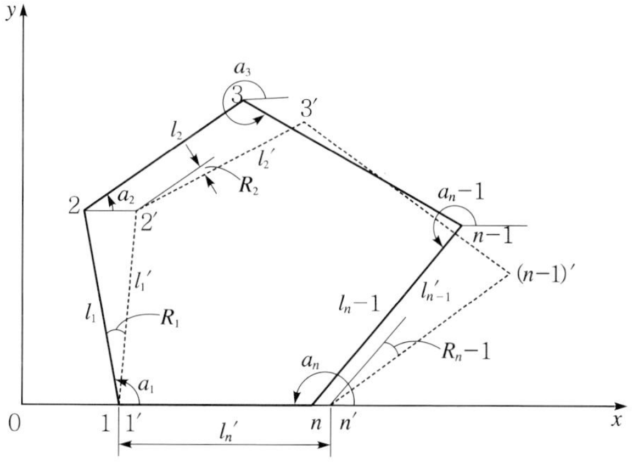

그림 14.46

기둥이 연직인 라멘에 대하여 다음과 같이 말할 수 있다.

① 보에는 부재각이 생기지 않는다.

② 같은 층의 기둥은 상단의 절점의 수평 이동량이 같다. 따라서 한 층에 대하여 미지의 독립 부재각의 수는 1개이다.

일반적으로 독립 부재각의 수는 구조물의 모든 절점을 활절로 바꾼 치환(置換) 구조물의 운동의 자유도(自由度) 즉, 불안정한 치환 구조물을 안정한 구조로 만들기 위하여 필요한 최소의 부재수와 같다.

2. 처짐각법에서의 미지수의 선정

처짐각 방정식에서 미지수는 한 부재에 대하여 부재 양단의 절점 회전각 $\theta_{n,}\ \theta_f$ 및 부재각 R의 3개이다. 따라서 라멘 전체에 대해서는 부재수의 3배수 만큼의 미지수가 있다고 생각할 수 있다. 그러나 라멘 해법에서의 가정에 따르면 미지수의 수효는 현저하게 감소한다. 미지수의 선정에 대한 일반 원칙을 들면 다음과 같다.

① 절점 회전각의 수는 라멘의 절점의 수와 같다.
② 기둥이 연직이면 보에는 부재각이 생기지 않는다.
③ 수평 방향으로 변위하지 못하도록 구속된 라멘에는 부재각이 생기지 않는다.
④ 부재각의 수는 라멘의 층수와 같다.
⑤ 고정단에서의 절점 회전각은 0이다.
⑥ 회전단에는 절점 회전각이 생기나 근단 강절, 원단 활절인 부재에 대한 처짐각 방정식을 사용하면 회전단의 절점각은 생각할 필요가 없다.
⑦ 대칭 구조의 라멘에 대칭 하중이 작용하여 대칭 변형하는 경우는 대칭 위치의 절점각은 크기는 같고 부호는 반대이다. 짝수 스팬의 경우는 대칭축이 지나는 절점의 절점각은 0이다. 또, 이 경우는 절점의 수평 이동량이 0이어서 기둥의 부재각은 0이다.
⑧ 대칭 구조의 라멘에 역대칭 하중이 작용하여 역대칭 변형하는 경우는 대칭 위치의 절점각은 크기, 부호가 모두 같다. 짝수 스팬의 경우 대칭축이 지나는 절점의 절점각은 0이 아니다. 또, 이 경우에는 기둥에 부재각이 생긴다.

14.3.5 처짐각법의 해법 순서 및 계산예

처짐각법에 의한 부정정 라멘의 일반적인 해법 순서는 다음과 같다.

① 각 부재의 강도 계수, 강비, 고정단 모멘트를 구한다.
② 라멘의 자유도에 의하여 독립 부재각의 수효를 구하고, 각 부재각 가운데 적당한 부재의 부재각을 독립 부재각으로 선정한다.
③ 각방정식에 의하여 모든 부재의 부재각을 독립 부재각으로 나타낸다.
④ 각 부재에 대한 처짐각 방정식을 세운다.
⑤ 각 절점에 대한 절점 방정식 및 각 층에 대한 층방정식을 세운다.
⑥ 절점 방정식과 층방정식을 연립 방정식으로 하여 절점각 및 부재각의 값을 구한다.

⑦ 절점각 및 부재각의 값을 처짐각 방정식에 대입하여 각 부재의 재단 모멘트를 구한다.
⑧ 각 부재의 자유 물체도를 그려 지점 반력과 각 부재의 단면력을 구하고 단면력도를 그린다.

라멘의 재단 모멘트를 알면 B.M.D.를 그릴 수 있으며 그 방법은 다음과 같다.

재단에서 부재축의 연장선을 향하여 재단 모멘트의 부호가 (+)이면 시계 방향쪽에, (−)이면 반시계 방향쪽에 그린다. 이와 같이 B.M.D.를 그리면 B.M.D.가 그려진 쪽이 인장측이고 그 반대쪽이 압축측이다.

그림 14.47은 중간 하중이 작용하지 않는 3개 부재의 재단 모멘트가 모두 (+)일 때의 B.M.D.이다

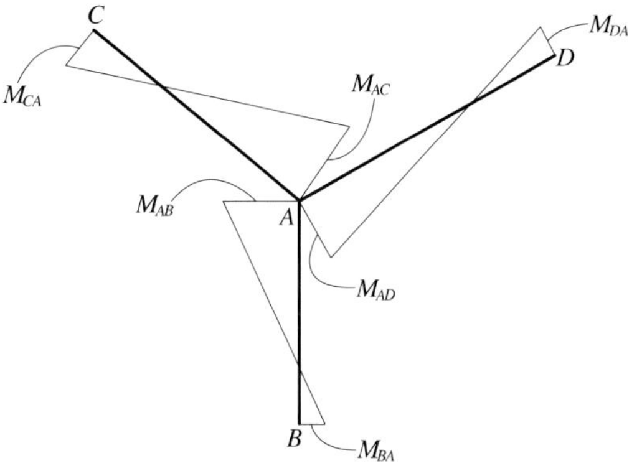

그림 14.47

예제 14.31

그림 14.48과 같은 보의 지점의 휨 모멘트를 구하여라(단, EI는 일정).

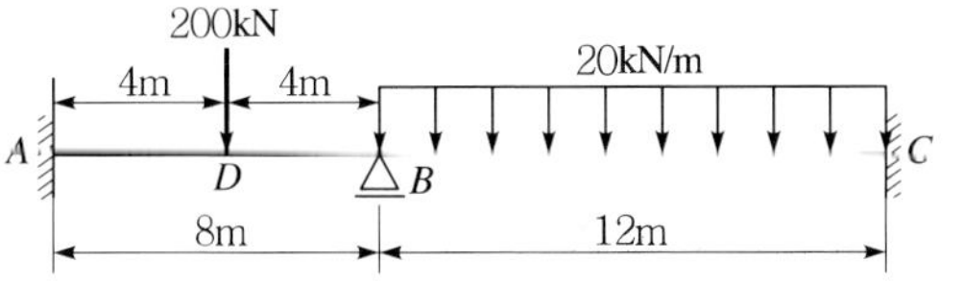

그림 14.48

풀이

연속보는 지점 침하가 없는 한 부재각이 생기지 않으며, 이 보의 A, C단은 고정단이므로 절점각이 생기지 않는다. 따라서 이 보의 미지수는 절점 B의 절점각 ϕ_B 뿐이다.

(1) 강비, 고성단 모멘트

각 부재의 강도 계수를 구하면

$$K_{AB}=\frac{I}{8}, \quad K_{BC}=\frac{I}{12}$$

표준 강도 계수 $K_S = I/24$로 하면 각 부재의 강비는

$$k_{AB} = \frac{K_{AB}}{K_S} = \frac{I}{8} \times \frac{24}{I} = 3$$

$$k_{BC} = \frac{K_{BC}}{K_S} = \frac{I}{12} \times \frac{24}{I} = 2$$

고정단 모멘트를 구하면

$$C_{AB} = -C_{BA} = -\frac{Pl}{8} = -\frac{200 \times 8}{8} = -200\text{kN}\cdot\text{m}$$

$$C_{BC} = -C_{CB} = -\frac{wl^2}{12} = -\frac{20 \times 12^2}{12} = -240\text{kN}\cdot\text{m}$$

(2) 처짐각 방정식

$$M_{AB} = 3(\phi_B) - 200$$

$$M_{BA} = 3(2\phi_B) + 200 = 6\phi_B + 200$$

$$M_{BC} = 2(2\phi_B) - 240 = 4\phi_B - 240$$

$$M_{CB} = 2(\phi_B) + 240$$

(3) 절점 방정식

$$\sum M_B = M_{BA} + M_{BC} = 10\phi_B - 40 = 0$$

$$\therefore \phi_B = 4\text{kN}\cdot\text{m}$$

(4) 재단 모멘트

ϕ_B의 값을 (2)의 처짐각 방정식에 대입하면

$$M_{AB} = 3 \times 4 - 200 = -188\text{kN}\cdot\text{m}$$

$$M_{BA} = 6 \times 4 + 200 = 224\text{kN}\cdot\text{m}$$

$$M_{BC} = 4 \times 4 - 240 = -224\text{kN}\cdot\text{m}$$

$$M_{CB} = 2 \times 4 + 240 = 248\text{kN}\cdot\text{m}$$

따라서, 각 지점의 휨 모멘트

$M_A = -188\text{kN}\cdot\text{m}$, $M_B = -224\text{kN}\cdot\text{m}$, $M_C = -248\text{kN}\cdot\text{m}$

예제 14.32

그림 14.49와 같은 보의 지점의 휨 모멘트를 구하여라.

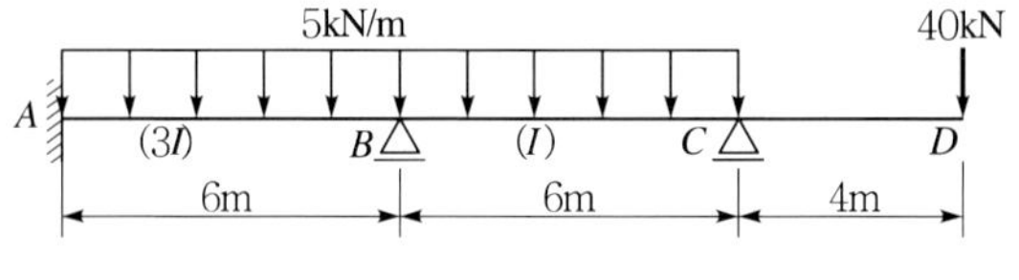

그림 14.49

풀이

A단은 고정단이므로 절점각이 생기지 않으며, 보에는 부재각이 생기지 않으므로 미지수는 절점 B, C의 절점각 2개이다.

(1) 강비, 고정단 모멘트

$$K_{AB}=\frac{3I}{6},\quad K_{BC}=\frac{I}{6}\text{ 이므로 } K_S=K_{BC}=\frac{I}{6}\text{ 로 하면}$$

$$k_{AB}=3,\qquad k_{BC}=1$$

$$C_{AB}=-C_{BA}=C_{BC}=-C_{CB}=-\frac{wl^2}{12}=-\frac{5\times6^2}{12}=-15\text{kN}\cdot\text{m}$$

(2) 처짐각 방정식

$$M_{AB}=3(\phi_B)-15$$

$$M_{BA}=3(2\phi_B)+15=6\phi_B+15$$

$$M_{BC}=2\phi_B+\phi_C-15$$

$$M_{CB}=\phi_B+2\phi_C+15$$

$$M_{CD}=-4\times40=-160\text{t}\cdot\text{m}$$

(3) 절점 방정식

$$\sum M_B=M_{BA}+M_{BC}=8\phi_B+\phi_C=0 \qquad ①$$

$$\sum M_C=M_{CB}+M_{CD}=\phi_B+2\phi_C-145=0 \qquad ②$$

식 ①, ②를 연립하여 풀면

$$\phi_B=-\frac{29}{3}\text{kN}\cdot\text{m},\quad \phi_C=\frac{232}{3}\text{kN}\cdot\text{m}$$

(4) 재단 모멘트

$$M_{AB}=3\left(-\frac{29}{3}\right)-15=-44\text{kN}\cdot\text{m}$$

$$M_{BA}=6\left(-\frac{29}{3}\right)+15=-43\text{kN}\cdot\text{m}$$

$$M_{BC}=2\left(-\frac{29}{3}\right)+\frac{232}{3}-15=43\text{kN}\cdot\text{m}$$

$$M_{CB}=-\frac{29}{3}+2\times\frac{232}{3}+15=160\text{kN}\cdot\text{m}$$

$$M_{CD}=-160\text{kN}\cdot\text{m}$$

따라서, 각 지점의 휨 모멘트는

$$M_A=-44\text{kN}\cdot\text{m},\ M_B=43\text{kN}\cdot\text{m},\ M_C=-160\text{kN}\cdot\text{m}$$

이 문제는 그림 14.50과 같이 변형하여 부재 BC의 C단을 회전단으로 생각하여 다음과 같이 풀면 편리하다. 이때 실제의 보의 지점C의 휨 모멘트는 $M_C=-4\times4=-160$kN·m이므로 $M_{CB}=160$kN·m를 하중으로 작용시킨다. 또 원단 힌지의 처짐각 방정식을 사용하면 회전단 C의 절점각을 생각할 필요가 없으므로 미지수는 절점 B의 절점각 ϕ_B 뿐이다.

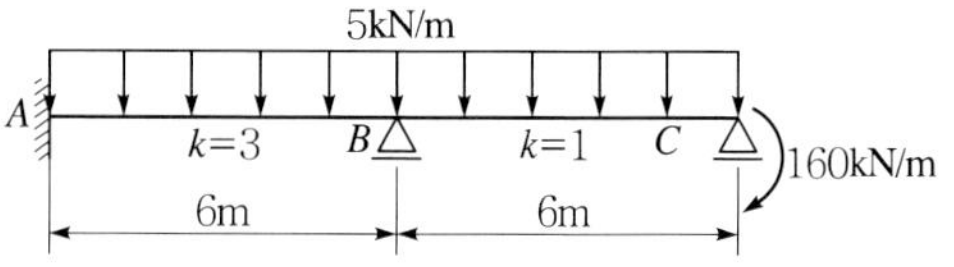

그림 14.50

고정단 모멘트는 $C_{AB} = -C_{BA} = -\frac{wl^2}{12} = -\frac{5\times 6^2}{12} = -15\text{kN}\cdot\text{m}$

$$H_{BC} = -\frac{wl^2}{8} + \frac{M_{CB}}{2} = -\frac{5\times 6^2}{8} + \frac{160}{2} = 57.5\,\text{kN}\cdot\text{m}$$

처짐각 방정식 $M_{AB} = 3(\phi_B) - 15$

$$M_{BA} = 3(2\phi_B) + 15 = 6\phi_B + 15$$

$$M_{BC} = 1\left(\frac{3}{2}\phi_B\right) + 57.5$$

절점 방정식 $\sum M_B = M_{BA} + M_{BC} = 7.5\phi_B + 72.5 = 0$

$$\therefore\ \phi_B = -\frac{72.5}{7.5}\,\text{kN}\cdot\text{m}$$

재단 모멘트 $M_{AB} = 3\left(-\frac{72.5}{7.5}\right) - 15 = -44\,\text{kN}\cdot\text{m}$

$$M_{BA} = 6\left(-\frac{72.5}{7.5}\right) + 15 = -43\,\text{kN}\cdot\text{m}$$

$$M_{BC} = \frac{3}{2}\left(-\frac{72.5}{7.5}\right) + 57.5 = 43\,\text{kN}\cdot\text{m}$$

$$M_{CB} = 160\,\text{kN}\cdot\text{m}$$

예제 14.33

그림 14.51과 같은 보의 M_A, M_C를 구하여라.

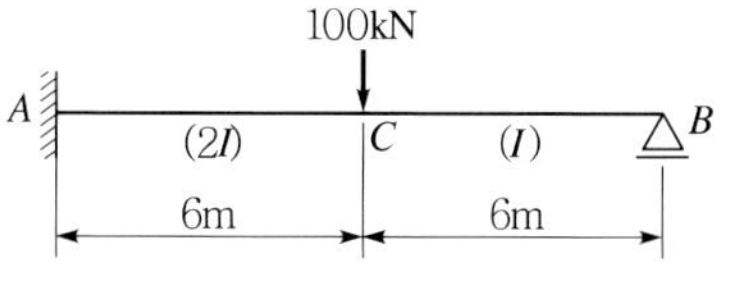

그림 14.51

풀이

점 C를 반력이 없는 지점으로 가정하여 푼다.

이때 점 C는 변위하므로 부재 AC, BC에는 부재각이 생긴다.

(1) 강비, 부재각

$K_{AC}=\dfrac{2I}{6},\quad K_{BC}=\dfrac{I}{6}$ 이므로 $K_S=K_{BC}=\dfrac{I}{6}$ 로 하면

$k_{AC}=2,\qquad k_{BC}=1$

각 방정식을 적용하면

$\sum Rx=R_{AC}(6)+R_{BC}(6)=0$

$\therefore R_{BC}=-R_{AC}$

여기서, $\psi=-6EK_S R_{AC}$ 라고 놓으면

$\psi_{AC}=\psi,\ \psi_{BC}=-\psi$

(2) 처짐각 방정식

$M_{AC}=2(\phi_C+\psi)$

$M_{CA}=2(2\phi_C+\psi)$

$M_{CB}=1\left[\dfrac{3}{2}\phi_C+\dfrac{1}{2}(-\psi)\right]=\dfrac{3}{2}\phi_C-\dfrac{1}{2}\psi$

(3) 평형 방정식

절점 방정식 : $\sum M_C=M_{CA}+M_{CB}=\dfrac{11}{2}\phi_C+\dfrac{3}{2}\psi=0$

$11\phi_C+3\psi=0$ ①

전단력 방정식 : 단면 C 에 대하여 전단력 방정식을 세우면

$-\dfrac{1}{6}(M_{AC}+M_{CA})-100=-\dfrac{1}{6}(M_{CB})$

$-\dfrac{1}{6}(6\phi_C+4\psi)-100=-\dfrac{1}{6}\left(\dfrac{3}{2}\phi_C-\dfrac{1}{2}\psi\right)$

$3\phi_C+3\psi+400=0$ ②

식 ①, ②를 연립하여 풀면

$\phi_C=50\,\text{kN}\cdot\text{m},\qquad \psi=-\dfrac{550}{3}\,\text{kN}\cdot\text{m}$

(4) 재단 모멘트

ϕ_C, ψ의 값을 처짐각 방정식에 대입하면

$M_{AC}=-\dfrac{800}{3}\text{kN}\cdot\text{m}=-266.67\,\text{kN}\cdot\text{m}$

$M_{CB}=\dfrac{500}{3}\text{kN}\cdot\text{m}=166.67\text{kN}\cdot\text{m}$

$\therefore M_A=-266.67\text{kN}\cdot\text{m},\quad \text{M}_\text{C}=166.67\text{kN}\cdot\text{m}$

예제 14.34

그림 14.52와 같은 라멘의 S.F.D.와 B.M.D.를 그려라.

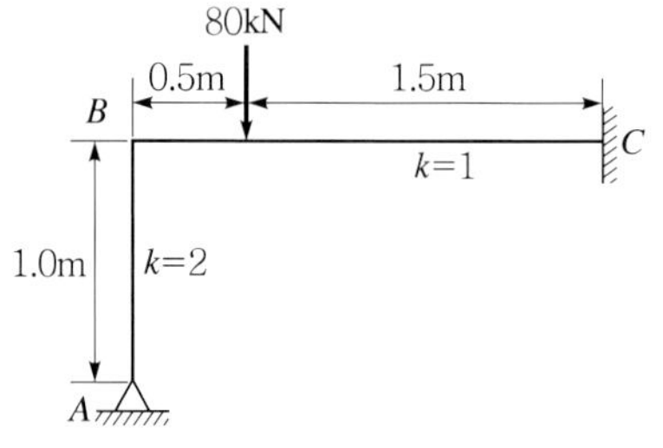

그림 14.52

풀이

수평 방향으로 변위하지 못하는 구조이므로 부재각의 생기지 않으며, 원단 힌지의 처짐각 방정식을 사용하면 회전단 A의 절점각은 생각할 필요가 없고, C 단은 고정단이므로 미지수는 절점 B의 절점 회전각 ϕ_B 뿐이다

(1) 고정단 모멘트

$$C_{BC} = -\frac{Pab^2}{l^2} = -\frac{80\times0.5\times1.5^2}{2^2} = -22.5\text{kN}\cdot\text{m}$$

$$C_{CB} = \frac{Pa^2b}{l^2} = -\frac{80\times1.5\times0.5^2}{2^2} = 7.5\text{kN}\cdot\text{m}$$

(2) 처짐각 방정식

$$M_{BA} = 2(\frac{3}{2}\phi_B) = 3\phi_B \qquad M_{BC} = 2\phi_B - 22.5 \qquad M_{CB} = \phi_B + 7.5$$

(3) 절점 방정식

$$\sum M_B = M_{BA} + M_{BC} = 5\phi_B - 22.5 = 0 \quad \therefore\ \phi_B = 4.5\text{kN}\cdot\text{m}$$

(4) 재단 모멘트

$$M_{BA} = 3\times4.5 = 13.5\text{kN}\cdot\text{m}$$

$$M_{BC} = 2\times4.5 - 22.5 = -13.5\text{kN}\cdot\text{m}$$

$$M_{CB} = 4.5 + 7.5 = 12\text{kN}\cdot\text{m}$$

(5) S.F.D., B.M.D.

부재 AB, BC의 F.B.D를 그리면 그림 14.53과 같다.

그림(a)에서

$$R_{AH} = \frac{13.5}{1.0} = 13.5\ kN\ (\rightarrow) \qquad P_{BH} = -R_{AH} = 13.5\text{ kN}\ (\leftarrow)$$

그림(a)로부터 그림(b)의

$P_{BH}=13.5$ kN (→) $R_{CH}=-P_{BH}=13.5$ kN (←)

그림(b)에서

$$P_{BV}=\frac{80\times1.5}{2}-\frac{-13.5+12}{2}=60.75\,\text{kN}\ (\uparrow)$$

$R_{CV}=80-60.75=19.25\,\text{kN}$

그림(b)로 부터 그림(a)의

$P_{BV}=60.75\text{kN}(\downarrow)$ $R_{AV}=-P_{BV}=60.75\,\text{kN}\ (\uparrow)$

각 단면의 전단력과 휨 모멘트를 구하면

$V_{A\sim B}=-R_{AH}=-13.5\,\text{kN}$

$V_{B\sim D}=V_B=60.75\,\text{kN}$

$V_{D\sim C}=60.75-80=-19.25\,\text{kN}\quad (=-R_{CV})$

$M_A=0$ $M_B=-13.5\text{kN}\cdot\text{m}$

$M_C=-12\text{kN}\cdot\text{m}$ $M_D=-13.5+60.75\times0.5=16.875\text{kN}\cdot\text{m}$

S.F.D.와 B.M.D.는 그림 14.54와 같다.

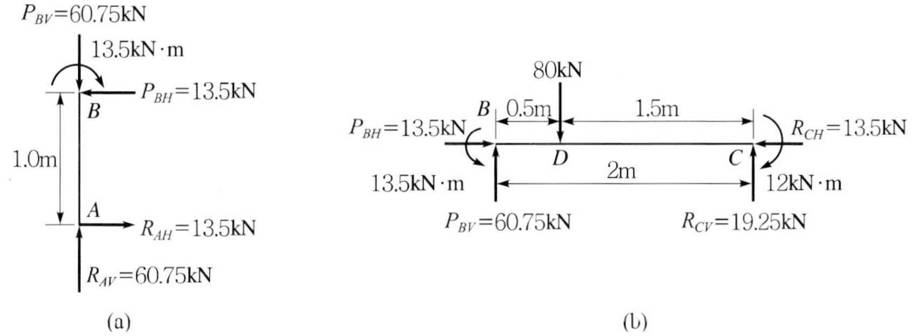

그림 14.53

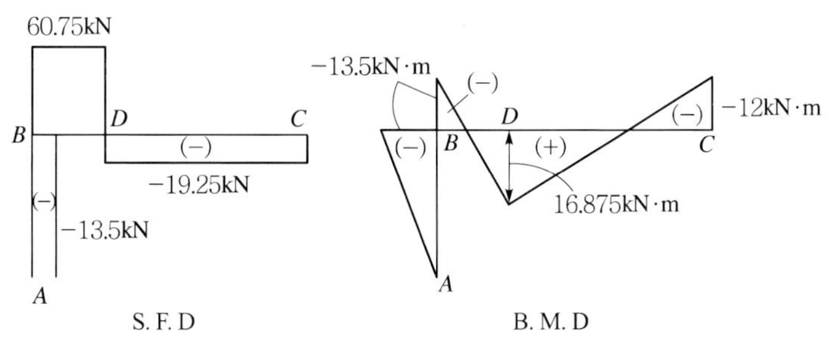

그림 14.54

예제 14.35

그림 14.55와 같은 라멘의 재단 모멘트를 구하여라.

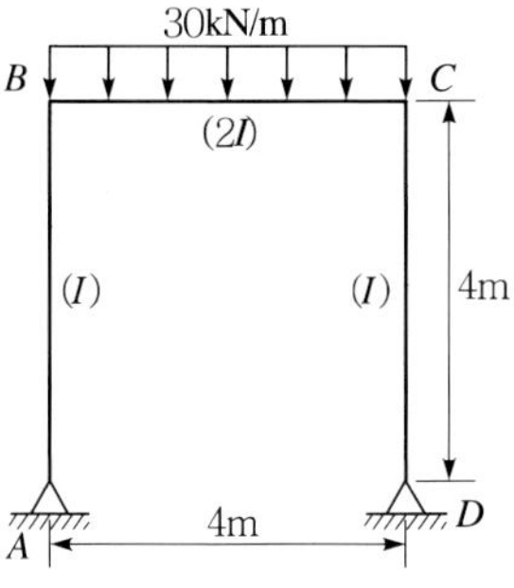

그림 14.55

풀이

(1) 강비, 고정단 모멘트

$K_{AB}=K_{CD}=\dfrac{I}{4}$, $\quad K_{BC}=\dfrac{2I}{4}$ 이므로

$K_S=\dfrac{I}{4}$ 로 하면 $k_{AB}=k_{CD}=1$, $\quad k_{BC}=2$

$C_{BC}=-C_{CB}=-\dfrac{30\times 4^2}{12}=-40\text{kN}\cdot\text{m}$

(2) 처짐각 방정식

대칭 라멘에 대칭 하중이 작용하여 대칭 변형하므로

$M_{BA}=-M_{CD}$, $\quad M_{BC}=-M_{CB}$ 이며,

$\phi_C=-\phi_B$ 이다.

$M_{BA}=-M_{CD}=1\left(\dfrac{3}{2}\phi_B\right)$

$M_{BC}=-M_{CB}=2(2\phi_B+\phi_C)-40=2(2\phi_B-\phi_B)-40=2\phi_B-40$

(3) 절점 방정식

$\sum M_B=M_{BA}+M_{BC}=\dfrac{7}{2}\phi_B-40=0 \qquad \therefore \phi_B=\dfrac{80}{7}\text{kN}\cdot\text{m}$

(4) 재단 모멘트

$M_{AB}=M_{DC}=0$

$M_{BA}=-M_{CD}=\dfrac{3}{2}\times\dfrac{80}{7}=\dfrac{120}{7}\text{kN}\cdot\text{m}=17.14\text{kN}\cdot\text{m}$

$$M_{BC} = -M_{CB} = 2\times\frac{80}{7} - 40 = -\frac{120}{7}\,\text{kN}\cdot\text{m} = -17.14\,\text{kN}\cdot\text{m}$$

(5) S.F.D., B.M.D.

라멘 전체의 F.B.D.를 그리면 그림 14.56(a)와 같다.

그림(a)로부터

$V_{A\sim B} = -R_{AH} = -4.29\text{kN}$

$V_{B\sim C} = R_{AV} - 30x = 60 - 30x$

$V_B = 60\text{kN}, \quad V_C = -60\text{kN}$

$V_{C\sim D} = R_{DH} = 4.29\text{kN}$

(4)의 재단 모멘트로부터

$M_A = M_D = 0$

$M_B = M_C = -\dfrac{120}{7}\,\text{kN}\cdot\text{m}$

$= -17.14\text{kN}\cdot\text{m}$

부재 BC에서의 최대 휨 모멘트는 부재의 중점에서 일어나며 그 값은

$M_{\max} = -17.14 + \dfrac{30\times 4^2}{8}$

$= 42.86\text{kN}\cdot\text{m}$

부재 BC에서의 반곡점을 구하면

$M_x = -\dfrac{120}{7} + 60x - \dfrac{30}{2}x^2 = 0$

$21x^2 - 84x + 24 = 0$

$x = \dfrac{84 \pm \sqrt{84^2 - 4\times21\times24}}{2\times21}$

$= 0.31,\ 3.69$

$\therefore\ x_1 = 0.31\text{m}, \quad x_2 = 3.69\text{m}$

S.F.D., B.M.D.는 그림(b), (c)와 같다.

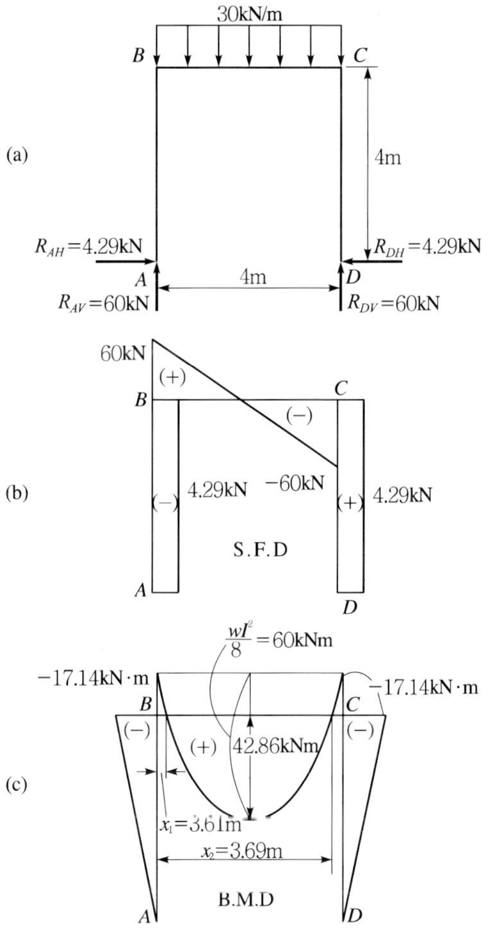

그림 14.56

예제 14.36

그림 14.57(a)와 같은 라멘의 B.M.D를 그려라.

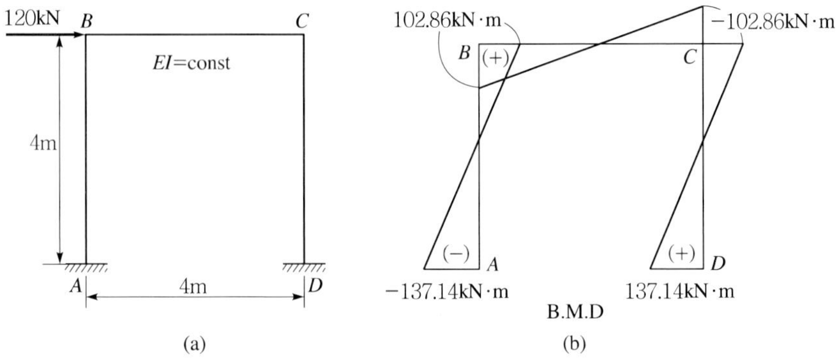

그림 14.57

풀이

모든 부재의 단면 2차모멘트와 부재 길이가 모두 같으므로 강도 계수도 같다. 따라서 모든 부재의 강비는 1이며, 중간 하중이 작용하지 않으므로 고정단 모멘트는 없다.

(1) 처짐각 방정식

대칭 구조에 역대칭 하중이 작용하여 역대칭 변형하므로 $\phi_B = \phi_C$이며 기둥에 부재각이 생기므로 미지수는 ϕ_B ,ψ의 2개이다.

$M_{AB} = M_{DC} = \phi_B + \psi$

$M_{BA} = M_{CD} = 2\phi_B + \psi$

$M_{BC} = M_{CB} = 2\phi_B + \phi_B = 3\phi_B$

(2) 평형 방정식

절점 방정식

$\sum M_B = M_{BA} + M_{BC} = 2\phi_B + \psi + 3\phi_B = 5\phi_B + \psi = 0$ ①

층방정식

$120 = -\dfrac{1}{4}(6\phi_B + 4\psi)$

$3\phi_B + 2\psi + 240 = 0$ ②

식 ①, ②를 연립하여 풀면

$\phi_B = \dfrac{240}{7}\text{kN}\cdot\text{m}\,,\quad \psi = -\dfrac{1200}{7}\text{kN}\cdot\text{m}$

(3) 재단 모멘트, 휨 모멘트

$$M_{AB}=M_{DC}=\frac{240}{7}-\frac{1200}{7}=-137.14\text{kN}\cdot\text{m}$$

$$M_{BA}=M_{CD}=2\times\frac{240}{7}-\frac{1200}{7}=-102.86\text{kN}\cdot\text{m}$$

$$M_{BC}=M_{CB}=3\times\frac{240}{7}=102.86\text{kN}\cdot\text{m}$$

$\therefore M_A=-137.14\text{kN}\cdot\text{m}$, $M_B=102.86\text{kN}\cdot\text{m}$

$M_C=-102.86\text{kN}\cdot\text{m}$, $M_D=137.14\text{kN}\cdot\text{m}$

B.M.D는 그림(b)와 같다.

예제 14.37

그림 14.58과 같은 라멘의 단면력도를 그려라.

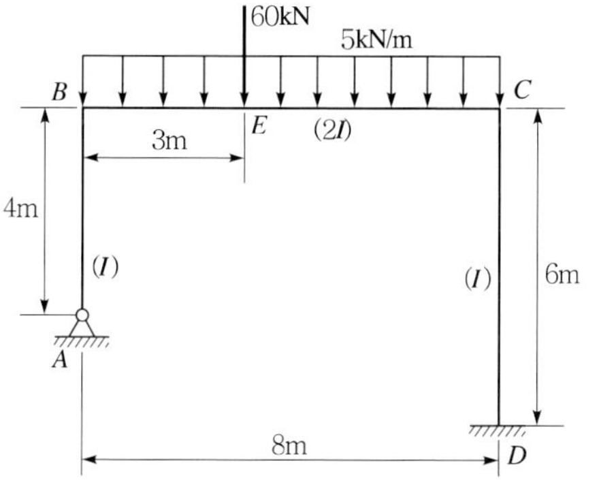

그림 14.58

풀이

(1) 강비, 고정단 모멘트

$K_{AB}=\frac{I}{4}$, $K_{BC}=\frac{2I}{8}=\frac{I}{4}$, $K_{CD}=\frac{I}{6}$ 이므로

$K_S=\frac{I}{12}$ 로 하면

$k_{AB}=k_{BC}=3$, $k_{CD}=2$

$$C_{BC}=-\frac{5\times8^2}{12}-\frac{60\times3\times5^2}{8^2}=-\frac{9310}{96}\text{kN}\cdot\text{m}$$

$$C_{CB}=\frac{5\times8^2}{12}+\frac{60\times5\times3^2}{8^2}=\frac{6610}{96}\text{kN}\cdot\text{m}$$

(2) 처짐각 방정식

각방정식을 적용하면

$\sum Ry = R_{AB}(4) - R_{CD}(6) = 0 \quad \therefore \quad R_{CD} = \frac{4}{6}R_{AB} = \frac{2}{3}R_{AB}$

여기서, $\psi = -6EK_S R_{AB}$라고 놓으면

$\psi_{AB} = \psi, \ \psi_{CD} = \frac{2}{3}\psi$

이다. 따라서 미지수는 ϕ_B, ϕ_C, ψ의 3개이다

$M_{AB} = 0$

$M_{BA} = 3\left(\frac{3}{2}\phi_B + \frac{\psi}{2}\right) = \frac{9}{2}\phi_B + \frac{3}{2}\psi$

$M_{BC} = 3(2\phi_B + \phi_C) - \frac{9,310}{96} = 6\phi_B + 3\phi_C - \frac{9,310}{96}$

$M_{CB} = 3(2\phi_C + \phi_B) + \frac{6,610}{96} = 3\phi_B + 6\phi_C + \frac{6,610}{96}$

$M_{CD} = 2\left(2\phi_C + \frac{2}{3}\psi\right) = 4\phi_C + \frac{4}{3}\psi$

$M_{DC} = 2\left(\phi_C + \frac{2}{3}\psi\right) = 2\phi_C + \frac{4}{3}\psi$

(3) 평형 방정식

절점 방정식

절점 B : $\frac{21}{2}\phi_B + 3\phi_C + \frac{3}{2}\psi - \frac{9,310}{96} = 0$ ①

$1,008\phi_B + 288\phi_C + 144\psi - 9,310 = 0$

절점 C : $3\phi_B + 10\phi_C + \frac{4}{3}\psi + \frac{6,610}{96} = 0$

$288\phi_B + 960\phi_C + 128\psi + 6,610 = 0$ ②

층방정식

$0 = -\frac{1}{4}\left(\frac{9}{2}\phi_B + \frac{3}{2}\psi\right) - \frac{1}{6}\left(6\phi_C + \frac{8}{3}\psi\right)$

$81\phi_B + 72\phi_C + 59\psi = 0$ ③

식 ①, ②, ③을 연립하여 풀면

$\phi_B = 12.87812\,\text{kN}\cdot\text{m}$, $\phi_C = -10.02224\,\text{kN}\cdot\text{m}$, $\psi = -5.44961\,\text{kN}\cdot\text{m}$

(4) 재단 모멘트

ϕ_B, ϕ_C, ψ의 값을 처짐각 방정식에 대입하면

$M_{AB} = 0$, $M_{BA} = 49.78\text{kN·m}$

$M_{BC} = -49.78\text{kN·m}$, $M_{CB} = 47.36\text{kN·m}$

$M_{CD} = -47.36\text{kN·m}$, $M_{DC} = -27.31\text{kN·m}$

예제 14.38

그림 14.59와 같은 라멘의 S.F.D., B.M.D.를 그려라.

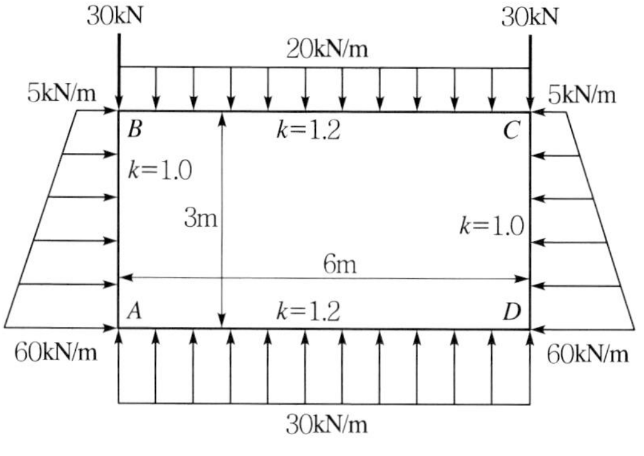

그림 14.59

풀이

대칭 구조이고, 수평 하중이 좌우 대칭이므로 측 부재에는 부재각이 생기지 않으며, 따라서 미지수는 ϕ_A, ϕ_B 의 2개이다.

(1) 고정단 모멘트

$$C_{AB} = -\frac{5\times3^2}{12} - \frac{55\times3^2}{20} = -28.5\text{kN}\cdot\text{m}$$

$$C_{BA} = \frac{5\times3^2}{12} + \frac{55\times3^2}{30} = 20.25\text{kN}\cdot\text{m}$$

$$C_{AD} = \frac{30\times6^2}{12} = 90\text{kN}\cdot\text{m}$$

$$C_{BC} = -\frac{20\times6^2}{12} = -\ 60\text{kN}\cdot\text{m}$$

(2) 처짐각 방정식

$M_{AB} = 1(2\phi_A + \phi_B) - 28.5$

$M_{AD} = 1.2(2\phi_A + \phi_D) + 90 = 1.2(2\phi_A - \phi_A) + 90 = 1.2\phi_A + 90$

$M_{BA} = 1(\phi_A + 2\phi_B) + 20.25$

$M_{BC} = 1.2(2\phi_B + \phi_C) - 60 = 1.2(2\phi_B) - 60 = 1.2\phi_B - 60$

(3) 절점 방정식

절점 A : $3.2\phi_A + \phi_B + 61.5 = 0$ ①

절점 B : $\phi_A + 3.2\phi_B - 39.75 = 0$ ②

식 ①, ②를 연립하여 풀면

$\phi_A = -25.60\text{kN}\cdot\text{m}$, $\phi_B = 20.42\text{kN}\cdot\text{m}$

(4) 재단 모멘트

ϕ_A, ϕ_B 의 값을 처짐각 방정식에 대입하면

$M_{AB} = -M_{DC} = -59.28\text{kN}\cdot\text{m}$

$M_{AD} = -M_{DA} = 59.28\text{kN}\cdot\text{m}$

$M_{BA} = -M_{CD} = 35.49\text{kN}\cdot\text{m}$

$M_{BC} = -M_{CB} = -35.49\text{kN}\cdot\text{m}$

(5) S.F.D., B.M.D.

① 부재 AB

그림 14.60(a)의 부재 AB의 F.B.D.에서

$$R_{AV} = \frac{5\times3}{2} + \frac{55\times3}{3} - \frac{-59.28+35.49}{3} = 70.43\text{kN}\ (\uparrow)$$

$$R_{BV} = \frac{5\times3}{2} + \frac{55\times3}{6} + \frac{-59.28+35.49}{3} = 27.07\text{kN}\ (\uparrow)$$

$V_A = R_{AV} = 70.43\text{kN}$, $V_B = -R_{BV} = -27.07\text{kN}$

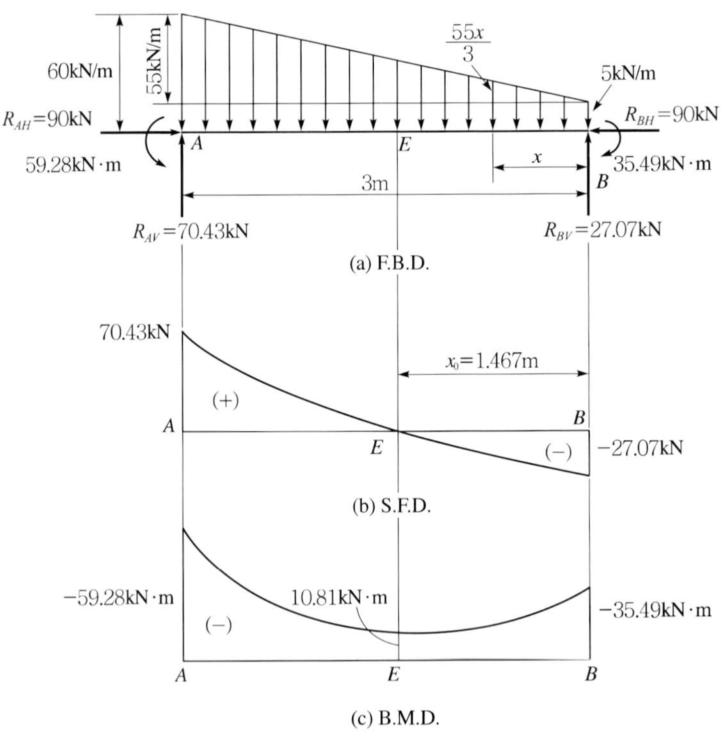

그림 14.60

전단력이 0이 되는 점의 위치 E를 구하면

$$V_{x_0} = -27.07 + 5x_0 + \frac{55x_0^2}{6} = 0$$

$$55x_0^2 + 30x_0 - 162.42$$

$$\therefore x_0 = \frac{-30 \pm \sqrt{30^2 + 4 \times 55 \times 162.42}}{2 \times 55} = 1.467\,\text{m}$$

$M_A = -59.28\text{kN}\cdot\text{m}$, $M_B = -35.49\text{kN}\cdot\text{m}$

$$M_E = -35.49 + 27.07 \times 1.467 - 5 \times 1.467 \times \frac{1.467}{2} - \frac{55 \times 1.467}{3} \times 1.467 \times \frac{1}{2} \times \frac{1}{3} \times 1.467$$

$$= -10.81\text{kN}\cdot\text{m}$$

부재 AB 의 S.F.D., B.M.D.는 그림(b), (c)와 같다. 위의 결과로 부재 AB 에는 (+)의 휨 모멘트는 일어나지 않으며 따라서 반곡점이 없음을 알 수 있다.

부재 CD 는 부재 AB 와 대칭이므로 대칭되는 점의 전단력은 크기는 같고 부호는 반대이며, 휨 모멘트는 크기, 부호 모두 같다.

② 부재 BC

그림 14.61(a)의 부재 BC의 F.B.D.에서

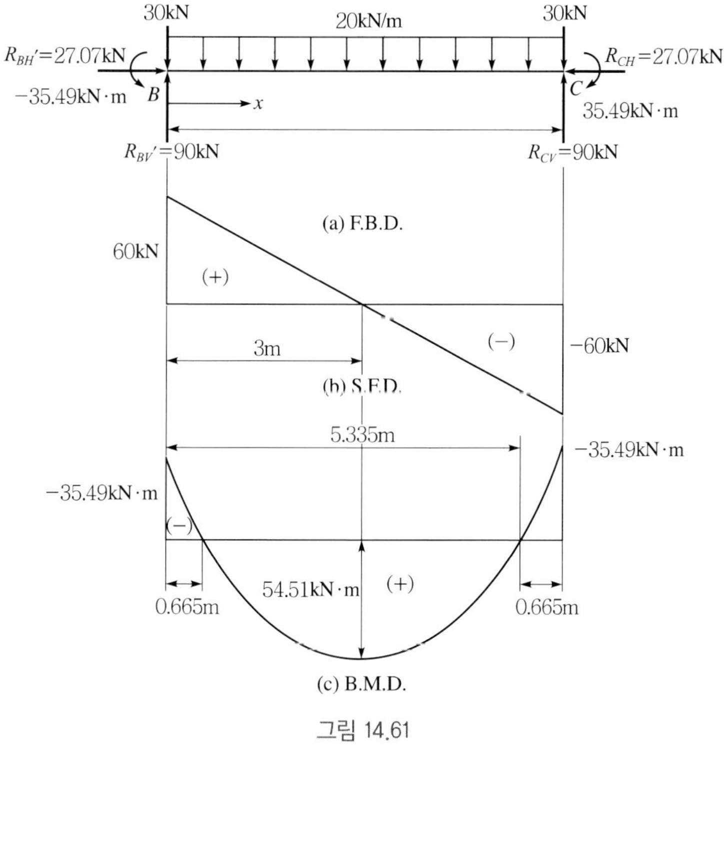

그림 14.61

$$R_{BV}' = R_{CV} = 30 + \frac{20 \times 6}{2} = 90\text{kN}(\uparrow)$$

$$V_B = 90 - 30 = 60\,\text{kN}, \quad V_C = -90 + 30 = -60\text{kN}$$

$$M_B = M_C = -35.49\text{kN} \cdot \text{m}$$

대칭이므로 최대 휨 모멘트는 부재의 중점에서 일어나며 그 값은

$$M_{\max} = -35.49 + \frac{20 \times 6^2}{8} = 54.51\text{kN} \cdot \text{m}$$

반곡점을 구하면

$$M_x = -35.49 + (90 - 30)x - 20 \times x \times \frac{x}{2} = 0$$

$$x^2 - 6x + 3.549 = 0$$

$$\therefore x = \frac{6 \pm \sqrt{6^2 - 4 \times 3.549}}{2} = 0.665\,\text{m}, \quad 5.335\text{ m}$$

부재 BC의 S.F.D. B.M.D.는 그림(b), (c)와 같다.

③ 부재 AD

그림 14.62(a)의 부재 AD의 F.B.D.에서

$$R_{AV}' = R_{DV} = \frac{30 \times 6}{2} = 90\text{kN}\ (\uparrow)$$

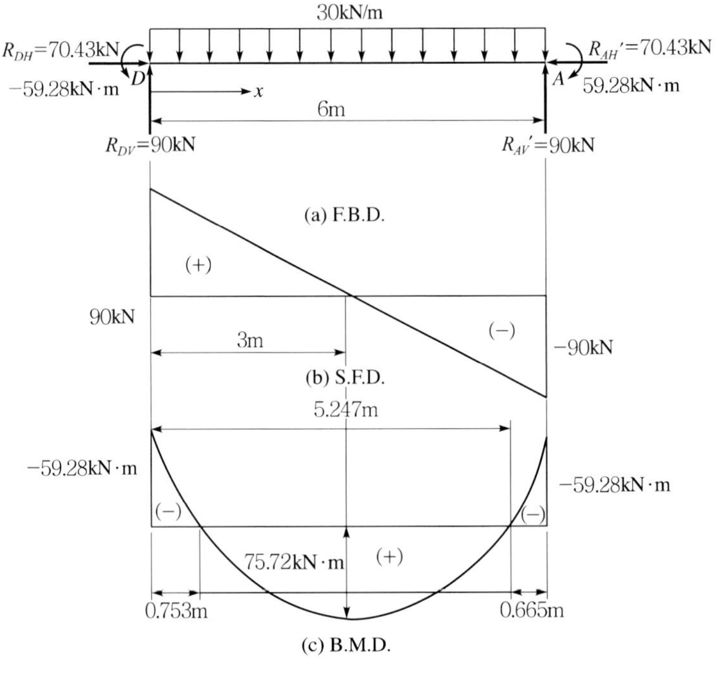

그림 14.62

$V_D = R_{DV} = 90\text{kN}, \quad V_A = -V_{AV}' = -90\text{kN}$

대칭이므로 최대 휨 모멘트는 부재의 중점에서 일어나며 그 값은

$$M_{max} = -59.28 + \frac{30 \times 6^2}{8} = 75.72\text{kN} \cdot \text{m}$$

반곡점을 구하면

$$M_x = -59.28 + 90x - \frac{30}{2}x^2 = 0$$

$$1.5x^2 - 9x + 5.928 = 0$$

$$\therefore x = \frac{9 \pm \sqrt{9^2 - 4 \times 1.5 \times 5.928}}{2 \times 1.5} = 0.753\text{m}, \ 5.247\text{m}$$

부재 AD의 S.F.D. B.M.D.는 그림 14.62(b), (c)와 같다.

이상의 각 부재의 S.F.D., B.M.D를 종합하면 그림 14.63(a), (b)와 같다.

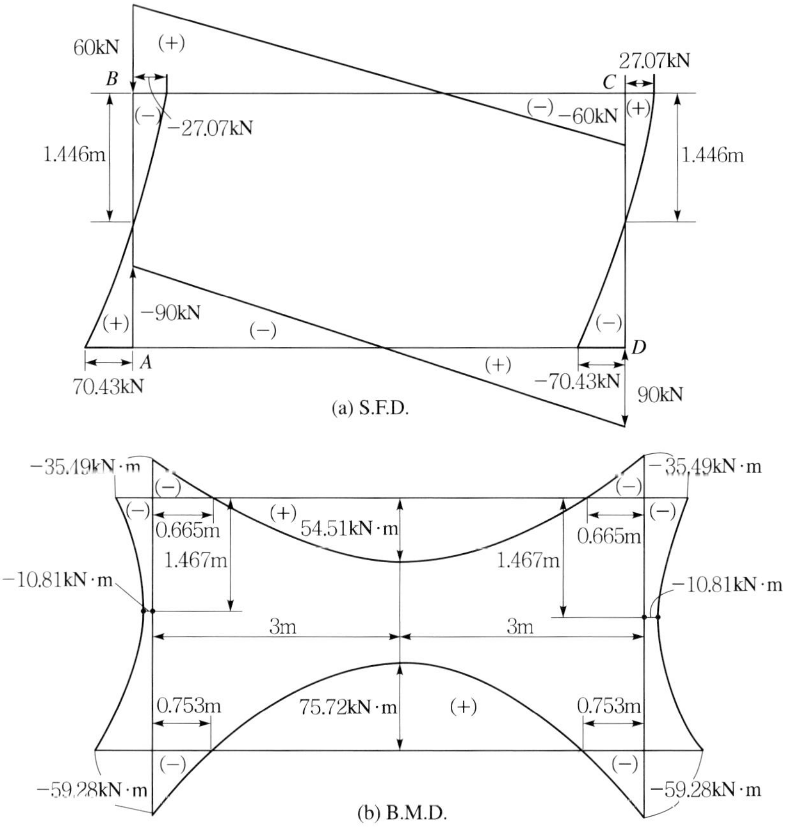

(a) S.F.D.

(b) B.M.D.

그림 14.63

예제 14.39

그림 14.64와 같은 라멘의 B.M.D를 그려라.

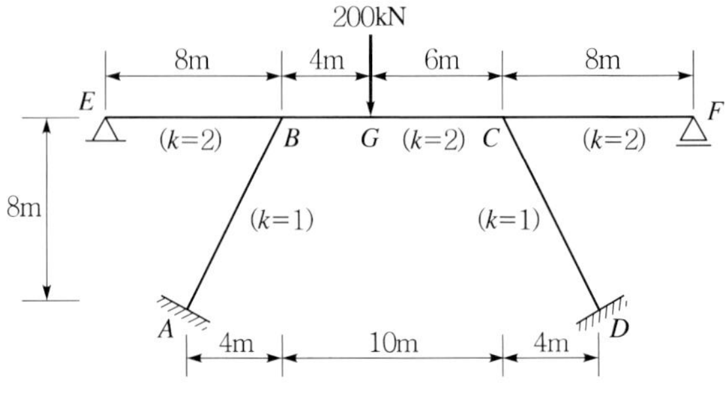

그림 14.64

풀이

기둥이 경사져 있고 하중이 비대칭이므로 수평 방향으로 변위할 수 있으므로 기둥뿐만 아니라 보에도 부재각이 생기며, 운동의 자유도가 1이므로 독립 부재각은 1개이다. 따라서 미지수는 ϕ_B, ϕ_C, ψ의 3개이다.

(1) 고정단 모멘트

$$C_{BC} = -\frac{200 \times 4 \times 6^2}{10^2} = -288\text{kN} \cdot \text{m}$$

$$C_{CB} = \frac{200 \times 6 \times 4^2}{10^2} = 192\text{kN} \cdot \text{m}$$

(2) 각방정식

$[ABCDA]$에 대하여

$$\sum Rx = R_{AB}(4) + R_{BC}(10) + R_{CD}(4) = 0 \quad \text{(a)}$$

$$\sum Ry = R_{AB}(8) - R_{CD}(8) = 0 \quad \text{(b)}$$

독립 부재각을 R_{AB}로 하면 식 (b)에 의하여

$$R_{CD} = R_{AB} \quad \text{(c)}$$

식 (a)에 의하여

$$R_{BC} = -\frac{8}{10} R_{AB} = -0.8R_{AB} \quad \text{(d)}$$

$[EBAE]$에 대하여

$$\sum Rx = R_{BE}(8) - R_{AB}(4) = 0$$

$$\therefore R_{BE} = 0.5R_{AB} \quad \text{(e)}$$

$[CFDC]$에 대하여

$\sum Rx = R_{CF}(8) - R_{CD}(4) = 0$

$\therefore R_{CF} = 0.5R_{CD}$

식 (c)에 의하여 $R_{CD} = R_{AB}$이므로

$R_{CF} = 0.5R_{AB}$ (f)

x방향으로만 변위하므로 $\sum Ry = 0$은 성립하지 않는다.

여기서, $\psi = -6EK_S R_{AB}$ 라고 하면 식 (c), (d), (e), (f)에 의하여

$\psi_{AB} = \psi,\ \psi_{BC} = -0.8\psi,\ \psi_{CD} = \psi,\ \psi_{BE} = 0.5\psi,\ \psi_{CF} = 0.5\psi$

(3) 처짐각 방정식

$M_{AB} = \phi_B + \psi,\ M_{BA} = 2\phi_B + \psi$

$M_{BC} = 2(2\phi_B + \phi_C - 0.8\psi) - 288 = 4\phi_B + 2\phi_C - 1.6\psi - 288$

$$M_{BE} = 2\left(\frac{3}{2}\phi_B + \frac{0.5}{2}\psi\right) = 3\phi_B + 0.5\psi$$

$M_{CD} = 2\phi_C + \psi$

$M_{CB} = 2(\phi_B + 2\phi_C - 0.8\psi) + 192 = 2\phi_B + 4\phi_C - 1.6\psi + 192$

$$M_{CF} = 2\left(\frac{3}{2}\phi_C + \frac{0.5}{2}\psi\right) = 3\phi_C + 0.5\psi$$

$M_{DC} = \phi_C + \psi$

(4) 평형 방정식

절점 방정식

절점 B : $9\phi_B + 2\phi_C - 0.1\psi - 288 = 0$ ①

절점 C : $2\phi_B + 9\phi_C - 0.1\psi + 192 = 0$ ②

층방정식

기둥 상단의 절단면에 작용하는 수평력과 절단면 위에 작용하는 외력의 수평 성분에 대하여 $\sum H = 0$을 적용하여 층방정식을 세우기로 하고, 각 부재에 대한 F.B.D를 그리면 그림 14.65과 같다.

그림 14.65(a)에서

$$V_B' = \frac{M_{BE}}{8}\ (\uparrow),\qquad V_E = \frac{M_{BE}}{8}\ (\downarrow)$$

그림(b)에서

$$V_B'' = -\frac{M_{BC} + M_{CB}}{10} + \frac{200 \times 6}{10},\qquad V_C'' = \frac{M_{BC} + M_{CB}}{10} + \frac{200 \times 4}{10}$$

그림(c)에서

$$V_C' = \frac{M_{CF}}{8}\ (\downarrow),\qquad V_F = \frac{M_{CF}}{8}\ (\uparrow)$$

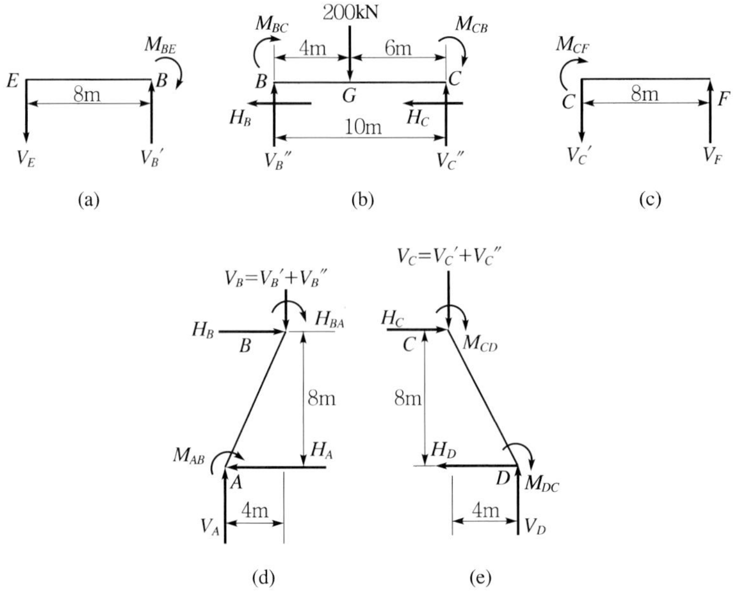

그림 14.65

따라서, 그림(d), (e)의 V_B, V_C는

$$\left.\begin{aligned} V_B &= V_B{}' + V_B{}'' = \frac{M_{BE}}{8} - \frac{M_{BC}+M_{CB}}{10} + 120 \\ V_C &= -V_C{}' + V_C{}'' = -\frac{M_{CF}}{8} + \frac{M_{BC}+M_{CB}}{10} + 80 \end{aligned}\right\} \qquad \text{(a)}$$

그림(d)에서

$$\sum M_A = H_B \times 8 + M_{AB} + M_{BA} + V_B \times 4 = 0$$

$$\therefore H_B = -\frac{1}{8}(M_{AB} + M_{BA} + 4V_B)$$

그림(e)에서

$$\sum M_D = H_C \times 8 + M_{CD} + M_{DC} - V_C \times 4 = 0$$

$$\therefore H_C = -\frac{1}{8}(M_{CD} + M_{DC} - 4V_C)$$

그림(b)의 F.B.D에서

$\sum H = H_B + H_C = 0$이어야 하므로

$$-\frac{1}{8}(M_{AB} + M_{BA} + 4V_B) - \frac{1}{8}(M_{CD} + M_{DC} - 4V_C) = 0$$

$$M_{AB} + M_{BA} + M_{CD} + M_{DC} + 4V_B - 4V_C = 0 \qquad \text{(b)}$$

식 (b)에 식 (a)의 V_B, V_C의 값을 대입하면

$$M_{AB}+M_{BA}+M_{CD}+M_{DC}+4\left(\frac{M_{BE}}{8}-\frac{M_{BC}+M_{CB}}{10}+120\right)$$

$$-4\left(-\frac{M_{CF}}{8}+\frac{M_{BC}+M_{CB}}{10}+80\right)=0$$

$$M_{AB}+M_{BA}+M_{CD}+M_{DC}+\frac{M_{BE}}{2}+\frac{M_{CF}}{2}-\frac{4}{5}(M_{BC}+M_{CB})+160=0 \quad \text{(c)}$$

식 (c)에 (3)의 처짐각 방정식을 대입하면

$$0.3\phi_B+0.3\phi_C-7.06\psi-236.8=0 \quad ③$$

또는 지점 A, D, E, F에 반력 성분을 표시하고 부재 AB와 CD의 교점 O를 모멘트의 중심으로 하여 구조물에 작용하는 모든 외력에 대하여 $\sum M_O=0$을 적용하여 층방정식을 세우면 다음과 같다.

그림 14.66와 같은 F.B.D.에서

$$\sum M_0=M_{AB}-\frac{M_{AB}+M_{BA}}{4\sqrt{5}}\times 9\sqrt{5}-\frac{M_{BE}}{8}\times 13$$

$$+M_{DC}-\frac{M_{CD}+M_{DC}}{4\sqrt{5}}\times 9\sqrt{5}-\frac{M_{CF}}{8}\times 13-200\times 1=0$$

$$10M_{AB}+18M_{BA}+13M_{BE}+18M_{CD}+10M_{DC}+13M_{CF}+1{,}600=0$$

여기서, 위의 식에 (3)의 처짐각 방정식을 대입하면

$$85\phi_B+85\phi_C+69\psi+1600=0 \quad ③'$$

식 ①, ②와 식③ 또는 ③'를 연립하여 풀면

$$\phi_{B}=\frac{130{,}190}{3{,}395}\text{ kN·m},\quad \phi_C=-\frac{102{,}610}{3{,}395}\text{ kN·m},\quad \phi=-\frac{112{,}700}{3{,}395}\text{ kN·m}$$

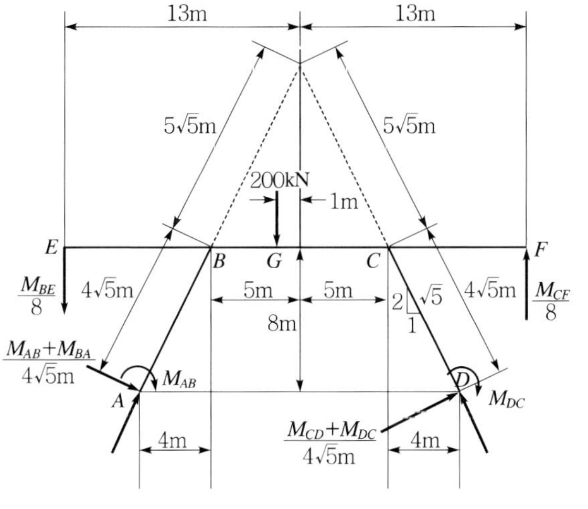

그림 14.66

(5) 재단 모멘트

ϕ_B, ϕ_C, ψ의 값을 처짐각 방정식에 대입하여

$M_{AB}=5.15\text{kN}\cdot\text{m}$ $\qquad$ $M_{BA}=43.50\text{kN}\cdot\text{m}$

$M_{BC}=-141.94\text{kN}\cdot\text{m}$ $\qquad$ $M_{BE}=98.44\text{kN}\cdot\text{m}$

$M_{CB}=200.91\text{kN}\cdot\text{m}$ $\qquad$ $M_{CD}=-93.64\text{kN}\cdot\text{m}$

$M_{CF}=-107.27\text{kN}\cdot\text{m}$ $\qquad$ $M_{DC}=-63.42\text{kN}\cdot\text{m}$

(6) B.M.D

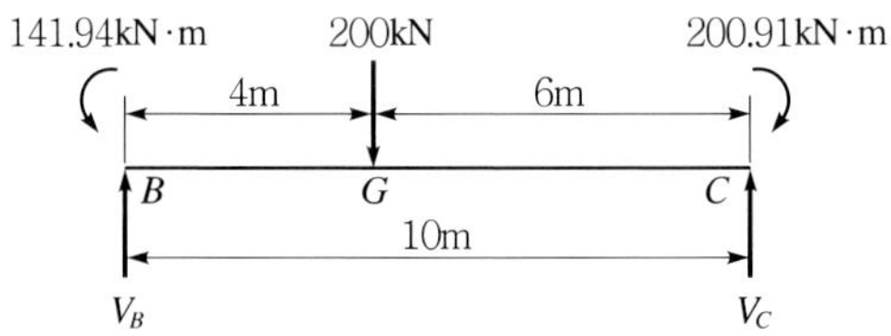

그림 14.67

부재 BC의 점 G의 휨 모멘트를 구하면 그림 14.67에서

$$M_G=-141.94+\left(\frac{200\times 6}{10}-\frac{-141.94+200.91}{10}\right)\times 4=314.47\text{kN}\cdot\text{m}$$

B.M.D.는 그림 14.68과 같다.

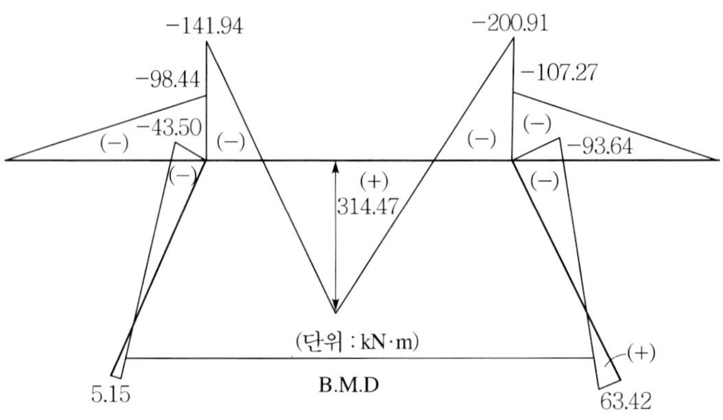

그림 14.68

예제 14.40

그림 14.69와 같은 라멘의 재단 모멘트를 구하여라.

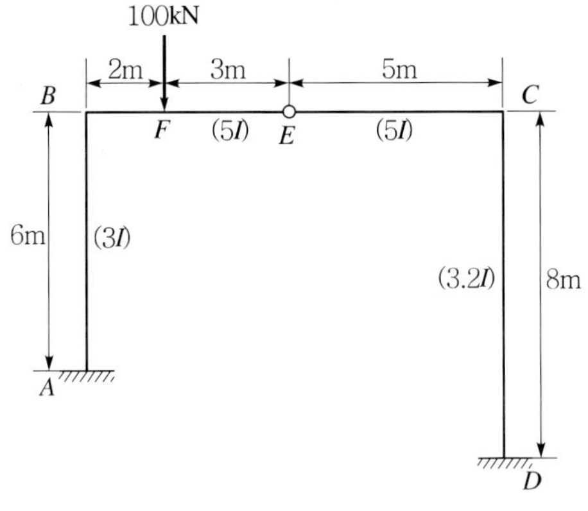

그림 14.69

풀이

비대칭 구조이므로 부재각이 생긴다. 라멘의 자유도가 2이므로 독립 부재각의 수는 2개이다. 따라서 미지수는 ϕ_B, ϕ_C 및 독립 부재각 ψ_1, ψ_2의 4개이다.

(1) 강비, 고정단 모멘트

$$K_{AB}=\frac{3I}{6}=0.5I,\ K_{BE}=K_{CE}=\frac{5I}{5}=I,\quad K_{CD}=\frac{3.2I}{8}=0.4I\text{이므로}$$

$K_S=0.5I$로 하면

$k_{AB}=1,\quad k_{BE}=k_{CE}=2,\quad k_{CD}=0.8$

$$H_{BE}=-\frac{Pb(l^2-b^2)}{2l^2}=-\frac{100\times 3(5^2-3^2)}{2\times 5^2}=-96\,\text{kN}\cdot\text{m}$$

(2) 각방정식

$\sum Ry=R_{AB}(6)-R_{CD}(8)=0$

$\sum Rx=R_{BE}(5)+R_{CE}(5)=0$

R_{AB}, R_{BE}를 각각 독립 부재각으로 하면

$$R_{CD}=\frac{3}{4}R_{AB},\quad R_{CE}=-R_{BE}$$

여기서, $\psi_1=-6EK_SR_{AB}$, $\psi_2=-6EK_SR_{BE}$ 라고 하면

$$\psi_{AB}=\psi_1,\ \psi_{CD}=\frac{3}{4}\psi_1,\ \psi_{BE}=\psi_2,\ \psi_{CE}=-\psi_2$$

(3) 처짐각 방정식

$M_{AB} = \phi_B + \psi_1$

$M_{BA} = 2\phi_B + \psi_1$

$M_{BE} = 2\left(\frac{3}{2}\phi_B + \frac{\psi_2}{2}\right) - 96 = 3\phi_B + \psi_2 - 96$

$M_{CE} = 2\left(\frac{3}{2}\phi_C - \frac{\psi_2}{2}\right) = 3\phi_C - \psi_2$

$M_{CD} = 0.8\left(2\phi_C + \frac{3}{4}\psi_1\right) = 1.6\phi_C + 0.6\psi_1$

$M_{DC} = 0.8\left(\phi_C + \frac{3}{4}\psi_1\right) = 0.8\phi_C + 0.6\psi_1$

(4) 평형 방정식

절점 방정식

절점B : $5\phi_B + \psi_1 + \psi_2 - 96 = 0$ ①

절점C : $4.6\phi_C + 0.6\psi_1 - \psi_2 = 0$ ②

전단력 방정식

기둥 상단의 수평 절단면에 대하여

$0 = -\frac{1}{6}(3\phi_B + 2\psi_1) - \frac{1}{8}(2.4\phi_C + 1.2\psi_1)$

$12\phi_B + 7.2\phi_C + 11.6\psi_1 = 0$ ③

절점 E에서 좌우의 전단력의 값이 같아야 하므로

$-\frac{100 \times 2}{5} - \frac{1}{5}(3\phi_B + \psi_2 - 96) = -\frac{1}{5}(3\phi_C - \psi_2)$

$3\phi_B - 3\phi_C + 2\psi_2 + 104 = 0$ ④

식①~④를 연립하여 풀면

$\phi_B = 75.509\text{kN}\cdot\text{m}$ $\phi_C = -43.407\text{kN}\cdot\text{m}$

$\psi_1 = -51.170\text{kN}\cdot\text{m}$ $\psi_2 = -230.373\text{kN}\cdot\text{m}$

(5) 재단 모멘트

ϕ_B, ϕ_C, ψ_1, ψ_2 의 값을 처짐각 방정식에 대입하면

$M_{AB} = 24.34\text{kN}\cdot\text{m}$ $M_{BA} = 99.85\text{kN}\cdot\text{m}$

$M_{BE} = -99.85\text{kN}\cdot\text{m}$ $M_{CE} = 100.15\text{kN}\cdot\text{m}$

$M_{CD} = -100.15\text{kN}\cdot\text{m}$ $M_{DC} = -65.43\text{kN}\cdot\text{m}$

14.4 모멘트 분배법

처짐각법은 라멘의 풀이에 매우 우수한 정밀 해법이지만 그 풀이의 과정에서 절점 각과 부재각을 미지수로 하는 연립 방정식을 풀어야 하는 크나큰 어려움이 있다. 처짐각법이 발표되고 나서 약 15년 지난 후 1930년에 미국 Illinois 대학의 Hardy Cross 교수가 라멘의 새로운 해법으로 발표한 **모멘트 분배법**(moment distribution method)은 부재의 변형은 고려하지 않고 재단에 일어나는 모멘트만을 고려하여 푸는 방법으로서 고정 모멘트법(fixing moment method), Hardy Cross 방법이라고도 한다.

모멘트 분배법은 처짐각법으로부터 출발한 것으로 처짐각법과 같이 연립 방정식을 풀 필요없이 연속보나 라멘의 재단 모멘트를 정해진 규칙에 따라 반복 계산하여 점차로 정확한 값에 접근시키는 근사 해법으로서 특별한 공식을 사용하지 않고 계산 규칙에 따라 기계적으로 계산을 진행하며, 계산은 단순한 가감(加減) 승제(乘除) 뿐으로 규칙적이고 간단하다. 특히 연속보 및 부재각이 생기지 않는 라멘의 풀이에 편리하다. 또한 한 절점에 강접합된 모든 부재의 재단 모멘트의 합계는 0이어야 한다는 조건과 한 절점에 강접합된 모든 부재의 절점각은 같아야 하고 또 고정단의 회전각은 0이어야 한다는 조건에 의하여 검산을 할 수 있다.

14.4.1 모멘트 분배법의 기초

(1) 전달률과 전달 모멘트

한 부재의 一단을 이동단으로 지지하고 원단을 고정하였을 때 이동단에 작용시킨 모멘트로 인하여 고정단에 일어나는 모멘트에 대한 비를 **전달률**(傳達率, carry-over factor, CF) 또는 도달률(到達率)이라고 한다.

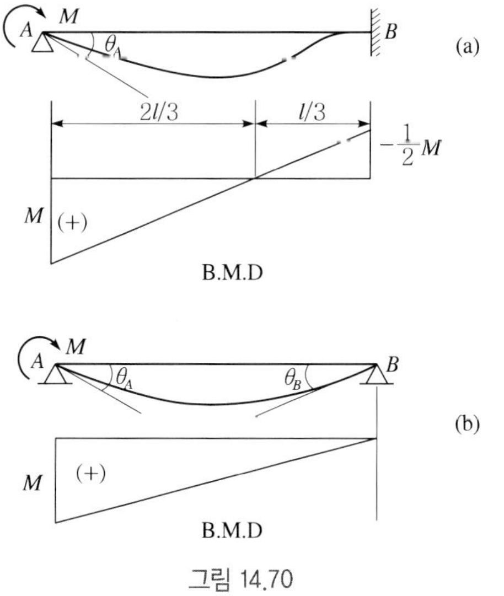

그림 14.70

그림 14.70(a)와 같은 EI가 일정한 보 AB의 이동단 A에 모멘트 M을 작용시켰을 때 처짐각 방정식은 $M_{AB}=M$, $\phi_B=\psi=C_{AB}=C_{BA}=0$이므로

$$M_{AB}=k(2\phi_A)=M$$

$$M_{BA} = k(\phi_A)$$

$$\therefore M_{BA} = \frac{1}{2}M_{AB} = \frac{1}{2}M \tag{14.29}$$

이다. 따라서, EI가 일정한 부재의 전달률은 1/2이고, 이때의 $M_{BA} = M/2$을 전달 모멘트(carry-over moment, CM) 또는 도달 모멘트라고 한다. 또 이때의 B.M.D.는 그림과 같이 직선 변화하며, 반곡점은 고정단으로부터 $l/3$의 점이다.

그림(b)와 같이 원단이 활절이면 모멘트는 전달되지 않는다.

(2) 분배율과 분배 모멘트

한 절점에 모멘트를 작용시켰을 때, 이 절점에 강접합된 각 부재의 근단에 일어나는 재단 모멘트의 작용 모멘트에 대한 비를 모멘트의 분배율(分配率, distribution factor, DF)이라고 한다. 분배율은 DF 또는 D_f 등의 기호로 나타내기도 한다.

그림 14.71(a)와 같이 3개의 부재가 강접합되어 있는 절점 A에 모멘트 M이 작용하는 경우 처짐각 방정식은

$$M_{AB} = k_{AB}(2\phi_A), \quad M_{AC} = k_{AC}(2\phi_A), \quad M_{AD} = k_{AD}(2\phi_A) \tag{a}$$

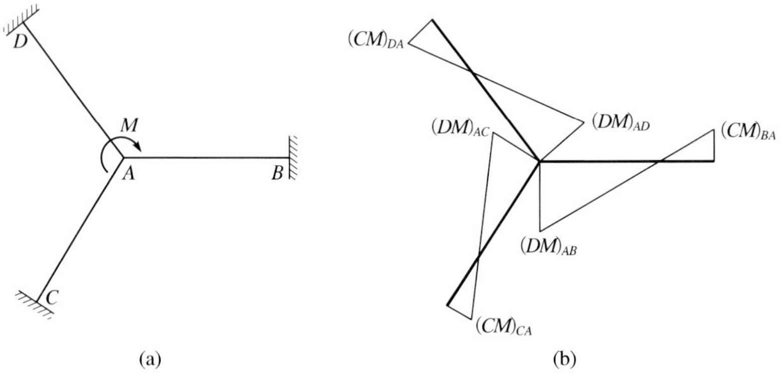

그림 14.71

식 (a)로부터 다음의 관계가 성립한다.

$$2\phi_A = \frac{M_{AB}}{k_{AB}} = \frac{M_{AC}}{k_{AC}} = \frac{M_{AD}}{k_{AD}} = \frac{M_{AB}+M_{AC}+M_{AD}}{k_{AB}+k_{AC}+k_{AD}} = \frac{M}{\sum k} \tag{b}$$

식 (b)에 의하여

$$\left.\begin{aligned} M_{AB} &= (DM)_{AB} = M\left(\frac{k_{AB}}{\sum k}\right) = M(DF)_{AB} \\ M_{AC} &= (DM)_{AC} = M\left(\frac{k_{AC}}{\sum k}\right) = M(DF)_{AC} \\ M_{AD} &= (DM)_{AD} = M\left(\frac{k_{AD}}{\sum k}\right) = M(DF)_{AD} \end{aligned}\right\} \tag{c}$$

식 (c)에서 $(DF)_{AB}=\dfrac{k_{AB}}{\sum k}$, $(DF)_{AC}=\dfrac{k_{AC}}{\sum k}$, $(DF)_{AD}=\dfrac{k_{AD}}{\sum k}$는 각각 부재 AB, AC, AD의 절점 A에서의 분배율이고, M_{AB}, M_{AC}, M_{AD}는 절점 A에 작용하는 모멘트 M이 각 부재의 강비에 비례하여 분배된 모멘트로서 이를 **분배 모멘트**(distributed moment, DM)라고 한다.

일반적으로 절점 i에 강접합된 부재 ik의 분배율은

$$(DF)_{ik} = \frac{k_{ik}}{\sum k} \tag{14.30}$$

이며, 한 절점에 강접합된 부재의 분배율의 합계는 반드시 1이어야 한다. 강비는 강도 계수의 비이므로 강도 계수를 사용하여 분배율을 계산해도 된다.

절점 i에 모멘트 M이 작용할 때 부재 ik의 분배 모멘트는

$$(DM)_{ik} = M(DF)_{ik} \tag{14.31}$$

이다.

또한 그림 14.71의(b)는 그림(a)에 대한 B.M.D.로서 원단 B, C, D의 재단 모멘트M_{BA}, M_{CA}, M_{DA}는 각각 근단 A에서 식 (c)와 같이 계산된 분배 모멘트 M_{AB}, M_{AC}, M_{AD}의 1/2이 전달된 것으로

$$M_{BA} = (CM)_{BA} = \frac{1}{2}(DM)_{AB} = \frac{1}{2}M_{AB}$$

$$M_{CA} = (CM)_{CA} = \frac{1}{2}(DM)_{AC} = \frac{1}{2}M_{AC}$$

$$M_{DA} = (CM)_{DA} = \frac{1}{2}(DM)_{AD} = \frac{1}{2}M_{AD}$$

이다.

(3) 환산 강비

모멘트 분배법에서 모든 부재를 원단 고정의 부재와 똑같이 생각하기 위하여 부재의 강비에 부재의 원단의 조건 및 변형 상태에 따른 계수를 곱하여 수정한 강비를 **환산 강비**(換算剛比, reduced stiffness ratio)라고 하며, 환산 강비를 사용하면 계산 과정이 훨씬 단축된다. 여기서, 환산을 수정(修正, modified), 유효(有效, effective) 또는 등가(等價, equivalent)라고도 한다.

그림 14.70(a)와 같이 원단 B가 고정이면 근단 A의 재단 모멘트와 회전각의 관계는 처짐각 방정식에서 $\theta_B = R = C_{AB} = C_{BA} = 0$이므로 다음과 같다.

$$M_{AB} = K(4E\theta_A) \quad \text{또는} \quad M_{AB} = k(2\phi_A) \tag{14.32}$$

여기서, $\theta_A = 1$로 놓은 $M_{AB} = 4EK$를 원단 B가 고정인 부재의 근단 A의 회전 강도(回轉剛度, rotational stiffness)라고 하며, 회전이 가능한 근단에 회전각 1을 일으키게 하는데 필요한 모멘트를 뜻한다.

① 원단 활절의 부재

그림 14.70(b)와 같이 원단 B가 활절인 부재의 근단 A에 힘의 모멘트 M이 작용할 때 근단의 재단 모멘트와 회전각의 관계는 원단 활절인 부재의 처짐각 방정식에서 $R = H_{AB} = 0$이므로

$$M_{AB} = K(3E\theta_A), \quad \text{또는} \quad M_{AB} = k\left(\frac{3}{2}\phi_A\right)$$

이다. 그러므로 원단의 활절 B를 고정단으로 생각하려면 ( )내가 식 (14.32)와 마찬가지로 $4E\theta_A$ 또는 $2\phi_A$이어야 하므로 다음과 같이 계수 3/4을 곱해야 한다. 여기서, 계수 3/4을 환산 계수라고 한다.

$$M_{AB} = K(3E\theta_A) = \frac{3}{4}K(4E\theta_A) \tag{14.33}$$

$$\text{또는} \quad M_{AB} = k\left(\frac{3}{2}\phi_A\right) = \frac{3}{4}k(2\phi_A) \tag{14.34}$$

따라서, 원단 B가 활절인 부재의 환산 강비는 $\frac{3}{4}k$이며, 근단 A의 회전 강도는 $3EK$이다.

② 대칭 변형하는 부재

대칭 구조에 대칭 하중이 작용하면 대칭축이 지나는 부재는 그림 14.72와 같이 부재의 중점에 대하여 대칭 변형하여 부재 양단의 재단 모멘트와 절점각은 크기는 같고 부호는 반대이다. 따라서, 이 때의 처짐각 방정식은

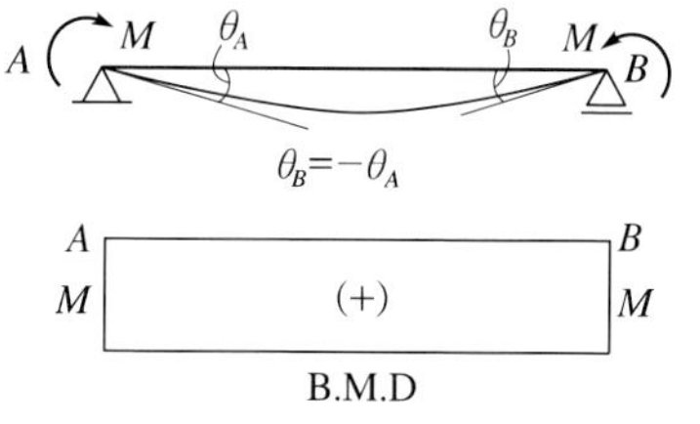

그림 14.72

$\theta_B = -\theta_A$, $R = C_{AB} = C_{BA} = 0$이므로

$M_{AB} = K(2E\theta_A)$ 또는 $M_{AB} = k(\phi_A)$

이다. 그러므로 원단 B를 고정단으로 생각하려면 다음과 같이 환산 계수 1/2을 곱해야 한다.

$$\left.\begin{aligned} M_{AB} &= K(2E\theta_A) = \frac{1}{2}K(4E\theta_A) \\ \text{또는 } M_{AB} &= k(\phi_A) = \frac{1}{2}k(2\phi_A) \end{aligned}\right\}$$

따라서, 대칭 변형하는 부재의 환산 강비는 $\frac{1}{2}k$이며, 근단 A의 회전 강도는 $2EK$이다.

③ 역대칭 변형하는 부재

대칭 구조에 역대칭 하중이 작용하면 대칭축이 지나는 부재는 그림 14.73과 같이 역대칭 변형하여 부재 양단의 재단 모멘트와 절점 회전각은 크기, 부호가 모두 같다. 따라서 이 때의 처짐각 방정식은 $\theta_B = \theta_A$, $R = C_{AB} = C_{BA} = 0$

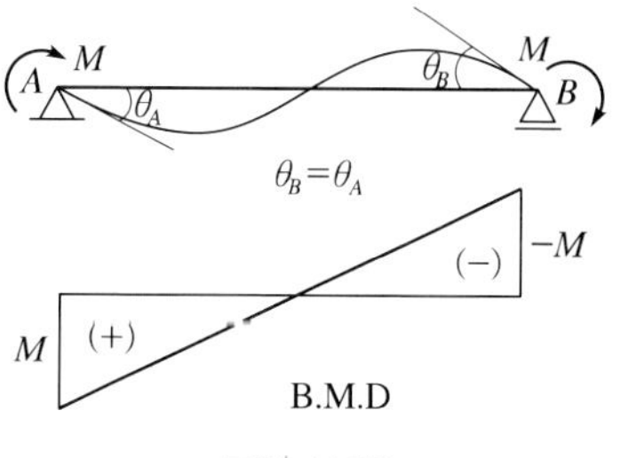

그림 14.73

$M_{AB} = K(6E\theta_A)$

$M_{AB} = k(3\phi_A)$

이다. 그러므로 원단 B를 고정단으로 생각하려면 다음과 같이 환산 계수 3/2을 곱해야 한다.

$$\left.\begin{aligned} M_{AB} &= K(6E\theta_A) = \frac{3}{2}K(4E\theta_A) \\ \text{또는 } M_{AB} &= k(3\phi_A) = \frac{3}{2}k(2\phi_A) \end{aligned}\right\}$$

따라서, 역대칭 변형하는 부재의 환산 강비는 $\frac{3}{2}k$ 이며, 근단 A의 회전 강도는 $6EK$이다.

위에서 알 수 있듯이 부재의 원단의 조건 및 변형 상태에 따른 환산 강비의 비는 부재의 근단의 회전 강도의 비($4EK : 3EK : 2EK : 6EK = 1 : 3/4 : 1/2 : 3/2$)와 같은 것으로 그 부재의 근단의 회전 저항의 크기를 나타낸 것이다. 따라서 식 (14.30)으로 분배율을 계산할 때 환산 강비나 회전 강도를 사용하여도 되며, 원단이 강절인 부재의 환산 계수는 고정단과 마찬가지로 1이며, 원단이 자유인 부재는 회전 저항을 하지 않으므로 환산 계수는 0이며, 모멘트는 분배되지 않는다.

14.4.2 해 법

모멘트 분배법으로 연속보나 부정정 라멘를 해석하는 과정을 그 순서에 따라 설명하기로 한다.

각 절점을 절점각이 생기지 않도록 고정하였다고 가상하면 부재의 재단에는 처짐각법에서의 하중항과 마찬가지로 중간 하중에 의한 고정단 모멘트가 생기며, 이것이 바로 그 재단의 재단 모멘트가 된다. 그러나 실제로는 각 절점이 고정되어 있지 않으므로 고정단 모멘트의 값이 바로 그 재단의 재단 모멘트의 값이 될 수 없으며, 따라서 각 절점마다 그 절점에 강접합된 부재의 고정단 모멘트의 합계는 $\Sigma M = 0$을 만족하지 않으므로 모멘트의 차이를 그 절점에서의 **불평형 모멘트**(unbalanced moment)라고 하며 기호로는 $\overline{M}$ 로 표시하기로 한다.

따라서 고정단이라고 가상한 절점에 그 절점의 불평형 모멘트와 같은 크기의 모멘트를 반대 방향으로 작용시켜야 그 절점은 모멘트의 평형을 이룬다. 여기서, 불평형 모멘트와 크기는 같고 방향은 반대인 모멘트를 **평형 모멘트**(balancing moment)라고 하며, 평형 모멘트를 절점에 작용시켜 그 절점에서의 모멘트의 평형을 이루게 하는 것을 그 절점을 고정으로부터 해제한다고 한다. 이때 작용시킨 평형 모멘트는 각 부재의 분배율에 따라 분배되고, 원단을 고정하면 분배된 모멘트의 1/2이 원단에 전달된다. 고정했다가 해제해야 할 절점이 1개이면 위에서 계산된 각 부재의 재단에서의 고정단 모멘트, 분배 모멘트, 전달 모멘트의 합계가 그 재단에서의 재단 모멘트이다.

여기서, 고정했다가 해제해야 할 절점이 1개인 그림 14.74(a)와 같은 연속보의 해석을 예로 들어보기로 한다.

고정했다가 해제해야 할 절점 B에서의 분배율을 계산하면

$$(DF)_{BA} = \frac{3}{3+2} = 0.6$$

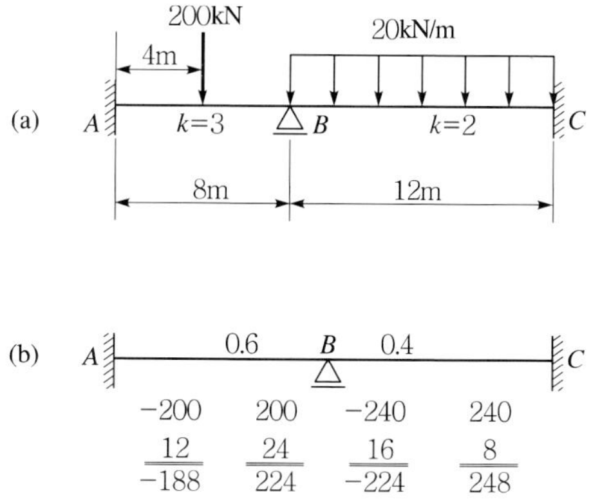

그림 14.74

$$(DF)_{BC} = \frac{2}{3+2} = 0.4$$

이며 이 값을 그림(b)와 같이 절점의 좌우에 기입한다.

절점 B를 고정단으로 가상하면 고정단 모멘트는

$$C_{AB} = -C_{BA} = -\frac{200 \times 8}{8} = -200\,\text{kN}\cdot\text{m}$$

$$C_{BC} = -C_{CB} = -\frac{20 \times 12^2}{12} = -240\text{kN}\cdot\text{m}$$

이며, 이 값을 그림(b)와 같이 각 부재의 부재축 아래에 기입한다.

절점 B가 실제로 고정단이면 부재 AB, BC는 각각 독립된 양단 고정보와 같으므로 위에서 계산한 고정단 모멘트가 바로 재단 모멘트이며 고정단 B에서 절점 방정식을 만족할 필요가 없다. 그러나 실제로는 절점 B는 회전이 가능한 강절이므로 절점 방정식을 만족해야 한다.

절점 B에 강접합된 두 부재의 고정단 모멘트를 합하면

$$C_{BA} + C_{BC} = 200 - 240 = -40\,\text{kN}\cdot\text{m}$$

로서 절점 방정식을 만족하지 못하고 $-40\text{kN}\cdot\text{m}$가 남는다. 이 남는 모멘트 때문에 절점 B에서 모멘트의 평형을 이루지 못하므로 이를 절점 B의 불평형 모멘트라고 말하는 것이다. 따라서 절점 B를 고정으로부터 해제하여 강절점으로 환원하였을 때 절점 B에서 모멘트의 평형을 이루게 하기 위해서는 불평형 모멘트 $-40\text{kN}\cdot\text{m}$의 부호를 바꾼 평형 모멘트 $40\text{kN}\cdot\text{m}$를 절점 B에 작용시켜야 한다. 이때 절점 B에 작용시킨 평형 모멘트 $40\text{kN}\cdot\text{m}$

는 분배율에 따라 다음과 같이 분배하며, 이 분배 모멘트의 값을 그림(b)와 같이 기입한다.

$$(DM)_{BA} = 40 \times 0.6 = 24\,\text{kN} \cdot \text{m}$$

$$(DM)_{BC} = 40 \times 0.4 = 16\,\text{kN} \cdot \text{m}$$

절점 B의 원단 A, C는 실제로 고정단이므로 위의 분배 모멘트의 1/2이 원단 A, C에 다음과 같이 전달된다.

$$(CM)_{AB} = \frac{1}{2}(DM)_{BA} = \frac{1}{2} \times 24 = 12\,\text{kN} \cdot \text{m}$$

$$(CM)_{CB} = \frac{1}{2}(DM)_{BC} = \frac{1}{2} \times 16 = 8\,\text{kN} \cdot \text{m}$$

이 전달 모멘트의 값을 그림(b)와 같이 기입한다. 고정단에서는 원단으로부터 전달되어 오는 모멘트를 모두 흡수하므로 고정단 모멘트와 전달 모멘트의 합계가 고정단에서의 불평형 모멘트로 되지 않으며, 따라서 분배할 모멘트가 없으므로 모멘트 분배를 끝마친다. 그러므로 그림(b)와 같이 각 재단의 고정단 모멘트, 분배 모멘트, 전달 모멘트를 합하면 그 재단의 재단 모멘트의 값이 다음과 같이 구해진다.(예제 14.31 참조)

$$M_{AB} = C_{AB} + (CM)_{AB} = -200 + 12 = -188\,\text{kN} \cdot \text{m}$$

$$M_{BA} = C_{BA} + (DM)_{BA} = 200 + 24 = 224\,\text{kN} \cdot \text{m}$$

$$M_{BC} = C_{BC} + (DM)_{BC} = -240 + 16 = -224\,\text{kN} \cdot \text{m}$$

$$M_{CB} = C_{CB} + (CM)_{CB} = 240 + 8 = 248\,\text{kN} \cdot \text{m}$$

이와 같이 고정했다가 해제해야 할 절점이 1개이면 단 1회의 고정, 해제만으로 정밀한 재단 모멘트를 구할 수 있다. 해법 순서를 요약하면 다음과 같다.

① 각 부재의 강도 계수, 강비, 환산 강비를 구하고 분배율(DF)을 계산한다. 여기서, 환산 강비를 기호 k^R로 표시하면 식 (14.30)에 의하여

$$(DF) = \frac{k^R}{\sum k^R}$$

② 고정단 모멘트(FEM) 및 불평형 모멘트(UBM) $\overline{M}$을 계산한다.

$$\overline{M} = \sum (FEM)$$

③ 분배 모멘트(DM)를 계산한다.

$$(DM) = -\overline{M} \times (DF)$$

④ 전달 모멘트(CM)를 계산한다.

$$(CM) = \frac{1}{2}(DM)$$

⑤ 재단 모멘트(M)를 계산한다.

$$M = (FEM) + (DM) + (CM)$$

그러나 고정했다가 해제해야 할 절점이 2개 이상이면 1회의 고정, 해제만으로는 해결되지 않는다. 왜냐하면 한 절점을 고정했다가 해제하여 그 절점에서 $\sum M = 0$을 만족하여도 그 절점에 강접합되어 있는 각 부재의 원단으로부터의 전달 모멘트의 합계가 그 절점에서의 새로운 불평형 모멘트가 되기 때문이다. 이 새로운 불평형 모멘트를 앞에서와 마찬가지로 해제하여 모멘트를 분배하면 그 절점에서 $\sum M = 0$을 만족한다. 그러나 그 절점에 강접합되어 있는 각 부재의 원단으로부터 전달되는 전달 모멘트의 합계가 또 새로운 불평형 모멘트가 되기 때문에 또 다시 이를 해제해야 한다.

위와 같은 계산을 반복하면 각 절점에서의 불평형 모멘트는 점차로 0에 가까워진다. 필요한 정밀도를 얻을 때까지 계산을 반복하여 고정단 모멘트 및 분배, 전달에 의하여 증감하는 모멘트의 합계를 구하면 그 합계가 그 절점에서의 재단 모멘트이다.

고정했다가 해제해야 할 절점이 2개 이상이면 다음과 같이 계산하는 것이 편리하다.

① 각 절점마다 다음과 같은 양식의 모멘트 분배표를 만들어 그 절점 i에 접합되어 있는 부재 ik를 기입한다. 여기서는, 절점 A에 부재 AL, AU, AO, AR가 접합된 경우를 예로 들어 기입한 것이다.

② 각 절점에서의 분배율을 계산하여 DF의 난에 기입한다. 이 때 각 절점마다 $\sum(DF) = 1$ 인가를 검산한다.

③ 각 절점을 고정하였을 때의 고정단 모멘트를 FEM의 난에 기입한다. 각 절점마다 고정단 모멘트를 합한 값이 그 절점에서 해제해야 할 제1차의 불평형 모멘트 $\overline{M_1}$ 이다.

$$\overline{M_1} = \sum(FEM)$$

④ 제1차의 불평형 모멘트를 해제하여 각 재단에 분배되는 제1차 분배 모멘트를 순환 1의 $(DM)_1$의 난에 기입한다.

$$(DM)_1 = -\overline{M_1} \times (DF)$$

모멘트 분배표

절 점		A			
부 재		AL	AU	AO	AR
순 환	DF				
1	FEM $(DM)_1$				
2	$(CM)_1$ $(DM)_2$				
3	$(CM)_2$ $(DM)_3$				
n	$(CM)_{n-1}$ $(DM)_n$				
합 계					

⑤ 각 재단에 그 부재의 원단으로부터 전달되어 오는 제1차의 전달 모멘트를 순환 2의 $(CM)_1$의 난에 기입한다.

$$(CM)_1 = \frac{1}{2}(DM)_1$$

각 절점마다 제1차의 전달 모멘트 $(CM)_1$을 합하면 이것이 해제해야 할 제2차의 불평형 모멘트 $\overline{M_2}$이다.

$$\overline{M_2} = \sum (CM)_1$$

⑥ 제2차의 불평형 모멘트 $\overline{M_2}$를 해제하여 각 재단에 분배되는 제2차의 분배 모멘트를 순환 2의 $(DM)_2$의 난에 기입한다.

$$(DM)_2 = -\overline{M_2} \times (DF)$$

⑦ 각 재단에 그 부재의 원단으로부터 전달되어 오는 제2차의 전달 모멘트를 순환 3의 $(CM)_2$의 난에 기입한다.

$$(CM)_2 = \frac{1}{2}(DM)_2$$

각 절점마다 제2차의 전달 모멘트 $(CM)_2$를 합하면 이것이 해제해야 할 제3차의 불평형 모멘트 $\overline{M_3}$이다.

$$\overline{M_3} = \sum (CM)_2$$

⑧ 이하 $(DM)_2$, $(CM)_2$를 구한 것과 같은 방법으로 분배, 전달을 반복하여$(DM)_3$ $(CM)_3$, ·····$(DM)_n$을 구하여 기입한다.

⑨ 각 재단마다 FEM에서 $(DM)_n$까지 세로로 합하면 각 부재의 재단 모멘트가 구해진다.

여기서, 고정했다가 해제해야 할 절점이 2개인 그림 14.75와 같은 연속보를 풀어 보기로 한다.

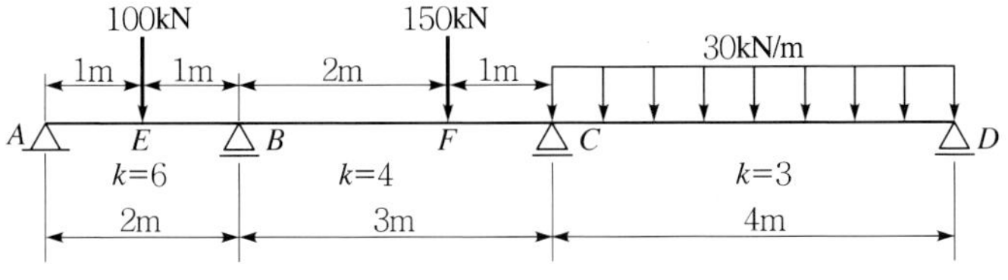

그림 14.75

부재 AB의 환산 강비는 A단이 힌지이므로 $k_{AB}^R = \frac{3}{4} \times 6 = \frac{9}{2}$ 이므로 절점 B에서의 분배율은

$$(DF)_{BA} = \frac{9/2}{9/2+4} = \frac{9}{17}, \quad (DF)_{BC} = \frac{4}{9/2+4} = \frac{8}{17}$$

부재 CD의 환산 강비는 D단의 힌지이므로 $k_{CD}^R = \frac{3}{4} \times 3 = \frac{9}{4}$ 이므로 절점 C에서의 분배율은

$$(DF)_{CB} = \frac{4}{4+9/4} = \frac{16}{25}, \quad (DF)_{CD} = \frac{9/4}{4+9/4} = \frac{9}{25}$$

고정단 모멘트는

$$H_{BA} = \frac{3 \times 100 \times 2}{16} = 37.5\,\mathrm{kN \cdot m}, \quad C_{BC} = -\frac{150 \times 2 \times 1^2}{3^2} = -33.333\,\mathrm{kN \cdot m}$$

$$C_{CB} = \frac{150 \times 1 \times 2^2}{3^2} = 66.667\,\mathrm{kN \cdot m}, \quad H_{CD} = -\frac{30 \times 4^2}{8} = -60\,\mathrm{kN \cdot m}$$

모멘트 분배는 표 14.14와 같다.

표 14.14에서 분배율은 환산 강비를 사용하여 계산된 것이고, 부재 BA, CD의 고정단 모멘트는 원단 힌지인 경우에 대한 것이므로 절점 A, D는 고정, 해제할 필요가 없다. 따라서 절점 A, D에서의 분배율 $(DF)_{AB}$, $(DF)_{DC}$는 생각할 필요가 없으므로 공란으로 표시하였다.

표 14.14 모멘트 분배

절 점		A	B		C		D
부 재		AB	BA	BC	CB	CD	DC
순환	DF		9 / 17	8 / 17	16 / 25	9 / 25	
1	FEM		37.500	−33.333	66.667	−60.000	
	DM		−2.206	−1.961	−4.267	−2.400	
2	CM			−2.134	−0.981		
	DM		1.130	1.004	0.628	0.353	
3	CM			0.314	0.502		
	DM		−0.166	−0.148	−0.321	−0.181	
4	CM			−0.161	−0.074		
	DM		0.085	0.076	0.047	0.027	
5	CM			0.024	0.038		
	DM		−0.013	−0.011	−0.024	−0.014	
6	CM			−0.012	−0.006		
	DM		0.006	0.006	0.004	0.002	
합 계		0	36.336	−36.336	62.213	−62.213	0

$\therefore\ M_{AB}=M_{DC}=0,\ M_{BA}=-M_{BC}=36.34\text{kN}\cdot\text{m},\ M_{CB}=-M_{CD}=62.21\text{kN}\cdot\text{m}$

$\overline{M_B}=37.500-33.333=4.167\text{kN}\cdot\text{m}$

$\overline{M_C}=66.667-60.000=6.667\text{kN}\cdot\text{m}$

점점 B,C 에서의 제1차의 불평형 모멘트는 순환 1의 FEM의 난에 기입한 절점 B, C의 고정단 모멘트를 각각 합하면

이고, 이를 해제하여 분배한 제1차의 분배 모멘트는 순환 1의 DM의 난에 기입하였다.

절점 A, D는 힌지이므로 모멘트의 전달이 없고, 절점 B, C를 고정하면 절점 B, C에는 각각 원단 C, B로부터 분배 모멘트의 1/2이 전달되므로 절점 B, C에서의 제 1차의 전달 모멘트는 순환 2의 CM의 난에 기입한대로 각각 −2.134kN·m, −0.981kN·m이며, 이것이 각각 절점 B, C에서의 제2차의 불평형 모멘트이다. 이를 해제하여 분배한 제 2차의 분배 모멘트를 순환 2의 DM의 난에 기입하였다.

절점 $B.C$를 다시 고정하면 절점 B, C에는 각각 원단 C, B로부터 제 2차의 분배 모멘트의 1/2이 전달된다. 이 제 2차의 전달 모멘트가 순환 3의 제 3차의 불평형 모멘트이며, 이를 해제하여 분배한 것이 순환 3의 제 3차의 분배 모멘트이다.

위와 같은 계산을 순환 6까지 반복하여 고정단 모멘트로부터 순환 6의 분배 모멘트까지를 합하여 끝의 숫자를 4사5입한 결과는 표 14.14와 같다.

이 문제의 해석을 환산 강비를 사용하지 않고 절점 A, B, C, D를 모두 고정했다가 해제하는 방법으로 하면 표 14.15와 같다. 이 표에서 절점 A, D에서의 분배율은 절점 A, D에 각각 1개의 부재만이 결합되어 있으므로 1.00이다. 절점 B, C에서의 분배율은

$$(DF)_{BA} = \frac{6}{6+4} = 0.6, \quad (DF)_{BC} = \frac{4}{6+4} = 0.4$$

$$(DF)_{CB} = \frac{4}{4+3} = \frac{4}{7}, \quad (DF)_{CD} = \frac{3}{4+3} = \frac{3}{7}$$

고정단 모멘트는

$$C_{AB} = -C_{BA} = -\frac{100\times 2}{8} = -25\,\text{kN}\cdot\text{m}$$

$$C_{BC} = -\frac{150\times 2\times 1^2}{3^2} = -33.333\,\text{kN}\cdot\text{m}$$

$$C_{CB} = \frac{150\times 1\times 2^2}{3^2} = 66.667\,\text{kN}\cdot\text{m}$$

$$C_{CD} = -C_{DC} = -\frac{30\times 4^2}{12} = -40\,\text{kN}\cdot\text{m}$$

표 14.15 모멘트 분배

절 점		A	B		C		D
부 재		AB	BA	BC	CB	CD	DC
순환	DF	1.00	0.60	0.40	4/7	3/7	1.00
1	FEM	−25.000	25.000	−33.333	66.667	−40.000	40.000
	DM	25.000	5.000	3.333	−15.238	−11.429	−40.000
2	CM	2.500	12.500	−7.619	1.667	−20.000	−5.715
	DM	−2.500	−2.929	−1.952	10.476	7.857	5.715
3	CM	−1.465	−1.250	5.238	−0.976	2.858	3.929
	DM	1.465	−2.393	−1.595	−1.075	−0.807	−3.929
4	CM	−1.197	0.733	−0.538	−0.798	−1.965	−0.404
	DM	1.197	−0.117	−0.078	1.579	1.184	0.404
5	CM	−0.059	0.599	0.790	−0.039	0.202	0.592
	DM	0.059	−0.833	−0.556	−0.093	−0.070	−0.592
6	CM	−0.417	0.030	−0.047	−0.278	−0.296	−0.035
	DM	0.417	0.010	0.007	0.328	0.246	0.035
7	CM	0.005	0.209	0.164	0.004	0.018	0.123
	DM	−0.005	−0.224	−0.149	−0.013	−0.009	−0.123
Σ M(kNm)		0.000	36.335	−36.335	62.211	−62.211	0.0000

$\therefore M_{AB} = M_{DC} = 0,\ M_{BA} = -M_{BC} = 36.34\text{kN}\cdot\text{m},\ M_{CB} = -M_{CD} = 62.21\text{kN}\cdot\text{m}$

이 문제의 해석에서 표 14.15와 같이 환산 강비를 사용하지 않는 계산 방법은 표 14.14와 같이 환산 강비를 사용하는 계산 방법에 비하여 1회의 순환 계산의 계산 분량이 많을 뿐만 아니라 동일한 정밀도를 얻을 때까지의 순환 회수도 많아진다는 것을 알 수 있다.

14.4.3 대칭성의 이용

구조물의 형상과 단면이 모두 대칭인 것을 대칭 구조라 한다. 대칭 구조물은 대칭 하중이 작용하면 대칭 변형하며, 역대칭 하중이 작용하면 역대칭 변형하므로 이 성질을 이용하여 대칭축에 관하여 다음과 같이 한쪽 절반만 풀면 된다. 이 때 대칭의 위치의 재단 모멘트는 대칭 변형하는 경우는 같은 값, 반대 부호이고 역대칭 변형하는 경우는 같은 값, 같은 부호라는 것은 이미 알고 있을 것이다.

(1) 대칭 구조에 대칭 하중이 작용하는 경우

① 홀수 스팬의 경우는 그림 14.76(a)와 같이 대칭축이 지나는 부재의 강비 k를 0.5배 하여 한쪽 절반만 풀면 된다. 이 때 대칭축이 지나는 부재는 대칭 변형하므로 환산 강비가 $k^R = 0.5k$이기 때문이다.

② 짝수 스팬의 경우는 그림(b)와 같이 대칭축이 지나는 절점은 회전각이 생기지 않으므로 고정단으로 생각하여 한쪽 절반만 풀면 된다. 이 때 대칭축이 지나는 기둥에는 재단 모멘트가 생기지 않으며, 따라서 이 기둥의 전 단면에 휨 모멘트와 전단력은 작용하지 않고 오직 축방향 압축력만 작용한다.

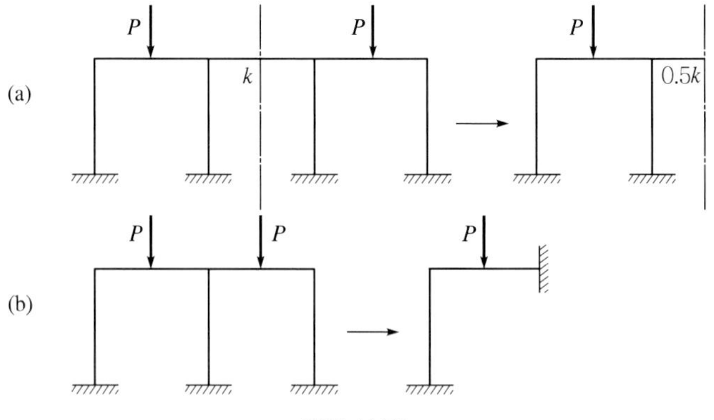

그림 14.76

(2) 대칭 구조에 역대칭 하중이 작용하는 경우

① 홀수 스팬의 대칭 구조에 그림 14.77(a)와 같이 연직 방향의 역대칭 하중이 작용하는 경우는 대칭축이 지나는 부재의 강비 k를 1.5배하여 한쪽 절반만 풀면 되고, 그림(b)와 같이 수평 방향의 역대칭 하중이 작용하는 경우는 대칭축이 지나는 부재의 강비 k를 1.5배하고 각 하중을 0.5배하여 한쪽 절반만 풀면 된다. 이 때 역대칭 변형하는 부재의 환산 강비는 $k^R = 1.5k$이며, 수평하중 P는 대칭되는 두 점에 $0.5P$씩 나누어 작용하는 것으로 해야 역대칭 하중이 되기 때문이다.

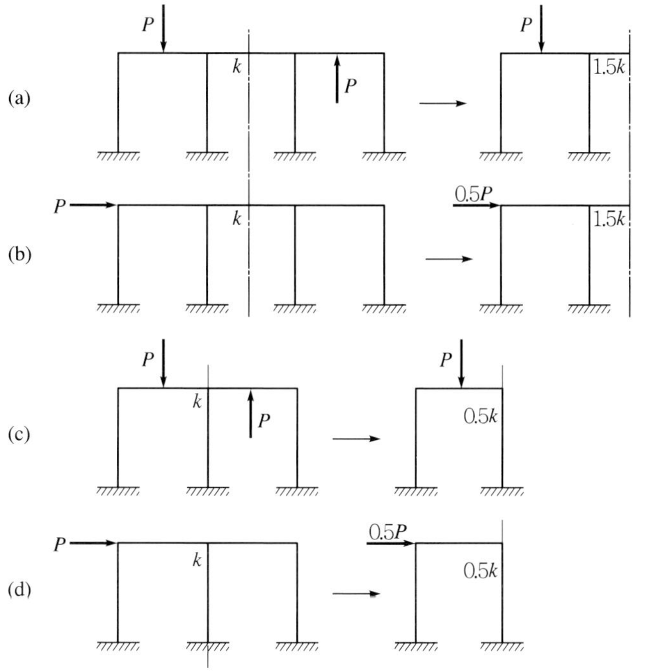

그림 14.77

② 짝수 스팬의 대칭 구조에 그림(c)와 같이 연직 방향의 역대칭 하중이 작용하는 경우는 대칭축이 지나는 기둥의 강비 k를 0.5배하여 한쪽 절반만 풀어도 되며, 그림(d)와 같이 수평 방향의 역대칭 하중이 작용하는 경우는 대칭축이 지나는 기둥의 강비 k를 $0.5k$로하고 각 하중을 0.5배하여 한쪽 절반만 풀어도 된다. 이때 대칭축이 지나는 기둥의 재단 모멘트는 기둥의 강비를 $0.5k$로 하여 계산한 값의 2배이므로 주의해야 한다. 이 방법은 별로 도움이 되지 않는다.

14.4.4 모멘트 분배법의 검산

모멘트 분배법의 검산은 정역학적 조건에 의한 방법과 기하학적 조건에 의한 방법이 있다. 정역학적 조건은 한 절점에 강접합된 모든 부재의 재단 모멘트의 합계가 0이어야 한다는 조건 즉 절점 방정식이 성립해야 한다는 것을 말하는 것으로 재단 모멘트의 평형 조건이라고도 한다. 그러나 이 조건은 모멘트의 전달이 틀려도 분배만 정확하면 성립하기 때문에 기하학적 조건에 의하여 검산하는 것이 확실하다. 기하학적 조건은 한 절점에 강접합된 모든 부재의 절점각의 값이 같아야 하고, 고정단의 회전각은 0이어야 한다는 것으로 연속의 조건 또는 강절의 조건이라고도 한다.

여기서, 절점 회전각의 절대값을 구하는 방법을 생각하기로 한다. FEM을 작용하중과 부재각으로 인한 총 고정단 모멘트를 표시하는 것으로 하면 처짐각 방정식은 다음과 같이 된다.

$$M_{nf} = 2EK(2\theta_n + \theta_f) + (FEM)_{nf}$$

$$M_{fn} = 2EK(2\theta_f + \theta_n) + (FEM)_{fn}$$

위의 처짐각 방정식을 θ_n와 θ_f 관해서 풀면

$$\left.\begin{aligned} \theta n &= \frac{1}{3EK}\left[\{M_{nf} - (FEM)_{nf}\} - \frac{1}{2}\{M_{fn} - (FEM)_{fn}\}\right] \\ \theta_f &= \frac{1}{3EK}\left[\{M_{fn} - (FEM)_{fn}\} - \frac{1}{2}\{M_{nf} - (FEM)_{nf}\}\right] \end{aligned}\right\} \tag{14.36}$$

식 (14.36)이 한 부재의 근단 n와 원단 f의 절점 회전각의 절대값이다.

식 (14.36)에서 $\{M_{nf} - (\mathrm{FEM})_{nf}\}$ 및 $\{M_{fn} - (\mathrm{FEM})_{fn}\}$는 고정단 모멘트로부터 재단 모멘트까지의 모멘트의 변화량으로서 이를 변량(變量) 모멘트(change in moment, CIM)라고 한다. 그러므로 부재의 어느 한 끝의 절점 회전각 θ의 절대값은 근단 모멘트의 변화량에서 원단 모멘트의 변화량의 1/2을 감하고 이를 3EK로 나눈 값과 같다.

여기서, 근단 변화량을 $(\mathrm{CIM})_n$, 원단 변화량을 $(\mathrm{CIM})_f$라고 하면 근단의 절점 회전각의 절대값 θ_n을 구하는 식은 다음과 같이 된다.

$$\theta_n = \frac{1}{3EK}\left\{(CIM)_n - \frac{1}{2}(CIM)_f\right\} \tag{14.37}$$

원단이 힌지이면 식 (14.36)에서 $M_{fn} = (\mathrm{FEM})_{fn} = 0$이므로

$$\theta_n = \frac{1}{3EK}\{M_{nf} - (FEM)_{nf}\} = \frac{1}{3EK}(CIM)_n \tag{14.38}$$

대칭변화하는 부재는 식 (14.36)에서 $M_{fn} = -M_{nf}$, $(FEM)_{fn} = -(FEM)_{nf}$이므로

$$\theta_n = \frac{1}{3EK} \cdot \frac{3}{2}\{M_{nf} - (FEM)_{nf}\} = \frac{1}{3EK}\left\{\frac{3}{2}(CIM)_n\right\} \tag{14.39}$$

역대칭 변형하는 부재는 식 (14.36)에서 $M_{fn} = M_{nf}$, $(FEM)_{fn} = (FEM)_{nf}$ 이므로

$$\theta_n = \frac{1}{3EK} \cdot \frac{1}{2}\{M_{nf} - (\mathrm{FEM})_{nf}\} = \frac{1}{3EK}\left\{\frac{1}{2}(\mathrm{CIM})_n\right\} \tag{14.40}$$

절점 회전각의 상대값은 위의 식 (14.36)~(14.40)의 분모 $3EK$ 대신 강도 계수 K 또는 강비 k를 쓰면 구할 수 있으며 검산을 하기 위해서는 상대값을 사용하는 것이 편리하다.

위의 검산은 모멘트 분배에 사용한 강비와 고정단 모멘트의 값이 틀린 것과는 관계 없다. 따라서 이들의 값이 틀리면 최종적으로 계산된 재단 모멘트가 비록 검산에 합격해도 그 값은 틀린 것이다.

예제 14.41

그림 14.78과 같은 연속보의 재단 모멘트를 구하고 검산하여라.

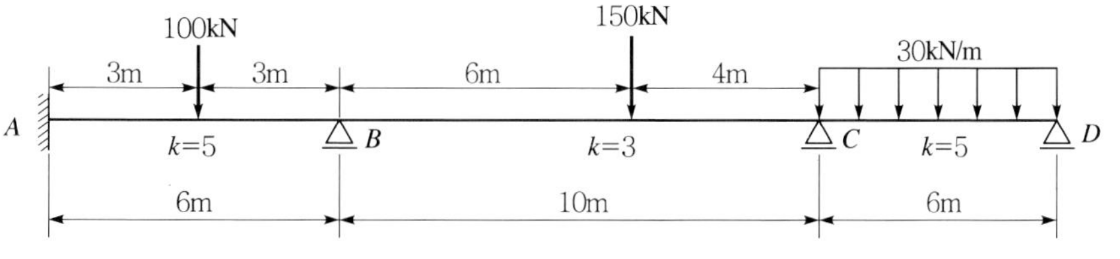

그림 14.78

풀이

절점 B에서의 분배율은

$$(DF)_{BA} = \frac{5}{5+3} = \frac{5}{8}, \quad (DF)_{BC} = \frac{3}{5+3} = \frac{3}{8}$$

절점 C에서의 분배율은 부재 CD의 환산 강비가 $\frac{3}{4} \times 5 = \frac{15}{4}$ 이므로

$$(DF)_{CB} = \frac{3}{3+15/4} = \frac{12}{27} = \frac{4}{9}, \quad (DF)_{CD} = \frac{15/4}{3+15/4} = \frac{15}{27} = \frac{5}{9}$$

고정단 모멘트는

$$C_{AB} = -C_{BA} = -\frac{100\times 6}{8} = -75\text{kN}\cdot\text{m},\quad C_{BC} = -\frac{150\times 6\times 4^2}{10^2} = -144\text{kN}\cdot\text{m}$$

$$C_{CB} = \frac{150\times 4\times 6^2}{10^2} = 216\text{kN}\cdot\text{m},\quad H_{CD} = -\frac{30\times 6^2}{8} = -135\text{kN}\cdot\text{m}$$

모멘트 분배는 표 14.16과 같다.

표 14.16 모멘트 분배

절 점		A	B		C		D
부 재		AB	BA	BC	CB	CD	DC
강비 k		5	5	3	3	5	5
순환	DF	—	5/8	3/8	4/9	5/9	
1	FEM	−75.000	75.000	−144.000	216.000	−135.000	
	DM		43.125	25.875	−36.000	−45.000	
2	CM	21.563		−18.000	12.938		
	DM		11.250	6.750	−5.750	−7.188	
3	CM	5.625		−2.875	3.375		
	DM		1.797	1.078	−1.500	−1.875	
4	CM	0.899		−0.750	0.539		
	DM		0.469	0.281	−0.240	−0.299	
5	CM	0.235		−0.120	0.141		
	DM		0.075	0.045	−0.063	−0.078	
6	CM	0.038		−0.032	0.023		
	DM		0.020	0.012	−0.010	−0.013	
7	CM	0.010		−0.005	0.006		
	DM		0.003	0.002	−0.003	−0.003	
8	CM	0.002		−0.002	0.001		
	DM		0.001	0.001	0.000	−0.001	
ΣM (kNm)		−46.632	131.740	−131.740	189.457	−189.457	0
검 산 O.K							
$(CIM)_n$		28.372	56.740	12.260	−26.543	−54.457	0
$-\ 1/2(CIM)_f$		−28.370	−14.186	13.272	−6.130	0	27.229
합계($=3EK\theta_n$)		−0.002	42.554	25.532	−32.673	−54.457	27.229
θ_{re1} = 합계/k		0	8.511	8.511	−10.891	−10.891	5.446

재단 모멘트는 표 14.16에서 소수점 이하 4자리에서 4사5입 처리하면

$M_{AB} = -46.63\text{kN}\cdot\text{m}$ $\quad M_{BA} = 131.74\text{kN}\cdot\text{m}$ $\quad M_{BC} - -131.74\text{kN}\cdot\text{m}$

$M_{CB} = 189.46\text{kN}\cdot\text{m}$ $\quad M_{CD} = -189.46\text{kN}\cdot\text{m}$

식 (14.37)에 의한 검산은 표 14.16의 모멘트 분배표의 하부에 표시하였다. 식 (14.37)에

의하면 $(CIM)_n$와 $-1/2(CIM)_f$의 합계는 $3EK\theta_n$이므로 합계의 난의 수치를 $3EK$로 나누면 근단 n의 절점 회전각의 절대값을 알 수 있으나 검산에서는 상대값만 알면 되므로 $3EK$ 대신에 강비 k로 나누어 각 절점의 회전각의 상대값 θ을 구한 결과 고정단 A에서는 0, 절점 B에서는 두 부재 BA, BC의 회전각의 상대값이 다 같이 8.511이고, 절점 C에서는 두 부재 CB, CD의 회전각의 상대값이 다 같이 −10.891이므로 기하학적 조건에 일치한다.

14.4.5 분배 모멘트의 생략

전달 모멘트(CM)는 분배 모멘트(DM)의 1/2이고 분배 모멘트는 각 절점에서의 불평형 모멘트의 부호를 바꾼 평형 모멘트(−UBM)에 분배율(DF)을 곱하여 구한다. 이 관계를 식으로 나타내면

$$CM = \frac{1}{2}(DM) = \frac{1}{2}(-UBM) \times (DF) = (-UBM) \times \frac{DF}{2}$$

이다. 따라서 매 순환마다 분배 모멘트를 계산하여 기입할 것 없이 고정했다가 해제해야 할 절점으로 전달되는 전달 모멘트만을 식

$$CM = -(UBM) \times \frac{DF}{2}$$

에 의하여 필요한 정밀도에 수렴될 때까지 반복 계산하여 기입한다.

다음에 각 절점의 재단마다 전달 모멘트의 합계 ΣCM을 계산하여 이것과 고정단 모멘트(FEM)를 합하면 그 절점에서의 불평형 모멘트가 구해지며, 이를 해제하여 분배 모멘트(DM)를 계산하여 기입하고, 원단이 고정단이면 전달 모멘트 (CM)을 계산하여 기입한다.

마지막으로 각 절점의 재단 모멘트 (M)는

$$M = FEM + \Sigma CM + DM$$

에 의하여 구하며, 고정단에서의 재단 모멘트는

$$M = FEM + CM$$

에 의하여 구하면 된다.

이 해법은 계산 분량이 크게 감소되어 계산의 소요 시간이 단축될 뿐만 아니라 계산 착오의 기회도 적은 매우 우수한 해법이다. 여기서, $DF/2$를 편의상 전달률이라고 부르기로 한다. 따라서 중간의 분배 모멘트의 계산을 생략하는 해법을 전달률에 의한 해법이라고도 한다. 앞의 예제 14.41를 이 방법에 의하여 풀면 표 14.17과 같다.

표 14.17에서 부재 BC의 절점 C에서의 평형 모멘트가 절점 B에 전달되는 전달률 $(CF)_{BC} = 4/18$는 절점 C에서의 분배율 $(DF)_{CB} = 4/9$의 1/2이고, 절점 B에서의 평형모멘트가 절점 C에 전달되는 전달률 $(DF)_{CB} = 3/16$은 절점 B에서의 분배율 $(DF)_{BC}=3/8$의 1/2 이다. 이와 같이, 한 부재의 원단 f에서의 평형 모멘트가 근단 n에 전달되는 전달률 $(CF)_{nf}$는 원단 f 에서의 분배율 $(DF)_{fn}$의 1/2이므로 착오 없도록 주의해야 한다.

표 14.17 중간의 분배 모멘트를 생략한 모멘트 분배

절 점	A	B		C		D
부 재	AB	BA	BC	CB	CD	DC
강 비 k	5	5	3	3	5	5
DF	−	5/8	3/8	4/9	5/9	
$CF=\dfrac{(DF)_f}{2}$			4/18	3/16		
FEM	−75.000	75.000	−144.000	216.000	−135.000	
CM 순환 1			−18.000	12.938		
2			−2.875	3.375		
3			−0.750	0.539		
4			−0.120	0.141		
5			−0.031	0.022		
6			−0.005	0.006		
7			−0.001	0.001		
$\sum CM$			−21.782	17.022		
DM		56.739	34.043	−43.565	−54.457	
CM	28.370					
M(kNm)	−46.631	131.739	−131.739	189.457	−189.457	0

순환 1에서의 전달 모멘트 $(CM)_{BC}$는 절점 C에서의 평형 모멘트 $-\sum(FEM)_C=-(216-135)$에 전달률 $(CM)_{BC} = 4/18$를 곱하여 구한 것이고, $(CM)_{CB}$는 절점 B에서의 평형 모멘트 $-\sum(FEM)_B = -(75-144)$에 전달률 $(CM)_{CB} = 3/16$을 곱하여 구한 것이다.

즉,

$$(CM)_{BC} = -(216-135)\times\frac{4}{18} = -18.000$$

$$(CM)_{CB} = -(75-144)\times\frac{3}{16} = 12.938$$

순환 2에서의 전달 모멘트 $(CM)_{BC}$는 절점 C에서의 평형 모멘트 $-\Sigma(FEM)_C = -(CM)_{CB} = -12.938$에 전달률 $(CF)_{BC}=4/18$를 곱하여 구한 것이고, $(CM)_{CB}$는 절점 B에서의 평형 모멘트 $-\Sigma(CM)_B = -(CB)_{BC} = (-18)$에 전달률 $(CF)_{CB} = 3/16$을 곱하여 구한 것이다.

즉,

$$(CM)_{BC} = -12.938 \times \frac{4}{18} = -2.875$$

$$(CM)_{CB} = -(-18) \times \frac{3}{16} = 3.375$$

위와 같은 방법으로 순환 7까지 계산한 결과 전달 모멘트가 0에 가까우므로 여기서, 전달 모멘트의 계산을 끝내고 ΣCM을 계산하면

$$\sum(CM)_{BC} = -21.782\,, \quad \sum(CM)_{CB} = 17.022$$

이므로 절점 B, C에서의 불평형 모멘트 $\overline{M_B}$, $\overline{M_C}$는

$$\overline{M_B} = \sum(CM)_{BC} + (FEM)_{BA} + (FEM)_{BC}$$

$$= -21.782 + 75.000 - 144.000 = -90.782\,\mathrm{kNm}$$

$$\overline{M_C} = \sum(CM)_{CB} + (FEM)_{CB} + (FEM)_{CD}$$

$$= 17.022 + 216.000 - 135.000 = 98.022\,\mathrm{kNm}$$

이다. 이 불평형 모멘트를 해제하여 분배하고 고정단 A에는 각각 분배 모멘트 $(DM)_{BA}$의 1/2을 전달한다. 이와 같이 하여 구한 재단 모멘트의 값은 표 14.16의 계산 결과와 같다.

14.4.6 급수의 이용

앞의 예제 14.41의 풀이인 표 14.17에서 절점 B, C에 기입된 전달 모멘트는 각각 2개의 수열로 되어 있다.

$$\text{절점 } B \begin{cases} -18.000,\ -0.750,\ -0.031 \\ -2.875,\ \ -0.120,\ -0.005 \end{cases}$$

$$\text{절점 } C \begin{cases} 12.938,\ \ 0.539,\ \ 0.022 \\ 3.375,\ \ 0.141,\ \ 0.006 \end{cases}$$

위의 수열은 공비(公比) $r = \frac{4}{18} \times \frac{3}{16} = \frac{1}{24}$의 무한 등비 수열이라는 것을 알 수 있다.

따라서, 초항 a를 구하면 그 합계는 쉽게 계산된다. 급수의 초항은 전달 모멘트를 순환 2회까지만 계산하여 합산하면 구해진다.

여기서, 초항 a, 공비 $r\,(r<1)$의 무한 등비 급수는 수렴하며 그 합계는 $S = \frac{a}{1-r}$이다.

이 식을 사용하여 ΣCM의 값을 구하면 반복 계산을 단축할 수 있다. 예제 14.41을 이 방법으로 풀면 표 14.18과 같다. 이 표에서 $\Sigma(CM)$은 다음과 같이 계산한다.

$\Sigma(CM)_{BC}$는 $a = -18.000 - 2.875 = -20.875$, $r = \frac{1}{24}$이므로

$$\Sigma(CM)_{BC} = \frac{a}{1-r} = \frac{-20.875}{1-\frac{1}{24}} = -21.783$$

$\Sigma(CM)_{CB}$는 $a = 12.938 + 3.375 = 16.313$, $r = \frac{1}{24}$이므로

$$\Sigma(CM)_{CB} = \frac{a}{1-r} = \frac{16.313}{1-\frac{1}{24}} = 17.022$$

표 14.18 급수를 이용한 모멘트 분배

절 점	A	B		C		D
부 재	AB	BA	BC	CB	CD	DC
강 비 k	5	5	3	3	5	5
DF	–	5/8	3/8	4/9	5/9	
$CF = \frac{(DF)_f}{2}$			4/18	3/16		
FEM	−75.000	75.000	−144.000	216.000	−135.000	
CM 순환 1			−18.000	12.938		
2			−2.875	3.375		
계(급수의 초항a)			−20.875	16.313		
ΣCM			−21.783	17.022		
DM		56.739	34.044	−43.565	−54.457	
CM	28.370					
M(kNm)	−46.631	131.739	−131.739	189.457	−189.457	0

예제 14.42

그림 14.79(a)와 같은 보의 M_A, M_B를 구하여라.(예제 14.32 참조)

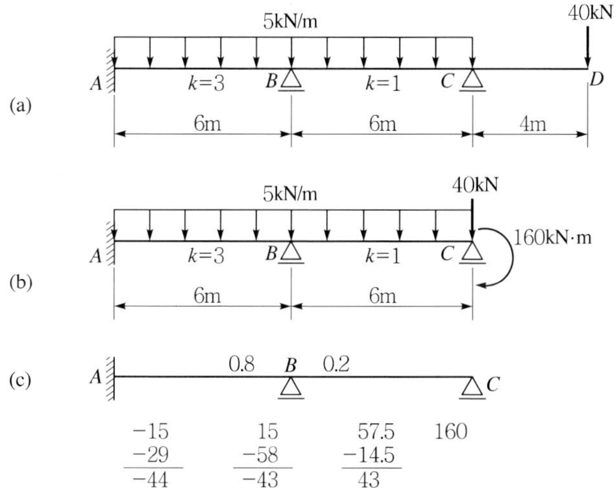

그림 14.79

풀이

지점 C의 휨 모멘트 $M_C = -40 \times 4 = -160\text{kN}\cdot\text{m}$는 알고 있으므로 그림(b)와 같이 절점 C를 이동단으로 생각하여 풀면 쉽다. 만일 절점 C를 고정, 해제하는 방법으로 풀면 순환 8회 정도까지 반복 계산해야 같은 정밀도의 값을 얻을 수 있다.

부재 BC의 C단을 활절로 생각했기 때문에 이 부재의 환산 강비 $k_{BC}^{R} = 3/4 \times 1 = 3/4$이다.

따라서 절점 B에서의 분배율은

$$(DF)_{BA} = \frac{3}{3+3/4} = \frac{4}{5} = 0.8\,, \quad (DF)_{BC} = \frac{3/4}{3+3/4} = \frac{1}{5} = 0.2$$

고정단 모멘트를 구하면

$$C_{AB} = -C_{BA} = -\frac{5 \times 6^2}{12} = -15\,\text{kN}\cdot\text{m}$$

$$H_{BC} = -\frac{5 \times 6^2}{8} + \frac{160}{2} = 57.5\,\text{kN}\cdot\text{m}$$

모멘트 분배는 그림(c)와 같다. 그림(c)로부터

$M_{AB} = -44\,\text{kN}\cdot\text{m}$, $\mathrm{M_{BA}} = -\mathrm{M_{BC}} = -43\,\text{kN}\cdot\text{m}$, $\mathrm{M_{CB}} = 160\,\text{kN}\cdot\text{m}$,

$\therefore M_A = -44\,\text{kN}\cdot\text{m}$, $\mathrm{M_B} = 43\,\text{kN}\cdot\text{m}$, $\mathrm{M_C} = -160\,\text{kN}\cdot\text{m}$

예제 14.43

그림 14.80(a)와 같은 보의 재단 모멘트를 구하여라.

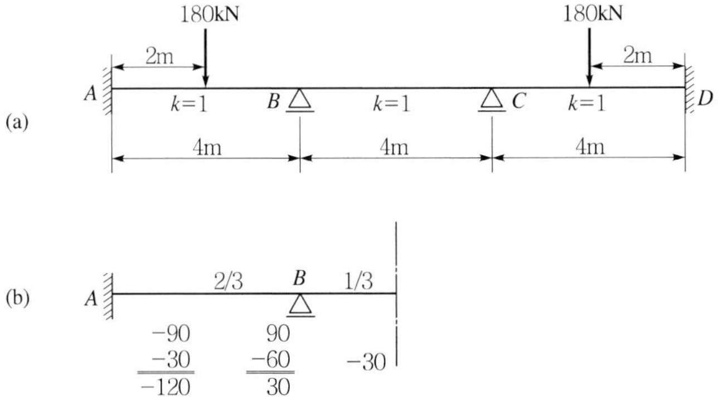

그림 14.80

풀이

홀수 스팬의 대칭보에 대칭 하중이 작용하여 대칭 변형하므로 대칭축이 지나는 부재 BC의 환산 강비를 0.5×1=0.5로 하여 한쪽 절반만 풀면 된다.

절점 B에서의 분배율은

$$(DF)_{BA}=\frac{1}{1+0.5}=\frac{2}{3}, \quad (DF)_{BC}=\frac{0.5}{1+0.5}=\frac{1}{3}$$

고정단 모멘트는

$$C_{AB}=-C_{BA}=-\frac{180\times4}{8}=-90\,\mathrm{kN\cdot m}$$

모멘트 분배는 그림(b)와 같으며, 재단 모멘트는 다음과 같다.

$$M_{AB}=-M_{DC}=-120\,\mathrm{kN\cdot m},\ M_{BA}=-M_{CD}=30\,\mathrm{kN\cdot m}$$

$$M_{BC}=-M_{CB}=-30\,\mathrm{kN\cdot m}$$

예제 14.44

그림 14.81(a)와 같은 라멘의 재단 모멘트를 구하여라.

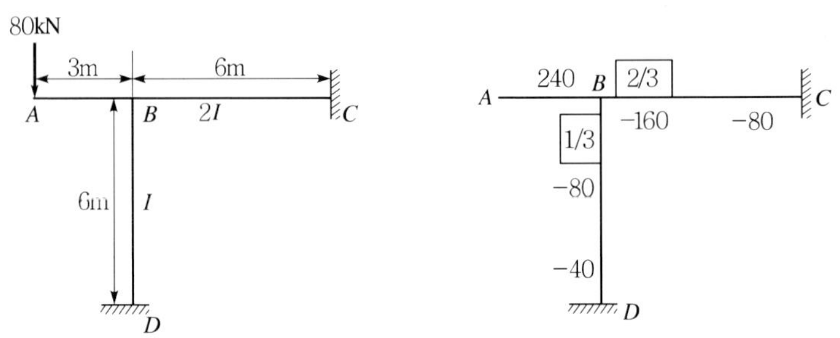

그림 14.81

풀이

부재 BC, BD의 길이가 같으므로 강비는 단면2차모멘트의 비와 같다. 따라서 $k_{BD}=1$, $k_{BC}=2$이다.

분배율은

$$(DF)_{BC}=\frac{2}{2+1}=\frac{2}{3}, \quad (DF)_{BD}=\frac{1}{2+1}=\frac{1}{3}$$

고정단 모멘트는 절점 B를 고정하면

$$(FEM)_{BA} = 80\times 3 = 240\,\mathrm{kN\cdot m}$$

이며, 이것이 절점 B에서의 불평형 모멘트이다.

분배 모멘트를 구하면

$$(DM)_{BC}=-240\times\frac{2}{3}=-160\,\mathrm{kN\cdot m}, \quad (\mathrm{DM})_{\mathrm{BD}}=-240\times\frac{1}{3}=-80\,\mathrm{kN\cdot m}$$

전달 모멘트를 구하면

$$(CM)_{CB}=\frac{1}{2}(-160)=-80\mathrm{kN\cdot m}, \quad (\mathrm{CM})_{\mathrm{DB}}=\frac{1}{2}(-80)=-40\mathrm{kN\cdot m}$$

위와 같은 계산 결과를 그림(b)에 표시하였으며, 재단 모멘트는 다음과 같다.

$$M_{AB}=0, \quad M_{BA}=240\,\mathrm{kN\cdot m}, \quad \mathrm{M_{BC}}=-160\,\mathrm{kN\cdot m}, \ \mathrm{M_{BD}}=-80\,\mathrm{kN\cdot m}$$

$$M_{CB}=-80\mathrm{kN\cdot m}, \ \mathrm{M_{DB}}=-40\mathrm{kN\cdot m}$$

이 문제와 같이 고정했다가 해제해야 할 절점이 1개뿐이면 모멘트 분배표를 작성하지 않고 그림(b)와 같은 방법으로 구하는 것이 편하다.

예제 14.45

그림 14.82(a)와 같은 라멘의 재단 모멘트를 구하여라.

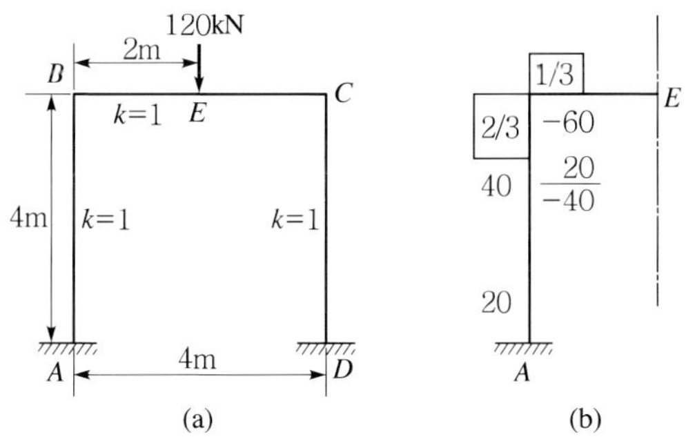

그림 14.82

풀이

홀수 스팬의 대칭 라멘에 대칭 하중이 작용하여 대칭 변형하므로 대칭축이 지나는 부재 BC의 환산 강비는 0.5×1=0.5이므로 분배율은

$(DF)_{BA}=\frac{1}{1+0.5}=\frac{2}{3}$, $(DF)_{BC}=\frac{0.5}{1+0.5}=\frac{1}{3}$

고정단 모멘트는

$C_{BC}=-\frac{120\times4}{8}=-60\,\text{kN}\cdot\text{m}$

모멘트 분배는 그림(b)와 같으며 재단 모멘트는

$M_{AB}=-M_{DC}=20\text{kN}\cdot\text{m}$, $M_{BA}=-M_{CD}=40\text{kN}\cdot\text{m}$

$M_{BC}=-M_{CB}=-40\,\text{kN}\cdot\text{m}$

예제 14.46

그림 14.83(a)와 같은 라멘의 재단 모멘트를 구하여라. 단, $EI=const.$

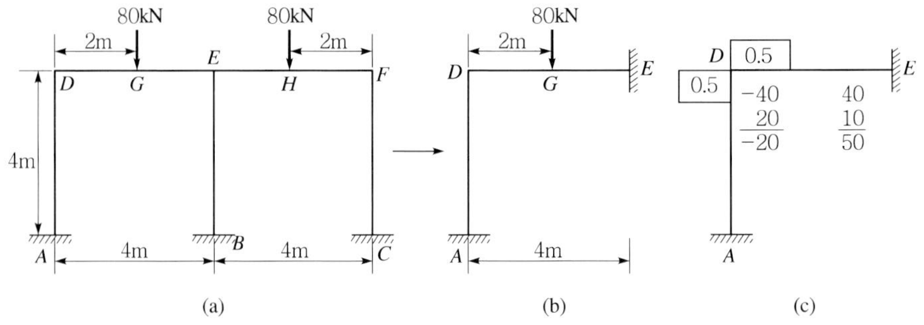

그림 14.83

풀이

짝수 스팬의 대칭 라멘에 대칭 하중이 작용하여 대칭 변형하므로 그림(b)와 같이 대칭축이 지나는 절점 E를 고정단으로 생각하여 한쪽 절반만 풀면 된다. 모든 부재의 단면2차모멘트와 길이가 같으므로 모든 부재의 강비는 1이며, 절점 D에서의 분배율은

$(DF)_{DA}=(DF)_{DE}=\frac{1}{1+1}=0.5$

고정단 모멘트는

$C_{DE}=-C_{ED}=-\frac{80\times4}{8}=-40\,\text{kN}\cdot\text{m}$

모멘트 분배는 그림(c)와 같으며, 재단 모멘트는 다음과 같다.

$M_{AD}=-M_{CF}=10\,\text{kN}\cdot\text{m}$, $M_{DA}=-M_{FC}=20\text{kN}\cdot\text{m}$, $M_{DE}=-M_{FE}=-20\,\text{kN}\cdot\text{m}$

$M_{ED}=-M_{EF}=50\,\text{kN}\cdot\text{m}$, $M_{BE}=M_{EB}-0$

예제 14.47

그림 14.84와 같은 라멘의 재단 모멘트를 구하여라.(예제 14.38 참조)

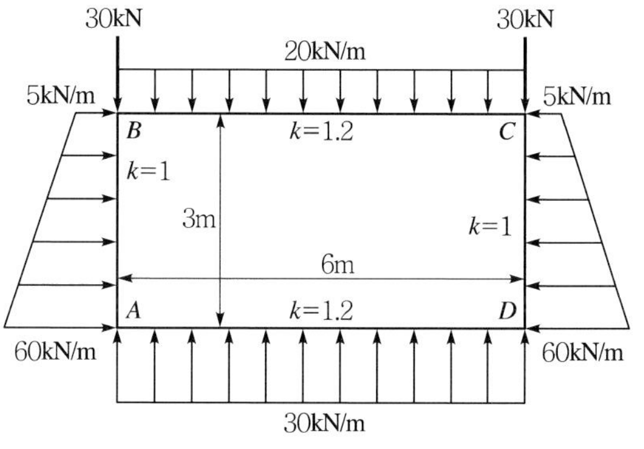

그림 14.84

풀이

좌우 대칭 라멘에 대칭 하중이 작용하여 대칭 변형하므로 대칭축이 지나는 부재 AD, BC의 강비의 1/2을 환산 강비로 하여 한쪽 절반만 풀면 된다.

절점 A, B에서의 분배율

$$(DF)_{AB}=(DF)_{BA}=\frac{1}{1+0.5\times1.2}=\frac{5}{8}$$

$$(DF)_{AD}=(DF)_{BC}=\frac{0.5\times1.2}{1+0.5\times1.2}=\frac{3}{8}$$

고정단 모멘트

$$C_{AB}=-\frac{5\times3^2}{12}-\frac{55\times3^2}{20}=-28.5\text{kN}\cdot\text{m}$$

$$C_{BA}=\frac{5\times3^2}{12}+\frac{55\times3^2}{30}=20.25\text{kN}\cdot\text{m}$$

$$C_{AD}=\frac{30\times6^2}{12}=90\text{ kN}\cdot\text{m},\quad \text{C}_{\text{BC}}=-\frac{20\times6^2}{12}=-60\text{ kN}\cdot\text{m}$$

전달률

$$(CF)_{AB}=\frac{1}{2}(DF)_{BA}=\frac{1}{2}\times\frac{5}{8}=\frac{5}{16}$$

$$(CF)_{BA}=\frac{1}{2}(DF)_{AB}=\frac{1}{2}\times\frac{5}{8}=\frac{5}{16}$$

중간의 분배 모멘트 계산을 생략하고 전달률에 의하여 풀면 표 14.19와 같다.

재단 모멘트는 표 14.19에서

표 14.19 모멘트 분배

절 점	A		B	
부 재	*AD*	*AB*	*BA*	*BC*
강 비 *k*	1.2	1	1	1.2
DF	3/8	5/8	5/8	3/8
$CF=\frac{(DF)_f}{2}$		5/16	5/16	
FEM	90.000	−28.500	20.250	−60.000
CM 순환 1		12.422	−19.219	
2		6.006	−3.882	
3		1.213	−1.877	
4		0.587	−0.379	
5		0.118	−0.183	
6		0.059	−0.037	
7		0.012	−0.018	
ΣCM		20.415	−25.595	
DM	−30.718	−51.197	40.841	24.504
M (kNm)	59.281	−59.281	35.495	−35.495
검 산 O.K				
$(CIM)_n$	−30.719	−30.781	15.245	24.505
$-\ 1/2\ (CIM)_f$	−15.360	−7.623	15.391	12.253
sum	−46.079	−38.404	30.636	36.758
θ_{rel} =sum/*k*	−38.399	−38.404	30.636	30.632

$M_{AB}=-M_{DC}=-59.28\,\mathrm{kN\cdot m}$, $M_{AD}=-M_{DA}=59.28\,\mathrm{kN\cdot m}$

$M_{BA}=-M_{CD}=35.50\,\mathrm{kN\cdot m}$, $M_{BC}=-M_{CB}=-35.50\,\mathrm{kN\cdot m}$

예제 14.48

그림 14.85와 같은 라멘의 재단 모멘트를 구하여라.

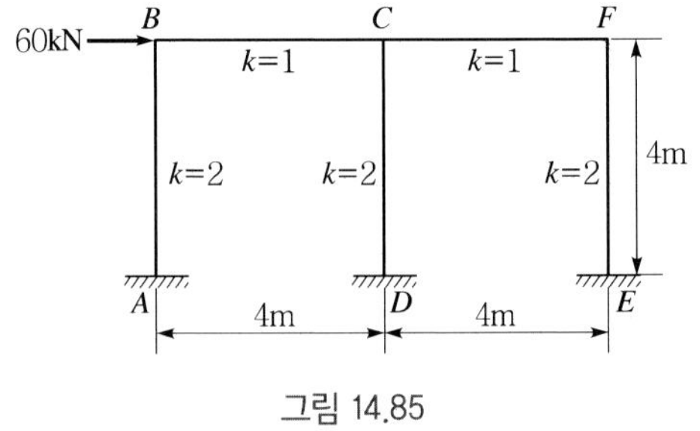

그림 14.85

풀이

대칭 라멘에 역대칭 하중이 작용하여 역대칭 변형하므로

$M_{AB}=M_{EF}$, $M_{BA}=M_{FE}$, $M_{BC}=M_{FC}$, $M_{CB}=M_{CF}$이다.

따라서, M_{AB}, M_{BA}, M_{BC}, M_{CB}, M_{CD}, M_{DC}만 구하면 된다.

(1) 분배율

절점 B에서의 분배율

$$(DF)_{BA}=\frac{2}{2+1}=\frac{2}{3},\qquad (DF)_{BC}=\frac{1}{2+1}=\frac{1}{3}$$

절점 C에서의 분배율

$$(DF)_{CB}=(DF)_{CF}=\frac{1}{1+2+1}=\frac{1}{4},\qquad (DF)_{CD}=\frac{2}{1+2+1}=\frac{1}{2}$$

(2) 고정단 모멘트

이 라멘에는 중간 하중이 작용하지 않으므로 중간 하중에 의한 고정단 모멘트는 없으나 기둥에 부재각이 생기므로 기둥의 상단 B, C, F가 고정된 채로 δ만큼 수평 방향으로 변위하였다고 가정하면 기둥의 양단에는 양단 고정보의 한 지점이 δ만큼 침하할 때와 마찬가지의 고정단 모멘트가 생기며, 기둥의 상단의 고정단 모멘트가 절점 B, C, F에서의 불평형 모멘트이다.

모든 부재의 길이가 같으므로 각 부재의 단면2차모멘트의 비는 강비와 같다. 따라서 보의 단면2차모멘트를 I라고 하면 기둥의 단면2차모멘트는 $2I$이므로 부재각으로 인한 고정단 모멘트는

$$C_{AB}=C_{BA}=C_{CD}=C_{DC}=-\frac{6E(2I)\delta}{l^2}=-\frac{6E(2I)\delta}{4^2}=-\frac{12EI\delta}{16}=-12\beta$$

$$\left(\text{단, } \beta=\frac{EI\delta}{16}\right)$$

(3) 모멘트 분배

표 14.20과 같다.

아래의 표 14.20은 고정단 모멘트 -12β를 계수 β로 나눈 -12.0000으로 하여 계산된 것이므로 FEM 이하의 모든 수치에 계수 β를 곱해야 한다.

(4) 층방정식

계수 β의 값을 구하기 위해서는 처짐각법에서 부재각이 생기는 경우 층방정식이 필요한 것과 마찬가지로 층방정식이 필요하다.

기둥 상단의 수평 절단면에 대하여 층방정식을 세우면

$$60=-\frac{1}{4}(-2\times 8.3481-2\times 4.6956-7.8260-9.9133)\beta=\frac{43.8267}{4}\beta$$

$$\therefore\quad \beta=5.476(\text{kN}\cdot\text{m})$$

(5) 재단 모멘트

$$M_{AB}=M_{EF}=-8.3481\beta=-8.3481\times 5.476=-45.71\,\text{kN}\cdot\text{m}$$

$M_{BA} = M_{FE} = -4.6956\beta = -4.6956 \times 5.476 = -25.71\,\mathrm{kN \cdot m}$

$M_{BC} = M_{FC} = 4.6956\beta = 4.6956 \times 5.476 = 25.71\,\mathrm{kN \cdot m}$

$M_{CB} = M_{CF} = 3.9130\beta = 3.9130 \times 5.476 = 21.43\,\mathrm{kN \cdot m}$

$M_{CD} = -7.8260\beta = -7.8260 \times 5.476 = -42.86\,\mathrm{kN \cdot m}$

$M_{DC} = -9.9133\beta = -9.9133 \times 5.476 = -54.29\,\mathrm{kN \cdot m}$

또한, 여기서, $\beta = \dfrac{EI\delta}{16}$ 이므로 EI의 값이 주어지면 절점 B, C, F 의 수평변위 δ의 값을 계산할 수 있다.

표 14.20 모멘트 분배

절 점		A	B		C			D
부 재		AB	BA	BC	CB	CF	CD	DC
k		2	2	1	1	1	2	2
순환	DF	—	2/3	1/3	1/4	1/4	1/2	—
1	FEM/β	−12.0000	−12.0000				−12.0000	−12.0000
	DM		8.0000	4.0000	3.0000	3.0000	6.0000	
2	CM	4.0000		1.5000	2.0000	2.0000		3.0000
	DM		−1.0000	−0.5000	−1.0000	−1.0000	−2.0000	
3	CM	−0.5000		−0.5000	−0.2500	−0.2500		−1.0000
	DM		0.3333	0.1667	0.1250	0.1250	0.2500	
4	CM	0.1667		0.0625	0.0834	0.0834		0.1250
	DM		−0.0417	−0.0208	−0.0417	−0.0417	−0.0834	
5	CM	−0.0209		−0.0209	−0.0104	−0.0104		−0.0417
	DM		0.0139	0.0070	0.0052	0.0052	0.0104	
6	CM	0.0070		0.0026	0.0035	0.0035		0.0052
	DM		−0.0017	−0.0009	−0.0018	−0.0018	−0.0035	
7	CM	−0.0009		−0.0009	−0.0005	−0.0005		−0.0018
	DM		0.0006	0.0003	0.0003	0.0003	0.0005	
$\Sigma M/\beta$		−8.3481	−4.6956	4.6956	3.9130	3.9130	−7.8260	−9.9133
검 산 O.K								
$(CIM)_n$		3.6519	7.3044	4.6956	3.9130	3.9130	4.1740	2.0867
$-1/2(CIM)_f$		−3.6522	−1.8260	−1.9565	−2.3478	−2.3478	−1.0434	−2.0870
sum		−0.0003	5.4784	2.7391	1.5652	1.5652	3.1306	−0.0003
θ_{rel}=sum/k		0	2.7392	2.7391	1.5652	1.5652	1.5653	0

이 문제는 대칭축이 지나는 기둥 CD의 강비와 수평 하중을 1/2로 하여 한쪽 절반만 풀어도 되지만 위에서 풀은 보통의 방법에 비하여 좋은 점이 없다고 생각된다.

예제 14.49

그림 14.86과 같은 라멘의 재단 모멘트를 구하여라.(예제 14.37 참조)

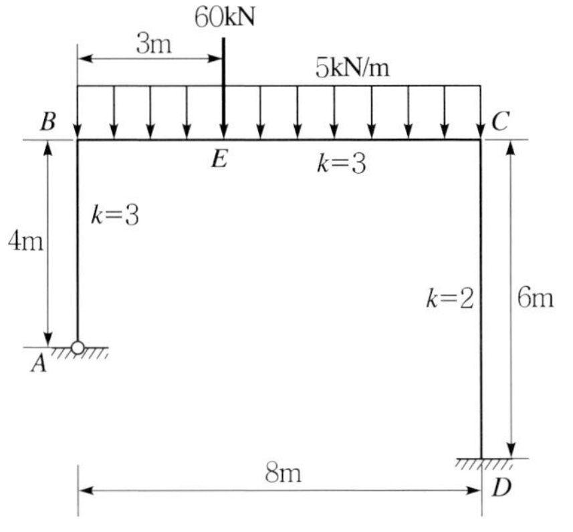

그림 14.86

풀이

이 라멘은 기둥의 상단 B, C가 δ만큼 수평 방향으로 변위하여 기둥에 부재각이 생긴다. 따라서 이 라멘의 풀이는 먼저 절점 B, C가 변위하지 않도록 고정된 것으로 가정하고 중간 하중으로 인한 재단 모멘트를 구한다. 다음에 중간 하중의 작용 없이 절점 B, C가 고정된 채로 δ만큼 수평 방향으로 변위하는 것으로 가정하여 부재각으로 인한 재단 모멘트를 구한다.

이때 부재각으로 인한 재단 모멘트는 미지의 계수 β와의 곱으로 나타난다. 미지의 계수 β는 중간 하중으로 인한 재단 모멘트와 부재각으로 인한 재단 모멘트의 합계를 재단 모멘트로 한 층방정식을 풀면 구해진다. 위에서 구한 중간 하중으로 인한 재단 모멘트와 부재각으로 인한 재단 모멘트를 합하여 실제의 재단 모멘트의 값을 구한다.

(1) 분배율

A단이 활절이므로 부재 AB의 환산 강비는 $k_{AB}^R = \dfrac{3}{4} \times 3 = \dfrac{9}{4}$

절점 B에서의 분배율

$$(DF)_{BA} = \frac{\frac{9}{4}}{\frac{9}{4}+3} = \frac{9}{21} = \frac{3}{7}, \quad (DF)_{BC} = \frac{3}{\frac{9}{4}+3} = \frac{12}{21} = \frac{4}{7}$$

절점 C에서의 분배율

$$(DF)_{CB} = \frac{3}{3+2} = \frac{3}{5}, \quad (DF)_{CD} = \frac{2}{3+2} = \frac{2}{5}$$

(2) 고정단 모멘트

중간 하중으로 인한 고정단 모멘트

$$C_{BC} = -\frac{5\times8^2}{12} - \frac{60\times3\times5^2}{8^2} = -96.979\,\text{kN}\cdot\text{m}$$

$$C_{CB} = \frac{5\times8^2}{12} + \frac{60\times5\times3^2}{8^2} = 68.854\,\text{kN}\cdot\text{m}$$

부재각으로 인한 고정단 모멘트

$$H_{BA} = -\frac{3EI\delta}{l^2} = -\frac{3EI\delta}{4^2} = -\frac{3EI\delta}{16} = -\frac{9EI\delta}{48} = -9\beta$$

$$C_{CD} = C_{DC} = -\frac{6EI\delta}{l^2} = -\frac{6EI\delta}{6^2} = -\frac{EI\delta}{6} = -\frac{8EI\delta}{48} = -8\beta$$

단, $\beta = \frac{EI\delta}{48}$

(3) 모멘트 분배

중간 하중으로 인한 FEM의 분배는 표 14.21과 같고, 부재각으로 인한 FEM의 분배는 표 14.22와 같다. 이 분배표는 중간의 분배 모멘트 계산을 생략하고 또 급수를 이용하는 해법으로 계산하여 작성하였다.

표 14.21과 14.22에서 전달률은

$$(CF)_{BC} = \frac{1}{2}(DF)_{CB} = \frac{1}{2}\times\frac{3}{5} = \frac{3}{10},\quad (CF)_{CB} = \frac{1}{2}(DF)_{BC} = \frac{1}{2}\times\frac{4}{7} = \frac{4}{14}$$

표 14.21 중간 하중으로 인한 FEM의 분배

절 점	A	B		C		D
부 재	AB	BA	BC	CB	CD	DC
k	3	3	3	3	2	2
DF		3/7	4/7	3/5	2/5	—
$CF = \frac{(DF)_f}{2}$			3/10	4/14		
FEM			−96.979	68.854		
CM 순환 1			−20.656	27.708		
2			−8.312	5.902		
계(급수의 초항a)			−28.968	33.610		
$\sum CM$			−31.684	36.761		
DM		55.141	73.522	−63.369	−42.246	
CM						−21.123
$\sum M$	0	55.141	−55.141	42.246	−42.246	−21.123
검 산 O.K						
$(CIM)_n$	0	55.141	41.838	−26.608	−42.246	−21.123
$-1/2(CIM)_f$	−27.571	0	13.304	−20.919	10.562	21.123
sum	−27.571	55.141	55.142	−47.527	−31.684	0
θ_{rel}=sum/k	−9.190	18.380	18.381	−15.842	−15.842	0

무한 등비 급수의 공비는

$r = (CF)_{BC} \times (CF)_{CB} = \frac{3}{10} \times \frac{4}{14} = \frac{3}{35}$ 이다.

표 14.21에서

$$\sum (CM)_{BC} = \frac{a_{BC}}{1-r} = \frac{-28.968}{1-\frac{3}{35}} = -31.684, \quad \sum (CM)_{CB} = \frac{a_{CB}}{1-r} = \frac{33.610}{1-\frac{3}{35}} = 36.761$$

표 14.22에서

$$\sum (CM)_{BC} = \frac{a_{BC}}{1-r} = \frac{1.6286}{1-\frac{3}{35}} = 1.7813, \quad \sum (CM)_{CB} = \frac{a_{CB}}{1-r} = \frac{1.8857}{1-\frac{3}{35}} = 2.0625$$

표 14.22 부재각으로 인한 FEM의 분배

절 점	A	B		C		D
부 재	AB	BA	BC	CB	CD	DC
k	3	3	3	3	2	2
DF		3/7	4/7	3/5	2/5	——
$CF=\frac{(DF)_f}{2}$			3/10	4/14		
FEM/β		−9			−8	−8
CM 순환 1			2.4	2.5714		
2			−0.7714	−0.6857		
계(급수의 초항a)			1.6286	1.8857		
ΣCM			1.7813	2.0625		
DM		3.0937	4.1250	3.5625	2.3750	
CM						1.1875
$\Sigma M/\beta$	0	−5.9063	5.9063	5.6250	−5.6250	−6.8125
검 산 O.K						
$(CIM)_n$	0	3.0937	5.9063	5.6250	2.3750	1.1875
$-1/2(CIM)_f$	−1.5469	0	−2.8125	−2.9532	−0.5938	−1.1875
sum	−1.5469	3.0937	3.0938	2.6718	1.7812	0
θ_{rel}=sum/k	−0.5156	1.0312	1.0313	0.8906	0.8906	0

(4) 층방정식

중긴 하중 및 부재각으로 인힌 양쪽 기둥의 재딘 모멘트는

$M_{AB} = 0$

$M_{BA} = 55.141 - 5.9063\beta$

$M_{CD} = -42.246 - 5.6250\beta$

$M_{DC} = -21.123 - 6.8125\beta$

이므로 층방정식은

$$0 = -\frac{1}{4}(M_{AB} + M_{BA}) - \frac{1}{6}(M_{CD} + M_{DC})$$

$$= -\frac{1}{4}(55.141 - 5.9063\beta) - \frac{1}{6}(-42.246 - 5.6250\beta - 21.123 - 6.8125\beta)$$

$3.5494917\beta - 3.22375 = 0 \qquad \therefore \ \beta = 0.908(\text{kN} \cdot \text{m})$

(5) 재단 모멘트

$M_{AB} = 0$

$M_{BA} = 55.141 - 5.9063\beta = 49.78\text{kN} \cdot \text{m}$

$M_{BC} = -55.141 + 5.9063\beta = -49.78\text{kN} \cdot \text{m}$

$M_{CB} = 42.246 + 5.6250\beta = 47.35\text{kN} \cdot \text{m}$

$M_{DC} = -21.123 - 6.8125\beta = -27.31\text{kN} \cdot \text{m}$

예제 14.50

그림 14.87과 같은 라멘의 재단 모멘트를 구하여라.

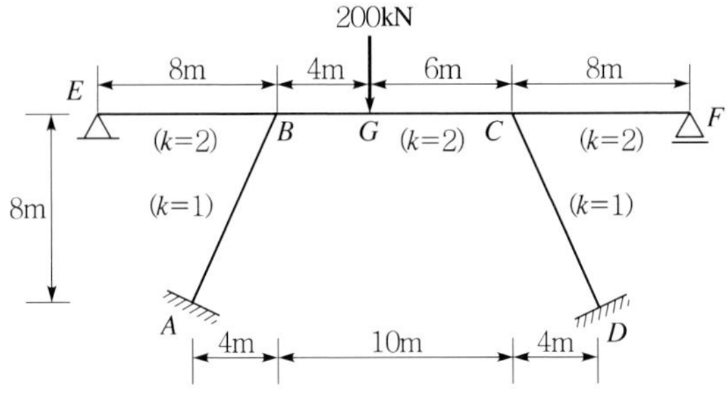

그림 14.87

풀이

지점 E가 회전 지점이기 때문에 수평 방향으로 변위하지 않으므로 어느 부재에도 부재각이 생기지 않는다. 따라서 중간 하중에 의한 고정단 모멘트만 분배하면 된다.

① 분배율

$$(DF)_{BA} = (DF)_{CD} = \frac{1}{1 + 2 + \frac{3}{4} \times 2} = \frac{2}{9}, \quad (DF)_{BC} = (DF)_{CB} = \frac{2}{1 + 2 + \frac{3}{4} \times 2} = \frac{4}{9}$$

$$(DF)_{BE}=(DF)_{CF}=\frac{\frac{3}{4}\times 2}{1+2+\frac{3}{4}\times 2}=\frac{3}{9}$$

② 고정단 모멘트

$$C_{BC}=-\frac{200\times 4\times 6^2}{10^2}=-288\text{kN}\cdot\text{m},\quad C_{CB}=\frac{200\times 6\times 4^2}{10^2}=192\text{kN}\cdot\text{m}$$

③ 모멘트 분배

표 14.23과 같다. 아래의 표로부터

$M_{EB}=M_{FC}=0$, $M_{AB}=38.65\text{kN}\cdot\text{m}$, $M_{BA}=77.30\text{kN}\cdot\text{m}$

표 14.23 모멘트 분배

절 점		E	A	B			C			D	F
부 재		*EB*	*AB*	*BA*	*BE*	*BC*	*CB*	*CF*	*CD*	*DC*	*FC*
k		2	1	1	2	2	2	2	1	1	2
순환	*DF*	—	—	2/9	1/3	4/9	4/9	1/3	2/9	—	—
1	*FEM*					−288.000	192.000				
	DM			64.000	96.000	12.8000	−85.333	−64.000	−42.667		
2	*CM*		32.000			−42.667	64.000			−21.334	
	DM			9.482	14.222	18.963	−28.444	−21.333	−14.222		
3	*CM*		4.741			−14.222	9.482			−7.111	
	DM			3.160	4.741	6.321	−4.214	−3.161	−2.107		
4	*CM*		1.580			−2.107	3.161			−1.054	
	DM			0.468	0.702	0.936	−1.405	−1.054	−0.702		
5	*CM*		0.234			−0.703	0.468			−0.351	
	DM			0.156	0.234	0.312	−0.208	−0.156	−0.104		
6	*CM*		0.078			−0.104	0.156			−0.052	
	DM			0.023	0.035	0.046	−0.069	−0.052	−0.035		
7	*CM*		0.012			−0.035	0.023			−0.018	
	DM			0.008	0.012	0.016	0.010	0.008	0.005		
8	*CM*		0.004			−0.005	0.008			−0.003	
	DM			0.001	0.002	0.002	−0.004	−0.003	−0.002		
ΣM (kNm)		0	38.649	77.298	115.948	−193.247	149.611	−89.767	−59.844	−29.923	0
검 산 O.K											
$(CIM)_n$		0	38.649	77.298	115.948	94.753	−42.389	−89.767	−59.844	−29.923	0
$-1/2(CIM)_f$		−57.974	−38.649	−19.325	0	21.195	−47.377	0	14.962	29.922	44.884
sum		−57.974	0	57.973	115.948	115.948	−89.766	−89.767	−44.882	−0.001	44.884
θ=sum/k		−28.987	0	57.973	57.974	57.974	−44.883	−44.884	−44.882	0	22.442

$M_{BE}=115.95\text{kN}\cdot\text{m}$, $M_{BC}=-193.25\text{kN}\cdot\text{m}$, $M_{CB}=149.61\text{kN}\cdot\text{m}$

$M_{CF}=-89.77\text{kN}\cdot\text{m}$, $M_{CD}=-59.84\text{kN}\cdot\text{m}$, $M_{DC}=-29.92\text{kN}\cdot\text{m}$

예제 14.51

그림 14.88(a)와 같은 라멘의 재단 모멘트를 구하여라.(예제 14.41 참조)

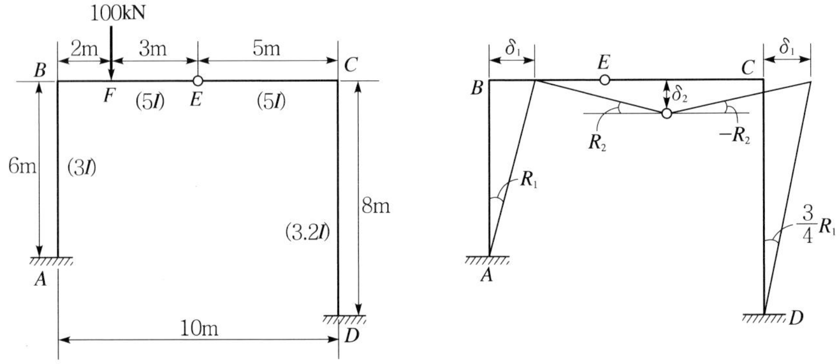

그림 14.88

풀이

(1) 강비 및 분배율

강도 계수 $K_{AB}=\dfrac{3I}{6}=0.5I,\ K_{BE}=K_{CE}=\dfrac{5I}{5}=I,\ K_{CD}=\dfrac{3.2I}{8}=0.4I$

기준 강도 계수 $K_S=0.5I$로 하면

강비는 $k_{AB}=1,\ k_{BE}=k_{CE}=2, k_{CD}=0.8$이므로

$$(DF)_{BA}=\frac{1}{1+\frac{3}{4}\times 2}=0.4,\ (DF)_{BE}=\frac{\frac{3}{4}\times 2}{1+\frac{3}{4}\times 2}=0.6$$

$$(DF)_{CD}=\frac{0.8}{0.8+\frac{3}{4}\times 2}=\frac{8}{23},\ (DF)_{CE}=\frac{\frac{3}{4}\times 2}{0.8+\frac{3}{4}\times 2}=\frac{15}{23}$$

(2) 고정단 모멘트

① 중간 하중으로 인한 고정단 모멘트

$$H_{BE}=-\frac{100\times 2\times 3^2}{5^2}-\frac{1}{2}\times\frac{100\times 3\times 2^2}{5^2}=-96.0\text{kN}\cdot\text{m}$$

② 부재각으로 인한 고정단 모멘트

$$\sum Ry=R_{AB}(6)+R_{CD}(-8)=0 \qquad \therefore R_{CD}=\frac{3}{4}R_{AB}$$

$$\sum Rx=R_{BE}(5)+R_{CE}(5)=0 \qquad \therefore R_{CE}=-R_{BE}$$

따라서 독립 부재각은 R_{AB}, R_{BE}의 2개이다. 그림(b)와 같이 R_{AB}, R_{BE}를 각각 R_1, R_2라고 하면

$R_{CD}=3/4R_1,\ R_{CE}=-R_2$이다.

기둥의 상단 $B,\ C$의 수평 변위를 δ_1, 점 E의 연직 변위를 δ_2라고 하면 부재각 R_1으로 인한 고정단 모멘트는

$$C_{AB}=C_{BA}=-\frac{6E(3I)\delta_1}{6^2}=-\frac{EI\delta_1}{2}=-\frac{10EI\delta_1}{20}=-10\beta_1$$

$$C_{CD}=C_{DC}=-\frac{6E(3.2I)\ \delta_1}{8^2}=-\frac{0.6EI\delta_1}{2}=-\frac{6EI\delta_1}{20}=-6\beta_1$$

단, $\beta_1=\dfrac{EI\delta_1}{20}$

부재각 R_2에 의한 고정단 모멘트는

$$H_{BE}=\frac{3E(5I)\ \delta_2}{5^2}=-\frac{3EI\delta_2}{5}=-3\ \beta_2$$

$$H_{CE}=\frac{3E(5I)\ \delta_2}{5^2}=\frac{3EI\delta_2}{5}=3\ \beta_2$$

단, $\beta_2=\dfrac{EI\delta_2}{5}$

(3) 모멘트 분배

① 중간 하중으로 인한 FEM의 분배는
그림 14.89(a)와 같으며, 재단 모멘트는

$M_{AB}=19.2\text{kN}\cdot\text{m}$

$M_{BA}=38.4\text{kN}\cdot\text{m}$

$M_{BE}=-38.4\text{kN}\cdot\text{m}$

$M_{EB}=M_{EC}=M_{CE}=M_{CD}=M_{DC}=0$

② 부재각 R_1로 인한 FEM의 분배는
그림(b)와 같으며, 재단 모멘트는

$M_{AB}=-10\beta_1$

$M_{BA}=-6.0\beta_1$

$M_{BE}=6.0\beta_1$

$M_{EB}=M_{EC}=0$

$M_{CE}=3.913\beta_1$

$M_{CD}=-3.913\beta_1$

$M_{DC}=-4.9565\beta_1$

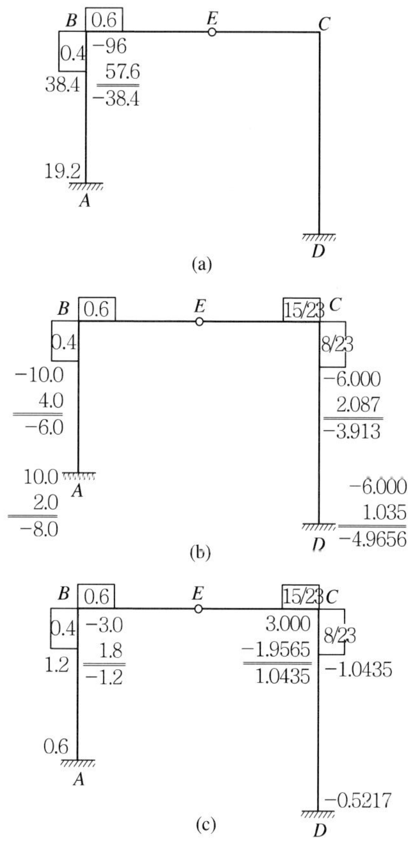

그림 14.89

③ 부재각 R_2로 인한 FEM의 분배는 그림(c)와 같으며, 재단 모멘트는

$M_{AB}=0.6\beta_2$ $M_{BA}=1.2\beta_2$

$M_{BE}=-1.2\beta_2$ $M_{EB}=M_{EC}=0$

$M_{CE}=1.0435\beta_2$ $M_{CD}=-1.0435\beta_2$

$M_{DC}=-0.5217\beta_2$

여기서, 위의 ①, ②, ③을 종합하면 각 부재의 재단 모멘트는 다음과 같다.

$M_{AB}=19.2-8\beta_1+0.6\beta_2$ $M_{BA}=38.4-6\beta_1+1.2\beta_2$

$M_{BE}=-38.4+6\beta_1-1.2\beta_2$ $M_{CE}=3.913\beta_1+1.0435\beta_2$

$M_{CD}=-3.913\beta_1-1.0435\beta_2$ $M_{DC}=-4.9565\beta_1-0.5217\beta_2$

(4) 전단력 방정식

기둥의 상단에서의 전단력 방정식을 세우면

$$0=-\frac{1}{6}(57.6-14\beta_1+1.8\beta_2)-\frac{1}{8}(-8.8695\beta_1-1.5652\beta_2)$$

$165.217\beta_1-5.0088\beta_2-460.8=0$ ①

단면 E에서의 전단력 방정식을 세우면

$$-\frac{100\times2}{5}-\frac{1}{5}(-38.4+6\beta_1-1.2\beta_2)=-\frac{1}{5}(3.913\beta_1+1.0435\beta_2)$$

$2.087\beta_1-2.2435\beta_2+161.6=0$ ②

식 ①, ②를 연립하여 풀면

$\beta_1=5.117(\text{kN}\cdot\text{m})$ $\beta_2=76.790(\text{kN}\cdot\text{m})$

(5) 재단 모멘트

β_1, β_2의 값을 위의 재단 모멘트의 식에 대입하면

$M_{AB}=24.34\text{kN}\cdot\text{m}$ $M_{BA}=99.85\text{kN}\cdot\text{m}$

$M_{BE}=-99.85\text{kN}\cdot\text{m}$ $M_{CE}=100.15\text{kN}\cdot\text{m}$

$M_{CD}=-100.15\text{kN}\cdot\text{m}$ $M_{DC}=-65.42\text{kN}\cdot\text{m}$

14.5 부정정보의 영향선

구조물의 영향선을 구하는 방법은 정정보의 영향선을 구하는 방법과 마찬가지로 영향선을 구하고자 하는 구간의 임의점에 단위 하중을 작용시켜, 그 구간의 영향선의 식을 구하는 일반적인 방법과 뒤에 설명하는 Müller-Breslau의 정리에 의한 방법이 있다. 특히 부정정 구조물의 영향선을 일반적인 방법으로 구하려면 구조물에 단위 하중을 작용시켜 그 구조물을

부정정 구조물의 해법으로 풀어야 하기 때문에 불편하지만 Müller–Breslau의 정리를 이용하면 부정정 구조물을 풀 필요없이 간단하게 영향선을 구할 수 있어 매우 편리하다. 여기서는, 부정정보의 영향선을 부정정보의 해법에 의한 일반적인 방법과 Müller–Breslau의 정리에 의하여 구하기로 한다.

14.5.1 일반적인 방법

예제 14.52

그림 14.90(a)와 같은 보의 M_A, R_A, R_B, V_C, M_C의 영향선을 구하여라.

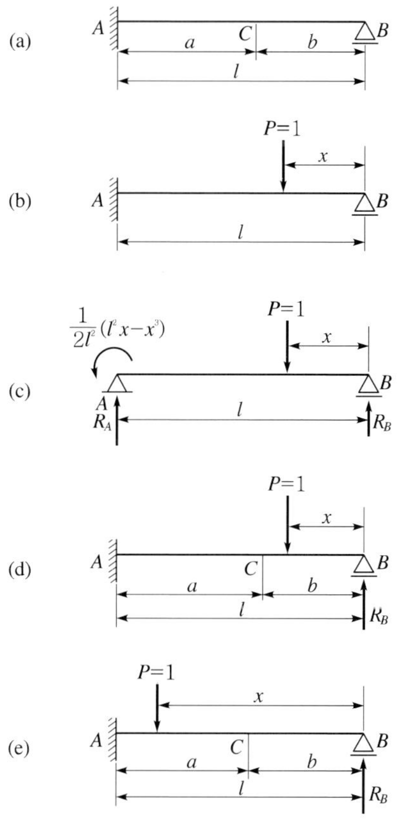

그림 14.90

풀이

먼저 3연모멘트의 정리에 의하여 M_A의 영향선을 구한 다음 나머지의 영향선을 구하기로 한다.

① M_A의 영향선

그림(b)에서

$$2M_A(l) + \frac{x(l^2 - x^2)}{l} = 0$$

$$\therefore\ M_A = -\frac{1}{2l^2}(l^2x - x^3)$$

② R_A의 영향선

그림(b)를 그림(c)와 같이 생각하여

$$M_B = R_A l - \frac{1}{2l^2}(l^2x - x^3) - x = 0$$

$$\therefore\ R_A = \frac{1}{2l^3}(3l^2x - x^3)$$

또는, $R_A = \frac{x}{l} + \frac{1}{l}\cdot\ \frac{1}{2l^2}(l^2x - x^3)$

$$= \frac{1}{2l^3}(3l^2x - x^3)$$

③ R_B의 영향선

그림(b) 또는 (c)에 의하여

$$M_A = R_B l - 1(l-x) = -\frac{1}{2l^2}(l^2x - x^3)$$

$$\therefore\ R_B = -\frac{1}{2l^3}(l^2x - x^3) - \frac{x}{l} + 1 = \frac{1}{2l^3}(2l^3 - 3l^2x + x^3)$$

또는, 그림(c)에 의하여

$$R_B = \frac{l-x}{l} - \frac{1}{l}\cdot\frac{1}{2l^2}(l^2x - x^3) = \frac{1}{2l^3}(2l^3 - 3l^2x + x^3)$$

또는 $R_B = 1 - R_A = 1 - \frac{1}{2l^3}(3l^2x - x^3) = \frac{1}{2l^3}(2l^3 - 3l^2x + x^3)$

④ V_C의 영향선

$P=1$이 $B \sim C$사이에 있을 때[그림(d)]

$$V_C = R_A = \frac{1}{2l^3}(3l^2x - x^3)$$

$P=1$이 $C \sim A$ 사이에 있을 때[그림(e)]

$$V_C = -R_B = -\frac{1}{2l^3}(2l^3 - 3l^2x + x^3)$$

⑤ M_C의 영향선

$P=1$이 $B \sim C$ 사이에 있을 때[그림(d)]

$$M_C = R_B b - 1(b-x) = \frac{1}{2l^3}(2l^3 - 3l^2x + x^3)b - b + x = \frac{1}{2l^3}(bx^3 + 2l^3x - 3bl^2x)$$

$P=1$이 $C \sim A$ 사이에 있을 때[그림(e)]

$$M_C = R_B b = \frac{b}{2l^3}(2l^3 - 3l^2x + x^3)$$

여기에서 구한 영향선을 그리면 그림 14.91과 같다.

다음에 변위 일치의 방법으로 M_A의 영향선의 식을 구하기로 한다.

그림 14.92(b)와 같이 M_A를 부정정력 X_1로 선정한다. 그림(c), (d)에서

$$\delta_{10} = \int_0^l \frac{M_0 M_1}{EI} d\xi = \frac{1}{EI}\int_0^{l-x} \frac{x}{l}\xi\left(1 - \frac{1}{l}\xi\right)d\xi + \frac{1}{EI}\int_0^x \frac{l-x}{l}\xi\left(\frac{1}{l}\xi\right)d\xi$$

$$= \frac{x}{EIl}\left[\frac{\xi^2}{2} - \frac{\xi^3}{3l}\right]_0^{l-x} + \frac{1}{EIl^2}\left[\frac{l\,\xi^3}{3} - \frac{x\,\xi^3}{3}\right]_0^x = \frac{1}{6EIl}(l^2x - x^3)$$

$$\delta_{11} = \int_0^l \frac{{M_1}^2}{EI} d\xi = \frac{1}{EI}\int_0^l \left(\frac{1}{l}\xi\right)^2 d\xi = \frac{1}{EIl^2}\left[\frac{\xi^3}{3}\right]_0^l = \frac{l}{3EI}$$

$$\therefore M_A = X_1 = -\frac{\delta_{10}}{\delta_{11}} = -\frac{1}{6EIl}(l^2x - x^3) \times \frac{3EI}{l} = -\frac{1}{2l^2}(l^2x - x^3)$$

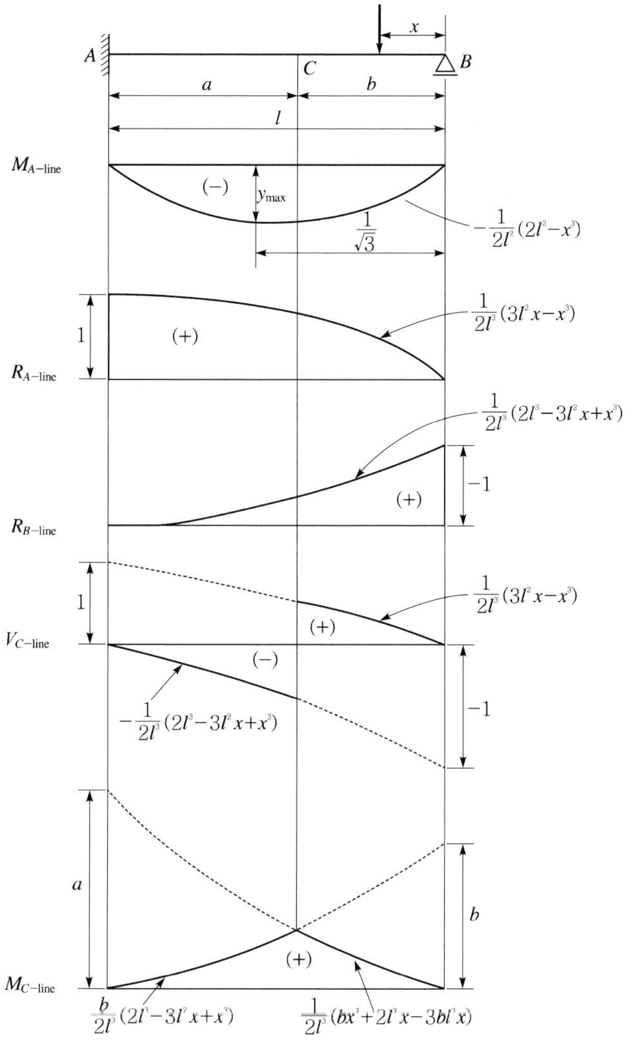

그림 14.91

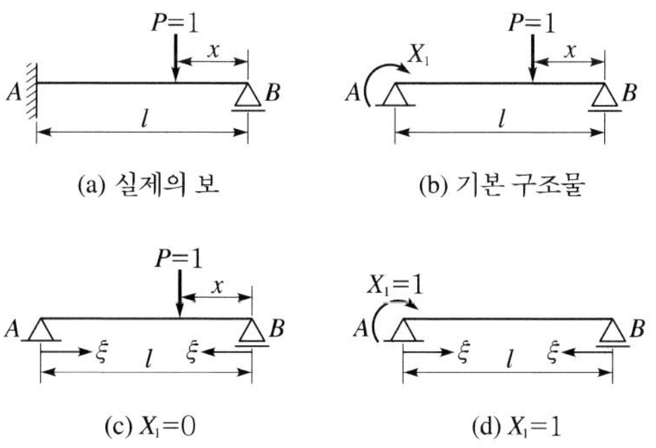

그림 14.92

예제 14.53

그림 14.93(a)와 같은 2경간 연속보의 M_B, R_A, R_B, R_C, V_m, V_n, M_m, M_n 의 영향선을 구하여라.

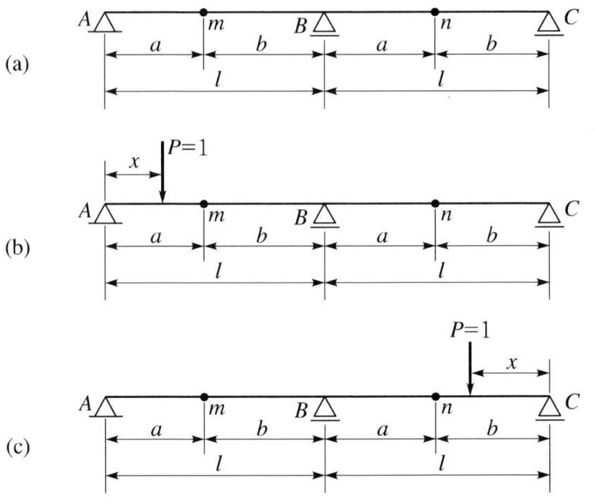

그림 14.93

풀이

먼저 3연모멘트의 정리에 의하여 M_B의 영향선을 구한 다음 나머지의 영향선을 구하기로 한다. 그림(b)와 같이 $P=1$이 $A \sim B$ 사이에 있을 때의 영향선을 구하면 다음과 같다.

① M_B의 영향선

$$2M_B(l+l)+\frac{1 \cdot x(l^2-x^2)}{l}=0 \qquad \therefore M_B=-\frac{1}{4l^2}(l^2x-x^3)$$

② R_A의 영향선

$$M_B=R_Al-1(l-x)=-\frac{1}{4l^2}(l^2x-x^3)$$

$$\therefore R_A=\frac{1}{l}\left\{(l-x)-\frac{1}{4l^2}(l^2x-x^3)\right\}=\frac{1}{4l^3}(4l^3-5l^2x+x^3)$$

③ R_C의 영향선

$$M_B=R_Cl=-\frac{1}{4l^2}(l^2x-x^3) \qquad \therefore R_C=-\frac{1}{4l^3}(l^2x-x^3)$$

④ R_B의 영향선

$$M_A=R_Bl+R_C(2l)-1 \cdot x=0$$

$$\therefore R_B=-2R_C+\frac{x}{l}=2 \cdot \frac{1}{2l^3}(l^2x-x^3)+\frac{x}{l}=\frac{1}{2l^3}(3l^2x-x^3)$$

또는,

$$R_B = 1 - R_A - R_C = 1 - \frac{1}{4l^3}(4l^3 - 5l^2x + x^3) + \frac{1}{4l^3}(l^2x - x^3)$$
$$= \frac{1}{2l^3}(3l^2x - x^3)$$

⑤ V_m의 영향선

$P=1$이 $A \sim m$ 사이에 있을 때

$$V_m = R_A - 1 = \frac{1}{4l^3}(4l^3 - 5l^2x + x^3) - 1 = -\frac{1}{4l^3}(5l^2x - x^3)$$

$P=1$이 $m \sim B$ 사이에 있을 때

$$V_m = R_A = \frac{1}{4l^3}(4l^3 - 5l^2x + x^3)$$

⑥ V_n의 영향선

$$V_n = -R_C = \frac{1}{4l^3}(l^2x - x^3)$$

⑦ M_m의 영향선

$P=1$이 $A \sim m$ 사이에 있을 때

$$M_m = R_A a - 1(a-x) = \frac{1}{4l^3}(4l^3 - 5l^2x + x^3)a - a + x$$
$$= \frac{1}{4l^3}(4l^3x - 5l^2ax + ax^3)$$

$P=1$이 $m \sim B$ 사이에 있을 때

$$M_m = R_A a = \frac{a}{4l^3}(4l^3 - 5l^2x + x^3)$$

⑧ M_n의 영향선

$$M_n = R_C b = -\frac{b}{4l^3}(l^2x - x^3)$$

그림(c)와 같이 $P=1$이 $B \sim C$ 사이에 있을 때의 영향선의 식을 구하면 다음과 같다.

① M_B의 영향선

$$2M_B(l+l) + \frac{1 \cdot x(l^2 - x^2)}{l} = 0 \qquad \therefore M_B = -\frac{1}{4l^2}(l^2x - x^3)$$

② R_A의 영향선

$$M_B = R_A l = -\frac{1}{4l^2}(l^2x - x^3) \qquad \therefore R_A = -\frac{1}{4l^3}(l^2x - x^3)$$

③ R_C의 영향선

$$M_B = R_C l - 1(l-x) = -\frac{1}{4l^2}(l^2x - x^3)$$

$$\therefore R_C = \frac{1}{l}\left\{l - x - \frac{1}{4l^2}(l^2x - x^3)\right\} = \frac{1}{4l^3}(4l^3 - 5l^2x + x^3)$$

④ R_B의 영향선

$$M_C = R_B l + R_A(2l) - 1 \cdot x = 0$$

$$\therefore R_B = -2R_A + \frac{x}{l} = 2\cdot \ \frac{1}{4l^3}(l^2x - x^3) + \frac{x}{l} = \frac{1}{2l^3}(3l^2x - x^3)$$

또는 $R_B = 1 - R_A - R_C = 1 + \frac{1}{4l^3}(l^2x - x^3) - \frac{1}{4l^3}(4l^3 - 5l^2x + x^3)$

$$= \frac{1}{2l^3}(3l^2x - x^3)$$

⑤ V_m의 영향선

$$V_m = R_A = -\frac{1}{4l^3}(l^2x - x^3)$$

⑥ V_n의 영향선

$P=1$이 $C \sim n$ 사이에 있을 때

$$V_n = -R_C + 1 = -\frac{1}{4l^3}(4l^3 - 5l^2x + x^3) + 1 = \frac{1}{4l^3}(5l^2x - x^3)$$

$P=1$이 $n \sim B$사이에 있을 때

$$V_n = -R_C = -\frac{1}{4l^3}(4l^3 - 5l^2x + x^3)$$

⑦ M_m의 영향선

$$M_m = R_A a = -\frac{a}{4l^3}(l^2x - x^3)$$

⑧ M_n의 영향선

$P=1$이 $C \sim n$사이에 있을 때

$$M_n = R_C b - 1(b - x) = \frac{b}{4l^3}(4l^3 - 5l^2x + x^3) - b + x$$

$$= \frac{1}{4l^3}(4l^3x - 5l^2bx + bx^3)$$

$P=1$이 $n \sim B$사이에 있을 때

$$M_n = R_C b = -\frac{b}{4l^3}(4l^3 - 5l^2x - x^3)$$

아래에서 구한 영향선을 그리면 그림 14.94과 같다.

다음에 처짐각법과 모멘트 분배법으로 M_B의 영향선을 구하기로 한다.

그림 14.95(a)와 같이 $P=1$이 $A \sim B$사이에 작용할 때 부재 BA, BC의 재단 모멘트를 처짐각법으로 구하면

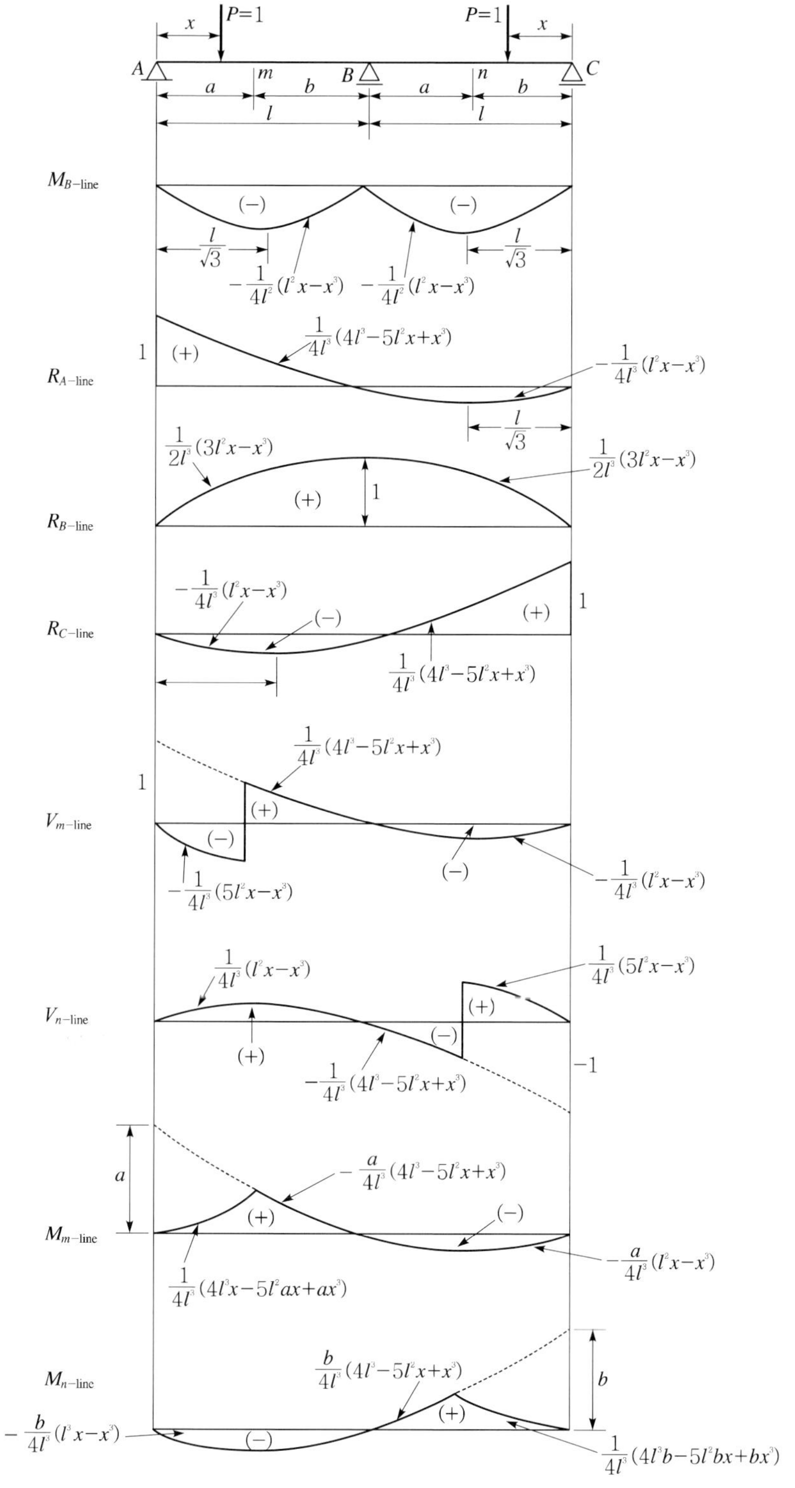
P=1
P=1
x
x
A
B
C
m
n
a
b
a
b
l
l
M_{B-line}
(−)
(−)
$\frac{l}{\sqrt{3}}$
$\frac{l}{\sqrt{3}}$
$-\frac{1}{4l^2}(l^2x-x^3)$
$-\frac{1}{4l^2}(l^2x-x^3)$
R_{A-line}
1
(+)
$\frac{1}{4l^3}(4l^3-5l^2x+x^3)$
$-\frac{1}{4l^3}(l^2x-x^3)$
$\frac{l}{\sqrt{3}}$
R_{B-line}
$\frac{1}{2l^3}(3l^2x-x^3)$
$\frac{1}{2l^3}(3l^2x-x^3)$
(+)
1
R_{C-line}
$-\frac{1}{4l^3}(l^2x-x^3)$
(−)
(+)
1
$\frac{1}{4l^3}(4l^3-5l^2x+x^3)$
V_{m-line}
$\frac{1}{4l^3}(4l^3-5l^2x+x^3)$
1
(+)
(−)
(−)
$-\frac{1}{4l^3}(5l^2x-x^3)$
$-\frac{1}{4l^3}(l^2x-x^3)$
V_{n-line}
$\frac{1}{4l^3}(l^2x-x^3)$
$\frac{1}{4l^3}(5l^2x-x^3)$
(+)
(−)
(+)
−1
$-\frac{1}{4l^3}(4l^3-5l^2x+x^3)$
M_{m-line}
a
$-\frac{a}{4l^3}(4l^3-5l^2x+x^3)$
(+)
(−)
$-\frac{a}{4l^3}(l^2x-x^3)$
$\frac{1}{4l^3}(4l^3x-5l^2ax+ax^3)$
M_{n-line}
$\frac{b}{4l^3}(4l^3-5l^2x+x^3)$
b
(+)
(−)
$-\frac{b}{4l^3}(l^2x-x^3)$
$\frac{1}{4l^3}(4l^3b-5l^2bx+bx^3)$

그림 14.94

$$H_{BA}=\frac{1\cdot x(l^2-x^2)}{2l^2}=\frac{l^2x-x^3}{2l^2}$$

$$M_{BA}=\frac{3}{2}\phi_B+\frac{l^2x-x^3}{2l^2},$$

$$M_{BC}=\frac{3}{2}\phi_B$$

$$\sum M_B=M_{BA}+M_{BC}$$

$$=3\phi_B+\frac{l^2x-x^3}{2l^2}=0$$

$$\therefore\ \phi_B=-\frac{l^2x-x^3}{6l^2}$$

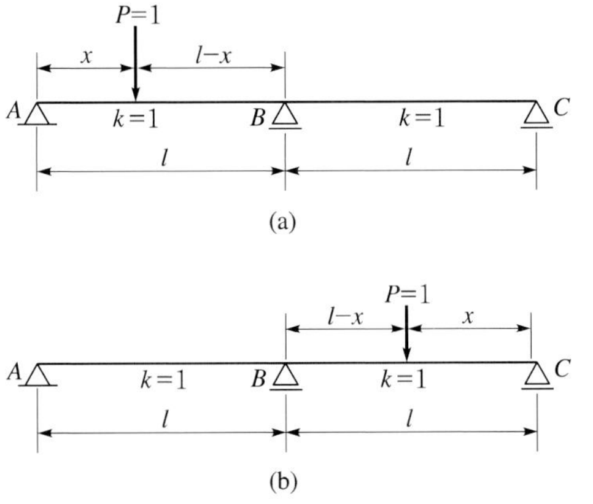

그림 14.95

$$M_{BA}=-\frac{3}{2}\times\frac{l^2x-x^3}{6l^2}+\frac{l^2x-x^3}{2l^2}=\frac{1}{4l^2}(l^2x-x^3)$$

$$M_{BC}=-\frac{3}{2}\times\frac{l^2x-x^3}{6l^2}=-\frac{1}{4l^2}(l^2x-x^3)$$

모멘트 분배법으로 구하면

분배율은 $(DF)_{BA}=(DF)_{BC}=\dfrac{1}{1+1}=\dfrac{1}{2}$

이고 고정단 모멘트는

$$H_{BA}=\frac{l^2x-x^3}{2l^2}$$

이며, 모멘트 분배는 그림 14.96과 같다.

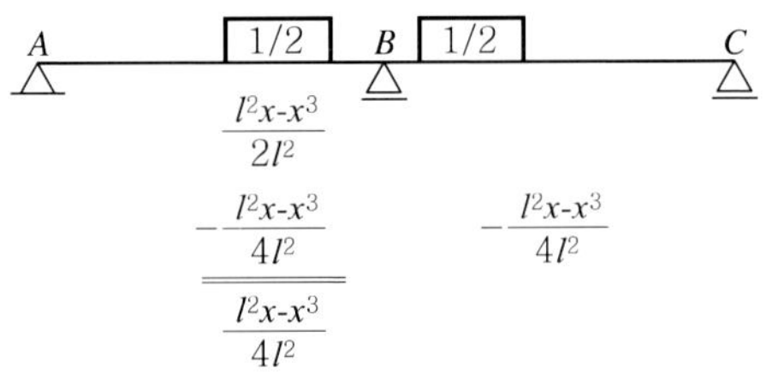

그림 14.96

이로부터 재단 모멘트는

$$M_{BA}=\frac{l^2x-x^3}{4l^2}$$

$$M_{BC}=-\frac{l^2x-x^3}{4l^2}$$

따라서, $P=1$이 $A\sim B$ 사이에 작용할 때

$M_B=-\dfrac{1}{4l^2}(l^2x-x^3)$이며, 이 식이 바로 M_B의 영향선의 식이다.

그림(b)와 같이 $P=1$이 $C\sim B$ 사이에 작용할 때 x의 원점을 점 C로 하면 재단 모멘트 M_{BA}, M_{BC}는 대칭 구조인 관계로 $P=1$이 $A\sim B$ 사이에 작용할 때와 같아진다. 따라서 $C\sim B$ 사이에 $P=1$이 작용할 때의 M_B의 영향선은 $P=1$이 $A\sim B$사이에 작용할 때의 M_B의 영향선과 같다.

예제 14.54

그림 14.97(a)와 같은 연속보의 M_B, M_E를 영향선을 사용하여 구하여라(예제 14.1 참조).

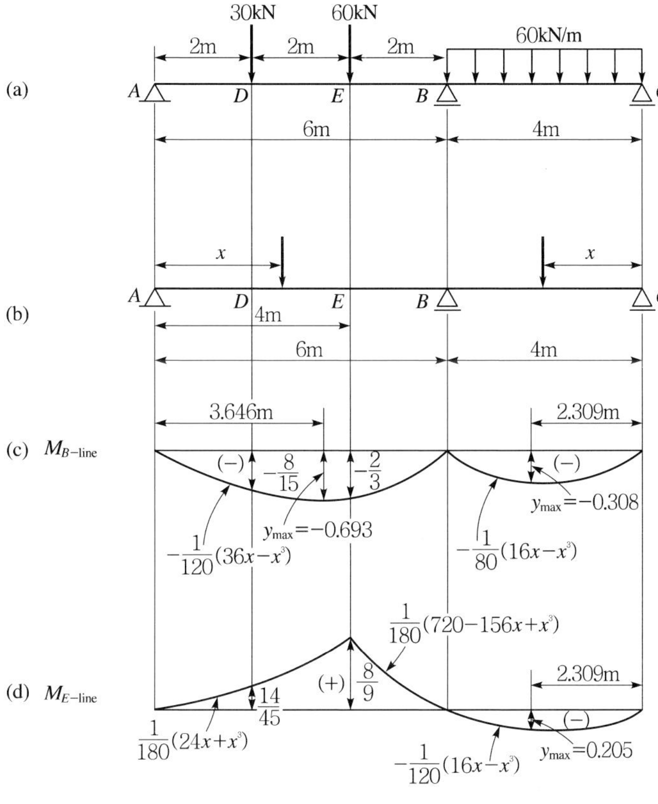

그림 14.97

풀이

3연모멘트의 정리에 의하여 M_B의 영향선을 구하기로 한다.

그림(b)에서 $P=1$이 $A\sim B$ 사이에 작용할때는

$$2M_B(6+4)+\frac{1\cdot x(6^2-x^2)}{6}=0$$

$$\therefore\ M_B=-\frac{1}{120}(36x-x^3)\qquad(0\leqq x\leqq 6)$$

$P=1$이 $C\sim B$ 사이에 작용할 때는

$$2M_B(6+4)+\frac{1\cdot x(4^2-x^2)}{4}=0$$

$$\therefore\ M_B=-\frac{1}{80}(16x-x^3)\qquad(0\leqq x\leqq 4)$$

M_B의 영향선을 그리면 그림(c)와 같다.

$A \sim B$사이에서 영향선의 종거 y가 최대인 점은

$$\frac{dy}{dx} = \frac{d}{dx}\left\{-\frac{1}{120}(36x - x^3)\right\} = -\frac{1}{120}(36 - 3x^2) = 0$$

$$36 - 3x^2 = 0 \qquad \therefore\ x = \frac{6}{\sqrt{3}} = 2\sqrt{3}\,\text{m} = 3.464\text{m}$$

이고, 최대 종거는

$$y_{\max} = -\frac{1}{120}\{36 \times 2\sqrt{3} - (2\sqrt{3})^3\} = -\frac{2\sqrt{3}}{5} = -0.693$$

$C \sim B$ 사이에서 영향선의 종거 y가 최대인 점은

$$\frac{dy}{dx} = \frac{d}{dx}\left\{-\frac{1}{80}(16x - x^3)\right\} = -\frac{1}{80}(16 - 3x^2) = 0$$

$$16 - 3x^2 = 0 \qquad \therefore x = \frac{4}{\sqrt{3}}\,\text{m} = 2.309\text{m}$$

이고, 최대 종거는

$$y_{\max} = -\frac{1}{80}\left\{16 \times \frac{4}{\sqrt{3}} - \left(\frac{4}{\sqrt{3}}\right)^3\right\} = -\frac{8\sqrt{3}}{45}\text{m} = -0.308$$

집중하중의 작용점 D, E에서의 영향선의 종거를 구하면

$$y_D = -\frac{1}{120}(36 \times 2 - 2^3) = -\frac{8}{15}$$

$$y_E = -\frac{1}{120}(36 \times 4 - 4^3) = -\frac{2}{3}$$

이므로 지점 B의 휨 모멘트 M_B는

$$M_B = -30 \times \frac{8}{15} - 60 \times \frac{2}{3} + 60\int_0^4 -\frac{1}{80}(16x - x^3)dx = -104\text{kN}\cdot\text{m}$$

다음에 M_B의 영향선을 이용하여 M_E의 영향선을 구한다.

$P=1$이 $A \sim B$사이에 작용할 때는

$$M_B = R_A \times 6 - 1(6 - x) = -\frac{1}{120}(36x - x^3)$$

$$\therefore\ R_A = \frac{1}{720}(720 - 156x + x^3) \qquad (0 \leqq x \leqq 6)$$

이므로 $P=1$이 $A \sim E$ 사이에 작용할 때는

$$M_E = R_A \times 4 - 1(4 - x) = \frac{1}{720}(720 - 156x + x^3) \times 4 - 4 + x$$

$$= \frac{1}{180}(24x + x^3) \qquad (0 \leqq x \leqq 4)$$

$P=1$이 $E \sim B$ 사이에 작용할 때는

$$M_E = R_A \times 4 = \frac{1}{720}(720 - 156x + x^3) \times 4 = \frac{1}{180}(720 - 156x + x^3) \ (4 \leqq x \leqq 6)$$

그림(b)에서 $P = 1$이 $C \sim B$ 사이에 작용할 때는

$$M_B = R_A \times 6 = -\frac{1}{80}(16x - x^3)$$

$$\therefore R_A = -\frac{1}{480}(16x - x^3) \qquad (0 \leq x \leq 4)$$

$$M_E = R_A \times 4 = -\frac{1}{480}(16x - x^3) \times 4 = -\frac{1}{120}(16x - x^3) \qquad (0 \leq x \leq 4)$$

M_E의 영향선을 그리면 그림(d)와 같다.

$C \sim B$ 사이에서 영향선의 종거 y가 최대인 점은

$$\frac{dy}{dx} = \frac{d}{dx}\left\{-\frac{1}{120}(16x - x^3) = -\frac{1}{120}(16 - 3x^2) = 0\right\}$$

$$16 - 3x^2 = 0 \qquad \therefore x = \frac{4}{\sqrt{3}}\text{m} = 2.309\text{m}$$

이고, 최대 종거는

$$y_{\max} = -\frac{1}{120}\left\{16 \times \frac{4}{\sqrt{3}} - \left(\frac{4}{\sqrt{3}}\right)^3\right\} = -\frac{16\sqrt{3}}{135} = -0.205$$

집중하중의 작용점 D, E에서의 영향선의 종거를 구하면

$$y_D = \frac{1}{180}(24 \times 2 + 2^3) = \frac{14}{45}$$

$$y_E = \frac{1}{180}(24 \times 4 + 4^3) = \frac{8}{9}$$

이므로 지점 E의 휨 모멘트는

$$M_E = 30 \times \frac{14}{45} + 60 \times \frac{8}{9} + 60\int_0^4 -\frac{1}{120}(16x - x^3)dx = 30.67\text{kN} \cdot \text{m}$$

예제 14.55

그림 14.98(a)와 같은 이동하중이 작용하는 연속보의 지점 B, C의 정(+), 부(−)의 최대 휨 모멘트를 구하여라.

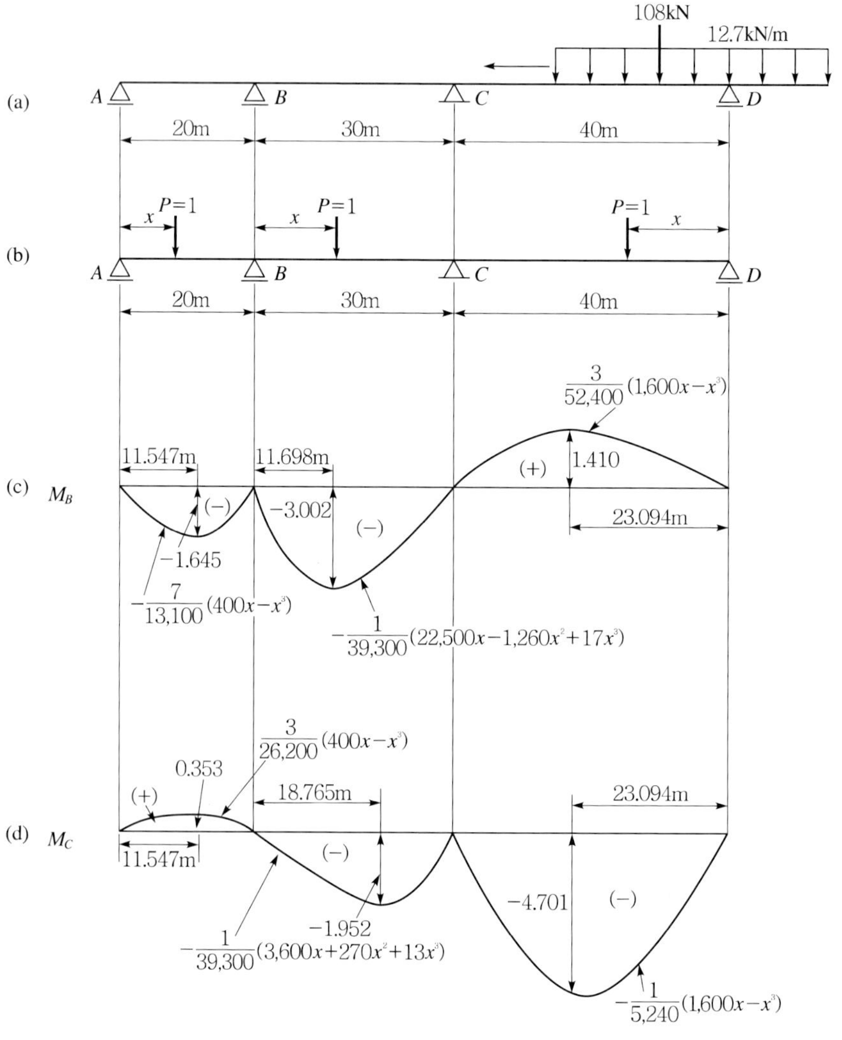

그림 14.98

풀이

먼저 M_B, M_C의 영향선을 3연모멘트의 정리를 사용하여 구하기로 한다.

(1) M_B의 영향선

$P=1$이 $A \sim B$ 사이에 작용할 때는 그림(b)에서

$$2M_B(20+30)+M_C(30)+\frac{1\cdot x(20^2-x^2)}{20}=0$$

$$100M_B+30M_C+\frac{1}{20}(400x-x^3)=0 \quad ①$$

$$M_B(30)+2M_C(30+40)=0$$

$$3M_B+14M_C=0 \quad ②$$

식 ①, ②를 연립하여 풀면

$$M_B=-\frac{7}{13{,}100}(400x-x^3)$$

$$M_C=\frac{3}{26{,}200}(400x-x^3)$$

$P=1$이 $B\sim C$ 사이에 작용할 때는 그림(b)에서

$$2M_B(20+30)+M_C(30)+\frac{1(30-x)\{30^2-(30-x)^2\}}{30}=0$$

$$100M_B+30M_C+\frac{1}{30}(1{,}800x-90x^2+x^3)=0 \quad ①$$

$$M_B(30)+2M_C(30+40)+\frac{1\cdot x(30^2-x^2)}{30}=0$$

$$30M_B+140M_C+\frac{1}{30}(900x-x^3)=0 \quad ②$$

식 ①, ②를 연립하여 풀면

$$M_B=-\frac{1}{39{,}300}(22{,}500x-1{,}260x^2+17x^3)$$

$$M_C=-\frac{1}{39{,}300}(3{,}600x+270x^2-13x^3)$$

$P=1$이 $D\sim C$ 사이에 작용할 때는 그림(b)에서

$$2M_B(20+30)+M_C(30)=0$$

$$10M_B+3M_C=0 \quad ①$$

$$M_B(30)+2M_C(30+40)+\frac{1\cdot x(40^2-x^2)}{40}=0$$

$$30M_B+140M_C+\frac{1}{40}(1{,}600x-x^3)=0 \quad ②$$

식 ①, ②를 연립하여 풀면

$$M_B = \frac{3}{52,400}(1,600x - x^3)$$

$$M_C = -\frac{1}{5,240}(1,600x - x^3)$$

M_B, M_C의 영향선을 그리면 각각 그림(c), (d)와 같으며, 각 구간에서의 영향선의 최대 종거를 구하면 M_B의 영향선의 $A \sim B$ 사이에서는

$$\frac{dy}{dx} = \frac{d}{dx}\left\{-\frac{7}{13,100}(400x - x^3)\right\} = -\frac{7}{13,100}(400 - 3x^2) = 0$$

$$\therefore x = \frac{20}{\sqrt{3}}\text{m} = 11.547\text{m}$$

$$y_{\max} = -\frac{7}{13,100}\left\{400 \times \frac{20}{\sqrt{3}} - \left(\frac{20}{\sqrt{3}}\right)^3\right\} = -1.645$$

마찬가지로 하여

$B \sim C$ 사이에서는 $x = 11.698$ m, $y_{\max} = -3.002$

$D \sim C$ 사이에서는 $x = \frac{40}{\sqrt{3}}\text{m} = 23.094$ m, $y_{\max} = 1.410$

(2) M_C의 영향선

$A \sim B$ 사이에서는 $x = \frac{20}{\sqrt{3}}\text{m} = 11.547$ m, $y_{\max} = 0.353$

$B \sim C$ 사이에서는 $x = 18.765$ m, $y_{\max} = -1.952$

$D \sim C$ 사이에서는 $x = \frac{40}{\sqrt{3}}\text{m} = 23.094$ m, $y_{\max} = -4.701$

지점 B, C의 정(+), 부(−)의 최대 휨 모멘트를 구하면 다음과 같다.

$$(+)M_{B,\max} = 108 \times 1.410 + 12.7\int_0^{40}\frac{3}{52,400}(1,600x - x^3)dx = 615.82\text{kN}\cdot\text{m}$$

$$(-)M_{B,\max} = -108 \times 3.002 - 12.7\int_0^{20}\frac{7}{13,100}(400x - x^3)dx$$
$$-12.7\int_0^{30}\frac{1}{39,300}(22,500x - 1,260x^2 + 17x^3)dx = -1,315.49\text{kN}\cdot\text{m}$$

$$(+)M_{C,\max} = 108 \times 0.353 + 12.7\int_0^{20}\frac{3}{26,200}(400x - x^3)dx = 96.29\text{kN}\cdot\text{m}$$

$$(-)M_{C,\max} = -108 \times 4.701 - 12.7\int_0^{30}\frac{1}{39,300}(3,600x + 270x^2 - 13x^3)dx$$
$$-12.7\int_0^{40}\frac{1}{5,240}(1,600x - x^3)dx = -2,516.93\text{kN}\cdot\text{m}$$

14.5.2 Müller-Breslau의 정리에 의한 방법

(1) 정 리

구조물의 영향선을 구하는 특수한 방법인 Müller-Breslau의 정리를 설명하기로 한다.

그림 14.99(a)와 같이 단위 하중 $P=1$이 작용하는 2경간 연속보의 중간 지점 B의 지점 반력을 부정정력 X_1이라고 하면 다음의 탄성 방정식이 성립한다.

$$\delta_{10}+\delta_{11}X_1=0$$

$$\therefore X_1=-\frac{\delta_{10}}{\delta_{11}} \tag{a}$$

여기서, δ_{10}은 그림(c)와 같이 기본 구조물에 단위 하중 $P=1$이 임의의 위치 x에 작용할 때의 부정정력 X_1의 작용점의 변위이며, δ_{11}은 그림(d)와 같이 기본 구조물에 부정정력 $X_1=1$만이 작용할 때의 부정정력 X_1의 작용점의 변위이다. 그런데 그림(c)의 δ_{10}은 상반 작용의 정리에 의하여 그림(d)의 δ_{01}과 크기는 같고 방향은 반대이므로

$$\delta_{10}=-\delta_{01} \tag{b}$$

이다. 따라서 식 (a)는 다음과 같이 쓸 수 있다.

$$X_1=\frac{\delta_{01}}{\delta_{11}} \tag{14.41}$$

이 식에서 δ_{11}은 X_1과 같은 방향으로서 항상 (+)로 하고, δ_{01}은 상향일 때 (+)로 하여야 한다.

위의 식 (14.41)의 δ_{11}은 단위 하중 $P=1$의 작용 위치에 관계없이 일정한 상수이므로 X_1의 값은 δ_{01}의 값에 비례한다. 따라서 기본 구조물에 $X_1=1$을 작용시켰을 때의 처짐 곡선이 바로 X_1의 영향선에 비례하는 곡선임을 알수 있다. 특히 $\delta_{11}=1$이라고 하면 식 (14.41)은

$$X_1=\delta_{01} \tag{14.42}$$

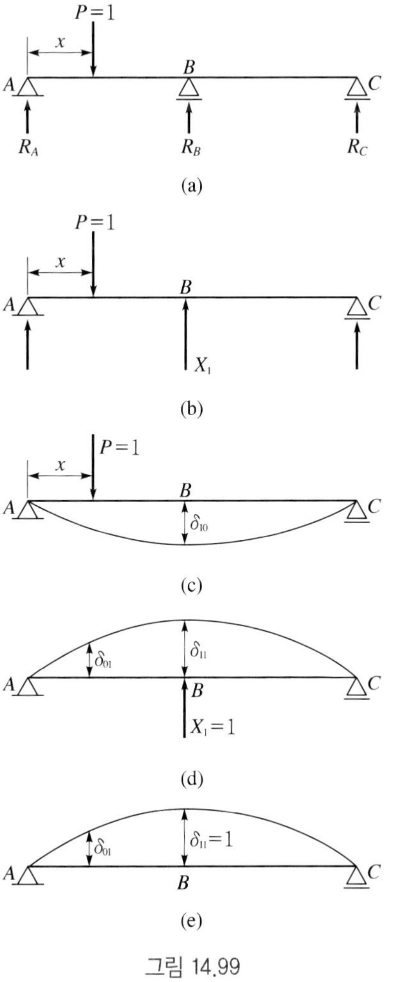

그림 14.99

과 같이 되므로 X_1의 영향선의 형상은 그림(e)와 같이 X_1의 작용점에 X_1의 작용 방향으로 $\delta=1$의 변위를 줄 때의 처짐 곡선 그대로이다.

위에서 설명한 사실은 정정 구조물이나 고차의 부정정 구조물에도, 또 영향선을 구하고자 하는 대상이 외력이거나 내력이거나 다 같이 적용된다. 따라서 일반적으로 다음과 같이 말할 수 있다.

"X(반력, 단면력)의 영향선은 주어진 실제의 구조물을 X가 일어나지 않는 구조로 바꾼 기본 구조물의 X의 작용점에 X의 작용 방향으로 단위 변위 $\delta=1$(X가 반력 모멘트나 휨 모멘트일 때는 $\theta=1$)을 줄 때의 처짐 곡선과 같다."

이 방법은 1886년에 Müller-Breslau가 제시한 것으로 Müller-Breslau의 정리라고 한다.

여기서, X가 일어나지 않는 기본 구조물은 주어진 실제의 구조물이 2차 이상의 부정정 구조일 때는 실제의 구조물보다 1차 낮은 차수의 부정정 구조로, 실제의 구조물이 1차 부정정 구조물일 때는 정정 구조물로 되지만 실제의 구조물이 정정 구조물일 때는 불안정한 구조물로 된다.

정정 구조물의 X 영향선을 구하는 경우, X가 일어나지 않는 기본 구조물이 불안정한 구조물이기 때문에 X의 작용점에 단위 변위를 주어 구조물이 변형된 후에도 각 부재는 변형 전의 형상 그대로 변위만 하므로 변형 후의 구조물의 형상을 나타내는 식을 쉽게 구할 수 있다.

예제 14.56

그림 14.100(a)와 같은 단순보의 R_A, V_C, M_C의 영향선을 구하여라.

풀이

(1) R_A의 영향선

지점 A에 반력이 일어나지 않도록 지점 A를 제거하고 A점에 반력의 작용 방향으로 변위 $\delta=1$을 주면 보는 그림(b)와 같이 변형될 것이며, 변형 후의 부재축 A_1B가 바로 R_A의 영향선이다. 영향선의 식은 그림(b)에서 임의점 x에 단위 하중 $P=1$이 작용할 때의 이 점의 변위 δ_{01}의 식과 같으므로 $R_A=\delta_{01}=\dfrac{l-x}{l}$이다.

(2) V_C의 영향선

그림(c)와 같이 단면 C에 전단력이 일어나지 않도록 단면 C를 절단하여 절단면의 양쪽에 전단력의 작용 방향으로 변위를 주어 절단면 양측의 상대 변위가 $\delta=1$이 되도록 하면 보는 그림과 같이 변형될 것이며, 변형 후의 부재축 AC_1, C_2B가 바로 V_C의 영향선이다. 영향선의 식은

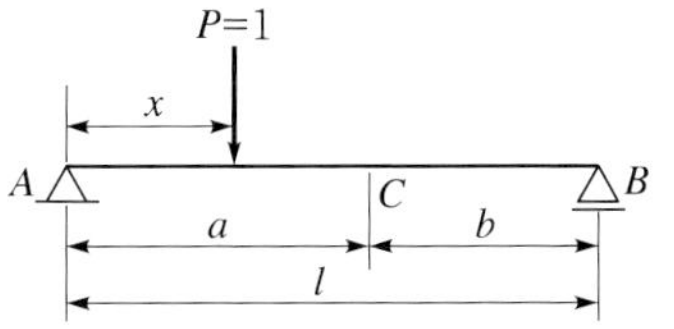

(a) 실제의 보

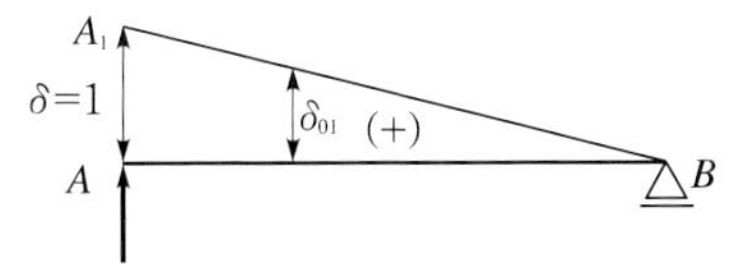

(b) 기본 구조물

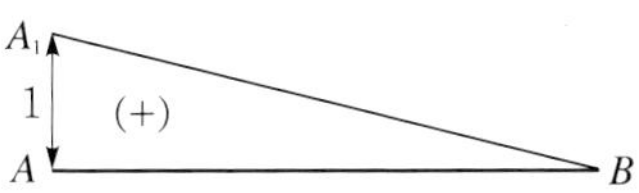

(b)′ R_A의 영향선

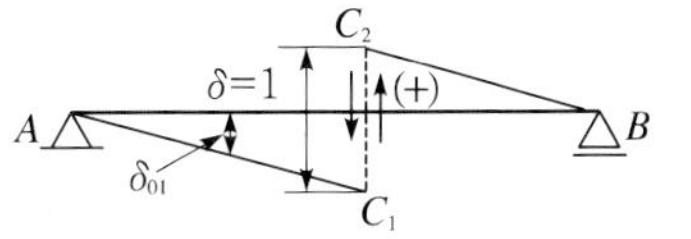

(c) 기본 구조물

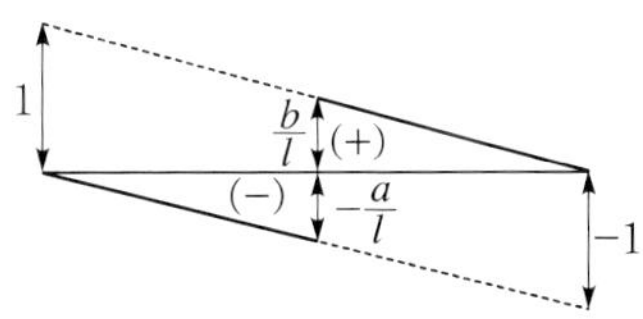

(c)′ V_C의 영향선

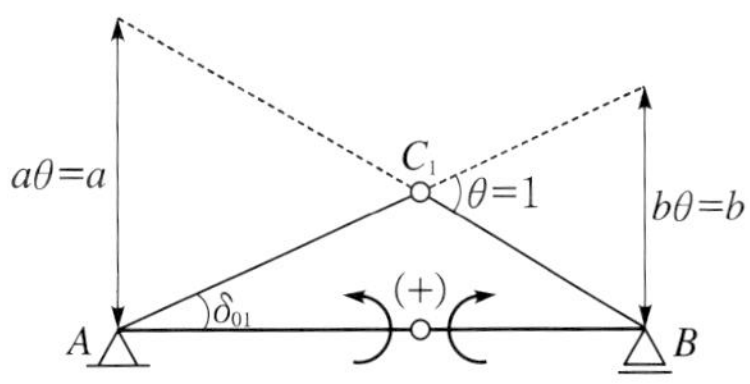

(d) 기본 구조물

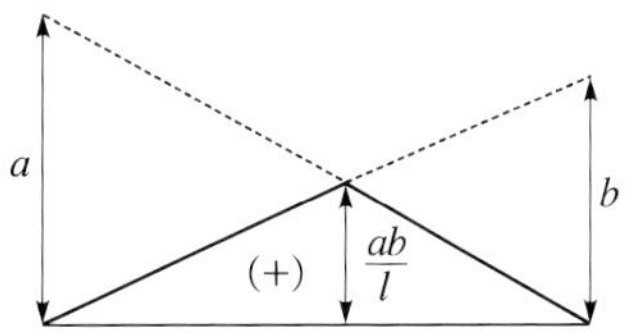

(d)′ M_C의 영향선

그림 14.100

$P=1$이 $A \sim C$ 사이에 작용할 때 $V_C=\delta_{01}=-\dfrac{x}{l}$ $\quad(0 \leq x \leq a)$

$P=1$이 $C \sim B$ 사이에 작용할 때 $V_C=\delta_{01}=\dfrac{l-x}{l}$ $\quad(a \leq x \leq l)$

이다.

(3) M_C의 영향선

그림(d)와 같이 단면 C에 휨 모멘트가 일어나지 않도록 힌지를 삽입하여 힌지의 양쪽에 휨 모멘트의 작용 방향으로 회전시켜 힌지 양측의 상대 각변위가 $\theta=1$이 되도록 하면 보는 그림과 같이 변형될 것이며, 변형 후의 보의 부재축 AC_1', C_1B가 바로 M_C의 영향선이다. 영향선의 식은

$P=1$이 $A \sim C$ 사이에 작용할 때 $M_C=\delta_{01}=\dfrac{bx}{l}$ $\quad(0 \leq x \leq a)$

$P=1$이 $C \sim B$ 사이에 작용할 때 $M_C = \delta_{01} = \dfrac{a(l-x)}{l} \qquad (a \leq x \leq l)$

이다.

예제 14.57

그림 14.101(a)와 같은 1차 부정정 보의 R_A, M_B의 영향선을 구하여라 (예제14.52 참조)

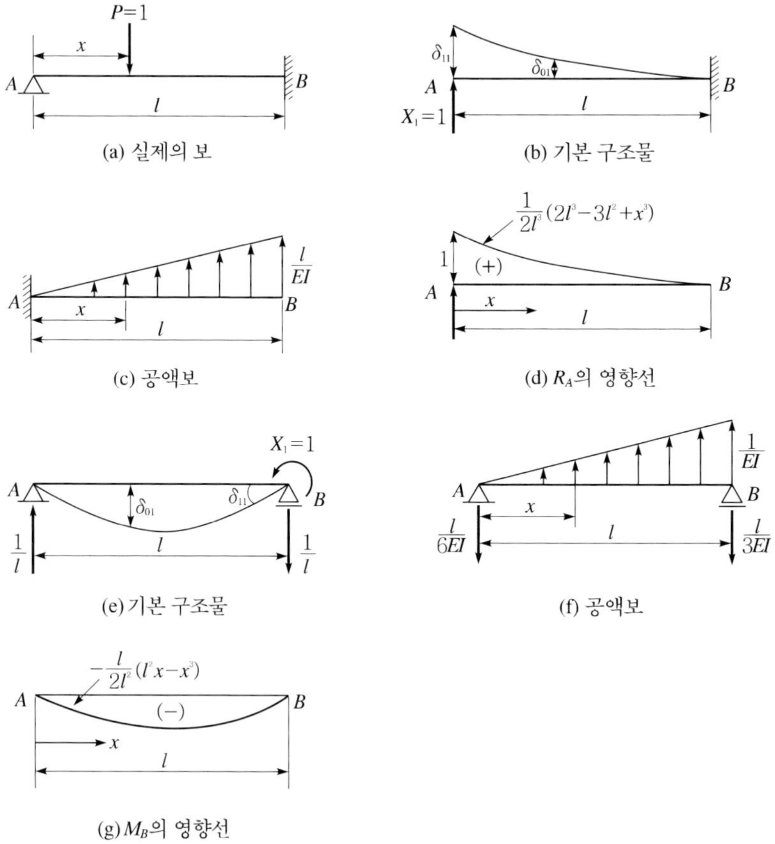

그림 14.101

풀이

(1) R_A의 영향선

Müller-Breslau의 정리에 의하여 R_A를 구하기 위한 기본구조물은 그림(b)와 같으며 $R_A = \dfrac{\delta_{01}}{\delta_{11}}$이다. 이 식의 δ_{11}, δ_{01}은 그림(c)의 공액보에서 구한다. 이 때 공액보에 작용시 키는 탄성 하중을 보의

변위를 구할 때와 반대로 작용시키면 δ_{01}의 부호가 영향선의 부호와 일치한다.

$$\delta_{11}=\frac{l}{EI}\times l\times\frac{1}{2}\times\frac{2l}{3}=\frac{l^3}{3EI}$$

$$\delta_{01}=\frac{l}{EI}\times(l-x)\times\frac{l-x}{2}-\frac{l-x}{EI}\times(l-x)\times\frac{1}{2}\times\frac{l-x}{3}=\frac{1}{6EI}(2l^3-3l^2x+x^3)$$

$$\therefore\ R_A=\frac{\delta_{01}}{\delta_{11}}=\frac{1}{6EI}(2l^3-3l^2x+x^3)\times\frac{3EI}{l^3}=\frac{1}{2l^3}(2l^3-3l^2x+x^3)$$

R_A의 영향선도는 그림(d)와 같다.

② M_B의 영향선

Müller−Breslau의 정리에 의하여 M_B를 구하기 위한 기본구조물은 그림(e)와 같으며 $M_B=\dfrac{\delta_{01}}{\delta_{11}}$이다. 이 식의 δ_{11}, δ_{01}은 그림(f)의 공액보에서 구한다.

$$\delta_{11}=\frac{1}{l}\left(\frac{1}{EI}\times l\times\frac{1}{2}\times\frac{2l}{3}\right)=\frac{l}{3EI}$$

$$\delta_{01}=-\frac{l}{6EI}\times x+\frac{x}{EIl}\times x\times\frac{1}{2}\times\frac{x}{3}=-\frac{1}{6EIl}(l^2x-x^3)$$

$$\therefore M_B=\frac{\delta_{01}}{\delta_{11}}=-\frac{1}{6EIl}(l^2x-x^3)\times\frac{3EI}{l}=-\frac{1}{2l^2}(l^2x-x^3)$$

M_B의 영향선도는 그림(g)와 같다.

예제 14.58

그림 14.102(a)와 같은 2경간 연속보의 R_B, M_B의 영향선을 구하여라.(예제 14.53 참조)

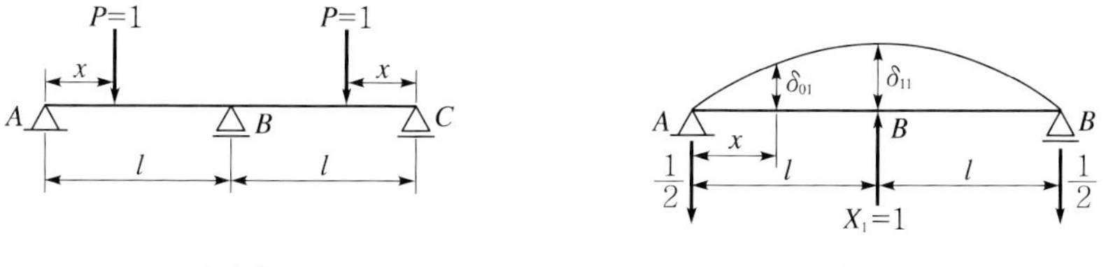

(a) 실제의 보 (b) 기본 구조물

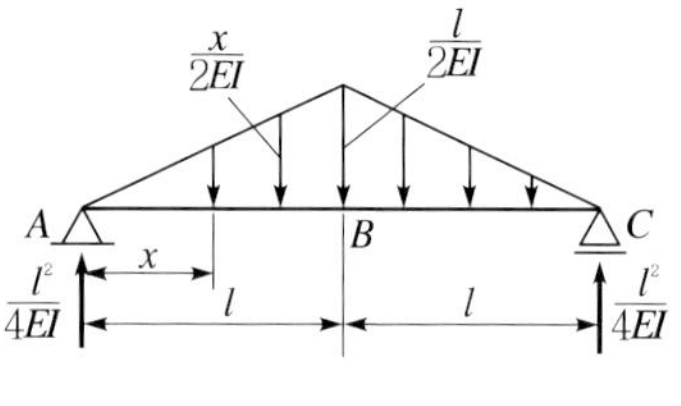

(c) 공액보

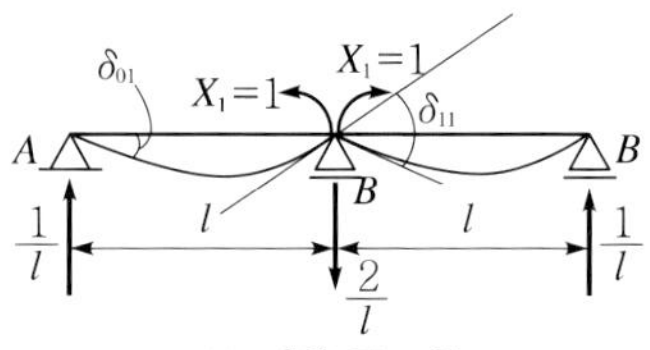

(d) 기본 구조물

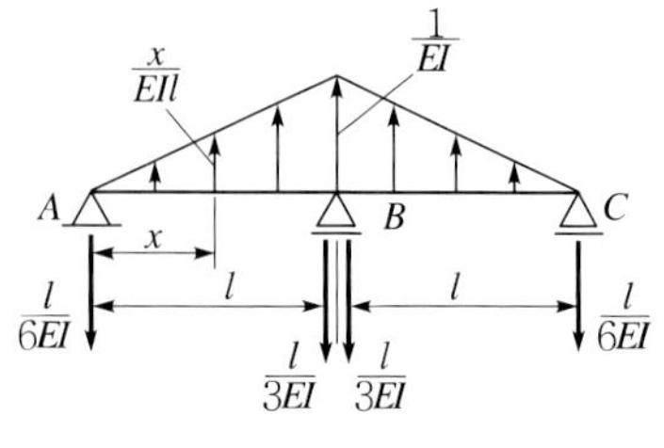

(e) 공액보

그림 14.102

풀이

(1) R_B의 영향선

그림(b)에서 $R_B=\dfrac{\delta_{01}}{\delta_{11}}$ 이며, 이 식의 $\delta_{11},\ \delta_{01}$은 그림(c)의 공액보에서 구한다.

$$\delta_{11}=\frac{l^2}{4EI}\times l-\frac{l}{2EI}\times l\times\frac{1}{2}\times\frac{l}{3}=\frac{l^3}{6EI}$$

$$\delta_{01}=\frac{l^2}{4EI}\times x-\frac{x}{2EI}\times x\times\frac{1}{2}\times\frac{x}{3}=\frac{1}{12EI}(3l^2x-x^3)$$

$$\therefore\ R_B=\frac{\delta_{01}}{\delta_{11}}=\frac{1}{12EI}(3l^2x-x^3)\times\frac{6EI}{l^3}=\frac{1}{2l^3}(3l^2x-x^3)$$

R_B의 영향선도는 예제 14.53의 그림 14.94의 $R_{B-\text{line}}$과 같다.

(2) M_B의 영향선

그림(d)에서 $M_B=\dfrac{\delta_{01}}{\delta_{11}}$ 이며, 이 식의 $\delta_{11},\ \delta_{01}$은 그림(e)의 공액보에서 구한다.

$$\delta_{11}=\frac{l}{3EI}+\frac{l}{3EI}=\frac{2l}{3EI}$$

$$\delta_{01}=-\frac{l}{6EI}\times x+\frac{x}{EIl}\times x\times\frac{1}{2}\times\frac{x}{3}=-\frac{1}{6EIl}(l^2x-x^3)$$

$$\therefore\ M_B=\frac{\delta_{01}}{\delta_{11}}=-\frac{1}{6EIl}(l^2x-x^3)\times\frac{3EI}{2l}=-\frac{1}{4l^2}(l^2x-x^3)$$

M_B의 영향선도는 예제 14.53의 그림 14.94의 $R_{B-\text{line}}$과 같다.

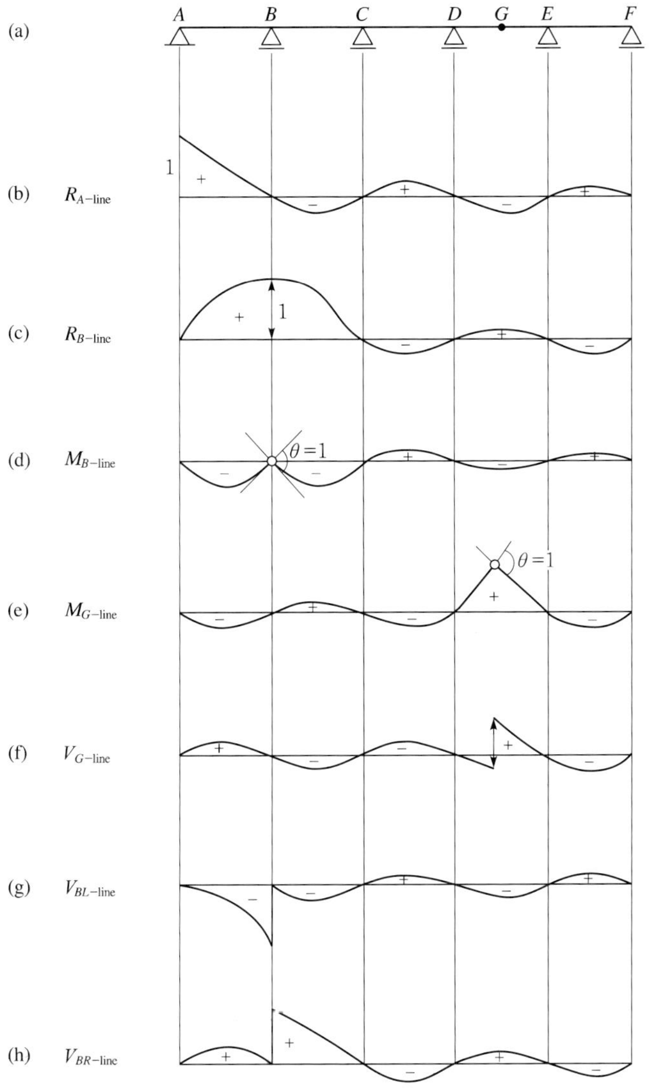

그림 14.103

예제 14.59

그림 14.103(a)와 같은 5경간 연속보의 반력 R_A, R_B 휨 모멘트 M_B, M_G 및 전단력 V_G, V_{BL}, V_{BR} 의 영향선을 Müller–Breslau의 정리에 의하여 스케치 하여라.

풀이

그림 14.103과 같다.

예제 14.60

그림 14.104(a)와 같은 3경간 연속보의 지점 B, C의 휨 모멘트 영향선을 Müller- Breslau의 정리를 이용하여 구하여라.(예제 14.55 참조)

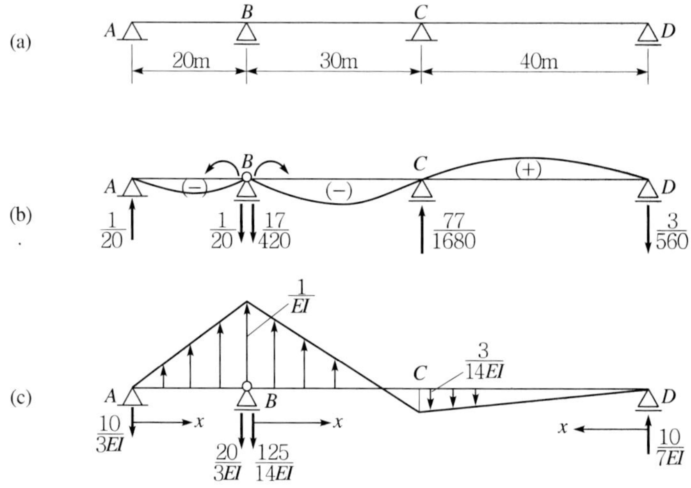

그림 14.104

풀이

(1) M_B의 영향선

그림(b)는 그림(a)와 같은 실제의 연속보의 지점 B의 휨 모멘트 영향선을 Müller- Breslau의 정리를 사용하여 구하기 위한 기본 구조물이며, 그림(c)는 변위 δ_{11}, δ_{01}을 구하기 위한 공액보이다.

그림(b)의 기본 구조물은 그림(a)의 연속보의 절점 B에 휨 모멘트가 일어나지 않도록 힌지를 삽입하고 힌지의 좌우에 (+)의 휨 모멘트의 작용 방향으로 단위 모멘트 하중 $X_1=1$을 작용시킨 것이다. 이때 기본 구조물은 절점B가 힌지이므로 단순보 AB와 2경간 연속보 BCD로 나누어진다.

그림(b)의 단순보 AB 부분에서 지점 B에 반시계 방향으로 단위 모멘트 하중 $X_1=1$이 작용할 때

$$R_A=\frac{1}{20}(\uparrow),\quad R_B=\frac{1}{20}(\downarrow),\quad M_A=0,\quad M_B=1$$

이며, 이때의 처짐 곡선의 형상은 그림과 같으며, 따라서 M_B의 영향선의 $A\sim B$ 사이의 부호는 (−)이다.

다음에 2경간 연속보 부분 BCD에서 지점 B에 시계 방향으로 단위 모멘트 하중 $X_1=1$이 작용할 때 3연모멘트의 정리를 적용하면

$$1(30)+2M_C(30+40)=0 \quad \therefore M_C=-\frac{3}{14}$$

이고, $M_B=1$, $M_D=0$이므로

$$M_C = R_B \times 30 + 1 = -\frac{3}{14} \qquad \therefore R_B = -\frac{17}{420}(\downarrow)$$

$$M_C = R_D \times 40 = -\frac{3}{14} \qquad \therefore R_D = -\frac{3}{560}(\downarrow)$$

$\sum V = 0$에 의하여

$$R_C = \frac{17}{420} + \frac{3}{560} = \frac{77}{1,680}(\uparrow)$$

이며, 이때의 처짐 곡선의 형상은 그림(b)와 같으며, 따라서 M_B의 영향선의 $B \sim C$ 사이의 부호는 (−), $C \sim D$ 사이의 부호는 (+)이다.

위에서 $M_A = M_D = 0$, $M_B = 1, M_C = -\frac{3}{14}$이므로 δ_{11}, δ_{01}을 공액보의 방법으로 구하기 위한 그림(b)의 기본 구조물에 대한 공액보와 이에 작용하는 탄성하중은 그림(c)와 같다.

그림(c)의 AB 부분은 단순보이므로

$$R_A = \frac{1}{6} \times \frac{1}{EI} \times 20 = \frac{10}{3EI}(\downarrow)$$

$$R_B = \frac{1}{3} \times \frac{1}{EI} \times 20 = \frac{20}{3EI}(\downarrow)$$

그림(c)의 BCD 부분에서 R_B, R_D는

$$M_C = R_B \times 30 + \frac{1}{EI} \times 30 \times \frac{1}{2} \times \frac{2 \times 30}{3} - \frac{3}{14EI} \times 30 \times \frac{1}{2} \times \frac{1 \times 30}{3} = 0$$

$$\therefore R_B = -\frac{125}{14EI}(\downarrow)$$

$$M_C = +R_D \times 40 - \frac{3}{14EI} \times 40 \times \frac{1}{2} \times \frac{1 \times 40}{3} = 0$$

$$\therefore R_D = \frac{10}{7EI}(\uparrow)$$

다음에 δ_{11}과 각 구간마다의 δ_{01}을 구하여 M_B의 영향선을 구하기로 한다. 먼저 δ_{11}을 구하면

$$\delta_{11} = \frac{20}{3EI} + \frac{125}{14EI} = \frac{655}{42EI}$$

$P=1$이 $A \sim B$ 사이에 작용할 때 x의 원점을 A로 하면

$$\delta_{01} = -\frac{10}{3EI}x + \frac{x}{20EI} \times x \times \frac{1}{2} \times \frac{x}{3} = -\frac{1}{120EI}(400x - x^3)$$

$$M_B = \frac{\delta_{01}}{\delta_{11}} = -\frac{1}{120EI}(400x - x^3) \times \frac{42EI}{655} = -\frac{7}{31,100}(400x - x^3)$$

$P=1$이 $B \sim C$ 사이에 작용할 때 x의 원점을 B로 하면

$$\delta_{01} = -\frac{125}{14EI}x + \frac{1}{EI}\times x \times \frac{x}{2} - \left(\frac{1}{EI} + \frac{3}{14EI}\right)\times \frac{x}{30}\times x \times \frac{1}{2}\times \frac{x}{3}$$

$$= -\frac{125}{14EI}x + \frac{x^2}{2EI} - \frac{17x^3}{2{,}520EI} = -\frac{1}{2{,}520EI}(22{,}500x - 1{,}260x^2 + 17x^3)$$

$$M_B = \frac{\delta_{01}}{\delta_{11}} = -\frac{1}{2{,}520EI}(14{,}100x - 1{,}260x^2 + 17x^3)\times \frac{42EI}{655}$$

$$= -\frac{1}{30{,}900}(22{,}500x - 1{,}260x^3 + 17x^3)$$

$P=1$이 $D \sim C$사이에 작용할 때 x의 원점을 D로 하면

$$\delta_{01} = \frac{10}{7EI}x - \frac{3}{14EI}\times \frac{x}{40}\times x \times \frac{1}{2}\times \frac{x}{3} = \frac{1}{1{,}120EI}(1{,}600x - x^3)$$

$$M_B = \frac{\delta_{01}}{\delta_{11}} = \frac{1}{1{,}120EI}(1{,}600x - x^3)\times \frac{42EI}{655} = \frac{3}{52{,}400}(1{,}600x - x^3)$$

M_B의 영향선도는 예제 14.55의 그림 14.98(c)와 같다.

(2) M_C의 영향선

그림 14.105은 M_C의 영향선을 Müller-Breslau의 정리를 사용하여 구하기 위하여 M_B의 영향선을 구하기 위한 그림 14.104과 마찬가지로 하여 작성한 것으로, 그림(a)는 실제의 연속보, 그림(b)는 기본 구조물이고, 그림(c)는 δ_{01}, δ_{11}을 구하기 위한 공액보이다.

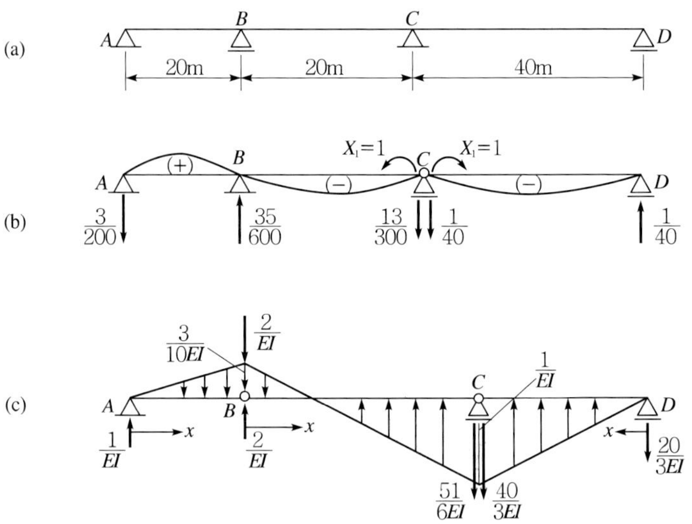

그림 14.105

그림(c)로부터 δ_{11}과 각 구간마다의 δ_{01}을 구하여 M_C의 영향선을 구하면 다음과 같다.

$$\delta_{11} = \frac{17}{2EI} + \frac{40}{3EI} = \frac{131}{6EI}$$

$P=1$이 $A \sim B$ 사이에 작용할 때 x의 원점을 A로 하면

$$\delta_{01} = \frac{1}{EI} \times x - \frac{3}{10EI} \times \frac{x}{20} \times x \times \frac{1}{2} \times \frac{x}{3} = \frac{1}{400EI}(400x - x^3)$$

$$M_C = \frac{\delta_{01}}{\delta_{11}} = \frac{1}{400EI}(400x - x^3) \times \frac{6EI}{131} = \frac{3}{26,200}(400x - x^3)$$

$P=1$이 $B \sim C$ 사이에 작용할 때 x의 원점을 B로 하면

$$\delta_{01} = -\frac{2}{EI} \times x - \frac{3}{10EI} \times x \times \frac{x}{2} + \left(\frac{3}{10EI} + \frac{1}{EI}\right) \times \frac{x}{30} \times x \times \frac{1}{2} \times \frac{x}{3}$$

$$= -\frac{2}{EI}x - \frac{3}{20EI}x^2 + \frac{13}{1,800EI}x^3 = -\frac{1}{1,800EI}(3,600x + 270x^2 - 13x^3)$$

$$M_C = \frac{\delta_{01}}{\delta_{11}} = -\frac{1}{1,800EI}(3,600x + 270x^2 - 13x^3) \times \frac{6EI}{131}$$

$$= -\frac{1}{39,300}(3,600x + 270x^2 - 13x^3)$$

$P=1$이 $D \sim C$ 사이에 작용할 때 x의 원점을 D로 하면

$$\delta_{01} = -\frac{20}{3EI} \times x + \frac{1}{EI} \times \frac{x}{40} \times x \times \frac{1}{2} \times \frac{x}{3}$$

$$= -\frac{20}{3EI}x + \frac{1}{240EI}x^3 = -\frac{1}{240EI}(1,600x - x^3)$$

$$M_C = \frac{\delta_{01}}{\delta_{11}} = -\frac{1}{240EI}(1,600x - x^3) \times \frac{6EI}{131} = -\frac{1}{5,240}(1,600x - x^3)$$

M_C의 영향선도는 예제 14.55의 그림 14.98(d)와 같다.

연습문제

◆ 다음의 문제 1~7을 3연모멘트의 방법으로 풀어라.

14.1 그림 14.106과 같은 연속보의 S.F.D.와 B.M.D.를 그려라.

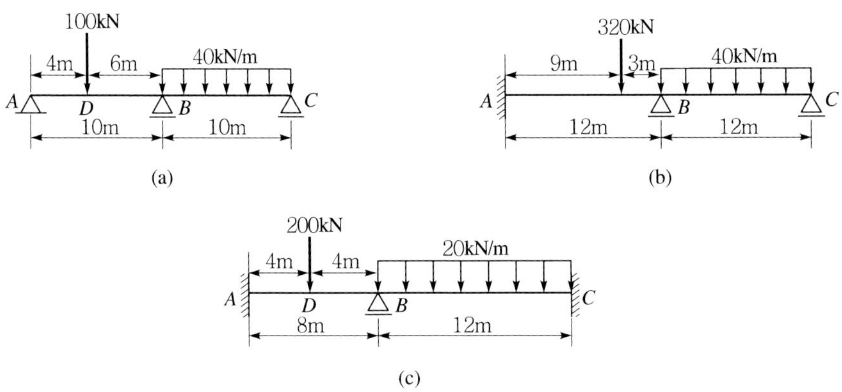

그림 14.106

14.2 그림 14.107과 같은 부정정보의 지점의 휨 모멘트와 반력을 구하여라.

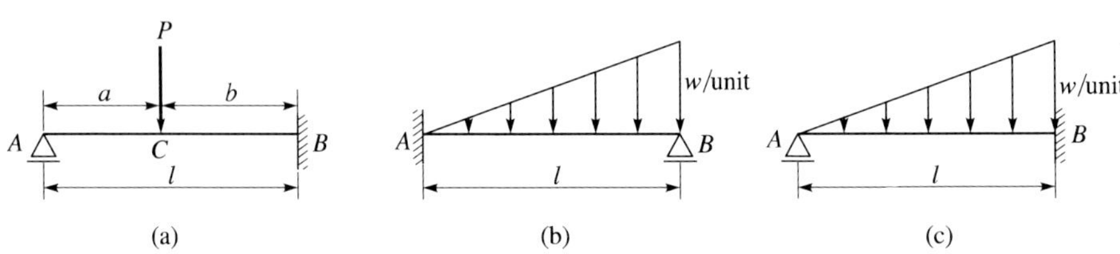

그림 14.107

14.3 그림 14.108과 같은 부정정보의 지점 A가 δ만큼 침하하는 경우와 지점 B가 δ만큼 침하하는 경우 지점 A의 휨 모멘트를 구하여라.

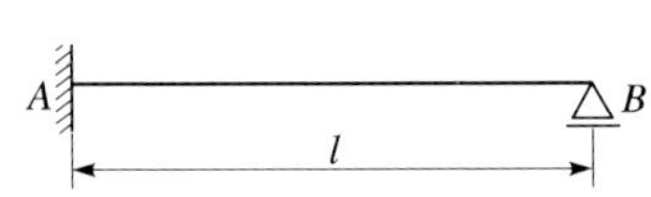

그림 14.108

14.4 그림 14.109와 같은 연속보의 지점 B가 δ만큼 침하할 때 B.M.D.를 그려라.

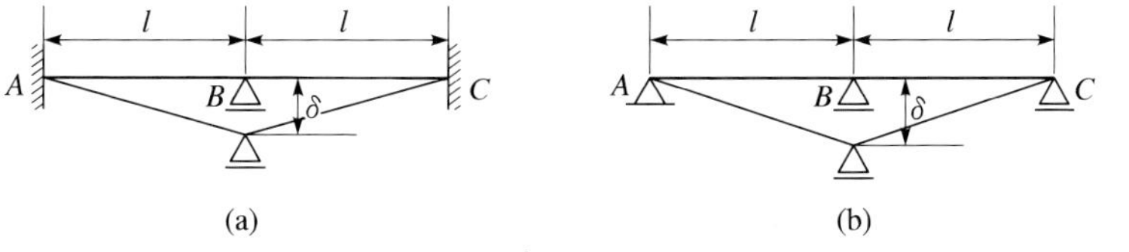

그림 14.109

14.5 그림 14.110과 같은 연속보의 지점 B의 휨 모멘트를 구하여라.

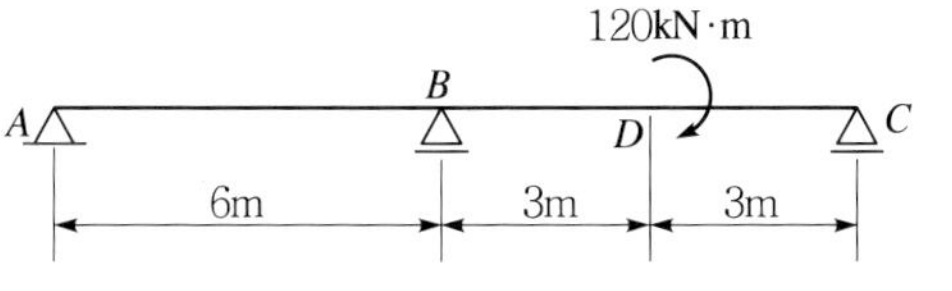

그림 14.110

14.6 그림 14.111과 같은 연속보의 S.F.D와 B.M.D를 그려라.

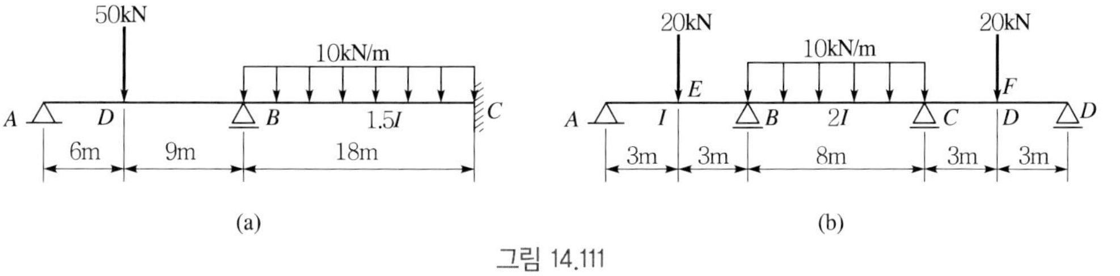

그림 14.111

14.7 그림 14.112와 같은 연속보의 지점 B가 $\delta = 0.48\text{m}$ 만큼 침하하는 경우 지점 B의 휨 모멘트를 구하여라.

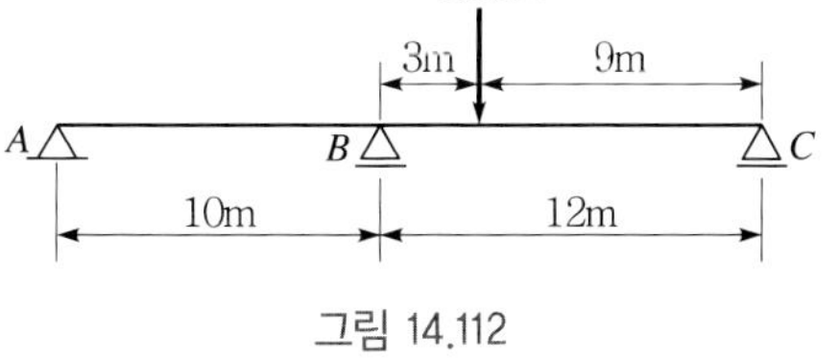

그림 14.112

◆ **다음의 문제 14.8~17을 변위 일치의 방법 또는 최소일의 방법으로 풀어라.**

14.8 그림 14.113과 같은 보의 지점 반력을 구하여라.

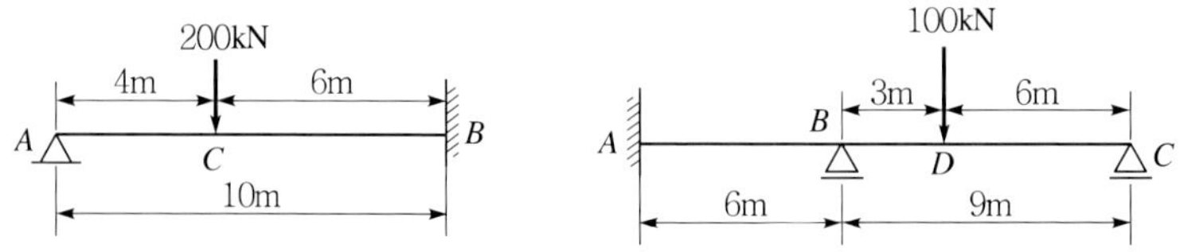

(a) (b)

그림 14.113

14.9 14.2의 예제 14.15의 그림 14.39(a)와 같은 보를 지점 A의 휨 모멘트와 연직 반력을 각각 부정정력으로 하여 풀어라.

14.10 그림 14.114와 같은 보의 M_B, M_C를 구하여라.

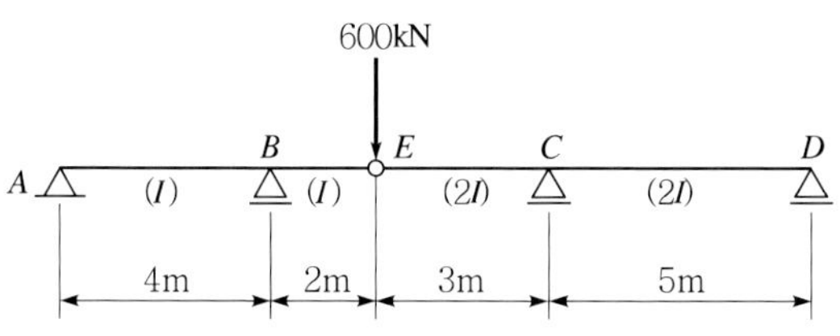

그림 14.114

14.11 그림 14.115와 같은 합성 구조물을 풀어라. 단, $E = 2.1 \times 10^5$MPa.

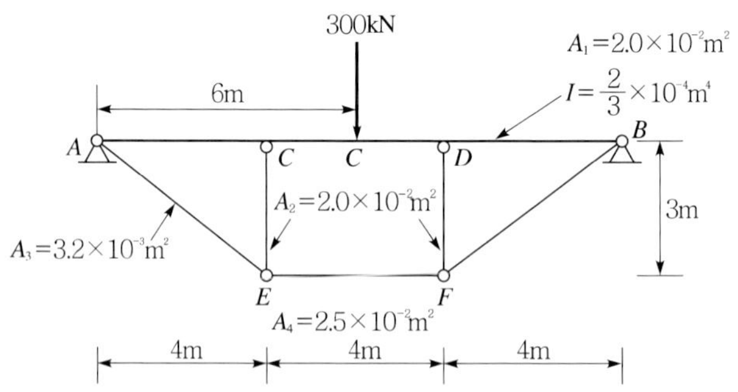

그림 14.115

14.12 그림 14.116과 같은 라멘의 지점 반력을 구하여라.

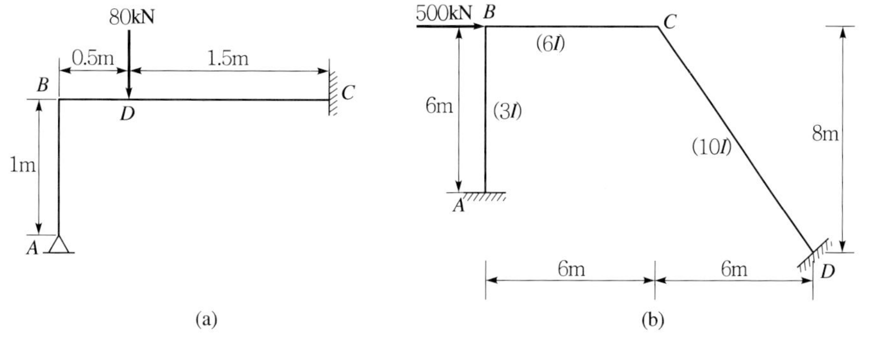

그림 14.116

14.13 그림 14.117과 같은 라멘의 단면 C의 전단력과 축방향력을 구하여라.

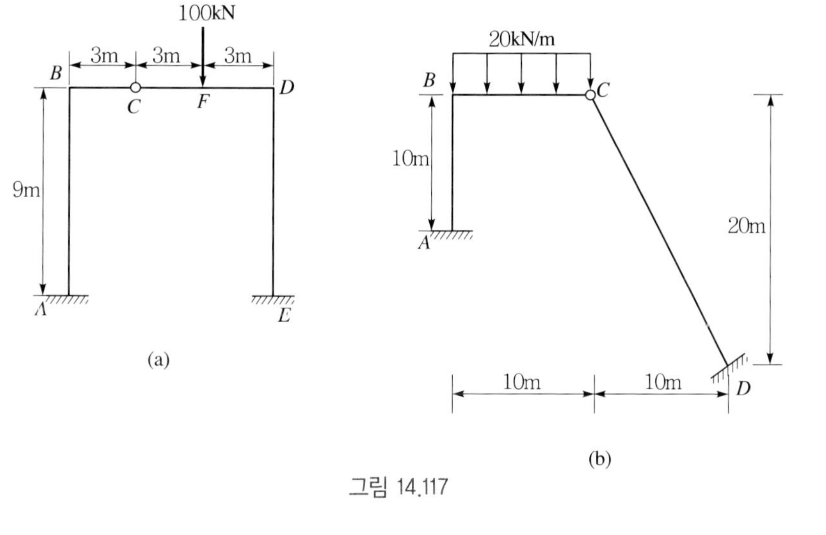

그림 14.117

14.14 그림 14.118과 같은 트러스의 모든 부재력을 구하여라. 단, $EA=$ const.

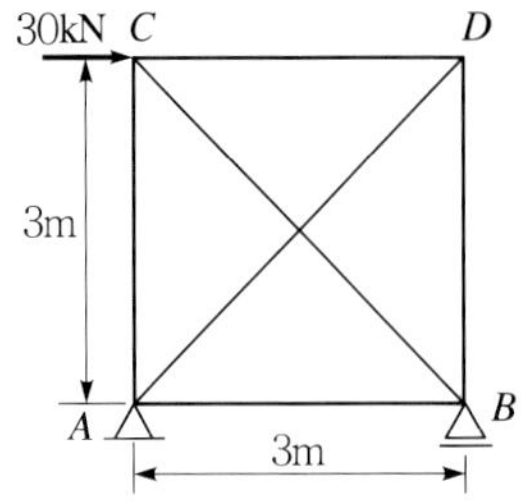

(a)

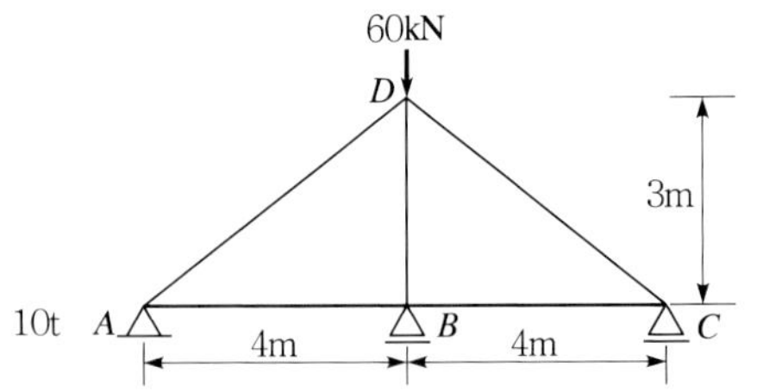

(b)

그림 14.118

14.15 그림 14.119와 같은 트러스의 부재력을 구하여라. 단, 부재 AD, BD, CD의 단면적은 각각 10cm^2, 5cm^2, 2cm^2이다.

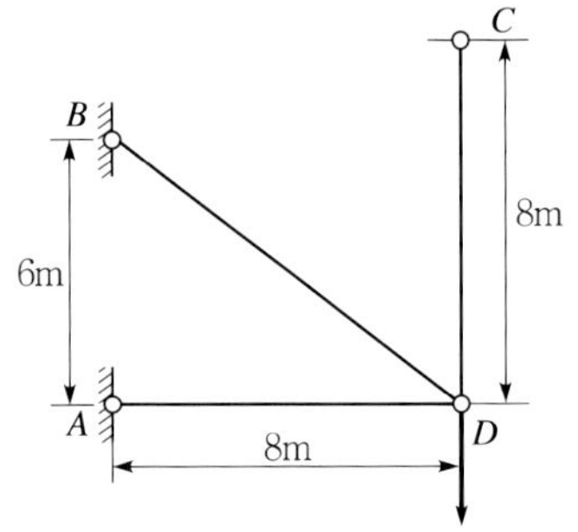

그림 14.119

14.16 그림 12.120과 같은 트러스의 모든 부재력을 구하여라. 부재에 표시한 수치는 l/A의 상대값이다.

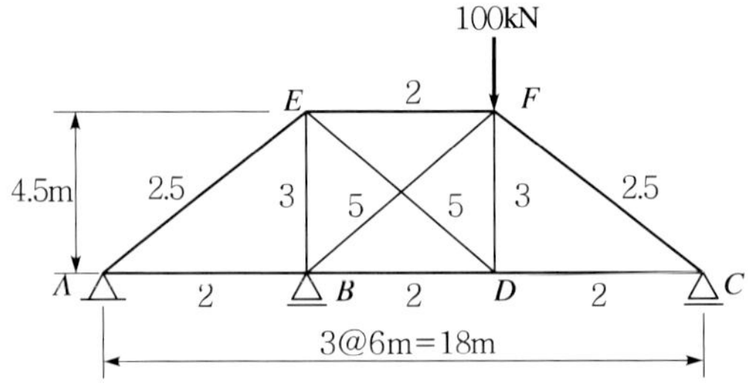

그림 14.120

14.17 문제 14-14의 그림(b)와 같은 트러스에서 작용 하중은 없고

(a) 지점 B가 3cm 침하하는 경우

(b) 부재 CD의 온도가 20℃ 상승하는 경우

(c) 부재 AD가 0.3 cm 만큼 길게 조립된 경우

모든 부재력을 구하여라. 단, 모든 부재의 탄성 계수는 $E = 2.1 \times 10^5 \mathrm{MPa}$, 단면적은 $A = 50\mathrm{cm}^2$, 선챙창 계수는 $\alpha = 1.2 \times 10^{-5}/℃$ 이다.

◆ 다음의 문제 14.18~27을 처짐각법으로 풀어라.

14.18 문제 14.6의 그림 14.111(a), (b)와 같은 보의 재단 모멘트를 구하여라.

14.19 그림 14.121과 같은 연속보의 지점 B 가 δ만큼 침하할 때의 B.M.D를 그려라.

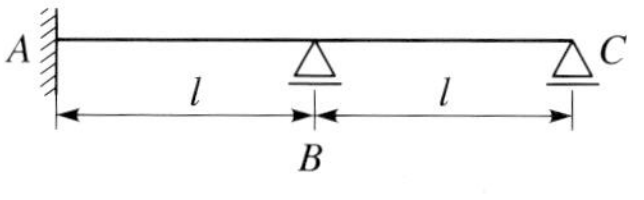

그림 14.121

14.20 그림 14.122와 같은 보의 고정단의 휨 모멘트를 구하여라.

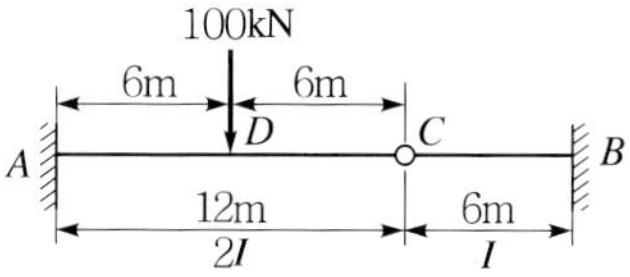

그림 14.122

14.21 그림 14.123과 같은 라멘의 S.F.D와 B.M.D를 그려라.

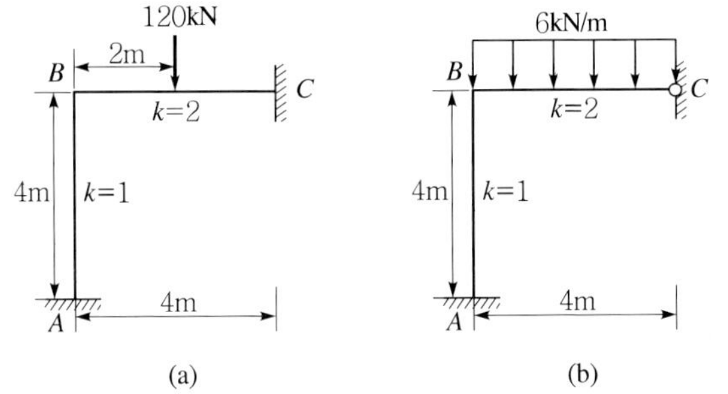

그림 14.123

14.22 그림 14.124와 같은 라멘의 B.M.D를 그려라.

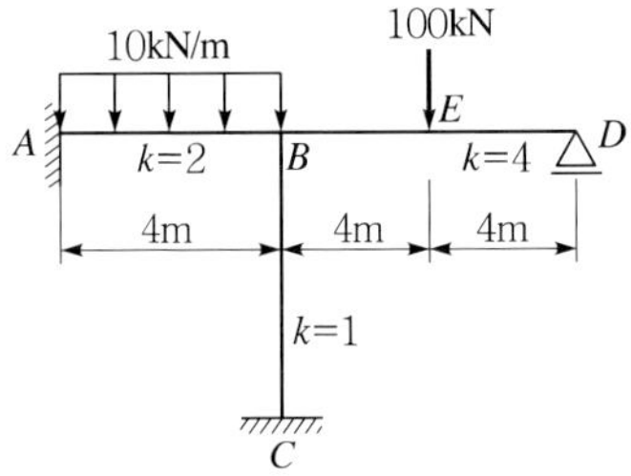

그림 14.124

14.23 그림 14.125와 같은 라멘의 B.M.D를 그려라.

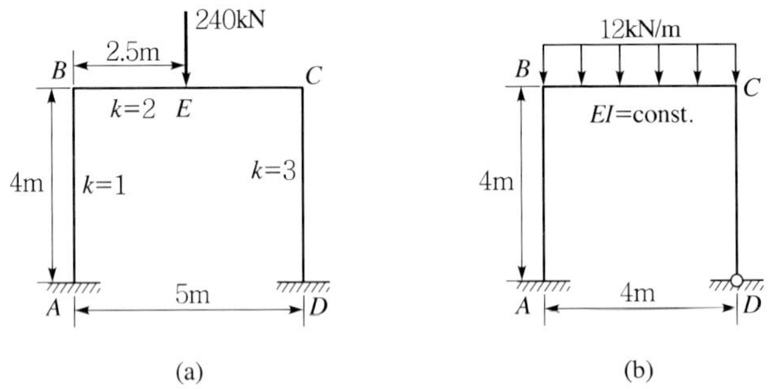

그림 14.125

14.24 그림 14.126과 같은 라멘의 B.M.D를 그려라.

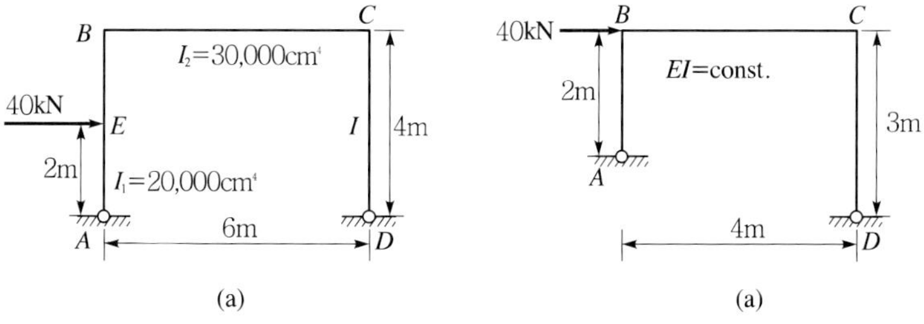

그림 14.126

14.25 14.4의 예제 14.45, 14.46, 14.48, 14.50의 라멘의 재단 모멘트를 구하고 B.M.D를 그려라.

14.26 그림 14.127과 같은 라멘의 B.M.D를 그려라.

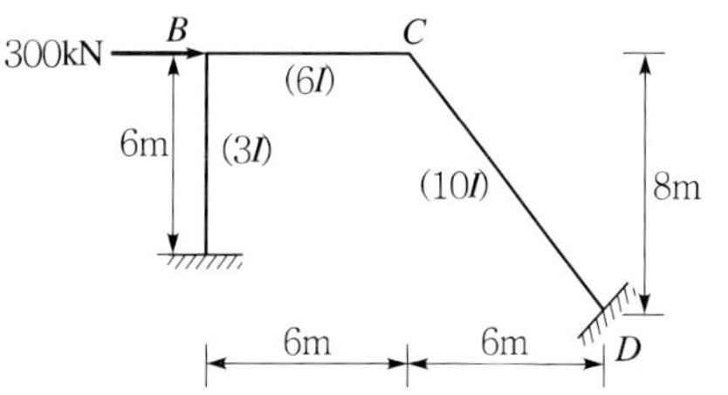

그림 14.127

14.27 문제 14.13의 그림 14.117과 같은 라멘의 재단 모멘트를 구하고 B.M.D를 그려라.

14.28 문제 14.18~14.27을 모멘트 분배법으로 풀어라.

14.29 14.3의 예제 14.39의 그림 14.64와 같은 라멘의 재단 모멘트를 모멘트 분배법으로 구하여라.

14.30 그림 14.128과 같은 고정보의 단면 C의 휨 모멘트 M_C 및 전단력 V_C 의 영향선을 구하여라.

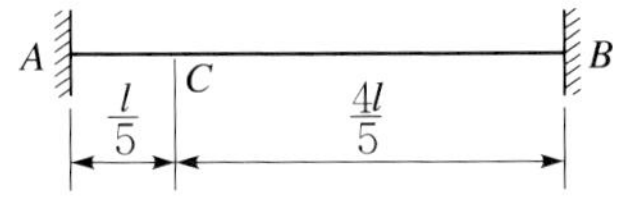

그림 14.128

14.31 그림 14.129 같은 2경간 연속보의 지점 B 의 휨 모멘트 M_B 와 지점 A의 반력 R_A의 영향선을 구하여라.

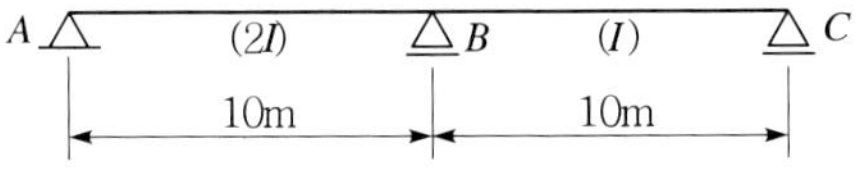

그림 14.129

14.32 그림 14.130과 같은 등단면의 3경간 연속보의 지점 B, C의 휨 모멘트 M_B, M_C 지점 A, B, C, D의 반력 R_A, R_B, R_C, R_D 단면 m, n의 전단력 V_m, V_n 및 휨 모멘트 M_m, M_n의 영향선을 구하여라.

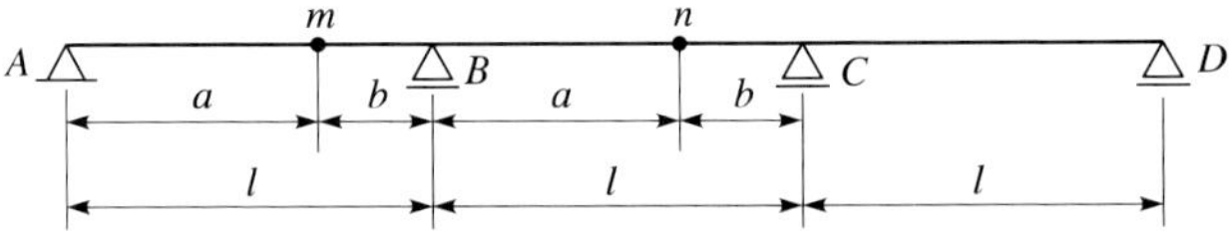

그림 14.130

찾아보기

ㅅ

ㅇ

1-9

A-Z

(제4판) 구조역학 정가 23,000원

저 자 : 한상철 · 신재중 · 김두환 · 김연태 · 조선규

발행인 : 임해진
발행처 : 도서출판 구미서관

발행 : 2003년 3월 10일 제1판
2009년 2월 27일 제2판
2015년 1월 20일 제3판
2020년 1월 10일 제4판

등록 : 1979년 6월 29일 No.9-6호
주소 : 서울시 마포구 신촌로 2길 5-15 구미빌딩
전화 : 02-333-1101
팩스 : 02-335-2201
http://www.goomibook.com

ISBN 979-11-6257-095-1 (93530)